AUTO UNION A-G
CHEMNITZ, BERND-ROSEMEYER-STRASSE

SÄCHSISCHES AUFBAU-WERK GMBH.
CHEMNITZ/BERND-ROSEMEYER-STRASSE

VEB MOTORENWERK KARL-MARX-STADT

VEB MOTORENWERK KARL-MARX-STADT
VEB MOTORENWERK KARL-MARX-STADT · POSTFACH 304

VEB Barkas-Werke
VEB Barkas-Werke, 90, Karl-Marx-Stadt 1, Postfach 298

 **VEB BARKAS-WERKE**
IFA-KOMBINAT FÜR KRAFTFAHRZEUGTEILE
Betrieb der sozialistischen Arbeit

  VEB
Barkas-Werke
Karl-Marx-Stadt
Stammbetrieb
des IFA-Kombinates
Personenkraftwagen
DDR 9040 Karl-Marx-Stadt
Direktor für Kader und Bildung

Motorenwerk Chemnitz GmbH

**PLASTE
BLECH UND
PLANWIRTSCHAFT**

Peter
Kirchberg

PLASTE
BLECH UND
PLANWIRTSCHAFT

Die Geschichte
des Automobilbaus
in der DDR

nicolai

© 2000 Nicolaische Verlagsbuchhandlung
Beuermann GmbH, Berlin
Gestaltung: Dorén + Köster, Berlin
Satz und Repro: Mega-Satz-Service, Berlin
Druck: Medialis GmbH, Berlin
Bindung: Kunst- und Verlagsbuchbinderei, Leipzig
Printed in Germany

ISBN 3-87584-027-5

Inhaltsverzeichnis

Geleitwort	8
Zu diesem Buch	11

1 Die ost- und mitteldeutsche Kraftfahrzeugindustrie in der Vor- und Nachkriegszeit

Das Potenzial	21

2 Die Anfänge der Automobilindustrie bis zum Beginn der fünfziger Jahre

Notproduktion und Produktionsbefehle	31
Kraftfahrzeuge unter Hammer und Sichel: Fertigungsbeginn im SMAD-Bereich	37
Der Anfang im IFA-Zeichen	48
Die neue Struktur dieses Industriezweigs	48
Die erste Fahrzeuggeneration nach 1945: Die Entwicklung an den Standorten	56
Eisenach	56
Chemnitz	63
Zwickau	69
Werdau	93
Hainichen	96
Zittau	100
Cunewalde	103
Waltershausen	109
Schönebeck an der Elbe	111
Nordhausen	113
Das Ende vom Anfang	117

3 Im Aufwind: Der DDR-Automobilbau bis zu den sechziger Jahren

IFA zwischen Mobilität und Wirtschaftsplanung	135
Die zweite Fahrzeuggeneration: Pkw aus Blech und Plaste – Autos aus Zwickau	150
Der Umstieg vom Sechs- zum Dreizylinder: Kreativität in Eisenach	196
Nutzfahrzeuge waren wichtiger: Vom Framo zum Barkas	225
Lkw aus Zwickau…	232
…sowie aus Zwickau und aus Werdau	235
Die Omnibusproduktion als Privatsache	250
Traktoren für MTS und LPG	263
Dieselmotoren: Das Wunder aus dem Nichts	279
Forschung und Entwicklung	294
Verteilen statt verkaufen: Die Organisation des Automobilvertriebs	303

4 Der lange Marsch im Tritt auf der Stelle

Der Automobilbau im Griff der Planwirtschaft	317
Wirtschaftsreformen: Absicht und Wirklichkeit	317
Euphorie und Depression: Die Kreiskolbenmotor-Entwicklung	324
Die Chance mit dem RGW-Auto – und warum sie nicht genutzt werden konnte	344
Neue Strukturen für Forschung und Entwicklung	357
Das Ende der VVB Automobilbau und die Bildung der Kombinate	371
Die dritte Generation	374
Generationswechsel auf Raten: Der Wartburg 353	374
Der Trabant 601 als Dauerlösung	399
Vom L I zum B 1000	420
Die Verlagerung des Lkw-Baus von Werdau nach Ludwigsfelde	433
Auf verlorenem Posten: Die Tragödie des Lkw-Baus in Zittau	453
Traktorenentwicklung auf Wachstumskurs	466
Dieselmotoren aus Nordhausen, Schönebeck und Cunewalde	481
Der IFA-Vertrieb und die feine Verteilung	508

5 Die Autos auf der Straße: Die Verkehrsmotorisierung in der DDR

Pkw für Jedermann — 529

Zu alt und zu wenig: Lkw und Busse auf den Straßen der DDR — 535

6 Plan statt Markt: Der Tragödie letzter Teil

»... wie das Gesetz es befahl!« — 553

Deus ex machina: Der VW-Motor — 562

Den Letzten beißen die Hunde — 570

Der Ärger mit den Ersatzteilen — 570

Die Nöte des IFA-Vertriebes — 575

Forschung und Entwicklung bis zum Ende des Wissenschaftlich-Technischen Zentrums — 578

Motoren, Maschinen und Schlitten — 578

Patente und Warenzeichen — 594

Die letzte Generation — 604

Der Wartburg mit Viertaktmotor — 604

Neuer Motor im alten Auto: Trabant 1.1 — 618

Barkas: Viele Motoren, wenig Fahrzeuge — 626

Die vierte Generation aus Ludwigsfelde: L 60 — 634

Nach 100 Jahren am Ende: Robur in Zittau — 639

Die vierte Generation aus Schönebeck: Traktoren mit Komfortausstattung — 644

Die vierte Dieselmotoren-Generation — 651

Symbiose mit großer Wirkung: Cunewalde und Waltershausen — 662

7 Ende und Anfang — 671

Worte des Dankes — 706

Statistiken und Übersichten — 711

Abkürzungen — 790

Personenregister — 792

Ortsregister — 795

Geleitwort

Mit der »Geschichte des Automobilbaus in der DDR« liegt nun erstmals eine umfassende Dokumentation der Entwicklung dieses Industriezweiges im östlichen Teil Deutschlands vor. Die Darstellung der 45 Jahre währenden Zeitspanne nach dem Zweiten Weltkrieg zeigt exemplarisch, in welch hohem Maße die industrielle Entwicklung politisch und ideologisch gesteuert wurde, aber auch, welches Potenzial eigentlich in den Betrieben und in den Köpfen der Menschen steckte. Zu Recht liegt daher der Schwerpunkt dieser Dokumentation auf den technischen Aspekten der Entwicklung, auf dem Können und der Leistungsfähigkeit der Ingenieure, den immer wieder erfolgten und letztendlich zumeist vergeblichen Versuchen, mit technischen Weiterentwicklungen in Produktion und beim Produkt dem Bedarf der Bevölkerung an Mobilität quantitativ und qualitativ zu entsprechen.

Die Probleme begannen bereits direkt nach Beendigung des Krieges mit der Zerstörung und der Demontage vieler industrieller Anlagen. Der Wiederaufbau musste sozusagen von Grund auf erfolgen, war doch die Fahrzeugproduktion von zuvor gewohnten technischen Zulieferungen aus dem westlichen Teil Deutschlands abgeschnitten. Für Materialien wie auch für technisches Know-how mussten Ersatzlösungen gefunden werden – eine Aufgabe, die sich durch die gesamte Geschichte des DDR-Automobilbaus hindurchzieht.

Das vorliegende Werk dokumentiert diese Geschichte von den Anfängen über den relativen Aufschwung in den sechziger Jahren, die Kombinatsbildung zu Beginn der siebziger bis zu dem sich bereits abzeichnenden Ende in den achtziger Jahren und der Zeit nach der Wende bis heute. Dass diese Entwicklung nun in umfassender Form der Öffentlichkeit vorgestellt werden kann, ist Professor Dr. Peter Kirchberg zu verdanken, zu DDR-Zeiten Technik- und Verkehrshistoriker an der Hochschule für Verkehrswesen in Dresden, seit 1992 freiberuflich als Automobilhistoriker tätig. Er und die genannten Mitstreiter haben in jahrelangen Recherchen und Studien das umfangreiche Material zusammengetragen und aufgeschrieben. Sie haben eine Dokumentation erstellt, die als Standardwerk dieses Teils der deutschen Industriegeschichte gelten kann.

Der VDA wird im Januar 2001 sein 100jähriges Bestehen begehen. Die Feier findet in Eisenach statt; er kehrt damit zu seinen Ursprüngen zurück. Der Verband wurde dort im Jahr 1901 als VDMI – Verein Deutscher Motorfahrzeug-Industrieller – gegründet. Wir freuen uns, aus diesem Anlass die vorliegende Dokumentation vorstellen zu können und danken dem Verfasser und seinen Mitautoren für die geleistete unschätzbare Arbeit.

Die Automobilindustrie in den neuen Bundesländern hat sich – trotz zunächst tiefgreifender Probleme nach Inkrafttreten der Wirtschafts- und Währungsunion – in den letzten Jahren hervorragend entwickelt. Gemessen an ihrer Effektivität liegen die Produktionsstätten der Fahrzeughersteller im jeweiligen konzerninternen Wettbewerb mit an der Spitze. Die Zulieferbetriebe sind international konkurrenzfähig und greifen zunehmend in den globalen Wettbeweb ein. Dass diese Position erreicht werden konnte, ist in erster Linie der Leistungsfähigkeit und Einsatzbereitschaft von Unternehmensführungen und Belegschaften zuzurechnen. Dies mag eine späte Genugtuung nach den verpassten Chancen der DDR-Automobilgeschichte sein.

Prof. Dr. Bernd Gottschalk
Verband der Automobilindustrie e.V. (VDA)

Frankfurt, im September 2000

»Die Geschichte der DDR lässt sich nur von unten erzählen, als Geschichte ihrer Menschen, ihrer Wünsche, Träume und Hoffnungen. Nur so gewinnt die DDR ihre historische Dimension zurück.«
Stefan Wolle [1]

Zu diesem Buch

Dieses Buch berichtet über die Geschichte der Produkte im Automobilbau der DDR und die Geschichte ihrer Entwicklung. Sie wird von Zeitzeugen überliefert, die zugleich als Akteure in das Auf und Ab über Jahrzehnte hinweg eingebunden waren – stets hin- und hergerissen zwischen Aufbruchsstimmung und Resignation. Der Aufbau des vorliegenden Bandes entspricht den vier Produktgenerationen. Die erste Generation bilden die Vorkriegstypen sowie jene Fahrzeuge, die auf vor dem Jahr 1945 unternommenen Entwicklungen fußen. Die in den fünfziger Jahren folgende zweite Generation war bereits durch weiterführende eigenständige Arbeiten sowie durch Neukonstruktionen geprägt. Die dritte Produkt-Generation war zugleich die langlebigste: Der Wartburg 353, der Trabant und der Lkw W 50 ebenso wie der Dieselmotor aus Nordhausen wurden über 25 Jahre hergestellt. Nur in wenigen Fällen folgte dann noch vor dem Ende der DDR eine vierte Generation. Diese Orientierung anhand der einzelnen Entwicklungsphasen geht einher mit einem Verzicht auf eine exakte zeitliche Begrenzung der Kapitel. Die Anfänge ragen in die erste Hälfte der fünfziger Jahre hinein. Danach werden die Entwicklungen des folgenden Jahrzehnts, also bis etwa Anfang der sechziger Jahre, zusammengefasst. Die darauf folgende Darstellung der dritten Generation, die bis 1989 reicht, ist aus pragmatischen Gründen unterbrochen worden; Anlass hierfür war die Umformierung der Vereinigungen Volkseigener Betriebe (VVB) in Kombinate (vgl. Anlage A 11).

Bezugsfeld der Betrachtung ist die gesamte Automobilindustrie, also nicht nur der Sektor Personenkraftwagen. Diese umfassende Betrachtung erlaubt ein besseres, da differenzierteres Bild von der Produktentwicklung und den damit verbundenen vielgestaltigen Problemen. Man erkennt so zum Beispiel die sehr viel bessere Ausstattung der Dieselmotoren-, Traktoren- und Lkw-Hersteller (wobei letzteres auf Ludwigsfelde zu begrenzen ist).

Diese Bevorzugung hatte sich während der unmittelbaren Nachkriegsjahre unter sowjetischer Kommandowirtschaft anfangs fast zwangsläufig ergeben, da dadurch die Transportnot gelindert werden und man angesichts der notwendigen

Versorgung der Bevölkerung mit Lebensmitteln die Landwirtschaft anschieben konnte. Sie wurde auch nach 1949 beibehalten, weil man hier einerseits unentbehrliche Produktionsmittel sah, andererseits aber der Pkw nur als Luxusgut für den gehobenen Bedarf galt. Erst Ende der fünfziger Jahre wurde nach den inzwischen eingetretenen verbesserten wirtschaftlichen Möglichkeiten und dem zunehmendem Bedarf – Kaufkraft und eine entsprechende Nachfrage waren mittlerweile vorhanden – der Pkw-Entwicklung eine gewisse Dringlichkeit zugestanden. Diese war auch politisch akzentuiert. Verglichen mit dem übrigen Automobilbau in der DDR blieb sie aber stets nachrangig.

Diese Präferenz erklärt sich zum einen daraus, dass das Privilegiendenken der Partei- und Staatshierarchie den Besitz oder selbst die Nutzung eines Pkw in ganz besonderer Weise bediente. Solches Eliteverständnis war keineswegs nur auf Mangel zurückzuführen, sondern wurzelte auch und gerade im konservativen Denken insbesondere dieser Kaste. Gemäß dieser Sichtweise galt der Pkw als Macht- oder als Plutokratensymbol. Solche Meinungen schlugen sich auch in der fachlich nicht kompetenten, aber politisch entscheidenden Bewertung der SED gegenüber Neuentwicklungen nieder. Der Sachsenring P 240 beispielsweise entsprach dem Wunsch nach einer Staatskarosse und wurde von Walter Ulbricht ausdrücklich mit dem Mercedes-Vorbild verglichen. Das sportlich elegante Coupé Wartburg 355 wurde von der gleichen »Kommandohöhe« aus als »Playboy-Auto« diffamiert und galt daraufhin als unerwünscht. Zudem verfügten die Traktoren-, Lkw- und Dieselmotorenhersteller über ein sehr kräftiges Standbein – den Export. Der Produktionsstandort Ludwigsfelde operierte in den achtziger Jahren, also zur Zeit des ersten Golfkriegs zwischen Iran und Irak, mit Exportquoten von über 80 Prozent – in harter Valuta, versteht sich. Kein Wunder, dass man dort und auch in Nordhausen keine Probleme mit der Mittelzuweisung und der Beschaffung modernster Hilfsmittel für Entwicklung und Versuch hatte. Von der Ausstattung, über die der Chefkonstrukteur der Motorenwerke Nordhausen verfügte, haben seine Kollegen in Eisenach und Zwickau nicht einmal mehr geträumt. Während Laboreinrichtungen – übrigens auch die Fertigungsanlagen – in Nordhausen jedem Vergleich mit einem gleichwertigen Motorenhersteller in Westeuropa standhielten, hatten die Pkw-Hersteller keine Chance.

Am nachdrücklichsten bei den Vorbehalten gegen die Pkw-Entwicklung wirkte jedoch das befürchtete Bestandswachstum mit seinen extremen Belastungen der Volkswirtschaft vor allem in Hinblick auf die Infrastruktur. Schon früh hatten sich Partei und Regierung auf Präferenzen festgelegt, die sich zunächst aus den Entwicklungsschwerpunkten der Grundstoffindustrie ergaben: Zwei Drittel sämtlicher Investitionen flossen in diesen Bereich. Die sich daraus zwangsläufig ergebende Zweit- und Drittrangigkeit anderer Zweige – und zu letzteren zählte das Verkehrswesen – war keineswegs kurzfristiger Natur. Im Bericht des Politbüros an das Zentralkomitee (ZK) der SED auf dem 13. Plenum im September 1966 wurde ausdrücklich darauf verwiesen, dass die DDR-Volkswirtschaft besonders im Verkehrswesen keine Möglichkeiten zur einfachen, geschweige denn zur erweiterten Reproduktion der Anlagen habe. Im Klartext: Man werde nicht einmal das Vorhandene erhalten können.

Das war nicht als Entschuldigung für Mißlichkeiten des Augenblicks gemeint, der Tenor war vielmehr: Damit werden wir leben müssen. Berichterstatter des Politbüros war Günter Mittag. Er verkündete hier die »Linie der Partei« und war weder damals noch später bereit, davon abzuweichen. Aus diesem Grund wurde die Motorisierung seitens des Politbüros immer wieder verschleppt und verzögert. Den mit der Übernahme des VW-Motors wichtigsten und folgenreichsten Schritt in die Gegenrichtung billigte er 1984 angesichts des stärker werdenden politischen Drucks, der aufgrund der unbefriedigten Nachfrage entstanden war. Dies erfolgte jedoch schon zu einem Zeitpunkt, wie er später in anderem Zusammenhang sagte, zu dem er eine aus eigener Kraft erfolgende wirtschaftliche Stabilisierung der DDR schon nicht mehr für möglich hielt.

Wie in der gesamten Volkswirtschaft der DDR ergab sich auch im Automobilbau ein hohes Maß an staatlicher Regulierung durch den bewussten Verzicht auf marktwirtschaftliche Regularien. Eindrucksvoll wurde dabei von Anfang an und im Lauf der Zeit immer stärker vorgeführt, dass staatliche Lenkung den Wettbewerb nicht ersetzen kann. Auch wenn die Planmethode modifiziert wurde, änderte sich daran nichts. Besonders drastisch wirkte sich dies bei den Kooperationsbeziehungen zwischen den Finalisten, also den das Endprodukt herstellenden Firmen, und den Zulieferern aus, die man nur statisch, nie aber dynamisch steuern konnte. Der planwirtschaftliche Charakter der Wirtschaft mit ihrem starren Mechanismus, der fehlende Wettbewerb sowie die Einordnung der Zulieferer als gewissermaßen verlängerte Werkbank der Finalhersteller wirkten besonders neuerungshemmend, ja neuerungsfeindlich und sorgten für schmerzhafte Defizite. Den Zulieferern wurde kein eigenes Entwicklungspotential zugestanden, somit boten sie neue Produkte von sich aus nicht an und befanden sich ständig in einer Art Nachtrab. Sollten sie ihre Produktpalette auf Aufforderung der Automobilindustrie hin erweitern und modifizieren, so forderten sie von dieser hierfür wiederum Investitionsmittel und Arbeitskräfte. Aufgrund dieser Belastung erledigten sich viele Projekte recht schnell von selbst.

Sind alle Wirtschaftsbeziehungen geplant, so führt dies zwangsläufig zu einer immer höheren Konzentration und Zentralisierung. Denn alles, was sich spontan ergab, konnte im Sinne der Planung als Störfaktor wirken. Auch für den Automobilbau hieß dies, von Ministerrats- und Politbürobeschlüssen abhängig zu sein. Diese Reihenfolge war übrigens in den fünfziger und sechziger Jahren maßgeblich und verkehrte sich später in das Gegenteil. Die Partei übte ihre führende Rolle auch hier immer umfassender aus. Es waren allerdings nicht die Anweisungen von Partei und Regierung, die den Anstoß zu bestimmten Entwicklungsarbeiten gaben, derartige Beschlüsse und Direktiven wurden vielmehr für deren Legalisierung benötigt. Gerade die Geschichte der Entstehung des Lkw W 50 – oft fälschlicherweise als Beispiel für Entwicklungsimpulse von oben nach unten kolportiert – beweist dies in aller Deutlichkeit.

Es zeigt sich, dass nahezu alle Ansätze zur Produktentwicklung den Betrieben der Finalproduzenten entstammten. Hier war zum Beispiel in der Pkw-Fertigung mit den Resten der Fabriken und dem größten Teil der Belegschaften an den traditionellen Standorten ein beachtliches Potenzial vorhanden, dessen bedeutendste Stärke vor allem im Wissen, in der Erfahrung und in den Fähigkeiten der Mitarbeiter bestand. Dadurch wurden Zielvorstellungen und Maßstäbe der Produktentwicklung in der DDR über annähernd zwei Jahrzehnte entscheidend geprägt. Im volkseigenen Forschungs- und Entwicklungswerk (FEW) Chemnitz, der Nachfolgeeinrichtung der Zentralen Versuchsabteilung der Auto Union, wurde das konstruktive Profil der DDR-Fahrzeugpalette über viele Jahre bestimmt.

Die nachhaltige Wirkung solcher überkommener Organisationsformen ließ sich auch an scheinbar unwichtigen Äußerlichkeiten ablesen. So wurden im Automobilwerk Eisenach die Abläufe im Forschungs- und Entwicklungs-Bereich (FuE) bis 1990 wie zu BMW-Zeiten gehandhabt. Zur von den Bayerischen Motorwerken übernommenen Arbeitsorganisation gehörten neben anderem die Bereichsstruktur, der Aufbau von Stücklisten, die Festlegung der Typennummer, Änderungsanträge, Bauabweichungs- und Marktfreigabe. War Jahrzehnte vorher aber eine Zentralisierung und effiziente Struktur vor allem im Bereich Entwicklung und Versuch mit großem Fortschritt gekoppelt gewesen, so wurde dieser in dem Maße kleiner, in welchem die Aneignungsmöglichkeiten hierfür zurückgingen. Was nützten ständig neu entwickelte Typen, wenn die alten nicht in ausreichendem Umfang produziert werden konnten? Es wurde immer klarer, dass die von der Konzernstruktur der Auto Union für den DDR-Automobilbau übernommene Organisationsform eines Zentralinstituts in der Praxis unbrauchbar war. Damit gewannen die Betrieblichen Konstruktionsbüros (BKB) zunehmend an Bedeutung. Von da an erfolgte die Entwicklung bei allen Fahrzeugtypen vor allem von unten. Anstöße, Einfälle, Realisierungsversuche mit all den damit verbundenen Risiken kamen nahezu ausschließlich aus den Betrieben.

Von großer Bedeutung für die Wirksamkeit der zumeist kleinen F- und E-Arbeitsgruppen war der damals in der DDR so genannte subjektive Faktor, das heißt die Emotion, das Engagement und die Hingabe an eine Lösung der Aufgaben. Bemerkenswert daran war vor allem, dass deren Intensität nicht mit materiell-finanzieller Einträglichkeit korrespondierte. Das Gehalt der FuE-Mitarbeiter war auskömmlich, stand aber, wie in der DDR üblich, in einem Missverhältnis zur Entlohnung von Arbeitskräften aus dem produktiven Bereich. Und das änderte sich auch nicht mit neuen Produkten. Erfindung und Patenterteilung lohnten sich schon mehr. Dabei achtete aber die Partei besonders darauf, dass niemand damit großen Gewinn erzielte, und fror die Einkünfte willkürlich auf eine bestimmte, recht bescheidene Höhe ein. Die Anerkennung verlagerte sich in den immateriellen Bereich. Es wurden beispielsweise vom Staat besondere Titel wie »Verdienter Techniker des Volkes« und auch Auszeichnungen verliehen, so zum Beispiel »Banner der Arbeit«, letztere zumeist an ein Kollektiv. Die damit verbundene Aufstockung des Sozialprestiges war oft nützlicher als Geld und konnte sich als

»Punktvorteil« bei Wohnungszuweisungen, Zulassung der Kinder zum Besuch der Oberschule oder Ankauf eines Automobils außerhalb der Wartezeiten erweisen. Der hierfür hin und wieder gebrauchte Begriff der Privilegien ist insofern irrig, da es sich dabei eben nicht um eingeräumte Rechte, sondern um Möglichkeiten handelte, die auch ohne jede Bedeutung bleiben konnten.

Allerdings waren das Ausnahmen, denen auf der anderen Seite auch Strafen wie Disziplinarverfahren, Abberufungen oder gar strafrechtliche Verfolgung gegenüber standen, sollte das erhoffte Ergebnis nicht eingetreten oder an externen Widrigkeiten gescheitert sein. Nach Motivationen für die Gratwanderung, nach dem Antrieb für immer wieder unternommene Versuche in den F- und E-Bereichen trotz immer schlechter werdender Verwertungsaussichten gefragt, gaben die meisten Akteure letztlich lapidar zu Protokoll: »Damit es weiterging«. Diese als durchaus allgemeingültig zu betrachtende Position läßt schlaglichtartig erkennen, wie bedeutend immaterielle Aspekte bei der Mitarbeitermotivation wirkten und dass es offenbar auch Spielräume gab, bestimmte Risiken einzugehen.

Eine Demotivation drohte in erster Linie bei dem Versuch, Entwicklungsergebnisse in die industrielle Verwertung zu überführen. Wenn sich »die volkswirtschaftliche Einordnung« als unmöglich erwies, direkte Eingriffe des Politbüros Projekte verhinderten und auch die aussichtsreichsten Entwicklungen im fortgeschrittenen Stadium entgegen allen Hoffnungen abgebrochen werden mussten, hatte dies eine Demoralisierung nicht nur in den Konstruktionsbüros zur Folge. Deren Dauererscheinung war charakteristisch für eine resignative Grundhaltung, die sich mehr und mehr breit machte und besonders in den achtziger Jahren die Arbeit lähmte. Mit Sicherheit war dies nicht nur ein Problem der allgemeinen Stimmungslage, es betraf angesichts immer stärker zurückgehender Aufgaben auch das vernachlässigte Teamwork in den Konstruktionsgruppen. So gerieten im Wissenschaftlich-Technischen Zentrum (WTZ) und bei den Finalbetrieben nicht selten sehr gute technische Lösungen ins Abseits, und ihnen hing zusätzlich noch der Ruch von Edelbastel-Lösungen an. Von wenigen erdacht und umgesetzt, hatten sie nicht die geringste Chance, in der Produktion realisiert zu werden. Ein instruktives Beispiel hierfür liefert die common rail-Technik, für die 1985 die weltweit ersten, erfolgreichen Straßenversuche im WTZ in Karl-Marx-Stadt, vorher und heute wieder Chemnitz, gefahren wurden, sich aber eine Serienumsetzung aufgrund mangelnder industrieller Möglichkeiten als völlig unmöglich erwies.

Dass es für Forschung und Entwicklung kaum Informationsdefizite gab, kann als unbestritten gelten. Fachpresse und Literatur waren hinlänglich bekannt. Dank der betriebsübergreifenden Kontakte der Automobiltechniker untereinander waren sie ziemlich gut über die jeweiligen Entwicklungsprogramme informiert, kannten die Projekte in den anderen Betrieben, deren Probleme und Schicksale. Aus republikweitem Zusammenwirken in Arbeitsgruppen auf Industriezweigebene ergaben sich ständige persönliche Kontakte. Das erwies sich als außerordentlich hilfreich, denn die gegenseitige kollegiale Hilfe in bestimmten Fällen auch zwischen verschiedenen Betrieben stellte oft die letzte Rettung dar.

Außerdem bot diese Zusammenarbeit eine außerordentlich günstige Voraussetzung für projektbezogene und effizient strukturierte Forschung und Entwicklung unter Einbeziehung der wissenschaftlichen Einrichtungen an Hochschulen und Universitäten. In schroffem Gegensatz hierzu stand die Unterbindung jeder persönlichen Kontakte mit Kollegen im Westen. Das schloss eine sehr restriktive Zulassung der Reisen von Technikern zu Kongressen oder Präsentationen ins westliche Ausland ein. Auch in solchen Fällen blieb die Mauer zum größten Teil unüberwindlich.

Bestätigt hat sich dies in den beiden Fällen direkter konstruktiver Kooperation in jenen Jahrzehnten mit den westdeutschen Firmen MAN und NSU. Gerade diese Partner äußerten sich wiederholt anerkennend über ihre FuE-Kollegen auf der anderen Seite der Mauer. Denen fehlte es an Kapazitäten in Musterbau und Versuch und sie waren nicht in der Lage, dies kurzfristig zu ändern. Dafür, dass die politisch bestimmten Bemühungen von Partei und Regierung der DDR erfolgreich waren, über diese projektbezogenen Kontakte hinausgehende fachliche Kontakte im persönlichen Bereich der Konstrukteure zu unterbinden, gibt es eindrucksvolle Zeugnisse.

Von großem Einfluss auf das Wirken der Techniker war der Rückhalt, den sie durch ihre Werksdirektoren erfuhren. In diesen Funktionen wies der DDR-Automobilbau vor allem in den ersten Jahren einige starke Persönlichkeiten auf, die sich nach Flucht oder Vertreibung des alten Managements dem großen Aufgabendruck der Neukonstituierung gewachsen zeigten. Sie waren unter ihren Mitarbeitern keineswegs unumstritten, prägten sich aber in der noch jahrzehntelang nachwirkenden Erinnerung ihrer Zeitgenossen als Vorgesetzte ein, die den Interessen des Automobilbaus sehr eng verbunden waren und auch entsprechend handelten.

Entscheidungsfreude, Eigenständigkeit in der Betriebsführung, Mut zum Widerspruch und auf Sachkunde gegründete Autorität verliehen ihnen großes Charisma und zeichneten sie auch dann aus, wenn es sich bei ihnen, wie sie selbst immer beteuerten, um der Partei treu ergebene und disziplinierte Genossen handelte. Die Stärke ihrer Position zeigte sich in ihrer direkten Einflussnahme auf die konstruktive Gestaltung der Produkte – auch wenn sie dabei nicht immer eine glückliche Hand hatten. Ihre Persönlichkeitsentfaltung war möglich, weil die SED als Partei zunächst schwach und als Einflussgröße in den Betrieben noch zu sehr deren unmittelbaren Interessenlagen verbunden war. Dieses Verhältnis änderte sich im Lauf der Zeit. Und auch wenn es in Einzelfällen dabei blieb, dass einem starken Direktor ein schwacher Parteisekretär entsprach und einem schwachen Direktor ein starker Parteisekretär, so setzte die Partei immer stärker die zentralen Belange statt der betrieblich gebotenen durch. Bei Bildung und Auswahl der Leitungskader achtete sie zunehmend darauf, ihnen eine Eigenständigkeit gar nicht erst zuzugestehen. Als wirksamstes Mittel, so charismatische Führungspersönlichkeiten zu verhindern, erwies sich die Einengung ihrer Spielräume. Nicht in allen Fällen wurde damit das Ziel erreicht.

Nach der politischen Wende in der DDR brach sich Freiheit auch und in erster Linie als freie Auswahl zum Konsum Bahn. Dabei hatten jene schlechte Karten, die sich potentiellen Käufern seit Jahrzehnten im gleichgebliebenen Outfit als Synonym des Mangels in der DDR eingeprägt hatten. Die Menschen wollten beispielsweise ein Automobil, von dem sie bisher unter dem Sammelbegriff »Westwagen« geträumt hatten und das ihnen nun auf Zuruf zur Verfügung stand.

Der in schier unendliche Tiefen abstürzende Absatz der volkseigenen Automobilindustrie traf die meisten Mitarbeiter sehr hart und die heftigen Emotionen bei der Einstellung der jeweiligen Produktion gingen als Filmdokument um die Welt. Ihre Gefühle spiegelten ihre Fassungslosigkeit angesichts des offenkundig werdenden Widerspruchs, dass die Autos nicht mehr gebaut werden sollten, die sie selbst nicht mehr kaufen wollten. Der nächste Schlag folgte umgehend. Die Ost-Märkte brachen weg. Dort sah man die DDR-Fahrzeuge schon fast als »Westwagen« an und hätte sie gerne gekauft – wenn man denn nicht in nunmehr harter Währung hätte zahlen müssen. Statt des ersehnten Auszugs ins Gelobte Land kam das jähe Ende. Die Gefühlslage war aufgewühlt, Vorwürfe wurde denen gemacht, die den Fahrzeugabsatz nicht sichern helfen konnten. Morddrohungen wurden auch gegen jene ausgestoßen, die das einzig Vernünftige taten: einen potenten Partner zu suchen.

Die Fundamente für einen Erfolg waren dafür bereits Jahre zuvor gelegt worden. Dies galt ganz besonders für den Standort südwestliches Sachsen, wo im Chemnitzer und Zwickauer Raum die Implantation des VW-Motors 1984 eine sehr effektive Voraussetzung für das Überleben des Automobilbaus bildete, ja sogar eine neue Blüte auslöste. Maßgeblichen Anteil daran hatte der damalige VW-Vorstandsvorsitzende Dr. Carl Horst Hahn, der die Konzernintegration des traditionsreichen südwestsächsischen Automobilstandortes konsequent und gegen starke Widerstände durchsetzte. Auf Seiten des IFA-Pkw-Kombinates trieb vor und nach der Wende Generaldirektor Dieter Voigt diese Entwicklung an verantwortlicher Stelle sachkundig voran. Im Interesse seiner eigenen Sicherheit wie auch der seiner Familie gab er den Vorstand der IFA Pkw AG im Frühjahr 1991 ab.

Zehn Jahre nach der Wende bietet sich an den alten Standorten der DDR-Automobilindustrie ein sehr differenziertes Bild. Während in Zwickau das Entwicklungspotential nicht nur gehalten, sondern sogar beträchtlich ausgebaut werden konnte, liess sich von Robur in Zittau nichts mehr retten. Zu schlecht war der Zustand des Lkw-Herstellers, der Jahrzehnte lang auf Verschleiss arbeitete. In Ludwigsfelde blieben auf der Grundlage stabiler Kooperationsbeziehungen mit der Daimler-Benz AG und einer unverminderten Fachkompetenz im Lkw-Bau Fertigungsaufgaben und Entwicklungspotential erhalten. An den Standorten Zwickau-Chemnitz und Ludwigsfelde werden heute in der technischen Entwicklung sowie bei technologischen Abläufen Spitzenleistungen im Automobilbau erreicht. An Stätten, deren Produkte vor zehn Jahren von In- und Outsidern mit geringschätzigem Lächeln betrachtet wurden, werden heute technische und technologische Kennwerte erreicht, nach denen sich die jeweiligen, global operierenden Konzerne orientieren. Für diesen Positionswechsel – von ganz hinten nach ganz vorn – haben die dort wirkenden Automobilbauer weitaus weniger als zehn Jahre benötigt. In Eisenach verlagerte sich dank der Integration in den General Motors-Verband der Schwerpunkt hin zur Fertigung, und dieses Werk setzt mittlerweile weltweit geltende Maßstäbe für den Konzernverband. Allerdings büßte man an dieser traditionsreichen Stätte das Konstruktionspotenzial vollständig ein.

Die Dieselmotorenhersteller in Cunewalde und Nordhausen erlebten keine solche Renaissance. Und dies, obwohl sie über modernste Einrichtungen verfügten. Das Nordhäuser Motorenwerk unterschied sich in keiner Weise von einer modernen Motorenfabrik westlicher Prägung. Die Einrichtungen und technischen Abläufe waren eindeutig jenen im Mannheimer Motorenwerk der Daimler-Benz AG überlegen. Es fand sich aber kein Partner, der derart große Kapazitäten gewinnbringend nutzen konnte oder nutzen wollte. Ausgründungen, schließlich eine Liquidation der übriggebliebenen Reste waren die Folge.

Bewusst ist darauf verzichtet worden, die Entwicklung und Probleme in der Kfz-Fertigung zu berücksichtigen. Dies wäre auf eine Analyse des »täglichen Kampfes um die Planerfüllung« mit all ihren Problemen und Widersprüchen hinausgelaufen und hätte den Rahmen des vorliegenden Buches gesprengt.

Ebenso wurde darauf verzichtet, die Entwicklungsergebnisse und den jeweils erreichten Stand mit dem in der Bundesrepublik Deutschland, in Europa oder anderen Standorten rund um den Globus zu vergleichen. Dazu fehlte es vor allem an vergleichbarer Fülle des Daten- und Zahlenmaterials. Dennoch wird schon deutlich, dass die konstruktiven Potentiale anfangs absolut gleichauf lagen mit denen in den Westzonen. Der Abstand begann in den fünfziger und sechziger Jahren deutlich zu werden, ohne so weit hinter dem Weltniveau hinterherzuhinken, wie es dann in den siebziger und vor allem in den achtziger Jahren die Serienprodukte allseits deutlich machten. Die hier mitgeteilten Daten, Sachverhalte und Zusammenhänge erlauben jedem, solche Vergleiche und Einordnungen selbst vorzunehmen und dabei zu eigenen Ergebnissen zu kommen.

Die Darstellung in den folgenden Kapiteln zeichnet sich dadurch aus, dass in ihnen Erinnerungen ihren Niederschlag fanden, die sowohl Daten und Sachverhalte als auch – in erster Linie – Hintergründe und Kenntnisse bestimmter Zusammenhänge betreffen. Sie finden sich in keinem Protokoll, in keiner Aktennotiz und schon gar nicht in offiziellen Berichten.

Erinnerung ist um so unverzichtbarer, je größere Lücken die schriftliche Überlieferung aufweist, deren Bewahrung gerade beim Wechsel des politischen Systems nachrangig war. Dieses Memory-Potential wirkt wie eine Software, die bestimmte Abspeicherungen erst erkennbar und lesbar macht und Lücken schließen lässt. Sie hat allerdings einen entscheidenden Nachteil: Sie vergeht mit dem Träger dieser Erinnerung.

Alle, die bei dieser Arbeit halfen, wollten, soweit sie im Automobilbau tätig waren, über die Dokumentation der technischen Entwicklung hinaus, die ja größtenteils ihre Lebensarbeit bedeutete, den Versuch unternehmen, ihre eigene Geschichte aufzuarbeiten. Zur Reflexion über die für die DDR spezifischen Hintergründe fühlten sie sich stärker als andere durch Leben, Arbeit und Verantwortung in der 1990 verabschiedeten Ordnung autorisiert.

Dies ist keine Theorie-Geschichte, dies ist auch keine modelltheoretische Untersuchung. Es geht vielmehr um die Wiedergabe der Realität in der DDR bei der Entwicklung und Konstruktion im Automobilbau. Die Darstellung hält sich an das Geschehen in den Betrieben und an den jeweiligen Standorten sowie an die Erlebnisse der Mitarbeiter. Dies ergibt sich nicht nur durch den Bezug auf das faktische Geschehen, also aus der Natur der Sache; vielmehr gewährleistet dieser Blickwinkel »von unten« – früher hieß es »von der Basis her« – wohl am umfassendsten die Authentizität als Bericht über erlebte Geschichte.

Anmerkung

[1] Stefan Wolle, *Die heile Welt der Diktatur*, München 1999, S. 30

Die Zwickauer Audi-Werke im Jahr 1932 (Archiv Dr. Winfried Sonntag)

1 Die ost- und mitteldeutsche Kraftfahrzeugindustrie in der Vor- und Nachkriegszeit

Das Potenzial

Mit dem Automobilbau befassten sich im Lauf der Jahrzehnte in Ost- und Mitteldeutschland, also im Gebiet der späteren Sowjetischen Besatzungszone (SBZ)/ DDR einschließlich Berlins, etwa 175 Unternehmen. Ihre Standorte konzentrierten sich auf den sächsisch-thüringischen Raum, auf das Gebiet Berlin-Brandenburg sowie auf die Provinz Sachsen beziehungsweise Sachsen-Anhalt. Wismar und Stettin bildeten im Norden Exklaven der Kraftfahrzeugindustrie.

Im Jahre 1938 sind vor allem an den folgenden – von West nach Ost fortschreitend aufgeführten – Standorten Kraftfahrzeuge gefertigt worden:

Eisenach[1] (BMW Automobile); Nordhausen (Traktoren von Orenstein & Koppel, später Maschinenbau und Bahnbedarf AG – MBA); Brandenburg[2] (Opel-Lkw); Plauen[3] (Vomag-Lkw); Werdau[4] (Omnibus- und Lkw-Aufbauten, Anhänger); Zwickau/Chemnitz[5] (Auto Union Automobile der Marken Audi, DKW, Horch und Wanderer); Hainichen[6] (Framo-Transporter); Zschopau[7] (DKW-Motorräder); Zittau/Cottbus[8] (Phänomen-Lkw und DEMAG-Zugmaschinen).

Insgesamt befand sich auf diesem Gebiet etwa ein Drittel des Gesamtpotenzials der deutschen Kraftfahrzeugindustrie.

Tabelle 1: Umsatz und Zulassungsanteile der wichtigsten deutschen Kraftfahrzeugunternehmen auf dem Gebiet der späteren SBZ/DDR im Jahr 1938

Unternehmen/ Marke	Fahrzeugart	Ort	Umsatz in Mio. RM	Anteil in % an der Gesamtzulassung im jeweiligen Sektor
Auto Union	Pkw	Zwickau, Siegmar	248,3	23,4
BMW	Pkw	Eisenach	35,6	3,3
Opel	Lkw	Brandenburg	213,5	31,8
Framo	Lkw	Hainichen	17,5	2,6
Phänomen	Lkw	Zittau	14,8	2,2
Vomag	Lkw	Plauen	5,4	0,8
DKW	Motorräder	Zschopau	44,9	29,4

Quelle: Angaben der Wirtschaftsgruppe Fahrzeugindustrie vom 4. Juni 1945, in: US National Archive, Washington D.C., RG 243: Records of the U.S. Strategic Bombing Survey

Am Standort des BMW-Werkes Eisenach sind seit Ende des 19. Jahrhunderts Automobile gefertigt worden. Seit 1928 entstanden hier BMW-Personenwagen, seit den 30er Jahren auch Flugmotoren (Archiv Michael Stück)

Gemessen am Umsatz in Millionen Reichsmark erreichten die Pkw-Finalisten 26,7%, die Lkw-Hersteller 38,5% und die Motorradfirmen 29,4% der gesamtdeutschen Zulassungen im Jahre 1938. Aus der Aufzählung der Standorte kann man die konzentrierte Ansiedlung der Kraftfahrzeugunternehmen im sächsisch-thüringischen Raum unzweifelhaft erkennen. Allerdings läßt sich eine analoge Tendenz bei den Zulieferern nicht feststellen. Auch wenn es einige sehr bedeutende von ihnen – zum Beispiel bei der Karosserieherstellung, in der Kraftfahrzeugelektrik usw. – in Sachsen und Thüringen gab, so hatte die Mehrzahl von ihnen ihren Sitz vor allem in den klassischen Industriegebieten im Nordwesten (Stahl) und im Süden (Bosch, Kolben Schmidt, Mahle) Deutschlands.

Alle Unternehmen waren in die Rüstungs- und Kriegsproduktion einbezogen und zählten zu den bedeutenden Lieferanten der Wehrmacht. Die Auswirkungen des Krieges auf die Fertigungsstätten waren unterschiedlich.

1881 als Textilmaschinenfabrik entstanden bot das Vomag-Werk seit 1915 dem Nutzfahrzeugbau eine Heimat. Pionierdienste erwarb sich diese Automarke vor allem als Omnibushersteller, so z.B. mit Einführung des Niederrahmen-Chassis, des Dreiachs-Fahrgestells und des Ganzstahlaufbaues. Das Bild zeigt die Ansicht des Werkes in Plauen um 1925 (Archiv Suhr)

Seit 1924 sind in der 1898 gegründeten Sächsischen Waggonbaufabrik Werdau auch Automobilkarosserien vor allem für Omnibusse hergestellt worden. Im Bild: Ganzstahlaufbau auf Vomag (Archiv Verkehrsmuseum Dresden/SäSTAC)

Tabelle 2: Kriegsschäden (Bombardement und Beschuss) bei Anlagen der Kfz-Industrie in der SBZ per Stichtag 8. Mai 1945

Standort	an Gebäuden	an Maschinen
	in Prozent vom Gesamtbestand	
Eisenach	60	35
Nordhausen	0	0
Plauen	50	20
Brandenburg	50	20
Zwickau/Chemnitz	15	5
Sigmar	75	20
Zschopau	0	0
Hainichen	0	0
Zittau/Cottbus	0	0

Quelle: nach Ermittlungen des Autors zusammengestellt

Bei den Zulieferern stößt man auf ein ähnlich differenziertes Bild. So wurde beispielsweise der Karosseriehersteller Gläser in Dresden durch Bomben gänzlich zerstört, das Radeberger Zweigwerk dieses Unternehmens überstand dagegen den Krieg unbeschadet. Hornig in Meerane wurde von allem verschont, Kühn und Kathe in Halle hatten ihrerseits wiederum Teilschäden zu verzeichnen. Auch in anderen Feldern der Zulieferindustrie, wie zum Beispiel bei den Hydrierwerken und den Reifenherstellern, gab es unterschiedliche Grade der Zerstörung. So wurde das Hydrierwerk in Zeitz, der wichtigste Produzent von synthetischem Benzin, wiederholt bombardiert, aber nicht zu hundert Prozent zerstört.[9]

Die Kriegsschäden an den Hauptwerken der Auto Union AG hinsichtlich vollständig zerstörter Gebäude und Werkzeugmaschinen hatten nach Ermittlungen des US Strategic Bombing Survey folgenden Umfang:

Tabelle 3: Irreparable Gebäude- und Maschinenschäden infolge des Bombardements der Auto Union AG in Prozent der Gesamtsubstanz des jeweiligen Werks

Werk	Gebäude	Werkzeugmaschinen
Audi: Zwickau	15	4
Horch: Zwickau	12	5
Wanderer: Chemnitz	75	20
DKW: Zschopau	0	0

Quelle: US National Archive, Washington D.C., RG 243: Records of the US Strategic Bombing Survey. Bericht über die deutsche Automobilindustrie.

Nachdem im Sommer 1945 die vier Besatzungsmächte die für sie vorgesehenen Territorien besetzt hatten, erfolgte in der SBZ fast gleichzeitig für die meisten Automobilwerke der Befehl zur Demontage. Zweifellos waren hierfür bereits Listen vorbereitet worden, und Sonderbevollmächtigte des Staatlichen Komitees für Verteidigung der UdSSR durchstreiften die Zone. Auf diesen Listen fanden sich alle Fahrzeughersteller. Im Regelfall wurde ein deutscher Verantwortlicher für die

Rund ein Viertel aller Pkw in Deutschland kamen 1938 vom Produktionsstandort um Zwickau und Chemnitz

Das 1936 aus dem ehemaligen Presto-Werk umgebaute Verwaltungsgebäude der Auto Union AG in Chemnitz (Archiv Auto Union)

Das dreirädrige »Phänomobil« wurde zwanzig Jahre lang in Zittau gebaut und war vor allem bei Handel und Gewerbe sehr beliebt (Archiv des Autors)

Die Wurzeln des Motoren-, Lokomotiv- und Traktorenbaues in Nordhausen reichen bis zum Jahre 1904 zurück. Nach Rohölmotoren und Lokomotiven – bis 1942 ca. 10 000 Stück – wurden seit 1937 Traktoren produziert. Der 30 PS-Traktor der MBA mit Imbert-Holzgas-Anlage stammte von 1939. Der Radstand des Traktors war um den Radius des Holzgaskessels verlängert worden (Archiv H. Kieber)

Im Jahre 1907 brachte der Zittauer Unternehmer Gustav Hiller ein dreirädriges Auto unter dem Namen »Phänomobil« heraus, das 20 Jahre lang gebaut worden ist. 1927 folgte ihm der für die Deutsche Reichspost entwickelte 4 RL-Lastwagen mit luftgekühltem Motor und 0,75 t Nutzmasse. Damit wurden die Phänomen-Werke zu einem bedeutenden Nutzfahrzeughersteller (Archiv des Autors)

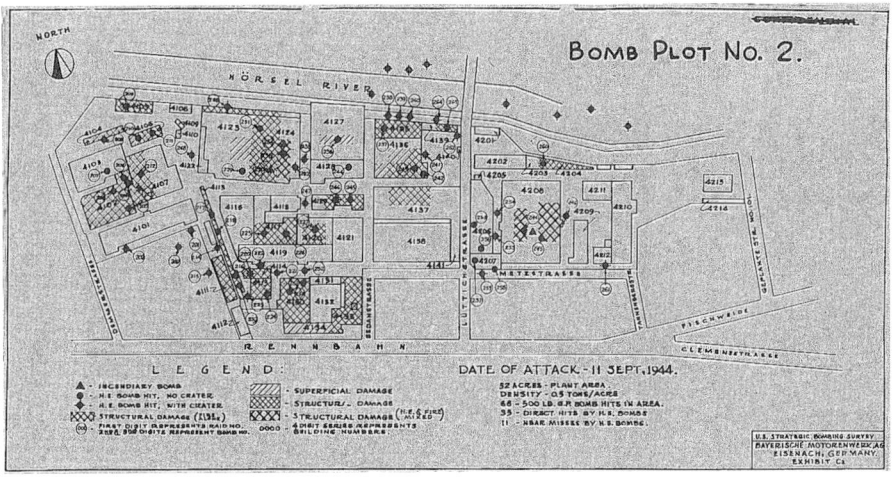

Mit Akribie dokumentierten die Alliierten nach dem Angriff auf das Eisenacher Werk am 11. September 1944 Abwürfe, Treffer ohne und mit Krater, Oberflächen- und Gebäudeschäden, direkte Treffer sowie zielnahe Fehlwürfe (Archiv Michael Stück)

Durchführung dieser Arbeiten benannt. Nahezu alle Demontagen der Kraftfahrzeugindustrie wurden im Rahmen der zweiten von insgesamt fünf Demontagewellen, also im Sommer 1945, vollzogen.[10]

Angesichts der relativ geringen direkten Kriegseinwirkungen wäre ohne eine Demontage in den meisten Fällen die Wiederaufnahme der Produktion binnen kurzem durchaus denkbar und auch möglich gewesen. Mit Ausnahme von Eisenach und Werdau wurden jedoch faktisch alle Standorte der Kraftfahrzeugindustrie in diesem Teil Deutschlands regelrecht geleert. Das hieß, sie waren zur Sprengung vorbereitet zu übergeben, was wiederum bedeutete, dass praktisch lediglich Mauern und Dächer stehen blieben, während häufig Türen und Fenster entfernt, ja selbst noch die Lichtschalter abgebaut worden waren. Ihre Reparationsleistungen gab die in Liquidation befindliche Auto Union AG in Chemnitz im Jahr 1946 folgendermaßen an:[11]

Tabelle 4: Demontage-Umfang bei der Auto Union AG, Chemnitz, in Reichsmark (RM)

insgesamt	25 785 976,– RM
davon Maschinen	11 341 518,– RM
Büromaschinen	85 544,– RM
Betriebseinrichtungen	
(Kessel- und Energieanlagen)	6 954 007,– RM
Werkzeuge und Vorrichtungen (75,-/kg)	4 317 580,– RM
Fabrikationsmaterial (50,-/kg)	3 000 000,– RM
Handelsware (0,30 RM/kg)	87 327,– RM

Quelle: Angaben der Auto Union, Abteilung Abwicklung, vom 14. November 1946. SäSTAC VVB Ifa Nr. 1798

Die ursprünglich in Frankenberg ansässigen Framo-Werke zogen 1933 nach Hainichen um. Sie brachten seit 1927 dreirädrige und mit Pkw-Motoren angetriebene Kleinwagen, vorwiegend als Transporter, heraus. Der Framo »Stromer« war ein dreirädriger Personen-Kleinstwagen mit 200er DKW Zweitaktmotor (Archiv des Autors)

Anmerkungen

1 Zur Geschichte des Automobilbaues in Eisenach vgl. besonders Kurt Mönnich, *Vor der Schallmauer*, München 1983; Werner Oswald, *Alle BMW-Automobile seit 1928*, Stuttgart ⁷1994; Horst Ihling, *Autos aus Eisenach*, Stuttgart 1998; Michael Stück, *100 Jahre Automobilbau in Eisenach*, Augsburg 1998; Halwart Schrader, *BMW Automobile*, Gerlingen 1978
2 Vgl. auch Hans-Jürgen Schneider, *Autos und Technik. 125 Jahre Opel*, Wiesbaden 1987
3 Vgl. hierzu Christian Suhr, *Der Vomag-Automobilbau 1914–1945*, Plauen 1997
4 *60 Jahre Arbeit 1898–1958*, erschienen als Sondernummer der Betriebszeitung *Das Steuer* vom Kraftfahrzeugwerk »Ernst Grube«, Werdau, vom 12. Juli 1958. Zahlreiche Angaben verdanke ich Herrn Wilfried Otto, Steinpleis. Im allgemeinen Zusammenhang wird die Produktentwicklung dargestellt bei Michael Dünnebier, *Lastwagen und Busse sozialistischer Länder*, Berlin-Ost 1988. Eine ausführliche Darstellung findet sich auch bei Hans-Jürgen Beier und Hermann Herold, *100 Jahre industrieller Fahrzeugbau in Werdau*, Werdau 1998
5 Ausführlich hierzu Paul Gränz und Peter Kirchberg, *Ahnen unserer Autos*, Berlin-Ost 1975; Peter Kirchberg, *Bildatlas Auto Union*, Berlin-Ost 1987; ders., *Autos aus Zwickau*, Berlin-Ost 1985; Wolfgang Schröder, *AWO, MZ, Trabant und Wartburg. Die Motorrad- und Pkw-Produktion der DDR*, Bremen 1995: Peter Kirchberg, *Horch – Prestige und Perfektion*, Suderburg 1994
6 Zur Framo-Geschichte vgl. auch Günther Fuchs, *Framo – Barkas 1927–1967*, Karl-Marx-Stadt 1967; und Heinrich Schmieder, ›60 Jahre Fahrzeugbau‹, in: *Dreizehnmal Auto*, Berlin-Ost 1989, S. 329–352
7 Zur DKW-Geschichte in Zschopau vgl. u.a. Siegfried Rauch, *DKW – die Geschichte einer Weltmarke*, Stuttgart 1981; Peter Kurze und Christian Steiner, *Motorräder aus Zschopau – DKW, Auto Union, MZ 1922–1994*, Bremen 1994; sowie Frieder Bach, Waldemar Lange und Siegfried Rauch, *DKW, MZ – 2 Marken – eine Geschichte*, Stuttgart 1992
8 Hartmut Pfeffer und Fred Otto, ›Serie zur Geschichte des Kraftfahrzeugbaus in Zittau anläßlich der 100jährigen Wiederkehr der Firmengründung der Hiller-Werke‹, in: *Im Scheinwerferlicht. Organ der Betriebsparteiorganisation der SED im VEB Robur-Werke Zittau* 1988, Nr. 3ff. Zahlreiche Angaben verdanke ich auch Herrn Oberingenieur Rudolf Richter, Zittau. Vgl. auch Hartmut Pfeffer, *Fahrzeuge aus Zittau. Eine technische Dokumentation*, unveröffentl. Ms., 1988; und Heinz Grobb, ›Der VEB Robur-Werke Zittau – eine ökonomisch-geografische Studie‹, in: *Sächsische Heimatblätter* (Dresden) 1967, Heft 1 und 2
9 Vergleicht man Bomben- und Reparationsschäden bei der Maschinenausstattung, so muss allerdings beachtet werden, dass erstere die Anlagen in der Regel lediglich beschädigten, so dass sie nach einer gewissen Zeit und einer entsprechenden Reparatur wieder benutzt werden konnten. So wird im »Bericht über die deutsche Automobilindustrie« des US Strategic Bombing Survey betont, dass nach dem Bombardement der Wanderer-Werke in Chemnitz-Siegmar ein einstöckiges Fabrikgebäude mit Holzdach vollständig zerstört worden sei und alle darin befindlichen 476 Werkzeugmaschinen infolgedessen beschädigt worden seien. Allerdings waren davon gerade einmal 4 Prozent tatsächlich zerstört und der Rest des Maschinenparks war 12 Wochen wieder voll funktionsfähig. US National Archive, Washington D.C. RG 243: Records of the US Strategic Bombing Survey. Bericht über die deutsche Automobilindustrie
10 Vgl. hierzu Rainer Karlsch, *Allein bezahlt? Die Reparationsleistungen der SBZ/DDR 1945–1952*, Berlin 1993, S. 60 ff.
11 Laut Angaben der Auto Union, Abteilung Abwicklung, vom 14.11.1946, SÄSTAC VVB IFA Nr. 1798

Durch alliierte Bombenangriffe zerstörte Werksanlagen des Eisenacher BMW-Werkes machten zunächst die Beseitigung der Trümmer notwendig (Archiv Michael Stück)

2 Die Anfänge der Automobilindustrie bis zum Beginn der fünfziger Jahre

Notproduktion und Produktionsbefehle

Mit der Einstellung der Kampfhandlungen in Mittel- und Ostdeutschland wurden die dort noch vorhandenen Kraftfahrzeugwerke umgehend von den einrückenden Truppen der Alliierten besetzt. Das Interesse der Sieger war unterschiedlich. Während sich die Amerikaner in Eisenach und Zwickau – dort hatten sie als Erste die Fertigungsstätten erreicht und besetzt – vor allem auf Versuchsberichte und Patentschriften konzentrierten, nahmen die Sowjets auch das bewegliche Material in Beschlag. Die US Army war am 6. April 1945 in Eisenach eingezogen und hielt diese Stadt drei Monate lang besetzt. Sie verließ am 30. Juni Eisenach und drei Tage später, am 3. Juli, übernahm die Rote Armee die Hoheitsgewalt über ganz Thüringen.

Auch in Zwickau hatten seit April des Jahres die Amerikaner das Sagen, bevor sie am 5. Juni die Stadt an die Russen übergaben. Am 22. Juni beschlagnahmten die sowjetischen Truppen die Werke Audi und Horch der Auto Union AG. Da die Zwickauer Horchwerke nur zu einem Teil, die BMW-Werke in Eisenach hingegen in recht erheblichem Umfang durch Bomben beschädigt worden waren, stand als allererste und wichtigste Aufgabe die Beseitigung der Trümmer an. Allen noch verbliebenen Mitarbeitern war gekündigt worden und die Werke beziehungsweise die eingesetzten Treuhänder nahmen nun wieder Einstellungen vor. Das neue Personal rekrutierte sich aus dem Stamm der früheren Mitarbeiter. Von den Sowjets zu Schrott erklärte Maschinen wurden so gut dies möglich war wieder in einen betriebsbereiten Zustand versetzt, um Notprogramme zu initiieren. Diese waren vor allem auf die Produktion von Gegenständen des täglichen Bedarfs ausgerichtet – Kochtöpfe, Schaufeln, Eimer, Schubkarren, Pfannen, Kartoffelkörbe, Tabakschneidemaschinen und vor allem Handwagen. Gerade die letzterwähnten erreichten beachtliche »Auflagenhöhen«: In Eisenach wurden innerhalb weniger Monate 30 000 Stück dieser »motorlosen Kleinfahrzeuge« hergestellt.

Die meisten Mitarbeiter waren aber in erster Linie mit Demontagearbeiten befasst, mit einer Ausnahme – dem Werk in Eisenach. Dort wurde bereits im

Nach Kriegsende aus Alu-Restmaterial hergestellte Küchengeräte, Notprodukte der Stunde Null (Archiv Michael Stück)

Herbst 1945 die Fertigung von Kraftfahrzeugen von neuem aufgenommen. Dazu gehörten auch die BMW-Werke.

Am 10. Oktober 1945 erteilte der Oberste Befehlshaber der Sowjetischen Streitkräfte in Deutschland und Chef der Sowjetischen Militäradministration in Deutschland, Marschall Shukow, den Befehl (Nr. 93), die Automobil- und Motorradfabrikation der Fahrzeug- und Maschinenfabrik Eisenach (ehemals BMW) wieder aufzunehmen. Vorgesehen war eine Jahresfertigung von 3 000 Automobilen und 3000 Motorrädern (Baumuster R 35).

Am 1. November 1945 wurde die Produktion feierlich in Gang gesetzt. Zugleich waren ungefähr 25000 m^3 Schutt und 8000 t Schrott abzutransportieren. Das Eisenacher Werk erhielt die Erlaubnis, die dringend benötigten Maschinen aus den während des Krieges als unterirdische Rüstungsstätten genutzten Kalischächte Apterode, Menzengraben, Dietlas und Springen zu bergen und nach Eisenach zu bringen. Die nur wenig zerstörte Werkhalle der Flugmotorenwerke Dürrerhof durfte abgebaut und im Eisenacher Betrieb wieder in Betrieb genommen werden.

Noch im November 1945 wurden 14 BMW 321 und 16 BMW R 35 Motorräder hergestellt. 1945 waren es insgesamt 53 Pkw-Exemplare vom Typ 321, 15 Stück vom Typ 326 und 75 Motorräder R 35. Der Typ 326 wurde danach aufgegeben, da man für ihn zusätzlich eine hintere Drehstabfederung, eine Zwei-Vergaseranlage, das Langhalsgetriebe und eine viertürige Karosserie statt der beim Typ 321 standardmäßig hergestellten zweitürigen Karosserie benötigte.

Mit dem Befehl Nr. 41 vom 25. Januar 1946 wurde das Eisenacher Werk der Verwaltungshoheit der sowjetischen Besatzungsmacht unterstellt. Zu Treuhändern wurden der Werksdirektor Alfred Schmarje und der Betriebsratsvorsitzende Wilhelm Müller berufen. Noch immer stand das Werk auf der Demontageliste.

Wie in Eisenach wurden auch an anderen Standorten der Kraftfahrzeugindustrie sofort nach Kriegsende Versuche unternommen, so schnell wie möglich wieder mit der Automobilproduktion zu beginnen. Bemerkenswert daran ist, dass es sich dabei stets um spontane Aktionen kleiner Gruppen von Mitarbeitern aus den Konstruktions- und Fertigungsabteilungen der einzelnen Werke handelte.

Die glückliche Wendung der Bemühungen in Eisenach war den anderen Werken nicht beschieden. Als Beispiel soll hier das Schicksal der Framo-Werke in Hainichen dienen.[1] Die Frankenberger Motorenwerke, die sich seit 1934 in Hainichen befanden, erlitten keine Schäden durch Bombenabwürfe oder direkte kriegerische Kampfhandlungen. Aufgrund der ausschließlichen Nutzung als Rüstungsbetrieb waren die Framo-Werke von der Besatzungsmacht auf der Grundlage des Befehls Nr. 124 zur vollständigen Demontage vorgesehen. Wie umfassend diese betrieben wurde, lässt sich auch daran ablesen, dass neben anderen Unterlagen sämtliche originale Zeichnungsunterlagen abtransportiert wurden. Lediglich zwei Sätze Pausen des Kleintransporters V 501 verblieben im Werk. Ohne diese Unterlagen war der Neubeginn der Fahrzeugproduktion stark behindert, denn für neue Lieferanten war es unumgänglich, die Zeichnungen des anzufertigenden Produkts vorrätig zu haben. Die Demontage betraf 539 Produktionsmaschinen. Diese wurden ohne Ausnahme komplett abgebaut. Ende Juli 1945 waren diese Arbeiten abgeschlossen. Dabei gelang es einigen Arbeitern, Maschinen vor dem Abtransport in die Sowjetunion zu bewahren, indem sie sie unter Schrott verbargen.

Mit dem BMW 321, als Nachkriegsmodell gegenüber dem Vorkriegsmodell unverändert, nahm man am 1. November 1945 den Fahrzeugbau in Eisenach wieder auf. Das Werk verließen im Dezember 1948 fünfzehn Wagen, um an die Deutsche Wirtschaftskommission überführt zu werden (Bundesarchiv/183/19000/3223)

Die Anfänge in der Nachkriegszeit

Der BMW 321 war in den ersten Nachkriegsjahren oft als russisches oder deutsches Behördenfahrzeug im Einsatz. Seit 1948 mussten diese Fahrzeuge ein Kennzeichen mit kyrillischen Buchstaben tragen (Bundesarchiv 183/S 81443)

Dabei waren sie sich aber darüber im Klaren, dass solche eigenmächtigen Eingriffe lebensgefährlich sein konnten. 1946 erlaubte die Landesregierung dem Werk in Hainichen die Aufnahme einer geringen Produktion von zivilen Gütern für den Massenbedarf. Dafür standen insgesamt 40 Maschinen zur Verfügung. Da auch die Materialbestände des Betriebs beschlagnahmt worden waren, musste für die erste Zeit auf noch vorhandenes Kriegsmaterial – Leitwerke von Fliegerbomben, Rohrgestelle für den Abschuß von Nebelwerfergranaten und dergleichen mehr – zurückgegriffen werden. Rohmaterial, das noch nicht angearbeitet war, wurde von der Besatzungsmacht abtransportiert und im sogenannten Trophäenlager zwischengelagert. Von dort musste es für die anlaufende Produktion zurückgekauft werden. Dabei war die nächste Hürde, dass die Bankguthaben des Unternehmens eingefroren waren und somit keine liquiden Mittel zur Verfügung standen. Die Landesverwaltung Sachsen sprang in dieser Situation ein und gewährte den Framo-Werken Kredite.

Die Kapazität dieser Produktionsstätte betrug in zeitgenössischer Maßeinheit 300 Handwagen pro Monat. Hinzu kamen im Frühjahr 1946 Fahrzeugreparaturen von Framo-Wagen, die Anfertigung von Anhängern sowie die Aufnahme der Ersatzteilproduktion für Kraftfahrzeuge.

Der Bedarfslage in der Landwirtschaft entsprechend angepasst, stellte Framo im Juni 1946 bei General Dubrowsky, dem Leiter der SMAD für Sachsen, einen Antrag auf Genehmigung der Produktion von Neusiedler-Bauernwagen mit 1,5 t Tragkraft. Diese Wagen bildeten in den folgenden Jahren einen Schwerpunkt der Fertigung in Hainichen und ihre Herstellung wurde erst 1951 eingestellt.

Besonders wichtig war die Ersatzteilproduktion. Da die Maschinenkapazitäten noch nicht ausreichten, arbeitete man mit anderen kleinen Firmen zusammen. Diese waren aber oft nicht in der Lage, die geforderte Präzision abzuliefern. Erhebliche Schwierigkeiten bereitete die Beschaffung von Schmiedestücken und Gussteilen. Die hierfür als Zuliefererfirmen in Betracht kommenden Betriebe waren, soweit noch nicht demontiert, mit Reparationsaufträgen vollständig ausgelastet und hatten für Aufträge zur Ersatzteilfertigung für Kraftfahrzeuge keine Kapazitäten mehr. So griff man in Hainichen im wesentlichen auf den vorhandenen Bestand an Ersatzteilen zurück und auf jene Serienteile, die bei der Ende 1943 jäh erfolgten Produktionseinstellung des Kleinlastwagens nicht mehr verwendet worden waren. Jeden Monat wurden an Framo-Händler, an Reparatur-Werkstätten sowie an einzelne Fahrzeugbesitzer Ersatzteile im Wert von etwa 50 000,- Reichsmark verkauft und Ersatzteile für 10 000,- Reichsmark in den eigenen Betriebswerkstätten verbraucht. Erst 1949 lief die traditionelle Autoproduktion mit den ersten 65 Exemplaren des Framo V 501 wieder an.

In Zwickau wurden im Horch-Werk etwa 3 800 Maschinen demontiert. Das entsprach einer Quote von rund 98 Prozent des Maschinenparks. Nach dem Abschluss der Demontagen erhielt das Werk durch den Sonderbefehl Nr. 44 von der SMAD den Auftrag, Kraftfahrzeuge zu reparieren, vor allem die Automobile von Haltern großer Fahrzeugparks, etwa der Post und der Verwaltung, und Ersatzteile herzustellen. Dafür durften 68 Werkzeug- und Kleinmaschinen neu aufgestellt werden. Auch die vorhandenen Bestände an Material, Teilen und Baugruppen wurden dem Werk überlassen. Zur Überwachung und gegebenfalls zur Unterstützung im Zuge bestimmter notwendiger Beschaffungsmaßnahmen wurde eigens ein Werkskommandant von der sowjetischen Besatzungsmacht eingesetzt. Außerdem erteilte Anfang 1947 die SMAD in Berlin-Karlshorst den Auftrag zum Bau von 300 Lkw vom Typ H 3.[2]

Die BMW R 35, auf dem Bild rechts, stammte aus dem Vorkriegsprogramm von BMW und wurde unverändert mit Telegabel und ohne Hinterradfederung 1945 in die Eisenacher Fertigung übernommen. Dieses Vorbild beeinflusste offensichtlich den geplanten Nachfolgetyp (links), der aber nicht zur Serienreife kam (Archiv Wolfgang Beyer)

Neusiedler-Bauernwagen und einer der ersten zu IFA-Zeiten wieder gefertigten Framo 501 auf einer Messe, 1949 (Archiv des Autors)

Das Werk Audi führte ausschließlich Reparaturen durch und stellte DKW-Ersatzteile her. Der Werkskommandant erlaubte Ende 1947, dass einige DKW F 8 montiert und 1948 auf der Leipziger Frühjahrsmesse gezeigt werden durften. Dort wurde auch der Pkw F 9 präsentiert. Es war das erste Mal, dass diese schon 1939 von der Auto Union fertiggestellte Neukonstruktion mit Stahlblechkarosserie und Dreizylinder-Zweitaktmotor als Nachfolger des F 8 der Öffentlichkeit vorgestellt wurde. Sieht man einmal von dem für die Besatzungsmacht hergestellten Lkw H 3 und den Pkw-Einzelanfertigungen für den selben Auftraggeber ab, so begann in Zwickau die Automobilfertigung erst wieder – wie auch bei den Framo-Werken in Hainichen – im Jahr 1949.

Zur selben Zeit vollzog sich ein grundlegender Umbruch in den Führungsetagen der Betriebe. Die meisten Vorstände waren vor der heranrückenden Roten Armee nach Westen geflohen. In Eisenach hatten die BMW-Direktoren Fattler, Friz und Kandt die Werksbesetzung durch die US Army miterlebt und waren vernommen worden. Gemeinsam mit den Amerikanern verließen sie vor dem Einzug der Sowjets die Stadt. Diese setzten als Technischen Leiter den Oberingenieur Schmarje und als Kaufmännischen Leiter Oskar Hustädt ein, beide langjährige Mitarbeiter von BMW.

Der Auto Union-Vorstand, der aus Dr. Bruhn, Dr. Werner und Dr. Hahn bestand, tagte am 7. Mai 1945 zum letzten Mal und setzte dabei als Sachwalter einen politisch weniger belasteten Vorstand ein, der aus den Prokuristen Hänsel, Schmolla und Dr. Schüler bestand. Danach setzten sich die früheren Vorstandsmitglieder nach Nord- und Süddeutschland ab. Da der Aktienanteil des Unternehmens zu 93 Prozent in Händen der Sächsischen Staatsbank lag, löste der aus den Direktoren dieser Bank bestehende Aufsichtsrat am 25.9.1945 den bisherigen Vorstand ab und berief die früheren Prokuristen zu Vorstandsmitgliedern. Die entsprechende Änderung im Handelsregister erfolgte am 11.3.1946. Bereits zwei Monate früher erhielt Dr. Schüler von den beiden anderen Mitgliedern die Generalvollmacht, alle Rechtsgeschäfte für die Auto Union, insbesondere in den westlichen Besatzungszonen, wahrzunehmen.

Kraftfahrzeuge unter Hammer und Sichel: Fertigungsbeginn im SMAD-Bereich

Der wichtigste Faktor bei der Reaktivierung der Volkswirtschaft in Ost- und Mitteldeutschland war nach Kriegsende die Besatzungsmacht. Von Eisenach aus trieb sie den Aufbau der Sowjetischen Aktiengesellschaft (SAG) Awtowelo vorangetrieben. Die SAG gründete sich auf Betriebe, die zumeist für die Demontage vorgesehen, dann jedoch in der SBZ belassen und in das Eigentum der UdSSR überführt worden waren.[3] Damit sollten die Reparationsentnahmen, die angestrebte unmittelbare Einflussnahme der Sowjets auf Struktur und Aneignung der Industrieproduktion in der ihnen zugewiesenen Besatzungszone und die Beeinflussung

Der LKW H3 wurde von einem 100 PS-Maybachmotor angetrieben; bemerkenswert ist die Kurzhauben-Bauweise (Bundesarchiv/183/V 7062)

der deutschen Bevölkerung in politischer Hinsicht gesichert werden. Dieser musste die Gründung eines SAG-Betriebes als Rettung vor der Demontage und somit vor dem endgültigen Absturz ins Nichts erscheinen. Im allgemeinen hatte eine solche Maßnahme auch eine stabilisierende Wirkung.

Genau dies traf auf Eisenach und die früheren BMW-Werke zu. Am 13. August 1946 wurden sie auf Befehl Nr. 390 des Chefs der SMAD in Thüringen in den Awtowelo-Verband eingegliedert – und nicht nur die Mitarbeiter atmeten auf. Die neue Firmenbezeichnung lautete nunmehr »Automobilfabrik der Staatlichen Aktiengesellschaft Awtowelo, Werk BMW Eisenach«.

1946 wurden in der thüringischen Stadt wieder über 2 000 Kraftfahrzeuge hergestellt. Das war deshalb möglich, weil der entsprechende Produktionsbefehl der Besatzungsmacht auch Materialzufuhr und Finanzierung sicherstellte. In diesem Zusammenhang erteilte die SMAD auch die Genehmigung zur Bergung von Karosseriewerkzeugen aus dem völlig zerstörten Ambi Budd-Werk in Berlin-Johannisthal. Wie Goldsucher machten sich Mitarbeiter aus Eisenach auf den Weg. Nur mäßig lädierte Presswerkzeuge für die BMW-Baumuster 321, 326 und 327 konnten geborgen und nach Thüringen abtransportiert werden. 600 Arbeitskräfte hatten in Johannisthal fast alle Großwerkzeuge und zwei Drittel der kleineren Maschinen innerhalb von zwei Monaten aus den Trümmern ausgegraben.

Bis zur Rückgabe des Eisenacher Werks in deutsche Hände, die 1952 erfolgte, fertigte man hier rund 9 000 Automobile vom Typ 321, 18 822 Pkw vom Typ 340 und mehr als 41 000 Motorräder vom Typ R 35.[4]

Von den 8 996 produzierten BMW 321 wurden 5 142 Fahrzeuge in die UdSSR exportiert. Finnland, Belgien, Österreich, Schweden, Schweiz, die Niederlande und auch die westlichen Besatzungszonen Deutschlands gehörten zu den wichtigsten Abnehmern, die sich auf insgesamt 17 Länder verteilten. Exakt 1 848 Fahrzeuge verblieben in der Sowjetischen Besatzungszone.

Das ehemalige BMW-Werk in Eisenach war zusammen mit dem Produktionsstandort in Werdau die einzige deutsche Automobilfertigungsstätte, die zur SAG wurde.

Zum Awtowelo Verband zählten ebenfalls die Simson-Werke in Suhl, einst ein Ableger des in der Rüstungsindustrie engagierten Wilhelm-Gustloff-Konzern in Weimar, die MIFA-Fahrradwerke in Sangerhausen sowie Elite-Diamant in Chemnitz und einige weitere Zulieferer.

Darüber hinaus richtete sich das Interesse der Sowjets generell auf das Entwicklungspotential der deutschen Fahrzeugindustrie. Dabei musste man sich auf andere Fertigungsorte konzentrieren, denn die BMW-Entwicklungsarbeit hatte nicht in Eisenach, sondern in München ihren Schwerpunkt. Im Mittelpunkt des Interesses stand für die Sowjets somit vor allem der Chemnitzer Raum. Dort hatten sich das Zentrale Entwicklungs- und Konstruktionsbüro (ZKB) und die Zentrale Versuchsabteilung (ZVA) der Auto Union befunden, und ebendort war auch nach dem Krieg noch ein beträchtliches Potenzial an erfahrenen Mitarbeitern vorhanden.

Leipziger Herbstmesse 1948: Parkplatz für Behelfstaxis am Hauptbahnhof mit einst nicht frontverwendungsfähigen Vorkriegsfahrzeugen (Bundesarchiv/183/N 0415/387)

Leipziger Messe 1948: erste öffentliche Präsentation des F 9 (Archiv des Autors)

Das Haupttor des Eisenacher Werkes nach Überführung in die sowjetische Aktiengesellschaft Awtowelo am 15.9.1946 (Stadtarchiv Eisenach)

Die Zentrale Versuchs-Abteilung der Auto Union an der Chemnitzer Kauffahrtei wurde 1938 errichtet (Archiv Auto Union)

Mitarbeiter des Awtowelo-Konstruktionsbüros in Chemnitz, Oktober 1951 (Archiv Wolfgang Beyer)

Im Juni 1946 gründete das Ministerium für Automobilbau der UdSSR eine Entwicklungsstelle in Chemnitz. Diese wurde Automobiltechnisches Büro (ATB) genannt.[5] Dessen sowjetischer Direktor war Kapitän Turbin, der deutsche Direktor war Diplom-Ingenieur Wawrziniok. Man bemühte sich darum, alle früheren Mitarbeiter der Auto Union zu reaktivieren, und sicherte ihnen ausdrücklich zu, dass nach ihrer Wiedereinstellung keinerlei politische Vorbehalte welcher Art auch immer, beispielsweise eine Mitgliedschaft in der NSDAP, gegen sie geltend gemacht würden. Daran hielt man sich auch. Das ATB residierte an traditionsreichem Ort: Die Chemnitzer Kauffahrtei 45 als Domizil der ehemaligen Zentralen Versuchsabteilung der Auto Union war demontiert worden, wurde allerdings auf Veranlassung von Kapitän Turbin vollständig mit andernorts demontierten Maschinen neu ausgestattet.

Zu den Vorzügen, Mitarbeiter bei Awtowelo wie auch bei anderen sowjetischen Institutionen zu sein, zählte besonders die Bevorzugung beim Bezug von Lebensmitteln. Zusätzliche Kontingente beziehungsweise Lebensmittelkarten erlaubten den Einkauf bei zwei bestimmten Fleischergeschäften in Chemnitz. Die dort angebotene Qualität lag weit über dem sonst üblichen Niveau. Auch Naturalien – Zigaretten, Schnaps, Schuhe und Stoffe – wurden den Mitarbeitern zugewiesen.

Als Hauptaufgabe war den Mitarbeitern vornehmlich die Aufarbeitung und Erfassung der Forschungen der Auto Union vorgegeben worden. Es sollte der

Die erste Probefahrt des Rennwagens Typ 650 auf der Autobahn (Archiv Wolfgang Beyer)

Der 6-Zylinder V-Motor des Rennwagens Typ 650 (Archiv Wolfgang Beyer)

Der Motorenkonstrukteur Walter Träger war für den Rennmotor verantwortlich. Er hatte bereits 1938 beim Entwurf für den Auto Union Typ D Rennmotor (12 Zylinder, 3 l Hubraum, 485 PS) mitgewirkt (Archiv Wolfgang Beyer)

vorhandene Wissensstand erfasst werden. Nachdem dies erfüllt war, sollten im Anschluss daran auf dem Gebiet der Motorenentwicklung und der Kraftübertragung Forschungen betrieben werden.

Von Mitte 1948 bis Ende 1949 war das ATB dem Eisenacher SAG-Betrieb angeschlossen, ohne dass aber der ATB-Standort dorthin verlagert worden wäre. Anfang 1950 wurde das ATB in das Entwicklungswerk Chemnitz für Automobilbau der SAG Awtowelo umgewandelt. Bis Wawrziniok 1951 in den Westen ging, blieb er Direktor von deutscher Seite. Das ATB, mittlerweile figurierte es unter der Bezeichnung Awtowelo, bestand noch bis 1952 und wurde im Sommer dieses Jahres in das IFA Forschungs- und Entwicklungswerk (FEW) überführt.

Von den wichtigsten Arbeiten der rund 120 Mitarbeiter sollen hier beispielhaft jene vorgestellt werden, an denen besonders deutlich wird, wie man vom Wissen zehrte, das in den Auto Union-Jahren angehäuft worden war.[6] Unter der Typenbezeichnung 650 wurde ein kompletter Rennwagen mit einem Zwölfzylinder-Viertakt-Ottomotor entwickelt und gebaut. Der V-Motor mit vier Vergasern war hinter dem Fahrersitz in der Mitte des Wagens angeordnet wie bei den Vorkriegs-Grand Prix-Rennwagen der Auto Union üblich. Das Hubvolumen betrug 2 l. Der Entwicklungshorizont für den Wagen orientierte sich offensichtlich an der damals gültigen Formel II. Mit einem Verdichtungsverhältnis von 10:1 betrug seine Höchstleistung 150 PS/8000 U/min. Der Zylinderkopf war aus Bronze gegossen, um die thermischen Schwierigkeiten besser beherrschen zu können. Angesichts

Die Anfänge in der Nachkriegszeit

Karosseriekonstrukteur Otto Seidan (rechts) am Rennwagenmodell (Archiv Wolfgang Beyer)

der besonderen Knappheit dieses Materials wird deutlich, dass sich damals nur eine sowjetische Firma auf solche Konstruktionsdetails einlassen konnte.

Entworfen wurde der Motor vom früheren Konstrukteur der Auto Union, Walter Träger. Die Getriebekonstruktion stammte von Adolf Hahn, Fahrwerk und Lenkung von den Konstrukteuren Lange und Pietzsch und die Karosserie von Otto Seidan. Bei diesen handelte es sich ausnahmslos um ehemalige Mitarbeiter des Zentralen Konstruktionsbüros von Auto Union.

Alle Bauteile wurden in der mechanischen Werkstatt gefertigt, auch die Karosserie entstand im eigenen Haus. Die Bereifung wurde mit sowjetischer Unterstützung bei Pirelli in Italien gekauft. Die Prüfstandversuche der Motoren führte Oskar Richter durch. Insgesamt wurden drei Motoren und zwei komplette Fahrzeuge gebaut. Die ersten Fahrversuche unternahm Fritz Trägner, der früher als Geländewerksfahrer für Auto Union gearbeitet hatte, vor dem Haus auf der Kauffahrtei. Weitere Fahrversuche auf der Autobahn in der Nähe von Chemnitz ergaben auf Anhieb eine Geschwindigkeit von 180 km/h bei einer Drehzahl von 5400 U/min.

Hinter dem Typencode 653 verbarg sich ein Dreizylinder-Zweitakt-Ottomotor. Die Steuerung von Ein- und Auslass erfolgte mittels Walzendrehschieber, System Baer/Heyland. Der Motor besaß ein Hubvolumen von 1498 ccm und arbeitete mit Benzineinspritzung und Frischölschmierung. Seine Maximalleistung betrug 70 PS/4000 U/min. Das maximale Drehmoment erreichte 16,5 kpm bei

Angehörige des Fahrversuchs nach der Fertigstellung des Rennwagens. Im Fahrzeug Ingenieur A. Kordewahn, unter dessen Leitung die Karosserie gefertigt wurde, 1951 (Archiv Wolfgang Beyer)

1800 U/min. Dieser Motor basierte auf früher angestellten Forschungen und Entwicklungen der ZVA der Auto Union. Diese hatte seit Mitte der dreißiger Jahre den Dreizylinder-Zweitaktmotor zur Serienreife gebracht. Es waren drei unterschiedliche Typen mit 900 ccm, 1100 und 1500 ccm vorgesehen. Bei dem ATB-Motor handelte es sich um eine Fortführung des letztgenannten Auto Union-Musters, dessen Konstruktion vom früheren Auto Union-Mitarbeiter Paul Wittber stammte.

Als Typ 666 wurde ein kompletter Personenkraftwagen entwickelt. Er besaß eine nach amerikanischem Vorbild entworfene Pontonkarosserie, einen Heckmotor und Schraubenfederung an allen vier Rädern. Der Motor war ein Sechszylinder-Zweitakt-Ottomotor in Boxeranordnung und Aluminiumausführung. Die Kühlung erfolgte mittels Luft durch ein Axialgebläse. Der Einlass wurde durch einen Walzendrehschieber-System Baer/Heyland gesteuert, der Auslass erfolgte durch die üblichen Schlitze im Zylinder. Auch dieser Motor besaß eine Benzineinspritzung und Frischölschmierung. Für die Entwicklung zeichnete Oberingenieur Görke verantwortlich, Konstrukteur des Motors war Paul Wittber. Das Hubvolumen des Sechszylinderaggregats betrug 2250 ccm, was bei einer Verdichtung von 7,2:1 für eine Höchstleistung von 65 PS/3500 U/min. ausreichte. Das Fahrzeug wurde im eigenen Haus gefertigt und erprobt. Dabei wurde jedoch die zur Verfügung stehende Zeit zu knapp und der recht komplexe Motor hätte sicherlich eine längere Erprobungs- und Entwicklungszeit benötigt. Aber das

Der PKW Typ 666 mit 6 Zylinder-Zweitaktmotor mit Benzineinspritzung und Frischölschmierung (Archiv Wolfgang Beyer)

Fahrzeug war in Berlin der SMAD vorzuführen, obwohl es vor allem hinsichtlich der Frischölschmierung noch erhebliche Probleme gab. So schleppte man das Auto bis nach Berlin und erst kurz vor dem Ziel fuhr es dann in einer riesigen blauen Rauchwolke mit eigener Kraft vor dem Gebäude der SMAD in Karlshorst vor. Bestätigt wurde es dort nicht. Die Getriebekonstruktion lag wieder in Händen von Adolf Hahn, die des Fahrwerks und Rahmens bei Lange/Pietzsch. Die Karosserie entwarf wiederum Otto Seidan.

Walter Berthold konstruierte unter der Typenbezeichnung 669 einen Fahrradhilfsmotor mit einer Leistung von 1 PS/5000 U/min. Auch ein Motorrad (Typ 676), dessen Konstruktion von Paul Wittber verantwortet wurde und das einen 350 ccm Viertakt-Ottomotor und Kardanantrieb nach bekanntem Vorbild aufwies, entstand in Chemnitz. Die Leistung dieses Motorrads betrug 15 PS. Ursprünglich gedacht als Nachfolger der EMW R 35, wurde es allerdings zugunsten der in Suhl entwickelten AWO 425 nicht weiter verfolgt.

Unter der Entwicklungsnummer 675 wurde schließlich seit 1951 noch ein hydromechanisches Pkw-Getriebe von Adolf Hahn entwickelt. Diese Konstruktion beeinflusste spätere Entwicklungen im WTZ und war ihrer Zeit weit voraus. Über diese Einzelprojekte hinaus wurden beim ATB in direktem Auftrag der sowjetischen Automobilindustrie und des Wissenschaftlichen Instituts für Automobilmotoren (NAMI) in Moskau sogenannte M-Themen bearbeitet, die Prüfstände und Messgeräte betrafen. Dazu gehörten neben anderem auch ein Rollenprüfstand für schwere dreiachsige Fahrzeuge, mit dem es möglich war, Blindleistungen in der Kraftübertragung zu den Achsen zu messen. Weitere Prüfstände waren für

Das Klopfmodell für die Karosserie des Typ 666 war unter Leitung von Ingenieur A. Kordewahn entwickelt worden (Archiv Wolfgang Beyer)

die Untersuchungen von Kupplungen mit einer Antriebsenergie von 1 Mio. kpm (10 Mio. Nm), mechanischen und hydromechanischen Wechselgetrieben und sehr hochdrehenden Motoren, wie zum Beispiel Rennmotoren, bestimmt. Mit diesen Arbeiten begann man im ATB, und seit 1952 wurden sie im Chemnitzer Forschungs- und Entwicklungswerk weitergeführt.

Es besteht kein Zweifel, dass die umfangreichen Demontagen, die seitens der sowjetischen Besatzungsmacht als Kriegsreparationen durchgeführt wurden, den wirtschaftlichen Neubeginn um Jahre zurückwarfen. Für die Automobilindustrie waren die Auswirkungen der Nachkriegszeit, verglichen mit den Beeinträchtigungen durch direkte Kriegsschäden, weitaus fataler. Mit dieser Feststellung sollen diese als Wiedergutmachung durchaus legitimen Leistungen nicht in Zweifel gezogen werden. Auch ist es unumstritten, dass die Impulse, die aus dem vorhandenen Entwicklungspotential kamen, zu äußerst bemerkenswerten Ergebnissen führten. Hier wurde zeitgleich mit Borgward in Bremen an der modernen Pontonkarosserie – unter direkter Nutzung amerikanischer Vorbilder – gearbeitet. Der IFA F 9 mit dem Dreizylinder-Zweitaktmotor wurde auf der Frühjahrsmesse 1948 in Leipzig als serienreifes Modell gezeigt – Jahre vor einem ganz ähnlichen Versuch der Ingolstädter Auto Union. Bevor BMW in München mit der Fertigung des ersten Nachkriegs-Pkw beginnen konnte, waren schon einige Jahre früher in Eisenach Typenmodifikationen in Serie. Von Entwicklungsseite aus konnte von einem West-Ost-Rückstand gar keine Rede sein – ganz im Gegensatz zur Fertigung, bei der bereits zu diesem frühen Zeitpunkt Ende der vierziger Jahre ein hoffnungsloser Rückstand Ostdeutschlands zu verzeichnen war.

Der Typ 666 beim Streckentest, 1951 (Archiv Wolfgang Beyer)

Der Anfang im IFA-Zeichen

Die neue Struktur dieses Industriezweigs

Die nahezu flächendeckende Demontage der Industriebetriebe in der Sowjetischen Besatzungszone galt ohne Rücksicht auf Rechts- oder Besitzformen den Maschinen und Einrichtungen. Als nächster Schritt folgte die Enteignung der bisherigen Eigentümer. Als Ausgangspunkt hierfür nutzte die SMAD die Beschlüsse der in Potsdam tagenden drei alliierten Mächte – am 2. August 1945 war diese sogenannte Berliner Konferenz abgeschlossen –, in denen die politischen und wirtschaftlichen Grundsätze für den künftigen Umgang mit Deutschland festgehalten wurden. Darin heißt es unter Punkt 12: »In praktisch kürzester Frist ist das deutsche Wirtschaftsleben zu dezentralisieren mit dem Ziel der Vernichtung der bestehenden übermäßigen Konzentration der Wirtschaftskraft, dargestellt insbesondere durch Kartelle, Syndikate, Trusts und andere Monopolvereinigungen.«

Daraufhin erließ die SMAD die beiden für den folgenden Enteignungsprozess entscheidenden Befehle ›Über die Beschlagnahme und provisorische Übernahme des Eigentums des deutschen Staates, der Naziaktivisten und ähnlichen Eigentums‹[7] und ›Über die Beschlagnahme des Eigentums der NSDAP‹.[8]

Danach begann in der SBZ die Sequestrierung, das heisst die Beschlagnahme und treuhänderische Behandlung des inkriminierten Produktionseigentums durch die Leiter der Sowjetischen Militärverwaltung in den einzelnen Ländern und Provinzen. Anfang 1946 wurden mittels des Befehls Nr. 97 der SMAD eine zentrale deutsche Kommission und parallel hierzu in den jeweiligen Ländern dezentrale deutsche Kommissionen ins Leben gerufen. Diesen oblagen die Angelegenheiten der Sequestrierung und Vermögenseinziehung unter sowjetischer Kontrolle und deren Bearbeitung. Die sequestrierten Fertigungsanlagen wurden – mit Ausnahme der sogenannten Liste C-Betriebe – den deutschen Verwaltungsorganen zur vorläufigen Nutzung im Sinne des Aufbaus der Friedenswirtschaft überlassen.

In Sachsen wurden insgesamt 4 738 Unternehmen sequestriert. Die zuständige Kommission hatte zu befinden, ob es sich bei den Eignern um Rüstungsgewinnler und Kriegsverbrecher handelte, denen insbesondere Verbrechen gegen die Menschlichkeit vorzuwerfen waren. Bei 1883 Betrieben (Liste A) traf dies zu. Und damit war die vorgenommene Enteignung unwiderruflich. Bei 2 220 Unternehmen (Liste B) hatten sich die Verdachtsmomente nicht bestätigt; ihre Sequestrierung war somit hinfällig. Die übrigen Betriebe (Liste C), 635 an der Zahl, waren als vollständige Rüstungsstätten eingestuft worden. Ihr weiteres Schicksal lag in den Händen der sowjetischen Besatzungsmacht.

Die enteigneten Unternehmen und Betriebe der Liste A waren den Ländern, Provinzen und Kommunen zur weiteren Verwendung zu übergeben. Überdies konnten solche Betriebe an Privatpersonen weiterveräußert werden, was bei Ver-

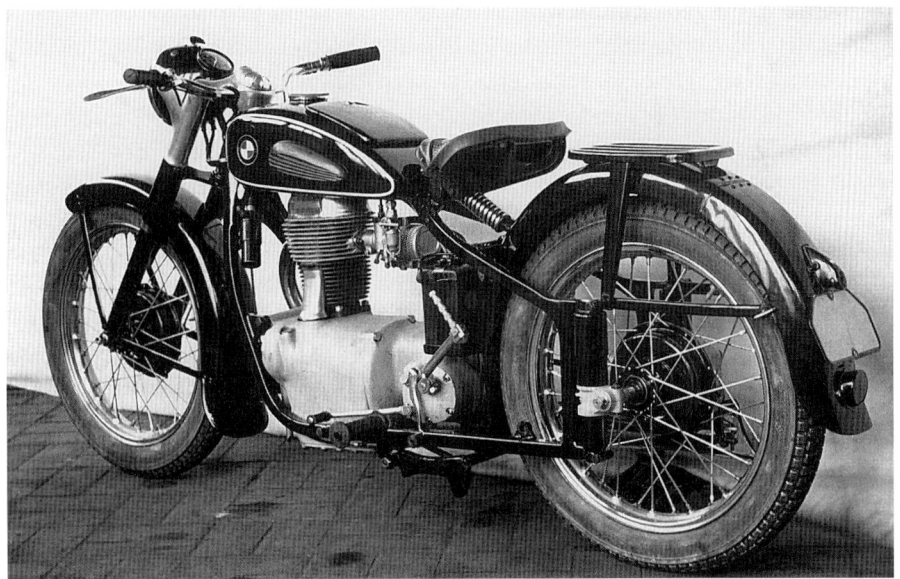

Der Prototyp des Motorrads Typ 676. Ursprünglich als Nachfolger für die R 35 in Eisenach gedacht, ging es wegen der in Suhl sehr gut gelungenen AWO 425 nie in Serie, 1952 (Archiv Wolfgang Beyer)

folgten des Naziregimes häufig als Wiedergutmachungsmaßnahme getan wurde. Die Betriebe der Liste B waren zurückzugeben. In den Fällen, in denen die rechtmäßigen Eigentümer nicht mehr auffindbar waren, gingen die Betriebe ebenfalls an die staatlichen und kommunalen Institutionen über.

Mit Befehl vom 21. Mai 1946 ordnete die SMAD schließlich an, alle zu diesem Zeitpunkt noch unter Sequester stehenden Betriebe als enteignet zu betrachten. Die Landesverwaltung Sachsen veröffentlichte am 25. Mai des Jahres den Entwurf eines Gesetzes über die Übergabe von Betrieben von Kriegs- und Naziverbrechern in das »Eigentum des Volkes«, womit die öffentliche Hand gemeint war. Diese Gesetzesnovelle zielte auf die Bewältigung der sich aus dem SMAD-Befehl ergebenden umfassenden Aufgaben. Daraufhin wurde für den 30. Juni 1946 in Sachsen ein Volksentscheid anberaumt, wobei die dort formulierte Frage »Stimmen Sie dem Gesetz über die Übergabe von Betrieben von Kriegs- und Naziverbrechern in das Eigentum des Volkes zu?« mit Ja oder Nein zu beantworten war. 77,62 Prozent der abgegebenen Stimmen waren dafür, 16,56 Prozent der Stimmberechtigten votierten dagegen. 5,82 Prozent der abgegebenen Stimmen waren ungültig. Dieser Volksentscheid ging auf eine Anregung aus dem Block der antifaschistisch-demokratischen Parteien, dem sogenannten AntifaBlock, zurück und war von der am 20. April 1946 aus der Zwangsvereinigung von KPD und SPD hervorgegangenen SED vorgeschlagen worden. Demagogische Elemente waren nicht zu übersehen, denn die Enteignung war faktisch bereits vollzogen.[9] Diese Aktion sollte einen politisch-stabilisierenden Effekt innerhalb der Bevölkerung haben. Es sollte deutlich werden, dass das Votum der Bürger notwendig und gefragt war. Für den Enteignungsvorgang selber war dies irrelevant. Unter Bezugnahme auf das Ergebnis dieses Volksentscheids, vor allem aber als Umsetzung der SMAD-Befehle wurden ohne Plebiszite in den anderen Ländern der SBZ auf dem Verordnungsweg ganz ähnliche Enteignungen bestätigt, so in Thüringen am 24. Juli 1946, in der Provinz Sachsen am 30. Juli 1946, in der Provinz Brandenburg am 5. August 1946 und im Land Mecklenburg am 16. August 1946.

An dieser Stelle erscheint es sinnvoll, die weitere Entwicklung dieses Industriesektors kurz zu umreißen, damit die im folgenden geschilderte Integration der Kraftfahrzeugfertigung verständlich erscheint. Da es zwischen den Ländern bei der Bewältigung der Entwicklung graduelle Unterschiede gab, soll hier ausdrücklich das sächsische Beispiel in den Mittelpunkt gestellt werden.

Bereits im Herbst 1945 waren für die unter Kuratel stehenden Industriebetriebe die sogenannten Ämter für Betriebserneuerung als staatliche Dienststellen geschaffen worden. Sie schufen im Sommer 1946 insgesamt 65 Industrieverwaltungen. Im Januar des folgenden Jahres wurde die Hauptverwaltung landeseigener Betriebe als Anstalt des Öffentlichen Rechts gegründet, das Leitungszentrum für die landeseigene Industrie in wirtschaftlicher und administrativer Hinsicht. Nach ihren Vorgaben führten die Industrieverwaltungen Planung, Disposition, Finanzwirtschaft, Leitung und Kontrolle aller wirtschaftlichen Prozesse durch. Das Fundament innerhalb dieser hierarchischen Struktur waren die Betriebe, die im Zuge

LANDESVERWALTUNG SACHSEN
Wirtschaft und Arbeit

Dresden A 50, am 5. November 1946

Firma **Bark Motorenbau GmbH.,**
Cunewalde

Das sächsische Volk hat durch den Volksentscheid am 30. Juni 1946 entschieden, daß die Betriebe von aktiven Nazis und Kriegsverbrechern enteignet werden.

Unter diese Enteignung fällt auch Ihr Betrieb:

Bark Motorenbau GmbH.
Cunewalde

Ab 1. Juli 1946 wird vorstehender Betrieb in die Verwaltung des Bundeslandes Sachsen übergeführt.

Vom gleichen Zeitpunkt ab übernimmt die Geschäfte ein von der Landesverwaltung Sachsen bestallter Bevollmächtigter.

LANDESVERWALTUNG SACHSEN

Vizepräsident

Die Benachrichtigungen der von der Enteignung betroffenen Betriebe waren von Fritz Selbmann unterzeichnet (Archiv Eberhard Fritsche)

Straßenverkehr im Jahr 1949 auf der zerstörten Friedrichstraße in Ost-Berlin. Das modernste Fahrzeug fährt am Schluss – der Lkw Horch H 3 (Bildarchiv Preußischer Kulturbesitz)

der Enteignung ihre ökonomische und juristische Selbstständigkeit verloren und als Zweigniederlassungen der Hauptverwaltung landeseigener Industrie behandelt wurden. Die Direktoren der Industrieverwaltungen wurden von der Landesregierung berufen.

Im März 1948 erklärte die SMAD durch den Befehl Nr. 64 sämtliches in gesellschaftlichem Besitz befindliche Eigentum zu Volkseigentum und sprach den gegenwärtigen Besitzern die entsprechende Nutzung zu. Die Führung nahm die 1948 ins Leben gerufene Deutsche Wirtschaftskommission (DWK) wahr. Innerhalb der DWK wurde das Sekretariat für Industrie, das von Fritz Selbmann geleitet wurde, zum Organisationszentrum der künftigen sogenannten Volkseigenen Betriebe (VEB) bestimmt. Diese sind abhängig von ihrer Größe entweder zentral oder auf Landesebene oder auf entsprechender kommunaler Ebene geleitet worden. In Übereinstimmung mit dem Produktionsprofil wurden Mitte 1948 auch Vereinigungen Volkseigener Betriebe (VVB) gebildet. Auch deren Direktoren wurden von der DWK berufen. Diese VVB[10] waren ins Handelsregister eingetragen und hatten die Bilanzverantwortung. Nach wie vor blieben die ihnen zugeordneten Betriebe dem Sinne nach Zweigniederlassungen, wurden, falls sie bereits im Handelsregister registriert waren, gelöscht oder gar nicht erst eingetragen. Sie

Albert Hahn aus Thale im Harz baute sich diesen Roadster 1950, der von einem 200cm³ DKW-Motor angetrieben wurde (Bundesarchiv/183/8987/2)

Die Anfänge in der Nachkriegszeit

Seit 1948 mussten in Berlin alle Behördenfahrzeuge mit kyrillischen Kennzeichen versehen sein. Dieser Mercedes gehörte zum Civilian Motor Pool in Berlin-Steglitz (Bundesarchiv/183/V 670)

waren nach wie vor weder zu juristischen noch zu selbstständigen wirtschaftlichen Handlungen berechtigt.

Auf der Grundlage dieser Gesetze und Verordnungen wurden bis Frühjahr 1948 in der sowjetischen Besatzungszone 9 281 gewerbliche Unternehmungen enteignet und in sogenanntes Volkseigentum überführt. Das entsprach rund 8 Prozent der zu diesem Zeitpunkt tätigen Betriebe und 40 Prozent der Industrieproduktion.[11]

Die nach der Anordnung der Besatzungsmacht endgültig enteigneten Betriebe wurden in den bereits genannten Industrie-Verwaltungen zusammengefasst. Am 1. Juli 1946 war die IV 19 mit Sitz in Chemnitz geschaffen worden, die 18 landeseigene Betriebe der Fahrzeugfertigung in Westsachsen umfasste. Dazu gehörten fünf Fahrzeug- und Motorenfabriken, neun Zuliefer- sowie vier Reparaturwerke.

Identische Industrieverwaltungen waren auch in Dresden für Ostsachsen und für Mittel- und Nordsachsen in Leipzig entstanden (IV 17 und 18). Diese beiden Verwaltungen wurden jedoch Ende 1947 aufgelöst und ihre Betriebe der IV 19 unterstellt. Damit umfasste diese mit Wirkung vom 1. Januar 1948 insgesamt 17 Fahrzeugbaufabriken, 8 Karosseriehersteller und 22 Reparaturbetriebe. Nunmehr erfolgte die Auflösung der Sächsischen Aufbauwerke (SAW) und ihre Betriebsteile wurden der IV 19 übergeben.

Nachdem sich die Deutsche Wirtschaftskommission als zentrales Lenkungsorgan der Industrie in der SBZ konstituiert hatte, wurde die bisher auf Sachsen beschränkte Organisation als IFA Vereinigung Volkseigener Fahrzeugwerke auf das gesamte Territorium ausgedehnt. Mit etwa 40 Betrieben wurde diese neue Vereinigung am 1.7.1948 gegründet. Ihr Bestand an Maschinen betrug 7100, die Zahl der Beschäftigten stieg auf 13 700. Die IFA leitete ab diesem Zeitpunkt den gesamten Fahrzeugbau und war für die technische Entwicklung verantwortlich.

Die Auto Union AG in Chemnitz existierte weiterhin als sogenannter C-Betrieb. Sie verfügte jedoch seit der Abtretung ihrer Einrichtungen an die 1945 gegründeten Sächsischen Aufbauwerke über keinerlei Produktionsmittel oder Einrichtungen mehr. Alleiniger Gegenstand ihrer Tätigkeit war die eigene Liquidation, wozu sie mit der Fähigkeit zu sämtlichen Rechtsgeschäften ausgestattet war. Laut SMAD-Befehl Nr. 64 wurde sie am 17. August 1948 im Handelsregister gelöscht. Ihre Verwaltungsstrukturen wurden aus Kontrolle und Zwangsverwaltung durch die Besatzungsmacht entlassen und der IFA Vereinigung Volkseigener Fahrzeugwerke unterstellt. Das Vorstandsmitglied Dr. Schüler, dem die Treuhänderrolle übertragen worden war, hatte sich zu diesem Zeitpunkt bereits in den Westen abgesetzt.

Vor dem Haus der Deutschen Wirtschaftskommission in Berlin wurden von der IFA zehn Exemplare des F 8 übergeben, von rechts nach links: IFA-Hauptdirektor Lehm, Fritz Selbmann, Heinrich Rau, Audi-Betriebsdirektor Hans Migotsch, unbekannt, IFA-Hauptdirektor Helmut Frank (Bildarchiv Preußischer Kulturbesitz)

Zur Leipziger Frühjahrsmesse 1948 zeigten die Eisenacher den BMW 321 auf eigenem Messestand (Archiv des Autors)

Die erste Fahrzeuggeneration nach 1945: Die Entwicklung an den Standorten

Eisenach

Die mit dem völligen Neubeginn in demontierten Hallen verbundenen Mühen kannte man in Eisenach nicht. Auch hier waren angesichts umfassender Kriegsschäden große Anstrengungen notwendig gewesen, um wieder in Tritt zu kommen. In erster Linie sorgte die Besatzungsmacht dafür, dass ausreichend Maschinen, Werkzeuge und Mitarbeiter zur Verfügung standen. Unter dem Schutzschirm der Sowjets konnte die Produktion von Kraftfahrzeugen in Eisenach 1945 wieder anlaufen. An diesem Standort konnte man zwei Jahre später bereits an eine Neuentwicklung denken, die das Serienbaumuster ablösen sollte.

Am 23. Juli 1947 erhielt das Werk mit Bestätigung der SAG-Generaldirektion von Awtowelo einen neuen deutschen Direktor. Der bisherige Leiter des Werkzeugbaus, Martin Zimmermann, nahm nun diese Position ein. Mit ihm wuchsen die Anstrengungen, einen neuen BMW-Typ zu bauen. Dabei schwebten ihm und dem kleinen Kreis von Mitarbeitern aus der Konstruktions- und Versuchsabteilung der im Vorjahr zurückgesetzte Typ 326 vor, natürlich in moderner Gestalt.

Im September 1947 begannen die Entwicklungsarbeiten. Am 25. April 1948 war der Prototyp präsentierfähig. Seine Typbezeichnung lautete BMW 340-0. Der Wagen besaß eine Ganzstahlkarosserie, deren Bestandteile unter anderem aus jenen Werkzeugen gedrückt worden waren, die man in Johannisthal beim ehemaligen Ambi Budd-Karosseriewerk hatte ausfindig machen können. Zu einem gewissen Prozentsatz stammten sie auch aus eigenen Werkzeugen. Der Sechszylindermotor wurde mit zwei Solex-Fallstromvergasern ausgerüstet und besaß eine Leistung von 55 PS. Das Verdichtungsverhältnis betrug 6,0:1. Wie beim Baumuster 326 waren die Vorderräder einzeln aufgehängt, unten an einer Querblattfeder und oben an Parall-Lellenkern. Der Lenkerarm war als Stoßdämpferhebel ausgebildet. Die Hinterachse des Neulings war starr und trug in der Mitte das gepresste Stahlgehäuse des hypoidverzahnten Hinterachsantriebs. Die rückwärtige Federung erfolgte durch zwei längs liegende Drehstäbe mit angebauten Kolbenstoßdämpfern.

Auch wenn das Konstruktionsniveau des zwischen 1936 und 1941 in Serie gefertigten Typs 326 schon älter als zehn Jahre war, so ließ sich darauf noch immer für die Typenmodifikation aufbauen. Tatsächlich wurden Fahrwerk und Karosserie in wesentlichen Baugruppen fast unverändert übernommen. Angesichts der zeittypischen Mangelsituation, die auch ein SAG-Betrieb nicht ignorieren konnte, konzentrierte sich das Team um Hauptkonstrukteur Gustav Apel auf eine Überarbeitung des Motors sowie auf die Konstruktion eines völlig neuen Getriebes. Auch die Karosserie wurde modifiziert.[12]

Beim Motor erreichte man mit einer Zweivergaseranlage am besten die Zielvorstellungen. Schließlich lag die Leistung um 5 PS über der des Vorkriegswagens. Auch das neue Getriebe wurde fertig und war am verlängerten Abtriebhals und der verkürzten Kardanwelle zu erkennen. Auf sehr elegante Weise wurde das Problem der Schaltung gelöst. Deren Hebel befanden sich der damaligen Mode folgend nicht mehr in der Wagenmitte, sondern am Lenkrad: Die ersten beiden Gänge waren mit einem nicht-sperrbaren Freilauf ausgerüstet, die oberen beiden hingegen synchronisiert.

Am auffälligsten an der neuen Karosserie war der Verzicht auf die typischen BMW-Nieren und die Aufbauscheinwerfer. Die Frontpartie wurde breiter gestaltet und durch zehn quer angeordnete Chromleisten zusätzlich betont. Die Scheinwerfer thronten nicht mehr oben auf den Kotflügeln, sondern wurden in deren Verkleidung eingebaut. Die Vorderkotflügel erhielten einen besonderen Schwung, der fast bis zur Wagenmitte geführt wurde. Dadurch bekamen die Türen einen wulstigen Charakter, die Motorhaube mit vorderem Drehpunkt geriet allerdings glattflächig. Insgesamt sollte das Design eine strömungsgünstigere Form und Eleganz ausdrücken. Beibehalten wurden hingegen die Trittbretter, die das Original in den dreißiger Jahren und der Typ 321 aufgewiesen hatten.

Die Abnahmekommission der SAG Awtowelo stimmte der Aufnahme einer Produktion dieses Wagens zu. Im April 1948 wurde er erstmals öffentlich gezeigt, Pressefotos hie und da gedruckt. Den Beginn der Fertigung legte man auf

Sommer 1949 fest. Als Abschluss der Untersuchungen und Prüfungen wurden vier Prototypen einem Dauertest unterzogen. Sie legten zwischen dem 17. September und dem 10. Oktober 1949 10 000 km innerhalb der gesamten Sowjetischen Besatzungszone zurück. Im Rahmen des ersten Rennens auf dem Sachsenring nach Kriegsende wurden die Fahrzeuge auf einer Ehrenrunde den Besuchern gezeigt.

Herbe Schwierigkeiten verhinderten eine pünktliche Aufnahme der geplanten Produktion; die Teilung des ehemals einheitlichen deutschen Wirtschaftsgebietes in zwei verschiedene Systeme vollzog sich mit immer größerer Schärfe. Für den Automobilbau hatte dies den Verlust traditioneller Zulieferer zur Folge. Auf dem Brüsseler Salon und bei der Leipziger Herbstmesse 1949 wurde der Wagen in endgültiger Form vorgestellt und im Spätherbst des gleichen Jahres verließen die ersten Exemplare des BMW 340 die Werkhallen in Eisenach. Bis Jahresende wurden insgesamt 250 Limousinen ausgeliefert.

Als sportliche Version entwickelte man unter der Bezeichnung 340-1 einen Prototyp, den der BMW-Sechszylindermotor des Typ 328 antrieb. Dieser Prototyp nahm auch an der 10 000 km-Erprobungsfahrt teil und wurde 1949 mit Erfolg bei Sportveranstaltungen eingesetzt. Seine blaue windschlüpfrige Karosserie mit schwarz abgesetzten Radhäusern war aus Aluminium und saß auf einem Kastenrahmen mit der Radaufhängung in der Art des Baumusters 340. Er war jedoch nicht nur hinten, sondern auch vorn drehstabgefedert. Bei einem Kraftstoffverbrauch von 10-14 l auf 100 km wurden Spitzengeschwindigkeiten von 160 km/h mit den 80 PS-Motoren erreicht.

Der Produktionsanlauf des Typs 340 markierte für die Eisenacher Geschichte einen großen Schritt. Auch am äußeren Erscheinungsbild des Werkes konnte man dies ablesen. Versorgungs- und Entsorgungsleitungen waren wieder hergestellt, die Bombentrichter und die schlimmsten Schäden an Gebäuden und Werksstraßen beseitigt. Werkhallen, deren Wiedererrichtung nicht mehr möglich war, wurden durch Neubauten ersetzt. So entstand beispielsweise eine neue Montagehalle, und die Gebäude für die mechanischen Abteilungen, die Schmiede, den Karosseriebau und für die Galvanik wurden generalinstandgesetzt. 1951 waren 87 Prozent der Vorkriegssubstanz wieder hergestellt.

Im Interesse einer höheren Konkurrenzfähigkeit auf den sich sehr interessiert zeigenden Exportmärkten nahm man bereits 1951 eine durchgreifende Überarbeitung des Wagens vor. Mit einem neuen Ansauggeräuschdämpfer, veränderter Vergaserbestückung und einer Steigerung der Verdichtung auf 6,1:1 kam der Motor auf 60 PS. Der Wagen erhielt eine Heizungs- und Defrosteranlage, eine durchgehende vordere Sitzbank statt der bisher eingebauten Einzelsitze, bessere Rücksitze, eine neu gestaltete Schalttafel und überarbeitete elektrische Bauteile (Blinkschalter mit automatischer Rückstellung, Wischermotor und Kofferraumleuchte). Damit änderte sich die Typenbezeichnung in 340-2.

1951 wurde das Programmangebot durch den Lieferwagen 340-3 mit 400 kg Tragfähigkeit erweitert. Auch ein Sanka mit der Aufnahmefähigkeit von zwei

Der BMW 340 am Ende der Herstellungskette in der Fertigmacherei (Archiv Michael Stück)

Tragen – der Aufbau stammte vom Karosseriewerk Halle – und ein Kombiwagen ergänzten die bisher nur auf Limousinen orientierte Angebotsliste.

Als besonderes Glanzstück wurde der BMW 327 als Cabriolet (327-2) wie auch als Coupé (327-3) neu aufgelegt. Die Karosserien und die Kombi-Aufbauten wurden im Karosseriewerk Dresden, vormals Gläser, montiert und die Fahrzeuge dementsprechend in Dresden fertiggestellt.

In hoher Stückzahl wurde das Motorrad R 35 mit einem 350 ccm Einzylindermotor im Stahlblechrahmen produziert. Mit dem völlig geschlossenen Motorblock und einem schmutzgeschützten Kardan-Antrieb entsprach es nicht nur der Konstruktionsschule von BMW, sondern auch besonders den Erfordernissen der Nachkriegszeit. Die Leistung von 14 PS reichte aus, um das 170 kg schwere Motorrad auf eine Höchstgeschwindigkeit von 100 km/h zu bringen. 1952 bekam die R 35 eine Fußschaltung, eine Hinterradfederung sowie einen Schwingsattel. Diese Weiterentwicklung wurde nach der Rückgabe des Werks an die DDR serienwirksam. Seitdem lautete die Typenbezeichnung EMW R 35.

Im Januar 1950 erteilte die SMAD der Eisenacher Konstruktionsabteilung den Auftrag, Nachfolgemodelle für den BMW 340 zu entwickeln. Daraufhin entstanden zwei Prototypen mit der BMW-Codierung 342 und 343. Für beide waren im Prinzip gleiche Fahrgestelle vorgesehen. Sie besaßen vorne die weiterentwickelte Radaufhängung aus Doppelllenkerarmen, Drehstabfedern und Teleskop-

Der BMW 326 von 1936 schwebte den Technikern in Eisenach als Nachfolger für den 321 vor, allerdings in einer modernisierten Form (Archiv des Autors)

Der sportliche 340-1 auf Basis des BMW 328, 1949 (Archiv Michael Stück)

Der 340-1 auf Testfahrt 1949; bei diesem Wagen blieb es beim Prototyp (Bundesarchiv/183/R 81721)

Der 327-2 erlebte eine glanzvolle Renaissance und war vor allem für den Export gedacht (Archiv des Autors)

Die Anfänge in der Nachkriegszeit

Zur Leipziger Messe 1949 zeigten die Eisenacher diesen BMW S1 mit Plexiglashaube und blaumetallicfarbener Karosserie (Archiv des Autors)

stoßdämpfern, hinten war eine Starrachse mit Drehstabfedern und Kolbenstoßdämpfern vorgesehen. Der Unterschied zwischen den Fahrgestellen der zwei Prototypen bestand darin, dass der Typ 343 statt der Drehstäbe Schraubenfedern aufwies.

Der 342 besaß wieder das bekannte klassische BMW-Gesicht mit Doppelniere und den von den Eisenacher Fahrzeugen schon bekannten »Bienenaugen«. Insgesamt war gerade bei diesem Fahrzeug eine verblüffende Ähnlichkeit zum Typ BMW 501 festzustellen, der später in München produziert wurde. Der BMW 343 besaß eine der damaligen Mode angepasste wuchtige verchromte Stoßstange, breite Zierleisten und einen stark betonten Kühlermittelpunkt mit dem Markenzeichen. Bei beiden Modellen hatten die Konstrukteure den Kofferraum erheblich vergrößert.

Beide Entwurfsmodelle waren erheblich länger ausgefallen als der Ausgangstyp. Lediglich der Motor war nahezu identisch geblieben und besaß immer noch 2 l Hubraum, sollte jedoch auf 65 PS Leistung gesteigert werden. Die Karosserien wurden von den Eisenacher Konstrukteuren Fleischer und Kessler entworfen. Am 2. März 1951 wurden die Prototypen fertig gestellt und noch in der selben Nacht nach Berlin-Karlshorst zur SMAD gebracht. Dort sollten sie begutachtet werden. Unmittelbar anschließend wurden sie nach Leipzig überführt, wo sie ab dem 4. März auf dem Eisenacher Stand auf der Frühjahrsmesse zu sehen waren.

Parallel zu diesen Erprobungen war im Chemnitzer Awtowelo-Konstruktionsbüro ebenfalls ein Prototyp entstanden, für den die Typenbezeichnung BMW 351

Der BMW 340-2 mit Kombi-Aufbau vom Karosseriewerk Dresden (vormals Gläser) (Archiv des Autors)

vorgesehen war. Das Auto besaß einen 2,0 l Sechszylinderreihenmotor, dessen Leistung von 54 PS für eine Spitzengeschwindigkeit von 120 km/h ausreichte.

Die sowjetische Unternehmensleitung entschied sich als Nachfolgemodell für den Typ 342, dessen Fertigung in Serie am 28. Mai 1952 genehmigt wurde. Aber faktisch entstand dieses Auto nicht mehr, denn die Produktion wurde von der Übergabe des Betriebes durchkreuzt. Das Eisenacher Werk wurde aus sowjetischen Besitzverhältnissen herausgelöst und mit Wirkung vom 5.6.1952 als VEB IFA Automobilfabrik EMW Eisenach der deutschen IFA unterstellte. Dort hatte man mit diesem Werk andere Pläne.

Chemnitz
Am Standort Chemnitz der Auto Union AG wurde das Zentrale Verwaltungsgebäude des Konzerns zum Krankenhaus umfunktioniert. Das in der Rößlerstraße gelegene Werk, in dem Teile und Baugruppen der Fahrzeugelektrik produziert worden waren, hatten Bomben stark zerstört, der Rest war demontiert worden. Diese Betriebsstätte geriet nach der Wiederaufnahme der Fertigung in die Zuständigkeit einer anderen VVB.

Die in der Kauffahrtei gelegene ehemalige Zentrale Versuchsabteilung war als Domizil des Sowjetischen Konstruktionsbüros auserkoren worden. Lediglich die Hallen für ein Motorenwerk der Auto Union, die in der unmittelbaren Nachbarschaft errichtet worden waren, standen noch zur Verfügung. Sie waren den Sächsischen Aufbauwerken (SAW), dem »Verweser« der Auto Union, zugesprochen

Eine Weiterentwicklung des BMW 340-2 war der BMW 342 von 1950/51, der eine weitläufige Ähnlichkeit zum »Barockengel« aus München zeigte. Von dieser Studie führt eine direkte Linie zum P 240 Sachsenring (Archiv Michael Stück)

worden. Diese begann 1947 auf Veranlassung der IV 19 mit der Regenerierung von Motoren, Getrieben und Fahrzeugteilen. Zudem planten die Sowjets, dort eine zentrale Motorenproduktion aufzubauen. In diesem Zusammenhang wurden auf ihren Befehl hin in diesem Werk etwa 200 Sturmboot-Motoren als Reparationsauftrag für die Sowjetunion gefertigt. Es handelte sich dabei um wassergekühlte Vierzylinder-Viertakt-Boxermotoren. Hinzu kamen Aufträge für Militärfahrzeuge, so beispielsweise die Achtzylinder-V-Motoren für den Kübelwagen H 1 oder die ebenfalls von sowjetischer Seite initiierte Fertigung von Fünfzylinder-Sternmotoren für Flugzeuge. Der Hauptakzent der Arbeiten in dieser Fabrik lag jedoch auf der Wiederbelebung des vorhandenen Fahrzeugparks in Wirtschaft und Verwaltung. Und dies war ohne eine Produktion von Ersatzteilen nicht möglich. Aus diesem Grund begann man im Jahr 1947 mit der Produktion von Kurbelwellen für den F 8-Motor. Als sehr hilfreich erwiesen sich dabei die Erfahrungen der DKW-Fachleute.

1949 nahm man im Chemnitzer Werk die Produktion von kompletten DKW-Zweizylinder-Zweitakt-Motoren auf. Die Ausführung dieses F8-Motors entsprach unverändert der Version aus den letzten Tagen des DKW-Werks. Auch wenn die konstruktiven Unterlagen vorhanden waren und der Mitarbeiterstamm schnell eingearbeitet werden konnte, so erwiesen sich doch die vollständig anders gearteten Kooperationsbeziehungen vor allem im Hinblick auf Teile, die gekauft werden mussten, als überaus kompliziert. Für Materialien, die bisher aus dem Westen Deutschlands bezogen worden waren, waren neue Zulieferer zu finden.

Russisch-amerikanische Chromträume prägten den BMW 343, der 1951 als Nachfolge-Studie für den BMW 340-2 fertiggestellt wurde (Archiv Michael Stück)

Diesen fehlte häufig das nötige Know-how, oder ihnen musste dabei geholfen werden, in die neuen Aufgaben hineinzuwachsen. In diesem Zusammenhang sei besonders auf zwei Problemfälle hingewiesen. Das erste bestand in der Schmierung der Lamellenkupplung, des Kettentriebes und des Schaltgetriebes. Das bis dahin verwendete Spezial-Schmierfett Shell-Ambroleum stand nicht mehr zur Verfügung. Es wurde versucht, die sehr unterschiedlichen Anforderungen an dieses Schmiermittel in Zusammenarbeit mit der im Aufbau befindlichen Schmierstoffindustrie im Osten dem Shell-Produkt ›nachzuempfinden‹. Das hatte langwierige und mit Rückschlägen verbundene Versuche zur Folge. Ein anderes Problem stellte sich in der Standfestigkeit der Doppelrollen-Kette, mit Hilfe derer die Kräfte vom Motor zum Getriebe übertragen werden. Die damals in Aufbau befindliche Kettenfabrik in Barchfeld war noch nicht in der Lage, die entstandene Lücke qualitativ hochwertig zu schließen. Somit stellten gerade die Antriebsketten einen ganz empfindlichen Engpass innerhalb des Fertigungsprozesses dar. Weitere Problemfälle ergaben sich beispielsweise bei folgenden Baugruppen: Ersatz der Solex-Lieferungen von Vergasern; Schalldämpfer wurden bisher von Eberspächer, Leipzig, bezogen, doch diese Firma war liquidiert worden und konstruktive Unterlagen waren nicht mehr vorhanden; bei Kolben fielen die Lieferungen von Kolben-Schmidt und Mahle aus und eine eigene Kolbenfertigung steckte erst in den Anfängen. Die Lagerung des Pleuels auf dem Hubzapfen ebenso wie die Lagerung der Kurbelwelle im Kurbelgehäuse auf Zylinderrollen verschiedener Abmessungen erforderten die Einhaltung sehr enger Toleranzen. Da die Wälzlagerindustrie dieser Forderung noch nicht entsprechen konnte, musste eine nochmalige Sortierung der Wälzkörper innerhalb des Chemnitzer Motorenwerkes erfolgen. Hierzu baute man sich selber eine Sortiermaschine mit Klassierung, und erst nach einigen Jahren hatte die Wälzlagerindustrie das Stadium erreicht, den Motorenhersteller in diesem Punkt zu entlasten.

In der Chemnitzer Kauffahrtei trat an Stelle der SAW der 1950 gebildete VEB Motorenwerke Chemnitz. Dieser wurde zur Fertigungsstätte aller in Zwickau und Hainichen benötigten Zweitaktmotoren und Getriebe bestimmt. Somit entstanden hier nicht nur die Zweizylindermotoren für den F 8 und später für den P 70, sondern auch die Dreizylinder-F 9-Motoren.

Der Ursprung des Dreizylinder-Zweitaktmotors ist nicht mehr genau zu rekonstruieren. In der Zeit nach 1933 taucht in den Werkslisten erstmals eine solche Konstruktion in Reihenbauart und mit Luftkühlung als »neue Type DL 900« auf. Leider fehlen hierzu nähere Angaben, doch als Verwendungszweck wird Flugzeug-Bordaggregat angegeben. Welche Rolle dieser luftgekühlte Motor bei der Konzipierung des F 9 spielte, ist nicht zu ermitteln. Vom Hubvolumen her waren sicherlich 900 bis 1000 ccm und eine Leistung von etwa 30 PS für einen Pkw-Antrieb unbedingt erforderlich. Mögliche positive Erfahrungen mit dem DL 900 sowie neuere Erkenntnisse für die Auslegung von Zweitaktmotoren im allgemeinen – kontinuierlicherer Ansaugstrom, ausgeglicheneren Drehmomentenverlauf, günstigere Voraussetzungen für die Nutzung der Abgasanlage für Leistung und Verbrauch, eine herstellungstechnisch bessere Beherrschung verglichen mit dem Vierzylinder-V-Motor – können den Ausschlag für drei Zylinder gegeben haben. Ab 1938 wurde in den Unterlagen ein wassergekühlter Dreizylinder-Zweitaktmotor als Typ DW 900 mit H/B = 78/70 mm mit einem Verdichtungsverhältnis von 6,5:1 aufgeführt und als Verwendungszweck der Antrieb von Feuerspritzen genannt. Doch war dies ausdrücklich nur als Versuch deklariert. Die geometrischen Abmessungen stimmten mit denen des F 9-Motors überein. Dieser in den DKW-Listen ab 1938 auftauchende Dreizylindermotor war mit dem Vermerk versehen »abgeänderter P 9-Motor«. Die Bezeichnung P 9 wurde später in F 9[13] geändert. Demnach stand hier ursprünglich die Fahrzeugversion Pate. Dem widerspricht auch nicht, dass der Motor – Zylinderkopf und Kurbelgehäuseoberteil waren in Grauguss hergestellt – durch seine Bauart relativ schwer ausfiel, weswegen er übrigens auch nicht den um 8 Kilogramm leichteren Feuerlöschmotor ZW 1100 ersetzen konnte. Eine höhere Motormasse war bei Frontantrieb nicht unbedingt von Nachteil. Durch die Verbindung von Block und Kurbelgehäuseoberteil vermied man aber eine Trennfläche, was sich fertigungstechnisch und funktionell vorteilhaft auswirkte, denn dadurch konnte eine mögliche negative Addition von Abweichungen von der Planparallelität der Trennflächen auf die Laufbedingungen des Kurbel- und Kolbentriebes vermieden werden. In der Auslegung der Zündanlage beschritt man neue Wege. Der F 8-Motor besaß für jeden der beiden Zylinder eine eigene Zündanlage mit Unterbrecher und Zündspule. Beim F 9-Motor lehnte man sich wieder an das Vorbild des Vierzylinder-V-Motors der einstigen DKW-Sonderklasse an. Dieser verfügte über einen Zündverteiler, der von der Kurbelwelle über einen Schraubenradantrieb im Übersetzungsverhältnis 2:1 angetrieben wurde. Auf die selbe Weise war auch die F 9-Zündanlage gestaltet. Der Boschzündapparat enthielt einen Nocken mit drei Erhebungen, zwei Unterbrecher und eine Zündspule. Der Verteilerfinger war so gestaltet, dass bei einer Umdrehung die Zündfunken für zwei Umdrehungen der Kurbelwelle weitergeleitet werden konnten. Bei einer Drehzahl von 4 000 U/min. bedeutete dies, dass die Zündspule 12 000 Zündfunken erzeugen musste. Der F 9-Motor bestand aus drei in Reihe angeordneten Zylindern, arbeitete im Zweitakt und war besonders unter dem Gesichtspunkt einer rationellen Fertigung entwickelt worden. Im ZKB der Auto Union hatte neben anderen daran Diplom-Ingenieur Müller gearbeitet, der in den fünfziger Jahren unter dem Namen Müller-Andernach aufgrund anderer sehr fortschrittlicher Zweitaktkonstruktionen bekannt werden sollte. Ursprünglich war vorgesehen, den Motor in Zschopau zu fertigen und die Montage in Zwickau durchführen zu lassen. Da die Kapazität des DKW-Werkes begrenzt war, hatte die Auto Union ein ganz neues Motorenwerk in Riesa geplant. Dieser Standort war vor allem wegen der günstigen Transportlage ausgewählt worden. (Eisenbahnknotenpunkt und Elbe-Hafen). Dieser Plan zerschlug sich.

Nach Kriegsende wurden die Arbeiten am F 9-Motor nicht sofort weitergeführt. In der zweiten Hälfte der vierziger Jahre sollen noch drei Motoren aus der Vorkriegszeit vorhanden gewesen sein, die für einen Abtransport in die Sowjetunion nicht vorgesehen waren oder zurückbehalten werden konnten. Das Interesse der Sowjets galt in dieser Zeit vor allem der Aufbereitung von Erfahrungen und Erkenntnissen, die bei der Auto Union früher mit Drehschiebersteuerungen

Aus dem Chemnitzer Awtowelo-Büro stammte der Prototyp 351. Der senkrecht strukturierte Kühlergrill und das Sachsenwappen verrieten bodenständiges Denken in Traditionen (Archiv Michael Stück)

für den Gaswechsel von großvolumigen Einzylinder-Prüfstandmotoren (V_h = 2,0–2,5 l) gewonnen wurden. Diese Ergebnisse sollten in den Flugmotorenbau einfließen. Man hatte mit Flachdrehschiebern negative, mit Walzendrehschiebern jedoch positive Erfahrungen gemacht. Führend bei diesen Arbeiten war Dr. Endres, Leiter der Abteilung Zentralversuch bei der Auto Union.

Ausgangspunkt für die Wiederaufnahme des F 9-Motors nach Mai 1945 war der Versuch, mit Billigung der sowjetischen Besatzungsmacht durch die SAW an der Kauffahrtei in Chemnitz ein Zentrum zu errichten, in welchem Motoren hergestellt werden sollten. Bereits 1946 waren zunächst erste Überlegungen angestellt worden, den Vierzylinder-Viertakt-Ottomotor des Wanderer W 24 neu aufzulegen. Damit hätte ein noch zu entwickelnder Mittelklasse-Pkw angetrieben werden können. An einem solchen Wagen war vor allem von Seiten der Sowjets das Interesse groß. Sie hatten vor, ihn auf Reparationskonto – so wie in Eisenach den BMW 321 – produzieren zu lassen. Der SAW-Betriebsdirektor Lehm wurde jedoch durch seine Mitarbeiter Walter Bergmann und Helmut Richter von den wesentlichen Vorteilen des DKW F 9-Motors überzeugt. Den Ausschlag gab die ungleich günstigere Materiallage und vor allem die genaue Kenntnis der beiden, wo noch als Schrott abgelegte Baugruppen und Bauteile im ehemaligen Auto Union Zentralversuch lagerten. Sie wussten ebenfalls, dass sich in Zschopau von der Demontage verschonte wichtige Motorteile befanden. Lehm stimmte unter der Bedingung zu, dass alles so geheim wie möglich vor sich gehen müsse und vor allem die Sowjets keinen Wind von der Sache bekommen dürften. Andernfalls wären größte Schwierigkeiten zu erwarten.

Nahezu Zweidrittel der Fahr- und Triebwerksteile wurden zumeist in Nacht- und Nebelaktionen ›organisiert‹ und in einem Schuppen auf dem SAW-Werksgelände deponiert. Fehlende Teile wurden von der Mechanischen Abteilung der SAW konstruiert und gebaut. All dies musste schnell vonstatten gehen, keiner durfte etwas merken. Anfang 1947 hatte man sich schließlich doch den Sowjets offenbart und deren Zustimmung erwirkt. Dennoch waren vorher gerade unter diesem Druck erhebliche Änderungen an dem aus der Vorkriegszeit stammenden Motor vorgenommen worden. So bestand die Kurbelwelle des Dreizylindermotors ursprünglich aus dreizehn Teilen; sie wurde so umkonstruiert, dass davon nur noch neun übrig blieben. Die Torsionsfestigkeit und die Lebensdauer der Kurbelwelle nahmen dadurch wesentlich zu. Außerdem wurde der Zylinder-

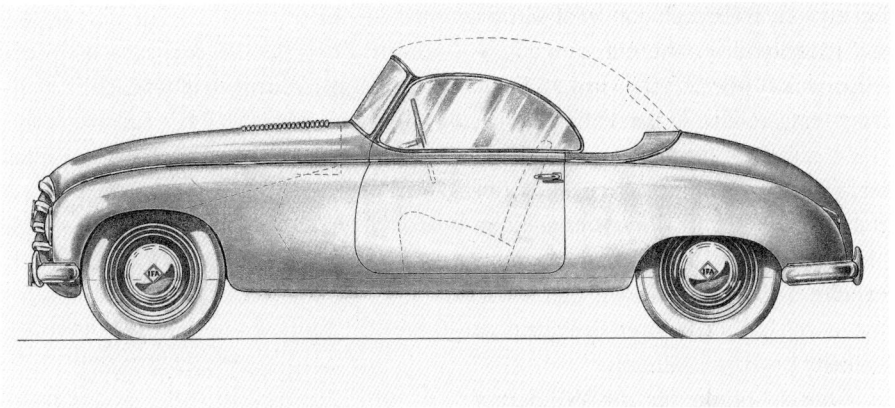

Im Unterschied zu den Hebmüller-Karosserien für den Auto Union DKW schwebte den Chemnitzer Entwurfsgrafikern für das F8-Fahrgestell ein Roadster in Pontonform vor (oben und links). Dies entsprach den Vorstellungen von Albert Locke, der den Entwurf am 24.7.1952 abzeichnete (Archiv des Autors)

körper so umgebildet, dass nunmehr für alle drei Zylinder ein einheitlicher Kolben verwendet werden konnte; zuvor gab es zwei verschiedene Abmessungen. Für den Vergaser besaß man keinen Zulieferer mehr, die Berliner Vergaserfabrik entwickelte daher dieses Bauteil vollkommen neu. Zuguterletzt wurden anstelle der ursprünglich vorgesehenen M14 Zündkerzen nunmehr solche mit 18er Gewinde verwendet.

Auch am Getriebe waren zahlreiche Veränderungen notwendig, so beispielsweise eine Änderung der Achsversetzung von 10 mm zwischen Tellerrad und Antriebsritzel und die Verbesserung des Freilaufs hinsichtlich des Außendurchmessers. Auch die Rollenzahl wurde überarbeitet, wodurch sich eine Erhöhung des Wirkungsgrades um 50 Prozent ergab. Nicht angetastet wurden der halbkugelförmige Brennraum und der Sitz der Zündkerze im Zylinderkopf, der zur Vergaserseite hin mit einem Winkel von 60° geneigt war. In dieser Ausführung hatte der Motor eine Leistung von 27 PS erreicht und so wurde er 1949 neu aufgelegt.

Wie beim F 8 lieferte das Motorenwerk Chemnitz den kompletten Triebsatz, also den Motor mit Getriebe. Von 1949 bis 1951 wurden 966 Stück und von 1952 bis zur Einstellung der Fertigung an diesem Standort im Jahr 1953 weitere 914 Exemplare hergestellt und ausgeliefert.

Zwickau

Bereits im Herbst 1945 waren für eine mögliche Kraftfahrzeugproduktion, die auf früher geleisteten Vorarbeiten bei der Auto Union basieren sollte, Überlegungen angestellt und in einer »Stellungnahme zur Wiederaufnahme der Kraftfahrzeugfertigung bei der Auto Union AG beziehungsweise deren Nachfolgergesellschaft« festgehalten.[14] In diesem Memorandum waren außer den Personenwagen DKW F 8 und DKW F 9 auch der Kurzhauben-Lkw mit 3 t Nutzmasse sowie ein

Acker-, ein Transport- und ein Großlastenschlepper vorgesehen. Für den Ackerschlepper wollte man auf eine 1939/40 in der Zentralen Versuchsabteilung der Auto Union bis zum Bau von 15 Versuchsfahrzeugen vorangetriebene, dann allerdings eingestellte Lizenzentwicklung der Breslauer Firma FAMO zurückgreifen. Dabei handelte es sich um einen für die Landwirtschaftsmotorisierung entwickelten »Bauern-Trekker« mit einem Vierzylinder-Boxermotor (Wasserkühlung) beziehungsweise mit Zweizylinder-Boxermotor (Luft- oder Wasserkühlung). Beide Motoren waren für einen Holzgasbetrieb ausgelegt. Der Transportschlepper sollte vom selben Motor wie der Kurzhauben-Lkw angetrieben werden, allerdings gedrosselt sein, und Anhängelasten von 8 bis 10 t Nutzmasse vor allem im Nahverkehr bewegen können.

Angesichts der allgemeinen Fahrzeug- und Materialsituation sowie unter Berücksichtigung des C-Status der Auto Union waren die Produktionsbefehle der SMAD jedoch lediglich auf eine Instandsetzung vorhandener Fahrzeuge ausgerichtet. Eine Neuproduktion sollte nur durch die Interessen der Besatzungsmacht bestimmt werden. Mit Sonderbefehl Nr. 44 erhielten die demontierten Auto Union-Werke Horch und Audi in Zwickau Reparaturaufträge in sehr großem Umfang erteilt.

Im Werk Audi konzentrierte man sich bei der unternommenen Neuorganisation der Fahrzeugfertigung in erster Linie auf eine Weiterführung der Frontantriebswagen. Bereits 1947 erteilte der zuständige Werkskommandant die Erlaubnis, einige DKW F 8 zu montieren. Spätestens seit Anfang dieses Jahres waren die Audi-Werker auch am Versuch beteiligt, den F 9 zur Serienreife zu bringen. Hinsichtlich des Motors und des Getriebes dieses Modells waren die Sächsischen Aufbauwerke/Motorenwerk Chemnitz im Begriff, die Voraussetzungen für Konstruktion und Fertigung zu schaffen. Besonders beim Fahrwerk und bei der Karosserie kam man allein nicht weiter. Daher wurden über die IFA-Vereinigung die Audi-Werke ins Spiel gebracht. Dort hatte sich seit Mitte 1947 Walter Haustein, der seit Jahren zum Audi-Konstruktionsbüro gehörte und einer der geistigen Väter des DKW Frontantriebswagens war, damit befasst. 1955 erinnerte er sich folgendermaßen daran: »Mitte des Jahres 1947 begannen die Konstruktionsarbeiten für den Wagen IFA F 9. Unterlagen für das Fahrgestell aus der Vorkriegszeit waren keine vorhanden. (…) Bei Audi entstanden die Fahrgestellunterlagen aus meiner Erinnerung vom Auto Union Fahrgestell F 9 unter der Berücksichtigung, dass bewährte F 8-Teile verwendet und Schwächen, die mir vom Fahrgestell F 9 bekannt waren, vermieden werden sollten. Dieses Fahrgestell war von mir bereits Anfang 1948 durchentwickelt.«[15]

SAW-Direktor Lehm gelang es, für den 19. Februar 1948 in Berlin-Karlshorst einen Besichtigungstermin für die Prototypen zu bekommen. Anlass war die Leipziger Frühjahrsmesse, auf der die Sowjets eine Aufbruchstimmung durch eigene, in ihrer Besatzungszone entwickelte Produkte zu erzeugen hofften. Es wurden drei DKW F 8, ein DKW F 9 sowie ein Lkw Phänomen Granit 1500 S nach Berlin gebracht und der Transportabteilung der SMAD in Berlin-Wendenschloß, der

1948/49 liefen die Arbeiten zur Serienvorbereitung des Vorkriegs-F 9 auf Hochtouren (Bundesarchiv/ 183/5672/14)

Der Roadster vom F 9 sah hinreißend aus. Der Motor war mit zwei Fallstromvergasern bestückt und leistete 34 PS. Dank dieser Stärke und aufgrund einer Getriebeänderung erreichte das Auto 130 km/h. Das auf der Leipziger Frühjahrsmesse 1950 gezeigte Fahrzeug blieb ein Einzelstück (Archiv des Autors)

Wirtschaftsabteilung der SMAD in Berlin-Karlshorst, der Deutschen Zentralverwaltung der Industrie in der SBZ sowie der Generaldirektion Kraftverkehr und Straßenwesen vorgestellt. Im Bericht über die gelungene Präsentation hieß es drei Tage später: »Besonders stark interessierte unser neuer DKW Dreizylinder, der von allen eingehend besichtigt und von Herrn General Olechnowitsch von Berlin-Wendenschloß nach Berlin-Karlshorst Probe gefahren wurde.

Das zusammengefaßte Ergebnis der Berliner Besprechungen ist folgendes:
1) Die Beschickung der Messe wurde zuerst durch Herrn General Olechnowitsch und im Anschluß daran durch Herrn General Kowal genehmigt.
2) Bei Erteilung der Bauerlaubnis auf unsere DKW-Wagen werden die für die Fertigung vorgesehenen Zweigbetriebe SAW-Werk Chemnitz, Audi-Werke Zwickau und IFA Karosseriewerk Dresden (vormals Gläser) freigegeben und damit von allen anderen Verpflichtungen entbunden. Diese Zusicherung gab Herr General Olechnowitsch ab, dem diese Werke unterstehen.«[16]

Nachdem der Wagen zur Leipziger Frühjahrsmesse tatsächlich das erwartete Aufsehen erregt hatte und sich somit ziemlich gute Möglichkeiten abzeichneten, ihn im Ausland zu verkaufen, liefen die Produktionsvorbereitungen mit »höherer Drehzahl«. Bei Audi wurden noch im Frühjahr 1948 vier weitere Fahrgestelle fertig gestellt. Im Gegensatz zur ursprünglichen Planung war Gläser nicht in der Lage, die Stahlblech-Karosserie für den F 9 zu übernehmen, denn mit den aufwendigen F 8-Holz/Kunstleder-Aufbauten war dieses Werk voll ausgelastet. Daher begann man im Werk Horch mit Hochdruck an den Karosseriezeichnungen zu arbeiten. Hierzu ist anzumerken, dass zunächst im Auto Union-Zentralversuch nicht nur ein kompletter Satz von Originalzeichnungen und Zeichnungspausen aufbewahrt worden war, sondern auch Zeichnungen, die aus Sicherheitsüberlegungen verfilmt worden waren. Diese Fotos verschwanden in den ersten Maitagen 1945 aus dem ZVA-Archiv und gelangten wohl im Gepäck der sich gen Westen absetzenden Vorstandsmitglieder in die anderen Besatzungszonen. Die Originalzeichnungen wurden als Reparationsgut in Kisten verpackt der Sowjetunion übergeben. Im Frühjahr 1947 erteilte Kapitän Turbin, der Leiter des Automobiltechnischen Büros in Chemnitz, den Befehl, sämtliche vorhandene Lichtpausen der F 9-Zeichnungen zusammenzupacken und ihm persönlich zu übergeben. Der weitere Verbleib dieser Pausen ist unbekannt.[17]

Man besann sich in dieser Lage auf die einst vorgesehene Fertigungsstätte in Berlin-Spandau. Dieses nach wie vor zur Auto Union gehörende Werk antwortete auf Anfrage recht positiv: Man besitze die Zeichnungen und sei bereit, sie entsprechend zu kopieren und gegen eine Kostenerstattung nach Sachsen zu schicken. Ab 1. August wurde in Zwickau ein prominenter Konstrukteur neu eingestellt – Albert Locke. Er war vormals Leiter des Zentralen Karosserieentwick-

Die ersten F 9-Wagen besaßen 1948 die durchgehende Stoßstange vorn, Positionsleuchten auf den Vorder-Kotflügeln sowie das DKW-Emblem auf der Motorhaube (Archiv des Autors)

Die Rückansicht des Versuchswagens lässt den Kraftstoff-Einfüllstutzen, also den noch hinten angeordneten Tank, und außen liegende Scharniere erkennen. Das DKW-Emblem auf der Kofferklappe war durch die vier Ringe der Auto Union gekrönt (Archiv des Autors)

lungs- und Konstruktionsbüros der Auto Union und maßgeblich am Entwurf der F 9-Karosserie beteiligt gewesen. Locke erhielt nunmehr den Auftrag von Chefkonstrukteur Weise, die vom Werk Spandau überlassenen Zeichnungspausen auf Vollständigkeit und Brauchbarkeit zu überprüfen. »Ich stellte fest, dass die Zeichnungen unvollständig und zum großen Teil schlecht gepaust waren. Da die Zeichnungen außerdem Fehler enthielten, wurde der ursprünglich gefasste Plan, die Werkzeuge nach den Spandauer Zeichnungen zu bestellen, fallen gelassen. Die damalige Werkleitung beschloß, die Zeichnungen komplett neu anfertigen zu lassen. Mein Vorschlag, die Karosserie in der Form und Bauart neu zu entwickeln, wurde allgemein abgelehnt.«[18] Locke hatte an eine Pontonkarosserie gedacht, die aufgrund zu hohen Aufwands nicht umzusetzen war.

Mit Albert Locke und Walter Haustein waren an der Serienvorbereitung des F 9 zwei Konstrukteure beteiligt, die bereits in der Vergangenheit maßgeblichen Anteil an der Entwicklung des Fahrzeugs hatten. Ihnen war am besten bekannt,[19] dass 1942 die Versuchserprobungen praktisch eingestellt worden waren. Die früher gewonnenen einschlägigen Erfahrungen mussten berücksichtigt und überarbeitet werden. So wurden an Fahrwerk und Karosserie gegenüber dem ursprünglichen Entwurf einige Veränderungen vorgenommen. Der IFA-Wagen erhielt eine hydraulische Bremsanlage vom Bremsenwerk in Limbach und statt der ursprünglichen Vierloch-F 8-Räder solche mit Fünfloch-Felgen. Außerdem war bei ihnen

Am 24.1.1950 wurde im Berliner »Haus des Nationalrates« eine Qualitäts-Ausstellung eröffnet, bei der auch der serienmäßige F 9 gezeigt wurde: Er hatte neue Stoßecken, keine Positionslampen mehr und noch immer das DKW-Emblem (Bundesarchiv/183/S 93787)

Die Anfänge in der Nachkriegszeit

Auf dem Horch-Hof warteten achtzehn Lkw H 3 auf die Abnahme. Im Hintergrund warten Automobile aller Marken und Größen auf ihre Instandsetzung, 1948 (Archiv des Autors)

Das zunächst unveränderte Fahrgestell des F 8 zeigte die typische Rahmenform und die hintere Starrachse mit hochgelegter Querfeder (Archiv des Autors)

Der Famo-Ackerradschlepper (Archiv Reinhard Blumenthal)

Der Famo-Ackerradschlepper wurde zum Traktor »Pionier« (Archiv des Autors)

H 3 und »Pionier« in den Werkhallen von Horch (Archiv des Autors)

Der Horch 930 S in der Nachkriegsausführung (Archiv des Autors)

die Nabe von der Bremstrommel getrennt angeordnet. Infolge des nunmehr vergrößerten Motors wurde der Ausschnitt für die Motorhaube bei der IFA-Konstruktion um 30 mm gehoben und um 60 mm verbreitert. Gerippter Kühlluftaustritt sowie Stoßstangenabschlüsse hinten und vorn wurden im Geschmack der Zeit modifiziert. Die Kofferklappenscharniere wurden unsichtbar und nach innen gerichtet verlegt. Um die aufwendig zu beschaffende Kraftstoffförderpumpe zu sparen – hier gab es ein elementares Zulieferproblem –, bekam der Wagen Fallbenzin, wodurch die Anordnung des Benzintanks vorn über dem Motor notwendig wurde. Ursprünglich war sie für das Heck vorgesehen gewesen. Die schräge Türfensterführung wurde in eine senkrechte Parallelführung geändert und Motorhaube sowie Kofferklappe ließen sich über Bowdenzug entriegeln.

In sehr knapper Frist, in Zeiten extremer Mangelerscheinungen auf allen Gebieten und im wesentlichen auf der Erinnerung und der Einsatzfreude ehemaliger Auto Union-Mitarbeiter basierend wurde der F 9 nach seinem Messe-Debüt innerhalb von zwölf Monaten zur Serienreife geführt. In dieser Zeit konnten allerdings die fabrikatorischen Voraussetzungen, also Fertigungseinrichtungen, Materialbereitstellungen und ähnliches, nicht sichergestellt werden, so dass die Produktion erst 1950 einsetzte. Die Serienkarosserien des F 9 sind im Zwickauer Horch-Werk produziert worden.

Im Jahr zuvor hatte der 1939 neu herausgekommene DKW F 8, jetzt mit der Zusatzbezeichnung IFA versehen, seine Auferstehung erlebt. Er lief wieder in Zwickau vom Band. Auch für dieses Modell lieferte das Chemnitzer Motoren-

Das Vorbild – der Nash »Ambassador« (Archiv des Autors)

Das 1:5-Modell für den Horch 920 S löst wegen der Panorama-Scheibe und der hinten angeschlagenen Türen Erinnerungen an vergangene Horch-Zeiten aus (Archiv des Autors)

Der IFA-Horch 920 wurde in zwei Exemplaren gebaut; davon überstand eines mehrere Jahrzehnte und ist heute noch vorhanden (Archiv des Autors)

werk Motoren und Getriebe, während die Karosserien vom Dresdner Karosseriewerk kamen. In Zwickau stand man vor allem in fertigungstechnischer Hinsicht ganz am Anfang und sah sich gewaltigen Problemen gegenüber.

Im Werk Horch ordnete die SMAD in Berlin-Karlshorst die Herstellung von 300 Lkw vom Typ H 3 an. Er wurde dort als Kurzhaubenfahrzeug entwickelt und aus Restitutionsgut der Halbkettenlafetten und des 100 PS Maybachmotors (HL 42) montiert. Seine Tragfähigkeit betrug 3 t. Über die ursprünglich geplante Zahl hinaus konnten bis 1949 zusätzlich weitere 552 Lkw gebaut werden.

Die Mitarbeiter der Entwicklungsabteilung der Breslauer Traktorenwerke FAMO, die es im Lauf des Krieges nach Schönebeck an der Elbe verschlagen hatte, verfügten über Konstruktionszeichnungen eines Radschleppers, der besonders den Absichten der Sowjets entgegenkam, möglichst schnell die Fertigung von Agrarmaschinen anzukurbeln. Mit diesem Schlepper sollte in erster Linie die Landwirtschaft versorgt werden. Es handelte sich um den RS 01/40,[20] der unter der Bezeichnung »Pionier« in Produktion gehen sollte. Fritz Selbmann hatte als Industrie-Chef der SBZ die IFA Vereinigung damit beauftragt, die Produktion dieses Traktors zu organisieren. Diese übertrug die Fertigung des »Pionier« dem Horch-Werk in Zwickau. Der Fertigungsauftrag bedurfte der Bestätigung durch die SMAD, die mit Befehl Nr. 133 noch 1948 die Traktorenproduktion für Zwickau anwies. Erhebliche Verzögerungen traten durch Materielmangel ein, schließlich wurden 400 t für die Herstellung von Maschinen benötigt. »Die Anforderung hier-

Der Vomag-Dieselmotor EM 4 auf dem Prüfstand im Zwickauer Horch-Werk. In der Mitte im weißen Mantel Chefkonstrukteur Weise, links Versuchsleiter Erich Heymann und rechts Meister Georg Pietsch (Archiv des Autors)

für läuft bereits seit vielen Monaten und wurde von uns laufend sowohl bei der IFA als auch bei der DWK und selbst bei der SMA-Industrieabteilung, Herrn Trofimow beziehungsweise Herrn Kostarew angemahnt. Die Erfolge waren bisher aber gleich Null.«[21] Vom Schlepperwerk Schönebeck wurden dazu die Baugruppen Kühler- und Andrehvorrichtung, Abfederungen, Vorderachsen und Fußbremsen hergestellt und nach Zwickau geliefert. Der »Pionier« wurde vom Schlepperwerk Schönebeck auf der Frühjahrsmesse 1949 in der Ausführung als Ackerradschlepper ausgestellt. Die Produktion in Zwickau begann im selben Jahr und erreichte 1950 insgesamt 2 605 Einheiten. Danach wurde die Herstellung an das Schlepperwerk Nordhausen weitergegeben.

Außerdem wurde bei Horch in kleiner Stückzahl der Repräsentations-Pkw Horch 930 S mit Stromlinienkarosserie und 3,8 l-V8-Motor aufgelegt. Erstmals zur Berliner Automobilausstellung 1939 war dieser Wagen gezeigt worden und hatte dort mit seiner Karosserieform (C_W = 0,43) und seiner modernen Ausstattung – er verfügte serienmäßig über Liegesitze, Radio und Waschbecken im vorderen rechten Kotflügel – für Aufsehen gesorgt. Damals wurden zwei Exemplare gebaut und 1946 nochmals drei in identischer Ausführung. Die Karosserien wurden über Klopfmodelle von Hand gefertigt. 1946/47 stellte man nochmals sechs Exemplare, allerdings in stark vereinfachter Form, her. Diese Wagen waren im wesentlichen für die sowjetische Generalität bestimmt.

Um 1948 begann man bei Horch mit der Entwicklung eines neuen Luxuswagens. Als Vorbild diente das amerikanische Fabrikat Nash »Ambassador«, von dem ein Exemplar zur Verfügung stand. Auf welchem Wege man in dessen Besitz gelangt war, ist unbekannt. Ein Jahr später war das Holzmodell für die Karosserie fertig. Die Vorderpartie war eleganter und aerodynamisch günstiger gestaltet als beim Nash. Selbstverständlich hatte der Wagen vier Türen. Die Karosserie wurde seitlich weit heruntergezogen und man war bei der getreuen Nachahmung der verchromten Frontpartie um eine Verminderung des doch recht klotzigen Eindrucks bemüht. Gebogene Scheiben, die ungeteilt montiert werden konnten, ließen sich in der sowjetischen Besatzungszone allerdings nicht herstellen. Den Wagen sollte ein Sechszylinder-ohc-Motor antreiben. Bemerkenswerteste Neuerung am Fahrzeug war das mit dem Differential verbundene Viergang-Transaxle-

Der Lkw Dieselmotor EM 4 aus der Horch-Fertigung (Archiv des Autors)

Der Lkw H 3 A trug anfangs noch das Horch-Emblem und wurde für Werbezwecke dort fotografiert, wo Jahre früher die edlen 8-Zylinder PKW der gleichen Marke postiert worden waren (Archiv des Autors)

Die H 3 A-Zugmaschine mit verkürztem Radstand (Archiv des Autors)

Der H 3 A mit Aufbau als Bautruppfahrzeug der Deutschen Post (Archiv des Autors)

Getriebe, dessen 3. Gang direkt und dessen 4. Gang als Schnellgang untersetzt ausgelegt waren.

Die Vorzüge dieses Getriebes waren eine leichte Bauart der Gelenkwelle, die nur das durch die Getriebe-Übersetzung unbeeinflusste Motor-Drehmoment zu übertragen hatte, eine Verbesserung der Platzverhältnisse im Wagen, da der Getriebetunnel im vorderen Karosserieboden wegfiel, sowie eine erwünschte Verlagerung der Achsbelastung auf die Hinterachse.

Vorgesehen waren für diesen Wagen als Sonderausstattung eine Klimaanlage und ein Radio. Bis November 1950 waren für diesen Typ 920 S[22] exakt 20 851 Konstruktionsstunden aufgewendet worden und zwei Prototypen waren gebaut. Dabei blieb es aber auch.

Vor allem solche Vorhaben litten unter dem gravierenden Mangel an Material. Dieser erklärte sich nicht nur aus den ohnehin knappen Vorräten der ersten Nachkriegsjahre, sondern war in besonderem Maße auf die überaus hohen Forderungen der sowjetischen Besatzungsmacht nach Reparationsleistungen zurückzuführen. Bei den Klagen von Horch-Mitarbeitern über diesen Umstand bei der DWK in Berlin war zu erfahren, »dass das bisher zu verteilende Material nicht einmal ausreichte, um allein die direkten und indirekten Reparationsaufträge voll zu befriedigen. In einigen Fällen konnten selbst für diese in der Dringlichkeitsstufe 1 + 2 liegenden Aufträge nur geringe Zuteilungen erfolgen. Die DWK ist verpflichtet nach den Anweisungen der SMAD, Karlshorst, zu verteilen. Da allein die von der Besatzungsmacht gegebenen Aufträge derart groß sind, dass – wie bereits erwähnt – die vorhandenen Materialien nicht einmal dafür ausreichen, stehen für

Der H 3 A mit Fäkalien-Entsorgungs-Aufbau (Archiv des Autors)

den zivilen Sektor, der in der Dringlichkeitsstufe 8 rangiert – auch der Befehl 133 ändert die Sachlage nicht – keine Kontingente mehr zur Verfügung. Es wurde vorgeschlagen, dem betreffenden Offizier bei der SMAD die Frage vorzulegen, ob zur Erfüllung des Befehls 133 Material zu Lasten anderer Reparationsaufträge freigegeben werden darf.«[23]

Hauptaufgabengebiet der seit dem 1. Oktober 1948 mit 8 Mitarbeitern wieder ins Leben gerufenen Horch-Versuchsabteilung war die Entwicklung eines Lkw-Dieselmotors sowie die Montage und Erprobung des FAMO-Schleppers.[24] Dabei muss daran erinnert werden, dass es in den ersten Nachkriegsjahren auf dem Territorium der SBZ keinen Hersteller von Dieselmotoren mehr gab.[25] Auch Lieferfirmen für dieselspezifisches Zubehör waren kaum noch zu finden. Horch hatte mit dem mit einem Maybach-Otto-Motor ausgestatteten H 3 seit Jahrzehnten erstmals wieder mit der Nutzfahrzeugherstellung begonnen, wenn auch nur, um Reparationsaufträgen Folge zu leisten. Zur selben Zeit montierte man dort für die sowjetische Besatzungsmacht die gesamten noch vorhandenen Baugruppen und Teile, vor allem Motoren und Getriebe, des als militärisches Sonder-Kraftfahrzeug für die Deutsche Wehrmacht gefertigten Halbkettenfahrzeugs.

Angesichts der zur Neige gehenden Restbestände an Motoren und mit der Transportnot im Lande konfrontiert sahen sich die Zwickauer nach Objekten für eine neu einzurichtende Fertigung um. 1947 stießen sie dabei auf den früheren Chefkonstrukteur der Vomag in Plauen, Otto Keilhack.[26] Sie erfuhren, dass bei der

Der vom Blechverformungswerk Leipzig entwickelte und hergestellte Tanksattelauflieger (Archiv des Autors)

Der H 3 A mit Anthrazit-Generatorgas-Antrieb auf Tibet-Expedition (Archiv des Autors)

Eine geplante, aber nicht mehr realisierte Weiterführung sah eine ungeteilte Frontscheibe und die Modellbezeichnung »Patriot« vor (Archiv des Autors)

Vomag bis Kriegsende die Konstruktionsarbeiten für eine Einheitsmotorenbaureihe (EM) kontinuierlich vorangetrieben und als Folge Vier- und Sechszylindermotoren entwickelt worden waren. Es handelte sich dabei um Viertakt-Wirbelkammer-Dieselmotoren mit einem Hub von 145 mm und einer Bohrung von 115 mm. Die Konstruktionszeichnungen aller Einzelteile des EM 4 waren fertiggestellt und basierten auf dem Baukastenprinzip. Horch übernahm dies und richtete sich auf eine industrielle Umsetzung ein.

Damals wurden unter Kleindieselmotoren solche Motoren verstanden, die ein Zylinder-Hubvolumen von maximal 2 l hatten; eine solche Einordnung war später auch in der DDR Usus. In erster Linie betraf dies Fahrzeugdieselmotoren. Der Gedanke der Baureihe stieß sofort auf ein positives Echo, denn bei den begrenzten industriellen Möglichkeiten und den geringen Ressourcen waren Baureihen die sinnvollste Möglichkeit, um unterschiedliche Anforderungen mit möglichst geringem Aufwand zu erfüllen. Deren Vorteile lagen in der Entwicklung und in der Produktion, beim Betreiber und in der Instandsetzung. So waren das Zylinderelement mit Kolben, Kolbenringen, Kolbenbolzen, Zylinderkopf mit Ventilen, Ventilfedern, Ventilführungen, Zylinderlaufbüchsen, Stößel, Nocken, Pleuelstangen und in den meisten Fällen auch die Steuerräder sowie Kurbelwellenlager und auch das Verbrennungsverfahren nur einmal zu entwickeln. Ökonomisch-kalkulatorische Vorteile ergaben sich durch die hohen Stückzahlen für die typischen Wiederhol-

Der Prototyp des 1951 vom Kfz-Werk Horch für militärische Verwendung gebauten Allradfahrzeuges Typ H 1 (Archiv Dr. Winfried Sonntag)

bauteile sowohl beim Motoren- als auch beim Zubehörhersteller. In der DDR wurden im gesamten Bereich der Fahrzeugdieselmotoren drei Baureihen entwickelt, die den Leistungsbereich von 5 kW bis 300 kW abdeckten und Lkw, Traktoren, selbstfahrende Landmaschinen, Baumaschinen, Kompressoren und Elektroaggregate antrieben. Im oberen Leistungsbereich wurden sie auch als Schiffshaupt- und Schiffsnebenmaschinen eingesetzt.

Mit und nach Horch übernahmen den Dieselmotorenbau in der SBZ/DDR folgende Produktionsstätten, die ebenfalls eine entsprechende Herstellung ausführten: das Dieselmotorenwerk Schönebeck mit den Baureihen 2,4 VD 14/10; 3,6 VD 14,5/12 SRW; 2, 3, 4, 6 VD 14,5/12 SRL und den Motoren 12 VD 14,5/12 SVL sowie 8 VD 14,5/12,5 SVW und 2 VD 9/9 SVL; das Schlepperwerk Nordhausen mit den Baureihen 2 VD 14/10 SRW; 4 VD 14,5/10,5 SRW; 2 VD 14,5/11,5 SRW; 2 VD 14,5/12 SRL; 3 VD 14,5/12 SRW; 4 VD 14,5/12 SRW; 4 VD 14,5/12-1 SRW und SRF; der Betrieb »Dieselkraft« in Chemnitz-Rabenstein, der geringe Stückzahlen von 1, 2 und 3 Zylinder-Gegenkolben-Zweitakt-Dieselmotoren der Typen HK 65 (Bauart Junkers) produzierte; das Motorenwerk Cunewalde, das mit dem Bau übernommener Fremdkonstruktionen von liegenden verdampfungsgekühlten Kleindieselmotoren begonnen hatte und anschließend die luftgekühlte, schnelllaufende Baureihe 1 VD 8/8 SL sowie 2 und 4 VD 8/8 SVL und die schnelllaufende Baureihe 4 VD 8,8/8,5 beziehungsweise 8,8/9 SRF entwickelte und produzierte;

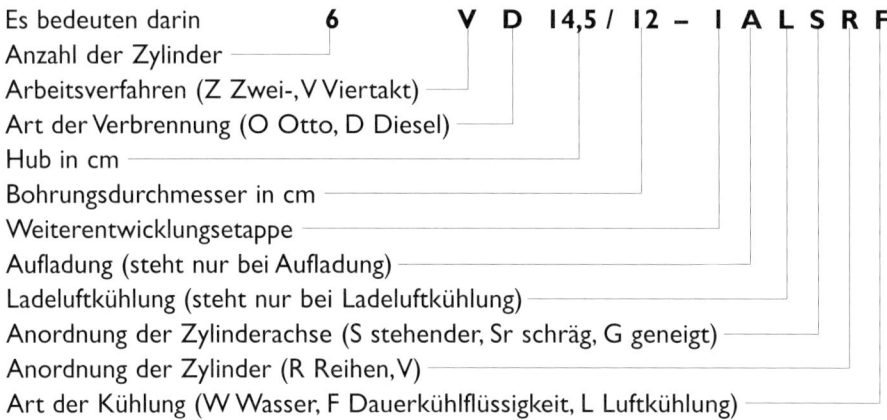

Der Allrad H I ging auf den m. PKW Horch mit Stützachse zurück, der seit 1937 in Zwickau für die Wehrmacht gebaut wurde (Archiv Dr. Winfried Sonntag)

sowie das IFA Phänomen-Werk Zittau, in dem die Motorenbaureihe 1, 2, 3, 4 VD 12,5/ 9 beziehungsweise 10 SRL entwickelt und hergestellt wurde.

Um die in der DDR einheitliche Nomenklatur der Motoren zu verstehen, wird nachfolgend die hier bereits genutzte DDR-Typformel näher erläutert:

```
Es bedeuten darin            6     V D  14,5 / 12 – 1 A L S R F
Anzahl der Zylinder ─────────┘     │ │   │     │    │ │ │ │ │ │
Arbeitsverfahren (Z Zwei-, V Viertakt) ┘ │   │    │ │ │ │ │ │
Art der Verbrennung (O Otto, D Diesel) ──┘   │    │ │ │ │ │ │
Hub in cm ───────────────────────────────────┘    │ │ │ │ │ │
Bohrungsdurchmesser in cm ────────────────────────┘ │ │ │ │ │
Weiterentwicklungsetappe ───────────────────────────┘ │ │ │ │
Aufladung (steht nur bei Aufladung) ──────────────────┘ │ │ │
Ladeluftkühlung (steht nur bei Ladeluftkühlung) ────────┘ │ │
Anordnung der Zylinderachse (S stehender, Sr schräg, G geneigt) ┘ │ │
Anordnung der Zylinder (R Reihen, V) ─────────────────────────────┘ │
Art der Kühlung (W Wasser, F Dauerkühlflüssigkeit, L Luftkühlung) ──┘
```

Noch im Jahr 1947 begann mit der Übernahme der Vomag-Zeichnungen die Horch-Konstruktionsabteilung unter Leitung von Helmut Walther, einem erfahrenen und bei Horch früher in leitender Position tätigen Motorenkonstrukteur,

Im Vordergrund der Lkw H 3 A in Armeeausführung mit hoher Pritschenwand, dahinter der Allrad H 1 (Archiv Dr. Winfried Sonntag)

mit der Arbeit. Walther zeichnete sich besonders durch sein außerordentlich sicheres Gefühl für die richtige Dimensionierung von Bauteilen aus. Nach Konstruktion, Musterbau, Prüfstands- und Fahrerprobung, nach technologischer Vorbereitung, Vorrichtungs- und Sondermaschinenbau – all dies wurde im eigenen Werk durchgeführt – begann 1950 die Produktion des EM 4 (4 VD 14,5/11,5 SRW). Die Entwicklung des zugehörigen Fahrzeugs, dessen Bezeichnung unter der Weiterführung des mit H 3[27] begonnenen Codes auf H 3A festgelegt war, hatte im März 1948 zeitgleich mit der des größeren Lkw H 6 begonnen. Die Arbeit an dem Lkw-Modell wurde allerdings bereits im Juli 1950 nach Werdau abgegeben.

Der EM 4-Motor besaß 6 l Hubraum und arbeitete nach dem Wirbelkammerverfahren. Er leistete 80 PS bei 2000 U/min. und einer Verdichtung von 18:1. Das aus Gusseisen hergestellte Kurbelgehäuse trug zwei paarweise zusammengegossene Zylinderblöcke mit nassen Büchsen. Schwachpunkt des Motors war die nur dreifach gelagerte Kurbelwelle mit vier angeschraubten Gegengewichten. Als Einspritzpumpe versah die IFA-Einheitspumpe ihren Dienst. Die Kraft wurde über eine Zweischeiben-Trockenkupplung aus dem Fichtel & Sachs-Werk Reichenbach im Vogtland und über das IFA-Einheitsgetriebe (fünf Vorwärtsgänge und ein Rückwärtsgang) über eine durch Zwischenlager geteilte Kardanwelle auf die Hinterachse übertragen. Den Radantrieb besorgten ein bogenverzahntes Kegelradpaar und zwei Wellen.[28]

Auch Lenkung und hydraulische Bremsen stammten aus IFA-Werken, in denen sie entwickelt und produziert wurden.[29]

1950 ließ LOWA-Chef Sinkhuber von dem Dresdner Techniker Hans Fritsch in Fortsetzung der Arbeiten der Gebrüder Sachsenberg aus den dreißiger Jahren eine Straßenzugmaschine entwickeln, die von einer 70 PS-Kreuzkopf-Dampfmaschine angetrieben wurde (Archiv des Autors)

Nachdem dieser Lkw anfangs nur mit Standardpritsche ausgeliefert wurde, erhielt er später zahlreiche Sonderaufbauten, die von verschiedenen Karosseriewerken ausgeführt wurden. Den Auftakt bildeten 1951 ein Bautrupp-Wagen für die Deutsche Post und die Koffer- und Kastenaufbauten vom Karosseriewerk Halle. Es folgten der im selben Jahr von Minol in Auftrag gegebene Tanksattelzug (Blechverformungswerk Leipzig), 1953 die Dreiseiten-Kipper (Walther Hunger, Frankenberg) sowie verschiedene Kommunalaufbauten (Karosseriewerk Wilsdruff). Auch ein Omnibus mit der Bezeichnung H 3B wurde in sehr kleiner Stückzahl aufgelegt.

1956 bekam der Motor eine neue fünffach gelagerte Kurbelwelle. Auch mit dieser Veränderung leistete er unverändert 80 PS. Damit und mit einem Analog-Lkw, dessen Motor Anthrazit-Generatorgas (Leistung 70 PS) speiste, wurde 1956 eine Wüsten-Testfahrt durch Tibet unternommen. Dabei legte man über 5 500 km bei 75 Prozent Waschbrett-, Sand-, Splitt- und Steppenstrecke ohne jede Beanstandung zurück.

Als Exportmodelle waren von den ausländischen Abnehmern stärkere Ausführungen, längere Radstände und verschleißfestere Getriebe gefordert. Dafür wurden 1956/57 sogenannte Sonderwunschausführungen mit H 6/G 5-Getriebe, Druckluftbremse und verlängertem Radstand hergestellt. Auf Wunsch des Export-Betriebes »Transmasch« in Berlin sollten sich diese Ausführungen auch optisch vom Standardinlandmodell unterscheiden. Dies führte schließlich zur Bezeichnung H 3 S später S 4000, wobei das S für die am 1. Februar 1957 eingeführte Änderung des Betriebsnamens in »Sachsenring« stand. Von 1950 bis 1959 wurden vom H 3 A/S 4000/S 4000-1 exakt 36 304 Lkw gebaut, die in 20 verschiedenen Ausführungen lieferbar waren. Knapp ein Drittel davon, genau 10 707 Exemplare, wurde exportiert (siehe Anlage C 01).

Wie bereits erwähnt, waren die Fahrzeugwerke Karl-Marx-Stadt dazu ausgewählt, die Produktion des militärischen Zwecken dienenden Kübelwagens zu übernehmen. Dafür stand außer dem Typ P 1 auf BMW-Basis aus Eisenach und dem Phänomen 27 Zg auch der bei Horch aus Konstruktionen der 30er Jahre entwickelte H 1 zur Auswahl. Nur den Zittauer Phänomen-Leuten war eine überzeugende Präsentation gelungen. Sie wurden und blieben mit ihrer Konstruktion und dem daraus abgeleiteten leichten Lkw Stammlieferant der Armee. Für einen neuen Armee-Kübel wurde jetzt das FEW eingeschaltet, wo daraufhin der P 2 entstand. Dessen Fertigung begann im Fahrzeugwerk Karl-Marx-Stadt. Horch hat für Entwicklung und Fertigung militärischer Spezialfahrzeuge danach keine Rolle mehr gespielt.

Werdau
Das durch Kriegseinwirkung nur unwesentlich beschädigte Fahrzeugwerk in Werdau wurde im August 1946 in eine Sowjetische Aktiengesellschaft umgewandelt und in die entsprechende SAG-Gruppe »Transmasch« (Transportmittelbau) integriert. Im Zuge der Auflösung dieser Gruppe übergab die SMAD das Werk der Landesverwaltung Sachsen, von der es seit 1947 als landeseigener Betrieb geführt wurde. Im November 1948 wurde das Werk in den Industrieverband der VVB LOWA (Lokomotiv- und Waggonbau) als VEB Waggonbau Werdau (vormals Schumann) überführt. Zu diesem Verband gehörten der VEB Waggonfabrik Ammendorf (vormals Gottfried Lindner AG, Halle), der VEB Waggonfabrik Bautzen (vormals Busch AG), die Waggonfabriken in Dessau und Weimar, der VEB Waggonbau

Zur am 6. März 1949 eröffneten Leipziger Frühjahrsmesse wurde dieser O-Bus-Zug aus Werdau gezeigt (Bundesarchiv/183/H 0623/500/3)

Der O-Bus W 602 (Normgröße II) mit Elektro-Ausrüstung aus Hennigsdorf (Archiv Wilfried Otto)

Noch unter der Regie von LOWA entstanden in Werdau Lkw-Sonderaufbauten wie 1951 dieser Röntgenzug für das Land Thüringen (Verkehrsmuseum Dresden)

Der 1951 in Werdau gebaute Omnibus W500 mit Vergasermotor HL 120 (Maybach) (Archiv Suhr)

Görlitz (vormals WUMAG) und die VEB LOWA-Werke in Cottbus und Niesky (vormals Christoph & Unmack).

In Werdau wurde man zuerst auf dem Fahrzeugsektor tätig und baute auf der Basis noch vorhandener Henschel-Fahrgestelle Omnibusse.[30] Nachdem die Teile hierfür aufgebraucht waren, sollte eine eigene Entwicklung die Produktion fortsetzen. 1950 entstand ein O-Bus der Größe I[31] in teilweise selbsttragender Konstruktion unter Verwendung einer geschweissten Bodengruppe. Ein Jahr später wurde ein O-Bus der Größe II[32] fertiggestellt, der im wesentlichen der späteren serienmäßigen Ausführung des O-Bus Typs W 602 entsprach. Der Vorgänger dieser Typen war in noch recht einfacher Form der in Werdau entwickelte O-Bus W 601. Die Weiterentwicklung, der W 602 A, wurde in Berlin, Dresden, Erfurt, Weimar, Leipzig, Greiz und Potsdam eingesetzt. Die Ost-BVG besaß insgesamt 40 Exemplare dieser O-Busse. Auch nach Warschau wurden 30 O-Busse W 602 geliefert. Die Fahrzeuge verfügten über 28 Sitz- und 44 Stehplätze. Die E-Anlagen für 600 Volt für diesen Bus entwickelte und lieferte der VEB Lokomotiv- und Elektrotechnische Werke (LEW) Hennigsdorf, das frühere AEG-Lokomotivwerk. Für 1954 waren 50 Stück dieser O-Busse geplant, doch wegen fehlender Kapazitäten in Werdau war es nicht möglich, mehr als 30 Exemplare auszuliefern. Aus diesem Grund wurde im Februar 1955 durch die Hauptverwaltungen Lokomotiv- und Waggonbau sowie Automobil- und Traktorenbau festgelegt, die Fertigung des O-Bus-Typs 602 A von Werdau in das LOWA-Werk Ammendorf zu verlagern. Dieser Beschluss wurde gegen den Willen des Ammendorfer Betriebes getroffen und hatte Qualitätsprobleme und Detailstreitigkeiten zwischen Werdau und Ammendorf zur Folge. Als Ersatz fungierte der Import von O-Bussen aus der ČSSR, doch zwischen 1955 und 1959 wurden nur 27 Stück des Typs 8 Tr von Škoda Ostrov in die DDR geliefert. Insgesamt bezog die DDR von 1955 bis 1984 205 tschechische O-Busse der Typen 8 Tr, 9 Tr und 14 Tr. 1951 begann unter Wilfried Otto, der später zum Chefkonstrukteur avancierte, die Omnibus-Entwicklung in Werdau. Den Auftakt bildete 1951 der Omnibustyp W 500 mit 40 Sitzen, der 64 Personen Platz bot. Hiervon entstanden exakt 63 Exemplare. Angetrieben wurde dieser Bus von einem Zwölfzylinder-Maybachmotor (HL 120), der 280 PS leistete und wahlweise mit Benzin oder Flüssiggas betrieben werden konnte. Das Drehmoment des 12 l Hubraum-Motors lag über 80 m Kilogramm/2 500 U/min. Der Bus erreichte eine Höchstgeschwindigkeit von 100 km/h. Für den W 500 und für die O-Busse wurde ebenfalls in Werdau der 58 Personen fassende Omnibusanhänger W 700 entwickelt und produziert. Damit konnte man mit einem Omnibuszug fast 100 Personen befördern.

Hainichen
Relativ spät, und zwar mitten während des Zweiten Weltkriegs, hatten die Framo-Werke 1943 eine veränderte und im gewissen Sinn auch neuartige Antriebsquelle für ihren Kleintransporter eingeführt – den Zweizylinder-Zweitakt-Doppelkolbenmotor.[33] Für den Einsatz dieses Motors mit der Bezeichnung U 500 waren damals verschiedene Gründe ausschlaggebend. Zum einen strebte Rasmussen, zu dessen Unternehmensgruppe die Framo-Werke gehörten, eine größtmögliche Autonomie von den DKW-Werken in Zschopau an. Sieht man von den persönlich sich verschlechternden Beziehungen zur Chefetage der Auto Union einmal ab, so waren für Rasmussen in erster Linie die zunehmenden Kapazitätsauslastungen bei DKW maßgeblich und es war absehbar, dass zu einem späteren Zeitpunkt die weitere Belieferung von Framo in Hainichen in Frage gestellt wäre.

Der Framo V 501/1 mit Zweizylinder-U-Motor (Zweitakt) 500 cm³ und 17 PS (Werksfoto Barkas)

Der Framo-Kleintransporter wurde seit 1939 gebaut. Anfangs wurde er als Typ V 500 mit dem Motor TL 500, einem luftgekühlten Zweizylinder-Zweitakt-Motor, angetrieben. In den Jahren 1941/42 bot man ihn als Typ V 501/1 mit dem Motor TW 500 mit Wasserkühlung an. Beide Motoren arbeiteten nach dem Prinzip der Schnürle-Umkehrspülung. Sie hatten Dynastartanlagen und leisteten 12 beziehungsweise 13 PS. Bezogen wurden beide vom DKW Motorenwerk in Zschopau.

Der von den mit zehn Mitarbeitern des Framo-Konstruktionsbüros unter der Leitung von Herrn Künstner entwickelte neue U-Motor bot in vielerlei Hinsicht eine echte Aufwertung des Fahrzeugs. Er besaß zwar ebenfalls nur ein Hubvolumen von 500 ccm, leistete aber durch ein verbessertes Verbrennungs- und Spülverfahren 17 bis 18 PS, was fast einer Steigerung um 40 Prozent entsprach. Zudem hatte man sich entschlossen, die kupferfressende und gewichtige Dynastartanlage fallenzulassen und durch funktionell wie räumlich getrennte Anlagen für den Anlassvorgang und die Stromversorgung zu ersetzen. Die Thermosyphon-Kühlung des TW 500 wurde auch für den neuen U 500 übernommen. Zur Unterstützung der Kühlwirkung befand sich am Motorblock ein Kühlventilator, der in dieser Form bereits beim TW 500 vorhanden war. Da aber die Größe des Wasserkühlers beibehalten wurde, reichte die Kühlwirkung im Fall einer starken Belastung des Motors nicht aus. Es traten hin und wieder Klemmer an dem Kolben auf, der den Auslasskanal steuerte und hier ausschließlich mit den heißen Abgasen in Berührung kam. Für diesen fehlte eine Innenkühlung. Durch die auf beiden Seiten des Motorblocks erfolgende Zuführung des gekühlten Wassers versuchte man, diesen Mangel zu beheben. Eine zwangsweise Umwälzung des Kühlwassers durch eine Umwälzpumpe wäre wohl die wirkungsvollste Maßnahme gewesen, sie musste aber aus Kosten- und aus Materialgründen verworfen werden.

Die vier Kolben für den Zweizylinder-U-Motor weisen bei 45 mm Durchmesser die beachtliche Länge von 90 mm auf. Dieses günstige Verhältnis von 2 x D für die Führungslänge dürfte zusammen mit der positiv beeinflussten Verbrennung für die Laufruhe des Motors verantwortlich gewesen sein. Weitere Gründe für den samtweichen Lauf des Triebwerks waren sicherlich in der massiven Ausführung des Zylinderblocks zu suchen. Die Verbindung von jeweils zwei Kolben pro Zylindereinheit mit der Kurbelwelle führte man mit einzelnen Pleueln aus, die an einen gemeinsamen Hubzapfen angelenkt wurden. Dieses Konstruktionsprinzip glich stark einer ähnlichen Ausführung beim DKW-Vierzylinder-V-Motor, wie er in der Schwebe- beziehungsweise in der Sonderklasse eingebaut worden war.

Die Konstruktion des Doppelkolben-Zweizylindermotors ging auf den Konstrukteur Petersen zurück, den Rasmussen extra für diese Aufgaben verpflichtet hatte. Petersen hatte bereits bei DKW bei der Anwendung dieses Prinzips für Rennmotoren Erfahrung sammeln können. Während des Krieges versuchte man, den Mangel an flüssigen Kraftstoffen durch eine Umstellung der Fahrzeugmotoren auf Propangasbetrieb zu umgehen. Hierzu hatte man bei Framo Umrüstsätze für alle drei Motorentypen, für den TL 500, den TW 500 und den U 500, ent-

Der Zweizylinder-Framo-Motor (Archiv Carl-Hans Morgenstern)

Der Wiederbeginn der Framo-Transporter-Fertigung wurde mit einer kleinen Feierstunde begangen (Archiv Dr. Heinrich Schmieder)

wickelt und bereit gestellt. Neben den relativ komplizierten Einrichtungen für die Zuführung und Regelung des Flüssiggases waren kleine Förderpumpen für die Zuführung von Frischöl erforderlich, denn die herkömmlich Mischungsschmierung bei Gasbetrieb war nicht mehr möglich. Der Antrieb dieser Ölpumpen erfolgte bei den wassergekühlten Motoren vom Keilriemen durch Reibrad auf den Rücken des Keilriemens und beim luftgekühlten Motor TL 500 vom unterbrecherseitigen Kurbelwellenende aus.

Bis zur kriegsbedingten Einstellung der Produktion von Kleinlastwagen mit U-Motor, die noch im Herbst jenes Jahres erfolgte, in dem man mit der Produktion begonnen hatte, wurden insgesamt 1630 Fahrzeuge dieses neuen Typs bei Framo hergestellt. Nach der vollständigen Demontage wurde der Betrieb von den Sowjets am 2. April 1946 freigegeben. Die zu Beginn eingestellten 50 Mitarbeiter – am Jahresende waren es bereits 150 – fertigten aus Materialresten unter anderem Kartoffelkörbe, Kartoffelquetschen, Handwagen und Kinderroller. Die Genehmigung zur Herstellung von Pferdegespannwagen ermöglichte eine Zusammenarbeit mit der Landwirtschaft. Auf der Grundlage des Naturalientausches kam 1947 auch nach und nach die Reparatur von Motoren und Fahrzeugen in Gang. Am 17. April 1948 wurde Framo volkseigener Betrieb und eine Wiederaufnahme der Fahrzeugproduktion gelang erst im Jahr darauf mit Transportern vom Typ V 501/2. 1949 wurden 65 Transporter in Hainichen montiert und ausgeliefert. Zwölf Monate später ließ sich die Produktion des V 501 sogar auf 700 Stück steigern. Ein wesentlicher Grund für diesen raschen Anstieg war vor allem, dass wichtige Zulieferer in der selben Region ansässig waren, so beispielsweise das Eisenwerk Erla im Erzgebirge, das die Gussteile für Zylinderblock und Zylinderkopf herstellte. Insgesamt wurden bis 1951 einschließlich der im Krieg hergestellten Fahrzeuge 2 845 Einheiten des Typ V 501 mit U 500-Motor produziert und ausgeliefert.

Zittau
Nach der kompletten Demontage der Maschinen der Phänomen-Werke Gustav Hiller AG in Zittau bis Mitte Juli 1945 waren die verbliebenen Werksbauten eigentlich zur Sprengung vorgesehen. Dazu kam es aber nicht. Denn mit Befehl vom 24. September 1945 verfügte die SMAD eine Wiederaufnahme der Arbeit. Vom Demontagebefehl nicht betroffen war das Reparaturwerk in Olbersdorf, das zunächst noch im Privateigentum der Familie Hiller verblieb, bis es im Sommer 1946 ebenfalls enteignet wurde.[34] Der Werksableger in Cottbus wurde demontiert und gesprengt.

Die ersten IFA Phänomen Granit 27 verließen im Januar 1950 das Werk (Prospekt Robur-Werke)

Der IFA Phänomen Granit 27 als Pritschenwagen mit luftgekühltem 4 Zylinder-Otto-Motor 1950 (Werksfoto Robur-Werke)

Zu Beginn gab es in Zittau ungefähr 150 Mitarbeiter, die im Auftrag der Roten Armee mit dem Instandsetzen von Fahrzeugen beschäftigt waren. Es wurden im Lauf des Jahres 1946 auch in großer Zahl Kraftfahrzeuge für andere Auftraggeber repariert. Im Juni dieses Jahres erteilte die SMAD dem Zittauer Werk im Zuge von Reparationsleistungen einen Auftrag für die Produktion und Lieferung von 1000 stationären Motoren. Nach der schließlich erfolgten Enteignung firmierte das Unternehmen danach als Phänomen-Werke Zittau, Industrieverwaltung Fahrzeugbau – Landeseigener Betrieb Sachsens. Als Werkleiter und Betriebsdirektor setzten die Behörden den bisherigen Planungstechnologen Diplom-Ingenieur Hans Langer ein.[35] Dieser versuchte mit Erfolg, im Rahmen des sogenannten Maschinenausgleichs Fertigungsanlagen wieder aufzubauen und neben den Reparationsaufträgen eine neue Fertigung auf die Beine zu stellen. Außerdem initiierte er die Instandsetzung von beschädigten und bereits aussortierten Maschinen.

Robust und langlebig waren die vom DRK genutzten Granit 27 (Archiv Robur-Werke)

Auf der Leipziger Frühjahrsmesse 1948 wurde unter IFA-Signet der Motor Granit 27 als Stationäraggregat vorgestellt, und ab dem 1. Juli dieses Jahres wurde Phänomen in die IFA Vereinigung Volkseigener Fahrzeugwerke integriert. Das Ziel, die Produktion wiederaufzunehmen, rückte damit einen wichtigen Schritt näher. Die ersten mit Girlanden geschmückten Fahrzeuge des Typs Granit 1500 S rollten unter der neuen Bezeichnung IFA Phänomen Granit 27 am 27. Januar 1950 um 16 Uhr nachmittags aus der Werkshalle und fuhren durch Zittau. Dieses Auto war ein nahezu unveränderter Nachbau des während des Zweiten Weltkriegs vor allem als Sanitätskraftwagen bei der Deutschen Wehrmacht bekannt gewordenen Nutzfahrzeugs, das tausendfach gefertigt worden war. Der Motor bestand aus vier einzeln in Reihe stehenden Zylindern, die nach Phänomen-Sitte gebläsegekühlt waren und einen Hubraum von 2700 ccm besaßen. Die Leistung erreichte 52 PS bei 2800 U/min.

Dem Phänomen-Werk wurden die Betriebsstätten des ehemaligen Karosseriewerks August Nowak AG in Bautzen als Werk 3 unterstellt. Im Karosseriewerk Radeberg, vormals Gläser GmbH, wurden die Nowak-Mitarbeiter in der Fertigung der Phänomen-Fahrerhäuser unterwiesen, die ab 1951 auch in Bautzen hergestellt wurden. Die logische Folge dieser Entwicklung war absehbar – eine hohe Fertigungstiefe, die nicht nur alle Motoren, sondern auch Fahrgestelle, Karosserien, Fahrerhäuser und Aufbauten mit einbezog.

Cunewalde
Die Oberlausitz ist seit alters her ein Lieblingsstandort des textilproduzierenden Gewerbes. Zudem haben dort der Waggonbau und die Fertigung von Textil- und Papierverarbeitungsmaschinen sowie von Kraftfahrzeugen eine lange Tradition. Cunewalde war früher ein Bauern- und Weberdorf und noch bis 1989/90 gab es hier fünf Webereien. In diesem industriellen Umfeld siedelte sich in jüngster Vergangenheit ein höchst leistungsfähiger Produzent von Dieselmotoren an.[36]

Das Motorenwerk Cunewalde ging aus der Firma Otto Bark, Motorenbau, hervor. Dieser Betrieb, der seinen Stammsitz in Dresden hatte, war Nachfolger der 1927 gegründeten Firma Kühne, die Motorrad-Einbaumotoren herstellte und von Bark ab dem Jahr 1929 weitergeführt und ausgebaut wurde. Zur Produktionspalette gehörten luftgekühlte Einzylinder-Motorradmotoren bis 600 ccm Hubvolumen, die an bekannte Motorradfirmen, wie zum Beispiel an Ardie, UT, Imperia oder Hercules, geliefert wurden, und wassergekühlte Außenbord-Bootsmotoren.

Angesichts der militärischen Aufrüstung in Deutschland stellte die Firmenleitung ab 1938 die Produktion von eigenen Motorradmotoren auf Zulieferbaugruppen für Junkers- und Daimler-Benz-Flugmotoren um. Im Zuge von Produktionserweiterungen richtete Bark 1943 in Obercunewalde in den Räumlichkeiten einer stillgelegten Weberei einen Zweigbetrieb ein, die Bark-Motorenbau GmbH, und dieser Ableger war Keimzelle des Motorenbaus im Cunewalder Tal. Während

Die Firma Otto Bark war bereits um 1930 für ihre Motorrad-Einbaumotoren bekannt (Werksarchiv Motorenwerk Cunewalde)

Ardie Motorrad mit 200er Bark-Motor 1935 (Werksarchiv Motorenwerk Cunewalde)

Bau von Motorrad-Prototypen, hier der RT 125, in Cunewalde für das sowjetische Konstruktionsbüro 10 in Chemnitz (Werksarchiv Motorenwerk Cunewalde)

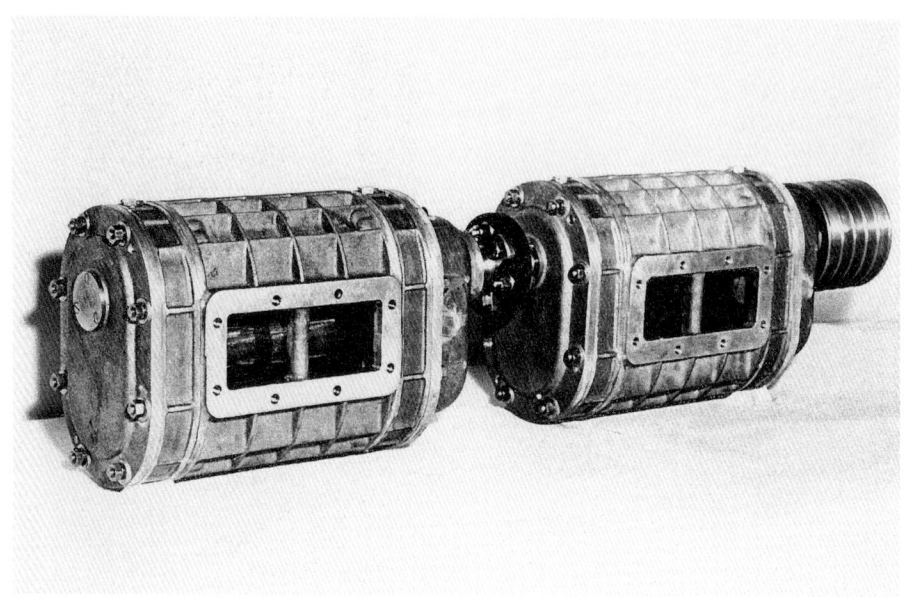

Rootslader für 2 Takt-Dieselmotoren (Werkfoto Motorenwerk Cunewalde)

der Dresdner Stammbetrieb nach Bombenschäden und Demontage nicht mehr existierte, blieb die Produktionsstätte in Cunewalde auch über den Mai 1945 hinaus erhalten. Auf der Grundlage der noch vorhandenen Substanz formte man 1946 den VEB Motorenwerk Cunewalde.

Anfangs stand hier die Reparatur landwirtschaftlicher Geräte und die Herstellung von dringend benötigten Gegenständen des täglichen Bedarfs im Mittelpunkt. Besondere Tragweite für den Motorenbau in Cunewalde hatte die Entscheidung des sowjetischen Konstruktionsbüros Nr. 10 in Chemnitz, die gesamte Entwicklungsabteilung von DKW nach Cunewalde umzusiedeln, da es in Zschopau infolge der Totaldemontage keine Voraussetzungen mehr für Musterbau und Erprobungen gab. In Cunewalde dagegen war eine von der Demontage verschont gebliebene und noch vollständig eingerichtete Fertigungsstätte für Flugmotorenbaugruppen vorhanden und die Mitarbeiter verfügten über Fachwissen. Dies war eine wesentliche Voraussetzung dafür, die gesamten konstruktiven Arbeiten weiterzuführen, mit der man in der Sowjetunion auf DKW-Basis eine eigene Motorradfertigung aufzuziehen beabsichtigte. Es kann als sicher gelten, dass Verhandlungen mit der SMAD darin resultierten, eine Demontage des Cunewalder Bark-Werkes zu verhindern. Denn eigentlich fiel dieser Betrieb eindeutig unter das Kriterium Enteignung und Demontage. So wurden hier 1946 und 1947 die Funktionsmuster für die geplante Wiederaufnahme der Produktion der DKW-Typen RT 125, NZ 250 und 350 entwickelt, gebaut und erprobt, die beiden letzterwähnten sogar in zwei Versionen mit zwei Zylindern in Parallel- und Boxerausführung. Die Fahrerprobung durch bewährte DKW-Werksfahrer erfolgte auf

Personenwagen von Steudel/Kamenz, mit Fafnir-Motor, 1908 (Werksarchiv Kamenz)

der Strecke zwischen dem Produktionsort Cunewalde und dem Sitz des sowjetischen Konstruktionsbüros in Chemnitz. Naturgemäß nutzte man sie für Kurierdienste, Dienstreisen auf dem Soziussitz und für den Transport von Lebensmitteln. Auf einer Fahrt verunglückte der zur früheren DKW-Six Days-Mannschaft gehörende Fahrer Bergelt unverschuldet in Mohorn mit einer NZ 350/2 mit Boxermotor. Während er nach einer routiniert gemeisterten Rolle über den Lenker mit leichten Verletzungen davon kam, flog sein Sozius, der zum Chemnitzer Büro gehörende Chefkonstrukteur Stiebling, der diese Fahrt als Dienstreise nutzte, im hohen Bogen auf die Straße. Er trug keinen Sturzhelm, dies war damals nicht üblich. Er überlebte, allerdings mit sehr schweren Verletzungen. Der den Unfall aufnehmende Polizist vergaß beim Schichtwechsel, die Unfallmeldung nach Chemnitz und Cunewalde weiterzugeben und so war die verunglückte Kradbesetzung im Krankenhaus Hainichen zwar wohl versorgt, für ihre Betriebe jedoch zwei Tage lang verschollen. Das wertvolle Funktionsmuster der NZ, von der es nur dieses eine Exemplar gab, erlitt Totalschaden. Die Entwicklung von Motorrädern schuf den Vorlauf für die spätere Produktionsaufnahme in Zschopau. Auf dieser Grundlage entstanden für den Neubeginn von MZ die RT 125 und die BK 350. 1948 löste man den Betrieb aus der Vereinigung Volkseigener Fahrzeugwerke IFA, Chemnitz, und gliederte ihn der Vereinigung Volkseigener Betriebe Energie- und Kraftmaschinenbau EKM, Halle, ein. Zunächst wurden Aufträge für die Serienproduktion von Zulieferbaugruppen für Schiffsdieselmotoren des SDAG-Betriebes Buckau-Wolf in Magdeburg, für Pumpenbetriebe und ähnliche Verwendungszwecke und als erste Eigenentwicklung eine Baureihe von stationären Roots-

Steudel-Dieselmotor, 1935 (Werksarchiv Kamenz)

gebläsen, so auch Rootslader für die Entwicklung von 2-Takt-Dieselmotoren, erledigt.

Die erste serienmäßige Produktion von Verbrennungsmotoren in Cunewalde setzte im Jahr 1948 mit einem sowjetischen Reparationsauftrag ein, und zwar wurde der Bau eines wassergekühlten 2-Zylinder-2-Takt-Ottomotors mit 28 PS für die Firma Köbe, das spätere Feuerlöschgerätewerk Luckenwalde, angeordnet. Dieser Motor wurde später durch einen ähnlichen Typ, den ZW 1103 aus Chemnitz, abgelöst.

Ein eigenständiges Produktionsprofil gewann der Betrieb ab 1951 mit der Konzentration aller drei bis dahin in verschiedenen Betrieben der DDR produzierten Vorkriegsbaumuster von liegenden verdampfungsgekühlten Kleindieselmotoren bis 10 PS. Hierbei handelte es sich um die damals üblichen stationären Gewerbemotoren, die mit ihren zwei schweren Schwungrädern etwas an den Urvater von Deutz erinnerten. Es waren dies im einzelnen:[37]

1951   LD 130   10 PS/1200 U/min. – Entwicklung Firma Heise, Leipzig, Produktion Dieselmotorenwerk Leipzig (Heise-Nachfolger)

1952   LD 120   8 PS/1500 U/min. – Entwicklung Heise, Produktion Kompressorenbau Bannewitz

1953   H 65   6 PS/1500 U/min. – Entwicklung Steudel, Kamenz, Produktion Dieselmotorenwerk Kamenz, damals Betriebsteil von Robur, Zittau.

1955   1 NVD 18   17,5 PS/1250 U/min. – Neuentwicklung des WTZ Dieselmotoren Roßlau. Als von Hand zu startender Einzylinder mit Hubraum 2,2 l, Gewicht der 2 Schwungräder 180 kg, abgeleitet aus einer stehenden Reihe bis 6 Zylinder, für diese Motorenkategorie eine Fehlkonstruktion, der kein Markterfolg beschieden war.

Von allen Motoren der ersten Generation besaß der H 65 aus Kamenz den technisch höchsten Stand. Erwähnenswert ist aber auch die zweite Linie des Motorenbaus in der Lausitz im Vorlauf des Motorenwerks Cunewalde. Gemeint ist die Motorenbaufirma Horst Steudel, die 1895 als Handwerksbetrieb in Kamenz gegründet worden war. Steudel stellte zunächst Fahrräder her und versuchte sich zwischen 1899 und 1911 im Bau von Personenwagen, von denen insgesamt elf Stück mit Fafnirmotoren hergestellt wurden. Nach dem Ersten Weltkrieg begann diese Firma mit dem Bau von Ottomotoren für Fahrräder, Motorräder und Boote sowie für stationäre Zwecke. Die Entwicklung und Produktion von Kleindieselmotoren in Kamenz setzte Mitte der dreißiger Jahre ein. Während des Zweiten Weltkriegs baute Steudel vor allem Sturmbootmotoren. Nach mittelschweren Beschädigungen im Krieg und nach der Demontage begannen die Kamenzer Motorenbauer den stark ausgedünnten Maschinenpark wieder zu reaktivieren. Das erste avisierte Ziel in produktionstechnischer Hinsicht war die Reparatur von Fahrzeugen und Motoren. 1946 wurde der Betrieb enteignet, in Volkseigentum umgewandelt und wiederum vier Jahre später hier die Produktion von Dieselmotoren aufgenommen. 1952 gliederte man ihn schließlich den Phänomen-Werken in Zittau an. Im Jahr 1967 übernahm ihn das Stammhaus Cunewalde als Motorenwerk Kamenz.

Waltershausen

Das Ade-Werk gründete am 2.8.1920 der Ingenieur Arthur Ade als Produktionsfirma von landwirtschaftlichen Geräten und Traktoren. Der starke Aufschwung in der Automobilindustrie in der ersten Hälfte der zwanziger Jahre führte dazu, dass sich das Ade-Werk auf die Entwicklung und Produktion von Kraftfahrzeug-

Das Fahrzeugwerk Waltershausen war bis zur Verlagerung der Produktion nach Werdau der größte Anhängerproduzent in der DDR (Archiv des Autors)

Die »Dieselameise« DK 3 wurde in Brand-Erbisdorf entwickelt (Archiv des Autors)

Die DK 3 war anhängerfest (Archiv des Autors)

zubehör, Anhängern, Anhängerkupplungen und Karosserien spezialisierte. Das Unternehmen erlebte sehr schnell eine positive Geschäftsentwicklung und beschäftigte im Jahre 1928 bereits 400 Mitarbeiter.

In den folgenden Jahren stand die Produktion und der Absatz patentrechtlich geschützter Sicherheitskupplungen im Zentrum der Geschäftsaktivitäten. Dieser Schwerpunkt wurde bis Kriegsende beibehalten. Danach wurde das Werk von den Sowjets mit der Begründung, dass Anhänger für die Luftwaffe produziert worden seien, beschlagnahmt und vollständig demontiert. Unter dem Firmennamen »Gerätebau Waltershausen« erfolgte ab 1946 ein Neuaufbau. Den Bedürfnissen der unmittelbaren Nachkriegszeit entsprechend begann man mit der Produktion landwirtschaftlicher Geräte wie Sternkrümelwalzen, Eggen, Ackerwagen und anderem. Schon bald folgten Anhänger für Traktoren und Lkw sowie Tankauflieger. Am 1.7.1948 wurde der Betrieb in »VEB Fahrzeugwerk Waltershausen« umbenannt und entwickelte sich unter dieser Bezeichnung zum führenden Produzenten von Anhängern in der DDR. Bis zur Verlagerung der Produktion im Jahr 1975 wurden etwa 136 000 Anhänger im Nutzlastbereich von 3 bis 16 to gefertigt. Parallel dazu stellte man hier auch Anhängerkupplungen her. 1956 erfolgte die Übernahme der Dieselkarre DK 3 vom Industriewerk Ludwigsfelde.

Schönebeck an der Elbe
Die Anfänge der Traktorenherstellung in Schönebeck nach dem Zweiten Weltkrieg gingen auf mehrere bekannte Namen zurück, nämlich auf die Famo Fahrzeug- und Motorenwerke GmbH Breslau, die 1935 aus dem Lincke-Hoffmann-Busch Konzern ausgegründet worden waren, auf Junkers, der auch in einem

Anfänge in Schönebeck – die »Weltrad«-Produktion (Archiv Reinhard Blumenthal)

Der Raupenschlepper »Rübezahl« aus dem FAMO-Programm (Bundesarchiv/183/S 79103)

Schönebecker Betrieb produzierte, und auf ein 1885 als »Elektrotechnische Werkstatt« gegründetes und seit 1890 als »Weltrad«-Fahrradfabrik von Hoyer & Glahn firmierendes Unternehmen, das seit 1900 Metallindustrie Schönebeck AG hieß.[38] Im Januar 1945 hatte Famo die Fertigung von Raupenschleppern und Zugmaschinen ins Junkers-Werk Schönebeck verlagert. Nach dem Ende des Krieges sollten beide Werke zusammengelegt und eine Fabrik für landwirtschaftliche Raupen- und Radschlepper gegründet werden. Dabei war eine Übernahme des Junkers-Werks Schönebeck durch die Famo vorgesehen. Hintergrund dieser Planungen war die Erwartung, dass die Hauptabsatzgebiete für Famo-Traktoren in den Provinzen Sachsen, Mecklenburg und Pommern liegen würden und nach Beendigung des Krieges auf jeden Fall mit einem erhöhten Bedarf an landwirtschaftlichen Traktoren zu rechnen sei. Das Werk wurde als Hersteller von Kriegsgegenständen im Jahr 1945 demontiert, erhielt aber am 3. August des Jahres die Genehmigung für eine Anfangsproduktion auf dem »Weltrad«-Gelände. Diese sollte sich aus Feuerhaken, Scharnieren, Rodelschlitten, Metallbetten und Handwagen zusammensetzen. Später folgten noch Fahrräder, Kinderwagen und Krankenselbstfahrer. Am 30. November 1945 wurde die Famo und das Junkerswerk auf Befehl von General Kotikow von der SMAD in der Provinz Sachsen zur Fahrzeug- und Apparatebau GmbH Schönebeck zusammengeschlossen. Das Unternehmen sollte Fahrzeuge und Maschinen herstellen und vertreiben. Später war als Fertigungsprogramm bereits an Schlepper, besonders für die Landwirtschaft, aber auch für den Straßenverkehr, sowie an entsprechende Ersatzteile gedacht und ein 22 PS Radschlepper mit Dieselmotor (Lizenz Stock), ein 40 PS Radschlepper, die Neuauflage des 60 PS Famo-Schleppers und ein 4,5 t Lkw geplant. Die Famo-Techniker hatten Traktorenpläne aus Breslau mitgebracht und die Produktion des auf dieser Grundlage entstandenen RS 01/40 war nach Zwickau in das dortige Horch-Werk vergeben worden.

Außer dem Schlepperwerk gab es in Schönebeck auch noch ein Dieselmotorenwerk. Dieses war auf der Grundlage eines vor 1945 dort ansässigen Betriebes mit dem Namen »Geologische Bohrungen, Gommern« entstanden. Auf dessen Lagergelände und in dessen Reparaturwerkstatt begann 1946 durch eine Sowjetische Aktiengesellschaft die Produktion von Diesel-Elektroaggregaten. Zu diesem Zweck wurden zwei Deutz-Dieselmotoren der Typen DM 20 und DM 40 mit 20 und 40 PS nachgebaut. Das zweite Standbein war die Produktion von Wasserwirbelbremsen (Schlagstiftbremsen nach Junkers-Bauart) und später von Strömungsbremsen im Leistungsbereich von 10 bis 10 000 PS. 1953 wurde auch dieser SAG-Betrieb in deutsche Hände gelegt und der Hauptverwaltung Fahrzeugbau zugeordnet.

Nordhausen
Nach der Besetzung Nordhausens durch die Amerikaner wurde der Betrieb der Maschinenbau & Bahnbedarfs AG (MBA) stillgelegt und abgesperrt (vgl. Anlage G 06). Ende April 1945 entstand aus der MBA die Montania GmbH, die neue Räume anmietete und mit einem Stamm früherer MBA-Mitarbeiter eine neue Traktorenfertigung vorbereitete.[39] Ende Juni 1945 zogen die Amerikaner ab, am 1. Juli besetzten die Sowjets die Stadt. Sie erlaubten der Montania wieder die Nutzung der bisher stillliegenden MBA-Betriebsanlagen. Dort ging man nun daran, Schlepperteile herzustellen und Eisenbahnwaggons zu reparieren. Auch die Konstruktionsabteilung nahm ihre Arbeit auf und machte sich an die Entwicklung eines neuen Schleppers.

Mit Befehl 006 der Sowjetischen Militäradministration fiel das Demontageurteil auch für diesen Betrieb. Die Montania mußte das Gelände wieder verlassen, das umgehend von russischen Ingenieuren und Offizieren besetzt wurde. Anfang 1946 setzte hier der Bau von Einzelteilen und Aggregaten von V-Raketen ein. Zu diesen Arbeiten wurden auch deutsche Arbeitskräfte verpflichtet. Diese Raketen waren bis Kriegsende in den unterirdischen Hallen des Kohnsteins im berüchtigten Lager Dora bei Nordhausen hergestellt worden. Nach der Einstellung dieser Produktion begann die Liquidation des Werkes und im Juli 1947 wurden alle

Nach Demontage und Sprengung der MBA in Nordhausen blieb lediglich das im Hintergrund rechts befindliche Verwaltungsgebäude stehen, Juli 1947 (ABM Archiv Motorenwerk Nordhausen)

Maschinen, Anlagen und Ausrüstungen demontiert und abtransportiert und die Hallen gesprengt und die Reste abgetragen. Alle Installationsrohre für Wasser und Elektrik sowie die Stahlkonstruktion der Hallen, die eisernen Fenster samt Scheiben sowie die Sanitärkeramik wurden abgebaut und in Güterwagen verladen. Die Werkfläche wurde komplett abgeräumt. Im Juli 1947 war mit dem Abtransport aller Ausrüstungen und der Sprengung der Hallen die Demontage der früheren Maschinenbau & Bahnbedarfs AG abgeschlossen. Zu diesem Zeitpunkt fanden bei der Deutschen Zentralverwaltung Industrie die ersten Beratungen statt, mit einer Schlepperfertigung in der sowjetischen Besatzungszone neu zu beginnen. Bei der Suche nach Fertigungsstätten für Kleintraktoren wurde auch die ebenfalls in Nordhausen ansässige Firma Nordhäuser Maschinenbau (Normag) einbezogen, die sich allerdings als nicht genug leistungsfähig erwies. Hingegen zeigte die Montania großes Interesse und konnte als größtes Plus ihren Stamm an Facharbeitern, die über langjährige Erfahrungen beim Traktorenbau verfügten, geltend machen.

Mit Wirkung vom 1. Mai 1948 wurde die Motoren- und Fahrzeugbau Nordhausen als landeseigener Betrieb gegründet. Von der Hauptverwaltung Landeseigener Betriebe erhielt er einen Kredit in Höhe von 300 000,- Mark sowie zusätzlich die Zuweisung von 49 gebrauchten Werkzeugmaschinen und die

Vormontage des 22 PS Traktors »Brockenhexe« im Schlepperwerk Nordhausen, 1949 (Archiv G. Wienrich)

Die »Brockenhexe« (Archiv Reinhard Blumenthal)

Die Firma Nordhäuser Maschinenbau Schmidt und Kranz hatte vor dem Krieg unter der Bezeichnung NORMAG Traktoren für Diesel- und Holzgasantrieb produziert. Restliche Teile wurden nach dem Krieg zu Traktoren verarbeitet. Eine weitere Fertigung kam nicht zustande. Schmidt und Kranz flohen in den Westen, das Firmengrundstück mit Gebäuden wurde dem Bagger-Hersteller NOBAS zugeschlagen. Heute ist Nordhausen wieder Sitz der Firma Schmidt und Kranz (Bundesarchiv/183/9776/1)

Überlassung des Werksgeländes der früheren MBA/Montania. Dieser Betrieb wurde mit Wirkung vom 1. Juli des Jahres der IFA Vereinigung Volkseigener Fahrzeugbau unter der Bezeichnung VEB IFA Schlepperwerk Nordhausen angegliedert. Diesem wurde auch die treuhänderische Verwaltung der ehemaligen Montania GmbH übertragen, so dass das gesamte Vermögen von MBA/Montania in staatlichen Besitz überging.

Wegen der gewaltigen Engpässe bei der Lebensmittelversorgung genoss die Schlepperfertigung für die Landwirtschaft besonderen Vorrang. Dementsprechend wurde Nordhausen die Fertigung eines 22 PS starken Schleppers zur Auflage gemacht. Ein Sonderplan für die Finanzierung des Wiederaufbaus dieses Werks in Höhe von 4,5 Millionen Mark sollte den Aufbau in drei Stufen sichern. Baubeginn war der 1. September 1948. Kurz darauf waren bereits die ersten beiden Produktionshallen fertiggestellt. In den etwas mehr als 13 Monaten vom 1. September 1948 bis 15. November 1949 wurden am Standort Schlepperwerk Nordhausen errichtet: acht Produktionshallen, eine Trafostation, ein Heizwerk sowie acht weitere Gebäude für Pförtner, Toiletten, Schmiede, Kantine, Küche, Lehrwerkstatt, Sanitätsstelle und Öllager.

1949 setzte die Fertigung des RS 02 »Brockenhexe« ein. Der erste Traktor dieses Typs verließ das Werk am 21. Juni 1949. Bei dieser Konstruktion, die im wesentlichen durch Fritz Camen geprägt war, handelte es sich um einen typischen Standard-Schlepper in Blockbauweise. Dabei wurden ein Zweizylinder-Viertakt-Dieselmotor 2VD14/10SRW mit 2,2 l Hubraum (Nachbau des Deutz-Dieselmotors F 2M 414) mit 22 PS Leistung sowie ein Vierganggetriebe (Konstruktion ZF Typ F 12) verwendet. Die halbrunde Stirnverkleidung des Motors wurde vom ehemaligen 30 PS MBA-Schlepper übernommen, für den sich Presswerkzeuge noch hatten auffinden lassen. Im Jahr 1949 verließen 157 Schlepper das Werk in Nordhausen. Ein Jahr später war die Produktion auf 200 Schlepper pro Monat angestiegen. Und 1951 begann die von Zwickau an diesen Standort verlagerte Fertigung des Traktors »Pionier«, nachdem davon im Vorjahr bei Horch noch 2 250 Stück hergestellt worden waren.

Das Ende vom Anfang
Die Kraftfahrzeugfertigung in der SBZ/DDR begann, bedingt durch die Demontagen, sehr viel später als im Westen Deutschlands. In den ersten beiden Nachkriegsjahren wurden ausschließlich im Auftrag der Besatzungsmacht Automobile gebaut. Vom Lkw H 3 entstanden 1946 exakt 191 Exemplare, ein Jahr später waren es 311 Stück. 1948, zugleich das letzte Jahr der Fertigung dieses Lkws, kamen nochmals 350 Exemplare dazu. Andere Lastwagen und Lieferwagen in größerer Stückzahl entstanden in diesen beiden Jahren nicht.

Anders sah dies im Westen aus. Seit Mai 1945 wurde der Dreitonner in den Kölner Ford-Werken wieder produziert, von diesem wurden bis Dezember 1945 immerhin 2 443 Stück hergestellt. Ab Juli dieses Jahres wurden insgesamt 1281 Tempo-Lieferwagen in Hamburg-Harburg gefertigt; und auch das Borgward-Werk in Bremen war wieder in Betrieb genommen – hier wurde ein 3-t-Lkw in unbekannter Stückzahl produziert. In den Mercedes-Werken baute man bis Dezember 1945 über 1000 Last- und Lieferwagen. Büssing in Braunschweig montierte 1032 Exemplare des 5-t-Typs. 1946 folgten Opel, Krupp, Gutbrod, Vidal und Klöckner Humboldt Deutz. In der ersten vorgelegten Produktionsstatistik des Verbandes der Deutschen Automobilindustrie (VDA) mit Zahlen für das Jahr 1946 waren für die britisch-amerkanische Bi-Zone 9160 produzierte Lkw angegeben.[40]

Ähnlich war es auf dem Pkw-Sektor. Ein direkter West-Ost-Vergleich ergibt sich aus folgender Aufstellung.

Tabelle 5: Fertigungsbeginn im Pkw-Bau der deutschen Kraftfahrzeugindustrie nach dem Zweiten Weltkrieg

Typ und Standort	Zeitpunkt
VW Käfer Standard Limousine, Wolfsburg	Ende 1945
BMW Typ 321, 2-türige Limousine, Eisenach	Oktober 1945
Mercedes 170 V, 4-türige Limousine, Unterthürkheim	Juli 1947
Opel Olympia und Kapitän-Limousine, Rüsselsheim	1948
Ford Taunus, 2-türige Limousine, Köln	1948
Borgward Hansa 1500/1800 Limousine, Bremen	1948
IFA DKW F8, 2-türige Limousine, Zwickau	1949
BMW 340, 4-türige Limousine, Eisenach	1949
Mercedes 170 S, 4-türige Limousine, Unterthürkheim	1949
IFA F9, 2-türige Limousine, Zwickau	1949
Auto Union DKW F89 P, 2-türige Limousine, Düsseldorf	1950

Quelle: Zusammengestellt nach Angaben in: Graf Seherr-Thoss (Hrsg.), Die deutsche Automobilindustrie, 1974.

Auch hier fällt der Stückzahlen-Vergleich eindeutig aus. Bis 1949 wurden in der SBZ exakt 527 IFA F 8 und 8 678 BMW Typ 321 gebaut. Hinzu kamen noch 250 Stück des Typs BMW 340. Im selben Zeitraum verließen in den Westsektoren fast 155 000 fabrikneue Pkw die Werkhallen.

In jenen Jahren verschlechterte sich die politische Großwetterlage nachhaltig. Die massive Störung der Beziehungen zwischen den westlichen Siegerstaaten und der Sowjetunion beschwor statt einer erhofften Entspannung neue Belastungen herauf. Die Berlin-Blockade und das Scheitern des 1945 eingerichteten Alliierten Kontrollrates machten deutlich, dass die einst im Potsdamer Abkommen getroffenen Festlegungen, Deutschland trotz einer Einteilung in vier Zonen auch weiterhin als einheitliches Wirtschaftsgebiet zu behandeln, sich nicht erfüllen ließen. Die Konsequenzen waren gerade in der SBZ/DDR deutlich zu spüren.

Kurz nach dem Ende des Völkermordens begann der Kalte Krieg. Der Osten, also die Sowjetunion und die von ihr seit Kriegsende dominierten Staaten in Mittel- und Osteuropa, zog den Eisernen Vorhang quer durch Europa. Der Westen bediente sich bei dieser Auseinandersetzung vor allem wirtschaftspolitischer Instrumente, dessen wichtigstes das Embargo war. Etwas vereinfacht formuliert lässt sich sagen, der Osten bediente sich vorwiegend politisch-administrativer Kampfmethoden und der Westen überwiegend ökonomisch-finanzieller.

Für den Neubeginn der Produktion von Kraftfahrzeugen in der SBZ/DDR bedeutete dies in erster Linie einen Wegfall von Zulieferern. Der ergab sich aus der traditionellen Standortverteilung dieser Branchen in Deutschland, denn diese hatten sich vorrangig im Westteil Deutschlands angesiedelt. Von hier kamen beispielsweise Einspritzpumpen, Einspritzdüsen, Kolben, Kolbenringe, Anlasser, Lichtmaschinen, Lenkungen, Gelenkwellen, Kugellager oder auch Teile, die für die Fahrzeugelektrik benötigt wurden. Außerdem waren viele in der SBZ gelegene Zulieferfirmen zerstört, enteignet oder demontiert worden und deren Inhaber nach

Aus dem Vorkriegsarsenal stammte diese Gleiskettenkonstruktion, die für einen Traktor mittlerer Leistung aus dem Fahrzeugwerken Triptis (Pössneck) vorgesehen war. Zur Aufnahme der Serienfertigung kam es aber nicht (Bundesarchiv/183/S 84578)

Westdeutschland geflohen. In der Regel ging ein Großteil der Leitungsebene sowie erfahrene Mitarbeiter mit. Dies traf zum Beispiel auf Knorr-Bremse in Berlin-Lichtenberg zu, auf die in Mitteldeutschland gelegenen Werke der Goetze AG, die Dichtungen produzierten, auf die Betriebe der Deutschen Vergaser GmbH in Forst und Wittenberge, auf die Akkumulatoren-Fabrik Sonnenschein in Berlin,

Die Anfänge in der Nachkriegszeit

oder auf die auf Kupplungs- und Bremsbeläge spezialisierten Kirchbachschen Werke »Jurid« in Coswig bei Dresden.

Natürlich wurde versucht, die alten Wirtschaftsbeziehungen wieder herzustellen. Abgesandte der IFA-Werke kontaktierten Bosch, die Zahnradfabrik Friedrichshafen oder andere traditionelle Zulieferbetriebe und versuchten, Lieferverträge oder zumindest eine Lizenzvergabe auszuhandeln. Gewöhnlich stießen sie auf Desinteresse.

Die zentrale Aufgabe der IFA war daher, eine eigene Zulieferindustrie auf die Beine zu stellen. Dabei wurden mehrere Wege beschritten. Als erste Maßnahme wurden die alteingesessenen, bedeutenden und traditionsreichen Zulieferer in die IFA überführt. Beispiel hierfür war das bereits erwähnte Eisenwerk in Erla im Erzgebirge. Ganz besonders galt dies für den Karosseriebau. Gläser in Dresden, Hornig in Meerane und die Hallenser Firmen Kühn und Kathe wurden auf diese Weise relativ rasch wiederbelebt. Ähnlich verhielt es sich mit anderen Zulieferern, wie beispielsweise dem Stoßdämpferwerk in Hartha oder dem Reichenbacher Naben- und Kupplungswerk, vormals Fichtel und Sachs. Auch die Werkzeugindustrie im Raum Aue/Schwarzenberg zählte dazu. Dort wurden bereits vor dem Krieg Press-, Zieh-, Schneide- und Stanzwerkzeuge hergestellt. Aus Schwarzenberg kamen Ende der dreißiger Jahre für die Erstausstattung des VW-Werks die Presswerkzeuge sowie die Spezialwerkzeuge zum Einlegen und Entnehmen von Blechteilen an Karosseriepressstraßen, die man damals noch schlicht »Eiserne Hände« nannte. Dieses Werk besaß nun als VEB Formenbau Schwarzenberg deshalb so große Bedeutung für den DDR-Automobilbau, weil seine Streck-Zieh-Press-Werkzeuge die einfachste Umformtechnik mit dem geringsten Aufwand auch für kleine Serien erlaubten. In diesem Zusammenhang ist auch die Wiederaufnahme der Produktion an jenen Standorten zu erwähnen, an denen bis 1945 bedeutende Zulieferer beheimatet waren, die danach demontiert und enteignet worden waren. Dies betraf beispielsweise die Fahrzeugelektrik im Chemnitzer Raum. Mit den Namen Pöge, Riemann und Häckel waren Ende des 19. Jahrhunderts wichtige Entwicklungen auf diesem Gebiet verbunden. 1935 hatte die Auto Union nach dem Zusammenschluss der Zschopauer Rota-Werke mit dem Luma-Werk, Stuttgart, in der Rößlerstraße in Chemnitz einen wichtigen Zulieferbetrieb für Fahrzeugelektrik etabliert. Hier wurden Lichtmaschinen, Dynastartanlagen, Regler und Zünder gebaut. Darauf aufbauend begannen nach 1945 drei VEB in Chemnitz, Anlagen und Bauteile der Fahrzeugelektrik – Dynastartanlagen, Lichtmaschinen, Magnetzünder, Scheinwerfer, Beleuchtungsanlagen und Signalhörner – neu zu produzieren. Diese drei Betriebe wurden 1948 zum VEB Fahrzeugelektrik zusammengelegt, und dieser entwickelte sich zum Hauptlieferanten entsprechender Teile für den DDR-Kraftfahrzeugbau.

Weitere Ansatzpunkte boten Produktionsstätten mit Erfahrungen in der Entwicklung und Fertigung von Zubehör. So entstand beispielsweise in Stadtilm aus einer ehemaligen Gelatinefabrik, in der der Rheinmetall-Konzern während des Zweiten Weltkriegs Kegelrollenlager hatte herstellen lassen, ein Gelenkwellen-

Aus den Resten der ehemaligen Automobil- und Fahrzeugwerke »Brennabor« entstanden die Brandenburger Traktorenwerke, die zuerst den Kleintraktor »Aktivist« bauten, später dann auch Raupenschlepper. Schließlich wurde dieses Werk zum Getriebehersteller umgewandelt (Bundesarchiv/ 183/K 1123/502)

werk, das mehrere Industriezweige der DDR belieferte. Das Lenkgetriebewerk in Triptis begann seine Arbeit in einer ehemaligen Teppichweberei, in der während des Krieges Getriebe für die Rüstung gefertigt worden waren.

Einer Untersuchung bei Phänomen in Zittau zufolge befanden sich dort nach 1945 nur noch 14 Prozent der Zulieferer des Unternehmens auf ostdeutschem Territorium.

Eine Chance bot diese Mangelsituation kleinen Privatunternehmen, die nicht enteignet oder demontiert oder erst in der Nachkriegszeit gegründet worden waren. Sie spezialisierten sich auf ganz bestimmte Produkte. Ganz besonders galt dies für die Dresdner Spezialfirma L'Orange, die Einspritzpumpen entwickelte. Deren Mitarbeiter Diplom-Ingenieur J. Reichelt entwarf in sehr kurzer Zeit zusammen mit dem Oberingenieur Sander vom FEW Chemnitz die spätere IFA-Einheits-Einspritzpumpe, die dann mit 1, 2, 3, 4 und 6 Fördereinheiten gebaut wurde.[41] Als weitere Beispiele sind hier folgende Betriebe zu nennen: Wela in Apolda für Pkw-Ventile, Wilde in Leipzig für Keilriemen, Gröbe in Freiberg für Schalldämpfer, Kaupert, Schmalkalden, für Ventilführungen, Fischer & Spille in Glashütte für Einspritzdüsen und Einspritzpumpen-Elemente, Schmidt in Merbelsrod für Wasserpumpen sowie Dr. Anspach, Dessau, für Aluminiumguss. Obwohl der Anteil dieser Privatunternehmen statistisch betrachtet an der Gesamtproduktion der Kraftfahrzeugindustrie relativ gering war, darf ihre Bedeutung keinesfalls unterschätzt werden. Und doch ging damit keine Renaissance des Privateigentums einher. Denn die vervielfachten Auflagen und deren immer schärfere Kontrolle durch den Gesetzgeber ließ nur geringste Akkumulationen zu. Dies benachteiligte systematisch den Privatunternehmer gegenüber den volkseigenen und genossenschaftlichen Betrieben und ergab sich aus Direktiven der SED, dem Privateigentum an Produktionsmitteln keinerlei Zukunft einzuräumen.

Bis eine eigenständige und leistungsfähige Zulieferindustrie etabliert war, behalf man sich mit anderen Methoden. Diese zielten vor allem auf die Umgehung der Handelsbeschränkung durch westliche Staaten, also auf das Unterlaufen des verhängten Embargos, ab. Zentrale Schaltstelle hierfür war das nach der Währungsreform 1948 entstandene sogenannte Büro Berlin,[42] das in der Schadowstraße in Berlin-Mitte entstanden war und als Büro der Hauptverwaltung Fahrzeugbau fungierte. Es bestand aus zwölf Mitarbeitern, die zum Personal der Großbetriebe von IFA und LOWA gehörten. Ihre Aufgabe bestand darin, in großem Maßstab im Westen Mangelteile für die Serienproduktion zu beschaffen. Dazu zählten unter anderem Kugellager, hochfeste Schrauben, Lenkungsteile, Anlasser, Bremsenteile, Bosch-Fahrzeugelektrik, Dichtungen und Ketten. Die Beschaffung erfolgte über Mittelsmänner in West-Berlin. Die Freigabe zu diesen sogenannten Ministeriumsgeschäften erteilte die sowjetische Militärregierung in Berlin-Weißensee. Über das Büro Berlin wurden nicht nur Teile, sondern auch Maschinen organisiert, mit denen Zubehörteile produziert werden konnten. So wurde beispielsweise dringend eine Fräsmaschine für Lenkungsteile benötigt, die von der Firma Kopp hergestellt wurde, die diese aber nicht liefern durfte. Auch die Zahnradfabrik Friedrichshafen weigerte sich. Das Büro Berlin besorgte über einen Handelsvertreter in der Schweiz eine kleine Anzahl von Maschinen und Einrichtungen, die in zerlegter Form und auf abenteuerlichem Weg die DDR erreichten und dort die Grundlage für den Aufbau des Lenkgetriebewerkes in Triptis bei Gera bildeten. Auf ähnliche Art und Weise erfolgten auch der Ausgleich des Fehlbedarfs bei anderen Teilen und der Aufbau der Zubehörindustrie.

Aber auch einzelne Betriebe, die ihre Produkte wegen fehlender Teile nicht komplettieren konnten, griffen zum Allheilmittel des Einkaufs jenseits der grünen Grenze. So wurden zum Beispiel häufig Nacht- und Nebelaktionen unternommen, um dringend benötigte Antriebsketten im Westen zu beschaffen.[43] Als Tauschobjekte dienten den Emissären Produkte der einheimischen Strumpfindustrie. Auch die Zwickauer Horch-Werke schickten Abgesandte mit Rucksäcken los. Diese Aktionen waren gefährlich, da illegal. Wurde man vom westlichen Zoll geschnappt, war man die kostbaren Teile los. Schlugen aber die Zollbehörden der SBZ zu, dann wurde ein drakonisches Exempel statuiert. Im Fall der Horch-Werke bedeutete dies Gefängnisstrafe für drei leitende Mitarbeiter, den Betriebsdirektor Paul Bimek, den Leiter Einkauf Herbert Kulke und für Kurt Dittes, den Leiter Verkauf.

Deutlich und schmerzhaft spürbar wurde hier die Gratwanderung, die jene unternahmen, die zwar im Interesse, aber unkonventionell im Sinne der »Arbeiter- und Bauern-Macht« handelten. Unternommen wurden solche Aktionen nie zur persönlichen Bereicherung; vielmehr sollten sie den jeweiligen Betrieben das Überleben sichern. Die Strafen verfehlten ihre Signalwirkung nicht. Jeder, der ähnliches vorhatte, fühlte sich fortan bedroht. Das entsprach der damals vorherrschenden Grundstimmung, denn gerade in der unmittelbaren Nachkriegszeit hatte die Rote Armee gezielt »roten« Terror durch willkürliche Verhaftungen ausgeübt. Und diesem hatte auch der Automobilbau Tribut zu zollen. Im Nachhinein wurde dies als Etablierung der Diktatur des Proletariats glorifiziert. In Zwickau wurden beispielsweise noch 1945 Oskar Arlt, der Cheftechniker von DKW, und Heinrich Schuh, der Betriebsdirektor bei Audi, ohne Angabe von Gründen »abgeholt« und ins Haus der Sowjetischen Kommandantur gebracht. Sie kamen an einem unbekannten Ort ums Leben. Als Todesdatum wird in beiden Fällen heute der 31.12.1950 genannt, Ort: Sowjetunion.[44] Dies brachte vor allem Mitarbeiter in höheren Positionen, die Verantwortung trugen, dazu, sich Gedanken über einen Wechsel in die westlichen Besatzungszonen zu machen. Die anhaltenden Demontagen, die Ungewissheit der persönlichen Zukunft und der des Arbeitgebers, politische Einschüchterungen und individuelle Verunsicherung sowie die sich nur unwesentlich bessernde Mangelsituation in der Wirtschaft und im Konsumbereich flossen sicherlich in die Überlegungen mit ein.[45] Als nach der Währungsreform in den westlichen Besatzungszonen die Kraftfahrzeugproduktion einen raschen Aufschwung erfuhr, erkannten viele im Osten die sich dort bietenden besseren beruflichen Chancen in aller Deutlichkeit. Eine Flucht nach dem Westen setzte ein. Ihr schlossen sich nicht nur Arbeiter und Angestellte aus der Automobilindustrie, sondern vor allem Unternehmer, Cheftechniker, Betriebsdirektoren und andere Verantwortungsträger an. Damit fehlten besonders jene, die über technische und über betriebliche Managementerfahrung verfügten. Dies sollte sich bald sehr deutlich auswirken.

Die Mehrheit der Beschäftigten erwies sich jedoch als sesshaft und nahm vor allem Stabilisierungsmaßnahmen und die Verbesserung der Arbeits- und Lebensbedingungen positiv auf, auch wenn diese zunächst noch geringfügig und die Betriebe weit davon entfernt waren, wirtschaftlich zu arbeiten. In diesem Zusammenhang ist der berühmte Befehl 234 der SMAD vom 9. Oktober 1947[46] zu nennen, der auf eine Produktivitätssteigerung abzielte. Demzufolge musste in allen VEB ein markenfreies Mittagessen ausgeteilt werden. Eine medizinische Betreuung, eine einheitliche Regelung der Sozialversicherung und die Modifizierung der Löhne unter Akkordgesichtspunkten waren wesentliche Sachbezüge des Befehls, der insbesondere die Leistungsbereitschaft und damit die sinkende Arbeitsproduktivität steigern sollte. Dieser Befehl, der übrigens nur für die volkseigenen Betriebe – und auch dabei gab es einige Ausnahmen – galt, wirkte sich in letzter Konsequenz in der Sowjetischen Besatzungszone politisch stabilisierend aus. Allerdings blieb der erhoffte Produktivitätsaufschwung aus, so dass mit der politisch initiierten Aktivistenbewegung nun stärkerer Druck ausgeübt wurde. Eine mehrfache Überbietung des üblichen Produktionsausstoßes wurde als möglich vorgeführt und war auch dank zahlreicher damit verbundener Sonderrechte und Vergünstigungen attraktiv. Begleitet wurde dies durch die in Hitler-Deutschland und durch die in der Sowjetunion bekannten so genannten Losungen, die als Parolen an Werksgebäuden, öffentlichen Plätzen und Anschlagtafeln auftauchten und politische Positionen verdeutlichen sollten.

Die auf den Befehl 234 zurückgehende Einführung eines Leistungslohnes und die damit verbundene Etablierung »technisch begründeter Arbeitsnormen« (TAN) stießen auf sehr großen Widerstand in den Betrieben. Dort galt dies vor allem als Fortsetzung der einst verhassten Refa-Vorgaben. Wie in allen volkseigenen Industriebetrieben erfolgte diese Entwicklung auch in den Produktionsstätten der Automobilindustrie. So wurden bei Audi beispielsweise die Montagezeiten beim DKW Front zuerst durch Aktivisten, später allgemein erheblich verkürzt. Um trotz des plumpen politischen Drucks, der großen wirtschaftlichen Schwierigkeiten in den eigenen Betrieben und mit den Zulieferern sowie angesichts der trostlosen Materiallage trotzdem die wichtigsten Abteilungen in den Kraftfahrzeugwerken zusammen zu halten und deren Mitarbeiter zu engagierter Arbeit anzutreiben, bedurfte es vor allem einer über große Fähigkeiten verfügenden Leitung. In vielen Fällen wurden Betriebsdirektoren, Abteilungsleiter, Meister, aber auch Chefs im Ministerialbereich eingesetzt, deren Einfluß, die Misere zu überwinden, nicht unterschätzt werden darf. Als Beispiel sei hier Kurt Lang erwähnt. 1908 in Zwickau geboren, hatte er zwischen 1922 und 1926 bei Horch Motorenschlosser gelernt und war dann in die Metallbranche gegangen. Bis 1945 war er in einem Blechverarbeitungsunternehmen als Werkmeister tätig. Da seine anti-

Kurt Lang (Archiv Dr. Winfried Sonntag)

faschistische Grundhaltung der Besatzungsmacht bekannt war, wurde er zum Treuhänder einiger Betriebe berufen. Von der Landesregierung wurde er bei der Neuordnung der Betriebe nach ihrer Überführung in Volkseigentum eingesetzt und bald darauf zum Hauptdirektor der VVB Metallwaren (MEWA) berufen. Der Vorsitzende der Deutschen Wirtschaftskommission, Heinrich Rau, setzte ihn 1949 in das gleiche Amt bei der VVB IFA ein. Ein Jahr später wurde Kurt Lang Leiter der Hauptverwaltung Fahrzeugbau mit achtzehn Großbetrieben, die praktisch den gesamten Industriesektor umfaßten. Lang hatte als Leiter der Hauptverwaltung die Entwicklung der Kunststoffkarosserie initiiert und nach dem Bau von zwei Musterfahrzeugen die Aufnahme der Serienproduktion dieser Karosserie angekündigt, wobei er noch für 1952 die Fertigung von 2 000 F 9-Karosserien versprach. Das erwies sich als unrealistisch und vorschnell. Anfang 1953 wurde er als Leiter der Hauptverwaltung abgelöst und fungierte danach als Sonderbeauftragter des Ministers für Maschinenbau für die serienmäßige Herstellung einer Kunststoffkarosserie. In dieser Zeit bemühte er sich besonders um die Entwicklung des P 70 sowie um die Produktionsaufnahme dieses Fahrzeugs. 1955 wurden dann die von Lang einst in Aussicht gestellten 2 000 Kunststoffkarosserien gebaut, nicht für den F 9, sondern für den P 70. Kurt Lang machte wieder Karriere. Zunächst wurde er ZEK-Betriebsdirektor, danach Leiter der Hauptverwaltung Automobilbau im Ministerium und 1958 wieder Generaldirektor der neu gegründeten VVB Automobilbau. Dieses Amt hatte er die nächsten zehn Jahre inne, bevor er 1968 im Alter von 60 Jahren in Frührente geschickt wurde. Er hatte die von der SED angewiesene Einstellung der Entwicklung des als Trabantnachfolger konzipierten Pkw Typ P 603 offen missbilligt. Der unglückliche Verlauf der Entwicklung des Kreiskolbenmotors, die sich im Gegensatz zu Langs früheren euphorischen Hoffnungen als undurchführbar erwies, beschleunigte sein Karriereende.[47]

Zu den prägnantesten Direktorenpersönlichkeiten in den ersten Jahren zählten Herbert Uhlmann (Sachsenring Zwickau), Martin Weickert (Motorenwerk Cunewalde), Hans Langer (Phänomen/Robur), Martin Zimmermann (BMW/EMW) und Erich Weigel (Framo).

Der 1920 geborene Herbert Uhlmann war gelernter Maschinenschlosser und schloss 1940 ein Studium an der Staatlichen Ingenieurschule Chemnitz als Maschinenbauingenieur ab. Erste Berufserfahrung erwarb er sich bei den Feinmechanischen Werken in Erfurt, bevor er 1943 zur Wehrmacht eingezogen wurde. Nach der Rückkehr aus der Kriegsgefangenschaft fing er 1949 als Betriebsingenieur im IFA Kraftfahrzeugwerk Horch an. Ein Jahr später wurde er dort Technischer Leiter und am 15. Mai 1951 berief man ihn zum Betriebsdirektor des Werks. In dieser Funktion löste er Paul Bimek ab. Uhlmanns Stärke lag in der Fertigungstechnik.

Herbert Uhlmann (Archiv Dr. Winfried Sonntag)

Hier sorgte er von Anfang an für technologisch begründete Durchlaufpläne vom ersten Arbeitsgang bis zur Bereitstellung der Teile am Montageband. Unter dem Blick einer fertigungsgünstigen Konstruktion beeinflusste er auch die Fahrzeugentwicklung. Von ihm stammte die aus zwei U-Profilen verschweißte Hinterachse des H 3 A sowie die Vorderachse für das selbe Fahrzeug, die mit Hilfe des Abbrennstumpfschweißens aus zwei Teilen zusammengefügt wurde. Uhlmann hatte den P 603 zur Chefsache erklärt, und dieses Projekt stand in Zwickau unter seiner persönlichen Leitung. Allerdings konnte er dadurch dessen Abbruch auch nicht verhindern. Ganz besonders stark engagierte er sich für die gemeinsam mit der ČSSR betriebene Entwicklung des »RGW-Autos«. Die seitens des Politbüros angeordnete Einstellung der Arbeiten daran traf ihn hart. Er war Automobilbauer mit Leib und Seele und persönlich höchst engagiert, was angesichts der sonstigen Lethargie im Lande ungewöhnlich genug war. Als Erich Honecker in der Beschlussrunde das Ende des Autoprojekts verkündete und dazu sagte: »Die Vorlage ist nicht entscheidungsreif«, sprang Herbert Uhlmann erregt von seinem Stuhl auf und rief durch den Raum: »Genosse Honecker, sie *ist* entscheidungsreif!« Widerspruch gegenüber dem Generalsekretär vor versammelter Front wurde nicht hingenommen. Seiner fälligen Ablösung entging Herbert Uhlmann nur dadurch, dass Freunde auf wichtigen Positionen die schützende Hand über ihn hielten. Lange half es ihm nicht. Am 30. Oktober 1974 starb Herbert Uhlmann im Alter von 54 Jahren an Herzversagen.

Martin Weickert, Jahrgang 1913, übernahm 1949 als Werkleiter den VEB Motorenwerk Cunewalde. Er hatte seit 1928 im Stahlfensterbau als Techniker gearbeitet und war 1936 als Konstrukteur und technischer Prokurist zu einer Maschinenbaufirma nach Landeshut in Schlesien gegangen. Nach der Zwangsaussiedlung landete er 1947 wieder in seinem Geburtsort Cunewalde und trat im selben Jahr in das Motorenwerk ein. Dort leitete er bis zu seiner Berufung zum Betriebsdirektor am 5. Dezember 1949 die Gütekontrolle. Zu Weickerts nachhaltigen Leistungen zählt vor allem die Ausrichtung des Betriebsprofils auf Dieselmotoren. Als wichtigste Voraussetzung hierfür baute er das kleine Technische Büro in ein leistungsfähiges betriebliches Entwicklungs- und Konstruktionsbüro aus, das mit Neuentwicklungen moderner Motoren die Ablösung der unproduktiven Alttypen vorbereitete. Sein

Martin Weickert (Werksfoto Motorenwerk Cunewalde)

Augenmerk richtete er vor allem auf eine mit den betrieblichen Erfordernissen abgestimmte Berufsausbildung, um den notwendigen Nachwuchs an Facharbeitern und Ingenieuren zu rekrutieren. Weickert kannte den Produktionsprozess aus vielen Berufsjahren, war mit dem Betrieb gewachsen und verwachsen, verfügte aber trotz oder vielleicht wegen seiner Bodenständigkeit über große Autorität. In der schweren Zeit der ersten Jahre des industriellen Aufbaus gewann er die Mitarbeiter durch Ideenreichtum und Beharrlichkeit für sich. Bei seinem pragmatischen Leitungsstil stand für ihn nicht nur das Machbare, sondern immer auch das Notwendige ganz zuoberst. Besonders stark förderte er die innovative Bereitschaft innerhalb des Prozesses der Erzeugnisentwicklung und Erzeugnisvorbereitung. Gegen die damals bereits deutlich zu Tage tretenden bürokratischen Verkrustungen in Leitung und Verwaltung ging er mit viel Geschick an. Er besaß einen realistischen Blick für Tatsachen und Sachzwänge, denen nicht auszuweichen war. Sicher war es daher auch ein Gebot persönlicher Klugheit, als er 1963 darum bat, aus seinen Rechten und Pflichten als Betriebsdirektor entlassen zu werden. Danach war er noch vierzehn Jahre als Leiter der Investitionsabteilung im Cunewalder Werk tätig.

Hans Langer war bis 1945 Planungstechnologe in den Phänomen-Werken Zittau und wurde im Jahr 1946 zum Werksdirektor berufen. Er hatte in den Nachkriegsjahren maßgeblichen Anteil an der Wiederaufnahme der Fahrzeugproduktion und an der Verhinderung der drohenden Werksschließung. Sein besonderes Wirkungsfeld war die Qualifizierung und Ausbildung von Nachwuchskräften zu Betriebsmanagern. Noch heute hat das Wort von den »Langer-Schülern« Gültigkeit.

Hans Langer (2. von links) bei der Vorstellung der LO/LD 2500 im Jahr 1961 zusammen mit (von rechts nach links) Heiner Erbe (Gütekontrolle), Rudolf Richter (Leiter Versuch), Wilhelm Fitz (Chefkonstrukteur), Fritz Steineberg (Leiter Fahrgestellkonstruktion), Hans Nickstädt (Direktor Absatz) und Erwin Roscher (Leiter Motorenkonstruktion) (Archiv Rudolf Richter)

In besonderem Maße gelang es ihm, die durch Abwanderung von kreativen Köpfen entstandenen empfindlichen Lücken auf Leitungsebene rasch zu schließen. Seinem persönlichen Engagement war die Entwicklung des luftgekühlten Otto-Motors für den Granit 30 K sowie die Entwicklung des analogen Dieselmotors 4 VD 12,5/9 SRL für den Granit 32 verdanken. Trotz einer restriktiven Gesamtentwicklung setzte er den Bau einer neuen Pressenhalle in Zittau als elementare Voraussetzung für die Produktion des Ganzstahlfahrerhauses (Frontlenker) ebenso durch wie die Neuentwicklung einer luftgekühlten Dieselmotorenreihe. Aus der heftigen Auseinandersetzung mit der VVB Automobilbau beim Konzipieren des Fahrerhauses ging Langer als Sieger hervor und setzte die zukunftsorientierte Frontlenkerbauweise durch. 1962 wurde er nach sechzehnjähriger Leitung der Robur-Werke von seinem Posten abberufen und nach Cunewalde versetzt.

Der 1904 geborene Martin Zimmermann war gebürtiger Schwabe und hatte Schlosser gelernt. Nach einem Ingenieurstudium in Esslingen arbeitete er zunächst bei Junkers in Dessau und wechselte von dort während des Zweiten Weltkriegs zu BMW. Dort wurde er als Leiter des Werkzeugbaus im Flugmotorenwerk Dürrerhof bei Eisenach eingesetzt. 1947 ernannten ihn die Sowjets zum Werkdirektor in Eisenach. Dieses Amt bekleidete Zimmermann fast zwanzig Jahre lang.

In Erinnerung geblieben sind seine große Improvisationsgabe und seine Risikofreude, die er bei den von ihm mitgetragenen und zu verantwortenden Schwarzentwicklungen, so beispielsweise dem BMW 340, dem Wartburg 311 und Viertaktmotoren, unter Beweis stellte. Als kenntnisreicher Fachmann mit großer Berufserfahrung genoss er hohes Ansehen bei seinen Mitarbeitern, denen er in besonderen Fällen die Maschinenbedienung vormachen konnte. Seine Vorstellungen reichten auch bis in konstruktive Bereiche hin, und er setzte dank seiner Reputation beispielsweise den Unterflurmotor im Entwicklungs- und Versuchsprogramm durch. Rückschläge wie das Scheitern gerade dieses Experiments aus konzeptionellen Gründen überstand Zimmermann unbeschadet. Der Techniker in ihm dominierte zweifelsohne und so machte er nachweislich aus den wenigen Chancen, die dem Eisenacher Werk bei Investitionen eingeräumt wurden, das Beste. 1966 musste Zimmermann aus gesundheitlichen Gründen in den Ruhestand treten; er starb 1980.

Martin Zimmermann (Archiv Michael Stück)

Bei diesen Managern – im damaligen Sprachgebrauch hießen sie Führungskader – überwogen noch die Ingenieure mit langjähriger Betriebserfahrung. Als Betriebsdirektoren verfügten sie über gewisse Entscheidungsfreiheiten und einen persönlichen Spielraum, der sich mit den Jahren immer stärker einengte. Nur in Eisenach war der Betriebsdirektor der ersten Stunde viele Jahre im Amt. In anderen Fällen wurden die Manager der Anfangszeit bereits bald von der nächsten Generation abgelöst. Paul Bimek bei Horch sei hier als Beispiel genannt. Dem Sozialdemokraten wurde »illegale« Materialbeschaffung aus dem Westen zum Verhängnis.

Auch bei Framo bekleidete der erste Betriebsleiter diese Position nicht allzu lange. So wurde in Hainichen nach der Verhaftung des amtierenden Direktors Richard Schulz Anfang 1946, der bis 1949 im Lager Mühlberg interniert wurde, von den örtlichen Behörden in Emil Haubold, dem früheren Leiter des betrieblichen Werkzeugbaus, ein kommissarischer Treuhänder eingesetzt. Ihm zur Seite stand Erich Weigel, der immer mehr zur zentralen Figur beim Wiederaufbau der Produktion an diesem Standort wurde. Seine langjährige Betriebserfahrung, seine fundierten fachspezifischen Kenntnisse und seine Qualitäten bei der Mitarbeiterführung bildeten ganz wesentliche Voraussetzungen für die Reaktivierung der

Fahrzeugproduktion in den Framo-Werken. Weigels technisches Engagement und sein Mut zur persönlichen Entscheidung erwiesen sich besonders bei der Erprobung der weiterentwickelten Kleintransporter mit Frontantrieb Anfang der fünfziger Jahre als weitsichtig. Er schreckte auch vor handfesten pragmatischen Vergleichsversuchen an extremen Steigungen nicht zurück, um den Beweis der Leistungsfähigkeit der Fahrzeuge zu demonstrieren. Erich Weigel war noch bis Mitte 1956 als amtierender Betriebsdirektor bei Framo in Hainichen tätig und nahm in dieser Zeit auch noch aktiv auf Entscheidungen für den B 1000 Einfluss. Anschließend wurde er als Betriebsdirektor nach Reichenbach berufen, wo sich der aus einem ehemaligen Fichtel & Sachs-Zweigwerk neugebildete IFA-Zulieferbetrieb Renak (Reichenbacher Naben- und Kupplungsbau) in erheblichen Schwierigkeiten befand. Anfang 1957 starb Erich Weigel überraschend.

Erich Weigel (Archiv Carl-Hans Morgenstern)

Mit dem Übergang zur Planwirtschaft – 1948 wurde der Halbjahresplan vorgestellt, 1949/50 präsentierte man den Zweijahresplan und für 1951–1955 den 1. Fünfjahresplan – nach sowjetischem Muster, der zunehmenden politischen Indoktrinationen in allen Bereichen des Lebens und mit der Proklamation des Aufbaus des Sozialismus durch die II. Parteikonferenz im Jahr 1952 veränderte sich die politische und die wirtschaftliche Szenerie. Eine immer straffere Zentralisierung bestimmte nun die Rahmenbedingungen, die den in der Kraftfahrzeugindustrie tätigen Menschen immer weniger eigene Handlungsfreiheit ließen.

Anmerkungen

1 C. H. Morgenstern, *Die Lage der Framo-Werke Hainichen und die Reparationen*, unveröffentl. Ms., 1995, im Besitz des Autors
2 Bericht des Werkes Horch vom 12. August 1947 über das Jahr 1946, Kopie im Besitz des Autors. Außerdem sollen aus vorhandenen Restbeständen noch Halbkettenfahrzeuge gefertigt und als Reparationsgut in die UdSSR transportiert worden sein.
3 Hierzu ausführlich Lothar Baar, Rainer Karlsch und Werner Matschke, *Kriegsfolgen und Kriegslasten in Deutschland. Zerstörungen, Demontagen und Reparationen*, Berlin 1993, S. 69 ff.
4 Fritz Dieterichs, *Der Wiederaufbau des Werkes und die Eisenacher Autos nach dem 2. Weltkrieg*, unveröffentl. Ms., o.O. o.J., S. 7. Die Zahlenangaben zum BMW/EMW 340 verdanke ich Konrad von Freyberg und Michael Stück
5 Nach Angaben von Wolfgang Beyer, *Das wissenschaftlich-technische Zentrum des Automobilbaus in Chemnitz/Karl-Marx-Stadt seit 1945*, unveröffentl. Ms., 1995, im Besitz des Autors
6 Wolfgang Beyer, *Forschung und Entwicklung für den DDR-Automobilbau im FEW, ZEK und WTZ Karl-Marx-Stadt/Chemnitz*, unveröffentl. Ms., 1995, im Besitz des Autors
7 Befehl der Sowjetischen Militäradministration in Deutschland Nr. 124 vom 30.10.1945
8 Befehl der Sowjetischen Militäradministration in Deutschland Nr. 126 vom 31.10.1945
9 Auch die handelnden Kommunisten sahen dies nicht anders und machten daraus keinen Hehl. Auf der 1. Sitzung der sogenannten Beratenden Versammlung des Landes Sachsen am 25. Juni 1946 sagte Vizepräsident Fritz Selbmann (SED): »Am 30. Juni wird im Grund eigentlich nicht darüber entschieden, ob etwas enteignet werden soll, sondern am 30. Juni wird über etwas ganz anderes entschieden: Auf Grund des Befehls des Obersten Chefs der SMAD vom 21. Mai sind alle unter Sequester stehenden Betriebe und Vermögenswerte für enteignet erklärt worden und waren an die deutsche Selbstverwaltung zurückzugeben. Die Eigentumsrechte waren damit also verfallen. Die Entscheidung geht also darum, ob von dem, was enteignet war, wieder etwas zurückgegeben werden soll.« SäSTAC, gedruckte Protokolle der Landtagsverhandlungen 1946 – 1950, zitiert in Peter Kirchberg, *Autos aus Zwickau*, Berlin-Ost 1985, S. 169
10 Es handelte sich dabei um 19 VVB, deren Kurzbezeichnungen in der Regel über Jahrzehnte Bestand hatten. Nach der Aufstellung der Deutschen Wirtschaftskommission vom 17. Juni 1948 waren dies: ABUS (Ausrüstungen für Bergbau und Schwerindustrie); EKM (Energie- und Kraftmaschinenbau); GUS (Guss- und Schmiedeerzeugnisse); IFA (Fahrzeugbau); IKA (Installationen, Kabel und Apparate); LBH (Land-, Bau- und Holzbearbeitungsmaschinen); LOWA (Lokomotiv- und Waggonbau); MECHANIK (Foto-, Kino- und Büromaschinen); MEWA (Metallwaren); NAGEMA (Maschinenbau für Nahrungs-, Genußmittel, Kälte- und chemische Industrie); OPTIK (Optische Geräte); POLYGRAPH (Druckerei und Papierverarbeitungsmaschinen); RFT (Radio- und Fernmeldetechnik); SANAR (Armaturen und sanitäre Einrichtungen); TEXTIMA (Textil- und Bekleidungsindustrie); TEWA (Technische Eisenwaren); VEM (Elektromaschinenbau); VVW (Werften); WMW (Werkzeugmaschinen und Werkzeuge)
11 Vgl. hierzu auch die Darstellung bei Wolfgang Mühlfriedel und Klaus Wießner, *Die Geschichte der Industrie in der DDR*, Berlin 1989
12 Zahlreiche sehr sachkundige Hinweise zur technischen und betrieblichen Entwicklung in Eisenach verdanke ich Herrn Klaus-Jürgen Mertink, Berlin
13 Der Anlauf des F 9 für 1940 mit 200 Stück pro Arbeitstag geplant. 1943 sollte der F 9-Verkaufspreis bei ungefähr 55 000 Exemplaren pro Jahr in der einfachsten Ausführung 1550,– RM betragen, vgl. Peter Kirchberg, *Die technisch-konstruktive Entwicklung der DKW-Kraftfahrzeuge und –Motoren*, unveröffentl. Ms, Dresden 1987
14 SäSTAC, Bestand Auto Union Nr. 5811
15 SäSTAC, VVB Automobilbau Nr. 637
16 Ebenda, Bericht vom 21. Februar 1948
17 Ebenda, Erklärung des Lichtpausers Horst Mai, seit 1935 Mitarbeiter der Auto Union AG
18 Ebenda, Schreiben von Albert Locke vom 17.8.1955
19 Nach Aussagen der ZVA-Mitarbeiter der Auto Union Wawrziniok und Görke vom 22.9.1948 wurden – im Gegensatz zu bisherigen Annahmen – von diesem Typ lediglich sechs Exemplare fertiggestellt und zu Erprobungszwecken verwendet. »Der F 9 ist in den Jahren 1938 bis 1942 verschiedenen grundlegenden Änderungen unterworfen gewesen. Zum Schluß sind sechs Wagen soweit fertiggestellt (worden) (...) (Davon) sind nur zwei längere Zeit gelaufen, da ab 1942 wegen Bauverbotes nicht mehr viel daran gearbeitet werden konnte.« Ebenda. Davon benutzte am Kriegsende eines William Werner zur Flucht in den Westen. Der Wagen soll schließlich auf verschlungenen Wegen nach Australien gelangt sein. Ein in Chemnitz ver-

bliebener Prototyp wurde von Dr. Schüler, Hensel und Schmolla, den Vorstandsmitgliedern von Auto Union, bei der Kommandantur der Besatzungsmacht eingesetzt. Anschließend wurde er von dem die Werkdemontage leitenden Kapitän Lelkow gefahren und danach in die Sowjetunion abtransportiert. Im Mai 1948 wurde in Zwickau bekannt, dass in Mecklenburg ein weiteres Vorkriegsexemplar aufgetaucht sei. Man erwarb es auf dem Kompensationsweg. Schon vorher waren durch Vermittlung des SAW-Abteilungsleiters für Reifen- und Treibstoffbeschaffung aus dem Kreis Riesa abgewrackte Fahrzeugteile und eine Karosserie aufgespürt und nach Chemnitz überstellt worden. Ein fünftes Fahrzeug hatte bis Kriegsende dem Audi-Betriebsdirektor Schuh als Dienstwagen gedient und war 1947/48 in Saupersdorf als nicht mehr verwendungsfähiges ausgebranntes Wrack entdeckt worden. Bei ihm handelte es sich übrigens um die einzige viertürige (!) Limousine der Versuchsfahrzeuge. Alle Angaben in: SäSTAC, VVB Automobilbau Nr. 637.

20 RS = Radschlepper; 01 = Zählnummer entsprechend der Entwicklungsfolge; 40 = Leistungsangabe in PS

21 SäSTAC, Kfz-Werke Horch Zwickau Nr. 678, Aktennotiz vom 20.1.1949

22 Der Horch 920 S war keineswegs als Testentwurf gedacht gewesen, sondern sollte vielmehr 1953 in Serie gehen. 1955 hätten davon 3 000 Stück jährlich produziert werden sollen. Siehe die IFA-Planung vom 8.2.1951, in: SäSTAC, VEB Kraftfahrzeugwerk Horch Nr. 374. Im April 1951 wurde die Versuchsarbeit an das FEW in Chemnitz abgegeben.

23 Der Befehl 133 hatte die Aufnahme der Traktorenfertigung angewiesen. SäSTAC VEB Kfz-Werke Horch Zwickau Nr. 678. Aktennotiz über den Besuch der Herren Helias, Junghanns und Schlameus von der Horch-Werkleitung am 17.6.1949 beim ZK der SED in Berlin

24 »Eine leere Halle, 30 m Feilbank, 5 Schraubstöcke, eine alte Krämuer-Wasserwirbelbremse, der erste fertiggestellte H3A-Motor und 8 Mann Gesamt-Belegschaft – das war die Versuchsabteilung am Jahresanfang 1949. Die Hauptaufgabe der Versuchsabteilung bestand darin, den H3A-Diesellastwagen zur Serienreife zu bringen. Am 2. März 1949 wurde das erste Fahrzeug zur Leipziger Messe überführt. (...) Am 18. Juli wurde der 2. H3A fertiggestellt. (...) Am 15. Dezember 1949 wurde das 3. H3A-Fahrzeug fertiggestellt.« Jahresbericht der Versuchsabteilung für das Jahr 1949, in: SäSTAC VEB Kfz-Horch-Werke Nr. 678. Vorher wurde »(...) der Bau von 5 Ackerschleppern [Pionier] Sofortprogramm. Am 18. Mai war der erste und am 18. Juni der letzte der 5 Ackerschlepper fertiggestellt« Ebenda.

25 Vor dem Kriegsende wurden Dieselmotoren hergestellt von WUMAG in Görlitz (Schiffsdiesel bis 1000 PS); Buckau-Wolf in Magdeburg (kleine Zweitaktdiesel); Vomag in Plauen (Fahrzeugdieselmotoren); Junkers in Dessau und Chemnitz-Rabenstein (Gegenkolbenmotoren); und von Steudel in Kamenz. Siehe dazu H. Weißleder, ›Dieselmotorenbau in der DDR‹, in: *Die Technik* (Berlin) 7, 1952, Heft 1, S. 2 ff.

26 Nach Informationen von Diplom-Ingenieur Günter Caspari, Nordhausen, der damals Otto Keilhack in dieser Angelegenheit besuchte. Dessen Vomag-Mitarbeiter Kurt Weise wurde später Chefkonstrukteur bei Horch

27 H stand für Horch, die Zahl dahinter für die Nutzmasse in t

28 Henze-Eybel, ›Vom HORCH-Diesel-Lkw H 3 A‹, in: *Neues Kraftfahr Fachblatt* (Berlin) 1950, Heft 18, S. 483

29 Siegfried Rauch, ›H 3 A – Der neue Dreitonner-Diesel-Lkw der IFA‹, in: *Kraftfahrzeug-Technik* (Berlin) 1, 1951, Heft 1, S. 5 ff.

30 Die Einzelheiten sind entnommen: Wilfried Otto, *Die Entwicklung der Kraftfahrzeugproduktion in Werdau*, unveröffentl. Ms., 1995, im Besitz des Autors

31 O-Bus Normgröße I: 27 Sitz- und 27 Stehplätze einschließlich Fahrer und Schaffner, Bereifung 6fach 10.00-20, elektrische Ausrüstung 90 kW Leistung

32 O-Bus Normgröße II: 29 Sitz- und 45 Stehplätze einschließlich Fahrer und Schaffner. Bereifung 6fach 12.00-20. In Werdau waren 1945 noch 30 O-Bus-Henschel Fahrgestelle mit einer elektrischen Ausrüstung von Ansaldo, Italien, der Normgröße II vorhanden. Sie wurden fertiggestellt und an die Verkehrsbetriebe in Dresden, Erfurt, Weimar und Leipzig ausgeliefert. Einige O-Bus-Fahrgestelle waren auch mit elektrischen Anlagen von Siemens, AEG sowie BBC ausgerüstet worden.

33 Carl-Hans Morgenstern, *Der Zweizylinder-Zweitaktmotor U 500 der Framo-Werke*, unveröffentl. Ms., 1996, im Besitz des Autors

34 Rudolf Richter, *Die Entwicklung des Nutzfahrzeugbaus der ehemaligen DDR im Zeitraum 1950 bis 1990*, unveröffentl. Ms., 1991, im Besitz des Autors

35 Durch den Treuhänder Albert Löffler wurde der bisherige Planungstechnologe Hans Langer 1946 als Technischer Leiter eingesetzt. Der Leiter der HV Fahrzeugbau im Ministerium für Maschinen-

bau berief Langer zum 1.1.1951 zum Leiter des Betriebes Phänomen

36 Eberhard Fritsche, ›Drei Generationen Kleindieselmotoren des VEB Motorenwerk Cunewalde für drei Generationen Arbeitskraftfahrzeuge Multicar des VEB Fahrzeugwerke Waltershausen‹, in: *Wissenschaftliche Zeitschrift der Hochschule für Verkehrswesen »Friedrich List«* (Dresden) 37, 1990, Heft 2, S. 215–219; ders., *Entwicklung und Anwendung der Dieselmotoren im DDR-Kraftfahrzeugbau,* unveröffentl. Ms., 1992, im Besitz des Autors

37 H. Weißleder, ›Dieselmotorenbau in der DDR‹, in: *Die Technik* (Berlin) 1952, Heft 1, S. 2

38 Reinhard Blumenthal, *Die Geschichte der DDR-Traktorenindustrie,* unveröffentl. Ms., 1993, im Besitz des Autors

39 Günter Caspari, *Die Geschichte der Motorenfertigung in Nordhausen,* unveröffentl. Ms., 1992, im Besitz des Autors

40 Außerdem wurden noch 9 931 Pkw (ausschließlich Volkswagen) und 2 003 Zugmaschinen (Hanomag) produziert, siehe: *Motorrundschau* (Stuttgart) 1, 1947, Heft 4, S. 57

41 Die L'Orange Einspritzgeräte KG in Dresden war von Mitarbeitern des ursprünglichen und über Deutschland verbreiteten Firmenverbundes nach dem Krieg für die SBZ beziehungsweise für die DDR gegründet worden. Hier begann die Fertigung der ersten Einspritzdüsen in der DDR. Es folgten Pumpen und Düsenhalter sowie Prüfgeräte und schließlich automatische Spritzversteller für Einspritzpumpen mit eigenem Antrieb. Dieses Unternehmen entwickelte und produzierte ursprünglich als Privatbetrieb, später in halbstaatlicher Form und zuletzt als Betriebsteil der Barkas-Werke die Einspritzpumpen beispielsweise für alle drei Dieselmotorgenerationen in Cunewalde. Der Produktionsanlauf des Lkw H 3 A 1948–1950 musste noch durch eine Lizenzproduktion der Firma Friedrich Deckel, München, gesichert werden, vgl. hierzu: Johannes Reichelt, ›Der Dieselmotor und die Einspritzgeräte‹, in: *Betriebskunde des Dieselmotors,* Bd. 1, Dresden – Halle 1956

42 Nach Informationen von Dr. Werner Reichelt, Rodewisch

43 Selbst der Eisenacher Werksdirektor Martin Zimmermann holte im doppelten Boden seines Dienstwagens die dringend benötigten Solex-Vergaser aus West-Berlin, deren Seriennummern dann durch verlässliche Mitarbeiter entfernt wurden, bevor sie in die BMW-Wagen eingebaut wurden, nach Informationen von Herrn Michael Stück, Eisenach

44 Laut Mitteilung des Standesamtes Edingen vom 14.11.1995

45 Diese Strömungen und Wanderungen wurden bisher noch nicht untersucht. In welchem Maße hier die Automobilindustrie Ideen- und Erfahrungsträger durch die Abwanderung nach Westen verlor, kann hier nur an Beispielen aus den Phänomen Werken AG, Zittau, dem späteren Robur-Werk aufgezeigt werden. Von diesem Unternehmen wanderten Ende der vierziger Jahre nach Westen ab: Dipl.-Ing. Rudolf Hiller (Vorstandsvorsitzender, zu Hanomag); Kurt Hiller (Kaufmännischer Direktor, nach Hamburg, gründete dort eine eigene Motorradfirma); Obering. Albert (Direktor Fahrrad- und Motorradbau zu NSU); Dr.-Ing. Alfred Haesner (Chefkonstrukteur, zu VW, schuf dort den »Bully«); Dipl.-Ing. Pimpel (Direktor Produktion, zu BMW in München); Dipl.-Ing. Schmidt (Konstruktionsleiter Fahrgestell, zu Volkswagen); Dipl.-Ing. Gasteiger (Konstruktionsleiter Motoren, nach Österreich); Dipl.-Ing. Hennig (Versuchsleiter, zu Volkswagen). Alle Angaben verdanke ich Recherchen von Oberingenieur Rudolf Richter, Zittau

46 Veröffentlicht in: *Über Maßnahmen zur Steigerung der Arbeitsproduktivität und zur weiteren Verbesserung der materiellen Lage der Arbeiter und Angestellten in der Industrie und im Verkehrswesen,* hrsg. von der deutschen Verwaltung für Arbeit und Sozialfürsorge in der SBZ, Berlin 1947

47 Gerade auch Techniker, die Lang sehr kritisch gegenüberstanden, nahmen ihn vor unsachlicher Schuldzuweisung in der Wankelmotor-Angelegenheit in Schutz. MZ-Versuchsleiter Herbert Friedrich, eine Autorität für den Zweitaktmotor, schrieb dem Autor dazu: »Ich bin zwar absolut kein Freund vom ehemaligen »Staatsschauspieler« Kurt Lang. Er hat 1954/55 die von uns in Zschopau erstmalig im Motorradbau entwickelte Geradspeichenausführung der Laufräder, bevor wir noch damit bei den ES-Typen in Serie waren, an Jawa verhökert – eine bodenlose Gemeinheit. Aber was da an KKM-Vorwürfen behauptet worden ist, kann Lang nicht angelastet werden. Zum damaligen Zeitpunkt war der Einstieg in die Wankelmotor-Entwicklung absolut folgerichtig.« Brief von Herbert Friedrich an Peter Kirchberg vom 13. Februar 1990

FÜR
EINHEIT
UND
GERECHTEN
FRIEDEN

DEUTSCHE
STAATSOPER

SACHSEN-ANHALT
MINISTER

Ein Minister der DDR in einem Mercedes –
dieses Bild sollte bald Vergangenheit sein
(Bundesarchiv/183/2000/0504/502)

3 Im Aufwind: Der DDR-Automobilbau bis zu den sechziger Jahren

IFA zwischen Mobilität und Wirtschaftsplanung

Zur IFA-Produktpalette gehörten Lkw, Pkw, Omnibusse, Motorräder, Motoren, Traktoren, Fahrräder sowie auf dem Sektor des Zubehörs und der Teilefertigung Karosserien, Aufbauten, Anhänger und Gespannwagen. Etwa zehn Prozent des Jahresumsatzes bildeten Zwischenfabrikate, die von anderen Zweigen weiter verarbeitet wurden. Dazu gehörten beispielsweise stationäre Motoren, Getriebe oder Gleitlager.[1]

Nach dem Selbstverständnis der marxistischen Theorie war der Automobilbau Produzent sowohl von Produktions- als auch von Konsumtionsmitteln. Ersteres stand nicht nur aus theoretischen Gründen im Vordergrund, sondern auch aus einem ganz einfachen Sachverhalt: Dies entsprach in den ersten Jahren der wirtschaftlichen Notlage und den Erfordernissen des Tages am besten.[2] So heißt es in der 1955 verfaßten *Ökonomik des Industriezweiges Automobilbau*: »Als Produzent von Konsumgütern hat der Industriezweig die Aufgabe, ausgehend von der schrittweisen Verwirklichung des ökonomischen Grundgesetzes des Sozialismus in der DDR und unter Wahrung des Primats der Produktion von Produktionsmitteln der Bevölkerung eine steigende und möglichst große Menge individueller Fahrzeuge, wie Pkw, Motor- und Fahrräder zur Verfügung zu stellen.«[3] Praktisch bedeutete das die Fixierung von Dringlichkeiten in Reihenfolge:

Die Produktion von Lkw, Zugmaschinen, Traktoren und ähnlichem für Industrie und Landwirtschaft und für den volkseigenen Kraftverkehr wurde als besonders dringlich angesehen.

Für die Versorgung der Bevölkerung durch den Handel waren Lkw und Lieferwagen nötig.

Zur Verbesserung des Berufsverkehrs galt die Herstellung von leistungsfähigen und modernen Omnibussen sowie von Großreisebussen als wichtig.

Für Spezialzwecke des Handels, für Theater-, Kino- und Büchereizwecke sowie für das Gesundheitswesen sollten Spezialfahrzeuge, wie zum Beispiel Röntgen- oder auch Ambulanzzüge, entwickelt und hergestellt werden.

Für alle kommunalen Dienstleistungen wie Straßenreinigung, Müllabfuhr, Sanitätsdienste, Feuerlöschwesen und Post waren Spezialfahrzeuge zu produzieren. Für die individuelle Motorisierung sollten Pkw gefertigt werden, wobei volkswirtschaftliche und politische Aspekte im Vordergrund standen: »Der Bedarf an individuellen Motorfahrzeugen ist mit der Hebung des Lebensstandards in der DDR in den letzten Jahren erheblich gewachsen und wird weiter steigen. Seine Befriedigung ist eine wichtige politische und ökonomische Aufgabe, die der Kraftfahrzeugproduktion gestellt ist. Die Erhöhung der Produktion individueller Kraftfahrzeuge wird schließlich wesentlich zur Beseitigung des gegenwärtigen Kaufkraftüberhanges und somit zur weiteren Festigung unserer Währung beitragen.«

Der Bau von Spezialfahrzeugen für die Landesverteidigung in Gestalt der im Verborgenen entwickelten Kasernierten Volkspolizei (KVP) wurde als Forderung nicht offen, sondern verklausuliert formuliert: »Schließlich hat der Produktionszweig durch den Bau von Spezialfahrzeugen für die Volkspolizei wichtige Aufgaben für die Sicherung unserer Errungenschaften zu lösen.«

Daraus können folgende Punkte abgeleitet werden:

Erstens, dass, geprägt durch die der klassischen Nationalökonomie entlehnte marxistische Politische Ökonomie, das Selbstverständnis dem Gesamtkontext der volkswirtschaftlichen Zusammenhänge entsprach; als wichtigstes Ziel des Fahrzeugbaus galt die Fertigung und Bereitstellung von Kraftfahrzeugen für die übrige Industrie, die aufgrund der ihr gelieferten Kraftfahrzeuge ihre Pläne erfüllen konnte.

Zweitens kamen die Begriffe Markt und Gewinn nicht vor, da sie keine Rolle spielten. Dies war sicher auch Ausdruck des riesigen Bedarfsüberhangs, der absatzfördernde Überlegungen von vornherein überflüssig machte, aber wohl auch Folge der mit der VEB-Gründung einhergehenden Trennung von Produktion und Vertrieb. Die Betriebe hatten Produkte lediglich herzustellen. Planwirtschaftlich »geführte« Volkswirtschaften definierten einen »Markt« grundsätzlich anders. Die Unternehmensgewinne spielten daher eine untergeordnete Rolle.

Drittens wird die Steigerung der Pkw-Produktion erst an vorletzter Stelle erwähnt und als Dokument eines steigenden Lebensstandards stillschweigend dem Luxussegment des Alltagslebens zugehörig begriffen und somit als politisches Problem eingestuft. Die Kraftfahrzeugtechnik galt keineswegs als Schlüsselbereich für das Niveau der gesamten industriellen Technik, sondern als innen- und außenpolitisch wichtiges Demonstrationskriterium: »Das Kraftfahrzeug (...) ist gleichzeitig ein entscheidender Repräsentant für die Leistungsfähigkeit unserer gesamten Industrie. Kein Produkt der metallverarbeitenden Industrie bietet vor der breitesten Öffentlichkeit derart umfassende Vergleichsmöglichkeiten mit der entsprechenden Produktion anderer Länder wie das Kraftfahrzeug. Das Interesse weiter Teile der Bevölkerung an der Motorisierung führt zu einer besonders kritischen Betrachtung der Produkte der Kraftfahrzeugindustrie.«

Diese Reihenfolge orientierte sich an den Notwendigkeiten des Wirtschaftsaufbaus. Sie gab zudem auch den Standpunkt der sowjetischen Besatzungsmacht wieder, für die bis Anfang der fünfziger Jahre die Entwicklung des Transportwesens generell von sehr großer Wichtigkeit war. Als am 19. Februar 1948 bei der Transport- und der Wirtschafts-Abteilung der SMAD in Berlin-Karlshorst die Zwickauer Audi-Mitarbeiter ihre DKW-Wagen vorführten, um eine Produktionserlaubnis zu erhalten, äußerte sich General Kowal, der Stellvertreter von Marschall Sokolowski und Chef für die gesamte Wirtschaft in der Ostzone, folgendermaßen: »Herr General Kowal betonte, daß das erste Ziel der SMAD gewesen sei, den Bergbau, die Elektrizitäts- und die metallurgische Industrie so wieder aufzubauen, dass sie den Bedürfnissen der Ostzone gerecht würden (…). Der Aufbau der übrigen Industrie müsse jetzt unverzüglich folgen. Dazu gehöre in allererster Linie und damit vorrangig die Kraftfahrzeug-Industrie«.[4]

Es stellte sich jedoch heraus, dass die Kräfte nicht einmal ansatzweise dafür ausreichten, das herkömmliche Wirtschaftsprofil in voller Breite und mit seiner jahrzehntelang gewachsenen Vielgestaltigkeit auf diese Art weiter zu entwickeln.

Berliner Straßenverkehr Ende der fünfziger Jahre (Ullstein Bilderdienst)

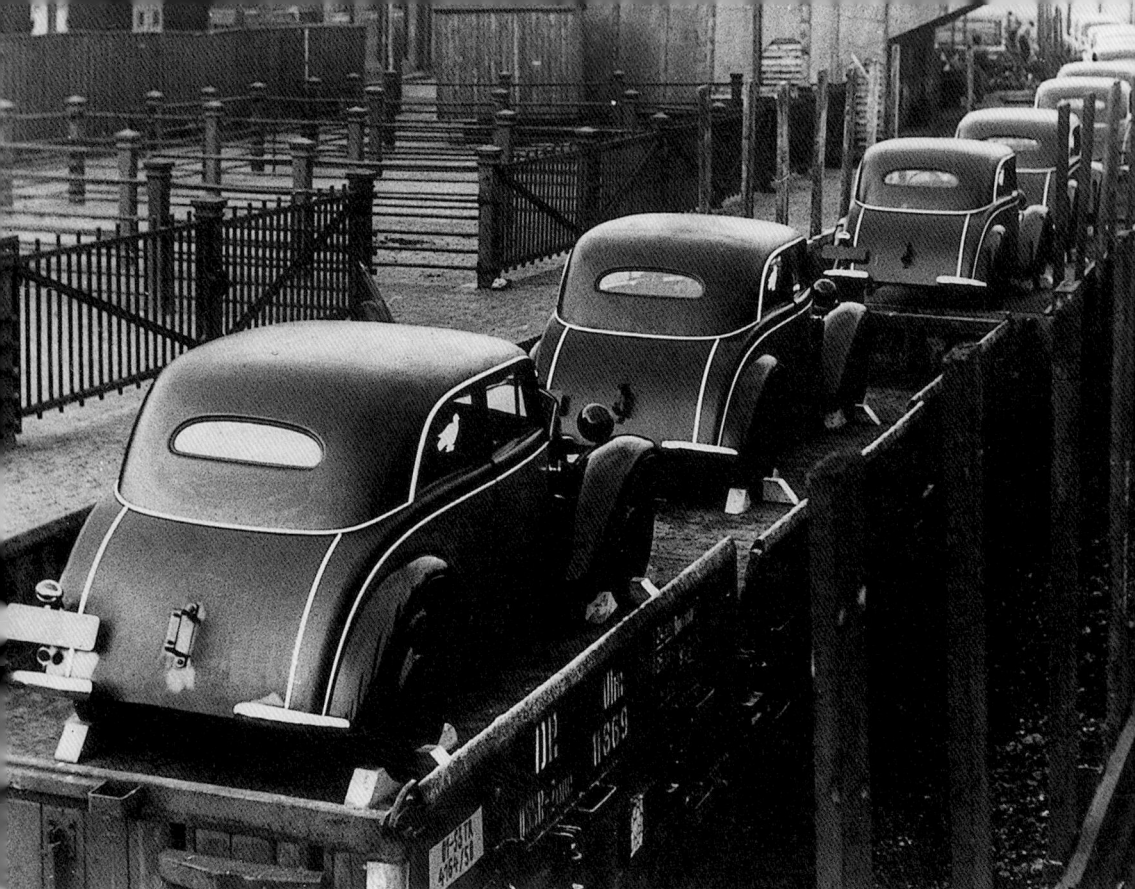

Mangel herrschte von Anfang an: Der IFA F 8 wurde in das Ausland ohne Reserverad geliefert, da es keine Reifen gab. Als Trost klebte man in das hintere Seitenfenster eine Friedenstaube (Bundesarchiv/183/10192/3)

Dies hatte man bereits Mitte der fünfziger Jahre erkannt, und die SED benannte auf der III. Parteikonferenz im März 1956 erstmals sogenannte führende Industriezweige, die künftig besonders gefördert werden müßten. Dies waren die Bereiche Energieversorgung, Brennstoffindustrie, chemische Industrie, Maschinenbau und Baustoffindustrie.

Damit sah sich die Kraftfahrzeugindustrie einer völlig anderen Situation gegenüber. Das Transportwesen gehörte nun nicht mehr zu den besonders zu fördernden Bereichen. Vielmehr bot es dank der Langlebigkeit seiner infrastrukturellen Grundlagen wie Schienen und Straßen die Möglichkeit, langfristig auf Verschleiß genutzt zu werden. Dies tat man dann vier Jahrzehnte lang. Übrigens glaubte selbst Walter Ulbricht, dass diese beschlossene Reduktion der industriellen Basis nun ausreiche. Besondere Bedeutung maß er der Wissenschaft sowie gezielt erarbeiteten Forschungsergebnissen zu, von deren rascher Umsetzung er sich dynamische Wirkungen versprach. Deshalb wurde 1956 der Forschungsrat gegründet, der als Beirat für naturwissenschaftlich-technische Forschung und Entwicklung fungieren sollte. Den Zweig der Kraftfahrzeugentwicklung vertrat in diesem Gremium Professor Dr. Alfred Jante von der Technischen Hochschule in Dresden. Professor Steenbeck, der erste Präsident des Forschungsrates, prägte dann auch das für die DDR-Verhältnisse durchaus angemessene Wort vom »Mut zur Lücke«, das Ulbricht in der agitatorischen Verballhornung zu der bekannten und häufig spöttisch verwendeten Parole »Überholen ohne Einzuholen« deformierte. 1957 wurde das Kohle- und Energieprogramm in Kraft gesetzt und im November des folgenden Jahres das Chemieprogramm. Dafür waren vier Fünftel aller Investitionen vorgesehen. Das hielt die Parteiführung aber nicht davon ab, von den Automobilwerken eine höhere Pkw-Produktion zu fordern, um den Wünschen und Vorstellungen ihrer fluchtwilligen Bürger nach Wohlstand einigermaßen zu entsprechen.

In diesem Kontext musste Hauptdirektor Lang einsehen, dass die noch zwei Jahre vorher für den gesamten Automobilbau festgeschriebenen Wachstumsraten unrealistisch waren. Im Leitartikel der Zeitschrift *Kraftfahrzeugtechnik* vom März 1958 musste er die Vorrangigkeit des Kohle- und Energieprogramms und der Chemischen Industrie hervorheben, gleichzeitig aber das Forcieren des Pkw-Baues (»Hauptgewicht der gegenwärtigen Entwicklungsetappe«) als Index für den hohen Lebensstandard der DDR-Bevölkerung betonen. Wörtlich schrieb er: »Mit aller Gründlichkeit haben wir in den letzten Jahren die Entwicklungstendenzen des Kraftfahrzeugbaues sowohl in technischer als auch in ökonomischer Hinsicht untersucht und die Ergebnisse als Resultat manches erbitterten Meinungsstreites in der Ökonomik des Industriezweiges niedergelegt. Die dort fixierten Auffassungen mußten jedoch eine Änderung erfahren, da sie nicht übereinstimmen mit dem Entwicklungstempo der gesamten Volkswirtschaft (…) wäre der Fahrzeugbau in der Form entwickelt worden, wie es in der Ökonomik ursprünglich vorgesehen war, dann würden volkswirtschaftliche Disproportionen entstehen, weil der Automobilbau auf eine überdurchschnittliche Höhe gebracht worden wäre und zwangsläufig andere Industriezweige in Rückstand geraten wären.«[5] Spätestens zu diesem Zeitpunkt waren also die 1955 ins Auge gefassten Ziele in der Praxis als unerreichbar erkannt worden. Es steht außer Frage, dass die stalinistisch indoktrinierten Polit-Gruppen von Berufsrevolutionären, die an der Spitze von Wirtschaft und Politik in der SBZ/DDR standen, für die Wiederbelebung und künftige Führung der Wirtschaft in der SBZ gar kein anderes Konzept kannten als die Planwirtschaft. Halbjahresplan (1948), Zweijahresplan (1949–1950) und Fünfjahresplan (1951–1955) belegen das eindeutig. Die aus der Veränderung der Eigentumsverhältnisse, dem Mangel sowie der Unerfahrenheit und Unsicherheit sich ergebende aufgeblähte zentralistische Administration wirkte von Anfang an als Hemmschuh und schränkte die Flexibilität der Betriebe stark ein. Daher wurde ihnen mit der mit Wirkung vom 1. Januar 1952 eingeführten Wirtschaftlichen Rechnungsführung[6] eine gewisse Selbstständigkeit sowohl in juristischer (Konstitution als juristische Person) als auch in wirtschaftlicher Hinsicht eingeräumt. Mit Hilfe der Wirtschaftlichen Rechnungsführung sollten die Betriebe wieder in Maßen den Charakter als Unternehmen erhalten. Ihnen war es nunmehr formal möglich, selbstständig Wirt-

Ehrung für einen Kraftfahrer des Stahl- und Walzwerkes Brandenburg, der seinen Dienstwagen 100 000 km ohne Generalreparatur fuhr. Damit wurde verschleissarme Fahrweise populär gemacht (Bundesarchiv/183/12561/12)

schaftsverträge abzuschließen und Kredite aufzunehmen. Die Betriebsleiter wurden erst jetzt verpflichtet, bei Kalkulation, Rechnungsführung und Wirtschaftskontrolle auf elementare Regeln der Rentabilität zu achten. Vor allem aber wurden sie für eine rationelle Ausnutzung der Betriebsmittel zur Planerfüllung verantwortlich gemacht. Dabei sollte sich das »Prinzip der materiellen Interessiertheit« als besonders hilfreich erweisen, denn abhängig vom erzielten Gewinn wurden Prämien und andere soziale Leistungen in Aussicht gestellt.

Allerhöchsten Vorrang war der Planerfüllung eingeräumt. Ihr war alles andere unterzuordnen. Gewinne waren an den Staat abzuführen. Erst 1955 und in den darauf folgenden Jahren wurde ihnen eine Verfügungsmöglichkeit[7] über einen Teil des betrieblichen Gewinns eingeräumt. Die Ersatzteilfertigung wurde gegenüber der Finalproduktion an zweite Stelle gerückt, wobei Planrückstände zunächst die Regel waren. Vor allem durch die Abrechnung nach dem Wert der Produktion wurden besonders wertintensive Teile bevorzugt, während sogenannte Pfennigartikel zur Mangelware wurden, ja teilweise überhaupt nicht mehr hergestellt wurden. Die Produktion erfolgte nach Plan und nach quantitativen Vorgaben, den sogenannten Kennziffern. Als Folge mangelnder Voraussetzungen vornehmlich an Material und an Fertigungskapazitäten blieb dabei die tatsächliche Nachfrage völlig unberücksichtigt.

Nach der Gründung der Deutschen Demokratischen Republik waren aus der Deutschen Wirtschaftskommission (DWK) mit ihren fünf Hauptverwaltungen das Wirtschaftsministerium und andere Ministerien der DDR hervorgegangen. Aus der Hauptverwaltung Industrie mit sechs Hauptabteilungen waren die Ministerien für Maschinenbau, Schwerindustrie und Leichtindustrie gebildet worden (vgl. Anlage A 02).[8] Ihnen sollten die größten und wichtigsten Industriebetriebe direkt unterstellt werden. Dies bedeutete, dass eben erst entstandene Wirtschaftsstrukturen wieder aufgebrochen werden mussten. Im Ministerium für Maschinenbau wurde die Hauptverwaltung Automobil- und Traktorenbau mit Kurt Lang an der Spitze geschaffen. Ihr wurden vier bisherige IFA- und vier LOWA-Betriebe unterstellt. Der bisherigen IFA-Vereinigung verblieben 21 Betriebe sowie 15 neu hinzukommende Firmen auf Landes- beziehungsweise auf Ortsebene. Die nunmehr zentral geleiteten IFA-Betriebe unterstanden zwar dem direkten Einfluss der Hauptverwaltung, sollten aber ihre Produktionssteuerung nach wie vor durch die IFA-Vereinigung erhalten.[9] Dass dadurch keine Ansätze für eine Dezentralisierung angestrebt waren, machte die gleichzeitig installierte Staatliche Plankommission deutlich, die sich ursprünglich vor allem auf Grundsatzaufgaben der Perspektivpläne und volkswirtschaftliche Kennziffern konzentrieren sollte, in Wirklichkeit aber schnell zum alles umfassenden und bis in Details hinein wirksamen Regulativ wurde. Die Organisationsstruktur wechselte wiederholt, da sie fehlerhaft konstruiert war und empfindliche Mängel zeigte. Auch wenn das nie zugegeben oder offen gesagt wurde – »keine Fehlerdiskussion!« lautete hierfür die entsprechende Parole –, so war dies doch allen Beteiligten klar. Änderungen wurden stets nach »vorn« interpretiert, also als »erforderlich, weil die objektiven Bedin-

Nachahmenswert war die Initiative, besondere Anreize für unfallfreies Fahren zu schaffen (Bundesarchiv/183/42225/2)

Im Schlepperwerk Nordhausen entstanden wie in anderen Fahrzeugwerken der DDR auch im Rahmen der obligatorischen Konsumgüterproduktion auch motorlose Kleinfahrzeuge (Bundesarchiv/183/63711/2)

gungen dafür herangereift waren, die Qualität der Leitung durch die sozialistische Staatsmacht weiter zu erhöhen war und das Leitungssystem nicht mehr dem Entwicklungsstand der Produktivkräfte entsprach«. Diese hohle Phraseologie war für Insider, die entsprechende Kenntnisse der Sachverhalte besaßen, dechiffrierbar, für den auf die Information durch die Medien der DDR angewiesenen Normalverbraucher jedoch bewusst nichtssagend.

Konkret verbargen sich dahinter fehlerhafte Führungsentscheidungen in der Volkswirtschaft, wie beispielsweise die Aufnahme des Flugzeugbaus oder unwirtschaftliche Produktionsverlagerungen. Außerdem führten diese Experimente die Erfahrungslosigkeit der »Neuen Klasse« bei der Leitung komplexer Wirtschaftsprozesse deutlich vor Augen. Mit einem auf allen Gebieten zunehmendem Mangel und ungenügendem Wirtschaftswachstum sah man den einzigen Ausweg in einer immer starreren und noch zentralistischer orientierten Planung. Immer weniger war man aufgrunddessen in der Lage, der sich verändernden Bedarfslage zu folgen. Der Mangel wurde also größer statt geringer.

Struktur- und Mangelprobleme waren in dem in besonders hohem Maße arbeitsteilig organisierten Automobilbau empfindlicher zu spüren, wobei sich hierbei als neuralgischer Punkt die Verbindung zwischen der Zulieferindustrie und den von ihr in hohem Maße abhängigen Finalproduzenten erwies. Und diese Kooperation auf planwirtschaftliche Weise zu regeln oder zu regulieren, war ganz offensichtlich nur äußerst unvollkommen möglich. Im Dezember 1953 listete die Hauptverwaltung Automobil- und Traktorenbau die wichtigsten Mangelerscheinungen auf:[10]

Werkstoffe
- nicht gesicherte Zulieferung von Stahl höherer Festigkeit in gleichmäßiger Güte, wobei besonders auf den Reinheitsgrad nach DIN hingewiesen wurde;
- Reduzierung der Wanddicken auf normale Stärke bei gleichmäßiger Güte und Genauigkeit für alle Gussteile, besonders aber beim Zylinderguss;
- unzureichende Bereitstellung von Leichtmetall, vor allem von Silumin, Elektron und vom Kolbenwerkstoff Si 20 wegen mangelhafter Energiezuführung beim Aluminiumhersteller;
- mangelhafte Qualität von Gummi, besonders für Federelemente;
- völlig unbefriedigende Qualität der Kraft- und Schmierstoffe mit der Folge unzureichender Motorleistung und vorzeitiger Ausfälle;

Fertigungstechnik
- unzureichende Entwicklung des spanlosen Verformens, besonders des Präzisionsschmiedens;
- für die Fertigung hochwertiger Zahnräder fehlten Maschinen und messtechnische Voraussetzungen;
- ungenügende Ausrüstung der Automobilindustrie mit Spezialwerkzeugen, eine der wichtigsten Voraussetzungen für eine produktivere Fertigung.

Zubehör
- Doppelrollenketten standen nur in unzureichender Menge sowie in unbefriedigender Qualität zur Verfügung (Rollenbrüche, Längungsprobleme);
- Laufruhe und Lebensdauer der Wälzlager waren völlig unbefriedigend;
- die Qualität der fertig bezogenen Gummiteile wie Simmeringe, Keilriemen und Teile für Federung, Dichtungen und Dämpfung waren in der vorliegenden Qualität völlig unzureichend;
- die gesamte Fahrzeugelektrik entsprach in Ausführung und Qualität nicht den Anforderungen.

Die hier aufgeführten Mängel offenbarten ein Dilemma, das nicht neu war, ja sich teilweise durch schon traditionelle Hindernisse erklärte.

Der Beginn einer neuen Zulieferindustrie wurde nicht nur durch die geringen Erfahrungen, sondern vor allem auch durch Material- und Rohstoffmangel in erheblichem Maße behindert. Siegfried Rauch[11] bemerkte dazu: »Die derzeitige Materiallage, die Engpässe an Stahlguß, Leichtmetall und Walzwerkerzeugnissen stellen den Fahrzeug- und Motorenkonstrukteur beinahe täglich vor die verantwortungsvolle Aufgabe, geeignete Austauschwerkstoffe zu finden.«[12] Und genau das wurde zur Haupttätigkeit der Ingenieure in der Fahrzeugtechnik und bei den

Zulieferern: die erfindungs- und einfallsreiche Überwindung von täglich wiederkehrenden wie von neuen Mangelerscheinungen. Zur Regulierung der Arbeitsteilung zwischen Finalisten und Zulieferern griff der Staat administrativ in diesen Prozess ein. 1951 wurde die IFA Vereinigung Volkseigener Fahrzeugbau als wirtschaftsleitendes Organ des gesamten Industriesektors durch die staatliche Hauptverwaltung für Automobil- und Traktorenbau ersetzt. Diese rief eine Abteilung Kooperation ins Leben, deren Aufgabe darin bestand, die Zulieferbeziehungen des gesamten Sektors zu organisieren und zu regeln. Schließlich waren bei den Finalisten etwa 70 Prozent der Teile von solchen Beziehungen betroffen. Kritisch wurde das nicht nur hinsichtlich des Aufgabenvolumens, denn es waren praktisch alle benötigten Teile zu erfassen und geplant in Auftrag zu geben, nachdem die Lieferung mit den dafür infrage kommenden Betrieben abgestimmt worden war. Probleme tauchten in erster Linie dann auf, wenn solche Beziehungen über die Grenzen des Industriesektors hinaus reichten. Und dies war oft der Fall. So wurden beispielsweise die Blechpressteile für die Motorradproduktion seit Jahren vom VEB DKK Scharfenstein hergestellt und geliefert. Die ehemalige Füllproduktion dieses Betriebes waren Kühlschränke, die nun zum Hauptgegenstand der Konsumgüterproduktion geworden waren und von denen nicht genug hergestellt werden konnten. Scharfenstein gehörte aber zu einer anderen Hauptverwaltung und war dort in Strukturen mit anderen planwirtschaftlichen Schwerpunkten eingegliedert. Motorräder galten dort, verglichen mit Kühlschränken, als unwichtig. Endlose Auseinandersetzungen mit dem Zschopauer Motorradwerk waren die Folge.

1953 wurde auch die VVB Kraftfahrzeugteile aufgelöst. Die Hauptverwaltung installierte als Ersatz zahlreiche pseudostaatliche Dienststellen, Ausschüsse und Leitstellen, die mit Sondervollmachten ausgestattet waren. Wie wenig sie sich der Beseitigung des Mangels gewachsen zeigten, lässt sich aus kritischen Zeitdokumenten ablesen, deren Veröffentlichung den für maximal zwei Jahre in Kraft getretenen Erleichterungen nach dem Arbeiteraufstand am 17. Juni 1953 zu verdanken war. Hier sollen sie kurz am Beispiel der Ersatzteilfertigung illustriert werden. Dieser kam eine besondere Bedeutung zu, weil der Pkw-Bestand zu etwa 80 Prozent und der Lkw-Bestand zu etwa 90 Prozent aus der Vorkriegszeit stammte, mithin rund 15 Jahre und älter war. Der überalterte Bestand und die völlig unzureichende Produktion von Neufahrzeugen führte zwangsläufig zu einer hohen Nachfrage nach Ersatzteilen – ein Problem, das während der gesamten Existenz der DDR ungelöst blieb.[13]

Mängel ließen sich planwirtschaftlich nicht beheben, sondern nur auf diese oder jene Weise »organisieren«. Der Aufwand dafür – eine Erarbeitung von Bedarfslisten, deren Abstimmung, die Festlegung von Material- und Bearbeitungsvorschriften, die Ausarbeitung und Fixierung von Kontingenten, deren »Ausreichung« und Überwachung, die Formulierung von Schwerpunkten und deren Variationen sowie die Abstimmung mit den Staatsorganen, eine Ermittlung von Kapazitäten und deren Nutzung – war gigantisch. Mangel wurde auf diese Weise

Das Wartburg 311 Coupé wurde unauffällig und eingebettet in den Klassenkampf präsentiert (Bundesarchiv/183/49400/51)

sehr teuer und erfuhr zudem eine Verstärkung durch den dogmatisch unverrückbaren Ansatz, nichts dem freien Spiel der Kräfte zu überlassen.

Der vom Handel ermittelte Ersatzteilbedarf basierte jedoch lediglich auf den entsprechenden Anfragen bei den Geschäften. Berücksichtigt wurden dabei aber nur tatsächlich eingegangene Nachfragen. Da von den meisten Teilen jedoch sattsam und allseits bekannt war, dass an eine Lieferung nicht zu denken war, gingen natürlich diesbezüglich keine Nachfragen ein, wurden also auch nicht registriert. Ein realer Bedarf wurde vom Handel somit nie signalisiert.

So mangelhaft wie die Bedarfsanalyse war auch die Abstimmung zwischen den Leitstellen zur Fertigung und Beschaffung von Teilen und Baugruppen. Hinzu kam, dass die schließlich mit der Fertigung des Teiles beauftragten Betriebe dessen Einordnung in ihre Produktion völlig nachrangig behandelten.[14] So wurde beispielsweise dem Getriebewerk in Leipzig vorgeworfen, trotz der rechtzeitig erfolgten Bereitstellung von Zeichnungen und Materialkontingenten die Auslieferungstermine nicht gehalten zu haben, weil die Dringlichkeit für diese Fertigung falsch eingeordnet worden war. Der VEB Motorenwerk Johannisthal hatte sich zur Fertigung von fünfzehn verschiedenen Nockenwellen auf Anfrage bereit erklärt. Nachdem sich die Leitstelle um die Beschaffung des gesamten Vorlagenmaterials und der Zeichnungen bemüht und dies auch termingerecht erledigt hatte, stellte man schließlich im Motorenwerk nach nochmaliger Überprüfung der Produktionskapazitäten fest, dass man, wenn überhaupt, lediglich zur Fertigung einer einzigen Nockenwelle in der Lage war.

Dazu wurde lakonisch festgestellt: »Die Ursachen für nichttermingerechte Lieferungen sind wesentlich Umlagerung der Gießereien und Schmieden sowie mitunter ablehnende Haltung dieser Betriebe gegen kleinere Stückzahlen und niedrige Gewichte, da hier die Planerfüllung nach Tonnen angerechnet wird.«[15]

Ein zentraler Punkt innerhalb des Forderungskatalogs beim Aufstand am 17. Juni 1953 war der wachsende Mangel an Gegenständen des täglichen Bedarfs, die den planwirtschaftlichen Prinzipien der Industrieführung zum Opfer gefallen waren. Um dies zu korrigieren und die »tausend kleinen Dinge« wieder in die Läden zu bekommen, wurde der Industrie deren Fertigung administrativ aufgenötigt. Die sogenannten Massenbedarfsartikel gehörten zum Planbestandteil, der genauso abgerechnet werden musste wie die Hauptproduktion des jeweiligen Betriebes, obschon häufig das eine mit dem anderen nicht das geringste zu tun hatte. So wurden im Jahr 1955 in der Fahrzeugindustrie auch Kinderautos, Tret- und Wipproller, Rollschuhe, Schlittschuhe, Schlitten, Kohleschaufeln, Brikettzangen, Ofenrohre, Wassereimer, Töpfe, Pfannen, Kuchenbleche, Bügelbretter, Rucksäcke, Kartoffelhorden, Handwagen, Fußabstreicher, Gaskocher, Radiotische, Sessel, Flurgarderoben, Sofas und Schlafzimmer hergestellt.[16] Abgesehen davon, dass man dieser Aufzählung eine Mangelliste des täglichen Lebens entnehmen kann, so wurde von den Betrieben nicht nach Bedarf produziert. Als Massenbedarfsprodukt galt nicht, was durch eine gravierende Nachfrage gefordert wurde, sondern was die Planbehörde als solches auch anerkannte.

Konfrontiert mit diesen unauflöslichen Problemen erwies sich der Staat auf die Dauer als nachhaltig hilflos. Das konnte man mehr oder weniger deutlich sogar öffentlich sagen. So lässt sich einem Beitrag in der Fachpresse als Reaktion auf eine Veranstaltung der Kammer der Technik, Fachverband Fahrzeugbau, folgendes Resümee entnehmen: »(...) nahm Ingenieur Barthel, Leiter der HV Auto- und Traktorenbau im Ministerium für Maschinenbau, das Wort zu einigen grundsätzlichen Ausführungen, die jedoch leider nicht erkennen ließen, wie die brennenden Probleme von seiten der Hauptverwaltung in allernächster Zeit gelöst werden sollen.«[17] Kein Wunder, dass sich die Betriebe gegen immer neue Auflagen nur dadurch wehren konnten, dass sie entweder die geforderte Fertigung nur unvollkommen erfüllten oder versuchten, sie auf den Planteil Massengüterproduktion anrechnen zu lassen. Unausweichlich führten die Bemühungen zur Klärung der durch die völlig unzureichende Planwirtschaft ausgelösten Situation auf wieder neue Staatsregularien hinaus.[18]

In dem Maße, wie sich Defizite, Führungsmängel und Abweichungen von den Planvorgaben als Begleiterscheinung der Wirtschaftsentwicklung zeigten, suchte die Partei diesen mit immer zahlreicheren staatlichen Auflagen und Zwängen zu begegnen. Die Integration des Staates schien nach dem Prinzip »Viel hilft viel« das Allheilmittel gegen Schwierigkeiten aller Art zu sein. Behörden, staatliche Beauftragte und staatliche Institutionen schalteten sich in den fünfziger Jahren in die Wirtschaft in einem Umfang ein, der in Friedenszeiten in Deutschland ohne Beispiel ist.

Automobilbau im Sozialismus – Losungen und Agit-Prop-Gruppen mühten sich vergeblich, politische Stimmung zu erzeugen (Bundesarchiv/183/59447/7)

Damit wurde gleichzeitig über einen längeren Zeitraum der Nachweis geführt, dass eine staatlich regulierte Wirtschaft und eine planwirtschaftliche Zentralisierung grundsätzlich nicht in der Lage waren, mit den anstehenden Problemen fertig zu werden. Um der Industrie die nachfragegerechte Fertigung zu sichern, konnte man nicht das Grundübel, den alles umfassenden, mit einem labyrintischen Organisationsapparat von Kommissionen und Behörden einhergehenden Eingriff des Staates, beseitigen, sondern man änderte – die Struktur.

So wurde von der Volkskammer der DDR am 1. Februar 1958 das Gesetz über die Vervollkommnung und Vereinfachung der Arbeit des Staatsapparates verabschiedet, womit bisherige Strukturen und Arbeitsweisen des Staates durch andere, »neue« Formen ersetzt werden sollten. Um eine »Fehlerdiskussion« auszuschalten, die sich nach dem 17. Juni 1953 als für das Regime äußerst fatal erwiesen hatte, wurde gleichzeitig folgendes festgelegt: Die in den vergangenen Jahren beim Aufbau der DDR-Wirtschaft realisierte straffe Leitung durch die Plankommission über die Ministerien und Hauptverwaltungen in allen Dingen war »richtig und notwendig«. Am 1. Mai 1958 wurde daraufhin wieder eine VVB Automobilbau gegründet, ihr Sitz war Karl-Marx-Stadt (Chemnitz) und ihre Aufgaben wurden durch Statut festgelegt. An der Spitze stand als Hauptdirektor Kurt Lang. Er hatte zur Vorbereitung von Grundsatzentscheidungen über Perspektivpläne, Forschung und Entwicklung und ähnlichem den ihm beigeordneten Technisch-Ökonomischen Rat zu hören, als dessen Vorsitzender er zugleich fungierte und dem ausgewählte Mitarbeiter des Betriebes sowie Vertreter der örtlichen Staatsorgane und der Gewerkschaft angehörten.

Zu solchen erneuten Änderungen der Struktur gehörte beispielsweise auch die Auflösung der Industrieministerien, an deren Stelle 1961 der Volkswirtschaftsrat als Organ des Ministerrates trat. Ihm oblag die Erarbeitung und Kontrolle der Jahrespläne und ihm unterstanden Fachabteilungen, etwa in der Art der bisherigen Ministerien. Die VVB Automobilbau gehörte zur Abteilung Maschinenbau. Wenige Jahre später war es der Partei-Weisheit letzter Schluss, dass die zentrale staatliche Planung grundsätzlicher ökonomischer Aufgaben enger mit der eigenverantwortlichen Planung der VVB und VEB zu verknüpfen sei. Da der Volkswirtschaftsrat dazu nicht in der Lage war, wurde er aufgelöst und an seine Stelle traten 1966 wieder Industrieministerien (vgl. Anlage A 02). Zu den Ursachen solchen Wirrwarrs gehören im wesentlichen die dogmatische Übernahme irrelevanter und bereits fehlerhafter sowjetischer Erfahrungen; ein fehlender theoretischer Vorlauf an den wirtschaftswissenschaftlichen Instituten, denn es wurden in der Praxis immer neue Fehler gemacht; Fehlentscheidungen, Mangelerscheinungen und Probleme in der Produktionsbewältigung versuchte man mit strukturellen Mängeln zu begründen und durch neue Strukturen zu beseitigen; eine fachliche Inkompetenz in der Parteiführung und ihre politisch bestimmten, diktatorischen Eingriffe in die Wirtschaft sowie die im Grundsatz von der Politik Stalins beeinflussten, allerdings durch die Embargo-Politik des Westens offensichtlich gerechtfertigten, in letzter Konsequenz realitätsfernen Autarkiebestrebungen.

Sinnfälligen Ausdruck fanden die gesamtwirtschaftliche Insuffizienz der DDR und die zum Scheitern verurteilten Versuche, sie auf planwirtschaftliche Weise zu überwinden, auch im Fertigungsprogramm der Automobilindustrie. Die von Hauptdirektor Lang schon 1958 geäußerten notwendigen Beschränkungen in der Ausweitung dieses Industriesektors zwangen besonders auch angesichts der rasch steigenden Nachfrage zu einer rationeller ausgerichteten Fertigung. Die Zersplitterung der Pkw-Produktion auf zwei Standorte, nämlich auf Eisenach und Zwickau, mit einem Ausstoß von knapp 50 000 Pkw pro Jahr bildete ein mit Händen zu greifendes Hindernis. Daher beabsichtigte die VVB, zur Verwirklichung einer Jahresproduktion von künftig 200 000 Pkw nur noch einen Automobiltyp produzieren zu lassen. Dieser sollte bei weitestgehender Standardisierung der Bauteile in zwei- und viertürigen Varianten an den bisherigen Standorten mit neuen Fertigungseinrichtungen hergestellt werden. Da bekannt war, dass die hierfür erforderlichen Investitionen kurzfristig nicht zur Verfügung gestellt werden konnten, sah man dieses Auto für die Jahre nach 1970 vor. Dieser Zeitraum wurde DDR-üblich mit dem gängigen Begriff der »Perspektive« charakterisiert. Dementsprechend handelte es sich bei diesem Auto um den »Perspektiv-Pkw«. Bis dieser erschien, sollten Wartburg und Trabant vorübergehend weitergebaut werden. Dieser neue Wagen kam aber nie, und beide Autotypen begleiteten die Bürger der DDR bis zur Wende. Hierbei lähmte von Anfang an die geringe Erfolgsaussicht den technischen Vorlauf. Weil der Einsatz des »Perspektiv-Pkw« infolge

Der P 100 aus Eisenach mit Unterflurmotor und selbsttragender Karosserie, 1961 (Stadtarchiv Eisenach)

mangelnder Investitionen immer wieder und immer weiter hinausgeschoben werden musste, wurden darauf ausgerichtete Entwicklungen in den Konstruktionsabteilungen der Automobilindustrie immer wieder abgebrochen. Selbst aussichtsreiche und durchaus konkurrenzfähige Prototypen schieden durch die Unmöglichkeit ihrer industriellen Umsetzung aus. Andererseits erlahmte angesichts schwindender Realisierungschancen in den Konstruktionsbüros allmählich der Schwung.

Den ersten Versuch zur Entwicklung eines »Perspektiv-Pkw« unternahm Hauptdirektor Lang, indem er den Mitarbeitern der Werke in Zwickau und in Eisenach im Sommer 1960 die Aufgabe stellte, nach eigenen Vorstellungen alternativ mit Front- oder Heckantrieb, aber in jedem Falle durch einen Dreizylinder-Zweitaktmotor angetrieben, ein solches Fahrzeug zu entwerfen und zu erproben. Seine Typenbezeichnung lautete P 100.

Nachdem mehr als zwei Jahre lang an den beiden tatsächlich gebauten Prototypen herumexperimentiert worden war, fasste das als Schiedsrichter fungierende Zentrale Entwicklungs- und Konstruktionsbüro (ZEK) sein Abschlussurteil in folgenden Sätzen zusammen: »Die Forderung der Aufgabenstellung durch beide P 100 Funktionsmuster ist nicht erfüllt worden (...). Die Karosserien beider Funktionsmuster erfüllten die technologischen Bedingungen nicht, um nach 1965 das Weltniveau mitzubestimmen. Beide Fahrzeuge sind zu schwer und sind nicht von den entscheidenden Grundforderungen der Senkung der Herstellungskosten und des Materialaufwandes beeinflußt.«[19] Das Projekt wurde schließlich beerdigt und mit ihm zwei Millionen Ost-Mark, die die Entwicklungsarbeit gekostet hatte. Es blieb also alles beim alten: Wartburg aus Eisenach, Trabant aus Zwickau.

Die zweite Fahrzeuggeneration:

Pkw aus Blech und Plaste – Autos aus Zwickau

In Zwickau hatte das DKW-Konzept für den Neubeginn eine trag- und entwicklungsfähige Grundlage geboten.[20] Dies galt sowohl für den Zweizylinder- als auch für den Dreizylinder-Typ. Der erstgenannte wurde, an der Stückzahl gemessen, weitaus häufiger gefertigt als der zweite. Der übergangsweise als IFA DKW, später dann nur noch als IFA F 8 bezeichnete Kleinwagen wurde dabei zur Plattform für die Versuche und die tastenden Experimente, an deren Ende eine produktionsreife Kunststoff-Karosserie stehen sollte. Idee und Entschluss dazu waren eine reine Audi-Angelegenheit. Man verfügte zwar über die fachliche Kompetenz, besaß aber nicht die für einen VEB unerlässliche übergeordnete Weisung für diese Arbeiten, geschweige denn einen Auftrag seitens einer staatlichen Institution. Um im Zeitjargon zu bleiben: Der P 70 – so sollte das neue Modell innnerhalb der IFA-Typvorlage heißen – wurde eine reine Schwarzentwicklung. So wie die Eisenacher außerhalb der Legalität der Planwirtschaft um ihren Wartburg kämpften, so blühten auch in Zwickau die Blumen im Verborgenen. Nicht nur die Staatlichen Kontrollorgane waren irrezuführen, auch das Forschungs- und Entwicklungswerk (FEW) hatte Häscher ausgesandt, die solche unerwünschte Aktionen melden sollten. Denn alle Kraft war auf den Kleinwagen P 50 zu konzentrieren. Die Täuschung gelang den Zwickauern, weil beide Autos – P 50 und P 70 – eine mit Kunststoff beplankte Karosserie bekommen sollten, die nahezu gleich aussehen konnte. Damit waren solche Experimente erstmal legitim – alles weitere war eine Frage der Abmessungen. Riskant blieb es aber dennoch. Disziplinarstrafen bis hin zur Ablösung drohten den Beteiligten bei einer zu frühen Entdeckung.

Abgesehen vom Hauptziel der Substitution des Tiefziehblechs wurde auch die Verbesserung der Sitzverhältnisse durch eine Vergrößerung der Innenabmessungen angestrebt. Dem sollte die Pontonform einer neuen Karosserie, aber auch die veränderte Anordnung des Motorgetriebeblocks quer vor der Vorderachse dienen. Damit ließ sich der Radstand von 2600 mm auf 2380 mm reduzieren. Trotzdem fiel die Fahrzeugmasse mit separatem Rahmen und einer Karosserie aus kunststoffbeplanktem Holzgerippe um 50 kg schwerer aus als beim F 8. Die Veränderungen für den nach wie vor im Motorenwerk Karl-Marx-Stadt (Chemnitz) weiter entwickelten und gefertigten Motor waren folgende:[21] eine entgegengesetzte Drehrichtung durch die Anordnung des Triebsatzes vor der Vorderachse; eine Erhöhung der Verdichtung von 5,9:1 auf 6,7:1; eine Umstellung des Zylinderkopfmaterials von Grauguss auf Aluminium; eine mittige Anordnung der Zündkerze; und ein Einsatz des fortentwickelten Vergasers H-321, wodurch gleichzeitig ein niedrigerer Kraftstoffverbrauch erzielt wurde. Als Resultat all dieser Veränderungen stellte sich die angestrebte Leistungssteigerung des Motors von 19 auf maximal 22 PS ein.

Die Fahrerprobung der P 70-Versuchsfahrzeuge ergab, dass regelmäßig nach etwa 4 000 bis 5 000 km Rollenbrüche in der Kette der Primärübertragung zwi-

Der P 100 aus Zwickau mit 3-Zylinder-Motor vorn und Vorderradantrieb, 1961 (Archiv des Autors)

schen Motor und Getriebe eintraten. Außerdem führte die erhöhte Kompression in Verbindung mit der Anhebung des Verdichtungsverhältnisses zu einem höheren Anwerfmoment, welches von der 6 Volt-Dynastart-Anlage nicht mehr aufgebracht werden konnte. Diese Schwierigkeiten hatten sich schon beim F 8-Motor mit der Verdichtung von 5,9:1 als Folge der Probleme in der Material- und Fertigungslage der Dynastartanlage gezeigt. Naheliegend war die Erkenntnis, die zusätzlich durch zum Teil gemeinsam mit der Entwicklungsstelle für Fahrzeugelektrik unternommene umfangreiche Versuche gestützt wurde, dass eine zuverlässige Steigerung des Anwerfmoments nur durch einen Übergang von 6 auf 12 Volt zu erreichen war. Allerdings musste für die Nullserie noch die 6 Volt-Anlage beibehalten werden, weshalb bei diesen Fahrzeugen die Verdichtung nicht auf 6,7:1 sondern nur auf 6,3:1 gesteigert werden konnte.

Die höhere Motorleistung bot aber weiterhin die Möglichkeit, mit der Achsübersetzung von 6,1 auf 5,8 herunterzugehen, wodurch sich die Motordrehzahl bei gleicher Geschwindigkeit um ein Weniges reduzieren ließ. Ein weiterer positiver Aspekt der Verlagerung des Motorgetriebeblocks vor die Vorderachse zeigte sich auch in der Verbesserung der Kühlverhältnisse.

Erwähnt werden muss noch, dass damals auch an einer Variante P 70/2 gearbeitet wurde, bei der eine geänderte Spülkanalführung und andere Steuerzeiten zu einer weiteren Leistungssteigerung auf etwa 24 PS führen sollten. Die Versuche wurden wegen der Arbeiten am P 50 und aufgrund des absehbaren Auslaufs der F 8-Produktion eingestellt, eine Serieneinführung erfolgte nicht.

Für die in Öl laufende Kupplung stand kein geeignetes Schmiermittel zur Verfügung, so dass die Räder mit hartem Schlag zum Eingriff kamen. Dies hatte Zahnbrüche zur Folge. Die Probleme bei der Schaltbarkeit und Standfestigkeit der Getriebezahnräder waren Anlass für die Entwicklung einer Trockenkupplung zwischen Motor und Getriebe gewesen, die Konstruktion hierfür stammte von Ingenieur Käsemodel. Die beschränkten Platzverhältnisse an der Stelle der bisherigen Lamellenkupplung zwangen dabei zu einer Zweischeiben-Trockenkupplung, um das anliegende Drehmoment sicher übertragen zu können. Der P 70-Motor einschließlich Kupplung und Getriebe befand sich für die Ersatzlieferungen bis 1966 im Barkas-Produktionsprogramm.

Wichtigste Neuerung am P 70 war die mit Kunststoff beplankte Karosserie mit Holzgerippe.[22] Für derartige Versuche gab es in Sachsen eine bis in die dreißiger Jahre zurückreichende Tradition, die keineswegs in Vergessenheit geraten war.[23] So hatte vor dem Krieg Albert Locke als Leiter des Karosserie-Konstruktions- und Entwicklungsbüros von Auto Union maßgeblichen Anteil an solchen Versuchen. Die dabei erzielten Ergebnisse waren aus den Patentschriften und Versuchsberichten bekannt. Locke war in den fünfziger Jahren noch präsent.[24] Die Auto Union AG hatte bereits seit 1936 Untersuchungen zur Herstellung von Kunststoffkarosserien unternommen. Dabei arbeitete man eng mit der IG Farben-Tochter Dynamit Nobel in Troisdorf zusammen. Auf der Basis des DKW Front wurden seinerzeit erste Karosserie-Kunststoffteile und ganze Kunststoff-Körper entwickelt und gebaut. Die damaligen Patentschriften dokumentieren besonders gut die äußerst wichtige Bauteil- und Verbindungsgestaltung. Der seinerzeit verwendete Kunststoff bestand aus phenolharz-imprägnierten Papierbahnen. Sie wurden mit sehr hohen Drücken von 20 bis 40 N/qmm bei Temperaturen von 180° C verpresst. Zur Herstellung der einzelnen Bauteile benötigte man somit große Pressen, und der Anlagenaufwand war sehr hoch. Aufgrund dieser Kosten führten die Versuche damals nicht zur Aufnahme der Serienproduktion.

In diesem Zusammenhang sei noch auf ein interessantes Porsche-Patent verwiesen, das 1938 auf einen selbsttragenden Wagenkörper, insbesondere für Kraftfahrzeuge, angemeldet wurde. Darin war eine selbsttragende Vollplastkarosserie beschrieben, deren Teile an den Außenrändern aufgespalten sind und durch Verkleben geschlossene Hohlprofile mit hoher Steifigkeit bildeten.

Bemerkenswert ist auch heute noch, dass die Auto Union 1937/38 im Zusammenhang mit den Kunststoffexperimenten die ersten Crash-Versuche in der Geschichte der Automobilindustrie durchführte. Das galt auch für Bauteile. So wurden Versuche an F 7-Kunststoff-Karosseriekörpern im Falltest bekannt. Man zog die Versuchsteile hoch und warf sie aus unterschiedlichen Höhen ab. Dabei konnte ein günstiges Unfallverhalten großflächiger Kunststoffteile nachgewiesen werden. Auch umgekehrt wurden Kugelfalltests auf diese Teile unternommen. Die Arbeiten an der Kunststoffkarosserie bei der Auto Union wurden mit dem Ausbruch des Krieges eingestellt, aber die Aufprallversuche bis 1944 fortgesetzt.

In der Nachkriegszeit wurde der Gedanke an Kunststoffkarosserien verschiedentlich, besonders in den USA, gepflegt. Dort wurde der im Krieg entwickelte Kunststoff aus glasfaserverstärktem Polyesterharz (GFK) verwendet. Von Vorteil war dabei die Aushärtung durch Zugabe eines Härtungsmittels ohne Druck und ohne erhöhte Temperatur. Das Verfahren war aus diesem Grund für Muster- und Kleinserien ganz hervorragend geeignet. 1954 begann General Motors mit der Serienproduktion der Corvette, deren Karosserie aus glasfaserverstärktem Polyesterharz bestand. Vorher hatte der Kunststoffhersteller Reichhold Chemicals Industries Ltd bereits einige aus diesem Kunststoff gefertigte Versuchskarosserien öffentlich vorgestellt.

In der DDR hatte sich die Importabhängigkeit von Tiefziehblechen vor allem aus dem westlichen Ausland von Anfang an als unauflösbar erwiesen. Es zeichnete sich ab, dass sich hier ein devisenwirtschaftliches Problem in erheblicher Größenordnung ergeben würde. Nachdem 1951 das nach dem amerikanischen Kongressabgeordneten L. C. Battle aus Alabama benannte Gesetz jene Länder an die Embargobestimmungen der Vereinigten Staaten von Amerika band, die von den USA Wirtschaftshilfe erhielten, geriet man damit mitten in den Ost-West-Konflikt, und eine Entschärfung des Kalten Krieges war mittelfristig kaum abzusehen.

IFA-Generaldirektor Kurt Lang hatte die Zeichen der Zeit erkannt und begriffen, dass die geringe Menge an Tiefziehblechen bestenfalls für eine ohnehin nur marginale Fertigung ausreichen würde. Die angestrebten größeren Serien mussten ohne eine Lösung des Dilemmas der Abhängigkeit von Importen illusorisch bleiben. Am schlimmsten war der Engpass beim Karosserie-Material. Der erneute Rückgriff auf von DKW seit Jahrzehnten verwendetes Holz, das mit Kunstleder überspannt wurde, kam aus Gewichts- und Aufwandsgründen nicht in Betracht. So

Im Jahre 1953 entstand im Forschungs- und Entwicklungswerk in Karl-Marx-Stadt (Chemnitz) das erste Kunststoffauto der DDR. Motor und Fahrwerk wurden später im Trabant übernommen. Aus der von Otto Seidan entworfenen Karosserie entwickelte sich der P 70 (Archiv Wolfgang Beyer)

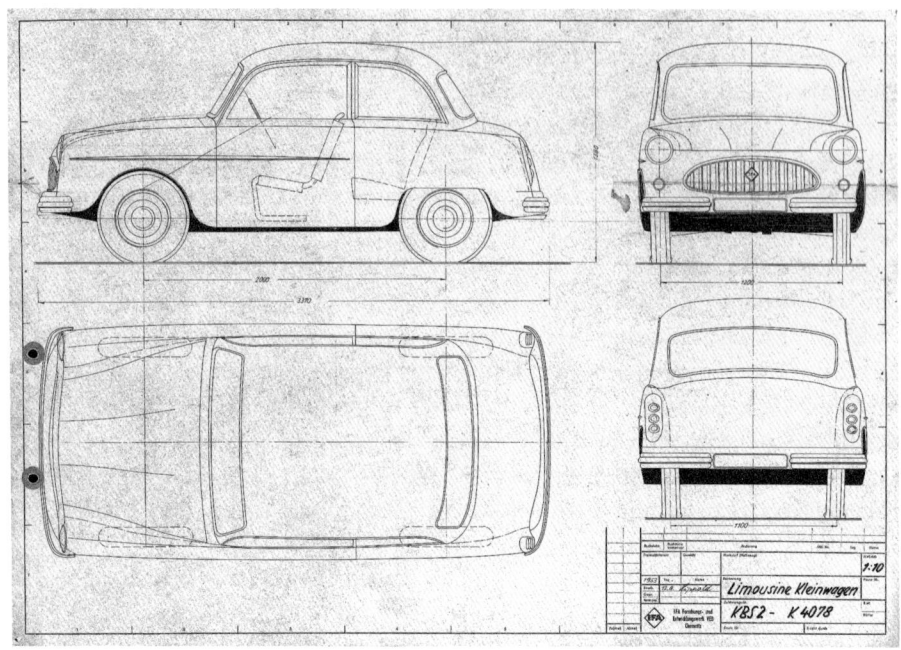

Die Risszeichnung für den Kleinwagen P 50, August 1953 (Archiv des Autors)

blieb keine andere Wahl als Kunststoff. Einschlägige Vorhaben und Versuchsreihen aus der Vorkriegszeit waren gerade in Chemnitz noch in bester Erinnerung.

Lang setzte 1951 eine kleine Expertengruppe ein, die von ihm geleitet wurde. Dieses Team sollte alle einschlägigen Möglichkeiten unter die Lupe nehmen. Die Vorkriegskenntnisse von Auto Union waren nicht übernehmbar, da die dafür erforderlichen großen Pressen nicht zur Verfügung standen und das Verfahren zu viel gekostet hätte. Auch der neue GFK genannte Kunststoff war nicht disponierbar. Es gab in der DDR weder alkalifreie Glasfaser noch das dazu erforderliche Kunstharz. Selbst in den siebziger Jahren war dieser Werkstoff für die Großserie noch immer nicht einsetzbar, die Materialkosten waren viel zu hoch.

Die wichtigste Voraussetzung für den zu entwickelnden neuen Werkstoff bildete neben den bekannten Eigenschaften der Kunststoffe wie geringes Gewicht, hohe Elastizität, absoluter Korrosionsschutz und gute Körperschalldämpfung vor allem die Verarbeitbarkeit unter den DDR-Bedingungen der fünfziger Jahre. Also brauchte man einen geringen Anlagenaufwand, niedrigste Importanteile und eine möglichst einfache Verarbeitung. Große Bedeutung kam auch unkomplizierten Lackierungsmöglichkeiten zu und zusätzlich anzustreben waren, verglichen mit Karosserieblech, vertretbare Kosten. Das mit dem Duroplast-Karosseriepressstoff aus Zwickau schließlich erreichte Ergebnis hinsichtlich Kosten, Arbeitsaufwand und Importanteil war im Vergleich zu GFK und Stahlblech sehr beachtlich.

Die ersten Versuche zur Entwicklung der Kunststoff-Karosserie wurden mit gewebeverstärktem Vinidur vorgenommen. Dieser Stoff kam als Hart-PVC aus Bitterfeld und wurde mit drei Schichten Papiergewebe verstärkt. Eine F 8-Karosserie einschließlich Motorhaube und Kotflügel wurde als Cabrio-Limousine probeweise hergestellt und am 1. Mai 1951 vorgestellt. Sie kam allerdings für eine Serienfertigung als erstes Kunststoffauto nicht in Frage.

Weitere Versuche führten zur Verwendung von PVC-Dispersion, also einem PVC in flüssiger Form. Als Verstärkung diente Holzschliff aus der Papierherstellung und in geringeren Mengen Baumwollfaserabfall. Im flüssigen Zustand wurde das PVC an die Fasern angelagert, Vorkörper auf Siebformen abgesaugt und getrocknet. Der PVC-Anteil lag bei 50 Prozent und der Pressvorgang erfolgte mit etwa 4 N/qmm bei 165° C. Mit diesem Werkstoff wurde das zweite »Kunststoff-Auto« der DDR verkleidet. Dabei handelte es sich um eine F 9 Cabrio-Limousine, die auf Drängen der HV Automobilbau aus vorliegenden annähernd fünf Satz Kunststoffteilen zusammengesetzt und am 13. Oktober 1951 vorgestellt wurde. Beide Fahrzeuge wurden im Versuch gefahren, blieben aber nur Erprobungsträger.

Zwei »Erlkönige«: erster Prototyp des Kleinwagens vom Typ P 50 und erster Prototyp eines Pkws, der als Nachfolger für den PKW F 9 vorgesehen war. Beim Prototyp des Kleinwagens P 50 handelte es sich noch um eine Ausführung mit selbsttragender Blechkarosserie anstelle der vorgesehenen Duroplast-Kunststoffkarosserie. Bemängelt wurden dabei die ungenügenden hinteren Sitzverhältnisse, die in Form von Kindersitzen bzw. Notsitzen gestaltet waren. Neben dem Fahrzeug der P 50-Versuchsfahrer Harald Linke und neben dem Prototyp für das Nachfolgefahrzeug der für den F 9 verantwortliche Ingenieur Bröker (Archiv Auto Union)

Um Serienerfahrungen mit der Herstellung größerer Stückzahlen zu sammeln, wurde zunächst mit einer Teileproduktion begonnen, die sich ausschließlich auf die Nutzung der Versuchsanlagen stützte. Man begann mit Motorhauben für den F 8 – 1953 wurden davon bereits 1327 Stück hergestellt – und Türen für die Fahrerhäuser des LKW H 3A, von denen 213 Stück gefertigt wurden. Damit begann im Jahr 1953 in Zwickau die Kunststoff-Fertigung für Karosserieteile. Außerdem wurden über 4 000 Türen und Rückwände für H 3A-Fahrerhäuser sowie Stoßecken-Verkleidungen für den F 9 auf diese Weise hergestellt.[25]

Immerhin verfügte man somit über nunmehr ausreichend Erfahrung, um mit der Entwicklung eines neuen, speziell auf die Bedingungen der Kunststoffteilbefestigung ausgelegten Fahrzeugs zu beginnen, einem Kleinwagen für zwei Erwachsene und zwei Kinder. Federführend war das 1951 neu gebildete IFA Forschungs- und Entwicklungswerk in Chemnitz damit beauftragt. Die Verfahrensentwicklung für die Kunststoffteile lag in den Händen der dazu gehörigen Abteilung für Kunststoffentwicklung in Zwickau. Dort arbeiteten vor allem Dipl.-Ing. Wolfgang Barthel und Dr. Werner Reichelt an Verfahren und Gestaltungsmöglichkeiten, bei denen mit auf Krempelmaschinen, wie sie beispielsweise aus der Textilindustrie hinlänglich bekannt sind, dicke, mit Phenol-Kunstharz bestreute Florlagen gebildet und verpresst werden konnten. Der beim PVC-Stoff noch notwendige Trockenvorgang entfiel dadurch. Dieser Duroplast-Pressstoff mit Baumwollfasern und annähernd 50 Prozent Phenolharz als Bindemittel wurde die Basis des Karosseriebaustoffes für den P 70 und später für den Trabant.

Der Prototyp des P 70, noch mit abfallendem Heck und der ersten Variante des Kühlergrills. Die Veränderung der Kühlerattrappe wurde wegen der ungenügenden Kühlung des Motors notwendig (Archiv Dr. Winfried Sonntag)

Das Chassis des P 70 (Archiv des Autors)

Der Kleinwagen P 50 sollte 1956 in die Serienfertigung übergeleitet werden. Dieser Zeitpunkt erschien als Ablösung für den aufwendigen F 8 den Zwickauern zu spät. Der damalige Betriebsdirektor von Audi, Ingenieur Heinz Probsthahn, sein Technischer Direktor, Dr. Winfried Sonntag, und der zwischenzeitlich zum Sonderbeauftragten für die Kunststoffkarosserie berufene Kurt Lang suchten deshalb nach einer schneller einführbaren neuen Karosserie. Insgeheim ließen sie in der Kunststoffentwicklungsabteilung die für den P 50 entwickelte Karosserie mit 100 mm Verlängerung im Türbereich auch auf ein F 8-Fahrwerk aufbauen. Der Motor wurde um 180° gedreht. Das Karosserieskelett für die neue Karosserie aus Holz konnte beibehalten werden und erlaubte damit kurzfristige und flexible Anpassungen an veränderte Bauteilformen und Montagetechniken. Diese ungeplante und damit auch planwirtschaftlich nicht legitimierte Entwicklung erwies sich als ausgesprochen zukunftsträchtig.[26] Die konstruktiven Anpassungen der P 50-Karosserie führte Albert Locke, einst Chefkonstrukteur für Karosserien der Auto Union, selbst aus. Die Nullserie des P 70 lief im April 1955 an. Am 1. Juli des selben Jahres begann die Serienfertigung und noch im gleichen Jahr liefen 2193 Fahrzeuge vom Band. Dieses Automobil war eine Hauptattraktion auf der Herbstmesse in Leipzig 1955.

So reichhaltige Erfahrungen man in der Versuchsperiode auch gesammelt hatte, die Probleme mit der Fertigung großflächiger Kunststoffteile und ganzer Kunststoff-Karosserien zeigten sich in ganzer Deutlichkeit erst mit Serienbeginn. Als Neuland erwies sich alles, von der Vormaterialherstellung bis zur Montage und

Die Armaturentafel des P 70 war nur mit einem Tachometer bestückt, was damals bei Kleinwagen üblich war (Archiv des Autors; Foto: Bernstein)

F 8-Motorhauben aus Plaste waren seit 1953 serienmäßig (Archiv Dr. Werner Reichelt)

zum Reparaturverfahren. Diese Aufgaben wurden in der Kunststoffentwicklung in Zwickau gelöst (zur gestalterischen Entwicklung vgl. Anlage L 01). Große Probleme bereiteten beim Serienanlauf die thermisch hochbelasteten Pressformen. Die ersten bestanden aus Stahlblech mit aufgeschweißten Deckblechen. Danach folgten Bronzeschalen mit eingegossenen Stahlrohren für das Heizmedium. Durch die unterschiedlichen Ausdehnungskoeffizienten von Stahl und Bronze kam es häufig zu Rohrrissen und somit zu Undichtheiten in der Bronzeschale, die zu fehlerhaften Pressstoffteilen führte. Die nächste Generation der Formschalen war aus Bronze mit eingegossenen Nuten für das Heizmedium. Die Herstellung dieser Formschalen wurde nur möglich durch die Beschaffung eines Argon-Schutzgasschweißgerätes aus der Bundesrepublik Deutschland, das dort von der Firma Messer in Frankfurt am Main hergestellt wurde. Bei einem Besuch in diesem Werk entdeckten die Emissäre Dr. Winfried Sonntag und der Haupttechnologe Fritz Hans ein völlig neues Werkzeug – ein Schweißgerät, mit dem man Bronze schweißen konnte. Sofort nach der Rückkehr stellte das Werk Audi einen Importantrag zur Beschaffung dieses Gerätes, der auch bewilligt wurde. Es war das erste Gerät, das die DDR erhielt. Als nächstes ergab sich allerdings das Problem, dass Argongas in der DDR mit dem erforderlichen Reinheitsgrad nicht hergestellt werden konnte und daher eine erneute und zwar ständige Importlieferung notwendig war. Man kam mit Schweden ins Geschäft, das seitdem für Argon-Nachschub sorgte. Ohne dieses Schweißgerät wäre die Herstellung der neuen Formschalen nicht möglich gewesen. Erst die von Alfred Schädlich entwickelten Hohlgussschalen erlaubten eine sichere Produktion mit gleichbleibender Qualität. Die Schalen waren etwa 100 mm dick und besaßen eingegossene Heizkanäle mit angeschweißten Umlenkkappen am Rand. Im Januar 1957 wurde die erste Formschale dieser Art erprobt.

Das Verpressen der auf der Krempelmaschine gebildeten watteartigen Vorkörper erfolgte im Niederdruckverfahren (4-5 N/qmm). Großen Einfluss auf die

Der P 70 nahm 1956 an einer Tropenerprobung in Ägypten teil (Archiv des Autors)

Auf der Leipziger Herbstmesse 1955 wurde der P 70 präsentiert; er war der erste deutsche Gebrauchswagen mit serienmäßiger Kunststoffkarosserie (Archiv des Autors; Foto: Bernstein)

Wirtschaftlichkeit des Karosseriebaus mit Kunststoffteilen haben zweckmäßige Verbindungsverfahren. Am P 70 mit seiner Holzkarosserie konnten verschiedene Varianten erprobt und für die ab Februar 1956 im VEB AWZ beginnende P 50-Konstruktion in Serienausführung getestet werden. Technologisch günstig und damit sehr rationell waren Klebverbindungen. Allerdings standen in der Anfangszeit der P 70-Produktion keine geeigneten Kleber in ausreichender Menge zur Verfügung. Eine spezielle Araldit-Type wurde aus der Schweiz importiert, und erst 1958 konnte man auf einen in den Leuna-Werken entwickelten Klebstoff zurückgreifen. Auch die Lackierung bereitete beim P 70 erhebliche Probleme. Vom zuständigen Ministerium hatte die VVB Lacke und Farben den Auftrag zur Entwicklung eines Anstrichsystems für die Kunststoffkarosserie erhalten. Diese Arbeiten wurden in der Forschungsabteilung der Lackfabrik Leipzig ausgeführt. Der dort neu entwickelte lufttrocknende Haftgrund brachte jedoch noch keine Fertigungssicherheit mit sich und fast hätte dieser Mangel den Produktionsanlauf des P 70 noch gefährdet. Die Verwendung dieses Lacks wurde nach 400 Fahrzeugen abgebrochen und als Übergangslösung griff man auf die von Willy Teubner entwickelte Grundierung für den PVC-Karosseriebaustoff zurück. Eine sichere Lackhaftung wurde erst nach der Einführung der 80°-Kunstharzgrundierung erreicht, die Ende 1956 erfolgte.[27]

Eines der zahlreichen Anfangsprobleme war auch das »Aufblühen« der Duroplast-Teile, das durch quellfähige Kapselteile von Baumwollsamen hervorgerufen wurde. Dieser Mangel konnte erst durch einen Kochvorgang der für die Deckschicht verwendeten Fasern abgestellt werden. Auch das anfangs verwendete stark alkalische Phenolharz zeigte Tücken und führte zu Lackverfärbungen. So schlug der in vielen Farben verwendete Farbstoff Miloriblau auf braun um und führte zu einer Fleckigkeit der Oberfläche. Erst durch die Umstellung auf ein chemisch neutrales Kunstharz war dieses Problem beseitigt. Auch die Einweisung der Werkstätten in die Karosseriereparatur verlief nicht ohne Probleme. Die geringe plastische Verformung von Duroplast erwies sich als äußerst günstig für Verklebungen nach Unfallschäden. Reparaturen konnten damit durch Einsetzen von Teilstücken oder Ankleben von Metallverstärkungen gut ausgeführt werden. Dabei war allerdings auf die längere Aushärtezeit der Klebstoffe zu achten. Der Fertigung des P 70 verdankte man wertvolle Erkenntnisse, die in die Entwicklung und Produktionsvorbereitung des P 50, des späteren Trabant, wesentlich einflossen. Ohne den P 70 mit seinem leicht änderbaren Karosserieskelett aus Holz wäre der P 50 nicht zur Serienreife gelangt.

Die Karosserie der P 70-Limousine ist im Karosseriewerk Dresden und zwar vorwiegend im Zweigwerk Radeberg gebaut worden. Der P 70-Kombi dagegen entstand komplett in Zwickau. Die Produktion lief im Juni 1956 an. Ein besonders interessantes Auto war das P 70-Coupé, das ebenfalls im Karosseriewerk Dresden entstand. Auch Sonderkarosserien wurden auf P 70-Basis angefertigt.

In emotionaler Hinsicht trug der P 70 ganz wesentlich dazu bei, Vorurteile gegenüber Kraftwagen mit Kunststoffkarosserien abzubauen. Gerade im erbarmungslosen Alltagsbetrieb demonstrierte er seine Stärke und seine Vorzüge dermaßen überzeugend, dass aus manchem Saulus ein Paulus und aus Spöttern

Das Holzgerippe der P 70-Karosserie, das schließlich mit Duroplastteilen beplankt wurde (Archiv des Autors)

Die P 70-Limousine, für die es auch eine Schiebedach-Variante gab. Sie wurde als Typ Zwickau angeboten (Archiv des Autors; Foto: Bernstein)

Verfechter wurden. Vor allem die Techniker waren keineswegs davon überzeugt, dass es etwas besseres für den Karosseriebau als Tiefziehblech geben könne. Die Arbeitsgruppe Plastkarosserie hatte einen schweren Stand, der durch zahlreiche Rückschläge noch schwieriger wurde. Als man sie schließlich 1952 mit dem Nationalpreis für Wissenschaft und Technik auszeichnete, ohne dass die Serienbewährung der Plastkarosserie erbracht worden wäre, gab es nicht nur Bewunderer. Der Vorwurf einer riesigen Fehlinvestition lag in der Luft. Und als Ende 1954 der Minister für Maschinenbau, Heinrich Rau, den wissenschaftlichen Beirat der IFA über dessen Auffassung befragte, sprachen sich von den annähernd 40 Mitgliedern dieses Gremiums 35 gegen die Produktionsaufnahme des P 70 aus. Erst als Rau gegen diese Empfehlung seine Entscheidung zugunsten einer Produktionsfreigabe traf und der Wagen dann in der Nullserienerprobung überraschend gut abschnitt, begann die Stimmung umzuschlagen.

Die Konstruktionsabteilung der volkseigenen Horch-Werke war in den Nachkriegsjahren nicht aus dem Konstruktionstraining gekommen. Am 13. September 1953 erhielt das Werk den Auftrag zur Vorbereitung der Entwicklung eines Mittelklassewagens. Schon die Idee für dieses Auto trug unverkennbar Züge, die für jene Zeit typisch waren. Die Ereignisse des 17. Juni 1953 hatten gezeigt, dass die Bevölkerung nicht begeistert war vom härenen Leben auf dem Weg zu den lichten Höhen des Sozialismus und sie nur dadurch ruhig gestellt werden konnte,

Der P 70-Kombi trug die Modellbezeichnung Tourist (Archiv des Autors; Foto: Brüggemann)

dass man ihr wenigstens einen gewissen Wohlstand in Aussicht stellte. Das war Sinn und Zweck des sogenannten Neuen Kurses. Massenbedarfsgüter sollten den alltäglichen Ärger angesichts der Mangelwirtschaft mildern. Da die planwirtschaftlich organisierte Industrie nicht in der Lage war, auf Mangel und Bedarf zu reagieren, wurden ihr die entsprechenden Produkte mit Hilfe staatlicher Auflagen ins Fertigungsprogramm gedrückt.

Im Zuge dieser Politik gewann auch der Pkw-Bau etwas an Oberwasser. Der Ministerratsbeschluss 36/53 vom 14. Januar 1954, der Auslöser der Trabant-Entwicklung, enthielt auch Festlegungen für Entwicklung und Fertigung des P 240, der später den Beinamen »Sachsenring« erhielt. Mit Sicherheit zählten beide zunächst keineswegs zu den Massenbedarfsartikeln, rundeten aber die Wohlstandsprogrammatik nach oben hin ab. Als im Jahr 1953 für wenige Jahre offiziell Reisemöglichkeiten nach Westen eingeräumt waren, zeigte sich sofort eine entsprechende Fluktuationsbereitschaft. Auch an den Mittelschichten und deren Verbleib im Land bestand jedoch großes politisches Interesse. Handwerkern, Gärtnern, Intellektuellen, Ärzten und Angehörigen anderer Berufe sollte das Verbleiben in der DDR dadurch schmackhaft gemacht werden, dass für sie hier gleiche Wohlstandsprodukte wie in der Bundesrepublik im Bereich des Möglichen waren: ein eigenes Haus, ein eigenes repräsentatives Auto und anderes mehr. Dies wurde verstärkt durch das Repräsentationsbedürfnis der »Neuen Klasse«, die sich bis-

Dach, Motorhaube und Kofferklappe waren beim Coupé aus Blech. Das Fahrgestell war identisch mit dem der Limousine, die Karosserie 2/2-sitzig und der Kofferraum fiel üppig aus (Archiv des Autors; Foto: Bernstein)

her noch mit Horch, Mercedes und anderen einst renommierten Marken aus Vorkriegszeiten »behelfen« musste.

Auch beim P 240 ließ sich der DDR-Alltag von der Typ-Motivation über die Ausführung bis zur serienreifen Lösung genau verfolgen.[28] Fester Bezugspunkt dieses Projektes war der vorhandene Motor OM-6, der im Zuge des seit 1951 in Chemnitz entwickelten Militärfahrzeugs P 2[29] entstanden war und bei 2,4 l Hubraum 64 PS/3500 U/min. leistete. Ihn wollte man gleichzeitig für einen Pkw verwenden, der den in Eisenach auslaufenden EMW 340-2 ablösen sollte. Das Ministerium für Maschinenbau hatte in Zwickau die zielgerichteten Arbeiten ausgelöst, aber keinen offiziellen Entwicklungsauftrag nachgeschoben. Ohne einen solchen war aber die Planung und Gesamtbilanzierung dieses Fahrzeugs in der Mangel- und Planwirtschaft gar nicht möglich. Aber auch das Ministerium verfügte über keinerlei Kontingente an Geld, Arbeitskräften und Material, und so bedurfte es eines Ministerratsbeschlusses, um in Zwickau einen sechssitzigen Pkw in exportfähiger Qualität entwickeln zu lassen. Vorgegeben wurde in diesem Beschluss auch ein Sechszylindermotor mit einer Mindestleistung von 72 PS für eine Höchstgeschwindigkeit von 125 km/h. Zwei Versuchswagen sollten am 1. Juli 1954, also rund sechs Monate später, zur Verfügung stehen. Unmittelbar nach dieser Beschlussfassung übte das Zentralkommittee der SED zusätzlich Druck in dieser Angelegenheit aus. Es wies das Horch-Werk an, die Entwicklung federführend zu betreiben und das erste Musterfahrzeug zu Ehren des Geburtstags des Ersten

Sekretärs der SED, Walter Ulbricht, bereits am 29. Juni fertigzustellen. Im Jahr 1955 sollte die Fertigung mit 500 Wagen anlaufen, im Folgejahr waren 6 000 und 1957 gar 9 000 Wagen zu produzieren. Gleichzeitig wurden als Maßstab und Vorbild vom Ministerium drei Pkw-Typen westdeutscher Herkunft angegeben: der BMW 502, der Opel Kapitän, Baujahr 1954, sowie der Mercedes Benz 220. Letzteren zu übertreffen war eine ganz besondere Forderung Ulbrichts an die Automobilbauer.

Zu den Auflagen aus Berlin gehörte ferner eine ausreichende Geländegängigkeit des Wagens, dessen Schlechtwege-Eignung vor allem für den Export in die Ostblockländer gewünscht wurde.

Als Hauptverantwortlicher für die Entwicklung des Wagens wurde der Technische Leiter von Horch, Werner Lang, benannt. Mit ihm trat erstmals die junge Generation der Kraftfahrzeugtechniker in Erscheinung. Der 1922 geborene Lang hatte erst nach dem Kriege studiert und war Anfang der fünfziger Jahre zum VEB Kraftfahrzeugwerk Horch gestoßen. Dort war er sehr schnell zum Technischen Direktor aufgestiegen. Als Chefkonstrukteur wirkte Ingenieur Max Wolf, der sich auf die Ingenieure Wilhelm Orth und Otto Seidan sowie die Mitarbeiter Walther, Pinkert, Philip und Meier stützte. Zum überwiegenden Teil handelte es sich bei diesen um erfahrene Konstrukteure und Versuchsmitarbeiter aus Auto Union-Zeiten. Sofort nach dem Eingang des Entwicklungsauftrags machte das Horch-Werk Mindestforderungen beim Ministerium in Berlin geltend, um sich die Entwicklungsarbeiten abzusichern. Dieser Katalog betraf vor allem die Einrichtung eines Lagers, den Neubau einer Fertigungs- und einer Pressenhalle sowie die Beschaffung von Geräten und Vorrichtungen. Ein Echo auf diese Forderungen blieb

Auch Sonderkarosserien des P 70 Coupé wurden im Karosseriewerk Dresden hergestellt (Archiv Dr. Werner Reichelt)

Der Motor OM 6 wurde als Antriebsaggregat beim Pkw P 240, bei den Armeefahrzeugen P 2M und P 3 sowie als Bootsmotor eingesetzt (Archiv Dr. Winfried Sonntag)

aus, dennoch begannen die Arbeiten unverzüglich. Der Motor OM 6-40 wurde 1954, wie vorher bereits sein Vorgänger OM 6-35, im FEW Karl-Marx-Stadt von Walter Träger entwickelt. Die Hinterachse, deren Hypoidantrieb, die Bremsen, die Drehstabfederung, das Schaltgestänge sowie die Achsaufhängung und zahlreiche Kleinteile hatte man vom 340er EMW übernommen. Neu entwickelt wurden im FEW die Detailkonstruktion am Motor, Kupplung, Getriebe und Karosserie. Bei Horch befasste man sich unter anderem mit den Baugruppen Rahmen, Radaufhängung und Räder, Bremsen sowie Elektrik. Am 19. Januar 1954, also fünf Tage nach dem erwähnten Ministerratsbeschluss 36/53, wurde mit den Arbeiten begonnen. Ständige Rückfragen und Kontrollbesuche durch das Ministerium oder durch das Zentralkomitee sollten immer wieder der Forderung nach Kompatibilität mit dem bereits vorhandenen Militärfahrzeug P 2 Nachdruck verschaffen. Daraus ergab sich auch als Konsequenz die Rahmenbauweise, ursprünglich war stattdessen an den Einsatz einer selbsttragenden Karosserie gedacht gewesen. Und das hieß vor allem: Das Auto würde noch schwerer werden. So war in einigen wichtigen Sachfragen immer wieder die Entscheidung aus Berlin anzufordern. Zu diesen extern abzusegnenden Punkten zählten beispielsweise auch die Änderungen am Fahrzeug im Interesse einer Gewichtsverminderung sowie am Motor. Da der Entwicklungsauftrag für den P 240 direkt vom ZK und dem Ministerrat ausgelöst worden war, durften solche Fragen nie vom zuständigen Fachorgan wie der VVB Automobilbau oder der Hauptverwaltung für Automobil- und Traktorenbau entschieden werden, sondern nur direkt vom Zentralkomitee der SED und vom Ministerrat.

Aus dem selben Grund mussten alle hierfür notwendigen Beschaffungen auch von der Berliner Zentrale freigegeben und vorher dort bestellt werden. Andererseits erwies sich die hohe Anbindung als völlig wirkungslos, wenn es um Bezugsmöglichkeiten von Importen oder um Weitergabe des Termindrucks an die Zulieferer ging. Alles, was man brauchte, musste man selbst beschaffen. Das bereitete bei diesem recht kurzfristigen Auftrag große Probleme, so zum Beispiel beim Walzwerk Thale, das Blech für die zwölf Erstfahrzeuge liefern, oder bei der Glasindustrie, die gebogene Front- und Heckscheiben bereitstellen sollte. Für benötigtes Zubehör waren teilweise neue Zulieferer zu gewinnen, die aber die gewünschten Produkte nicht im Programm hatten und sie neu entwickeln mussten.

Was das unter den Bedingungen der Planwirtschaft bedeutete, war klar: Es würde lange dauern. Die Beziehungen zu den Zulieferern zeigten gerade bei Neuentwicklungen ganz besondere Probleme, denn es gab keinerlei Vorlauf. Es wurden keine Angebote unterbreitet und bei Anfragen kamen zuallererst einmal ablehnende Antworten zurück.

Im Mai 1954 wurden die Einfahrversuche des ersten Versuchsfahrzeugs aufgenommen. Da der Wagen kurz darauf Walter Ulbricht präsentiert werden sollte, kam am 23. Juni ein Defa-Filmteam, um vom P 240 Aufnahmen vor dem Hintergrund der Burg in Schönfels zu drehen. Dafür wurde das erste fertiggestellte Chassis mit einer Holzpritsche versehen. Vor dem Kühler wollte sich ein Kameramann mit einem Feuerwehrgurt anschnallen und während der Fahrt filmen. Dazu kam es aber nicht, denn auf der Reichenbacher Straße in Zwickau kreuzte ein Lkw unvermittelt die Spur des Versuchsfahrzeugs. Der Versuchsleiter Fritz Meier konnte zwar durch ein Ausweichmanöver eine Kollision mit dem Lkw vermeiden, aber der Wagen prallte an den nächsten Oberleitungsmast. Das Fahrgestell nahm schweren Schaden, während Meier selber mit dem Schrecken davon kam. Nun war Tag- und Nachtarbeit fällig, um einen weiteren P 240 fertigzustellen. Am 26. Juni wurde der erste P 240 als zweites Versuchsfahrzeug fertiggestellt und auftragsgemäß am 30. Juni Walter Ulbricht an dessen Geburtstag vorgestellt. Bis dahin hatte der Wagen 600 km absolviert.

Auf ähnliche Weise wurden dann noch neun weitere Wagen gefertigt – auf provisorischen Einrichtungen, mit erheblichen Qualitätsmängeln und nur dazu bestimmt, von Partei- und Regierungsbehörden »erprobt« zu werden. Das

Das erste im Juni 1952 fertiggestellte Versuchsmuster des P 2 mit dem Motor OM 6-35; Konstruktion, Musterbau und Versuch erfolgten im FEW (Archiv Günter Caspari)

Ausgangspunkt für den P 240 Sachsenring bildete das 1953 vom FEW geschnürte Dreipunkte-Paket, in dem der Kleinwagen Trabant, ein F 9-Nachfolger und ein großer Pkw auf der Grundlage der Eisenacher Studie des EMW 342 vorgesehen waren (Archiv des Autors)

Ergebnis war vorherzusehen. Bei den Versuchsfahrzeugen traten außer den normalen Anlaufproblemen auch solche auf, die typisch für die Mangelsituation der DDR-Wirtschaft waren. Am gravierendsten waren die Probleme mit der Nockenwelle, die noch von der OM-35-Variante stammte und nur 3500 Umdrehungen zuließ, wodurch lediglich 62 PS zu erreichen waren. Es musste also eine andere Nockenwelle her. Ventilfedern erwiesen sich als unzuverlässig, die Stoßdämpfer waren viel zu kurzlebig. Im Oktober hatte ein Versuchsfahrzeug 100 000 km zurückgelegt, größtenteils im Thüringer Wald und im Erzgebirge. Dort benutzte man übrigens jene Versuchsstrecke, die schon von der Auto Union Mitte der dreißiger Jahre dazu festgelegt worden war.

Letztlich war Ende 1954 deutlich, dass die vorgesehene Zeit für die Entwicklung nicht ausreichen würde und der Wagen erst Ende des ersten Quartals 1955 für Mess- und Prüfungszwecke zur Verfügung gestellt werden könnte. Die Werkleitung von Horch lehnte die Vorstellung des Wagens zur Vergabe des Gütezeichens beim Deutschen Amt für Material- und Warenprüfung (DAMW) ab, da zum damaligen Zeitpunkt ein solcher Check nicht sinnvoll war. Materialprobleme wurden 1955 komplizierter statt einfacher. Bis zum Jahresende wurden noch keine Verträge mit Zulieferfirmen abgeschlossen, weil die Lage so unübersichtlich war, dass man sich vertraglich nicht binden wollte. Die Regierung unterband inzwischen alle Berichte in der Presse über das Fahrzeug. Dennoch brachte am 18. Dezember 1954 die sächsische Tageszeitung Union eine erste Meldung über den neuen Wagen. Der Antrag einer Spielzeugfirma aus Annaberg-Bucholz, ein maßstäbliches Kleinmodell des Wagens entwickeln und auf den Markt bringen zu dürfen, wurde gleichzeitig negativ beschieden.

In die Reihe der Testfahrer reihten sich mittlerweile der Sekretär der Wirtschaft beim ZK der SED, Ziller, ebenso ein wie Erich Apel. Und doch ließ sich das

In mehreren Stufen gelangte man beim großen Pkw von den ursprünglichen »barocken« Formen zur Pontonform (Archiv des Autors)

Ministerium trotz dieser prominenten Fahrer mit der Bewilligung der Anlaufmittel für die Fertigung Zeit. Dies verzögerte erneut den Abschluss von Lieferverträgen. Erst Ende Januar wurde die Produktionsgenehmigung für die Nullserie erteilt.

Das Jahr 1955 brachte für den P 240 lauter Rückschläge. Die Vorserie konnte nicht anlaufen, da die Mittelzuweisung trotz ständiger Mahnungen nicht erfolgt war. Es fehlte an allem, besonders an Maschinen und Vorrichtungen beim Zwickauer Horch-Werk, aber auch an potenten Zulieferern. Beim Finalhersteller selber kam der Motorenbau ins Stocken, nachdem das Innenministerium eine große Zahl OM 6-35 geordert hatte. So blieb alles Stückwerk und hatte zur Folge, dass viel zu aufwendig gearbeitet werden musste. Den Ausweg suchte man übrigens bei einem »Kampfstab«, um die Präsentation des P 240 auf der Leipziger Frühjahrsmesse 1956 sicherzustellen. Und so wurden Ende 1955 gerade einmal 20 Wagen montiert und ausgeliefert. Noch bis 31. Juli 1956 lag keine Produktionsfreigabe der Serie vor, und es durfte lediglich auf Sondergenehmigung des Ministers für Maschinenbau produziert werden. Außerdem wurden im selben Jahr die Kombi- und Sanka-Varianten beim Karosseriewerk Halle in Auftrag gegeben. Die in Leipzig gezeigten Fahrzeuge wiesen einen senkrecht geformten Grill auf, hatten eine in der Mitte unterbrochene Seitenzierleiste und trugen auf Radkappen sowie Motor- und Kofferhaube das Horchzeichen. Mitte 1956 kam ab Wagen Nr. 100 die leicht modifizierte Karosserie mit neuen Blinkleuchten vorn und hinten sowie einer veränderten Anordnung der Seitenzierleisten zum Einsatz.

Wenn auch die an allen Ecken und Enden spürbar werdende DDR-Mangelwirtschaft dem Gedeihen des Projektes nicht förderlich war, so lag eine der Ursachen für das Misslingen nicht zuletzt in der viel zu kurzen Entwicklungszeit, die sich aus der Auflage der SED ergab, den Wagen unbedingt zum Geburtstag Ulbrichts vorführen zu können. Jahrelang wurde danach noch an dem Auto labo-

1954 war die Endform gefunden, mit der auf eine möglichst ökonomische Herstellung aufgrund sehr flach gezogener Blechteile, auf optimale Raumausstattung und Zweckmäßigkeit der Form abgezielt wurde (Archiv des Autors)

riert und ganz vollendet wurde es nie. Zu den Kritikern der zahlreichen Mängel gehörte die Kammer für Außenhandel, die die Unzuverlässigkeit des Wagens rügte, ebenso wie das Ministerium für Staatssicherheit.

Wegen Mängeln wurde dem Auto das Prüfzeichen des DAMW verweigert. Im Werk Horch standen 44 Wagen auf Lager, davon 23 wegen fehlender Getriebe (EGS 4/16). Dennoch erklärte man mit Jahresende 1956 und nach 36-monatiger Dauer die Entwicklungsarbeiten für beendet. Für das Jahr 1958 wurden weitere Formänderungen beschlossen, so ein waagerechter Kühlergrill, die Anbringung des Schriftzugs »Sachsenring« an den Wagenseiten und später, nach erfolgter Umbenennung des Werkes, ein stilisiertes »S« auf Motor- und Heckhaube anstelle des traditionellen Horch-Emblems. In dieser Form wurde am 27. August 1957 durch das Ministerium für Allgemeinen Maschinenbau die Freigabe zur Serienproduktion erteilt. Bereits ein Jahr später wurde erstmals über eine Einstellung der Fertigung nachgedacht. Diese Überlegung wurde durch den Serienanlauf des sowjetischen »Wolga GAZ 21« ausgelöst, der als oberer Mittelklassewagen vorgestellt worden war und in größeren Stückzahlen und auch erheblich preisgünstiger beschaffbar zu werden versprach als der P 240. Zudem brauchte man in Zwickau dringend Platz für die eben anlaufende Fertigung des Trabant. So wurde dem Konstruktionsbüro die Auflage erteilt, zum 30. September 1958 sämtliche Entwicklungsarbeiten einzustellen, und die dafür vorgesehenen Gelder wurden storniert. Die vorgeschriebene Ersatzteilsicherung über einen Zeitraum von zehn Jahren war allerdings zu gewährleisten.

Im Herbst des selben Jahres wurden noch verschiedene Sonderausführungen ausgeliefert, so ein Wagen mit Schieberolldach und zehn speziell für die Staatssicherheit entwickelte Fahrzeuge mit Spezialhalterungen an den Vordersitzlehnen,

Rückfenstern mit undurchsichtigen Gardinen, eingebauter Ukw-Funk-Sprechanlage, zusätzlicher Batterie für den Ukw-Betrieb sowie einer zweiten Lichtmaschine zum Nachladen von Batterien. Die Nationale Volksarmee erhielt zwei Paradefahrzeuge, deren Cabriokarosserien im Karosseriewerk Dresden (KWD) entstanden.

Devisenknappheit als Folge der politischen Isolation, eine nicht funktionierende Arbeitsteilung zwischen Produzenten und Zulieferern, permanente und sich zuspitzende Mängel an Maschinen, Vorrichtungen und an Material sowie politisch bestimmte Auflagen waren die Ursachen dafür, dass der letzte Horch, der in Zwickau vom Band rollte, 1959 nach insgesamt 1382 Fahrzeugen sang- und klanglos verschwand (vgl. Anlage C 01).

Der F 9 wurde in Zwickau bis 1952 im wesentlichen unverändert gefertigt. Den Motor bezog man nach wie vor vom Motorenwerk Chemnitz. Für Entwicklungsarbeiten standen dort anfangs nur ein Versuchsingenieur und ein Schlosser zur Verfügung, später wurde die Zahl aufgestockt. Interessanterweise wurden von ihnen viele Versuche an einem Motor vom Typ DW 900 mit Standmagnet ausgeführt.[30] Mit der Steigerung der Stückzahlen kamen auch bessere Vorrichtungen und Werkzeuge zum Einsatz, und dies wirkte sich in erster Linie auf die Gussqualität des Zylinderblocks positiv aus. Ab Motor Nr. 40 50 1 wurde ein Metallmodell verwendet; bis dahin hatte man Holzmodelle nehmen müssen. Auf die

Der P 240 Sachsenring, wie er 1956 präsentiert wurde: mit senkrecht geformtem Kühlergrill, punktförmigem Blinker und dem Horch-Emblem auf Kühler, Kofferklappe und Radzierdeckeln (Archiv des Autors)

Das erste P 240-Chassis beim Rollout in der Horch-Versuchsabteilung (Archiv Dr. Winfried Sonntag)

Höchstleistung des Motors schlug sich besonders die unsichere Einhaltung des Maßes für den Vorauslass nieder.[31] Hier waren immer manuelle Nacharbeiten erforderlich gewesen.

Anfang der fünfziger Jahre wurde das FEW in die Weiterentwicklung des F 9-Motors mit einbezogen; die Arbeiten liefen dort unter der Bezeichnung »Auftragnummer 52«. Neben Untersuchungen zur Öl- und Kraftstoffqualität arbeitete man vor allem an der Zündanlage, insonderheit an einer Dreihebel-Zündanlage, der Verbesserung der Auspuffanlage, an der Vergaserabstimmung, der Brennraumuntersuchung in Verbindung mit der besseren Lage der Zündkerze und an der Verringerung von Kraftstoffspülverlusten durch eine Hochdruck-Benzindirekteinspritzung. Besonders vorteilhaft wirkten sich die Dreihebelanlage und die Veränderung des Brennraums mit der mittigen Zündkerzenanordnung auf das Verhalten des Motors aus, dessen Drehzahlbereich sich von maximal 4000 nun auf 5000 U/min. erweitern ließ. Eine Leistungssteigerung von maximal 2 PS war die Folge. Eine gemeinsame Überführung in die Fertigung war für den neuen Unterbrecher und die veränderte Brennraumform nicht zu realisieren. Das lag vor allem an der zwingend notwendigen seitlichen Verlagerung der Lüfterwelle im Zylinderkopf, die ein anderes Gussstück erforderlich machte. Langwieriger Verhandlungen bedurfte es auch mit dem VEB Fahrzeugelektrik, um dort die neue Zündanlage zur Produktionseinführung zu bringen.

Der Prototyp P 240 M.1 nach dem Unfall auf der Reichenbacher Straße in Zwickau am 14.5.1954 (Archiv Dr. Winfried Sonntag)

Die Entscheidung, den F 9 künftig komplett in Eisenach zu produzieren, veränderte die Situation der Motorenbauer in Karl-Marx-Stadt (Chemnitz) grundlegend. Der Motor wurde im serienmäßigen Zustand, das heißt mit Zündverteiler und geteiltem Zylinderkopf mit mittiger Lüfterwelle und seitlich angeordneten Zündkerzen, nach Eisenach übergeben. Da die Fertigung der Einzelteile damals noch in ziemlich kleinen Losgrößen im wesentlichen auf Universal-Werkzeugmaschinen erfolgte, erübrigte sich eine Verlagerung von Maschinen in größerem Umfang. Was man dazu benötigte, war in Eisenach vorhanden. Ausnahmen bildeten lediglich die wenigen Spezialvorrichtungen, beispielsweise zur Bearbeitung des Zylinderblocks und zur gleichzeitigen Bearbeitung der drei Brennräume. Anfang 1953 wurde die F 9-Fertigung auch in Zwickau stillgelegt und nach Eisenach überführt.

Der Entwicklungsauftrag für den Kleinwagen Typ P 50 wurde bereits im Herbst 1953 dem Forschungs- und Entwicklungswerk (FEW) erteilt. Verantwortlicher Konstrukteur und geistiger Vater des Fahrzeug-Gesamtkonzeptes war Wilhelm Orth, vormals Konstrukteur im Zentralen Konstruktionsbüro der Auto Union. Die Entwicklung des Kleinwagens begleitete die Diskussion, ob man zur schnellen Bedarfsbefriedigung lieber eine Fahrmaschine in der Art eines Kabinenrollers bevorzugen oder ein Familienauto schaffen sollte, dessen Parameter dem Fahrzeug auch über einen längeren Zeitraum hinweg eine Existenzberechtigung

Auto für Prominente – der P 240 Horch Sachsenring mit Eleonore Steimer, der Tochter Wilhelm Piecks und Botschafterin der DDR in Jugoslawien (Archiv des Autors)

erlaubten. Allerdings würde dessen Entwicklung und Serienvorbereitung mehr Zeit erfordern. Die Angelegenheit wurde seinerzeit recht heiss und auch relativ offen debattiert und schließlich in Expertengremien durch die Präferenz der letzterwähnten Variante beendet. Die Automobilbauer vertraten ihren Standpunkt auch in der Fachpresse.[32] Die Grobkonzeption für dieses Auto sah von Anfang an folgende Parameter vor: eine selbsttragende zweitürige Stufenheck-Karosserie in Verbundbauweise mit Stahlblechgerippe und Duroplastbeplankung; einen Frontantrieb mit quer im Fahrzeugbug angeordnetem luftgekühltem Zweizylinder-Zweitakt-Ottomotor mit danebenliegendem unsynchronisiertem Viergang-Schaltgetriebe mit sperrbarem Freilauf in allen Gängen; ein Hubvolumen von 500 cm³, eine Leistung von 18 PS bei 3750 U/min.; eine Höchstgeschwindigkeit von 90 km/h; sowie eine Fahrzeugleermasse von 620 kg.[33]

1955 gingen die gesamten Entwicklungsarbeiten an dem Fahrzeug vom FEW an das Betriebliche Entwicklungs- und Konstruktionsbüro der VEB Automobilwerke Zwickau über. Das Motorenwerk in Karl-Marx-Stadt (Chemnitz) erhielt einen sogenannten Unterauftrag zur Entwicklung des Motors. Fahrgestell und

Karosserie wurden also ausschließlich in Zwickau entwickelt. Und daran waren mit Winfried Sonntag und Oberingenieur Wilhelm Orth einige Männer maßgeblich beteiligt, die die erste Version dieses Kleinwagens in Chemnitz mit aus der Taufe gehoben hatten. Triebwerk und Fahrwerk waren seinerzeit von Ingenieur Paul Wittber und Ingenieur Pietzsch entworfen worden. Das Getriebe stammte von A. Hahn. Dies blieben auch die Grundlagen für das Fahrzeug.

Völlig neu konstruiert wurde in Zwickau die Karosserie des P 50 unter der Leitung von Karosseriekonstrukteur Walter Ende. Leider überschätzte man damals die Formstabilität der Duroplastteile aus den guten Erfahrungen mit dem relativ runden P 70. Man wählte für die Seitenteile des P 50 eine zu flache Formgebung, die dem damals aktuellen Zeitgeschmack entsprach. Diese flache Seitenbombierung war allerdings die Ursache von Wellenbildungen an Türen und Hinterkotflügeln des späteren Trabant. Dieser Mangel konnte weder beim P 50 noch beim P 601 behoben werden. Zur Serienproduktion der Karosserie war eine an das Kunststoffwerk von AWZ angrenzende Kammgarnspinnerei übernommen und zur Kunststoffmontage und Lackiererei ausgebaut worden. Die Karosseriegerippe aus Blech kamen aus dem Werk I, vormals Horch. Sie wurden in dem neuen Werksteil zinkphosphatiert und im Tauchverfahren grundiert. Anschließend erfolgte die Beplankung mit den Kunststoffteilen. Das Dach wurde eingefalzt, Kotflügel und Türen an der Kammlinie und bis Mitte 1960 auch an der Türfuge geschraubt. Die Lackierung erfolgte mit Kunstharzgrundlack und Nitro-Decklack. 1960 setzte die in der Kunststoffentwicklung erarbeitete Verklebung der vorderen Kotflügel mit einem neuartigen Kautschukklebstoff ein. Er war so wie ein Abdichtmittel zu verarbeiten und härtete erst bei der Trocknung der Grundierung im Lacktrockenofen aus.

Die Konzeption für den Motor griff auf das Erfahrungs-Arsenal der Auto Union zurück. Dort waren Zweizylinder-Zweitakter seit jeher im Programm. In

Die Vorstellung des P 240 vor dem Politbüro am 30.6.1954 mit Walter Ulbricht (Bildmitte) und Hermann Matern (links von Ulbricht) (Archiv Gerhard Gerbeth)

Die ›barocke‹ Armaturentafel des P 240 Sachsenring (Archiv des Autors)

der Zentralen Versuchs-Abteilung (ZVA) waren schon in den dreißiger Jahren verschiedenste Varianten im Experiment erprobt worden; für den Export nach Afrika gab es besonders luftgekühlte Baumuster. Mit solchen Motoren wurde auch nach dem Krieg unter der Ägide des sowjetischen Konstruktionsbüros von neuem experimentiert und bereits zu dieser Zeit kristallisierte sich die Idee eines luftgekühlten Reihen-Zweizylindermotors als Antrieb für einen Kleinwagen heraus. Nach der Gründung des FEW 1951 in Chemnitz wurde sie umgehend aufgegriffen. Verantwortlicher Konstrukteur wurde Paul Wittber: Vom P 50 war da noch gar keine Rede. Im übrigen zehrte nicht nur Paul Wittber von den Vorkriegserfolgen der Auto Union. Einige Konstrukteure aus der einstigen Zentrale der Auto Union gingen nach dem Krieg nach Bremen. Dort hatte der einstige Leiter der Werkssportabteilung August Momberger ein Forschungsinstitut gegründet, das von Borgward den Auftrag bekam, einen kleinen Zweitaktmotor für den Lloyd zu entwickeln. Wie Wittber in Karl-Marx-Stadt (Chemnitz) griff er auf einen Zwei-Zylindermotor zurück. Der Motor mit Luftkühlung und im Zweitakt arbeitend unterschied sich von jenem in Karl-Marx-Stadt (Chemnitz) entwickelten vor allem dadurch, dass letzterer größer und leistungsstärker war. Die verblüffende Ähnlichkeit beider Motoren erklärt sich vor allem daraus, dass sie Ableger desselben Urmusters waren.[34]

Den Gedanken der Drehschiebersteuerung steuerte Herbert Friedrich bei. Er hatte bis 1941 bei DKW in Zschopau an der Entwicklung der DKW-Rennmotorräder maßgeblich mitgearbeitet und war mit der Drehschieber-Problematik

Im Karosseriewerk Halle entstanden einige Kombifahrzeuge auf der Basis des P 240, die zunächst ausschließlich für den Fernsehfunk bestimmt waren (Archiv des Autors)

Die zweite Version des P 240 mit waagrecht geformtem Grill, herumgezogenen Blinkern sowie streifenartig abgesetzter seitlicher Zierleiste (Archiv des Autors)

bestens vertraut. 1948 hatte er den früheren stellvertretenden Leiter der DKW-Kundendienstschule in Chemnitz, Siegfried Rauch, getroffen, der zu dieser Zeit noch eine eigene Werkstatt betrieb. Für den wiederbeginnenden Motorradrennsport entwickelten beide einen 125er Rennmotor. Angesichts des Erfolgs mit dem ersten DKW-Walzendrehschieber mit seinem ungünstigen Zeitquerschnittsverhältnis vor allem bei einem serienmäßigen Saugmotor entschieden sie sich für eine Flachdrehschieber-Einlasssteuerung mit im Kurbelgehäuse liegendem Drehschieber. Rauch wurde Technischer Direktor des FEW und brachte diese Konstruktion für den P 50-Motor ins Spiel und Friedrich entwarf den ersten derartigen Motor 1953. »Der Vergaser konnte bei dieser Bauweise mittig vor dem Kurbelgehäuse angeordnet werden, der Saugkanal zentral in das Kurbelgehäuse verlegt und der Frischgasstrom in die Zylinderräume unter die Kolben geführt werden. Hierbei konnten sich die Einlaßsteuerzeiten überschneiden. Der Entwurf von mir entstand 1953 und der erste Motor lief Anfang 1954. Mit dem ersten Versuchswagen bin ich mit einem Versuchsfahrer im Herbst 1954 nach Berlin zum AVUS-Rennen gefahren. (...) Der Drehschiebermotor wurde beibehalten, weil das maximale Drehmoment günstiger und bei niedrigeren Drehzahlen lag und der Motor durch den Drehmomentverlauf wesentlich elastischer war als der schlitzgesteuerte – was von vornherein zu erwarten war.«[35]

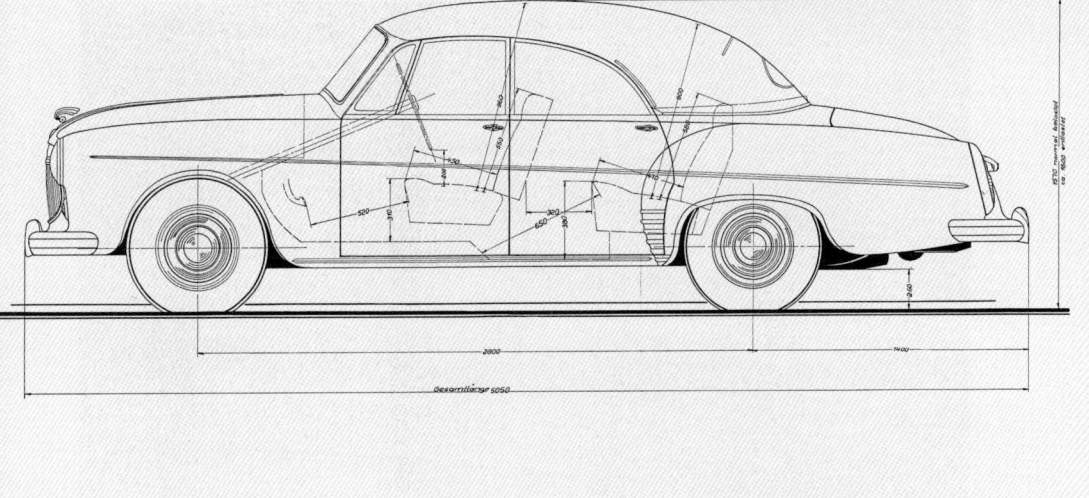

Zeichnung für das vierfenstrige Cabriolet P 240, das im Karosseriewerk Dresden für das Ministerium für Nationale Verteidigung entstand (Archiv des Autors)

Für die Entwicklung des neuen Motors galten schon beim FEW folgende Einzelheiten:

Kurbelgehäuse aus Leichtmetall, längsgeteilt; Grauguss-Zylinder, einzeln und gleichgestaltet; aus Einzelteilen zusammengepreßte Kurbelwelle mit vier Hauptlagern (ein Kugellager als Festlager, drei Zylinder-Rollenlager); Pleuellagerung durch Gleitlagerung für Kolbenbolzen, für Hubzapfenlagerung zweireihige Zylinderrollen, Rolle an Rolle; Einlasssteuerung durch Flachdrehschieber; Gemischbildung durch Flachstromvergaser; Abgasaustritt auf der der Fahrtrichtung abgewandten Seite des Motors; Luftkühlung durch Axialgebläse; Zweihebel-Unterbrecheranlage am freien Kurbelwellenende ohne Zündverstellung; Schwungscheibe mit Zahnkranz für Anlasserbetätigung, 6-Volt-Anlasser; Lichtmaschine für 6 Volt Gleichstrom an der Vorderseite des Motors; Keilriemenantrieb für Kühlgebläse und Lichtmaschine am vorderen Kurbelwellenende.[36]

Als die ersten zehn Funktionsmuster-Motoren aufgelegt wurden, traten FEW und das Motorenwerk, die benachbart waren, in Entwicklungskontakt.

Ein »Schönheitsfehler« des Motors war der deutlich über den Durchmesser der Hubscheiben hinausragende Drehschieber. Auch wenn durch einen lösbaren Flachdrehschieber Abhilfe geschaffen wurde, so blieb das nicht mehr vermeidbare Einarbeiten des relativ dünnen Drehschieberblechs in die Mitnahmestifte und

Die letzte Version des P 240 Sachsenring (Archiv des Autors)

Nach der Vorstellung der ersten Versuchswagen P 50, Baumuster 1, wurde daran folgendes geändert: hydraulische Bremse; doppeltwirkende Stoßdämpfer; Änderung des Radstandes auf 2020 mm; eine verbesserte Innenausstattung; ein Leistungsgewicht 34,5 kg/PS; und eine Höchstgeschwindigkeit von 90 km/h. Das nächste Baumuster wurde in einer Stückzahl von fünf Fahrzeugen gebaut, von denen das erste am 12.10.1956 fertiggestellt war. Hier sieht man das Holzmodell des Kleinwagens P 50 Baumuster 2, der mit geringen Änderungen in die Serienfertigung überführt wurde (Archiv Auto Union)

Der Kunststoff-Vorderkotflügel des Urmodells des P 50 aus den Jahren 1953/54 war geteilt und schloss mit einer Falz-Verbindung an der äußerlich sichtbaren A-Säule aus Blech an (Archiv Dr. Werner Reichelt)

sorgte für jenes typische Geräusch, das beim Abstellen des Motors und bei der auspendelnden Bewegung der beiden Kolben in eine Mittelstellung entstand. Trotz verschiedener Bemühungen, diese Geräuschbildung zu beseitigen, waren die Erfolge nicht überzeugend. Ebenfalls von Anfang an litt der Motor unter thermischen Schwierigkeiten im Kolben-Zylinder-Komplex. Die Kolbenringe brannten fest und Kolbenklemmer waren die Folge. Die Vergrößerung des Einbauspiels führte wiederum zu »Mohrenköpfen« und entsprechenden Kolbengeräuschen. Anfänglich waren zwar Aluminium-Zylinder mit Hartverchromung oder Zylinder mit Alu-Umguss vorgesehen, doch war die Zulieferindustrie nicht in der Lage, erprobte und funktionssichere Technologien dafür zu entwickeln. Demzufolge blieb vorerst nur der Graugusszylinder.

Das erste, quasi handgestrickte Muster des Kleinwagens P 50 war schon im Juni 1954 auf die Räder gestellt worden. Zwickau hatte inzwischen den P 70 vorgezogen, was eine im Sinne der Entwicklung durchaus begrüßenswerte Entscheidung war. Das Motorenwerk Karl-Marx-Stadt wurde von der überraschenden Auftragsübergabe für den Trabantmotor relativ unvorbereitet getroffen. Ein später verfasster Bericht des damaligen Chefkonstrukteurs im Motorenwerk, Kurt Weber, an eine Brigade des ZK der SED (April 1959) zählt rückschauend die Probleme auf:[37] »Dem Motorenwerk wurden zur Fortführung der Versuche eine Wasserwirbelbremse, ein Ingenieur und drei Monteure übergeben. Durch die beschränkten räumlichen Verhältnisse mußte die Abteilung in einer Wagenwasch-Box untergebracht werden, in der sie bei primitivsten Arbeitsverhältnissen ohne

Befestigung des Vorderkotflügels am P 50 mit Abdichtband und Schrauben, im Radausschnitt wurde genietet (Archiv Dr. Werner Reichelt)

die erforderlichen Versuchseinrichtungen bis zur Erstellung des neuen Versuchsgebäudes Anfang Mai 1957 arbeiten mußte. Für die Fahrzeuge P 2 M und P 2 S[38] hatte das Motorenwerk gleichzeitig erhebliche Leistungen zu erbringen, damit im benachbarten Fahrzeugwerk Karl-Marx-Stadt im gleichen Jahr die Produktion auf Anordnung des Ministers beginnen konnte. Durch diese plötzliche Produktionsaufnahme eines noch nicht serienreifen Wagens konnte die Entwicklung des Triebwerkes P 50 nicht mit der erforderlichen Dringlichkeit bearbeitet werden.

Dazu kam, daß die Entwicklung des Motors durch das Festbrennen der oberen Kolbenringe stark gehemmt wurde. Es sollten zur Beseitigung Versuche mit Alfer-Zylindern durchgeführt werden. Trotz intensiver Mitarbeit des Zentralinstitutes für Gießereiwesen war es nicht möglich, derartige Zylinder mit einer brauchbaren Bindung herzustellen. Da auch keine Aussicht auf Erfolg dieses Gießverfahrens bestand, wurden Mitte 1956 die Versuche damit abgebrochen. Dadurch ist über ein Jahr Entwicklungszeit erfolglos verstrichen.«

Zur selben Zeit wurden vom VEB Automobilwerke Zwickau Versuche mit einem Vergleichsfahrzeug vom Typ Lloyd LP 400 S gefahren. Für die Gemischschmierung wurde Shell-Öl verwendet. Eine Sichtkontrolle nach 5 000 km ergab ein einwandfreies Kolbenbild. Danach wurden die gleichen Versuche mit diesem Öl am Trabantmotor durchgeführt. Das Ergebnis war erstaunlich. Die »Mohrenköpfe« waren besiegt, die Kolben zeigten ein völlig normales Bild. Als man diese Versuche beim Lloyd LP 400 mit Öl aus der DDR wiederholte, ergab nach wiederum 5 000 km die Kontrolle, dass sich die Kolben in »Mohrenköpfe« verwandelt hatten. Damit war der Nachweis für eine Ursache der Schwierigkeiten mit diesem Motor erbracht. Dieser Vergleichsversuch war Anlass, mit Nachdruck von den DDR-Ölherstellern eine weitaus bessere Qualität zu fordern.

Die Schmierung des Zweitaktmotors erfolgte durch Zusatz von Öl zum Kraftstoff zunächst 1:20 (1 l Öl auf 20 l Kraftstoff). Um die erhebliche Abgasfahne zu mindern, musste der Ölanteil verringert werden. Dazu wurde vom Hydrierwerk Zeitz ein Zweitakt-Motorenöl unter Verwendung eines aus Matzen in Österreich

Lackiert wurde der P 50 mit Nitrolack; insgesamt waren noch sieben Lackschichten erforderlich (Archiv Dr. Werner Reichelt)

bezogenen Grundöls entwickelt. Damit ließen sich Mischungsschmierungen von 1:25 und 1:33 erreichen. Im Zuge der Importablösungen musste Zeitz Ende der fünfziger Jahre den Zusatz auf aus der Sowjetunion angeliefertes Öl umstellen. Bereits auf dem Prüfstand ließen sich dabei erhebliche Schwierigkeiten erkennen: Kolbenringe brannten fest und der Auslasskanal wurde mit Ölkohle zugesetzt. Glühzündungen und starke Belagbildungen sogar im Spülkanal waren die Folge. Augenzeugen berichten, dass nach Verwendung des aus der Sowjetunion importierten Mareschkino-Öls die Kurbelwellen aussahen wie schwarz lackiert. Das Grundöl wurde immer schlechter und sackte in der Qualität immer weiter ab: von Matzen über sowjetisches Erdöl bis zum Braunkohlenschwefelteer, aus dem zuletzt das Zweitaktöl herausgefiltert wurde. Die größte Bedeutung hatten die Additive, von denen die wirksamsten aus dem Westen importiert werden mussten. Die Bereitschaft, dafür Valuta-Mark auszugeben, war von Regierungsseite sehr gering, da dieses Öl ja nur »verfeuert« wurde, ohne dass daraus noch Gegenwerte hätten gewonnen werden können. Deswegen gelangte auch die letzte Entwicklung, das Öl MZ 33, nicht zur Serienreife, denn Import-Additive standen hierfür nicht mehr zur Verfügung. Immerhin waren damit aber Mischungsverhältnisse von 1:66 auf Rundstreckentests klaglos bewältigt worden. Dieser Wert galt übrigens intern als zulässiger Grenzwert, ohne dass er zur Serie freigegeben war.

Funktionsmuster Nr. 7 des Trabant-Motors in der Ausführung der FEW-Konstruktion: Bemerkenswert ist der nach hinten angeordnete Abgaskrümmer und der Anlasser am Motor (Foto: Carl-Hans Morgenstern)

Dem Grundöl wurde bereits beim Hersteller, im Hydrierwerk Zeitz, die sogenannte Vormischkomponente von etwa 15 Volumprozent beigegeben, um die Selbstmischungsfähigkeit mit dem Kraftstoff zu sichern. Diese Komponente bestand aus minderwertigen Kohlenwasserstoffen, die in erster Linie für das Klingelverhalten und den stechenden Geruch der damit betriebenen Motoren verantwortlich waren. Gegen alle Einsprüche der Entwicklungsingenieure im Fahrzeugbau, denen die wahre Zusammensetzung des Öls immer verborgen blieb, waren die Hydrierwerke nicht bereit, auf diese Vormischkomponente und damit auf die so günstige Möglichkeit gewinnbringender Verwertung von Abfallprodukten zu verzichten.

Um die thermischen Probleme in den Griff zu bekommen, mussten die Kühlverhältnisse verbessert werden. Dies wurde in mehreren Schritten vollzogen und führte zu einer tiefgreifenden Umkonstruktion des Motors. Der wesentlichste Eingriff bestand in der Vergrößerung des Zylinderabstandes von 108 auf 126 mm. Selbst dann aber reichte die Kühlfläche noch nicht aus und so verlegte man den Austritt der Abgase auf die Seite des Zylinders, die von der Kühlluft zuerst und direkt angeblasen wurde. Die im Krümmer zusammengefassten Abgase wurden dann noch über das Getriebe hinweg zur auf der Rückseite des Motors angeordneten Schalldämpferanlage geführt. Schließlich ergab sich mit der endgültigen Entscheidung zur Fahrzeugfederung – querliegende Blattfeder statt Einzelabfederung der Vorderräder – die Anordnung der Abgasanlage vor dem Getriebe. Gleichzeitig musste man aber den Anlasser nach vorn verlegen und am Getriebegehäuse befestigen. Überdies wurde die Ausladung der Kühlrippen nach den beiden Außenseiten verbreitert, wodurch sich allerdings ungleiche Zylinder 1 und 2 ergaben. Diese Maßnahme brachte später in der Steuerung des Produktionsprozesses und in der Ersatzteilhaltung über Jahre hinweg beachtliche Probleme mit sich. Erst mit der weitgehenden Beherrschung des Formmasken-Gießverfahrens für die Zylinderbuchsen des Alfer-Zylinders trat hier eine spürbare Entspannung ein. In dieser Form absolvierte der Motor P 50 im Juli 1957 einen 300 Stunden dauernden Abnahmelauf unter der Aufsicht des Arbeitskreises Ottomotoren der Technischen Hochschule Dresden, des Amtes für Standardisierung, Meßwesen und Warenprüfung (ASMW) und des ZEK. Dieser Belastungstest zeigte nach Abschluss des Prüflaufs eine Leistungsabgabe von 18 PS/3900 U/min., ein maximales Drehmoment von 4,1 mkg bei 3000 U/min. und einen minimalen Vollastverbrauch von 335 g/PSh. Das Mischungsverhältnis Kraftstoff : Öl betrug 25:1.

Die Kurbelwelle der ersten Funktionsmuster des Trabant-Motors mit den fest mit der Kurbelwelle verbundenen Drehschiebern (Foto: Carl-Hans Morgenstern)

Am 25. Juli 1957 wurde für die Nullserie des Motors die Freigabe erteilt, und im selben Jahr wurden davon noch 150 Stück Nullserien-Exemplare gebaut. Die offiziellen Angaben für den Bauzustand waren für diesen Graugusszylindermotor: 17 PS/3750 U/min.; 4,1 mkp bei 2750 U/min. und 340 g/PSh Kraftstoffverbrauch bei Vollast.

Am 7. November 1957 ging der Wagen in die Nullserie. Dafür wurden bis Jahresende 50 Wagen hergestellt. Die Bodengruppe wurde im Kraftfahrzeug- und Motorenwerk, ehemals Horch, hergestellt. Aufbau sowie Montage erfolgten im Automobilwerk Zwickau, AWZ, ehemals Audi. Die Vereinigung zu einem einzigen Automobilwerk wurde aufgrund dieser sehr engen Kooperation zur unausweichlichen Notwendigkeit und erfolgte am 1. Mai 1958. Der neue Betrieb firmierte danach unter dem Namen VEB Sachsenring, Automobilwerke Zwickau. Am 10. Juli 1958 begann die Serienproduktion des P 50. Bis dahin hatten die Entwicklungskosten für dieses Auto 5,443 Millionen Mark betragen. So beschrieben liest sich der Weg zum Fertigungsbeginn eigentlich recht glatt und, einmal abgesehen von technischen Unebenheiten, relativ gering an Problemen. Daher erscheint es sinnvoll, die Beschreibung der Vorgänge durch das sich im Hintergrund abspielende Ringen zwischen dem Werk AWZ in Zwickau und den bilanzierenden Staatsorganen zu ergänzen.

Im Januar 1954 hatte das Präsidium des DDR-Ministerrats beschlossen, den Kleinwagen P 50 zu bauen. Die damals genannte Stückzahl von 1000 Automobi-

P 50-Null-Serienfahrzeug mit dem Firmenzeichen AWZ und dem Schriftzug Trabant auf der Motorhaube (Archiv Dr. Winfried Sonntag)

Die Armaturentafel der ersten P 50 »Trabant« war ebenso spärlich wie jene des P 70 ausgestattet (Archiv des Autors)

Röntgenbild der P 50-Limousine (Archiv Automobilmuseum August Horch Zwickau)

len pro Monat als Maximum erwies sich hinsichtlich der Nachfrage und der wirtschaftlichen Fertigung als erschreckend blauäugig. Auf den Einspruch von Experten hin steigerte man diese Produktionszahl in den folgenden 24 Monaten mehrfach bis auf einen Ausstoss von 60 000 Exemplaren pro Jahr. Allein im Jahr 1955 mussten für vier verschiedene Varianten die technologischen Vorplanungen nach Berlin eingereicht werden, ohne dass eine Festlegung erfolgte. Dieses Hickhack band 70 Prozent der Arbeitskapazität in der Technologie des Zwickauer Betriebes, und das Ergebnis war Null. Natürlich konnten daher auch keine Materialbestellungen getätigt und Verträge mit Zulieferern geschlossen werden. Das gesetzlich erforderliche sogenannte Vorprojekt stand ebenfalls noch aus. Am 15. März 1956 wurde in einer Beratung mit Vertretern der Hauptverwaltung Automobilbau und der Investitionsbank der Anlauf der Nullserie für 1957 auch ohne Vorprojekt für möglich erklärt. Für die Finanzierung der Ausrüstung und Bauobjekte sollte eine ministerielle Sondergenehmigung eingeholt werden. Für den Fall, dass diese erteilt würde, forderte die Bank, dass die Hauptverwaltung Automobilbau sich verbindlich dazu bereit erkläre, die für eine Jahresproduktion von 50 000 Wagen erforderlichen Investitionen von 63 Millionen Mark zu garantieren und die für die Zulieferungen notwendigen Summen bereitzustellen. Sechs Wochen später wurde dem AWZ vom Minister mitgeteilt, dass die für jährlich 60 000 Kleinwagen P 50 geplanten Beträge von 70 Millionen Mark beim Finalisten AWZ und 30 Millionen Mark bei den Zulieferern bereitstünden. Gleichzeitig wurde dem VEB Projektierung Fahrzeugbau Berlin von der Hauptverwaltung empfohlen, das Vorpro-

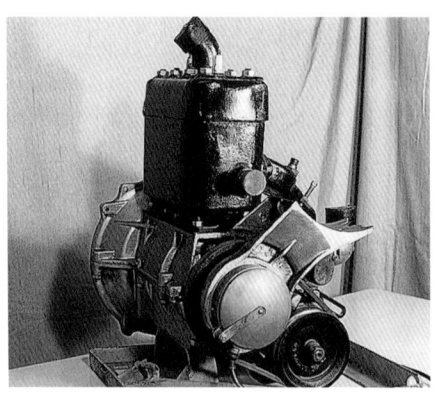

Der P 50-Motor mit Wasserkühlung, zur Sondierung der Hauptgeräuschquellen gebaut, die auf den Fahrzeuginnenraum einwirkten. Wegen des Engpasses an Wasserkühlern und Graugussblöcken bestand nie die Absicht, diesen Motor serienmäßig herzustellen (Archiv Carl-Hans Morgenstern; Foto: Carl-Hans Morgenstern)

jekt nun doch bis 31. Dezember 1956 fertigzustellen. Bis zum 15. Mai musste AWZ eine Liste der im Folgejahr 1957 zu beschaffenden Ausrüstungsgegenstände einreichen und danach erhielt der Betrieb eine Vorabgenehmigung für ganze fünf Millionen Mark.

Am 23. Mai 1956 stimmte der Wissenschaftlich-Technische Rat der Hauptverwaltung Automobilbau dem Gesamtprojekt P 50 zu, obwohl die Mitglieder nur eine 1:1-Atrappe in Augenschein nehmen konnten. Auf der Basis dieser Bestätigung, der von Hauptdirektor Lang wiederholt abgegebenen Zusage von Investitionen in voller Höhe und der am 15. September 1956 endgültig abgeschlossenen Konstruktionsarbeiten wurden am 30. September dieses Jahres die gesamten Unterlagen dem Projektbetrieb und der Hauptverwaltung übergeben. Um der Angelegenheit zusätzlich Druck zu verleihen, wandte sich das Werk am 2. Oktober mit einem dringlichen Schreiben an den Minister Wunderlich – eine Kopie ging an den Sekretär für Wirtschaft des ZK der SED Ziller – mit der Mahnung, die in Berlin übliche zeitraubende Verwaltungsarbeit im Fall des P 50 zu verkürzen. Der technische Hauptverwaltungsleiter Grundig forderte daraufhin drei Wochen später vom AWZ schriftliche Ausarbeitungen an, in denen die einzelnen Aufgaben, auf verschiedene Ministerien verteilt, für den Serienanlauf aufzulisten waren.

Am 23. Oktober wurde in der Hauptverwaltung der Prototyp P 50 vorgestellt und stieß auf ein positives Echo – aber dabei blieb es auch. Die Listen mit den Aufgabenstellungen blieben unbeantwortet.

Inzwischen waren andere Schwerpunkte in der Volkswirtschaft vorrangig geworden. Am 6. November 1956 wurde dem Zwickauer Betriebsdirektor und dem 1. Sekretär der Betriebsparteiorganisation mitgeteilt, dass die geplanten Mittel nicht in versprochener Höhe zur Verfügung stehen würden und man bestenfalls noch bis 1957 mit 10 Millionen Mark rechnen könne. Von Werksseite waren 25 Millionen als nicht zu unterschreitendes Minimum gefordert worden. Letztlich wurden 18 Millionen zugestanden. Hauptdirektor Lang regte an, angesichts der gestrichenen Mittel doch lieber den P 70 weiterzubauen und diesem den F 9-Motor einzusetzen. Außerdem sollte das Werk eine Untersuchung anstellen, welche Auswirkung die Investitionskürzung auf Anlauf und Produktionsplanung des P 50 haben würde.

Am 14. November folgte die nächste Hiobsbotschaft. Statt der avisierten 10 Millionen Mark würden nur noch 8 Millionen zur Verfügung stehen, und davon könnten noch 1,2 Millionen als Überhang aus dem Jahr 1956 infolge der schleppenden Projektbehandlung nicht mehr in Anspruch genommen werden, würden mit anderen Worten also verfallen. Den Vorschlag vom P 70 mit F 9-Motor wiesen die AWZ-Leute mit folgender Begründung zurück: »Die Vorstellung der HV über den Einbau eines Wartburg-Motors in den P 70 und über die Modernisierung der Form des gesamten Fahrzeugs erfordern erhebliche Neuausrüstungen und Werkzeuge, die nicht unwesentlich den Anlauf des P 50 verzögernd beeinflussen, während andererseits der Forderung der Bevölkerung nach einem in Anschaffung und Unterhaltung billigen Kleinwagen nicht entsprochen wird.«[39]

Auch aus der Enttäuschung der AWZ-Belegschaft und der demoralisierenden Wirkung der Berliner Verschleppungstaktik machten der Technische Direktor Sonntag und sein Haupttechnologe Hans in einer Mitteilung an die HV keinerlei Hehl: »Ein großer Irrtum besteht darin zu glauben, daß unsere Techniker und Ingenieure allein durch eine gute Gehaltszahlung befriedigt werden können, während andererseits durch bürokratische Unschlüssigkeit und die sich daraus ergebende Verzögerung die wirklichen Erfolge ihrer Arbeit ausbleiben.«[40] So ergab sich schließlich die paradoxe Lage, dass die Audi-Werker gegen die Verführung kämpfen mussten, ihr einst als Schwarzentwicklung entstandenes Modell weiterzuführen, um dem ebenfalls von ihnen stammenden Kleinwagen P 50 doch noch zum Durchbruch zu verhelfen.

Der Anlauf der Kunststoffproduktion mit Baumwollfaser. Die Vormaterialherstellung erfolgte direkt an der Krempelmaschine auf einer sogenannten Pelztrommel mit großem manuellem Aufwand (Archiv Dr. Werner Reichelt)

Chefkonstrukteur Oberingenieur Orth, Karosseriekonstrukteur Ingenieur Ende und der Direktor für Technik, Dr.-Ing. Winfried Sonntag, während einer Konstruktionsbesprechung, 1957 (Archiv Auto Union)

Im Aufwind

Und sie brachten es durch nie nachlassende Nachfrage, unermüdliche Forderungen und von unten nach oben ausgeübten Druck fertig, das Projekt durchzusetzen, ohne jeden Zweifel ein großes Verdienst der Zwickauer.

Die Stückzahlen blieben zunächst bescheiden. Bis Jahresende wurden 1750 P 50 Limousinen und 10 Kombis der 0-Serie gefertigt. 1959 waren es bereits 20 040 und im Jahr darauf wurde die Stückzahl auf 35 270 Fahrzeuge dieses Typs gesteigert. Seit 1959 gab es den P 50 auch als Kombi. Bereits ab dem Serienanlauf im Jahr 1958 wurde an einem Serienprogramm gearbeitet, um das Fahrzeug weiterzuentwickeln. Zur Leistungssteigerung und Kultivierung des Motors verfiel Kurt Lang auf eine damals schon nicht mehr alltägliche Idee. Er schrieb für das Motorradwerk Zschopau und das Motorenwerk Karl-Marx-Stadt einen Wettbewerb aus, bei dem folgende Zielstellungen am Trabantmotor erreicht werden sollten: eine Höchstleistung von 22 PS/4000 U/min.; ein maximales Drehmoment von 4,5 mkg bei 2500 U/min.; ein Normkraftstoffverbrauch von 5,5 l auf 100 km; sowie eine Lebensdauer von 50 000 km.

MZ kombinierte zwei Motorradmotoren von je 250 cm^3 Hubvolumen, die mit Schlitzsteuerung arbeiteten, während das Motorenwerk bei der herkömmlichen Drehschieber-Konstruktion blieb. Bei der Zylindergestaltung konnte MZ bereits mit serienmäßigen Alfer-Zylindern operieren, während man beim Konkurrenten noch auf eine Behelfslösung – einen Aluminium-Rippenkörper mit eingeschrumpfter Graugussbuchse – zurückgreifen musste. Im Ergebnis war MZ bei der Höchstleistung um 1 bis 1,5 PS überlegen, beim maximalen Drehmoment und einer fül-

So hätte das von Kurt Lang vorgeschlagene Kompromiss-Auto ausgesehen – eine P 70-Karosserie mit 3-Zylinder F 9-Motor (Archiv Auto Union)

Die Trabant-Limousine in zweifarbiger Sonderausführung (P 50), bereits mit der Markenbezeichnung Sachsenring (Archiv des Autors)

Der Trabant Limousine de luxe in dreifarbiger Ausführung (Archiv Dr. Winfried Sonntag)

Der Wettbewerbsmotor des Motorradwerkes Zschopau mit 500 cm³ Hubvolumen (Archiv Carl-Hans Morgenstern; Foto: Carl-Hans Morgenstern)

ligen Drehmomentkurve erwies sich jedoch die unsymmetrische Einlasssteuerung durch den Drehschieber als vorteilhafter. Den Ausschlag gab letztlich das Argument des Motorenwerks, dass durch eine Entscheidung, die Drehschieberkonstruktion fallenzulassen, bedeutende Aufwendungen bei der Umstellung der gesamten Technologie unvermeidbar wären. Darüber hinaus war zu beachten, dass bis zur erfolgten Umstellung mindestens 25 000 Motoren mit der Drehschiebersteuerung produziert wären, für die man über eine Spanne von mindestens zehn Jahren verpflichtet wäre, die entsprechenden Ersatzteile lieferbar zu haben. So gesehen hätte man sich den Wettbewerb sicher sparen können, da bei einer genauen Abwägung im Vorfeld ein Abweichen von der Drehschieberkonstruktion gar nicht mehr möglich war. Allerdings war hiervon ein durchaus erkennbarer Druck entstanden, das Alfer-Problem schneller zu bewältigen. So besaß der Typ P 50/1 seit August 1959 einen auf 20 PS leistungsgesteigerten Motor, der nun einen exzentrischen Halbkugel-Brennraum mit einseitiger Quetschzone und ein auf 7,2:1 erhöhtes Verdichtungsverhältnis aufwies. Um das Kühlluftgehäuse nicht ändern zu müssen, wurde die zylindermittige Anordnung der Zündkerze beibehalten. Weiterhin kam eine Vergaserneuentwicklung zum Einsatz sowie eine neu abgestimmte Auspuffanlage, die gemeinsam mit dem Blechverformungswerk Leipzig entwickelt worden war. Damit konnten 20 PS erreicht werden. Zudem benötigte der Motor weniger Öl, er kam nun mit einem Mischungsverhältnis 33:1 aus.

Kaum hatte man dieses Problem einigermaßen gut in den Griff bekommen, zeichnete sich bereits ein neues, viel größeres ab. Im Versuchsbetrieb hatten sich in erheblichem Umfang und mit steigender Tendenz Kurbelwellenausfälle wegen des Festgehens des hubzapfenseitigen Pleuellagers ergeben. Auch eine Zunahme der Pleuellagerschäden bei den Wagenbesitzern machte sich empfindlich bemerkbar und in der Zahl der Kurbelwellenschäden beliefen sich diese Schäden auf 50 bis 60 Prozent. Die Untersuchung dieses Mangels zeigte immer wieder das selbe: Überhitzte und deformierte Zylinderrollen und Pleuel waren teilweise regelrecht miteinander verschweißt. Anzeichen für einen bevorstehenden Schaden waren selten rechtzeitig wahrnehmbar, so dass es kaum eine Abfangmöglichkeit gab. Nachkontrollen auf Maßhaltigkeit konnten daher nicht mehr vorgenommen werden. Man behalf sich durch eine Umstellung auf die bewährten Fensterkäfige, mit denen zwar die Anzahl der Zylinderrollen verringert, die gegenseitige Berührung und Beeinflussung der Wälzkörper allerdings vermieden werden konnte.

Motor- und Getriebeanordnung sowie Radaufhängung und Antrieb der Vorderräder beim Trabant 600 (Archiv Gerhard Gerbeth)

Für die Organe des Ministeriums der Staatssicherheit der DDR bot der Vorfall Anlass, intensive Nachforschungen anzustellen, wer letztlich für die Misere verantwortlich sei. Die endgültige Lösung stellte dann der bereits eingesetzte Fensterkäfig für die Zylinderrollen dar, jetzt aber mit einem Pleuel mit verbreitertem großen Auge versehen. Dadurch entfielen die beiderseitigen Anlaufscheiben. Mit diesen Merkmalen erhielt der Motor nun die Typbezeichnung P 50/2, der zwischen März und Oktober 1962 in einer Gesamtauflage von 25 127 Motoren produziert wurde. Zusammen mit den guten Leistungswerten von 20 PS hinterließ dieser 500 cm^3-Motor einen recht guten Eindruck (vgl. Anlagen C 04, C 05, C 06, C 07).

Trotz der Probleme mit diesem Motor plante Sachsenring eine Motorvergrößerung auf 600 cm^3 mit entsprechend höherer Leistung wie auch die Einführung eines in allen Gängen synchronisierten Getriebes mit einem nicht mehr sperrbaren Freilauf im vierten Gang. Aber auch damit waren größere Schwierigkeiten hinsichtlich der Standfestigkeit der Motoren verbunden. Die Dauerbelastung des Synchrongetriebes im Rundstreckenbetrieb bei Sachsenring führte zu einer bis dato noch nicht aufgetretenen Ausfallerscheinung an den Kurbelwellen, und zwar lockerte sich die Pressverbindung der Kurbelwellenkröpfung des Zylinders 1. Der Fehler offenbarte sich in der Möglichkeit, den Motor beim Übergang vom vierten in den dritten Gang schlagartig hochzudrehen und damit die Lockerung herbeizuführen.

Im Aufwind

Insgesamt 85 Lieferwagen wurden noch auf Basis Trabant P 60 hergestellt; geplant war auch eine Camping-Variante (Archiv August Horch Museum)

Zur Verbesserung der Kopffreiheit auf der hinteren Sitzbank sollte das sogenannte Stülpdach dienen. Der formal wenig befriedigende Versuch erlangte nie Serienreife (Archiv Dr. Winfried Sonntag)

Die Lösung fand sich in Form eines auf 28 mm vergrößerten Hubzapfens, eines stabileren Presssitzes und eines neuen Lagerelements für die Pleuellagerung in Gestalt eines Nadelkäfigs mit Nadeln von 3,5 mm Durchmesser. Die gleiche Type wurde bereits in der ES 250 vom Motorradwerk Zschopau verwendet. Mit den Ergebnissen aus dem Rundstreckenbetrieb war man ausgesprochen zufrieden. Laufleistungen von bis zu 100 000 km wurden ohne Ausfall absolviert.

Der Motor mit größerem Kolbendurchmesser und damit realen 594,5 cm^3 Hubvolumen und 23 PS Höchstleistung wurde im Juni 1962, also etwas zeitlich

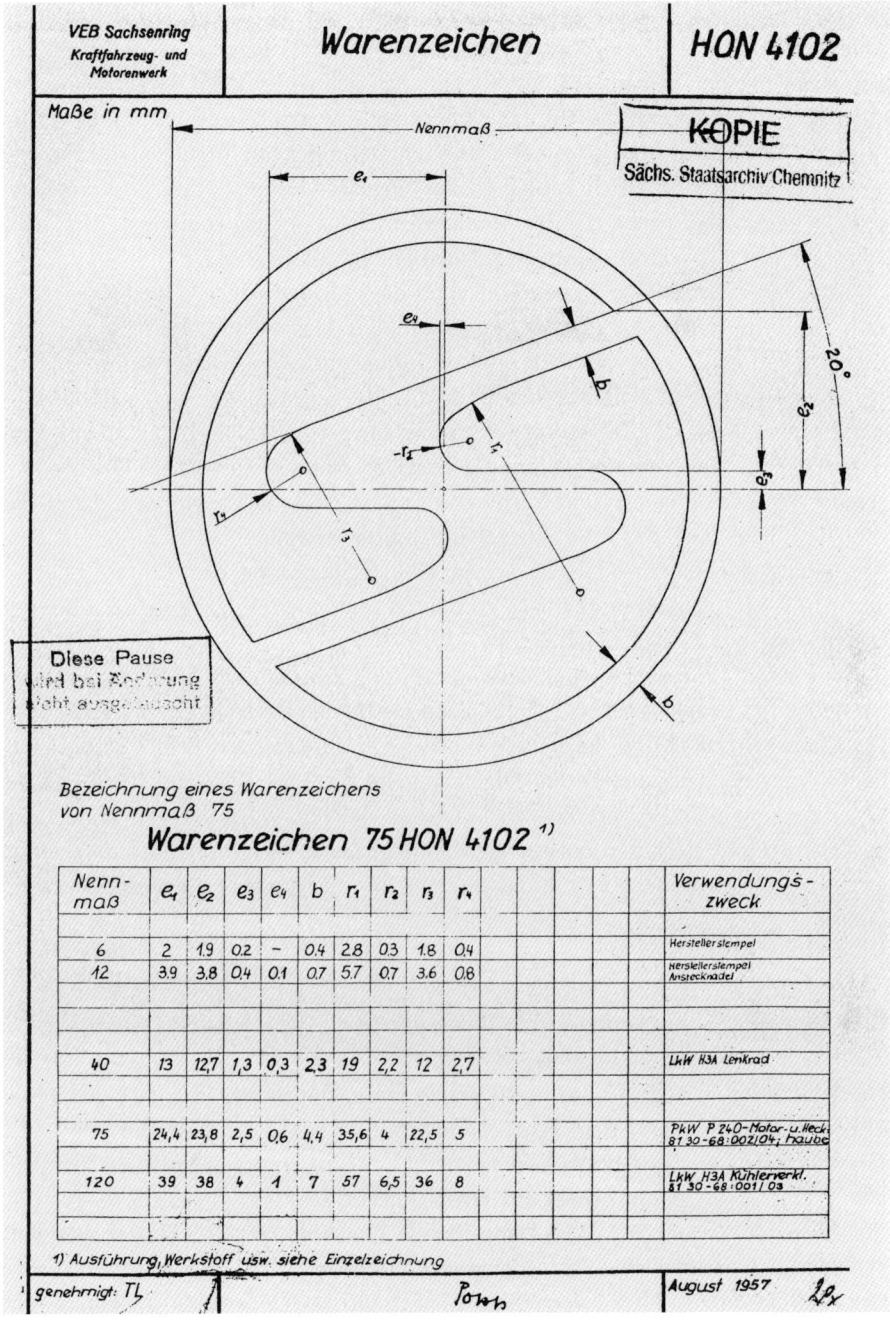

Die Zeichnung für das neue Warenzeichen Sachsenring (Sächsisches Staatsarchiv Chemnitz, IFA-Bestand Nr. 692)

versetzt, mit einer Nullserie von 125 Motoren und ab Oktober 1962 dann in voller Serienstückzahl eingeführt. Mit diesen Verbesserungen war der P 60 beziehungsweise der Trabant 600 entstanden, der sich von seinem Vorgängermodell mit 500er Motor durch die auf der Kofferklappe prangende 600 unterschied. Im August 1961 setzte man eine neue Instrumententafel mit Tupfeffekt-Lackierung ein. Außerdem änderte sich infolge großer Engpässe in der Lackiererei die Farbgebung. Die zweite Farbe bei der Sonderwunschausführung reduzierte sich nunmehr auf einen handbreiten Strich auf den Seiten des Fahrzeugs.

Auf dieser Grundlage wurde nun auch eine Modernisierung der Karosserie zum P 601 durch Lothar Sachse vorgenommen. Das Pflichtenheft für die Entwicklung sah einen vergrößerten und moderner gestalteten Innenraum vor, dessen innere Sicherheit erheblich besser sein sollte. Zugleich war ein technologisch günstigerer Einsatz des Duroplastwerkstoffes für die Außenhautteile und eine Verringerung des Feinblechanteils am Karosseriegerippe anzustreben. Die Bodengruppe mit Radeinbauten und Stirnwand musste beibehalten werden, damit das Fahr- und Triebwerk des P 60 weitgehend weiterverwendet werden konnte. Eine Absenkung des Geräuschpegels sowie eine Reduzierung des Fahrzeugleergewichts auf 615 kg zählten ebenfalls zu den wesentlichen Aufgabenfeldern bei der Entwicklung (vgl. Anlage C 02, C 03).

Im Herbst 1956 schrieb der VEB Sachsenring Zwickau einen Wettbewerb für ein neues Warenzeichen aus. Dazu wurden die beiden Berliner Graphiker Professor Klaus Wittkugel und Peter Paul Weiß, Siegfried Kraft aus Erfurt sowie Herbert Prüget, ebenfalls aus Berlin, eingeladen. Am 10. April 1957 entschied sich die Jury einstimmig für Prügets Entwurf: »Dieses Zeichen wurde wegen seiner ausgeglichenen und eleganten Form angenommen, alle anderen Varianten erschienen entweder als zu kompakt oder als zu zart für die geplante vielseitige Verwendung.«

Der Umstieg vom Sechs- zum Dreizylinder: Kreativität in Eisenach

Noch zu Awtowelo-Zeiten war man sich in Eisenach darüber klar, dass der 340er EMW dringend eines Nachfolgers bedurfte. Das mehr als fünfzehn Jahre alte Grundkonzept war, was Form, Gewicht und Leistung anging, nicht mehr attraktiv genug. Der vollzogene Wechsel der Eigentumsverhältnisse, von der SAG zur IFA, durchkreuzte im Jahr 1953 die Pläne für ein Nachfolgermodell. Stattdessen entschieden sich das Maschinenbau-Ministerium und die VVB IFA für eine Verlagerung der Produktion des IFA F 9 von Zwickau nach Eisenach. Für einen solchen Schritt sprachen in der westsächsischen Stadt vor allem der Raumbedarf und die Konzentration der zur Verfügung stehenden Arbeitskräfte auf andere Fahrzeuge, wie zum Beispiel auf den geplanten Kleinwagen.[41] Zusätzlich versprach man sich eine bessere Ausnutzung der begrenzten Ausgangsmaterialien, vor allem des Tiefziehblechs, dessen Knappheit schon chronisch war. Außerdem wollte man auf jeden

Fall zwei Standorte für die Pkw-Fabrikation erhalten. Von einer Diversifikation nach Kleinwagen und Oberklasse-Automobil war damals noch nicht die Rede.

Mit der Fahrgestellnummer 1880 endete in Zwickau Anfang 1953 die F 9-Herstellung. In Eisenach begann sie am 5. März des selben Jahres mit der Fahrgestellnummer 45001. Bereits vorher hatte Oberingenieur Siegfried Rauch, der Technische Direktor des FEW, die Eisenacher Werksangehörigen mit dem neuen Baumuster bekannt gemacht, stieß dabei allerdings auf starke Widerstände. Denn den Wandel vom Sechszylinder-Viertakt EMW zum Dreizylinder-Zweitakt IFA empfanden viele Mitarbeiter als Abstieg auf der automobilen Prestigeskala.

Die Unruhe war groß, und die politische Stimmung im Land wurde generell immer gereizter. Der Gedanke liegt nahe, dass in diesem Umfeld der Typenwechsel zum Ersatz-Kriegsschauplatz zwischen der Bevölkerung, also den AWE-Angehörigen, und der Obrigkeit, vertreten durch die Hauptverwaltung Automobilbau und die Betriebsdirektion samt Parteileitung wurde. Über die allgemeine Misere durfte nicht laut geklagt werden, aber um so lauter beklagte man den Wechsel der Automodelle. Gerade dafür gab es ja, wie dies die Partei beharrlich predigte, keine maßgeblichere Autorität als jene, die das Auto selber herstellten.

Am 5. März 1953 erfolgte der Serienanlauf des F 9 in Eisenach und am 30. April dieses Jahres verließ der letzte 340er EMW das Werk. Aus alter Vorkriegstradition wurde jeder Wagen eingefahren. Die entsprechende Abteilung in Eisenach bestand aus 25 Mitarbeitern, die mit den insgesamt hergestellten 20 452 EMW-Wagen rund 3,5 Millionen Kilometer zurücklegten.

Es waren letztlich zwei Punkte, die ausschlaggebend für einen Sinneswandel der AWE-Mitarbeiter waren: zum einen der Wille der Verantwortlichen, sich einer Diskussion zu stellen und rational zu argumentieren, und stärker noch das Auto selber. Dessen Handlichkeit, seine erstaunlichen Fahreigenschaften und vor allem die kurzfristig umsetzbaren Chancen, das Baumuster 309, wie es nun innerhalb des Eisenacher Codierungssystem genannt wurde, rasch und markant zu verbessern, überzeugten mehr, als dies Worte tun konnten.

Schwierigkeiten bereiteten vor allem die Materialbereitstellung und die Beschaffung der nötigen Werkzeuge. Von den insgesamt 2600 Einzelteilen des F 9 bezog das Eisenacher Werk 1700 von Zulieferern, wobei etwa 5 Prozent ständige Fehlposten bildeten, so Auspuff, Kühler und anderes mehr. Besonders problematisch waren Kugellager und Getriebe. Die ersteren wurden aus Rohmaterial gefertigt, das aus dem Stahl- und Walzwerk Hennigsdorf kam, im Ziehwerk Brotterode zwischenbehandelt und anschließend durch die Wälzlagerfabrik Fraureuth und die Kugellagerfabrik Liebenstein endgeformt. In Liebenstein stellte sich in der Regel erst heraus, ob sich die von Hennigsdorf aufbereitete Stahlsorte für Kugellager überhaupt eignete. Da alle beteiligten Werke keine Fertigungsreserven besaßen, waren Ersatzlieferungen nur noch mit erheblicher Verzögerung zu beziehen. Die VEB Zahnrad- und Getriebefabrik Leipzig-Liebertwolkwitz blieb einige Quartale mit ihren Lieferungen von Getrieben im Rückstand und als man dann schließlich doch lieferte, fehlten wesentliche Teile, wie beispielsweise Kupferbuchsen, da man dafür das entsprechende Material nicht bekommen hatte. Auch beim Rohmaterial sah die Situation im Eisenacher Werk in dieser Zeit nicht gerade gut aus. So fehlten zum Stichtag 31. Oktober 1954 28 t Normteile, 2300 t Bleche, 700 t Stahl und 100 t Rohre – das entsprach zusammengenommen exakt 50 Prozent des jährlichen Bedarfs. Eine Erfüllung des Plans war angesichts derart gewaltiger Fehlmengen illusorisch. Und dies blieb nicht ohne Auswirkung auf die persönliche Lage der Beschäftigten, die sich nach der Umstellung der Produktion gerade erst wieder beruhigt hatten. Der Ausweg war typisch für die DDR: Planerfüllung 75 Prozent, Lohnfonds mit 20 Prozent überzogen.[42]

Der F 9 vereinte aufgrund seiner Konstruktionsmerkmale die Vorteile eines Kleinwagens in puncto Wendigkeit und Wirtschaftlichkeit mit den Fahrleistungen und dem Komfort eines Fahrzeugs der unteren Mittelklasse. Der Zweitakt-Ottomotor mit drei Zylindern arbeitete nach dem Prinzip der Umkehrspülung mit Mischungsschmierung. Die Motorkühlung erfolgte durch eine anspruchslose, aber betriebssichere Thermosyphonkühlung mit einem großen, auf dem vorderen Federträger stehenden Kühler. Neben der Einfachheit, Elastizität und Robustheit waren vor allem die hohe Startbereitschaft, die Drehfreudigkeit und Zuverlässigkeit des Motors die wesentlichen Vorzüge des Baumusters. Der unrunde Leerlauf, die geringe Bremswirkung des Motors, die Auspuff-Fahne und ein bei hoher Last stärker ansteigender Verbrauch als beim Viertaktmotor waren bei der damaligen Verkehrsdichte keine übermäßig ernstzunehmenden Probleme, sie bildeten vielmehr die Grundlage für weitere Entwicklungsarbeiten.

Der F 9-Motor wurde dem Eisenacher Werk mit einem Zeichnungssatz vom Motorenwerk Chemnitz übergeben, der dort schon vom Vorkriegsoriginal der Auto Union umgezeichnet worden war. Im AWE entstand daraus wiederum ein neuer Zeichnungssatz; nun erhielt das Fahrzeug nach alter BMW-Tradition die Bezeichnung »Baumuster 309«. Dieser Dreizylindermotor war für mehr als 35 Jahre das Grundmuster für die in Eisenach gebauten Automobilmotoren. Deshalb erscheint es geboten, seinen Anfangszustand im Jahr 1953 an dieser Stelle etwas eingehender darzustellen. Aus 900 cm³ betrug die Leistung (Verdichtung 6.25:1) 28 PS. Die Schmierungsmischung lag bei 1:25 und der Zylinderblock mit Kurbelgehäuse war aus Grauguss. Auf jeden Zylinder kamen zwei kurze Spülkanäle (vertikaler Spülwinkel 17°, horizontaler Spülwinkel 90°). Die Unterkante des Zylinderblocks und die Oberkante des Kurbelgehäuses ergaben die Mittenteilung der Lagergasse des Kurbeltriebs. Der Zylinderkopf bestand aus Alu-Legierung und war zweiteilig aufgebaut. Das Oberteil trug das mittig liegende Lüfterwellenrohr und den Wasserausgangsflansch. Das Unterteil war mit Brennräumen und Kerzengewinden gemeinsam mit dem Wasserausgangsflansch auf den Block geschraubt. Der Brennraum war halbkugelig ohne Quetschkante gestaltet. Die rollengelagerte Kurbelwelle war gebaut. Die Pleuel hatten oben eine Bronzebuchse, unten Rollenlager mit Messingkäfig. Die Flachkolben besaßen drei Ringe. Die Zündung fußte auf einer 6-Volt-Zündspule und einem Zündverteiler am vorderen Kurbelwellenende. Der Vergaser BVF H 32/0 stammte von der Berliner Vergaser-

Seit März 1953 wurde der F 9 in Eisenach hergestellt, anfangs in beengten Räumen, so dass die Fahrzeuge teilweise unter freiem Himmel komplettiert werden mussten (Bundesarchiv/183/22209/690)

fabrik. Der Ansauggeräuschdämpfer arbeitete ohne Schnorchel (der Lufteintritt erfolgte von oben), ohne Resonanzkammer, aber mit ölbenetztem Metallgitter-Filter. Für Kühlung sorgte ein sehr großer, hinter dem Motor stehender Röhrenkühler mit 10 l Fassungsvermögen, mit – und das war höchst ungewöhnlich – hinter dem Kühler befindlicher Jalousie. Die Abgasanlage enthielt einen Gusskrümmer mit angeschlossenem einteiligem sehr großem Dämpfer ohne Diffusor und Vordämpfer. Die Mündung der Anlage lag vor dem linken Hinterrad.

1954 wurde der F 9-Motor stark überarbeitet. Durch eine Steigerung des Verdichtungsverhältnisses auf 1:6,8, eine senkrechte Anordnung der Zündkerzen und die Einführung eines Auspuff-Vordämpfers steigerte man die Leistung auf 32 PS. Die äußerst kostspielige und funktionell ungenügende Zündverteileranlage wurde durch einen kleinen Drei-Hebel-Unterbrecher an der vorderen Stirnseite des Motors ersetzt, dessen Nocken im vorderen Kurbelwellenzapfen zentriert und befestigt wurde. Die doppelte Zündfrequenz des Zweitakters gegenüber dem Viertaktmotor, dem der Verteiler entlehnt war, führte in Verbindung mit nur einer Zündspule bei hohen Drehzahlen zu Zündaussetzern und erlaubte auch keine spezifische zylinderbezogene Zündeinstellung, die infolge der Kurbelwinkelfehler einer gebauten Kurbelwelle unbedingt vonnöten war. Nur damit erreichte man beim Serienmotor statistisch konstante Leistungswerte. Auch in fertigungstechnischer Hinsicht war der Wegfall des Schraubtriebes und des Zündverteilers ein

Fortschritt, auch wenn nunmehr drei Zündspulen benötigt wurden. Diese Änderung war übrigens bereits in Chemnitz vorbereitet worden und kam 1954 bei AWE zum Serieneinsatz. Überdies erhielt der Motor eine pneumatische, durch die Wechseldrücke in der Kurbelkammer angetriebene Kraftstoffpumpe. Diese brauchte man, weil inzwischen der Tank wieder ins Fahrzeugheck verlegt worden war. Durch den Übergang zur Lenkradschaltung, mit der auch eine Umkonstruktion des Kraftstofftanks verbunden war, wurde dies möglich. Die Schubstange für die Stockschaltung war bisher nämlich mitten durch den vor der Stirnwand angeordneten Kraftstofftank gegangen (eingeschweißtes Rohr) – eine wahrlich ungewöhnliche Konstruktion.

Am Motor wanderte durch die senkrechte Anordnung der Zündkerzen die Lüfterwelle auf die in Fahrtrichtung linke Seite des Zylinderkopfes, wodurch zumindest in geringem Ausmaß die im Konturschatten des Motors liegende Lüfterkreisfläche besser von vorne angeströmt werden konnte. Insgesamt jedoch war der Wirkungsgrad dieses Kühlsystems gering, bei dem der hinter dem Motor angeordnete, übergroße Kühler mit der vom davorliegenden Motor vorgewärmten Luft beaufschlagt wurde. Der vierflügelige Alu-Lüfter glich eher dem Messer eines Rasenmähers als einem Axialgebläse.

Der Schwerpunkt des Fahrzeuges lag relativ tief und weit vorn, so dass sich durch den Frontantrieb, die gewählte Radaufhängung, vorn Einzelradaufhängung und hinten eine Starrachse – beide Achsen verfügten über eine Querblattfederung – und den verwindungssteifen Fahrgestellrahmen eine recht gute Straßenlage und eine hohe Kurvensicherheit ergab.

Die Getriebeübersetzung wurde dem Kennlinienverlauf des Zweitaktmotors angepasst, so dass eine hohe Durchschnittsgeschwindigkeit und ein geringer Verbrauch erreicht wurden. Die günstige Lage des spezifischen Verbrauchsminimums im Teillastgebiet des oberen Drehzahlbereichs machte dies möglich. Bei nicht gesperrtem Freilauf war das Getriebe besonders leicht zu schalten.

Die verschiedenen Ausführungsformen des Baumusters 309 waren: 309/1, eine Limousine; 309/2, ein Cabriolet; 309/3, eine Cabrio-Limousine; 309/4, ein Einsatzwagen für die Polizei; 309/5, ein Pick-Up; 309/6, eine Rechtslenkung (für den Export); 309/7, ein Kombiwagen mit Holzaufbau; 309/8, eine Limousine mit Faltschiebedach; und schließlich 309/9, ein Kombiwagen mit Stahlaufbau.

Außerdem wurde der F 9-Motor sowohl als Baugruppe exportiert als auch an Framo/Barkas geliefert und in den dort gefertigten Kleinlastwagen eingebaut. In den Jahren 1952 und 1953 wurde der F 9 auf dem »Concours des Carosseries« im holländischen Scheveningen für sein Design mit dem 1. Preis seiner Wagenklasse ausgezeichnet. Die hinten angeschlagenen zwei Türen machten durch weite Türöffnungen und die nach vorn abklappbaren Vordersitze auch für die rückwärtigen Fahrgäste ein bequemes Einsteigen möglich. Durch den Frontantrieb und den dadurch entfallenden Getriebe- und Kardantunnel gab es einen bequemen Fußraum für die Passagiere. Dreizehn Monate nach Produktionsbeginn rollte am 9. April 1954 das zehntausendste Exemplar des F 9 vom Band, und dies wurde mit

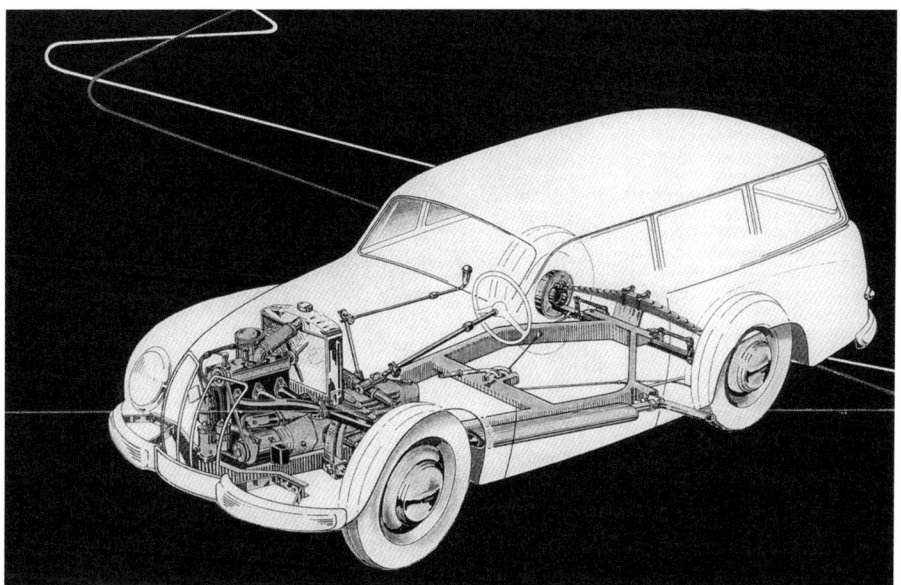

Der modifizierte F 9; senkrecht stehende Kerzen, eine seitlich verlegte Lüfterwelle unter dem Blech und eine ungeteilte Frontscheibe waren für die Eisenacher Variante typisch, die später noch mit ans Lenkrad verlagerter Schaltung ergänzt wurde (Archiv Michael Stück)

einer kleinen Feier entsprechend gewürdigt. Charakteristisch für die damalige Zeit war die moderat gehaltene Ansprache des stellvertretenden Betriebsdirektors Müller, die in wohltuendem Gegensatz zum vormals belfernden Polit-Stakkato stand und die nur wenige Jahre später wiederum völlig undenkbar sein sollte. Müller sagte wörtlich: »Wir werden einen neuen Wagen bauen, der unserer Tradition entspricht. Ich ersuche Euch deshalb, weiter so mitzuarbeiten wie bisher – zum Wohle aller, für die Einheit unseres Vaterlandes, für Frieden auf dieser Erde.«

Der F 9 Kombi nahm an einigen spektakulären Testfahrten teil. Bereits 1954 unterzog ihn der Versuchsingenieur Gerhard Roth in Indonesien einer Erprobung in den Tropen.

Mit den 32 PS, über die der Motor des F 9 mittlerweile verfügte, erreichte der Wagen eine Höchstgeschwindigkeit von 110 km/h. 1954 wurde eine erheblich verbesserte Sicht und ein moderneres Aussehen durch große gebogene Vollsichtscheiben mit Scheibenwischeranlage erreicht. Die vordere Windschutzscheibe bestand aus Sicherheitsglas und hatte keinen Mittelsteg. Zudem war das ovale Rückwandfenster bei dem überarbeiteten Modell nun wesentlich größer. Außerdem verfügte es über eine neue Scheibenwischanlage, eine serienmäßige Heizung sowie eine Entfrostung. Der 40 l fassende Tank wurde nach hinten verlegt, wo er schon einmal, bei der allerersten, aus dem Jahr 1939 stammenden Konstruktion, angeordnet war. Durch die Verwendung eines verbesserten Auspuffschalldämpfers konnte man den Geräuschpegel deutlich absenken. Um den Fahrkomfort zu erhöhen, wurden die Federkörbe und die Polsterung der Vorder- und Rücksitze modifiziert. Die Blattfederung ließ aber noch Stöße durch und wurde allseits als hart empfunden.

Die notwendige Verbesserung des F 9 ließ die Konstrukteure in Eisenach über einen viertürigen Aufbau nachdenken. Nach Entwürfen des Karosseriekonstrukteurs Hans Fleischer entstand eine neue Karosserie, die sich am damaligen Schönheitsideal orientierte und sich in einem Punkt ganz stark vom Vorgängermodell unterschied: Sie hatte vier Türen. Diese Karrosserie wurde auf das um 100 mm verlängerte Fahrgestell des F 9 gesetzt, und im August 1954 wurde dieser Wagen unter der Typenbezeichnug EMW 311 inoffiziell im Werk vorgestellt. Die spontanen Reaktionen waren durchweg positiv.

Beschleunigt wurde dieser Übergang durch eine seit 1955 anhängige Klage der Ingolstädter Auto Union auf unlauteren Wettbewerb. Dieser Vorwurf gründete sich auf eine zu große Ähnlichkeit zwischen dem F 9 und dem in Düsseldorf produzierten Auto Union DKW 3=6. Beklagt wurde die schweizerische F 9-Vertriebsgesellschaft Schneider AG in Zürich, autorisiert wurde die Klage mit der Rechtsnachfolge der Auto Union GmbH Ingolstadt für die ehemalige Auto Union AG Chemnitz.[43] Einem möglichen Prozess vor einem Schweizer Gericht maß man von Seiten der DDR große Bedeutung zu, vor allem im Hinblick auf die Entscheidung eines europäischen Gerichtshofes in Grundsatzfragen. Dies betraf beispielsweise die rechtliche Legitimation zur Klage, die rechtliche Wirksamkeit der Enteignung und vor allem, ob die Weiterbenutzung von Plänen des kapitalistischen Vorbesitzers durch einen volkseigenen Betrieb unlauterer Wettbewerb sei. Man musste jedoch bald zur Kenntnis nehmen, dass sich das Schweizer Gericht hierzu gar nicht äußern würde. Wettbewerbsrechtlich sah man sich im Vorteil, da man den Nachweis führen konnte, mit dem F 9 keinen sklavischen Nachbau vorgestellt zu haben. Allerdings würde sich der Prozess lange hinziehen und inzwischen hatte man vom gegnerischen Anwalt erfahren, dass dieser seinerseits den möglichen Ausgang nicht sehr optimistisch beurteilte. Vor allem war aber bereits im Jahr 1955 klar, dass die inkriminierte F 9-Karosserie in wenigen Monaten aufgegeben und durch den Wartburg ersetzt werden würde. Außerdem war das Außenhandelsunternehmen der DDR in Ost-Berlin daran interessiert, möglichst rasch den Vertrag mit dem Vertreter in der Schweiz aufzulösen, was bis Ende September geschehen musste. Zuguterletzt scheute man das Risiko der eventuell anfallenden Kosten und versprach sich von einem Vergleich einen wesentlich günstigeren finanziellen Ausgang. Dieser betraf schließlich auch die Ersatzteilfrage wie die Weiterverwendung von Motor und Chassis für den Wartburg. Die DDR trug letztlich die Hälfte der eigenen außergerichtlichen Kosten, die anderen fünfzig Prozent und die gesamten Gerichtskosten übernahm der Prozessgegner.

In Eisenach hatte man bereits seit Frühjahr 1953, also praktisch mit Übernahme des F 9, den Entwurf eines Nachfolgermodells begonnen; dies in erster Linie deshalb, weil von Anfang an klar war, wie begrenzt die Lebensdauer der Werkzeugsätze für den F 9 wäre. Eine Erhöhung der Stückzahl war mit ihnen ohnehin

Der F 9 in der letzten Serienausführung (Archiv des Autors)

Der Pick-up als Prototyp ohne Serienauswirkung (Archiv des Autors)

nicht mehr durchzuführen. Und ein großer Teil der Blechverformungsarbeiten war noch von Hand zu meistern. Die Werkzeuge waren verschlissen und mussten dringend erneuert werden. Was Albert Locke schon früher – vergeblich – in Zwickau versucht hatte, wollte man nun in Eisenach erreichen: Die Karosserie, deren Form aus der zweiten Hälfte der dreißiger Jahre stammte, sollte eine Pontonform erhalten. Im Sommer 1955 fiel die endgültige Entscheidung für die Form des Wartburg. Im Oktober des selben Jahres wurde der erste Pkw der Nullserie ausgeliefert; ab dem Anlaufen der Serie trug er die Bezeichnung Wartburg 311. Damit wurde der Name dieser traditionsreichen Burg zum dritten Mal in der Geschichte des Automobilbaus in Eisenach für dort gefertigte Fahrzeuge verwendet. Die Formgestaltung des jüngsten Wartburg-Modells wurde auf Ausstellungen gelobt und mit Auszeichnungen geehrt, so in Wien und in Luxemburg. Der Wagen erhielt das höchste Gütesiegel der DDR und entwickelte sich noch im Jahr, in dem er vorgestellt wurde, zum Exportschlager. In insgesamt 28 Länder wurde er geliefert. Ein vergrößerter Innenraum mit verbesserter Grundausstattung, vier vorn angeschlagenen Türen, eine neue Instrumententafel sowie eine geräuschärmere Auspuffanlage, eine modifizierte Heizung und eine bessere Sicht durch größere Scheiben waren einige der Fahrzeugkenngrößen des Baumusters 311.

Hans Fleischer hatte bei seinem Wartburg-Entwurf auch versucht, ein neues Signet für die Autos aus Eisenach zu etablieren und dafür – eine bewusste Anknüpfung an die Dixi-Traditionen – den Zentaur mit fliegender Mähne verwendet. So richtig gut gefiel diese Lösung niemandem: Die einen fanden sie schlicht misslungen, die anderen hatten politische Vorbehalte gegen Symbole aus vergangenen, kapitalistischen Zeiten.

Der IFA F 9 Kombi war ein sehr beliebtes Ergänzungsmodell und durch die separate Triebsatz-Fahrwerk-Bauweise auch kostengünstig herzustellen (Archiv Michael Stück)

Am 20. Oktober 1954 wurde dann das als endgültig bezeichnete Signet mit der Silhouette der Wartburg vorgestellt: »Bei der Vorführung dieses Wagens bei den Regierungsstellen in Berlin fand derselbe einschließlich des neuen Firmenzeichens volle Anerkennung.«

Im Stadium der Entwicklung des Baumusters 311 wurde wegen der Verlängerung des Radstands um 100 mm und der größeren Karosserie, die vier Türen und vier bis fünf Plätze hatte, gegenüber dem F 9 ein erheblicher Zuwachs an Masse einkalkuliert, der sich bei den ersten Prototypen mit bis zu 90 kg als recht beträchtlich erwies. Wollte man vermeiden, dass die Fahrleistungen des Baumusters 311 deutlich hinter denen des F 9 zurückbleiben würden, so war dringend geboten, die Leistungsstärke des Motors zu verbessern.

Als die Serienfertigung im Januar 1956 einsetzte, verfügte der Wartburg 311 über 37 PS. Dieser vollzogene Leistungsschritt war bemerkenswert, denn das Attribut der Zuverlässigkeit durfte auf keinen Fall gefährdet werden; dies um so weniger, als es mit der Volllastfestigkeit der damaligen Zweitakter nicht übermäßig gut bestellt war. Andererseits wurden die Motoren noch nicht mit extremer Teillastabmagerung gefahren, so dass bei einer höheren Last immer noch ausreichend gespeicherte Schmiersubstanz aus der Kurbelkammer zur Verfügung stand.

Der Leistungszuwachs um rund 5 PS war auf mehrere Maßnahmen zurückzuführen. Die wichtigste war zweifellos die Vergrößerung der Ansaugweite des Vergasers von 32 auf 36 mm mit dem veränderten BVF-Vergaser H 362/5, wobei dem höheren Luftdurchsatz ebenfalls durch Änderung der Einlasssteuerzeit von 51°35′ KW in 56°15′ KW Rechnung getragen wurde, also noch in einem Bereich lag, in dem im unteren Drehzahlbereich kein Mitteldruckabfall zu befürchten war.

Neben der Einlassvergrößerung war die Änderung der Brennraumform für die besseren Betriebswerte verantwortlich. Das Idealbild des optimalen Halbkugelbrennraums für eine ungestörte Schnürle-Umkehrspülung war überholt. Der Effekt von Quetschkanten im Brennraum zur gesteuerten richtungsorientierten Intensivierung der Verwirbelung der Frischladung hatte auch an 2 Takt-Motoren Erfolg und machte darüber hinaus die Abdeckung der permanent erwärmten Auslassseite des Kolbens möglich. Auf diese Weise entstand der sogenannte Nierenbrennraum. Die Anordnung war so geschickt gelöst, dass die »Nieren«-Enden in die Ebene der Spülkanäle gelegt wurden und die Mantelfläche des Zylinders berührten, das heißt, die aufsteigenden Spülströme wurden nicht durch Quetschkanten gestört, während die Quetschfläche die Auslassseite abdeckte. Die Zündkerze im Zentrum dieses Brennraumes rückte dadurch 5 mm aus der Zylindermitte heraus.

Diese Umkonstruktion erwies sich als recht effektiv, denn zusammen mit anderen Maßnahmen und den Vorteilen der 3-Zylinder-Anordnung in bezug auf die Abgasdynamik stellte sich ein Drehmoment von 8,3 mkg bei 2200 U/min. ein, das von 4 T-Motoren mit gleichem Hubraum nicht erreicht wurde und dem Wartburg 311 eine gewisse Spritzigkeit verlieh.

Ein weiterer Leistungsschritt auf 40 PS/8,5 mkg wurde durch eine Verdichtungserhöhung von 6,6 + 0,2:1 auf 7,3 + 0,2:1 erreicht, die wohl beste Möglichkeit, die Betriebswerte durch eine Steigerung des thermischen Wirkungsgrades zu optimieren, solange dies der Motor verträgt. Dieses relativ niedrige Verhältnis erhöhte sich an den 3-Zylinder 2 Takt-Motoren bis zum Produktionsende in Eisenach kaum noch. Die Klingelintensität im Teillastbereich bestimmte die Verdichtungsbegrenzung, die vornehmlich durch die den Motorkonstrukteuren vorgeschriebenen, an den Tankstellen verfügbaren Vergaserkraftstoffe mit Oktanzahlen von zunächst 78, später 88 Oktan bedingt waren.

Mit der Erhöhung der Motorleistung stellte sich auch unvermeidlich eine stärkere Geräuschentwicklung ein. Die dem Flachstromvergaser vorgeschaltete Anlage erfüllte eigentlich nicht die Funktion eines Ansauggeräuschdämpfers und auch nicht die eines Luftfilters mit befriedigendem Wirkungsgrad. Das war von einem Hohlkörper aus Blech mit eingesetztem Metallwolle-Siebfilter auch kaum zu erwarten.

Die im letzten Produktionsjahr eingeführte Kappe mit Ansaugschnorchel änderte den Schalldruckpegel nur unwesentlich. Daran schloss sich für das Entwicklungspersonal die dringende Forderung an, sich bei der nachfolgenden Entwicklungsstufe mit einem Hubraum von 1000 cm^3 intensiver auf dieses Problem zu konzentrieren.

Bemerkenswerterweise war die gesamte Entwicklung ohne Planbilanzierung ausschließlich auf Initiative des Eisenacher Werkes und des Betriebsdirektors Martin Zimmermann vor sich gegangen. Im zeitgenössischen Jargon nannte man dies »Schwarzentwicklung«. Als Erklärung muss dazu ausgeführt werden, dass es bereits einen Entwurf und einen Prototyp des F 9-Nachfolgers gab. Dieser war im

FEW in Karl-Marx-Stadt, davor und heute wieder Chemnitz, im Auftrag des Ministeriums entstanden und hatte nur einen Nachteil – er sollte nur 2 Türen haben. Dies gefiel Martin Zimmermann nicht. Wenn die Eisenacher diese ungeliebte Lösung vermeiden wollten, dann mussten sie so schnell wie möglich eine Alternative präsentieren – auf eigenes Risiko und auf eigene Kosten.

Hans Fleischer, ab dem BMW 342 Schöpfer der meisten Eisenacher Wartburg- und Prototypen-Karosserien (Archiv Konrad von Freyberg)

Die hierfür benutzte Bezeichnung »Schwarzentwicklung« bedeutete keineswegs, dass alles im geheimen vor sich gehen musste, vielmehr lag hierfür keine »Planlegitimation« vor. Damit entfiel für die zuständigen Leitungen in Industrie und Ministerium auch die Verantwortung, weshalb sie solchen »Schwarzentwicklungen« mitunter recht wohlwollend gegenüberstanden und sie duldeten. Bei gutem Ausgang ließen sich diese nachträglich legalisieren; bei einem negativen Ergebnis war es leicht, sich davon zu distanzieren. Zudem boten »Schwarzentwicklungen« stets den Vorteil, die aufwendige und lähmend langsam arbeitende Planadministration zu umgehen. Darin erkannten die Betriebsleitungen eine Möglichkeit, bestimmte Freiheiten zu nutzen, die ihnen vor allem anderen ihre Innovationsfähigkeit bei einer eigenständigen Produktentwicklung bewahrte. Dies konnten sie auch in den fünfziger und

Der letzte Wagen vom Typ F 9 lief 1956 in Eisenach vom Band (Stadtarchiv Eisenach)

Im Aufwind

Der neu geschaffene Wartburg 311, hier noch mit Versuchskennzeichen; links Hans Fleischer, in der Mitte Rolf Urban, Gruppenleiter für Karosseriekonstruktion (Archiv Michael Stück)

eingeschränkt in den sechziger Jahren nutzen. Nach dem VIII. Parteitag mit dem nachfolgend maßlos gesteigerten Führungsanspruch der SED – »Was die Partei beschließt, wird sein« – und der damit einhergehenden Disziplinierung der Volkswirtschaft war es damit vorbei. Besonders berüchtigt wurden die Seminare, die Günter Mittag mit Parteisekretären und Generaldirektoren der Kombinate am Vorabend der Leipziger Messe exerzierte. Die Disziplin forderte Opfer – Innovatives blieb auf der Strecke. In den fünfziger Jahren war es aber noch möglich, den sehr gut gelungenen Eisenacher Entwurf für den F 9-Nachfolger mit Hilfe eines sofortigen starken und überaus positiven Echos sowohl in der Presse als auch auf bedeutenden internationalen Ausstellungen zur Serienwirksamkeit zu bringen.

Martin Zimmermann beherrschte allerdings auch die Regeln des Spiels und ließ das Auto zuerst vom ZK der SED bestätigen und absegnen. Bei der Vorstellung im Hof des ZK-Gebäudes präsentierte Zimmermann den sinnigerweise schwarz lackierten Wagen, und Walter Ulbricht nahm persönlich hinter dem Lenkrad Platz. Gegen die folgende Anerkennung konnte der zuständige Minister kein Veto mehr einlegen und musste den Serienanlauf bestätigen. Gleichzeitig belegte er Zimmermann wegen Schwarzentwicklung mit einer Disziplinarstrafe von 5 000,- Mark.

Im Oktober 1955 begann die Serienproduktion des Wartburg 311. Im Dezember des Jahres wechselte die Betriebsbezeichnung zum VEB Automobilwerk Eisenach (AWE). In sehr kurzer Zeit brachten die Eisenacher eine erstaunliche Vielfalt von Karosserievarianten auf den Markt, die in den Karosseriewerken Dresden (vormals Gläser), Halle (vormals Kathe und Kühn) und Meerane (vormals Hornig) entwickelt worden waren.

1956 kamen noch folgende Modelle heraus: die in Eisenach gefertigte Limousine Standard Typ 311.0, das Cabriolet Typ 311.2 vom Karosseriewerk Dresden, die Limousine 311.8 aus Eisenach, der Kombi Typ 311.9 vom Karosseriewerk Halle sowie der Schnelltransporter Typ 311.7 aus Eisenach. 1957 kamen hinzu: die Limousine de Luxe Typ 311.1 aus Eisenach, das Coupé Typ 311.3 vom Karosseriewerk Meerane, das VP-Einsatzfahrzeug Typ 311.4 aus Dresden, die Camping-Limousine Typ 311.5 aus Dresden, die Rechtslenkerlimousine Typ 311.6 aus Eisenach sowie der Sportwagen Typ 313.1 aus Dresden und Eisenach.

Von Juli bis November des Jahres 1956 wurde der Wartburg in Ägypten[44] einer harten Fahrerprobung unterzogen. Dabei sollte das Verhalten des Fahrzeugs und seiner Bauelemente in trockenheißem Klima bei Außentemperaturen von über 40° C und Oberflächentemperaturen von mehr als 60° C getestet werden. Zwei Fahrzeuge durchquerten das Land in Ost-West-Richtung von Port Said bis nach As-Salum und in Nord-Süd-Richtung von Alexandria nach Assuan. Auch die Wege zur Oase Siwa, zur Halboase Fayum und entlang des Roten Meers von Suez bis Mersa Alam – insgesamt mehr als 12 000 km – wurden zurückgelegt. Der Wartburg bewährte sich unter diesen Extrembedingungen gut. Lediglich durch eine zusätzlich angebrachte Wasserpumpe, die später in ähnlicher Form serienmäßig wurde, unterschied sich dieses Fahrzeug von der Serienausrüstung. Die Erfahrungen, die bei der Kühlung, der Staubfilterung und beim Verhalten von Plaste- und Elaste-Teilen nach intensiver Sonnenbestrahlung gewonnen wurden, flossen in die weitere Entwicklung ein.

1958 wurden an jedem Arbeitstag 110 Pkw gefertigt. Der Exportanteil belief sich auf fast ein Drittel, wobei der Löwenanteil auf die Bundesrepublik Deutschland (25 Prozent) entfiel. Weitere bedeutende Abnehmerländer waren Finnland, Belgien und Österreich.

Das Fahrwerk des Wartburg 311 mit gegenüber dem Baumuster 309 um 100 mm verlängertem Radstand, Teleskop-Schwingungsdämpfern und einem leistungsstärkerem Motor (Stadtarchiv Eisenach)

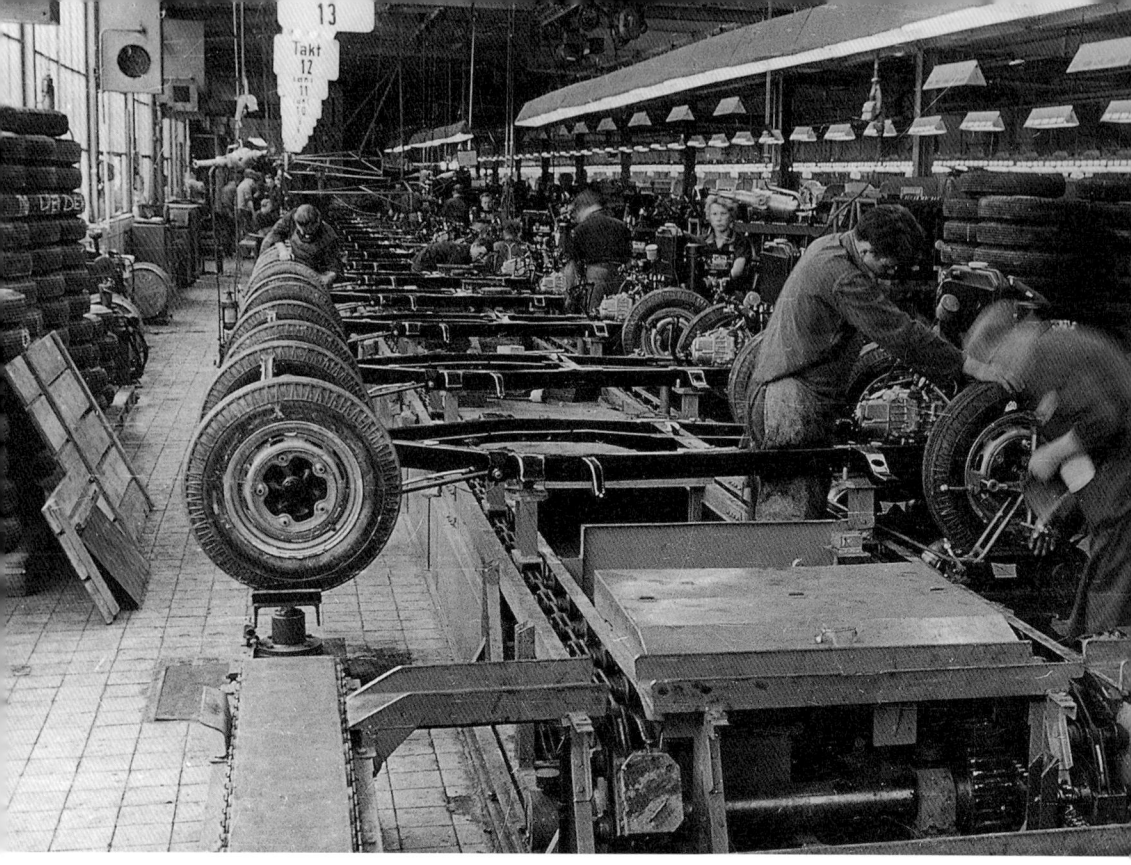

Das Montageband für das Fahrwerk der Wartburg 311: Vorspureinstellung am Ende des Bandes
(Archiv Michael Stück)

Um mehr zu produzieren, musste in erster Linie die Leistungsfähigkeit der Zulieferindustrie gesteigert werden. Insgesamt gab es bei der Produktion des Wartburg 450 Kooperationspartner. Die angestrebte Erhöhung der Stückzahlen wurde zwar erreicht, blieb aber zu gering. Außerdem bekam AWE die Folgen des Mauerbaus 1961 zu spüren, Importe blieben aus. So erreichte die Produktion erst im Jahr 1963 wieder knapp 30 000 Stück (vgl. Anlagen B 01, B 02).

Die Typen- und Modellpflege hatte 1959 zu einer überarbeiteten und verbesserten Ausgabe geführt. Diese war am neuen Frontgrill gut erkennbar und verfügte über ein vom 2. bis 4. Gang synchronisiertes Getriebe sowie über eine verbesserte Bremsanlage, die auf 50 mm verbreiterte Beläge besaß und vorn in Duplexausführung geliefert wurde. Dieser Wagen war nun mit Parallelscheibenwischern ausgerüstet und um insgesamt 24 kg leichter. Der Motor leistete jetzt 40 PS.

Die seit der Produktion des 3-Zylinder-2 Takt-Motors in Eisenach durchgeführten Leistungssteigerungen konnten dem allgemeinen Trend nicht mehr folgen, besonders nach der Serieneinführung des verglichen mit dem F 9 um 90 kg schwereren Baumusters 311. International war eine stete Verbesserung des Masse-Leistungsverhältnisses des Fahrzeugs gefragt. Die dadurch erzielte bessere

Beschleunigung sollte die aktive Verkehrssicherheit besonders erhöhen. Als logischer Entwicklungsschritt bot sich eine Hubraumvergrößerung von 900 auf 1000 cm³ des sonst abmessungsgleichen Motors an, zumal das Zylindervolumen von fast 330 cm³ noch klein genug war, um stabile Spülverhältnisse zu gewährleisten.

Die Hubraumvergrößerung auf 992,8 cm³ ergab sich durch eine Bohrungsänderung von 70 auf 73,5 mm bei Beibehaltung des Hubs von 78 mm. Auch die Verdichtung von 7,3:1 wurde wegen des vorgegebenen Kraftstoffs VK extra (OZ 78) beibehalten, womit sich eine Leistung von 45 PS bei 4250 U/min. und ein Drehmoment von 9,3 kpm bei 2250 U/min. ergab.

Für den Leistungsanstieg waren neben der Hubraumvergrößerung mehrere Baugruppenänderungen verantwortlich. Gleichzeitig wurden in produktionstechnischer Hinsicht neue Wege beschritten. Im Zusammenhang damit erfuhr der gesamte Motor eine grundlegende konstruktive Überarbeitung. Gegenüber dem bisherigen Zylinderblock wurden generell alle Kanäle verbreitert: die Einlasskanäle von 39 auf 44 mm, die Auslasskanäle von 42 auf 44 mm und die Überströmkanäle von 20 auf 22 mm. Auch einige Kanalhöhen änderten sich bei gleichen Steuerzeiten zur Vergrößerung des Zeitquerschnitts. Der Einlass wurde so weit hochgezogen, dass eine Gussnase an der Oberkante erforderlich wurde, um

Die Wartburg-Karosserie entstand ebenfalls im Eisenacher Werk. Die Fortbewegung während der Montage vollzog sich auf Rollböcken (Archiv Michael Stück)

Das zweitürige und serienmäßig mit Leder ausgeschlagene Cabriolet Wartburg 311.2 entstand im Karosseriewerk Dresden (ehemals Gläser) (Archiv des Autors)

im unteren Totpunkt des Kolbens den untersten Kolbenring abzustützen, damit dieser nicht in den verbreiterten Kanal einspringen konnte. Die Überströmkanäle wurden strömungsgünstiger gestaltet, hatten nun ein vergrößertes unteres Eingangsfenster und verjüngten sich harmonisch nach oben. Dadurch beschleunigte sich die Strömung. Zudem erhielt der Block einen Wasserpumpenflansch und eine durchgängige 85er Lagergasse für eine neue Kurbelwellenlagerung. Das wichtigste fertigungstechnische Element war die Vorbereitung auf die parallel bei AWE entwickelte Transferstraße zur vollautomatischen Blockbearbeitung. Diese Fertigungslinie wurde im Bereich Sondermaschinenbau des AWE entwickelt und 1962 mit dem Zylinderblock 312 in Betrieb genommen. Die bedeutendste Änderung am Zylinderkopf war ein scheibenförmiger Brennraum mit konzentrischer Quetschkante, der sich bei Versuchsvergleichen als völlig gleichwertig gegenüber dem bisherigen Nierenbrennraum erwies. Er bot den großen Vorteil der Bearbeitbarkeit mittels rotierender Form-Messerköpfe, um Verdichtungsunterschiede der einzelnen Zylinder durch Gussungenauigkeiten zu vermindern. Die Lüfterwellenlagerung wurde vereinfacht (dauergeschmierte Rillenlager in Gummihülsen gegenüber zweireihigen Pendellagern), und erstmals setzte man einen sechsflügeligen Lüfter aus Kunststoff (Miramid) ein. Die grundlegende Aufgabenstellung bei der konstruktiven Überarbeitung der Kurbelwelle bestand neben einer Dauerhaltbarkeit bei hoher Belastung in einer verglichen mit dem Vorgängermodell technologisch vereinfachten Ausführung.

Das viersitzige Coupe war sehr elegant geformt und besaß hinten eine herumgezogene Panoramascheibe – anfangs ohne Zwischenstege! (Archiv des Autors)

Der Messing-Käfig im unteren Pleuellager genügte den Festigkeitsansprüchen der erhöhten Drehzahlen nicht mehr und wurde durch eine Dural-Legierung ersetzt. Der Kolbenbolzen mit Durchmesser 18 wurde verstärkt. Die Kolben selber waren neu und besaßen vergrößerte Wärmeflussquerschnitte. Ihre Si 20-Legierung erlaubte ein Kolbenspiel von 0,07 mm.

Der bereits früher erkannten Notwendigkeit, die zunehmende Geräuschentwicklung zu reduzieren, wurde mit einem neuen zweiteiligen Ansaugsystem Rechnung getragen. In Zusammenarbeit mit dem Lieferanten VEB Blechverformungswerk Leipzig kam ein Helmholtz-Resonator zur Anwendung, der als Ausgangskammer des Ansauggeräuschdämpfers und als separat dem prinzipiell beibehaltenen Vergaser BVF H 362-20 vorgeschalteter »Abzweigtopf« verwendet wurde. Dadurch konnte der Schalldruckpegel leicht abgesenkt werden.

Die Verwendung eines Abzweigtopfes wirkte sich ebenfalls aus: Das Puffervolumen fungierte außerhalb der Resonanzdrehzahl des Motors als Ansaugschwingungsdämpfer, schuf gleichmäßige Verläufe mit kontrollierbaren Kraftstoffverbräuchen und stetig verlaufende Kennlinien. Solche Helmholtz-Systeme wurden deshalb auch bei allen späteren Modifikationen des Ansaugsystems angewendet.

Ein neuer Filtereinsatz, ein noch immer geöltes Stahlwollesieb-System, besaß höhere Wirkungsgrade bei Filterwirkung und Standzeit, und durch die verdrehbare Dämpferkappe ließ sich für den Winterbetrieb der Ansaugschnorchel hinter den Kühler drehen. Dadurch konnten Vereisungen des Vergasers vermindert werden.

Die Camping-Limousine mit ins Dach hochgezogenen hinteren Seitenscheiben und Faltschiebedach; »der schönste Wagen seiner Klasse« (Werner Oswald), war serienmäßig mit Liegesitzen und anderen de Luxe-Accessoires ausgestattet (Archiv des Autors)

Beim Kühlsystem war die Einführung der Pumpenumlaufkühlung überfällig. Die in Abstimmung mit dem Pumpenhersteller, der Firma Karl Schmidt in Merbelsrod, entwickelte Wasserpumpe 60 K mit Förderwerten von 1,1 bar/90 l/min. in Verbindung mit dem Gehäusethermostaten vom VEB Mertik in Quedlinburg mit einer Regeltemperatur von 80° C sorgten für stabile Kühlungsverhältnisse und für eine schnellere Erwärmung des Motors. Außerdem konnte dadurch ein anspruchsvolleres Heizungssystem eingesetzt und Kühlergröße und Wasservolumen erheblich reduziert werden.

Die Abgasanlage wurde in Zusammenarbeit mit dem Hersteller, dem VEB Blechverformungswerk Leipzig, sehr gut abgestimmt. Dies führte zu einer später nicht mehr erreichten Stetigkeit des Drehmomentverlaufs, wofür primär der als Öffnungsdiffusor ausgebildete Vorschalldämpfer verantwortlich war. Konstruktive Änderungen an der Anlage, die den Fertigungsprozess vereinfachen sollten, führten bei einer Resonanzdrehzahl zu den für den Wartburg 311 typischen Pfeifgeräuschen.

Dieser Motor vom Typ 312 war insgesamt gesehen ein beträchtlicher Fortschritt und verhalf dem Wartburg 311 zu verbesserten Fahrleistungen. Im internationalen Vergleich mit den 2-Takt-Herstellern SAAB und Auto Union wurde beim Benzinverbrauch ein Gleichstand erreicht. Beim Drehmoment war der Motor 312 0 mit 9,5 mkg dem AU 1000-Motor mit 8,5 mkg überlegen.

Die Entwicklung des Baumusters 311 wurde 1962 mit dem Wartburg 1000 abgeschlossen. Bestimmte Maßnahmen, wie zum Beispiel die Steigerung der Höchst-

Schön, aber nie in Serie gegangen – das Wartburg Cabriolet ›Bellevue‹ mit einem Dach aus blaugetöntem Piacryl entstand im Karosserie-Werk Halle, 1957 (Archiv des Autors)

geschwindigkeit auf 125 km/h durch den 45 PS starken Motor, eine verbesserte Heizungs- und Frischluftanlage, ein moderneres Lenkrad, asymmetrisches Abblendlicht sowie zusätzlich Lichthupe und Scheibenwaschanlage, brachten das Auto auf internationalen Standard und sicherten seine Exportfähigkeit. 1965 lief die Produktion des Typ Wartburg 311 aus. Insgesamt waren ab 1955 259 035 Exemplare gefertigt worden. Davon wurden rund 114 000 Stück ins Ausland geliefert.

Im Zeitraum von 1955 bis 1964 entstanden in Eisenach zahlreiche Prototypen. Während beispielsweise die Arbeiten am Typ 311 V sich auf kosmetische Korrekturen am Fahrzeugbug und an der Linienführung durch geänderte Mittelteile, Hauben, Kotflügel und Türen konzentrierten, peilte man bei anderen Fahrzeugen auf eine selbsttragende Bauweise. Die steife Ausführung der Bodenanlage, die stark bombierte Stirnwand, Versteifungen des Motorseitenschutzes, die auch als Luftführung ausgebildet war, verkürzte Türen oder Schiebetüren waren für diese Karosserien typisch, mit denen der Luftwiderstand und das Gewicht reduziert und die Einstiegs-, Sitz- und Sichtverhältnisse verbessert werden sollten. Die Federungssysteme dieser Prototypen wiesen alle damals bekannten mechanischen Federungsarten auf, von verschiedenen Blattfedern über Drehstabfedern, die auch progressiv arbeiteten, bis hin zu Schraubenfederungen. Alle waren mit doppeltwirkenden Teleskopstoßdämpfern ausgerüstet. Es wurde sogar eine Gummifederung untersucht. Dabei waren die Räder vorn einzeln in Parallel-Lenkern geführt, teilweise in Fahrschemelausführung, während hinten Schräglenkersysteme und Kurbelachsen mit Ausnahme der bis dato gebräuchlichen Schwebeachse verwendet wurden.

Bei allen Bemühungen, den mit dem F 9 nach Eisenach importierten 2-Takt-Motor zu verbessern, sah AWE in der Wiedereinführung des 4-Takt-Motors die einzige realistische Möglichkeit, die Qualität des Antriebsaggregats der des Gesamtfahrzeuges anzupassen, mittels einer geeigneten Auslegung die Fahrleistung zu erhöhen, den Kraftstoffverbrauch zu senken, eine Laufkultur herbeizuführen und die lästige Abgasfahne zu beseitigen. Ein 4-Takt-Motor entsprach ebenfalls dem Wunsch des Deutschen Innen- und Außenhandels (DIA), der dem Export des Wartburg 311 dadurch größere Chancen einräumte.

In der Perspektivgruppe der Abteilung Konstruktion, die aus sechs Konstrukteuren bestand, zu denen auch der Karosseriegestalter Hans Fleischer gehörte, und die vom späteren Hauptkonstrukteur des Bereiches Forschung und Entwicklung Diplom-Ingenieur Gerhard Roth geleitet wurde, entstand 1957 das Projekt des wassergekühlten 4 Zylinder-4-Takt-Boxermotors. Das kurzbauende Boxerprinzip war für den Längseinbau vor der Vorderachse des bereits bestehenden frontgetriebenen Typs 311 geeignet und ließ auch die Kühleranordnung vor dem Motor zu, was mit dem stehenden 3 Zylinder-Reihenmotor nicht möglich war. Gleichzeitig bezog AWE dieses Aggregat in die von 1957 bis 1960 laufenden Fahrzeugentwicklungen der selbsttragenden Typen 312 beziehungsweise 314 (Studie) ein, allerdings als Hecktriebsatz mit vor der Hinterachse liegendem Motor in Unterflurbauweise unter den Fondsitzen. Mit den gewählten Grunddaten Hub 65/

Der Wartburg 311 während der Tropenerprobung in Ägypten (Archiv Michael Stück)

Bohrung 73 ergab sich ein Gesamthubraum von 1088 cm³, der für die später erreichten 33 kW (44,85 PS)/4500 U/min. und 8,6 kpm/ 2750 U/min. genügte. Der effektive Mitteldruck betrug 9,82 kp/cm². Diese Betriebswerte wurden an Funktionsmustermotoren im konstruktiven Zustand zum Zeitpunkt des Abbruchs der Entwicklungsarbeiten Juni 1960 erreicht. Dem gingen aber noch andere Konzeptionen voraus. Der Hubraum war mit Hub 61/Bohrung 72 zunächst mit 993 cm³ bemessen, wurde aber, um die vorgegebenen Leistungsparameter zu sichern, und auch im Hinblick auf den möglichen Einbau im Leicht-Lkw L1 vergrößert. Auch eine 1,2 l-Ausführung existierte. Die erste Version besaß zwei untenliegende Nockenwellen, die V-förmig über der zentralen Kurbelwelle lagen, von Novotex-Zahnrädern angetrieben wurden und über oberhalb der Zylinder angeordnete Stößel und Stoßstangen den ohv-Antrieb übernahmen. Die schräg und parallel angeordneten Ventile saßen in einem Keilbrennraum ohne Quetschkante.

Die Konzeption des noch existierenden Funktionsmustermotors aus der letzten Generation stellte sich wie folgt dar: mittig geteiltes Aluminium-Kurbelgehäuse mit angegossener Ölwanne, unter der Kurbelwelle in Mittenteilung liegende Nockenwelle, nasse Schleudergusslaufbuchsen in Aluminium-Zylinderblöcken; Aluminium-Zylinderköpfe, Keilbrennraum mit einer Quetschkante gegenüber der Zündkerze, ohv-Steuerung, benachbart liegende Einlassventile; dreifach gelagerte geschmiedete Kurbelwelle mit hohlgebohrten Lagerzapfen, Kolben mit flachem Boden; zweiflutige Wasserpumpe zur gleichzeitigen Versorgung beider Zylinderreihen, an Motorstirnseite angeordnet und von Stirnseite Nockenwelle angetrie-

Zur Leipziger Herbstmesse wurde der aufgewertete Wartburg mit neuem Kühlergrill vorgestellt (Archiv des Autors; Foto: PGH Leipzig)

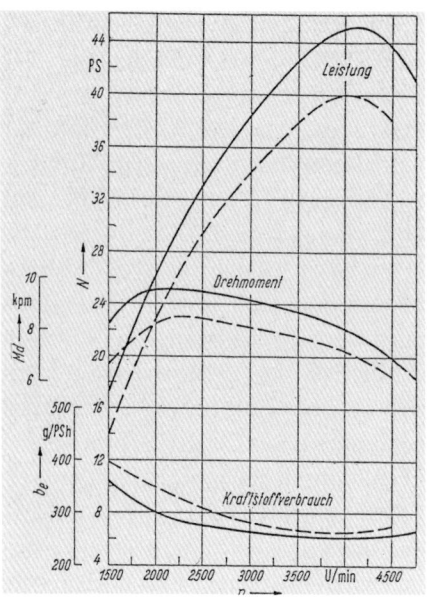

Vergleich der Leistungs-, Drehmoment- und Kraftstoffverbrauchskurven zwischen dem Motor 311 (900 cm^3) und dem Motor 312 (1000 cm^3) (Archiv Konrad von Freyberg)

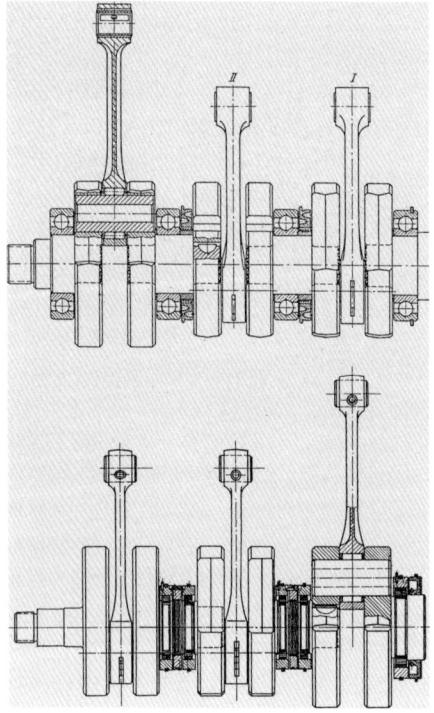

ben; ein Fallstromvergaser BVF F 324, vorgesehen BVF FGR 32, Motoruntersuchungen mit Solex BIC. Ansauggemischvorwärmung durch abgasdurchströmte Vorwärmkammer, Nassluftfilter, jedoch serienmäßig vorgesehenem Ölbadfilter; einer Lichtmaschine mit 180 W/12 V mit an Riemenscheibe angeflanschtem Lüfter, die neben dem Anlasser über dem Motor angebracht war.

Die Entwicklung dieses Motors war zum Zeitpunkt des Abbruchs noch nicht endgültig abgeschlossen, hatte allerdings ein beachtliches Stadium erreicht. Das sollte ihm nicht viel nützen. Die Investitionslage des Industriesektors erlaubte die Produktionsaufnahme eines 4 Takt-Motors bei AWE nicht. Daher stellte anlässlich der Frühjahrsmesse 1959 der damalige VVB-Hauptdirektor Lang fest, dass nicht unbedingt ein 4 Takt-Motor für das Fahrzeug der AWE-Produktion erforderlich sei, die Entwicklung jedoch dringend auf die Weiterentwicklung des 2 Takt-Motors abzielen müsse, weshalb der Abbruch der Arbeiten am Boxer-Motor durch die VVB Auto für das dritte Quartal 1959 angewiesen wurde und nach Restarbeiten (ÜK 8-Abnahmelauf) im zweiten Quartal 1960 endgültig erfolgte. Das Projekt des Boxermotors war nicht

Konstruktiver Vergleich der Kurbelwellen 311 und 312: Welle 311 (unten): drei unterschiedliche Lagerarten (vorderes Rillenlager 6206 nicht gezeichnet), Schleifen der Lagerbahnen im zusammengepressten Zustand, manuelle Wälzkörpermontage, vier unterschiedliche Hubscheiben; Welle 312 (oben): maximale Vereinheitlichung der Einzelteile und Einsatz von Normlagern (Archiv Konrad von Freyberg)

die letzte Initiative ohne Zukunftsperspektive.

Aufgrund der wegen der getrennten Bauweise von Rahmen und Karosserie möglichen Typenvielfalt des Wartburg 311 war der Wartburg Sport 313/1 das attraktivste Modell. Mit deutlich veränderten Proportionen gegenüber der Serienausführung, einer dem Zeitgeschmack entsprechenden langen Motorhaube und einer verkürzten zweisitzigen Kabine, neuem Ziergitter und drei seitlichen chromumrahmten Einprägungen (Luftschlitzandeutungen), einem abnehmbaren Coupé-Dach, einer neuer Instrumententafel und dem originellen weißen Lenkrad mit abgesetztem Durchmesser ober- und unterhalb der Querspeiche war dieses Auto ein bemerkenswerter Wurf. Ledersitze unterstrichen den gehobenen Anspruch, die sehr harte Federung erlaubten eine hohe Geschwindigkeit. Dieses zweitürige Auto benötigte in seiner sportlich betonten Linienführung dringend einen stärkeren Motor als das Serienmodell, wenngleich dafür nur der 900 cm^3-2 Takt-Motor zur Verfügung stand. Um das Entwicklungsziel von 50 PS zu erreichen, wurde zunächst die Verdichtung auf 7,6:1 und 8:1 erhöht. Dies entsprach dem rein geometrischen Wert und erscheint aus heutiger Sicht niedrig. Effektiv lag aufgrund des dynamischen Abgasdruckverhaltens der Verdichtungsenddruck höher, so dass sich letztlich ein effektiver Mitteldruck von 6,3 kg/cm^2 einstellte, der auf Grund des 2 Takt-Verfahrens ein Drehmoment von 9 mkg bei 3200 U/min. ergab. Die Verdichtung war für eine

Der 100 000ste Wartburg 311, hier noch ohne Ziergitter und Stoßstange, wurde im Eisenacher Werk gefeiert (Stadtarchiv Eisenach)

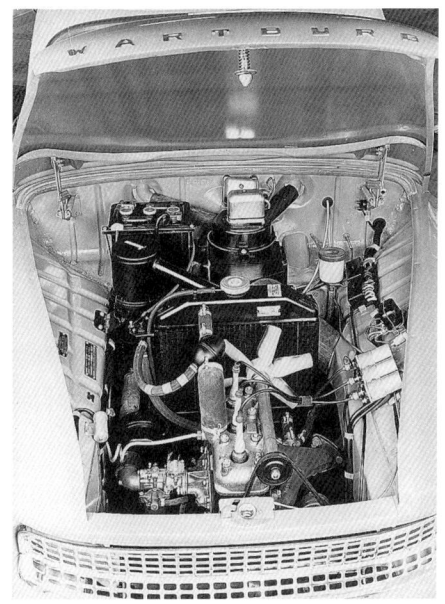

Blick unter die Motorhaube des Wartburg 311/1000cm^3 mit der Kurzschlussleitung für Kühlwasser, dem Kühlwassertemperaturregler, dem zweiteiligen Ansauggeräuschdämpfer (Schnorchel in Winterstellung), dem Regelventil für Heizung sowie Heizung mit Wärmetauscher und Standentfrostergebläse (Archiv Konrad von Freyberg)

Der Wartburg 311 mit Schiebetür, ein interessanter Versuch zur Bewertung der konstruktiven Erfordernisse und der praktischen Anordnung (Archiv Michael Stück)

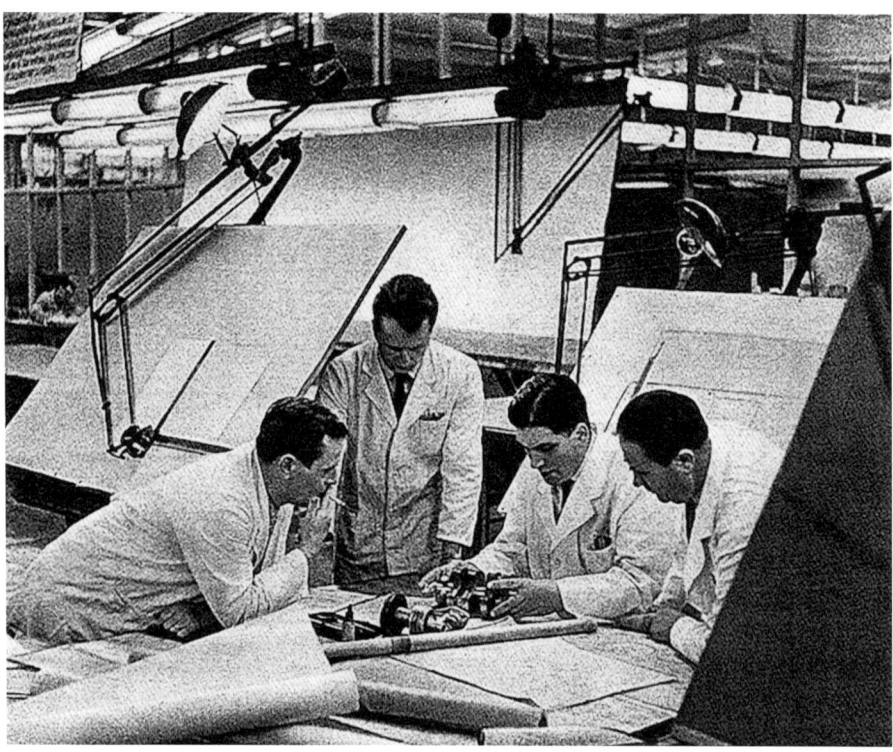

Im Eisenacher Konstruktionsbüro bei der Bewertung zur Serieneinführung des 1000er Motors (von links nach rechts): Versuchsleiter Dipl.-Ing. Fritz Dieterichs, FuE-Leiter Dipl.-Ing. Konrad von Freyberg, Hauptkonstrukteur Dipl.-Ing. Gerhard Roth und Ing. Wilhelm Wohne, Gruppenleiter Motor und Fahrgestell (von links) (Archiv Konrad von Freyberg)

Gebrauchsausführung bereits außergewöhnlich hoch und rief im Grenzbereich starke Klingelerscheinungen hervor, auch wenn der Mitteldruckzuwachs nahezu erhalten blieb. Erstere ließ sich durch eine entsprechend angefettete Vergasereinstellung etwas besänftigen, und bei sportlichen Fahrzeugen hatte ohnehin die Leistung Vorrang vor dem Kraftstoffverbrauch. Die geänderte Vergaseranlage trug zusammen mit zwei getrennten kleinen Ölsiebluftfiltern, praktisch ohne jede Geräuschdämpfung, zusätzlich zur Leistungssteigerung bei. Es handelte sich um eine BVF-2- Vergaseranlage Typ HH 362-1 mit nur einem Startvergaser und nur einer Schwimmerkammer, die

Wassergekühlter 4-Zylinder-4T-Boxermotor aus dem Jahr 1959; Bohrung 73, Hub 65, Hubraum 1088 cm³, Leistung 44,8 PS/4500U/min. (Stadtarchiv Eisenach)

zwischen den V-förmig angeordneten Vergaserkörpern liegend am hinteren Vergaser befestigt war. Hier wurde zum ersten Mal die etwas merkwürdig anmutende Konzeption praktiziert, dass an einem 3-Zylinder-Motor 2 Vergaser auf einen gemeinsamen Ansaugraum arbeiten. Die Konzeption war insgesamt nicht sehr gut, denn wegen Gemischverteilungs- und Startproblemen wurde im Laufe der Serie schließlich die Anordnung der Vergaser, jetzt Typ H 362-5, parallel ausgeführt. Die übrige Leistung kam aus einer Veränderung der Auslass-Steuerzeit von 75 in 78,5 KW. Zur Beherrschung des erhöhten Wärmeanfalls wurde vorsorglich eine Wasserpumpe vorgesehen. Der Motor hatte große Mühe, mit all diesen Änderungen die geforderten 50 PS zu erreichen und schaffte dies auch nur bei gleichzeitigem Drehmomentschwund im unteren Drehzahlbereich. Dies schlug sich in träger Beschleunigung von unten heraus nieder, erst bei höheren Drehzahlen lag sie über dem Durchschnitt und erzeugte dabei kernige Geräusche. Der Wagen erreichte eine Höchstgeschwindigkeit von 140 km/h.

Insgesamt gesehen entsprach die Motorisierung mit einem 900 cm³-2 Takt-Motor trotz allem dem gelungenen und anspruchsvollen Äußeren dieses Qualitätsfahrzeuges nicht ganz.

Das geplante Nachfolgemodell Wartburg Sport 313/2 sollte in Eisenach die Grundlage für eine neue Konzeption legen, die sich in einigen Punkten grundlegend von der des Vorgängers 313/1 beziehungsweise der Serie 311 unterscheiden sollte – durch eine selbsttragende Bauweise, Schraubenfedern und auf Forderung des Werkdirektors Zimmermann durch eine Unterfluranordnung des Triebsatzes vor der Hinterachse unter den Fondsitzen. Des Weiteren war nach der unbefriedigenden Motorisierung des Baumusters 313/1 die Forderung nach 60 PS zu erfüllen. Dies sollte das 850 kg schwere Auto auf 150 km/h bringen. Die für ein

Der aus dem Serientyp 311 entwickelte Wartburg Sport 313/1 war eine sehr bemerkenswerte Bereicherung des Typenprogramms, wurde allerdings nur in einer Auflage von 469 Exemplaren hergestellt (Stadtarchiv Eisenach)

Der Wartburg Sport 313/1 und viele seiner Nachfolger wurden zu Strömungsmessungen in den Windkanal Klotzsche des IfL Dresden geschickt (Stadtarchiv Eisenach)

Konzeptionell ohne Bezug zum 313/1 – der Wartburg Sport 313/2 mit selbsttragender Karosserie, schraubengefederter Einzelradaufhängung und Unterflurtriebsatz (Stadtarchiv Eisenach)

Gebrauchsfahrzeug ungewöhnliche Unterfluranordnung des Antriebsaggregats ermöglichte neben dem üblichen Heck-Kofferraum noch einen weiteren Kofferraum im Bug des Fahrzeugs, wo, nur durch einen aufklappbaren Zwischenboden getrennt, Reserverad und Kraftstofftank untergebracht waren. Die Vorderachse war in Doppelquerlenkerkonstruktion als Einbauaggregat ausgeführt, Querlenker, Federn, Stoßdämpfer und Stabilisator waren also an diesem vormontiert. Die Hinterachse, eine Pendelachse, war ebenfalls Teil eines Komplettaggregats, zu dem auch die Antriebseinheit gehörte.

Konzeptionell hing der auf 8° zur Waagerechten geschwenkte 3 Zylinder-2 Takt-Motor mit Getriebe in einem Hilfsrahmen, der auch den niedrigbauenden Kühler aufnahm und von unten an der Karosserie befestigt wurde. Somit bewegte sich die Einbauhöhe des flachgelegten Motors zwischen Unterkante Fondsitz und Bodenfreiheit, was die fast scharfkantig angewinkelte Konstruktion des untenliegenden Abgas- und obenliegenden Ansaugkrümmers erforderlich machte. Zudem war mangels der Möglichkeit, einen großen Kühler mit guten Anströmbedingungen einzubauen, das bisherige Wärmeumlauf-Kühlsystem nicht mehr verwendbar, so dass eine Wasserpumpe und thermostatische Regelung zum Einsatz kommen mussten.

Zum Erreichen der geforderten Leistung wurde erstmals ein Motor auf 1000 cm^3 aufgebohrt. Nach sorgfältiger Auswahl des Zylinderblocks wurde die Bohrung von 70 auf 73,5 mm vergrößert. Bei einer Beibehaltung des Hubs von 78 mm ergab sich ein Hubraum von 992,8 cm^3. Die passenden Kolben lieferte der

Der Unterflurtriebsatz des Sportwagens 313/2: ein flachgelegter 60 PS-3-Zylinder-2T-Motor mit speziellem Getriebe und angepasstem Kühler, gemeinsam mit Pendelachsen und Federung in Hilfsrahmen für eine Komplettmontage am Fahrzeugboden aufgehängt (Stadtarchiv Eisenach)

VEB Megu Leipzig, der Brennraum wurde mit einer Verdichtung von 8,5:1 der vergrößerten Bohrung angepasst, dazu die 2-Vergaseranlage BVF HH 362-1 eingesetzt und zur Erhöhung der Spüldrücke eine Kurbelwelle mit vollen Hubscheiben eingebaut.

Ob die 60 PS tatsächlich erreicht wurden, kann heute nicht mehr nachgewiesen werden. Dies war angesichts der auftretenden Probleme im Fahrbetrieb auch zweitrangig. Nicht zu beherrschen waren die Betriebstemperaturen des Motors infolge der völlig ungenügenden Anströmung des unter dem Fahrzeugboden liegenden Flachkühlers einschließlich eines winzigen Lüfters. Die Motortemperaturen erhöhten sich zusätzlich, als wegen ständiger Kühlerbeschädigungen durch Steinschlag und des Zusetzens mit Laub und Schmutz Abweiser eingebaut werden mussten. Hinzu kam eine sehr starke Lärmentwicklung. Zurückzuführen war diese auf die aufgrund der akuten Raumnot stark gestutzten Ansaug- und Auspuffgeräuschdämpfer, auf die Resonanzdrehzahlen der dämpferlosen vollen Kurbelwelle und besonders auf die Nähe dieser Lärmquellen zu den Insassen.

Unter diesen Bedingungen war eine vertretbare Motorabstimmung ausgeschlossen, so dass der Abschlusszustand zum Zeitpunkt des Abbruchs 1961 der Zielvorgabe nicht mehr entsprach. Die gehäuft auftretenden Schwierigkeiten bei fast allen Baugruppen des Fahrzeugs und die vergeblichen Versuche, diese zu beseitigen, bestätigten das bereits in der Entscheidungsphase 1959 geäußerte Misstrauen der verantwortlichen Konstrukteure angesichts dieser ungewöhnlichen Unterflurkonzeption. Diese hätte aufgrund stark behinderter Zugänglichkeit keinen üblichen Service zugelassen, der infolge Nässe und Verschmutzung von Zündung oder Vergaser in diesem Einbaubereich des Fahrzeugs häufiger als üblich erforderlich gewesen wäre. Diese Erkenntnisse gewann man während der Straßenerprobung der drei Prototypen.

Als VVB-Chef Lang im Sommer 1960 an die Automobilwerke Eisenach und Zwickau die Aufgabe zur Entwicklung je eines Perspektiv-Pkws (P 100) stellte, war das Ziel, nach einer Entscheidung für ein Fahrzeug durch eine Typenvereinheitlichung die bedarfsbedingte Stückzahlerhöhung ohne Großinvestitionen zustande zu bringen. Zu dieser Zeit war man in Thüringen noch mit dem Baumuster 313/2 beschäftigt. Bei AWE überschnitten sich die Arbeiten am 313/2 und am P 100. Entsprechend wurde ein viersitziger Prototyp aufgelegt mit selbsttragender Karosserie unter erneuter Verwendung des Unterflurtriebsatzes. Er erhielt einen 1000 cm^3-Motor mit nur 45 PS, war aber ansonsten identisch mit dem Baumuster 313/2.

Nutzfahrzeuge waren wichtiger:
Vom Framo zum Barkas

Die erste Nachkriegskonstruktion prägte auch bei den Framo-Werken in Hainichen die zweite Fahrzeuggeneration.[45] Es war dies der Typ V 901, dessen wichtigste Neuerung im 900er Dreizylinder-Zweitaktmotor bestand. Dieser Konzeption wurde der Vorzug gegenüber der bereits in Angriff genommenen Neuentwicklung eines Kleintransporters gegeben. Denn die Entwicklungs- und Überleitungskosten waren deutlich niedriger. Neben den verbesserten Fahrleistungen verfolgte die HV Auto auch das Ziel, den nur in geringen Stückzahlen und ausschließlich für den V 501/2 von Framo gefertigten U-Motor so früh wie möglich abzulösen. Dafür war das Erreichen einer stabilen Produktion der 3-Zylinder Motoren im Motorenwerk in Karl-Marx-Stadt (Chemnitz) von entscheidender Bedeutung.

Äußerlich unterschied sich dieses Auto nur aufgrund geringfügiger Modifikationen der Karosserie vom Vorgängermodell. Es verfügte über das gleiche Fahrgestell wie der V 501 und setzte die traditionelle Fertigung von Transportern an diesem Standort fort. Auch die mechanischen Bremsen waren beibehalten worden. 1952 folgte die hydraulische Vierradbremse. Die für diesen Typ bestimmten Motoren stammten vom VEB Motorenwerk Chemnitz, trugen die Bezeichnung F 9/I und begannen mit der Motornummer 01-90001.

Da eine Überlastung des vom U 500-Motor mit einer Leistung von 18 PS unverändert übernommenen Getriebes und des Achsantriebes in der Hinterachse vermieden werden musste, wurde die Leistung des F 9-Motors durch einen kleineren Lufttrichter im Vergaser auf etwa 24 PS gedrosselt. Damit erreichte man bei 3600 U/min. eine Höchstgeschwindigkeit von 70 km/h. Verschiedene Schritte, Verbesserungen am Dreizylinder-Motor F 9 durchzuführen – so ein kompakter

1951 begann in Hainichen die Produktion des Framo V 901 mit 3 Zylinder-Zweitaktmotor (Archiv des Autors)

Zylinderkopf mit mittig und senkrecht angeordneten Zündkerzen, einer seitlich verlagerten Lüfterwelle und dem Ersatz des Zündverteilers durch eine Dreihebel-Zündanlage – waren noch im Motorenwerk vorbereitet worden, konnten aber erst nach der Verlagerung der Produktion des Motors nach Eisenach im ersten Quartal 1955 in die Serienfertigung überführt werden. Dieser Motortyp erhielt die Bezeichnung 310 0. Bei den knappen Platzverhältnissen unter der Motorhaube konnte die seitliche Verlagerung des Lüfterrades gerade noch durch eine entsprechende Veränderung des Wasserkastens am Kühler kompensiert werden. Trotz

Der Aufbau der Kleinbus-Variante stammte vom Karosseriewerk Halle/Saale (Archiv des Autors)

Im Karosseriewerk Halle entstand der Prototyp des Barkas Kombi. Das Fahrzeug wird von den Direktoren Mahrt, Kühn und Rosenzweig begutachtet (Archiv des Autors)

der Drosselung des Ansaugstromes im Vergaser ergab sich auch für den Kleintransporter eine Mehrleistung von 4 PS; der Motor war nunmehr 28 PS stark.

Die weitere Entwicklung des Dreizylindermotors entsprach vor allem den Forderungen des Automobilwerks Eisenach. Dort kam es in erster Linie darauf an, das Mehrgewicht des Wartburg von 90 kg durch eine höhere Motorleistung auszugleichen. Davon profitierten eben auch in gewisser Weise die Framo-Werke.

Weitere in Eisenach entwickelte Veränderungen des Zylinderkopfes am Dreizylindermotor waren für die folgenden Motortypen 310 4 und 310 5 typisch. Dazu zählten erstens ein umgestalteter Brennraum (exzentrische Lage zur Zylindermitte, muldenförmig, auf das Zentrum des aufsteigenden Spülstromes ausgerichtet) und eine in Beziehung zur Zylinderachse exzentrische Lage der Zündkerze; zweitens kam zur weiteren seitlichen Verlagerung der Lüfterwelle eine zusätzliche Höherverlegung hinzu, wodurch die Lagerung der Lüfterwelle vom heißen Zylinderkopf abgekoppelt wurde, dies wirkte sich positiv auf die Schmierverhältnisse aus; drittens entfiel der aufgesetzte Wasserstutzen, der durch einen angegossenen Stutzen mit 50 mm Durchmesser ersetzt wurde; und viertens verringerte sich die Schraubenzahl im Zylinderkopf von 12 auf 8.

Mit diesen Veränderungen ging auch eine günstigere Gestaltung des gesamten Motorraums des Kleintransporters einher. Ventilator und Keilriemenscheibe konnten zu einem Gussteil vereinigt werden. Der Raumgewinn ließ sich funktionell und ökonomisch dazu nutzen, den Kühler umzugestalten. Dieser wurde breiter und niedriger und verlor den überkragenden Wasserkasten. Gleichzeitig verbesserte sich dadurch der Zugang zur Zündanlage und auch der Keilriemenwechsel war nun einfacher als zuvor. Wesentliche Verbesserungen an der Karosserie des V 901 konnten erst in Angriff genommen werden, nachdem

Der Barkas V 902 als Messeobjekt mit Aufbauten Kasten, Pritsche, Kombi und Kleinbus (Archiv des Autors)

F 9 Motor mit Getriebe, wie sie in der ersten Zeit beim V 901 eingebaut wurden (Archiv des Autors)

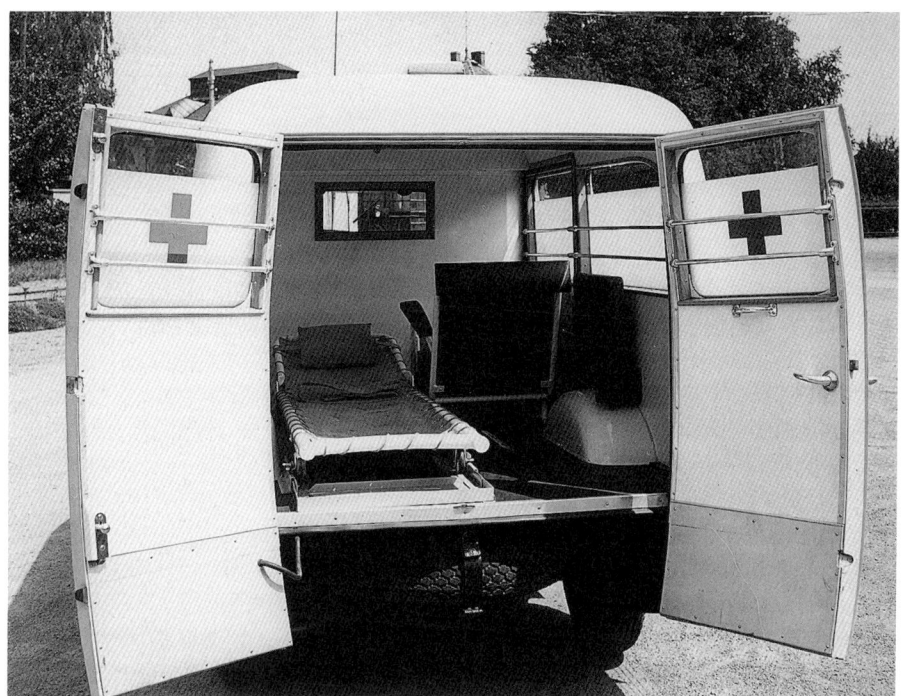

Von Anfang an waren Framo-Kleintransporter Bestandteil des Fuhrparks des Deutschen Roten Kreuzes (Archiv des Autors)

das Vorhaben aufgegeben worden war, das Armeefahrzeug H 1 bei Framo zu produzieren.

Die Arbeiten von Framo konzentrierten sich auf die Ausführungen Kastenwagen und Pritschenfahrzeug. Das tragende Holzgerippe wurde bis zum Schluss beibehalten. Für das Pritschenfahrzeug wurde ein Spriegelgestell für Planenabdeckung entwickelt.

Ein großer Aufwand bei Konstruktion, Technologie und Werkzeugbau war auch für die Umstellung der Verzahnung für den Hinterachstrieb vom Prinzip Klingelnberg auf Gleason erforderlich. Dadurch wurde man vom Westimport der speziellen Fräser unabhängig. Auf dieser Grundlage wurde neben der normalen Achsübersetzung ein »schneller« Achstrieb für Einsatzfälle wie den Klein-Omnibus entwickelt.

Mit verlängertem Radstand, verbreitertem Fahrerhaus und sichtbar überarbeitet kam der V 901/2 im Jahr 1954 heraus. Ihm folgte zwei Jahre später in geringer Stückzahl der V 901/3, ein auf einen Radstand von 3,1 m verlängertes Pritschenfahrzeug (vgl. Anlage D 01).

Danach wäre eigentlich auch in Hainichen die nächste Erzeugnisgeneration fällig gewesen. Statt dessen präsentierte man 1956 unter der Bezeichnung 901/2 Z einen Zwischentyp, der den auf 28 PS gesteigerten Wartburgmotor in neuer

Auch Framo/Barkas-Fahrzeuge nahmen an der Erprobung in Ägypten teil (Archiv des Autors)

Aufführung – dezentrale Lüfterwelle, senkrechte Zündkerzenanordnung – besaß. Verbesserte Bremsen, ein auf 2800 mm vergrößerter Radstand und weitere Details waren Kennzeichen dieses als Übergangslösung gedachten Transporters, der dennoch über fünf Jahre im Fabrikationsprogramm blieb. Serienmäßig wurde er mit den Aufbauten Pritsche, Kasten, Kombi und Kleinbus geliefert.

Hierfür hatte man die Karosseriewerke in Halle und Döbeln in das Produktionsprogramm eingebunden. In Zusammenarbeit mit diesen Betrieben wurden auch noch Sonderausführungen der Aufbauten für das Deutsche Rote Kreuz, die Feuerwehr, die Deutsche Post, die Volkspolizei und für Handelsorganisationen entwickelt. Besonders für den letzteren Fall wurden Fahrgestelle nur mit Fahrerhaus geliefert.

Die Fahrzeuge entsprachen dem damaligen Stand der Technik und fanden, soweit es der Inlandsbedarf und die Handelsrestriktionen zuließen, auch im Ausland Abnehmer, so in Holland, Belgien und Finnland. In Ungarn setzte man sie bei der Post und bei Speditionsbetrieben ein. Mit dem V 901/2 nahm man sogar mit einer speziellen Tropenausführung an der zwischen Juni und November 1956 durchgeführten Erprobung in Ägypten teil. Dabei konzentrierte man sich im wesentlichen auf die Arbeitsfähigkeit des Motors unter extremen Bedingungen. Für die Luftfilterung wurde in Abstimmung mit Oberingenieur Richter von der TU Dresden, der als »Filter-Papst« der DDR galt, eine Filterkombination entwickelt,

Kofferaufbau auf einem Barkas V 901/2, hergestellt vom Karosseriewerk Baalberge; dafür wurden überwiegend Hartfaserplatten verwendet. 1960 bis 1962 wurde im Rahmen der »Störfreimachung« bei fast allen Nutzfahrzeugen versucht, vom Karosserieblech auf Hartfaserplatten »extrahart« umzustellen (Archiv Carl-Hans Morgenstern)

die aus einem Zyklon-Vorfilter mit nachgeschaltetem Ölbadfeinfilter bestand. Die Kühlung des Motors wurde durch eine Wasserpumpe am Zylinderblock verstärkt.

In dieser Ausführung nahmen zwei Fahrzeuge als Kombi und als Sanka an der Erprobung teil. Die Auswertung des Tests ergab, dass die Filterkombination der Barkas-Fahrzeuge am wirksamsten war. Auch die Kühlung des Motors war in Verbindung mit der Umlaufpumpe für die klimatischen Verhältnisse ausreichend dimensioniert gewesen.

Vom V 901 und V 901/2 Z wurden zwischen 1951 und 1961 rund 29 500 Fahrzeugen gebaut. Die Produktion, die sich im Jahrfünft von 1956 bis 1961 im Durchschnitt auf 3 500 bis 4 000 Fahrzeugen pro Jahr einpendelte, zeigte im Rückblick, dass die Bauweise als Rahmenfahrzeug zwar aufwendig, aber bei einigen Punkten, so etwa bei der Lebensdauer, vorteilhafter war.

1957 wurden die Framo-Werke Hainichen in VEB Barkas-Werke[46] umbenannt. Ein Jahr später wurden sie mit dem VEB Motorenwerk und dem VEB Fahrzeugwerk zum VEB Barkas-Werke Karl-Marx-Stadt vereint. Dieser Schritt war notwendig für die Produktion des neuen Kleintransporters und um die Stückzahlen des ebenfalls dort gefertigten Trabant-Motors zu steigern. Die Zahl der Mitarbeiter stieg auf 5 200. Bis zur Ausgliederung der militärischen Produktion aus dem Fahrzeugwerk verblieben alle bisherigen Erzeugnisse der drei Betriebe im Produktionsprogramm. Dieses umfasste den Kleintransporter V 901 in seinen verschiedenen Ausführungen; Achsantriebe für Robur-Lkw (bisher VEB Barkas Hainichen); Laufrollen für den Kettentraktor, der in Brandenburg produziert wurde; den Fahrzeugmotor P 70 mit Getriebe; den Fahrzeugmotor P 50; stationäre Zweitaktmotoren (bisher VEB Motorenwerk Karl-Marx-Stadt); Dieseleinspritzpumpen; Kübelwagen P 2 für Armeezwecke; Armeeaufbauten für verschiedene Lkw und Anhänger (bisher VEB Fahrzeugwerk Karl-Marx-Stadt[47]).

Die Fahrzeugwerke Karl-Marx-Stadt waren ausgewählt worden, die Produktion der militärischen Zwecken dienenden Kübelwagens zu übernehmen. Dafür stand außer dem Typ P 1 auf BMW-Basis aus Eisenach und dem Phänomen 27 Zg auch der bei Horch aus Konstruktionen der dreißiger Jahre entwickelte H 1 zur Auswahl. Nur den Zittauer Phänomen-Mitarbeitern war eine überzeugende Präsentation gelungen. Sie wurden mit ihrer Konstruktion und dem davon abgeleiteten leichten Lkw Stammlieferant der Armee. Für einen neuen Armee-Kübel wurde das FEW eingeschaltet; dort entstand der P 2. Dessen Fertigung begann im Fahrzeugwerk Karl-Marx-Stadt. Horch spielte für Entwicklung und Fertigung militärischer Spezialfahrzeuge danach keine Rolle mehr.

Lkw aus Zittau ...

Nach den ersten Anfangsjahren nahm die Stückzahl beim VEB Phänomen-Werken Zittau[48] zu und die Produktion war 1952/53 doppelt so hoch wie vor dem Krieg. Damit stellte das Lkw-Werk eine Ausnahme dar. Betriebsdirektor Langer setzte vor allem auf eine eigenständige Entwicklung und auf technische Verbesserungen. Unbeirrt hielt er an der Luftkühlung fest und setzte auf ein größeres Angebot an Aufbauvarianten.

Hauptziel der neuformierten Abteilung Konstruktion und Versuch war eine Leistungssteigerung der Motoren. Aus dem seitengesteuerten Motor für den Granit 27 mit Radialgebläse wurde der kopfgesteuerte Granit 30 K mit Axialgebläse. Schon 1949 hatte man die sieben Jahre zuvor unterbrochenen Arbeiten am luftgekühlten Fahrzeug-Dieselmotor wieder aufgenommen. Zwei Jahre später begannen die Entwicklungen am 3 l Otto-ohv-Motor. 1953 wurden beide Motoren in die Serienfertigung übernommen. Die Fahrzeug-Bezeichnung lautete im einen Fall IFA Phänomen Granit 30 K (Ottomotor) und im anderen Granit 32 (Dieselmotor). 1955 wurde das Äußere der Automobile aus Zittau runderneuert. Sie erhielten eine neue Motorhauben-Kotflügelpartie mit einbezogenen Scheinwerfern. Zur gleichen Zeit sahen sich die Zittauer Automobilbauer mit einer juristischen Klage aus Westdeutschland konfrontiert. Diese zielte darauf ab, Übernahme und Weiterführung der technischen Entwicklungsergebnisse der Vorkriegszeit zu unterbinden. Die Klage hatte die Familie Hiller erhoben, und in Zittau gab man den schon durch die IFA-Ergänzung und die Streichung des Unternehmernamens abgewandelten traditionellen Markennamen nun endgültig auf.

IFA Phänomen Granit 30 K, Omnibus mit 18 Sitzen, gebaut in den Jahren 1953 bis 1955 (Prospekt Robur-Werke)

Robur Garant 30 K, Omnibus mit 18 Sitzen, gebaut in den Jahren 1956 bis 1960 (Werkfoto)

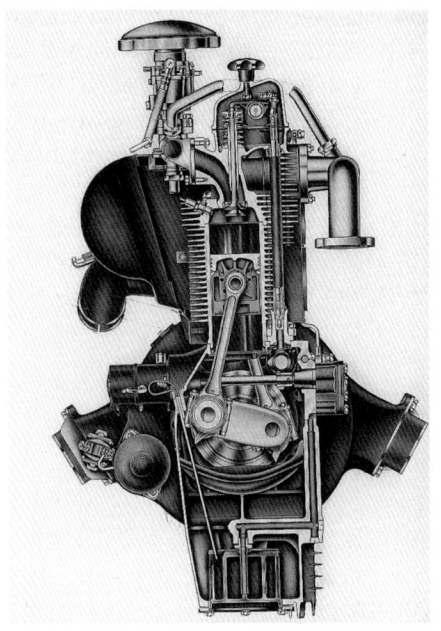 

4 Zylinder-Ottomotor luftgekühlt, Garant 30 K 4 VO 11,8/9 SRL [30 stand für 3,0 l Hubraum, K für kopfgesteuert OHC]. Im Bild zu sehen sind die Schöpfernase am Pleuel und die Tauchtröge für die Tauchschmierung. Erst 1967 erfolgte die Umstellung von Tauch- auf Druckschmierung (Werkfoto)

Dieselmotorenbaukastenreihe 1-8 VD 12,5/9 bzw. 1-8 VD 12,5/10, Dieselmotor 8 VD 12,5/10 SVL – eine Auftragsentwicklung für das Spezialfahrzeug G5/3 (Werkfoto)

Seit dem 1. Januar 1957 firmierte dieser Betrieb als VEB Robur-Werke Zittau. Dieser Name kam aus dem Lateinischen und bedeutet »Steineiche«, stand also sinngemäß für Kraft und Härte. Die Fahrzeuge hießen nicht mehr »Granit«, sondern »Garant«. Auch diese zweite Nachkriegs-Lkw-Generation aus Zittau erfreute sich steigender Nachfrage, besonders im Ausland. 1958 überstieg die Jahresproduktion die Zahl 6 000 (vgl. Anlage E 01). Mit einer Vielzahl von Pritschen-, Koffer-, Kasten- und Busaufbauten auf Fahrgestellen mit Hinterrad- und Allradantrieb – insgesamt gab es 65 Varianten und 110 Modifikationen – sollten mit einer kleinen Zahl von Grundtypen viele Ansprüchen erfüllt werden.

Auf der Grundlage des luftgekühlten Vierzylinder-Fahrzeugdieselmotors 4 VD 12,5/9 SRL wurde ab 1954 eine Dieselmotorenbaureihe mit 1, 2, 3 und 4 Zylindern entwickelt. Die Serienüberleitung der 1, 2 und 3 Zylinder-Dieselmotoren erfolgte 1957 im VEB Motorenwerk Kamenz (vormals Steudel). Seit Anfang 1953 gehörte der VEB Motorenwerk Kamenz als Werk IV zum IFA Kraftfahrzeugwerk Phänomen Zittau und wurde 1967 an MC weitergegeben. Im stationären Bereich wurden die Motoren vor allem für den Antrieb von Generatoren, Kühlaggregaten, Pumpen, Gabelstaplern und Baumaschinen eingesetzt. Diese Baureihe wurde 1956 durch eine Auftragsentwicklung um 6- und 8-Zylinder-V-Motoren erweitert. Der Auftrag sollte die Voraussetzungen für eine geplante neue Lkw-Typenreihe schaffen. Der Leistungsbereich der 1-8 Zylindermotoren umfasste 4,8 bis 88,2 kW und sollte durch eine Vergrößerung des Hubraums bis auf 110 kW gesteigert werden. 1962 wurde die Entwicklung der 6- und 8-Zylindermotoren eingestellt, da die neue Lkw-Typenreihe keine Aussicht mehr hatte, jemals realisiert zu werden.

Die Leistung des luftgekühlten Vierzylinder-Ottomotors war 1957 bereits auf 60 PS erhöht worden. An einer weiteren Steigerung bei den Vierzylindern auf 70 PS arbeitete man in Zittau mit Hochdruck, um dieses Ziel beim Otto- und beim Dieselmotor zu erreichen (vgl. Anlage E 02).

... sowie aus Zwickau und aus Werdau

Lkws der zweiten Generation waren im Zwickauer Werk Sachsenring (ehemals Horch) nur ein Intermezzo.[49] Begonnen hatte dies 1958 mit dem S 4000 – S stand für Sachsenring. Dieser Nachfolger des H 3 A war auf 4 t Nutzmasse vergrößert worden. Der Radstand nahm um 300 mm zu und bot somit die Voraussetzung für eine Vergrößerung der Ladefläche um 10 Prozent. Federn, Vorderachse und Rahmen wurden verstärkt. Von diesem Fahrzeug verließen 1958 exakt 1802 Exemplare das Werk. Von einer Zugmaschine mit auf 2500 mm verkürztem Radstand wurde zur gleichen Zeit 242 Stück gebaut (vgl. Anlage F 01, G 01). Im selben Jahr begann unter der Bezeichnung S 4000-1 die Fertigung des Nachfolgebaumusters mit auf 90 PS erhöhter Leistung, neuem zwangssynchronisiertem Fünfgang-Getriebe und Druckluftbremse. Das Fahrerhaus war nun im Gummi gelagert und die Lehne der Sitze darin geteilt ausgeführt, so dass der Fahrersitz verstellbar war. 1959 wurden davon einschließlich der Zugmaschinen-Variante 38 Fahrzeuge vom Typ S 4000 und 2974 Stück vom Typ S 4000-1 in Zwickau gebaut, bevor die gesamte Fertigung zugunsten der Fertigung des Trabants nach Werdau verlagert wurde (vgl. Anlage F 09). Die Waggonfabrik Werdau gehörte als Betrieb des Spezialaufbauten- und Schienenfahrzeugbaus zunächst nicht zum Automobilbau, sondern zum LOWA-Verband.

Die erste Fahrzeuggeneration war hier von O-Bussen sowie von Omnibus- und Lkw-Spezialaufbauten geprägt. Am 1. Juli 1952 erfolgte die Eingliederung in den Industrieverband

Die Drei-Seiten-Kipper auf dem S 4000-1 waren robust, aber für den Einsatz auf Großbaustellen wegen zu geringem Fassungsvermögen nicht gut geeignet (Archiv Dr. Michael Dünnebier)

Der S 4000-1 T besaß Aggregate und Baugruppen des Grundtyps und verfügte neben einer Kurzhaubenkabine über ein Niederrahmen-Chassis. Seit 1958 wurde er in geringen Stückzahlen für Spezialaufbauten (Viehtransporte, Feuerwachen) gebaut (Archiv des Autors)

Fahrzeugbau der DDR mit dem Ziel, in Zukunft Lastkraftwagen und Kraftomnibusse vollständig zu montieren. Das nun als VEB Kraftfahrzeugwerk »Ernst Grube« Werdau firmierende Unternehmen gab die Fertigung von Schienenfahrzeugen auf.

Am Anfang der neuen Produktion in Werdau stand der Lkw H 6, der von Horch entwickelt und für 6 t Nutzmasse vorgesehen war. Er wurde vom Sechszylinder-Dieselmotor EM 6 angetrieben. Fahr- und Triebwerksentwicklung dieses ersten Lkw, aber auch der vorher produzierten O-Busse und Kraftomnibusse waren maßgeblich durch den ehemaligen Vomag-Chefkonstrukteur Oberingenieur Keilhack beeinflusst, der nach der Auflösung des Werkes in Plauen zur Mitarbeit in Zwickau und Werdau gewonnen werden konnte. Für die ersten Fahrzeuge aus Werdau wurden zum Teil noch originale Vomag-Teile und modifizierte Vomag-Baugruppen verwendet. Der H 6 war ursprünglich zur Fertigung in Zwickau vorgesehen und wurde auf der Leipziger Frühjahrsmesse 1951 noch mit dem IFA-Horch-Markenzeichen präsentiert. Die Konstruktionsunterlagen wurden jedoch im November 1951 nach Werdau weitergeleitet, und die Serienfertigung des H 6 als Pritschenfahrzeug mit 6,5 Tonnen Nutzmasse begann 1952.

Die 6-Zylinder-Wirbelkammer-Dieselmotoren EM 6 für den H 6 leisteten 120 PS aus 9036 cm^3 Hubraum und wurden vom IFA-Horch-Werk in Zwickau bezogen. Zur Kraftübertragung dienten eine Einscheiben-Trockenkupplung und ein 5-Gang-Getriebe. Die einfach übersetzte Hinterachse war als sogenannte Einheitsachse für den H 6-Lkw und den LOWA-Bus ebenfalls in Zwickau entwickelt

Der in Zwickau entwickelte Sechstonner H 6 wurde ausschließlich in Werdau gefertigt (Archiv des Autors)

worden, die Serienproduktion erfolgte aber in Werdau. Die Betriebs- und Anhängerbremse des H 6 arbeitete mittels Druckluft. Eine mechanische Feststellbremse und die Schneckenlenkung entsprachen dem damaligen Stand der Technik. Die Grundausführung mit Pritschenaufbau wurde auch mit Plane und Spriegel angeboten. Zur Leipziger Herbstmesse 1953 sah man den H 6 mit 3-Seiten-Kippaufbau und 5-Tonnen-Anhänger als »Großkippzug«. Zum Lieferprogramm gehörten Muldenkipper, Fäkalien- und Müllräumfahrzeuge, aber auch Möbelwagen, Kran- und Tankfahrzeuge. Die geschlossenen Aufbauten entstanden traditionsgemäß in Werdau, andere wurden von Spezialbetrieben wie der Firma Hunger in Frankenberg zugeliefert.

Von der Gesamtproduktion des H 6 von rund 7 400 Einheiten wurden zwischen 1953 und 1959 etwa 3 700 Stück in 14 Länder exportiert. Hauptabnehmer war die Volksrepublik China, in die allein 2577 Fahrzeuge geliefert wurden, 350 Fahrzeuge gingen nach Argentinien, 220 nach Rumänien, 177 in die Türkei und 120 nach Ägypten. Die einfache und robuste Ausführung der H 6-Lastwagen wurde in diesen Ländern besonders geschätzt.

In Werdau entstand unter weitestgehender Verwendung von H 6-Bauteilen, jedoch mit einem auf 3200 mm verkürzten Radstand, auch der Zugmaschinen-Typ Z 6 für Anhängelasten bis zu 12 t und die Sattelzugmaschine S 6. Analog zum Lkw H 6 entwickelte man in Werdau den Kraftomnibus H 6 B. Als Antrieb diente in den Jahren 1954 bis 1958 der vorn stehend eingebaute Motor EM 6-20 mit 120 PS, in den Jahren 1958 und 1959 kam der EM 6-20 mit 150 PS zum Einsatz. Der

Unter der Bezeichnung Z 6 und mit einem auf 3200 mm verkürzten Radstand stellte Werdau auch eine Zugmaschine her (Verkehrsmuseum Dresden, SäSTAC)

zehn Meter lange Bus war in selbsttragender Bauweise konzipiert und besaß vorn und hinten Starrachsen. Versionen unter dem Zusatzzeichen L, S, R und U wurden als Linien-, Reise- und Konferenz-Universalbusse gebaut. Während der Reisebus 32 Sitzplätze aufwies, verfügte der Stadtbus über 24 Sitz- und 31 Stehplätze. Hauptabnehmer war die BVG Ost, die mehr als 100 Exemplare dieses Typs erwarb.

Da die Lkw-Produktion die Fertigungskapazitäten in Werdau gänzlich auslastete, wurde die Montage des H 6 B in den Jahren 1955/56 zum LOWA-Werk in Ammendorf verlagert. Qualitätsprobleme und Vertragsstreitigkeiten führten ab 1957 zur Rückführung der Produktion nach Werdau. Allein im letzten Produktionsjahr 1959 wurden 405 Busse des Typs H 6 B montiert. Durch das neue »Einheitsgetriebe« erreichten der Reisebus und der für 11 Plätze ausgelegte Konferenzbus eine Geschwindigkeit von 92 km/h (vgl. Anlage F 09).

Nach dem H 6 B begann in Werdau 1952 die Entwicklung des Zugmaschinen-Omnibus Do S 6. Die aus dem 120 PS starken H 6 entwickelte Zugmaschine mit einer zusätzlichen Verkleidung zwischen den Achsen wurde mit Doppelstock-Aufliegern zu einem Sattelzug-Doppeldecker für die BVG Ost kombiniert. Dabei diente das 1938 mit einer Opel-Zugmaschine für die Dresdner Straßenbahn bei Schumann gebaute Modell als Vorbild. Der Auflieger war in Stahl-Schweißkonstruktion mit Leichtmetallbeplankung ausgeführt. Die vier Einzelhinterräder waren in Pendelschwinghebeln an den Längsträgern befestigt und durch liegende Schraubenfedern abgestützt. Interessant war auch die Anordnung der beiden Treppen für den Fahrgastfluss und der beiden Schiebetüren. Die Heizungsanlage befand sich im hinteren Teil der Fahrerhaus-Doppelkabine. Nach Erhitzung in

Der H 6 B war im öffentlichen Kraftverkehr der DDR bis etwa Mitte der sechziger Jahre weit verbreitet. Anfangs wurde er als W 501 bezeichnet (Archiv des Autors)

Eine elegante, aber sehr seltene Variante des H 6 B – der Luxusreisebus. (Archiv des Autors)

Doppelstockaufbauten waren viele Jahrzehnte lang eine Spezialität der Werdauer Omnibusbauer. 1953 bauten sie den DO S6 für den Berliner Nahverkehr (Archiv des Autors)

Der Doppelstock-Sattelschlepper DO S 6 mit seinem Konstrukteur Wilfried Otto (3. v. l) und Oberingenieur Gabler, Chefkonstrukteur in Werdau bis 1955 (4. v. l). Das Fahrzeug wurde 1953 in Werdau aufgebaut und danach 140 000 km bei den Berliner Verkehrsbetrieben erprobt. In Berlin waren auch weitere sieben Sattelzüge im Einsatz (Archiv des Autors)

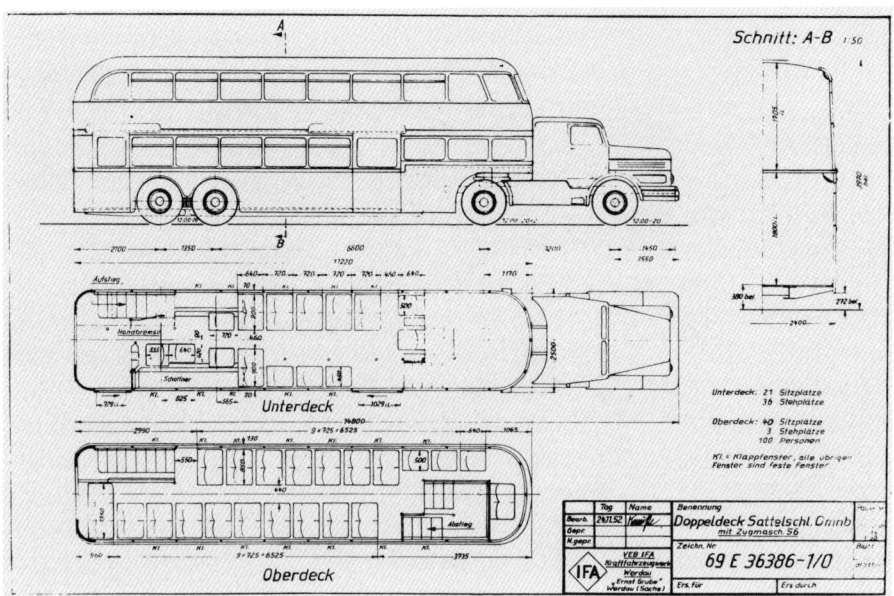

Risszeichnungen für den DO-Bus (Archiv des Autors)

Ein zweiter Doppelstockauflieger wurde mit einer O-Bus-Zugmaschine ES 6 kombiniert und im März 1954 an die BVG-Ost ausgeliefert (Archiv des Autors)

Im Aufwind

Das Niederrahmenfahrgestell N 7 war besonders für Feuerwehr-Aufbauten konzipiert, rechts der Werdauer Versuchsleiter Lorenz (Verkehrsmuseum Dresden)

einem Wärmetauscher drückte ein Gebläse die erwärmte Luft durch Heizkanäle mit einer besonderen Kanalkupplung in den Auflieger. 8 Exemplare dieses für 61 Sitz- und 39 Stehplätze ausgelegten Fahrzeugs wurden insgesamt für die BVG Ost gebaut.

Schließlich wurde in Werdau auch 1953 ein Prototyp für einen Oberleitungs-Bus-Doppeldecker-Sattelschleppzug unter der Bezeichnung ES 6 entwickelt. Das fünfzehn Meter lange Fahrzeug bestand aus einer Frontlenker-Zugmaschine mit einer Doppelkabine für die Aufnahme der gesamten Elektroanlage. Als Antriebsquelle diente ein selbstlüftender Hauptstrom-Doppelkollektor-Gleichstrommotor für 600 V Fahrspannung mit einer Leistung von 120 kW bei 1500 U/min. Dieser O-Bus-Motor wurde durch einen Schwingregler geschaltet und erlaubte mit Hilfe der angebauten Widerstände, die Geschwindigkeit, das Anfahren und Bremsen sehr feinstufig zu regeln. Über eine kurze Gelenkwelle wurde die Antriebsachse der Zugmaschine in Bewegung gesetzt. Zwei gewinkelte Stromabnehmer waren auf dem vorderen Teil des Zugfahrzeuges angebracht, die mittels Feder gehoben wurden. Das Senken erfolgte durch Seilzug. Für Rangierfahrten und für die Überbrückung stromfreier Strecken war ein dieselelektrischer Hilfsantrieb eingebaut, der eine Fahrgeschwindigkeit von 7 km/h ermöglichte. Für die 100 Fahrgäste wurde der gleiche Auflieger wie beim Do S 6 verwendet.

In Werdau verfolgte man seit Mitte der fünfziger Jahre mehrere Projekte, den H 6 zur 3. Generation weiterzuentwickeln. Relativ weit waren die Arbeiten am Niederrahmen-Fahrgestell N 7 gediehen, dessen Konzeption den Wünschen der

Kommunalwirtschaft besonders gut entsprach. Ein Funktionsmuster wurde zum 30. Juni 1957 fertiggestellt und anschließend einem Dauertest von 6 000 km unterzogen. Im Juli 1957 wurde es zur weiteren Erprobung der Feuerwehr in Ost-Berlin übergeben. Dieser N 7 nutzte die Hauptaggregate des H 6, wobei die wesentlichen Unterschiede aufgrund der unterschiedlichen Verwendung in einer geringen Höhe und in der Ausführung des Rahmens bestanden. Er war aus zwei U-förmigen Längsträgern gebildet, die über der Hinterachse entsprechend gekröpft werden mussten, um die nötige Federhöhe zu erreichen. Für dieses Fahrgestell entstand in Werdau ein Frontlenker-Lkw mit der Typenbezeichnung AZ 57.

Vom allradgetriebenen Frontlenker AZ 57 gab es nur ein Funktionsmuster (Archiv Dr. Michael Dünnebier)

Besonders aufgrund der beim Einsatz von Muldenkippern beim Aufbau des Kraftwerks »Schwarze Pumpe« gewonnenen Erfahrungen kam von der Bauwirtschaft der Ruf nach wendigeren Kippfahrzeugen. Als Ergebnis wurde der zweiachsige, allradgetriebene Frontlenker-Lkw AZ 57 vorgestellt. Die Abmessungen orientierten sich an der Zugmaschine Z 6. Er hatte ein Gesamtgewicht von 15 t. Als erstes Versuchsfahrzeug wurde 1957 ein allradgetriebener Muldenkipper aufgebaut. Die Frontlenker-Kabine zeigte deutlich die Nähe zum H 6 B-Omnibus. Ausgehend von der Allradausführung sollte bei einer weitgehenden Standardisierung der Bauteile ein möglichst breites Typenprogramm abgeleitet werden.

Während von den Typen N 7 und AZ 57 jeweils ein Funktionsmuster tatsächlich montiert und praktisch erprobt wurde, kam der als H 6-Nachfolgetyp geplante Lkw L 6 nicht über das Stadium der Entwicklung hinaus. Vorgesehen waren eine Erhöhung der Nutzlast auf 7,5 t, ein stärkerer Motor und eine sehr robuste Ausführung, die auch den Ansprüchen der mit dem H 6 erschlossenen Auslandsmärkten Rechnung tragen sollten.

Alle diese Entwicklungen wurden vor einer Serienfertigung abgebrochen. Wenn man hierfür nach Gründen Ausschau hält, so fallen mehrere ins Auge. Es waren vornehmlich personelle, wehrtechnische und politische Aspekte.

Die Werdauer Abteilung für Entwicklung und Versuch hatte 1949 mit 20 Mitarbeitern begonnen und war bis Mitte der fünfziger Jahre auf rund 60 Angestellte angewachsen. Diese Zahl war für die laufenden Projekte ausreichend. Doch mit sehr eiligen Arbeiten, die in kürzester Zeit abgewickelt werden mussten, war die

Abteilung überfordert. Und die personelle Unterbesetzung bei Musterbau und Versuch war auch nicht kurzfristig durch zusätzliche Einstellungen zu beheben. Man behalf sich damit, dass Entwicklungsarbeiten nach außen, an »freie Mitarbeiter«, vergeben wurden, so etwa das Fahrgestell N 7 und der Frontlenker AZ 57.

1953 erhielt Werdau den Auftrag, Spezialaufbauten für den G 5, einen im FEW entwickelten 6 x 6 Lkw mit 5 t Nutzmasse, H 6-Motor und geländegängigem Fahrwerk, zu entwickeln und herzustellen. Unter dieser allgemeinen Bezeichnung verstand man alle für die Landesverteidigung herzustellenden Fahrzeugaufbauten für diesen Lkw. Dazu zählten auch jene mit Wasserwerfern, die nach den Erfahrungen des Arbeiteraufstandes vom 17. Juni 1953 bei der Belegschaft hinter vorgehaltener Hand nur »Arbeiterwaschmaschine« hießen. In diesem Zusammenhang wurde das Werk dem Amt für Technik der Nationalen Volksarmee unterstellt und zu besonderer Geheimhaltung verpflichtet. Schon aus diesem Grund ergab sich eine unflexible Personalpolitik, die keine kurzfristige Änderungen erlaubte. Freie Mitarbeiter für die anderen, zivilen Aufgaben waren diesbezüglich unbelastet und konnten schneller zum Ziel gelangen. Der Beschluss, die Produktion von Lkw hoher Nutzmasse in Werdau einzustellen und im Rahmen von RGW-Vereinbarungen in andere sozialistische Länder zu verlagern, war für die Werdauer Belegschaft ein Schock. Kurz nach der Festlegung des Automobilbaus der DDR auf einige ausgewählte Schwerpunkte, von denen die Nutzfahrzeugproduktion oberste Priorität genoss, musste Kurt Lang, der damalige Leiter der Hauptverwaltung Automobil- und Traktorenbau im Ministerium für Allgemeinen Maschinenbau, eine deutliche Revision dieses Konzepts verkünden. Hintergrund für den Kurswechsel waren die Ereignisse vom 17. Juni 1953. Danach wollte man entschiedener als bisher hochwertige Konsumgüter für die Bevölkerung bereitstellen. Das betraf auch

Auch vom S 4000-1 gab es eine NVA-Ausführung, die ebenfalls in Werdau gefertigt wurde (Archiv des Autors)

Das erste und einzige Versuchsmuster der für die Reichsbahn bestimmten Zugmaschine Z8 R (8 für 8 t, R für Reichsbahn) mit dem Motor SM 6-17 (6 VD 18/15 SRW) – 225 PS bei 1700 U/min.. – mit 40 t Nutzlast-Tieflader von Hunger in Frankenberg. Konstruktion und Musterbau erfolgte durch das FEW; 1955 wurde es Werdau zur Erprobung übergeben (Archiv Günter Caspari; Foto: Günter Caspari)

die Steigerung der Pkw-Produktion. Hinzu kam, dass für fast alle Fahrzeugtypen der DDR viel zu geringe Stückzahlen vorgesehen waren, die im Grunde eine wirtschaftliche Fertigung gar nicht zuließen. Für größere Serienproduktionen fehlten entsprechend große Werke. Da Mittel für Neuinvestitionen auf der »grünen Wiese« nicht vorhanden waren, konnte man sich nur durch Umstrukturierung der vorhandenen Betriebe behelfen. So wurde dem ehemaligen Horch-Werk, nunmehr Sachsenring Zwickau, die Produktion des S 4000 entzogen und nach Werdau verlagert. Von diesem Standort war bereits vorher der Omnibus H 6 B ins Waggonbauwerk Ammendorf verlegt worden und dort ging er nach sehr großen Anlaufschwierigkeiten in Serie, wurde allerdings nur in einer verschwindend geringen Stückzahl hergestellt. 1959 übernahm man in Werdau die Produktion des vormals in Zwickau hergestellten Lkw S 4000-1. Die Produktion des H 6 Lkw sowie des H 6 B wurde eingestellt, obwohl zum Teil langfristige Lieferverträge für diese Fahrzeuge mit anderen RGW-Ländern bestanden. Auch die Weiterentwicklung des S 4000-1 war bereits im Zwickauer Horch-Werk begonnen worden. Dort wurde das erste Funktionsmuster in Kurzhaubenbauweise (S 4500) konstruiert und gebaut. Diese Arbeiten wurden 1959 komplett nach Werdau verlagert und weitergeführt. Da die vorhandenen Fertigungsanlagen der Kraftfahrzeugindustrie aus Geldmangel nicht vergrößert werden konnten, wollte man durch eine Umverteilung der Produkte innerhalb der Standorte vorhandene Reserven aktivieren. Dennoch konnte man vor Ort nur dann Platz gewinnen, wenn man Produktionen aufgab. Genau das hatte man mit dem Lkw über 5 t Nutzlast vor und dafür die RGW-Partner im Auge. Die Situation war ambivalent: Armee, Industrie und Landwirtschaft brauchten dringend den großen Lkw, Politik und Wirt-

Die Prototypen für den G 5 mit abfallender und gerader Motorhaube mit der Versuchsmannschaft des FEW (Archiv Günter Caspari)

Geländeerprobung der G 5 und des P 2 (Archiv Günter Caspari)

Der G 5 bei einer NVA-Parade als Mannschaftsfahrzeug (Armeemuseum der DDR)

Der allradgetriebene und mit Reifendruckregelanlage ausgerüstete, ausgezeichnet geländegängige G 5/3 sollte den G 5 ablösen. Statt dessen wurde der »Ural« aus der Sowjetunion importiert (Archiv Jochen Borrmeister)

schaftsbürokratie, vor allem die Staatliche Plankommission, waren bemüht, die Fertigung ins Ausland abzuschieben.

Ergänzend muss festgehalten werden, dass auch die im FEW betriebenen Entwicklungsarbeiten an einem Lkw L 8, einer Zugmaschine Z 8 sowie der Reichsbahn-Zugmaschine Z 8 R und dem Großraumbus W 180 abgebrochen wurden.

Das Forschungs- und Entwicklungswerk Karl-Marx-Stadt, das spätere Wissenschaftlich-technische Zentrum Automobilbau, hatte unter Mitarbeit von Angehörigen der Kasernierten Volkspolizei der DDR Anfang der fünfziger Jahre mehrere Fahrzeugtypen für das Militär entwickelt, so den geländegängigen Lkw G 5 mit 6 x 6-Allradantrieb. Dessen Serienfertigung erfolgte ab 1953 im Fahrzeugwerk Werdau. Unter Beachtung der für den IFA-Nutzfahrzeugbau vorgegebenen weitgehenden Standardisierung waren H 6-Aggregate und -Bauteile, wie beispielsweise der 120 PS/88 kW-Motor, auch für den G 5 vorgesehen. Die Vorder- und Hinterachsen entwickelte das Konstruktionsbüro des VEB Horch in Zwickau von Oktober bis Dezember 1951, die Produktion erfolgte in Werdau mit Einzelteilzulieferung von Horch. Bis 1952 waren insgesamt fünf Musterfahrzeuge des G 5 fertig, wobei unterschiedliche Varianten der Motorhaubengestaltung erprobt wurden. Wegen der besseren Sichtmöglichkeiten entschied man sich letztlich für eine stark abfallende Form.

Im ersten Jahr der Serienfertigung, also 1953, entstanden 720 Einheiten. Bis 1964 sollen insgesamt 10 092 Exemplare produziert worden sein, wovon der größte Teil an das Militär geliefert wurde. Gerade für diesen Abnehmer entstand eine Vielzahl spezifischer Aufbauvarianten.

Im zivilen Bereich wurde der G 5 neben der Basisausführung als Pritschenwagen besonders als Dreiseiten- und Muldenkipper, als Tankfahrzeug sowie mit Werkstattaufbau eingesetzt.

Die Typenbeschränkung im DDR-Fahrzeugbau sollte auch den G 5 betreffen. Im Rahmen des RGW war aber zu diesem Zeitpunkt kein geländegängiger, allradgetriebener Lkw mit Dieselmotor verfügbar, der den Anforderungen der »bewaffneten Organe« genügte. Da die Wünsche der sogenannten Sonderbedarfsträger nicht ignoriert werden konnten, wurde die G 5-Produktion auch nach 1959 parallel zum Typ S 4000-1 in Werdau weitergeführt. Die letzten Exemplare dieses Fahrzeugs verließen das Werdauer Werk wohl 1964/65. Es wäre sicher zu einseitig, wollte man das Festhalten der Armeeführung an diesem Fahrzeug nur mit Sonderwünschen erklären. Zweifelsohne verbarg sich dahinter auch der Versuch der Nationalen Volksarmee (NVA), seinerzeit wenigstens einen Lkw über 5 t Nutzmasse im Lande zu behalten.

Besonders unter militärtechnischen Gesichtspunkten war schon seit 1953 unter der Projektbezeichnung G 56 an der Weiterentwicklung des G 5 gearbeitet worden. Verantwortlich dafür war anfangs das FEW Karl-Marx-Stadt, und dort war für 1954 auch ein Prototyp geplant. Ein Jahr später wurden die Arbeiten an das Fahrzeugwerk Werdau weitergegeben. Dazu wurden sechzehn Mitarbeiter vom FEW an die Forschungs- und Entwicklungsabteilung in Werdau transferiert.

Der H 3 B auf der Basis des LKW H 3 A mit Dieselmotor (Archiv Gerhard Gerbeth)

Wesentliche Änderungen gegenüber dem G 5 betrafen den nun luftgekühlten Dieselmotor EML 6-20 mit 120 PS, den Einsatz einer hydraulischen Kupplung, die Ganzstahlausführung der Kabine mit geänderter Motorhaube sowie diverse Maßnahmen zur Reduzierung des Eigengewichtes und der gleichzeitigen Erhöhung der Stabilität insbesondere des Antriebsstranges und des Fahrwerks. Mindestens ein Funktionsmuster wurde in Werdau gebaut und getestet.

Ab 1960 wurde in Werdau parallel zum Typ W 45 an der beim KEW Hohenstein-Ernstthal im Jahr 1958 begonnenen Entwicklung des neuen Typs G 5-3 mit luftgekühltem Dieselmotor 8 VD 12,5/10,5 VL gearbeitet. Dabei war unter anderem vorgesehen, die Pressteile für die Fahrerkabinen weitestgehend zu vereinheitlichen. Mit der weiteren Orientierung auf den Frontlenker W 45/W 50 und der Entwicklung entsprechender militärtauglicher Varianten wurden die Arbeiten am G 5-3 allerdings im April 1962 eingestellt. Optische Ähnlichkeiten zwischen dem G 5-3 und dem russischen Lkw-Typ Ural 375 gaben immer wieder Anlass zu Vermutungen, die Konstruktionsunterlagen des G 5-3 seien der Sowjetunion übergeben worden. Die deutlichen konzeptionellen Unterschiede beider Konstruktionen widersprechen dem aber.

Von der Staatlichen Plankommission der DDR war über die VVB Automobilbau dem Kraftfahrzeugwerk Werdau ab 1960 eine Jahresproduktion von 3500 Lkw S 4000-1 und 500 Lkw G 5 vorgegeben. Bis 1965 sollte der Ausstoß beim S 4000-1 auf 5 400 Stück erhöht werden. Aufgrund von Forderungen der NVA wurde die Vorgabe beim G 5 sogar auf 1300 Stück jährlich erhöht. Auch durch die Produktionseinstellung der Typen H 6 und H 6 B konnten jedoch die hierfür notwendigen Fertigungskapazitäten in Werdau nicht bereitgestellt werden.

Als Fertigungstiefe für S 4000-1 und G 5 waren für Werdau geplant: Fahrgestellrahmen, Vorderachse, Hinterachse mit Verzahnungsteilen, Fahrerhaus, Pritsche, Endmontage inklusive Lackierung und Auslieferung. Um diesen technologischen Anforderungen und Stückzahlen zu genügen, berechnete man in Werdau einen Mehrbedarf von 431 Produktionsarbeitern und eine zusätzliche Produktionsfläche von 12 000 m^2. Technologisch favorisierte man eine parallele Fertigung beider Typen. Die notwendigen Investitionen waren nicht zu erreichen, so dass die Montage des S 4000-1 und des G 5 ab dem Jahr 1960 auf einer gemeinsamen Fertigungs Reihe erfolgte.

Durch die Kooperation mit Aufbauherstellern und Feuerlöschgerätewerken konnten insgesamt neunzehn Varianten dieses Lkw angeboten werden. Abgesehen von der Verkürzung des Fahrgestells bei der Zug- und Sattelzugmaschine wich besonders der Viehtransportwagen von der Normalausführung ab. Dieses Fahrzeug besaß ein Niederrahmen-Chassis und eine Frontlenkerkabine. Optische Ähnlichkeiten zum Bus Typ H 3 B, der auf der Basis des H 3 A entwickelt worden war, allerdings bei LOWA Bautzen aufgebaut wurde, sind nicht von der Hand zu weisen. Bis zur Einstellung der Lkw-Fertigung im Juni 1967 hatte man in Werdau insgesamt 21 000 Fahrzeuge vom Typ S 4000-1 gebaut. Die Hauptabsatzländer waren Polen mit 2460 Stück, Bulgarien mit 2228 Exemplaren, Vietnam, das 1169 Stück dieses Fahrzeugs abnahm, und Kuba mit 816 Stück.

Die Omnibusproduktion als Privatsache

Der Omnibusbau[50] spielte in der Automobilindustrie der DDR nur eine Nebenrolle. Unter den Finalherstellern baute nach der Einstellung der Produktion in Werdau nur Phänomen/Robur noch längere Zeit Busse. Die Zwickauer Nutzfahrzeughersteller überließen die Verwirklichung solcher Überlegungen den Kraftfahrzeugwerken in Werdau. Außerdem befassten sich einige private Karosseriebauunternehmen mit Entwürfen und Herstellung von Omnibuskarosserien. Dazu gehörten die Betriebe Winter in Zittau und Bähr in Rothnaußlitz, beide wurden später als Betriebsteile Robur eingegliedert. Auch die Firmen Rudolcha, Ruhland und Walter in Waldheim, der spätere VEB Karosseriebau Waldheim, sowie Kafa in Leipzig, später VEB für Karosserieinstandsetzung, engagierten sich ebenso wie die Firma Hiller in Ehrenhain auf dem Gebiet der Omnibusaufbauten. Alle Firmen fertigten Aufbauten lediglich für angelieferte Fahrgestelle. Bei diesen Firmen handelte es sich im Regelfall um Handwerker, die über Fachwissen und Erfahrung verfügten und bei Reparaturarbeiten und durch Fahrzeugaussonderungen Bestände an gebrauchten, aber wiederverwertbaren Teilen und Baugruppen angesammelt hatten, die sie zu Omnibussen zusammenfügten. Da weder professionelle Gestalter noch entsprechend hochwertige Fertigungsmaschinen zur Verfügung standen, sah man dem fertigen Fahrzeug die manuelle Herstellungsweise aufgrund ihrer mitunter unbeholfenen Linienführung und Disproportionalität deutlich an.

Es gab aber auch durchaus professionelle Ausnahmen. Die bedeutendste davon in der DDR war die Karosserie- und Fahrzeugfabrik Fritz Fleischer in Gera. In der Firmenentwicklung lässt sich besonders gut jener Teil des DDR-Wirtschaftsalltags schildern, der durch die sogenannten halbstaatlichen Betriebe geprägt war.

Fritz Fleischer, 1903 als Sohn eines Eisenbahners geboren, hatte 1927 in Gera einen Stellmacherbetrieb übernommen und im Jahr darauf seine Meisterprüfung als Karosseriebauer abgelegt. Seine Werkstatt befasste sich im wesentlichen mit Fahrzeugreparaturen und führte auf Kundenwunsch auch Umbauten von Lieferwagen und Lkw aus. Die Zeiten waren schlecht, das Geld war knapp. Fritz Fleischers pfiffige Idee in der Not waren Schneerutscher, also Kurz-Skier für Kinder, zum Preis von 2,50 RM pro Paar. Die Fritz Fleischer Sportartikelfabrikation bot außerdem Skier für Gelände-, Sprung- und Langlauf an, letztere beispielsweise in Hikori-Ausführung für 22,- RM pro Paar ohne Bindung. Diese Produkte konnte man ohne weiteres mit den im Karosseriebau üblichen Werkzeugen herstellen und sie sorgten überdies für eine Auslastung der Maschinen und Arbeiter. Als Handwerker äußerst geschickt und als Unternehmer clever nutzte Fleischer die Konjunktur der dreißiger Jahre nach Kräften, um seinen Betrieb zu vergrößern. Zusätzlich zu Reparaturen und Umbauten wurden nun auch Neufertigungen ins Programm aufgenommen: Anhänger in den verschiedensten Formen und aufwendigere Lkw-Aufbauten auf fabrikneue Fahrge-

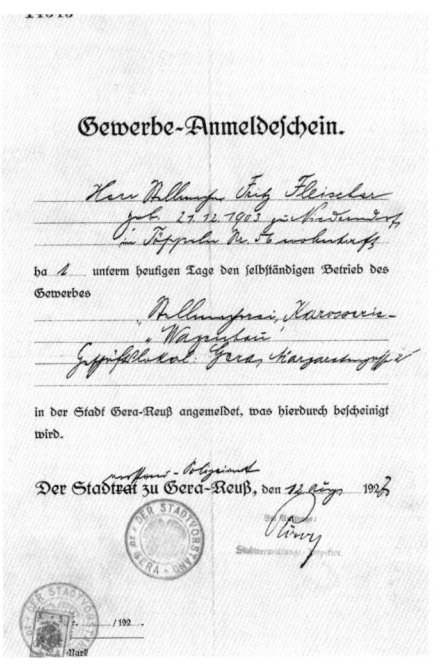

Die Gewerbeanmeldung von Fritz Fleischer aus dem Jahr 1925 (Archiv Hans Fleischer)

Schneerutscher für 2.50 RM aus dem Programmangebot der Firma Fleischer (Archiv Hans Fleischer)

Omnibusaufbauten auf französischen Matford-Fahrgestellen für Großbetriebe standen am Beginn der Neuproduktion des Fleischer-Werks nach 1945 (Archiv Hans Fleischer)

stelle, vor allem Kipper, wurden gefertigt. Seit 1939 firmierte man als Karosserie- und Fahrzeugfabrik Fritz Fleischer und war im Krieg in das Wehrmachts-Reparaturprogramm integriert. Umbauten von Pkw in damals sogenannte Behelfslieferwagen in Gestalt von Pritschenaufbauten anstelle der dafür abgeschnittenen Limousinenhinterteile gehörten zum Alltagsgeschäft. Diese Tätigkeit bewahrte Fritz Fleischer vor dem Kriegsdienst. Der Krieg suchte ihn dennoch heim, und zwar zu einem Zeitpunkt, als alle dachten, er sei vorüber. In den letzten Kriegstagen gingen große Teile seines Werkes im Bombenhagel unter und am 1. Mai 1945 explodierte das direkt benachbarte Gaswerk. Der erhaltene Rest des Fleischer-Betriebes ging in Flammen auf. Fritz Fleischer selber wurde dabei schwer verletzt.

1950 bekam Fleischer einen DB 170 mit Heckmotor, allerdings ohne Triebwerk. Er konnte sich einen 2.5 Liter 6-Zylinder-Opel-Motor beschaffen und musste dafür das Fahrzeugheck verlängern. Auch der Vorderwagen musste geändert werden – am Ende hatte er ein – fast – neues Auto. Der Umbau blieb einmalig (Archiv Hans Fleischer)

Im Sommer 1945 begann also auch Fritz Fleischer bei Null. Wieder halfen ihm Fachkönnen und Intelligenz. Überall standen herrenlose Wehrmachtsfahrzeuge herum, um die sich keiner kümmerte. Als allmählich die Wirtschaft wieder an Fahrt gewann, war der Mangel an Transport- und Beförderungsmitteln eminent. Nicht nur die öffentlichen Unternehmen brauchten dringend Fahrzeuge, sondern auch die Industrie. Vor allem jene Betriebe, die großen Umsatz machten und guten Zugang zu seltenen Rohstoffen besaßen, waren als Partner interessant. So lieferte die Wismut beispielsweise Matford-Fahrgestelle aus französischer Fertigung an Fleischer, auf die Omnibusaufbauten zu setzen waren. Das Agreement mit den sowjetischen Auftraggebern lautete: Alle Tanks in den Chassis waren voll, wenn sie an Fleischer übergeben wurden. Ähnlich konnte man mit der Braunkohle in Espenhain, den Teeraufbereitern Webau sowie den Großbetrieben in Böhlen und Leuna verfahren. Die Fahrgestelle stammten von Büssing, Mercedes, Gräf und Stift, Opel, Vomag oder Saurer.

Für diese Zeit typisch war auch das Programm von Pkw-Regenerationen: Die Vorder- und Hinterachsen der VW-Kübelwagen samt Motor dienten als Grundlage für Coupés und Cabriolets. Gerade diese Eigenbauten erfreuten sich in den Nachkriegsjahren besonderer Beliebtheit bei den wenigen Käufern mit ausreichend Geld. Eine Industriefertigung von neuen Pkw kam ja erst mühsam in Gang. Hauptsorgen bereitete auch nicht der Absatz, sondern die Materialbeschaffung. Allein 500 Sprungfedern brauchte man für die Sitze eines Omnibusses und bis zu 1000 Schweißelektroden, außerdem Kugellager und Schmirgelleinen, Nägel und Schrauben. Alles davon war Mangelware. Fritz Fleischer, der in seiner Jugend der USPD nahe gestanden hatte und nicht in der NSDAP gewesen war, trat 1947 der LDP bei: demokratischer Nachholbedarf und Selbstschutz in einem. Zwei Jahre

Ein VW-Kleinbus entstand aus Basisteilen, die vom VW-Kübelwagen stammten. Davon wurden vier Exemplare hergestellt (Archiv Hans Fleischer)

Im Aufwind

Ausfertigung

Kb II 17o/53
II Ds 59/53

Eröffnungsbeschluss.

Strafsache

gegen den Betriebsinhaber Fritz F l e i s c h e r, geb.
am 21.12.1903 in Niederndorf, Krs.Gera, wohnhaft in Gera,
Auß.Leipzigerstr.181,

wegen Wirtschaftsverbrechen.

Auf Antrag des Herrn Staatsanwalts des Stadtkreises-Nord-
Gera wird gegen Fritz Fleischer die Hauptverhandlung vor
dem Kreisgericht Gera, Stadtbezirk Nord eröffnet und
Termin auf Freitag, den 1o.Juli 1953, 8,3o Uhr anberaumt.
Haftfortdauer wird beschlossen.

Er ist dringend verdächtig, bis Mai 1953 in Gera
die Durchführung der Wirtschaftsplanung dadurch gefährdet zu haben, dass er vorsätzlich Rohstoffe und
Erzeugnisse entgegen dem ordnungsgemässen Wirtschafts-
ablauf beiseitegeschafft und zurückgehalten hat.

Er hat in der angegebenen Zeit:
ca. 2o to Metallschrott,
    187 kg Buntmetall,
    145 St.Kugellager,
    1o7 " Zündkerzen,
ca. 25oo Stück Sandpapier,
"   13o kg Nägel,
"   1ooo Stück Sprungfedern f.Autositze und
    448 Stück Elektroden

gehortet und den Wirtschaftsdienststellen verheimlicht.

- Verbrechen nach § 1 Abs.I Ziff.3 der WiStrVO. -

Gera,den 6.Juli 1953.
Kreisgericht, Stadtbezirk Nord.

gez.Werner

Direktor

Ausgefertigt,
Gera,den 6.Juli 1953.
Geschäftstelle des Kreisgerichts,
Stadtbezirk Nord.

JAngest.

Klassenkampf in Gera – die Eröffnung der Verhandlung gegen Fritz Fleischer (Archiv Hans Fleischer)

DER RAT DER STADT GERA
– Rechtsstelle –

Herrn
Fritz Fleischer
Betriebsinhaber

G e r a
Äußere-Leipziger-Straße 181

Fünfjahrplan heißt für uns:
Schöpferisch, staatsbewußt und volksverbunden schaffen.

Ihre Zeichen:　　Ihr Schreiben vom:　　Bei Antworten und Rückfragen stets angeben:
Unser Zeichen:
1331/36/53

Verwaltung durch Herrn Budnik　　Gera, den 13.7.53
Postschließfach I/100
Fernruf S.-N. 2611

Die Beschlagnahme Ihres Privat= und Geschäftsvermögens ist durch Beschluß des Kreisgerichts Gera
-Stadtbezirk Nord- vom 10.Juli 1953 aufgehoben worden.
Der vom Rat der Stadt Gera eingesetzte Verwalter
-Herr Johannes Budnik, Gera, Robert-Fürbringer-
Straße 44 hat Anweisung, Ihnen das verwaltete Vermögen unverzüglich zurückzugeben.
Die ordnungsgemäße Übergabe bitten wir gegenüber
Herrn Budnik zu bestätigen, ebenso, daß aus der
Verwaltung gegen die Stadt Gera und den Verwalter keine Ansprüche mehr bestehen.
Die Banken werden von uns benachrichtigt, daß
die Vermögensbeschlagnahme aufgehoben ist.

Im Auftrage:

(Reichrath)
Leiter der Rechtsstelle.

Anlagen

T 04 2123/53 V-5-1 Mn 2089/53

Der freigesprochene Fritz Fleischer erhält sein Vermögen zurück, einschließlich der angeblich gehorteten Materialien (Archiv Hans Fleischer)

Der erste Ganzstahl-Aufbau von Fleischer auf einem Opel-Fahrgestell, 1954 (Archiv Hans Fleischer)

später verließ er die Partei wieder, die auf ihrem Eisenacher Parteitag im Februar 1949 verkündet hatte, dass sie eine Volkspartei sei und sich nicht nach den Interessen der Unternehmer unter den Mitgliedern, die 0,9 Prozent der Partei ausmachten, richten werde. Das politische Klima in der DDR verschlechterte sich für Privatunternehmer zusehends, nicht nur in ökonomischer, auch in persönlicher Hinsicht: Lebensmittelkartenentzug und andere Nachteile im Alltag waren an der Tagesordnung. Die an die sowjetische Anti-Kulaken-Ideologie erinnernde gezielte Vorgehensweise gegen »die Kapitalisten« zu Beginn der fünfziger Jahre schadete den Unternehmern, wo immer das möglich war. Auch vor Denunziationen wurde nicht zurückgeschreckt. Am 20. Mai 1953 wurde Fritz Fleischer auf Haftbefehl des Kreisgerichtes Gera-Mitte überraschend verhaftet und in die Untersuchungshaftanstalt Gera überführt. Gleichzeitig wurde sein gesamtes Vermögen auf Weisung des Staatsanwaltes beschlagnahmt und seine Bankkonten gesperrt. Der Betrieb wurde unter Treuhandschaft gestellt. Der Vorwurf lautete auf Wirtschaftsverbrechen. Staatsanwalt Wochenberger klagte ihn an, die Wirtschaftsplanung dadurch gefährdet zu haben, dass er vorsätzlich Rohstoffe und Erzeugnisse beiseite geschafft und zurückgehalten habe. Im Einzelnen ging es unter anderem um 20 t Metallschrott, 187 kg daran befindliches Buntmetall, 145 für Kraftfahrzeuge nicht verwertbare Kugellager, 107 Flugzeugzündkerzen (die nur für Holzgasgeneratormotoren in Kraftfahrzeugen geeignet waren) sowie 1000 Sprungfedern. Dazu formulierte der Staatsanwalt in Klassenkämpfer-Jargon: »Der Beschuldigte hat in echt kapitalistischer Manier nicht das Wohl der Allgemeinheit und die Interessen unserer Werktätigen im Auge gehabt, sondern war nur darauf bedacht, sein eigenes Vermögen ständig auf Kosten der Werktätigen zu vermehren. Er ist einer der Elemente, die nach wie vor die Auswirkungen unserer demokratischen Gesetze zu spüren bekommen muß, um dadurch an seine Pflichten als Staatsbürger erinnert zu werden.« Vor dem sicheren Urteil bewahrten Fleischer nur die Ereignisse des 17. Juni 1953. Bereits vorher war dem Gericht bekannt,

Auf der Basis eines S 4000-1 T entstand die erste Generation der selbsttragenden Fleischer-Omnibusse (S1 – 1959) mit dem Motor 4 KVD 14,5 SRL mit 96 PS aus Schönebeck (Archiv Hans Fleischer)

dass diese »gehorteten« Mengen allenfalls für zwei Tage Produktion ausgereicht hätten, soweit sie überhaupt noch verwertbar waren. Nach der zumindest zeitweisen politischen Entspannung wurden nunmehr die Krallen eingezogen und Fleischer nach zweimonatiger Untersuchungshaft entlassen. Der Freispruch erfolgte nicht wegen erwiesener Unschuld, sondern aus Mangel an Beweisen. Diesen Wink hatte Fleischer verstanden. In den Westen zu fliehen, wie es Tausende anderer taten, war für ihn dennoch kein Weg. Unter DDR-Bedingungen mit nach wie vor restriktiven Auflagen für private Unternehmen blieb ihm eine sinn-

Auf dem Fahrgestell des Robur Garant 30 K baute Fleischer einen Service-Wagen für den IKA-Renndienst (Fahrzeugelektrik), der bei Motorsportveranstaltungen im Fahrerlager eingesetzt wurde, 1958 (Archiv des Autors)

Bei den größeren Fleischer-Bussen sorgte der auf 150 PS gebrachte EM-20 für Vortrieb. Die Chassis-Technik stammte vom H 6 B (S2 – 1960) (Archiv Hans Fleischer)

volle und aussichtsreiche Entwicklung nur unter der Voraussetzung, dass er handwerklich unangreifbare Produkte herstellte, die mindestens VEB-Niveau hatten, möglichst aber noch besser waren, und vor allem musste er vermeiden, Angriffsflächen zu bieten. So trat er der NDPD bei, der er gelegentlich zu Stellungnahmen bei Partei- und Jahrestagen mit zumeist gleichem Wortlaut zur Verfügung stand, duldete widerspruchslos die Einrichtung einer Betriebsparteigruppe der SED in seinem Unternehmen und nahm auch 1958 staatliche Beteiligung auf. Gerade letzteres war ein Akt ökonomischer Klugheit, denn für ihn als Unternehmer ließ die Steuer- und Finanzgesetzgebung keinerlei Kapitalakkumulation zu. Es war aber just zu jener Zeit, dass Fleischer mit seiner Neukonstruktion von selbst-

Der BVG-Bus für Berliner Stadtrundfahrten war seit August 1959 im Einsatz (Archiv Hans Fleischer)

Die barocke Formgebung entsprach dem Zeitgeschmack. Zur aufwendigen Dachrandverglasung musste Piacryl importiert werden (Archiv Hans Fleischer)

tragenden Omnibussen eine Kleinserienfertigung aufziehen wollte. Die dafür notwendigen Finanzmittel sowie die Zuweisung an Maschinen- und Werkzeugkontingenten wären für ein reines Privatunternehmen unerreichbar gewesen.

Von der Produktionsseite konzentrierte sich Fleischer in erster Linie auf Omnibusse. 1954 stellte er seinen ersten Ganzstahlaufbau auf Vorkriegs-Opel-Blitz-Fahrgestell vor. Zwei Jahre später begann er mit der Entwicklung von Omnibussen in selbsttragender Bauweise, deren Überlegenheit Kässbohrer seit 1952 demonstriert hatte. Das erste Versuchsfahrzeug entstand aus Teilen und Baugruppen des Lkw S 4000. Dessen Hinterachse wurde niedriger übersetzt, um eine dem Reisebus angemessene Höchstgeschwindigkeit zu erreichen. Experimentiert hatte man sowohl mit dem wassergekühlten Originalmotor von 90 PS als auch mit dem luftgekühlten Vierzylindermotor mit 96 PS vom Dieselmotorenwerk Schönebeck. Die bedeutendste Neuerung war die Anordnung dieses Motors längs im Heck, wie dies renommierte westdeutsche Hersteller ebenfalls machten. Auch äußerlich vermittelte das Fahrzeug einen sehr guten Eindruck. Die gesamte Dachpartie war mit Piacryl P verglast, und Vollsichtscheiben in Bug- und Heckpartie sowie große seitliche Sicherheitsglasfenster ermöglichten eine hervorragende Sicht nach allen Seiten. Heizung und Lüftung des Wagens wurden durch eine von Finsterwalde entwickelte Fremd-Heizung sowie durch Schiebefenster und Luftklappen gesichert. Bei den Liegesitzen mit Kopfstützen handelte es sich um eine Eigenentwicklung. Die Ergebnisse der ersten Erprobung waren sehr positiv und Fleischer sorgte dafür, dass sie bekannt wurden. So erfuhr die Ost-BVG in Berlin davon. Gerade dort spürte man die Auswirkungen der eben beschlossenen Ein-

Der S 3 in der Linienbus-Variante; diese war 1962 auf der Berliner Linie A 22 zwischen Fichtenau und Hessenwinkel im Probebetrieb (Archiv Hans Fleischer)

Der S 2 von Fleischer mit Flachdach und hochgezogener Seitenverglasung (Archiv Hans Fleischer)

Der 1970 vorgestellte S 4 mit verkürzter Länge wurde in sehr geringer Stückzahl gebaut (Archiv Hans Fleischer)

Im Juni 1971 wurde dieser 12-m-Luxusbus mit einem 200 PS/147 kW wassergekühltem Motor aus Schönebeck ausgeliefert. Er war als erster Bus von Fleischer auf Ikarus-Basis erbaut und wurde auf der Strecke Berlin/Leipzig – Budapest eingesetzt (Archiv Hans Fleischer)

Beim Fleischer-Großraumtaxi blieb es 1968 beim Prototypen (Archiv Hans Fleischer)

stellung einer DDR-eigenen Busproduktion in dieser Größenklasse besonders schmerzhaft. Die Gesellschaft besaß 50 H 6 B-Omnibusse, von denen 25 für den Linienverkehr eingerichtet waren. Mit dem Übergang zur Doppeldeckerkonstruktion für diese Zwecke schieden sie aus dem Fahrzeugbestand aus und wurden für Reise- und Rundfahrtzwecke umgerüstet. Die Ost-BVG wurde bevorzugt für Fahrten durch Ost-Berlin in Anspruch genommen. So robust und unverwüstlich die H 6 B auch waren, hier zeigten sich die Grenzen dieses Typs: Sie waren zu laut und zu unbequem.

Da wirkte die von den Geraern gewählte Triebwerkanordnung im Heck wie eine Erleuchtung – vor allem, weil sie außer qualitativen Vorzügen die Möglichkeit bot, die gesamte Instandhaltungstechnologie auf der Basis von DDR-Ersatzteilen durchzuführen. Als Vorzüge für den Heck- oder Unterflurmotor hatte man erkannt: die unbedingt notwendige Verminderung der Einflüsse auf Fahrer und Fahrgäste durch den Motorlärm; eine Erleichterung des Zugangs zum Fahrmotor bei Heckanordnung sowie die Vermeidung der Verschmutzung des Fahrzeuginnenraums durch das Werkstattpersonal; ein wesentlicher Gewinn an Nutzfläche im Fahrgastraum und dadurch eine größere Wirtschaftlichkeit des Fahrzeugs; das Versetzen der Einstiegtüren für Fahrgast und Fahrer vor die Vorderachse und dadurch eine günstigere Linienführung der Aufbaukonstruktion bei gleichbleibendem Achsabstand; sowie eine günstige Anordnung des Sitzes für den Reisebegleiter, da der Motor nicht mehr in den Fahrgastraum ragte, wie dies beim H 6 B der Fall war. Der gesamte H 6-Antriebssatz ließ sich für den Bus übernehmen. Der Motor wurde auf Gummi und in einem offenen Tragrahmen gelagert, mit dem er für Reparaturarbeiten nach hinten ausgefahren werden konnte. Die äußere Optik wurde moderner und im Vergleich zum spartanischen H 6 B freundlicher gestaltet. Die Fenster wurden in polierten Leichtmetallrahmen gefaßt; Zier-, Regen- und Abschlussleisten schimmerten ebenfalls silbern und wurden zum Schutz vor Korrosion auf Köderunterlagen verlegt. Die Räder erhielten Zierkappen. Die Außenlackierung wurde zweifarbig gestaltet. Für diese Leisten, Kappen und andere Kleinteile gab es in der DDR keinen Zulieferer; Fleischer stellte sie selbst her. Der politische Aspekt dieser Entwicklung bestand vor allem darin, dass die VVB Automobilbau die mit ihrer ausdrücklichen Billigung vorgenommene RGW-Umprofilierung in der Busproduktion zugunsten der ČSSR und Ungarns nicht wieder unterlaufen wollte. So war man froh, dass sich dieser Angelegenheit ein kleiner Privatbetrieb annahm, und kaschierte dies durch die Typenbezeichnung RU. Die beiden Buchstaben standen für Reparatur Umbau. Voraussetzung dafür war die Verwendung gebrauchter Teile, und dies erwies sich angesichts der großen Materialknappheit als unproblematisch. Als Zusatz war zur Regelbezeichnung zusätzlich zu lesen: S 1 für den kleinen Bus und S 2 für den großen Bus. Das S stand für selbsttragend. Beide Busse wurden parallel seit 1959 gefertigt. Ab Anfang 1962 stand für die BVG Ost auch der S 3 – die Stadtlinienvariante für Einmannbetrieb – zur Verfügung. Der kleinere Bus lief 1962 aus der Produktion, nachdem insgesamt nicht mehr als 11 Stück davon gefertigt worden waren, die ausnahmslos an die BVG gingen. Fritz Fleischer, der 1960 im Alter von 57 Jahren nach absolviertem Fernstudium an der Ingenieurschule Zwickau sein Ingenieurexamen abgelegt hatte, bewältigte Entwurf und Konstruktion der Busse gemeinsam mit dem Diplom-Ingenieur Martin Seipolt, dem die Kooperationsbeziehungen zur BVG übertragen worden waren. Seipolt verließ rechtzeitig vor dem Mauerbau die DDR und ging zu Kässbohrer nach Ulm.

Mitte der sechziger Jahre brachte Fritz Fleischer einen neuen Aufbau heraus, der in seiner sehr steil gehaltenen Form nicht nur moderner aussah, sondern auch durch das Wegfallen der Dachrandverglasung – es gab kein Piacryl mehr – den Vorzug einfacherer Herstellung aufwies. Auch für Sonderaufgaben stand die Fleischer KG zur Verfügung: 200 Röntgenzugaufbauten auf Lkw SIL für die Sowjetunion waren herzustellen und banden die gesamte Kapazität des Betriebes. In dieser Zeit ruhte die Busproduktion.

Ende der sechziger Jahre entwickelte Fleischer im Auftrag des Ministeriums für Verkehrswesen auf der Basis des B 1000 ein Großraumtaxi. Lange vor Barkas verpasste Fleischer diesem Auto eine elektrisch vom Fahrersitz aus zu bedienende Schiebetür. Allerdings blieb es nur beim Prototypen.

Die Geraer Firma hatte sich mittlerweile ein beträchtliches Know-how in der Sitzherstellung erworben. Sie war der erste Produzent für Vollschaumstoffsitze in der DDR und hatte darauf auch Gebrauchsmusterschutz erhalten. Von hier kam auch seit Anfang der sechziger Jahre das Gestühl für den B 1000 Kleinbus.

1972 ereilte auch Fleischer die zweite Sozialisierungswelle: Sein Betrieb wurde volkseigen und hieß nun VEB Karosseriebau Gera. Vom Aufgabenprofil her war er nur noch Zulieferer für die Automobilindustrie. Busse wurden in sehr geringer Anzahl – pro Jahr etwa zehn Stück – noch weiter gebaut. Außerdem wurden im ehemaligen Fleischer-Betrieb nunmehr Ikarus-Omnibusse industriemäßig instand gesetzt.

Insgesamt entstanden bei Fleischer in Gera etwa 600 Omnibusse, womit im Durchschnitt etwa 150 Mitarbeiter beschäftigt waren. Sie haben die besten Busse gebaut, die es in der DDR gab. Fleischer selbst schied 1973 nach der endgültigen Enteignung aus seinem Unternehmen aus. Er starb am 1. September 1989.

Traktoren für MTS und LPG

In den fünfziger Jahren wurden die Geräteträger RS 08/15 im Schlepperwerk Schönebeck, die Radschlepper RS 04/14 im Schlepperwerk Nordhausen und die Kettenschlepper KS 07 und KS 30 in Brandenburg produziert. Dabei handelte es sich um die ersten Neu- beziehungsweise Weiterentwicklungen der DDR-Schlepperindustrie.[51]

Das Schönebecker Schlepperwerk hatte im Herbst 1949 von der IFA Vereinigung den Auftrag erhalten, einen neuen modernen Schlepper zu entwickeln, der ein feinabgestuftes Schaltgetriebe, Hydraulikanlage, Zapfwellenabtriebe und eine

Der »Maulwurf«, das Ursprungsmodell für die Bauart des Geräteträgers (Archiv Reinhard Blumenthal)

Motorleistung von 30 PS aufweisen sollte. Die ersten Versuchsmuster waren am 16. Dezember 1950 fertiggestellt. Wegen der absehbar unzureichenden Produktionskapazitäten in Schönebeck wurden ursprünglich alle Entwicklungsunterlagen und der Auftrag zur Serienproduktion dem Schlepperwerk Nordhausen übergeben. Bald überlegte man es sich aber wieder anders und im Frühjahr 1951 wurde Schönebeck zum Entwicklungsschwerpunkt der Traktorenindustrie bestimmt. Das bedeutete, dass sämtliche Forschungsarbeiten für den Schlepperbau bis zur Herstellung der Serienreife sowie die Sicherung des Ersatzteildienstes für alle Schleppertypen der DDR künftig hier bewältigt werden mussten (vgl. Anlagen I 01, K 01, K 02). Außerdem wurde dieses Schlepperwerk als Fertigungsstätte des RS 08/15 »Maulwurf« ausgewählt. Dabei handelte es sich um eine der fortschrittlichsten und technisch interessantesten Schlepperkonstruktionen jener Zeit. Der »Maulwurf« war schon 1949, also noch vor dem Lanz-Alldog und der Ruhrstahl-Landmaschine, auf verschiedenen Messen gezeigt worden und hatte damals in Ost und West beachtliches Aufsehen erregt. Es war eine Konstruktion von Ingenieur Scheuch, der vor dem Zweiten Weltkrieg ein eigenes Konstruktionsbüro in Erfurt betrieben und sich vor allem auf die Motorisierung kleinbäuerlicher Betriebe konzentriert hatte. Scheuch setzte nach dem Ende des Krieges seine Arbeiten im IFA Forschungs- und Entwicklungswerk Chemnitz fort.

Der »Maulwurf« war ein Vierradfahrzeug in Einholm-Bauweise, das von einem DKW F 8-Vergasermotor vor der Vorderachse angetrieben wurde. Über eine durch den Holm geführte Welle wurde die Motorkraft auf die hintere Antriebseinheit übertragen. Die lenkbare Vorderachse war pendelnd aufgehängt und die Spur verstellbar. Am Holm konnten Geräte für Saat-, Pflanz- und Pflegearbeiten mittels Steckbolzen befestigt werden. Das Gerät wog nur 570 kg und hatte eine Bodenfreiheit von 72 cm, so dass es für alle Pflegearbeiten außerordentlich gut geeignet war.

Der RS 08/15 war das erste Modell der Geräteträger; angetrieben wurde er vom F8-Motor (Archiv Reinhard Blumenthal)

Auch in der DDR galt die Mechanisierung der landwirtschaftlichen Produktion als vordringliches Ziel. Dieser RS 08/15 schien für den Einsatz in bäuerlichen Betrieben oder in den allmählich entstehenden Landwirtschaftlichen Produktionsgenossenschaften bestens geeignet. In Schönebeck wurde die von Scheuch stammende Vorkriegskonstruktion modernisiert, die Leistung des Motors auf 15 PS gesteigert, die Anzahl der Gänge des Schaltgetriebes verdoppelt, die Zapfwellen ergänzt und die Bereifung für die Hinterräder vergrößert. Im Mai 1952 wurden die ersten fünf Versuchsmuster dieses verbesserten Gerätes fertiggestellt – die Nullserienfertigung konnte beginnen. Gemäß der Festlegung vom Mai 1951, wonach Schönebeck als Entwicklungszentrum zu gelten hatte, sollte die Serienfertigung des RS 08/15 nach Brandenburg verlagert werden.

Im Juli 1952 erfolgte aber eine Kehrtwende. Der RS 08/15 blieb nun doch im Schlepperwerk Schönebeck und musste dort weiterentwickelt und vor allem in großen Stückzahlen gebaut werden. Das bedeutete, dass die Kinderwagenproduktion, die bisher in diesem Werk mit insgesamt 435 557 Stück außerordentlich erfolgreich verlaufen war, nach Zeitz zu verlagern war. Dies geschah 1952 und seit 1953 wurde der RS 08/15 in Schönebeck produziert. Der Geräteträger war in seiner Bauform besonders auf die landwirtschaftlichen Arbeiten zugeschnitten. Die bisherigen Geräte waren als Anhängefahrzeuge ausgebildet gewesen und man hatte eine zusätzliche Person benötigt, um sie zu bedienen. Im Gegensatz zur üblichen Bauweise der Schlepperfahrzeuge wurde für den Geräteträger nun eine neue konstruktive Form gewählt. Das zentrale Bauteil war der Träger, der zur Aufnahme der Geräte diente und es erlaubte, diese unmittelbar an das Fahrzeug zu koppeln. In allen Fällen war dabei eine einwandfreie Sicht des Fahrers gewährleistet. Der RS 08/15 besaß eine pendelnde Vorderachse, verstellbare Spurweiten zur Anpassung an verschiedene Pflanzenarten und eine Einzelradbremsung, um die Wendefähigkeit zu erhöhen. Dazu trugen auch die acht Geschwindigkeiten bei,

Der Radschlepper RS 04/30 war seit 1950 in Schönebeck entwickelt worden, produziert wurde er aber in Nordhausen (Archiv Reinhard Blumenthal)

die vor- und rückwärts fahrbar waren. Insgesamt konnten 41 landwirtschaftliche Geräte und Maschinen angeschlossen werden, die der Hackfruchtpflege sowie Ernte- und Forstarbeiten dienten.

Dieser RS 08/15 war für den darin als Antriebsquelle verwendeten Motor IFA F 8 ein besonderes Anwendungsgebiet. Dieser wurde zunächst ohne spezielle Zusatzmaßnahmen verwendet, wies allerdings eine besondere Ansauganlage auf, um den vom Acker aufgewirbelten Sand fern zu halten (F 8 II). Allerdings erwies sich dieser Motor bei den robusten und rauhen Anforderungen in der Landwirtschaft als anfällig. So reagierte er empfindlich auf sehr lange Leerlaufzeiten, und seine thermisch-mechanische Belastbarkeit erwies sich bei langem Fahren mit sehr hohen Drehzahlen als recht begrenzt. Abhilfe schaffen sollte ein auf dem vorderen Kurbelwellenzapfen angeordneter Fliehkraftregler mit Übertragungsgestänge zum Vergaser. Damit wurde die Leistung auf maximal 16 PS/2400 U/min. gedrosselt. Außerdem kam ein robusteres Kurbelwellengehäuse aus Grauguss zum Einsatz. Die bisher erschwerte Zugänglichkeit zum Unterbrecher wurde durch einen seitlich beziehungsweise nach oben herausgeführten Zündverteiler verbessert. Die Dynastartanlage behielt man bei, allerdings ohne Schwungmagnetzündung, da für die Erzeugung des Zündfunkens nun eine Zündspule benutzt wurde. Dieser Motor wurde unter der Bezeichnung F 8/IIv ausgeliefert und seine Produktion wegen der großen Wichtigkeit des »Maulwurf« RS 08/15 vom Politbüro und dem Landwirtschaftsministerium besonders kontrolliert. Walter Ulbricht entsandte dazu einen Persönlichen Referenten, der an allen Beratungen

Der »Aktivist«-RS 03 war eine Nachbauvariante des Schlepperwerkes Brandenburg auf der Basis von Konstruktionsunterlagen des Maschinen-Apparatebaus Babelsberg (Bundesarchiv/183/R 78575)

zum Thema F 8-Motor teilnahm und direkt nach Berlin berichtete. Die produzierten Stückzahlen des Motors F 8 für den Radschlepper sind in 200 Exemplare des Typs F 8/II und danach in den F 8/IIv zu unterteilen. Insgesamt wurden zwischen 1954 und 1956 exakt 5 727 Motoren ausgeliefert und danach bis zum Jahr 1960 für den Ersatzbedarf weitere 654 produziert.

Im Schlepperwerk Nordhausen erfolgte 1953 die Produktionsaufnahme des RS 04/30. Dabei handelte es sich um ein in Schönebeck entwickeltes mittelschweres Fahrzeug für alle anfallenden landwirtschaftlichen Arbeiten. Der Traktor war in Blockbauweise ausgeführt. Motor-, Kupplungs- und Getriebegehäuse bildeten einen Vorder- und Hinterachse verbindenden Block. Er besaß auch einen Kriechgang, der den 1. Gang noch untersetzte, so dass eine Minimalgeschwindigkeit von 1 km/h erreicht werden konnte, die für Pflanz- und Pflegearbeiten notwendig war. Der RS 04 besaß eine Einzelradbremsung, mit der beim Kurvenfahren das kurveninnere Rad abgebremst werden konnte, so dass dadurch die Lenkung unterstützt wurde. Der Fußbremshebel war deshalb geteilt ausgeführt und konnte wahlweise für Einzelrad- oder Zweiradbremsung verwendet werden. Der Traktor hatte zwei Anhängervorrichtungen für normale Anhänger und für die Aufhängung von Geräten. Er besaß auch eine Spurweitenverstellung, die allerdings etwas umständlich durch das Umstecken der Radfelgen erfolgen musste. Dieser Radschlepper war mit einer hydraulischen Kraftheberanlage ausgestattet, wobei der erreichbare Gerätehub 340 mm betrug. Der Hydraulikblock, der aus Pumpe und Steuerung bestand, war seitlich am Getriebegehäuse angeflanscht. Als Sonderaus-

Der Raupenschlepper »Rübezahl« war ein Produkt von FAMO, Breslau, und diente als Basismodell für den Kettenschlepper KS 07 von Brandenburg (Archiv Reinhard Blumenthal)

Der Kettenschlepper KS 07 mit 60 PS Motorleistung, Kastenlaufwerk und Fahrerkabine (Archiv Reinhard Blumenthal)

Der modernisierte Kettenschlepper »Urtrak« (KS 30) mit pendelnd aufgehängten Laufrollen zur besseren Anpassung an den Boden wurde im Jahr 1956 auf der Frühjahrsmesse Leipzig gezeigt (Bundesarchiv/183/36400/198)

rüstung wurde auch eine Reifenfüllpumpe mitgeliefert, die links an der Stirnseite des Motors angebracht war.

Weiterentwicklungen dieses Modells konzentrierten sich auf eine längere Nutzungsdauer und auf Steigerungen der Nennleistungen, außerdem auf die Senkung des Kraftstoffverbrauchs und auf die Einführung der Luftkühlung. Auch die umsturzsichere Fahrerkabine war bemerkenswert. Die weiterentwickelten Typen trugen die Bezeichnung RS 14/30 beziehungsweise RS 14/33, RS 14/36 und RS 14/40.

Auf Veranlassung des DDR-Wirtschaftsministers Heinrich Rau war in Brandenburg ein neues Traktorenwerk geschaffen worden. Als Basis diente das ehemalige Brennaborwerk. Anfangs hatte man sich, angeregt durch die schlechte Treibstofflage, daran versucht, einen schon seit Kriegsanfang in Entwicklung befindlichen Holzgasschlepper leistungsfähig zu machen. Die Zeit drängte, und so konnten keine ausgedehnte Versuche unternommen werden. Man griff daher auf Konstruktionsunterlagen des Maschinen-Apparatebaus Babelsberg für einen Zweizylinder-V-Motor zurück, der 1940 zuerst als Motor mit 25 PS Leistung für Fahrzeuge mit Gaserzeugung (Verwendung von festen Brennstoffen) entwickelt worden war. Diesen Motor stellte man auf Dieselbetrieb um und konnte ihn mit relativ günstigen Verbrauchswerten betreiben. Auch das Getriebe entstand nach bereits vorhandenen Konstruktions- und Fertigungsunterlagen mit einem sehr kurzen Block. Der Traktor erhielt bauartbedingt einen extrem kurzen Radstand von 1650 mm und besaß eine sehr geringe Vorderradlast. Infolgedessen neigte er bei schweren Zugarbeiten zum Aufbäumen und zu mangelhafter Lenkstabilität. Dieser Radschlepper mit der Typenbezeichnung RS 03 galt als Zwischenlösung

Auf der Leipziger Messe zeigte der Landmaschinenbau den KS 07, den Geräteträger RS 08/15 und den Traktor »Pionier« (Archiv des Autors)

und war nur von nachgeordneter Bedeutung. Auch unter der zeitgenössischen Bezeichnung »Aktivist« war ihm keine große Verbreitung vergönnt.

Zu diesen Bemühungen zählten bereits 1952/54 die Entwicklungen des RS 10, RS 11 und des KS 12. Sie sollten den landwirtschaftlichen Großbetrieben eine Traktorenreihe mit hohen effektiven Nutzleistungen bieten. Diese Arbeiten wurden in einer Konstruktionsnebenabteilung des Traktorenwerks Schönebeck unter Leitung von Ingenieur Hendrichs durchgeführt. Der Bau der Muster und die Erprobung wurden in Schönebeck vorgenommen.

Die technischen Parameter dieser Typen waren: rahmenlose Blockbauweise, 3-Zylinder-Viertakt-Dieselmotor mit 45 PS bei 1500 U/min.; 12-Ganggetriebe mit drei Schaltgruppen (Kriech-, Acker und Straßengänge mit 20 bzw. 30 km/h) beim Acker- bzw. Verkehrsschlepper; und gleicher Rumpfblock für Rad- und Kettenschlepper.

Die Erprobung dieser »Hendrichs«-Traktoren verlief negativ. Besonders aufgrund der relativ hohen Eigenmassen und gleichen Rumpfblockbildung für Rad- und Kettentraktor und der gewählten Motorleistung waren die reinen Nutz- und Zugleistungen viel zu gering sowie die Wendigkeit der Baumuster unzureichend. Hendrichs arbeitete danach noch für landwirtschaftliche Institute und schuf noch mehrere Traktorenmodelle, die nicht serienwirksam wurden.

Als Folge des Abkommens von Potsdam waren Entwicklung und Bau von Kettenfahrzeugen in Deutschland untersagt. Deswegen konnten Konstruktion und Fertigung von Kettentraktoren nicht ohne weiteres begonnen werden. Zunächst half die Sowjetunion mit 500 Traktoren der Bauarten KD und Nati aus. 1952 war es schließlich soweit, dass in Brandenburg die Fertigung der dringend benötigten schweren Kettenschlepper anlaufen konnte. Aus der Notwendigkeit einer verkürzten Entwicklungszeit heraus übernahm man die Konstruktion eines seinerzeit in den Breslauer Famo-Werken konstruierten Kettenschleppers Typ »Rübezahl«, der nun die Baumusterbezeichnung KS 07/60 erhielt und auch als Planierraupe hergestellt wurde. Wie sein Breslauer Vorbild besaß der Traktor einen Vierzylinder-Viertakt-Dieselmotor und war mit Benzinanlassvorrichtung ausgerüstet. Bei einem Hubraum von 8,5 l betrug die Nenndrehzahl 1150 U/min. und der 860 kg schwere Motor erzielte dabei eine Leistung von 60 PS. Das Getriebe mit vier Vorwärtsgängen und einem Rückwärtsgang ermöglichte eine Höchstgeschwindigkeit von bis zu 9 km/h. Auch die übrigen technischen Besonderheiten der Famo-Raupen, das Doppeldifferential-Lenkgetriebe (System Cletrac) sowie die unabhängig voneinander beweglichen Laufrollenkästen mit doppelter Abfederung waren beim KS 07 vorhanden. Die erste Ausführung dieses Traktors entsprach auch äußerlich dem Breslauer Vorbild. Bei einer zweiten Version, dem KS 07/62, war das kantige Äußere einer modernen, abgerundeten Blechverkleidung gewichen, die auch den Kühler umgab. Nun gab es Glühkerzen und einen 6 PS-Anlasser. Von Anfang an wurden die Brandenburger Raupenschlepper mit soliden, fahrerfreundlichen Kabinen ausgerüstet – für jene Zeit durchaus bemerkenswert. Die Weiterentwicklung des KS 07/62 führte zum KS 30 »Urtrak«. Die bewährte Blockkonstruktion, Motor und Vierganggetriebe wurden beibehalten. Der Traktor verfügte über ein neues, in Brandenburg entwickeltes Kettenlaufwerk mit pendelnd aufgehängten, drehstabgefederten Laufrollenträgern. Es passte sich sehr gut dem Boden an, so dass eine höhere Zugleistung gegenüber dem »Rübezahl« erzielt werden konnte.[52]

Angesichts der überaus positiven Bewertung des RS 08/15 »Maulwurf«, von dem bis 1956 über 4000 Exemplare hergestellt worden waren, hatte der Ministerrat der DDR dem am 1. Februar 1955 vom Schlepper- in Traktorenwerk umbenannten Betrieb in Schönebeck die Weiterentwicklung dieses Geräteträgers zum

Alte und neue Ausführung des Geräteträgers 08/15 und 09/15 (Bundesarchiv/183/31058/1)

Ingenieur Gerhard Hendrich (rechts) im Gespräch mit dem Werkstattleiter über die Versuchsergebnisse des neuen »Maulwurfs« (Bundesarchiv/183/31058/2)

RS 09 zur Auflage gemacht. Gleichzeitig aber legte die SED-Bezirksleitung Magdeburg anderes fest. Sie hatte, ausgelöst durch die starke Nachfrage an Armaturen, beschlossen, um die Produktion dieser Armaturen sicherzustellen, diese dem Traktorenwerk Schönebeck anstelle des Magdeburger »Karl Marx Werks« aufzuerlegen.

Deshalb wurde auf ihren Druck hin die Geräteträgerproduktion im Januar 1958 nach Nordhausen verlagert. In Schönebeck standen sich somit Regierung und Bezirksleitung gegenüber. Nach wie vor stand das Traktorenwerk in Schönebeck vor dem Problem zu geringer Räumlichkeiten. Das Werksgelände befand sich wie zu Gründerzeiten mitten im

Der modernisierte Geräteträger RS 09 mit Zwischenachsanbaugerät zur »Unkrauthacke«; der besondere Vorteil war die Sichtmöglichkeit auf das Gerät (Archiv Reinhard Blumenthal)

Variante des Geräteträgers für den Einsatz in Hanglagen (Bergtraktor) mit zusätzlichem Frontantrieb, die nicht zur Serienfertigung kam. (Archiv Reinhard Blumenthal)

Stadtgebiet, an eine Erweiterung war dort nicht zu denken. Besondere Schwachpunkte waren die Lackiererei und die Herstellung von Guss- und Getriebeteilen. Im übrigen versprach eine Verlagerung nach Nordhausen keineswegs eine Lösung des Problems, denn auch dort waren Kapazitätsprobleme in der Montage unausweichlich. Allenfalls hätte man ein Drosseln der dort bereits gefertigten Radtraktoren in Kauf nehmen müssen.

Im August 1957 besuchte der Erste Sekretär des ZK der KPdSU, Nikita Chruschtschow, die DDR mit einer Partei- und Regierungsdelegation. Die dabei geführten Verhandlungen brachten einschneidende Konsequenzen für den DDR-Landmaschinenbau mit sich. Man beschloss, die weitere Mechanisierung der Landwirtschaft in der UdSSR und der DDR dadurch zu fördern, dass der Bau von Traktoren an den deutschen Fertigungsstätten forciert werden sollte. Damals gewann der Gedanke rasch an Boden, dass durch eine hohe Maisproduktion bedeutende Viehzuchtergebnisse sichergestellt werden könnten. Chruschtschows Ausspruch vom Mais als der »Wurst am Stengel« machte damals die Runde. Damit war von einer Verlagerung der »Maulwurf«-Fertigung nach Nordhausen und einer Aufnahme der Armaturenproduktion in Schönebeck keine Rede mehr. 1957 wurden der RS 09-Geräteträger und seine Einzelteilfertigung vom Gutachterausschuss des Deutschen Amtes für Material- und Warenprüfung (DAMW) der DDR eingehend untersucht. Dabei wurde nicht nur auf das fertige Erzeugnis und seine Funktion geachtet, sondern man berücksichtigte auch das Betriebsgeschehen.

Das Prüfergebnis lautete:
Material: von hoher Güte
Verarbeitung: von hoher Güte
Oberfläche: von hoher Güte
Konstruktion: ausgezeichnete Qualität
Funktion: von hoher Güte.

Bereits auf der Leipziger Frühjahrsmesse 1958 wurde der RS 14/30 als Neukonstruktion gezeigt (Bundesarchiv/138/45000/594)

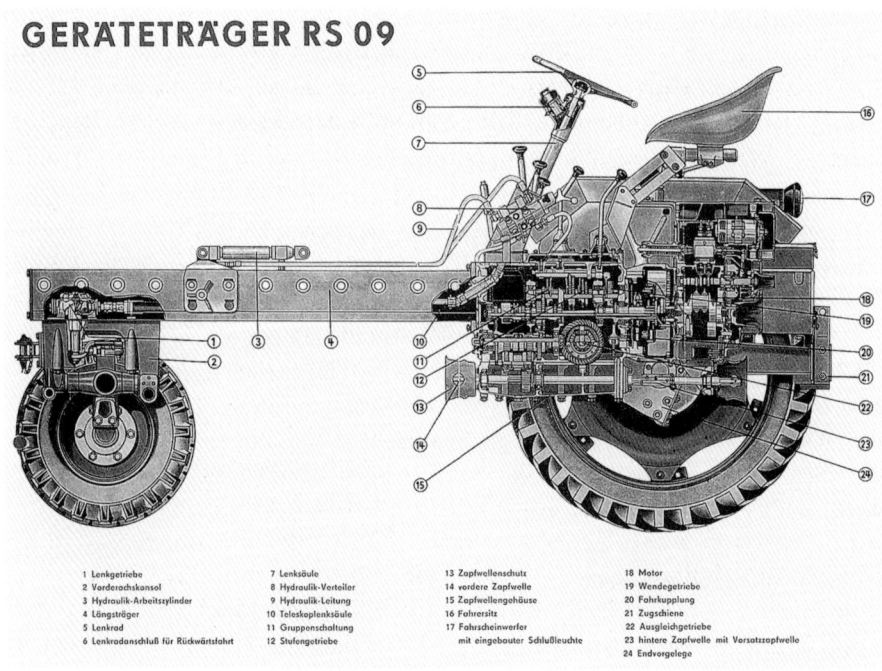

GERÄTETRÄGER RS 09

1 Lenkgetriebe
2 Vorderachskonsol
3 Hydraulik-Arbeitszylinder
4 Längsträger
5 Lenkrad
6 Lenkradanschluß für Rückwärtsfahrt
7 Lenksäule
8 Hydraulik-Verteiler
9 Hydraulik-Leitung
10 Teleskoplenksäule
11 Gruppenschaltung
12 Stufengetriebe
13 Zapfwellenschutz
14 vordere Zapfwelle
15 Zapfwellengehäuse
16 Fahrersitz
17 Fahrscheinwerfer mit eingebauter Schlußleuchte
18 Motor
19 Wendegetriebe
20 Fahrkupplung
21 Zugschiene
22 Ausgleichgetriebe
23 hintere Zapfwelle mit Vorsatzzapfwelle
24 Endvorgelege

Durch die kompakte Anordnung des Motors mit dem relativ aufwendigen Getriebe als Hinterachse war ein freier Zwischenachsanbau von landwirtschaftlichen Geräten und Maschinen beim RS 09 möglich (Archiv Reinhard Blumenthal)

Der RS 04 mit 33, später mit 36 PS aus dem Schlepperwerk Nordhausen (Archiv Reinhard Blumenthal)

Der Famulus 36 (Archiv Günter Caspari)

Das bedeutete viermal sechs und einmal sieben Punkte, insgesamt also 31 Punkte. Entsprechend wurde das Gütezeichen 1 anerkannt. Bei 32 Punkten hätte der RS 09 das Gütezeichen »S« erhalten Auf der V. Landwirtschaftsausstellung 1957 in Leipzig-Markleeberg stellte der RS 09 seine hohe Attraktivität auf dem Stand des Traktorenwerks Schönebeck unter Beweis. Der Betrieb bot erstmals das neue Produkt mit einer guten Auswahl von Anbaugeräten wie Anbauwechselpflug, Drillmaschine, Maislegegerät, Mähbalken und Rübenkopflader an. 1958 begann man mit der Produktion und bis 1961 wurden 12 000 Stück hergestellt. Der Geräteträger RS 09 war ein universeller Vierradtraktor und unterschied sich grundsätzlich von den herkömmlichen, in der Landwirtschaft verwendeten Traktoren. Besonders charakteristisch war die Zusammenfassung des gesamten Triebwerks auf und über der Hinterachse.

Eine spezielle Variante dieses Geräteträgers wurde für den Einsatz in Hanglagen entwickelt. Lediglich die Braunkohleindustrie, die an einem solchen Geräteträger sehr interessiert war, hatte sich in handwerklicher Fertigung nach der Überlassung von Sonderbauteilen ungefähr 50 Exemplare selbst hergestellt. An derart kleinen Auflagen bestand in Schönebeck keinerlei Interesse.

In Nordhausen ging 1958 der RS 14/30 in Serie, dessen 2 Zylinder-Motor bald durch Drehzahlsteigerung auf 33, 36 und 46 PS gesteigert wurde. Die Unterschiede zum RS 04 waren an der neuen, runden statt eckigen Motorhaube, den veränderten Kotflügeln und an einer neuen Fahrerkabine erkennbar. Wesentliche technische Neuerungen waren ein neues Getriebe und die Einführung eines

Kriechganges; die Einführung der international üblichen 3-Punkt-Ausführung anstelle einer 4-Punkte-Hydraulik; die Einführung einer gefederten Vorderachse; die Einführung der Lenkbremse (bei voll eingeschlagener Lenkung wird das kurveninnere Rad zur Gewährleistung des kleinsten Wenderadius voll abgebremst, beim RS 04 war zusätzlich eine Einzelradbremsung mit geteilten Bremspedal erforderlich); neben der motorgebundenen Zapfwelle wurde eine getriebegebundene Zapfwelle (synchron zur Fahrgeschwindigkeit) eingeführt und damit der zusätzliche Vorderradantrieb möglich und auch als Sonderanfertigung geliefert, darüber hinaus war auch der Antrieb der Vorderachse des Anhängers möglich; die Einführung der Antischlupfregelung; sowie die Einführung der Luftkühlung neben der Wasserkühlung sowie Leistungs- und Drehzahlsteigerungen der Motoren EM 2 (2 VD 14,5/11,5 bzw. 12 SRW o. SRL). Die ersten 1000 RS 14 erhielten den Namen »Favorit«. Durch Prozessandrohungen anderer Firmen, besonders aus der ČSSR, die diesen Namen auch für ihre Fabrikate verwendeten, wurde daraus dann »Famulus«, das aus dem Lateinischen kommt und »Diener« bedeutet. Famulus 40 wurde als Bezeichnung auch bei den Traktoren RT 315 und RT 325 verwendet.

Interessanterweise wurde 1959 im Traktorenwerk Schönebeck ein Seilzugaggregat konstruiert, das als Ablösung für das alte Prinzip der Dampfpflüge fungieren sollte. Der Vorteil bestand darin, dass das Zugaggregat nicht den Acker befuhr und es so zu keiner schädlichen Bodenverdichtung wie bei Rad- oder Kettenschleppern kommen konnte. Gedacht war das Aggregat vor allem für Großflächen mit schwerer und schwerster Bodenstruktur. Dem System war das bekannte Zweimaschinensystem der Dampflokomobile nach Max Eyth zugrunde gelegt. Von diesem Seilzugaggregat wurden im Werk Weimar 50 Satz produziert. Sie bewährten sich im Praxisversuch in der Wische und im Oderbruch ganz hervorragend. Hier waren Bodenbearbeitungen nur in einer äußerst geringen Zeitspanne im

Das Seilzugaggregat SZ 24 als Nachfolgemodell der bekannten Dampfpflüge von Max Eyth war für den Einsatz auf schwersten Bodenverhältnissen, den sogenannten Minutenböden, vorgesehen (Archiv Reinhard Blumenthal)

Die Montagehalle des Geräteträgers in Schönebeck (Archiv Reinhard Blumenthal)

Herbst möglich, auf den sogenannten Minutenböden, und da erlaubten die Seilzüge eine Ausweitung der Bearbeitungszeit. Möglich gewesen wäre der Einsatz eines solchen Aggregates vor allem als Exportartikel in die Reisanbaugebiete Asiens. Infolge wenig attraktiver Zahlungsmittel hatten die Außenhandelsstellen der DDR daran kein sonderlich ausgeprägtes Interesse. Da der Staat das Außenhandelsmonopol besaß, gab es keine Möglichkeit, derartige Pläne trotzdem zu verwirklichen.

In den Jahren 1950 bis 1960 entwickelten sich die landwirtschaftlichen Betriebe weltweit aufgrund verbesserter technischer Rahmenbedingungen auf höhere Produktionsergebnisse pro Arbeitskraft und Nutzfläche bei verringerten physischen Arbeitsaufwänden zu. Dabei war der Traktor als Energiequelle von besonderer Bedeutung. Als Kraftmaschine war nur der Dieselmotor einsetzbar, dessen Ausführungsformen ein hohes technisches Niveau erreichten. Abgezielt wurde damals bereits hauptsächlich auf höhere Betriebssicherheit und längere Lebensdauer. Als Folge des verstärkten Einsatzes von zapfwellengetriebenen Aggregaten in der Landwirtschaft gewann die höhere Leistung des Traktormotors zunehmend an Bedeutung. Auch auf Kupplung und Getriebe konzentrierten die Ingenieure ihre Bemühungen, höhere spezifische Leistungen zu übertragen. Trotz der hohen Anzahl von Forderungen und Bedingungen durch Landmaschinen und Landtechnik an den Traktor bleiben doch eine Reihe von Faktoren für die konstruktive Gestaltung, die mit dem Kraftfahrzeug in sehr enger Beziehung stehen. Dabei ist nicht zuletzt die Tatsache zu beachten, dass auch der Traktor in rein landwirtschaftlichen Betrieben einen Teil des Jahres als Zugaggregat für Transportmittel verwendet wird. Somit unterliegt er den gesetzlichen Bestimmungen der Straßenverkehrs-Zulassungsordnung. Auch für kommunale Aufgaben, wie zum Beispiel als Straßenkehrmaschine, Schneeräumgerät oder Überkopflader sowie mit Kranaufbauten, Ladern oder Ladepritschen versehen, hat der Traktor weit über die landwirtschaftliche Verwendung hinaus Verbreitung gefunden. Angesichts dieser gestiegenen Bedeutung konzentrierte man im Kraftfahrzeugbau der DDR stärker die Investitionen auf den Traktorenbau. So wurde im April 1959 ein Neubau des Traktorenwerks in Schönebeck übergeben. Am 12. Oktober 1959 begann hier die Produktion des RS 09.

Von großem Einfluss auf diese verglichen mit der übrigen DDR-Kraftfahrzeugindustrie geradezu dynamische Entwicklung war die Partei-Lobby der Landwirtschaft mit dem Minister für Land-, Forst- und Nahrungsgüterwirtschaft Georg Ewald an der Spitze (Ewald war Kandidat des Politbüros). Sie setzte ihre Forderungen nicht nur mit großem Nachdruck durch, sondern sorgte auch für deren Umsetzungen. Ewald machte klar, dass für die Kollektivierung der Landwirtschaft und für eine hohe Leistungsfähigkeit, letzten Endes also für eine gute Versorgung der Bevölkerung der DDR mit Lebensmitteln, die Traktorenproduktion von elementarer Bedeutung sei. Für Traktoren gebe es keine Alternative. Bei ihnen handele es sich nicht um Konsumgüter für den gehobenen Bedarf, sondern um Produktionsmittel. Einer der wichtigsten Verbündeten des Ministers war Prof. Dr. Sylvester Rossegger. Dieser besaß großen Einfluss auf die Entwicklung der Landwirtschaft der DDR in agrarpraktischer und agrarwissenschaftlicher Hinsicht. Rossegger war seit September 1953 Direktor des Instituts für Mechanisierung der Landwirtschaft (IML) in Potsdam-Bornim.[53] Rossegger war österreichischer Staatsbürger und Nachfahre des Heimatdichters Peter Rossegger. Als Mitglied der Akademie der Wissenschaften und des Forschungsrates der DDR mit dem Aufgabengebiet Landmaschinen und Traktoren war er ein international bekannter Experte auf diesem Gebiet. Außerdem gehörte er dem ZK der SED an und besaß somit politischen Einfluss. Das von ihm geleitete Institut genoss über die DDR-Grenzen hinaus internationales Renommee. Die für die Prüfung von Landmaschinen und Traktoren vorgehaltenen Prüffelder waren für alle in Europa üblichen Bodenstrukturen angelegt. Die IML-Prüfungen dienten als Grundlage für die Erteilung von Gütezeichen. Auch die umfangreichen, von seiner Frau angestellten ergonomischen Untersuchungen über Traktorensitze und die Klimatisierung der Kabinen waren wissenschaftliche Arbeitsgebiete, aus deren Ergebnissen sich konkrete und energisch vertretene Forderungen an die Fahrzeugindustrie ergaben. Das IML spielte eine wichtige Rolle bei der Mechanisierung der Landwirtschaft und führte harte Auseinandersetzungen mit der VVB Landmaschinen und Traktorenbau. Rossegger löste auch eigenständige Initiativen aus, so beispielsweise für den Einsatz von luftgekühlten Robur-Dieselmotoren und die Entwicklung eines Allradschleppers mit Gelenkrahmen. Er genoss zweifellos bedeutende Privilegien, bis er Ende 1961 aus politischen Gründen gemaßregelt und sämtlicher wissenschaftlicher Funktionen enthoben wurde.[54]

Dieselmotoren: Das Wunder aus dem Nichts

Im Zwickauer Horch-Werk hatte der Neubeginn der Dieselmotorenproduktion von Anfang an Kapazitätsprobleme aufgeworfen. Um einer eventuell noch höheren Belastung standhalten zu können, wurde eine automatische Zylinderkopf-Taktstraße unter Leitung von Diplom-Ingenieur Bauer entwickelt und 1952 in Betrieb genommen. Obwohl ihr Leistungsvermögen bei weitem den faktischen wie den zu erwartenden Bedarf überschritt, erwies sich die Anlage auf Dauer als sehr effizient. Sie diente vor allem der Herstellung von Zylinderköpfen für Dieselmotoren und wurde mit der Verlagerung des EM 4 von Zwickau nach Nordhausen umgesetzt. Dort war sie noch bis 1977 in Betrieb.

Die Fertigung des Motors EM 6 gelangte 1954 aus Kapazitätsgründen in das Dieselmotorenwerk Schönebeck an der Elbe[55] und bildete hier in den folgenden Jahren den Mittelpunkt der Produktion. Ende 1955 entstand in Schönebeck ein eigener Bereich Forschung und Entwicklung, der kurzfristig über 60 und ab 1958 über 90 Mitarbeiter verfügte. Von dieser Abteilung wurde Ende der fünfziger Jahre eine luftgekühlte Baureihe von Motoren mit Zwei-, Drei-, Vier- und Sechszylindern entwickelt. Außerdem kam hierher die Lizenzproduktion des österreichischen Dieselmotors FD 21, des sogenannten Warchalowski-Motors, für den Geräteträger RS 09.

Nachdem im Jahr 1956 die Absicht erkennbar war, die Fertigung des 6 t-Lkw einzustellen, wollte man einer Fertigungslücke und vor allem dem Totalverlust der Lkw-Produktion im Kraftfahrzeugwerk »Ernst Grube« in Werdau dadurch zuvorkommen, dass man diesen Lkw H 6 auf 7,5 t Nutzmasse steigerte und ihn vorwiegend für den Anhängerbetrieb auslegte. Dazu brauchte man jedoch eine Leistungssteigerung auf 150 PS, die konstruktiv so ausfallen sollte, dass später ein noch größerer Leistungsgewinn möglich war. In der gerade im Aufbau befindlichen Werdauer Versuchsabteilung bildete sich dazu ein Dreierteam, das aus den Mitarbeitern Caspari, Göschel und Zscherpe bestand. Diese Gruppe beschäftigte sich mit der Aufgabe, den Sechszylindermotor durch Hubraumvergrößerung (Kolbendurchmesser von 115 auf 120 mm) unter Beibehaltung aller Bauteile mit Ausnahme von Kolben, Kolbenringen und Zylinderlaufbuchsen, unter Nacharbeit des Zylinderblockes und mit einer Mitteldrucksteigerung durch eine Veränderung des Schußkanales und des Brennraumeinsatzes 25 Prozent mehr Leistung zu entlocken. Auch hierbei handelte es sich um eine Initiative, die aus der Industrie und deren Entwicklungsteams gekommen war und in den fünfziger Jahren gute Chancen hatte, realisiert zu werden. Gerade in diesen kleinen Gemeinschaften, deren Mitglieder sich ihrer problematischen Lage bewusst waren, wurde durch sehr hohen Einsatz und besondere Motivation oft Unmögliches möglich. Fünfzehnstündige Arbeitstage waren dabei fast normal. Innerhalb von nur drei Monaten waren für zwei Versuchsmotoren neue Teile hergestellt worden, der erste war schon montiert. In weiteren 24 Tagen Prüfstandarbeit waren mehrere Varianten von Kolben, Schusskanälen, Brennraumeinsätzen, Einspritzdüsen und von Ein-

Die vollautomatische Straße zur Bearbeitung von Zylinderköpfen von Dieselmotoren versah 25 Jahre lang in Zwickau und Nordhausen ihren Dienst (Archiv Dr. Winfried Sonntag)

spritzpumpenstempeln erprobt und vor allem die Zielstellung erreicht worden. Das Ergebnis war: eine Nennleistung von ca. 150 PS (vorher 120 PS) bei der Beibehaltung der Drehzahl N = 2000 U/min.; ein maximal effektiver Mitteldruck von 0,73 Mpa (vorher: 0,68 MPa); ein maximales Drehmoment von 570 Nm (vorher 480 Nm); ein spezifisches Kraftstoffverbrauchsminimum von 245 g/kWh (vorher 265 g/kWh); sowie ein spezifischer Kraftstoffverbrauch bei einer Nennleistung von 281 g/kWh (vorher 306 g/kWh).

Erste Versuche mit Abgasturbolader am Motor 6 VD 14,5/12 SRW im Jahr 1956 im Dieselmotorenwerk Schönebeck (Foto: Günter Caspari)

Der Produktionsbetrieb des Sechszylindermotors, der VEB Dieselmotorenwerk Schönebeck, hatte von dieser Schwarzentwicklung Wind bekommen und dessen Technischer Direktor, Diplom-Ingenieur Voutta, bemühte sich intensiv um dieses Entwicklungsteam. Es gelang ihm tatsächlich, diese Mitarbeiter zum Dezember 1955 nach Schönebeck zu ziehen. Im folgenden Kalenderjahr wurden deren Ergebnisse in Serie überführt und seitdem war dieser Motor der Baureihe VD 14,5/12 SRW ein Serienprodukt.

Im Mai und Juni 1956 wurden zwei dieser Motoren auf ausländischen Approbationen in Holland und in Belgien durch das Institut Purfina geprüft. Dabei verwendete man die ersten übereutektischen Kolben (Si 20). In Schönebeck kam man aus dem Staunen nicht mehr heraus: Derart exzellente Ergebnisse hatte man an der Elbe noch nie gesehen. Trotz der nach diesem Programm geforderten Überlastläufe zeigte der Demontagebefund noch nie zuvor erzielte hervorragende Ergebnisse. Des Rätsels Lösung bildeten die im Ausland verwendeten legierten Motorenöle bester Qualität, die in der DDR unbekannt waren.

Im selben Jahr interessierte sich auch das Schlepperwerk Nordhausen für diese erstaunliche Leistungssteigerung und führte nach einer Gemeinschaftsarbeit mit den Schönebeckern im folgenden Jahr das Ergebnis in die Produktion ein. Beim in Nordhausen gefertigten Traktor RS 04 mit dem Motor EM 2 wurden Leistungssteigerungen von 6 PS erzielt. Auf diesem Nordhäuser Motor und dem Dreizylinder EM 3 wiederum basierten mehrere Prototypen, die in den beiden folgenden Jahren entwickelt wurden. Dies gilt für den Hendrichs-Schlepper RS 10, den Triebsatz des Instituts für Landtechnik (ILT) Leipzig und für den »Bornimoc«, der von der landwirtschaftlichen Prüfstelle Potsdam-Bornim entwickelt worden war und seinen Namen analog zum Mercedes-Unimog erhalten hatte. Der

Der Bornimoc mit 4-Zylinder-Robur-Dieselmotor und geteiltem Rahmen kam über das Prototypen-Stadium nicht hinaus (Archiv Reinhard Blumenthal)

Die Zwei-, Drei- und Sechszylindermotoren vor der Abnahme im Dieselmotorenwerk Schönebeck (Foto: Günter Caspari)

»Bornimoc« besaß ursprünglich den Roburmotor 4VD 12,5/10 SRL. Dieser überzeugte aber nicht. In der Landwirtschaft wurde stattdessen dem Baureihensatz VD 14,5/12 SRW und SRL, also wasser- und luftgekühlt, der Vorzug gegeben. Außerdem wurde für den Dreizylindermotor ein selbsttragendes Kurbelgehäuse entwickelt und erprobt, das an Stelle eines Rahmens im Traktor dienen konnte.

In den Jahren nach 1958 wurden im Dieselmotorenwerk Schönebeck vor allem Anpassungsarbeiten für kleinere Bedarfsträger dieser Motorenbaureihe durchgeführt. Hierzu zählten Motoren für die Reichsbahn, den Schiffbau, für Bau- und Straßenmaschinen sowie Dieselkompressor- und Dieselelektro-Aggregate.

Das Forschungs- und Entwicklungswerk unterhielt in Berlin-Adlershof eine Außenstelle, die sich überwiegend mit Motorenentwicklung und Versuchen befasste. Dort wurde 1952 eine Baureihe luftgekühlter Fahrzeug-Dieselmotoren unter Nutzung des Zylinderelementes EM 4/6 mit Zwei-, Vier- und Sechszylindern aufgenommen. Dabei unterlief allerdings der Kardinalfehler, zu viele Dinge gleichzeitig grundlegend neu zu entwickeln. Anstelle der bisher üblichen gleitgelagerten Kurbelwelle wurde eine wälzgelagerte konzipiert, um so den größeren Leistungsbedarf der Kühlluftgebläse durch eine geringere Reibleistung der Kurbelwelle zu kompensieren. Als Rippenzylinder wurden Leichtmetall-Alfer-Zylinder gefordert und natürlich musste auch der Zylinderabstand vergrößert werden, um den Strömungswiderstand für die Kühlluft gering halten zu können. Dazu kam das ehrgeizige Ziel, die Direkteinspritzung ohne Forschungsvorlauf einführen zu wollen. Angesichts dieser außerordentlichen Breite wurde zwangsläufig sehr viel Zeit darauf verwendet, diese Dinge konstruktiv zu meistern. 1954 gelangten die ersten Mustermotoren in die Erprobung und wiesen außerordentlich große Schwierigkeiten auf. So wurde im folgenden Jahr das Dieselmotorenwerk Schönebeck damit beauftragt, je zehn Exemplare dieser luftgekühlten Mustermotoren mit vier und mit sechs Zylindern herzustellen. Keiner dieser Motoren erreichte auch nur annähernd die erwartete Leistung, und der angepeilte Kraftstoffverbrauch wurde nicht annähernd erzielt. Alle Motoren gingen bei etwa 70 Prozent Auslastung nach 10 Stunden Laufzeit fest, in den meisten Fällen durch Kolbenfresser oder Kurbelwellenschäden.

Die inzwischen auch von der Politik besonders geförderte Landwirtschaft forderte nunmehr durch ihre Exponenten im Politbüro und auf der ministeriellen Ebene immer stärker luftgekühlte Motoren. Es lag in der Natur der Sache, dass dabei nur deren Vorteile betont wurden, dabei waren deren Nachteile durchaus bekannt. Angesichts des Adlershofer Fehlschlags und der immer lauter werdenden Forderung nach luftgekühlten Motoren begann das erfolgreiche »Schwarzentwicklungs-Team«, erweitert durch den Technischen Direktor des Dieselmotorenwerks Schönebeck, noch Ende 1955, ein Lastenheft für die Entwicklung und die Produktion luftgekühlter Motoren von Zwei- bis Sechszylindern unter Verwendung von Teilen aus der Fertigung wassergekühlter Triebwerke zu formulieren. Der Hauptvorteil bestand darin, dass Kurbelwellen, Kurbelgehäuse, Pleuelstangen, Steuerräder, Ölpumpen, Stößel, Ölwannen, Steuergehäusedeckel und

Die luftgekühlte Variante des Sechszylindermotors vom Dieselmotorenwerk Schönebeck (Foto: Günter Caspari)

vieles mehr aus den wassergekühlten Motoren verwendet werden konnten. Damit konnten Zeit und 40 Millionen Mark an Investitionen gespart werden. Noch vor der Bestätigung wurden ein Zwei- und ein Sechszylindermotor gebaut. Im Februar 1956 liefen diese auf den Versuchsprüfständen. Den Rest des Jahres nutzte man für die Optimierung des Kühlluftdurchsatzes, der Temperaturverteilung an Rippenzylinder, Zylinderkopf und Kolben, der Schmierstoffentwicklung und -auswahl, des Verbrennungsverfahrens sowie für die Dauererprobung auf Prüfständen und in allen Werksfahrzeugen. Da zugleich auch die technologischen Vorbereitungen einsetzten, konnte bereits im zweiten Quartal 1957 die Serienproduktion dieser luftgekühlten Motoren anlaufen. Hauptbedarfsträger war das Schlepperwerk Nordhausen für die Traktoren RS 04 und RS 14. Außerdem meldete die Straßenbau- und Baumaschinenindustrie Bedarf an. Bei der Firma Fleischer in Gera hatte man sofort begriffen, welch große Bedeutung den 150 PS Motoren für einen neuen Bus zukamen. Auch von da gingen sofort Aufträge ein.

Schließlich wurde diese Baureihe durch einen Zwölfzylindermotor mit einer Dauerleistung von 200 PS bei 1500 U/min. für den Bagger UB 162 gekrönt, der in Schönebeck entwickelt worden war und ab 1962 im Elbewerk Roßlau in Serie gefertigt wurde. Mit 20 l Hubvolumen handelte es sich damals um den größten luftgekühlten Dieselmotor der Welt.

Die Anfänge bei der Entwicklung kleiner, schnelllaufender luftgekühlter Dieselmotoren waren bei Diplom-Ingenieur Isenthal im Traktorenwerk Brandenburg zu suchen. Dort wurde jedoch die Arbeit 1951 eingestellt, um andere Aufgaben bewältigen zu können. Die HV Automobilbau beauftragte daraufhin die Entwicklungsstelle Berlin-Johannisthal mit der Weiterführung. Ein kleiner, schnelllaufender, luftgekühlter, leicht schräg geneigter Dieselmotor sollte im Geräteträger RS 09 eingesetzt werden, um eine Nennleistung von 15 PS, später von 18 PS bei 2800 U/min. zu erzielen. Der RS 09 war als Nachfolgebaumuster des RS 08 gedacht, der Produktionsbetrieb war zu dieser Zeit noch nicht festgelegt. Damit fehlte aber den Entwicklungsarbeiten eine wesentliche Komponente. Die Verbindung von Konstruktion und Technologie sorgt in der Regel dafür, dass die Serienrealität einer Neuentwicklung nicht verloren geht. Durch das Fehlen der Verbindung zur Produktion kam man bei vielen Aufgaben nicht weiter. Besonders auf die Zubehörindustrie traf dies zu, die durch die Kleinheit des Motors stark gefordert gewesen wäre. Der Motor hatte nach vier Jahren Entwicklungszeit noch nicht die erforderliche Reife. Besonders negativ wurden 1956 die viel zu große Durchblasemenge, die Ölundichtheit, der Ölverbrauch, die Geräuschentwicklung und die Unzuverlässigkeit bewertet. Dies bedeutete den Abbruch der Arbeiten.

Aufgrund des Johannisthaler Fehlschlags und der zur Verfügung stehenden geringen Zeit räumte man der Landwirtschaft die Möglichkeit ein, den dafür benötigten Motor zu importieren. Das Traktorenwerk Schönebeck wählte unter einer Fülle von Angeboten den Zweizylinder-Motor FD 21 der Wiener Herstellerfirma Warchalowski aus. Nach einem kurzen Einbau- und Eignungsversuch im

Der Warchalowski-Dieselmotor FD 21/22 (2 VD 9/8,5 SVL/2 VD 9/9 SVL) aus der ältesten Motorenfabrik Österreichs war für den Einsatz im Geräteträger RS 09 des TWS geplant (Archiv Günter Caspari)

RS 09 wurde die Lizenznahme und die Aufnahme einer entsprechenden Fertigung von der VVB Landmaschinenbau gefordert. Angesichts der stark rückläufigen Stückzahlenentwicklung der EM 6-Motoren war das Dieselmotorenwerk in Schönebeck in dieser Zeit auf der Suche nach einem Ersatzprodukt. Der FD 21 kam da wie gerufen und so bemühte sich das Traktorenwerk Schönebeck Ende 1956 um die Lizenzproduktion. Ein Jahr später importierte dieser Betrieb 1000 Originalmotoren aus Österreich. Die ersten beiden erhielt das Motorenwerk, um Prüfstandsuntersuchungen durchzuführen sowie zu Demontagezwecken. Zeichnungen gab es nicht, und eine Zulieferkonferenz wurde rasch einberufen, um daran teilnehmende Betriebe zu befragen, ob sie anhand der vorgestellten Teile die Zulieferung übernehmen und eine Jahresproduktion von 10 000 Motoren sicherstellen könnten. Kurzfristig ihre Bereitschaft erklärten unter anderem das Schmiedewerk Roßwein für Kurbelwellen und Pleuel, die Zylindergießerei Leipzig für Rippenzylinder, die Firma L'Orange aus Dresden für die Aufsatzblock-Einspritzpumpe, das Gleitlagerwerk Osterwiek für Gleitlager der Kurbelwelle und Pleuel. Außerhalb des Dieselmotorenwerks waren 68 Zulieferbetriebe erforderlich, um die Fertigung zu sichern.

1958 lief die Fertigung des 18 PS-Motors an. Bereits damals erwies sich bei Originalmotoren aus Österreich, dass im rauhen Alltag diese hochdrehenden, luftgekühlten Motoren andere Pflege und Wartung und wesentlich bessere Schmierstoffe benötigten als im DDR-Alltag üblich war. Aber die Aggregate erfüllten die Erwartungen. Das änderte sich erst mit der Auslieferung der Lizenzprodukte aus Schönebeck. Die Ursachen dafür waren vielfältig. So gab es bei den Kurbelgehäusen aus Schönebeck Risse, die die Originalmotoren nicht aufwiesen. Die Festigkeit hatte nach Originalzeichnungen von Warchalowski 20 kp/qmm ohne Forderungen nach einer Mindestdehnung zu betragen. Aus Schönebeck kam ein Gussstück, das mit Sandguss 21 kp/qmm erreichte und eine Dehnung von 0,6 Prozent aufwies. Warchalowski lieferte tatsächlich aber Kokillenguss mit einer Festigkeit von 24 bis 25 kp/qmm und einer Dehnung von bis zu 1,4 Prozent. Allein wegen dieser Differenz fielen vor der Grundrevision 10 Prozent der Schönebecker Motoren aus und bis zu 60 Prozent der Kurbelgehäuse mussten bei der ersten Generalreparatur ausgesondert werden. Erst 1959 konnte dieser schwerwiegende Mangel durch den Einsatz einer selbst hergestellten Kokille beseitigt werden. Ähnliches gab es bei vielen Schraubverbindungen wie Kurbelwelle/ Schwungrad oder Pleuel/Pleuellagerdeckel. Als besonders problematisch erwies sich die gesamte Abdichtung des Motorenöls nach außen. Diese Lizenznahme war ein Lehrstück, aus dem nicht nur die Zeitgenossen vieles lernen konnten, sondern an dem die Wirtschafts- und vor allem die Lizenzpolitik der DDR analysiert werden kann. Natürlich konnte niemandem eine Alleinschuld zugewiesen werden. Viele Teilprozesse wurden von den Verantwortlichen unterschätzt. Die Eignung des Motors wurde nicht bis zu Ende untersucht. Die Betreiber wurden ungenügend auf die Besonderheiten des Motors hingewiesen, und ohne eine ausreichende Dauererprobung auf Prüfständen und in der Praxis ging der Motor schließlich in Serie. Hinzu kam aber, dass Spezialisten der Firma Warchalowski aus Konstruktion, Technologie oder Fertigung nicht nach Schönebeck eingeladen werden durften, denn dazu wurden die notwendigen Erlaubnisse von Parteiinstitutionen außerhalb des Betriebes verweigert. Auch der Besuch von Spezialisten aus Schönebeck bei Warchalowski, dem ältesten Motorenhersteller Österreichs, sowie bei dem FD 21-Motorenentwicklungsbetrieb, der Anstalt für Verbrennungsmotoren Prof. List in Graz, war zum ersten und einzigen Mal drei Jahre später, 1961, möglich. Inzwischen hatte man aber bereits eine Vielzahl von Veränderungen serienwirksam eingeführt, um Schwachstellen zu beseitigen und um den Motor weiterzuentwickeln.

Dazu gehörten: eine Vergrößerung des Kolbendurchmessers von 85 auf 90 mm sowie eine Absenkung der Nenndrehzahl von 3000 auf 2500 U/min. bei gleicher Leistung von 13 kW; eine verstärkte Schmierölpumpe; eine Erhöhung der Ölwechselfristen um 100 Prozent; eine Einführung eines neuentwickelten Moto-

Der bei DMS weitergeführte und produzierte Lizenzmotor FD 22; mit zahlreichen Änderungen wurde er an den RS 09 angepasst (Archiv Eberhard Fritsche)

Besuch bei der AVL, Professor List, in Graz im März 1961 von drei Mitarbeiter des DMS; bei AVL war der FD 21/22 entwickelt worden. Von links nach rechts: AVL-Prokurist Dr. Christoph, Geschäftsführer Professor List, DMS-Cheftechniker Voutta, zwei Mitarbeiter von AVL, DMS-FuE-Leiter Caspari, AVL-Chefkonstrukteur Dr. Scheiterlein (Foto: Günter Caspari)

renöls; der Kokillenguss für Kurbelgehäuse; die Erhöhung der Sicherheiten aller Schraubverbindungen; balliggehonte Zylinder im Auflagebereich; ein Kühlluftgebläse mit höherer Leistung; sowie die Senkung der spezifischen Kraftstoffverbräuche im Voll- und Teillastbereich um 7 Prozent. Insgesamt mußten über 40 funktionsbedingte Änderungen durchgeführt werden, die dann allerdings auch eine entscheidende Wende zum Positiven bewirkten und den Motor zu einem zuverlässigen und robusten Aggregat in der Landwirtschaft machten.

Nachdem im Motorenwerk Cunewalde der 1951 begonnene Dieselmotorenbau[56] zunächst von dem zur VVB EKM, Halle, gehörenden »Zentralen Entwicklungs- und Konstruktionsbüro Dieselmotoren« (ZEK) Roßlau konstruktiv betreut wurde, wirkte sich die fehlende Direktverbindung zur Fertigungstechnologie und zur Marktbearbeitung zunehmend nachteilig auf den betrieblichen Prozess aus. Auf Betreiben des Betriebes wurde deshalb 1956 unter Leitung von Ingenieur Eberhard Fritsche ein »Betriebseigenes Entwicklungs- und Konstruktionsbüro« (BEK) gegründet. Dessen erste Eigenentwicklung war der vom Dieselmotorenwerk Kamenz übernommene liegende, verdampfungsgekühlte und weiterentwickelte Motor H 65 zum Typ 1 H 65 mit 7,5 PS/5,5 kW und die Neuentwicklung eines daraus abgeleiteten 2-Zylinders Typ 2 H 65 mit 15 PS/11 kW mit 1800 U/min., mit denen bis dahin produzierte veraltete Typen abgelöst wurden.

Die erste Eigenentwicklung in Cunewalde war die erfolgreiche Baureihe 1 / 2 H65 (Werkfoto: Motorenwerke Cunewalde)

Bewässerungsaggregat mit dem Motor 1 H 65 in Ägypten (Werksarchiv Cunewalde)

Neben den verschiedenen Antriebsaufgaben in der Landwirtschaft, für Baumaschinen und im Aggregatbau im Inland stand bei diesen Motoren der Einsatz für den Antrieb von Bewässerungspumpen besonders in Ägypten (Nilwasser auf Baumwollfelder) und anderen afrikanischen, ostasiatischen und südamerikanischen Ländern im Mittelpunkt. Den großen Verkaufserfolg der 1 und 2 H 65-Motoren begründeten ihre Anspruchslosigkeit, Zuverlässigkeit und hohe Lebensdauer.

Wie in der Nachkriegszeit für diese Industrie charakteristisch, zwang der Mangel an Zulieferungen und technologischen Ausrüstungen die Ingenieure der ersten Stunde auch in Cunewalde zu Erfindungsreichtum und Selbsthilfe. So verfügte der Betrieb zwar über einen relativ guten Bestand an Universalwerkzeugmaschinen, nicht aber über die Spezialmaschinen für die motortypischen Bauteile wie Kurbelwelle und Nockenwelle. Der Werkzeugmaschinenbau in der DDR hatte Anfang der fünfziger Jahre diese Ausrüstungen noch nicht im Programm. Somit galt es, quasi aus dem Stand heraus, mit den verfügbaren Ausrüstungen praktikable technologische Lösungen zu finden. Innerhalb sehr kurzer Zeit wurden von der kleinen Zahl von Konstrukteuren und Technikern Drehbänke für die Weichbearbeitung der Kurbelwellen und Nockenwellen umgebaut und eine normale Außenrundschleifmaschine durch eine Zusatzeinrichtung für das Nockenformschleifen einschließlich Rückkopiereinrichtung hergerichtet. Die später vom Zeiss-Werk in Jena beschafften Urnocken wurden von einem hochqualifizierten Werkzeugschlosser in 1°-Schritten im Tangenten-, Fräs- und Schleifverfahren auf dem Teilkopf hergestellt und die letzte Justierung auf die geringen Toleranzen der Nockenerhebungskurve von Hand vorgenommen.

Der internationale technologische Stand für das Oberflächenhärten von Kurbelwellenzapfen war damals das Brennhärten mittels Gas. Das Induktionshärten stand noch am Anfang. Brennhärtemaschinen gab es nicht, wie Cunewalde auch keinen Gasanschluss besaß. Auch hier wurde improvisiert und die Brennhärte-

Das Werkstattprinzip – die Technologie der ersten Nachkriegsjahre (Werkfoto: Motorenwerke Cunewalde)

maschinen aus einer alten Drehbank entwickelt. Aufgestellt wurden sie in dem 10 km entfernten Getriebewerk Kirschau, das über Gasanschluss verfügte. Der Mann, der diese Maschinen bediente, wurde jeden Tag mit dem Tageslos an Kurbelwellen nach Kirschau gefahren und nach Arbeitsende mit den gehärteten Kurbelwellen wieder abgeholt.

Für die Leistungsprüfung der Motoren fehlten geeignete Wasserwirbelbremsen. In Zusammenarbeit mit dem Institut für Verbrennungsmotoren und Kraftfahrwesen der TU Dresden (IVK) unter der Leitung von Professor Jante wurde eine entsprechend große Wasserwirbelbremse entworfen und im eigenen Betrieb gebaut. Dies sprach sich unter den motorenbauenden Betrieben herum und führte zur Fertigung einer Kleinserie dieser Leistungsbremse.

Von besonderem Vorteil für die stets angespannte Materialsituation erwies sich 1953 der Kauf einer bis dahin privat betriebenen Gießerei für Grauguss im Nachbarort Beiersdorf. Dadurch konnten fast alle Graugussteile für die Kleindieselmotoren in eigener Regie hergestellt werden, daneben fand ein umfangreicher Kundenguss statt. Im Lauf der Jahre wurde diese Gießerei erweitert und modernisiert. Sie lieferte bei voller Auslastung 3500 Tonnen dünnwandigen, kernintensiven Grauguss pro Jahr, darunter mehr als 30 000 Kurbelgehäuse für die eigenen Dieselmotoren sowie für jene von Robur.

Von allen Typen der ersten Generation der liegenden verdampfungsgekühlten Motoren wurden zwischen 1951 und 1976 78 916 Stück gebaut, davon gehörten 72 493 zur Baureihe H 65 und 1/2 H 65 (vgl. Anlage H 1). Trotz des besonders in

Die schnelllaufende luftgekühlte Kleindieselmotorenbaureihe KVD 8 (VD 8/8 SL/SVL) mit einem, zwei und vier Zylindern in Stationärausführung (Werkfoto: Motorenwerke Cunewalde)

Entwicklungsländern weiterhin vorhandenen Bedarfs musste diese Produktion zugunsten der moderneren, material- und fertigungstechnisch ökonomischeren Typen des Bauprogramms eingestellt werden. Der Betrieb hatte 1960 eine industrielle Warenproduktion von 26,8 Millionen Mark bei 1078 Beschäftigten – davon arbeiteten 40 in Forschung und Entwicklung (FuE) –, wovon die Dieselmotorenproduktion rund 75 Prozent ausmachte.

In den für die Werksentwicklung entscheidenden Anfangsjahren von 1949 bis 1963 stand der Betrieb unter der Leitung von Martin Weickert, der pragmatisch zunächst die kontinuierliche Serienproduktion von Zulieferbaugruppen organisierte, um dann Schritt für Schritt über den eingeleiteten Konzentrationsprozess von Kleindieselmotoren in Cunewalde eine eigene Produktionspalette aufzubauen. Der Betrieb wurde dadurch vergrößert, dass weitere Produktionsbereiche für Forschung und Entwicklung, Gießerei, mechanische Fertigung und Montage beigesellt wurden. Martin Weickert stärkte besonders die produktionsvorbereitenden Abteilungen und förderte die innovative Bereitschaft im Bereich der Erzeugnisentwicklung und Technologie.

Das kleine Konstruktionsbüro in Cunewalde hatte 1951 vier Konstrukteure und vier technische Zeichner für sämtliche Konstruktions-, Zeichnungs-, Änderung- und Rechnungsaufträge. Das notwendigerweise breitgefächerte Anforderungsspektrum, das vom Willen geprägt war, mit dem Beginn der Kleindieselmotorenproduktion dem Betrieb ein eigenes Produktionsprofil zu geben, formte eine Generation von Ingenieuren. Dadurch wurde das Fundament für das 1956 gegründete »Betriebliche Entwicklungs- und Konstruktionsbüro« (BEK) für Kleindieselmotoren mit 25 ingenieurtechnischen Mitarbeitern gelegt. Betriebliche Delegierungen zum Studium, Absolventenvermittlungen von industriezweigtypischen Hoch- und Fachschulen und soziale Maßnahmen, wie beispielsweise die Bereitstellung von Werkswohnungen, führten zu einem schnellen Anstieg der Arbeitskräfte in Forschung und Entwicklung auf 48 Mitarbeiter im Jahre 1965 – und dies trotz des Standorts auf dem Land.

Der Neuaufbau der Wirtschaft nach dem Zweiten Weltkrieg erforderte zunehmend leichtere und schneller laufende Antriebsmotoren auch im unteren Leistungsbereich für die Mechanisierungsaufgaben in den verschiedensten Wirtschaftssektoren wie der Bauindustrie, der Landwirtschaft, im Transportwesen oder im Aggregat- und Schiffbau. Diese vielfältigen technischen Anforderungen konnten mit den schweren liegenden Dieselmotoren mit begrenztem Leistungsbereich nicht mehr erfüllt werden. Auf der Grundlage von Entwicklungsforderungen und angesichts der internationalen Trends wurde ab 1956 deshalb als zweite Generation die leichte, schnelllaufende, luftgekühlte Baureihe KVD 8 – später VD 8/8 – mit 1, 2 und 4 Zylindern entwickelt. Der Hubraum betrug 0,4 l/Zylinder, die Leistung zunächst 6,5 PS/4,8 kW/Zylinder bei 3000 U/min. und einem Wirbelkammerverbrennungsverfahren. Die Entwicklung dieser Baureihe ist für diese Zeit in der Geschichte der DDR charakteristisch, denn das technische Konzept entstand im Betrieb noch ohne Reglementierung durch übergeordnete Organe und konnte auch so umgesetzt werden. Damit wurde es zur Grundlage für strategische volkswirtschaftliche Entscheidungen, die von weitreichender Bedeutung für die weitere Werksentwicklung waren.

Die Entwicklung solch kleiner, schnelllaufender, luftgekühlter Dieselmotoren hatte in Westeuropa erst nach dem Krieg richtig begonnen. Vorher war dieser Leistungsbereich die Domäne von stationären Otto-Motoren. Das Anforderungsniveau an Zubehör und Werkstoffe, zum Beispiel kleine Einsteck-Einspritzpumpen, hochfester Aluguss für Kurbelgehäuse, Zylinderköpfe und Kolben, Alu-Eisen-Verbundguss Alfin – in der DDR hieß er Alfer – für Ringträger im Kolben und Brennraumeinsätze im Zylinderkopf sowie Genauschmiedeteile für Pleuelstangen, war ungleich höher als bis dahin.

Konstruktiv war Luftkühlung für die Techniker in Cunewalde Neuland. Ohne zunächst an das Fernziel eines Geräteträgermotors zu denken, wurde nach Übereinkunft über die VVB-Grenzen (Dieselmotoren, Pumpen und Verdichter – Automobilbau) hinweg mit der Entwicklungsstelle Berlin-Johannisthal folgendes vereinbart: Mit dem luftgekühlten Zylinderelement KVD 9,5 (VD 9,5/8,2) des dort in Entwicklung befindlichen 2-Zylinder-Dieselmotors sollte in Cunewalde für den Geräteträger RS 09 des Traktorenwerkes Schönebeck ein stehender 1-Zylinder-Motor entwickelt werden, der den Entwicklungszielen des universellen Einsatzes entsprach. 1-Zylinder-Funktionsmuster wurden unter Zulieferung von Johannisthal gebaut und erprobt. Sehr bald jedoch traten die Schwächen dieser konstruktiven Konzeption deutlich zutage, wie dies schon im Verlauf der Entwicklung in Johannisthal der Fall war. Das führte zur Abkopplung von KVD 9,5 hin zu einem neuen Zylinderelement KVD 8 (VD 8/8), das heißt jeweils 80 mm Hub und Bohrung. Obwohl bei dieser Entwicklung vieles in konstruktiver, technologischer und Materialseite ausprobiert werden musste, so war die 1956 begonnene Entwicklung doch von Erfolg gekrönt und führte zur Serieneinführung des stehenden 1-Zylinders im Jahr 1961. 2- und 4-Zylindermotoren in V-Bauart schlossen sich in der Entwicklung an; ihre Serieneinführung erfolgte 1962 beziehungsweise 1964.

Besonders fortschrittliche Konstruktionsmerkmale dieser Baureihe, auch erkennbar an einer ganzen Reihe von Patenten, waren folgende Punkte:
- Durch sinnvolle Anwendung des Baukastenprinzips entstand eine Bauteilgleichheit von über 90 Prozent zwischen den 3 Motoren;
- Leichtbau durch weitgehenden Einsatz von Alu-Kokillen- und Druckguss;
- Genauschmiedeteile, Stahl-, Feinguss- und Sintereisenteile;
- Austauschbare Dünnwand-Gleitlagerschalen, anfangs Stahl-Bleibronze, später Stahl-Zinn-Aluminium (Lizenz Glacier);
- Einsteckeinspritzpumpen der Baugröße K (L'Orange, Dresden) mit in das Motorgehäuse integriertem Verstellregler auf der Nockenwelle;
- Beim 4-Zylinder Zwangsölkühlung in der Ölwanne durch vom Kühlgebläse abgezweigten Kühlluftstrom;
- Das Kurbelgehäuse in steifer Tunnelbauweise war beim späteren Einsatz des 4-Zylinders im GT 124 Voraussetzung dafür, dass der Motor im Heck des Traktors freifliegend an das Getriebe angeflanscht werden konnte.[57]

Die Strategie des Motorenwerkes Cunewalde wurde von Anfang an nachhaltig durch den Einsatz seiner Motoren im Multicar des Fahrzeugwerkes Waltershausen beeinflusst.[58] Dieses kleine Nutzfahrzeug, in Abgrenzung zur untersten Lkw-Klasse mit Recht als Arbeitskraftfahrzeug für den universellen Einsatz bezeichnet, das in Industriebetrieben, in der Landwirtschaft, in Kommunalbetrieben, See- und Flughäfen in vier Fahrzeuggenerationen in der DDR und in vielen Ländern Europas anzutreffen war und immer noch ist, war eine der tragenden Säulen der Fabrikation der Nutzfahrzeugindustrie in der DDR.

Der Mangel an Bleibatterien in der Nachkriegszeit war Ursache dafür, dass 1951 auf Veranlassung des damaligen Betriebsleiters Arzt in der Schmiede Brand-Erbisdorf ein liegender verdampfungsgekühlter Dieselmotor H 65 aus Kamenz in eine ehemalige Elektrokarre eingebaut und damit die Dieselkarre DK 3, später »Dieselameise« genannt, geschaffen wurde. Die Fußtrittlenkung signalisierte am deutlichsten, woher dieses Fahrzeug seinen Ursprung genommen hatte. Nach einer kleinen produzierten Stückzahl wurde diese Fertigung 1953 vom damals im Aufbau befindlichen Industriewerk Ludwigsfelde übernommen, das bis 1955 ungefähr 1000 Fahrzeuge davon baute. Im Jahr 1956 übernahm das Fahrzeugwerk Waltershausen die Fertigung des Multicars und begann zielstrebig mit der Weiterentwicklung. Zwei Jahre später

In Waltershausen begann 1956 die Multicar-Fertigung mit dem Typ M 21 (Werkfoto: Fahrzeugwerk Waltershausen)

kam das Fahrzeug mit einem geschützten Fahrerstand heraus und erhielt den Namen »Multicar M 21«. Der inzwischen vom Motorenwerk Cunewalde übernommene und weiterentwickelte Motor 1 H 65 bekam einen Elektrostart, das Fahrzeug eine Hydraulikanlage. Der M 21 war für 2 t Nutzmasse und 15 km/h zugelassen, seine Motorleistung betrug 5,4 PS bei 1500 U/min.

Von diesem Typ wurden bis 1964 14 000 Fahrzeuge in 5 Aufbauvarianten gebaut, davon wurde jedes vierte exportiert. Die erste Multicar-Generation musste also mit der ersten Kleindieselmotoren-Generation auskommen, dem Motor, der damals als einziger zur Verfügung stand. Dieser Kleintransporter befriedigte vor allem die starke Nachfrage im innerbetrieblichen Transport der Nachkriegsjahre.

Mit dem luftgekühlten 2-Zylindermotor 2 KVD 8 aus der zweiten Kleindiesel-Generation stand dem Fahrzeugwerk Waltershausen eine leistungsfähigere Antriebsquelle für die zweite Multicar-Generation zur Verfügung. Der aus der »verdieselten Elektrokarre« entstandene M 21 wandelte sich zu einem auch im Straßenverkehr tauglichen Arbeitskraftfahrzeug. Unter Beibehaltung der 2 t Nutzmasse waren die geschlossene 1-Mann-Kabine und die Handradlenkung sowie das 4-Gang-Getriebe für den Multicar M 22 charakteristisch, der eine größere Einsatzbreite durch 10 Aufbauvarianten, 15 PS bei 3000 U/min. Antriebsleistung und eine Höchstgeschwindigkeit von 23 km/h erreichte. Von 1964 bis 1974 wurden davon insgesamt 42 500 Exemplare produziert, davon gingen 58 Prozent ins Ausland.

Die zweite Multicar-Generation M 22 beim Einsatz in der Bauwirtschaft (Werkfoto: Fahrzeugwerk Waltershausen)

Forschung und Entwicklung

Bis 1950 hatten alle IFA-Werke ihre Fertigung wieder aufgenommen, wobei sie nahezu ausnahmslos auf Produkte aus der Vorkriegszeit aufbauten. Um diese an die veränderte Mangellage der Nachkriegszeit anzupassen beziehungsweise um daran erste leistungssteigernde Modifikationen auszuführen, hatten sich an den Standorten kleine Gruppen gebildet, die sich damit beschäftigten. Ihnen ging es um die Lösung der Aufgaben des Tages, aber damit waren die Entwicklungsprobleme der Zukunft nicht in den Griff zu bekommen.[59] Um durch eine Zusammenfassung der Kräfte zu übergreifenden Entwicklungshorizonten zu gelangen und auch Synergie-Effekte zu erzielen, versammelte IFA-Generaldirektor Lang 1950 einige erfahrene Techniker der Kraftfahrzeugindustrie um sich. Als Ergebnis dieser Konferenz wurden von nun an zielgerichtet in allen IFA-Werken Forschungs- und Entwicklungskapazitäten geschaffen. Außerdem wurde die Bildung eines Forschungs- und Entwicklungszentrums beschlossen, das mit Wirkung zum 1. April 1951 in Chemnitz entstand. Sein Domizil fand dieser VEB Forschungs- und Entwicklungswerk in der Chemnitzer Kauffahrtei Nr. 31. Der Gebäudekomplex hatte vor dem Krieg zur Auto Union gehört. Selbstredend hatte die Mehrzahl der Mitarbeiter vor 1945 hier für Auto Union gearbeitet. Als Technischer Direktor war bis zu seinem Weggang nach Nürnberg im Jahr 1956 Oberingenieur Siegfried Rauch tätig. Er stammte aus dem Techniker-Bereich der Auto Union, war als exzellenter Fachmann ausgewiesen und hatte maßgeblichen Einfluss auf die technische Entwicklung in jenen für das künftige Produktionsprofil des DDR-Automobilbaus entscheidenden Jahren. Zum Chefkonstrukteur für Lkw wurde Oberingenieur Kurt Weise berufen. Er war von der Vomag in Plauen zu Horch nach Zwickau gegangen und hatte dort die Dieselmotoren- und Lkw-Fertigung als Chefkonstrukteur betreut. Chefkonstrukteur für Pkw war Oberingenieur Wilhelm Orth, einst in verantwortlicher Position für die Motor- und Getriebeentwicklung bei Horch tätig. Die zunächst über 200 Mitarbeiter umfassende Belegschaft arbeitete in vier Hauptbereichen, nämlich Pkw, Lkw, Musterbau und Versuch sowie Erzeugnisplanung.

Als 1952 mit der Rückführung der SAG auch das Automobiltechnische Büro Awtowelo aufgelöst wurde, das übrigens in Chemnitz nur wenige Häuser entfernt in der Kauffahrtei 45 untergebracht war, wurden dessen Mitarbeiter auf das FEW übertragen, wodurch die Belegschaft auf knapp 500 anstieg. Bei der Umbildung im ersten Quartal 1955 betrug die Zahl der Mitarbeiter rund 700. Außerdem gab es noch zwei Außenstellen, eine in Berlin-Johannisthal für Motoren und eine in Zwickau für Plasteanwendung im Karosseriebau.

An Fahrzeugen entstanden im FEW: der P 50 als Kleinwagen-Neukonstruktion 1953/54; der Omnibus W 180 in selbsttragender Frontlenkerbauweise mit Unterflurdieselmotor von 225 PS bei 1700 U/min., SMH 6 im Jahr 1954; im selben Jahr der Omnibusaufbau für Schnelltransporter L 1 mit Rahmenfahrgestell in Frontlenkerbauweise und Frontantrieb für eine Nutzmasse von 1 t; das Fahrgestell für

IFA FORSCHUNGS- UND ENTWICKLUNGSWERK VEB

Briefkopf des VEB Forschungs- und Entwicklungswerks kurz vor der am 1. April 1955 vollzogenen Auflösung (Archiv Walter Siepmann)

Mähdrescher S 4 (4 m Schnittbreite) mit hochliegendem Dieselmotor 4VD 14,5/ 11,5 SRW; sowie Lkw und Zugmaschinen der 8 t Nutzmasse-Klasse L 8, Z 8, ZR 8.

Zur gleichen Zeit wurden an der Kauffahrtei interessante Motoren entwickelt und zu Studienzwecken gebaut, so z.B. ein Dreizylinder-Zweitaktmotor mit 1,5 l Hubraum und 70 PS/4000 U/min.; der Trabantmotor mit 0,5 l Hubraum und 17 PS/ 4000 U/min.; der Sechszylinder-Viertaktmotor für den »Sachsenring« P 240 mit 2,4 l Hubraum und zunächst 60 PS/3500 U/min., später 80 PS/ 4250 U/min.; ein Vierzylinder-Zweitaktmotor für Benzineinspritzung; Dieselmotoren mit Wasser- und Luftkühlung (Außenstelle Johannisthal); Dieselmotoren mit 150 und 225 PS für schwere Fahrzeuge und Landmaschinen, Baureihen SM 4, SM 6 und SMH 6; schwere Dieselmotoren für Lokomotiv- und Schiffbau, ebenfalls in Berlin-Johannisthal entwickelt, mit 430 bis 1250 PS; und der Vierzylinder-Zweitaktmotor in V-Form mit Magnetzündung und Luftkühlung. Außerdem wurde hier erfolgreich an einer Diesel-Einspritzpumpen-Baureihe für Ein- bis Sechszylindermotoren

Der Omnibus W 180 in selbsttragender Frontlenkerbauweise und mit 6 Zylinder-Unterflur-4-Takt-Dieselmotor mit einer Leistung von 225 PS/1700 U/min. (Archiv Wolfgang Beyer)

Im Aufwind

Kleinbus auf dem Fahrgestell L 1 in Rahmenbauweise, Frontlenker, Frontantrieb und einer Nutzmasse von 1 t (Archiv des Autors)

Ein Mähdrescher mit hochliegendem Dieselmotor (Archiv Wolfgang Beyer)

gearbeitet. Auf den Gebieten der Kraftübertragung und Getriebe-Entwicklung wurden vor allem folgende Projekte vorangetrieben:

- Von 1951 bis 1955 die Berechnung und Konstruktion von Wechsel-, Verteiler- und Achsgetrieben anhand fahrdynamischer Berechnungen für die Fahrzeugtypen Pkw F 9, Kübelwagen P 2, Lkw H 3A, H 6, G 5, L 8 und Motorrad IFA RT 125 mit dem ersten Vierganggetriebe, der verantwortliche Entwicklungsingenieur war Gerhart Schreier;
- Von 1951 bis 1955 die Berechnung und Konstruktion der Wechselgetriebe für den P 50 und den L 1, die Fertigungsaufnahme erfolgte später bei Sachsenring und im Getriebewerk Leipzig, der verantwortliche Entwicklungsingenieur war Adolf Hahn;
- Von 1955 bis 1956 Entwicklung und Aufbau eines Prüffeldes für Pkw- und Lkw-Getriebe, der verantwortliche Entwicklungsingenieur war Gerhard Schreier, die gesamte Getriebeentwicklung stand unter der Leitung von Adolf Hahn;
- Von 1951 bis 1955 die Erarbeitung von Berechnungs- und Fertigungsnormen für Getriebestirnräder, der verantwortlicher Entwicklungsingenieur war Gerhard Schreier;
- Von 1951 bis 1955 die Berechnung und Konstruktion eines hydromechanischen Pkw-Getriebes Typ 675, verantwortliche Entwicklungsingenieur war Adolf Hahn.

Im Jahr 1952 erhielt das FEW nach Übernahme der Awtowelo in Fortsetzung der bisher durchgeführten Arbeiten die Aufgabe, einen Prüfstand-Komplex für das

Der P 2 M wurde vom Fahrzeugwerk Karl-Marx-Stadt gebaut; bis 1958 wurden ungefähr 2 000 Stück an die NVA geliefert (Werkfoto: Archiv Jochen Borrmeister)

Der P 2 S wurde im ZEK-Betriebsteil Hohenstein-Ernstthal entwickelt und im Fahrzeugwerk Karl-Marx-Stadt beziehungsweise in den Barkas-Werken produziert (Archiv Carl-Hans Morgenstern)

Zentrale Forschungsinstitut der Sowjetischen Automobilindustrie (NAMI) zu entwickeln und zu bauen. Alle damit im Zusammenhang stehenden Arbeiten – der Bau, die Erprobung, Dokumentation und Versand – liefen seitdem unter dem Sammelbegriff »M-Themen« (M stand für Moskau). Dazu gehörten ein Sechsrollen-Fahrzeugprüfstand für Motorleistungen bis zu 350 PS, 10 000 kg Achslast und 25 000 kg Fahrzeuggesamtmasse; sowie für Fahrzeuggeschwindigkeiten bis 200 km/h; ein Rennmotoren-Prüfstand für Leistungen bis 200 PS bei 12 000 U/min.; ein Getriebeprüfstand für Prüflinge bis zu einem Drehmoment von 70 mkg bei 5000 U/min.; ein Kupplungsprüfstand für Drehmomente bis 300 mkg, die Antriebsmasse hat eine kinetische Energie von 10 Mio. Nm; Drehmomenten-Messgeräte für induktive Messung, Dehnungsmessstreifen, Lichtelektrische Messkupplungen und Schleifen-Oszillographen; sowie Piezoelektronische Geber und Strahloszillographen für Druckmessungen (Indiziertechnik). Damit waren ungefähr 20 Mitarbeiter beschäftigt, die von 1952 bis 1956 unter der Leitung des Entwicklungsingenieurs Rauschen und von 1956 bis 1961 unter der Leitung von W. Wolf arbeiteten.

Der Rennmotoren-Prüfstand für die M-Themen, die sogenannten Moskau-Themen (Archiv Wolfgang Beyer)

Der Geländewagen P 3 wurde zwischen 1962 und 1966 unter Regie eines Produktionsstabs an verschiedenen Orten produziert, etwa 3 000 Stück erhielt die NVA (Werkfoto: Archiv Jochen Borrmeister)

Zu den ersten Aufträgen zählten im FEW militärische Spezialfahrzeuge. Bereits 1951/52 entstanden der dreiachsige und geländegängige Lkw G 5 und der Kübelwagen P 2. Aus dem P 2, der später als geländegängiger Pkw mit Allradantrieb zum P 3 weiter entwickelt wurde, ging auch eine schwimmfähige Variante (P 2 S) mit Bootskörper und Heckschraube hervor. Diese war ihrerseits eine Variante des P 2 M (M = Mannschaftswagen). Der Gelände-Lkw G 5 besaß einen 120 PS EM 6-Dieselmotor, war auf 5 t Nutzlast ausgelegt und wurde später auch im zivilen Sektor eingesetzt. In der Folgezeit fertigte bis Herbst 1989 diese Sonderabteilung[60] noch zahlreiche Entwicklungen für die NVA.

Wie in früheren Auto Union-Zeiten wurden die Konstruktionen im FEW entworfen, bevor sie zur Serieneinführung und Betreuung an die Werke und deren Konstruktionsbüros weitergelangten. Somit entstand dort ein beachtliches Potenzial, das bald in der Lage war, eigenständige Vorstellungen zur Weiter- oder zur Neuentwicklung ihrer jeweiligen Produkte zu präsentieren. Darüber hinaus wiesen sie den Vorteil großer Nähe zur eigentlichen Produktion auf. Sie kannten die betrieblichen Möglichkeiten, Besonderheiten und Grenzen des eigenen Betriebs besser als die Zentrale und waren sich zudem

Der F 9-Motor mit Benzineinspritzung (Foto: Carl-Hans Morgenstern)

bestimmter Traditionen bewusst, denen sie sich verpflichtet fühlten. Das schloss auch Rivalitäten ein, die selbst durch Disziplinierungsversuche durch Ministerien, Betriebs- und Parteileitungen nicht ausgeräumt werden konnten. Als Beispiele hierfür seien Eisenach und Zwickau sowie Zittau und Ludwigsfelde erwähnt.

Insgesamt wuchs in fast allen IFA-Betrieben die Ablehnung zusehends, die vom FEW entwickelten Fahrzeuge und Baugruppen zu übernehmen. Als Hauptargumente wurden dabei ins Feld geführt, dass diese Konstruktionen technologisch nicht ausgereift seien und zum anderen diese Übernahmen ein wesentliches Hindernis für die von Partei und Regierung geforderte größere Eigenverantwortlichkeit der Betriebe darstellen würden. Die Zeit ungehemmter Neukonstruktionen, nicht zuletzt aufgrund der umfassenden Anregungen der Besatzungsmacht bis zum Jahr 1952, war endgültig vorbei. Die langen und von zahllosen Mängeln gekennzeichneten Mühen, diese erfolgreich in den Alltag der Produktion zu überführen, hatten das eigentliche Problem der Fahrzeugentwicklung aufgedeckt – es fehlte nicht an originellen Ideen für neue Fahrzeuge, sondern an Fertigungsmöglichkeiten in der Industrie. Es mangelte an Rohstoffen, Werkzeugen, Zulieferern. Persönliche Verbindungen, betriebliche Kompensationsmöglichkeiten und lokale Sonderregelungen mussten genutzt werden, um die momentane Produktion zu sichern, und das konnten die einzelnen Betriebe mit ihren Mitarbeitern an Ort und Stelle ohne jeden Zweifel besser. Konstruieren, entwickeln und produzieren hieß so immer auch organisieren, versorgen und beschaffen. Die politische Floskel von der »Erhöhung der Eigenverantwortlichkeit der Betriebe« zielte nicht auf eine planwirtschaftlich-theoretische Erfordernis, sondern auf den konkreten, sehr komplizierten Alltag ab.

Zur gleichen Zeit zog die in Dresden einsetzende Flugzeugindustrie Mitarbeiter und Forschungsmittel ab, so dass das FEW ernsthafte Probleme hatte, seine Aufgaben termingerecht in der geforderten Qualität zu erfüllen. Schließlich machte es der stetig zunehmende Umfang der vertraulich zu behandelnden Entwicklungsarbeiten für die Armee notwendig, diesen Aufgabenbereich abzutrennen.

Das hatte zur Folge, dass der FEW aufgelöst und das VEB Fahrzeugwerk Karl-Marx-Stadt für die Entwicklung und Fertigung von Sonderfahrzeugen mit Sitz in der Chemnitzer Kauffahrtei neu gegründet wurde. Der Rest firmierte ab dem 1. April 1955 als neuer VEB »Zentrale Entwicklung und Konstruktion – ZEK«. Dessen Hauptaufgabengebiet waren nunmehr Anwendungsforschung, Entwicklung der Mess- und Prüftechnik sowie wissenschaftliche Erprobungsmethoden und die Wahrnehmung von Leitfunktionen der Forschung und Entwicklung im Automobilbau der DDR.

Ein interessanter Auftrag war die Entwicklung einer Motor-Typenreihe, die einen Leistungsbereich von 15 bis 120 PS abdecken sollte. Nach Beratungen mit dem Forschungsrat, zu dem auch Professor Jante vom IVK Dresden gehörte, und nach dem eingehenden Studium einschlägiger Literatur entschied man sich schließlich für die Konstruktion eines Vierzylinder-Zweitakt-Motors fortschrittlicher Bauart als Basis für die Serienkonstruktion von 1-, 2-, 3-Zylinder Reihen-Motoren und Vierzylinder-V-Motoren. Für Vorstudien sollte ein Einzylinder-Prüfmotor mit Wasser- und Luftkühlung gebaut werden. Eine Zweitakt-Typenreihe wurde einer Viertakter-Reihe vor allem wegen ihres größeren Drehmomentes und der auf den Hubraum bezogenen höheren Leistung vorgezogen. Außerdem ließen Zweitaktmotoren größere Erkenntnisfortschritte erwarten.

Die ursprünglich geplante Typenreihe umfasste sechs Motoren, von denen die 4-, 6- und 8-Zylindermotoren als V-Aggregate projektiert waren. Die beiden letzterwähnten wurden

Motor für die ursprünglich geplante Zweitakt-Motorenbaureihe: luftgekühlter 2 Takt-Otto-Motor in V-Form mit Magnetzündung, Einlasssteuerung durch Walzendrehschieber, Hubvolumen 1200 cm^3, 58 PS, 4000 U/min., (Foto: Carl-Hans Morgenstern)

dann aber zum Schaden der Typenreihe gestrichen. Schließlich wurde nach erfolgten Vorüberlegungen die Entwicklung eines luftgekühlten Vierzylinder-Zweitakt-Ottomotors mit Fremdspülung und Benzineinspritzung als Grundlage einer Typenreihe mit 300 cm^3 pro Zylinder in Angriff genommen. Dazu sollten an einem Einzylinder-Prüfmotor grundsätzliche Vorstudien angestellt werden über die Möglichkeiten der Steigerung von Leistung und Mitteldruck beziehungsweise der Reduzierung des Kraftstoffverbrauchs via Fremdspülung durch ein Rootsgebläse und mittels einer inneren Gemischaufbereitung durch Benzineinspritzung.

Parallel hierzu lief die Entwicklung und Erprobung eines herkömmlichen Einzylinder-Zweitakt-Ottomotors mit einem Hubvolumen von 250 cm^3 und Kurbelkammerspülung. An diesem nahm man umfangreiche Prüfstandversuche über den Einfluss der Spülkanallage, -breite und -form, der Brennraumform und Zuordnung der Steuerzeiten für Auslass und Spülung vor. Alle Untersuchungen an den Zweitaktmotoren standen unter der Leitung des Versuchsingenieurs Heinz Köthe, die Konstruktion beider Einzylindermotoren stammte von Wolfgang Beyer. Der Vierzylinder-V-Motor erhielt zunächst Wasserkühlung, da die Abstimmung der Luftkühlung dieses hochbelasteten Mehrzylindermotors längere Zeit in Anspruch genommen hätte. Außerdem wären dann die eigentlichen motorischen Untersuchungen wie Fremdspülung, Einspritzung, Regelung und Fremdschmierung dieser noch unerprobten Motorenart verzögert und kompliziert worden. Am Versuchsmotor befand sich ein Rootsgebläse zur Fremdspülung, außerdem verfügte er über Benzineinspritzung und Wasserkühlung, die Zylinderspülung erfolgte schlitzgesteuert. Der Motor wurde gebaut und auf dem Prüfstand erprobt. Eine Ausführung mit Luftkühlung folgte kurze Zeit später. Das Hubvolumen des Motors betrug 1200 cm^3, seine maximale Leistung 58 PS bei 4000 U/min.

Fremdspülung und Luftkühlung erforderten ein Spül- und ein Kühlgebläse, und es wurden ein Radial- und ein Drehkolbengebläse konstruiert, hergestellt und auf einem Sonderprüfstand eingehend untersucht. Von dem hochtourigen Radialgebläse mit einfachen Radialschaufeln, mit und ohne Austrittsleitrad, wurden Kennfelder bis zu einer Laufraddrehzahl von 40 000 U/min. gefahren. Das Drehkolbengebläse war ein zweiflügeliges Rootsgebläse mit geraden Flanken und lief mit einer Drehzahl bis zu 7000 U/min.. Parallel hierzu entstand auch ein Axialkühlgebläse. Die gesamten umfangreichen theoretischen und konstruktiven Arbeiten leitete Siegfried Grünert, der sie auch umsetzte. In dieser Gruppe wurden um 1960/61 ebenfalls Gebläse mit verstellbaren Schaufeln, mit elektromagnetischer Schaltkupplung, Axialgebläse mit Föttinger-Kupplung und anderes mehr entwickelt, gebaut und erprobt.

Als man 1956 daran ging, diesen Forschungsauftrag zu formulieren und zu erteilen, war dafür in erster Linie das Streben nach geringerem Kraftstoffverbrauch, höherem Drehmoment, separater Schmierung des Triebwerkes ausschlaggebend, um den Ölkohleansatz an den Schlitzen, am Kolben und am Zylinderkopf zu verringern. Dabei sollte auch die als lästig empfundene Abgasfahne beseitigt werden, mehr aus ästhetisch-optischen denn aus ökologischen Gründen, der Schutz der Umwelt steckte damals noch in den Kinderschuhen.

Alle Motoren wurden gebaut, geprüft und im Fahrversuch erprobt. Die Gründe, weshalb sie den Erwartungen nicht entsprachen, waren mannigfaltig. Man konstruierte sie später um und betrieb sie als reine schlitzgesteuerte Motoren mit

1:1 Modell des im FEW entwickelten Nachfolgers für den F 9, der mit Kunststoffkarosserie hergestellt werden sollte (FK 9). EMW-Chef Martin Zimmermann setzte stattdessen ein eigenes Modell, den viertürigen Wartburg mit Blechkarosserie, durch (Archiv Wolfgang Beyer)

Kurbelkammerspülung, also ohne Fremdspülung, und ohne Benzineinspritzung, allerdings mit zwei Vergasern. Damit nahmen aber Leistung und Drehmoment ab. Auch diese Variante wurde später aufgegeben.

Zu den Arbeiten im FEW/ZEK, die für die gesamte autoproduzierende Industrie weitreichende Bedeutung besaß, zählte die Festlegung einer verbindlichen Entwicklungsmethodik. Ausgangspunkt hierfür waren die Auto Union-Erfahrungen mit dem DKW F 9, der ja in der Forschungszentrale des Konzerns entwickelt worden war. Praktische Erfahrungen sowie Erkenntnisse bei der Neuentwicklung von Fahrzeugen hatten schließlich zur Formulierung bestimmter Entwicklungsstufen geführt, die Ende der fünfziger Jahre als verbindlich in Kraft traten und zum Leitfaden im Kraftfahrzeugbau in der DDR wurden. Der Hauptfristenplan für Entwicklung und Konstruktion und deren Überleitung in die Fertigung umfasste alle Stationen vom Literaturstudium bis zur Exportfreigabe. Er galt mit den Stufen K 1 bis ÜK 11 für alle Entwicklungsaufgaben in der DDR – auch außerhalb des Automobilbaus – und war gesetzlich vorgegeben (vgl. dazu auch Anlage A 03).

Wenn auch die betrieblichen Konstruktionsbüros über relativ weit gesteckte Arbeitsmöglichkeiten verfügten, so bedurften sie natürlich der Zustimmung durch den Generaldirektor der VVB und das Ministerium. Eine Forschungsbürokratie mit genau festgelegten Hierarchien zu installieren, erwies sich als nötig, und diese wurde in der Regel auch gebraucht, um dezentral gewonnene Erkenntnisse zentral durchzusetzen. Andererseits wurden vorgegebene Aufgaben nach unten weitergereicht, und dort waren hinwiederum die Möglichkeiten begrenzt, sie zu ignorieren oder im Sand verlaufen zu lassen.

Verteilen statt verkaufen: Die Organisation des Automobilvertriebs

Die in der SBZ produzierten Automobile waren für Reparationslieferungen, für Behörden, die Besatzungsmacht oder für die Wismut AG bestimmt und wurden an diese Abnehmer direkt ausgeliefert. Für Privatpersonen war kein Kontingent an Automobilen vorgesehen. Lkw, Anhänger und Traktoren wurden als Produktionsmittel klassifiziert und standen langfristig für einen privaten Einsatz grundsätzlich nicht zur Verfügung. Nach der Gründung der DDR 1949 wurden umgehend Fahr- und Motorräder, Personenkraftwagen aber erst nach einiger Zeit und in unterschiedlicher Stückzahl abgegeben, um Individualwünsche zu befriedigen.[61] Voraussetzung für den Kauf eines Wagens war eine Bezugsberechtigung, die von den Fachabteilungen der Landesministerien und ab 1952 von den Fachabteilungen der Räte der Bezirke ausgegeben wurden. Bereits damals wurden Fahrzeugkäufer in bestimmte Bezugsgruppen eingeteilt. Der Finalist erhielt zusammen mit der staatlichen Planauflage zu Beginn eines Kalenderjahres auch einen Verteilungsschlüssel, dementsprechend waren die Fahrzeuge auf die verschiedenen Kontingent-Träger aufzuteilen. Dazu zählten Regierungsdienststellen, Schwerpunktbetriebe, das Verteidigungswesen und die Export-, Land- und Forstwirtschaft,

Das vielfältige Sortiment war in der Zeit des Mangels das Paradies, obligate Losung inklusive, 1951 (Archiv Schneeweiß)

Investitionsvorhaben der zentral geleiteten Industrie, vor Ort ansässige Industrie besonders aus dem Dienstleistungssektor und der sogenannte Bevölkerungsbedarf. Diese Kontingentgruppen reflektierten übrigens deutlich die weiter oben erwähnten Prioritätenliste. Auf jeden Kontingentträger wurden nun die ihm zugeordneten Fahrzeugmengen entsprechend der vorliegenden Bedarfsanmeldungen seines Bereiches verteilt, wobei man im Regelfall bis kurz vor Ende des Planjahres eine stille, sogenannte operative Reserve zurückhielt, um auf eintretende Sonder-, Spezial- und Katastrophenfälle zu reagieren, aber auch um überraschende Zuweisungen für Staats- und Parteidienststellen abdecken zu können. Die Kontingente galten stets bis zum Ablauf des Kalenderjahres und verfielen, wenn sie nicht in Anspruch genommen oder geliefert wurden. Wenn beispielsweise der Hersteller die Planauflagen aus Gründen zu geringen Materials, fehlender Fertigungskapazitäten oder zu geringen Arbeitskräften nicht erfüllte, war eine Nachlieferung unmöglich. Überhänge ins Folgejahr ließ der Plan nicht zu.

Parallel zu dieser politisch administrativen Organisation von Aufgaben des Handels bildete sich auch eine eigenständige Großhandelsstruktur heraus. Die Deutsche Wirtschaftskommission hatte 1948 eine Deutsche Handelsgesellschaft (DHG) gegründet, die im Auftrag der DWK als »Zentrales Organ für die Anleitung und Koordinierung der Tätigkeit der Industrie- und Handelskontore der Länder der SBZ« arbeitete. Im Klartext ging es vor allem darum, die Materialversorgung der Industrie mit sicherzustellen, also um Abstimmungsaufgaben für den Binnenhandel und um die Förderung des zaghaften Exportaufkommens. Ein Jahr später ging aus dieser DHG als erstes juristisch und wirtschaftlich selbstständiges

Die »HO-Industriewaren« führte in ihrem Sortiment Bügeleisen, Musikinstrumente, Tischlampen, Radios (»Musikschränke«) und auch Motorräder; hier sieht man die Technische Abteilung der HO in Dresden (Archiv Schneeweiß)

Großhandelsorgan für den Binnenhandel die Deutsche Handelszentrale (DHZ) hervor. Ihre Hauptaufgabe bestand in der Materialversorgung und in der Absatzsicherung der Industrie. Diese Zentrale mit Sitz in Berlin bildete alsbald Bereiche aus, die mit den Industrieministerien und Industrieverwaltungen übereinstimmten. Für den Fahrzeugbau war die DHZ Maschinen- und Fahrzeugbau zuständig, der auch Bezug, Lagerung und Verkauf von Ersatz- und Zubehörteilen oblag. Seit 1952 entwickelten sich aus dieser DHZ sowohl Versorgungskontore zur Sicherung der Lieferung von Rohstoffen, Halbfabrikaten und Maschinen für Produktionsbetriebe als auch Großhandelskontore (GHK) heraus, die ausschließlich für den Bevölkerungsbedarf und für Waren des Individualverbrauchs zuständig waren. Zugleich begann man, die Ersatzteilfertigung und deren Vertrieb dieser Waren zu den Herstellern zurückzuverlagern. Zunächst beschränkte sich der Vertrieb von Konsumgütern weitgehend auf den privaten Einzelhandel. Der Staat rief aber schon frühzeitig neue gesellschaftlich organisierte Handelsformen ins Leben. Bereits 1946 hatte die von den Nationalsozialisten enteignete Konsumgenossenschaft den größten Teil ihrer Vermögenswerte zurückerhalten. Ihre Firmenstruktur umfasste sämtliche Stufen – vom Produktionsbetrieb über den Großhandel bis zum Einzelhandel – und mit eigenen Filialen nahm sie nun wieder den Handel auf. Außerdem wurde 1949 mit der Handels-Organisation (HO) der staatliche Einzelhandel in allen Versorgungsbereichen installiert.

Zum besseren Verständnis soll daran erinnert werden, dass eine Grundsatzforderung an den Handel darin bestand, den Bedarf von Industrie und Bevölkerung zu befriedigen. Die Gewinnspanne im Einzelhandel war nicht dazu bestimmt,

Als Antragsteller mit hervorragenden Arbeitsergebnissen hatte der Vorsitzende der LPG »Clement Gottwald« in Halbendorf bei Bautzen einen IFA F 8 zugewiesen bekommen. Originalunterschrift des ZB-Fotos vom August 1954: »sonntags fährt Familie Thomas in ihrem F 8 in die schöne Umgebung« (Bundesarchiv/183/25986/5)

Übergabe eines Pkw IFA F 9 an den Käufer durch zwei junge Mitarbeiter der HO-Technische Abteilung Dresden (Archiv Schneeweiß)

Bei Leistungs- und Wohlstands-Ausstellungen wurden auch schon Pkw – mit Preisangabe – präsentiert. Der Framo 901 war mit 13 000 Mark und die BMW-Limousine mit 18 440 Mark ausgezeichnet (Archiv Schneeweiß)

das Staatssäckel zu füllen, sie diente vielmehr vornehmlich dazu, die Anlagen und Instrumentarien der Handelseinrichtungen zu erneuern und zu modernisieren.

Aus der Befriedigung der Nachfrage als zentrale Aufgabe des Handels leitete sich eine starke administrative Komponente für die Praxis ab, die durch planwirtschaftliche Eigenheiten und vor allem durch den Mangel an Waren verstärkt wurde. So wurde in jeder Stadt- und Kreisverwaltung eine Abteilung Handel und Versorgung ins Leben gerufen. Sie hatte in erster Linie methodische und politische Weisungen an die HO- und Konsum-Filialen zu erteilen, war gleichzeitig aber für die Streuung der Warenmenge für den gesamten Handel verantwortlich. Und dazu zählte auch die Zuständigkeit für sogenannte Schwerpunkt-Waren, mit denen einzelne, bevorzugte Kunden beliefert wurden. Das betrag auch die Personenkraftwagen, die grundsätzlich nur über den staatlichen oder genossenschaftlichen Handel verteilt wurden. Dort konnte man sich als potentieller Käufer über Ausführung und Preis der Fahrzeuge informieren, musste dann aber seinen Kaufantrag bei der Abteilung Handel und Versorgung registrieren lassen und eine entsprechende Begründung vorlegen. Für Zustimmung, Ablehnung und Festlegung der Rangordnung war eine Kommission zu berufen, die in erster Linie politische Funktion besaß, sie musste also die von Partei und Regierung festgelegten Versorgungsprioritäten sichern. Demzufolge gehörten ihr Vertreter der SED-Stadt- bzw. Kreisleitung, der Gewerkschaften (FDGB) sowie anderer berufsständischer Organisationen – Innungsverbände oder Handwerkskammern – an. Je nach Herkunft und Begründung des Antrages konnten Kreisärzte, Vertreter der für Kunst und Kultur zuständigen Dienststellen und andere herangezogen werden.

Für die Entscheidungen galt in den fünfziger Jahren folgende Staffelung: 1. Ärzte; 2. Opfer des Faschismus und Angehörige der Vereinigung der Verfolgten des

Auf der Leipziger Messe zeigte die VVB-Automobilbau zumeist ihr gesamtes Sortiment, jedenfalls noch in den Anfangsjahren (Archiv des Autors; Foto: Bernstein)

Naziregimes (VVN); 3. Antragsteller mit bescheinigten hervorragenden Arbeitsleistungen; 4. hervorragende gesellschaftliche Persönlichkeiten, Partei- und Staatsfunktionäre; 5. versorgungswichtige private Handels-, Dienstleistungs- und Produktionsbetriebe. Um in diese Liste privilegierter Personenkreise aufgenommen zu werden, war eine sogenannte Dringlichkeitsbescheinigung möglichst von politisch und wirtschaftlich besonders hochrangigen Institutionen hilfreich. Diese konnten in der Kommission nicht ohne weiteres ignoriert werden. Wurden anfangs alle eingehenden Anträge über die Abteilungen Handel und Versorgung kanalisiert und dort auch entschieden, so bildete sich im Verlauf der fünfziger Jahre eine zweite Ebene heraus. Man unterschied nunmehr eine Liste mit nachgewiesener Dringlichkeit des Antrags, die weiterhin von der bezeichneten Kommission und der Fachabteilung Handel und Versorgung zu beurteilen war und dort auch geführt wurde, von einer zweiten, die lediglich nach zeitlicher Reihenfolge des Bestelldatums geordnet war. Auf dieser landete schließlich die Masse der Kaufwilligen, die ihre Kaufanträge ohne weitere Formalitäten bei den dazu berechtigten 270 Verkaufsstellen von HO und Konsum einreichen konnten. Es war schon damals ein offenes Geheimnis, dass man nur mit Bestechung oder guten langjährigen Beziehungen auf die erste Liste gelangen konnte. Zuerst wurde die Dringlichkeitsliste abgearbeitet, was übrigblieb, ging in die Verkaufsstellen. Daneben gab es noch das Versorgungssystem der Schwerpunktbetriebe (S-Betriebe). Die in der Regel aufwändig produzierenden Unternehmen der Stein- und Braunkohle, der Wismut, der Energieversorgung und der Grundstoffindustrie wollten zur Sicherung ihres Arbeitskräfte-Bestands und zur Mitarbeitermotivation über die finanzielle Form hinaus Anreize anbieten. In dem vom Mangel geprägten Planwirtschaftssystem geschah dies zweckmäßigerweise durch eine privilegierte Versorgung mit Konsum- und Luxusgütern. Die Wismut hatte das als erste vorexerziert. Deren Generaldirektoren hatten über das Zentralkomitee der SED

Das erste Kundendienst-Fahrzeug der Automobilwerke Zwickau 1957 (Archiv Gerhard Gerbeth)

erreicht, dass ihre Betriebe gesondert und bevorzugt mit Mangelwaren – Waschmaschinen, Kühlschränke, diverse Textilien, Südfrüchte und Kraftfahrzeuge – zu beliefern waren. Sie erhielten in ausgewiesenen Jahresquoten innerhalb der staatlichen Bilanz bestimmte Mengen direkt zugewiesen und konnten sie nach eigenem Gutdünken an Mitarbeiter verteilen.

Für die »Normalverbraucher« war der Kauf eines Automobils ein sehr banaler Vorgang. Es gab keine speziellen Autohäuser, sondern Handel und Versorgung teilte die zur Verfügung stehenden Kontingente quartalsweise entsprechend den Bestelllisten auf. Das Ergebnis wurde der einzelnen Verkaufsstelle mitgeteilt, und diese disponierte entsprechend und führte ihrerseits mit dem Lieferbetrieb die konkrete Abwicklung durch. Die Pkw wurden in fast allen Fällen selbst von den Herstellern abgeholt. Die Verkaufsstellen organisierten selbstständig die erforderlichen Kraftfahrer, meist auf Honorarbasis angeworbene Mitarbeiter, die die Fahrzeuge beim Lieferbetrieb übernahmen. Die Übergabe am Bestimmungsort an den Kunden vollzog sich ebenfalls recht unaufwendig. Vorverkaufsdurchsichten, Fahrzeugwäsche und anderes mehr fanden nicht statt und waren im Regelfall auch nicht möglich. Die technischen Erläuterungen zum Fahrzeug wurden dem Kunden auf ein Mindestmaß reduziert mitgeteilt, eine Probefahrt gab es nur, wenn der Kunde dies ausdrücklich wünschte. Die Fahrzeugübergabe vollzog sich zumeist unter freiem Himmel. Der Kunde war mit allem zufrieden. Er hatte endlich sein Auto, manchmal sogar in der gewünschten Farbe. Probleme der Gewährleistung waren zwar rechtlich geregelt, traten aber nicht auf; der Kunde nutzte die vom Lieferwerk gewährte Garantie von anfangs 6 Monaten beziehungsweise 10 000 km. Außerdem gab es vergleichsweise hervorragende und verständlich geschriebene Betriebsanleitungen und Reparaturhandbücher, die dem Fahrzeugeigentümer das »Do it yourself« erleichterten.

Anmerkungen

1 Der Geschäftsführer der Framo-Werke, Hans Rasmussen, war, wie es damals umgangssprachlich hieß, im Juni 1945 »von den Russen abgeholt« worden. Er kam vermutlich noch im gleichen Jahr im Straflager Tost ums Leben, vgl. *Der Spiegel* 1996, Heft 32, S. 48-52
2 Vgl. den Überblick bei W. Franke, ›Die Entwicklung der Straßenfahrzeuge in der Deutschen Demokratischen Republik‹, in: *Kraftfahrzeug-Technik* (Berlin) 2, 1952, Heft 9, S. 261-270.
3 Hauptverwaltung Automobilbau, *Ökonomik des Industriezweiges Automobilbau*, Bd. 1, Berlin-Ost 1956 (dieses und die folgenden vier Zitate): Die Forderung nach Ausarbeitung solcher Ökonomiken war auf dem IV. Parteitag der SED 1954 erhoben worden. Darin sollten die historischen Wurzeln und der gegenwärtige Entwicklungsstand durchaus kritisch analysiert werden, um den jeweiligen Besonderheiten der Industriesektoren entsprechende Organisationsformen und Leitungsmethoden entwickeln zu können. Zum einen entsprang dies der Kenntnis und Erfahrung, dass durch Führungsfehler wirtschaftliche Potenziale verschüttet werden konnten, zum anderen aber zeigte sich hierin die Flucht vor der Realität durch die Änderungen von Strukturen und Organisationsformen. Die Ökonomiken sollten daher, auf die Analyse der Vergangenheit und Gegenwart aufbauend, der »Perspektive« dienen, also dem Zeitraum des folgenden Fünfjahrplanes und danach. Sie sollten Maßnahmen enthalten, »um die Perspektive zu sichern«. Ausgearbeitet sollten die Ökonomiken durch die Führung der Industriezweige werden, die dabei unter direkter Anleitung des ZK der SED standen. Tatsächlich ausgeführt wurde nur eine einzige – jene für den Automobilbau.
4 SäSTAC, Bestand IFA Nr. 1897, Aktennotiz vom 21.2.1948
5 Kurt Lang, ›Die Bedeutung des Industriezweiges Automobilbau im Rahmen der Entwicklung der Volkswirtschaft‹, in: *Kraftfahrzeug-Technik* 8, 1958, Heft 3, S. 81f.
6 Gesetzblatt der DDR 1952, Nr. 38
7 Vereinfachung der Planung in der Industrie GBL der DDR vom 6.1.1955 und 31.3.1958
8 Vgl. hierzu auch Hermann Weber: Wirtschaftspolitik in der Sowjetischen Besatzungszone. In: Markt oder Plan. Wirtschaftsordnungen in Deutschland 1945-961. Bonn 1997 S. 32 ff.
9 In einer undatierten Rede Anfang 1951 erklärte dazu der IFA-Hauptdirektor Lehm: »Auf besondere Anweisung der Hauptverwaltung des Ministeriums laufen alle Betriebe und VVBs entsprechend ihrer Organisation weiter wie bisher, d. h. die Steuerung erfolgt nach wie vor durch die Vereinigung der IFA in Chemnitz. Nach Konstitution der Hauptverwaltung zu ihrer vollen Aktionsfähigkeit erfolgen von Fall zu Fall besondere schriftliche Anweisungen durch den Hauptverwaltungsleiter. Die Notwendigkeit dieser Maßnahme ist begründet durch die an uns gestellten Aufgaben im Fünfjahrplan. Zur Lösung dieser Aufgaben macht sich eine konzentrierte Erfassung der Betriebe notwendig, um den Verwaltungsbetrieb operativ zu gestalten und auf der anderen Seite die hemmenden Zwischenglieder auszuschalten und dem Ministerium eine Steuerung der Produktionsbetriebe zu ermöglichen.« SäSTAC: VEB Kraftfahrzeugwerk Horch Zwickau, Nr. 374
10 Aufgelistet in Hauptverwaltung Automobilbau, *Ökonomik des Industriezweiges Automobilbau*, Bd. 1, Berlin-Ost 1956
11 Siegfried Rauch (1906-1996) war seit 1936 Kundendienst-Ingenieur bei DKW. Nach dem Krieg betrieb er eine eigene Kfz-Werkstatt, bis er 1951 als Technischer Leiter ins neu gebildete Forschungs- und Entwicklungs-Werk Chemnitz berufen wurde. 1956 ging Rauch nach Westdeutschland und wurde in Nürnberg Leiter der Victoria-Kundendienstabteilung, bevor er 1959 vom Motor-Presse-Verlag als Chefredakteur der in Stuttgart erscheinenden Fachzeitschrift *Das Motorrad* verpflichtet wurde. Hier blieb er 20 Jahre lang, bevor er sich zurückzog, um nur noch als Fachbuchautor und Lektor tätig zu sein. Rauch galt als einer der besten Kenner – und Verfechter – der Zweitaktmotoren.
12 Siegfried Rauch, ›Grundprobleme des Kraftfahrzeug- und Motorenbaus in der DDR‹, in: *Kraftfahrzeug-Technik* (Berlin) 3, 1953, Heft 9, S. 265-267
13 Vgl. hierzu: Christian Stiasny, ›Zur Verbesserung der Ersatzteilversorgung. Die Aufgaben des VEB Leitstelle für Kraftfahrzeug-Ersatzteile‹, in: *Kraftfahrzeug-Technik* (Berlin) 5, 1955, Heft 2, S. 33-36
14 Ebenda, S. 35
15 Behrendt, ›Zur Planung und Lieferung von Schlepper-Ersatzteilen‹, in: *Kraftfahrzeug-Technik* (Berlin) 5, 1955, Heft 6, S. 177
16 Im VEB Kraftfahrzeugwerk Horch wurden zwischen 1954 und 1959 an solchen »Massenbedarfsgütern« hergestellt: 732 Ofenbleche; 7 750 Klapphocker; 2 528 Aschekästen; 370 Knochenschneider; 726 Kinderautos; 3 000 Holländer; 1000 Gasherde; 2184 Wäschetrockenpressen; und 101 128 Kartoffelreiben. SäSTAC: VEB Kfz.-Werk Horch Nr. 490/4 und 839

17 Rudolf Wolfram, ›Für die Lösung der dringendsten Probleme im Kraftfahrwesen‹, in: *Kraftfahrzeug-Technik* (Berlin) 4, 1954, Heft 11, S. 337

18 Kurt Starke, ›Betrachtungen zur Ersatzteilfrage‹, in: *Kraftfahrzeug-Technik* (Berlin) 4, 1954, Heft 6, S. 162ff.

19 SäSTAC: VVB Automobilbau Nr. 32. Im Protokoll zu einer entsprechenden Beratung am 16.6.1962 heißt es: »Zweieinhalb Jahre sind seit Beginn dieser Entwicklung verstrichen. Umfangreiche Diskussionen zum Problem wurden geführt; viele gute Gedanken sind dabei allerdings zerredet worden. (...) Das erzielte Entwicklungsergebnis kann in keiner Weise befriedigen. (...) Das Entwicklungsthema P 100 ist abzubrechen. Der entstehende auf ca. 2 Mio. geschätzte Aufwand ist auszubuchen bzw. zu aktivieren.«

20 Karl-Heinz Brückner, *Die Geschichte des Zwickauer Automobilbaus seit 1945*, unveröffentl. Ms., 1994, im Besitz des Autors

21 Carl-Hans Morgenstern, *Die wassergekühlten Zweizylinder-Zweitaktmotoren der Pkw F 8 und P 70 und des Geräteträgers RS 08/15*, unveröffentl. Ms., 1994, im Besitz des Autors

22 Dr. Werner Reichelt, *Trabant-Lebenszyklus einer Kunststoffkarosserie*, Zwickau 1991; ders., *Geschichte der Kunststoffkarosserie und ihre Probleme*, unveröffentl. Ms., 1994, im Besitz des Autors

23 Dr. Werner Reichelt, *Die Forschungsarbeiten zur Kunststoffkarosserie bei der Auto Union AG in Chemnitz*, unveröffentl. Ms., 1999

24 Dass es sich bei den IFA-Arbeiten nicht um die einfache Fortsetzung der früheren Auto Union-Forschungen handelte, bestätigte Albert Locke dem Verfasser bereits früher: »Über die Entwicklung von Karosserieteilen aus Kunststoff nach 1945 gäbe es viel zu berichten, es war eine langwierige Entwicklungsarbeit, bis man die Konstruktion eingeschaltet hat und da war es auf einmal ganz eilig geworden, die Überlegungen von früher konnten nicht angewendet werden, nunmehr war die Zeit zu kurz und man mußte mit zeitsparenden Arbeitsmethoden und einfacheren Werkzeugen rechnen.« Brief von Albert Locke an den Autor vom 3.11.1962.

25 1954 wurden zwei Garnituren Fahrerhaustüren für den Granit 30 K probeweise aus Kunststoff gepresst. 1962 folgten ebenfalls für Robur fünf Motorhauben für den LO 2500. Die Arbeiten wurden von der Kunststoffentwicklungsstelle Zwickau geleistet. Zur Serienfertigung kam es nicht.

26 Zu den Gegnern des P 70 gehörte auch der seit Langs Abtreten als Leiter der Hauptverwaltung tätige Ingenieur Barthel, der seinerseits immer wieder Kontrollen des Audi-Werkes veranlasste, um illegale Entwicklungen zu finden. Bemerkenswert und zeittypisch war, dass sich sowohl Lang als auch Barthel auf das Forschungs- und Entwicklungswerk stützten: Von der FEW-Außenstelle Zwickau wurde die Kunststoffkarosserie entwickelt und zur Serienreife gebracht. Die FEW-Leitung arbeitete aber zeitgleich eine Beschlussvorlage für das Präsidium des Ministerrats aus, in der für den F 9 eine Karosserie aus Stahlblech und nicht aus Plaste empfohlen wurde. Schreiben von Kurt Lang vom 3.8.1954 an den FEW-Werkleiter, Kopie im Besitz des Autors

27 Grundierung und Lackierung der Kunststoffkarosserien begann mit Nitro-Anstrichstoffen. Erste Versuche mit Kunstharz-Einbrenngrundierungen unternahm man im Dezember 1955, um den Haftungsschwierigkeiten bei den Nitrogrundierungen zu begegnen. Ab Mitte 1956 wurden die Kunststoffteile einzeln kunstharzgrundiert und erst danach mit Rücksicht auf die Einbrenntemperatur von 85° C an das Holzgerippe montiert. Der weitere Lackaufbau erfolgte mit Nitroanstrichstoffen. Die Kunstharzgrundierung des beplankten Autos begann 1960 am Trabant. Die Lackierstraße mit Kunstharzdecklack lief im Mai 1963 an. Mitteilungen von Dr. Werner Reichelt vom 29.9.1999

28 Rainer Weiß, *P 240 »Sachsenring« des VEB Sachsenring Zwickau. Chronik und Entwicklung*, unveröffentl. Ms., 1991. Inzwischen veröffentlicht unter dem Titel: *Der Sachsenring P 240. Ein Fahrzeug des Automobilwerkes Sachsenring aus Zwickau*, Schwerin 1998

29 Ein geländegängiger leichter Pkw (Kübelwagen) wurde seit 1951 in der DDR entwickelt. Der P 1 gehörte zu den ersten Konstruktionsaufgaben des FEW Chemnitz/Karl-Marx-Stadt. Man orientierte sich dabei vor allem an den Erfolgen von Horch mit Wehrmachtsfahrzeugen. Um dem Sofortbedarf der NVA zu entsprechen, griff man auf einen P 1-Entwurf aus Eisenach zurück. Dabei handelte es sich um einen Nachbau des 1937 schon einmal produzierten BMW 325. Durch die Übernahme von Teilen und Baugruppen des EMW 340 konnten aus Eisenach kurzfristig 160 Fahrzeuge als P 1 geliefert werden. Der P 2 wurde seit 1952 als Kübelwagen der 2. Generation entwickelt und später im Fahrzeugwerk Chemnitz/Karl-Marx-Stadt auch hergestellt. Aufgrund der P 1-Erfahrungen wusste man, dass man dafür in erster Linie einen neuen Motor brauchte. Ihn hat man im FEW zuerst in Angriff genommen. Es handelte sich dabei um den Sechszylinder-Otto-

motor 6-35. Vgl. hierzu: Lutz Gau, ›Die Geschichte der DDR-Geländewagen Teil 1–3‹, in: *Off Road Magazin* 1997, Heft 1-3; sowie Michael Stück, *100 Jahre Automobilbau in Eisenach*, Augsburg 1998, S. 102

30 Eine bedeutende Rolle bei den Versuchsarbeiten spielte der noch mit dem eingegossenen Auto Union-Signet versehene Vorkriegsmotor mit der Nr. 42 98 16/V. Er wurde später für sportliche Zwecke mit zwei oder sogar drei Vergasern ausgestattet und auf 72 mm Bohrung gebracht. Damit rüsteten die Werksfahrer Richter und Hofmokel bereits 1950 einen F 9-Rennsportwagen aus, mit dem sie in der 1100er Klasse DDR-Meister wurden.

31 Differenz zwischen Oberkante Auslass und Oberkante Überströmkanal, gemessen in Grad Kurbelwinkel

32 Wilhelm Orth, ›Konstruktionstendenzen im Kleinst- und Kleinwagenbau. Eine Rückschau auf die Frankfurter Automobilausstellung‹, in: *Kraftfahrzeug-Technik* 6, 1956, Heft 1, S. 11; sowie ders., ›Der Kleinwagen – Gedanken und Realitäten‹, in: *Kraftfahrzeug-Technik* 5, 1955, H. 8, S. 257ff.: »Die Initiative der Konstrukteure, die sich um den Bau einer billigen und zuverlässigen Fahrmaschine bemühen, ist erfreulich. Ob aber diese Initiative und Arbeit eines Tages von einem wirklichen bleibenden Erfolg gekrönt wird, wurde in Fachgesprächen und in der Fachpresse stark bezweifelt, da die ausgesprochene Fahrmaschine doch immer nur ein Übergang sein wird. Das Ziel ist der wirkliche Kleinwagen, als dessen Vorbild der Lloyd oder Fiat 600 anzusehen sind, d. h. ein Kleinwagen, der zwei Personen auf den Vordersitzen bequem, zwei weiteren Personen auf den Rücksitzen hinreichend Platz bietet und damit bei einer Motorleistung von rd. 20 PS und einem fahrfertigen Gewicht von 600 kg den neuzeitlichen Verkehrsanforderungen in bezug auf Fahreigenschaften und Wirtschaftlichkeit entspricht. (...) Für unsere Verhältnisse in der Deutschen Demokratischen Republik ergibt sich, daß die vor kurzem vom Wissenschaftlich-Technischen Rat der HV Automobil- und Traktorenbau bestätigte Entwicklung des Kleinwagens auf der Basis des Typs P 50 (s. Kraftfahrzeug-Technik Nr. 8/55) richtig ist und alle Anstrengungen gemacht werden müssen, diese Entwicklung mit dem neuesten technischen Stand abzuschließen und in die Produktion zu bringen. Die Produktion einer Fahrmaschine wurde aus den obigen Erwägungen und aus Gründen der schärfsten Konzentration unserer Kraftfahrzeugproduktion nicht befürwortet.«

33 Als Faustformel zur Orientierung hatte man sich ursprünglich eine sogenannte Fünfer-Formel vorgenommen: 0.5 l Hubvolumen; 5 l/100 km Kraftstoffverbrauch; der P50 als Bezeichnung des Typs; 500,- M für Steuer und Versicherung pro Jahr; 5 000 km Laufzeit zwischen den Inspektionen; sowie 50 000 km bis zur Generalinstandsetzung. Mitteilung von Günter Caspari.

34 Peter Kurze: Wer den Tod nicht scheut, fährt Lloyd. Bremen 1995 S. 12. Danach vergab Borgward im Jahre 1949 den Auftrag an das Institut von Momberger in Hude.

35 Ingenieur Herbert Friedrich (1912-1994) seit März 1937 Versuchsingenieur in der ZVA der Auto Union, seit Dezember 1938 in der DKW-Rennabteilung in Zschopau, und Entwickler von Rekordmaschinen und Kompressor-Rennmotoren, ab 1941 in der Versuchsabteilung des DKW-Werks im Zschopau, seit 1947 Ingenieur im russischen Konstruktionsbüro (Leitung Oberingenieur A. Prüssing), Leiter der Versuchsabteilung und konstruktive Weiterführung von Zweitaktmotoren mit asymmetrischem Steuerdiagramm und Flachdrehschieber, seit 1952 Entwicklungsingenieur im FEW Chemnitz: Überarbeitung des F 9-Motors, Prüfstand- und Fahrversuche, Entwurf der Flachdrehschieber-Einlasssteuerung für den P 50-Motor. Seit 1954 Leiter der Versuchsabteilung der VEB Motorradwerke Zschopau und bis 1965 Leiter Forschung und Entwicklung. Friedrich war eine international anerkannte Autorität in der Motorrad-Entwicklung, der auch intern ein offenes Wort führte. Ein Auszug aus einer Beurteilung von 1967, die gleichzeitig ein Paradestück sozialistischer Kaderpolitik ist, zeigt dies deutlich: »Bei der politischen Einschätzung des Koll. Friedrich muß vorausgeschickt werden, daß er aus bürgerlichen Kreisen kommend, sich entsprechend seiner Ausbildung für den Wiederaufbau nach 1945 eingesetzt hat. Seine Anerkennung als Fachmann, insbesondere auf dem Zweiradsektor, ergibt sich nicht allein daraus, daß eine Reihe Kollegen seiner Fachrichtung vorzogen, unsere Republik zu verlassen, sondern ist das Ergebnis seiner Arbeit bei uns auf seinem Fachgebiet. Diese Einstellung ist vergleichbar mit einer Reihe jener Fachkräfte des fortschrittlichen Bürgertums, die momentane materielle Vorteile einer befriedigenden fachlichen Arbeit, die damit unserer neuen Gesellschaftsordnung diente, unterordneten. Koll. Friedrich ist Mitglied der FDGB, sehr aktives Mitglied des ADMV – er hat sich große Verdienste erworben bei der Förderung des

Motorgeländesports – und befruchtet als Mitglied die KdT-Arbeit. Man kann seine Einstellung zu unserem Staat und zum internationalen Freiheitskampf der Völker (Solidarität Vietnam) als positiv bezeichnen. Seine politische Aktivität ist an dem Maßstab eines Leiters gemessen nicht genügend ausgeprägt, so daß sie nicht immer ausreicht, in ständiger Arbeit mit den Angehörigen der Abteilung, die Probleme des Aufbaues des Sozialismus in unserer Republik zu erläutern. Es fällt ihm offensichtlich schwer, zweifellos vorhandene Kenntnisse über Zusammenhänge zwischen Politik und Wirtschaft, persönliche Gespräche haben das bewiesen, anderen vor allen Dingen überzeugend zu vermitteln. Es ist Tatsache, daß Mängel in der Leitungstätigkeit, insbesondere auf Betriebsebene von ihm besonders hart beurteilt werden.« Nach einer Mitteilung von Gerd Friedrich vom 24.3.2000

36 Brief von Herbert Friedrich an den Verfassser vom 23.8.1986. Gegen das an Friedrich und Rauch erteilte Patent intervenierte Daniel Zimmermann, der ebenfalls eine Drehschieber-Konstruktion entwickelt hatte, die von der MZ-Rennabteilung in Zschopau genutzt wurde. Da sie völlig anders konzipiert war, blieb Zimmermanns Einspruch erfolglos. Auch das Patent von Friedrich und Rauch wurde später nichtig, da Vorveröffentlichung und Gebrauch bereits früher nachgewiesen werden konnten. Mitteilung von Walter Siepmann vom 15.1.2000.

37 Kopie des Berichts im Besitz des Autors

38 Beide Bezeichnungen stehen für die im NVA-Auftrag entwickelten Mannschafts- (M) und Schwimm (S)-Wagen, deren 6-Zylindermotoren vom Motorenwerk Karl-Marx-Stadt hergestellt wurden.

39 Sachsenring-Situationsbericht – streng vertraulich – über den Anlauf des Kleinwagens Typ P 50 vom 20.11.1956. Kopie im Besitz des Autors

40 Ebenda

41 Konrad von Freyberg, *Die Motorenentwicklungen im Automobilwerk Eisenach in den Produktionsetappen seiner Baumuster*, unveröffentl. Ms., 1998, im Besitz des Autors; sowie Michael Stück, *Initiativen und Hemmnisse im Eisenacher Automobilbau von 1945 bis 1991*, unveröffentl. Ms., 1993, im Besitz des Autors

42 Alle Angaben hierzu entstammen der »Zeitschrift für Humor und Satire« *Eulenspiegel* (Berlin) 1, 1954, Heft 32, S. 2: »EMW = Eile mit Weile«

43 Ausführliche Unterlagen dazu finden sich im SäSTAC, Bestand VVB Automobilbau Nr. 632, 636, 637. Hier spiegelt sich modellhaft die Ost-West-Auseinandersetzung um Warenzeichen und Verdrängung der DDR-Konkurrenten. Solche Prozesse wurden außerdem von BMW, Fichtel & Sachs und von der Familie Hiller (Phänomen) geführt. In diesem Zusammenhang lösten sich die DDR-Unternehmen von ihren angestammten Markenbezeichnungen.

44 An dieser Tropenerprobung waren an Pkw ein P 70 und zwei P 240 von Sachsenring, Zwickau, beteiligt sowie zwei Wartburg 311 aus Eisenach. An Nutzfahrzeugen nahmen teil: zwei Barkas Kombi, zwei Garant Typ 30 K von Robur, zwei H 3 A-Zugmaschinen sowie zwei dreiachsige G 5 Lkw. Ferner fuhren auch zwei Kübelwagen P 2 M sowie drei Motorräder (ES 250, BK 350 und Simson S 425) mit. Vgl. hierzu: Bericht über die Erprobung von Kraftfahrzeugen in Ägypten. November 1956, Kopie im Besitz des Autors

45 Vgl. Jochen Borrmeister, *64 Jahre Entwicklung und Herstellung von Klein- und Schnelltransportern in Sachsen Framo-Barkas*, unveröffentl. Ms., 1992, im Besitz des Autors; Heinrich Schmieder, ›60 Jahre Fahrzeugbau‹, in: *Dreizehnmal Auto*, Berlin-Ost 1989, S. 329-352; sowie Carl-Hans Morgenstern, *Der Dreizylinder-Zweitaktmotor für den Pkw F 9 und den Framo V 901*, unveröffentl. Ms., 1993, im Besitz des Autors

46 Barkas (griech.) = der Blitz

47 Hierbei handelte es sich um einen Betrieb, der auf dem Gelände der früheren Teppichfabrik Kohorn an der Chemnitzer Kauffahrtei lag. Die Auto Union erwarb das Grundstück später und produzierte dort während des Zweiten Weltkriegs den Steyr-V 8-Motor. Das sowjetische Konstruktionsbüro hatte nach 1945 an gleicher Stelle vorwiegend militärisch akzentuierte Arbeiten durchführen lassen. 1953 entstand dort der VEB Fahrzeugwerk Karl-Marx-Stadt als fast ausschließlich für die Fertigung von Armeefahrzeugen und Armeegerät bestimmter Betrieb.

48 Rudolf Richter, *Die Entwicklung des Nutzfahrzeugbaus der ehemaligen DDR – Automobilwerk Ludwigsfelde, Robur-Werke Zittau, Fahrzeugwerk Waltershausen, Dieselmotorenwerk Nordhausen und Dieselmotorenwerk Cunewalde 1950–1990*, unveröffentl. Ms., 1991, im Besitz des Autors; ders., *Die Tragik des Automobilbaus der ehemaligen DDR auf dem Gebiet der Nutzfahrzeugentwicklung und -produktion*, unveröffentl. Ms., 1992, im Besitz des Autors; sowie ders., *Die Entwicklung des Marktes und des Robur-Konzeptes für leichte Lastkraftwagen*, unveröffentl. Ms., 1992, im Besitz des Autors

49 Der Name des Betriebes erinnerte an den Gründer und Vorsitzenden der KPD-Ortsgrup-

pe Zwickau/Werdau, Mitglied des Zentralkomitees der KPD und Reichstagsabgeordneten Ernst Grube, der in diesem Werk als Tischler gearbeitet hatte und im April 1945 im KZ Bergen-Belsen ums Leben gekommen war. Michael Dünnebier, *Die Nutzfahrzeugproduktion im Kraftfahrzeugwerk Werdau nach 1945*, unveröffentl. Ms., 1998, im Besitz des Autors; Karl-Heinz Brückner, *Die Entwicklungs- und Typengeschichte der Autos in Zwickau*, unveröffentl. Ms., 1992, im Besitz des Autors; Wilfried Otto, *Die Entwicklung der Kraftfahrzeugproduktion in Werdau*, unveröffentl. Ms., 1995, im Besitz des Autors, mit zahlreichen Hinweisen zur Geschichte des Automobilbaus in Werdau

50 Für viele Hinweise, die Öffnung seines Privatarchivs sowie die Erlaubnis zur Einsichtnahme danke ich Herrn Hans Fleischer, Köln, dem Sohn des Geraer Omnibuskonstrukteurs. Ferner: Hans Fleischer und Wolfgang Gebhardt, ›Die Omnibusse von Fritz Fleischer in Gera‹, in: *Omnibusspiegel. Omnibusbau und Omnibusverkehr in Vergangenheit und Gegenwart* 13, 1991, Heft 5ff., Teil 1–3; sowie Michael Dünnebier, *Lastwagen und Busse sozialistischer Länder*, Berlin-Ost 1988. Weitere Hinweise verdanke ich Herrn Jochen Borrmeister

51 Reinhard Blumenthal, *Die Entwicklung der Traktoren- und Schlepperfertigung in der DDR*, unveröffentl. Ms., 1994, im Besitz des Autors. In der Klassifizierung der Fahrzeuge folgt die Darstellung der Publikation von Reinhard Blumenthal, *Technisches Handbuch Traktoren*, Berlin [8]1985. Die Traktorenindustrie in der DDR war bis 1954 der Hauptverwaltung Fahrzeug- und Traktorenherstellung unterstellt. Danach gehörte sie bis 1966 zur VVB Landmaschinenbau mit Sitz in Leipzig. Von 1966 bis 1973 war sie der VVB Automobilbau, danach dem Kombinat Fortschritt Landmaschinen Neustadt zugeordnet.

52 Für die benötigten Laufrollen wurde in den Jahren 1953/54 bei Framo/Barkas in Hainichen eine weitgehend mechanisierte Fertigung aufgebaut, mit der man im Dreischichtbetrieb pro Tag ungefähr 500 bis 600 Laufrollen ausstoßen konnte. In Zusammenarbeit mit dem VEB Inducal in Berlin-Treptow kam für die Erhöhung der Verschleißfestigkeit der Laufflächen die Hochfrequenzhärtung zum Einsatz. Um dieses Verfahren publik zu machen, drehte die DEFA einen Werbefilm. Mit Aufnahme der Serienproduktion des B 1000 wurde die gesamte Anlage zu einem Regenerierungsbetrieb in Freiberg in Sachsen umgesetzt. Für die Informationen danke ich Carl-Hans Morgenstern.

53 Diese Einrichtung bestand parallel zum Institut für Landtechnik (ILT) in Leipzig, das als Industrie-Institut der VVB Landmaschinen und später dem entsprechendem Kombinat unterstellt war.

54 Rossegger gelang nach seinem Weggang in die Bundesrepublik Deutschland, der dank seiner österreichischen Staatsangehörigkeit relativ problemlos vonstatten ging, dort der Einstieg in den Wissenschaftsbetrieb schnell. Er übernahm zunächst eine kleine Forschungsgruppe an der TU Braunschweig und wurde zwei Jahre später zum Direktor des Instituts für Schlepperforschung der Bundesforschungsanstalt für Landwirtschaft in Braunschweig-Völkerode berufen.

55 Günter Caspari, *Die wichtigsten Etappen des Kleindieselmotorenbaus in der DDR*, unveröffentl. Ms., 1994, im Besitz des Autors

56 Eberhard Fritsche, *Die Geschichte des Dieselmotorenbaus in Cunewalde*, unveröffentl. Ms., 1998, im Besitz des Verfassers; ders., ›Drei Generationen Kleindieselmotoren des VEB Motorenwerk Cunewalde für drei Generationen Arbeitskraftfahrzeuge Multicar des VEB Fahrzeugwerke Waltershausen‹, in: *Wissenschaftliche Zeitschrift der Hochschule für Verkehrswesen »Friedrich List«* (Dresden) 37, 1990, Heft 2, S. 215-219

57 Eberhard Fritsche, ›Die neue Baureihe KVD 8 schnellaufender, luftgekühlter Kleindieselmotoren‹, in: *Kraftfahrzeug-Technik* 13, 1963, Heft 12, S. 445

58 Der Fahrzeugbau in Waltershausen geht zurück auf eine von Ingenieur Arthur Ade vollzogene Unternehmensgründung zur Herstellung von landwirtschaftlichen Geräten und Traktoren im Jahr 1920. Die Ade-Werke konzentrierten sich später auf die Produktion von Zubehör, Anhängern und Karosserien. In den dreißiger Jahren wurden vor allem Sicherheitskupplungen hergestellt. 1945 von der Sowjetischen Besatzungsmacht demontiert und enteignet, vollzog sich der Neuaufbau seit 1946 unter dem Namen »Gerätebau Waltershausen«. Auch jetzt standen wieder landwirtschaftliche Geräte und Fahrzeuge im Vordergrund, bald folgten Anhänger für Traktoren und Lkw sowie Tankauflieger. Am 1.7.1948 wurde der Betrieb in VEB Fahrzeugwerk Waltershausen umbenannt. Unter dieser Bezeichnung entwickelte er sich zum führenden Anhängerproduzenten in der DDR. Bis zur Verlagerung der Produktion im Jahr 1975 wurden in Waltershausen etwa 136 000 Anhänger im Nutzlastbereich von 3 t bis 16 t hergestellt. Parallel dazu gab es die Produktion von Anhängerkupplungen, von denen bis 1988 über 5 Millionen Stück hergestellt und verkauft

wurden. Mitteilungen von Diplom-Ingenieur Lothar Hildenhagen, Chefkonstrukteur in Waltershausen.

59 Wolfgang Beyer, *Forschung und Entwicklung für den DDR-Automobilbau im FEW, ZEK und WTZ Karl-Marx-Stadt/Chemnitz*, unveröffentl. Ms., 1995, im Besitz des Autors; Gerhart Schreier, *Chronik: Wiederaufbau der Forschung und Entwicklung im ostdeutschen Automobilbau 1945-1955*, unveröffentl. Ms., 1996; Dr. Winfried Sonntag, *Geschichte und Bedeutung des VEB Wissenschaftlich-Technisches Zentrum Automobilbau der DDR*, unveröffentl. Ms., 1994, im Besitz des Autors

60 Sie trug seit 1953 die Bezeichnung VEB Fahrzeugwerk Karl-Marx-Stadt und war gleichzeitig Produktionsstätte der hier entwickelten Fahrzeuge. Zu deren Technik vgl. Lutz Gau, ›Die Geschichte der DDR-Geländewagen Teil 1–3‹, wie Anm. 30

61 Gerhard Gerbeth, *Entwicklung und Organisation des Vertriebes von Automobilen und Ersatzteilen in der SBZ/DDR*, unveröffentl. Manuskript, 1994, im Besitz des Autors. Mit dem Segment der Pkw-Fertigung befasst sich unter anderem Reinhold Bauer, ›Pkw-Bau in der DDR. Zur Innovationsschwäche von Zentralverwaltungswirtschaften‹, in: *Studien zur Technik-, Wirtschafts- und Sozialgeschichte*, Bd. 12, Frankfurt a. M. 1999

Das erste Experimentiermuster eines KKM auf dem Prüfstand beim FEW, 1960 (Archiv Wolfgang Beyer)

4 Der lange Marsch im Tritt auf der Stelle

Der Automobilbau im Griff der Planwirtschaft

Wirtschaftsreformen: Absicht und Wirklichkeit

Am Anfang der sechziger Jahre gehörten zur VVB Automobilbau rund 35 Betriebe, die Pkw, Lkw, Traktoren, Anhänger, Spezialaufbauten, Achsen produzierten und sich auf den Karosseriebau, die Blechverformung für den Kraftfahrzeugbau, die Herstellung von Filtern und Motorrädern, Mopeds, Motorrollern und Krankenfahrstühlen, von Fahrrädern und Fahrradzubehör, Seitenbordmotoren, Dieselmotoren, Getrieben, Kühlern, Fahrzeugteilen und Zubehör, von Motorenteilen, Ottomotoren und Vergasern, Einspritzgeräten, mechanischen Betätigungszügen, Ersatzteilen für Altfahrzeuge und von Werkzeugen konzentrierten. Dazu gehörten alle Fertigungsstätten, soweit sie im staatlichen Besitz, also Volkseigene Betriebe, waren. Sie waren von zentraler Bedeutung für die Volkswirtschaft der DDR, denn hier entstanden wichtige Produktionsmittel für die Industrie, die Landwirtschaft und das Transportwesen.

Die Nachfrage nach Pkw und motorisierten Zweirädern hatte seit Ende der fünfziger Jahre stetig zugenommen. Die Unterversorgung schlug sich in länger werdenden Lieferfristen nieder, die Anfang der sechziger Jahre im Pkw-Bereich mehrere Jahre betrugen. Die SED und Walter Ulbricht unternahmen damals den Versuch, den Menschen in der DDR ihr Land als ebenso attraktiv und mit Wohlstandsgütern gesegnet wie die Bundesrepublik darzustellen. Damit sollte die Fluchtwelle nach Westen eingedämmt werden. Am Ende des von 1959 bis 1965 disponierten Siebenjahrplans wollte man die BRD überholt haben; aus propagandistischen Gründen wurde der gewünschte Zeitpunkt bereits auf Ende 1961 vorgezogen. Auch wenn die Abwanderung Ende der fünfziger Jahre leicht zurückging, was in erster Linie auf eine restriktive Handhabung der Ausgabe von »Reisedokumenten« zurückzuführen war, so schnellte sie ab 1960 wieder in die Höhe – kaum einer glaubte an die Erfüllung des Propagandazieles. Der Mann auf der Straße schenkte den Zahlenspielen der DDR-Medien keinen Glauben, er vertraute vielmehr seinen eigenen Beobachtungen. Und die waren vom Mangel im

Alltag geprägt. Zu dieser Mangelsituation zählte zusehends auch der Automobilsektor.

Abgesehen von dieser politischen Brisanz war der Kraftfahrzeugbau auch in wirtschaftlicher Hinsicht neuralgisch. Das betraf den hohen Investitionsbedarf und seine besondere Importabhängigkeit. Schon früher, in den fünfziger Jahren, war dies bei der Entwicklung konzeptioneller Vorstellungen für die Automobilindustrie in der DDR deutlich geworden. Bereits damals hatten die Investitionen, die erwogen worden waren, die volkswirtschaftlichen Möglichkeiten um ein Beträchtliches übertroffen. Deshalb mussten bereits 1958 die Ziele entsprechend nach unten korrigiert werden – ab diesem Zeitpunkt ein für die folgenden Jahre und Jahrzehnte vertrautes und immer wiederkehrendes Ritual. Außerdem war der gesamte Zweig der Kraftfahrzeugindustrie noch immer in erstaunlich großem Umfang auf Importe aus dem Westen angewiesen. Das galt nicht nur für Tiefziehbleche.

Tabelle 6: Importabhängigkeit der DDR-Automobilindustrie von Zulieferern in NATO-Mitgliedsländern um 1960 in Prozent des Endprodukts

	Ist 1958	Plan 1962
Grundmaterial gesamt	31,5 Prozent	
davon Ziehbleche	38,4 Prozent	
nahtlose Präzisionsstahlrohre	95,0 Prozent	25 Prozent
Komplettierungsteile	43,0 Prozent	
Ausrüstungen	32,0 Prozent	
Ersatzteile	38,5 Prozent	

Quelle: SäSTAC, Bestand VVB IFA Nr. 327, Planerfüllung 1959

Als im Herbst 1960 Bundeskanzler Konrad Adenauer das innerdeutsche Handelsabkommen aufkündigte, war die DDR-Fahrzeugindustrie davon besonders betroffen, und diese Entscheidung löste mit der sogenannten Störfreimachung hektische Aktivitäten aus. Gleichzeitig ergaben sich aus der Zwangskollektivierung der Landwirtschaft so nicht vorhergesehene Defiziterscheinungen bei Lebensmitteln. Im Zuge des sich immer stärker ausbreitenden Mangels nahm auch die Krisenstimmung im Land zu. Sie war keinesfalls nur wirtschaftlich bedingt, sondern besaß auch eine politische Färbung. Nachhaltig wirkte sie auf die Bereitschaft der SED, das Wirtschaftssystem zu reformieren. Ende 1962 wurden daher vom Politbüro der SED die ›Grundsätze eines ökonomischen Systems der Planung und Leitung der Industrie‹ verabschiedet. Dieses Papier zielte auf den Abbau des zentralistisch-administrativen Planungssystems, wie es sich in Anlehnung an das sowjetische Vorbild in der DDR in den fünfziger Jahre herausgebildet hatte, und zwar zugunsten eines stärker auf die Bedürfnisse der Binnennachfrage und des Weltmarktes orientierten und flexibel auf dessen Erfordernisse reagierenden Wirtschaftsmechanismus.[1]

Im Januar 1963 wurden auf dem VI. Parteitag der SED diese Grundsätze verabschiedet, und Erich Apel, seit Januar dieses Jahres Chef der Staatlichen Plankommission, war als führender Reformer besonders kritisch gegenüber den bisherigen Strukturen eingestellt. Bereits wenige Monate später lag eine Richtlinie vor, die allen Partei- und Staatsfunktionären in verantwortlicher Position mit der Weisung, sie umgehend umzusetzen, zugeleitet wurde. Eine Neuerung bezog sich auf die annähernd 80 Vereinigungen Volkseigener Betriebe (VVB), die praktisch die gesamte Industrie beherrschten. Sie sollten von Verwaltungszentren zu Führungsorganen umgebaut werden. Außerdem sollten sie die ihnen jeweils zugehörigen VEB nicht mehr administrativ, sondern wirtschaftlich führen und sich auf Grundsatzfragen konzentrieren. Alles andere sollte Sache der Betriebe selbst sein, deren Autonomie somit erheblich zunahm. Dazu wurde die VVB von einem Verwaltungsorgan in einen »sozialistischen Konzern« umgestaltet; sie erhielten eigene Fonds und mussten Gewinne erwirtschaften. Darüber hinaus stattete man sie mit weitgehenden Vollmachten für eigenständiges Handeln aus. Das galt auch für die Betriebe selbst, die künftig die von ihnen erzielten Gewinne zu einem gewissen Teil nicht mehr an die VVB abführen mussten, sondern diese selber verwenden durften, um Investitionen und Modernisierungsmaßnahmen zu finanzieren. Dies wurde Eigenerwirtschaftung der Mittel genannt. Um einen realitätsnahen Einsatz des Gewinns als Hauptkriterium für ein erfolgreiches Wirtschaften zu ermöglichen, bedurfte es noch der zwischen 1964 und 1968 in mehreren Schritten durchgeführten Industriepreisreform.

Das Neue Ökonomische Systen wurde, wenn auch mit zeitlicher Verzögerung und Abwandlung, auch nach dem Selbstmord Erich Apels durchgesetzt. Dafür verantwortlich war nunmehr Günter Mittag als verantwortlicher Sekretär für Wirtschaftsfragen im Politbüro. Er konnte sich der weitreichenden Protektion durch den Ersten Sekretär der SED, Walter Ulbricht, sicher sein. Im Gegensatz zum Reformer Apel war Mittag ein machtorientierter Pragmatiker mit autokratischem Selbstverständnis. So blieb es nicht aus, dass das Politbüro die Entwicklungen von Wirtschafts- und Techniktrends völlig falsch einschätzte, wieder in die Betriebsentscheidungen direkt eingriff und mit administrativen Auflagen Teile des Reformvorhabens aufhob. Falsche strukturpolitische Entscheidungen, zusätzlich in den Plan hineingedrückte und an der Realität vorbeigehende Aufgabenstellungen, fachliche Inkompetenz auf höheren Leitungsebenen, Mängel in der Leitungsstruktur und Eingriffe in elementare Wirtschaftsgesetze und -prozesse verhinderten in der Praxis die in Permanenz verkündete planmäßig proportionale Entwicklung der Volkswirtschaft. Weder die Nachfrage seitens der Bevölkerung noch der Bedarf der Industrie an Rohstoffen, Halbfertig- und Fertigprodukten konnten gedeckt werden. Im Gegenteil: Weiterhin bestimmte immer stärker der Mangel das Bild. Damit war die Reform an ihrem selbst gesteckten Ziel gescheitert.

Nachdem Walter Ulbricht, der über die Reformer seine schützende Hand gehalten hatte, auf dem VIII. Parteitag der SED im Jahr 1971 geschasst worden war, bildete vor allem diese für immer stärkere Mißstimmung sorgende Mangelsituation auf allen Gebieten, in erster Linie bei Konsumgütern, den Ansatzpunkt für das Politbüro unter dem Vorsitz Erich Honeckers, das Reformprojekt zu kippen und von neuem die alten planwirtschaftlichen Zwangsmethoden zu praktizieren. Dies schlug sich natürlich auch im Kraftfahrzeugbau nieder und lässt bestimmte Entwicklungen erst verständlich werden.

Der Versuch, die Wirtschaft der DDR zu reformieren, ging nicht mit einer politischen Lockerung oder einer zunehmender Demokratisierung einher. Weder Ulbricht noch Apel, ganz zu schweigen von dessen Nachfolger Mittag, hielten etwas davon, größere Spielräume einzuräumen, die sich nicht auf Produktionsprozesse bezogen. Man nutzte vielmehr den mit dem Mauerbau 1961 sich ergebenden »Vorteil« einer stärkeren Disziplinierung der Bevölkerung. Im Kraftfahrzeugbau betraf dies vor allem die Bekämpfung der bisher häufigen und auf die Initiativen von Mitarbeitern in den einzelnen Betrieben zurückgehenden Schwarz-Entwicklungen. Freiräume für Techniker wurden beschnitten. Jeder Widerspruch gegen industrielle Umstrukturierungsmaßnahmen, die in einer entsprechenden Größenordnung als Konsequenz aus dem Reformvorhaben eingeleitet werden sollten, wurde strikt unterbunden. Exemplarisch seien hier die Ereignisse im Traktorenbau Anfang der sechziger Jahre skizziert.

Im Schlepperwerk Nordhausen waren seit 1959 Traktoren der Typen RS 14 mit 30 bis 36 PS, wahlweise wasser- oder luftgekühlt, und RT 325 mit 40 PS hergestellt worden. Langfristig war für das Jahr 1969 die Serieneinführung der 0,9 und 1,4 Mp-Zugkrafttraktoren TT 220 mit 53 PS und ZT 300 mit 93 PS vorgesehen; deren Entwicklung und Produktion sollte im Traktorenwerk Schönebeck vonstatten gehen. Als auf dem 7. Bauernkongreß im März 1962 die Forderung nach einer schnelleren Einführung eines Radtraktors mit mindestens 55 PS laut wurde, entschloss man sich für eine Übergangslösung aus dem Schlepperwerk Nordhausen. Dabei handelte es sich um eine innerhalb kürzester Zeit realisierte Neuentwicklung des RT 330 mit 60 PS Motor 3 VD 14,5/12. Dieser Schlepper sollte so weit wie möglich mit den bisher in Nordhausen gefertigten Typen kompatibel sein. Bei diesem Modell stellten sich allerdings Schwachstellen im Getriebe heraus. Das Antriebsritzel hielt dem gestiegenen Motordrehmoment nicht stand, und Konstruktionsänderungen für die Lagerung der Ritzelwelle waren notwendig. Ungeachtet der Getriebeprobleme wurde jedoch die Serienvorbereitung weitergeführt und die Nullserie ausgeliefert. Die Probleme im praktischen Einsatz führten im Mai 1964 zur Produktionseinstellung. Damals fand im Kulturhaus des Schlepperwerkes Nordhausen, das über 600 Sitzplätze verfügte, ein sogenanntes Gesellschaftliches Gericht statt. Zwölf Leiter der VVB Landmaschinen, des Instituts für Landtechnik und des Schlepperwerkes Nordhausen waren angeklagt, »Serienvorbereitungen getroffen zu haben, obwohl die konstruktive Reife des neuen Traktors dies noch nicht zugelassen hatte.« Als Ergebnis wurden elf strenge Verweise und ein Verweis ausgesprochen und alle zwölf ihrer Funktionen enthoben. Darüber hinaus mussten alle Angeklagten ein Monatsgehalt als Strafe zahlen. In den Kulturhaussaal waren neben Vertretern der inkriminierten Institutionen vor allem Betriebsdirektoren und Parteisekretäre von Maschinenbaubetrieben geladen, um ihnen den neuen Leitungsstil der nicht mehr offenen DDR zu demonstrieren. Vor dem Schauprozess waren alle Angeklagten, bei denen es sich ausnahmslos um Mitglieder der SED handelte, ins Zentralkomitee nach Ost-Berlin bestellt und vom Politbüro-Mitglied Neumann vergattert worden, die Urteile ohne Widerspruch hinzunehmen. In einem im Nachgang durchgeführten Zivilprozess in Leipzig wurden alle zwölf Angeklagten freigesprochen. Ihre Positionen waren zwischenzeitlich mit anderen besetzt worden, was nicht rückgängig gemacht wurde.

Hintergrund dieser Ereignisse bildeten die anstehenden Strukturveränderungen im Traktorenbau. Demzufolge sollten die gesamte Traktorenfertigung in Schönebeck, die Motorenproduktion für Lkw, Traktoren und Landmaschinen in Nordhausen und die Getriebeproduktion in Brandenburg zentralisiert werden. Dem Widerstand gegen solche zwangsläufig auftretenden umfassenden Eingriffe war von vornherein die Spitze zu nehmen. Außerdem stand der Import des sowjetischen Traktors Bjelarus 50 in größeren Stückzahlen an, weswegen man keinen Bedarf an einem entsprechenden Zwischentyp aus Nordhausen hatte. Schließlich aber sollte das Urteil Signalwirkung haben und allen Betriebsdirektoren und Technischen Leitern deutlich vor Augen führen, dass die sich mit der Wirtschaftsreform andeutenden »Freiheiten« eng umrissen waren.

Wurden zu Zeiten Walter Ulbrichts einmal gefasste Führungsentschlüsse von großer gesellschaftlicher Relevanz üblicherweise ohne Rücksicht auf die Stimmung in der Bevölkerung rigoros durchgesetzt, so zum Beispiel die Zwangskollektivierung in der Landwirtschaft oder die Wirtschaftsreform, herrschte dagegen bei Erich Honecker immer stärker ein Taktieren und ein Zaudern vor einer befürchteten politischen Unzufriedenheit der Bevölkerung vor. Von Anfang an buhlte Honecker um die Gunst der Massen und sein großer Einführungsauftritt auf dem VIII. Parteitag der SED 1971 zielte genau in diese Richtung. Das Wort von der »Einheit von Wirtschafts- und Sozialpolitik« mit der besonderen Bevorzugung des Wohnungsbaus und der Förderung von Wissenschaft und Technik suggerierte Wirtschaftswachstum und wachsenden Wohlstand für die Bevölkerung. Dies hob die allgemeine Stimmung und ließ auf eine Besserung der Situation hoffen.

Dies weckte Hoffnungen auch bei den Beschäftigten in der Automobilindustrie. Immerhin konnte man mit Automobilen den Wohlstand heben und die Kaufkraft abschöpfen. Gerade diese Erwartungen wurden aber nicht erfüllt. Denn völlig unabhängig von der politischen Zielstellung war hierfür die wirtschaftliche Potenz viel zu schwach. Dennoch erfolgten in jenen Jahren strukturelle Veränderungen, die punktuell als Rationalisierungsvorhaben in einzelnen Betrieben umgesetzt, in umfangreicherem Rahmen von der VVB geplant, bilanziert und verantwortlich durchgesetzt wurden. Für die folgenden Jahre lässt sich gleiches für das selbstständige Handeln der Kombinate feststellen. Beispielhaft sei auf das Gelenkwellenwerk in Mosel, die Phosphatier- und Lackieranlage bei AWE in Eisenach, auf das Stoßdämpferwerk Hartha und ein ähnliches Projekt bei Renak in Reichenbach verwiesen.[2]

Dies ergab sich nicht nur aus den Eigenarten der Planwirtschaft, es entsprach vor allem dem hohen Integrations- und Verflechtungsgrad der Automobilindustrie. Das Selbstverständnis, die »sozialistische Konzernspitze« zu sein, wurde in der zweiten Hälfte der sechziger Jahre immer suspekter, drückte aber die Grundmeinung in aller Kürze pointiert aus. Letztlich war der Konzentrationsprozess in Ost wie in West nicht zu vermeiden. Von der Partei wurden solche Erkenntnisse als »Konvergenztheorie« verdammt. Die Tatsachen sprachen aber für sich: Dieses Industriesegment umfasste zunächst Betriebe aller Eigentumsformen. In den Jahren 1967/68 zählten dazu über 270 Betriebe, davon waren über 100 VEB und über 120 private und handwerkliche Unternehmen. Über 40 waren genossenschaftlich organisiert. Rund 10 Jahre später, kurz vor der Auflösung der VVB Automobilbau, waren von insgesamt 285 in der Erzeugnisgruppe der Kfz-Industrie erfassten Betriebe nur noch etwa 50 private und genossenschaftliche Zulieferer übrig geblieben, der Rest war mittlerweile zum VEB geworden.[3] Die Enteignungswelle von 1972 hatte auch diesen Bereich erfasst.

Das integrierende Element für alle diese Betriebe unter Führung der VVB Automobilbau war die Planung.[4] Wo eine Selbstregulierung des Marktes ignoriert wurde, musste alles geplant werden. Nichts durfte sich selbst überlassen werden. Ausgehend von den Fünfjahrplänen erhielten die Betriebe für die Ausarbeitung der Jahrespläne staatliche Auflagen, die Gesetzeskraft besaßen und die Grundlage für die spätere Planabrechnung bildeten. Bereits beim Planentwurf war eine Vielzahl von Daten und Berechnungskennziffern darzustellen, ergänzt durch Kennziffernsysteme und textliche Begründungen zu einzelnen Planteilen. Zur Abstimmung innerhalb des Betriebs und für die Abstimmung mit außerbetrieblichen Infrastrukturen, Zweit- und Drittbetrieben sowie dem jeweiligen Territorium dienten spezielle Bilanzen. Es gab Arbeitskräfte-, Arbeitszeit- und Kapazitätsbilanzen, es gab Versorgungs-, Material-, Energie- und Erzeugnisbilanzen und es gab Bilanzen über Baukapazitäten, Transporte, Energie und das Arbeitsvermögen. Eine Abstimmung zwischen diesen Elementen war die wichtigste Voraussetzung für die Betriebe, Verträge abzuschließen. »Nichtbilanziert« hieß daher immer auch »nicht möglich«. Um diese Arbeiten termingerecht zu bewältigen, bedurfte es ganzer Planungsstäbe, die in den Betrieben immer größer wurden.

Während sich in den ersten Jahren der Planwirtschaft der Betriebsplan auf Hauptkennziffern beschränkt hatte, also auf Erzeugnisse, Arbeitskräfte, Löhne, technische Zielstellung, Investitionen, wurde dies in den sechziger Jahren erweitert. Man wollte den Bedarf an Industrieprodukten mit den Produktions-Möglichkeiten abstimmen und ließ dazu sogenannte Verflechtungsbilanzen erarbeiten. Mit den zunehmenden Problemen beim Wirtschaftswachstum in den siebziger Jahren erhofften sich Partei- und Staatsführung von einer verbesserten Planung eine wesentliche Erleichterung. Praktisch lief dies auf eine Planbürokratie bisher ungekannten Ausmaßes hinaus. Da die Planung gesetzlich verankert war,[5] gab es für die Betriebe keinerlei Ausweichmöglichkeit. So bestand der Betriebsplan nunmehr aus 8 Hauptplanteilen und 41 Teilplänen. In jedem Teilplan waren in umfangreichen

Kennzifferübersichten auch Detailaufgaben akribisch darzustellen und numerisch beziehungsweise ausformuliert zu begründen. Ein solcher aufgebauschter Betriebsplan war kaum noch als Leitungs- und Führungsinstrument eines einzelnen Betriebes zu verwenden, geschweige denn für einen gesamten Industriesektor. Aufbauend auf früheren Planmethodiken wurde seit Anfang der siebziger Jahre das System der staatlichen Auflagen mehr und mehr vertieft. Dies drückte sich in zu planenden Kennziffern aus. Die zentral geleiteten Betriebe des Automobilbaus wurden in das umfangreiche Kennziffernsystem der Volkswirtschaft eingeordnet und erhielten vonseiten des Staates als Aufgabe fast 100 Wirtschaftskennziffern für den Jahresplan. Außerdem gab es noch sogenannte Orientierungs- beziehungsweise Berechnungskennziffern. Die darin enthaltenen Vorgaben betrafen zum Beispiel das technologische Personal, die Verringerung der Grundarbeitszeiten durch Rationalisierungsmaßnahmen, die ökonomischen Zielstellungen für das Neuererwesen, die Selbstkostensenkung durch wissenschaftliche Arbeitsorganisation, die Transportkosten und die Anzahl einzusetzender Industrieroboter. Hinzu kamen für jeden Betrieb noch etwa 50 Seiten branchenspezifische Weisungen.

Dieses Kennziffernsystem wuchs sich zur wichtigsten Grundlage der staatlichen Bevormundung und Bürokratisierung der Wirtschaft aus. Die Auflagen reichten von Grundsatzaufgaben bis zu völlig unbedeutenden betrieblichen Vorgängen. Hierfür galten nicht nur Vorschriften, sondern auch Abrechnungspflicht, Kontrolle und Rechtfertigung. So gab es Vorgaben über Produktionsauflagen, getrennt nach Gütezeichen Q und 1, und über Aussonderungen von Produktionsmitteln, sowie zur Arbeitszeit-, Material- und Energieeinsparung aufgrund von eingeleiteten Innovationsmaßnahmen. Aufkommen und Verwertung von Sekundärrohstoffen waren von den Kennziffern genauso betroffen wie der Verbrauch von festen und flüssigen Energieträgern, ein Materialeinsatzschlüssel für eine kaum noch überschaubare Vielzahl von Materialarten ergänzte dies. Die Senkung der Kosten für Ausschuss und Nacharbeit, Selbstkosten und Material pro 100,- Mark Warenproduktion sowie die tiefere Untergliederung des Gesamtpersonals in zahlreiche Beschäftigungsgruppen gehörten ebenfalls dazu. So enthielt der 1976 einsetzende Fünfjahresplan für den VEB Sachsenring Automobilwerke die Vorgaben zur Entwicklung und produktionsseitigen Vorbereitung des P 610. Ebenso akribisch wurde festgelegt, dass sich 46 Prozent der im Betrieb beschäftigten Jugendlichen am Neuererwesen zu beteiligen hatten. In der selben Weise war die Teilnahme von Produktionsarbeitern und Frauen vorgeschrieben. Auch um- und neuzugestaltende Arbeitsplätze für eine genau festgelegte Anzahl von Beschäftigten, die unter erschwerten Bedingungen arbeiten mussten, waren den Vorgaben zu entnehmen. 1974 folgte die Anordnung zur neuen Gliederung der Industriebeschäftigten. Demnach war das Personal nach über 30 Arbeitsbereichen zu unterscheiden. Es gab acht Tätigkeitshauptgruppen, so dass im Betrieb ein aufwendiges und kompliziertes System der Beschäftigten nach Gruppen entstand, das sich durch den gesamten Planungs- und Abrechnungsprozess und in vereinfachter Form bis auf Kombinatsebene und bis zum Ministerium hinzog. Auch wenn die wichtigsten

Kategorien wie Produkte, Arbeitskräfte, Gewinn und anderes vorrangig behandelt wurden, so hielt die Bearbeitung zahlreicher Nebensächlichkeiten viele Mitarbeiter auf.

Ein wesentlicher Bestandteil der sozialistischen Planwirtschaft war die Kontrolle. Gemäß der populären Lenin'schen Devise »Vertrauen ist gut, Kontrolle ist besser« kam ihr ein übergroßes Gewicht zu. Sie wurde sehr weitreichend aufgefasst. Unter Kontrolle verstand man alle Tätigkeiten, die auf die Einhaltung der Parteibeschlüsse schlechthin, auf die der staatlichen Auflagen, der vertraglichen Verpflichtungen sowie der technischen und wirtschaftlichen Normen ausgerichtet waren. Darüber wachten besonders staatliche und politische Kontrollorgane: Die Ministerien, die VVB- beziehungsweise Kombinats-Leitung, die staatliche Finanzrevision, die Staatsbank, die staatliche Preiskontrolle, die Hauptbuchhalter des Betriebes sowie die Plankommissionen der Kreise sorgten für eine umfassende staatliche Aufsicht. Politische Kontrolle übten die Beauftragten des ZK der SED im Kombinat, die Bezirks- und Kreisleitungen der SED, der Kreisvorstand des FDGB, die Betriebsparteileitung der SED sowie die Arbeiter- und Bauern-Inspektion (ABI) aus. Jedes Gremium beanspruchte für sich höchsten Respekt, auch wenn sich die Tätigkeiten überschnitten und wiederholten. Dies war vor allem dann lästig und zeitraubend, wenn die Betriebsteile über mehrere Kreise verteilt waren. Rechenschaften und Plandiskussionen waren in jedem Kreis zu absolvieren. Der VEB Robur in Zittau hatte seinen Plan vor acht verschiedenen SED-Kreisleitungen zu verteidigen.

Vor diesem Hintergrund vollzog sich die technische Entwicklung der Erzeugnisse, die im Bereich der VVB Automobilbau produziert wurden. Sieht man von der Modellpflege und Produktentwicklung in den einzelnen Betrieben ab, so konzentrierten sich die übergreifenden Bemühungen im Pkw-Bau vor allem auf zwei Projekte: den Kreiskolbenmotor (KKM) und den gemeinsam mit der ČSSR zu bauenden Pkw Typ 760.

Euphorie und Depression: Die Kreiskolbenmotor-Entwicklung

Am 19. Januar 1960 wurde auf einer VDI-Tagung in München erstmals der von NSU und Felix Wankel in rund sechsjähriger gemeinsamer Arbeit entwickelte Kreiskolbenmotor offiziell vorgestellt. Die bis dahin erzielten Versuchsergebnisse ließen eine Erprobung dieser neuen Antriebsquelle im Kraftfahrzeug gerechtfertigt erscheinen, wie Dr. Froede von NSU in seinem Vortrag auf der Tagung versicherte.

Auch die VVB Automobilbau war dazu eingeladen worden und hatte vier Techniker entsandt: Walter Träger (ZEK), Walter Richter (Barkas), Gerhard Roth (AWE) und Dankwart Fehr (Sachsenring). In ihrem bereits am 21. Januar vorgelegten Reisebericht gelangten sie zu folgenden Schlußfolgerungen: »Die Darlegungen der einzelnen Vortragenden sowie der von uns gewonnene technische Gesamteindruck zwingen zu der Schlußfolgerung, dass die Rotationskolbenmotoren nach dem von NSU entwickelten Prinzip aussichtsreich für eine serienreife

Entwicklung sind. (...) Der Rotationskolbenmotor dürfte der Lösungsweg für Verbrennungskraftmaschinen kleiner Leistungseinheiten sein, wie sie im europäischen Kraftwagenbau Verwendung finden. Es ist zu erwarten, daß der gebräuchliche Hubkolbenmotor in der Perspektive von dem KKM abgelöst wird. Somit ergibt sich für uns und für das gesamte sozialistische Lager die zwingende Notwendigkeit, die Arbeiten auf diesem Gebiet aufzunehmen.« Außerdem mahnten sie zur Eile: »Die Entwicklung des KKM erscheint bei NSU bereits soweit gediehen, dass eine Serienfertigung grundsätzlich kein Risiko mehr darstellen dürfte. Es ist in der DDR erforderlich, mit äußerster Energie am KKM zu arbeiten, um den bei NSU bestehenden Entwicklungsstand in den wichtigsten Punkten baldmöglichst zu erreichen.«[6]

Außer den von der Münchner Tagung mitgebrachten Unterlagen und einigen Zeitungsnotizen besaß man keinerlei Material über diese Kreiskolbenmotoren. Generaldirektor Lang hatte sich dem Optimismus der Tagungsteilnehmer dennoch angeschlossen und veranlasste den sofortigen Beginn der Entwicklungsarbeiten.[7] Im ZEK in Karl-Marx-Stadt/Chemnitz, machte sich eine kleine Entwicklungsgruppe daran, zunächst ein Modell herzustellen. Dieses Team leitete Eberhard Weigert, der später innerhalb der VVB für die gesamte KKM-Entwicklung als Hauptverantwortlicher eingesetzt wurde, und ihm gehörten Walter Träger als Verantwortlicher Konstrukteur, Wolfgang Beyer als Konstrukteur und Eberhard Müller als Versuchsingenieur an.

Auch im Motorradwerk Zschopau fasste eine kleine Gruppe von Technikern – der Ingenieur und passionierte Mathematiker Anton Lupei, der Konstrukteur Diplom-Ingenieur Erich Markus und Roland Schuster, ein Versuchsingenieur mit langjähriger Prüfstanderfahrung – spontan den Entschluss, einen KKM als Experimentiermuster zu bauen. Am 19. April 1960 lief der erste Versuchsmotor im ZEK erstmals aus eigener Kraft, Ende des Monats war es auch in Zschopau soweit. Im Vergleich zeigten beide Motoren folgende Merkmale:

Um das Politbüro der SED überzeugen zu können, wurde im FEW ein transportabler Prüfstand gebaut. Damit begab man sich nach Berlin und führte den laufenden Motor vor (Archiv Wolfgang Beyer)

Tabelle 7: Vergleich der IFA Kleinkolbenmotoren 1960

		ZEK/WTZ	Zschopau
Kammervolumen	in cm³	112,5	110
Exzentrizität	in mm	9,5	10
Radius	in mm	65	65
Breite	in mm	35	32,5
Leistung	in PS/U/min.	8/5600	4,7/5800
Kühlung	Gehäuse	Wasser	Wasser
Kühlung	Kolben	ohne	Öl
Gaswechsel	Einlass	Umfang	Seitenteil
	Auslass	Umfang	Umfang

Quelle: Angaben von Wolfgang Beyer, a.a.O.

Anfang September 1960 entwarf Wolfgang Beyer den KKM 200 mit 200 cm³ Kammervolumen. Dies geschah hauptsächlich durch ein Verbreitern des Gehäuses (Trochoide) und durch Verbesserungen verschiedener Details. Die Leistung des Motors betrug 27,4 PS/20,2 kW bei 7200 U/min. In Zschopau entstanden 1961 zwei weitere Versuchsmotoren mit 125 und 175 cm³ Kammervolumen. Allmählich nahmen die Versuchsarbeiten größere Formen an und für die erforderliche Zahl von Motorenteilen war der Einsatz maschineller Herstellungsverfahren unumgänglich.

Da es Kopierfräs- und Schleifmaschinen hierfür nicht gab, baute man sich in Zschopau eine entsprechende Vorrichtung. Damit konnten erstaunliche Genauigkeiten sowie sehr gute Oberflächenbeschaffenheiten erzielt werden. Im Lauf des Jahres 1962 waren die Versuchsmotoren fertig und wurden Prüfläufen unterzogen. Parallel zu diesen Untersuchungen auf dem Prüfstand wurden auch umfangreiche Fahrversuche mit einigen Motoren über einige 1000 Kilometer durchgeführt. Dazu wurde ein auf der Basis der BK 350 entwickeltes Gespann benutzt, in dem der Kreiskolbenmotor lief. Dies war das erste funktionsfähige und über längere Zeit auf den Straßen gefahrene Motorrad mit Kreiskolbenmotor (BK 351) seit der Präsentation der Idee Felix Wankels.

Nach dem außerordentlich befriedigenden Abschluss der Voruntersuchungen mit wassergekühlten Motoren beschloss man 1964 die Konstruktion und den Bau von kompletten, fahrtwindgekühlten Motorradmotoren mit gleichem Kammervolumen. Die ersten Exemplare konnten mit angeblocktem Vierganggetriebe und Nasskupplung bereits 1965 montiert und auf dem Prüfstand erprobt werden (ES 250/2). Parallel zu den praktischen Erprobungen wurden weitere konstruktive Untersuchungen an luftgekühlten Motorrad-Kreiskolbenmotoren durchgeführt. Dabei ergab sich, dass man für Motoren mit äußerer Luft- und innerer Gemischkühlung ein Kammervolumen von 200 bis 300 cm³ vorgeben musste, um mit modernen Zweitaktmotoren der Hubraumklasse 250 bis 350 cm³ konkurrieren zu können. Bereits die ersten Anfangserfolge hatte die Industriezweigleitung in der VVB zur Überzeugung gebracht, dass beim KKM die Zukunft liegen würde.

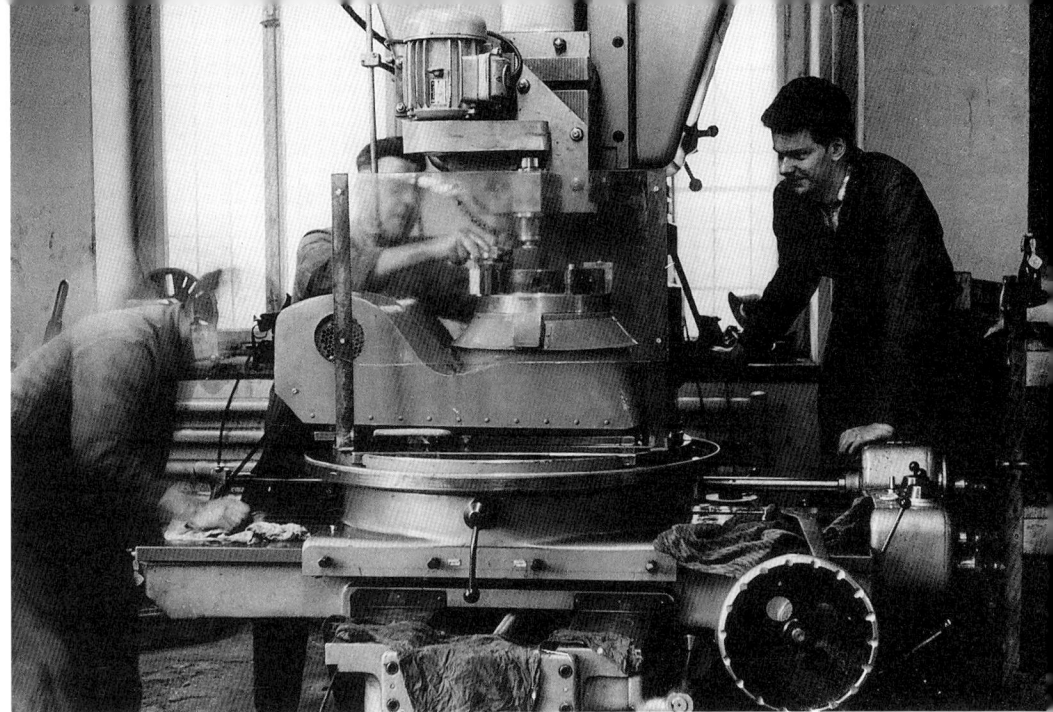

Die selbstgefertigte Vorrichtung zur Bearbeitung der Trochoiden-Gehäuse bei MZ in Zschopau (Archiv Roland Schuster)

Generaldirektor Lang legte daher fest: »Die Automobilbauer der DDR konzentrieren sich entsprechend den objektiven Bedingungen auf den Zweitaktmotor und auf den Kreiskolbenmotor. (...) Die Entwicklung des Kreiskolbenmotors ist so zu beschleunigen, dass die Produktion zum selben Zeitpunkt wie in Westdeutschland einsetzen kann. Deshalb sind alle Experimente und Arbeiten an Projekten mit Viertaktmotoren für Pkw einzustellen.«[8]

Die weitere Entwicklung beim ZEK/WTZ wurde mit großer Energie vorangetrieben. Als Schwerpunkt galt eindeutig der KKM für den Pkw. Darauf sollten die Kräfte in der Weise konzentriert werden, dass im ZEK/WTZ die Konstruktions- und Versuchsarbeiten absolviert werden sollten und man sich bei MZ in erster Linie mit dem Problem des Aufspritzens von hochverschleissfesten Laufschichten auf Leichtmetallgehäuseteilen und auf die Erprobung verschiedener Gleitpaarungen Lauffläche-Dichtelement beschäftigen konnte. Somit begann ab 1961 beim ZEK/WTZ die Konstruktion und Fertigung eines KKM 600 samt Untersetzungsgetriebe, der für den Einbau im Wartburg 311 vorgesehen war. Der Motor leistete 61 PS/6400 U/min. Die Probefahrt in dem Auto war für Ende des Jahres vorgesehen. Der Motor stellte für alle Beteiligten einen bedeutenden Erfolg dar und gab neue Impulse, die auch die im August 1961 stattfindenden ersten Gespräche mit NSU befruchteten.

Seit 1962 wurde auch Sachsenring an den Entwicklungsarbeiten beteiligt. Dort wurde mit der Entwicklung eines KKM 400 Einkammermotors begonnen, der für einen späteren Einsatz im Trabant vorgesehen war. Die ersten Fahrergebnisse konnten noch ohne Probleme in die Entwicklungsarbeit integriert werden. Das Triebwerk musste versteift und die Gehäuseteile aus thermischen Gründen aus Aluminiumlegierung gegossen werden. Ein entsprechend verbesserter Motor erreichte Ende des Jahres 62 PS/6500 U/min. Inzwischen hatte man bei Sachsenring einen zweiten Motor entworfen, den KKM 550 UE mit Ölkühlung.

Dessen Erprobung zeigte, dass neben Motorproblemen vor allem verfahrenstechnische Schwerpunkte dominierten. Die Herstellung der Trochoidenkontur des Mantels, die Entwicklung einer funktionssicheren und ökonomisch vertretbaren Verschleißpaarung zwischen Dichtelementen und Mantellaufbahn sowie die Erhöhung der Lebensdauer der Exzenterwellen- und Kolbenlagerung wurden umgehend zu den zentralen Aufgaben der KKM-Entwicklung.

Mittlerweile waren die Pläne mit dem KKM sehr weit gediehen. Als Erich Apel im Herbst 1963 bei Generaldirektor Lang eine überschlägige Darstellung der Perspektiven der Entwicklung der DDR-Pkw anforderte, zögerte dieser keinen Moment, als Antrieb für den »Perspektiv-Pkw« den KKM anzugeben. Bereits vorher hatte er im Juli des Jahres ein entsprechendes Konstruktionsthema »Kreiskolbenmotor für Pkw mit 0,5 bis 0,6 dm^3 Kammervolumen« in Auftrag gegeben. In der Zielstellung hieß es: »Kreiskolbenmotor für Perspektiv-Pkw, der bei gleicher Grundkonzeption durch Variation der Kammerbreite Ausführungen 0,5 bis 0,6 dm^3 Kammerraum ermöglicht. Die Entwicklung wird bis zur Konstruktionsreife an einem Motor mit 0,55 dm^3 Kammerraumvolumen durchgeführt, von dem je nach Bedarf die Grenzgrößen 0,5 bis 0,6 dm^3 oder Zwischengrößen abgeleitet werden können.« Bereits kurz nach der Präsentation der Aufgabenstellung wurde diese im November 1963 präzisiert. Vor dem Hintergrund des nunmehr neu festgelegten Verwendungszwecks für den Perspektiv-Pkw und dessen Größe rückte die Konstruktion eines ölgekühlten KKM mit 0,55 dm^3 Kammervolumen in den Mittelpunkt. Die Konstruktion des ersten Funktionsmusters mit wälzgelagertem Triebwerk lag zum 15. März 1964 vor, der Bau des Motors war am 22. September des Jahres abgeschlossen. Bei der Auswertung der ersten Dauerversuche zeigte sich, dass die Wälzlagerung für die notwendigen Standzeiten eines Pkw nicht ausreichte und dass die auftretenden Lagergeräusche sehr hoch waren. Als Ursache dafür machte man die ungenügende Steifigkeit der Exzenterwelle aus, deren relativ hohe Durchbiegungswerte zusammen mit den großen Lagerbreiten zum Verkanten der Rollen geführt hatten. Deshalb griff man auf den bereits vorher in Zwickau ausgeführten gleitgelagerten Motor zurück.

Aus diesem Versuchsbetrieb leiteten sich zwei Erkenntnisse ab. Zum einen konnte man die technischen Vorzüge des Kreiskolbenmotors besonders vor dem Hintergrund der internationalen Entwicklungstendenzen nun aus eigener Erfahrung einschätzen und zum anderen war man sich darüber klar geworden, dass eine künftige Entwicklung dieses Motors nur durch Beitritt zur Lizenzgemeinschaft der NSU-Wankel GmbH möglich sei.

Die Vorzüge des Motors vermutete man vor allem in der niedrigeren Masse und dem geringeren Bauvolumen pro Leistungseinheit; im einfacheren mechani-

Das erste KKM-Motorrad der Welt mit ölgekühltem KK-Motor von MZ (Werksfoto Motorradwerk Zschopau)

schen Aufbau; in der Unempfindlichkeit gegen hohe Drehzahlen; in der Schwingungs- und Geräuscharmut bei hohen Drehzahlen; im um fünf bis zehn Einheiten niedrigeren Oktanzahlbedarf bei gleichem spezifischem Kraftstoffverbrauch wie beim Viertakt-Hubkolbenmotor; im selben Schmierölverbrauch bei niedrigerer Ölalterungsgefahr; sowie im niedrigeren Reparaturaufwand bei gleicher Lebensdauer. Diese zumindest teilweise unrealistischen Annahmen begleitete eine ausgesprochene Wankel-Euphorie, von der auch renommierte Cheftechniker in der Bundesrepublik erfasst wurden.[9]

Die Forderung, bei NSU eine Lizenz zu beantragen, hatte das WTZ bei der VVB Auto bereits 1963 erhoben, als das Thema aufkam. Nun gab man zusätzlich ein volkswirtschaftliches Gutachten zum »NSU/Wankel Kreiskolbenmotor (Otto-Anwendungsbereich)« in Auftrag, in dem untersucht werden sollte, ob der Kreiskolbenmotor verglichen mit herkömmlichen Viertakt- und Zweitakthubkolbenmotoren entscheidende volkswirtschaftliche Vorteile brächte, so dass die Lizenznahme eine Entwicklung und Überleitung in die Produktion rechtfertige. Dieses Gutachten enthielt die erwarteten Belege pro Wankel: Gemessen am Investitionsaufwand, der Fertigungszeit und der Materialeinsparung schnitt der neue Motor im Vergleich mit den 1,5 l Viertakt- beziehungsweise 1,2 l Zweitaktmotoren am günstigsten ab. Schließlich befragte der Generaldirektor in einer Sitzung am 16. Februar 1965 Experten zu diesem Thema. Dabei favorisierte Professor Jante,[10] der Direktor des IVK an der TU Dresden, eindeutig den Zweitaktmotor und lehnte eine vollständige Orientierung auf den NSU/Wankelmotor als zu großes Risiko ab. Der Direktor des Instituts für Leichtbau in Dresden, Professor Bade, dessen Meinung besonderes Gewicht hatte, denn er war ebenfalls Mitglied des DDR-Forschungsrates, konnte sich hingegen nicht zu einer eindeutigen Meinung durchringen.

Nach ersten jahrelangen Kontaktgesprächen in Neckarsulm und in Zwickau wurde am 18. Februar 1965 bei NSU der Lizenzvertrag unterzeichnet. Danach wurde der VVB Automobilbau das nichtausschließliche Recht erteilt, unter Benutzung der Vertragsschutzrechte im Währungsgebiet der Mark der Deutschen Notenbank (MDN) Kreiskolbenmotoren von 0,5 bis 25 PS und von 50 bis 150 PS als Lizenzprodukte herzustellen und zu vertreiben. Als Festlizenzgebühr war dafür ein Betrag von 3,5 Millionen DM in drei Raten zu zahlen. 1,75 Millionen DM wurden sofort nach Inkrafttreten des Vertrages fällig, 1 Million DM 12 Monate und 0,75 Millionen 2 Jahre später. Zuzüglich musste der Lizenznehmer eine Umsatzlizenz zahlen, für die ein Betriebspreis detailliert fixiert wurde. Die Umsatzlizenz betrug danach unter anderem 5 Prozent bis zu einem Jahresumsatz von 75 Millionen DM. Für die Erhebung wurde das Kalenderjahr zugrundegelegt, es waren aber Mindestlizenzgebühren fällig, die auch dann zu zahlen waren, wenn nichts produziert wurde. Diese Summen betrugen für 1968 100 000,- DM, für 1969 200 000,- DM und für 1970 750 000,- DM. Ab 1971 hätten jährlich mindestens 900 000,- DM gezahlt werden müssen.

Die finanziellen Aufwendungen waren nicht nur für DDR-Verhältnisse sehr hoch, sondern auch im Vergleich mit anderen Lizenznehmern, die während der Zugehörigkeit der DDR zum Wankel-Pool zählten. Die VVB Auto war nach Curtiss Wright mit der zweithöchsten Summe beteiligt. Dabei hatte man sich die Sache in Ost-Berlin und Karl-Marx-Stadt gut überlegt. NSU verfügte über einen mehrjährigen Entwicklungsvorsprung, den man von Seiten der DDR nur durch eine Lizenznahme wettmachen konnte. Denn mittels dieser Betreuung ließen sich Wissen und Know-how der darin zusammengeschlossenen internationalen Entwicklungsgemeinschaft nutzen, die über die verglichen mit der VVB rund fünfzigfache Entwicklungskapazität verfügte. In der Tat wurde dem DDR-Automobilbau von und über NSU zur Verfügung gestellt: 80 Versuchsberichte, davon waren 60 wertvoll; 60 Diagramme, davon 30 wertvolle; 580 Zeichnungen und Stücklisten – innerhalb des Anschlusses an den Zeichnungsänderungsdienst der NSU AG wurden der VVB ungefähr 1800 Zeichnungen mit entsprechenden geänderten Stücklisten übergeben und so die VVB über den jeweils neuesten Entwicklungsstand informiert; technologische Unterlagen, insbesondere Arbeitspläne von Hauptteilen für KKM; etwa 390, davon 50 wesentliche Patentanmeldungen wurden sofort nach Einreichung bei den Patentämtern und noch vor der Veröffentlichung an die VVB Auto übergeben, darunter waren 12 wichtige Anmeldungen über Motordetails, die man unbedingt nutzen musste und die auch noch 1982 gültig sein wür-

Fahrtwindgekühlter KKM für die MZ ES 250 (Werksfoto Motorradwerk Zschopau)

den; NSU lieferte kostenlos drei komplette Motoren in den Jahren 1965 und 1966; und im Zeitraum der Lizenznahme wurden dreizehn gegenseitige Besuche mit technischem Erfahrungsaustausch durchgeführt, die zu beinah gleichen Teilen in Neckarsulm und Karl-Marx-Stadt und Zwickau stattfanden.

Legte man die eigene Entwicklungskapazität zu Grunde, so ließen sich mit dieser Beteiligung etwa fünf bis sieben Jahre an Entwicklungsaufwand einsparen. Den für die Lizenznahme wichtigen Zielen, am technologischen Vorsprung von NSU zu partizipieren, kam man zumindest teilweise nahe. Damit wollte die VVB-Leitung eine sehr schnelle Ablösung des Zweitakt-Ottomotors im Pkw-Bau und einen zukunftsträchtigen Antrieb für den einheitlichen Nachfolge-Pkw der DDR erreichen, der in greifbare Nähe gerückt zu sein schien. Als sich 1965 herausstellte, dass dieses Auto nicht vor 1972 erscheinen würde, da es in die diversen Bilanzen nicht einzugliedern war, wurde klar, dass bis dahin die bisherigen beiden Pkw-Typen Wartburg und Trabant beibehalten werden mussten. Dennoch wollte man auch bei ihnen ein neues Triebwerk einsetzen. Der im WTZ konstruierte KKM 550 war für den Trabant zu groß. Deshalb begann in Zwickau die Arbeit an einem 400er Einkammer- und später am 2 x 400er Zweikammermotor. Nach wie vor wurde auch in Zwickau die Arbeit am KKM 550 vorangetrieben. Daher blieben für die kleinere Variante nur jene Arbeitskräfte übrig, die für den 550 nicht unbedingt benötigt wurden. Das hieß mit anderen Worten: Die 400er Variante war nicht zu schaffen.

Seit Sommer 1963 waren die an der KKM-Entwicklung beteiligten Werke in Zschopau, Zwickau und Karl-Marx-Stadt[11] in einer Arbeitsgemeinschaft zusammengefasst. In dieser hatte Sachsenring den verantwortlichen Part für Eigenentwicklungen zu übernehmen. Man dachte dabei in Zwickau vor allem über einen ölgekühlten Motor nach. Nach Abschluss des Lizenzvertrags war in Karl-Marx-Stadt der Gedanke aufgekommen, die Entwicklung eines gemischtgekühlten KKM mit Seiteneinlass als Antriebsquelle für Pkw zu verfolgen. Als besondere Vorteile dieser Bauart waren folgende Punkte erkannt worden: der Wegfall des Ölkreislaufes und damit der noch ungelösten Ölabdichtung der ölgekühlten Kolben sowie die sich daraus ergebenden Vorteile infolge eines Wegfalls von Ölkühler, Pumpe, Filter, Abdichtung usw.; ein besseres Verhalten bei Leerlauf und Teillast; sowie eine einfachere Auspuffgeräuschdämmung. Demgegenüber galten der niedrigere Mitteldruck – das bedeutete etwa 30 Prozent weniger Leistung –, die erforderliche Wälzlagerung; die Möglichkeit von lediglich Ein- und Zweikammerausführungen und die höhere thermische Beanspruchung des Kolbens als Nachteile.

Trotzdem begann man im August 1965 mit der Entwicklung eines solchen Motors, der als Antriebsquelle für die Fahrzeuge Trabant, Wartburg, Barkas und für den »Perspektiv-Pkw« vorgesehen war.

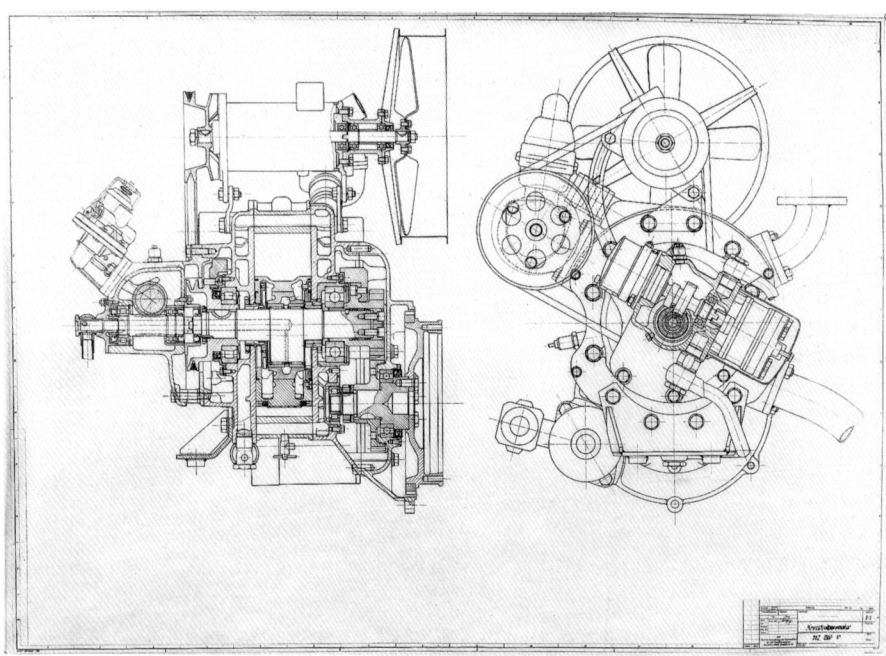

Der KKM 600 mit Untersetzungsgetriebe zum Einbau in den Wartburg 311. Das Zwischengetriebe zwischen Motor und Schaltgetriebe sollte die hohen Motordrehzahlen reduzieren und außerdem eine Rahmenänderung vermeiden helfen (Archiv Wolfgang Beyer)

Der verbesserte KKM 660 UE (Umfangseinlass) ohne Untersetzungsgetriebe; deutlich zu erkennen sind die drei Antriebe für Lüfter, Wasserpumpe und Lichtmaschine. Vorn befinden sich Kraftstoffförderpumpe und Ölfilter, rechts sind die Öffnungen für Aus- und Einlass zu erkennen (Archiv Wolfgang Beyer)

Frontansicht des KKM 2x550 SE (Seiteneinlass) für den Wartburg 312. Die Leistung betrug 80 PS/3000 U/min (Archiv Wolfgang Beyer)

Tabelle 8: Vorgegebene Parameter für die IFA Kleinkolbenmotoren

	Trabant		Wartburg 353/Barkas B 1000
	Einkammer-KKM	Zweikammer-KKM	
Kammervolumen:	550 cm^3		2 x 550 cm^3
max. Leistung:	35 PS/25,7kW/5500 U/min.		70 PS/51,5 kW/5500 U/min.
max. Drehmoment:	5,5 kpm/2500 U/min.		11 kpm/2500 U/min.
Gaswechsel:		Seiteneinlass	
Kolbenkühlung:		Kraftstoff-Öl-Luft-Gemisch	
Triebwerkslagerung:		Wälzlager	
Schmierung:		Gemisch beziehungsweise Öldosierung	
Geräteantrieb:		Keilriemen	
Öldichtung:		keine	
Vergaser:		Einstufenvergaser	
Schmierölförderung:		Kolbenölpumpe	

NSU projektierte solche gemischgekühlten und -geschmierten KKM nur als kleine Industriemotoren. Es wurde auch deutlich geäußert, dass man von Seiten dieses Werks einen derartigen Motor nicht zum Fahrzeugantrieb vorgesehen habe. In der DDR übernahm das WTZ die Entwicklung des gemischgekühlten KKM.

Da die Zeit drängte und auch um verloren geglaubten Boden wieder gutzumachen, entschloss man sich konsequent zur direkten Anbindung an NSU. In enger Anlehnung an die dortigen Motorentypen 512 und 513 und durch Übernahme von Originalteilen entstand die neue Typenreihe KKM 500. Damit sollten gleichzeitig technische Probleme bei der Lagerung, beim Öl- und Gasdichtsystem sowie der Steuerverzahnung mit gelöst werden, die beim DDR-Motor noch ungeklärt waren. Da die Hauptverschleissteile und die Anschlussmaße der Aggregate beider Motorentypenreihen übereinstimmten, hoffte man, über Export beziehungsweise über Import den NSU-Service bei Bedarf in Anspruch nehmen zu können.

Die Motoren sollten für Quereinbau (Einkammermotor Typ 51) und für Längseinbau (Zweikammermotor Typ 52) vorgesehen sein. Geplant war die Beendigung der Konstruktionsarbeiten für beide Motoren zum 28. Februar 1967. Danach sollten Funktionserprobungen auf dem Prüfstand und im Fahrzeug bis zum November des Jahres folgen und wiederum daran sich bis zum März 1968 die Test-Serie anschließen.

Das Jahr 1967 ist als Höhepunkt und Wende der KKM-Entwicklung in der DDR anzusehen. Noch herrschte die Euphorie über den Wankel-Motor vor. Die in der DDR entwickelten gemischgekühlten Ein- und Zweikammermotoren hatten erste beeindruckende Ergebnisse bei der Erprobung erzielt. Die geometrischen Abmessungen dieser Typen waren gleich, so dass Mittelteile, Kolben, Dichtelemente und andere Bauteile austauschbar waren. Die Lagerung der Exzenterwelle erfolgte beim 2-Scheiben-Motor in zwei Rollenlagern ohne Mittellager. Aus Abstimmungsgründen hatte der Motor zwei Vergaser. Von der Bearbeitungsseite hatten sie eine Qualitätsverbesserung erfahren, weil durch den Einsatz einer speziellen Klappenhonahle nach dem Schleifen die Oberflächengüte wesentlich verbessert werden konnte. Bereits im Anfangsstadium der Entwicklung erreichten die Doppelkammermotoren eine Höchstleistung von über 75 PS/55 kW bei 5500 U/min. Im Wartburg 353 konnten damit eine Höchstgeschwindigkeit von 145 km/h und eine Beschleunigung von 0 auf 100 km/h in 14,5 Sekunden erreicht werden. Wenn man bedenkt, dass die Eigenmasse des Fahrzeugs über 900 kg lag und der Luftwiderstandsbeiwert 0,47 bei einer Fahrzeugstirnfläche von 1,87 m^2 betrug, so können derartige Leistungen für die damalige Zeit als recht eindrucksvoll gelten. Mit einem Versuchsmotor wurden über 45 000 km zurückgelegt.

Nach einem Bericht über den Besuch eines NSU-Mitarbeiters in Zwickau im Januar 1967 ließ sich optimistisch feststellen, dass die technischen Entwicklungsprobleme nahezu identisch mit jenen in Neckarsulm waren. Probleme der Laufkultur zeigten sich besonders im Schiebe- und im Teilllastrucken. Wie bei NSU hoffte man auch in Zwickau, das Problem vom Vergaser her lösen zu können. Im Hinblick auf die Verschleißpaarung hatte NSU mit seinen Elnisil-Experimenten recht positive Ergebnisse erzielt, in Zwickau war man zur gleichen Zeit mit der Wolfram-Karbid-Mischspritzschicht ebenfalls zufrieden. Die Frage des Leisten-Materials war noch völlig offen. Offensichtlich besser als in Neckarsulm kam man

Ein in einen Wartburg 312 eingebauter KKM 600 in Vorderansicht. Am unteren Bildrand sind die drei Antriebe für Lichtmaschine, Lüfter und Wasserpumpe zu sehen. Der Motor ist im Verhältnis zu den Nebenaggregaten relativ klein und sitzt tiefer als ein normaler Hubkolbenmotor (Archiv Wolfgang Beyer)

in Zwickau mit den Gehäuseverzügen zurecht. Man arbeitete dort mit Ausbohrungen und Einlagen im Mantelgehäuse, die bereits zwei Jahre vorher Inhalt einer Patentanmeldung gewesen waren, die man bei NSU nicht zur Kenntnis genommen hatte. Selbst nach 200 Stunden Prüfstandlauf im Wechselprogramm beziehungsweise 15 000 km Straßenbetrieb waren die bekannten Risse am Schusskanal lediglich in der Laufschicht festgestellt worden. Niemals kam es zu einem Gehäuseriss. Ein Stück des Mantels wurde den Neckarsulmern zu eigenen Untersuchungen übergeben. Der Berichterstatter vermerkte am Ende seiner Notiz: »Sowohl in Zwickau als auch in Eisenach scheint man fieberhaft an dem neuen Motor 51/52 und ihrem Versuchsprogramm zu arbeiten. In Zwickau standen schon mehrere Trabantfahrzeuge bereit, die für den Einbau des KKM 51 vorbereitet waren. (...) Der mit einem KKM 52 ausgerüstete Wartburg konnte Probe gefahren werden. Trotz des für diesen Motor schlecht abgestuften Getriebes machte das Fahrzeug einen recht ordentlichen Eindruck. Bei einer Leerlaufdrehzahl von etwas über 1000 U/min konnte weder Schieberuckeln noch Teillastruckeln festgestellt werden.«[12]

Den ersten Termin – Erledigung der Konstruktionsarbeiten bis Februar 1967 – konnte man zwar noch einhalten, aber dann begannen die Probleme. Hauptursachen dafür waren, dass die Personalkapazität bei der DDR-Kraftfahrzeugindustrie nicht auf zeitintensive Stoßarbeiten ausgelegt war. Eine bei der Kürze der Zeit unerlässliche personelle Aufstockung geschah nicht. So verhinderten vor allem die Fehlkapazitäten im Musterbau und beim Versuch eine rechtzeitige Fertigstellung der Motoren. Außerdem wurden immer noch gleichzeitig zwei Varianten, öl- und gemischgekühlt, verfolgt, auch dies kostete Zeit und Personal.

Aber auch wenn man sich mit zu geringem Potenzial der Lösung der Probleme des Kreiskolbenmotors näherte, so ergab sich mit Hilfe des damals weltweit besten Entwicklungspools für Kreiskolbenmotoren um Neckarsulm doch ein auf umfangreiche Messungen und auf eigene Erfahrungen mit den Zweitaktmotoren gestützter, höchst aufschlussreicher Vergleich der Fahrzeugmotoren. Dabei erwies sich allerdings, dass der Kreiskolbenmotor auf absehbare Zeit ungünstiger wäre.

Das maximale Hubraumdrehmoment erreichte beim Viertakt-Ottomotor 7,0–8,0 kpm/l Hubraum und beim Zweitakt-Ottomotor 9,5–11,0 kpm/l Hubraum, beim KKM (DDR) 7,0–8,0 kpm/l Hubraum und beim KKM (NSU) 7,0–8,5 kpm/l Hubraum. Die eindeutige Überlegenheit des Zweitakters entsprach den Erwartungen. Da der Ansaugvorgang des KKM dem eines Zweitaktmotors entspricht – Schlitzsteuerung, ein Vorgang pro Umdrehung und ein fast sinusförmiger Einströmverlauf – ist der gleiche Nachladeeffekt durch Resonanzschwingungen wie beim Zweitakter vorhanden. Dadurch ist ein besserer Liefergrad und ein höheres spezifisches Drehmoment gegenüber dem Viertakter zu erreichen. Beim KKM war dagegen eine höhere Drehzahl besser zu erreichen als beim Viertakter, während im unteren Drehzahlbereich die Kennlinie beim KKM und beim Zweitakter stärker abfiel als beim Viertakter.

Der spezifische Kraftstoffverbrauch ergab im Bestpunkt des Kennlinienfeldes folgende Werte: Viertakt-Ottomotor 180–220 g/PSh; Zweitakter 210–230 g/PSh; KKM (DDR) 215–235 g/PSh; und KKM Ausland (NSU) 210–230 g/PSh. Beim Viertakter hielt man durch Verwirbelung und Ladungsschichtung eine weitere Verbrauchssenkung besonders bei Teillast für möglich. In diesem Bereich waren beim KKM die Verbräuche wesentlich höher als beim Vier- und Zweitaktmotor. Auch beim spezifischen Ölverbrauch konnten die vom Viertaktmotor markierten Bestwerte weder vom Zweitakter noch vom Kreiskolbenmotor erreicht werden.

Das Masse-Leistungs-Verhältnis wurde unter Einbeziehung der Ansaug- und Auspuffanlage gemessen. Dabei wurden folgende Werte erreicht: Viertakt-Ottomotor 1,5–2,5 kg/PS; Zweitakt-Ottomotor 1,2–2,0 kg/PS; KKM (DDR) 1,6 kg/PS; KKM Ausland (NSU) 1,6 kg/PS sowie 1,1 kg/PS beim Zweischeiben-KKM.

Hier und bei den Einbauverhältnissen ergaben sich dank der gedrungenen Bauweise des KKM dessen zentrale Vorteile. Das umbaute Volumen war kleiner als bei Hubkolbenmotoren. Infolge der Raumersparnis erleichterte der KKM vor allem den Einbau von Einheiten mit hoher Leistung. Sowohl beim Längs- als auch beim Quereinbau erlaubte er eine stärkere Neigung der Motorhaube und damit eine strömungsgünstigere Karosserie.

Bei der Schadstoffemission ergab sich, dass der KKM in der Nähe der oberen Grenze des Viertakt-Hubkolbenmotors einzuordnen war. Man wusste, dass der

Ölgekühlter Läufer (Kolben) des KKM 600 (Archiv Wolfgang Beyer)

Wassergekühltes Gehäuse (Trochoide) mit ölgekühltem Kolben (Archiv Wolfgang Beyer)

NSU-Typ 612, der neueste Wankelmotor, weder den California-Test noch den europäischen Fahrzeugzyklus-Abgastest erfüllte. Die gleiche Situation ergab sich beim Zweitakter, der ohne zusätzlichen konstruktiven Aufwand in der Emission unverbrannten Kohlenwasserstoffes nicht auf die Werte des Viertakters zu bringen war. Beim Kraftstoffverbrauch ergaben sich beim KKM im Teillastgebiet ein um 10 bis 15 Prozent höherer Verbrauch als bei entsprechenden Hubkolbenmotoren. Durch die Verwendung eines Wandlers beim KKM, der das Ruckeln im Schiebebetrieb unterbinden sollte, stieg der Verbrauch jedoch noch weiter an, so dass im Stadtverkehr beim Vergleich mit Viertakt-Fahrzeugen eine Differenz von über 30 Prozent Mehrverbrauch ermittelt wurde.

Bei der Auslotung mechanischer Schwachstellen fand man beim Viertakt- und beim Zweitakt-Ottomotor im Prinzip kaum noch nennenswerte Probleme, derer man sich annehmen musste. Anders beim KKM, wo als ungelöst im Sinne von erheblich verbesserungsbedürftig folgende Punkte galten: die Mantellaufbahn und die Dichtleiste; das seitliche Anlaufen des Kolbens; der Verschleiß der Kolbenlager; und das Ausschlagen der Kupplungsnabenverzahnung. Eindeutige Aussagen über die Lebensdauer eines KKM konnten nicht gemacht werden, da bis dahin nur unvollständige Werte zu Grunde gelegt werden konnten. In der Laufkultur war das ständige Schieberuckeln nur durch Einbau eines Wandlers oder Freilaufs auszugleichen, wodurch jedoch der Hauptvorteil des KKM, nämlich sein geringeres spezifisches Gewicht, stark eingeschränkt würde. Außerdem wurde der Motor dadurch teurer.

Generell sind die von Anfang an erwarteten Vorzüge des KKM zwar relativiert, aber nicht in Abrede gestellt worden. Dazu zählten vor allem sein einfacher mechanischer Aufbau, seine Unempfindlichkeit gegenüber überhohen Drehzahlen, sein geräuscharmer Lauf im hohen Drehzahlbereich, sein Betrieb mit VK normal. Einen wesentlichen Aspekt, unter dem seinerzeit die Lizenzaufnahme betrieben worden war, stellten die günstigen Kosten-Werte des Kreiskolbenmotors dar. Bei einer Fertigungsstückzahl von 250 000 Motoren pro Jahr hätte der Fertigungsaufwand für einen Viertakt 1,6 l Motor ungefähr 90 Millionen Mark, für einen Dreizylinder-Zweitaktmotor 1,3 l etwa 73 Millionen Mark und für den Einkammer KKM 550 nur 66 Millionen Mark betragen. Die Fertigungszeit pro KKM in Einkammerausführung lag bei 60 Prozent der für den Viertakter benötigten Zeitspanne. Auch beim Materialbedarf versprach man sich eine erhebliche Minderung insbesondere bei Mangelmaterialien wie Stahl, Grauguss und Leichtmetall. Allerdings erwiesen sich gerade diese Werte als Hoffnungen, die sich zerschlugen. Als sich gezeigt hatte, dass der Konkurrenz eines Mittelklasse-Hubkolbenmotors nur durch einen Zweikammer-KKM wirksam entgegen zu treten war, sah man genau zur selben Zeit, dass der Aufwand beim Wankelmotor wesentlich höher war, eine identische Laufkultur vorausgesetzt. Beispielsweise standen zweimal 48 Dichtelemente eines Zweikammermotors viermal drei Kolbenringen eines Vierzylinder-Viertakt-Ottomotors gegenüber. Zudem – und dieser systembedingte Mangel war besonders gravierend – erwiesen sich die langgestreckten Brennräume für die vollständige Verbrennung des darin befindlichen Kraftstoff-Luft-Gemisches als wesentlich ungünstiger als die kompakten Brennräume von Hubkolbenmotoren. Das führte beim KKM zu höherem Verbrauch.[13] Die dafür notwendigen technischen Lösungen, wie beispielsweise Mehrfachzündungen mit geringfügig unterschiedlichen Zündzeitpunkten, waren damals noch nicht möglich. Sie hätten zum anderen ihrerseits zu erhöhtem Aufwand geführt und das Problem nicht gelöst. Schließlich erforderte die hohe thermische Belastung des Kreiskolbens eine spezielle Kühlung. Geschah dies sinnvollerweise mit Öl, dann war der Ölverbrauch des KKM wesentlich höher als bei Hubkolbenmotoren, bei denen der Ölverbrauch schon damals gegen Null tendierte.

Die sehr lange von DDR-Seite favorisierten Motoren mit gemischgekühlten Kolben offenbarten zusätzliche technische Probleme, wie zum Beispiel die Standfestigkeit des Exzenterlagers; höchste Anforderungen an das Schmieröl wegen sehr hoher Kolbentemperaturen, die über 300° C in der Bogenleistennut erreichten und damit die Gefahr des Festbrennens der Dichtelemente heraufbeschworen; die Standfestigkeit des Zahnkranzes am Kolben; sowie eine bezogen auf das Kammervolumen zu schwache Leistung.

Trotz allen Bemühungen und der großen Zuversicht aller an der Entwicklung des gemischgekühlten KKM Beteiligten waren die Schwierigkeiten nicht in den Griff zu bekommen. Nach wie vor bildete die hohe thermische Belastung des Kolbens das Kriterium für die Standfestigkeit des Motors. Es wurden verschiedene Veränderungen an den Seitenteilen des Gehäuses vorgenommen und alle möglichen Kolbenbauformen erprobt. Beim Messen der Temperatur ergab sich immer wieder, dass die veränderte Gemischführung keine Temperatursenkung am Kolben bewirkt hatte. Bereits bei Kühlwassertemperaturen von 60° C wurden an der abtriebsseitigen Kolbenseite 375° C Maximaltemperatur gemessen. Für eine ausreichende Fahrzeugheizung forderte der Fahrzeughersteller jedoch eine Mindestkühlwassertemperatur von 80° C. Steigerte man das Kühlmittel auf diese Temperatur, ergab sich eine weitere Erhöhung der Kolbentemperatur auf über 400° C.

Die durchgeführten Versuche mit dem gemischgekühlten KKM hatten gezeigt, dass eine weitere Senkung der Kolbentemperatur ohne zusätzliche Ölkühlung des Kolbens nicht möglich war. Als Endergebnis war festzustellen, dass das Prinzip der Gemischkühlung des Kolbens des KKM nur bis zu einer bestimmten Kammervolumengröße bei entsprechendem Mitteldruck geeignet war. Dies wurde auch durch theoretische Überlegungen zur Kolbenflächenbelastung untermauert. Wird dieses Grenzkammvolumen

Gehäuse und Kolben eines gemischgekühlten KKM 550. Dieser Motor wurde mit einem Kraftstoff-Öl-Gemisch (150:1) gefahren. Das Gemisch trat durch den Seitendeckel in den Motor ein, durchströmte den hohlen Kolben, kühlte diesen, schmierte das Excenterlager vom Kolben und gelangte durch einen Überströmkanal im anderen Seitendeckel in den Brennraum (Archiv Wolfgang Beyer)

überschritten, reicht die Gemischkühlung nicht mehr aus, um die Kolbenwärme in ausreichendem Maße abzuführen und thermische Schwierigkeiten zu verhindern. Bei einem Kammervolumen von 550 cm^3 war die thermisch bedingte maximale Volumengröße bereits überschritten.

Immerhin wurden aber bei diesem Motor die besten Kraftstoffverbrauchswerte gemessen, die von einem KKM bekannt wurden – immerhin 197 g/PSh. Auch Motoren mit Doppelseiten-Einlass (DSE) und mit schaltbaren Umfangshilfseinlass (UHE) wurden gebaut und erprobt, ohne die thermischen Probleme lösen zu können. Beim UHE-Motor wurde aber immerhin erreicht, die Leistung um 13 Prozent zu steigern und den Kraftstoffverbrauch um 5,8 Prozent zu senken.

Schließlich mussten auch die Versuche am Zweikammer-Motor 2x KKM 550 SE eingestellt werden, nachdem feststand, dass eine ausreichende Absenkung der Kolbentemperatur nicht erzielt werden konnte. Ende März 1968 wurden die Forschungsarbeiten am gemischgekühlten KKM daher ergebnislos abgebrochen. Zusätzlich wirkten sich auch die Zweifel über die internationale Durchsetzung des KKM-Prinzips, die von NSU nie ausgeräumt werden konnten, und die Verschärfung der politischen Großwetterlage, die mit dem Einmarsch in die ČSSR den negativen Höhepunkt erreichte, nachteilig auf entsprechende Ambitionen der DDR in diesem Feld aus.

Bereits 1967 hatte der NSU-Mitarbeiter von Manteuffel nach einem seiner Besuche in der DDR vom Verzug der Entwicklungen berichtet: »Bis Jahresende 1967 muß für den Fall einer Anwendung des KKM die Serienreife durch strenge Tests auf Prüfstand und an plombierten Fahrzeugen nachgewiesen werden. Die Umstellung auf NSU-Geometrie ist keinesfalls abgeschlossen. Wegen des drängenden Termins ist der Zweifach-KKM zunächst auf Eis gelegt worden. Selbst wenn man termingerechte Entwicklung des Einfach- und Zweifach-KKM aussetzt, ergibt sich die merkwürdige Situation, daß eine 50 PS-Einheit für den Trabant zu stark und für den Wartburg zu schwach ist, dass eine 100 PS-Einheit aus den gegebenen Verkehrsverhältnissen heraus wiederum für den Wartburg zu stark ist. Eine Fahrzeugneuentwicklung ist also unumgänglich.« Und Manteuffel brachte aus der DDR noch weitere Hintergrundinformationen mit: »Alles in allem ist die Stimmung in der Fahrzeugbranche sehr pessimistisch. (...) Die Skepsis geht so weit, dass man (...) bezweifelt, daß so etwas wie moderne Fertigung aus den Mitteln eigenständiger Industrie ohne Zulieferungen aus dem Ausland möglich ist.«[14]

Auch wenn NSU einen RO 80 nach Zwickau zur Fahrerprobung, indirekt also um einen Stimmungsumschwung zu bewirken, schickte und später eine kostenlose Lieferung neuer kompletter Motoren KKM 613 nach Sachsen anbot, so hatte sich der Wind mittlerweile gedreht. Am 13. Mai 1968 resümierte eine ausschließlich aus Technikern gebildete Arbeitsgruppe des Ministeriums den Stand der Entwicklungsarbeiten am Kreiskolbenmotor und formulierte Vorschläge. Darin hieß es: »Bis zur Ablösung des Verbrennungsmotors wird der Viertakt-Hubkolbenmotor seine dominierende Stellung behalten. Die beiden anderen Motorenarten werden nur eine Außenseiterrolle einnehmen. Das Risiko, den KKM als Antriebsaggregat für das Prognosefahrzeug vorzusehen, ist zu groß. Die Aussichten, mit ihm den Kraftstoffverbrauch von guten Viertaktmotoren einzuholen, sind gering und es ist noch nicht einschätzbar, zu welchem Zeitpunkt die Großserie des KKM einsetzen könnte. (...) Aus den Schlußfolgerungen, daß der Viertakt-Ottomotor auch im Prognosezeitraum die dominierende Pkw-Antriebsquelle sein wird und aus der Erkenntnis, dass der derzeitige Entwicklungsstand am KKM noch nicht befriedigt, ist festzulegen, daß für den Prognosezeitraum als Pkw-Antriebsquelle ein Viertakt-Ottomotor entwickelt wird.«[15] Das war der Tod eines Traums, den jene zu Grabe trugen, die ihn am stärksten verfolgt hatten (vgl. Anlage L 02).

Zwischen der VVB Automobilbau und NSU wurde es ruhig. Manteuffel notierte im November 1968: »Unser Lizenznehmer VVB Automobilbau schweigt seit einigen Monaten fast vollständig. Es wird offenbar, daß das Projekt KKM bei VVB eine andere Betonung erfahren hat.« Kurz darauf stornierte die VVB Automobilbau das Angebot von NSU auf kostenlose Lieferung von KKM 613-Motoren neuester Bauart, weil man sich nicht mehr in der Lage sah, »die zur Vorbereitung und Durchführung der Erprobung notwendige Musterbau- und Versuchskapazität freizustellen.« Am 24. Juni 1969 kündigte der neue Generaldirektor der VVB Automobilbau Dr. Winfried Sonntag schriftlich den Lizenzvertrag. Im Schreiben wurde als Begründung angegeben: »Die Kündigung wird erforderlich, weil die bei Vertragsabschluß erwarteten Entwicklungsmöglichkeiten des Kreiskolbenmotors sich nicht bestätigt haben.«[16] Die Kündigung war für die DDR schmerzhaft, denn damit erwiesen sich die bis dahin überwiesenen 3,5 Millionen DM definitiv als Verlust. Um so höher muss der Mut der Automobilbauer bewertet werden, sich

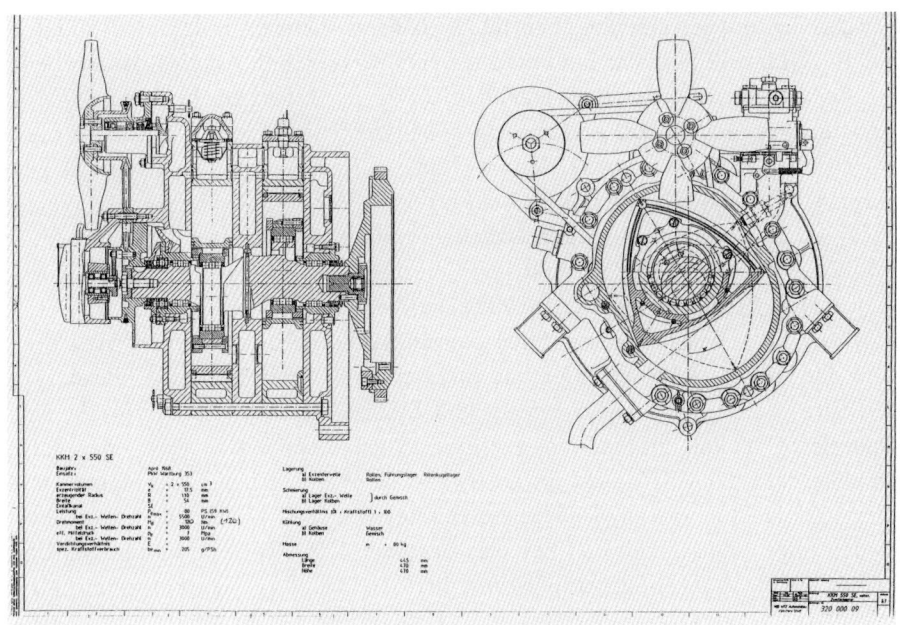

Zeichnung des KKM 2x550 SE für den Wartburg (Archiv Wolfgang Beyer)

zu dieser Entscheidung, der Absage, durchzuringen, da zumindest intern unangenehme Rückwirkungen zu erwarten waren. Mit der vorzeitigen Versetzung von Hauptdirektor Lang in den Ruhestand traten diese ja zum Teil auch ein.

Die Folge des Austritts aus dem Wankel-Pool traf aber auch NSU sehr schmerzhaft, verlor der Lizenzgeber doch einen seinen besten Zahler und – noch wichtiger – den KKM-Schrittmacher im Comecon-Bereich.

Tabelle 9: Lizenzeinnahmen für Wankelmotoren bei der NSU AG zum Zeitpunkt des VVB-Austritts 1969

Jahr	Lizenznehmer	Lizenzgebühr in Millionen DM	Schwerpunkt-Produkte
1958-60	Curtiss-Wright	8,4	Industrie-, Auto-, Dieselmotoren
	Fichtel & Sachs	0,5	Industrie-, Boots-, Motorradmotoren
1961	Toyo Koyo (Mazda)	1,0	Automotoren
	Yanmar	1,0	Auto-, Boots-, Industriemotoren
	Daimler Benz	1,0	Auto-, Diesel-, Bootsmotoren
1964	Alfa Romeo	1,5	Automotoren
1965	VVB Automobilbau	3,5	Fahrzeugmotoren
1965	Rolls-Royce	0,6	Dieselmotoren
1966	Outboard Marine	1,0	Bootsmotoren
1967	Comotor	2,7	Automotoren
1969	Savkel, Israel	0,5	Boots-, Industriemotoren

Quelle: Zusammenstellung der NSU GmbH vom 2.2.1995

Gleichzeitig wurde versucht, ebenfalls die laufende Umsatzlizenzgebühr zu stornieren. Dies stieß bei NSU auf entschiedenen Widerstand. Als sich danach NSU mit Anpassungsvereinbarungen auch hinsichtlich der Lizenzgebühr unter der Voraussetzung einverstanden erklärte, dass die Vertragsstornierung zurückgezogen würde, stieß man bei der VVB Automobilbau auf endgültige Ablehnung: »Es gibt keine Veranlassung, die von uns nach sorgfältiger Prüfung getroffene Entscheidung zu ändern.« Man hatte die grundsätzlichen, systemimmanenten Mängel des KKM erkannt: Das ungünstige Verhältnis von Oberfläche des Brennraumes zum eingeschlossenen Brennraumvolumen bildete die Wurzel des Übels, die nicht zu beseitigen war. Diese Erfahrungen mit den grundsätzlichen Mängeln des KKM machten auch alle anderen Lizenznehmer und scheiterten früher oder später daran. Man zweifelte in Zwickau, Karl-Marx-Stadt und Zschopau keineswegs daran, dass eine Dauerfestigkeit des Motors mit der Zeit zu erreichen wäre. Aber man hatte erkannt, dass der KKM nicht an die Werte eines modernen Otto-Motors und schon gar nicht an die eines Dieselmotors heranreichen würde. Die Entwicklung in den folgenden Jahrzehnten hat dies bestätigt. Die nicht nur in der DDR zu beobachtende Wankel-Euphorie hat mit der Zeit überall zur Einsicht geführt, dass mit diesem Arbeitsprinzip der Weg in die Zukunft des automobilen Antriebs nicht gangbar war. Maßgeblich zur früher erfolgten Fehleinschätzung hatte die grobe Unterschätzung der Entwicklungsmöglichkeiten des Viertakt-Hubkolbenmotors beigetragen. Die Automobilbauer in der DDR waren jedenfalls die ersten, die sich von der Wankel-Idee auch durch den Austritt aus dem KKM-Lizenzpool verabschiedeten.

Der Streit um die Zahlungen zog sich noch einige Zeit hin und wurde schließlich durch ein Schiedsgericht in der Schweiz entschieden. Dementsprechend zahlte die VVB Automobilbau im Februar 1971 zur endgültigen Beilegung aller aus dem Lizenzvertrag entstandenen Streitigkeiten einen einmaligen Betrag in Höhe von 200 000,– DM an NSU/Wankel. Dies entsprach den Kosten der für 1969 fälligen Rate der Lizenzgebühren. Der insgesamt für das KKM-Projekt auf Seiten der DDR aufgewandte Betrag – ohne Lizenzgebühren – erreichte 11,5 Millionen Mark.

Die 1969 gezogene Bilanz für die in Anspruch genommenen finanziellen Mittel und die erforderlichen beziehungsweise tatsächlich zur Verfügung stehenden Arbeitskräfte lässt deutlich die Schwerpunkte erkennen.

Tabelle 10: **Das Entwicklungspotenzial (Arbeitskräfte) für das KKM-Projekt im Jahr 1967 bei Sachsenring in Zwickau (Konstruktion und Versuch)**

	geplante Zahl	tatsächlich beschäftigt
Konstrukteure	13	15
Versuchsingenieure	37	7
Zeichner	7	3
Schlosser	42	15
Fahrer	39	8

Quelle: Bericht des VEB Sachsenring Zwickau zur Entwicklung des KKM-Projektes 1969, Kopie im Besitz des Autors

Außerdem waren noch 48 Prüfstandsmonteure, zwei Berechnungsingenieure sowie ein Physiker angefordert worden. Von den insgesamt bei Projektbeginn eingeplanten 197 Mitarbeitern standen im Jahr des größten Personalaufwandes, 1967, genau 48 Arbeitskräfte im VEB Sachsenring faktisch zur Verfügung. Im WTZ arbeiteten 16 Ingenieure, Konstrukteure und Mitarbeiter im Versuch und in Zschopau exakt 7 am KKM, insgesamt also 71 Mitarbeiter. Der überaus hohe Bedarf und das krassse Missverhältnis in der Realität zeigte sich bei den für Musterbau- und Versuchszwecke benötigten Mitarbeitern.[17]

Ähnliches lässt sich bei den eingesetzten finanziellen Mitteln erkennen.

Tabelle 11: Die Entwicklungs- und Versuchskosten des KKM-Projektes bei der VVB Automobilbau von 1963–1969 in Tausend Mark

Jahr	Konstruktion und Versuch	Musterbau	Material	E-Aufträge an Dritte	themengeb. Grundmittel	Gesamt
1963	82,0	75,4	16,8	36,6	40,4	251,2
1964	215,7	230,0	104,6	167,6	224,9	942,8
1965	455,1	444,7	89,5	403,6	443,5	1.836,4
1966	401,1	835,8	419,0	1.117,2	144,3	2.917,4
1967	498,8	979,2	389,6	478,5	1.080,8	3.426,9
1968	394,7	584,4	250,6	340,4	398,6	1.968,7
1969	69,0	8,0	35,7	2,3	–	115,0
Summe	2.116,4	3.157,5	1.305,8	2.546,2	2.332,0	11.485,4

Quelle: Bericht des VEB Sachsenring Zwickau zur Entwicklung des KKM-Projektes 1969, Kopie im Besitz des Autors

Die mit Abstand höchsten Aufwendungen waren wieder beim Musterbau erforderlich. Während sich bei der Bereitstellung der erforderlichen Arbeitskräfte unlösbare Probleme zeigten, die letzten Endes auch für den erheblichen zeitlichen Verzug verantwortlich waren, fehlte es nie an Geld. Auch die Valutamittel für die angeforderten Sondermaschinen, hier als themengebundene Grundmittel ausgewiesen, wurden stets bewilligt. Die Maschinen standen jedenfalls zur Verfügung.

Damit ging ein fast zehnjähriger Abschnitt der Forschung und Entwicklung im DDR-Automobilbau zu Ende mit für alle beteiligten Techniker hochinteressanten Arbeiten. Hier hatte sich wieder die Chance geboten, Erkenntnisse im weltweiten Verbund zu sammeln. Grenzen schienen sich für sie zu öffnen statt zu schließen und sie erfuhren dabei, dass sie durchaus in der Lage waren, vergleichbare Arbeitsergebnisse wie im Westen zu erzielen. Insofern war für sie die Anweisung, die Arbeiten am KKM einzustellen, ein schwerer Rückschlag, der sie in ihrer pessimistischen Grundhaltung hinsichtlich der Zukunftsaussichten im sozialistischen Staat bestätigte.

Andererseits waren es gerade Techniker, die vor der ausschließlichen Orientierung auf den Wankel-Motor aus für diesen Industriezweig spezifischer Sicht warnten. Im Zuge des Bestrebens, die Umstrukturierung des Pkw-Baus in der

DDR immer weiter hinauszuschieben, erschien der KKM als zu riskant und war vor allem auch im Fertigungsbereich zu unsicher. Der ursprünglich noch sehr optimistisch geplante Produktionsanlauf wurde immer ungewisser. Und bereits im Sommer 1967 hielten Kenner die Volkswirtschaft der DDR für außerstande, ein derartiges Projekt noch eigenständig lösen zu können. In der technisch-konstruktiven Entwicklung hielten die DDR-Techniker, in materieller Hinsicht umfassend von NSU unterstützt, durchaus mit. Davon legen eine Reihe von Patentanmeldungen ebenso Zeugnis ab wie tatsächlich aus eigener Kraft vollzogene Fortschritte, die zu großen Hoffnungen Anlass gaben. Noch heute bedauern einige der damals beteiligten Akteure die Einstellung der Arbeiten, denn man sei dicht vor einer Lösung gestanden. Zudem habe der KKM eine hervorragende Möglichkeit des Arbeitens im Team geboten. Damals gaben ihnen die japanischen Erfolge mit dem Mazda S 110 und auch der Anlauf der Serienproduktion des RO 80 scheinbar recht. Erst an der Wende zu den siebziger Jahren zeigte sich dann angesichts verschärfter Abgasgesetze und der strafferen Begrenzung des Kraftstoffverbrauchs deutlich der Stimmungswandel gegen Wankels Idee. Die RO 80-Probleme erwiesen sich als unüberwindlich und auch andere Lizenznehmer zogen sich mit ihren Projekten zurück.

Die Chance mit dem RGW-Auto – und warum sie nicht genutzt werden konnte

Anfang Oktober 1963 erteilte der Vorsitzende der Staatlichen Plankommission Erich Apel dem Generaldirektor der VVB Automobilbau den personengebundenen und direkten Auftrag, eine komplexe Leitlinie – im zeitgenössischen Sprachgebrauch hieß es Direktive – für die Pkw-Produktion in der DDR auszuarbeiten. Drei Wochen später, am 28. Oktober, lieferte Kurt Lang diese in Ost-Berlin ab. Darin waren die geforderten Ziele klar benannt sowie die besonderen Umstände in der DDR präzise reflektiert. Entgegen der bei den linken Hardlinern im Politbüro verbreiteten Distanz zum Pkw, den sie nach alter kommunistischer Gewohnheit als Plutokraten-Symbol und überflüssigen Luxus ansahen, ging man in der Direktive in Übereinstimmung mit Erich Apel von drei Grunderfordernissen für den Automobilbau aus, die im volkswirtschaftlichen Kontext standen: von der Versorgung der Bevölkerung im Sinne der Befriedigung von Grundbedürfnissen; von der Abschöpfung der Kaufkraft zur Minderung der unaufhaltsam wachsenden Spardepots; sowie von der Steigerung der Exporte zur Erhöhung der Valutaeinnahmen.

Die produzierten Pkw-Stückzahlen hatten in der DDR mittlerweile, fast 20 Jahre nach Kriegsende, wieder die Kennlinie des Jahres 1938 erreicht. Die Investitionen dafür waren gering geblieben; eine extensive Erweiterung hatte kaum stattgefunden, nennenswerte Neubauten von Industriewerken gab es ebenfalls nicht. Dazu Lang wörtlich: »Die Kapazität wurde geschaffen durch das hohe Können unserer Facharbeiter, Ingenieure und Ökonomen sowie durch eine unter unseren Bedingungen und unter Beachtung der Produktionsstückzahl optimale Rationalisierung.«[18]

In der Folge war der Fertigungsaufwand pro Fahrzeug von 341 Stunden beim Pkw Wartburg im Jahr 1959 auf 119 Stunden im Jahr 1965 gesunken. Beim Trabant brauchte man statt 271 Stunden im Jahr 1959 sechs Jahre später nur noch 78 Stunden. Um auf die international vergleichbaren Werte, zum Beispiel eines Opel Kadett – 38 Stunden – oder von Volkswagen – 35 Stunden – zu kommen, war der bisherige Weg nicht mehr gangbar. Der Schwerpunkt musste auf der Einrichtung moderner, hochproduktiver Fertigungstechnik liegen. Die Zielvorstellung lag bei 250 000 Pkw pro Jahr, also rund 1000 Autos pro Tag. Dieses Auto sollte als geräumiger Viersitzer in mehreren Varianten produziert werden. Man wusste bei der VVB Automobilbau durchaus von den anstehenden Größenordnungen. VW hatte zwischen 1956 und 1963 pro Fahrzeug, um welches der Tagesausstoss erhöht werden sollte, 1 Million DM investiert. Wenn man den Ausstoss von im Jahr 1965 in der DDR pro Arbeitstag faktisch gefertigten etwa 370 Exemplaren von Wartburg und Trabant auf 1000 Pkw pro Tag steigern wollte, mussten dafür also über 600 Millionen Mark aufgebracht werden. Es war also klar: Künftig würde es nur noch einen Grundtyp geben. Vorstellungen über technische Konzeptionen, Hauptparameter des Fahrzeugs und die wichtigsten Produktionskennziffern einschließlich Standortverteilung, Produktivität und Investitionen ergänzten das Papier. Als Zeithorizont war das Jahr 1970 angegeben. Bis dahin sollte diese Fertigungskapazität zur Verfügung stehen. Den Verfassern der Direktive war offensichtlich klar, dass ein solches Projekt die wirtschaftlichen Möglichkeiten der DDR bis an die Grenzen der Belastbarkeit beanspruchen würde. So fügte man einen Blick über die Grenzen hinzu: »Zu den Grundbedingungen zählten wir auch die Ausnutzung der Möglichkeiten der Arbeitsteilung zwischen den Ländern des RGW. Wir wissen, dass außer der SU und ČSSR in den anderen Ländern keine Pkw-Produktion organisiert wird oder auch in Zukunft noch ein sehr niedriges Niveau der Pkw-Fertigung festzustellen sein wird, wie z. B. in der Volksrepublik Polen, so daß die schnelle Entwicklung der Pkw-Produktion in unserer Republik reale Möglichkeiten für die Schaffung eines Vorlaufes auf einem wichtigen Produktionsgebiet bietet.«[19] Damit war deutlich, dass man nicht nur den Vorsprung vor anderen Staaten, vielmehr ebenfalls die Kooperation mit ihnen im Blick hatte.

Nach dieser 1963 mit der Staatlichen Plankommission abgestimmten Direktive sollte der Perspektiv- beziehungsweise Prognose-Pkw ab 1970 vorliegen. Bis dahin sollten Wartburg – jährliche Produktion: 35000 Exemplare – und Trabant – jährliche Produktion: 70000 Stück – weitergebaut werden, wofür auch Modellverbesserungen genehmigt wurden, wenn sie sich bis 1970 amortisiert hätten. Diese Frist nutzte AWE für den Wartburg 353, dessen Entwicklung am 15. Juli 1964 vom ZK bestätigt wurde und der im Juli 1966 herauskam. Zu dieser Zeit hätte nun die Entscheidung für den Perspektiv-Pkw und die Investitionsgenehmigungen für Bauten und Fertigungsanlagen sowie die Einordnung in volkswirtschaftliche Bilanzen in der mittelfristigen Planung fallen müssen. Weil diese Größenordnungen nicht unterzubringen waren, wurde nichts entschieden. Damit geriet das Jahr 1970 als zeitlicher Fixpunkt ins Wanken. Nun waren auch noch Verbesserungen möglich, die sich erst später auszahlen würden. Dazu zählte beispielsweise in Eisenach der Motor 353-1. Als 1967 die Wankel-Euphorie kippte – bisher war der KKM als Antrieb für den Prognose-Pkw vorgesehen –, setzten in den beiden Konstruktionsbüros in Eisenach und Zwickau intensive Versuche ein, die nun auf unabsehbare Zeit zu fertigenden Wartburg und Trabant mit einer jeweils selbstständig entwickelten Nachfolge-Konstruktion weiterzuführen. Beim Prognose-Pkw würde man dann mit 300 000 Stück pro Jahr wieder zusammenfinden. Daran glaubten aber in beiden Werken nur noch sehr wenige. Viel stärker war der Glaube an die Attraktivität des eigenen Zukunfts-Autos. Die SED – auf der Ebene Politbüro – und der Staat – auf der Ebene Staatliche Plankommission und Ministerium – versuchten, die Orientierung auf den Einheits-Pkw nach wie vor aufrechtzuerhalten.

Die folgenden Versuche der sechziger Jahre in Eisenach und in Zwickau, auf dieser getrennten Grundlage einen eigenständigen, zukunftsgerichteten Vorsprung zu erreichen, schlugen fehl oder mussten abgebrochen werden. Entwicklung und Bau zweier unterschiedlicher Fahrzeuge waren im Rahmen der DDR-Volkswirtschaft sehr unzweckmäßig und viel zu teuer. Dabei hatten die verhältnismäßig umfangreichen und tiefreichenden Recherchen im Zusammenhang mit der Analyse von Produktion und Einsatz der Kreiskolbenmotoren eindeutig einen Viertakter als vorteilhafter erwiesen. Zum Zeitpunkt der Kündigung der NSU-Lizenz im Jahr 1968 befand sich in Eisenach und in Zwickau ein solcher Viertaktmotor in der Entwicklung. Dieser war für den zukünftigen Pkw als Antrieb vorgesehen. Nach wie vor dachte man in der Industriezweigleitung an 250 000 bis 300 000 Stück pro Jahr und an einen Haupttyp. Zeitlich schob sich der avisierte Zeitpunkt allerdings immer weiter hinaus und die wirtschaftlichen Randbedingungen waren seither nicht besser geworden. Ende der sechziger Jahre veranlasste das Ministerium für Verarbeitungsmaschinen und Fahrzeugbau die Ausarbeitung einer »wissenschaftlich-technisch-ökonomischen Konzeption unter dem Aspekt des geringsten Investitionsaufwandes«. Der Akzent lag auf dem letzten Teil des Satzes. Dabei zeigte sich sehr rasch, dass gerade für den Viertakter der Investitionsaufwand sehr hoch wäre. Außerdem stellte sich heraus, dass die Stückzahlen für die angestrebte hochgradige Automatisierung bei vielen Baugruppen und Teilen nicht ausreichten.

Die Volksrepublik Polen, die auf dem Pkw-Sektor von Fiat dominiert wurde und als Bedingung für die Zusammenarbeit den Erwerb einer Fiat-Lizenz stellte, schied als Partner aus. Die UdSSR verfolgte mit ihrem eigenen Pkw-Programm keinerlei internationale Verbindungen in der Typenentwicklung, sondern wollte sich auf die Zulieferung von Teilen beschränken. Ungarn war an dem Projekt eines Gemeinschafts-Pkw außerordentlich stark interessiert, ohne als Endproduzent auftreten zu können. Im Gegenzug für die Lieferung von Aggregaten für Fahrzeugelektrik und anderes mehr sollten komplette Automobile dorthin geliefert werden. So blieb als einziger potenter Partner die ČSSR übrig. Man wusste, dass dort mit Škoda der traditionsreichste und zugleich fertigungstechnisch potenteste Automobilbauer als Partner bereit stand. Hinzu kam, dass in der ČSSR die Nachfrage nach Pkw zunahm und man auch dort für die Zukunft eine Fertigungsgröße von 300 000 Stück pro Jahr ins Auge gefasst hatte.

Nach ersten Vorgesprächen näherte man sich beiderseits an. Ausgehend von einer Gesamtstückzahl von 600 000 Stück pro Jahr sollten in jedem Land jeweils 300 000 gefertigt werden. Die Arbeitsteilung sah vor, Motor, Hinterachse und Scheibenbremsen in der ČSSR zu entwickeln und herzustellen und sie mit Getriebe, Gelenkwellen, Vorderachsen und Lenkungen aus DDR-Fertigung zu kombinieren. Eine unterschiedliche Karosserie für jedes Land bei möglichst großer Gleichheit der Teile war auf beiden Seiten vorstellbar. Der Viertaktmotor sollte 1,1 (AWZ) l beziehungsweise 1,3 (AWE) l Hubraum haben. Ein längsliegender Fronttriebsatz, Zweikreis-Bremssystem mit innenliegenden Scheibenbremsen, Doppelquerlenkerachse vorn mit aufgesetztem Federbein, Starrachse hinten mit Querblattfeder und Teleskopführung, montiert in eine selbsttragende Karosserie, gehörten zu den Fahrzeugkriterien. Dabei gab es gerade hinsichtlich des Antriebs sehr unterschiedliche Meinungen. Während die tschechische Seite auf der Standardbauweise – Motor vorn, Antrieb über die Hinterachse – bestand, waren die Vertreter der DDR vom Frontantrieb nicht abzubringen. Erst nach langen Auseinandersetzungen und nach Einschaltung des C'AZ-Generaldirektors Novotny einigte man sich auf einen Frontantrieb mit längs eingebautem Motor. Das war für beide Seiten ein Kompromiss, wobei die DDR-Seite ihre Forderung nach Quereinbau des Motors, die tschechischen Partner jene nach Hinterradantrieb aufgaben. Dieses Fahrzeug wurde künftig als sogenanntes RGW-Auto unter der internen Typenbezeichnung 760 entwickelt.

Die folgende Tabelle gibt einen Überblick der wichtigsten Kennziffern im Vergleich mit Wartburg und Trabant.

Tabelle 12: Vergleich des P 760 mit Trabant und Wartburg

	P 760	Trabant	Wartburg
Motorleistung	45 PS	26 PS	50 PS
Hubvolumen	1100	600	1000
Leermasse	800 kg	620 kg	920 kg
Grundfläche	6,5 m^2	5,2 m^2	6,68 m^2
Innenraumlänge	1705 mm	1575 mm	1650 mm
Kofferraumvolumen	416 l	415 l	525 l

Quelle: Zusammengestellt nach Angaben bei Brückner, Berger, v. Freyberg

Von diesem Auto waren für AWZ drei Varianten im Aufbau vorgesehen: eine Vollheck-Karosserie, zweitürig, als Grundtyp; ein Kombi mit drei Türen; sowie ein Armeefahrzeug.

AWE wurde eine viertürige Stufenheckausführung des Typs 760 zugeordnet mit gegenüber dem AWZ-Grundtyp gehobener Ausstattung. Die Vorteile dieses stark reduzierten und vereinheitlichten Programms sollten vor allem der Großserienproduktion entgegenkommen. Die verschiedenen Ausführungen sicherten ein Maximum an seriengleichen Baugruppen. Gleichzeitig würde sich diese Spezialisierung in der DDR sehr günstig für die Endproduktion auswirken, die sich auf einen einzigen Montagebetrieb konzentrierte. Die Frage, wo sich dieser Betrieb befinden sollte, ob in Eisenach oder in Zwickau, war nur scheinbar eindeutig beantwortet worden.

Bereits als Erich Apel 1963 die VVB Automobilbau mit der Ausarbeitung der Pkw-Direktive beauftragt hatte, war nach Untersuchungen der Staatlichen Plankommission der Standort im Vorfeld weitgehend geklärt. Im Bereich des Bezirks Erfurt waren alle Baukapazitäten und Arbeitskräftereserven mittel- und langfristig auf die Sicherung der Staatsgrenze West orientiert. Hier sahen weder der Rat des Bezirks noch die Bezirksleitung der SED Möglichkeiten, zusätzliche Produktionspotenziale zu entwickeln. Es lief also zwangsläufig auf Zwickau zu. Diese Orientierung war seit Mitte der sechziger Jahre fix und konnte als bekannt vorausgesetzt werden. So betonte VVB-Generaldirektor Lang bei einer Aussprache mit Günter Mittag in der SED-Stadtleitung Zwickau am 29. Januar 1965: »Ich möchte betonen, daß es seit geraumer Zeit absolut feststeht, darüber gab es beim Stellvertretenden Vorsitzenden der Staatlichen Plankommission eine verbindliche Abstimmung unter Beteiligung der VVB und der Werkdirektoren beider Werke (AWE und Sachsenring), daß der VEB Sachsenring Zwickau das Zentrum der Pkw-Produktion in der DDR wird. Wir werden hier die Montage, den Karosseriebau und alle mit der Fertigstellung des Pkw im Zusammenhang stehenden Kapazitäten entwickeln und werden den VEB AWE Eisenach zu einem Betrieb gestalten, der komplette Triebsätze für die große Stückzahl Pkw produziert und nach Zwickau anliefert.«[20]

Auch Jahre später hatte sich an dieser Auffassung nichts geändert: »Die Untersuchungen zeigen, daß am Standort Zwickau die günstigsten Voraussetzungen für den Aufbau des Montagewerkes bestehen. Das ergibt sich aus den vorhandenen Potenzen im Automobilwerk Zwickau, den erschließbaren weiteren Arbeitskräftereserven und den Bedingungen der Infrastruktur.«[21]

Mit Beschluss vom 5. April 1972 hatte das Präsidium des Ministerrates der DDR diesen Prämissen zugestimmt und Maßnahmen für die komplexe Investitionsvorbereitung sowie für die Vorbereitung der Regierungsvereinbarung über die Kooperation mit der ČSSR vorgesehen.[22] Die Regierung der ČSSR fasste danach, ausgehend von den gemeinsamen Vorarbeiten im November 1972, einen Beschluss, der eine Produktion von 300 000 Pkw im Jahr in der ČSSR vorsah und eine Spezialisierung der Baugruppen zwischen der ČSSR und der DDR sowie den Austausch dieser Baugruppen für die Endproduktion in beiden Ländern beinhaltete. Auch Ungarn wurde arbeitsteilig in die Abstimmung zwischen der DDR und der ČSSR einbezogen. In Beratungen von Partei- und Regierungsdelegationen der

Die 1972 für den Typ 760 vorgesehenen Karosserievarianten, Entwurf und Gestaltung stammten von Dietel, Heinig und Rudolph (Werksarchiv Eisenach)

DDR und ČSSR im November 1971 und im September 1972 war der Stand der Dinge inzwischen beifällig zur Kenntnis genommen und abgesegnet worden: »Beide Delegationen halten die zügige Realisierung des vorbereiteten Abkommens über die Kooperation bei der Entwicklung und Produktion von Personenkraftwagen in beiden Ländern für unerläßlich.«[23]

Aber die Dinge liefen nur scheinbar gut. Bevor die höchsten Gremien der ČSSR ihre Zustimmung gaben, bedurfte es langer und mit wechselnden Standpunkten ausgetragener Verhandlungen. Ungarn ließ sich nicht von vornherein vertraglich festlegen, die ungarische Staatsführung beharrte auf der Vorstellung und Erprobung des Produktionsmusters, bevor man sich an der Fertigung beteiligen würde. Erhebliche Schwierigkeiten bereitete das Projekt aber auch innerhalb der DDR-Automobilindustrie. Diese beruhten auf den bekannten Mangelerscheinungen und Engpässen, ergaben sich aber auch aus dem zwischen Eisenach und Zwickau herrschenden Dualismus.

Die Wartburgstadt hatte vor allem aufgrund der randständigen Lage schlechte Karten. Die Infrastruktur und das Baugeschehen so nahe an der Staatsgrenze zur Bundesrepublik wurden von den Ansprüchen der Armee in Beschlag genommen. Das Bau- und Montagekombinat Erfurt war außerstande, die erforderlichen 4,8 Millionen Mark Bauleistungen aufzubringen. Im Bezirk Erfurt fehlten Ende 1972 5 000 Arbeitskräfte, davon 1000 bei der Reichsbahn und 500 im Handel. Die Forderung nach weiteren zusätzlichen 1800 VBE für das Pkw-Projekt hatte demzufolge nicht die geringste Chance auf Erfüllung. Zusammenfassend erklärte der Ratsvorsitzende von Erfurt, Gothe, dass es im Raum Erfurt eine Anzahl offener Probleme gäbe, für die zur Zeit keine Lösungen gesehen würden.

In Zwickau war die Situation nicht ganz so dramatisch, die infrastrukturelle Lage infolge der größeren Entfernung von der Grenze günstiger und aufgrund des sich dem Ende zuneigenden Steinkohlebergbau war zu erwarten, dass Arbeitskräfte an anderer Stelle neu eingesetzt werden könnten.

Auf der Ministerberatung am 19. April wurde festgelegt, dass das Projekt durch einen Regierungsbeauftragten im Rang eines Stellvertreters des Ministers zu leiten sei. Er sollte die Aufgaben an die Fachbereiche vergeben, diese kontrollieren sowie die Abstimmung mit den Bezirken Erfurt und Karl-Marx-Stadt und der Zulieferindustrie gewährleisten. Einer der beiden Betriebe – AWZ oder AWE – sollte als alleiniger Auftraggeber für das gesamte Pkw-Projekt wirken: »Der Konzentrationsprozeß bietet sich bei diesem Vorhaben direkt an. Das Ziel muß in der Bildung eines Kombinates auf der Grundlage der gesetzlichen Bestimmungen bestehen. Als Stammbetrieb bietet sich der VEB AWZ an.« Auch wenn der Eisenacher Betriebsdirektor Hellbach als neuer Kombinatschef vorgesehen war, sahen sich die Eisenacher damit zurückgesetzt. Daher unterbreitete ihre Partei- und Betriebsleitung einen eigenen Vorschlag, die Wartburg-Produktion auf 100 000 Stück im Jahr 1977 zu erhöhen. Dieser Vorschlag sah vor, eine schnellere Steigerung der Pkw-Produktion zu erreichen (1975 zusätzlich 4000 Stück, ansteigend bis 1977 auf 49 000 Stück pro Jahr zusätzlich) und diese Erhöhung

Prototyp des geplanten sogenannten RGW-Autos als gemeinsame Entwicklung von Sachsenring, AWE und Škoda. Das allenthalben gesichtete Fahrzeug erhielt im Volksmund den Spitznamen »Hängebauchschwein« (Archiv Karl-Heinz Brückner)

vorwiegend im Erfurter Raum auf der Grundlage des bisherigen Typs Wartburg zu erbringen. Dazu sollten vorhandene, jedoch anderweitig genutzte Fertigungskapazitäten mit dem Schwerpunkt einer völligen Umstellung des VEB Lufttechnik Gotha mit rund 2500 Produktionsarbeitern ein neues Fertigungsprofil erhalten. In Gotha sollte ein neuer Finalbetrieb mit den Bereichen Endmontage, Karosseriebau, Presserei und Lackiererei errichtet werden. Die dafür benötigten 4 573 Mitarbeiter in der Fertigung sollten zum größten Teil von den bisherigen Betrieben abgezogen und im neuen Werk eingesetzt werden. An Investitionen war eine Gesamtsumme von 463 Millionen Mark aufgeführt. Die Steigerung der Produktion von bisher 50 000 Pkw Wartburg pro Jahr um 100 Prozent wurde also begleitet von der Verdoppelung der Arbeitskräfte und der Grundfonds. Die Zielrichtung dieses Vorschlags war klar: Eine Kombinatsbildung mit Schwerpunkt in Zwickau sollte verhindert und das ungeliebte RGW-Projekt ausgehebelt werden. Im Gegensatz zum vertraulichen Charakter wurde dieser Vorschlag in Eisenach publik und löste neue Hoffnungen aus. Eingehende Reaktionen betroffener Zulieferer waren allerdings erste Rückschläge. Der VEB Pressen- und Scherenbau in Erfurt lehnte ab, denn man sei nicht in der Lage, entsprechende Karosseriewerkzeuge zu liefern. Die Chance war außerdem minimal, die erforderlichen Investitionen zentral oder bezirklich unterzubringen, auch wenn es sich dabei nur um recht bescheidene Beträge, verglichen mit dem Investitionsvolumen des Gesamtprojektes, handelte.

Der Investitionsbedarf für das RGW-Auto wurde zunächst auf 7,2 Milliarden Mark auf Seiten der DDR veranschlagt. Um hier Bemühungen nachweisen zu können, eine drastische Senkung avisiert zu haben, beauftragte das Fahrzeugministerium eine kleine Arbeitsgruppe, diese Summe auf 5,4 Milliarden Mark zu kürzen. Im Ergebnis sorgte dann der Vorschlag für einigen Wirbel, die Fahrzeugproduktion in dem zu kleinen, zu engen und in absehbarer Zeit nicht erweiterungsfähigen Eisenacher Werk vollständig aufzugeben und von dort nur noch Getriebe und anderes mehr zuliefern zu lassen. Die Konsequenz daraus hätte statt der erhofften und eben »proklamierten« 100 000 Autos pro Jahr ein Ende des Fahrzeugbaus in Eisenach bedeutet und eine fundamentale Änderung der Produktionspalette und des dortigen Entwicklungspotentials nach sich gezogen. Viele Eisenacher hätten dies als sehr schmerzlich empfunden, selbst dann, wenn sie mit dem Automobilbau in der Stadt nicht das geringste zu tun hatten. Vorgänge wie Stillegungen und Veränderungen der Produktpalette waren aber bei der Umstrukturierung ganzer Industriezweige üblich und aus der Bundesrepublik durchaus bekannt, vor allem in Eisenach. Dort bezog man seine Informationen größtenteils aus dem westdeutschen Fernsehen. Auch die Wirtschaftsreformer um Erich Apel hatten in den sechziger Jahren mit dem Ziel einer notwendigen Produktivitätssteigerung der DDR-Volkswirtschaft solche Veränderungen vorgesehen und für diesen Fall absolute Disziplin eingefordert, die von den Betriebsdirektoren auch gelobt worden war.

So wie seinerzeit im Eisenacher Werk Stimmung gegen den F 9 gemacht worden war – und der Protest reichte bis zur Streikbereitschaft –, murrte die Belegschaft nun gegen die Aufgabe des Wartburg. Die Veränderung traf erneut auf eine ohnehin schon gereizte Stimmung in der Bevölkerung. Während man aber in der Selbstsicherheit der frühen Jahre gemäß der Stalinschen Devise »Wenn die politische Linie klar ist, ist alles weitere eine Frage der Organisation« zur Tagesordnung übergegangen war, reagierte das Politbüro unter Honecker unsicher und zaudernd. Eine noch so deutlich präsentierte Rechnung zur Wirtschaftsentwicklung mit zwingenden Schlussfolgerungen verlor im Politbüro ihren Rückhalt, wenn sie politisches Risiko barg. Dies galt auch umgekehrt. Die wirksamste Möglichkeit, bestimmte wirtschaftspolitische Maßnahmen zu verhindern, bestand darin, sie politisch zu diskreditieren. Nicht die sachliche Alternative, eventuell exakter berechnet und langfristiger konzipiert, sondern das Gespenst der Bedrohung politischer Macht, das sich bei Bedarf beschwören ließ, war hierbei am wirksamsten.

Sehr gut lässt sich dies am Beispiel des RGW-Autos verfolgen. Ängstlich war man darum bemüht, Unruhen an politisch brisanter Stelle, der Grenze zur Bundesrepublik Deutschland, zu vermeiden. Ein Schreiben des Parteisekretärs und des Betriebsdirektors des Eisenacher Werkes mit »Informationen über Stimmungen und Meinungen zur Perspektive des Betriebes«[24] an das ZK der SED, das sofort in die Hände Honeckers gelangte, barg politischen Zündstoff. Darin wurde berichtet von einer breiten »Diskussion über die weitere Perspektive des Betriebes, die in den letzten Tagen, besonders unter einem Teil der technischen Kader in solchen Abteilungen wie Forschung und Entwicklung, Technologie u. a., wieder an Intensität zugenommen hat. Eine allgemeine Ursache dieser Diskussion ist, daß seit langem besonders vor dem 14. Plenum des ZK und dem VIII. Parteitag keine Entscheidung über die Perspektive des Pkw-Baus in der DDR und damit auch über die perspektivische Entwicklung unseres Betriebes getroffen wurde, so wie seit längerer Zeit die Diskussion in unserer Republik umher geht, die Produktion des Pkw ›Wartburg‹ wird bald eingestellt. Immer wieder wurden und werden die Werktätigen unseres Betriebes von Außenstehenden mit dieser Frage bedrängt.« Im Schreiben wurde deutlich gemacht, dass die Glaubwürdigkeit der SED zur Debatte stand: »Stark kommt die Diskussion über die unklare perspektivische Entwicklung des Betriebes aus dem Sektor Wissenschaft und Technik, weil von den vielen durch übergeordnete staatliche Organe angeordneten Ausarbeitungen zur perspektivischen Entwicklung des Pkw-Baus in der DDR bisher noch keine Einordnung in die Volkswirtschaft der DDR erfolgen konnte und erst in der letzten Zeit Entscheidungen herbeigeführt werden sollten. Hier führte die ungeklärte Lage zu Zweifeln an der Glaubwürdigkeit, daß man es ernst nimmt mit der Verwirklichung der Parteibeschlüsse auf diesem Gebiet (…).« Außerdem wurde bemängelt, dass Informationen von den hervorragenden Arbeitsleistungen im Werk Eisenach nicht an die Parteiführung herangelassen würden: »Aber vieles Neue, was entwickelt wurde, kam mangels Entscheidungsfreudigkeit übergeordneter staatlicher Organe nicht zum Serieneinsatz und brachte demzufolge keinen volkswirtschaftlichen Nutzen. So wurde u. a. ein Viertaktmotor entwickelt, dessen Erprobung auf dem Prüfstand und im Fahrzeug gute Ergebnisse zeigt. Diese Entwicklung wurde auf Weisung der VVB abgebrochen, obwohl der Bedarf und die technische Entwicklung ein solches Aggregat erforderten.

Es wurde weiter in Auswertung der Beschlüsse der Partei zur verstärkten Materialsubstitution auf dem bewährten Wartburg-Fahrgestell eine Coupé-Karosse aus glasfaserverstärktem Polyester entwickelt (Typ 355).[25] Die Aussagen sowjetischer Experten besagen, dass man jetzt solche Materialsubstitutionen erproben muß, da in 10 bis 15 Jahren Plastekarossen (…) die Blechkarossen ablösen werden. Von allen, die diese Karosse gesehen haben, wird sie als gelungen bezeichnet. Vier Prototypen wurden davon gebaut. Als der Fahrversuch beginnen sollte, wurde diese Entwicklung eingestellt. Es wurde dem Betrieb keine Gelegenheit gegeben, dieses Modell der Partei- und Staatsführung vorzustellen und zu begutachten.«

Schließlich wurde das Fazit gezogen, dass durch den Schritt, das Werk in Eisenach zu beschneiden, die führende Rolle der Partei grundsätzlich gefährdet sei: »Diese Lage, zu der noch hinzu kommt, dass ein mit viel Kraftaufwand und Überstunden erarbeitetes Stufenheck-Modell zwar in Berlin war, aber dem Präsidium des Ministerrates gar nicht zur Begutachtung vorgestellt wurde, was die an dessen Herstellung beteiligten Werktätigen wiederum als eine nicht genügende Achtung ihrer Ideen und Anstrengungen empfinden, schafft für die Betriebsparteiorganisation eine komplizierte politische Situation, was die Problematik der Perspektive des Betriebes betrifft. Bei einer Reihe Werktätigen – vor allem bei jenen, die in diesem Prozeß mitarbeiteten – besteht eine bestimmte Unglaubwürdigkeit, wenn wir in Auswertung von Beschlüssen unseres Zentralkomitees von der Notwendigkeit der Erhöhung der Effektivität von Wissenschaft und Forschung, von einer qualifizierteren Entscheidungsvorbereitung und Entscheidungsfindung usw. sprechen. Sie bringen zum Ausdruck, dass sie einen großen Widerspruch sehen zwischen dem, was von unserer Parteiführung zur gründlicheren Vorbereitung solcher Entscheidungen gesagt wird, u. a. erst wieder vom Genossen Sindermann auf dem VIII. Plenum des Zentralkomitees, und den hier praktizierten Methoden.«

Als Verursacher dieser politischen Verunsicherung wurden die VVB-Automobilbau und »Staatliche Institutionen« genannt. Hinter dieser Bezeichnung stand, wie allgemein bekannt war, der Ministerpräsident Willy Stoph, in dessen Auftrag die Konzeption für das RGW-Auto erarbeitet worden war. Ein derart herausragender Exponent in Partei und Staat konnte von der Basis ohne Furcht vor Restriktionen nur angegriffen werden, wenn man über starke Verbündete verfügte. Der wichtigste der Eisenacher Automobilbauer in dieser Sache war Günter Mittag. Er war Spitzenkandidat der Volkskammer im Bezirk Erfurt und auch wenn dies keinerlei Bedeutung für außergewöhnlich hohe und besonders als Wahlgeschenk an die Bezirksbevölkerung gedachte Investitionen hatte, so sorgte diese Beziehung zwangsläufig für ein besonders dicht gewobenes Informationsnetz und informelle Kontakte.

Mittag gehörte jedenfalls nicht zu den Befürwortern des Automobilprojektes. Dies war mit Gewissheit auch seiner wiederholt geäußerten grundsätzlichen Abneigung gegen sich mit unvorhersehbarer Eigendynamik entwickelnde Prozesse, wie beispielsweise der Massenmotorisierung, geschuldet. Ebenso entsprach es allerdings seiner genauen Kenntnis um die daraus folgenden volkswirtschaftlichen Konsequenzen, die sich aufgrund der immer begrenzteren Wirtschaftskraft der DDR zum Problem hätten auswachsen können.

Einmal abgesehen von diesen Einsichten traf Mittag bei dieser Verhinderungsaktion vor allem aber dessen Mentor – den Ministerpräsidenten. Und genau das war vermutlich seine Absicht. Das RGW-Auto war als Vorhaben auf Ministerratsebene projektiert worden und an der Partei vorbei gelaufen. Die von Mittag angezettelte Auseinandersetzung und die Niederlage der Projektbefürworter mit Willy Stoph an der Spitze hatte Signalwirkung: Wehe dem, der versucht, das Politbüro der Partei im allgemeinen und Günter Mittag im besonderen zu umgehen – ihm waren schmerzliche Niederlagen gewiss. So verstanden den Eklat auch alle Beteiligten und man kann zum Beispiel an den Partei- und Regierungsbeschlüssen zum Automobilbau (siehe Anlage A 04) sehr gut erkennen, dass dem bis Anfang der siebziger Jahre relativ selbstständig agierenden Regierungschef seitdem nur noch eine »Echofunktion« zukam. Es ist unwahrscheinlich, dass Honecker das Mittagsche Spiel nicht durchschaute. Im Gegenteil: Weil der Generalsekretär sofort begriffen hatte, dass Mittags Intrige eine ausgeprägtere Stärkung des Politbüros und eine Vergrößerung seiner Machtfülle zum Ziel hatte, stand er sofort auf dessen Seite. Eine grundsätzliche Auseinandersetzung zum Verhältnis von Partei und

Staat und zur führenden Rolle gab es selbstverständlich nicht mehr. Die Zeiten waren lange vorbei, in denen man sich theoretischer Fehltritte bezichtigt hatte. Die Stunde der Macher hatte geschlagen und diese brauchten als wichtigstes Hilfsmittel Sachargumente. So ließ der mächtige Wirtschaftssekretär des Politbüros seine Schattenarmee antreten. In einer von Mittag veranlassten Stellungnahme der drei ihm unterstehenden ZK-Abteilungen Maschinenbau und Metallurgie, Planung und Finanzen sowie Forschung und Technische Entwicklung ließ er die wirtschaftlichen Bedenken in aller Deutlichkeit benennen. Sie konzentrierten sich auf:

- die Höhe der geschätzten Nachfrage, die für 1990 mit einem Motorisierungsgrad von 250 Pkw/1000 Einwohner angenommen wurde. »Eine solche Bestandsentwicklung würde bedeuten, dass 1990 bei uns der Ausstattungsgrad mit Pkw um etwa 15 Prozent über dem heutigen Niveau der BRD liegen würde. Bei dieser vorgesehenen Entwicklung des Pkw-Bestands muß geprüft werden, ob alle Möglichkeiten für eine effektivere Lösung der Probleme des Massenverkehrs unter sozialistischen Bedingungen berücksichtigt sind.«[26]
- die Höhe der Investitionen, die etwa 30 Prozent des gesamten Zuwachses der Industrieinvestitionen in Anspruch nehmen würde, die man für den Zeitraum 1976 bis 1980 annahm und damit empfindliche Rückwirkungen auf andere Industriezweige haben musste, die völlig leer ausgehen würden:
- die Bereitstellung von 1 Milliarde NSW-Valuta-Mark für notwendige Importe, die zumindest als fraglich gelten konnte;
- den Verkaufspreis des Fahrzeuges, bekanntlich ein brisantes Thema und zugleich unverzichtbarer Bestandteil der Kaufkraftabschöpfung; und
- die notwendigen Folgeinvestitionen im Straßenbau sowie auf dem Reparatursektor.

Als Instrumente, um das Projekt zu verhindern, brachte man also schon seit längerem als unerfüllbar bekannte Forderungen vor wie die nach einer exakten Benennung des gesellschaftlich begründeten Bedarfs »auf der Basis der Beschlüsse des VIII. Parteitags der SED«, nach einer Gesamtberechnung über volkswirtschaftlichen Aufwand und Ertrag für das gesamte Produktionsprogramm einschließlich aller dazugehörenden Verflechtungen mit den Zulieferzweigen und anderen Bereichen der Volkswirtschaft, nach dem Nachweis der Sicherung der Leistungskraft der anderen volkswirtschaftlichen Zweige und nach einer Untersuchung der »Genossen des Ministeriums für Verkehrswesen über die Auswirkung der vorgeschlagenen Entwicklung im Pkw-Bestand in der DDR auf alle Teilgebiete der Volkswirtschaft, damit die Ergebnisse in die gesamtvolkswirtschaftliche Berechnung einbezogen und die Möglichkeit und Zweckmäßigkeit der Realisierung vor der endgültigen Entscheidung überprüft werden. Dabei sollte auch eine Variante untersucht werden, welcher gesellschaftliche Nutzeffekt z. B. in den Großstädten eintreten würde, wenn ein Teil des vorgesehenen Aufwands anstelle der raschen

Steigerung der Anzahl privater Pkw vorrangig für den Ausbau attraktiver öffentlicher Verkehrsmittel zum Einsatz kommen würde.«

Diese Forderungen zu erfüllen, hätte jahrelanger Arbeit bedurft. Gleichzeitig wären gesellschaftliche Defizite aufgedeckt worden, an deren Benennung die Partei zu dieser Zeit schon kein Interesse mehr hatte. Dieses Pkw-Projekt deckte zentrale Schwachstellen der DDR auf, und entsprechend lagen die Nerven blank. Verhinderung durch Aufschub war daher die erfolgversprechendste Gegenmaßnahme.

In erster Linie ging es Günter Mittag um die Ablehnung einer Vorlage, hinter der ein Beschluss des Präsidiums des Ministerrats stand. Natürlich hätte er sich fragen lassen müssen, warum er seine grundsätzlichen Einwände nicht schon früher geäußert hatte, als das Politbüro durch seine Beschlüsse die vorgesehene Ausweitung der Pkw-Produktion befürwortet und entsprechende Perspektivpläne bestätigt hatte. Um solchen Ansätzen die Spitze zu nehmen, brauchte Mittag Partner, die für seine Überlegungen ein politisches Mäntelchen lieferten, so dass jede weitere Diskussion überflüssig wäre. Damit sollte vor allem das Projekt beim Generalsekretär Erich Honecker unterschwellig in Misskredit gebracht werden und eine negative Entscheidung fallen, noch ehe eine Grundsatzdiskussion darüber möglich war. Diesen Part übernahmen, ausgestattet mit der Autorität der vordersten Front, Betriebs- und Parteileitung der Eisenacher Automobilwerke. Für Honecker war die Vorlage damit suspekt geworden, er bezeichnete sie in der Sitzung des Politbüros am 7. April 1973 kurzerhand als nicht entscheidungsreif. Eine neue Arbeitsgruppe war zu bilden, der der Vorsitzende der Staatlichen Plankommission und Stellvertretende Vorsitzende des Ministerrates Gerhard Schürer vorsaß. Sie sollte »auf der Grundlage der Hinweise im Politbüro und der Stellungnahme der Abteilungen des ZK sowie unter Berücksichtigung der vorliegenden Materialien und Erkenntnisse in den Automobilwerken in Eisenach und Zwickau eine entscheidungsreife Vorlage für die Konzeption zur Weiterentwicklung der Pkw-Produktion in der DDR unterbreiten.«

Bereits acht Wochen später, am 6. Juni, wurde in Gegenwart einiger Fachminister die neue Vorlage beraten. Wie von Mittag vorgegeben, standen dabei volkswirtschaftliche Belange und Zusammenhänge im Mittelpunkt. Mit aller Deutlichkeit machten beispielsweise die Minister für Verkehrswesen und Bauwesen die katastrophalen Defizite klar. Der Stellvertreter des Ministers für Verkehrswesen Horst Schlimper forderte zur Sicherung eines leistungsfähigen Straßenverkehrs 60 Milliarden Mark allein für das Straßenwesen und 5 000 Arbeitskräfte für die Kfz-Instandsetzung beziehungsweise Kfz-Instandhaltung. Bauminister Junker verkündete, dass das jährliche Volumen für das Bauaufkommen nur 28 Milliarden Mark betrage, wovon ungefähr die Hälfte der Energiewirtschaft zufließe. An eine Einordnung der Bauvorhaben für das Pkw-Programm in den Bezirken Erfurt und Karl-Marx-Stadt sei da überhaupt nicht zu denken.[27] Hier wurden beispielhaft Schwierigkeiten der DDR-Wirtschaft benannt. Allerdings wandten sich die Wortführer gegen ein Projekt, das bereits vorher Günter Mittag ausdrücklich verurteilt hatte.

Diese Arbeitsgruppe war bis Ende Juni 1973 tätig und legte als Ergebnis Material vor, das in drei Varianten Lösungsansätze offerierte. Entscheidend war dabei, dass auf eine grundsätzliche Lösung des Pkw-Problems und den Übergang auf große Stückzahlen verzichtet und stattdessen die wirtschaftlich wesentlich ungünstigere, aber machbare Richtung unter Beibehaltung der bisherigen Struktur von Wartburg und Trabant empfohlen wurde. Am 25. Juli 1973 bestätigte das Politbüro jene Variante, die die Produktion des Wartburg in Eisenach beließ und eine Erhöhung der Jahresstückzahl auf 70 000 anordnete. Der Trabant sollte in Zwickau ebenfalls weiter gebaut werden, allerdings einen Viertaktmotor erhalten. Generell wurde vom Politbüro empfohlen, auch künftig bei der Pkw-Entwicklung »die Vorzüge der sozialistischen ökonomischen Integration«, sprich einer RGW-Partnerschaft, zu nutzen. In erster Linie galt dies nach wie vor für die ČSSR und Ungarn, aber auch in Rumänien sollte geprüft werden, ob man dort bereit war, sich mit dem Dacia-Motor zu beteiligen. Bis 1979 dauerte die Zusammenarbeit (Typ P 610 und Varianten), bis im November jenes Jahres das Politbüro der SED und der Ministerrat der DDR wiederum eine Einstellung der Arbeiten erzwangen, da die hierfür erforderlichen Investitionen weniger denn je aufzubringen waren.

Diese Versuche, zu einer abgestimmten Kooperation und einer gemeinsamen Produktion zu gelangen, nahmen neun Jahre in Anspruch und blieben letzten Endes erfolglos. Auch wenn vor allem in der Arbeitspraxis einige Fortschritte erzielt worden waren, so wurde andererseits dabei auch viel Zeit verschwendet. Neun Jahre scheinbar endloser, nervenaufreibender Diskussionen wegen unterschiedlicher Auffassungen auf Seiten der ČSSR und der DDR, vergebliche Arbeiten infolge nicht getroffener Einigung und eine geringe Kompromissbereitschaft auch auf tschechischer Seite summierten sich zu Frustration und Zweifel, die lange vor dem endgültigen Ende der Arbeiten um sich griffen.

Neue Strukturen für Forschung und Entwicklung

Aus dem VEB Forschungs- und Entwicklungswerk war 1955 die VEB Zentrale Entwicklung und Konstruktion für den Kraftfahrzeugbau (ZEK) in Karl-Marx-Stadt (Chemnitz) entstanden. Das Kraftfahrzeug-Entwicklungswerk (KEW) in Hohenstein-Ernstthal wurde im gleichen Jahr gebildet. Es gehörte zunächst als militärischer Entwicklungsbetrieb zur NVA und war dort dem Amt für Technik unterstellt. Erst 1962 wurde dieser Betrieb der VVB Automobilbau zugeordnet und im Juli 1963 mit dem WTZ Automobilbau vereinigt.[28]

Die Aufgabenstellung des ZEK war sehr weitreichend. Es trug die Verantwortung für Forschung und Entwicklung, Weiterführung der Standardisierung sowie für die Unterstützung bei der Einführung neuer Erzeugnisse in die Produktion. Damit waren vom ZEK quasi die gesamten Aufgabenstellungen der technischen Entwicklung für den Industriezweig abzudecken. Nach der 1958 erfolgten Neugründung der VVB Automobilbau vergrößerte sich das Gewicht der übergeordneten Ebene in Gestalt der VVB-Direktion erheblich. Dies entsprach einer generellen Direktive für die gesamte Wirtschaft der DDR und ist im Zusammenhang mit den damaligen Reformansätzen zu sehen. Sie war von der Tribüne des VI. Parteitages im Januar 1963 verkündet worden. Ihre Bedeutung bestand darin, dass nicht mehr einzelne Technik-Betriebe, sondern die VVB die Hauptverantwortung für die Produkte und ihre Entwicklung zu tragen hatte. Dies führte dazu, dass die VVB Auto ein starkes Potenzial in ihrem Direktorat Technik entwickelte, das personell größtenteils zu Lasten der Entwicklungsbetriebe in Chemnitz und Hohenstein-Ernsthal ging. Um diese Zersplitterung zu überwinden, wurde aus beiden Einrichtungen am 1. Juli 1963 der VEB Wissenschaftlich-Technisches Zentrum (WTZ) Automobilbau in Hohenstein-Ernstthal gebildet. Gleichzeitig gingen alle Leitungs- und Kontrollfunktionen an den Direktionsbereich Technik der VVB Auto über. In den ›Verfügungen und Mitteilungen des Volkswirtschaftsrates‹ vom 19. April 1963 wurden die nunmehrigen WTZ-Aufgaben folgendermaßen beschrieben: »Der Betrieb hat die Aufgabe, auf dem Gebiet des Automobilbaues wissenschaftlich-technische Grundlagen- und Querschnittsarbeiten für Erzeugnisse und deren Fertigung sowie für spezielle Produktion durchzuführen, soweit es keine geeigneten Betrieblichen Entwicklungs- und Konstruktionsbüros (BEK) dafür gibt.« Im einzelnen betraf dies folgende Bereiche: industriezweigtypische Forschungen von grundsätzlichem und weit in die Zukunft hinein reichendem Charakter; Erarbeitung von Prüf- und Messmethoden, Versuchs- und Prüftätigkeit im Zentralen Prüffeld; Entwicklung und Erprobung neuer industriezweigtypischer Verfahren und Hilfe bei der Überführung dieser Vorhaben in die Produktion; Entwicklung, Bau und Erprobung von industriezweigtypischen Sonderausrüstungen; dokumentarische Erfassung des wissenschaftlich-technischen Fortschritts und zielgerichtete Informationen darüber sowohl an die VVB als auch an die Betriebe des Industriezweiges; Entwicklung und Anwendung moderner Methoden der maschinellen Rechentechnik in dieser Industrie; Forschung und Entwicklung im Auftrag von Sonderbedarfsträgern, insbesondere Bearbeitung von Studienentwürfen, Konstruktion und Bau von Prototypen; sowie Standardisierungsaufgaben für den Kraftfahrzeugbau.

Im Grunde lief dies auf die Lösung von Forschungs- und Entwicklungsaufgaben und auf den Bau von Sondermaschinen hinaus. Damit war das WTZ mit seinen über 430 ingenieurtechnischen Mitarbeitern praktisch zu einem Ingenieurbetrieb geworden, der sich mit der Entwicklung von Perspektiv-Fahrzeugen, dem Aufbau einer zentralen Information und Dokumentation, der Überprüfung neuer Fahrzeuge und Aggregate aus dem Bereich der VVB Automobilbau vor ihrer Serieneinführung sowie der Erarbeitung von Verfahren und Technologien zu befassen hatte.

Von besonderem Gewicht wurden in den folgenden Jahren die WTZ-Arbeiten auf dem Gebiet der Fertigungstechnik.

Die Bedeutung dieser allgemein nur wenig bekannten Arbeiten und ihrer Ergebnisse erhellen den DDR-Alltag schlaglichtartig. Der Werkzeugmaschinenbau des Landes arbeitete überwiegend für den Export und die von der DDR-Wirtschaft für eigene Bedürfnisse nutzbaren Ressourcen nahmen stetig ab. Dies zwang die übrige Industrie dazu, eigene Werkzeugbaukapazitäten in beachtlichen Dimensionen zu entwickeln.

Außer mit der Fertigungstechnik und Fertigungstechnologie befasste sich das WTZ besonders mit Forschungen zur Kraftfahrzeugtechnik. Bei vielen Arbeiten wurden zumindest teilweise außerordentlich bemerkenswerte Resultate erzielt. So wurde im WTZ das sogenannte Hyperboloid-Direkteinspritzverfahren, auch H-Verfahren genannt, für schnelllaufende Dieselmotoren gemeinsam mit dem Motorenwerk Nordhausen und der TU Dresden entwickelt. Damit ließ sich das MAN (M-)-Direkteinspritzverfahren ablösen.

Auch auf dem Gebiet der Benzineinspritzung wurde sehr erfolgreich gearbeitet. Da sich ihre Anwendungsvorteile besonders deutlich bei Zweitaktmotoren zeigten, entwickelten die Forschungs-Ingenieure Weigert und Wilhelm unter Leitung von Dipl.-Ing. Drescher für den Wartburg 311 eine Hochdruckbenzineinspritzanlage auf der Basis einer Kolbenpumpe. Damit wurden in einem Versuch über 80 000 km ohne Funktionsminderung zurückgelegt. Kraftstoffeinsparungen von bis zu 18 Prozent bei gleichzeitiger Steigerung der Literleistung um 16 Prozent konnten erzielt werden und überdies noch eine Schmieröleinsparung von etwa 40 Prozent (bezogen auf das Mischungsverhältnis von 1:25). Allerdings hätte man hierfür eine Einspritzpumpe benötigt, für die ein Zulieferer nur sehr schwer zu finden war. Durch diese Pumpe wären auch die Fertigungskosten des Motors gestiegen.[29] Außerdem konnte man inzwischen mit der Mischungsschmierung ohne zusätzlichen technischen Aufwand ein Öl-Kraftstoff-Verhältnis von 1:50 erreichen. Damit stand das Urteil über die Benzineinspritzung fest – zu aufwendig, zu teuer und dem herkömmlichen System kaum überlegen. Sie blieb schließlich ohne Serienauswirkung.

Bei der Verschleissforschung bediente man sich radioaktiver Isotopen und genoss bei der damit angewandten Messmethode den Vorteil, dass sich die Versuchszeiten erheblich verkürzten. Außerdem konnten nun Betriebszustände untersucht werden, die bis dato einer Messung nicht zugänglich waren. Weitere Arbeiten galten der Geräuschbekämpfung im Innenraum der Fahrzeuge sowie der inneren und äußeren Sicherheit. So beachtlich diese Forschungsergebnisse auch waren, sie litten grundsätzlich daran, dass von ihnen ein viel zu kleiner Anteil in die industrielle Praxis übernommen werden konnte.

Wie sich fernab von hochfliegenden Projekten in Wissenschaft und Forschung die Betriebe im Alltag behelfen mussten, mag deutlich das Beispiel Trabantauspuff vor Augen führen. Zur jährlichen Planauflage gehörte für alle Hersteller die Verpflichtung, Walzstahl von durchschnittlich vier bis sechs Prozent einzusparen. Bei einem Erzeugnis wie dem Trabant, der über viele Jahre hinweg fast unverändert hergestellt wurde und zu 32 Prozent aus nichtmetallischem Werkstoff bestand, war diese Forderung praktisch unerfüllbar. Obwohl das jeder einsah, blieben die Planungsbehörden stur – und lösten riesige Probleme aus. Mit allen möglichen und auch unmöglichen Mitteln versuchten daher der Finalist wie auch die Zulie-

Das WTZ-Logo (Archiv Dr. Winfried Sonntag)

ferbetriebe, sich dieses Problems zu entledigen. So verfiel der VEB Blechverformungswerk Leipzig, der die Abgasanlagen für den Trabant herstellte, auf die Idee, die Stärken des 1,75 mm starken Bleches schrittweise auf 1 mm zu verringern. Die Planauflage war erfüllt. Dies hatte aber zur Folge, dass die Abgasanlage nicht mehr wie bisher 5 Jahre hielt, sondern nur noch maximal 1,5 bis 2 Jahre. Damit stieg der Ersatzteilbedarf ins Unermessliche und konnte im Endergebnis nicht mehr gedeckt werden. Allen Beteiligten war klar, dass das Grundübel in den undurchdachten und unerfüllbaren Planauflagen lag. Zu diesem Auspuffproblem wurde sogar ein mathematisches Modell mit Lösungsvorschlägen zur Produktionshöhe in Abhängigkeit von der Haltbarkeitsdauer erarbeitet und verschiedenen Hochschulen und Institutionen zur Begutachtung vorgelegt. Diese Spiegelfechterei rief allerdings bei der prekären Situation mit Trabantauspuffanlagen keine Veränderung hervor. Erst als wieder stärkere und zudem aluminierte Bleche eingesetzt wurden, erreichte man wieder die ursprüngliche Haltbarkeitsdauer.

Aus den verschiedenen Arbeiten des WTZ auf dem Gebiet der Fertigungstechnik sollen hier zwei beispielhaft hervorgehoben werden, nämlich die Konstruktion und der Bau einer Türschweiß-Straße für den W 50 in Ludwigsfelde. Innerhalb von sechzehn Monaten war diese Anlage konstruiert, gebaut und erprobt. Auf ihr konnten wechselweise die rechten und die linken Türen des Lkw W 50 mit ungefähr 340 Schweißpunkten (Widerstandspunktschweißung) und einigen WIG-Nähten geschweißt werden. Für das Schmiedewerk in Roßwein wurde eine elektrochemische Gesenkanlage entwickelt. Der automatisierte Schmiedeablauf hatte immer höhere Anforderungen an Qualität und Quantität im Gesenkbau gestellt. Mit herkömmlichen Fräs- und Kopierfräseinheiten wurde man diesen nicht mehr gerecht. Außerdem waren sie viel zu arbeitskräfteintensiv. Da solche Anlagen von Bosch und Hitachi zwar angeboten wurden, aber aus Devisengründen nicht beschafft werden durften, wurde vom WTZ innerhalb von zweieinhalb Jahren eine solche Anlage entwickelt und gebaut, die dem Niveau der Konkurrenzprodukte vollständig entsprach. Davon wurde jeweils eine Anlage für das Automobilwerk Ludwigsfelde sowie für das Kombinat Fortschritt (Landmaschinen) in Neustadt hergestellt.

Binnen kurzer Zeit hatte sich das WTZ als beachtliches Leistungspotenzial unter Beweis gestellt und war unverzichtbar geworden. Noch bevor sich aller-

Der VEB WTZ Automobilbau Betriebsteil Karl-Marx-Stadt (Chemnitz) hatte seinen Sitz in dem Haus, in welchem in den dreißiger Jahren die Zentrale Versuchs-Abteilung der Auto Union AG in der Chemnitzer Kauffahrtei untergebracht war. Hier befand sich Forschung, Prüffeld und Dokumentation (Archiv Dr. Winfried Sonntag)

Am 1.7.1963 wurde der bis 1962 der NVA unterstehende Betrieb in Hohenstein-Ernstthal zum Sitz des WTZ erklärt. Hier wurden Sondermaschinenkonstruktion, Sondermaschinenbau, Technologische Planung, Verfahrenstechnologie sowie Entwicklung und Bau für militärischen Sonderbedarf betrieben (Archiv Dr. Winfried Sonntag)

Wichtigster Sonderbedarfsträger war die NVA. Die dort benötigten Kübelwagen wurden beim WTZ entwickelt. Hergestellt wurden sie bis Ende der fünfziger Jahre im Fahrzeugwerk Karl-Marx-Stadt bzw. bei Barkas. Den P 3 – hier als Funkwagen – verteilte eine Kooperationszentrale mit der Baugruppenherstellung auf mehrere Hersteller. Endmontage war bei der Wismut; von da wurde sie nach zwei Jahren an das Industriewerk Ludwigsfelde abgegeben (Archiv Dr. Winfried Sonntag)

dings aus den recht vielversprechenden Ansätzen ein geregeltes System entwickeln konnte, griff die Partei erneut störend ein.

Auf der Grundlage der von ihr beanspruchten führenden Rolle in Staat und Gesellschaft riss die Partei in immer stärkerem Maße wirtschaftsleitende Kompetenzen auf allen Ebenen an sich. Scheinbar paradox dabei war folgendes: In dem Maße, in welchem man sich an der Spitze der hierarchischen Parteipyramide gerade in den sechziger Jahren offen gegenüber modernen Methoden der Wirtschaftsleitung zeigte, wurden diese nach unten wie seit eh und je üblich mit bürokratischer Gewalt durchgedrückt, sozusagen auf dem Befehlsweg. Auf diese Art und Weise ließ sich am wirksamsten der Widerstand in Schach halten und reduzieren. Und so wurde es dann auch »an der Basis« praktiziert. Dies konnte man schon bei der Einführung des Neuen Ökonomischen Systems beobachten, das bei vielen Punkten im klaren Widerspruch zur bisherigen Planungstheorie stand. Damals war das Reformprogramm innerhalb von 5 Monaten zusammengestellt und im Juni 1963 auf einer Wirtschaftskonferenz rund 1000 Partei- und Staatsfunktionären präsentiert worden, die ganze 2 Tage Zeit hatten, um es zu verstehen und es danach nur noch umzusetzen. Ihnen sagte Apel in seinem Schlusswort: »Jetzt, nach der Konferenz, wird durchgeführt. Jetzt kann es kein Wenn und Aber zu den ausdiskutierten Grundfragen mehr geben.«[30]

Im Juli 1963 billigten Minister- und Staatsrat die entsprechende »Richtlinie« und ab dem 1. Januar 1964 galten bereits die neuen Strukturen. Noch kein Jahr war vergangen, seit die ersten Thesen formuliert worden waren. Ähnlich verhielt es sich mit bestimmten modernen Methodiken wie Heuristik, Kybernetik oder den Modelltheorien. Bisher teilweise totgeschwiegen und verfemt, hatten Spitzen der Partei, darunter auch Walter Ulbricht selbst, schon begriffen, dass es ohne sie nicht ging. Postwendend wurde diese Erkenntnis auf dem Weisungsweg nach unten mit Universalitätsanspruch durchgesetzt. Ergebnis war, dass auf allen Ebenen sämtliche Probleme durch Modelle, heuristische Ansätze oder kybernetische Regelkreise analysiert werden mussten, aber selbstredend nicht gelöst werden konnten. Ein typisches Beispiel war die bereits erwähnte Kalamität beim Auspuff für den Trabant. Nicht deren Behebung bildete den wichtigsten Punkt, sondern das mathematische Modell, mit welchem dem Übel möglicherweise abgeholfen werden könnte.

Felder der Wirtschaftsführung nahm die Partei immer umfassender in Beschlag. In den Parteigruppen standen nicht mehr »nur« ideologische Fragen zur Diskussion, sondern auch Probleme der höheren Wirtschaftseffektivität, der Steigerung der Arbeitsproduktivität, der Einsparung von Material, Energie, Arbeitsplätzen und Arbeitszeit, Probleme der Rationalisierung und der Patentergiebigkeit, der Entwicklung und Herstellung von bestimmten Produkten, des Veredelungsgrades bei Brenn- und Rohstoffen und vieles andere mehr. Das Wort von der Allmacht der Partei besaß somit keineswegs nur im Sinne der höchsten Instanz Gültigkeit, sondern bezog sich auch auf den Anspruch, dass es nichts geben könne, was die Partei nicht zu entscheiden habe und sie nicht betraf. Und natürlich

Zur Entwicklung von Sondermaschinen beschäftigte das WTZ ein eigenes Konstruktionsbüro (Archiv Dr. Winfried Sonntag)

irrte sie dabei nicht, sondern war unfehlbar – denn die Partei hatte immer recht. Es gab kaum Chancen, diesem Sog zu entgehen. Da alle Führungsgremien mit Genossen besetzt waren – 80 Prozent aller Mitarbeiter mit Hoch- und Fachschulabschluss in den DDR-Kombinaten waren in den Parteigruppen der Betriebe organisiert –, setzte sich der Führungsanspruch auch faktisch im Alltag durch. Dennoch gab es Auseinandersetzungen, aber im allgemeinen manövrierten sich jene ins Abseits, die einen anderen Weg gehen wollten als den, welchen die Partei für »richtig« erachtete. Das WTZ Automobilbau wurde zum Opfer eines solchen Konfliktfalles zwischen der VVB Leitung und der Parteiführung.

Anlass dafür war der äußerst schwierige Fertigungsanlauf des Lkw vom Typ W 50 in Ludwigsfelde. In völliger Verkennung oder in bewusster Ignoranz der mit einem solchen Serienanlauf einhergehenden Tücken und Probleme waren dem Werk von der Zentralen Planungsbehörde viel zu hohe Jahressteigerungsraten für die Fahrzeugfertigung auferlegt worden. Gleichzeitig mussten aber die vorgesehenen Investitionen gekürzt werden. Damit gerieten die Planbilanzen völlig aus dem Tritt – sie stimmten überhaupt nicht mehr. In der Folge erfüllte Ludwigsfelde jahrelang die Pläne nicht, es konnten damit nicht genügend Mittel für die erweiterte Reproduktion erwirtschaftet werden, und der Prämienfonds litt unter unzureichender Zuführung. Statt aber die Planungsauflage zu verändern und andere Ursachen der Misere zu beseitigen, warf die Partei dem Werk vor, den Erfordernissen des Ökonomischen Systems nicht zu entsprechen, und forderte, den gesamten Prozess der innerbetrieblichen Planung und Leitung der Produktion mit Hilfe der modernen Leitungswissenschaften zu meistern, also »Modelle« zu schaffen.

Nachdem Ludwigsfelde signalisiert hatte, vor unlösbaren Problemen zu stehen, war auch seitens der VVB Automobilbau eine umfassende und durchaus bereits bei anderen Werken praktizierte »Aktion sozialistischer Hilfe« angelaufen. Bis zu 300 Spezialisten und Fachleute wurden nach Ludwigsfelde »zwangsdelegiert«, vor allem Technologen, Ökonomen, Arbeitswissenschaftler und Leitungskräfte. Dank seines sehr hoch entwickelten Leistungspotenzials konnte das WTZ ebenfalls schnell mit Sondermaschinen und Ausrüstungen aushelfen. Es gab aber in den Augen der Parteiführung einen entscheidenden Mangel – es war nicht als Ingenieurbetrieb gekennzeichnet, obwohl es dieses Aufgabenprofil nicht nur erfüllte, sondern sein Tätigkeitsspektrum ging weit darüber hinaus. Nun war auf der 14. Tagung des ZK der SED im Dezember 1966 von der Partei die Einführung von Ingenieurbetrieben als wichtige Voraussetzung zur Nutzung des wissenschaftlich-technischen Fortschritts gefordert worden. Der Sache nach war dies durchaus im Sinne der Reformpolitik, ging allerdings in der dogmatischen Praxis mit der Drohung einher, dass jene VVB, die keinen Ingenieurbetrieb besäßen, den Fortschritt nicht meistern könnten. Durch die diversen Hierarchieebenen nach unten durchgereicht, hieß dies im Klartext: Wer Ingenieurbetriebe bereits besitzt, ohne diese entsprechend zu kennzeichnen, verstösst gegen die Linie der Partei. In einer lautstarken Auseinandersetzung zwischen dem Beauftragten der SED für das IFA Nutzfahrzeugwerk Ludwigsfelde, dem Minister und dem Generaldirektor der VVB

Prüfstand für statische Verspannungen in Karosserien (Archiv Dr. Winfried Sonntag)

Die im WTZ entwickelte Türschweiß-Anlage für die W 50-Fertigung in Ludwigsfelde (Archiv Dr. Winfried Sonntag)

Automobilbau wurde Unterordnung eingefordert. Eine vierteilige Artikelserie im *Neuen Deutschland* vom Dezember 1968 mit dem Titel ›Lehren aus dem Automobilwerk Ludwigsfelde‹ setzte die Betroffenen nachdrücklich und massenwirksam der »ideologischen Keule« aus: Es seien Parteibeschlüsse unterschätzt worden und es herrsche Unklarheit in Grundfragen. So konnte man unter anderem folgendes lesen: »Schon seit der 14. Tagung des ZK im Dezember 1966 stellt die Partei den VVB die Aufgabe, entscheidende Betriebe ihrer Vereinigung mit Hilfe von Ingenieurbüros besser instand zu setzen, die Aufgaben der wissenschaftlich-technischen Revolution zu lösen (...) aber es gibt heute – zwei Jahre nach dem 14. Plenum noch kein Ingenieurbüro der VVB (Automobilbau), das im Sinne der Parteibeschlüsse zusammengesetzt ist und arbeitet. Das, was man bisher als Ingenieurbüro bezeichnete, beweist nur, wie ungenau die Parteibeschlüsse in der VVB gelesen, wie wenig schöpferisch sie diskutiert und verwirklicht worden sind (...) es geht also um prinzipielle Klarheit über Grundfragen des Ökonomischen Systems, die insbesondere die Parteiorganisation der VVB schaffen muß.«[31]

Als Ergebnis der Auseinandersetzung über Inhalt und Wesen eines Ingenieurbetriebes erhielt der IFA-Generaldirektor von Partei und Minister den Auftrag, einen Ingenieurbetrieb zu bilden, der dem Beschluss der 14. Tagung des ZK der SED entspräche. Da er eine solche Einheit nicht aus dem Boden stampfen konnte, blieb nur die Möglichkeit, diesen aus dem Potenzial des WTZ Automobilbau zu formen, nachdem er es vorher aufgelöst hatte. Daher entstand der IFA Ingenieurbetrieb aus dem bisherigen WTZ-Betriebsteil in Hohenstein/Ernstthal, und aus dem Rest des WTZ wurde eine Einrichtung des Kfz-Teile-Kombinats Barkas. Es gab keine Reduktion der Mitarbeiterzahlen und auch keine Veränderung des Tätigkeitsfeldes. Im Endeffekt war dadurch das Potenzial des WTZ zerschlagen, der Parteibeschluss über die Bildung von Ingenieurbetrieben aber erfüllt.

Mit Wirkung vom 1. Januar 1970 entstand der VEB IFA Ingenieurbetrieb Hohenstein/Ernstthal, der der VVB Automobilbau unterstellt wurde. Ihm wurden gleichzeitig der VEB Dieselkraftmaschinen Karl-Marx-Stadt mit seinen drei Betriebsteilen, darunter der in Rabenstein, angegliedert, der auf Sondermaschinen und Rationalisierungsmittel neu ausgerichtet wurde. Damit war der Ingenieurbetrieb weiterhin in der Lage, in bescheidenem Umfang industriezweigtypische Rationalisierungs-, Mechanisierungs- und Automatisierungsmittel zu entwickeln und zu erproben.

Für den Rest des WTZ, das zum Kraftfahrzeugteile-Kombinat verlagert wurde, veränderte sich die Aufgabenstellung im Grunde nicht. Es war nach wie vor für den Entwicklungsvorlauf bei ausgewählten Erzeugnissen verantwortlich und bestand wie bisher aus der Hauptabteilung Forschung und Entwicklung mit den Abteilungen Motor, Kraftübertragung, Fahrwerk, Betriebsfestigkeit und Plastewerkstoffe sowie der Hauptabteilung Prüffeld mit den Abteilungen Messtechnik, Versuch Labor und Aggregateprüfung. Dazu gehörten auch die Zentrale Patentschriftensammlung, der Zentrale Informationsspeicher und die Zentralstelle für Standardisierung. Nachdem die DDR 1972 Mitglied der UNO-Wirtschaftskom-

Im letzten Teil der vierteiligen Artikelserie zielte das Neue Deutschland auf die VVB Automobilbau und das WTZ, 1968; Sündenböcke für den desaströsen Anlauf der W 50-Produktion in Ludwigsfelde wurden gesucht und auch gefunden (Archiv Dr. Winfried Sonntag)

mission für Europa (ECE) geworden war, hatte der Minister für Maschinenbau sämtliche hiermit in Zusammenhang stehende Aufgaben dem WTZ übertragen. Daraus ergab sich drei Jahre später wiederum die Angliederung der Abgasprüfstelle Berlin-Adlershof an das WTZ.

Im Mittelpunkt des ECE-Wirkens standen damals einheitliche Abgas- und Sicherheitsvorschriften für Kraftfahrzeuge, nach denen diese gebaut und zugelassen werden mussten. Die entsprechenden Festlegungen wurden jedoch erst dann wirksam, wenn das betreffende Land die Anwendung dieser Regeln für sein Gebiet ausdrücklich erklärt hatte. Damit war gleichzeitig das Recht verbunden, selbst Prüfungen vorzunehmen und Genehmigungszeichen zu erteilen. Mit der Anwendungserklärung war jedoch die Verpflichtung verbunden, hierfür die entsprechenden Prüfeinrichtungen vorzuweisen und einzusetzen. Dafür war bei jedem beitretenden Land die zuständige Behörde und Prüfstelle zu benennen. Als »Nationale Behörde« wurde von Seiten der DDR das WTZ Automobilbau und als »Zentrale Prüfstelle« die Dresdner Einrichtung des Amtes für Standardisierung, Meßwesen und Warenprüfung (ASMW) der DDR benannt.

Dieses WTZ war dem Kfz-Teile-Kombinat deshalb angegliedert worden, da dessen Betriebe keine nennenswerte Forschungs- und Entwicklungskapazität besaßen. Mit einer derartigen Zuordnung verfügte jedoch dieses Kombinat auf einen Schlag über die gesamte FuE-Kapazität des Industriezweiges Automobilbau der DDR. Allerdings musste das WTZ auch übergreifende Aufgaben für den gesamten Sektor übernehmen, wie das erwähnte Beispiel der ECE-Aufgaben zeigte.

Die Begründung der SED für die Bildung von Ingenieurbetrieben hatte darauf abgezielt, die FuE-Kapazitäten enger mit dem Produktionsgeschehen zu verknüpfen. Vor allem sollten die in dieser Hinsicht viel zu schwachen Zulieferer von der Zerschlagung des WTZ profitieren. Die Ansiedlung des größten Teils des vormaligen WTZ gerade beim Teilekombinat Barkas zeigte, dass man sich über das schwächste Glied der Kette im Klaren war. Das Problem war nur, dass für die damit einhergehende Breite und Vielfalt die WTZ-Kapazitäten nicht ausreichten und der bereits früher festgestellte Rückstand bei Forschung und Entwicklung im Automobilbau im Allgemeinen dadurch noch vergrößert wurde.

Über diese zunehmend kritische Lage war man sich bei der VVB Automobilbau sehr wohl im Klaren. Unter Ausnutzung von Tagesforderungen und zeittypischen Modetrends, zu denen die Parteiführung Zustimmung einforderte, wurde 1968 im Direktionsbereich Technik der VVB Auto eine ernüchternde Bilanz über die Lage im FuE-Sektor aufgestellt. Im »politischen Windschatten« der These, wonach »die Wissenschaft immer mehr zur Produktivkraft wird«, ließ sich dagegen von oben nichts einwenden. Die am 17. Mai 1968 verabschiedete Konzeption wählte als Ansatz »(…) die Tatsache, daß die Entwicklung und Konzentration von Forschungs- und Entwicklungskapazitäten nicht losgelöst von der Dynamik der technischen Revolution sowie unter Beachtung der spezifischen Bedingungen beim Aufbau des entwickelten gesellschaftlichen Systems des Sozialismus in unserer Republik und den Aufgaben, die sich aus den Auseinandersetzungen zwischen dem Wirtschaftssystem des Sozialismus und des Kapitalismus ergeben, gesehen werden kann.«

Mit solchem Vorbau war die Analyse stromlinienförmig geworden – sie wies einen politisch untadeligen Ansatz auf. Danach konnten dann durch Zahlen belegte Aussagen folgen, wonach das Potenzial im Industriezweig und in den Betrieben, viel zu schwach entwickelt war. Der Tenor dieser Aussage wurde mehrfach untermauert: Es war vom Rückstand im Vergleich zur eigenen Planung und im internationalen Vergleich die Rede. Außerdem machte man deutlich, wie groß das Entwicklungspotenzial sein müßte, um den zukünftigen Aufgaben gerecht werden zu können.

Der Industriezweig Automobilbau einschließlich der darin erfassten Zulieferer zählte 1968 exakt 2996 Mitarbeiter für Forschung und Entwicklung. Außerdem arbeiteten bei Robur, Barkas und dem Spezialfahrzeugwerk Berlin ungefähr 500 Personen an entsprechenden militärischen Objekten. Diese werden hier nicht berücksichtigt. Im selben Jahr wurden 52,8 Millionen Mark für FuE-Zwecke ausgegeben. Etwa 30 Prozent davon galten Aufgaben der Serienbetreuung in den Betrieben. Zwei Drittel der Mittel und der Arbeitskräftekapazität waren für die sogenannten strukturbestimmenden Aufgaben eingesetzt. Dazu gehörten der Lkw W 50 in Ludwigsfelde, der Traktor ZT 300 und der Geräteträger 124 in Schönebeck sowie die Pkw-Produktion in Zwickau und Eisenach. Außerdem zählten ebenfalls der Anhängerbau in Waltershausen, Motorräder und Mopeds in Zschopau und Suhl sowie verschiedene landtechnische Zulieferer dazu. Die dafür eingesetzten Kapazitäten, gemessen an den Arbeitskräften, sind der folgenden Gegenüberstellung zu entnehmen:

Tabelle 13: FuE-Kapazität für die wichtigen Erzeugnisse der VVB Automobilbau in VbE 1968

Angaben VbE	Konstr.	Musterb.	Versuch	Gesamt	In Prozent
vorhandene Kapazitäten	1175	695	810	2680	100
davon für Strukturbestimmende Aufgaben:					66,2
Lkw W 50 + Modifikationen + Nachfolgefahrzeug	256	124	186	566	21,1
ZT 300 + GT 124 + Nachfolgetyp	184	75	107	366	13,7
Anhänger + Nachfolgetyp	51	45	8	104	3,9
Zulieferer für Landtechnik	20	16	20	56	2,1
Mopeds + Nachfolgetyp	28	12	28	68	2,5
Pkw + Nachfolgetyp	202	174	187	563	21,0
Motorräder + Nachfolgetyp	26	9	17	52	1,9

VbE = Vollbeschäftigten-Einheiten

Quelle: VVB Automobilbau, Direktionsbereich Technik: Konzeption zur Entwicklung und Konzentration der Forschungs- und Entwicklungskapazitäten im Industriezweig Automobilbau bis 1980; Stand 17. Mai 1968. Kopie im Besitz des Autors

Die Summe entsprach im Durchschnitt des Industriezweiges 1,2 Prozent der Warenproduktion und 3,3 Prozent der Beschäftigten. Gegenüber den eigenen und auch bestätigten Planungen erreichten diese Werte bei den Finanzmitteln noch nicht einmal 20 Prozent und bei der Personalstärke nicht einmal 60 Prozent der für das Jahr 1968 festgelegten Ziele. Allein die Relevanz beider Werte zueinander zeigt, woran der Rückstand im wesentlichen lag: Gearbeitet wurde in Entwicklung und Versuch wie zu längt vergangenen Zeiten. Sehr deutlich wurde dies durch den internationalen Vergleich. Während die FuE-Ausgaben pro Kopf der Beschäftigten der Gesamtbelegschaft am Beispiel von Renault, Fiat, Daimler-Benz und British Motors mit 2 500 Mark angegeben wurden, erreichten sie im DDR-Automobilbau 662 Mark. Die Schlussfolgerung wurde im gleichen Atemzug gezogen und war völlig illusionslos: »Die große Diskrepanz zum internationalen Stand bei den Aufwendungen läßt die Schlußfolgerung zu, dass wir allgemein ein zu niedriges FuE-Niveau haben. Das wird auch durch die Tatsache betont, daß der Unterschied zum internationalen Niveau bei den Kapazitäten wesentlich geringer ist. Aus dieser Situation kann die Schlußfolgerung gezogen werden, daß die künftige Proportionierung der FuE-Kapazitäten und -Mittel auf die Anwendung neuer Forschungs- und Entwicklungsmethoden und die dazu notwendigen Hilfseinrichtungen, wie den Einsatz der EDV, verbunden mit einer ausreichenden Experimentier- und Versuchsbasis zu orientieren ist.«

Die Vorstellungen, die die VVB-Leitung hatte, um den Rückstand aufzuholen, gehen aus den Angaben der für erforderlich gehaltenen Mittel und Mitarbeiter hervor. Danach sollten sich erstere bis 1980 etwa verfünffachen, letztere bis zum gleichen Zeitpunkt in etwa verdoppeln. Die folgende Tabelle gibt einen Eindruck von den Zuwächsen, die man für notwendig hielt und auch so geltend machte.

Tabelle 14: Das FuE-Potenzial (Konstruktion, Musterbau und Versuch) des DDR-Automobilbaus 1968 im Vergleich zu den Erwartungen für 1975 und 1980

		Beschäftigte F.-u.E.		Aufwand F.-u.E.		
		in VbE	Anteil an Ges. Mitarb. in Prozent	pro Kopf der Gesamt MA in Mark	in Prozent der IWP	Gesamtaufwand in Millionen M
1968	VVB	2 996	3,3	622,–	1,2	52,8
	IWL	270	4,2	786,–	0,8	4,9
	TWS	228	5,8	973,–	1,1	3,8
	SAZ	227	2,6	851,–	1,4	7,3
	AWE	220	2,7	440,–	0,8	3,5
1975	VVB	5 150	5,5	2700,–	4,0	232,0
	IWL	490	7,0	3500,–	5,0	24,5
	TWS	435	7,5	3500,–	5,0	20,4
	SAZ	545	6,0	2700,–	4,0	24,5
	AWE	460	5,5	2700,–	4,0	22,5
1980	VVB	7 500	7,5	7000,–	8,0	630,0
	IWL	720	9,0	8500,–	10,0	68,0
	TWS	585	9,0	8500,–	10,0	55,0
	SAZ	820	8,0	7000,–	8,0	72,0
	AWE	685	8,0	7000,–	8,0	60,0

Legende
F-u.E-Mittel gelten als Aufwendungen für: – Realisierung von FuE-Themen
– Durchführung von Verfahrens-Themen
– Lizenznahmen
– Anlaufmuster bei Serienanläufen

MA = Mitarbeiter
VbE = Vollbeschäftigten-Einheiten
IWP = Industrielle Warenproduktion
VVB = VVB Automobilbau
IWL = Industriewerk Ludwigsfelde (LKW W 50 und Nachfolge-Typen)
TWS = Traktorenwerk Schönebeck
SAZ = Sachsenring Zwickau
AWE = Automobilwerk Eisenach

Quelle: VVB Automobilbau, Direktionsbereich Technik: Konzeption zur Entwicklung und Konzentration der Forschungs- und Entwicklungskapazitäten im Industriezweig Automobilbau bis 1980; Stand 17. Mai 1968. Kopie im Besitz des Autors

Natürlich wurden die hier formulierten Erwartungen nicht erfüllt. Mittel und Mitarbeiterzahlen stagnierten im Entwicklungsbereich. Nach der Auflösung der VVB Automobilbau war ein den gesamten Industriesektor erfassender Vergleich nicht mehr möglich. Erforderliche Detailuntersuchungen bei den einzelnen Betrieben scheitern heute bereits an nicht mehr vorhandenen Unterlagen.

Das Ende der VVB Automobilbau und die Bildung der Kombinate

Ein Hauptanliegen der Wirtschaftsreformer um Erich Apel hatte darin bestanden, die Volkswirtschaft der DDR mit Hilfe univeffizienter Industriezentren nach vorn zu bringen. Dies sollte nicht nur im Hinblick auf eine moderne Ausrüstung, sondern vor allem durch die Komplexität von Fertigung und Wirtschaftsführung erreicht werden. In diesem Zusammenhang waren in den ersten Jahren schon mal die Begriffe vom »Sozialistischen Konzern« zu hören. Systemdenken statt des bisherigen Ressortdenkens sollte gefördert werden. Dabei wurde der Systemcharakter in der Verbindung von Prognose, Planung und umfassender wirtschaftlicher Rechnungsführung mit Hilfe moderner Methoden wie Operationsforschung, Kybernetik und elektronischer Datenverarbeitung gesehen. Da einerseits die Partei keine große Bandbreite vieler solcher Modelle wünschte – dies hätte eine unzureichende Überschaubarkeit und Kontrolle zur Folge gehabt –, andererseits aber auch viele Mitarbeiter in leitenden Positionen bei den Volkseigenen Betrieben große Schwierigkeiten hatten, sich dieses Denken anzueignen, sollte ihnen mit Hilfe von Beispielen das Anliegen verdeutlicht werden.

Daher wurden von der VVB Schiffbau und dem VEB Uhrenkombinat Ruhla Modelle zur Einführung des ökonomischen Systems des Sozialismus für ihre Bereiche erarbeitet. Diese wurden den Staats- und Wirtschaftsorganen, den Kombinaten und Betrieben zur Nachahmung empfohlen. Und genau dies war der springende Punkt. Aus Beispielen, die zur Anregung dienen sollten, wurden Vorbilder, die sklavisch nachzuahmen waren. Wer beispielsweise darauf hinwies, dass durchaus bestimmte Unterschiede zwischen Schiffen und Automobilen bestanden, die sich auch in der komplexen Führung des Industriezweigs niederschlagen müßten, wurde diffamiert und ihm wurde unterstellt, das Neue Ökonomische System nicht begriffen zu haben.

Mit dem VII. SED-Parteitag im April 1967 wurde die Kombinatsbildung zur Doktrin. Die nachfolgenden Tagungen des ZK der SED begannen mit massivem Druck auf die Industrie, leistungsstarke Wirtschaftseinheiten zu bilden. Mit der Zielstellung einer entscheidenden Steigerung der Arbeitsproduktivität und des Leistungsvermögens der Volkswirtschaft sollten zugleich tiefgreifende Strukturänderungen in der Wirtschaft durchgesetzt werden. Auf der Basis von strukturbestimmenden Erzeugnis-, Maschinen- und Gerätesystemen sollte auch über die wirtschaftsorganisatorische Gestaltung der Produktion entschieden werden. Dies lief praktisch auf die Bildung von Industriekombinaten hinaus.

Im Zuge dieser Entwicklung entstand auch der VEB Kombinat Umformtechnik Erfurt, dem per Verwaltungsentscheidung der VEB Formenbau Schwarzenberg einverleibt wurde. Da dieser Betrieb als einziger in der DDR Großumformwerkzeuge für die Fertigung von Karosserieteilen herstellte, wurde mit seiner Auflösung die VVB Automobilbau besonders hart getroffen, zu deren Bereich dieser Betrieb bisher gehört hatte. Die Basis für Neuerungsprozesse auf dem Gebiet des Karosseriebaus entfiel und selbst die pessimistischsten Befürchtungen sollten in

Zukunft noch übertroffen werden – lediglich die marginale Summe von rund fünf Prozent der Produktionskapazität dieses wichtigen Betriebes stand künftig noch für die DDR-Automobilfertigung zur Verfügung. Auch die VVB Automobilbau musste sich dem Zwang zur Bildung und Entwicklung von Kombinaten beugen. So kam es am 1. Januar 1970 zur Bildung von drei Kombinaten.

Es handelte sich dabei zum einen um das VEB Kraftfahrzeugwerk »Ernst Grube«, Werdau – IFA Kombinat Anhänger. Diesem wurden folgende Betriebe zugeordnet: der VEB Fahrzeugwerk Waltershausen, der VEB Fahrzeugwerk Olbernhau, der VEB Fahrzeugwerk »Ernst Thälmann« Lübtheen, Kreis Hagenow, sowie der VEB Fahrzeugwerk Treuenbrietzen, Kreis Jüterbog; zum anderen um das IFA Kombinat VEB Fahrzeug- und Jagdwaffenwerk »Ernst Thälmann« Suhl (FAJAS); diesem wurden der VEB Motorradwerk Zschopau und der VEB Mifa Werk Sangerhausen zugeordnet; und drittens um die VEB BARKAS Werke – IFA Kombinat für Kraftfahrzeugteile Karl-Marx-Stadt. Diesem Kombinat wurden folgende Betriebe zugeordnet: der VEB Gelenkwellenwerk Stadtilm, der VEB Kraftfahrzeugzubehörwerke Dresden, der VEB Möwe-Werk Mühlhausen, der VEB Kraftfahrzeugzubehörwerke Meißen, der VEB Berliner Vergaser- und Filterwerke, der VEB Renak-Werke Reichenbach, der VEB Blechverformungswerk Leipzig, der VEB Blechformwerke Erzgebirge Bernsbach, der VEB Fahrzeugzubehörwerke Ronneburg sowie der VEB Wissenschaftlich-technisches Zentrum Automobilbau Karl-Marx-Stadt.

Während sich bei dem Werdauer Kombinat und der Zweiradvereinigung durchaus Voraussetzungen zur Bildung von Kombinaten aufgrund der übereinstimmenden Erzeugnisse finden ließen und diesem Schritt eine gewisse Berechtigung nicht abzusprechen war, verhielt es sich beim BARKAS Kombinat, das nicht mit dem späteren Pkw Kombinat zu verwechseln ist, völlig anders. Hierbei handelte es sich um den Zusammenschluss aller Zulieferbetriebe für den Straßenfahrzeug- und Landmaschinenbau. Durch die Bildung dieses Kombinates sollte die prekäre Situation auf dem Gebiet der Ersatzteilversorgung der Vorstellung des Parteiapparates zufolge gelöst werden. Natürlich bestand die wirksamste Lösung des Problems darin, die Ursachen für den zu hohen Ersatzteilbedarf zu beseitigen, die sich in der viel zu geringen Fahrzeugneuzuführung darstellten. Da praktisch kein Fahrzeug verschrottet wurde, war es nur möglich, mit Hilfe einer stark überhöhten Produktion von Ersatzteilen die alten Fahrzeuge durch Neuaufbau zu nutzen. Für die Volkswirtschaft stellte diese Lösung des Problems die teuerste dar, denn die Produktivität beim Bau neuer Fahrzeuge war viermal höher als bei der Instandsetzung schrottreifer Autos. Das Ersatzteilproblem blieb trotz der Bildung des Kfz-Teile-Kombinates ungelöst.

Immer stärker drängte die Partei auf eine Kombinatsbildung. Als auf dem IX. Parteitag der SED im üblichen nebulösen Parteitagsjargon festgestellt wurde, dass die neu gebildeten Kombinate ihre Bewährungsprobe bestanden hätten und sie zu einem Hauptbestandteil in der Industrie geworden seien, womit die DDR über jene moderne Form der Organisation sozialistischer Industrieproduktion verfüge, die es ihr erlaube, den objektiven Gesetzmäßigkeiten der Konzentration zu entsprechen, da war allen Insidern klar, dass die letzte Stunde der VVB geschlagen hatte.

Obwohl es nicht an Hinweisen fehlte, dass Kombinatsbildung ein bestimmtes Niveau der Industrieausstattung und der Produktkonzentration voraussetzte und nicht a priori das Heil für die Wirtschaftsentwicklung bedeuten könne, wurde nunmehr die gesamte Wirtschaft »kombinatisiert«.

Die VVB Automobilbau ist ganz gewiss nicht widerspruchslos eingegangen. Hinweise auf den komplexen Charakter des gesamten Zweiges, der nicht so ohne weiteres auseinandergerissen werden durfte, ohne dabei empfindliche Einbußen beim vorhandenen hohen Stand der Spezialisierung im gesamten Sektor und bei den Erfordernissen des Kundendienstes und der Markterschließung im In- und Ausland zu erleiden, fruchteten nichts. So waren auf Anordnung des Präsidiums des Ministerrates mit Wirkung ab 1. Januar 1978 im Industriezweig Automobilbau vier neue Kombinate zu bilden und die VVB Automobilbau aufzulösen.[32] Es handelte sich dabei um den VEB IFA Kombinat Nutzkraftwagen Ludwigsfelde (Anlage A 14), den VEB IFA Kombinat PKW Karl-Marx-Stadt (Chemnitz) (Anlage A 17), den VEB IFA Kombinat Zweiradfahrzeuge Suhl sowie den VEB IFA Kombinat Spezialaufbauten und Anhänger Werdau.[33]

Das BARKAS Kombinat für Kraftfahrzeugteile wurde um die Pkw-Hersteller erweitert und zum Stammbetrieb des Pkw-Kombinates gemacht. Die meisten der darin vereinten Betriebe hatten Zubehör für die gesamte Industrie, also für Pkw und Nutzfahrzeuge, hergestellt. So produzierte beispielsweise Renak in Reichenbach und an weiteren vier Standorten Trockenreibungskupplungen, Vorder- und Hinterradnaben, Düsen und Elemente für Einspritzpumpen, hydraulische Bremsanlagen komplett in verschiedenen Größen sowie Teleskopstoßdämpfer für Personen- und Nutzkraftwagen. Auch die Zubehörwerke in Ronneburg stellten Lenkungen und Räder für Pkw, Lkw und Traktoren her. Ähnlich verhielt es sich bei den Kraftfahrzeugzubehörwerken in Dresden und Meißen sowie bei den Berliner Vergaser- und Filterwerken, die den gesamten Industriezweig mit ihren hochspezialisierten Zulieferteilen versorgt hatten. Man behalf sich zunächst dadurch, dass man jene Betriebe dem IFA Kombinat Pkw zuordnete, die Lenkungen, Stoßdämpfer, Kupplungen, Felgen, Federn und Heizungen herstellten. Die Betriebe, die Dieselmotoren, Getriebe, Bremsen und Sitze produzierten, wurden dem IFA Kombinat Nutzfahrzeuge zugeordnet. Dies war die Keimzelle für sehr großen Aufwand und für immense Kompetenzschwierigkeiten, die in Zukunft das Zusammenwirken des Kraftfahrzeugbaus in der DDR wesentlich behindern sollten. Jedes Kombinat sicherte zuerst seinen Bedarf und ließ lediglich den Rest den anderen zukommen. Davon war wiederum in besonderem Maß die Ersatzteilversorgung betroffen. Lediglich die Teilung des wissenschaftlichen Potenzials gelang zur allgemeinen Zufriedenheit – das WTZ Automobilbau kam zum Pkw-Kombinat, der IFA Ingenieurbetrieb in Hohenstein/Ernstthal zum Nkw-Kombinat.

Mit der Bildung der IFA-Kombinate wurde ein organisch gewachsener Industriezweig zerschlagen. Abgesehen von dem IFA Kombinat Anhänger und dem

Zweirad-Kombinat, die bereits seit 1970 bestanden hatten und in der Zwischenzeit in die Struktur der VVB Automobilbau integriert waren, blieben das Nkw- und das Pkw-Kombinat im Grundaufbau amputierte Körper, da ihnen wichtige Glieder – die Zulieferbetriebe – für einen geschlossenen und vollständigen Reproduktionsprozess fehlten.

Ein wichtiges Argument für die Bildung der vier IFA-Kombinate war die damit mögliche Einsparung von Leitungs- und Verwaltungspersonal. Tatsächlich trat jedoch das Gegenteil ein. 90 Mitarbeiter der ehemaligen VVB Auto und andere Kräfte aus anderen Kombinatsbetrieben mussten zur Verstärkung und zum Aufbau der Kombinatsleitung ihren Arbeitsplatz nach Ludwigsfelde verlegen. Das Leitungspersonal der vier neuen Kombinate zählte schließlich mehr als doppelt so viele Mitarbeiter wie einst der VVB Automobilbau. Und wie als Hohn kam zusätzlich hinzu, dass für die vier neuen IFA-Kombinate im Ministerium für Allgemeinen, Landmaschinen- und Fahrzeugbau eine Koordinierungsstelle eingerichtet werden musste, die praktisch die Aufgaben der aufgelösten VVB Automobilbau übernahm.

Die dritte Generation

Generationswechsel auf Raten: Der Wartburg 353

Sieben Jahre nach Produkteinführung stand in Eisenach ein Typenwechsel an.[34] Vor allem die beinharte und längst veraltete Blattfederung des Wartburg 311 musste dringend durch eine Schraubenfederung ersetzt werden. Überfällig waren auch eine Gewichtsreduktion, eine höhere Wendigkeit und eine größere Servicefreundlichkeit dieses Wagens (vgl. Anlage B 02, B 03).

Die einst bildschöne, aber in die Jahre gekommene Karosserie des 311 ließ Verminderungen der Fertigungszeit nur noch mit unverhältnismäßig hohem Aufwand zu. Da der Werkzeugsatz für die alte Karosserie ohnehin verschlissen war, stand unwiderruflich die Frage nach einer Erneuerung im Raum. Bei dieser Gelegenheit waren die Ausnutzung des kostbaren Tiefziehblechs zu verbesserten sowie die erforderlichen Ziehprozesse zu vereinfachen. Allerdings musste man die Rahmenbauweise beibehalten – es sollte also keine selbsttragende Karosserie geben –, da die VVB nach eigener Feststellung 1963 nur noch solche Änderungen erlaubte, die sich bis 1970 amortisiert hätten. Danach sollte es ohnehin nur noch einen Einheitstyp geben.

Als im Juni 1964 dem Eisenacher Werk das Gütezeichen vorübergehend entzogen werden musste, weil Fertigungsmängel nicht zuletzt wegen verbrauchter Werkzeugsätze unübersehbar geworden waren, kam neue Bewegung in die Sache. Das ZK der SED billigte die avisierte Neuentwicklung des Wartburg 353 am 15. Juli 1964 und in Eisenach wurden die Entwicklungs- und Versuchsarbeiten zügig in Angriff genommen.

Der Wartburg 311 in der Ausführung als Limousine de luxe mit Schiebedach (Archiv des Autors)

Der Wartburg 312 war eine volkswirtschaftlichen Sachzwängen geschuldete Übergangslösung; dieser Wagen hatte ein neues, schraubengefedertes Fahrwerk, aber noch die alte Karosserie des Typs 311 (Archiv Michael Stück)

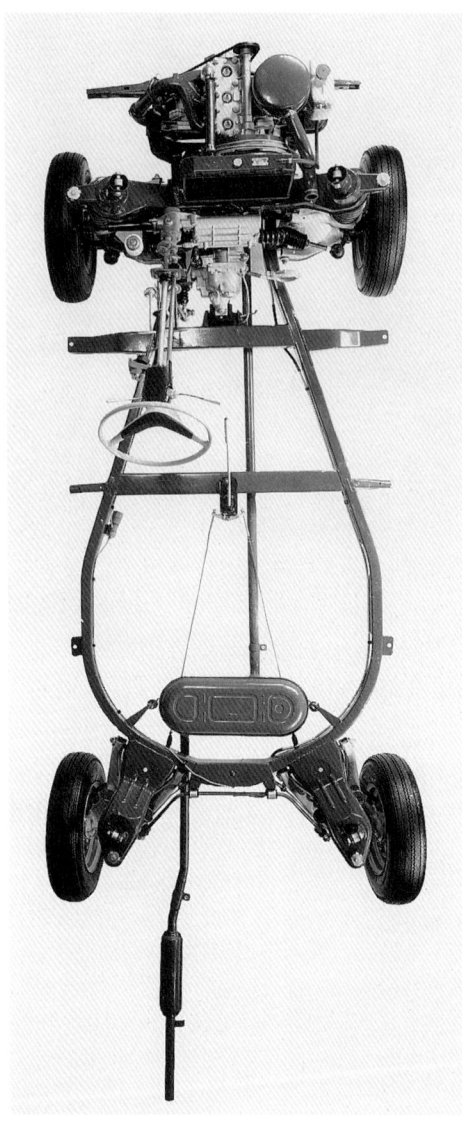

Das neue Fahrwerk für den Wartburg 312/353 mit schraubengefederter Einzelradaufhängung und innenliegenden Teleskopstoßdämpfern (Stadtarchiv Eisenach)

Da man ohnehin jährlich nur 30 000 Autos in der Wartburgstadt fertigen konnte, die Nachfrage im Inland trotz der Notwendigkeit der Produktüberholung des Typs 311 schon die nächsten drei bis vier Jahre abdeckte und zudem auch Exportkunden befriedigt werden mussten, erfolgte die Typenumstellung bei laufender Produktion. Das bedeutete aber unter den gegebenen Bedingungen, dass man die Umstellung nicht auf einen Schlag schaffte, wie das allgemein üblich war, sondern sie schrittweise bewältigen musste – zuerst das neue Fahrgestell (1965), später dann die neue Karosserie (1966). Für den Übergangstyp galt die Codenummer 312 (neues Fahrgestell, alte Karosserie). Das Gesamtfahrzeug trug später die Nummer 353.

Die Präsentation des neuen Fahrgestells mit Schraubenfederung, Doppelquerlenkerachse vorn, Lenkerachse mit Querstabilisator hinten, neuen Tripode-Doppelgelenkwellen und lastabhängiger Bremskraftbegrenzung war ein großer technischer Fortschritt und international in der unteren Mittelklasse durchaus nicht üblich. Hinzu kam die durch Anwendung von Silentbuchsen und dauergeschmierten Kugelgelenken gewonnene Wartungsfreiheit über 50 000 Kilometern. Neu war auch die Aufhängung des Hauptschalldämpfers am Motor vorn quer, wodurch Körperschallübertragungen auf das Fahrzeug vermieden werden konnten. Insgesamt konnte das neue Fahrwerk funktionell voll überzeugen, doch der Zwang zur vorläufigen Weiterverwendung der Karosserie 311 stellte eine Einschränkung dar, die der gelungenen Erneuerung Grenzen setzte und ihm äußerlich das Odium des Mangelhaften und Unvollkommenen verlieh.

Die geplante Schmierölautomatik: Die am Öltank zum Zweck der schnelleren Erwärmung über dem Abgaskrümmer befestigte Ölpumpe lag in Keilriemenzug und Gasbetätigung, förderte somit drehzahl- und lastabhängig durch das Querrohr in den Zerstäuber des Vergasers (Stadtarchiv Eisenach)

Um den Kraftstoff- und Ölverbrauch zu senken, die sichtbare Abgasfahne zu verringern und die Laufkultur spürbar zu steigern, bekam der Motor zunächst eine neue Ansauganlage. Sie bestand aus dem neuentwickelten Fallstromvergaser BVF 36 Fl-11, der den bisherigen Flachstromvergaser ablöste. Der neue besaß eine kraftstoffsparende Starteinrichtung sowie ein zusätzliches Anreicherungssystem für den Volllastbereich. Die damit mögliche Teillastabmagerung fand in der Klingelneigung und der Kolbenfressergefahr ihre Grenzen. Ein neuer Abzweigtopf auf dem Vergaser und ein neuer Ansauggeräuschdämpfer mit Papierfiltereinsatz ergänzte die Verbesserungen. Als man in der Zeit der Serienvorbereitung im Versuchsbetrieb mit zahlreichen rätselhaften Kolbenfressern zu kämpfen hatte, entschloss man sich dazu, den neuen Vergaser erst mit dem Serienanlauf des 353 im Jahr 1966 einzusetzen. Um der lästigen Abgasfahne abzuhelfen, wurde eine Schmieröldosierung angestrebt.

Der 312er Kombi mit dem 1966 sehr kurz verwendeten neuen Kühlergrill (Archiv des Autors)

»Große Klappe« mit sichtbaren Vorteilen beim 312er Kombi (Archiv des Autors)

Anfang der sechziger Jahre hatten die Arbeiten an einer Frischöldosierungspumpe begonnen, die im Auftrag der VVB Auto vom VEB Hydraulik Dippoldiswalde[35] für last- und drehzahlabhängige Öldosierung entwickelt und in Musterexemplaren für die Motorenuntersuchungen bereitgestellt wurde. Gleichzeitig wurde vom WTZ aber eine Stufenkolbenpumpe entwickelt, die sowohl Öl als auch Kraftstoff förderte und mischte. Auch von dieser Pumpe fertigte man in Dippoldiswalde Handmuster an. Dabei stellten sich einige, bei der Serienfertigung zu erwartende Probleme heraus. Bei dieser Konstruktion war der Pumpenzylinder gleichzeitig fliegende Lagerung für die Hubscheibe. Um eine hierfür erforderliche Präzision zu garantieren, hätten vom Betrieb neue Fertigungseinrichtungen beschafft werden müssen. Dazu hätte es eines verbindlichen Auftrages der VVB Automobilbau zur Pumpenfertigung in entsprechenden Stückzahlen bedurft. Das lange Zögern der Automobilbauer war für die Dippoldiswalder Pumpenbauer ausschlaggebend, sich aus dem Projekt zu verabschieden. Eine anderweitige Unterbringung dieser Pumpenfertigung schlug fehl, weil die Zubehörproduzenten, um sich des ungeliebten, da zu komplizierten Projektes zu erwehren, die Preise so hoch trieben, dass sich die Kosten bei den Finalisten nicht mehr einordnen ließen. Beim mittlerweile erreichten Mischungsverhältnis von 1:50 war der zu erwartende Unterschied dafür auch zu gering. Die Arbeiten an der Frischölautomatik wurden daher 1968 eingestellt.

Im Gegensatz dazu führte man tatsächlich Verbesserungen an der Zündanlage durch. Entscheidend hierfür war vor allem der neue Dreihebel-Unterbrecher, der vom VEB Fahrzeugelektrik Karl-Marx-Stadt (Chemnitz) entwickelt worden war. Bei der bisherigen Zündung veränderten sich mit zunehmendem Kurbelwellenverschleiß die Einstellwerte (Unterbrecherabstand, Vorzündwinkel, Schließwinkel). Die neue Zündanlage mit eigengelagerten Unterbrechernocken war hinsichtlich der Zündwinkelkonstanz ein Fortschritt.

Auch an eine Leerlauf-Zündverstellung war gedacht worden. Vor allem im Leerlauf hatte die Rückstellung des Zündwinkels von 22° auf 16° Kurbelwinkel eine echte Verbesserung der Laufkultur zu Folge; allerdings erforderte ein lochfreies Beschleunigungsverhalten des Motors eine Gemisch-Anfettung, was zu erheblichem Verbrauchsanstieg führte. Dies war unakzeptabel und somit wurde diese Idee fallengelassen.

Recht ungünstig wirkte sich der etappenweise Übergang zum Nachfolgetyp auf die Kühlung aus. Weil die Karosserien 311 und 312 sowie die Fahrgestelle 312 und 353 bis auf die passbarkeitsbedingten Änderungen identisch sein mussten, ließ sich der Kühler nicht hinter das Ziergrill verlegen, sondern musste in seiner ungünstigen Position hinter dem Motor auf dem Rahmenquerträger verbleiben. Um eine ausreichende Kühlung zu gewährleisten, brauchte es wegen der vom Motor bereits vorgewärmten Kühlluft einen besonders hohen Luftdurchsatz. Hierfür wurde ein starker Lüfter benötigt. Dessen Geräusch war jahrzehntelang für den Wartburg charakteristisch; erst mit Einführung des Frontkühlers mit Elektrolüfter 1985 wurde es beseitigt. Der Miramid-Lüfter hatte bereits vorher einen

Leitring mit Manschette zur Kühlerhutze bekommen, um Förderverluste durch seitliches Abströmen zu vermeiden. Das neue Kühlsystem war dank des geschlossenen Kühlkreislaufes wartungsfrei. Eine Dauerfüllung aus 37 Prozent Glysantin und 63 Prozent destilliertem Wasser sorgte für Betriebssicherheit bis − 25° C. Die Siedegrenze erhöhte sich auf 125° C.

Mit dem neuen Kühlkreislauf erfuhr der Motor einen erheblichen konstruktiven Umbau. Bedingt durch den Keilriemenzug musste die Lüfterwelle auf die rechte Seite des Zylinderkopfes verlegt werden; das Komplettaggregat Wasserpumpe wurde verlassen und dafür eine Anbaupumpe in den ohnehin vorhandenen Lüfterantrieb im Zylinderkopf integriert, wegen des dahinterliegenden Lüfters zwangsläufig mit doppelseitiger Abdichtung; und ein gehäuseloser Thermostat war in den Zylinderkopf einzubauen.

Auch eine neue Abgasanlage sorgte für geringere Geräusche, wobei sich das maximale Drehmoment allerdings erst bei 3000 U/min. statt wie bisher bereits bei 2250 U/min. einstellte. Die bei dieser Gelegenheit ebenfalls eingeführte neue Dreipunktaufhängung des Motors blieb dem Wartburg ebenfalls bis zur Einstellung der Produktion erhalten.

Um die Ursache für die Kolbenfresser im Versuchsbetrieb zu finden, arbeiteten AWE und WTZ Karl-Marx-Stadt (Chemnitz) mit BVF Berlin, Megu Leipzig, BWL Leipzig und TU Dresden gemeinsam an funktionellen und fertigungstechnischen Untersuchungen des Motors. Man fand dabei viele kleine Dinge, deren Abstellung als wichtigstes Resultat dem Motor zu einer verbesserten Zuverlässigkeit verhalfen. Aber man stieß auch auf die Ursache der Klemmer: Eine zu hohe Kolbenring-Radialspannung hatte zu Auswaschungen im Kanalbereich der Zylinder geführt. Dort bliesen die Verbrennungsgase durch – der Kolben ging fest.

Der Serienanlauf des Wartburg 353 im Juli 1966 vereinigte dann endlich das modernisierte Fahrwerk mit einer völlig neu geschaffenen Karosserie zu einem Fahrzeug, das in technischer und gestalterischer Hinsicht gut gelungen war. Der viertürige Aufbau vermittelte besonders gegenüber dem Vorgänger 311/312 ein großzügiges Raumgefühl, während schmale Dachsäulen und große Fensterflächen eine ausgezeichnete Rundumsicht gewährleisteten. Die außen verlaufenden Haubenkanten ermöglichten eine optimale Erkennung der Fahrzeugbegrenzungen. Das Platzangebot war gut, der Kofferraum vergleichsweise riesig.

Daneben fanden sich besonders in der elektrischen Ausrüstung zahlreiche Neuheiten, so unter anderem 12 V-Bordspannung, beladungsabhängig verstellbare Ovalscheinwerfer, breite Kombinationsheckleuchten, Breitbandtachometer, elektrische Scheibenwaschpumpe und Geschwindigkeitsstufen für Scheibenwischer. Hartschaumteile auf Instrumententafeln und Lenkrad sowie Polsterwülste auf den Vordersitzlehnen sollten die innere Sicherheit verbessern. Ein wesentliches Ziel bei der Entwicklung der neu konstruierten Karosserie war die technologische Vereinfachung der Blechteile gegenüber dem Typ 311 mit geringeren Ziehtiefen, höherem Blechausnutzungsfaktor – hierbei handelte es sich um Import-Material –, einer erhöhten Fügbarkeit im Karosseriebau mit gewöhnungsbedürftigen

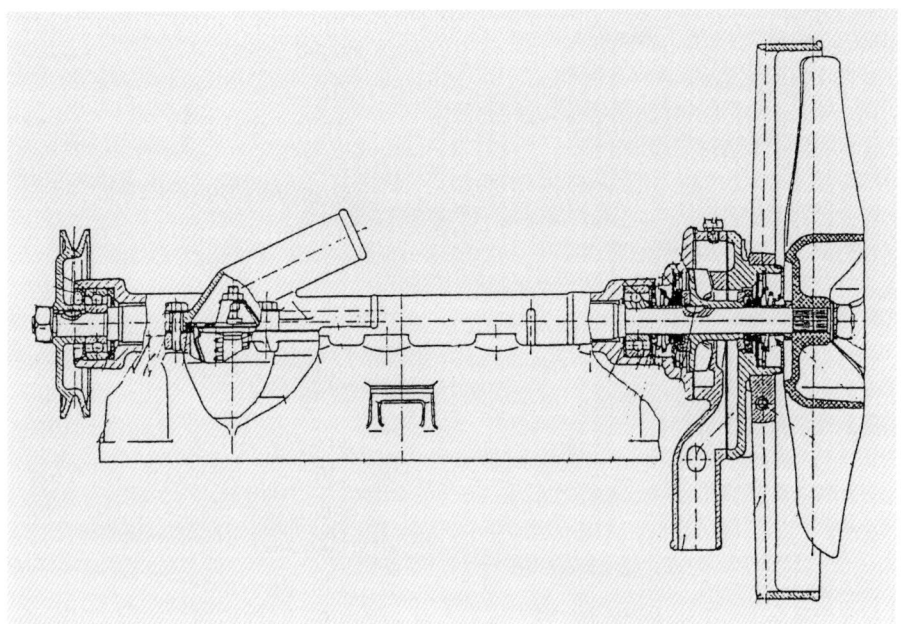

Der neue Zylinderkopf, der an den veränderten geschlossenen Kühlkreislauf, mit integrierter Wasserpumpe und Einbauthermostaten angepasst wurde (Archiv Konrad von Freyberg)

50 PS-Motor 353 I, Ansaugseite. Zu sehen sind die Wasserpumpe im Zylinderkopf vor dem Lüfter; der BVF-Fallstromvergaser 40F mit Abzweigtopf; der Drehschwingungsdämpfer der Kurbelwelle hinter dem Zündaggregat; das angeflanschte Vierganggetriebe 353 mit Freilauf; und der Abtrieb für Tripode-Gelenkwellen (Stadtarchiv Eisenach)

Der Wartburg 353, der im Erscheinungsjahr 1966 technisch und optisch gehobenes internationales Niveau in der unteren Mittelklasse repräsentierte (Stadtarchiv Eisenach)

großen Spaltmaßen und einer vereinfachten Austauschbarkeit im Schadensfall, so beim Kotflügel oder bei Karosserie-Mittelteilen.[36]

Insgesamt gesehen erwies sich in den Folgejahren das Baumuster 353 als gelungener Wurf, insbesondere für DDR-Verhältnisse. Es wies lange Federwege wegen der schlechten Straßen auf, es war leicht durch den Betreiber zu reparieren, es hatte einen großen Kofferraum für permanent anliegende Beschaffungsprobleme, und für Motorsportenthusiasten war es einfach umzurüsten. Das Auto blieb im Grundkonzept die nächsten 25 Jahre bis zur Stilllegung des Werkes 1991 im wesentlichen unverändert.

Der veränderte Motor mit neuer Ansauganlage lief deutlich ruhiger als vorher und erzielte ohne Schwierigkeiten Laufstrecken von über 100 000 km. Bereits damals arbeitete man in Eisenach an der Vollauswuchtung des Motors, um die bauartbedingten Massenmomente I. und II. Ordnung auf ein Minimum zu reduzieren. Die entsprechenden Gegenmaßnahmen wurden 1968 serienwirksam. Aus dem Längseinbau des Dreizylindermotors ergab sich ein hohes Massenträgheitsmoment um die Hoch- und Querachse. Deshalb und auch wegen der Unempfindlichkeit des relativ kleinen Triebwerks hatte sich beispielsweise die Frage einer Massenausgleichswelle nie erhoben.

Bei allen Änderungen, Neuerungen und Verbesserungen war die Leistung des Motors von 45 PS unangetastet geblieben. Im Vergleich merkte man den Nachteil. Während 1968 der Durchschnittswert europäischer Fahrzeuge zwischen 800 und 1100 kg Leermasse bei einem Masse/Leistungs-Verhältnis von 14,8 kg/PS lag, ergab sich beim 353 ein Masse/Leistungs-Verhältnis von 20,4 kg/PS. Erfreulicherweise war es mit dem 353er zwar gelungen, die Fahrzeugmasse um 40 kg im Verhältnis zum Vorgänger zu reduzieren, allerdings lag die zulässige Nutzlast 30 kg höher als beim 311, so dass sich im beladenen Zustand keine Vorteile einstellten. Nächster Ansatzpunkt war zwangsläufig die Steigerung der Motorleistung. Man fasste zunächst 50 PS ins Auge, erreichte aber damit lediglich eine Absenkung auf 18,4 kg/PS. Das war immer noch zu viel. Der wichtigste Vorteil dieser Veränderung war jedoch der Mitteldruckzuwachs, welchem bei den drehmomentstarken Zweitaktmotoren für Beschleunigungsvorgänge ohnehin eine wichtigere Rolle zukam. Im Juni 1967 begannen die Arbeiten, für das Jahresende wurde der Standfestigkeitsnachweis gefordert. Auch für dieses Ziel bildete AWE eine Arbeitsgruppe, in der nicht nur das WTZ und die TU Dresden, sondern auch Zulieferer von Vergasern, Abgasanlagen und Metallgusshersteller vertreten waren.

Zunächst wurden die Steuerzeiten für Ein- und Auslass verändert und das Kurbelgehäuse verrippt, um der höheren Belastung Rechnung zu tragen. Die Verdichtung ließ sich nur geringfügig erhöhen, weil Klingelerscheinungen eine Weiterführung dieser Arbeiten verhinderten. Ein erheblicher Spüldruckzuwachs und damit Gewinn an Mitteldruck ließ sich durch den Einsatz einer Kurbelwelle mit vollen Hubscheiben erreichen. Diese hatte eine positive und eine negative Nebenwirkung. Der positive Effekt bestand darin, dass sich die Geometrie der zusammengepressten Kurbelwelle wesentlich verbesserte, dadurch Nacharbeiten geringer und die Standzeiten erhöht wurden, der negative war die Verringerung der Eigenfrequenz der Torsionsschwingungen der Kurbelwelle. Folge davon waren Geräuschspitzen und Schwingungsbrüche vor allem an elektrischen Aggregaten. Diese führten bei leistungsstärkeren Motoren sogar zu Kurbelwellenbrüchen. Abhilfe musste hier ein Drehschwingungsdämpfer schaffen. Zu erwähnen ist übrigens noch, dass es mit Biegeschwingungen bei der vierfach gelagerten Kurbelwelle nie Probleme gab.

In der Ansauganlage wurde der Fallstromvergaser auf 40 mm Ansaugweite erhöht. Auch er verfügte über eine mechanisch betätigte Volllastanreicherung. Weitere Verbesserungen an ihm waren eine verfeinerte Zerstäubung bei allen Drosselklappenstellungen, Wärmeschutz durch angeschraubten Drosselklappenflansch und ein spürbarer Druckpunkt bei Einsatz der Vollastanreicherung.

Komplettiert durch eine Abgasanlage mit verringertem Gegendruck lieferte die überarbeitete Antriebseinheit nunmehr 50 PS/36,7 kW/4250 U/min. sowie ein Drehmoment von 10 kpm/3000 U/min. und unterschied sich damit deutlich von ihrem Vorgänger, dem Motor 353-0. Der im Motorenkennfeld ermittelte spezifische Kraftstoff-Minimalverbrauch von 227 g/PSh bestätigte sich im Fahrbetrieb mit einem für einen 2T-Motor ausgesprochen sparsamen Streckenverbrauch.

60 Motoren dieser neuen Bauart 353-1 wurden einer sehr harten Prüfstands- und Fahrerprobung unterzogen. Dabei gab es keine Ausfälle und im Mai 1969 begann die Serienproduktion. Das damit geschaffene neue Grundkonzept des Dreizylinder-Zweitaktmotors blieb im wesentlichen bis zum Ende unverändert. Außer an den hier genannten Themenkomplexen arbeitete man auch an anderen, die teilweise auch serienwirksam wurden, so geräuschärmere Lüfter, Kühlwassertemperaturregler mit Hermetik-Dehnelement, Übergang zu Zündkerzen M 14, Registervergaser und vornliegender Kühler. Es gab auch Versuche, deren Ergebnisse sich nicht als serientauglich erwiesen, wie zum Beispiel mit langen Spülkanälen, mit geschlitzten beziehungsweise Dehnstreifenkolben, mit abgedeckten Hauptlagern und mit Nadellagerung im großen Pleuelauge.

Der Motor war hinsichtlich seiner Leistungsfähigkeit ausgeschöpft. Die durch die Ölkohlerückstände des DDR-Zweitaktöls verursachte fatale Klingelneigung, die alle Versuche der Leistungssteigerung und auch der Kraftstoffgemischabmagerungen einschränkte, blieb dem Motor erhalten. Spätere Versuche, bestimmte Prototypen mit solchen Motoren, zum Beispiel das Wartburg Coupé 355, mit höherer Leistung zu versehen, endeten in höchst unbefriedigenden Maßnahmen. Dazu zählen etwa zylinderbezogene unterschiedliche Zündwinkel, Verdichtungen und Kolbeneinbauspiele. Trotzdem widerstand man der Versuchung, um verbesserte Parameter zu erzielen, den Hubraum zu vergrößern, denn in einem solchen Fall sah man die Stabilität der Umkehrspülung gefährdet.

Das Hauptproblem am Wartburg blieb der Motor. Er arbeitete im Zweitakt, war zu schwach und konnte nicht mehr in der Leistung gesteigert werden. Auch wenn Alternativ-Überlegungen zu einem Viertaktmotor seit der Festlegung der VVB Automobilbau auf den Kreiskolbenmotor als Perspektivlösung suspekt geworden waren, gab doch die notwendige und von staatlicher Seite immer dringlicher geforderte Steigerung des Exportanteils Ideen Raum, dass wenigstens als Ausfuhrausstattung ein Viertaktmotor fremden Fabrikates vorstellbar war. Seit 1965 wurden Alternativen mit der Renault Caravelle, dem Škoda 1000 MB, dem Triumph 1300, dem Moskwitsch 408 und auch mit einem Perkins-Dieselmotor konstruktiv untersucht. Die Ergebnisse bestätigten, dass der vom Dreizylinder-Wartburgmotor vorgegebene Freiraum für den Einbau eines Vierzylindermotors im Sinne des Standardantriebs nicht ausreichte. So beschränkte man sich denn im August 1967 bei den Experimenten auf einen 1,7 l Ford V 4-Motor (Corsair) und auf einen 1,3 l Morris BLMC-Motor. Letzterer war als extremer Langhuber ausgelegt und baute dadurch außerordentlich kurz, weswegen ihm die größten Chancen eingeräumt wurden. Das gleiche Triebwerk war übrigens im Morris Marina und in noch weiteren sieben englischen Fahrzeugtypen serienmäßig im Einsatz. Wegen des hinten liegenden Kühlers mussten eine zusätzliche Lüfterwelle mit Antrieb installiert und die am Motor vorn liegenden Wasseranschlüsse durch lange Schlauchleitungen mit dem Kühlerstutzen verbunden werden. Dies funktionierte, war aber konstruktiv recht unbefriedigend. Im November 1973 wurden diese Versuche eingestellt.

In diesem Zusammenhang verdient der Sechszylinder-Zweitaktmotor nach konstruktiven Plänen von Müller-Andernach besondere Erwähnung. Der Konstrukteur Müller hatte bereits vor dem Krieg am Zweitaktmotor in der Zentralen Versuchsabteilung der Auto Union gearbeitet und später seine Kenntnisse und Erfahrungen zunächst der Ingolstädter Auto Union zur Verfügung gestellt. Bald machte er sich in Andernach mit einem eigenen Konstruktionsbüro selbstständig und widmete seine Aufmerksamkeit besonders dem Zweitaktmotor. Sein V 6-Motor hatte 1,3 l Hubraum und war durch eine geschickte Kombination zweier Dreizylindermotoren mit eigenen Vergasern und Zündverteilern, aber mit einer gemeinsamen Kurbelwelle entstanden. Müller-Andernach hatte der Bayreuther Motorengesellschaft (BMG) seine Patente zur Verwertung überlassen und diese versuchte nun, dieses Potenzial in Kooperation mit der DDR auszunutzen.

Die Motorenkonstruktion war durch zahlreiche Besonderheiten gekennzeichnet, so beispielsweise durch angegossene Brennräume, aufgeschrumpfte kolbenringabgedichtete Kurbelkammer-Trennscheiben auf den Hubzapfen, eine kombinierte Wasser-Schmierölpumpe mit aufgesetztem Ventilator, gleiche Zylinderblöcke sowie durch nahezu identische Anschlussmaße an das Getriebe des Wartburg 353. Auf den AWE-Motorenprüfständen brachte der Motor eine Leistung von rund 80 PS bei 4500 U/min. sowie ein maximales Drehmoment von 14,52 mkp/3500 U/min. Zwei dieser Motoren wurden in Versuchsfahrzeuge 353 eingebaut und demonstrierten eindrucksvolle Fahrleistungen. Für eine Beschleunigung von 0 auf 100 km/h brauchten sie 17,1 Sekunden, die Höchstgeschwindigkeit betrug 150 km/h.

Die BMG bot die Konstruktion des Müller-Andernach-Motors (bei AWE daher die Bezeichnung MA 1300) für 225 000,- DM an. In Eisenach zeigte man sich von dem neuen Motor ziemlich begeistert. Die Konstruktion galt als genial, und man hätte mit diesem Triebwerk mit einem Schlag das Problem der Untermotorisierung des Wartburg gelöst. Erweiterte Versuchserprobungen, Anfertigung von Zeichnungssätzen und Stücklisten, technologische Untersuchungen, Abstimmungen mit der Zulieferindustrie, Untersuchungen zum Weltstandsvergleich und zu Kosten und Kapazitäten sowie anderes mehr fassten die Eisenacher in einer Studie vom 5. Oktober 1967 zusammen.

Eigentlich kam der Motor im richtigen Moment. Der Dreizylinder-Zweitakter hatte sich für die Zukunft als ungeeignet erwiesen. Der Kreiskolbenmotor hatte

Der V6-2T-Motor des Konstruktionsbüros Müller-Andernach als Antriebsalternative für den Wartburg 353, hier ohne Lichtmaschine zu sehen, die rechts über dem Auspuffkrümmer liegt. Die Prüfstandmessung bei AWE ergab für diesen 1289 cm³-Motor 80,7 PS bei 4500 U/min (Stadtarchiv Eisenach)

Die Kurbelwelle des Motors MA 1300 mit je zwei Pleueln pro Hubzapfen und dazwischenliegenden Abdichtscheiben (Stadtarchiv Eisenach)

viel Sympathie eingebüßt und die Vertrauensbasis schwand allmählich. Der Einbau von Viertakt-Fremdmotoren wurde aus ideologischen Gründen und wegen Devisenmangels nicht zugelassen. Die Eigenentwicklung von Viertaktmotoren war obsolet. Da kam der MA 1300 wie gerufen.

Allerdings ließ sich auch hier ein bekanntes Phänomen beobachten: Euphorie schlug mit der Zeit in Skepsis um. Neben den verlockenden Vollast-Parametern zeigte der Motor fast im gesamten Teillastbereich unterschiedlich starke Klingelerscheinungen, die auch trotz Konsultation des Andernacher Entwicklungspersonals nur durch erhöhten Kraftstoffzusatz zu verringern waren. Das allerdings führte zu unvertretbar hohen Verbräuchen und Abgaswerten. Vielleicht hätte hier eine Kraftstoffeinspritzung Abhilfe schaffen können, eine solche Anlage stand aber nicht zur Verfügung. Darüber hinaus ergab ein mit magerer Vergasereinstellung durchgeführter Abgastest zwar die Einhaltung der Leerlauf- und Zyklus-CO-Grenzwerte, die CH-Emission lag aber um etwa das Neunfache über dem Limit und damit noch wesentlich ungünstiger als beim Motor AWE 353-1. Bei Verhandlungen mit den Teilhabern der BMG hatte sich im übrigen gezeigt, dass die Ernst Heinkel AG in Düsseldorf außerordentlich stark daran interessiert war, den Kurbeltriebsatz für diesen Motor herzustellen. Ihn wie auch die von hr vertriebenen Scheibenbremsen

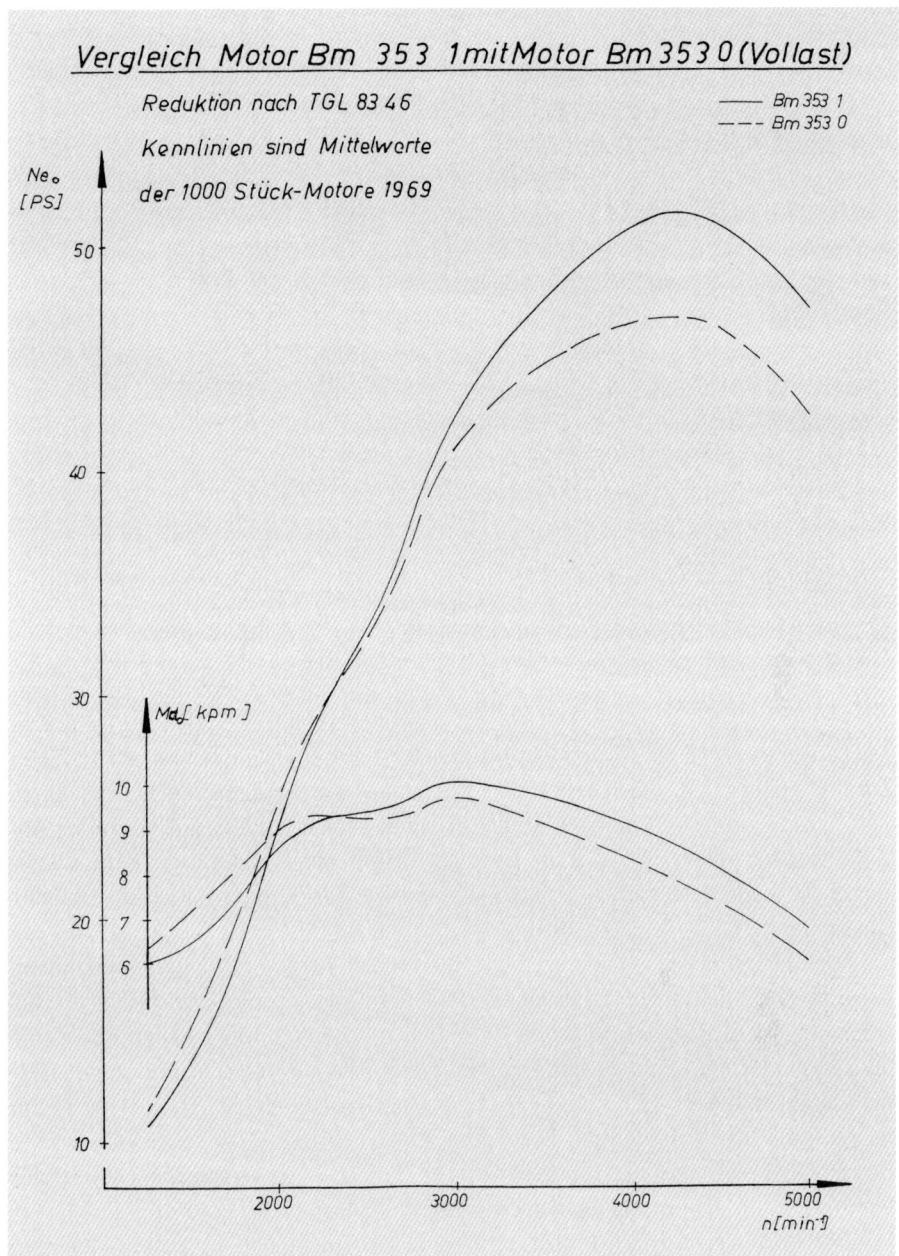

Vollast-Vergleich der 1000 cm³-Motoren 353 0 (45 PS) und 353 1 (50 PS). Das hohe Drehmoment von 10 mkp war eine der Stärken dieses kleinen Motors (Archiv Konrad von Freyberg)

Ursprünglich für den Motorsport gedacht, wurde der RS 1000 bald zum Traumauto vieler Sportwagenfans. Er wurde in 101 Exemplaren vornehmlich zwischen 1970 und 1975 gebaut, das letzte Exemplar 1980. Das Grundkonzept ließ viele Möglichkeiten zu – auch Ladamotoren passten hinein, sämtliche Fahrwerksparameter waren einstellbar (Archiv des Autors)

wollte sie an AWE als Koproduktion zuliefern. Bereits unmittelbar nach dieser Zusammenkunft wurde in einer berichtenden Aktennotiz vermerkt: »Unsererseits wurde unmißverständlich zum Ausdruck gebracht, dass (...) der Bau der V 6-Motoren allein in AWE in Betracht käme, da Kooperationsbeziehungen zwischen beiden deutschen Staaten auf Grund der jetzigen Situation undenkbar sind.«[37]

Auch Hauptdirektor Lang verfolgte die Verhandlungen mit kaum verhohlener Antipathie. Er ließ am 8. September 1967 dem Betriebsdirektor Hellbach vom Automobilwerk Eisenach folgende Direktive zukommen: »Wir haben die Standpunkte für die Perspektive und Prognose der Pkw abgestimmt und gemeinsam herausgearbeitet. Es gibt keine Voraussetzung irgendwelcher Art, die es rechtfertigt, über die vorstehende Festlegung hinaus Aufwand zu betreiben, Risiken betreffs der von uns nicht beeinflußbaren Publizierung einzugehen sowie den Partnern mehr als notwendig Kontaktmöglichkeiten einzuräumen.«[38]

Der Müller-Andernach-Motor scheiterte also nicht nur an technischen Problemen, sondern auch am sehr schlechten politischen Klima zwischen beiden deutschen Staaten. Für die AWE-Techniker blieb angesichts dieser Situation nur, auf die eigenen Fähigkeiten zu vertrauen. Sie entschlossen sich, so wie ihre Zwickauer Kollegen auch, zur Entwicklung eines »Perspektiv-Pkw« – in Zwickau nannte man ihn »Prognose-Pkw« – mit Viertaktmotor und selbsttragender Karosserie. Alle hierfür erforderlichen Elemente wurden in einer Ministerratsvorlage zusammengestellt und in Berlin eingereicht. Ohne die Bestätigung abzuwarten, besprach

Von AWE und wichtigen Zulieferern nach Kräften unterstützt, verwirklichte Heinz Melkus aus Dresden die Idee eines Sportwagens. 1969 stellte er den von ihm entwickelten Melkus RS 1000 vor. Wartburgmotor, Kunststoffkarosserie, Alu-Felgen – an diesem Auto war im Grunde alles »Engpass-Ware« (Archiv des Autors)

der Technische Direktor des Werkes, Dankwart Fehr, am 1. Juli 1968 mit seinen Mitarbeitern die Grundzüge des Projekts. Sofort sollte mit der Entwicklung des Viertaktmotors begonnen und statt dessen alle Arbeiten am Müller-Andernach-Motor (MA 1300) und die Beteiligung an der Erprobungstätigkeit am KKM eingestellt werden. Den Serienauslauf des Zweitaktmotors prognostizierte Fehr auf 1976. Bei einer Beratung im großen Rahmen am 31. Juli 1968, woran auch die VVB Automobilbau, das WTZ Karl-Marx-Stadt (Chemnitz), Sachsenring Zwickau und natürlich AWE teilnahmen, kam man überein, im neuen Antriebsaggregat das Kernstück dieser Perspektiv- beziehungsweise Prognose-Pkw zu sehen. Den Vereinbarungen zur Arbeitsteilung und Ermittlung von Kapazitäten und Kosten sowie von Produktionsmöglichkeiten einschließlich Standortfragen und anderem lag die technische Konzeption des Antriebs zugrunde. Dieser stellte sich nach Vorschlag von AWE dar als Baureihe von 1,4 – 1,6 – 1,8 l Vierzylinder-Reihenmotor mit 70 bis 100 PS. Über die konstruktive Anordnung von Motor-Kupplung-Getriebe-Achsantrieb führte das WTZ eine interessante Untersuchung durch, dessen Ergebnis ein längsliegender, wegen der Bauhöhe auf die Abgasseite geneigter

Bei AWE um 1972 entwickelter 4-Zylinder-4T-Reihenmotor Typ 400 mit 1593 cm³ Hubraum und einer Leistung von 82,7 PS/61 kW bei 5250 U/min. Dies war der erste in der DDR konstruierte ohc-Motor, zudem mit Zahnriemenantrieb (Halbkugelbrennraum mit Quetschkante) (Archiv Konrad von Freyberg)

Motor mit unter der Kurbelwelle liegendem Achsantrieb und dahinter liegendem Getriebe war. Trotz der Längsanordnung war dies eine kurzbauende Lösung und der in Fahrzeugmitte liegende Triebsatz gab Baufreiheit für die Ansauganlage, erlaubte den Kupplungswechsel ohne Getriebedemontage, gewährte gute Servicemöglichkeiten durch freie Zugänglichkeit und wies gleichlange Gelenkwellen mit innenliegenden Scheibenbremsen zur Verringerung der ungefederten Massen auf. Diese Konzeption glich in Umrissen jener, die ein Jahr später mit dem VW K 70 in der Bundesrepublik in Serie ging.

Um sich wieder den Problemen des Viertaktmotors zu widmen, wurden im Auftrag von und in Übereinstimmung mit AWE drei Einzylinder-Prüfmotoren vom WTZ in Karl-Marx-Stadt (Chemnitz) gebaut. Die daran betriebenen Messungen mit unterschiedlichen Brennräumen mit und ohne Quetschkante, von Einlassdrallintensitäten und Ladungsschichtung, der Verdichtungsverhältnisse, Steuerzeiten, Ventilerhebungskurven usw. lieferten verlässliche Daten für die Konstruktion der 1,6 l-Motoren. In der Tat wurden dann zwei Vierzylindermotoren (Typ 400) nach den ermittelten besten Verfahren gebaut, einer davon mit Halbkugel- beziehungsweise dachförmigen Brennraum bei AWE, der andere mit Heron-Brennraum und AWE-Unterbau beim WTZ. Dabei handelte es sich übereinstimmend um den ersten in der DDR konstruierten ohc-Motor, der überdies eine durch Zahnriemen angetriebene Nockenwelle besaß. Um eine Nebenwelle einzusparen, erfolgte der Antrieb der in einer Achse liegenden Hilfsaggregate Zündverteiler/Ölpumpe über eine Schraubverzahnung am vorderen Kurbelwellenende. Damit möglichst gleichlange Ansaugwege erzielt werden konnten, erfolgte die Anordnung der Einlassventile jeweils benachbart. Damit saßen auch jeweils zwei Zündkerzen in einem gemeinsamen Schacht des Zylinderkopfes. Erstmals in der DDR kam eine gegossene Kurbelwelle zum Einsatz.[39]

Als Grundlage dieser Entwicklung, in die zahlreiche Zulieferer eingebunden waren, sollte dem Trend entsprechend wie auch dem dogmatischen Druck der Partei folgend ein Netzplan dienen, der 648 verschiedene Aktivitäten enthielt. Allerdings war dies für das zuständige Rechenzentrum in Weimar zu viel an Infor-

Erste in der DDR gegossene Kurbelwelle für den Motor 400. Werkstoff war Kugelgraphitguss 60 von GAL Leipzig (Archiv Konrad von Freyberg)

mation, so dass letztlich – wie stets bis dato – der Hauptfristenplan das Fundament der zeitlichen Koordinierung der Einzelprozesse bleiben musste.

Mitten in diese aktive Arbeitsphase platzte die Anweisung zum Themenabbruch. Dies wurde mehrfach begründet: Als Perspektivfahrzeug sei das geplante Auto für die Massenmotorisierung der DDR zu groß und die Fertigungskosten dafür seien nicht abzudecken. Angesichts hoher Investitionen wurden besonders die mangelnden Produktionserfahrungen mit Viertaktmotoren ins Feld geführt, die zur Zurückhaltung mahnten.

Die Ministerratsvorlage war somit nicht bestätigt worden. Angesichts des fortgeschrittenen Stadiums des Musterbaus wurde aber noch der Aufbau der beiden Motoren Typ 400 genehmigt, um zumindest das Betriebsverhalten dieser Neukonstruktionen kennenzulernen und Erfahrungen zu sammeln. Der AWE-Halbkugelmotor leistete ohne Feinabstimmung, die er nicht mehr erlebte, 82,7 PS bei 5250 U/min. und bot ein maximales Drehmoment von 12,6 kpm/4000 U/min. Nur dieser Motor wurde tatsächlich in ein Versuchsmuster Wartburg 353 eingebaut, das eine Höchstgeschwindigkeit von 153,2 km/h erreichte. Der Heron-Motor des WTZ leistete sogar 84,5 PS, konnte aber im Fahrzeug nicht mehr getestet werden. Auch eine Feinabstimmung war nicht mehr möglich. Im Juni 1974 wurden sämtliche Arbeiten daran eingestellt.

1970 versuchte die VVB Automobilbau noch einmal, die längst fällige Generalerneuerung des Automobilbaues in der DDR in Angriff zu nehmen. In einer mehrwöchigen Klausurtagung in Gleichenstein im Sommer dieses Jahres, an der verantwortliche Mitarbeiter aller beteiligten Werke teilnahmen, wurde eine gemeinsam getragene Konzeption für ein neues Automobilprojekt der DDR erarbeitet. Hinsichtlich des Antriebs stimmten AWE und AWZ darin überein, dass der Fronttriebsatz die verkleinerte Bauweise des Typs 400 sein sollte, mit Motoren mit

Prototyp Coupé 355 mit einem dem Modell 353 ähnlichen Fahrgestell, einem 55 PS-Motor und einer neuen Karosserie aus glasfaserverstärktem Polyester (GFP), das im Versuchsmusterbau von AWE hergestellt wurde (Stadtarchiv Eisenach)

1100 cm^3 für AWZ und mit 1300 cm^3 für AWE. Von den Automobilbauern wurde allerdings seitens Partei und Regierung gefordert, sich angesichts eigener ungenügender Kapazitäten künftig mit RGW-Partnern zusammenzuschließen. Mit der daraus folgenden Festlegung auf den Škoda-Motor als künftigen Antrieb für den gesamten DDR-Bedarf brachen für die Motorenkonstrukteure auch in Eisenach traurige Zeiten an. In den folgenden zehn Jahren wurde jede zukunftsorientierte Entwicklungsarbeit an Viertaktmotoren lahmgelegt.

Nach dem erfolgreichen Serienanlauf des Baumusters 353 bemühte sich das Werk, die Angebotspalette zu erweitern. Es konzentrierte sich auf ein im RGW-Raum noch nicht vorhandenes zweitüriges Coupé für gehobenere Ansprüche, das bedeutete mit anderen Worten eine neue Karosserie auf im wesentlichen unverändertem Fahrwerk (abweichend: Sturz Hinterachse, 55 PS-Motor). Hans Fleischer gelang erneut eine formschöne Gestaltung mit klarer Linienführung, die bewusst dem Baumuster 353 ähnelte. Als Besonderheit wurde erstmals im deutschen Automobilbau ein Schrägheckaufbau mit großer Hecktür präsentiert, der später international breite Anwendung fand. Neu an der Karosserie war ebenfalls die GFP (glasfaserverstärkter Polyester)-Bauweise, bei der in nach Zeichnungen angefertigten Holzmodellen Glasfasermatten in mehreren Lagen eingelegt und mit flüssigem Polyester durchtränkt wurden. Dadurch erhielt man nach Aushärtung und entsprechenden Nacharbeiten einbaufähige Teile. Dieses Coupé mit der Typ-Nummer 355 fand optisch zwar großen Anklang, die GFP-Technologie erwies sich aber als sehr arbeitskräfteintensiv und schied als Serienlösung selbst für kleine Stückzahlen aus. Die Arbeiten an diesem Fahrzeug wurden nach dem Aufbau von drei Prototypen eingestellt.

Ungefähr zur selben Zeit entstand als Vorschlag der Gruppe Karosseriekonstruktion ein offener Kübelwagen für Land- und Forsteinsatz, das Baumuster 400. Gedacht war es als Erweiterung des Modellangebots in geringerer Stückzahl. Auch hier wurde ein in GFP-Technologie gefertigter Aufbau auf das weitgehend serienmäßige Chassis gesetzt. Der oben offene und in Schalenbauweise ausgeführte Karosseriekörper mit einlaminierten Sandwich-Strukturen zur Festigkeitserhöhung verlieh dem Fahrzeug einen gewissen Grad an Schwimmfähigkeit – eine Eigenschaft, die in der künftigen Entwicklung nicht weiter verfolgt wurde.

Dieses Baumuster wurde zunächst der VVB Auto und später dem Minister des Innern Dickel vorgestellt, erfuhr zwar allseits Anerkennung, jedoch nicht den gewünschten Anschub, so dass das Thema offiziell abgebrochen

Der Prototyp Kübelwagen 400, für den Land- und Forsteinsatz gedacht, eine auf das Fahrwerk 353 montierte, oben offene GFP-Karosserie, deren Schalenbauweise mit einlaminierten Sandwich-Strukturen das Fahrzeug schwimmfähig machte (Stadtarchiv Eisenach)

werden musste. Unter der Hand wurden weitere Fahrzeuge gebaut, die bei privaten Jagdvergnügen der Eisenacher Partei- und Stasi-Elite Verwendung fanden. Die Kosten für Service und Benzinschecks waren von der Abteilung Versuchserprobung zu buchen. Auch aus den Jagdgebieten Erich Mielkes, des Ministers für Staatssicherheit, im heutigen Brandenburg kam nach 1989/90 ein solches Fahrzeug nach Eisenach zurück. Unter strengster Geheimhaltung wurden Fahrzeuge für das Ministerium für Staatssicherheit gebaut. Zwischen 1971 und 1975 waren es insgesamt 610 Stück, die auf der Grundlage des Wartburg 353 entsprechend ihrer jeweils unterschiedlichen Ausrüstungen die Typ-Nummern 612 und 620 trugen. Gegenüber dem Serien-353 wurden sie mit einem 55 PS-Motor, 60-Liter-Kraftstofftank, Alfer-Bremstrommeln, Unterbodenschutz und Benzin-Standheizung ausgestattet, teilweise hatten sie Funkanlage und Blaulicht. Ihr Verwendungszweck bestand in der Observierung und Verfolgung »verdächtiger Zielpersonen«.

Aus den Trümmern des RGW-Gemeinschaftsprojektes Typ 760 versuchte man in Eisenach noch 1974, in Gestalt des als Baumuster 360 bezeichneten Entwurfs einen konstruktiven Ausweg zu finden. Dieses Auto sollte 1976/77 den Typ 353 ablösen, zum Zeitpunkt der Einführung zwar dann noch mit einem Zweitakter angetrieben werden, aber für 1980 war eine Ausstattung mit einem Viertaktmotor geplant. Die dafür entwickelte neue selbsttragende viertürige Karosserie, mit

Der Typ 360 mit längsliegendem Škoda-760-Motor (Kühler seitlich), neuem Getriebe, modernem Fahrwerk und selbsttragender Karosserie – der Karosserieentwurf stammte von Hans Fleischer. Die Initiative von AWE, damit den Wartburg 353 abzulösen, war vergeblich (Archiv Michael Stück)

der bereits Windkanaluntersuchungen durchgeführt worden waren, sollte beide Antriebskonzeptionen berücksichtigen. Die Technik der Fahrzeugkomponenten baute im wesentlichen auf jener des Baumusters 760 auf; vorn war also eine Doppelquerlenkerachse mit aufgesetztem Federbein angeordnet, hinten eine an Lenkern geführte Starrachse mit Federbeinen. Das Getriebe war gekürzt worden und homokinetische Gelenkwellen sowie eine außen liegende Schwimmsattel-Scheibenbremse ergänzten das moderne Arsenal. Auf diese Weise gingen Konstruktion und Musterbau relativ zügig vonstatten. Beim Prototyp wurde ein als Längseinbau angeordneter Škoda-Motor 760 eingesetzt. Diese für einen Standardantrieb vorgesehene Motorkonstruktion war zu lang, was zwangsläufig immer wieder zu Disproportionen der Karosserie mit viel zu großer Buglänge des Fahrzeugs führte – bald schon trug es den Spitznamen ›Riesenschnauzer‹. Dies hätte sich nur mit einem spezifisch dafür konstruierten Kompaktmotor ändern lassen. Dieser lag zwar konstruktiv im Zeichnungssatz bei AWE vor, war aber noch nicht gebaut worden. Hinzu kam, dass ein solcher Motor gar nicht erwünscht war. Im Fall des Typs 360 wurde diese Bug-Disproportion durch die Anordnung des Kühlers nicht vor, sondern neben dem Motor etwas gemildert. Um dem Projekt zusätzlich noch politischen Aufwind zu geben, hatten an der Entwicklung dieses Fahrzeugs Unbeteiligte das Auto als Konstruktion »Zu Ehren des 25. Jahrestages der DDR« proklamiert. Die Partei revanchierte sich prompt – noch im Oktober 1974 wurde der Themenabbruch für dieses Fahrzeug angewiesen.

Am 3. März 1975 ging der Wartburg 353 W in Serie, das W stand hierbei für Weiterentwicklung. Der Motor hatte eine 500 Watt-Drehstromlichtmaschine

Die neue Scheibenbremse am Wartburg 353 W war wegen der nicht vorhandenen Bremsleistung des 2T-Motors überfällig und beseitigte wirksam die fading-Probleme der Trommelbremse (Stadtarchiv Eisenach)

bekommen, blieb aber ansonsten unverändert. Im Vordergrund hatten eindeutig Sicherheits- und Modernisierungsaspekte gestanden, wie zum Beispiel eine neue Zweikreis-Bremsanlage mit Scheibenbremsen, lastabhängiger Bremskraftregler, ECE-gerechte Lenksäule mit Abscherkupplung, H4-Hauptscheinwerfer, neue Instrumententafel mit modernisierter Gerätekombination und Sicherheitsgurte mit Einhandbedienung.

In den folgenden Jahren lag der Schwerpunkt der Entwicklung bei AWE auf der Verbesserung der Emissionswerte. Dieser Schwachstelle des Motors widmete man sich mit großem Aufwand. Das Vorhaben war relativ hoch angebunden – es war ein sogenanntes Staatsplanthema – und galt vor allem der Verminderung der Kohlenwasserstoff- und der Kohlenoxidwerte. In einer aufwendigen Untersuchung über die Wirkung von Bauteiletoleranzen, Vergaseränderungen (Zerstäuber, Leerlaufaustritt), Gemischvorwärmung und Drei-Vergaseranlage auf die Gemischverteilung und Schadstoffemission konnten zunächst die wichtigsten Einflussgrößen exakt ermittelt werden. Vor allem durch den in der Folge mit neuem Leerlaufsystem ausgestatteten BVF-Vergaser 40 F 1-15, dessen Serieneinsatz ab Januar 1976 erfolgte, konnten die geforderten CO-Grenzwerte zum Teil deutlich unterschritten werden.

Als weitaus problematischer erwies sich die Verringerung der CH-Emission. Man war dabei vornehmlich auf eigene Grundsatzforschungen angewiesen, da in der Fachpresse darüber kaum geeignete Veröffentlichungen vorhanden waren. Die Ursache für die Bildung unverbrannter Kohlenwasserstoffe im Abgas bei Viertaktmotoren (unvollständige Verbrennung durch »Einfrieren« der Reaktion, Verlöschen der Flamme in Quetschspalten an kalten Wänden) unterscheiden sich grundsätzlich von denen bei Zweitaktmotoren (Frischgemischverluste infolge Ladungswechselverlusten und zyklischen Schwankungen). Das gesamte Spektrum wurde bearbeitet: Gemischabmagerung, Erhöhung des Verdichtungsverhältnisses, Einlassmembranventile oder Einspritzanlage – alles war erfolglos oder nicht zu realisieren. So blieb nur die Möglichkeit einer Abgasnachbehandlung. Der katalytische Weg scheiterte an der mangelnden Verfügbarkeit von bleifreiem Kraftstoff und einem Oxydationskatalysator, am Ölanteil im Kraftstoff sowie am Abgasgegendruckaufbau. Untersuchungen zur thermischen Nachverbrennung wurden zwar angestellt, ergaben jedoch am Zweitaktmotor negative Ergebnisse. Leistung und Drehmoment brachen bei Einsatz eines zum thermischen Reaktor umkonstruierten Abgaskrümmers zusammen. Das Ergebnis dieses Forschungsauftrages war ein Teilerfolg, nämlich die Unterbietung der maximal zulässigen CO-Werte. Der fünffach über dem Grenzwert liegende CH-Ausstoß war aber für den Zweitaktmotor und seine Zukunft der Todesstoß. Er besaß keine Chance auf Problemlösung.

Die inzwischen mehr als zehn Jahre währende Produktionszeit des Wartburg 353 führte zwangsläufig zu einer dringend anstehenden Erneuerung der verschlissenen technologischen Ausrüstungen wie Vorrichtungen, Werkzeuge, Prüfeinrichtungen sowie Schweißanlagen, wollte man die bereits auftretenden Qualitätsprobleme in gewissen Grenzen halten. Und nichts lag dabei näher, als diesen kostspieligen Erneuerungsprozess mit einem modern konzipierten und zukunftsorientierten Fahrzeug zu verbinden, das den aktuellen internationalen Sicherheitsvorschriften und Abgasgrenzwerten entsprach sowie einen verminderten Materialeinsatz erlaubte.

Da auch bei AWZ dieselbe Auffassung herrschte, wurde durch eine gemeinsame Initiative der Automobilwerke und mit dem vorab eingeholten Segen des Kombinates Pkw und des Ministerrates ein neues Projekt ins Leben gerufen. Benannt nach der Typennummer des bereits in Zwickau in Entwicklung befindlichen Typs 610 wurde dieser als Grundtyp definiert und war als zweitüriges Vollheckfahrzeug für die Massenmotorisierung der DDR geplant. Währenddessen nahm AWE die Modifikation dieses Typs, den 610 M, in Angriff. Dieser sollte gegenüber dem Grundtyp mit viertüriger Stufenheckausführung, einer stärkeren Motorisierung, wahlweisem Automatikgetriebe und einer höherwertigen Ausstattung gehobenere Ansprüche erfüllen. Als Serieneinsatz war das Jahr 1984 vorgesehen.

Die bedrohliche Maße annehmende Verschleißsituation der fertigungstechnischen Einrichtungen des Baumusters 353 zwangen AWE zu einem offensiven Antrag beim Kombinat Pkw, der von dort in die Ministerialebene weitergereicht wurde, und zwar stellte AWE den Antrag, mit einem Zwischentyp bereits vor 1984 in Serie zu gehen. Dieser hatte nur geringe technische Ähnlichkeit mit dem Grundtyp und wurde als 610 M/1. Stufe bezeichnet. Im September 1977 wurde AWE durch den Ministerrat der DDR die Aufgabe übertragen, die Möglichkeiten

Im Zuge einer Initiative, zusammen mit AWZ eine überfällige Ablösung von Wartburg und Trabant zu entwickeln, entstand bei AWE der Prototyp 610 M/1. Stufe. Diese Arbeit wurden 1979 auf Weisung des Politbüros eingestellt (Archiv Michael Stück)

einer früheren Produktionsaufnahme zu prüfen. Zu diesem Zweck wurde der Prototyp 610 M/1 auf die Räder gestellt, der über einen in Längsrichtung vor der Vorderachse eingebauten 1,3 l Dacia-Motor verfügte und dessen Kraftübertragung über ein neues bei AWE entwickeltes 4-Gang-Getriebe und Gleichlauf-Kugelgelenkwellen erfolgte. Die Vorderachse bestand aus einer Doppelquerlenker-Radführung mit darüber angeordnetem Federbein, die Vorderräder hatten negativen Lenkrollradius. Die Hinterachse war als Starrachse ausgeführt. Mittige Dreiecks- und seitliche Längslenker wurden über Federbeine abgestützt. Die selbsttragende Karosserie wurde nach fertigungstechnischen Gesichtspunkten in die geeigneten Großpressteile aufgeteilt. Formstabile Volltüren waren vorgesehen. Aufgrund angeschraubter Vorderkotflügel war trotz der selbsttragenden Bauweise ein Austausch von Teilen jederzeit ohne größere Schwierigkeiten möglich. Das Reserverad wurde im Motorraum untergebracht.

In einer Klausurrunde im Kombinat Pkw im März 1978 konnte eine technisch-konzeptionelle Annäherung der Modifikation 610 an den Grundtyp erreicht werden. Es entstand damit der Typ 610 M/2. Stufe. Hauptelement war der Triebsatz, der nunmehr in Übereinstimmung mit AWZ als Quereinbau-Frontantrieb festgelegt wurde, wobei man den Škoda-Motor Typ 760 verwendete. Der Raumbedarf des Quertriebsatzes erforderte nunmehr die Abkehr von der Doppelquerlenkerachse, und in Übereinstimmung mit AWZ wurde eine McPherson-Federbeinachse gewählt. Alle übrigen Baugruppen und Komponenten stimmten im wesentlichen mit denen des Baumusters 610 M/1. Stufe überein.

Von AWE entwickeltes 3-Gang-Automatik-Getriebe, geplant für einen Einsatz im Typ 760. Die Konstruktion der hydraulischen Steuerung übernahm das WTZ. Der hydraulische Wandler ist nicht zu sehen (Stadtarchiv Eisenach)

Zu dieser Zeit kam der AWE-Getriebeentwicklung eine große Bedeutung zu. Die nach zwischenzeitlichem Abbruch erneut auf der Grundlage der RGW-Integration bestehenden Beziehungen zu AZNP (Škoda) verpflichtete AWE zur Entwicklung und Lieferung aller benötigten Getriebe für AWE, AWZ sowie für AZNP in der ČSSR. Neben den Neuentwicklungen für den Frontantrieb-Längseinbau des Dacia/Renault- und Škoda 760-Motors kamen noch folgende hinzu: das Getriebe für Quereinbau bei AWE/AWZ mit dem Škoda 760-Motor; das Automatik-Getriebe für ebendiesen Einsatzzweck; das Getriebe für den Standardantrieb für AZNP; und das Achsgetriebe, teilweise mit Sperrdifferential, ebenfalls für AZNP. Die tschechoslowakische Seite übernahm später ebenfalls die Front-Quer-Einbaukonzeption, allerdings erst nachdem das Standardantriebs-Getriebe bei AWE fertiggestellt war. Die Fülle von Modifikationen war nur mittels der Vereinheitlichung der Radsätze und der spezifischen Anpassung der Gehäuse und Schaltung an die unterschiedlichen Gegebenheiten beherrschbar, was nach zeitraubenden Fachdiskussionen mit AWZ und AZNP schließlich gelang.

Allerdings sollte auch dieser ingenieurtechnische Teilerfolg vergebens sein. Das von den Automobilwerken Eisenach und Zwickau projektierte Vorhaben 610, das ebenfalls die fertigungstechnischen Belange, Investanforderungen, Arbeitskräfte, Zulieferbedingungen und anderes mehr enthielt und den großen Vorteil eines hohen Vereinheitlichungsgrades bot, wurde im November 1979 vom Politbüro zu Fall gebracht, denn es ließ sich volkswirtschaftlich nicht einordnen. Mit der Weisung, die Produktion des Wartburg 353 über 1985 hinaus weiterzuführen, blieb somit die letzte Fahrzeug-Neuentwicklung von AWE auf der Strecke.

Der Trabant 601 als Dauerlösung

Auf der Grundlage des P 60 vollzogen sich die Veränderungen in Richtung P 601.[40] Der deutlichste Unterschied zum Vorgängermodell war die neue, von Ingenieur Lothar Sachse gestaltete Karosserie. Das Pflichtenheft hatte die Entwicklung eines vergrößerten, moderner gestalteten Innenraumes vorgesehen, dessen innere Sicherheit erheblich zu verbessern war. Zugleich sollte ein technologisch günstigerer Einsatz des Duroplastwerkstoffes für die Außenhautteile sowie eine Verringerung des Feinblechmaterials beim Karosseriegerippe erreicht werden. Die Bodengruppe mit den Radeinbauten und der Stirnwand musste man jedoch beibehalten, damit die vorhandenen Fertigungseinrichtungen weiter genutzt und das Fahr- und Triebwerk des P 60 weitgehend unverändert übernommen werden konnten. Außerdem mussten eine Absenkung des Geräuschpegels im Inneren und eine Verminderung des Fahrzeugleergewichts auf 615 kg verwirklicht werden.

Der Universal 600 wurde auch nach der Serieneinführung der Limousine 601 noch bis 1965 weiterproduziert (August Horch Museum)

Der lange Marsch im Tritt auf der Stelle

Der Trabant 601 Limousine de luxe (Archiv Dr. Winfried Sonntag)

Bis zum Serieneinsatz im Juni 1964 wurden von diesem Trabant Typ 601[41] sechs Funktionsmuster sowie zwei Fertigungsmuster-Fahrzeuge gebaut und erprobt. Die Entwicklungskosten für den Trabant 601 betrugen 3,1 Millionen Mark. Vor Serienbeginn wurden insgesamt 133 Nullserien-Fahrzeuge gefertigt. Zu den wesentlichen Verbesserungen der P 601-Karosserie gegenüber dem P 60 zählten: verbesserte Platz- und Sichtverhältnisse; eine verbesserte Innenausstattung; eine neue Türkonstruktion mit Kurbelscheiben; ein größerer Kofferraum; eine Scheibenwaschanlage; sowie eine verbesserte Heizung. Die Hauptabmessungen und Kennwerte des P 601 zeigten sich in folgenden Kennziffern: viersitzige zweitürige Stufenheck-Limousine; selbsttragende Karosserie in Gemischtbauweise (Stahlblech mit Duroplastbeplankung); Länge 3555 mm, Breite 1505 mm, Höhe 1440 mm; Radstand 2020 mm; Kofferraumvolumen 415 l; Masse leer fahrfertig 615 kg; Nutzmasse 385 kg; Frontantrieb mit quer im Bug eingebautem Motor und daneben liegendem Getriebe; Zweizylinder-Zweitakt-Ottomotor luftgekühlt 600 cm^3, 23 PS/17 kW bei 4000 U/min.; maximales Drehmoment 5,2 mkg bei 3000 U/min.; Höchstgeschwindigkeit 100 km/h; Vorderachse mit Einzelradaufhängung an unteren Querlenkern und obenliegender Querblattfeder; Hinterachse mit Einzelradaufhängung an gummigelagerten Dreiecklenkern mit Querblattfeder; und Zahnstangenlenkung.

Nachdem die Karosserie in die Serie übergeleitet worden war, wurde das Fahrzeug im Zuge der Modellpflege vielfältig überarbeitet. Der Trabant 601 war als Interimslösung gedacht und war nichts anderes als eine geliftete Ausgabe des P 60. Nach 1970 sollte er durch den Perspektiv- beziehungsweise Prognose-Pkw abgelöst werden. Daraus wurde nichts, so dass der Trabant 601 fast 25 Jahre lang nur in Details modifiziert und weiter gebaut wurde. Dieses Auto, das zum Zeitpunkt seiner Produktionseinführung technisch auf der Höhe der Zeit war, geriet dadurch verglichen mit anderen Fahrzeugen seiner Klasse in technischer Hinsicht immer stärker in Rückstand.

Außer den Modifikationen im Rahmen der Modellpflege waren von der Entwicklungsabteilung die von Jahr zu Jahr steigenden Auflagen zu erfüllen, Materialkosten zu reduzieren, den Materialverbrauch zu senken und die Fertigungszeit durch konstruktive Maßnahmen zu verkürzen. Es war nicht in allen Fällen zu verhindern, dass vor allem aus der Neuererbewegung stammende Maßnahmen und Veränderungen dabei zu Lasten der Qualität gingen.

Für die am 1. Juni 1964 anlaufende Produktion der Trabant 601-Karosserie waren rationellere Fertigungs- und Fügeverfahren möglich geworden. Damit wurden viele in der Kunststoffentwicklung und in der Technologie des Automobilwerkes Sachsenring entwickelte neue oder verbesserte Verfahren eingeführt.[42]

So wurde insgesamt gesehen ein verkürzter Arbeitszeitaufwand bei der Herstellung der Kunststoffteile für die Karosserie des Trabant 601 erreicht. Die Gesamtzeit hierfür sank von 260 Minuten im Jahr 1963 auf 127 Minuten 12 Jahre später. Ähnliches galt auch für die Montage der Kunststoffteile. Besonders günstig war das Einstellen der Türspalte an der Kunststoffkarosserie. Jeder Karosseriebauer kennt dieses Problem. Die Türluft ist ein Prüfstein für die abgelieferte Qualität. Bei der Kunststoffkarosserie wurden die Kotflügel im Türbereich passgenau angeliefert und die Türaußenhaut danach mit vorgegebener Spaltbreite gefräst. Seit September 1965 wurde der P 601 Universal – so lautete die Bezeichnung für den Kombi – im Karosseriewerk Meerane hergestellt. Die von Zwickau aus dorthin angelieferte Bodengruppe war bereits grundiert und besaß den Vorbau der Limousine. In Meerane wurde dann der Kombiaufbau als Stahlskelett angefügt und

Die Türluft wurde nach der Kante des Hinterkotflügels passend gefräst (Archiv Dr. Werner Reichelt)

Ausformen eines Dachteiles. Deutlich zu sehen ist der noch zu beschneidende äußere Rand des Kunststoffteiles. Hier wird Umfang und Notwendigkeit der Nacharbeit deutlich, einer der prinzipbedingten Nachteile der Verwendung von Kunststoff (Archiv Dr. Werner Reichelt)

Halbautomatische Vorrichtung zum Kleben und Bohren der Türen (Archiv Dr. Werner Reichelt)

danach bei der Befestigung der Kunststoffteile und der Lackierung wie in Zwickau vorgegangen.

Während die Fertigungsprobleme den wichtigsten Ansatz für Arbeiten an der Vervollkommnung der Karosserie und der Zusammensetzung des Materials boten, wurde gleichzeitig auch die Festigkeit im Sinne der Sicherheit untersucht. Eine sehr wichtige Kenngröße für ein Karosserieaußenhautteil ist die Energieaufnahmefähigkeit. Sie ist von maßgeblichem Einfluss, vor allem für die Sicherheit der Fahrgäste bei einem Unfall. Es wurden verschiedene Versuche zur Simulierung durch Frontal- oder Seitenstoß unternommen. So simulierte man beispielsweise den Seitenstoß mit einer Pendelschlag-Einrichtung. Gemessen wurden die Verformungen an der Kammlinie und an der Unterkante der Tür. Das Innenteil war dabei in allen Fällen aus Stahlblech. Variiert wurde nur der Außenhautwerkstoff. Gefügt waren die Kunststoffteile am Innenblech durch die serienmäßige Klebverbindung. Die Außenhaut aus Blech war durch das übliche Falzen und Heftpunkten befestigt. Die Resultate zeigten, dass Kunststoffe demnach nicht so ungünstig waren, wie generell behauptet. Das Arbeitsaufnahmevermögen einer Blechtür mit 0,9 mm Außenhaut war zwar besser als die einer gleich starken und mit Kunststoff beplankten Tür. Üblich waren aber nur Türbleche mit einer Blechdicke von 0,7 mm, und deshalb sank die Arbeitsaufnahmefähigkeit entsprechend stark ab. Der Einfluss des Werkstoffs und der Fügetechnik auf die Stabilität einer Karosserie lässt sich sehr gut beim Verdrehversuch sehen. Die Karosserie wird dabei an der Hinterachsaufnahme eingespannt und über die Vorderachsbefestigung verdreht. Beim Trabant 601 brachte das Dach 85 Prozent der Verdrehsteifigkeit, während 13,2 Prozent durch die Hinterkotflügel und nur 1,8 Prozent durch die Vorderkotflügel beigetragen wurden. Duroplastteile führten bei dem Verdrehversuch zu einer geringfügig höheren Steifigkeit als bei ähnlichen Blechteilen.[43]

Zur Ermittlung des Verhaltens der Kunststoffkarosserien bei extremer Überschlagbelastung wurden bereits 1956 beim P 70 und im Juli 1966 beim Trabant 601 entsprechende Versuche durchgeführt. Dabei orientierte man sich am Vorbild der Auto Union von 1937. Crash-Tests waren zu dieser Zeit noch nicht üblich. Der Überschlagversuch mit dem Trabant erfolgte an einem 35 m langen Steilhang mit 66 Prozent Steigung. Das Fahrzeug wurde über das rechte Vorderrad abgekippt und überschlug sich viermal. Als Ergebnis waren kleinere Beschädigungen an den

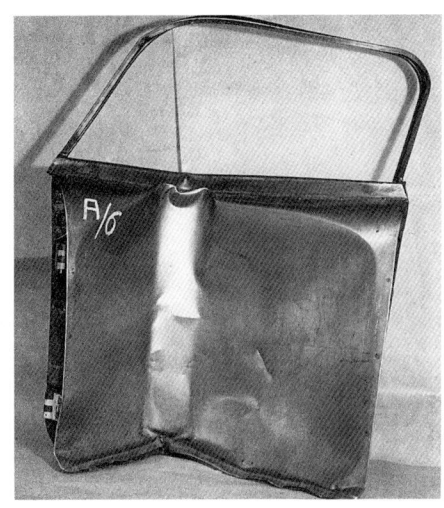

Blechtür mit 0,7 mm dicker Außenhaut nach dem Pendelschlagversuch (Archiv Dr. Werner Reichelt)

Überschlagversuch mit einem Trabant an abfälliger Böschung (Archiv Dr. Werner Reichelt)

Dachsäulen, am Dach und an den Türen zu beobachten, beide Türen ließen sich allerdings problemlos öffnen und schließen. Demzufolge war das Unfallverhalten nicht ungünstiger als bei gleichartigen Blechkarosserien. Ein im Sachsenring Automobilwerk Zwickau 1972 durchgeführter Crash-Test mit einem Trabant-Gerippe mit 0,9 mm dicken Stahlblechformteilen zeigte im Vergleich mit Duroplast ein identisches Gesamtverhalten.

Die konstruktive Entwicklung, Serienbetreuung und Modellpflege des Motors oblag weiterhin dem Barkas-Werk in Karl-Marx-Stadt (Chemnitz). Bei den Erprobungen für den 600er Motor hatte sich eine Reklamation vor allem aus Kundenkreisen, die man anfangs für unbedeutend hielt, auf Startschwierigkeiten der größeren Motoren bezogen, die nun im bitterkalten Winter 1962/63 gehäuft auftraten. Die Ursache dafür war der größere Anlasswiderstand der neuen Motoren. Behoben werden konnte dieses Problem durch eine Zündzeitpunkt-Verstellung in Richtung spät für den Startvorgang. Mit dieser Zündzeitpunkt-Verstellung wurde unter normalen Bedingungen eine Kaltstart-Grenztemperatur von -18° C er-

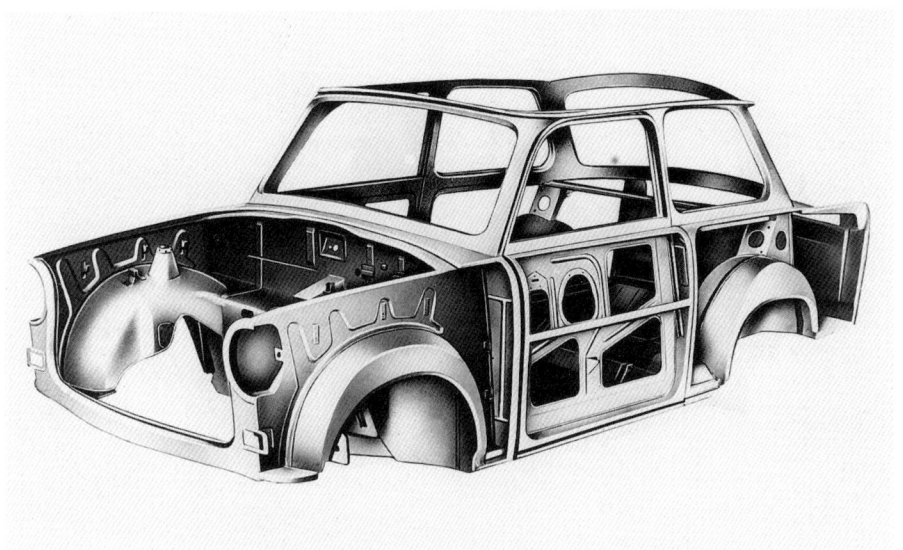

Der Plattformrahmen war mit dem Stahlblechgerippe zu einer selbsttragenden Karosserie verschweißt und bestand nicht aus Duroplast (Archiv des Autors)

reicht und garantiert. Nun war allerdings der Hersteller der Zündanlage innerhalb der angesetzten sehr kurzen Zeit aus eigener Kraft außerstande, den serienmäßigen Einsatz dieses Fliehkraftverstellers zu bewältigen. Auch hier schuf ein bereits erprobtes Allheilmittel Abhilfe: Durch »sozialistische Hilfe« in Form von delegierten Arbeitskräften und anderem konnte die Fertigung ab November 1963, also vor Beginn des nächsten Winters, sichergestellt werden. Da sich die neue Unterbrecheranlage ohne Folgemaßnahmen am Motor anordnen ließ, konnte man über den Ersatzteilsektor manchen Problemfall entschärfen.

Obwohl durch erfolgreich absolvierte Rundstrecken- und Prüfstandserprobung nachgewiesen worden war, dass sich die neue Kurbelwellenausführung bewährte, bestätigten sich nach den ersten Jahren in der Praxis diese guten Testerfahrungen nicht. Bereits nach zwölf Monaten war eine Zunahme der Fälle zu verzeichnen, bei denen abnormale Kurbelwellengeräusche beanstandet wurden, die zu einer erneuten Analyse und zur Einleitung von Gegenmaßnahmen zwangen. Die Ursachen lagen wieder einmal im Detail. In der Erprobungsphase hatte man Nadelkäfige mit Nadeln aus westdeutscher Produktion eingesetzt, die einen gerundeten Übergang von der Lauffläche zur Stirnseite aufwiesen. Dieses für die Höhe der entstehenden Kantenspannungen ganz wesentliche Merkmal war bei der Aufnahme der Produktion von Nadeln beim Wälzkörperhersteller »eingespart« worden, ohne dass der Abnehmer vorab darüber informiert worden war.

Bereits im November 1964 fiel die Entscheidung für die grundsätzliche Umstellung der Pleuellagerung auf ein käfiggeführtes Zylinderrollen-Lager unter Beibehaltung des Hubzapfendurchmessers von 28 mm.

Seit 1965 gab es den Trabant 601 auch als Kombi (Werkfoto)

Ab März 1965 gab es den Trabant auch mit elektrohydraulisch betätigtem Kupplungsautomaten (Archiv des Autors)

Das Endmontageband für den 601 (Archiv Dr. Winfried Sonntag)

Der Trabant war geräumig – auch lange Beine und Pilzkopffrisuren hatten Platz (Archiv des Autors)

Um die deutlichen Widersprüche zwischen den Erprobungsergebnissen aus Entwicklung und Versuch mit der Bewährung der Maßnahmen im Alltag zu klären, begann man Anfang 1965 damit, eine größere Anzahl von Motoren als sogenannte Breitenerprobung unter Kundenbedingungen zu vergeben. Mit dieser erweiterten Art der Erprobung wurden innerhalb von nur 10 Monaten 37 Motoren über eine Gesamtlaufstrecke von 724 143 km getestet. Im Durchschnitt wurden mit jedem Motor 20 700 km zurückgelegt. Die höchste erreichte Laufstrecke war 70 095 km. Die Pleuellagerung führte bei nicht einem Fall zum Ausfall. Der Serieneinsatz dieser neuen sogenannten RB-Kurbelwelle erfolgte am 1. April 1966 unter der Motornummer 60-250 001. Die Typenbezeichnung des Motors mit P 60/61 wurde aber beibehalten. Diese Pleuellagerung begleitete den Trabant bis zur Einstellung der Produktion mit Zweitaktmotor.

Die Nadellagerung des Kolbenbolzens war vor allem eine unabdingbare Voraussetzung für den damals geplanten Einsatz einer Schmieröldosierung mit ihren extrem niedrigen Mischungsverhältnissen von bis zu 1:100 und darüber hinaus. Die in der Entwicklung befindliche Schmieröldosierung hatte Anfang 1965 noch einige Schwierigkeiten bereitet, das Schmiermittel gleichmäßig auf die einzelnen Zylinder zu verteilen. Die Lösung des Problems war absehbar. Allerdings führten in dieser Phase Berechnungen zu der Erkenntnis, dass die reale Öleinsparung, bezogen auf die Basisdaten des Mischungsverhältnisses von 1:33, rund 1,3 l auf 1000 km betragen würde. Zur Amortisation der Mehrkosten für diese aufwendigere Dosierungsausstattung war jedoch eine Fahrleistung von 125 000 km erforderlich. Andererseits gestattete aber die Nadellagerung des Kolbenbolzens ein problemloses Mischungsverhältnis von 1:50. Damit wuchs die zur Amortisation erforderliche Mehrkostenstrecke noch mehr an und überschritt die durchschnittliche Lebenserwartung eines Motors wesentlich. Schließlich übersah man nicht, dass das Mischungsverhältnis 1:50 auf Abgasfahne und Ölverbrauch die selbe Wirkung haben würde wie der Einsatz einer Dosierungseinrichtung. Dies war für die VVB Automobilbau Grund genug, die Arbeiten an der Schmieröldosierung Ende 1966 einstellen zu lassen.

Im Rahmen des gleichen Entwicklungsthemas war auch eine Überarbeitung des Alferzylinders zur Verbesserung des Spülvorganges untersucht worden. Der erste Alferzylinder für den 600er Motor war im wesentlichen auf der Grundlage eines aufgebohrten P 50-Zylinders entstanden, was sich insbesondere in der Beibehaltung des vertikalen Spülwinkels von 17° und des horizontalen Einströmwinkels von 120° ausdrückte. Neuere Erkenntnisse aus Vergleichsbetrachtungen von Spülsystemen waren der Auslöser dafür, die bestehenden Festlegungen kritisch zu untersuchen. Man verringerte den vertikalen Spülwinkel auf 5°, verlegte den Schnittpunkt der Spülströme um einige Millimeter, verringerte den horizontalen Spülwinkel auf 110°, vergrößerte ihr Volumen und gestaltete den Verlauf strömungsgünstiger. Mit solcherart modifizierten Zylindern gelang es, die Höchstleistung und das maximale Drehmoment deutlich zu erhöhen. An diesem positiven Ergebnis war auch die Abgasanlage beteiligt, mit der die Abstimmung der dynami-

1966 wurden die ersten 165 Trabant-Kübelwagen an die NVA geliefert; geringfügig modifiziert ging diese Ausführung auch an die Forstwirtschaft (August Horch Museum)

schen Schwingungsvorgänge verbessert worden war. Andere Maßnahmen traten hinzu, wie beispielsweise eine wesentlich verbesserte Tragfähigkeit der Gleitlagerbuchse für die Kolbenbolzenlagerung im Pleuel, ein um 30 g Masse erleichterter Kolben oder auch ein gefedertes Schwimmernadelventil im Vergaser. Um vertretbare Kolbentemperaturen zu gewährleisten, musste allerdings die Kühlung des Motors verbessert werden, was auf Anhieb nur durch ein höheres Übersetzungsverhältnis – von 1,8 auf 2,0 – des Gebläses erreicht werden konnte. Mit der Typenbezeichnung P 63/64 wurde dieser Bauzustand ab Februar 1968 in die Serienproduktion überführt. Ab 5. Dezember 1968 wurde er in Zwickau in die Fahrzeugmontage übernommen. Dieser Motor leistete 26 PS/19 kW bei 4200 U/min., hatte ein Drehmoment von 5,5 mkg bei 3000 U/min. und verbrauchte 300 g pro PS und Stunde bei maximaler Leistung.

Dem Problem des Anstiegs der Geräuschkulisse widmete man sich

Der Trabantmotor mit sichtbaren Maßnahmen zur Geräuschsenkung – einer Nabenverkleidung am Laufrad des Lüfters und einer Schallschluckhaube, Bauzustand 1970 (Werkfoto Barkas)

intensiv. Als Ergebnis wurde 1970 eine Schallschluck-Haube um das Kühlluftgehäuse eingeführt, die allerdings später mehrfach im Zuge von Einsparungsvorschlägen wegfiel. Außenstehende waren der Meinung, ihre optische Wirksamkeit sei größer als ihre Effektivität in akustischer Hinsicht. Auch die Gebläseübersetzung ließ sich 1970 in Zusammenarbeit mit dem Kolbenproduzenten und dem Lüfterhersteller auf das bisherige Übersetzungsverhältnis von 1,8 durch das Anbringen einer strömungsgünstigen Nabenverkleidung an dem Gebläselaufrad zurückführen. Ein Jahr später wurde dafür das Plastlaufrad eingesetzt. Mit dem Einsatz der Kolbenbolzen-Nadellagerung in Verbindung mit dem Mischungsverhältnis 1:50 ab April 1974 und der 12 Volt-Drehstromlichtmaschine 1983 wurde dieser Bauzustand in den Motortyp P 65/66 überführt. Damit trat eine gewisse Ruhe bei der Entwicklungstätigkeit an diesem Motor ein, der 1977 durch die Auswirkungen der Erdölkrise ein Ende gesetzt wurde (vgl. Anlage C 06 und C 07).

Während der Motor nach wie vor auch hinsichtlich der Entwicklung vom Hersteller, dem VEB Barkas-Werke Karl-Marx-Stadt (Chemnitz), betreut wurde, oblag die fahrzeugtechnische Entwicklung der Hauptabteilung Konstruktion des VEB Sachsenring Automobilwerke Zwickau. Sie war nach der Gründung des Betriebes im Zuge der Zusammenlegung der Werke Horch und Audi im Jahr 1958 personell systematisch aufgestockt und ihre technische Ausrüstung verbessert worden. In der zweiten Hälfte der sechziger Jahre hatte sie einen Personalbestand von rund 300 Mitarbeitern.

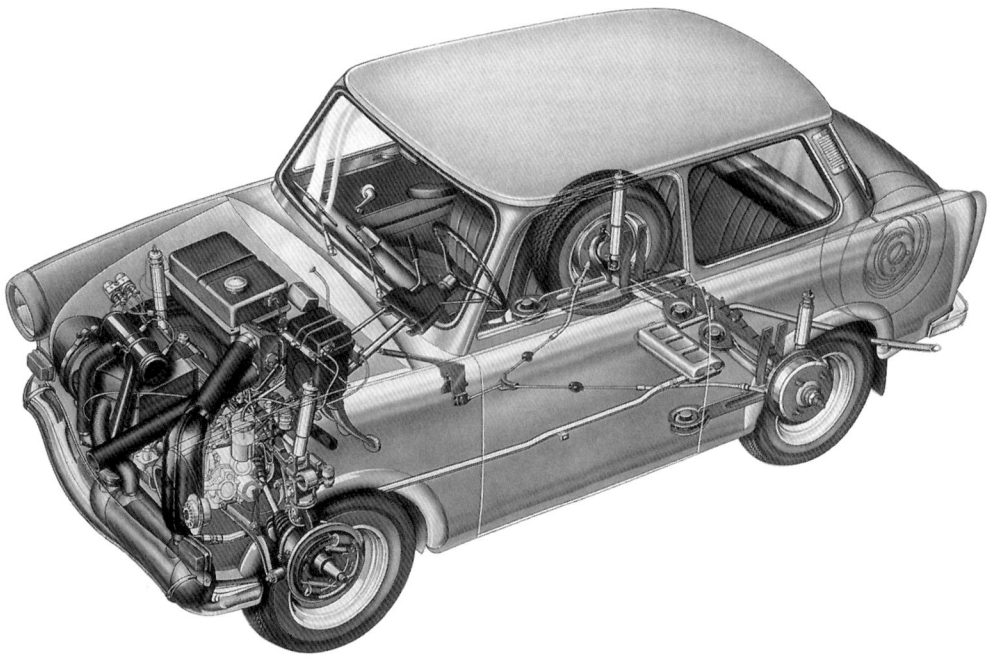

Trabant im Röntgenbild (Archiv des Autors)

Tabelle 15: Hauptabteilung Konstruktion des VEB Sachsenring 1968

Abteilung/Aufgabenstellung	Anzahl d. Mitarbeiter
Serienbetreuung	25
Neuentwicklung-Konstruktion	60
Versuchsabteilung	125
Musterbau	50
Technische Planung, Plastanwendung, Schutzrechte, Zeichnungsverwaltung und Standardisierung	30
Rallye-Sportgruppe	10

Quelle: Zusammengestellt nach Angaben des Leiters der Hauptabteilung, Karl Heinz Brückner

Diese Mitarbeiterzahl, die sich seit Ende der fünfziger Jahre etwa verdoppelt hatte, blieb nun über Jahre hinweg konstant. Investitionen zum Ausbau und zur weiteren Modernisierung der Mess- und Prüftechnik sowie zur Rationalisierung der Arbeiten im Musterbau ließen sich nicht realisieren.

Maßgeblich für die Verlängerung der Entwicklungszeiten wirkte sich auch aus, dass zur Erprobung von Fahrzeugen und Fahrzeugbaugruppen sowie für fahrzeugspezifische Messungen weder ein Prüfgelände noch genug Prüfstände vorhanden waren. Diese Arbeiten waren im öffentlichen Straßenverkehr durchzuführen und aufgrund des stetig dichter werdenden Verkehrs unter solchen Bedingungen immer schwieriger zu bewältigen.

Im VEB Sachsenring konnte Mitte der siebziger Jahre eine räumliche Erweiterung der Entwicklungskapazitäten durchgesetzt werden – eine 3400 m² große eingeschossige Halle wurde für den Musterbau errichtet und ein Prüffeld für die Versuchsabteilung angelegt. Auf deren Herzstück jedoch, den Vier-Rollen-Fahrleistungsprüfstand der westdeutschen Firma Schenk, musste man noch 14 Jahre warten: Das Gebäude war 1974 fertig, der Prüfstand dagegen wurde erst 1988 geliefert.

Parallel zum »Langzeitauto« Trabant wurden von diesem Entwicklungspotential folgende Konstruktionsthemen und -studien bearbeitet:

- **P 602**

Das Entwicklungsthema wurde 1962 eröffnet, um die Weiterentwicklung des P 601, vor allem aber dessen Exportfähigkeit sicherzustellen. Es enthielt folgende Zielstellungen: Hinterachse mit Schraubenfedern; Qualitätsverbesserung des Synchrongetriebes; Untersuchungen zum erweiterten Plasteeinsatz; Verbesserung der Heizung und Belüftung; Verringerung des Wartungsaufwandes; Duplexbremse an der Vorderachse; und ein in der Leistung gesteigerter Zweitakt-Ottomotor mit 28 bis 30 PS 20,5 bis 22 kW.

Nach dem Bau von 6 Funktionsmuster-Fahrzeugen mit einem Entwicklungsaufwand von 1,78 Millionen Mark wurde das Thema inhaltlich und im Terminablauf 1964 neu geplant. Die avisierte höhere Motorleistung war in dieser kurzer Zeit

Der P 602 V, eine Studie für die geplante Weiterführung von Fahrwerk und Karosserie. Der Prototyp gehört zur Sammlung des August Horch Museums (Foto: Dr. Winfried Sonntag)

durch das Motorenwerk Karl-Marx-Stadt (Chemnitz) nicht zu realisieren. Außerdem war gerade in dieser Zeit durch das Abstellen von Mitarbeitern nach Eisenach – es wurde dort »sozialistische Hilfe« bei der Serieneinführung des Wartburg 353 geleistet – das eigene konstruktive Potenzial geschwächt, so dass zeitliche Verzögerungen von einem bis anderthalb Jahren bei den anderen konstruktiven Arbeiten in Kauf zu nehmen waren. So musste die Aufgabenstellung reduziert werden, und die Serieneinführung bestimmter Details, wie beispielsweise der Duplexbremse, kam dem weitergebauten 601 ab 1967 zugute.

- **P 602 V**

Im vierten Quartal 1965 wurde dieses Thema mit dem Ziel eingeleitet, eine äußerlich erkennbare Weiterentwicklung des P 601 zu erreichen. Allerdings sollte der Aufwand für Vorrichtungen, Werkzeuge und Lehren möglichst gering gehalten werden.

Folgende Entwicklungsziele waren dabei avisiert: eine Vollheck-Karosserie mit mehrfach nutzbarem Innenraum; ein von 2020 auf 2300 mm vergrößerter Radstand; eine Schraubenfederung der Hinterachse; eine verbesserte Be- und Entlüftung des Fahrgastraumes; ein Kraftstoffbehälter mit 32 l Fassungsvermögen im Heck; sowie ein P 60 Motor mit 30 PS/22 kW oder Kreiskolbenmotor. Nachdem ein Funktionsmusterfahrzeug fertig vorlag, wurde das Thema bereits im Juni 1966 wieder abgebrochen, nachdem die angefallenen Kosten 736 000,- Mark erreicht hatten. Ausschlaggebend hierfür waren die sich im Zuge der konstruktiv vorbereiteten Verbesserungen deutlich verschlechternden wirtschaftlichen Parameter. Eine Preiserhöhung für den Trabant war unter allen Umständen zu vermeiden. Da angesichts dieser Begleitumstände eine Verbesserung im eigentlichen Sinn nicht zu erreichen war, entschied man sich stattdessen dafür, die Entwicklungskapazität für die Konstruktion des Nachfolgebaumusters P 603 einzusetzen.

Der P 603, ein Prototyp für einen Nachfolger des Trabant 601. Dessen Serienanlauf war für 1969/70 geplant (Archiv Dr. Winfried Sonntag)

• **P 603**

Schon mit Erscheinen des Trabant herrschte im Konstruktionsbüro des VEB Sachsenring die einmütige Überzeugung vor, dass dieses Auto eine Übergangslösung sei. Konstruktiv und hinsichtlich der Stückzahl-Größenordnung musste die automobile Zukunft durch die Entwicklung eines Neufahrzeugs geklärt werden. Diese Meinung für den Prognose-Pkw vertrat auch die VVB Automobilbau und ihr Generaldirektor. Man wusste in Zwickau sehr wohl, dass seit dem Jahr 1963 der Kleinwagenbedarf auf dem Weltmarkt stark rückläufig war, und die Gründe, warum seitdem BMW, NSU, Fiat, Glas, DAF und andere Firmen die Fertigung solcher Autos entweder völlig eingestellt oder stark gedrosselt hatten, waren bekannt. »Hinzu kommt, was ebenfalls seit Jahren vorauszusehen war, daß der Zweitakt-Motor als konkurrenzfähige Antriebsquelle auf dem kapitalistischen Markt erledigt ist und Fahrzeuge mit diesem Motor nur noch weit unter Wert verkauft werden können und selbst das nicht mehr in allen Ländern.«[44] Das für den Außenhandel der DDR zuständige Unternehmen stützte diese Vorstellungen mit der Einschätzung, dass in spätestens fünf Jahren der Trabant im kapitalistischem Ausland nicht mehr abzusetzen sei. Man forderte insbesondere im Exportinteresse für den künftigen Pkw folgendes: ein günstigeres Masse/Leistungs-Verhältnis; eine Laufstrecke von mehr als 100 000 km ohne Generalreparatur; eine Herabsetzung der Innengeräusche; einen deutlich geringeren Kraftstoffverbrauch; eine Verlegung des Benzintanks nach hinten; ein wartungsfreies Kühlsystem; eine Transistor-Zündanlage; eine verbesserte Heizung, eventuell auch eine Zusatzheizung gegen Aufpreis; ein verbessertes Fahrgestell mit Wartungsfreiheit; ein Zweikreis-Bremssystem; Scheibenbremsen vorn; eine selbstständig rückstellende funktionssichere

Blinkanlage; eine blendfreie Anordnung der Armaturen; eine ausreichende Innenraumbelüftung; und einen Haltegriff für Beifahrer.

Darüber hinaus forderten die Zwickauer eine stärkere Berücksichtigung der aktiven und passiven Sicherheit bei der Fahrzeugkonstruktion. Zu den zahlreichen aufgeführten Einzelmaßnahmen gehörten auch Konstruktionsdetails wie Sicherheitslenkräder und Sicherheitslenksäulen, bei Überschlagbeanspruchung nicht öffnende Türschlösser, Türen, die sich auch nach stärkerer Verformung öffnen ließen, sowie Scheiben aus Mehrscheiben-Sicherheitsglas.

Fahrzeuge, die nach 1970 auf dem Markt erscheinen würden, sollten diesen Anforderungen ohne jede Abstriche entsprechen. Als ein Hauptproblem galt der Motor, wobei nicht nur an das Zweitaktverfahren, sondern auch an die ungenügende Leistungskraft strenge Beurteilungsmaßstäbe gelegt wurden. Man wusste, dass »der Trabant 601 mit 23 PS und einem Leistungsgewicht von 26,7 kg/PS praktisch schon jetzt eine Untergrenze der Motorisierung darstellt. In Zukunft würde er bei der allgemein steigenden Tendenz zu höheren PS-Leistungen um so eindeutiger untermotorisiert sein, was dann wiederum in der zu niedrigen Höchstgeschwindigkeit von 100 km/h und in einem für das zukünftige Verkehrsgeschehen als ungenügend zu betrachtenden Beschleunigungsvermögen zum Ausdruck käme.«[45]

Der Generaldirektor der VVB löste – wie in Eisenach für den 353 – für den Produktionsstandort Zwickau einen Entwicklungsauftrag mit Datum 30.12.1966 aus, um bis zum Erscheinen des Einheitsnachfolgers noch wichtige Verbesserungen zu ermöglichen. Darin wurden folgende Vorgaben für den 603 festgelegt: dreitürige Vollheck-Limousine in Gemischtbauweise (Stahlgerippe mit Duroplastbeplankung); Frontantrieb mit quer im Fahrzeugbug eingebautem Motor und danebenliegendem Getriebe; ein möglicher Einsatz unterschiedlicher Motoren wie Dreizylinder-Zweitakt-Ottomotor, Vierzylinder-Viertakt-Ottomotor von Škoda und Kreiskolbenmotor; ein Radstand von 2330 mm; eine Masse in leerem und fahrfertigem Zustand von 720 kg; sowie eine Höchstgeschwindigkeit von 125 bis 135 km/h.

Die interessanteste Neuerung dabei stellte die Vollheck-Karosserie dar. Man empfand hierbei den Renault R 16 als vorbildlich. Bei kleiner Verkehrs- und Standfläche konnte so eine bestmögliche Raumausnutzung mit Mehrzweckverwendungsmöglichkeiten und mit eleganter, strömungsgünstiger äußerer Form vereint werden.

Noch im dritten Quartal 1966 hatte die Entwicklung begonnen, angepeiltes Ziel für den Serienanlauf war Ende 1969/Anfang 1970 (eine Nullserie war für das vierte Quartal 1968 geplant).

Gebaut und erprobt wurden neun Funktionsmusterfahrzeuge, davon waren sechs mit einem Škodamotor (MB 1000) ausgestattet, zwei besaßen einen Kreiskolbenmotor und in einen war ein Dreizylinder-Wartburgmotor eingesetzt worden. Ende 1968 waren die Vorbereitungsarbeiten zum Serienanlauf bereits weit fortgeschritten, Großwerkzeuge in Auftrag gegeben und teilweise bereits im Bau.

In diesem Entwicklungsstadium erfolgte die allerhöchste Anweisung, sämtliche Arbeiten an diesem Projekt sofort einzustellen. Günter Mittag verkündete dies anläßlich einer Delegiertenkonferenz der SED in Karl-Marx-Stadt (Chemnitz). Bis zu diesem Zeitpunkt waren 5,45 Millionen Mark an Entwicklungskosten aufgelaufen.[46]

Eine der Ursachen für die Einstellung des P 603 war unleugbar die ausschließlich auf Zwickau zugeschnittene Konzeption dieses Autos. Seit 1963 war klar, dass in Zukunft ein ökonomisch sinnvoller Automobilbau erst bei etwa 300 000 produzierten Automobilen pro Jahr erreichbar wäre und dass dies wiederum das Ende der bisherigen Zweitypen-Politik bedeuten würde. Das Projekt 603 kollidierte mit der staatlichen Auflage, nur noch kurzfristig amortisierbare Verbesserungen am vorhandenen Typenprogramm vorzunehmen. Es bot auch keine Möglichkeit, AWE im Sinne einer übergreifenden Stufenlösung einzubeziehen – und so selbst zum Einheits-Pkw zu werden. Obwohl der Zukunfts-Einheits-Pkw immer stärker in die Ferne rückte, hielten Partei und Regierung unvermindert daran fest. Günter Mittag erzwang daher unter Verweis auf den Verstoß gegen die Direktive von 1963 und auf die mangelnde Investitionskraft der DDR den Abbruch der Arbeiten am 603. Unmittelbar danach, Ende 1968, begannen die Arbeiten am sogenannten Perspektiv- beziehungsweise Prognose-Pkw. Die Arbeitsteilung sah vor, dass AWZ für das Fahrwerk sowie die zweitürige Karosserie des Grundtyps verantwortlich zeichnete und AWE für den Viertakt-Motor und Getriebe sowie für die Modifikationen der viertürigen Karosserie und jener des Kombi.

Daraus war in Eisenach der Motor 400 sowie die im WTZ entwickelten 1-Zylinder-Prüfmotoren und in Zwickau ein 1-Zylinder-Prüfmotor entstanden. Bereits nach einem Jahr wurde auch dieses Thema wieder abgebrochen. Die Kosten beliefen sich bis dahin bei AWZ auf 1,8 Millionen Mark. Gleichwohl waren die Gelder nicht ganz sinnlos ausgegeben worden, denn es blieb auch künftig bei der Prämisse des gemeinsamen Nachfolge-Pkw, der sowohl den Wartburg als auch den Trabant ersetzen sollte. Neu war aber die nunmehr auch von der SED mitgetragene Orientierung auf einen RGW-Partner, der letztlich nur in der ČSSR gefunden wurde.

- **P 760**

Im Januar 1970 begannen die Entwicklungsarbeiten an einem Pkw der unteren Mittelklasse, des sogenannten RGW-Auto Typ 760, als Gemeinschaftsarbeit von AWZ, AWE und der mittlerweile politisch wieder »stabilisierten« ČSSR. Diese Neuentwicklung sollte die Baumuster Trabant und Wartburg ersetzen. Die Automobilwerke Zwickau wurden auf deutscher Seite als themenverantwortlicher Betrieb eingesetzt. Die Arbeitsteilung sah vor, die Entwicklungsarbeiten wie auch die spätere Produktion baugruppenspezialisiert durchzuführen. Bei AWE sollte das Getriebe, bei AWZ die Vorderachse, die Antriebswellen und das Lenkgetriebe sowie bei Škoda der Motor und die Hinterachse gefertigt werden. Die Karosserien sollten eigenständig in der DDR und der ČSSR entwickelt werden. Diese durchaus sinnvolle Zusammenarbeit und Arbeitsteilung sollte in beiden Ländern zu ökonomisch günstigeren Stückzahlen führen und nicht nur Trabant und Wartburg, sondern auch den Škoda S 100 ablösen. Daraus ergab sich eine Fahrzeuggröße von rund 4000 mm Gesamtlänge, die der des Golf 3 entsprach, mit einem Radstand von 2450 mm. Für die DDR entstand nun das Problem, dass dieses Auto als Trabant-Nachfolger natürlich wesentlich größer und somit nicht mehr zu Preisen zu produzieren war, die den vormaligen Kunden zugemutet werden konnten. Die gemeinsame Entwicklungsarbeit gestaltete sich langwierig und schwierig. Die Auseinandersetzungen kreisten zuerst um die Fahrwerkskonzeption, dieser Konflikt war auch der langwierigste. Während für die DDR der Frontantrieb eine unabdingbare Forderung darstellte, hatten die Tschechoslowaken lange auf dem Hinterradantrieb bestanden. Man war in Mlada Boleslav nicht der Auffassung, dass der Frontantrieb die optimale Antriebskonzeption verkörpern würde. Allenfalls sah man noch in der Standardkonzeption – Motor vorn, Antrieb über die Hinterräder – einen gangbaren Kompromiss. Bestätigt sahen sich die Škoda-Automobilbauer dabei von anderen bedeutenden Herstellern, die dem gleichen Prinzip anhingen, zum Beispiel Opel mit dem Kadett 1. Nach langem Hin und Her entschied man sich dann doch gemeinsam für den Frontantrieb, musste aber die Forderung der ČSSR zum Längseinbau des Triebwerks akzeptieren. Unterschiedliche Auffassungen gab es auch bei der Hinterachse, die von der ČSSR in Anlehnung an eine Fiatkonstruktion, nämlich den Fiat 128, mit Radführung durch Querlenker und Dämpferbeine, kombiniert mit einer Querblattfeder, konzipiert wurde und schließlich von den DDR-Automobilbauern hingenommen werden musste. Im Verlauf der Zusammenarbeit entstanden in der DDR vier Funktionsmusterfahrzeuge als dreitürige Vollhecklimousinen. Die Erprobung dieser Funktionsmuster wurde noch 1972 begonnen. Im dritten Quartal 1973 wurde diese Entwicklung durch einen Beschluss des Ministerrats und durch Weisung der VVB Automobilbau an die ihr untergeordneten Betriebe abgebrochen mit der Maßgabe, die Entwicklung in beiden Automobilwerken AWE und AWZ getrennt weiterzuführen. Die bis zu diesem Zeitpunkt in beiden deutschen Betrieben angefallenen Entwicklungskosten betrugen 23,6 Millionen Mark.

- **P 610**

Im September 1973 begann die Entwicklungsabteilung des VEB Sachsenring mit der Bearbeitung einer konzeptionell veränderten Variante dieses Pkw.

Das Auto sollte 1984 in die Produktion überführt werden. Im Zuge dessen sollte es als Mittel dienen, mit dem ein höheres Niveau in der Arbeitsproduktivität und der Materialökonomie erreicht werden sollte. Auf dieser Grundlage entstand nun eine neue Fahrzeuggrundkonzeption für den zunächst als P 610, später als P 1100/1300 bezeichneten Pkw, der gegenüber dem P 760 in der Fahrzeuggröße und damit auch in der Leermasse sowie im Triebwerkeinbau und der Hinterachskonstruktion deutlich verändert wurde. Als Zielstellung hatte man sich vorge-

Der P 610. Nach dem Abbruch der Gemeinschaftsentwicklung P 760 arbeitete man in Zwickau am P 610 als designierten Trabant-Nachfolger (Archiv Karl-Heinz Brückner)

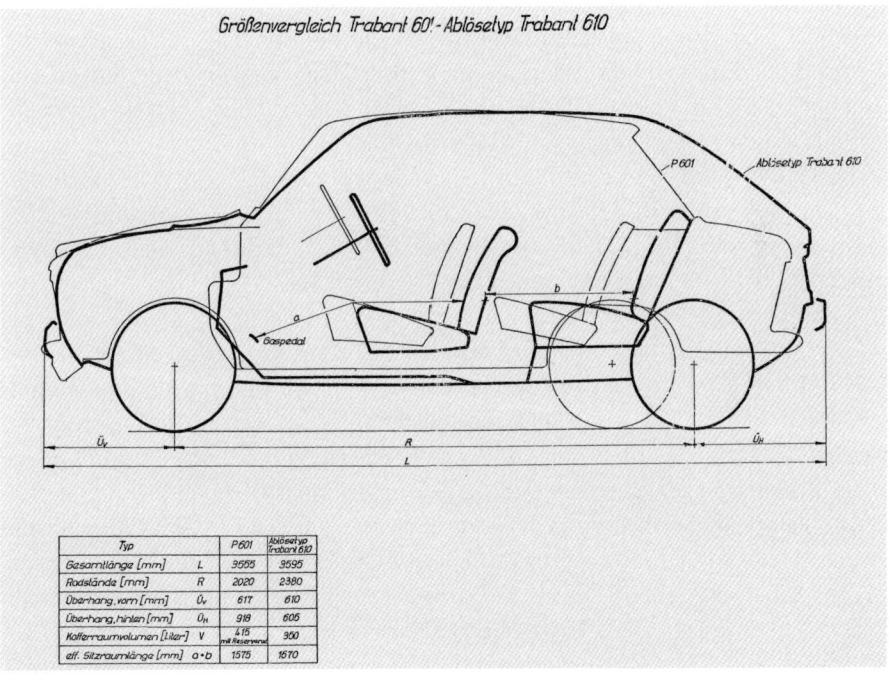

Größenvergleich zwischen dem 601 und dem 610 (Archiv Dr. Winfried Sonntag)

Der lange Marsch im Tritt auf der Stelle

Der P 1100/1300 in seiner letzten Version (Archiv Karl-Heinz Brückner)

nommen: eine dreitürige selbsttragende Fließheckkarosserie in Ganzstahlbauweise; einen Frontantrieb mit quer im Fahrzeugbug eingebautem Motor und danebenliegendem Viergangschaltgetriebe; einen Vierzylinder- Viertakt-Ottomotor mit einem Hubvolumen von 1100 cm³ und einer maximalen Leistung von 45 PS/33 kW (dies war eine Neuentwicklung von Škoda) und eine Höchstgeschwindigkeit von etwa 125 km/h erreichen. Es sollte folgende Fahrzeughauptabmessungen haben: Länge 3595 mm, Breite 1570 mm, Radstand 2380 mm; Leermasse fahrfertig 730 kg; sowie einen Cw-Wert = 0,36.

Erstmals setzte man sich auch ein Zeitlimit für die Fertigung. Dieses sollte bei AWZ 34,3 Stunden nicht übersteigen. An Selbstkosten durfte der Stückpreis 8 980,- Mark erreichen. Im Verlauf der Entwicklung wurden bis 1979 in Zusammenarbeit mit der ČSSR 20 Funktionsmusterfahrzeuge gebaut und erprobt. Im gleichen Zeitraum wurden der ČSSR zur Entwicklung ihres Nachfolge-Pkw vor allem Zahnstangenlenkgetriebe und Gelenkwellen in großer und kleiner Ausführung geliefert. Im Gegenzug stellte Škoda über zwei Dutzend 1100er Motoren und sieben Motoren mit 1300 cm³ zur Verfügung. Außerdem kamen aus Mlada Boleslav 29 Satz Scheibenbremsen. Die bis 1979 angefallenen Entwicklungskosten betrugen 35,3 Millionen Mark. Am 6. November 1979 beschloss das SED-Politbüro und am 15. November 1979 das Präsidium des Ministerrates, auch diese Entwicklung abzubrechen. Als Begründung wurde angeführt, dass die zur Vorbereitung und Durchführung der Serienproduktion erforderlichen Aufwendungen in der Volkswirtschaft der DDR nicht eingeordnet werden können. Planungs-Chef Schürer musste dem ČSSR-Botschafter die Hiobsnachricht persönlich überbringen: Die DDR verabschiedete sich endgültig aus dem jahrelang gemeinsam verfolgten Projekt, weil die erforderlichen Investitionen für eine erfolgreiche Umsetzung nicht aufzubringen waren. Die langjährige Vorarbeit war damit umsonst. Die auf gemeinsame Überlegungen abgestimmten Vorplanungen der ČSSR stürzten nun wie Kartenhäuser in sich zusammen. Dieses Projekt war unwiderruflich beendet.

Auch dieser Abbruch war gekennzeichnet vom sichtbaren Widerspruch zwischen Planziel und dafür unzureichendem Potenzial, zwischen langem Anlauf und vor dem Ziel versagenden Kräften. Denn gerade für dieses Projekt waren in Eisenach und Zwickau Investitionsmittel in beachtlicher Höhe bewilligt worden, Industrieanlagen befanden sich im Bau. In der Wartburgstadt betraf dies den neuen Industriestandort Eisenach-West, wo im Juli 1977 der Aufbau des neuen Pressenwerkes begonnen hatte. Im Zwickauer Gebiet wurde ein neues Gelenkwellenwerk errichtet und dafür im benachbarten Mosel ein vollständig neuer Industriestandort erschlossen. Handlungsgrundlage in beiden Fällen war der Bezug auf Beschlüsse des Politbüros und des Ministerrats zur Gemeinschaftsproduktion von Personenkraftwagen mit der ČSSR.

Die bisher in der DDR eingebauten Gelenkwellen, insbesondere die Scharniergelenkwellen des Trabant 601, waren inzwischen technisch veraltet. Ihre Lebensdauer betrug im Höchstfall 100 000 km. Nachteilig wirkten sich besonders die negativen Antriebsflüsse in der Lenkung und im Kurvenverhalten aus. Die Triebmomente waren begrenzt und reichten für eine höhere Motorleistung nicht aus. Außerdem waren die Kapazitäten im Gelenkwellenbau in der DDR für eine geplante Steigerung der Pkw-Produktion zu gering. Schließlich forderte der vorgesehene Viertaktmotor der Gemeinschaftsproduktion eine neue und bessere Qualität in der Kraftübertragung. Es fehlte hierzu nicht nur an Know-how, es fehlte in erster Linie an den entsprechenden Voraussetzungen im Werkzeugmaschi nen- und Anlagenbau. So entschied man sich für eine Lizenzproduktion in

Die in Mosel produzierte Gleichlaufgelenkwelle (August Horch Museum)

einem neu zu errichtenden Gelenkwellenwerk. Die Wahl für den Vertragspartner fiel auf Citroën aus Frankreich. Das Werk wurde 1981 fertiggestellt und war auf eine Kapazität von 820 000 Satz Gelenkwellen ausgelegt. Die Kosten dafür beliefen sich auf 747 Millionen Valutamark und 129,4 Millionen Mark an DDR-Leistungen. Die Refinanzierung des Importanteils dieser Kosten erfolgte mittels einer mehrjährigen Lieferung von 300 000 Satz Gelenkwellen pro Jahr an Citroën. Die übrige Kapazität sollte in einer Menge von 250 000 Satz an die DDR gehen, und 270 000 Satz sollten an die ČSSR ausgeliefert werden. Nach dem Politbürobeschluss vom November 1979, der den Abbruch der Vorbereitungsarbeiten an diesem Pkw nach sich zog, musste das noch nicht fertiggestellte Gelenkwellenwerk umprofiliert werden. Die nunmehr freien Kapazitäten sollten verwendet werden für komplette Gleichlauf-Gelenkwellen beziehungsweise Aggregateteile, die im Trabant 601, im Kleinwagen Saporoshez aus der Sowjetunion, für den Zastava – eine Fiatlizenz aus Jugoslawien – und für Renault-Wagen Verwendung fanden. Die Kapazitäten waren bald wieder ausgelastet und Gelenkwellen wurden wieder knapp.

Vom L 1 zum B 1000

Vorarbeiten für den Transporter der nächsten Generation hatten bei Framo/Barkas schon früh begonnen. Unter der Bezeichnung V 900 befassten sich die Framo-Werke in Hainichen bereits ab Mitte des Jahres 1950 gedanklich mit der Neuentwicklung eines Nachfolgers für den Kleintransporter V 501. Ab September 1950 setzten dann entsprechende konstruktive Arbeiten intensiv ein. Es wurde dafür ein kleines Entwicklungsteam gebildet. Mit den wesentlichen Merkmalen der Neuentwicklung – Trambus-Karosserie und Frontantrieb – entsprach man dem sich abzeichnenden Trend im Transporterbau. Allerdings behielt man den separaten Fahrgestellrahmen noch bei. Als Antriebs-Aggregat sollten der F 9-Triebsatz, das heißt der Dreizylinder-Zweitaktmotor mit 900 cm^3 Hubvolumen bei damals erst etwa 30 PS Leistung, und das F 9-Getriebe zum Einsatz kommen.

Es ist in diesem Zusammenhang besonders auf Traditionen bei der Auto Union zu verweisen. Dort hatte man in den Jahren 1941/42 einen Kleinlastwagen entwickelt, dessen Serienübernahme am Einspruch der Wehrmacht gescheitert war. Bereits damals hatte man allerdings nach eingehenden Untersuchungen diese Frontlenkerbauweise für besonders zweckmäßig und zukunftsträchtig gehalten. Derartige Erfahrungen wirkten, wie auch in anderen Fällen, noch viele Jahre nach. Außerdem hatten die großen Erfolge des VW-Bully, aber auch von Renault in Frankreich mit der Frontlenkerbauweise diesem Konzept zusätzlich Nachdruck verliehen. In Kooperation mit anderen Betrieben, insbesondere dem Karosseriewerk Halle, entstanden drei Fahrzeuge – ein Kastenwagen in Stabholzbauweise sowie zwei Pritschenwagen. Die Fahrgestelle wurden von Framo aufgebaut und per Achse zum Karosseriewerk in Halle überführt. Die Frontlenker-Karosserie konnten die Verantwortlichen bei Framo noch akzeptieren, denn damit ließ sich

Das Chassis des zwischen 1952 und 1960 gebauten Barkas V 901/2-Fahrzeugs. Ein Leiterrahmen aus Profilen bildete die stabile Grundlage. Der Antrieb erfolgte über die Hinterachse über eine geteilte Kardanwelle (Archiv Jochen Borrmeister)

Der 900 cm^3 3-Zylinder Zweitakt Ottomotor mit angeflanschtem 4-Gang-Getriebe als Antriebsaggregat des Barkas V 901/2 (Archiv Jochen Borrmeister)

eine Vergrößerung der Ladefläche bei ansonstem gleichem Achsabstand verwirklichen. Das Verlassen des Hinterachs-Antriebes wurde dagegen skeptisch betrachtet. Auf Veranlassung von Erich Weigel wurden später im Rahmen der Fahrerprobung an einer berüchtigten Straßensteigung in der Ortschaft Goßberg Vergleichsversuche im Anfahrverhalten am Berg in verschiedenen Belastungszuständen mit beiden Fahrzeugtypen durchgeführt. Vorhandene Zweifel an der Vertretbarkeit des Vorderradantriebes für ein Nutzfahrzeug konnten dabei entkräftet werden.

Der V 501 sollte im Jahre 1952 auslaufen. Der Prototyp des Nachfolgers war jedoch noch keineswegs serienreif. Daher musste der bisherige 3/4-Tonner weiterproduziert werden, allerdings nun mit einem Dreizylinder-Zweitaktmotor. Parallel zur Neuentwicklung hatte man bereits die Eignung dieses Motors getestet und befriedigende Ergebnisse erzielt. Es sollte nur eine Zwischenlösung darstellen, daher der zusätzliche Buchstabe (Z) bei der Typbezeichnung V 901. Letztlich wurde daraus aber eine Entscheidung für die nächsten zehn Jahre, bis zum Serieneinsatz des B 1000 im Jahre 1961.

Bei Framo konzentrierte man sich nun auf diese Weiterentwicklung des V 501 zum als V 901 (Z) bezeichneten Serienfahrzeug, während das FEW die bei Framo begonnene und bis zu den drei Prototypen gediehene Neuentwicklung eines Transporters im Rahmen einer Studie weiterführte. Diese Arbeiten liefen dort unter der Bezeichnung »L 1« für Lastkraftwagen 1 t Nutzlast.

Aufbauend auf den bei Framo konstruierten und aufgebauten Fahrgestellen entwickelte das FEW einen Kleinbus, der auf der Leipziger Herbstmesse 1952 als Prototyp eines modern konzipierten Frontlenkers vorgestellt wurde. Er war nach Entwürfen von Otto Seidan unter Beteiligung von A. Kordewan entstanden. Die wesentlichen Erkenntnisse aus der L 1-Studie wurden vom FEW Ende 1954 in folgenden Punkten zusammengefasst:

- Der Frontantrieb ist für ein Fahrzeug dieser Größenklasse geeignet;
- Die Trambusform der Karosserie wird international für Kleintransporter immer stärker zur Anwendung kommen;
- Der Nutzlastfaktor 1:1 ist mit einem Fahrzeug mit separatem Rahmen nicht zu erreichen, es ist auf selbsttragende Karosserie zu orientieren;
- Der Dreizylinder-Zweitaktmotor des F 9 ist selbst bei einer zu erwartenden Leistungssteigerung auf 36 PS für künftige Forderungen an die Fahrleistungen unzureichend, der Leistungsbedarf wird auf 48 bis 50 PS geschätzt;
- Das F 9-Getriebe ist ungeeignet; für die Bedingungen des Transporters ist ein neues Getriebe erforderlich, das gleichzeitig für den F 9/Wartburg zum Einsatz kommen sollte (es hatte sich gezeigt, dass das nur im Achstrieb auf die veränderten Bedingungen angepasste F 9-Getriebe zu schwach dimensioniert war. Es traten Brüche des Getriebegehäuses auf. Um wenigstens den Fahrbetrieb aufrecht erhalten zu können, legte man eine Bandage als stützendes Korsett um das Getriebegehäuse im Bereich des Achstriebes).

Der L 1 Kleinbus auf winterlicher Probefahrt (Archiv Carl-Hans Morgenstern)

Auf dieser Grundlage erhielt Framo Hainichen Ende Dezember 1954 den offiziellen Entwicklungsauftrag vom Ministerium für das Fahrzeug L 1, das später unter der Bezeichnung B 1000 geführt wurde. Das Konzept sah ein Fahrzeug in Frontlenker- beziehungsweise Trambus-Bauweise, mit Frontantrieb und Einzelradaufhängung für eine Nutzlast von 1,0 t vor.

In der Frage des Antriebsaggregates wurden in Hainichen folgende Möglichkeiten überdacht:

- Entwicklung eines Vierzylinder-Viertaktmotors, abgeleitet aus dem P 240 »Sachsenring«. Dieser Motor hätte dann ein Hubvolumen von 1600 cm^3 und eine Leistung von 50 bis 55 PS gehabt. Dieses Projekt ist insbesondere vonseiten des Framo-Werks sehr nachdrücklich befürwortet worden, Nachfragen bei Horch ergaben die dort vorhandene Bereitschaft, ein solches Vorhaben zu unterstützen, die Übernahme der kompletten Entwicklung wurde jedoch aus Kapazitätsgründen abgelehnt;
- Der in Eisenach entwickelte Vierzylinder-Viertakt-Boxermotor war für den Einsatz im L 1 zwar auf 1,1 l vergrößert vorgesehen, kam jedoch nach Abbruch der Entwicklung nicht mehr in Frage;
- In eine ähnliche Richtung, aber mit noch geringeren Chancen auf eine Realisierung zielten Gedanken ab, aus dem früheren Wanderermotor einen Vierzylinder-Motor zu entwickeln, der vor allem im Vergleich mit der P 240-Variante den Vorzug einer geringeren Motormasse gehabt hätte;
- Schließlich befürwortete das FEW den Plan, einen neuen Vierzylinder-Zweitakt-Ottomotor in V-Form zu entwickeln, aufbauend auf den Erfahrungen, die man bei der Entwicklung des Trabantmotors gesammelt hatte.

Mitte 1955 entschied man sich schließlich für den letzterwähnten Weg, da alle anderen angedachten Möglichkeiten ausschieden. Man einigte sich darauf, dass Framo dem FEW einen Entwicklungsauftrag über diesen Zweitaktmotor erteilen würde. Dieser sollte Ende Februar 1956 in Form eines ersten Funktionsmusters präsentiert werden. Allerdings war man sich zugleich darüber im Klaren, dass in der Zwischenzeit in die Schnelltransporter aus Hainichen doch der F 9-Motor zum Einbau gelangen sollte, ohne dass die Entwicklungsarbeiten am neuen Projekt davon beeinträchtigt werden durften. Maßgebend für diesen Entschluss war die realistische Einschätzung, dass für eine geplante maximale Stückzahl des L 1 von etwa 15 000 Exemplaren pro Jahr ein nur an diesen Typ gebundener Motor gar nicht wirtschaftlich produziert werden konnte. Der Versuch schlug fehl, den V-Motor im Automobilwerk Eisenach für den Einsatz im künftigen Wartburg vorzusehen und damit gleichzeitig die Fragen einer wirtschaftlich vertretbaren Stückzahl und die noch offene Festlegung des künftigen Motorenproduzenten zu lösen. Die Einbauuntersuchungen bei AWE brachten ein negatives Ergebnis. Das Motorenwerk in Chemnitz lehnte die Fertigung ebenfalls ab und verwies auf die Überlastung des Betriebes durch die Trabant-Motoren. So war es im März 1956 nicht möglich, für den neuen V-Motor einen Fertigungsbetrieb zu bestimmen. Zur Überbrückung sollte Framo die Funktionsmuster selbst bauen und erproben.

Der Anlauf des ersten Motors erfolgte bereits am 23. Oktober 1956. Seine Konzeption ist so zu beschreiben: Mit der V-Form erzielte man die für ein Frontlenkerfahrzeug notwendige geringe Baulänge. Luftkühlung sollte den Einsatz des Fahrzeugs in Ländern ermöglichen, in denen vom Normalklima abweichende Mitteltemperaturen herrschten. Hintergedanke dabei war, den Wagen besonders für den Export attraktiv zu machen. Hier flossen Ideen ein, die sich aus der von Juli bis November 1956 in Ägypten durchgeführten Erprobung bei extremen klimatischen Bedingungen ergeben hatten, an der unter anderem zwei Fahrzeuge des Typs V 901/2 in Tropenausführung teilgenommen hatten. Die Magnetzündung und eine Andrehklaue sollten den Betrieb des Fahrzeugs auch in Not- beziehungsweise Mangelsituationen ermöglichen.

Während der Erprobung dieses Vierzylinder-V-Motors ergaben sich die unterschiedlichsten Schwierigkeiten u. a. mit dem gesamten Schmiersystems, der Standfestigkeit des Kolbentriebes u. a. m.

Sie bildeten die Ursache dafür, dass die vordringliche und eigentliche Arbeit am Zweitaktverfahren des Motors immer wieder in Rückstand geriet und das Erfüllen der Zielstellung für Leistung, Drehmoment und Kraftstoffverbrauch in die Ferne rückte.

Erschwerend wirkte sich die fehlende Unterstützung und Mitarbeit durch die Zulieferindustrie aus. Dies betraf besonders die Ansaug- und Abgasanlagen. Auch hier blieb Framo nichts anderes übrig als die Entwicklung selbst in die Hand zu nehmen. Der anfängliche Stand von 30 PS war vollkommen unbefriedigend. Insgesamt wurden zehn Funktionsmuster-Motoren gebaut, von denen fünf für Fahrzeuge und die übrigen fünf für Prüfstandsversuche bei Barkas, den Blechverarbeitungswerken in Leipzig, an der TU Dresden, beim FEW und beim AWE Eisenach eingesetzt werden sollten. Der Kraftstoffverbrauch dieser Versuchsfahrzeuge mit dem V-Motor lag im Rundstreckenbetrieb bei etwa 14 bis 17 l auf 100 km bei einer Fahrzeugmasse von 1,6 bis 2,1 t. Die Funktionsmuster-Fahrzeuge aus den Jahren 1959 und 1960 erhielten bereits im Neuzustand den Dreizylinder-Zweitaktmotor von AWE, allerdings noch mit dem niedrigeren Hubvolumen von 900 cm^3 und einer Leistung von 40 PS.

Letzten Endes erwies sich der V-Motor als mit einer unübersehbaren Vielzahl von Randproblemen überfrachtet. Demgegenüber ließ die Auslegung derjenigen Bauteile, die für den eigentlichen Ladungswechsel und Verbrennungsvorgang eines gemischgeschmierten Zweitaktmotors wirksam sind, also Zylinder, Zylinderkopf und Kolben, ganz normales und herkömmliches Handwerkszeug erkennen. 78er Hub und siebziger Bohrung stammten vom F 9-Motor, die Spülwinkel von vertikal 15 ° und horizontal 120 °[47] entsprachen dem damaligen letzten Stand der Technik im Zweitaktmotorenbau. Die Form des Brennraumes als außermittige Halbkugel mit Quetschkante war bereits 1953 am F 9-Motor mit positiven Ergebnissen erprobt und für die Serieneinführung vorgesehen worden.

Ende August 1958 fiel dann die endgültige Entscheidung, die Arbeiten einzustellen, da absehbar war, dass der V-Motor für den Nullserienanlauf des B 1000 im Jahr 1961 viel zu spät kommen würde. Endgültig wurde nun festgehalten, für diesen Lieferwagen einen in der Leistung gesteigerten Dreizylinder-Zweitaktmotor ins Auge zu fassen. Als Leistungshorizont für einen 1000 cm^3 Hubraummotor wurden 45 PS genannt. Ende 1959 wurden die zwischenzeitlich an das ZEK Karl-Marx-Stadt übergebenen Entwicklungsarbeiten am V-Motor endgültig eingestellt. Die bis dahin erreichten Ergebnisse fanden keine weitere Verwendung.

Das Fahrwerk, das heißt die Längslenker, Antriebstechnik und Bremsen, entstanden in Gemeinschaftsarbeit mit dem FEW/ZEK. Einen besonderen Schwerpunkt bildete die Gestaltung der Karosserie. Die Vorgabe eines Nutzlast-Verhältnisses von 1:1 war, wie bereits aus der Studie ersichtlich wurde, nur mit einer selbsttragenden Karosserie zu erreichen. Hierzu waren Bodengruppen mit Rahmen und Karosserie zu einer tragfähigen Einheit zu vereinen. Die Entscheidung für die zu wählende Karosserieform vollzog sich als Ausschreibung in mehreren Schritten. Aus ersten zeichnerischen Entwürfen wurden drei für den Bau von Anschauungsmustern im Maßstab 1:10 ausgewählt. In einer weiteren Runde komprimierte man die positiven Merkmale dieser drei Demonstrationsmodelle zu einem letzten Gestaltungsvorschlag. Man entschied sich letztlich für eine zeitlos ansprechende Form ohne modische Effekte, aber auch ohne Merkmale spartanischer Einfachheit. Die frühzeitige Einbeziehung von Erfahrungsträgern, so vom FEW (Otto Seidan), vom Karosseriewerk Halle (Rudolf Rosenzweig) und auch bereits von Vertretern des Formenbau Schwarzenberg, trug zum Erfolg bei.

Im Dezember 1956 stand das erste Funktionsmuster-Fahrzeug zur Abnahme durch den Wissenschaftlich-Technischen Rat (WTR) der VVB Automobilbau bereit. Unter den diversen, konstruktiv zu bewältigenden Problemen sei vor allen

Einer der ersten B 1000-Versuchswagen (Archiv Dr. Heinrich Schmieder)

Dingen eines besonders hervorgehoben: Die vorn vorlaufende und hinten nachlaufende Kurbelachse war mit den Drehstäben, die für alle vier Räder gleich und wartungsfrei gelagert waren, so angeordnet, dass alle vier Drehstabfedern in einem Winkel von 70° spiegelbildlich symmetrisch zur Fahrzeuglängsachse arbeiteten. Bei langen Federwegen ermöglichte diese Anordnung eine vorteilhafte Beeinflussung von Nick- und Kurvenneigung. Es stellte sich allerdings die Frage, ob der Einsatz einer geschobenen Kurbelachse in Verbindung mit gelenkten und angetriebenen Vorderrädern zu vertreten war. Die diesbezüglich vorgebrachten Bedenken waren nicht von der Hand zu weisen, denn die Vorderachse neigte im Leerzustand des Fahrzeuges zum Überbremsen. Als Gegenmaßnahmen verlagerte man Masse – Ersatzrad und Kraftstofftank – zur Hinterachse und verstärkte Elemente des Lenkgestänges, was durch eine platzsparende Verbindung der Antriebsgelenkwellen mit dem Achstrieb möglich war.

Obwohl dies bereits hinreichend im Rahmen der FEW-Studie mit dem L 1 bestätigt worden war, wurden am Goßberger Berg die Anfahrversuche mit dem B 1000 wiederholt. Als Vergleichsfahrzeuge wurden der V 901 und ein Importfahrzeug FK 1000 von Ford, die beide Hinterachsantrieb besaßen, herangezogen. Neue Erkenntnisse ergaben sich nicht. Zusätzlich wurden theoretische Betrachtungen angestellt, die die im Praxistest ermittelten Ergebnisse bestätigten.

Beim L 1 war ursprünglich die Rahmenbauweise verwendet worden. Beim B 1000 ging man dagegen nun auf einen selbsttragenden Wagenkörper über. Diese in Ganzstahlausführung nach der Schalenbauweise gestaltete Karosserie erforderte aber vollkommen neue Technologien und Fertigungseinrichtungen.

Eine Halle im Betriebsteil des VEB Barkas in Karl-Marx-Stadt (Chemnitz), in der vorher der Kübelwagen P 2 M und der Schwimmwagen P 2 S für die NVA

Die Kombikarosserie gehörte von Anfang an zum Fertigungsprogramm (Archiv Dr. Heinrich Schmieder)

gefertigt worden war, wurde leer geräumt, um die sehr umfangreichen Ver- und Entsorgungseinrichtungen für die Schweißanlagen und die rund 1200 Luftspannelemente zu verlegen. Alle Großvorrichtungen für das Fügen der Blechteile und Baugruppen und für die vollständige Karosserie wurden im Werk von eigenen Konstrukteuren entwickelt und im werkseigenen Rationalisierungsmittelbau hergestellt.

Der 1000 cm^3 3-Zylinder-Zweitakt-Ottomotor mit angeflanschtem 4-Gang-Getriebe, hier die Ausführung mit Knüppelschaltung, und Radantrieb des Barkas B 1000 (Archiv Jochen Borrmeister)

Mit einem Verwindungs-Prüfstand versuchte man bei Barkas den einschlägigen Problem des sehr empfindlichen Mittelträgers (»Mittelgräte«) beizukommen (Archiv Dr. Heinrich Schmieder)

Polarerprobung des Barkas B 1000 in Nordfinnland, Winter 1965 (Archiv Jochen Borrmeister; Foto: Jochen Borrmeister)

Hervorragende Sichtverhältnisse bot die Frontlenkerbauweise. Der B 1000 galt steuerlich und bei der Verteilung der Neufahrzeuge als Lkw. Nach der Ausnahmegenehmigung 15/62 waren jedoch für ihn Geschwindigkeiten wie für Pkw erlaubt (Archiv des Autors)

Belgien war ein besonders wichtiger Importeur von B 1000-Fahrzeugen. Hier sieht man einen Teil der insgesamt 50 Barkas umfassenden Lieferung an eine Firma in Antwerpen (Archiv Jochen Borrmeister; Foto: Werkfoto)

Der B 1100 als Pritschenfahrzeug; dessen Gestaltung stammte von Rudolph und Scheitler (Foto: PGH Fotostudio Leipzig)

Die Pritschenfahrzeuge B 1000 und B 1100 im Vergleich (Foto: PGH Fotostudio Leipzig)

Der B 1100 mit Barkas-Emblem auf der Frontattrappe. Ein Prototyp befindet sich heute im Fahrzeugmuseum in Frankenberg (Foto: PGH Fotostudio Leipzig)

Nach der endgültigen Entscheidung für den Dreizylinder-Zweitaktmotor setzten nun entsprechende konstruktive Veränderungen ein. Vor allem war eine deutliche Leistungssteigerung erforderlich, damit der B 1000 die vorgesehenen Fahrleistungen auch erreichen konnte. Der Dreizylindermotor wurde nur noch in Eisenach gefertigt, und dort neigte man aus verschiedenen Gründen nicht sehr stark dazu, noch größere Entwicklungsinvestitionen zu tätigen. Man hatte sich inzwischen eigene Gedanken hinsichtlich der Weiterentwicklung des Pkw Wartburg vom Typ 314 gemacht, dabei war von einem Zweitaktmotor als Antriebsquelle keine Rede mehr. Auch die Hauptverwaltung Automobilbau war, was Motoren dieser Größenordnung anging, damals bereits im Begriff, sich auf einen Kreiskolbenmotor als Hauptantriebsquelle zu konzentrieren. Man nahm damals noch an, dass der KKM 1963 bereits in Serie gehen könne. In Eisenach liefen die Überlegungen auf einen Viertaktmotor mit einem Hubvolumen von 1,3 l hinaus. Für den Zweitakter sah man eine gesicherte Perspektive bis allerhöchstens 1965.

Nachdem der Dreizylinder-Zweitaktmotor nach einigem Hin und Her nun doch als einzige Alternative für den Antrieb des B 1000 übrig geblieben war, versuchte man erneut, mit dem Getriebe des Wartburg die Notwendigkeit eines auf die Anforderungen im B 1000 ausgelegten Getriebes zu umgehen. Obwohl man es eigentlich aufgrund der negativen Erfahrungen, die im Zuge der L 1-Erprobung gewonnen wurden, hätte besser wissen müssen, wurden zwei Wartburg-Getriebe mit Kombiübersetzung im Rundstreckenbetrieb eingesetzt. Es gab auch hier genau die selben Ausfallerscheinungen, nämlich einen Bruch der Getriebegehäuse, nach 795 km und nach 3 457 km. Damit bestand kein Zweifel mehr an der Notwendigkeit eines Getriebes für den B 1000 auf Basis der FEW/ZEK-Konstruktion. Der spätere Serienproduzent des Getriebes für den B 1000 – »Joliot Curie« in Leipzig – entwickelte auf dieser Basis unter der Bezeichnung EGS 16 ein für verschiedene Einsatzfälle verwendbares Einheitsgetriebe für den B 1000.

Aus der Nullserie des 312er Motors von insgesamt 100 Stück gelangten bis August 1961 noch 35 Motoren in B 1000-Fahrzeugen zum Einbau. Nachdem die restlichen 80 Motoren vom Typ 311 mit 900 cm^3 Hubvolumen aufgebraucht waren, erfolgte mit Fortschrittszahl 81 im Januar 1962 der dann nicht mehr unterbrochene Serieneinsatz des 1000er Motors. Seine offiziellen Stichdaten im Einbauzustand für den B 1000 waren: 42 PS/31 kW/4000 U/min. und 9,8 mkg/2500 U/min (vgl. Anlage D 02/03).

Als Weiterführung der Fertigung des ehemaligen VEB Fahrzeugwerks Karl-Marx-Stadt (Chemnitz) wurden für die NVA beziehungsweise für deren Amt für Technik bei Barkas folgendes hergestellt:[48] der Kübelwagen P 2 M und der Schwimmwagen P 2 S, dessen Weiterentwicklung P 3 zur Fertigung an die Wismut und von dort nach Ludwigsfelde ins VEB Industriewerk transferiert wurde; stationäre Zweitaktmotoren für Notstromaggregate der Fimag in Finsterwalde; Aufbauten für Nachrichtenfahrzeuge und Anhänger sowie Kommandeursfahrzeuge, auch auf Fahrgestelle sowjetischer Herkunft; Baugruppen für die sowjetische Maschinenpistole (Barkas Kfz-Teile Kombinat, Werk Döbeln); Minenlege- und

Kabellegegeräte (Barkas Kfz-Teile Kombinat, Werk Scheibenberg); sowie Holzmehl, das zum Füllen von Munition verwendet wurde (Barkas Kfz-Teile Kombinat, Betrieb Dresden).

Das Fahrzeug L 1 beziehungsweise B 1000 war eine der wenigen grundlegenden Neuentwicklungen im Automobilbau der DDR. Berücksichtigt man das zur Verfügung stehende Ingenieur- und Technikerpotential, wurde es in einer durchaus angemessenen Zeitspanne realisiert. Zweifellos erhielt die Entwicklungsmannschaft des Stammhauses Unterstützung durch die Zentrale Entwicklung und Konstruktion der VVB Auto sowie durch die angeschlossenen Motoren- und Fahrzeugfirmen. Übersehen darf man dabei nicht, dass der Transporter B 1000 zu einem Zeitpunkt entwickelt und in die Serienproduktion überführt wurde, zu dem in allen anderen Unternehmen des DDR-Automobilbaus ebenfalls Nachfolgefahrzeuge entwickelt beziehungsweise zur Produktion vorbereitet wurden. Zwischen 1955 und 1965 wurde in den Firmen des IFA-Automobilbaus eine Fahrzeuggeneration, die noch auf Vorkriegsentwicklungen basierte, durch größtenteils vollständig neu entwickelte Modelle ausgetauscht. Das geschah später im volkseigenen Automobilbau in dieser Form nie wieder.

Am 14. 6. 1961 setzte die Serienproduktion des B 1000 ein. Zu diesem Zeitpunkt nahm dieses Fahrzeug unter den Wettbewerbern eine Spitzenstellung ein; 1967 gab es bereits 12 Ausführungsarten des B 1000. Dies zeugt vom Bemühen, das Fahrzeug den tatsächlichen Bedürfnissen anzupassen, internationalen Bauvorschriften gerecht zu werden, geforderte Materialsubstitutionen und notwendige Senkungen der Entstehungskosten zu bringen. Gleichzeitig wird aber auch deutlich, dass größere innovative Schritte, so zum Beispiel die dringend notwendige Weiterentwicklung der Bremsanlage (Scheibenbremsen an der Vorderachse), aufgrund der wirtschaftlichen Situation, der sich der Automobilbau in der DDR gegenübersah, nicht mehr möglich waren.

1965 erfolgte eine Erprobung der Fahrzeuge in Finnland unter extremen Kältebedingungen. Im darauffolgenden Sommer wurden die B 1000-Transporter in Bulgarien einem Hitzetest unterzogen. Winter-Fahrzeugerprobungen und -Bauteiluntersuchungen in Nord-Finnland gehören heute zum Erprobungsprogramm jedes westeuropäischen Automobilherstellers. Barkas war 1965 eine der ersten Firmen, die ihre Fahrzeuge nördlich des Polarkreises testeten. 1987 gelang es der Firma noch, die seitlich weitausschwenkende Tür des Laderaumes der auf dem Kastenaufbau basierenden B 1000-Typen durch eine Schiebetür zu ersetzen. Zur Leipziger Herbstmesse 1989 wurde schließlich der Barkas B 1000-1 vorgestellt. Als Antriebsmotor diente ein 4-Zylinder-4-Takt-Ottomotor, dessen Produktion nach einer Lizenz der Volkswagen AG im Jahr 1988 im VEB Barkas-Werke angelaufen war. Mit dem Serieneinsatz dieses 1,3 l-Viertakt-Ottomotors wurden die Grenznutzungsdauer, der Fahrkomfort, die Umweltbelastung und die Gesamtwirtschaftlichkeit des Fahrzeugs verbessert, ohne jedoch den internationalen Stand der Technik zu erreichen. Obwohl das Antriebskonzept mit längs eingebautem Motor und der Kraftübertragung über die Vorderräder beibehalten wurde, waren umfangreiche Änderungen nötig. Änderungen des Designs des Frontbereiches wurden nicht mehr serienwirksam.

Auch bei Barkas stellte man bereits früh Überlegungen über die nächste Transporter-Generation an. Dabei dachte man an einen 4-Taktmotor, sah aber zugleich grundlegende Fahrzeugänderungen vor. Der B 1100 besaß auf der Grundlage der mit der selbsttragenden Karosserie des B 1000 gesammelten Erfahrungen die bewährte und vorteilhafte Rahmenbauweise, wodurch auch günstigere Voraussetzungen für Sonderaufbauten vorhanden waren. Beibehalten wurde die Drehstabfederung in veränderter Anordnung; dadurch wurde eine deutlich verbesserte Auslegung des Lenkgestänges mit einer positiven Auswirkung auf das Lenkverhalten des Fahrzeugs möglich. Es entstanden zwischen Ende der sechziger und Anfang der siebziger Jahre drei Musterfahrzeuge mit Moskwitsch-Viertaktmotoren. Bis zum Abbruch der Arbeiten, der Anfang 1972 erfolgte, beliefen sich die Entwicklungskosten auf 4,16 Millionen Mark. Ökonomische Prämissen setzten dieser Neuentwicklung ein jähes Ende.

Die Verlagerung des Lkw-Baus von Werdau nach Ludwigsfelde

Die Wiege des Lkw W 50 stand in Werdau.[49] Dort ging man nach Übernahme des S 4000-1 aus Zwickau sofort daran, dieses inzwischen in die Jahre gekommene Baumuster zu überholen. Ergebnis dieser Arbeiten war der S 4500, ein in der Nutzmasse vergrößerter und optisch geringfügig modifizierter Lkw, bei dem das Holzgerippe der Fahrerhäuser durch Stahlblech ersetzt worden war. Außerdem gab es endlich eine Kabinenbelüftung und größere Scheiben in der Rückwand des Fahrerhauses. Trotz aller Mühen blieb es in visueller Hinsicht das alte Fahrzeug. Daher wurde in Werdau damit begonnen, auf der Grundlage von noch aus Zwick-

Einer der Versuche zur S 4000-Modellpflege sah auch ein Fahrerhaus mit ungeteilter Frontscheibe vor (Archiv des Autors)

Erste Werdauer Entwürfe hatten sowohl Haubenbauweise, hier zu sehen, als auch Frontlenkerbauweise zum Ziel (Archiv Wilfried Otto)

W 45 und G 5/3 sollten ursprünglich ein Einheitsfahrerhaus erhalten, dessen Grundzüge im Vergleich beider Fahrzeuge deutlich wurden (Verkehrsmuseum Dresden/SäSTAC)

au übernommenen Vorstudien einen neuen Typ zu entwickeln. Dieser W 45 – W stand für Werdau – sollte 4,5 t Nutzmasse haben und als Kurzhauber sowie als Frontlenkerfahrzeug entworfen und in Versuchsmustern gebaut werden. Armee, Polizei und Feuerwehr hatten auf der Haubenbauweise bestanden. Die Nationale Volksarmee war es auch, die auf der Weiterführung des G 5 als geländegängigem, einfachbereiften Dreiachser (= G 5/3) mit Niederdruckreifen und Reifendruckregelanlage bestanden hatte. Daraus hatte sich ebenfalls eine nochmalige Überarbeitung der Fahrerhäuser im Sinne einer angestrebten Einheitskabine ergeben.

Der S 4000-1 war Hauptstütze der Werdauer Fahrzeugproduktion (Archiv des Autors)

Gleichzeitig wurde von der DDR geplant, zusammen mit der Volksrepublik Polen einen Fünftonner zu bauen. Die gemeinsamen Projektierungen hatten bereits ein konkretes Stadium erreicht. Verhandelt wurde über die Konzeptionen der Baugruppen und über die Produktionsstandorte. Von polnischer Seite war das Lkw-Werk Star in die Gespräche miteinbezogen. Das gemeinsame Entwicklungsbüro sollte in Wrocław/Breslau angesiedelt werden. Auch Strukturpläne wurden als Entwicklungsvorschläge bereits erarbeitet. Das seit dem Jahr 1960 betriebene Projekt ging auf eine Vereinbarung zwischen Ulbricht und Gomulka zurück. Von deutscher Seite war dabei vor allem an die Realisierung des W 45 gedacht. Dieser Lkw sollte durch einen Vierzylinder-Dieselmotor aus der Baureihe 4 VD 14,5/12 SRW angetrieben werden, der nach Aufbohren eine Leistung von 110 PS bei 2200 U/min. erreichte. Angetrieben durch eine kurze Kardanwelle, war das Getriebe ein Stück weit hinter dem Motor angeordnet, um Demontierbarkeit und Reparaturfreundlichkeit zu erhöhen. Es hatte fünf Vorwärtsgänge und einen Rückwärtsgang, wovon der zweite bis fünfte Gang synchronisiert waren. Das für Bau, Armee und Landwirtschaft lieferbare Verteilergetriebe, von dem die Kraft auf Vorder- und Hinterachse übertragen wurde, ließ insgesamt zehn Gangstufen zu. Um die Konstruktionshöhe der Differentiale gering halten zu können, wurde die Achsuntersetzung aus dem Differentialgehäuse heraus in die Nähe der Räder versetzt. So ergab sich für die Hinterachse eine Bodenfreiheit von 390 mm. Die Lenkung musste anfangs ohne Lenkhilfe bewältigt werden. Außerdem war in Werdau ein Prototyp mit einer Luftfederung von Continental, Hannover, bereits in Betrieb, der jedoch wieder verschrottet werden musste, da die erforderlichen Importe verweigert wurden. Der kurze Radstand von 3200 mm und die großen Einschlagwinkel erlaubten einen sehr geringen Wenderadius. Der Verwendung des Fahrzeugs in der Landwirtschaft und durch das Militär wurde auch durch die Fahrgestellkonstruktion entsprochen. Der verwindungsweiche, genietete U-Profilrahmen des W 45 gestattete eine recht große Verschränkung der Längsträger, und das Frontlenker-Fahrerhaus wurde ebenso wie der Aufbau an Quertraversen des Rahmens befestigt. Es war in Ganzstahlbauweise ausgeführt, allerdings nicht kippbar. Für den weiteren Gang der Dinge waren im wesentlichen zwei besondere Umstände ursächlich und entscheidend gewesen.

Die Verhandlungen mit Polen machten kaum Fortschritte. Wie der längst fällige Nachfolger des S 4000 aussehen sollte, wusste angesichts der sehr differenzierten Interessenlage niemand. Die Werdauer Automobilbauer versuchten, vorab den Viertonner-Lkw weiter am Leben zu erhalten. Dabei erwiesen sich öffentlichkeitswirksame Aktivitäten, wie beispielsweise der Gesamtsieg in der Mannschafts- und Einzelwertung der II. Internationalen Leistungsprüfungsfahrt in Brünn 1961, als hilfreich. Doch die Zukunft des Werkes blieb ungewiss. 1961 musste die noch von Sachsenring in Zwickau begonnene Entwicklung des S 4500 abgebrochen werden. Den Ausschlag dafür gab der Beschluss der Staatlichen Plankommission, die darauf beharrte, so große Lkw entsprechend einer RGW-Vereinbarung nicht in der DDR, sondern im sozialistischen Ausland zu fertigen. Die NVA setzte zwar durch, dass die Entwicklungsarbeiten am nächsten G 5, dem G 5/3, weitergingen, aber ob dies für den Werdauer Lkw-Bau ausreichenden Schutz bieten würde, bezweifelte man – durchaus zurecht.

Im März 1962 forderte Walter Ulbricht auf dem VII. Deutschen Bauernkongress einen allradgetriebenen Lkw der 3,5 t-Klasse, der für die Landwirtschaft unverzichtbar sei. Gerade dort hatte die Zwangskollektivierung sehr große Defizite in der technischen Grundausstattung der Landwirtschaftlichen Produktionsgenossenschaften (LPG) blossgelegt. Die offen zu Tage getretene Tatsache, dass die landwirtschaftliche Produktion zu 50 Prozent aus Transport bestand, hatte die Unterversorgung mit geeigneten Lkw besonders scharf akzentuiert.

In Werdau erfasste Betriebsdirektor Kohl die Situation sofort, trommelte die Werksleitung zusammen und man schrieb einen gemeinsam verfassten Brief an Ulbricht. Darin versicherte man, dass Werdau diese Forderungen erfüllen könne; zudem sicherte man den Bau der Funktionsmuster innerhalb weniger Wochen zu. Einen Tag später traf der Brief beim Parteivorsitzenden ein, und noch während der Kongress tagte, lag in Werdau bereits eine Antwort vor. Sie lautete: Sofort handeln!

Weder die Staatliche Plankommission noch das Ministerium für Landwirtschaft wussten vorab von der Forderung Ulbrichts. Als das *Neue Deutschland* mit der Reaktion der Werdauer Fahrzeugbauer an die Öffentlichkeit ging – »erst Walter Ulbricht selbst musste kommen, damit es vorwärts ging« –, hatten beide Einrichtungen kaum noch Möglichkeiten, dieses Projekt zu verhindern.

In Werdau wurde Tag und Nacht gearbeitet. Nach vier Wochen wurde Berlin mitgeteilt, dass das Funktionsmuster zur Vorführung bereit stünde. Der Landwirtschafts-Sekretär des ZK der SED und Mitglied des Politbüros Grüneberg lud für den 18. April 1962 nach Potsdam-Bornim. Der Kreis der Gäste war erlesen, er bestand aus Armeegeneral Hoffmann, Innenminister General Dickel, dem Minister für Staatssicherheit General Mielke, außerdem aus Vertretern der Staatlichen Plankommission, Generaldirektoren und anderen hohen Staatsfunktionäre. Der Werdauer Direktor für Technik Freund und Chefkonstrukteur Otto führten das Auto vor. Obwohl Generaldirektor Lang und Armeegeneral Hoffmann aus bekannten Gründen – der Bewahrung eines Lkw über 5 t in der DDR-Produktion – wieder den G 5/3 ins Gespräch brachten und dieses Fahrzeug favorisierten, ging alles gut. Wilfried Otto erinnert sich: »In der abschließenden Beratung unter Leitung von Grüneberg – Notizen waren verboten – konnten die Minister ihre Meinung kundtun. Hoffmann wollte den G 5/3. Grüneberg wies ihn zurück, die Beratung gehe um den Lkw für die Landwirtschaft und die Armee könne ihn ja mitnutzen und im übrigen hätte die Sowjetunion mit ihrer gut ausgerüsteten Armee Fahrzeuge, die auch die NVA nutzen sollte. Die geringe Stückzahl, die die NVA benötigte, könne ja importiert werden. Damit war der G 5/3 vom Tisch und Hoffmann ruhig. Mielke und Dickel brachten keine entscheidenden Meinungen ein. Abschließend entschied Grüneberg: Es ist beschlossen, der Lkw wird gebaut. Es gab keine offenen Gegenstimmen. Befriedigt fuhren wir nach Hause.«[50]

In Werdau war man sich darüber im Klaren, dass so schnell wie irgend möglich die nächsten Funktionsmuster zu folgen hatten und dass diese Fahrzeuge vor allem in der Landwirtschaft erprobt werden müssten. Hierfür war unbedingt die Ernte des Herbstes 1962 zu nutzen. Bis zum 15. September standen fünf weitere Fahrzeuge bereit, dabei handelte es sich um einen Kipper, ein Armeefahrzeug, eine

Ein W 50 Pritschenwagen als Fertigungsmuster mit dem Werdauer Emblem an der Wagenfront (Archiv Wilfried Otto)

Die Funktionsmuster des W 50 wurden noch im Herbst 1962 als Kipper und als Sattelzugmaschine in einer LPG bei Meißen erprobt (Archiv Wilfried Otto)

Zugmaschine, einen Sattelschlepper und um ein normales Straßenfahrzeug. Alle waren mit Frontlenker-Fahrerhäusern ausgestattet. Die Nutzmasse war durchweg auf 5 t angehoben und die Bezeichnung W 50 damit von Anfang an etabliert: W = Werdau; 50 = 5 t Nutzmasse. Über die Stimmung in Werdau berichtet ein Zeitzeuge: »In Konstruktion und Musterbau wurden alle Register gezogen, um diese Verpflichtung zu erfüllen. An Acht-Stunden-Tag war nicht mehr zu denken. Die Hilfe von Betriebsabteilungen und Zulieferbetrieben wurde organisiert. Nach Werdau wurden Konstrukteure und Facharbeiter abgestellt, um zur Realisierung dieses Vorhabens beizutragen. Tag und Nacht arbeitete die Konstruktionsabteilung. Alle Mitarbeiter waren hochmotiviert. Jeder dachte, daß man jetzt eine langfristige Perspektive gepackt habe. Und am 15. September standen alle fünf Funktionsmuster fahrbereit auf dem Hof.«[51]

Armeegeneral Hoffmann hatte unmittelbar nach dem Produktionsentscheid für den W 50 die G 5/3-Entwicklung abbrechen lassen. Das dadurch freigewordene Entwicklungspersonal war in Werdau hochwillkommen. Am 17. Mai 1962 wurde als Termin für die W 50-Serienreife das 2. bis 4. Quartal 1964 festgelegt.

Alles lief für Werdau nach Wunsch – bis zum 21. Dezember 1962. An diesem Tag fasste der Ministerrat den Beschluss, die Produktion des Lkw W 50 im VEB Industriewerke Ludwigsfelde einzurichten. Für die Werdauer war das ein harter Schlag. Ihre Initiative, ihr außerordentlicher Einsatz, ihr Fleiß und ihre Konsequenz hatten nicht ausgereicht, um den Lkw-Bau in Werdau zu halten. Fäden waren im Hintergrund gezogen worden. Die SED-Bezirksleitung Karl-Marx-Stadt (Chemnitz) hatte sich außerstande gesehen, entsprechende Voraussetzungen in ihrem Bezirk zu schaffen. Dort habe der Maschinenbau und die Pkw-Produktion alle Reserven in Anspruch genommen. Dazu Wilfried Otto: »Unsere sicher geglaubte Perspektive platzte wie eine Seifenblase. Für uns blieb nur der Trost, doch den Lkw-Bau für die DDR gerettet zu haben.« Ein weiterer Grund, der für den Stand-

Am 17.7.1965 verließ der erste W 50 die Fertigungshalle in Ludwigsfelde. Am selben Tag wurde das bisherige Industriewerk Ludwigsfelde in Automobilwerk umbenannt (Bundesarchiv/183/D 0717/13/2)

ort Ludwigsfelde ausschlaggebend war, ergab sich aus dem im Februar 1961 vom Politbüro beschlossenen Abbruch der Flugzeugproduktion. Im Industriewerk Ludwigsfelde war die Serienfertigung der Strahlturbinen des Typs Pirna 014 für das Verkehrsflugzeug 152 vorbereitet worden. Insgesamt entstanden dort noch 30 Turbinen, die später in Minenräumbooten der DDR-Marine zum Einsatz kamen.

Das Industriewerk Ludwigsfelde war am 1. März 1952 entstanden. Auf dem Gelände hatte sich vormals ein Daimler-Benz-Flugmotorenwerk befunden, das noch 1945 von der US Air Force bombardiert worden war und dessen erhaltene Reste als Reparationsleistung in die Sowjetunion abtransportiert wurden. Man begann dort 1952 mit der Fertigung von Schiffsdieselmotoren und Motorenteilen sowie mit der Herstellung der ersten sogenannten Diesel-Ameise, die aus dem Schmiedewerk Roßwein übernommen worden war. 1953 setzte die Entwicklung von Motorrollern ein, von denen zwischen 1954 und 1963 über 250 000 Stück unter den Typenbezeichnungen Pitty, Wiesel, Berlin und Troll hergestellt wurden. 1958 kamen Gesenkschmiedestücke, Genaugussteile, Sondermaschinen, Landmaschinen und Strahltriebwerke hinzu; letztere wurden nun nicht mehr benötigt. Außerdem stellte man Elektronenstrahl-Mehrkammer-Schmelzöfen her und übernahm vom Chemnitzer Wismut-Betrieb die Geländefahrzeugproduktion vom Typ P 3. Mit diesem neuen Lkw-Projekt W 50 war nun allerdings das deutsch-polnische Gemeinschaftsvorhaben definitiv an sein Ende gelangt.

IFA W 50-Fahrzeuge auf dem Versandplatz in Ludwigsfelde, im Hintergrund die neue Werkhalle mit Presserei, links davon Fahrerhausfertigung und -montage, Rahmenband und Fahrzeugendmontageband (Foto: Werksaufnahme)

Im April 1963 begannen die Projektierungsarbeiten für die Bauten und Fertigungseinrichtungen in Ludwigsfelde. Ein Jahr später erfolgte die Grundsteinlegung für die Montagehalle, und am 17. Juli 1965 verließ der erste Lkw W 50 das Montageband. Dieser Betrieb wurde zum gleichen Zeitpunkt in VEB IFA-Automobilwerke Ludwigsfelde umbenannt, und der kleine Ort erhielt das Stadtrecht verliehen.

Bei den Anlagen und Einrichtungen dieses Automobilwerks handelte es sich um das bis dahin größte Investitionsvorhaben in der Geschichte des Automobilbaus in der DDR. Auf einem Territorium von rund 170 ha Fläche waren neue Hallenkomplexe für die Lkw-Fertigung entstanden, wobei die reine Produktionsfläche etwa 130 000 m^2 umfasste. Die bisher größte Montagehalle des DDR-Fahrzeugbaues hatte eine Grundfläche von 72 000 m^2; sie nahm neben dem 300 m langen Band für die Endmontage die komplette Fertigung von Fahrerhäusern und Fahrzeugrahmen mit allen dafür erforderlichen Betriebseinrichtungen einschließlich Pressenstraße und Lackieranlagen auf. Ein Rollenprüfstand am Ende des Montagebandes unterzog jeden Lkw einer entsprechenden Abnahmeprüfung. Die Halle bestand aus acht Schiffen mit einer Höhe bis zu 15,60 m und Spannweiten bis zu 24 m. Die gesamte Halle bestand aus Stahlbeton-Typenelementen und wurde in nur zwei Jahren projektiert und gebaut. An den Bindern waren die Hängefördereinrichtungen für den Transport der Bauteile montiert. An beiden 400 m langen Längsseiten der Halle waren Gleisanlagen verlegt worden, so dass eine Anlieferung der Teile per Schiene bis zur Produktionszone erfolgen konnte.

In dem neuen Werk wurden Schmiedeteile für den Lkw W 50, die Vorder- und Hinterachse, der Fahrgestellrahmen, das Fahrerhaus, die Normal- und Kipp-Prit-

W 50-Endmontageband im IFA-Automobilwerk Ludwigsfelde. Das Fahrerhaus wird über einen Hängeförderer, zugleich der Fahrerhausdeckenspeicher, zugeführt, auf das Fahrgestell abgesenkt und montiert (Foto: Werksaufnahme)

IFA W 50-Zugmaschine mit Zweiseitenkippaufbau und analogem Anhänger im landwirtschaftlichen Einsatz. Allradantrieb und großvolumige Niederdruckbereifung mit geringem spezifischem Bodendruck machten das Befahren der Felder auch bei schlechten Bedingungen möglich (Foto: Werksaufnahme)

schen produziert sowie die Endmontage des Gesamtfahrzeugs durchgeführt. Motor, Getriebe, Kühler, Reifen und Felgen sowie Gelenkwellen, Bremsen, Kupplung, Guss- und Normteile, elektrische Ausrüstungen, Sitze und Glas kamen von Zulieferern. In den alten Werkhallen waren die Fertigung der Vorder- und Hinterachsen, die Warmbehandlung, die Pritschenfertigung, der Gesenkbau, der Werkzeugbau, die Hauptmechanik (Reparaturabteilung), die Schmiede sowie die Versuchsabteilung untergebracht.

Die Maschinenausrüstung des Werkes bot ein differenziertes Bild und erlaubte die Lkw-Fertigung nach modernen Gesichtspunkten in einer Größenordnung, die international fast konkurrenzlos war. Die Maschinen hierfür kamen aus der UdSSR, der ČSSR und aus der Bundesrepublik Deutschland und auch aus der Werkzeugmaschinenindustrie der DDR selber. So stammten die Maschinenfließstraßen für die spanabhebende Bearbeitung vom VEB Wema und dessen Fertigungsstätten in Plauen und Saalfeld. Sämtliche Großpressen wurden vom VEB Pressen und Scherenbau, Erfurt, geliefert. Für die Fertigung der Rahmenlängsträger wurde eine 3000 t-Zweifachtiefziehpresse der Firma Becker & Van Hüllen installiert. In einem Arbeitsgang erfolgte das Stanzen der Platinen und das Lochen sämtlicher Bohrungen am Rahmenlängsträger. In einem zweiten Arbeitsgang wurden die gelochten Platinen zu U-Profilen einschließlich Fischbauch gebogen. Hier wurde im Nutzfahrzeugbau technologisches Neuland beschritten. Die Nietpressen für die Fahrgestellfertigung kamen einschließlich der hydraulischen Druckübersetzer von der Firma Prokorny aus Frankfurt am Main. Die Fertigungslinien für die Fahrerhausteile stammten vorwiegend von Renault, ebenso ein Teil der Schweißzangen und Schweißanlagen. Die Fahrerhaus-Innenverkleidung kam mit Hilfe einer Hochfrequenz-Schweißanlage zustande, die die Firma Körting & Kiefel

Endkontrolle der IFA W 50-Fahrerhäuser am Ende des Bandes in Ludwigsfelde (Foto: Werksaufnahme)

in München herstellte. Die Fahrerhausfertigung war hocheffizient ausgelegt; pro Stunden konnten bis zu 12 Kabinen hergestellt werden. Auch die Oberflächenbehandlungsanlagen für das vollständige Fahrzeug stammten aus Westdeutschland, und zwar von der Firma Schilde Maschinenbau AG aus Bad Hersfeld.

Der Bereich Forschung und Entwicklung bildete in Ludwigsfelde mit Beginn der Projektierungsarbeiten 1963 eine Hauptabteilung. An deren Spitze stand ab dem Jahr 1964 als Chefkonstrukteur Dr.-Ing. Gerhard Zimmer. Mitte der sechziger Jahre waren etwa 220 Mitarbeiter beschäftigt, in den folgenden 20 Jahren stieg die Zahl auf ungefähr 390.

Begonnen wurde 1964 mit zwei Konstruktionsabteilungen. Ziel war es, in einer Abteilung sämtliche Serienprobleme zu bearbeiten, und in einer anderen sollte man sich nur mit der Nachfolgevariante beschäftigen. Aus Kapazitätsgründen und als Maßnahme zur Effizienzsteigerung wurden aber beide Abteilungen 1973 zu einer Hauptabteilung innerhalb des 1971 gebildeten Direktionsbereiches Erzeugnisentwicklung zusammengefasst, in der sowohl Serienbetreuung als auch Weiter- und Neuentwicklung betrieben wurde. 1982 beziehungsweise 1985 wurden zusätzlich die Bearbeitung der Kundendienstdokumentation und die technische Berechnung eingegliedert. Im Versuchsbereich wurde dagegen im Jahr 1970 im Zuge einer Personalaufstockung der Musterbau aus dem Versuch herausgelöst und in den Rang einer selbstständigen Abteilung erhoben.

Die Fahrzeugentwicklungen, die im IFA Automobilwerk Ludwigsfelde durchgeführt wurden, basierten ausnahmslos auf dem W 50 L. Die konstruktive Dokumentation des W 50 L wurde im dritten Quartal 1963 mit der Überleitungsstufe

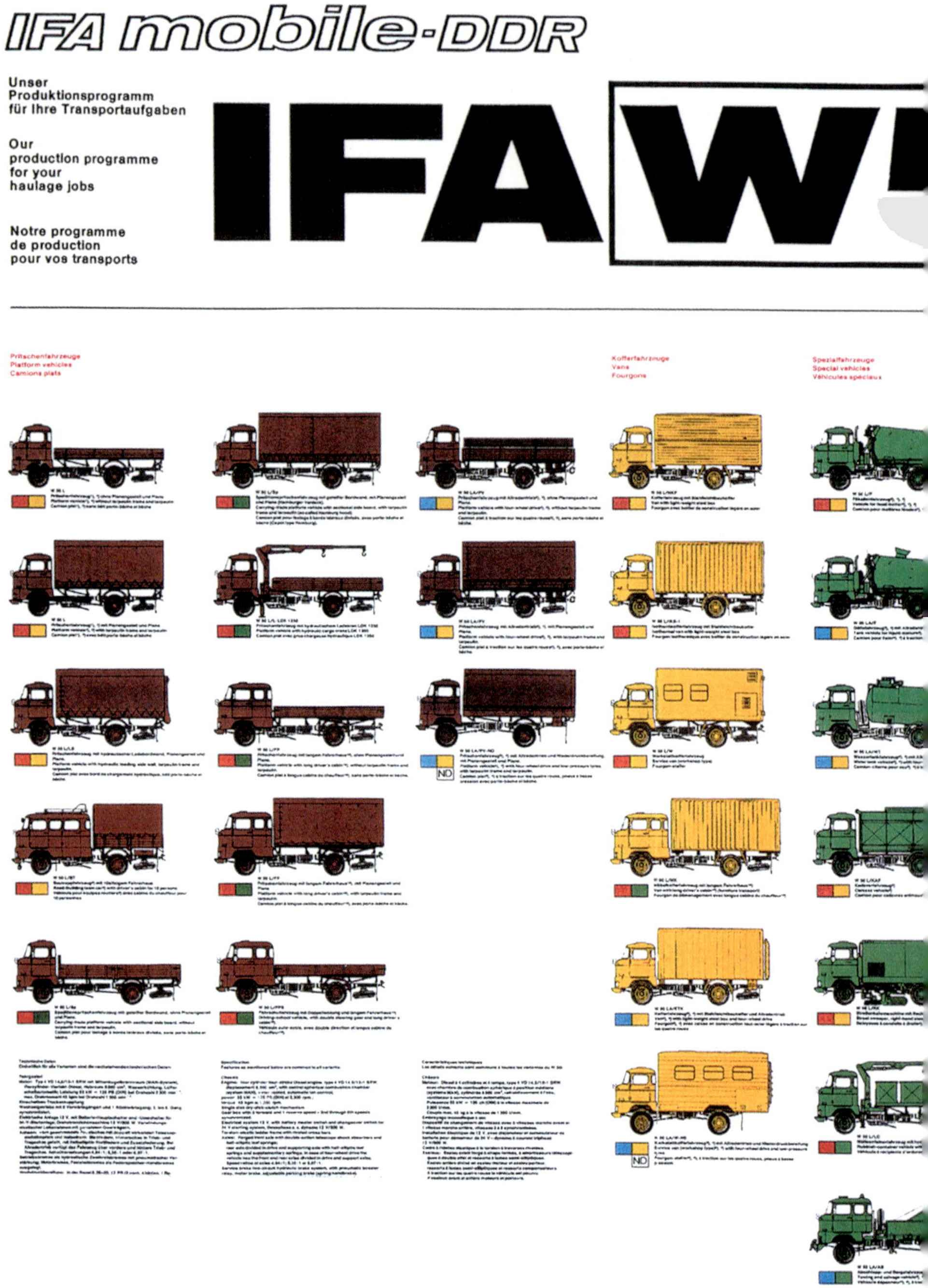

Ein Prospekt des IFA Automobilwerkes Ludwigsfelde aus dem Jahr 1978 mit dem umfangreichen Variantenprogramm: Rot = Hinterradantrieb; Blau = Allradantrieb; Gelb = Radstand 3200 mm; Grün = Radstand 3700 mm; Weiß = niederdruckbereift (Werksprospekt)

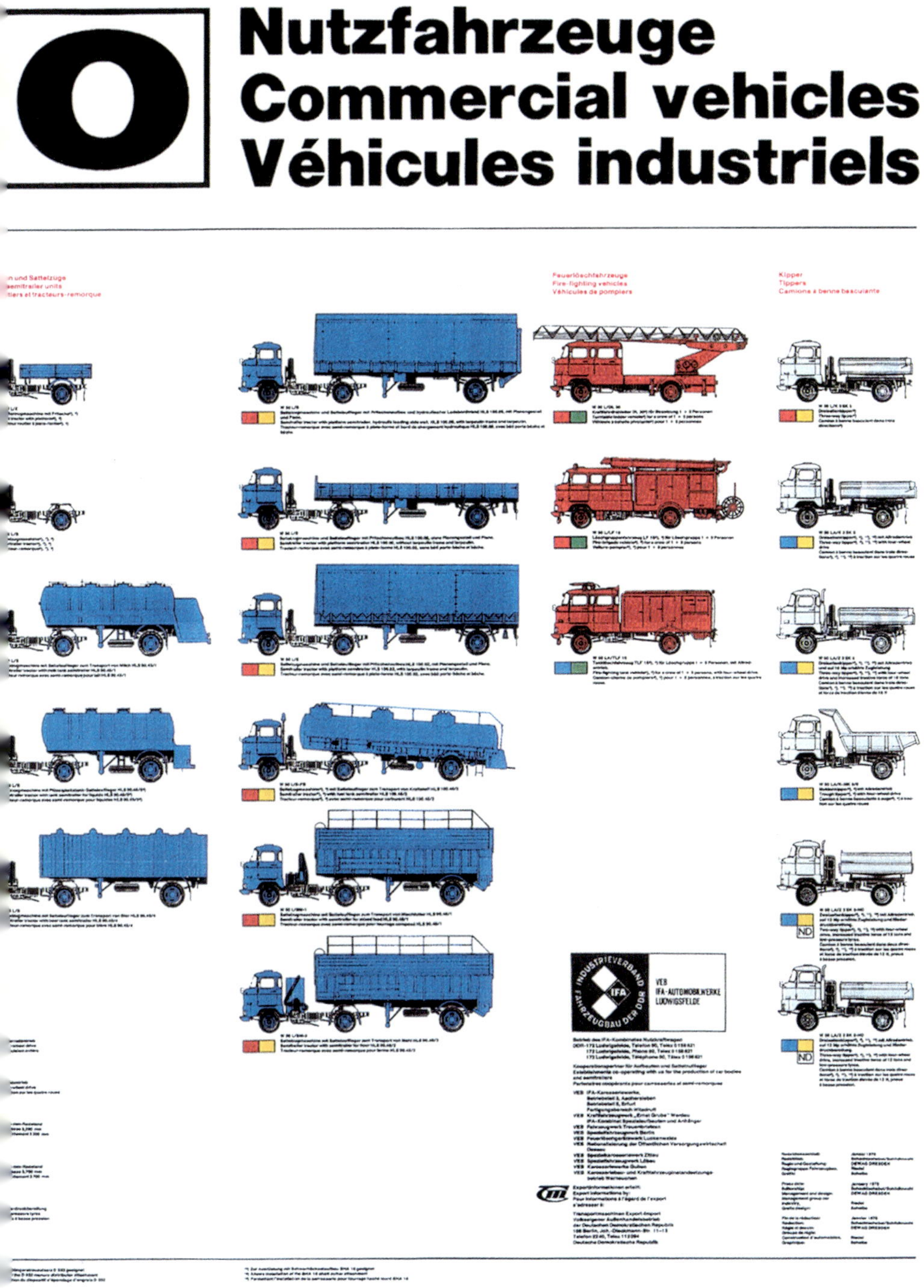

Der lange Marsch im Tritt auf der Stelle

ÜK 8 von Werdau an das Werk in Ludwigsfelde übergeben. Dort erfolgten weitere Überarbeitungen unter anderem hinsichtlich der Angleichung an die dortigen Fertigungsbedingungen. Die ursprünglich bereits für 1966 zur Serienproduktion vorgesehene Allradvariante, die zum einem dem direkten Feldeinsatz in der Landwirtschaft und zum anderen in besonderer Weise den Armeeforderungen entsprechen sollte, konnte erst 1968 anlaufen. Unter der Typenbezeichnung W 50 LA/A erhielt die Armeeausführung Niederdruckbereifung, Reifendruckregel- und Watanlage. Davon abgeleitet gab es auch einfachere Allradfahrzeuge mit Hochdruckbereifung für den militärischen und zivilen Einsatz im Ausland. Auch vom hinterradgetriebenen Fahrzeug wurde eine militärische Variante unter der Bezeichnung W 50 L/A (hinterradgetrieben) für den Mannschaftstransport entwickelt und 1966 als »Alternative« für die verzögerte Allradausführung in die Serie überführt. Insgesamt wurden für den W 50 rund 60 Grundvarianten und 240 Modifikationen entwickelt und überwiegend in die Serie überführt (vgl. Anlage F 02, F 03).

Die serienbegleitende Entwicklungsarbeit konzentrierte sich beim W 50 vor allem auf folgende Schwerpunkte: eine Erhöhung der Motorleistung und eine Senkung des Kraftstoffverbrauchs; eine Reduzierung des Leergewichts; eine höhere Zuverlässigkeit; eine Erhöhung des Fahrkomforts; sowie Senkung der Fertigungszeit.

Als einzige Entwicklung wurde die Einführung einer neuen Motorlagerung gemeinsam mit westlichen Unternehmen begonnen und vom sowjetischen Institut NAMI vollendet.

Die erste Neuentwicklung in Ludwigsfelde wurde durch den Auftrag des Generaldirektors der VVB Automobilbau vom 14. Mai 1963 ausgelöst. Demnach war eine Vereinheitlichung der Lkw von 3 und 5 t Nutzlast, also Robur und W 50, zu untersuchen. Wichtigste Forderung dabei war die Verwendung der schräg unter dem Fahrerhausboden liegenden Motoren 4 und 6 VD 12/11 GRF, um einen vollwertigen dritten Sitz im Fahrerhaus realisieren zu können. Als Ergebnis der daraufhin angestellten Studien wurden 1965 die Arbeitsthemen für drei Lkw-Typen beantragt: 515 L, 515 LA und D 310. Genehmigt wurde davon nur das erste Fahrzeug; es hatte folgende Hauptkenndaten:

Gesamtmasse	8,9 t
Nutzmasse	5,2 t
Leermasse	3,7 t
Anhängemasse	9,0 t
Höchstgeschwindigkeit	95 km/h
Steigfähigkeit	35 °

Als Motor legte man nunmehr einen Sechszylinder von der Typenreihe VD 12/11 fest. Dabei handelte sich um einen Viertakt-Dieselmotor mit 150 PS. Das Fahrerhaus sollte als Frontlenkerfahrerhaus ausgebildet werden und, um Masse einzu-

Ein einheitliches Fahrerhaus wurde 1973 bei den Prototypen Typ 611 von Robur (links) und Typ 1013 aus Ludwigsfelde erprobt (Foto: Werksaufnahme)

Die zweite Ludwigsfelder Neuentwicklung sollte der Typ 1013 mit 10 t Gesamtmasse, weitergeführtem W 50-Fahrgestell und neuem Fahrerhaus werden. Der erste Prototyp – die Gestaltung stammte von Dietel – mit kippbarem kubischem Fahrerhaus und noch provisorischer Frontpartie entstand 1969 (Foto: Werksaufnahme)

sparen, als Kabine oberhalb der Raddurchfederung aufgebaut werden. Dabei sollten die allgemein üblichen Radkästen und Grundrahmenverkleidungen weggelassen werden. Statt des bisher üblichen Grundrahmens sollte der Boden aus zwei Schalen gebildet werden. Dabei wollte man auch eine Verlängerung des Fahrerhauses in Betracht ziehen.

Während dieser Entwicklung erfolgte durch die VVB Automobilbau eine Themenänderung. Der Lkw 515 L sollte in zwei Nutzmasse-Klassen – 3 und 5 t – in weitgehend standardisierter Ausführung entwickelt werden. Zwei Funktionsmuster wurden zum 31. Dezember 1966 fertiggestellt, konnten jedoch schon nicht mehr erprobt werden, weil ab 1967 ein neues Entwicklungsthema »Lkw-Typenreihe 3–10 t« zu bearbeiten war. Leider musste Robur aus den Arbeitsgruppen ausscheiden, denn alle Kräfte dieses Werks waren auf den 2 t Allrad-Armee-Lkw vom Typ D 2012 A ausgerichtet. So legte man nun in der Werkleitung Ludwigsfelde gemeinsam mit dem VVB Generaldirektor die weiteren Schritte fest. Dabei machte allerdings Kurt Lang ernüchternd klar, dass aufgrund fehlender Aggregate in der DDR und vor allem wegen nicht vorhandener Investitionsmittel eine Produktion des großen Lkw mit 10 t Nutzmasse derzeit bis auf weiteres ausgeschlossen werden müsse. So konzentrierte man sich auf die Entwicklung von Fahrzeugen mit 3 t, 5 t und 6 t Nutzmasse, die jedoch eine Erweiterung zu größeren Fahrzeugen erlauben sollten, wenn denn dermaleinst günstigere Bedingungen für solche Fahrzeuge herrschten. So wurden 1967 noch Konstruktionsarbeiten für die Lkw mit 3 t und 6 t Nutzmasse absolviert, wobei der Generaldirektor auf eine vorrangige Bearbeitung des Dreitonner-Lkw drang, um einen Nachfolge-Lkw für den Robur LO 2500 anbieten zu können. So wurde die Leistungsstufe K 3 bei dem Typenreihen-Thema am 31. Dezember 1968 abgeschlossen. Gleichzeitig gelangte man zur Auffassung, dass eine wirtschaftliche Fertigung des Dreitonner-Lkw etwa in der Größenordnung des W 50 als zweites Nutzfahrzeug in großer Stückzahl im Industriezweig nicht möglich sei. Entsprechend dieser Überlegung legte der Werkdirektor von Ludwigsfelde von sich aus fest, die Arbeiten am Dreitonnen-Lkw abzubrechen und gegebenenfalls die erforderlichen Entwicklungsarbeiten neu zu ordnen. Da man aber auch zum Sechstonner keinerlei Vorlauf geschaffen hatte, blieb schließlich nichts anderes übrig, als den Lkw W 50 weiterzuentwickeln mit dem Ziel, 1973, also erst fünf Jahre später, das Kippfahrerhaus und die damit im Zusammenhang stehenden Folgeänderungen zur Serienfertigung zu bringen. Dieses Fahrzeug hörte auf die Codebezeichnung 1013 und kam bis März 1969 zur Entwicklungsstufe K 3. Da sich die betriebswirtschaftlichen Erträge des Ludwigsfelder Lastwagenwerks immer noch als mangelhaft erwiesen, ent-

Die dritte Ludwigsfelder Neuentwicklung sollte der Typ 1118 mit 11 t Gesamtmasse und 180 PS Sechszylindermotor sowie dem in Entwicklung befindlichen Fahrerhaus 6400 werden. Hier ist der Prototyp 1118 im Jahr 1970 mit kippbarem Fahrerhaus auf Ludwigsfelder Straßen im direkten Vergleich mit dem W 50 zu sehen (Archiv IFA-Versuch)

Neben dem IFA L 60 1118 mit eigenentwickeltem Fahrerhaus (Prototyp links) wurden ab 1978 Verhandlungen mit der Firma Volvo geführt, um deren Fahrerhaus zu übernehmen. Dabei entstand ein L 60-Prototyp mit dem Volvo-Viererclub-Fahrerhaus, das im IFA-Automobilwerk Ludwigsfelde (rechts im Bild) aufgebaut wurde (Foto: Werksaufnahme)

schloss man sich dort, die Arbeiten am Typ 1013 zugunsten eines leichter realisierbaren Lkw mit der Codebezeichnung 1118 auf Eis zu legen. Also wieder Abbruch. Die ausgewiesene Fehlkapazität an Entwicklungskräften konnte im gesamten Industriesektor nicht abgedeckt werden. Die Aufstockung der eigenen Kapazität scheiterte an der allgemeinen Arbeitskräftelage und an nicht vorhandenen Räumlichkeiten.

Gleichzeitig wurde der Druck des ASMW wegen der großen Qualitätsprobleme beim Serienfahrzeug W 50 so groß, dass, um die von dort seit 1969 immer heftiger kritisierten Mängel endlich abzustellen, die gesamte Kapazität des Entwicklungs- und Konstruktionsbüros darauf konzentriert werden musste. Für anderes blieb keine Zeit mehr. Also musste auch die Entwicklung des Lkw 1118 am 15. August 1969 eingestellt werden.

Im ersten Quartal 1970 wurden noch zwei Prototypen fertiggestellt, einer vom Typ 1013 und einer vom Typ 1118. Die Erprobungen insbesondere eines neuen Fahrerhauses befanden sich auf dem Wege. Da bereitete sich der Industriezweig auf die Einführung der elektronischen Datenverarbeitung und rechnergestützten Dokumentation vor. In Ludwigsfelde hatte das zur Folge, dass sechs Monate lang sämtliche Entwicklungsarbeiten unterbrochen werden mussten, um die entsprechenden Primärdokumentationen zu schaffen. Die zwischenzeitlich eingegangenen Vorgaben für den Perspektivplan bis 1975 zeigten im übrigen in aller Deutlichkeit, dass die für diesen Zeitraum zur Verfügung stehenden Investitionsmittel eine Weiterführung keines einzigen der beiden Prototypen zulassen würden. Dennoch liefen die Untersuchungen an diesen Fahrzeugen weiter. Bis 1970 wurden an Mitteln aus dem Bereich Forschung und Entwicklung für diese Arbeiten 3,3 Millionen für die Untersuchung der Typenreihe 3–10 t sowie 6,5 Millionen für die Lkw-Typen 1118 und 1013 ausgegeben. Da man nicht weiterkam,

In Verbindung mit der 1974 getroffenen Entscheidung zu einer L 60-Typenreihe sollten auch Dreiachsfahrzeuge 6x6 (alle Räder angetrieben) für die Armee entwickelt werden. Hier ist ein solcher Prototyp mit Niederdruckbereifung, 180 PS-Sechszylindermotor und dem eigenentwickelten Fahrerhaus 6400 aus dem IFA-Automobilwerk Ludwigsfelde zu sehen (Foto: Werksaufnahme)

rang man sich 1971 notgedrungen dazu durch, diese Lkw-Entwicklung sozusagen in einzelnen Schritten durchzuführen. Dabei wollte man sich vor allem auf eine Verbesserung des W 50, auf die Entwicklung eines neuen Fahrerhauses, eines neuen Motors mit 180 PS und eines besseren Fahrwerks konzentrieren. Dadurch zersplitterten sich die ohnehin bescheidenen Kräfte, und so entschloss man sich dann 1973, die Einführung der Neuerung nicht wie beabsichtigt in Etappen, sondern auf einen Schlag, und zwar mit einem neuen Fahrzeugtyp, zu bewältigen. Das war das Startsignal zu den Arbeiten am IFA L 60 im ersten Quartal 1974. Das nach mehrfacher Überarbeitung bestätigte Pflichtenheft für die Entwicklung der Typenreihe des L 60 forderte drei Grundausführungen, auf deren Basis alle Fahrzeugvarianten und Aufbauten zu realisieren waren. Deren Merkmale waren: hinterachsgetriebenes Zweiachs-Fahrzeug (L-Variante) in zwei Radständen mit 6 t Nutzmasse; allradgetriebenes Zweiachs-Fahrzeug (LA-Variante) in zwei Radständen für Hoch- und Niederdruck-Bereifung mit 6 t Nutzmasse; und allradgetriebenes Dreiachs-Fahrzeug (6 x 6-Variante) für Sonderbedarf (= Armee) mit Niederdruckbereifung und 4 t Nutzmasse. Davon sollten Varianten für den zivilen Bedarf mit 8 t Nutzmasse ableitbar sein.

Das ersterwähnte Grundfahrzeug sollte eine zulässige Gesamtmasse von 11 t besitzen und eine maximale Lastzug-Gesamtmasse von 23 t erreichen. Als Triebwerk sollte ein wassergekühlter Sechszylinder-Diesel mit Direkteinspritzung nach rechts geneigt unter dem Fahrerhaus angeordnet werden. Die Höchstleistung war auf 180 PS veranschlagt. Auch die Möglichkeit des Einbaus einer auf-

Im Spezialfahrzeugwerk Berlin-Adlershof wurden auf W 50-Chassis vor allem Sonderaufbauten für kommunale Zwecke – im Bild Fäkalienwagen – aufgesetzt (Bundesarchiv/183/G 0909/10/1)

geladenen Variante mit 200 PS war vorzusehen. Nicht nur der geplante neue Motor, auch das in Entwicklung befindliche kippbare Fahrerhaus vom Typ 6400 war für dieses Fahrzeug vorgesehen. Sein Rohbau sollte unverändert auch für den Robur verwendet werden konnten.

In den siebziger Jahren waren erhebliche Kapazitäten auf die Modellpflege des W 50 konzentriert werden, nicht zuletzt deshalb, um den steigenden Anforderungen der Auslandsmärkte mit angepassten Varianten Genüge zu tun. Die vorbereitenden Investitionen für die geplante Fertigung entsprachen in keiner Weise dem geforderten Umfang, vor allem nicht für das Fahrerhaus, so dass Wege gesucht werden mussten, ein dem internationalen Stand entsprechendes Fahrerhaus für das neuentwickelte Fahrzeug L 60 einsetzen zu können. Parallel dazu mussten Maßnahmen für die nicht mehr aufzuschiebende Rekonstruktion des Werks, die nach anderthalb Jahrzehnten Fertigungszeit überfällig war, ins Auge gefasst werden. Im Zuge der Genehmigung durch die einschlägigen Ministerialinstitutionen und die Plankommission nahm Ludwigsfelde im Jahr 1978 gemeinsam mit dem zuständigen DDR-Außenhandelsbetrieb Verbindung zu Volvo auf. Im Anfangsstadium der technischen Gespräche war daran gedacht, das auch von Volvo in Serie gefertigte sogenannte Viererclub-Fahrerhaus zu übernehmen. Mit diesem Fahrerhaus wurde ein L 60-Prototyp ausgerüstet. Im weiteren Verlauf kreisten die Gespräche dann mehr und mehr um das von Volvo neuentwickelte eigene Fahrerhaus. Innerhalb von knapp zwei Jahren kam ein Vertrag zustande, wonach das Volvo-Fahrerhaus als Rohbau in einer neuen Werkhalle in Ludwigsfelde produziert werden und für den

Ein niederdruckbereifter IFA L 60 6x6-Prototyp wurde ebenfalls im IFA-Automobilwerk Ludwigsfelde mit einem Volvofahrerhaus, hier in mittellanger Ausführung, ausgestattet (Foto: Werksaufnahme)

L 60 Verwendung finden sollte. Gleichzeitig war aus dieser Produktion die Fahrerhaus-Lieferung für die Volvo-Fahrzeuge zu sichern. Mit der Rücklieferung der Rohbau-Fahrerhäuser ins Montagewerk im belgischen Gent sollte sowohl die Fertigungseinrichtung einschließlich Lizenzgebühr bezahlt als auch durch den Volvo-Konzern zur Verfügung zu stellende Mittel für eine Rekonstruktion der Werkseinrichtungen erwirtschaftet werden. L 60-Fahrzeugprototypen mit Volvo-Fahrerhaus wurden aufgebaut und stießen auf ein positives Echo. Der Lkw entsprach auch äußerlich dem Stand der Technik. In diese Entwicklung war auch Robur mit dem 3-t-Lkw einbezogen. Das Volvo-Fahrerhaus sollte sowohl für den L 60 als auch für den Robur D 609 und den Robur O 611 dienen.

Nachdem solcherart die Vorarbeiten in Ludwigsfelde sehr weit gediehen waren und die Übernahme des Fahrerhauses unverrückbar gesichert erschien, erhöhte Volvo den Preis um das Dreifache. Daraufhin stornierte der Ministerrat auf Veranlassung von Günter Mittag das Gesamtunternehmen und erteilte stattdessen die Order, den L 60 ohne das geplante Volvo-Fahrerhaus zur Serienfertigung zu bringen. Der Entwicklungsbereich in Ludwigsfelde versuchte nochmals kurzfristig, das seinerzeit dort entwickelte Fahrerhaus 6400 für den L 60 – und für den Robur – in die Serie zu überführen, musste aber wegen der Investitionsaufwendungen, die für die Vorrichtungen angefallen wären, trotz bereits weit gediehener Arbeiten diese Absicht wieder fallen lassen und den erneuten Rückschlag hinnehmen. Allerdings stand diese schwerwiegende Entscheidung in Verbindung mit der nicht minder bitteren Erkenntnis, dass zu diesem Zeitpunkt weder der neue 6-Zylindermotor noch das dazu gehörige Getriebe zu verwirklichen waren. Die Investitionen hierfür waren nicht aufzubringen.

Auf verlorenem Posten: Die Tragödie des Lkw-Baus in Zittau

Zunächst umfasste das Fertigungsprogramm der dritten Generation in den Robur-Werken Anfang der sechziger Jahre ein typisiertes Fahrzeugsortiment, das auf vielseitige Einsatzzwecke orientiert war und in zahlreichen Varianten vom Standardtyp abgeleitet werden konnte.[52] Daneben wurden auch Motoren hergestellt, die in verschiedenen Ausführungsarten sowohl für den Fahrzeug- als auch für den stationären Betrieb ausgelegt waren.

Der seit 1961 produzierte 2,5 t-Typ LO/D 2500 hatte ein Fahrgestell mit Normal- und Allradantrieb zur Grundlage. Darin wurden wahlweise Otto- oder Dieselmotoren angeboten – beide mit je 70 PS, beide natürlich luftgekühlt. Das Chassis bestand aus einem verwindungsweichen geschweißten Profilrahmen, der aus gepresstem Stahlblech mit Rohr- und Stahlblechquerträgern gebildet wurde. Der Motor hing im ausfahrbaren Hilfsrahmen. Für Federung und Dämpfung sorgten längsliegende Blattfedern und Teleskopschwingungsdämpfer an allen vier Rädern. Der 2. bis 5. Gang des fünfgängigen Getriebes waren synchronisiert. Die Bremsverzögerung übernahm eine hydraulische Vierradbremse.

Auf dieses Fahrgestell mit Frontlenkerfahrerhaus konnten außer der üblichen Pritsche auch verschiedene Aufbauten gesetzt werden. So gab es den Robur als Kofferfahrzeug mit 2,1 t Nutzmasse und einem Volumen von 12,8 m³. Durch das unterschiedliche Kombinieren von Seiten- und Hecktüren ließ sich der in Gemischtbauweise konstruierte Aufbau, der auch mit Thermo-Isolation lieferbar war, vielfältigsten Verwendungszwecken anpassen.

Zur Leipziger Frühjahrsmesse 1964 wurde von Robur ein Kastenwagen mit modernisierter Heckpartie vorgestellt. Das Fahrgestell war mit dem Ganzstahl-

Vorstellung des Robur LO 2500 auf der Herbstmesse 1961 in Leipzig, Chefkonstrukteur W. Fitz (rechts) und Versuchsleiter R. Richter (2. von links) im Kundengespräch (Foto: Werksaufnahme)

Robur LO/LD 2500 als Mehrzweck- oder Kurierfahrzeug (Foto: Werksaufnahme)

aufbau verschweißt und bildete somit einen geschlossenen verwindungssteifen Wagenkörper mit guter Straßenlage. Der Laderaum betrug 14,5 m³, und der Aufbau wurde vom Karosseriewerk Halle hergestellt.

Vom selben Karosseriehersteller stammte ein in Ganzstahlausführung gefertigter Reisebus-Aufbau. Dieser bot maximal 18 Personen Platz und dank einer Rundum- und Dachrandverglasung gute Licht- und Sichtverhältnisse. Bei voller Belastung einschließlich Gepäck reichten allerdings die 70 PS des Ottomotors nur zu mäßigen Fahrleistungen. Wegen der Luftkühlung benötigte man für die Aufwärmung des Wageninneren in der kalten Jahreszeit eine Zusatzheizung, die vom Fahrer bedient wurde. Auf der Grundlage dieser Karosserie wurde ebenfalls in Halle für den kombinierten Lasten- und Personentransport – dieser war beispielsweise im Landpostwesen noch häufig anzutreffen – ein Aufbau als sogenanntes Mehrzweckfahrzeug produziert. 11 Sitzplätze und ein Laderaum von 6,8 m³ sollten einer Nutzlast von 1,5 t gerecht werden. Eine verschiebbare Zwischenwand trennte den Laderaum vom Fahrgastraum, um ihn gegebenenfalls beliebig vergrößern zu können.

An Spezialaufbauten entstanden im Feuerlöschgerätewerk Görlitz ein Feuerlöschfahrzeug und ein Grubenwehr-Einsatzwagen. Das Drehleiterfahrzeug mit 12 m beziehungsweise 16 m langer Leiter auf einem Drehkrangestell diente für Montagearbeiten an Stromleitungen und Industrieanlagen. Diesen Aufbau lieferte die Löbauer Firma Mühle & Söhne. Von den Grundtypen wurden 65 Varianten und 110 Modifikationen abgeleitet.

Der Robur-Omnibus für 18 Personen kam aus dem Karosseriewerk Halle (Foto: Werksaufnahme)

Das Motorenprogramm umfasste zunächst nur den luftgekühlten 70 PS Ottomotor LO 4 und den gleich starken Dieselmotor 4 VD 12,5 SRL. In einzelne Zylindereinheiten segmentiert wurde daraus abgeleitet eine Baukastenreihe von Einbau-Dieselmotoren mit ein bis vier Zylindern hergestellt, bei der viele identische Bauteile verwendet wurden, so beispielsweise Kolben, Zylinder, Zylinderkopf, Pleuelstangen, Kipphebelsteuerung oder Ventile. Alle Robur-Dieselmotoren arbeiteten im Wirbelkammerverfahren mit der Einheits-Einspritzpumpe von Barkas. Sie wurden erfolgreich in der Bauwirtschaft, beispielsweise in Betonmischmaschinen, Straßenwalzen, Kränen, Baggern, Staplern und Schweißaggregaten, in der Landwirtschaft und in der Wasserwirtschaft sowie bei der Deutschen Reichsbahn eingesetzt.

Das Hauptproblem[53] der Robur-Werke waren die viel zu geringen Stückzahlen, die pro Jahr etwa 5 000 bis 7 000 betrugen. Aber trotz dieses niedrigen Ausstoßvolumens waren rund 5 000 Mitarbeiter dort beschäftigt, vor allem wegen des umfangreichen und aufwendigen Sortiments. Der eigenen Schwachpunkte sich durchaus bewusst, hatte besonders der Betriebsdirektor Langer lange versucht, den Baureihengedanken für Dieselmotoren und Lkw durchzusetzen. Auch bemühte man sich darum, durch entsprechende Konstruktionsangebote diese Ideen in die Realität zu überführen. Das musste fast zwangsläufig den Bestrebungen der VVB zuwiderlaufen. Sie hatte dank ihrer zentralen Position die volkswirtschaftlichen Mangellagen eher erkannt, und die notwendigen Schlussfolgerungen für die Typenpolitik in der DDR-Fahrzeugindustrie waren ihr von der SPK nach-

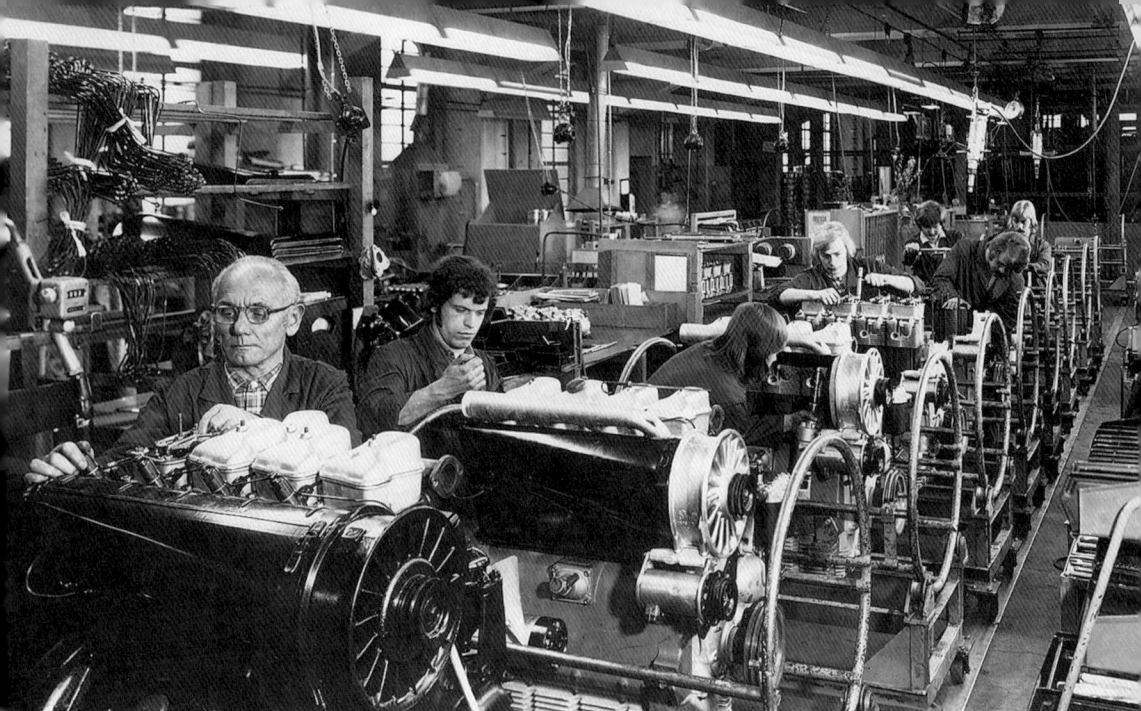

Bei der Robur-Motorenmontage schien man sich in einem großen Handwerksbetrieb zu befinden (Foto: Aufnahme der Robur-Werke)

drücklich klargemacht worden. Anders ausgedrückt, ein Kraftakt wie jener, der zu Beginn der sechziger Jahre in Ludwigsfelde durchgezogen wurde, war der Volkswirtschaft der DDR nicht ein weiteres Mal zuzumuten. Die Produktionsverhältnisse in Zittau erlaubten aber ohne grundlegende Veränderungen keinen rapiden Fertigungszuwachs. Die Robur-Werke produzierten an siebzehn Standorten, und davon bildeten die acht Werksteile in Zittau, Bautzen, Görlitz, Brandis bei Leipzig, Seifhennersdorf, Oderwitz und Rothnaußlitz jeweils Zentren. Trotz dieser Zersplitterung verfügte man über eine sehr innovative Entwicklungs- und Versuchsabteilung mit 200 Mitarbeitern, denen jährlich 3 Millionen Mark für ihre Aufgaben zur Verfügung standen. Mindestens ebenso wichtig war die mit 200 Mitarbeitern ausgestattete Abteilung für Rationalisierungsmittelbau, die die Mehrzahl an Forderungen nach besseren Fertigungsanlagen vor allem im komplizierteren Bereich erfüllen konnte. Das war deshalb besonders wichtig, da Robur seit dem Beginn der Ludwigsfelder Investitionen keinerlei Fertigungsmaschinen mehr zugewiesen erhielt. Das war nicht Bosheit, sondern signalisierte, dass das »Ende der Fahnenstange« erreicht war. Das Großvorhaben in Ludwigsfelde einschließlich der Sicherung leistungsfähiger Zulieferer, hatte in der gesamten VVB Automobilbau zu beträchtlichen Finanzierungsengpässen geführt. Insofern war die immer auswegloser erscheinende Situation in Zittau mit dem steilen Aufschwung in Ludwigsfelde unauflösbar verbunden.

So war innerhalb der VVB klar, dass zwar eine neue Baureihe konzipiert, jedoch in der Fertigung praktisch nicht bewältigt werden konnte. Das hieß früher oder später, die gesamte Lkw-Fertigung nicht in Baureihen, sondern punktuell zu strukturieren und am effizientesten Standort zu konzentrieren. Und der war Ludwigsfelde. Man konnte eben nicht das technisch und wirtschaftlich Vernünftige tun und eine Baureihe etablieren, sondern die Kraft reichte gerade einmal für ein einziges Glied in der Kette. Unter diesem Aspekt sind die von der VVB Automobilbau erlassenen Direktiven zu sehen: Es ging um einen Nachfolgetyp des LO/LD 2500, der aber nicht in Zittau produziert werden sollte, sondern ebenfalls im neuen Lkw-Zentrum bei Berlin.

Auch technisch geriet Robur immer stärker in eine randständige Position. Der noch Anfang der sechziger Jahre bestimmende Gedanke der Typenreihe war an das Zylinderelement VD 12/11 gekoppelt, an dessen Entwicklung man von der Seite des Werkes in bedeutendem Umfang beteiligt war und das, in jeweils drei bis sechs Zylinder zusammengefasst, ein Leistungsspektrum von 55 bis 110 kW (75 bis 150 PS) bot. Weil aber der Sechszylindermotor für zusätzliche Einsatzfälle passfähig gemacht werden musste – für Mähdrescher, das Militärfahrzeug 6x6 und ähnliches – reichte diese Leistung nicht mehr aus, und man wandelte das Zylinderelement in ein größeres VD 13,5/12 um. Damit war aber das Baureihenprinzip wieder durchbrochen, denn die großen und schwereren Motoren überforderten infolge ihrer Drehmomenten- und Leistungsauslegung die Möglichkeiten der Nutzmasseklasse von 2 bis 3 t erheblich.

Am Rand des Abgrunds stand Robur im Jahr 1964, denn nach einer Entscheidung im Politbüro sollte die Nutzfahrzeugherstellung in Zittau ab 1966 schrittweise eingestellt werden. Dieser Beschluss beruhte auf der sich seit Jahren herauskristallisierenden Erkenntnis, dass eine Sanierung des verfallenden und auseinanderbrechenden Zittauer Fertigungspotentials mit Eigenmitteln der DDR nicht mehr zu meistern war. Das hieß aber, dass bereits Erhaltung und einfacher Ersatz der Produktionseinrichtungen nicht mehr sichergestellt werden konnten. Robur produzierte auf Verschleiss. Wichtige Fertigungseinrichtungen konnten nur noch mit Ausnahmegenehmigungen betrieben werden.

Eine ins Auge gefasste Inanspruchnahme von RGW-Krediten hätte nur dann Aussicht auf Erfolg gehabt, wenn sie dem Ziel der »Umnutzung« des Betriebes gedient hätte. Eine Auslaufkonzeption der VVB sah daher vor, dass Robur zum Hydraulik- und Spezialfahrzeugwerk – der Schwerpunkt sollte auf der Herstellung mehrstufiger Arbeitszylinder und Ventile liegen – umzuprofilieren war. Zu diesem Zweck wurde der Zittauer Betrieb mit der Übernahme der Fahrzeughydraulikproduktion der halbstaatlichen Frankenberger Firma Hunger beauflagt. Künftig sollten in Zittau Teleskop-Arbeitszylinder für Kipper gebaut werden, wobei die Berliner Zentrale von einer jährlichen Stückzahl von 150 000 für die Sowjetunion, 150 000 für den sonstigen Export und 50 000 für den Inlandbedarf ausging. Diese Einschätzung erwies sich als vollkommen realitätsfern. Tatsächlich wurden im wesentlichen nur die im Inland benötigten Zylinder abgerufen, der Rest ging auf Halde. Im Zuge der Verlagerung der Hydraulikproduktion nach Zittau musste dort Platz geschaffen werden. Am einfachsten wäre dies auf werkseigenem oder auf werksnahem Gelände gewesen. Das war aber nicht möglich, weil es sich dabei um Bergbauschutzgebiet handelte. Deshalb wählte man einen anderen Weg und verlagerte die Fahrgestellmontage von Zittau nach Bautzen. Dorthin mussten nun Kabine, Rahmen, Achsen und Motor transportiert werden – ein kostenintensiver zusätzlicher Aufwand, der in Kauf genommen wurde, denn bei Robur fiel auch dies nicht mehr wesentlich ins Gewicht. Wie sehr Robur in der Sackgasse steckte, war in Zittau an den immer knapper werdenden Materialzuteilungen zu merken. Die Zulieferbetriebe, besonders für Motoren und Getriebe, waren gezwungen worden, sich mit zweckgebundenen Investitionen ausschließlich auf das Vorhaben W 50 zu konzentrieren. Die Staatliche Plankommission reichte für den kleineren Lkw-Hersteller die Kontingente für Grundmaterial, Guss- und Schmiedestücke sowie für Lkw-typische Komponenten unter dem Gesichtspunkt aus, dass vom begrenzten Gesamtaufkommen zuerst der W 50-Bedarf vollständig abzudecken war. Blieb noch etwas übrig, erhielt dies Robur. Dies führte dazu, dass bei einer Reihe von Bilanzpositionen Robur von vornherein schon mit Null veranschlagt wurde. Der Ausweg bestand entweder in den sogenannten Initiativangeboten der Zulieferwerke oder in zusätzlichen Exporten. Die Initiativangebote hatten sich bei größeren politischen Anlässen wie zum Beispiel SED-Parteitagen oder bestimmten Aktionen als Zusatzlieferungsangebote der Betriebe eingebürgert. Auf der Grundlage von Sonderschichten und anderen Mehrarbeitsangeboten sollten sie eine im starren planwirtschaftlichen System eigentlich weder vorgesehene noch mögliche spontane Produktionsanhebung bewirken. Und hier war auch der Haken der Sache: Zusätzliche, wie auch immer zustande gekommene Fertigungen wurden im Folgejahr bereits zum Plansoll, und so überlegten sich viele Betriebe sehr gut, ob sie Robur zuliebe Initiativangebote unterbreiteten. Den Ausschlag gaben häufig gute persönliche Beziehungen zwischen den entsprechenden Leitungsebenen. Zusatzexporte brachten im Regelfall Materialprämien, auf deren Grundlage man eine Erhöhung der Produktion einleiten konnte. Die Materialzuteilungen waren jedenfalls sehr knapp, und es gab Bilanzpositionen, wie zum Beispiel Kolben, bei denen nur die Finalproduktion gesichert werden konnte. Eine Ersatzteilfertigung war nach den freigegebenen Materialmengen nur bei einer stark eingeschränkten Bedarfsdeckung möglich.

Die Überlebensstrategie der Roburwerker zielte in drei Richtungen: zum einen auf innovative Ideen mit günstigen Umsetzungsmöglichkeiten auch bei schwächer werdenden Kräften; zweitens auf engere Bindungen an die Armee, die als starker Verbündeter wirken sollte; und drittens auf ein Forcieren der Exportpolitik.

Mit den technischen Ideen, die am Serienfahrzeug ausgeführt werden konnten, präsentierte man Verbesserungsfähigkeiten des eigentlich ausgereizten Grundmusters, so als man 1965 bei allen geschlossenen Aufbauten den Motor 440 mm nach vorn verlegte, dadurch eine Vergrößerung der Nutzladefläche erreichte und beim Bus sogar eine Reduktion des Masse-Leistungsverhältnisses herbeiführte. Der LO/LD 2501 erschien mit verändertem Fahrerhaus, was die Fertigung als

Links- und Rechtslenkerfahrzeug ermöglichte. Weiterhin erfolgte eine Umstellung des Motorölkreislaufes von Tauchschmierung auf Drucköhlschmierung (vgl. Anlage E 03).[54]

Schon seit Gründung der DDR gehörten die Zittauer Automobilbauer zu den Lieferanten der »Bewaffneten Organe«.[55] Das Ministerium des Inneren hatte ein Amt für Technik als Verbindungsorgan zur Industrie ins Leben gerufen, das für die Entwicklungsforderungen, die Benennung der Bedarfsentwicklung und auch für spezielle Erprobungen der Kraftfahrzeugtechnik für den militärischen Einsatz als Vertragspartner fungierte. 1950 schrieb dieses Amt ein Sonderkraftfahrzeug für den Bedarf der Kasernierten Volkspolizei (KVP) aus. Neben Horch beteiligte sich daran das VEB Kraftfahrzeugwerk Phänomen in Zittau. Als Ergebnis der Ausschreibung entstand auf der Grundlage des Granit 27 und unter Verwendung von Baugruppen des ehemaligen Granit 1500 A ein Funktionsmuster des allradgetriebenen Fahrzeugs Granit 27 D/Zg mit einem auf 2800 mm verkürzten Radstand. Vergleichende Fahrversuche zwischen diesem Fahrzeug und dem vom VEB Kraftfahrzeugwerk Horch auf der Basis des dort bis 1945 produzierten Kfz 15 entwickelten Funktionsmusters H 1 ergaben, dass der Horch leistungsstärker, allerdings auch schwerer war.[56]

Die Überlegenheit des Granit 27 D/Zg im Gelände war eindeutig. Dazu trugen zweifellos der günstigere Drehmomentenverlauf und die größere Bodenfrei-

Der IFA Phänomen Granit 27 D/Zg als Zugfahrzeug im Erprobungsgelände beim Wettbewerb mit dem Horch H 1 (Foto: Werksaufnahme)

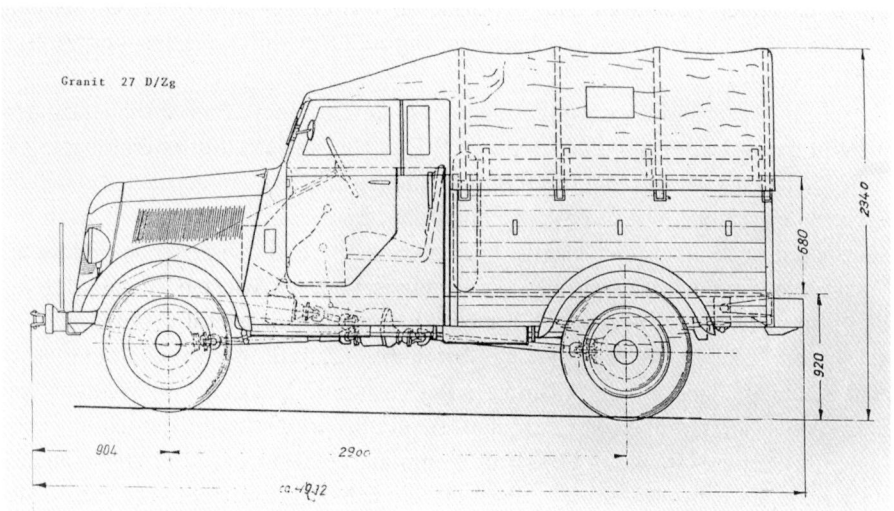

Hauptabmessungen für den Granit 27 D/Zg (Werkszeichnung)

Der Robur LO 1800A mit luftgekühltem Ottomotor mit 70 PS und Allradantrieb, wie er für die NVA gebaut wurde (Foto: Werksaufnahme)

heit entscheidend bei. Dies und die Tatsache, dass der Granit von einem bereits in Serienfertigung befindlichen Fahrzeug abgeleitet und somit eine kurzfristige Produktionsüberführung möglich war und nicht zuletzt auch wegen der gegenüber dem H 1 deutlich geringeren Kosten[57] führten dazu, dass durch das Ministerium des Inneren (MdI) der Auftrag nach Zittau vergeben wurde, allerdings mit der Auflage, die Leistung um 15 Prozent zu steigern. Dies gelang auch mit dem Granit 30 K 1953.

Die Geschehnisse des 17. Juni 1953 hatten Überlegungen in Berlin ausgelöst, gepanzerte Sonderfahrzeuge mit Wasserwerfern zu entwickeln und in Bereitschaft zu halten. Im Kfz-Entwicklungswerk Hohenstein-Ernstthal wurde der Prototyp eines solchen Fahrzeugs auf der Basis des Granit 30 K entwickelt und nach Zittau zur Anfertigung von Funktions- und Produktionsmustern vergeben. Nach dieser »Verfeinerung« lief die Produktion im VEB Waggonbau Görlitz an.[58]

Nach der Gründung der NVA am 1. März 1956 wurde das Amt für Technik in die Strukturen des Ministeriums für Nationale Verteidigung integriert. Diese neue Behörde war über seine Einrichtungen für Beschaffung, für Technik und des Chefs Kraftfahrzeugwesen mit der Industrie verbunden. Bei der nunmehr anstehenden Erarbeitung von Standards für die technischen Forderungen an Kraftfahrzeuge für die bewaffneten Organe und deren Serienherstellung wurden Erfahrungen und auch Dokumentationen der Wehrmacht aus der Zeit vor 1945 genutzt. Dies galt für die Typisierung der Fahrzeuge, den Winterbetrieb, für spezielle Ausrüstungen und die Umrüstbarkeit von Zivil- in Armeefahrzeuge.

Als man sich in Zittau Gedanken um die Fahrzeuge der dritten Generation mit Frontlenkerfahrerhaus machte, war von Anfang an klar, dass es davon auch ein geländegängiges Fahrzeug für die Armee geben musste. Da es eine eingeschränkte Tragfähigkeit besaß, erhielt es die Bezeichnung LO 1800 A und ging noch vor der zivilen Variante 1961 in Serie. Die Weiterführung zum LO 1801 A erfolgte 1965 analog zum Serienfahrzeug. 1973 lautete die Codierung dann LO 2002 A.

Die Erprobung der Fahrzeuge erfolgte im werkseigenen Versuchsgelände. Das Militärtechnische Institut (MTI), von dem Ministerium für Nationale Verteidigung in den siebziger Jahren mit der selben Aufgabenstellung wie vormals das Amt für Technik gegründet, verfügte ebenfalls über spezielle Prüfeinrichtungen und hochqualifizierte Spezialisten zur Abnahme der Fahrzeuge auf dem Gebiet der Kraftfahrzeugtechnik.[59] Auch das ehemalige Versuchsgelände der Wehrmacht zur Erprobung und Prüfung von Kraftfahrzeugen mit hoher Geländegängigkeit im Raum Wünsdorf-Horstwalde südlich von Berlin war diesem Institut zugeordnet. Die Geländeprüfstrecken mit unterschiedlichem Schwierigkeitsgrad, Steigungsbahnen mit 25 bis 65 Prozent Steigung, Verwindungsbahn, Kletterstufen und Wassergräben stammten noch aus der Zeit vor 1945. Was dort einmal geprüft, gebilligt und in den Armeebestand integriert war, war so schnell nicht wieder zu streichen. Und genau auf diesen Effekt und die erwiesenermaßen hervorragende Zusammenarbeit zwischen Armee und Robur spekulierten die Zittauer Automobilbauer – mit Erfolg.

Die Exportvariante des Robur-Omnibusses LD 2500 B 26, die nach Indonesien geliefert wurde (Foto: Werksaufnahme)

Die NVA forderte den geländegängigen Robur als das für ihre Zwecke geeignetste Fahrzeug. Außerdem ließ sie seit 1961 im KEW Hohenstein-Ernstthal das Amphibienfahrzeug S 15 auf Robur-Fahrgestell entwickeln und erproben. Die Armee war allein sicher nicht stark genug, das beschlossene Ende des Zittauer Werkes zu verhindern. Sie trug aber wesentlich dazu bei, durch ihre unnachgiebigen Forderungen nach Robur-Fahrzeugen, die sich auch aus anderen volkswirtschaftlichen Rahmenbedingungen ergebende Einsicht bei Partei und Staat zu fördern, die Schließungsbeschlüsse für Robur Zittau zu widerrufen.

Der Export bestimmte bei Robur seit eh und je einen entscheidenden Teil der Fertigung. Durchschnittlich erreichte er über Jahre hinweg einen Anteil von 50 bis 60 Prozent der Fahrzeugproduktion; damit bildeten ungefähr 3 000 bis 3 500 Autos eine stabile Exportlinie. Dabei wurde keine Gelegenheit ausgelassen, kannte man sich doch vor allem im Nischenmarkt sehr gut aus und pflegte das Geschäft vornehmlich mit südlichen Ländern, die dem Prinzip der Luftkühlung besonders aufgeschlossen waren. Ein besonders hervorzuhebender Erfolg war dabei der Verkauf von 1000 Omnibussen und 500 Pritschenfahrzeugen auf der Basis des LO 2500 nach Indonesien. Die Fahrzeuge wurden in Einzelteilen beziehungsweise baugruppenweise dorthin verschickt und in einem Montagewerk in Surabaja endmontiert.

Wenn auch im Durchschnitt der Export recht beachtliche Zahlen erreichte, wies er doch in einigen Jahren ganz erhebliche Abweichungen auf. 1963 wurden gerade mal 1000 Automobile exportiert – eine Folge des Typenwechsels Garant 30 K/32 zu LO 2500. 1966 war dagegen ein Anstieg auf über 4500 zu verzeichnen. Wecken schon diese Zahlen Zweifel an der Kontinuität der Planwirtschaft, so trug die Ungewissheit über das weitere Schicksal des Werkes erheblich dazu bei, den Exportanteil zu schmälern. Den schlimmsten Rückschlag erlitt Robur 1968.

Die NVA-Variante der O 611 A mit Allradantrieb und absetzbaren Spezialkoffern und dem Einheitsfahrerhaus aus der L 60-Entwicklung (Foto: Werksaufnahme)

Mit der Neuentwicklung 0 611/D 609 gab Robur das angestammte Prinzip der Luftkühlung auf und wollte die flüssigkeitsgekühlten Sechszylinder aus Cunewalde einsetzen. 1986 wurde die Entwicklung abgebrochen. Die Formgestaltung stammte von Dietel und Rudolph (Foto: Werksaufnahme)

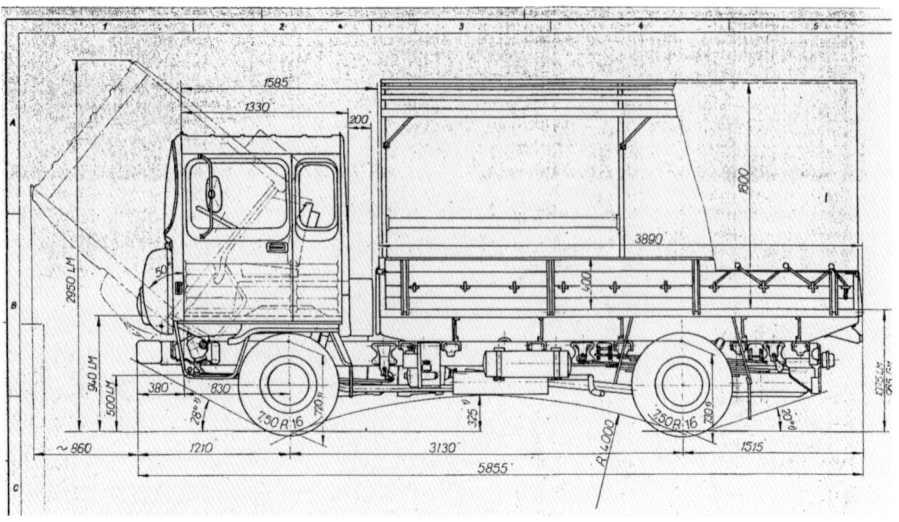

Die Hauptabmessungen der geplanten O 611/D 609 (Werkszeichnungen)

Hauptabnehmer von luftgekühlten Lkw mit 2 bis 3 t Nutzmasse war die ČSSR gewesen, die allein zwischen 1953 und 1968 davon über 28 000 Exemplare, ausschließlich mit Ottomotoren bestückt, gekauft hatte. 1965 wurde sie nun auf Regierungsebene via Staatliche Plankommission als Hauptexportpartner davon in Kenntnis gesetzt, dass die Produktion von Robur-Fahrzeugen auslaufen würde. Die ČSSR, die sich langfristig auf den Import von Robur-Fahrzeugen eingerichtet und sich vor allem beim Handelstransport darauf spezialisiert hatte, wurde von dieser Entscheidung hart getroffen. Man sah sich dort dazu gezwungen, den immer noch hohen Bedarf an Nutzfahrzeugen dieser Klasse umgehend mittels einer eigenen Lizenzproduktion zu decken, was wiederum erhebliche Investitionen erforderlich machte. Mit dieser Aufgabe wurde das in der Nähe von Prag gelegene Nationalunternehmen AVIA beauftragt. Man nahm das Angebot der französischen Firma Renault-Saviem an und unterzeichnete 1967 einen Lizenzvertrag. Demnach sollten künftig zwei Lkw-Typen in dieser Nutzlastklasse unter der Typenbezeichnung AVIA A 20 und AVIA A 30 gefertigt werden. Am 25. Oktober 1968 verließen die ersten Lastkraftwagen die Montagebänder. Eine Endkapazität von 15 000 Einheiten pro Jahr war binnen kurzem erreicht.

Auch in der DDR merkte man den Mangel an Nutzfahrzeugen dieser Größenordnung immer deutlicher. Ursprünglich war man davon ausgegangen, dass künftig verstärkt mit den in größerer Stückzahl zur Verfügung stehenden W 50 Lkw hierfür Abhilfe geschaffen werden könnte. Die ebenfalls geplante Einfuhr ließ sich infolge Devisenmangels und nicht ausgeglichener Zahlungsbilanzen im RGW-Bereich nicht durchführen. Es blieb daher keine andere Wahl, als die Auslaufkonzeption für Robur zurückzunehmen und die Einstellung der Fahrzeugproduktion in Zittau aufzuheben. Nach dem vollendeten Selbstzerstörungswerk war also

Der Robur LO 3000 mit Kofferaufbau. Zwischen 1973 und 1982 wurden Robur-Fahrzeuge nur mit luftgekühlten Ottomotoren ausgeliefert, erst danach stand für den LD 3000 wieder ein Dieselmotor zur Verfügung (Foto: Werksaufnahme)

diese Entscheidung zwar aufgehoben, wirkte sich aber noch nachhaltig negativ für das Werk aus. Sechs Jahre waren vergeudet worden, um wieder am Anfangspunkt zu landen. Darüber hinaus machte sich besonders der Verlust des Abnehmers ČSSR bemerkbar. Das AVIA-Unternehmen wurde zum neuen, leistungsfähigen und Robur überlegenen Konkurrenten im Ausland. Schließlich hatte Robur im Lauf der richtungslosen Jahre wertvolle Mitarbeiter verloren, auch Konstrukteure, die viele Jahre nur für den Papierkorb gearbeitet hatten.

Um zu überleben, musste nun versucht werden, bei den vollständig auf Verschleiß gefahrenen technologischen Ausrüstungen der Fahrerhaus- und der Dieselmotorenproduktion eine Lösung zu finden. Diese sollte so aussehen, dass beide Bauteile Zulieferelemente werden sollten, die Zittau anzuliefern waren. Die frei werdenden Arbeitskräften sollten so eingesetzt werden, dass eine höhere Produktionsstückzahl angepeilt werden konnte. Ab dem Jahr 1971 wurden in Zittau wieder Lkw in größerer Stückzahl gefertigt, in welche seit 1973 nur noch Ottomotoren eingebaut wurden. Im selben Jahr kam der LO 3000 mit auf 3 t vergrößerter Ladefähigkeit heraus. In der VVB Automobilbau hatte man sich endgültig dafür entschieden, das geplante neue Kippfahrerhaus als einheitliche Lösung für den L 60 und für den Robur-Nachfolgetyp O 611/D 609 zu verwenden. Bei Motor, Achse und Getriebe war eine solche Vereinheitlichung nicht möglich wegen des unterschiedlichen Zylinderelements. Außerdem versuchte Robur, gemeinsam mit dem Motorenwerk Cunewalde eine Kompromisslösung über den Ottomotor 6 VO 8,8/8,5 SRF und später über den Dieselmotor 6 VD 8,8/8,5 zu erreichen und wollte damit erstmals mit einer langen Tradition brechen und anstelle der Luftkühlung einen flüssigkeitsgekühlten Motor einsetzen. Die hierfür erforderlichen Investitionen wurden dem Betrieb von zentraler Stelle verweigert, die Idee vom neuen Fahrerhaus blieb ein Traum. Die Entwicklung der Fahrzeuge O 611/D 609 und O 611 A wurde bis zur Erprobung von 24 Funktionsmustern betrieben und 1980 abgebrochen.

Um wenigstens das Arbeitspotenzial des Robur-Werkes in Zittau zu nutzen und zugleich die Hydraulikproduktion zu steigern, wurde dem Betrieb die Zittauer Maschinenfabrik einverleibt, die Textilmaschinen herstellte. Wenigstens in Teilen wurde hier nochmals die »Umnutzungs«-Konzeption der VVB Automobilbau sichtbar, allerdings nunmehr ohne RGW-Kredite. Der Anteil dieser textilen Technik betrug nicht einmal zehn Prozent im Verhältnis zum Gesamtvolumen von Robur. Es war wohl ein aussichtsloses Unterfangen, damit rund 5 000 Fahrzeugbauer in Zittau und Bautzen ausreichend zu beschäftigen. So konnte sich für Robur die Situation im Grunde nicht mehr verschlimmern, als es nach Auflösung der VVB Automobilbau in den Bereich des NKW-Kombinates integriert wurde.

Traktorenentwicklung auf Wachstumskurs

Wenn der 7. Deutsche Bauernkongreß im März 1962 schon für die Lkw-Fertigung einschneidende Wirkung besaß, so galt dies erst recht für die Traktorenproduktion.[60] Im Herbst dieses Jahres beschloss der Ministerrat der DDR ein recht umfangreiches Maßnahmenpaket, das der Landwirtschaft im allgemeinen und der energetischen Basis der Agrarproduktion zugute kommen und im besonderen die LPG stärken sollte. Im hier relevanten Zusammenhang wurde die dabei festgelegte Erhöhung der Landmaschinen- und Traktorenproduktion wichtig, für die eine höhere Produktivitätsrate – größere Arbeitsbreiten und höhere Arbeitsgeschwindigkeiten – gefordert wurden. Im Ministerratsbeschluss vom 25. Oktober 1962 hieß es: »Die Betriebe Traktorenwerk Schönebeck, Brandenburger Traktorenwerke, Schlepperwerk Nordhausen und Landmaschinenbau Gotha werden für den Traktorenbau spezialisiert. Hierbei soll die Endmontage in Schönebeck, der Getriebebau in Brandenburg, die Motorenfertigung in Nordhausen und die Teilefertigung in Gotha durchgeführt werden.« Ziel war eine Steigerung der Motorisierungsausstattung der Landwirtschaft der DDR von damals 65 auf 100 PS je 100 ha Nutzfläche (vgl. Anlage K 03).

1963 wurde ein der nachfolgend geschilderten Neustrukturierung entsprechender neuer Typcode geschaffen. Die Klasseneinteilung erfolgte nach Zugkraft (erste Stelle des Typcodes): 0,6 Mp = 1; 0,9 Mp = 2; 1,4 Mp = 3; 2,0 Mp = 4; 3,0 Mp = 5. Diese Klasseneinteilung galt nur für die DDR (im Vergleich dazu: RGW 14 Zugkraftklassen). Die zweite und dritte Stelle des Typcodes enthielten die Zählnummern. Dazu wurde nach Konstruktionsart eingeteilt: GT = Geräteträger; TT = Tragtraktor; ZT = Zugtraktor; sowie KT = Kettentraktor.

1966 entstand in Schönebeck der neue Hallenkomplex mit 18 Hallenschiffen für die Traktorenfertigung (Bundesarchiv/183/E 0413/12/1)

Für die einzelnen Traktorenklassen wurde folgendes gefordert:

- 0,6 Mp-Klasse:
  Weiterführung des bewährten RS 09 zum GT 124, wobei ein Vierzylinder-Dieselmotor 4 VD 8/8 SVL vom Motorenwerk Cunewalde verwendet werden sollte; der Serienanlauf war für das dritte Quartal 1964 fixiert, und bis 1966 war geplant, eine Jahresproduktion von 8000 Fahrzeugen zu erreichen.
- 0,9 Mp-Klasse:
  Hierfür sollte der in Entwicklung befindliche TT 220 mit einem Dreizylindermotor 3 VD 12/11 SRF ausgestattet werden und eine Leistung von 53 PS erzielen; zu dieser Zeit befand er sich in der Entwicklungsstufe K 3 (Funktionsmusterbau) und war für schwere Pflegearbeiten vorgesehen, außerdem für Transporte, leichte Bodenbearbeitung sowie als Zugmittel für Vollerntemaschinen.
- 1,4 Mp-Klasse:
  Der ZT 300 im Entwicklungsstadium mit einem Vierzylindermotor und 93 PS Leistung war für Bodenbearbeitung, Pflegearbeiten und schwere Zugarbeiten vorgesehen; die Serienproduktion sollte im dritten Quartal 1967 anlaufen.[61]

Um diese Forderungen auch durchsetzen zu können, wurden die jeweiligen Vorhaben mit sehr hohen Dringlichkeitsstufen ausgestattet. Die bauliche Erweiterung

Der Geräteträger 124 knüpfte in der äußeren Erscheinung an den RS 09 an (Bundesarchiv/183/C 0708/07/1)

des Traktorenwerks Schönebeck wurde als volkswirtschaftlich wichtiges Investitionsvorhaben eingestuft; es gehörte damit zu den Schwerpunktvorhaben des Bezirks Magdeburg. In diesem Rahmen wurden Hallenkomplexe mit 45 000 m² Produktionsfläche sowie Nebenanlagen fertiggestellt. 1966 erhielt das Traktorenwerk ein eigenes Industriekraftwerk, und 1972 konnte man eine Wechselfließreihe zur Produktion von Traktoren und Landwirtschaftsmaschinen – Feldhäckslern – installieren, bei der auf der selben Produktionsfläche zwei ganz unterschiedliche Erzeugnisse hergestellt werden konnten.

Von diesem Rückenwind profitierten auch andere Betriebe. So erlebte der VEB Landmaschinenbau Haldensleben, der bis dahin in Baracken untergebracht war, zwischen 1964 und 1967 eine vollständige Rekonstruktion. Eine große moderne Produktionshalle für die Herstellung der Fahrersitze und des Dreipunktaufbaus wurde errichtet. Dieser Betrieb wurde später auf die Fertigung von Gelenkwellen umgestellt und dem Gelenkwellenwerk Stadtilm angegliedert.

Als erstes begann man mit den Arbeiten am Geräteträger 124. Noch bis zum Sommer 1962 wurden vom Musterbau in Schönebeck dreizehn Prinzipmuster hergestellt, von denen elf Exemplare zur praktischen Erprobung an verschiedene landwirtschaftliche Betriebe ausgehändigt wurden. Das erste Fahrzeug konnte man auf der Agra-Ausstellung 1962 in Leipzig-Markleeberg sehen. Außerdem wurden bis Februar 1963 weitere fünfzehn Geräteträger als Nullserie nachgeschoben, die den Instituten und Prüfgruppen der Landwirtschaft der DDR und der Exportländer zur Erprobung überlassen wurden.

Der Vorteil des Zwischenachsantriebs war auch beim Geräteträger 124 zu erkennen: Der Fahrer hatte direkten Blick zum Arbeitsgerät; hier im Bild das Böschungsschneidwerk (Archiv Reinhard Blumenthal)

Der GT 124 behielt im Prinzip die RS 09-Form bei. Mit dieser hatte man hervorragende Erfahrungen gesammelt. In erster Linie kam es auf die Kultivierung der Vorzüge dieses Trägers an, die in folgendem bestanden:

– Sämtliche Geräte arbeiteten im Blickfeld des Traktoristen;
– Beim Anbau von Zwischenachsgeräten ergab sich eine sehr gute Lastverteilung;
– Die Möglichkeiten der Gerätekombinationen waren äußerst vielfältig; und
– Bei allen Geräten war die Einmann-Bedienung gewährleistet.

Als Antrieb wurde der Vierzylindermotor 4 VD 8/8 SVL des VEB Motorenwerk Cunewalde benutzt. Im Interesse einer größeren Standfestigkeit brachte man eine neue Vorrichtung an, die bei Keilriemenschäden die Förderpumpe automatisch abstellte und somit die Kraftstoffzufuhr zur Einspritzpumpe unterbrach, worauf der Motor stehen bleiben musste. Schäden infolge eines Motorlaufs ohne Kühlung wurden dadurch vermieden. Im Motor, der 25 PS/18,3 kW leistete, konnten alle Dieselkraftstoffe verwendet werden. Das bekannte RS 09-Triebwerk wurde in seinem grundsätzlichen Aufbau beibehalten. Die Sichtverhältnisse auf die Arbeitsgeräte und auf die Spurhaltung der Vorderachse waren bei Tageslicht gut, bei Nachtfahrt entsprachen sie allerdings lediglich den Forderungen für reine Transportarbeiten auf ebenen und festen Fahrbahnen. Für einen Einsatz bei der Feldarbeit reichte die Ausleuchtung nicht aus. Der Einsatz des Geräteträgers erfolgte besonders bei Grünlandbearbeitung und häufig auch im Hanggelände.

Die neue Montagehalle für den ZT 300 – Fertigungsbeginn 1966 – wurde 1972 als Wechselfließreihe für die Produktion von Traktoren und Feldhäckslern umgebaut (Archiv Reinhard Blumenthal)

Wurden die zulässigen Einsatzgrenzen überschritten, waren Unfälle die Folge, bei denen sich Menschen zum Teil schwer verletzten. Daher sah das Herstellerwerk den aus dem schwedischen Traktorenbau bekannten Umsturzschutz, einen sogenannten Fangrahmen, nachträglich zur Umrüstung für den GT 124 vor. Damit ließen sich solche Unfälle zwar nicht verhindern, aber die schweren Verletzungen ausschließen, die oft damit einhergingen.

Der vom Programmpaket des Ministerrates geforderte schwere Zugtraktor ZT 300 sollte eine empfindliche Lücke schließen; ein solches Baumuster existierte bisher nicht. Daher wurde dieses Projekt mit gleich großer Dringlichkeit wie der Geräteträger in Angriff genommen. Beteiligt daran waren außer dem Traktorenwerk Schönebeck folgende Kooperationspartner: das Getriebewerk Brandenburg, der Landmaschinenbau Haldensleben, das Dieselmotorenwerk Schönebeck, die Motorenwerke Nordhausen, die Reifenwerke Dresden und Fürstenwalde, das Kombinat Hydraulik und Armaturen, der Kupplungs- und Triebwerksbau Dresden, das Messgerätewerk Beierfeld, das Kraftfahrzeugzubehörwerk Gera, Traktorenwerk Gotha, Lenkgetriebewerk Triptis und das Blechverformungswerk Leipzig. In der Tat gelang es, wie geplant mit der Serienproduktion 1967 zu beginnen. Der ZT 300 wies gegenüber den anderen Traktorentypen in der DDR eine wesentlich höhere Motorleistung auf und besaß somit auch größere wirtschaftlich nutzbare Zugkräfte. Das Aufgabengebiet des Traktors umfasste die Boden- und die Saatbettvorbereitung, die Bestellung und die Ernte sowie feldwirtschaftliche Transporte. Außerdem sollte er in Forstwirtschaft und Industrie nutzbar sein.

Die sehr kurzen Entwicklungszeiten wurden vor allem deshalb möglich, da man in Entwicklung befindliche Baureihen gleichartiger oder ähnlicher Bauelemente aus anderen Industriezweigen des Maschinenbaus in das Projekt integrierte. Das war nicht nur für das Projekt vorteilhaft, sondern enthielt generell positive Ansätze volkswirtschaftlichen Denkens hinsichtlich hoher Stückzahlen, einer möglichen Standardisierung, der Ersatzteilbeschaffung und der Spezialisierung bei der Instandhaltung. Besonders betraf dies die Baugruppen Motor, Lenkgetriebe und Luftfilter, die im Mähdrescher bei Fortschritt Neustadt und im W 50 in Ludwigsfelde in identischer Ausführung genutzt wurden. Der Steuerschieber für die Hydraulik konnte ebenso als Standardteil verwendet werden wie der Reifen, den man auch beim Mähdrescher für die Triebräder einsetzte. Auch Bremsanlage, Elektrik und Lenkung wurden bereits fertig vorhanden übernommen.

Die Grundkonzeption des Traktors basierte auf der Rahmenbauweise. Diese konnte sich der Verwendung gleicher Bauelemente anpassen und besaß darüber hinaus für die künftige Entwicklung eine Baufreiheit bei Einzelbauelementen, ohne Anschlusspunkte oder Form des Rahmens später ändern zu müssen. Als Antrieb wurde der Vierzylindermotor 4 VD 14,5/12-1 SRF verwendet, den das Motorenwerk Nordhausen produzierte und der als Direkteinspritzer mit dem M-Verfahren nach MAN-Lizenz arbeitete. Er war mit Hilfe von Schwingmetallelementen im Rahmen elastisch aufgehängt, wodurch sich die Übertragung von äußeren Belastungen auf das Motorgehäuse minimieren ließ. Eine Gummifederkupplung über-

Am 15.9.1967 verließ der erste Serien-Traktor ZT 300 das Schönebecker Traktorenwerk (Bundesarchiv/183/F 0918/10/1)

nahm die Verbindung zwischen dem elastisch aufgehängten Motor und dem starr mit dem Rahmen verbundenen Triebwerk. Sie konnte die auftretenden Relativbewegungen zwischen Motor und Triebwerk ausgleichen und die Motordrehmomente zuverlässig übertragen. Das gesamte Triebwerk umfasste die Baugruppen Doppelkupplung, Schaltgetriebe, Ausgleichgetriebe und Achstrichter mit Endabtrieben. Bremsanlage, Hydraulikpumpen und Kraftheber waren ebenfalls im Triebwerk untergebracht. Das moderne Dreigang-Schaltgetriebe mit drei Gruppenschaltungen erlaubte die Wahl von 9 Grundgetriebestufen zwischen 3 und 30 km/h. Dabei waren die ersten beiden Gruppen umkehrbar, so dass man im Arbeitsbereich sechs Rückwärtsgänge zwischen 3 und 10 km/h wählen konnte. Die Geschwindigkeiten im Hauptarbeitsbereich bis zu 12 km/h waren in 6 Gängen sehr eng gestuft. Eine Unterlaststufe gestattete mit Hilfe der Sperrwirkung eines Freilaufs die Veränderung der Übersetzung und damit eine Geschwindigkeitsreduzierung um 21 Prozent. Damit war eine bedeutende Erhöhung des Triebraddrehmoments und somit der Zugkraft möglich. Diese Unterlaststufe sollte bei Zugarbeiten mit wechselnden Zugkräften oder Arbeiten mit wechselnden Drehmomenten Verwendung finden. Dadurch war es möglich, häufige Getriebeschaltungen zu vermeiden. Die Betätigung der Unterlaststufe erfolgte mit dem Kupplungsfußhebel.

Eine umfangreiche Hydraulikanlage diente vor allem der physischen Entlastung des Traktoristen und der möglichst vielseitigen Komplettierung des Traktors mit wirtschaftlichen Geräten und Maschinen. Sie umfaßte die Lenk-, Regel- und Krafthydraulik und basierte auf einer Zweistrom-Radialkolbenpumpe mit einer Leistung von 12 l/min. und 50 l/min Fördermenge bei einem Betriebsdruck von 150 kp/cm^2.

Die Spur der Räder ließ sich sowohl an der Vorderachse als auch an der Hinterachse in jeweils vier Stufen zwischen 1500 und 1875 mm vorn und 1550 bis 2000 mm hinten verstellen.

Der ZT 300 ermöglichte mit 90 PS Motorleistung und einer Zugkraftregelung den Einsatz hoch produktiver Bodenbearbeitungsgeräte (Archiv Reinhard Blumenthal)

Auf der Grundlage dieses starken Traktors wurden in den Landmaschinenbetrieben, insbesondere im Bodenbearbeitungsgerätewerk Leipzig sowie in den Betrieben Torgau, Güstrow, Weimar und Neustadt neue und leistungsstärkere Landmaschinen und Geräte entwickelt und eingesetzt, womit die hohe Nutzleistung des Traktors sich nun tatsächlich auch in der Landwirtschaft niederschlug. Besonders interessant war dabei eine Aggregatbildung zwischen Traktor und Landmaschine, für die der ZT 300 durch Anbaumöglichkeiten vorn, hinten und zwischen den Achsen sehr gute Voraussetzungen bot. Besten Schutz gegen Witterungseinflüsse bot ein umsturzsicheres und gut belüftetes Fahrerhaus, das zur Grundausstattung gehörte. Eine Heizungsanlage wurde später in den Lieferumfang aufgenommen. Zur Belüftung konnten außerdem Dach-, Front- und Heckscheiben ausgestellt beziehungsweise sogar ausgehängt werden. Der Traktorist hatte freie Sicht nach allen Seiten, auch nach hinten. Der Fahrersitz wurde nach neuesten arbeitsmedizinischen Kenntnissen gestaltet. Der Sitz war auch in Längsrichtung verstellbar; seine Schwingungen wurden durch Teleskopstoßdämpfer gemindert und ausgeglichen. Die Betätigung von Fußbremse, Gaspedal, Kupplung und Lenkung geschah mit Luftdruckunterstützung. Immerhin rechnete man bei solchen Traktoren mit Jahreseinsatzzeiten von bis zu 2000 Stunden, womit die physische Belastung der Traktoristen sehr stark anstieg. Die Entwicklungen auf diesem Gebiet wurden besonders durch Forderungen gestützt, die aus den medizinischen Untersuchungsreihen des Instituts für Landtechnik in Potsdam-Bornim unter Leitung von Professor Rosegger und Frau Dr. Rosegger angestellt wurden. Die diesbezügliche Traktorenausstattung des ZT 300 setzte in den siebziger Jahren Maßstäbe.

Die Strukturveränderungen, von denen schon im Zusammenhang der Wirtschaftsreformen der sechziger Jahre und der Automobilindustrie die Rede war, betrafen auch die Traktorenherstellung. Diese war seit dem 20. Februar 1964 der VVB Landmaschinenbau unterstellt und kam erst Anfang 1966 zur VVB Auto-

Bei der Gestaltung des Fahrersitzes waren umfangreiche arbeitshygienische Auflagen zu beachten. Geringe Eigenfrequenzen und eine Dämpfung der Vertikalbewegung standen im Vordergrund (Archiv Reinhard Blumenthal)

mobilbau zurück. Hintergrund für diese Entscheidung war vor allem die stärker als zuvor spürbare Integration in die Automobilindustrie als Zulieferer. Außerdem besaß dieser Industriezweig eine weitaus größere Kapazität im Produktionsmittelbau und in der Technologie. So mussten aufgrund zentraler Weisungen alle technologischen Projektierungs- und Produktionskapazitäten wie auch der gesamte Werkzeugbau der VVB Automobilbau einschließlich der Kapazitäten für die Sondermaschinenentwicklung zur Produktionsvorbereitung des ZT 300 in Schönebeck, Brandenburg und Nordhausen massiv eingesetzt werden. Dank derartig umfassender Unterstützung konnte das Ziel tatsächlich erreicht werden: Am 15. September 1967 verließ termingerecht der erste ZT 300 das Montageband, und am 5. Oktober des selben Jahres wurden die ersten fünf Traktoren der Landwirtschaft übergeben. Zum Jahresende hatten die ersten 1000 Stück bereits das Schönebecker Werk verlassen.

Allerdings ergaben sich beim Absatz der ersten Traktoren ZT 300 große Probleme wegen des zu hohen Preises. Denn verglichen mit seinem Anschaffungspreis bekamen die Bauern zwei aus der Sowjetunion importierte MTS 50. Außerdem standen anfangs noch nicht alle geplanten Zusatzgeräte zur Verfügung. Um den Absatz dennoch zu gewährleisten, wurden Verkaufsbrigaden gebildet, die zu den LPGs fuhren und vor Ort die Traktoren »anboten«. Für jeden verkauften Traktor gab es ansehnliche Zielprämien. Das Problem löste sich im Zuge des anwachsenden Wohlstands der LPGs, die sich auch teurere Geräte leisten konnten, sowie mit der technischen Reife und mit der Bewährung des ZT 300 in der Praxis.

Mit der Zeit rechtfertigte der Einsatz in der Landwirtschaft die hohen Erwartungen, die an diesen Traktor gestellt worden waren. Die Arbeitsproduktivität bei der Bodenbearbeitung stieg um 60 bis 70 Prozent gegenüber den Vorgängertypen. Außerdem machte es der ZT 300 möglich, die dafür aufzuwendenden Verfahrenskosten um bis zu 20 Prozent zu reduzieren.

Die Erprobung und vor allem die ersten Einsatzjahre zeigten aber auch, dass der Traktor auf nassen und stark sandigen Böden sowie in Hanglagen bei seinem

Um die Zugleistung auszunutzen und eine pro Jahr lange Einsatzzeit zu erreichen, war eine Koppelmöglichkeit für 2 Hänger mit je 8 t Nutzmasse bis 30 km/h Fahrgeschwindigkeit vorgesehen (Archiv Reinhard Blumenthal)

Die ersten 5 ZT 300 mit Anbau, dem Beetpflug B 126. Auf den großen landwirtschaftlichen Nutzflächen in der DDR wurde oft im Komplex gepflügt (Archiv Reinhard Blumenthal)

Der lange Marsch im Tritt auf der Stelle

Der Zugtraktor ZT 303 mit zusätzlichem Vorderachsantrieb (Archiv Reinhard Blumenthal)

Zugvermögen und seiner Spurhaltung noch nicht allen Anforderungen gerecht wurde. Um dem abzuhelfen, bot man seit 1972 den ZT 303 als allradgetriebene und zugsichere Variante an. Während der ZT 300 auf nassen und sandigen Böden eine Zugkraft von nur 12 bis 13 kN (1,2 bis 1,3 t) aufbrachte, zog der ZT 303 mit 18 kN (1,8 t) sehr sicher. Seine Zugleistungen lagen auf diesen Böden um bis zu 50 Prozent höher als die des ZT 300, bei schweren Zugbelastungen war sie immer noch 20 Prozent höher. Am Hang erlaubte der ZT 303 eine problemlose Bodenbearbeitung bis zu einer Neigung von 25 Prozent. Beim Bergauffahren kam vor allem sein hohes Zugvermögen (3,4 t) für die Überwindung des Steigwiderstandes besonders vorteilhaft zur Geltung. Im Schichtlinienarbeiten ließ er sich auch unter hoher Zugbelastung ohne nennenswerten und leistungsmindernden Lenkeinschlag spurtreu fahren. Wegen dieser Eigenschaften hat sich der ZT 303 neben dem sowjetischen Allradtraktor K 700 mit 230 PS sehr rasch als verfahrensbestimmender Traktor für die Bodenbearbeitung durchgesetzt. Er verfügte über eine angetriebene Vorderachse, für deren Entwicklung verschiedene Lösungen konstruktiv untersucht worden waren. Letztlich landete man dann aber aus naheliegenden Gründen bei der angetriebenen Vorderachse des Lkw W 50. Damit musste man zwar Kompromisse im Hinblick auf die Bodenfreiheit machen, produktionstechnisch war sie aber realisierbar. Die Zu- und Abschaltung des Frontantriebs ging automatisch bei sieben bis acht Prozent Schlupf der Hinterräder mit Hilfe eines Klemmrollenfreilaufs vor sich. Sank der Schlupf unter diese Grenze, löste der Freilauf den Zusatzantrieb, und der Traktor rollte nur mit Hinterradantrieb weiter. Während beim GT 124 und beim ZT 300 die Entwicklung sehr zügig, die Produktionseinführung pünktlich und verglichen mit anderen Kraftfahrzeugprojekten in phänomenal kurzer Weise absolviert wurde, gelang dies beim

Der Einsatz eines mobilen Messlabors erlaubte die Erfassung realer Belastungswerte im praktischen Einsatz. Der ZT 303 mit einem 1000 l fassenden Güllefahrzeug an der Hubkupplung wurde vom begleitenden Labor geprüft. Mikrorechner mit entsprechenden Mess- und Auswertungsthemen speicherten die Daten (Archiv Reinhard Blumenthal)

TT 220 nicht. Die Arbeiten zu diesem Traktor wurden hinsichtlich Forschung und Entwicklung bis zum Abschluss der Erprobungsarbeiten (Leistungsstufe K 5) geführt. Für ihn war ein Motor der zu diesem Zeitpunkt in der Entwicklung befindlichen neuen Lkw-Motoren-Baureihe VD 12/11 SRF und GRF vorgesehen, der auch im Nutzfahrzeugbau Verwendung finden sollte. Bei Entwicklung und Erprobung dieses Traktors wurden zum ersten Mal programmierbare Mess- und Auswertesysteme eingesetzt, die im Werkstattkoffer eines Lkw W 50 unterzubringen waren. Kernstück dieser Anlage bildete ein Mikrorechner mit entsprechender Peripherie, mit dessen Hilfe hohe Lebensdaueranforderungen durch aussagefähige Prüfstandsversuche innerhalb der Erprobung des Funktionsmusters möglich waren. Die Realisierung des praxisgerechten Prüfprogramms war ohne Mikrorechner unmöglich. Verstärkt wurde auch eine servohydraulische Prüftechnik genutzt, die der praxisgerechten Nachbildung von Beanspruchungszuständen an beliebigen Prüfobjekten diente. Dabei ergaben sich zeitgeraffte Erprobungen und der Nachweis für materialökonomisch günstige Bauteilabmessungen. Die damit zweifellos stark ansteigenden Investitionen für die Versuchsabteilung waren im Traktorenbau nie ein Problem. Sie waren bereits mit der Entwicklung der ZT-Reihen getätigt worden.

Gescheitert ist der Traktor TT 220 vor allem an unüberwindlichen Engpässen in der Getriebefertigung beim Getriebewerk Brandenburg. Denn dieses Werk hatte keine Reserven mehr für eine zusätzliche Produktion. Die Entscheidung, die Entwicklungsarbeiten einzustellen, fiel den Schönebeckern um so schwerer, da gerade zum TT 220 die leistungsmäßig passenden landwirtschaftlichen Geräte, Maschinen und Anhänger bereits vonseiten der Produktion zur Verfügung standen. Die Bauindustrie hatte bereits einen Front- und Hecklader für diesen TT 220 auf die Räder gestellt und wartete händeringend auf den neuen Traktor.

Trotz dieses überaus ergiebigen Entwicklungspotentials und einer leistungsstarken Fertigungslinie der Industrie für Traktoren besaß die sowjetische Traktorenindustrie in der DDR einen starken Abnehmer. Die Radtraktoren MTS 50, die

Der TT 220 sollte nicht nur auf dem Lande, sondern auch in der Bauwirtschaft verwendet werden. Hier ist der TT 220 mit dafür vorgesehenen Hublader und Steckschaufel zu sehen (Archiv Reinhard Blumenthal)

Allradtraktoren T 150 K und K 700, die Nati-Raupen sowie die S 100-Kettentraktoren wurden in großen Stückzahlen in die DDR geliefert und ergänzten größtenteils den Fuhrpark der DDR-Landwirtschaft. Allerdings muss einschränkend erwähnt werden, dass gerade die Allradtraktoren T 150 K und K 700 in erster Linie aus strategischen Gründen für militärtechnische Zwecke importiert wurden. Sie wiesen eine sehr ungünstige Nutzleistung auf und hatten einen sehr hohen Kraftstoffverbrauch. Als Zugmittel für schwere Artillerie sowie für mobile Raketenabschussrampen (K 700) waren sie nicht zu ersetzen.

An weiteren bedeutenden Neuerungen seien für die siebziger Jahre die vollhydraulische Lenkung für den Traktor ZT 300 hervorgehoben. Dadurch wurde es möglich, die vom Fahrer für die Lenkung aufzubringende Kraft unabhängig von der Höhe des benötigten Lenkmoments am Achsschenkelbolzen auf ein Minimum zu senken und über den gesamten Belastungsbereich in annähernd gleicher Größe zu halten. Solche Lenkungen waren zu jener Zeit international gebräuchlich geworden und fanden vor allem bei langsam laufenden Fahrzeugen Verwendung. In der DDR war der Einsatz vollhydraulischer Lenkungen nur bei Fahrzeugen erlaubt, deren maximale Fahrgeschwindigkeit 50 km/h nicht überschritt.

1972 wurde das Traktorenwerk Schönebeck wieder aus dem Bereich der VVB Automobilbau ausgegliedert und dem Kombinat Fortschritt Landmaschinen Neustadt unterstellt. Seitdem bildete die Entwicklung und Produktion selbstfahrender

Für Hanglagen sollte der speziell dafür entwickelte ZT 305 A eingesetzt werden (Archiv Reinhard Blumenthal)

Landmaschinen den Arbeitsschwerpunkt des Werks. Erwähnt seien hier der Feldhäcksler E 281, der Zugkraftverstärker am ZT 300 für Feldtransporte und der Hangtraktor ZT 305 A.

1972 lief die Produktion des Geräteträgers in Schönebeck aus. Insgesamt wurden in Schönebeck bis zum Ende der Geräteträgerfertigung über 120 000 Exemplare hergestellt, von denen fast die Hälfte ins Ausland ging. Innerhalb der Volkswirtschaft und der Wirtschaftspolitik der DDR nahm die Landwirtschaft eine sehr prominente Stellung ein. Die Landmaschinen- und Traktorenindustrie war ein unmittelbarer Gradmesser für die Bemühungen, die Lebensgestaltung der Bevölkerung so zu gestalten, dass es zu Unzufriedenheit keinen Anlass mehr gab. Hinzu kam, dass Georg Ewald ein besonders ausgeprägtes Organisationstalent und taktisches Gespür besaß, diese positive Ausgangsposition tatsächlich auch in Produktionszahlen und Entwicklungserträge umzumünzen.

Darüber hinaus hatte die Landwirtschaft aufgrund ihrer Lebensmittelexporte auch in westliche Länder weiterreichende Möglichkeiten als beispielsweise die Automobilindustrie, landtechnische Erzeugnisse in sehr kleinen Stückzahlen oder als Muster zu erwerben. Damit war das Entwicklungs- und Konstruktionsbüro jederzeit mit dem aktuellen Weltniveau auf das engste vertraut und konnte die erforderlichen Parameter davon unmittelbar abnehmen. Man kannte also die Weltspitze und hatte so auch die Möglichkeit, Trends zu folgen.

Auch dieser Feldhäcksler E 281 entstand auf der Wechselfließreihe in Schönebeck (Archiv Reinhard Blumenthal)

Natürlich hatte auch die Traktorenindustrie sogenannte Wachstumsschwierigkeiten. Hochwertige Grundmaterialien, Reifen, Gummielemente und vor allem Getriebe bildeten Schwerpunktprobleme, die nicht einmal im Verein mit vom Politbüro ausgeübten Druck zu lösen waren. Daran scheiterten auch in der Traktorenentwicklung mehrere Projekte.

So war mit der Gründung von landwirtschaftlichen Großbetrieben, den LPG, und ihren größeren Nutzungsflächen die Forderung nach leistungsstärkeren Traktoren immer lauter geworden. In diese Zeit fielen Versuche, die Leistung des Famulus-Radtraktors auf 60 PS zu steigern. Über Versuchsreihen mit 46 PS und 50 PS wurde als letzter Typ der »Famulus«-Baureihe 1964 der Famulus 60 »Super« oder RT 330 vorgestellt. Hier kam ein 3-Zylinder-Dieselmotor zum Einbau, der bei 1800 U/min. eine Nennleistung von 60 PS abgab. Ein dem Getriebe von zehn Gängen nachgeschaltetes Getriebe war vorgesehen, um das erhöhte Drehmoment zu reduzieren. Die praktischen Ergebnisse waren aber negativ, so dass die Produktionsvorbereitungen abgebrochen wurden.

Dieselmotoren aus Nordhausen, Schönebeck und Cunewalde

Dieselmotoren für Kraftfahrzeuge sowie als stationäre Antriebe wurden Anfang der sechziger Jahre bei Sachsenring Zwickau, Robur in Zittau, im Schlepperwerk Nordhausen, im Dieselmotorenwerk Schönebeck sowie im Motorenwerk Cunewalde gefertigt. Sie trieben Lkw und Traktoren aus Zittau, Werdau, Schönebeck, Nordhausen, Brandenburg und aus Waltershausen an. Im Zuge der in den sechziger Jahren einsetzenden Wirtschaftsreformen und Strukturänderungen sollte angesichts des begrenzten wirtschaftlichen Potenzials eine Konzentration erfolgen, so dass künftig alle Lkw aus Ludwigsfelde, sämtliche Anhänger aus Werdau und alle Traktoren aus Schönebeck kommen sollten. Motoren waren in Cunewalde, Nordhausen und Schönebeck bereit zu stellen. Brandenburg sollte künftig nur noch Getriebe fertigen und bei Robur in Zittau in erster Linie das Entwicklungspotential für Motoren genutzt werden. Die Lkw sollten auf 2 Typen mit je 3 t und 5 t Nutzmasse beschränkt werden. Bei den Traktoren sollten künftig nur noch die 0,9 Mp- und die 1,4 Mp-Zugkraftklasse im Herstellungsprogramm bleiben.

Eine Arbeitsgruppe, der Konstrukteure aller Entwicklungs- und Herstellungsbetriebe angehörten, nahm 1962 die Arbeit mit dem erklärten Ziel auf, die Frage des Motors für den Antrieb der Fahrzeuge zu klären.[62] Der Arbeitskreis sprach Anfang 1963 die Empfehlung aus, eine neue Dieselmotorenbaureihe zu entwickeln, die sowohl bei Lkw als auch bei Traktoren für Vortrieb sorgen sollte. Die Bezeichnung sollte VD 12/11 SRF lauten. Aufgeschlüsselt hieß dies: stehende und geneigte Viertaktdiesel in Reihenbauweise mit 120 mm Hub und 110 mm Bohrung und Flüssigkeitskühlung. Als Vierzylinder (100 PS) war er für die 3 t-Lkw, als Sechszylinder (150 PS) für den Fünftonner, als Dreizylinder (53 PS Dauerleistung II) für den 0,9 Mp-Traktor und als Sechszylinder (80 PS Dauerleistung II) für den 1,4 Mp-Traktor gedacht. Flüssigkeitsgekühlte Ein- sowie Zweizylindermotoren VD 12/11 SRF sollten auch die Nachfolge der stationären Roburmotoren antreten. Die Fertigung der seit 1956 produzierten Motoren der zweiten Generation VD 14,5/12 SRL und SRW in luft- und wassergekühlter Ausführung sollte danach eingestellt werden.

Alle hierfür relevanten Motoren-, Traktoren- und Fahrzeugherstellerbetriebe der DDR kannten diese Empfehlung und hatten dies auch schriftlich befürwortet. Am 22. Januar 1963 wurde die Empfehlung der Kommission sowie sich darauf beziehende Stellungnahmen dem ZK der SED übergeben, das acht Tage später, am 30. Januar, dieses Vorhaben beriet und eine schnellstmögliche Entwicklung der neuen Baureihe sowie deren Produktionsanlauf anwies. Als erstes sollte der Dreizylinder-Motor 3 VD 12/11 für den Traktor TT 220 im Jahr 1968 in Serie gehen.

Auf der Grundlage dieser eindeutigen, scheinbar verlässlichen Entscheidung ging man im Februar 1963 im Werk Robur unter Einbeziehung hilfsweise abgestellter Konstrukteure des Dieselmotorenwerks Schönebeck und des Schlepperwerkes Nordhausen daran, den Studienentwurf zu bearbeiten und die Konstruktion der Einzylinderversuchsmotoren vorzunehmen. Bei dieser neuen Baureihe von schnelllaufenden Fahrzeugdieselmotoren, die die Baureihen VD 14,5/ 11,5 und /12 SRW und SRL in Nordhausen, Sachsenring Zwickau und Dieselmotorenwerk Schönebeck sowie VD 12,5/9 und /10 SRL bei Robur in Zittau ablösen sollte, handelte es sich um die erste Baureihe, die beginnend mit dem ersten Entwurf in der DDR entwickelt wurde. Dabei standen folgende Überlegungen im Vordergrund:

- Verbrennungsverfahren: Mit dem sicher beherrschbaren Wirbelkammerverfahren beginnen, aber später unbedingt auf die Direkteinspritzung orientieren, wobei noch nicht recht zu entscheiden war, ob dem MAN-M-Verfahren oder einem Mehrstrahlverfahren der Vorzug zu geben war;
- Materialfragen: Kurbelgehäuse und Zylinderköpfe in Grauguss, wobei das Kurbelgehäuse so zu gestalten war, dass nasse Schleudergusszylinder Eingang fänden, Steuergehäuse und Ölwannen müssten in Aluguss, Kurbelwellen und Pleuelstangen als Genauschmiedeteile ausgeführt werden;

So entstanden die Motoren mit 120 mm Hub, 110 mm Bohrung als Drei-, Vier- und Sechszylinder. Also 3, 4 oder 6 VD 12/11 SRF oder GRF.[63] Wenig später erfolgte die Konstruktion der Drei- und Sechszylindermotoren ebenfalls bei Robur. Am 5. Juni 1963 wurde durch den Generaldirektor der VVB Automobilbau der Betrieb Robur in Zittau auch als Produktionsort für den in Entwicklung befindlichen Motor VD 12/11 bestimmt. Entsprechend liefen dort die Vorbereitungen auf Hochtouren, zumal man diesen Neukonstruktion als Garant für eine sichere Zukunft für diesen Standort ansah.

Völlig überraschend traf Ende Oktober 1963, also keine fünf Monate später, im Dieselmotorenwerk Schönebeck der Auftrag der VVB Auto ein, zusätzlich zum hier bereits konzentrierten Fertigungsprogramm der Baureihe VD 14,5 die Produktion der Baureihe VD 12/11 vorzubereiten und zu übernehmen. Außerdem sollten die Schönebecker ab Februar 1964 auch die Entwicklung der neuen Baureihe verantwortlich weiterführen. Robur in Zittau war offensichtlich völlig ausgeschaltet. Allerdings ergaben sich dadurch in Schönebeck bisher unbekannte Probleme. Vor allem der Mitarbeiterstamm in Konstruktion, Musterbau und Versuch, bei der technologischen Vorbereitung und in der Produktion war zu klein, die Aufgaben waren ohne erhebliche Neueinstellungen nicht zu meistern. Da traf von der Staatlichen Plankommission die Mitteilung ein, dass die für die neue Motorenbaureihe erforderlichen Investitionen in Höhe von 250 Millionen Mark nicht eingeordnet werden könnten und an eine Fertigungsaufnahme zum vorgesehenen Termin nicht gedacht werden könne. Die VVB Automobilbau erhielt angesichts dieser Situation vom Volkswirtschaftsrat der DDR den Auftrag, Importe oder Lizenzproduktionen von vorhandenen Dieselmotoren aus Polen, der ČSSR, Ungarn, Jugoslawien, Großbritannien und der Bundesrepublik Deutschland zu untersuchen. England schied durch sein Zollsystem von vornherein aus, westdeutsche Fabrikate waren praktisch nicht bezahlbar. Nach anfangs durchwegs positiv verlaufenden Gesprächen mit Lkw- und Motorenherstellern in Polen scheiterten die Verhandlungen letztlich doch. Die polnische Seite zeigte keinerlei Bereitschaft, die Einbauforderungen für den Traktor ZT 300 und den Lkw W 50 zu erfüllen. Auch bei den anderen Ländern ergab sich keine Lösung.

Schlechte Nachrichten also auf allen Feldern: Die Investitionen für den neuen Motor wurden gestrichen, die zusätzlichen Arbeitskräfte für Ausbau und Erweiterung der Motorenentwicklung in Schönebeck wurden auch nicht genehmigt, eine Lizenzproduktion oder gar ein Import war nicht in Sicht – da erfolgte zusätzlich noch der Entwicklungsabbruch des Traktors RT 330 in Nordhausen im Mai 1964. So schnell wie möglich sollte diese Lücke durch eine vorgezogene Entwicklung und die Aufnahme der Serienproduktion des 1,4 Mp-Traktors ZT 300 geschlossen werden. Geradezu unausweichlich kam, was kommen musste: Als einzige, sogenannte Übergangslösung beschloss der Volkswirtschaftsrat in Übereinstimmung mit der VVB Landmaschinenbau die Modernisierung der bereits seit Jahren in der Fertigung befindlichen Baureihe VD 14,5 durch eine Erhöhung der Leistung, eine Reduktion des Verbrauchs, eine Erhöhung der Nutzungsdauer und durch die Einführung des neuen Direkteinspritz-Verbrennungsverfahrens nach MAN-Lizenz, des sogenannten M-Verfahrens. Entwicklungsaufgaben und Anlauftermine wurden daher am 5. Oktober 1964 durch den Generaldirektor der VVB Auto folgendermaßen festgelegt:

– 4 VD 14,5/12 SRW für Lkw W 50 mit 110 PS	15. Oktober 1965
– 4 VD 14,5/12-1 SRF für Lkw W 50 mit 125 PS und	
– Traktor ZT 300 (93 PS Dauerleistung II)	3. Quartal 1966
– Sechszylinder VD 14,5 (für Landmaschinen und	
– stationäre Zwecke)	3. Quartal 1967
– Dreizylinder 3 VD 12/11 für Tragtraktor 220	1. Quartal 1970
– Sechszylinder 6 VD 12/11 GRF für Lkw W 53	
– mit 150 PS (Nachfolger W 50)	1. Quartal 1970
– Vierzylinder 4 VD 12/11 für 3 t-Lkw mit 100 PS	
– (Nachfolger Robur)	3. Quartal 1971

Diese Termine wurden am 18. November 1965 bekannt gegeben; zugleich wurde den Nutzern mitgeteilt, dass in Zukunft drei Baureihen an Dieselmotoren zur Verfügung stünden, nämlich VD 8/8, VD 12/11 und VD 14,5/12. Dabei handelte es sich um den Motor aus Cunewalde, die neu zu entwickelnden VD 12/11-Motoren sowie um den bereits in Serienproduktion befindlichen Motor aus Schönebeck und Nordhausen.

Die Hoffnung war nur von kurzer Dauer. Bereits im Frühjahr 1966 wurde der Anlauftermin für die neue Baureihe VD 12/11 um weitere drei Jahre hinausgeschoben, da vorerst die Investitionsmittel nicht aufzubringen waren. Das Drama nahm seinen Lauf: Bereits ein Jahr später wurde von den Traktorenbauern eine Leistungssteigerung des ursprünglich für 53 PS konzipierten Motors auf 70 PS für den Tragtraktor TT 220 gefordert. Die Leistung war mit dem Dreizylindermotor nicht zu erbringen, und so verschwand der ursprünglich für einen Serienanlauf im Jahr 1968 vorgesehene Entwurf in der Versenkung. Statt seiner wurde der Vierzylindermotor 4 VD 12/11 vorgezogen. Hierfür wurde das Motorenwerk Nordhausen ausgewählt. Dort wurde mit erheblichem Kraftaufwand mit dieser Neuentwicklung begonnen und der Produktionsanlauf vorbereitet. Da kam Ende 1967 vom DDR-Ministerrat die Nachricht, dass der Traktor TT 220 ersatzlos gestrichen werden müsse, da die hierfür zu tätigenden Investitionen in der Planbilanz nicht einzuordnen seien. Auch wenn damit wieder kein Ergebnis vorlag, so blieb man beim Industriezweig dabei: Für den Produktionszeitraum nach 1971 wurde das Motorenwerk Nordhausen als Standort für die Fertigung der Vier- und Sechszylinder-Dieselmotoren VD 12/11 festgelegt. Während man im Februar 1968 immerhin zu diesem Entschluss gelangte, war man nicht in der Lage, für den Standort von Ein-, Zwei- und Dreizylindermotoren der neuen Baureihe Entscheidungen zu treffen. Zwischenzeitlich tauchten auch aus Ludwigsfelde neue Leistungsforderungen für den großen Lkw auf. Gedacht war an 180 PS beziehungsweise an 200 PS. Die Techniker in Nordhausen und Schönebeck hielten dies für unrealistisch. Bestätigt wurde das durch Verhandlungen, die die VVB Automobilbau mit MAN Nürnberg und der Anstalt für Verbrennungsmotoren List (AVL) in Graz führte. Dort bot man bei identischen technischen Voraussetzungen für den Sechszylindermotor maximal 172 PS (MAN) beziehungsweise 165 PS (Graz) an.

Die Ludwigsfelder ließen sich davon nicht beirren. Sie forderten für den Lkw-Nachfolger des W 50 200 PS und eine Serienreife zum vierten Quartal 1973. Nachdem Ablehnungsversuche ins Leere gelaufen und Alternativvorschläge mit Strafandrohungen und disziplinarischen Mitteln unterdrückt worden waren, blieb im August 1969 schließlich der Vorschlag übrig, an Stelle der seit langem geplanten und in Entwicklung befindlichen Baureihe VD 12/11 eine hubraumvergrößerte Baureihe VD 12,5/12 zu schaffen, die die geforderte Leistung bei gleichzeitiger Senkung der Drehzahl von 3000 auf 2700 U/min. erbringen sollte. Inzwischen war eingetreten, was lange befürchtet worden war: Auch ein Serienbeginn im Jahr 1973 war nicht realisierbar. Der Anlauftermin wurde noch 1971 auf 1975 verschoben, später dann auf 1976, 1977, 1978, 1979 und schließlich auf 1980. Anlässlich der K 5 (Funktionsmuster)-Verteidigung des Sechszylindermotors VD 12,5/12 vor dem Minister am 19. April 1977 wurde der Serienbeginn auf das vierte Quartal 1981 festgelegt. Andere Motoren der Baureihe als dieser Sechszylindertyp standen schon nicht mehr zur Diskussion.

Der Ende der siebziger Jahre noch nicht an sein Ende gelangte Leidensweg des Sechszylindermotors bis zur Serienproduktion stand in scharfem Kontrast zum überwältigenden Erfolg des Vierzylinders 4 VD 14,5/12-1 SRF, der eigentlich nur für einen Übergangszeitraum von höchstens zwei bis drei Jahren modernisiert worden war. Aber gerade damit brach sich eine Neuerung Bahn, die für den gesamten Dieselmotorenbau der DDR außerordentliche Bedeutung erlangen

Der Dieselmotor 4 VD 14,5/12 SRF mit MAN-M-Verfahren und 125 PS bei 2300 U/min. für den LKW W 50 (Foto: Werksaufnahme)

Der Motor 4 VD 14,5/12 SRF als betriebsfähiges Stationäraggregat im Stahlgestell zum Anblocken von Pumpen und Elektrogeneratoren, Kompressoren u.ä. (Foto: Werksaufnahme)

sollte. Die Situation Mitte der sechziger Jahre war geprägt von der Investitionsverweigerung für eine neue Motorenbaureihe, vom Abbruch der Serienvorbereitung des Traktors RT 330 und von der Unmöglichkeit, die Probleme via Import zu lösen. Eine generelle Umkonstruktion des Vierzylindermotors auf der Grundlage neuerer Erkenntnisse und internationaler Vergleiche schied aufgrund mehrerer Gründe aus: Zum einen waren die Ersatzteile nicht kompatibel mit den bereits seit 15 Jahren gebauten Motoren, zum anderen war die Entwicklungszeit sehr kurz, und zuletzt war eine Zustimmung zu notwendigen Investitionen nicht zu erwarten. Besonders wichtig für die geplante Modernisierung des Motors waren das Verbrennungsverfahren und die Verwendung von Dünnwandgleitlagern. Dies waren die beiden zentralen Modernisierungspunkte, für die angesichts des Termindrucks sogar Importlizenzen genehmigt wurden. In den sechziger Jahren hatte sich im internationalen Maßstab das bei MAN in Nürnberg entwickelte sogenannte M-(Meurer)-Verfahren mit Mittenkugel und Umfangsdrall bewährt und war in Form von Lizenzen außerordentlich weit verbreitet. Der Vorschlag, auch für die DDR eine Lizenz zu erwerben, erforderte im Vorfeld hochgradige politische Auseinandersetzungen. Solche Bestrebungen wurden zunächst angesichts gerade erst überstandener »Störfreimachung« diskreditiert und konnten zu personellen Konsequenzen führen. Der Weg zum Ziel war lang, steinig und nicht ohne Risiko.

Viel Energie kostete es, die formalen, politisch schikanösen, fachfremden und abwegigen Einwände vor allem aus der Partei zu umgehen. Auch Unwägbarkeiten in der Sache mussten in Kauf genommen werden. So gab es im Dieselmotorenwerk Schönebeck zwei Teams, die zwei verschiedene Direkteinspritzverfahren mit drei und vier Strahlen für die Baureihe VD 14,5/12 wasser- und luftgekühlt entwickelten. Auch in Prag, Leningrad und Moskau wurde an Direkteinspritzverfahren für Motoren mit einem Zylinderhubvolumen von 1 bis 2 l gearbeitet. Es war auch durchgesickert, dass die MAN Patentstreitigkeiten mit anderen Motorenfirmen, insbesondere mit Saurer, hatte, deren Ausgang damals noch völlig ungewiss war und erst viel später zugunsten von MAN entschieden wurden. Die Parteiführung musste hinsichtlich des nicht abzuschätzenden Risikos einer Eigenentwicklung unter Verweis auf die neue Dimension der Quantität von Dieselmotoren für Lkw, Traktoren und selbstfahrende Landmaschinen erst davon überzeugt werden, dass der Lizenz- und Entwicklungsvertrag die einzig mögliche Entwicklungsvariante darstellte.

Nach harten Auseinandersetzungen mit staatlichen Stellen, vor allem aber mit Parteiorganen der SED auf allen Ebenen, angefangen von der Betriebspartei-Organisation über die Kreis- und Bezirksleitungen bis hinauf zum ZK, wurde Ende 1964 schließlich die Erlaubnis zum Abschluss eines Lizenzvertrages erteilt, allerdings verbunden mit der Auflage, ihn bis spätestens 31. Januar 1965 abgeschlossen zu haben. Obwohl die Verhandlungen erst am 4. Februar 1965 zur Vertragsreife und zur Unterzeichnung führten, wurde auf Bitten der Limex-Vertreter[64] als Abschlusstermin für den Vertrag der 1. Februar fixiert. Sie mussten dem Generalsekretär der SED Walter Ulbricht persönlich berichten, und dafür hatte das ZK nun mal den Termin 31. Januar gefordert. MAN kam dieser Bitte nachsichtig nach. Der Vertrag war mit einem Entwicklungsvertrag zum Motor 4 VD 14,5/12 SRW gekoppelt. Danach hatte die MAN folgende Punkte zu erfüllen: eine Leistungssteigerung auf 125 PS/92 kW bei 2300 U/min.; einen Kraftstoffverbrauch bei Nennleistung von 175 g/PSh (238 g/kWh); einen minimalen Kraftstoffverbrauch von 160 g/PSh (218 g/kWh); eine Kaltstartfähigkeit bis minus 15° C; sowie eine Geräuschabsenkung.

Der Lizenz- und der Entwicklungsvertrag bildeten ein Junktim, das heißt erst bei Erfüllung des Entwicklungsvertrages trat der Lizenzvertrag in Kraft. Die Abnahme-Offenbarung war für die Zeit vom 30. Juli bis 13. August 1966 festgelegt. Als Offenbarung wurde die Ausreichung der Entwicklungsergebnisse durch den Lizenzgeber bei der Einrüstung, Anpassung und Erprobung des M-Verfahrens an den Motor 4 VD 14,5/12 bezeichnet. Die vielen technischen Probleme – Kurbelwellenbrüche, Pittingbildungen auf den Stößelböden, erhebliche Leistungs- und Verbrauchsstreuungen, Pleuelschäden und anderes – während des Entwicklungsvertrages lösten beide Seiten im gemeinsamen Bestreben, die Auswirkungen möglichst gering zu halten. Es handelte sich bei dieser Kooperation um eines der in der DDR sehr selten anzutreffenden Beispiele einer Zusammenarbeit von Ost und West auf dem Gebiet der technischen Entwicklung. Im Rahmen dieses Entwicklungsvertrages wurden MAN durch die Motorenwerke Nordhausen zwei Vierzylindermotoren zur Umrüstung übergeben. Die Nürnberger ihrerseits lieferten Nordhausen Zylinderkopfzeichnungen und Drallkanalmodelle für die Anfertigung der neuen M-Köpfe. Gleiches galt für die Nockenwelle, Ventile, Einspritzpumpenbestückung, Einspritzdüsen, Spritzversteller sowie für die lagefixierten Düsenhalter. Im Oktober 1965 übergaben die Nordhausener den ersten umgerüsteten Motor mit M-Verfahren für die Prüfstandabstimmung an den westdeutschen Partner. Für die Drallkanaloptimierung wurden danach durch MAN mehrfach veränderte Zylinderköpfe angefordert und prompt geliefert. Später attestierten maßgeblich beteiligte MAN-Mitarbeiter den Nordhausenern, dass sie zu den Ausnahme-Lizenznehmern gehören würden, die als einzige die projektierte Zeit für die Entwicklung auch tatsächlich eingehalten hätten. Andere, wie beispielsweise Saviem, Berliet, Büssing oder Citroën, überzogen diese Termine ganz erheblich. Wichtigste Ursache dafür dürfte gewesen sein, dass weitaus mehr Bauteile oder Baugruppen durch die Einrüstung eines neuen Verbrennungsverfahrens von Änderungen betroffen waren, die sowohl im Motoren- als auch bei den Zulieferbetrieben vorbereitet, realisiert und qualitativ abgesichert sein wollten. Außerdem war bei vielen großen Motorenfirmen bei Lizenzübernahmen nicht zu unterschätzen, dass solche Produkte nicht im Hause entwickelt wurden und demzufolge die persönliche Anteilnahme nur schwach ausgeprägt war. In Nordhausen verhielt sich das ganz anders. Hier sind alle Arbeiten von Mitarbeitern in Entwicklung und Versuch mit hohem persönlichen Einsatz bewältigt worden. Auch die Probemotoren stammten aus dieser Abteilung. Die Situation änderte sich jäh bei Aufnahme der Serienfabrikation.

Das zweite große Modernisierungsvorhaben galt den Gleitlagern im Motor. Bis 1965 wurden die Kurbelwellen- und Pleuelgleitlager für Kleindieselmotoren im Gleitlagerwerk Osterwieck hergestellt. Die dort eingesetzte Technologie war rund 50 Jahre alt und ziemlich zuverlässig, hinsichtlich Materialeinsatz und Fertigungszeitaufwand allerdings längst überholt. Aus Kapazitäts- und Kostengründen war es in Osterwieck nicht möglich, eine eigene Entwicklung von Lagerschalen aus einem Bandstahl mit kalt aufgewalztem Lagerwerkstoff zu verwirklichen. International gab es mehrere Produzenten, in Europa jedoch nur zwei – Glyco in Deutschland und Glacier in Großbritannien. Da Aluminium als Lagerwerkstoff besser zu beschaffen war als Bleibronze, die Belastbarkeit beider Werkstoffe aber gleich war, jedoch bei Aluminium mit 20 Prozent Zinn (AlSn) ein besserer Einbettungseffekt für kleine Fremdkörper erwartet werden konnte, entschied man sich dafür. Und das bedeutete eine Entscheidung pro Glacier. Erste Kontakte mit Vertretern dieses Herstellers wurden unter der Hand im Ausland geknüpft und kostenlose Musterlager für den Vierzylindermotor beschafft. Die Lizenz umfasste schließlich die gesamte Fertigungstechnologie für die Herstellung der Materialien und des Kaltwalzbandes ebenso wie die Lieferung der kompletten Ausrüstungen zur Herstellung von Band und von fertigen Lagern. Es ist ein sehr großes Verdienst des damals bereits 66-jährigen Betriebsdirektors Nötling in Osterwieck, dass er mit hohem persönlichen Einsatz und Mut zum Risiko nicht nur die Lizenz und die Überleitung in das von ihm geleitete Werk durchsetzte, er schaffte es sogar auch, den Produktionsanlauf ohne größere Rückschläge zu meistern. Damals wurden ganz andere Szenarien gerade in der Zubehörindustrie entworfen, und besonders dieser Sektor erwies sich als ein bedeutender Hemmschuh bei den Bemühungen um eine Produktentwicklung.

Wie alle Fahrzeug- und Motorenbauer war auch der VEB Motorenwerke Nordhausen mit seinen Dieselmotoren im starken Maße von Zulieferbetrieben abhängig. 408 Firmen mussten mit ihren Detailprodukten für eine kontinuierliche Serienfertigung sorgen, mehr als ein Drittel davon – etwa 150 Betriebe – lieferten Motorenzubehör als Fertigprodukte (Einspritzpumpen, einbaufertige Kolben, Gleitlager, Thermostaten), Halbzeuge (Automatenstahl, Normteile) oder Rohteile (Kurbelgehäuse, Kurbelwellen). Reichten schon die Entwicklungskapazitäten bei den Motorenherstellern nicht aus, so waren sie bei den Zulieferern noch weitaus geringer oder gar nicht vorhanden. Viele Betriebe waren nicht organisch gewachsen, hatten diese Zulieferung nur als Nebenprodukt im Programm und verfügten weder über eine eigene Konstruktion noch über eigenen Absatz oder gar über einen Kundendienst. Das alles führte in vielen Fällen dazu, dass der Motorenerzeuger auch die Zubehörentwicklung und schließlich die Modell- oder Gesenkherstellung, zum Teil sogar noch die Maschinenbeschaffung für die Zulieferer in Eigenregie übernehmen musste. In immer komplizierteren Konstellationen waren Zubehörprobleme nur noch auf der Ebene der Chefkonstrukteure, Betriebsdirektoren, Generaldirektoren, Ministerien und letztlich der Minister zu klären. Da waren Dringlichkeitsstufen bei der Einordnung in volkswirtschaftlich wichtige Kategorien von besonderer Durchschlagskraft. Seit dem Ende der siebziger Jahre war ohne Staatsplannachweis nichts mehr möglich. Das einzige Element, das sich in diesem Wirrwarr als stabil erwies, waren die guten Beziehungen der Mitarbeiter von Zubehör- und Finalherstellern untereinander, die sich zumeist auf gemeinsamen Konferenzen und Arbeitskreiszugehörigkeiten kennengelernt oder zusammen studiert hatten. Chefkonstrukteure und Direktoren für Technik, die damals auf exponierten Posten tätig waren, sind noch heute der Meinung, dass in den achtziger Jahren ohne die guten persönlichen Beziehungen der Mitarbeiter über die Grenzen der Betriebe hinaus kein einziger Motor mehr vom Band gelaufen wäre.

Ein ausdrucksstarkes, die Probleme mit ausgeprägter Sachkunde reflektierendes Zeugnis gerade dieser Problematik von Finalhersteller und Zulieferindustrie sind die Ausführungen des Chefkonstrukteurs des IFA Motorenwerkes Nordhausen Diplomingenieur Günter Caspari über das Jahr 1978 vor dem Betriebsdirektor.[65]

Dort berichtete Caspari: »Ausgehend vom Preis werden rund zwei Drittel über die Zulieferungen realisiert. Das zeigt die außerordentliche Bedeutung der Zulieferindustrie für Forschung und Entwicklung sowie auch für Qualität und Quantität. Die Zulieferindustrie bietet jedoch weder an, noch verfügt sie über ein entsprechendes Forschungs- und Entwicklungspotential und demzufolge auch nicht über einen technisch-wissenschaftlichen Vorlauf, um kurzfristig Forderungen der Motorenindustrie erfüllen zu können.« Im einzelnen führte Caspari aus:

– Gießereien:
Bei *Grauguss* seien die Produktionsbetriebe völlig überaltert und die Kapazitäten für die Modellherstellung zu gering, wodurch sich lange Lieferzeiten und lange Gussteilentwicklungszeiten ergeben würden. Bei den Modellen, wie sie meist bis in die Nullserie hinein Verwendung fänden, seien die Wandstärken viel zu hoch, was gleichbedeutend sei mit zu hohen Massen. Bei endgültigen Einrichtungen führe auch das Eigenspannungsverhalten der Gussteile zu völlig anderen Ergebnissen und Erkenntnissen.
Bei *Alu-Formguss* sähe die Lage ähnlich aus. Der Erfahrungsschatz für komplizierten Kokillenguss in der DDR sei gering, ja entwickele sich zurück. An einer Reihe von Fällen würde sich zeigen, dass das, was in den sechziger Jahren an Wanddicken oder Qualitäten noch erreicht werden konnte, in den siebziger Jahren außerordentlich schwer oder gar nicht mehr realisierbar sei.
Bei *Kugelgraphitguss* seien Lieferbetriebe für die erforderlichen hohen Stückzahlen und Qualitäten überhaupt nicht vorhanden, weswegen die hoffnungsvolle Sphärogusskolben-Entwicklung abgebrochen werden müsste.

– Schmieden:
Die Kurbelwellenschmiede »Heinrich Rau« in Wildau habe zwar Mitte der siebziger Jahre eine entscheidende Erweiterung erfahren, jedoch würde diese mit der gleichen Technologie wie vor 50 Jahren konzipiert. Es werde weiterhin mit Schmiedehämmern und nicht mit Schmiedepressen gearbeitet. Damit sei eine Minimierung des Zerspanungsanteils nicht möglich und auch ein besserer Faserverlauf nicht zu realisieren.
Das Schmiedewerk Roßwein sei nicht in der Lage, die Pleuelrohteilmassen gering zu halten, so dass man bei der Konstruktion gezwungen sei, mit erforderlichen Ausgleichsmassen an Pleuelkopf und -fuß zu arbeiten. Damit entstünde für jedes Pleuel eine Masseerhöhung von etwa 250 g, die sich wieder in erhöhten Massekräften und damit in höheren Beanspruchungen und in erhöhten Gegenmassen an der Kurbelwelle negativ auswirken würde.

– Zubehörteile generell:
Kolben: Hersteller seien die Druckguss- und Kolbenwerke Harzgerode (DKWH). Die Entwicklungsstelle sei zwar vorhanden, aber mit 30 Mitarbeitern zu gering ausgestattet, und deren Erfahrungsschatz würde nicht ausreichen. Im Gegensatz zur Bundesrepublik Deutschland mit Mahle, Kolben-Schmidt und Nüral mit zusammen 500 Mitarbeitern auf dem Sektor F und E sei in Harzgerode keine Grundlage für den nötigen, hohen technischen Stand vorhanden.

Dreistofflager: Hersteller sei das Gleitlagerwerk Osterwieck. Hier gäbe es eine Entwicklungsstelle mit einem Mitarbeiter, der aber über keine eigenen Rechenprogramme verfüge. Eine Fertigung sei nur nach Zeichnung möglich und bisher ausschließlich auf Zweistofflager konzentriert. Der Aufbau einer Dreistofflager-Fertigung solle über eine zusätzliche Lizenz erfolgen. Auch Importe seien eine Überlegung wert.
Zylinderkopfdichtungen: Hersteller sei das VEB Kupfer- und Dichtringwerk Annaberg. Die Entwicklungsstelle würde aus zwei Mitarbeitern bestehen und sei für die erforderlichen Arbeiten krass unterbesetzt. Der vergleichbare westdeutsche Konkurrent Reinz habe 200 Mitarbeiter allein für die Entwicklung von Zylinderkopfdichtungen.
Wellendichtringe: Hergestellt würden diese im Gummikombinat Berlin. Dieses Unternehmen habe weder Fluorkautschuk als Werkstoff zur Verfügung noch ausreichende Erfahrung in der Fertigung. Die gegenwärtig verwendeten Nitril-Kautschukringe genügten in keiner Weise den Anforderungen.
Keilriemen: Hersteller sei der VEB Transportgummi Bad Blankenburg. Die auch hier vorhandene Entwicklungsabteilung verfüge nicht einmal über ein Minimum an erforderlicher Ausrüstung. Seit 1965 würden entsprechende Investitionen gefordert, die gegenwärtig als Vorlage dem Ministerrat vorlägen, jedoch dort in der Höhe von 100 Millionen, der nunmehr erforderlichen Summe, nicht eingeordnet werden könnten.
Normteile mit Schwerpunkt Schrauben und Muttern: Der internationale Motorenbau, Daimler-Benz sogar ohne Ausnahme, würde in hohem Maße Bundmuttern, Dehn- und Sonderschrauben verwenden. Die in der DDR gültige Norm würde diesen Stand jedoch nicht widerspiegeln, sondern vielmehr den von vor 40 Jahren. Dies führe dazu, dass nur Schrauben nach Zeichnung hergestellt würden. Die Normteilindustrie der DDR sei nicht bereit, das neue Sortiment herzustellen.

– Zubehöraggregate:
Dieseleinspritzpumpe: Barkas habe 1963 die Entwicklung einer Einspritzpumpe aufgenommen, jedoch wegen fehlender Einordnung der erforderlichen Investitionen fünf Jahre später wieder abgebrochen. Danach seien Verhandlungen im RGW-Rahmen für Lieferungen an Einspritzpumpen für Dieselmotoren erfolgt, jedoch ohne Erfolg. Im Dezember 1976 sei schließlich erneut die Entwicklung einer eigenen Einspritzpumpe eröffnet worden, deren erstes Muster im Dezember 1977 geliefert worden sei. Nach der im folgenden Halbjahr angesetzten Anpassung an den Motor sei im zweiten Halbjahr 1978 mit der Dauererprobung begonnen worden. Um diese Situation in den vorhergegangenen fünfzehn Jahren zu überbrücken, hätten sieben verschiedene Einspritzpumpen unterschiedlichster Hersteller provisorisch an den neuen Motor angepasst werden müssen.
Anlasser-6-PS: Das Aggregat sei 1964 aus der DDR im Rahmen der RGW-Spezialisierung an Ungarn weitergereicht worden. Seitdem seien die Ausfallquoten geradezu sprunghaft angestiegen, teilweise um das zehn- bis zwanzigfache. Die Qua-

litätsstabilisierung sei auch in den verstrichenen zehn Jahren in Budapest nicht erreicht worden. Der dortige Hersteller AVF würde für Ende der siebziger Jahre eine Lizenznahme bei Bosch planen, dürfe jedoch derartige Anlasser nicht in die DDR liefern.

Kühlmitteltemperaturregler: Produziert würde es im Messgerätewerk Quedlinburg. Auch in der vierten Generation genüge der Regler hinsichtlich der Standzeiten den Anforderungen nicht. Gegenwärtig würde eine Neuentwicklung mit größerem Öffnungsquerschnitt durch Hubveränderung laufen. Die Dehnstoffproblematik sei nach wie vor in der DDR ungeklärt.

Abgas-Turbolader: In der DDR sei keine eigene Entwicklung geplant und es gäbe auch keine Bestrebungen zur Lizenznahme. Der polnische Lader nach Lizenz Holset sei von der Größe für die Motoren nicht geeignet. Außerdem seien die geforderten Preise von 3000,– Mark pro ATL nicht hinnehmbar. Entsprechende Konkurrenzprodukte aus Westdeutschland würden weniger als 500,– DM kosten.

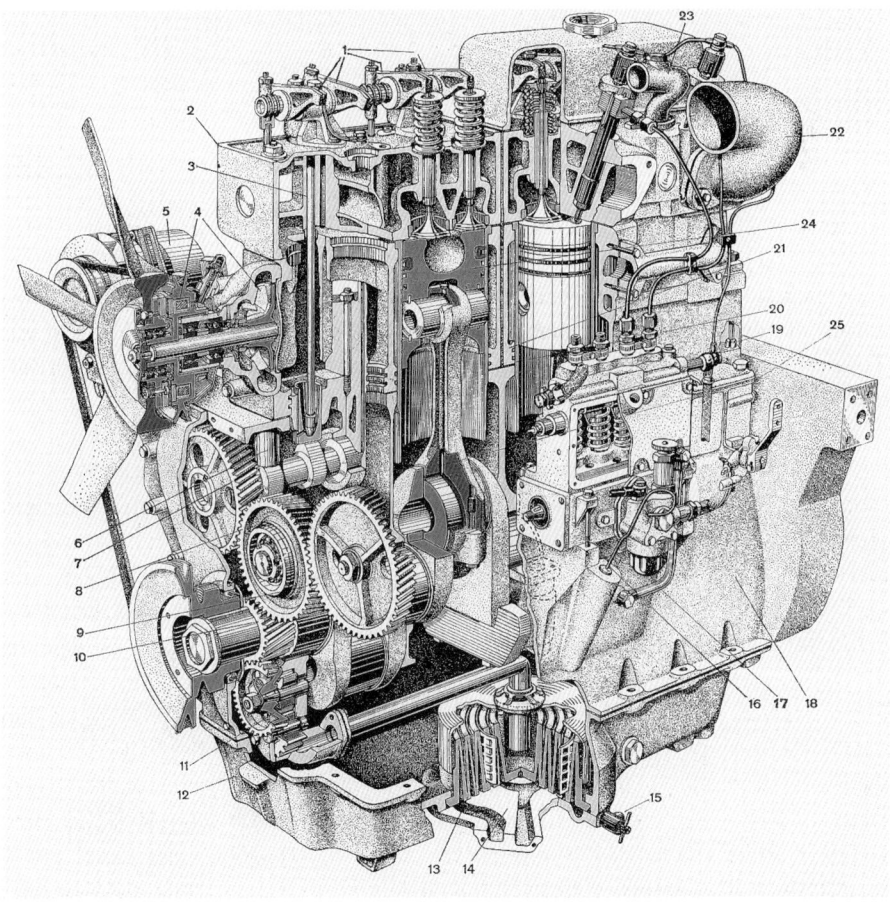

Schnittdarstellungen des Motors 4 VD 14,5/12 SRF mit Evolventenwärmetauscher, Ringträgerkolben und Lüfterschaltkupplung in der Ausführung von 1972 (Foto: Werksaufnahme)

Die zwangsverkettete Motorenmontage in den Motorenwerken Nordhausen, um 1970 (Foto: Werksaufnahme)

Abschließend sagte Caspari – und dies besaß Gültigkeit für den gesamten Fahrzeugbau in der DDR –: »Insgesamt muß festgestellt werden, daß der Abstand der Zulieferbetriebe und damit der Zulieferer-Erzeugnisse gegenüber dem wissenschaftlich-technischen Höchststand größer geworden ist. Die erforderlichen Konsequenzen zur Aufholung des eingetretenen Rückstandes sind in den meisten Fällen bisher nicht gezogen worden. Es bedarf deshalb Grundsatzentscheidungen, um personelle und materielle Voraussetzungen zu schaffen, die zu einem Vorlauf auf diesen Gebieten führen. Es erscheint sinnvoll, dabei Fragen der Lizenznahme zur schnellen Überwindung der Rückstände in die Betrachtung einzubeziehen.«

Die dritte Motorengeneration setzte also in Nordhausen mit dem durch das MAN-Verbrennungsverfahren versehenen Motor unter der Typenbezeichnung 4 VD 14,5/12-1 SRW ein (vgl. Anlage G 07). Der Plan sah vor, mit der Fertigung Mitte 1966 zu beginnen. Und dieser Termin war unabänderlich, selbst nachdem die Motorabnahme bei MAN auf Dezember 1966 verschoben worden war. So lief die Produktion mit einem noch nicht abgenommenen Motor an – mit absehbaren Folgen. Für das Motorenwerk Nordhausen war der Motor eine doppelte Herausforderung: Zum einen bestand diese in der Beherrschung völlig neuer Fertigungsqualitäten, ohne die die hochempfindliche Direkteinspritzung nicht zu meistern war; zum anderen aber waren nun pro Tag Stückzahlen zu produzieren, die das bisherige Produktionsvolumen weit überstiegen. Damit ergaben sich viel

Zylinderblockfertigung im IFA Motorenwerk Nordhausen, 1967 (Foto: Werksaufnahme)

höhere Anforderungen an die Arbeiter, die Produktionsorganisation und an die Fertigungs- und Endkontrolle. Auf Anhieb war das Motorenwerk, erst recht aber die Zulieferer vollkommen überfordert. Es gab jede Menge Ausfälle bei den Nutzern. Die Motoren der Herstellerjahre 1966 bis 1969 erreichten nur Nutzungsdauerwerte von maximal 160 000 km. Erst nach 1969 pendelte sich die Qualität ein; nach dem Jahr 1973, also sieben Jahre nach Produktionseinführung, trat endlich das erhoffte Ergebnis ein.[66]

Für die FuE-Arbeiten wurden im IFA-Motorenwerk Nordhausen zwischen 1967 und 1977 für die Verbesserung des Motors 4 VD 14,5-1 SRF und die Nachfolge-Baumuster rund 55,5 Millionen Mark aufgewendet. Bemerkenswert daran war jedoch, dass das Verhältnis dieses Aufwandes zum Jahresumsatz, gemessen an der Industriellen Warenproduktion (IWP), abnahm und schließlich nur noch 1,1 Prozent betrug.

Die Arbeiten am 4 VD 14,5/12-1 SRW konzentrierten sich vor allem auf eine höhere Zuverlässigkeit und Standfestigkeit des Motors, wobei sich die präzisierte Aufgabenstellung durch die jeweiligen Schwachstellen ergaben. Besonders sind in diesem Zusammenhang die Umstellung der Motorölkühlung auf Evolventen-Wärmeübertrager sowie die Einführung von Ringträgerkolben zu nennen. Die bisherigen Leichtmetallrohre des Kühlsystems neigten durch Korrosion zu hohen Ausfallraten. Durch Messing oder Kupfer konnte und wollte man sie nicht ersetzen, da diese Materialien knapp, teuer und schwer waren. Systematische Untersuchungen führten daher zu völlig neuen Wirkprinzipien, wobei der daraus abgeleitete und patentierte Evolventen-Wärmeübertrager nicht nur die funktionellen Probleme löste, man konnte auch auf niedrigere Herstellungskosten verweisen. Die Haupthürden für die Serieneinführung dieser neuen Kühltechnik lagen wieder beim Zulieferer, und zwar im Gießerei-Bereich. Die Kokillen, die gießereitechnische Entwicklung und die Produktionsumstellung, für die 36 Bauteile des Motors geändert werden mussten, forderten »gewaltige Kraftanstrengungen, Kontinuität und Beharrlichkeit«.[67]

Einen anderen wichtigen Fortschritt brachte die Umstellung vom Einmetall- zum Ringträgerkolben. Nach einer Laufstrecke von durchschnittlich 120 000 km war beim Einmetallkolben die erste Ringnut so weit ausgeschlagen, dass ein Kolben-, Kolbenring- und auch Zylinderbuchsenwechsel erforderlich wurde. Mit den neuen Ringträgerkolben ließ sich die Mindestgrenznutzungsdauer auf 275 000 km erhöhen. Die Verteuerung des Motors durch die neuen Kolben belief sich auf 156,- Mark, der für den Betreiber nutzbare Vorteil in Form einer Einsparung durch die entfallende Zwischeninstandsetzung einschließlich der dazu benötigten Ersatzteile sowie durch einen geringeren Ölverbrauch betrug 1520,- M. Das Verhältnis von Kostenerhöhung zu Betreibernutzen lag also bei 1:10. Noch bessere Ergebnisse wären möglich gewesen, hätte man statt der übereutektischen Leichtmetall- die Sphäroguss- oder auch sogenannte GGG-Kolben zur Verfügung gehabt, die eine viel geringere Ausdehnung zeigten und daher wesentlich kleinere Einbauspiele erlaubten und thermisch hochbelastbar sowie wesentlich billiger in der Herstellung waren. Mangelnde Entwicklungskapazitäten beim Kolbenhersteller, vor allem aber die ohnehin schon gewaltigen Probleme bei den Gießereien, die eine erfolgreiche Fertigung des neuen Kolbens nicht erwarten ließen, verhinderten auch auf diesem Gebiet eine in die Zukunft gerichtete Technologie. Eine bereits angeschobene Entwicklung beim Motorenwerk Nordhausen musste daher wieder abgebrochen werden.

Seit Ende der sechziger Jahre gab es eine intensive Zusammenarbeit zwischen dem Bereich Forschung und Entwicklung des Motorenwerkes Nordhausen und dem von Professor Günter Oppermann geleiteten Institut für Kraftfahrzeug- und Panzerwesen der Militärakademie »Friedrich Engels« in Dresden. Im Mittelpunkt der Arbeiten standen die Vielstoffeigung, das statistische Indizierverfahren und die Zuverlässigkeitsforschung.[68]

Nach dem Produktionsanlauf wurden in den folgenden 20 Jahren über 350 verschiedene Varianten für die unterschiedlichsten Bedarfsträger beziehungsweise Bedürfnisse für diesen Motor erarbeitet und hergestellt. Als aufwendigste darunter sind hier der Motor für die Kaltstarteignung bis − 40° C und die Sibirien-Erprobung neben dem kompletten Einrüstsatz des Motors in die SIL-NKW zu nennen.[69]

Umfangreiche theoretische und praktische Untersuchungen wurden mit der sogenannten Dkk (Dieselkraftstoffkühlung) durchgeführt, bei der als Kühlmedium der Betriebsstoff DK Verwendung fand. Die Serienwirksamkeit scheiterte an den in der DDR für diese Zwecke ungeeigneten Elastomeren. Großen Aufwand erforderten auch die Untersuchungen mit Alternativkraftstoffen um das Jahr 1980 herum. Mit dem Zündstrahlverfahren wurde dieser Motor mit Biogas und mit Methangas als LNG oder CNG, allerdings kaum mit Holzgas betrieben.

Nach langem Hin und Her hatte sich für den Dieselmotorenbau der Hauptstandort Nordhausen herauskristallisiert. Die Umprofilierung des Schlepperwerkes zum Motorenhersteller begann im Mai 1964 mit der Verlagerung des Motors 4 VD 14,5/11,5 SRW von Zwickau in diesen Betrieb).

Im Dieselmotorenwerk Schönebeck lag der wichtigste Akzent auf der Entwicklung und Fertigung von Großdieselmotoren. 1978 gingen hier der 8 VD 14,5/12,5 SFW und 1981 noch die ASFW-Typen in die Serie. Mit Dauerleistungen von 230 PS/168 kW beziehungsweise von 360 PS/265 kW waren sie für den Antrieb der Mähdrescher E 516 und der Feldhäcksler bestimmt. Ende 1978 hatte der Betrieb 1900 Mitarbeiter, die in diesem Jahr 13 028 Dieselmotoren herstellten. Seit 1959 gab es Bemühungen, das Dieselmotorenwerk mit dem Traktorenwerk unter dem Dach des Traktorenwerks zu vereinen. 1981 gelang dies dann endlich, und dieser Zusammenschluss brachte Anfang der achtziger Jahre für die Dieselmotorenbauer eine deutliche Verbesserung ihrer technischen Ausstattung.

Die im Motorenwerk Cunewalde[70] von 1961 bis 1964 in die Produktion gegangene leichte luftgekühlte Kleindieselbaureihe KVD 8 (später VD 8/8) mit 1, 2 und 4 Zylindern, die einen Leistungsbereich von 6,5 PS/4,8 kW bis 30 PS/22 kW bei 3000 U/min. überdeckte, erreichte mit ihrem universellen Aufbau und einer Vielzahl von Ausstattungsvarianten eine große Einsatzbreite und ermöglichte fortschrittlichere Entwicklungen im Aggregatbau, wie zum Beispiel Flanschpumpen mit fliegender Lagerung des Laufrades, Rüttelplatten, Vibrierwalzen, Drehstrom-, Generator- und Schweißaggregate mit 3000 U/min. und anderes mehr. Diese sehr erfolgreiche Baureihe wurde bis zur Einstellung des Dieselmotorenbaus in Cunewalde im Jahr 1990 mit insgesamt über 300 000 Motoreneinheiten gebaut und direkt oder in Finalerzeugnissen in über 40 Länder der Erde exportiert.

Neben dem 2-Zylinder für den Multicar M 22 war der 4-Zylinder-V-Motor von herausragender Bedeutung als Antrieb für den Geräteträger GT 124 des Traktorenwerks Schönebeck. Um einer Forderung des VII. Bauernkongresses zu entsprechen, sollte die Leistung des Vorgängers RS 09 als Traktor der 0,6 Mp-Klasse in einer weiter entwickelten Form von 18 PS/13,2 KW auf 25 PS/18,3 kW erhöht werden. Dies war mittels einer Leistungssteigerung des bis dahin verwendeten Warchalowski-Lizenzmotors FD 22 nicht zu erreichen.

In Sachen Nachfolgemotor beschloss der Ministerrat der DDR am 25. Oktober 1962, »dass der luftgekühlte 4-Zylinder-Dieselmotor 4 KVD 8 des Motorenwerkes Cunewalde in den Geräteträger GT 124 einzubauen und der Betrieb auf die ausschließliche Fertigung der Dieselmotorenbaureihe KVD 8 zu spezialisieren und im Interesse einer engeren Verbindung mit dem Hauptabnehmer Traktorenwerk Schönebeck von der VVB Dieselmotoren, Pumpen und Verdichter in die VVB

Geräteträger GT 124 des Traktorenwerkes Schönebeck mit Heckeinbau des Motors 4 VD 8/8 (SVL) (Foto: Werksaufnahme)

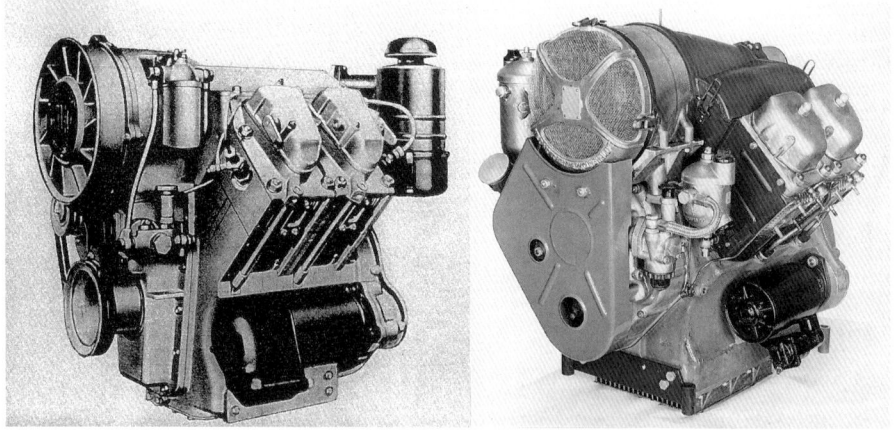

Die konkurrierenden Anwärter auf die Motorisierung des Geräteträgers GT 124: die luftgekühlten 4-Zylinder-V-Motoren FD 42 von Warchalowski, Wien (links), und der 4 KVD 8 aus dem Motorenwerk Cunewalde (Foto: Werksaufnahme)

Die Technologie der 2. Motorengeneration – Fertigungsstraßen für VD 8/8- Kurbelwellen und Pleuelstangen (Foto: Aufnahme des Werks Cunewalde)

Landmaschinen- und Traktorenbau zu überführen ist.« Das führte in der Folge zur Bereitstellung von Investitionen, zum Ausbau des Produktionsbereiches V im Nachbarort Weigsdorf-Köblitz zur Hauptproduktionsstätte und zu einer erheblich höheren technologischen Ausbaustufe, der erzeugnisgebundenen Reihenfertigung, wo bis dahin das Werkstattprinzip vorherrschte (vgl. Anlage H 01).

Die Serienproduktion des 4-Zylinders begann 1964, wobei ab 1966 bis zum Jahr 1972 jährlich 8 000 bis 10 000 Motoren vom Band liefen. Die Gesamtproduktion aller 3 Motoren der Baureihe betrug dabei bis zu 20 000 Motoren pro Jahr. Im Zuge der Neuordnung des Kleindieselmotorenbaues in der DDR wurde in Cunewalde im Jahr 1968 auch noch die Auslaufproduktion des Lizenzmotors FD 22 eingeordnet – ein Ersatz für RS 09 und die Erstausstattung für den landwirt-

Schnellaufender flüssigkeitsgekühlter Reihendieselmotor 4 VD 8,8/8,5 (SRF) (Foto: Werksaufnahme)

schaftlichen Lader aus Döbeln. Diese lief bis 1974. Zu dieser zweiten Motorgeneration, generell durch Luftkühlung charakterisisert, gehört noch die Baureihe 1, 2, 3 VD 12,5/9 SRL, stehend, Reihenbauart mit 9,5 PS/7 kW/Zylinder bei 2000 U/min., die bei Robur in Zittau vom 4-Zylinder-LKW-Motor abgeleitet war, im Programm des Dieselmotorenwerkes Kamenz lag und mit diesem 1967 zum Motorenwerk Cunewalde kam. Von 1957 bis 1990 wurden über 70 000 Motoren gebaut, davon 39 000 unter Oberaufsicht von Cunewalde. 1971 erreichte der Betrieb eine Warenproduktion von 114 Millionen Mark bei 2400 Beschäftigten; 91 Arbeitskräfte waren in Forschung und Entwicklung tätig. Es wies einen FuE-Mitteleinsatz von 1,6 Millionen Mark aus, dies entsprach 1,4 Prozent der Warenproduktion.

1963 schied der bisherige Betriebsdirektor Diplomingenieurökonom Martin Weickert auf eigenen Wunsch aus dieser Position aus und übernahm die Leitung der Investitionsabteilung. Ihm folgte Diplom-Ingenieur Hans Langer, der von den Robur-Werken in Zittau nach Cunewalde versetzt worden war. Langer brachte umfassende Erfahrungen in der Leitung eines Großbetriebes des Fahrzeug- und Motorenbaues mit. Er besaß echte Managerqualitäten und passte in dieser wichtigen Entwicklungsphase dieses Betriebs – die Cunewalder Motorenwerke waren vorher innerhalb weniger Jahre aus dem Energie- und Kraftmaschinenbau-Sektor über den Landmaschinen- und Traktorenbau schließlich zum Automobilbau durchgereicht worden – Struktur und Organisation den Erfordernissen der wachsenden Produktion an. Unter seiner Leitung erhöhte sich die Produktion im Motorenwerk Cunewalde von 1963 bis 1970 um 300 Prozent. Die FuE-Kapazität wurde verdoppelt, auf dieser Grundlage die dritte Dieselmotorengeneration vorbereitet und in die Serie eingeführt. Als im Umgang mit Mitarbeitern sehr erfahrener Leiter verstand er es, seine Untergebenen durch das eigene Beispiel und selbstloses Engagement zu hoher Arbeitsleistung zu motivieren. Dafür nahm er gesundheitliche Schäden in Kauf – im Alter von 60 Jahren starb er am 21. August 1971.

Ehe es aber aufgrund des Ministerratsbeschlusses von 1962 zum Motor 4 KVD 8 kam, war die Auswahl eines geeigneten Nachfolgemotors für den FD 22 im Geräteträger und dessen Produktionsstandort ab dem Jahr 1960 Gegenstand zahlreicher Forderungen, Vorschläge, Stellungnahmen, Empfehlungen, getroffener und wieder revidierter Beschlüsse und Entscheidungen. Mit diesem Pro und Kontra waren befasst: die Produktionsbetriebe mit ihren Industriezweigleitungen und deren wissenschaftlich-technischen Zentren, das Dieselmotorenwerk Schönebeck sowie Robur in Zittau mit VVB Auto und dem WTZ Auto, Karl-Marx-Stadt (Chemnitz), das Motorenwerk Cunewalde mit VVB DPV Halle und dem WTZ Dieselmotoren Roßlau sowie das Traktorenwerk Schönebeck mit VVB LuT und IfL Leipzig; der Forschungsrat beim Ministerrat der DDR mit den zentralen Arbeitskreisen (ZAK) »Landmaschinen und Traktoren« sowie »Verbrennungsmotoren« mit der Arbeitsgruppe (AG) »Kleindieselmotoren«; die überbetriebliche sozialistische Arbeitsgemeinschaft (SAG) »Einheitliches Traktorensystem« mit der Arbeitsgruppe »Einheitliche Motorenreihe«; die Staatliche Plankommission (SPK); die Fachministerien Allgemeiner Maschinenbau für die VVB Auto und LuT sowie Schwermaschinenbau für die VVB DPV; und zuguterletzt der Ministerrat der DDR.

Vonseiten der Landmaschinenproduzenten wurde zunächst der naheliegende Vorschlag favorisiert, dem Zwei-Zylinder FD 22 den bei Warchalowski auch im Programm vorhandenen baureihengleichen Vier-Zylinder FD 42 über den Umweg einer Erweiterung der Lizenz folgen zu lassen. Dagegen sprach aber die hohe zusätzliche Devisenbelastung.

Die AG Kleindieselmotoren, in der die konzentrierte Fachkompetenz der beteiligten Betriebe und Leitungen durch Chefkonstrukteure, Versuchsleiter und Abteilungsleiter vertreten war – unter anderem durch Rudolf Richter, RZ, Leiter der AG, Günter Caspari von DMS, Eberhard Fritsche von MC, F. Meißner und Paul Wittber von VVB und WTZ Auto, K. Korb von WTZ Dieselmotoren und G. Wagenlehner vom ILT –, blieb hingegen bei ihrem 1960 unterbreiteten Vorschlag, einen DDR-Motor aus der einheitlichen Reihe für Motoren bis 2 l/Zylinder-Hubraum zu verwenden, und zwar den KVD 14,5 aus dem Dieselmotorenwerk Schönebeck, den KVD 12,5 aus den Robur-Werken in Zittau und den KVD 8 aus dem Motorenwerk Cunewalde. Diese Reihe war konzipiert worden, um den Bedarf an Motoren umfassend mit einer geringstmöglichen Zahl von Grundtypen bei rentablen Stückzahlen abzudecken und schrittweise weiterhin produzierte Alttypen zu ersetzen.

Konkret betraf dieser Vorschlag den Motor 4 KVD 8 aus dem Motorenwerk Cunewalde. Dort hatte man 1960 dem Traktorenwerk Schönebeck empfohlen, den Einbau dieses Motors in den Geräteträger zu prüfen, wobei infolge der 90°-V-Bauart wie beim FD 22 die geringsten Abmessungen und die beste Austauschbarkeit ab Getriebeflansch gegeben waren. Zustimmung erfuhr der Vorschlag durch die VVB Auto und Dieselmotorenwerk Schönebeck, auf Ablehnung stieß er bei der eigenen VVB DPV. Letztere wurde dabei durch den Vorsitzenden des ZAK Verbrennungsmotoren unterstützt, der für die Lizenzerweiterung auf den Motor FD 42, die Ableitung eines 1-Zylinders in eigener Regie und die Produktionseinstellung der mit dem 1-Zylinder angelaufenen und mit dem 2- und 4-Zylinder in Entwicklung befindlichen Baureihe KVD 8 plädierte – und dies, obwohl diese Reihe in der RGW-Länderabstimmung der Sektion 4, Gruppe Maschinenbau, als einzige ihrer Art im RGW-Bereich zur Produktion in der DDR bestätigt worden war.

Ein Sinneswandel trat nach einem Ministerbesuch auf der Leipziger Frühjahrsmesse 1961 ein. Auf der Grundlage einer Empfehlung des Forschungsrates forderte die SPK, den Einbau des Motors 4 KVD 8 in den GT 124 zu untersuchen. Im August 1961 wurde das erste Funktionsmuster von Cunewalde in Schönebeck angeliefert. Anläßlich einer Beratung am 30. August 1961 in Schönebeck über die einheitliche Motorreihe für Traktoren führte der Forschungs- und Entwicklungsbereich des Traktorenwerks fünf Geräteträger vor, in die vom Musterbau und Versuch sämtliche zur Auswahl stehende Nachfolgemotoren des FD 22 eingebaut waren. Das waren der Warchalowski FD 42, der 2 KVD 12,5 von Robur, ein Zetor-Traktormotor aus der ČSSR, der 4 KVD 8 von Cunewalde und ganz zum Schluss der 3-Zylinder 2-Takt-Ottomotor des Pkw Wartburg, um auch Abwegiges zu präsentieren. Die Weichen für den 4 KVD 8 waren gestellt. Mit 13 Fertigungsmustern 1962 und 100 Nullserienmotoren 1963 wurde die Mustererprobung in Potsdam-Bornim und die Breitenerprobung des GT 124 in den Prüfstellen für Landtechnik erfolgreich durchgeführt. Das Ergebnis war ein Ministerratsbeschluss vom 25. Oktober 1962, der einen Serienlauf im Jahr 1964 festlegte. Im Lauf von 9 Jahren, in denen dieser Motor produziert wurde, baute man über 60 000 Stück, die sich sehr gut im GT 124 bewährten (vgl. Anlagen J 01, J 02).

Die Darstellung des in den planwirtschaftlichen Strukturen und Entscheidungsmechanismen zähen und langwierigen Auswahlprozesses der Entwicklung und Produktionsaufnahme eines einzigen Erzeugnisses lässt die Ursachen für die Wettbewerbsnachteile deutlich zutage treten, die dem Industriezweig und der gesamten Volkswirtschaft im internationalen Vergleich systemimmanent waren.

Das Motorenwerk Cunewalde war nach nur zweieinhalbjähriger Zugehörigkeit zur VVB LuT 1965 der VVB Auto zugeordnet worden. Dies geschah im Zuge der Zusammenfassung aller Herstellerbetriebe von Kleindieselmotoren bis 2 l/Zylinder-Hubvolumen in der VVB Auto unter dem Warenzeichen ›IFA‹.[71] Entwicklungsforderungen und Bedarfsforschung verlangten nach kleinen Diesel-

FORSCHUNGSRAT
DER
DEUTSCHEN DEMOKRATISCHEN REPUBLIK
ERSTER STELLVERTRETER DES VORSITZENDEN

BERLIN C 2, den, den 21.10.63
KÖPENICKER STRASSE 80-82

Herrn
Ing. Eberhard F r i t s c h e
VEB Motorenwerk Cunewalde

C u n e w a l d e

Sehr geehrter Herr Fritsche!

Im Einvernehmen mit dem Vorsitzenden des Forschungsrates, Herrn Prof. Thiessen, zeichne ich Sie für Ihre hervorragende Arbeit in der Arbeitsgruppe "Kleindieselmotoren", insbesondere im Zusammenhang mit der technisch-ökonomischen Untersuchung zur Auswahl eines neuen Motors für den Geräteträger RS 09, die zu einer erheblichen Deviseneinsparung durch Verzicht auf eine Lizenznahme führte, mit einer Prämie in Höhe von
                    DM 600.--
aus dem Prämienfonds des Forschungsrates aus.

Für Ihre Mitarbeit an wichtigen Aufgaben unserer volkswirtschaftlichen Entwicklung danke ich Ihnen und hoffe, dass Sie auch weiterhin Ihre ganze Kraft für die Durchsetzung des wissenschaftlich-technischen Fortschritts und die wirtschaftliche Stärkung unserer Republik einsetzen werden. Ich verbinde damit meine besten Wünsche für Ihr persönliches Wohlergehen.

                            Mit vorzüglicher Hochachtung

Anlage   Dr. Weiz

Jedes Mitglied der Arbeitsgruppe Kleindieselmotoren wurde für jahrelange Arbeit und strapaziöse Auseinandersetzungen »generös« belohnt (Archiv Eberhard Fritsche)

2 t-Panorama-Gabelstapler von TAKRAF, mit neuartiger Hubkinematik (Abbildung im Prospekt von TAKRAF)

motoren mit höherer Leistung, was mit den Motoren der luftgekühlten Reihe und auch über eine eventuelle Weiterentwicklung nicht mehr zu erfüllen war. Auch wurde das Erzeugnisprofil des Betriebes nun vorrangig auf die Bereitstellung von Motoren für kleine Nutzfahrzeuge mit Leistungen bis ungefähr 54 PS/40 kW ausgerichtet. Im NSW wurden Pkw-Dieselmotoren dieser Größenordnung von namhaften Herstellern leistungsreduziert als sogenannte »Industriemotoren« angeboten. Bei der geplanten Neuentwicklung mussten somit außer dem Fahrzeugeinsatz der robuste Dauerbetrieb, beispielsweise in einem Gabelstapler, und eine grosse Multifunktionalität bei Ausstattung und Einbaubedingungen in die Zielstellung einbezogen werden. Damit begann 1969 die Neuentwicklung der dritten Generation Cunewalder Dieselmotoren, die sich in Bauform und Kühlungsart und auch in den technologischen Erfordernissen von den bisherigen Typen wesentlich unterschieden. Der Grundtyp 4 VD 8,8/8,5 SRF war ein flüssigkeitsgekühlter 4-Zylinder-Reihendieselmotor in Blockbauart mit 88 mm Hub und 85 mm Bohrung, 0,5 l/Zylinder-Hubvolumen, Verbrennungsverfahren Wirbelkammer, einer Höchstleistung von 52 PS/38 kW bei 3600 U/min. beziehungsweise einer Dauerleistung II 45 PS/33 kW bei 3000 U/min.

Die konstruktiven Merkmale waren: ein Kurbelgehäuse und ein Zylinderkopf aus Grauguss mit 5 bis 6 mm Wandstärke; Ölwanne, Steuergehäusedeckel und

Die Technologie der dritten Motorengeneration. Verkettete Wechselfließstraße für 4- und 6-Zylinder-Kurbelgehäuse. Eigenentwicklung und -herstellung des Motorenwerks Cunewalde (Foto: Werksaufnahme)

Zylinderkopfhaube aus Alu-Kokillenguss; OHV-Steuerung; Reihenblock-Einspritzpumpe Baugröße »K« von L'Orange mit integriertem Spritzversteller und Verstell- oder Zweistufenregler; ein Antriebsgehäuse mit integrierter Ölpumpe und Flanschen für die Einspritz- und Kraftstoffförderpumpe, angetrieben 1:1 über Zahnräder von der Nockenwelle aus; austauschbare Dünnwand-Zinn-Aluminium-Gleitlagerschalen (Lizenz Glacier) für die Kurbelwellen- und Pleuellagerung; ein Öl-Feinfilter mit der international üblichen Papierpatrone. Das war ein Novum in der DDR. Der Filter musste zunächst über den Ersatzteilhandel des Pkw Shiguli beschafft werden und gelangte später als Importware aus Bulgarien ins Land.[72]

Dieses seit 1974 produzierte Baumuster bildete mit jährlich bis zu 15 000 Motoren die Grundlage der Haupterzeugnislinie, die eine hubraumvergrößerte Variante 4 VD 8,8/9 SRF (90 mm Bohrung) mit 0,56/1 Zylinder und einer Höchstleistung von 58 PS/42,6 kW bei 3600 U/min. vervollständigte. Die Gesamtproduktion der Motoren der dritten Generation von 1974 bis 1990 betrug 178 429 Stück.[73]

Obwohl in gewissem Maße Spezial- und Sondermaschinen aus dem NSW bezogen werden konnten, zwangen die Engpässe beim DDR-Werkzeugmaschinenbau, der seinerseits hohe Exportverpflichtungen hatte, eine eigene Sondermaschinenentwicklung und -herstellung aufzubauen. Eine solche Entscheidung trafen

Ende der siebziger Jahre führte das Konstruktionsbüro der Motorenwerke Cunewalde das erfolgreiche Experiment durch, den vom Multicar bekannten 4-Zylinder-Dieselmotor in den »Wolga« einzubauen (Foto: Eberhard Fritsche)

Gedacht war an eine komplette Umrüstung entsprechend der jeweiligen Wünsche des Käufers. Das vielversprechende Projekt scheiterte an mangelnden Fertigungskapazitäten (Foto: Eberhard Fritsche)

viele Betriebe des Industriezweiges. Dies hatte noch einen positiven Nebeneffekt, nämlich niedrigere Herstellkosten für die Sondermaschinen.

Neben dem Multicar gab es für die Motoren der flüssigkeitsgekühlten Baureihe eine Vielzahl anderer Einsatzgebiete, so zum Beispiel: in der Landwirtschaft den Parzellenmähdrescher und die Stallarbeitsmaschine; in der Forstwirtschaft den Forstrücketraktor; im Transportwesen den Panorama-Gabelstapler, der sich unter anderem für das Befahren von Containern mit einem völlig neuartigen Konzept der Hubkinematik eignete; im Aggregatbau das Netzersatzaggregat mit 1500 U/min. und das Generatoraggregat mit 3000 U/min.; sowie im Fahrzeugbau die Straßenkehrmaschine.

Zwei besonders interessante Einbaufälle im Straßen- und Seeverkehr waren: Der Pkw Wolga mit 4-Zylinder-Dieselmotor 4 VD 8,8/9 SRF war werksintern zunächst nur als Versuchsträger für höhere Drehzahlen und wechselnde Belastung im Versuch in Cunewalde – Durchschnittsverbrauch 7,5 bis 8 l/100 km DK – vorgesehen. Die Anregung bot der Serieneinbau des etwa ebenso leistungsstarken englischen Perkinsdieselmotors 499 in niederländische und belgische Wolga-Taxis. Der Einbau war mit einem Umrüstsatz, bestehend aus Kupplungsglocke, Ölwanne, Aufhängung, Einspritzpumpe mit 2-Stufen-Regler, Ansaug- und Auspuffanschlüssen, KTA-abnahmereif gut möglich. So wurden weitere Muster des »Wolga-Diesels« gebaut. Der BVK der TU Dresden und das WTZ Auto betrieben Wolgas unter anderem auch mit solchen Motoren, die im Zuge laufender Forschungsaufgaben mit Direkteinspritzung nach dem »M«-Verfahren arbeiteten und einen Durchschnittsverbrauch von etwa 6 bis 7 l/100 km DK aufwiesen, ein bei ansprechenden Fahrleistungen für dieses schwere Fahrzeug ganz beachtliches Ergebnis.[74]

Bei der damals als Folge der weltweit herrschenden Ölkrise verordneten Vergaserkraftstoff-Kontigentierung für Betriebe und Dienststellen sprach sich die Möglichkeit der Verdieselung des weit verbreiteten Wolga mit einem umgerüsteten Multicarmotor schnell herum, denn in Betrieben und LPGs konnte gut auf DK ausgewichen werden. Planungen für eine Serienproduktion des kompletten »Wolga-Diesels« konnten aus Kapazitätsmangel nicht in Angriff genommen werden. Dafür blühte aber der kommerzielle Kleinhandel mit Dutzenden von im Cunewalder Musterbau produzierten Umrüstsätzen auf. Als dies überhand nahm, wurden zuletzt nur noch die rohen Gussteile und Zeichnungen zum Eigenbau abgegeben. Viele Jahre lang hatte die Schiffswerft Rechlin ihre Rettungsboote für seegehende Schiffe mit Dieselmotoren aus Cunewalde ausgerüstet. Zunächst handelte es sich dabei um offene Boote mit überflutungssicher abgedeckten luftgekühlten Motoren. Später wurden zum Schutz der Schiffbrüchigen vor Unterkühlung geschlossene Boote vorgeschrieben, die mit wassergekühlten Motoraggregaten, bestehend aus dem Dieselmotor 4 VD 8,8/8,5 SRF mit angeflanschtem Wendegetriebe, wassergekühltem Auspuff, Lenzpumpe und zusätzlich zum E-Start einer Handstarteinrichtung für Notstarts bis −15° C, ausgestattet waren. Das Boot war für den Fall des Kenterns selbstaufrichtend, der Motor musste bei die-

Geschlossenes selbstaufrichtendes Rettungsboot der Schiffswerft Rechlin bei der Erprobung (Foto: Werksaufnahme)

sem Überrollmanöver einen Überkopflauf von 10 Sekunden überstehen. In einer Versuchsanordnung, einer Art Rhönrad, in Rechlin überstand der Motor diesen Test unbeschadet. So interessant diese Entwicklung auch war, leider stand der Entwicklungsaufwand in keinerlei Verhältnis zum Umsatz.

Der Multicar M 22 aus dem Fahrzeugwerk Waltershausen hatte nach zehn Produktionsjahren eine Erneuerung dringend nötig. Als Straßenfahrzeug wurde er mit seiner Höchstgeschwindigkeit von 22 km/h zu einem immer stärkeren Verkehrshindernis. Diese Situation wie auch zahlreiche Forderungen von Abnehmern führten dazu, ein von Grund auf neues Fahrzeug zu entwickeln, das sich mit 50 km/h Höchstgeschwindigkeit, 2,2 t Nutzmasse und Voraussetzungen für die Wechselnutzung von 11 Aufbau- sowie 3 Vorbauvarianten in seiner Klasse als Arbeitskraftfahrzeug deutlich vom reinen Transportfahrzeug abgrenzte. Mit dem neuen flüssigkeitsgekühlten 4-Zylinder-Reihendieselmotor 4 VD 8,8/8,5 SRF mit 45 PS/ 33 kW/3000 U/min. aus Cunewalde stand hierfür eine geeignete moderne Antriebsquelle zur Verfügung. Deren Entwicklungsziele waren übrigens von den Waltershausener Forderungen wesentlich mitbestimmt worden.

Die Serienproduktion dieses neuen Fahrzeuges, der dritten Multicar-Generation, lief als Typ M 24 im Jahr 1974 an. Sein Erscheinungsbild war noch immer von der 1-Mann-Kabine geprägt, die allerdings nunmehr kippbar war und verbesserte ergonomische Bedingungen aufwies. In der Anfangszielstellung zwar in der gerade

Die dritte Multicargeneration, der M 24, in der Kommunalwirtschaft, erstmals mit flüssigkeitgekühltem MC-Diesel (Foto: Werksaufnahme)

Der Multicar M25, das universelle Arbeitskraftfahrzeug, mit ergonomisch durchentwickelter Zwei-Mann-Kabine, im landwirtschaftlichem Einsatz (Foto: Aufnahme des Werks Waltershausen)

erwähnten Ausführung konzipiert, wurde während der Entwicklung mit Rücksicht auf Forderungen unter anderem der Kommunalwirtschaft auf eine 2-Mann-Kabine umgestellt, also auf ein richtiges Nutzfahrzeug-Fahrerhaus, das aber trotz aller Bemühungen des Betriebes bis zum Produktionsanlauf nicht durchgesetzt werden konnte. Dies scheiterte besonders aufgrund fehlender Investitionsgelder. Die trotz eines leistungsfähigen DDR-Formenbaus nicht einmal als Import durchführbare Einordnung der Großformwerkzeuge für das Fahrerhaus waren der Grund dafür – und das, obschon der Multicar neben den Lkw aus Ludwigsfelde und Zittau mit in 18 Jahren produzierten 56 500 Fahrzeugen, von denen 50 Prozent in den Export gingen, eine tragende Säule des Nutzfahrzeugbaues der DDR war.

25 600 Fahrzeuge vom M 24 wurden bis 1978 gebaut, der Exportanteil betrug 48 Prozent. Dann konnte endlich, nachdem die Entscheidungen der übergeordneten Wirtschaftsorgane permanent verschoben worden waren, der Multicar mit 2-Mann-Fahrerhaus und im Prinzip identischer Motorisierung als Typ M 25 anlaufen. Das Fahrzeugwerk Waltershausen war und blieb weiterhin der Hauptabnehmer der Dieselmotoren aus dem Motorenwerk Cunewalde; der Anteil, der nach Waltershausen ging, machte rund 30 Prozent der Gesamtproduktion aus.

Der IFA-Vertrieb und die feine Verteilung

Der weitreichende Strukturwandel, der in der ersten Hälfte der sechziger Jahre nicht nur die Automobilindustrie erfasst hatte, betraf auch den Handel.[75] Eine derartige Mammutorganisation musste auch Auswirkungen auf Absatzorganisation und Serviceeinrichtungen haben. Mit der Anpassung des Handels an die neue VVB-Struktur befasste sich das SED-Politbüro 1964 und beschloss am 18. Januar 1965, ein komplexes industrielles Vertriebsnetz für den Handel mit hochwertigen Industriegütern und damit die Bildung sogenannter Industrievertriebe für die RFT (Rundfunk- und Fernmelde-Technik), die EBM (Eisen, Blech, Metallwaren für Kühlschränke und Waschmaschinen) und die IFA für Straßenfahrzeuge zu schaffen.

Am 17. Dezember 1966 vereinbarten das für den Automobilbau zuständige Ministerium und das Ministerium für Handel und Versorgung eine gemeinsame Verfügung über die Bildung des IFA-Industrievertriebes.

Nach wie vor war für den Handel der Weiterbestand der Zweigleisigkeit kennzeichnend: Einerseits orientierte er sich am kontingentgeregelten Bevölkerungsbedarf, andererseits am aus Investitionsmitteln finanzierten Bedarf von Wirtschaft und Verwaltung. Dieser wurde weiterhin im Direktverkehr zwischen Bedarfsträgern und Herstellerbetrieben abgewickelt und umfasste sämtliche Nutzkraftwagen, Traktoren und Anhänger sowie bei Pkw und Motorrädern die entsprechend den Kontingentierungen festgelegten Mengen für Industrie, Organisation und Dienstleistung. Betrug dieser sogenannte Direktbedarf in den sechziger Jahren noch zwanzig Prozent des gesamten Inlandanteils, so nahm er in den siebziger Jahren ab und sank später auf weniger als fünf Prozent. Damit war auch klar, dass es für den Industrievertrieb lediglich um eine verfeinerte Verteilung und nicht etwa um marktgerechten Handel ging. Die Herstellerbetriebe betrachteten dementsprechend diesen Funktionsbereich des Handels immer nur als nachgeordnet: Der Verkauf war der – in des Wortes doppelter Bedeutung – letzte Produktionsschritt. So sah es auch bei der Fahrzeugindustrie aus: zu kleine und somit oft hoffnungslos überfüllte Warteräume für die Kunden, spartanisch eingerichtet und ohne jede Annehmlichkeit, natürlich auch ohne Möglichkeit, etwas zu trinken oder zu essen. Nicht nur die Abholer waren dem unsicheren Produktionsablauf, den Folgen des Materialmangels und dem Ausfall von Zuliefermengen unterworfen.

Der Handel hatte gegenüber den allmächtigen Herstellern von außerordentlich begehrten Mangelwaren nur eine einzige Chance, und zwar die formal rechtlichen Möglichkeiten konsequent auszuschöpfen. Wurden Liefertermine nicht eingehalten, so mussten laut Vertragsgesetz Änderungsvereinbarungen von der Industrie ausgefertigt werden, die von den Handelsvertragspartnern zu bestätigen waren. Lothar Müller, Gruppenleiter Absatzplanung bei Sachsenring Zwickau, erinnert sich: »Es gab Schwierigkeiten über Schwierigkeiten. Nie ist die Produktion so gekommen, wie sie geplant war. Ich kann mich gut erinnern, wie wir monatlich im Schnitt 270 solcher Vertragsänderungen geschrieben haben, alle für den Handel. Zum Beispiel HO Seehausen: 5 Autos zum 30.3.; neuer Liefertermin: 30.4. Dabei wußten wir genau, daß der 30.4. wieder nicht gehalten werden konnte.« Diese Vertragsänderungen mussten ausgefertigt werden, auch wenn allen Beteiligten klar war, dass, läge das gegengezeichnete Dokument wieder vor, durch den Vertragspartner bereits wieder eine neue Änderung auf dem Weg war. Lehnte der Handel, zum Beispiel bei zu langen Fristen, die Änderungen ab, musste die Industrie eine Vertragsstrafe zahlen. Im Regelfall verwies der Lieferbetrieb auf den Umstand, dass er infolge ausgebliebener Zulieferungen nicht verantwortlich sei. Schließlich landete der Fall beim Bezirksvertragsgericht, dessen Verhandlungen oft wie das Hornberger Schießen ausgingen.

Die Verlagerung der Fahrzeugauslieferung in die Siedlungszentren setzte zwei Punkte voraus: entsprechende Einrichtungen – Kundenwarteräume, Abstellplätze großer Abmessung und ähnliches – sowie die Bündelung der Autotransporte durch die Deutsche Reichsbahn. Diese war dazu erst seit den frühen sechziger Jahren in größerem Umfang imstande. Damit trat in den betrieblichen Verkaufsabteilungen eine gewisse Entspannung ein. Allerdings war die Umstellung auf den neuen Transporteur, der die Selbstabholer weitgehend ablösen sollte, wiederum mit erheblichen Problemen verbunden. Oft blieben die bestellten Waggons wegen Sonderanforderungen durch Manöver oder Ernteaufkommen aus. Es waren Fristen für das Be- und Entladen einzuhalten, die keine Rücksicht auf Wochentag und Jahreszeit nahmen. Empfindliche Bahn-Standgelder dienten als finanzielles Druckmittel. Grundsätzlich musste jeder Waggon akzeptiert werden, den die Bahn bereit stellte, selbst wenn es sich dabei um einen offenen G-Wagen handelte, der nur mittels Kran über die Seitenwände zu beladen war. Erst mit dem Einsatz der

Erst Anfang der sechiger Jahre war die Deutsche Reichsbahn in der Lage, Ganzzüge mit Spezialwaggons zum Transport der Pkw in die Kundenzentren zusammenzustellen (Archiv des Autors)

Doppelstock-Automobil-Transportwagen gestaltete sich der Transport produktgerechter. Dennoch blieben häufig Verladeschäden nicht aus, darunter Lackverschmutzungen durch Ruß, die vorbeifahrende Dampflokomotiven hervorriefen. Das geschah besonders bei langen Tunneldurchfahrten in Thüringen häufig, und dieser Schaden musste mühsam wieder beseitigt werden.

Bei den Handelseinrichtungen machte selbstverständlich Berlin den Anfang. Am 1. Januar 1963 eröffnet, bildete das Pilotprojekt auch die erste komplexe Verkaufseinrichtung für Automobile. In einer leerstehenden Halle in Berlin-Oberschöneweide verfügte dieses Autohaus über eine Fertigmacherei für die Verkaufsfahrzeuge, die erste automatische Autowaschanlage der DDR und eine eigene Kundendienstwerkstätte. Dieses Autohaus war mit dem IFA Angebots- und Verkaufssalon Unter den Linden im Zentrum der Stadt gekoppelt. Dort wurden die

Pilotprojekt Berlin-Oberschöneweide (IFA-Prospekt)

Die IFA-Fachfiliale in der Frankfurter Allee in Ost-Berlin war ein Geheimtip für Ersatzteile für den Trabant. Außerdem gab es dort Zubehör und Pflegemittel (IFA-Prospekt)

Bestellungen angenommen und später die Lieferverträge abgeschlossen. Die Fahrzeugübergabe erfolgte dann im Autohaus. Dank des Pilotcharakters, der Hauptstadtbevorzugung und einer exquisiten Kundschaft mit weitreichenden Beziehungen konnte der Autohaus-Chef Horst Müller auch unübliche Wege beschreiten. So griff ihm in der Endphase der Ausgestaltung die DEFA mit Dekorationsmaterial unter die Arme, und deren Bühnenbildner übernahmen sogar die Auskleidung der Halle. Das war ohne nachfolgenden Ärger mit den Staatsorganen nur möglich, weil dieses Berliner Autohaus über seine automobile Handelsfunktion hinaus auch eine versorgungspolitische Aufgabe zu erfüllen hatte und entsprechend nach allen Regeln der Kunst bevorzugt wurde. Damit sollten Notwendigkeit und Machbarkeit eines eigenständigen Industrievertriebs bewiesen werden, der nicht mehr den »kleinkarierten« Auflagen der örtlichen Handelsorgane in Kreisen und Bezirken unterworfen war. Von dort kam auch der heftigste Widerspruch gegen eine Ausgliederung des Fahrzeughandels. Zwar hatten sich der Volkswirtschaftsrat und das Ministerium für Handel und Versorgung in ihrer Vereinbarung vom 18. Januar 1965 grundsätzlich über das Verfahren geeinigt, und zwischen dem letztgenanntem Ministerium und der für die VVB Automobilbau zuständigen Leitungsbehörde wurden die organisatorischen Rahmenbedingungen koordiniert. Aber die Räte der Bezirke machten dennoch gewaltige Schwierigkeiten bei der Umsetzung. Sie mussten nämlich jetzt auf die Erlöse aus den Handelsspannen verzichten, die ihnen bisher nach einem zentral vorgenommenen Umverteilungsschlüssel zugeflossen waren. Außerdem gaben sie mit der bisher

IFA-Fachfiliale in Frankfurt an der Oder mit der obligaten Warteschlange, um 1965 (IFA-Prospekt)

vollständig von ihnen betreuten Verteilung der Pkw ein beachtliches Pfund aus der Hand, mit dem sie recht gut hatten wuchern können. Schließlich hielten die Direktoren der Großhandelsgesellschaften hartnäckig an ihren Posten fest. Gegen die hochoffizielle und von der Partei mit entsprechendem Druck begleitete Umwandlung war offener Widerstand nicht möglich, aber beträchtlich in die Länge ziehen ließ sich die Umsetzung dennoch.

Nachdem eine finanzielle Regelung gefunden worden und auch die Einflussnahme der Bezirksräte auf die Pkw-Verteilung von neuem gesichert war, vor allem nach der Ernennung der bisherigen Direktoren der Großhandelsgesellschaften für Technik und Fahrzeuge zu den neuen Direktoren des IFA-Vertriebs, vollzog sich der Aufbau des neuen Vertriebsnetzes etwas friktionsfreier.

Der von Kurt Lang im September 1965 berufene Aufbaustab, der bald 40 Mitarbeiter umfasste, schuf als erstes die Organisationsstruktur für den IFA-Vertrieb. Die in der DDR operierenden vierzehn Großhandelsgesellschaften wurden inklusive Lager und Mitarbeiterstamm komplett übernommen. Mit deren in Nachbarbezirke übergreifende Versorgungsstruktur nahm der künftige IFA-Vertrieb Gestalt an.

Mit der Umstrukturierung war dem Minister für Verarbeitungsmaschinen und Fahrzeugbau die Bilanzfunktion für die Produkte des Fahrzeugbaues übergeben worden, mit anderen Worten, er war damit nicht mehr nur für die Fertigung, sondern auch für die Bedarfserfassung zuständig. Dies war eine Maßnahme, deren

Notwendigkeit allein den planwirtschaftlichen Unsinn hervorhob, der Normalität war: Via Anweisung musste sichergestellt werden, dass Bedarfsermittlung und Bedarfsdeckung korrespondierende und in korrelierender Abhängigkeit zu berücksichtigende Größen waren.

Dies funktionierte von nun an nach folgendem Muster. Die VVB Automobilbau hatte im jeweiligen Vorjahr die pauschalen Bedarfsanmeldungen der Fondsträger – Ministerien, Bezirke und andere – zu sammeln. Nachdem dann die Staatliche Plankommission über die VVB Auto den einzelnen Betrieben ihre Produktionsauflagen übermittelt hatte, erfolgte eine Abstimmungsrunde unter Leitung der VVB mit den Bedarfsträgern. Ergebnis war eine den Bedarf und seine quantitative Deckungsmöglichkeit ausweisende Bilanz der VVB, die dem Minister zur Genehmigung vorgelegt werden musste. Mit seiner Zustimmung gab er das Startsignal zur Ausreichung der Fondsanteile durch die VVB an die Bedarfsträger. Diese verteilten dann die zugewiesenen Fahrzeuge auf die ihnen zugeordneten Betriebe und Einrichtungen, die dann ihrerseits auf der Basis dieser Kontingente mit den Produktionsbetrieben Lieferverträge abschließen mussten, in denen Mengen, Sortimente und Liefertermine ausgewiesen waren.

Das Ministerium für Handel und Versorgung vertrat den Anteil, der auf den Bevölkerungsbedarf entfiel und reichte ihn an die Bezirke weiter, die sie dann auf die HO- und Konsum-Verkaufsstellen in den Kreisen aufschlüsselten. Für die Festlegungen zur Fondsausreichung durch die VVB gab es klare, staatlich sanktionierte Prioritäten:

1	Sonderbedarf 1	– Landesverteidigung: volle Bedarfsdeckung;
2	Sonderbedarf 2	– Partei- und Regierungsdienststellen: volle Bedarfsdeckung;
3	Sonderbedarf 3	– Schwerpunktbetriebe wie Wismut usw.: volle Bedarfsdeckung;
4	Export	– volle Bedarfsdeckung;
5	Bevölkerung	– anteiliger Bedarf;
6	Investitionsbedarfsträger	– je nach versorgungspolitischer Situation.

Die Bevölkerung hatte somit nicht mit voller Bedarfsdeckung zu rechnen. Bedarfsträger, die ihre Fahrzeuge aus Investitionsmitteln finanzieren mussten, also alle Industriebetriebe, soweit sie nicht Schwerpunktbetriebe waren, hatten kaum oder nur stark reduzierte Chancen, auf diesem Wege Fahrzeuge zu erhalten. Für sie verschlechterte sich die Situation nach dem VIII. Parteitag dramatisch, denn auf diesem wurde der Bevölkerungsbedarf sehr stark in den Vordergrund gerückt und der Industrie ihr gemäß Auswege überlassen, die vor allem in der Beschaffung durch Exportprämien bestanden.

Nachdem die Grundstruktur des IFA-Vertriebs im wesentlichen vorhanden war, stand als nächste Aufgabe die Bereinigung des Handelsnetzes an. Bis dahin wurden über den genossenschaftlichen und den staatlichen Einzelhandel, also

Das IFA-Auslieferungslager in der Bremer Straße in Dresden. Die meisten Kunden erhielten hier ihre Autos unter freiem Himmel. Der Platz diente zeitweise außerdem zum Lagern von Baumaterial (Archiv Heinz Trobisch)

über Konsum und HO, 270 Filialen mit Pkw beliefert. Manche davon bekamen im Jahr ein einziges Fahrzeug zugewiesen. Nunmehr sollten in den Bezirken fünfzehn Autohäuser entstehen, für die die VVB Auto die Investitionsmittel bereitzustellen hatte. Gerade hier aber war in den einzelnen Bezirken ein besonders harter Widerstand zu überwinden, da die erforderlichen Bauleistungen zwar von der VVB Auto finanziell ausgeglichen wurden, aber auf Kosten anderer Handels- und Versorgungseinrichtungen die Bauleistungen bilanziert werden mussten. Das hieß: Wegen Schäden kurz vor der Schließung stehende Läden konnten nicht saniert, dringend nötige neue Kaufhallen nicht gebaut werden, weil ein neues Autohaus entstehen musste. Verständnis dafür war in der Bevölkerung nicht zu erwarten. Rainer Schmiedel aus dem IFA-Aufbaustab hatte seine Ziele im besonders gebeutelten Bezirk Dresden durchzusetzen. Er erinnerte sich: »Allein in Dresden waren mehrere Verhandlungen mit der Stellvertretenden Ratsvorsitzenden für Handel und Versorgung notwendig. Einmal wurde ich in den großen Ratssaal geführt, besetzt mit allen Vertretern des Handels, der HO, der Großhandelsgesellschaften, um dort ein Konzept zu verteidigen. Es verlief so, daß ich im Ergebnis der Auseinandersetzungen für den Raum Dresden den Mut verloren hatte. Letzten Endes wurde aber das Konzept mit Gewalt und Druck, wie es üblich war, durchgesetzt. Der größte Gegner damals war der Direktor der GHG Fahrzeuge – mit dem Ergebnis, daß er nach einem halben Jahr Direktor des IFA-Vertriebs war.«

Im engen Zusammenhang mit diesen Konzentrationsmaßnahmen stand auch die dritte Aufgabe: die Übernahme des Einzelhandels.

Mit aller Kraft und aus eigenen Mitteln gelang dem Dresdner IFA-Vertrieb der Bau einer Halle, in der die Kundenfahrzeuge gewaschen, aufbereitet und übergeben werden konnten (Archiv Heinz Trobisch)

Tabelle 16: Einzelhandelsnetz für Fahrzeuge, Ersatzteile und Zubehör 1965 in der DDR

Verkaufsstellen insgesamt	2362
davon HO (staatlich)	481
Konsum (genossenschaftlich)	277
Kommissionshändler	216
private Händler	1388

Quelle: Grundsätze über den Aufbau des Industrievertriebes der VVB Automobilbau.
Dokument der VVB Automobilbau Karl-Marx-Stadt (Chemnitz), 1965

Davon blieben nach erfolgter Straffung noch 354 Einzelhandelsgeschäfte übrig. Damit verbunden war eine hohe Anforderung an die Kenntnisse des Verkaufspersonals über Produkte und Teile, oft mussten diese dem Wissen eines Kundendienstingenieurs entsprechen.

Nachdem sich der IFA-Vertrieb solchermaßen etabliert und den Pkw-Verkauf von HO und Konsum komplett übernommen hatte, wurde zwischen dem Ministerium für Verarbeitungsmaschinen und Fahrzeugbau und dem Ministerium für Handel und Versorgung eine Vereinbarung getroffen, wonach auch die Verteilerfunktion für den Bevölkerungsbedarf auf das Ministerium, das heißt auf den IFA-Vertrieb, übergehen sollte. Die seit den fünfziger Jahren auf Stadt- und Kreisebene tätigen Verteiler-Kommissionen wurden im Zuge dessen aufgelöst. An ihre Stelle traten nur einige wenige überterritoriale Kommissionen mit der selben Funktion. Diese Kommissionen verwalteten auch die Kontingentreserven und Sonder-

Am besten stand es um die Ersatzteilversorgung noch auf dem Zweirad-Sektor, obwohl es auch hier empfindliche Lücken gab; hier die Kaufhalle in Karl-Marx-Stadt (Chemnitz) (Archiv Gerhard Gerbeth)

zuweisungen an Pkw. Beginnend beim Minister, über die Generaldirektoren und Vorsitzenden der Räte der Bezirke sowie bei den Betriebsdirektoren des IFA-Vertriebes hatten sich auf allen Etagen der Bilanz-Hierarchie Pkw-Reserven als wichtiges Hilfsmittel für die Realisierung unlösbar anmutender Fachprobleme erwiesen. Außerdem waren solche Reserven für spezielle Sonderfälle wie Havarien und Katastrophenbedarf vonnöten.

Sonderimporte, zu denen beispielsweise die Golf-, Volvo- und Mazda-Lieferungen gehörten, wurden vorrangig auf der Grundlage von Vorschlägen des ZK und seines Politbüros sowie des Ministerrates verteilt. In erster Linie gingen diese Autos an politische und staatliche Spitzenfunktionäre, Generaldirektoren, Künstler oder Spitzensportler. Von Golf- und Mazda-Lieferungen wurden auch Teile dazu verwendet, sehr lange Lieferfristenüberhänge auszugleichen.

Als Besonderheit wurde 1962 der Genex-Verkauf eingeführt, ein Pkw-Export besonderer Art. Der Außenhandelsbetrieb Genex (Geschenkdienst und Kleinexport GmbH Berlin) gehörte zum Imperium von Alexander Schalck-Golodkowski und verfügte über einen bestimmten Fondanteil von Pkw, nämlich jährlich 7 000 Wartburg und 3 000 Trabant. Diese waren an DDR-Bürger auszuliefern, sobald der Dollar- oder DM-Preis vom ausländischen Geschenkgeber auf ein Bankkonto der Genex in der Bundesrepublik Deutschland, in Dänemark oder Österreich eingezahlt war. Die Schneise in diese Richtung hatten die Kirchen geschlagen. Zuerst waren es nämlich kirchliche, karitative und religiöse Gemeinschaften, die auf diese Weise das sich unter den erschwerenden Bedingungen des Sozialismus vollziehende Wirken ihrer Gliedkirchen und Gemeinden erleichtern wollten. Später kamen immer mehr Bürger, Handwerker, Künstler und all jene hinzu, die über mobilisierbare Finanzmittel im Westen verfügten und auf diese Weise zu einem dringend benötigten Pkw ohne Lieferfristen gelangten. Auch im Devisen-Ausland tätige Bürger der DDR transferierten über sogenannte Genex-Konten ihre im Ausland erworbenen Finanzmittel. Die Valuta-Erlöse wurden bekanntlich von der Genex an das ZK der SED abgeführt. Die Auslieferung an die Fahrzeugkunden wurde anfangs an festgelegten Tagen durch die Herstellerbetriebe in Zwickau und Eisenach direkt vorgenommen. Anderweitige Abholungen waren für solche Tage nicht vorgesehen. An diesen Tagen lief die Auslieferung etwas anders ab, es waren auch immer einige »Kunden« anwesend, die nie aufgerufen wurden. Später verlagerte Eisenach seine Genex-Auslieferungen nach Ammern bei Mühlhausen. Die übrige Genex-Kundschaft fand sich im Regelfall beim IFA-Vertrieb Berlin ein.

Am Beispiel des Pkw-Aufkommens soll noch einmal die Verteilungsstruktur verdeutlicht werden.

Hinsichtlich der Versorgung mit Ersatzteilen gab es verschiedene Vertriebslinien:

Tabelle 17: **Verteilung des Pkw-Aufkommens Wartburg und Trabant 1975**

	Wartburg	Trabant
Produktion	54 050	105 107
davon		
Export	34 250	29 755
Inland	19 800	75 352
davon		
Bevölkerung	8941	70 552
Genex	7300	4000
Investträger	556	500
Armee, Polizei, Ministerien	3003	300

Quelle: Statistik der Absatzabteilungen AWE und AWZ. Archive Eisenach und Zwickau

Bereits in den fünfziger Jahren waren die betriebseigenen Ersatzteillager zur DHZ überstellt worden. Diese Regelung hatte sich nur in Maßen bewährt. Mit dem Produktionsbeginn neuer Fahrzeugtypen ging deren Versorgung automatisch in die Verantwortung der Finalproduzenten über. Schließlich unterhielten bereits Ende der fünfziger Jahre die meisten Kraftfahrzeugbetriebe wieder größere eigene Ersatzteillager. Abgesehen vom Austausch wegen natürlichen Verschleißes wurde die Ersatzteilhaltung vor allem durch Faktoren wie die vorrangig zu behandelnde Finalproduktion, die Dringlichkeit bei der Belieferung von NVA, Exportmärkten und der Landwirtschaft sowie die operativ geforderte Bevorratung bei Parteitagen, Weltfestspielen und vergleichbaren politischen Großereignissen beeinflusst.

Die Pkw-Bestellung für eine Wartburg-Limousine vom 19.8.1975 wurde bis Herbst 1989 nicht beliefert, mit anderen Worten – über 14 Jahre Wartezeit (Archiv des Autors)

In den fünfziger Jahren war auf Weisung des Ministerrats bereits eine sogenannte Staatsreserve von Ersatzteilen für Lkw gebildet worden. Teilesortimente wurden dafür detailliert gebildet, hierzu sogar spezielle Sortimentskisten mit Einbauten entwickelt, in die die Teile verpackt wurden. Der gesamte Prozess wurde damals übrigens von einem privaten Unternehmen, der Firma Hoffmüller im thüringischen Arnstadt, koordiniert, die von der DHZ damit beauftragt worden war und die Zulieferungen entgegen nahm, daraus die Sortimente bildete und sie konservierte. Bereits für damalige Verhältnisse war der Aufwand riesig. Alle vier Jahre wurden die auf diese Weise angelegten und bei der NVA gelagerten Bestände vollständig gegen neue Teile ausgetauscht. Wenigstens gelangten die ausnahmslos noch verwertbaren und ausgesonderten Bestände in die Hände der Werkstätten, die sie dann der zivilen Nutzung zuführten. Dieses System eigener Territoriallager wurde später auch von der Deutschen Post mit ihren Bezirkswerkstätten, dem Deutschen Roten Kreuz und der SDAG-Wismut übernommen, um mit Hilfe eigener Vorratshaltung eventuell auftretenden Engpässen vorzubauen.

Der VEB Imperhandel Berlin war für alle Importfahrzeuge aus der UdSSR zuständig und der VEB Automot für sämtliche Importfahrzeuge aus den übrigen sozialistischen Ländern. Im Dezember 1968 beschäftigte sich der Ministerrat aufgrund einer Eingabe der Bevölkerung mit dem VEB Imperhandel Berlin. Den Anstoß dafür hatte gegeben, dass Kisten mit Ersatzteilen im Wert von 50 Millionen Mark im Freien auf der Tabbertstraße in Berlin abgestellt waren und durch Streifenfahrten der Polizei bewacht werden mussten, weil die dafür erforderliche Lagerkapazität fehlte. Noch schlimmer war der Zustand im Importlager Bralitz, das ebenfalls zum VEB Imperhandel gehörte. Hierbei handelte es sich um ein zentrales Lager, das alle Importfahrzeuge aus der UdSSR aufnahm. Die Fahrzeuge mussten dort für den Verkauf hergerichtet und danach an die Kunden ausgeliefert werden. Jeder Kunde, der eine Freigabe für ein sowjetisches Fahrzeug erhielt, musste dies in Bralitz, das an der polnischen Grenze lag, selber abholen.

In diesem Lager standen auf freiem Feld teilweise über einige Jahre hinweg über 1700 Fahrzeuge der Typen Moskwitsch 403, Wolga, Saporoshez und Gas-Kübelwagen. Das Gras war bei ihnen schon bis in den Motorenraum gewachsen. Zum Jahreskontingent fehlten noch 3400 Fahrzeuge, mit deren Zugang gerechnet werden musste. Der Minister der ABI war selbst in Bralitz und forderte die Instandsetzung der Fahrzeuge und die Auslieferung bis Ende Dezember 1968. Ab diesem Zeitpunkt wurde die sogenannte Streckenbelieferung an die IFA-Vertriebe in Berlin, Magdeburg, Dresden, Erfurt und die anderen IFA-Vertriebe eingeführt. Der Transport ging seitdem nicht mehr über Bralitz. Im Rahmen einer »Feuerwehraktion« erfolgte die Instandsetzung und Auslieferung der restlichen Fahrzeuge. Um dies zu bewältigen, wurden 40 Mitarbeiter aus dem Industriezweig nach Bralitz delegiert. Diese schafften die Voraussetzungen für eine Instandsetzung und Fertigstellung sämtlicher Fahrzeuge zu dem vom Minister der ABI geforderten Termin. Das Lager Bralitz wurde in ein Ersatzteillager für Importersatzteile umfunktioniert und war weiterhin Teil des VEB Imperhandel Berlin. Die Situation in Berlin wurde durch den Neubau von Lagerhallen auf dem Areal des VEB Imperhandel an der Tabbertstraße entschärft.[76]

Der reguläre Vertrieb der Importfahrzeuge lief ab etwa 1950 über die DHZ Maschinen- und Fahrzeugbau, Niederlassung Dresden. Bereits vorher waren über das Sächsische Industriekontor in Dresden Lieferungen erfolgt. Ab 1952 wurden in der DHZ-Außenstelle Heidenau mehrere Abteilungen für Importfahrzeuge und -ersatzteile eingerichtet. Zu dieser Zeit wurden alle Importe, unabhängig von Lieferland und Fahrzeugart, über Heidenau abgewickelt. Mit Wirkung vom 1. Januar 1958 erfolgte die Bildung des »Volkseigenen Handelsbetriebes (VEH) Automot Heidenau«, der anfangs dem Staatlichen Maschinenkontor Berlin zugeordnet war.

Mit der Zunahme der Importtätigkeit, die sich aus der geplanten RGW-Spezialisierung ergab, erfolgte nach 1958 die Bildung des VEB Imperhandel Berlin und die Aufgliederung der Importtätigkeit nach Lieferländern. Der VEB Imperhandel Berlin war zuständig für alle Importe aus der UdSSR, Polen und Jugoslawien, der VEH Automot für die Lieferungen aus Ungarn, der ČSSR und Rumänien. Ab 1972 wurde Automot der VVB Automobilbau zugeordnet und firmierte danach als »VEB«. Mit der Bildung der IFA-Kombinate im Jahr 1978 wurden auch die beiden Importbetriebe neu strukturiert und zugeordnet. Der VEB Automot war im Rahmen des IFA-Kombinates Nutzkraftwagen Ludwigsfelde unabhängig vom Lieferland zuständig für alle Nutzfahrzeug-Importe. Der VEB Imperhandel zeichnete als

Bestandteil des IFA-Pkw-Kombinates verantwortlich für alle zu importierenden Personenkraftwagen.

Der Bereich der Land- und Forstwirtschaft errichtete mit seiner Vorrangstellung ein eigenes Reparatursystem, die VVB LTI (Landtechnische Instandsetzung), die wiederum durch ein eigenes Handelsorgan, die VEB Agrotechnik, beliefert wurde. Diese hatte pro Bezirk jeweils eine Niederlassung. Dafür waren vor und während der Ernte sogenannte Störreservelager in landwirtschaftlichen Regionen zu beliefern. Rückstände und Sortimentslücken führten dazu, dass sich höchste Partei- und Staatsorgane einschalteten und mit Sanktionen drohten, die bis in den persönlichen Bereich Auswirkung zeigten.

Die NVA mit ihren eigenen Verschleißnormen und Instandsetzungen nach Dienstvorschriften betrieb eine Teileaussonderung, die in technischer Hinsicht überzogen war und das Ersatzteilaufkommen unvertretbar stark belastete. Die Versorgung militärischer und diesen gleichgestellter Einrichtungen unterlag besonderen Ministerratsweisungen und gründete sich seit 1968 auf ein spezielles Gesetz, der »Lieferverordnung für militärische und ihnen gleichgestellte Organe und Einrichtungen«, im Sprachgebrauch zu LVO verkürzt. Zusammengefasst waren diese genannten Einrichtungen im sogenannten Fondträger »Sonderbedarf I«. Dessen Hauptbedarfsträger wie das Ministerium für Nationale Verteidigung (MNV), das Ministerium des Inneren (MdI) und das Ministerium für Staatssicherheit (MfS) unterhielten eigene Planungs- und Beschaffungsabteilungen. Für spezielle Armeetechnik gab es einen eigens gebildeten Außenhandelsbetrieb ITA (Ingenieurtechnischer Außenhandel, Berlin). Für Produktion und Reparatur der Armeetechnik entstand die VVB Spezielle Produktion, der Betriebe zugeordnet waren wie die Flugzeugwerft Dresden, das Spezialfahrzeugwerk Aschersleben, die Reparaturbetriebe für strahlgetriebene Flugzeugmotoren Ludwigsfelde und Karl-Marx-Stadt (Chemnitz), die waffenherstellenden Betriebe in Suhl und andere. Damit war ein Staat im Staat entstanden, der stets mit höchster Dringlichkeitsstufe arbeitete. Allerdings gab es zwischen diesem und dem zivilen Reparatursektor von Ort zu Ort in unterschiedlichem Maß unterschiedlich gestaltete Kooperationen. So unterhielt beispielsweise die NVA spezielle Ersatzteillager, die territorial nach Militärbereichen gegliedert waren. Auf persönlicher Ebene entwickelten sich im Lauf der Jahre »gut nachbarliche« Beziehungen zwischen den Leitern, die zu weitreichenden Kompensationslieferungen führten. Man half sich mit Engpassteilen aus, so gut es ging, und glich die Außenstände bei der nächsten Lieferung wieder aus.

Im zivilen Bereich hatten die Volkseigenen Werkstätten einen sehr großen Anteil am Instandsetzungssektor. Sie waren dem Ministerium für Verkehrswesen unterstellt, dessen Hauptverwaltung Kraftverkehr sie über die Bezirksdirektionen Kraftverkehr (BDK) dirigierte. Die zahlreichen privaten Werkstätten führten ein schwieriges Leben: Sie unterstanden einerseits dem Bereich Örtliche Industrie beim Rat des Bezirkes, hingen aber andererseits als typisierte Vertragswerkstätten mittels entsprechender Verträge am Tropf des jeweiligen Finalproduzenten,

Am 3.2.1959 eröffnete in der Friedrichstraße in Berlin der IFA-Vertrieb einen Auto-Salon (Ullstein Bilderdienst)

In der Garage des Trabantbesitzers waren Schätze verborgen. Außer den Winterreifen waren Federn, Längsschweller, Bremstrommeln, Vorschalldämpfer mit Zwischenrohr und Stoßstangen mit Plasteecken vorhanden; nicht sichtbar gehörten dazu auch ein Kraftstoffhahn mit Dreilochdichtung, eine Unterbrecherplatte, ein Spannband für den Axiallüfter, Keilriemen und natürlich Pflegemittel (Archiv Gerhard Gerbeth)

der über das Qualitätsniveau seiner Produkte und vor allem die Versorgung mit Ersatzteilen maßgeblich die Wirtschaftlichkeit der Werkstatt bestimmte.

Die viel zu geringe Bereitstellung von Fahrzeugen für den Handel führte zwangsläufig dazu, dass defekte Fahrzeuge weit über die Grenzen ihrer Nutzungsdauer »gesund gebetet« wurden. Der Bedarf an Ersatzteilen nahm unaufhaltsam zu. 1970 wurde durch die VVB Automobilbau veranlasst, die Wiederaufteilung gebrauchter und noch gebrauchsfähiger Teile im industriellen Maßstab zu betreiben. In der Folge gestalteten Kfz-Instandsetzungsbetriebe regelrechte Linien zum Aufarbeiten von Motoren, Getrieben, Lenkungen und sogar von Karosserien. In den Kundendienstabteilungen der Werke mussten spezielle Regenerierungsbeauftragte ernannt werden, die Aufarbeitungs-Technologien zu entwickeln und dafür geeignete Werkstätten oder handwerkliche Kleinbetriebe zu finden hatten. Dazu gehörte natürlich auch die Bildung eines Sammelstellennetzes für Altteile.

Trotz der eingeleiteten Maßnahmen bekam die VVB Automobilbau die Engpässe bei der Versorgung mit Ersatzteilen nicht in den Griff. Den Kraftfahrzeugbesitzern blieb daher nichts anderes übrig als sich einen persönlichen Vorrat in der Garage selbst anzulegen. Es wurde mehr und mehr zur Selbstverständlichkeit, dass ein Vorschalldämpfer, Schwenklager, Zylinderkopfdichtungen, ja sogar Einschweißteile der Karosserie zum Garagenbestand jedes Trabant- oder Wartburg-Besitzers gehörten.

Anmerkungen

1 Jörg Rößler, *Zwischen Plan und Markt*, Berlin 1990, S. 26
2 Die 1967 von der westdeutschen Firma Dürr nach Eisenach gelieferte und installierte Elektrophosphatier- und Lackieranlage besaß Weltniveau; sie war die zweite ihrer Art in einer deutschen Automobilfabrik überhaupt und die einzige im RGW-Bereich. Das Stoßdämpferwerk Hartha wurde zwischen 1969 und 1972 umfassend modernisiert und mit neuer Technik ausgestattet. Das Gelenkwellenwerk in Mosel (1979–1981) produzierte erstmals in der DDR im großen Umfang Gleichlauf-Gelenkwellen. Das Reichenbacher Naben- und Kupplungswerk (RENAK) wurde von 1981 bis 1985 erweitert und mit neuester Technik ausgestattet. In allen Fällen stammte die neue Fertigungstechnik aus dem westlichen Ausland
3 Nach Angaben in den Industriezweigkatalogen
4 Horst Decker, *Zur Geschichte der Automobilindustrie der DDR – Das Leitungs- und Planungssystem*, unveröffentl. Ms., 1994, im Besitz des Autors
5 *Anordnung über die Rahmenrichtlinie für die Planung in den Kombinaten und Betrieben der Industrie und des Bauwesens*, Berlin 1974
6 Reisebericht der Teilnehmer am VDI-Kongress vom 21.1.1960, Kopie des Berichtes im Besitz des Autors
7 Anton Lupei, Erich Makus und Roland Schuster, *Die Entwicklung von Kreiskolbenmotoren (Bauart Wankel) im Motorradwerk Zschopau (MZ) in den 60er Jahren*, unveröffentl. Ms., 1992, im Besitz des Autors; Wolfgang Beyer, *Kreiskolbenmotoren-Entwicklung in der DDR*, unveröffentl. Ms., 1997, im Besitz des Autors; Rainer Mosig, *Kreiskolbenmotorenentwicklung in den 60er Jahren in der DDR*, Teilms., in Besitz des Autors. Hinweise von Joachim Buschbeck.
8 Aufgabenplan Nr. 13/60 für die Perspektiventwicklung von Pkw. Streng vertraulich, Karl-Marx-Stadt (Chemnitz), 30. Juni 1960, S. 2, Punkt 2.2
9 »Das Jahr 1964 hat für den Kreiskolbenmotor im Otto-Anwendungsbereich den Abschluß der Funktionsentwicklung in allen wesentlichen Teilgebieten gebracht. Nach Einschätzung von NSU/ Wankel ist die Periode 1965–1967 der Breitenerprobung des Kreiskolbenmotors mittels kleiner Produktionszahlen sowie der technologischen Großserienentwicklung gewidmet. Ab 1968 beginnt bei den wesentlichen Lizenznehmern die Großserienproduktion; nach 1970 ist im Kraftfahrzeugbau nicht mehr mit der Produktionsaufnahme neu konstruierter Otto-Hubkolbenmotoren zu rechnen, weil die technisch-ökonomischen Vorteile des KKM zu ausgeprägt sind.« Zitiert in: VEB Sachsenring Automobilwerke Zwickau, *Bericht zur KKM-Entwicklung bis 1969*, S. 7. Kopie im Besitz des Autors
10 Alfred Jante (1908–1985) hatte schon im Anfangsstadium der von Riedler begonnenen »Wissenschaftlichen Automobilwertung« mit Langer und Marquard zusammengearbeitet. Nach einem Prädikatsexamen an der Staatlichen Ingenieurschule in Aachen und in Fortsetzung seines Studiums an der dortigen Technischen Hochschule wurde er Mitarbeiter im Maschinen-Laboratorium. Bei Gebrauchswertprüfungen auf dem Nürburgring und anderen Gemeinschaftsuntersuchungen von Fahrzeugmotoren und Kraftfahrzeugen auf Straßen und Prüfständen war Jante als Delegierter der TH Aachen tätig. Damals entwickelte er die mit seinem Namen verknüpften, vielfach angewandten Motorkennfelder und Normal-Fahrzustands-Diagramme (NFD) mit den Universal-Auswertungstafeln. Bei seinem ersten Arbeitgeber in der Industrie ab Ende 1933, Klöckner Humboldt Deutz, stieg Jante vom Versuchsingenieur für Dieselmotoren rasch zum Oberingenieur und Abteilungsleiter für die Dieselmotoren-Entwicklung auf. Nach der Übernahme des Magirus-Werkes in Ulm durch Deutz wurde Jante auch für die Konstruktion von Fahrzeuggruppen als Berater herangezogen. Eine große Zahl von Deutzer Patenten ist auf ihn zurückzuführen. Seine Fähigkeiten und Erfahrungen wirkten sich nach dem Zweiten Weltkrieg auf die industrielle Entwicklung und besonders auf die Ausbildung des Ingenieurnachwuchses aus. Zuerst war er technischer Leiter der H. K. Heise Maschinenbau GmbH, vormals Reform-Motoren-Fabrik, in Bölitz-Ehrenberg bei Leipzig. 1946 begann seine Lehrtätigkeit, als Baurat war er an der Ingenieurschule Leipzig zunächst für das Fach Brennkraftmaschinen zuständig. Die sächsische Landesregierung ernannte ihn zum Oberregierungsrat und zum Leiter der Verkehrsabteilung in Dresden. Jante leitete von 1948 bis 1973 als Ordinarius und Direktor das zweitälteste deutsche Institut für Kraftfahrwesen (I.f.K), das später in Institut für Verbrennungsmotoren und Kraftfahrzeuge (IVK) umbenannt wurde, der Technischen Hochschule/ Universität Dresden, das 1918 von Professor Wawrziniok gegründet worden war. 1953 wurde Jante als Ordentliches Mitglied in die Deutsche Akademie der Wissenschaften zu Berlin gewählt. Auf seine Initiative kam es zur Bildung der Klasse Maschinenbau, die zu einer der ak-

tivsten Klassen wurde und deren Leitung er viele Jahre innehatte. In seiner Zeit am IVK wurden 445 Studenten zu Diplom-Ingenieuren und 18 Doktoranden ausgebildet. Eine große Zahl dieser Absolventen bildete einen Teil des wissenschaftlich-technischen Nachwuchses des Automobil- und Motorenbaus in der DDR

11 Die AWE-Techniker beurteilten von Anfang an die KKM-Idee sehr zurückhaltend und wollten sich nicht um jeden Preis an den Entwicklungen beteiligen, soweit sie zu solcherart selbststständigem Verhalten überhaupt in der Lage waren. Am Versuchsprogramm der Probefahrten hatte AWE jedenfalls teilzunehmen

12 Unternehmensarchiv NSU GmbH, Lizenzverhandlungen KKM Akte 19/15

13 Solche Probleme und Erkenntnisse waren keineswegs nur typisch für die DDR, sie ergaben sich überall dort, wo man sich tiefgehender mit dem KKM befaßte. So erinnerte sich Audi-Cheftechniker Dr. Ludwig Kraus, dass er um das Jahr 1965 davon Abstand nahm:
»Wenn Sie einen guten Brennraum machen wollen, müssen Sie ihn so gestalten, daß er möglichst wenig Oberfläche hat, denn die Oberfläche zieht ja aus dem Gas Temperatur ab. Beim Wankel habe ich das damals gleich berechnen lassen und festgestellt, daß die Oberfläche bei optimaler Auslegung 1,7 mal größer ist als bei einem gleichwertigen Hubkolbenmotor. Die Wärmeabfuhr ist also um diesen Betrag auch höher oder anders ausgedrückt: Die Leistungsausbeute ist um diesen Betrag auch kleiner. Außerdem ist es ja so, dass der Kolben im Wankelmotor rotiert, er schiebt also immer das heiße Gas an der kalten Wand entlang. Sie geben dadurch Wärme ab und machen damit genau das Falsche. Für mich ergibt sich daraus: Der Wankel-Motor ist ein Komfort-Motor für teure, anspruchsvolle Autos, deren Besitzer auf den Brennstoffverbrauch keine Rücksicht nehmen müssen. Natürlich hat der Wankel-Motor auch Vorteile. Er ist leichter, vibrationsfrei, er hatte eine geringere Eigenreibung und beansprucht nicht soviel Raum wie ein Hubkolbenmotor gleicher Leistung.«

14 NSU GmbH, Akte 19/15

15 Zum erreichten Entwicklungsstand des Kreiskolbenmotors. Vertrauliche Dienstsache 77/68, 9.5.1968, S. 16, Kopie im Besitz des Autors

16 Eine Zusammenfassung der an der TU Dresden vorgenommenen Untersuchungen und von deren Ergebnissen bietet H. Dietrich, ›Vergleich des Kreiskolbenmotors System NSU-Wankel mit dem Hubkolbenmotor‹, in: *Kraftfahrzeug-Technik* 20 (1970), Heft 12, Seite 359 ff. Darin hieß es: »Die Energie der unverbrannten Bestandteile des Abgases, es sind im wesentlichen unverbrannte Kohlenwasserstoffe, ist beim KKM etwa doppelt so groß als beim HKM-Kolbenmotor. Das ist nur zum Teil auf die verzögerte Wärmezufuhr zurückzuführen. Eine wesentliche Ursache ist die größere Oberfläche des KKM-Arbeitsraumes während der Verbrennung.« Es wurde darauf verwiesen, dass »für den KKM ein fast doppelt so großer Wärmeverlust durch Wandwärme und damit auch Verlust an Wirkungsgrad errechnet wurde als für den HKM-Kolbenmotor (…). Die hier dargestellten Tatsachen der in größerem Maße unvollständigen Verbrennung, der kleineren Wärmezufuhrgeschwindigkeit, der später beendeten Verbrennung und der größeren Wandwärmeverluste im KKM führen dazu, daß die Umwandlung der chemischen Energie des Kraftstoffes in die Gasarbeit oder indizierte Arbeit beim KKM mit größeren Verlusten behaftet ist als beim HKM und daß aus Gründen, die im System des KKM liegen, eine Beseitigung dieses Unterschieds nicht möglich erscheint, zumal auch der Hubkolbenmotor in dieser Beziehung noch nicht am Ende seiner Entwicklung angelangt ist. (…) Insgesamt gesehen ist der KKM System NSU-Wankel eine technisch interessante Lösung für einen Verbrennungsmotor. Doch wird er auf dem Hauptanwendungsgebiet, beim Kraftfahrzeug, den Otto-HKM nicht verdrängen können. Einsatzmöglichkeiten für den KKM sind nur auf solchen Gebieten denkbar, wo der geringe Raumbedarf und die geringe Masse von überragender Bedeutung sind (z. B. Baumsägemotoren, Bootsmotoren u. ä.).«

17 In Neckarsulm arbeiteten bei NSU zur selben Zeit 160 Mitarbeiter am Kreiskolbenmotor, wobei deren Spezifikation – Konstrukteure, Versuchsingenieure, Versuchsfahrer usw. – nicht mehr möglich ist, vgl. Vertrauliche Kurzinformation AUDI-NSU-Wankel-Lizenzwesen vom 31.12.1984, und Mitteilung der NSU GmbH vom 9.12.1999.

18 Hinweise für den Generaldirektor – Aussprache in der SED-Stadtleitung Zwickau vom 29. Januar 1965 unter Anwesenheit des Gen. Dr. Mittag, Notiz vom 28.1.1965, Kopie im Besitz des Autors

19 Ebenda

20 Ebenda

21 Konzeption zur weiteren Entwicklung der Pkw-Produktion in der DDR. Bestandteil des Beschlusses des Präsidiums des Ministerrates der DDR vom 7. März 1973 sowie der Vorlage für

das Politbüro des ZK der SED am 29. März 1973, Kopie im Besitz des Autors

22 In einer Beratung beim zuständigen Minister Dr. Georgi am 19. April wurden daraus für den Industriezweig erste Schlußfolgerungen gezogen und als Zielpunkte folgendes avisiert: Die Produktionsaufnahme des Nachfolge-Pkw sollte im zweiten Halbjahr 1978 mit 20 000 Stück erfolgen, die Kammstückzahl sollte 1982 mit 300 000 Fahrzeugen pro Jahr erreicht sein; Aktennotiz über die Auswertung der Sitzung des Präsidiums des Ministerrates vom 5. April 1972 beim Minister Genossen Dr. Georgi am 19. April 1972, Kopie im Besitz des Autors

23 Gemeinsames Kommuniqué über das Treffen von Partei- und Regierungsdelegationen der ČSSR und der DDR in Lany in November 1971, zitiert von Dr. Winfried Sonntag, *Der Typ P 760 – ein Produkt der Zusammenarbeit zwischen der ehemaligen DDR und der ehemaligen ČSSR und was daraus wurde*, unveröffentl. Ms., 1994, S. 24, im Besitz des Autors

24 Kopie im Besitz des Autors; alle dazu folgenden Zitate sind daraus entnommen

25 Auch der danach entworfene Typ 400, ein Kübelwagen, besaß einen solchen GFP-Aufbau

26 Kopie der Stellungnahme im Besitz des Autors

27 Laut Mitteilung von Dr. Winfried Sonntag, Mitglied der Kommission, der an der Sitzung teilnahm

28 Dr. Winfried Sonntag, *Geschichte und Bedeutung des VEB Wissenschaftlich-Technisches Zentrum Automobilbau*, unveröffentl. Ms., 1995, im Besitz des Autors

29 Zulieferer hätten sich nur dann finden lassen, wenn ihnen die Investitionen für Maschinen und Bau sowie Arbeitskräfte zur Verfügung gestellt worden wären. Dies war aber bei der VVB Automobilbau nicht unterzubringen. Außerdem war die Einspritzsystem zu teuer geraten. Es kostete 1000,- Mark (im Vergleich: Das des Goliath 900 E kostete 400,- DM). Mitteilung von Dr. Winfried Sonntag

30 Zitiert nach: Jörg Rößler, *Zwischen Plan und Markt,* wie Anm. 1

31 *Neues Deutschland*, 20.12.1968

32 Beschluss des Präsidiums des Ministerrates Nr. 02-47/13/77 vom 27.10.1977 über Maßnahmen zur Vervollkommnung der Leitung und Planung im Bereich des Ministeriums für Allgemeinen, Landmaschinen- und Fahrzeugbau

33 Dieses Kombinat wurde zum 31.12.1982 aufgelöst und seine Betriebe mit einer Ausnahme dem Lkw-Kombinat zugeordnet – die Olbernhauer Fahrzeughersteller kamen zum Pkw-Kombinat.

34 Konrad von Freyberg, *Die Motorenentwicklungen im Automobilwerk Eisenach in den Produktionsetappen seiner Baumuster*, unveröffentl. Ms., 1998, im Besitz des Autors; sowie Michael Stück, *Initiativen und Hemmnisse im Eisenacher Automobilbau von 1945 bis 1991*, unveröffentl. Ms., 1993, im Besitz des Autors

35 Der Betrieb hatte vor und während des Krieges Vergaser nach der Konstruktion von Alexander Novicof hergestellt; in den fünfziger Jahren wurde hier Zubehörteile für den Flugzeugbau produziert

36 Die großen Spaltmaße waren dem Ziel der Kostensenkung bei der Fertigung zu verdanken und gerade zu dieser Zeit bei Citroën DS 19 und Ami 6 sowie bei den Renault-Typen R4, R8 und R16 international stark beachtet worden. Allerdings merkte man gerade an diesen Fahrzeugen auch bald, dass auch noch so weite Spaltmaße keine Abstriche an aufwendiger Fahrzeugqualität erlaubten

37 SäSTAC, VVB Automobilbau, Nr. 673

38 Ebenda

39 Versuche damit wurden schon 1953/54 in Zwickau unternommen, allerdings ohne verwertbare Ereignisse. Nach einer Mitteilung von Dr. Winfried Sonntag

40 Karl-Heinz Brückner, *Die Geschichte des Zwickauer Automobilbaus seit 1945*, unveröffentl. Ms., 1994, im Besitz des Autors; Dr. Werner Reichelt, *Die Forschungsarbeiten zur Kunststoffkarosserie bei der Auto Union AG in Chemnitz*, unveröffentl. Ms., 1999, im Besitz des Autors; Carl-Hans Morgenstern, *Der Zweizylinder-Zweitaktmotor mit 500 bzw. 600 cm^3 Hubvolumen,* unveröffentl. Ms., 1995, im Besitz des Autors

41 Die Wachstums- und Entwicklungsprobleme ausschließlich unter dem Blickwinkel der Pkw-Fertigung untersucht Reinhold Bauer, *Pkw-Bau in der DDR. Zur Innovationsschwäche von Zentralverwaltungswirtschaften.* Frankfurt am Main 1999. Zum Trabant gibt es inzwischen zahlreiche Darstellungen. Zu den seriösen zählen besonders Frank Rönicke, *Trabant – Legende auf Rädern*, Stuttgart 1998; und Matthias Röcke, *Die Trabistory. Der Dauerbrenner aus Zwickau*, Stuttgart 1998

42 Wolfgang Barthel: Die Kunststoffkarosserie im Zwickauer Automobilbau – ihre technischtechnologische Entwicklung und Bedeutung. Zwickau 1992. Unveröffentlichtes Manuskript im Besitz des Autors.

43 Dr. Werner Reichelt, ›Arbeitsaufnahmefähigkeit von Kfz-Türen mit Plasteaußenhaut‹, in: *Kraftfahrzeug-Technik* 23 (1973), Heft 7, S. 206-208

44 Vorlage des VEB Sachsenring Zwickau zur Ent-

wicklung und Produktion des Trabant 603. Vertrauliche Dienstsache Nr. TKA/79/66. 6. Ausfertigung vom 30. Dezember 1966, Kopie im Besitz des Autors
45 Ebenda
46 Nachdem das Projekt 603 von Mittag bereits abgelehnt worden war, versuchten Betriebs- und Parteileitung von AWZ mit Unterstützung der SED Kreisleitung Zwickau zur Bezirksdelegiertenkonferenz der SED in Karl-Marx-Stadt (Chemnitz) 1971 den Prototyp des Fahrzeugs dem Spitzenkandidaten des Bezirks Erich Honecker vorzustellen, um ihn dazu zu bewegen, dem Bau dieses Autos zuzustimmen. Nachdem Günter Mittag durch seine Begleitung von diesem Vorhaben erfahren hatte, kam von ihm sofort der Befehl zum Abtransport des Prototyps und zur Einstellung aller Arbeiten an diesem Fahrzeug, das Honecker keinesfalls sehen sollte. Mitteilung von Dr. Winfried Sonntag
47 DKW-, SAAB- und AWE-Motoren wiesen einen bauartbedingten horizontalen 90°-Winkel auf, was dem wassergekühltem Block geschuldet war
48 Laut Mitteilung von Dr. Heinrich Schmieder vom 10.10.1998
49 Eckart Passlak, *Technische Erneuerung und Stagnation der Produktentwicklung des VEB Automobilwerke Ludwigsfelde,* unveröffentl. Ms., 1992, im Besitz des Autors; Wilfried Otto, *Aus meinen Erinnerungen. Autobiographie,* handschriftl. Ms., o. J., S. 165–254. Für zahlreiche Hinweise danke ich Dr. Gerhard Zimmer
50 Wilfried Otto, ebenda, S. 170, 182
51 Ebenda
52 H. Hanspach, H., ›Lkw und luftgekühlte Verbrennungsmotoren aus Zittau‹, in: *Kraftfahrzeug-Technik* 14 (1964), Heft 10, S. 374
53 Rudolf Richter, *Die Entwicklung des Nutzfahrzeugbaus der ehemaligen DDR – Automobilwerk Ludwigsfelde, Robur-Werke Zittau, Fahrzeugwerk Waltershausen, Dieselmotorenwerk Nordhausen und Dieselmotorenwerk Cunewalde 1950–1990,* unveröffentl. Ms., 1991, im Besitz des Autors; ders., *Die Tragik des Automobilbaus der ehemaligen DDR auf dem Gebiet der Nutzfahrzeugentwicklung und -produktion,* unveröffentl. Ms., 1992, im Besitz des Autors; sowie ders., *Die Entwicklung des Marktes und des Robur-Konzeptes für leichte Lastkraftwagen,* unveröffentl. Ms., 1992, im Besitz des Autors
54 H. Pfeffer, ›Zittauer Fahrzeug Jubiläum: 200.000 Robur Nutzkraftwagen‹, in: *Kraftfahrzeug-Technik* 36 (1986), Heft 6, S. 12
55 Rudolf Richter, *Die militärischen Anforderungen an die Kraftfahrzeugindustrie der ehemaligen DDR und die strukturelle Absicherung der militärischen Interessen bei Entwicklung und Produktion spezieller Kraftfahrzeugtechnik, erläutert am Beispiel des VEB Robur Zittau,* unveröffentl. Ms., Zittau 1994, im Besitz des Autors
56 Es war geplant, das Fahrzeug H 1 in den Framo-Werken, Hainichen, zu produzieren. Nach der entsprechenden Planungsrunde 1951 wurden seit dem 6. Februar 1952 erste Fahrzeuge montiert. Die Beschaffung und der Bau von Stanzwerkzeugen für den komplizierten Rahmen war ebenso wie die Materialbeschaffung angelaufen, so für die Achtzylinder-V-Motoren von Horch Zwickau, für Scheibenräder, Glas, Kunstleder und anderes mehr. Nach dem jähen Abbruch des Vorhabens im November 1952 wurden diese Materialien verkauft und ein Erlös von rund 2,3 Millionen Mark erzielt (der Preis für den Motor betrug beispielsweise 6 000,– Mark). Über die Parallelentwicklung der für die KVP bestimmten Fahrzeuge H 1 bei Horch und Framo, P 1 in Eisenach und Granit 27 D/Zg. Phänomen in Zittau sowie über deren Hintergründe vgl. die ausführlichen Darlegungen bei Lutz Gau, ›Die Geschichte der DDR-Geländewagen Teil 1‹, in: *Off Road Magazin* 1997, Heft 1
57 Lutz Gau, ebenda, gibt für den Granit 27 D/Zg. 17 000,– Mark und für den H 1 etwa 40 000,– Mark an.
58 Von diesem Typ SK-1 wurden etwa 240 Stück gebaut, bevor die Fertigung 1956 eingestellt wurde.
59 Die wichtigsten Vorgaben und Grundlagen für die armeebezogene Entwicklung der Kraftfahrzeugindustrie waren enthalten in: ›Verordnung über Lieferungen und Leistungen an die bewaffneten Organe – Lieferverordnung (LVO)‹, in: *Gesetzblatt der DDR* II, Nr. 63 vom 31. Mai 1968, spätere Fassung vom 6. Juni 1972, in: *Gesetzblatt der DDR* II, Nr. 33/1972; ›Verordnung über die Tätigkeit von Militärabnehmern in Betrieben der Volkswirtschaft – Militärabnehmerverordnung (MAVO)‹, in: *Gesetzblatt der DDR* I 3/1974; Fachbereichsstandard TGL 34850: Kraftfahrzeuge der bewaffneten Organe. Technische Forderungen. 3. Mai 1979. Die Einhaltung dieser Richtlinien und darüber hinaus die Beachtung aller »Wehr-Aspekte« im Betrieb oblag einem LVO-Beauftragten, der Mitglied der Betriebsdirektion war. Es handelte sich um zivil angestellte Reserveoffiziere mit technischer Qualifikation. Sie waren mit Kontrollaufgaben, der Erarbeitung von Verlagerungskonzeptionen und der Vorbereitung von Leitungsentscheidungen für den Betriebsdirektor zur Durchsetzung der LVO beschäftigt. Ihnen unterstand auch die Verwaltung der sogenannten Störreservelager, das

bei Robur etwa 3000 m² groß war und in dem Verteilergetriebe, Doppelgelenkwellen, Allradvorderachsen, Hinterachsen, Rahmen, Motoren und Fahrerhäuser für einen Notfall aufbewahrt wurden. Der Warenwert betrug etwa 7 Millionen Mark. Mitteilung von Rudolf Richter an den Autor vom 11.2.1995.

60 Reinhard Blumenthal, *Die Entwicklung der Traktoren- und Schlepperfertigung in der DDR*, unveröffentl. Ms., 1994, im Besitz des Autors

61 Bei Entwicklungsbeginn war noch an eine Motorleistung von 80 PS gedacht, später wurde dann der 93 PS Motor 4 VD 14,5/12-1 SRF eingebracht.

62 Günter Caspari, *Chronologie IFA Dieselmotoren über die Baureihen VD 12/11, V 12,5/12 und VD 13,5/12*, unveröffentl. Ms., Nordhausen, 1994, im Besitz des Autors; ders., *Die wichtigsten Etappen des Kleindieselmotorenbaus in der DDR*, unveröffentl. Ms., 1994, im Besitz des Autors; ders., Ergänzungen zum Manuskript 1994

63 Das G steht für geneigt; dies entsprach einer Forderung des LKW-Entwicklungsbetriebes, um einen vollwertigen dritten Sitz im Fahrerhaus realisieren zu können.

64 Die Limex GmbH, Berlin, war ein DDR-Außenhandelsunternehmen aus dem Schalck-Golodkowski-Bereich für den Im- und Export von Leistungen.

65 Dieses Zitat und alle folgenden Angaben hierzu sind entnommen dem Rechenschaftsbericht der Chefkonstrukteure der Motorenwerke Nordhausen für das Jahr 1978 – nach dem Wortlaut des Redemanuskripts vom 26.2.1978 – vor dem »Beratungskollektiv des Betriebsdirektors«

66 Für den von MAN entwickelten Motor zahlte die VVB Auto 300.000.– DM. Die Lizenzgebühren waren degressiv gestaffelt und wurden nach dem Zylinderinhalt bemessen. Sie betrugen für 12.500 Liter Hubraum pro Jahr 30,– DM/Liter.
Bei über 50.000 Liter p.a. waren noch 5,– DM fällig. Der Motor hatte ein Hubvolumen von 6,56 Litern. Zwischen 1965 und 1975 sind genau 277.093 Stück hergestellt und dafür rd. 23 Mio. DM an Lizenzen gezahlt worden. Dies waren im Durchschnitt pro Motor 83,– DM, was 0,8 bis 1,2 % der Kosten entsprach.

67 Bericht Caspari a.a.O.

68 Auf einem Kolloquium dieses von Professor Dr. Günter Oppermann geleiteten Instituts im Jahr 1977 zum Thema ›Neue theoretische und praktische Erkenntnisse über die Rechnung von Zuverlässigkeitskenngrößen‹ wurde ausführlich über den Motor 4 VD 14,5/12-1 berichtet, von dem 250 Exemplare aus verschiedenen Produktionszeiträumen die Basis für die erforderlichen Datenbanken geliefert hatten.

69 In den siebziger Jahren wurden serienwirksam: Evolventenwärmetauscher anstelle der Röhrenbündelölwärmetauscher; Ringträgerkolben; neue Kolbenringbestückungen zur Senkung der Ölverbräuche; automatischer Spritzversteller mit konstanterem Verstellbereich während einer Umdrehung; um 30 Prozent erhöhte Sicherheit für die Verbindung Kurbelwelle/Schwungscheibe; Anschluß der Einspritzpumpe und des Bremsluftverdichters an den Schmierölkreislauf des Motors; verbesserte Zylinderkopfdichtung; verbesserte Dehnstoffabdichtung der Thermostate; neue Gleitringabdichtung der Kühlmittelpumpe; Qualitätssicherung von Lichtmaschinen, neuer elektronischer Regler und Anlasser; verbesserte Einspritzdüsen mit elektroerosiver Entgratung der Spritzlöcher; Bremsluftverdichter mit höherem Arbeitsdruck – 11,5 bar; weiterentwickelte Flammglühkerze und Magnetventil; auch Nachflammen möglich; Wegfahrmotoröl und Mehrbereichsöle mit höherem Viskositätsindex, weiterentwickelten Detergenten und Inhibitoren sowie GG-Ventilhauben, versteifte und verrippte Ölwannen und Steuergehäusedeckel zur Geräuschminderung in NKWs.

70 Eberhard Fritsche, *Die Geschichte des Dieselmotorenbaus in Cunewalde*, unveröffentl. Ms., 1998, im Besitz des Autors

71 Meißner, Fritsche, Voutta, Au, Schulz, ›IFA-Dieselmotoren für die energetische Basis der Landwirtschaft‹, in: *Kraftfahrzeug-Technik* 18 (1968), Heft 7, S. 193

72 Fritsche/Jantsch, ›Neuer schnellaufender flüssigkeitsgekühlter IFA-Kleindieselmotor des VEB Motorenwerk Cunewalde‹, in: *Kraftfahrzeug-Technik* 24 (1974), Heft 9, S. 226

73 Der Motor 4 VD 8,8/8,5 SRF war im RGW-Bereich der einzige seiner Leistungsgröße. Die Nachfrage für RGW-Exporte wuchs ständig und konnte immer weniger befriedigt werden. So konnte zum Beispiel nach erfolgreicher Einbauerprobung in einen Gabelstapler in der UdSSR ein von dort gemeldeter stabiler Bedarf von 6 000 Motoren pro Jahr trotz hoher Dringlichkeit nicht abgedeckt werden. Mitteilung von Eberhard Fritsche.

74 Hoche, ›Energiewirtschaftliche Betrachtungen zum Verbrennungsmotor‹, in: *Kraftfahrzeug-Technik* 11 (1980), S. 330

75 Gerhard Gerbeth, *Entwicklung und Organisation des Vertriebes von Automobilen und Ersatzteilen in der SBZ/DDR*, unveröffentl. Manuskript, 1994, im Besitz des Autors

76 Bericht von Dr. Winfried Sonntag

Mit dem Auto in die Idylle: Geprägt durch jahrzehntealte Träume von der »Fahrt ins Grüne« zeigt die Werbung Ende der fünfziger Jahre die zeitgenössische Vorstellung, was man mit dem Auto am liebsten machen würde (Automobilmuseum Zwickau)

5 Die Autos auf der Straße: Die Verkehrsmotorisierung in der DDR

Pkw für Jedermann

Die individuelle Motorisierung knüpfte auch in der DDR an die Leitbilder aus der Vorkriegszeit an.[1] Der Volkswagen im Sinne eines vier Personen Platz bietenden und für 80 km/h ausreichend motorisierten Autos war das »Ideal des Kleinen Mannes«. Vorstufe und Einstiegsmöglichkeit in die Motorisierung bot das Motorrad, nach wie vor hinsichtlich Erwerb und Unterhaltung das erschwinglichste motoresierte Beförderungsmittel.

In der DDR gab es keine zielgerichtete Motorisierungspolitik. Im Privateigentum der Bürger befindliche Pkw und Motorräder galten Politbüro und Regierung als Ausdruck von Wohlstand und Luxus. Ausdruck dafür waren die Ende der vierziger, Anfang der fünfziger Jahre festgelegten restriktiven Preise vor allem für Kraftstoffe und Fahrzeuge, die nicht nur über Vorkriegsniveau lagen, sondern auch das Preisniveau in Nachbarländern überschritten. Als Kontingentierung gab es zugeteilte Kraftstoffmarken, für die man Benzin zum halben Preis erhalten konnte. Anfangs war Benzin generell kontingentiert. Diese Kraftstoffmarken blieben für »Gesellschaftliche Bedarfsträger« noch Jahrzehnte erhalten und sicherten ihnen Benzinbezug zum halben Preis. Schiebungen mit solchen Benzinmarken waren an der Tagesordnung.

In dieser Distanz hielten sich der Anspruch auf einen planbaren zunehmenden Lebensstandard als politische Maxime und die aus der Frühzeit des Kommunismus übernommene Weigerung, die kapitalistische Lebensweise zu kopieren, als ideologische Leitmarke einerseits sowie die seit den siebziger Jahren gewonnene Erkenntnis, industriell und infrastrukturell einer steigenden Motorisierung nicht gewachsen zu sein, in lähmender Dominanz die Waage. Das Primat des öffentlichen Verkehrs wurde zwar immer wieder behauptet, dennoch ließ man bar jeden Konzepts das Anwachsen des privaten Fahrzeugbestandes zu, ohne gleichzeitig durch einen qualitativ aufgewerteten öffentlichen Nahverkehr wirksam gegenzusteuern. Dessen extrem niedrige Preise, ursprünglich als Beitrag im Sinne des »sozialen Dumpings« zum möglichst niedrigen Lohnniveau gedacht, waren jahrzehntelang der einzige Vorzug des öffentlichen Nahverkehrs.

Der am Beispiel des Pkw-Bestands und Pkw-Ausstattungsgrads (vgl. Anlage 08) erkennbaren Entwicklung der Motorisierung ist zu entnehmen, dass Ende der fünfziger Jahre der Kraftwagenbesitz auf den gesellschaftlich traditionellen Bereich von Gewerbetreibenden, Ärzten und weiteren Freiberuflern begrenzt blieb: 300 000 Pkw bei 17 Millionen Einwohnern waren ein Verhältnis noch unter Vorkriegsniveau. Erst in den sechziger Jahren erreichte die Pkw-Industrie der DDR an ihren traditionellen Standorten Zwickau und Eisenach einen Produktionsausstoß, der den von 1938 übertraf und der, wie Lieferfristen von mehr als ein bis zwei Jahren zeigten, die kaufkräftige Nachfrage schon nicht mehr abdecken konnte. In den siebziger Jahren wurde das Missverhältnis von Angebot und Nachfrage immer krasser, obwohl gerade hier durch eine Steigerung der Produktion und durch Importe das Bestandswachstum rascher vor sich ging als in vorhergehenden und späteren Jahrzehnten. Ende der sechziger Jahre machte sich außerdem der Strukturwandel vom Motorrad zum Auto bemerkbar. Das Motorrad galt nicht länger als Autoersatz, wurde allenfalls als Zweitfahrzeug benutzt und war seit 1972 im Bestand sogar rückläufig. Erst im selben Jahr erreichte auch in der DDR die Zahl der zugelassenen Pkw die Anzahl der registrierten Krafträder (ohne Mopeds) (vgl. Anlage 01).

In den achtziger Jahren wurde die Motorisierung in der DDR zum Desaster. Dies hatte mehrere Ursachen. Zum einen waren mit dem unersättlichen Arbeitskräftebedarf der Industrie, die mit ineffizienten Produktionsmethoden zu kämpfen hatte, die Haushaltseinkommen rasant gestiegen und dies schlug sich in einer sprunghaft steigenden Nachfrage nach hochwertigen Industriegütern für den individuellen Verbrauch nieder, vor allem nach Personenkraftwagen, die zudem die rare Möglichkeit boten, Geld in Sachwerte umzuwandeln. Angesichts dieser Entwicklung sanken die zur Beschaffung erforderlichen monatlichen Arbeitseinkommen rapide, wobei der seit Jahrzehnten stagnierende Preis des Benzins de facto

Straßenszene auf der Karl-Marx-Allee in Ost-Berlin 1965, die zwischen 1949 und 1961 Stalin-Allee hieß. (Archiv des Autors)

In der sozialistischen Gesellschaft zogen Automobilausstellungen Besucher genauso an, wie einige hundert Kilometer weiter im Westen auch (Archiv Dr. Winfried Sonntag)

zurückging (vgl. Anlage A 09). Das riesige Nachfragepotential drückte sich in Bestandswachstum, immer längeren Lieferzeiten und in einer Überalterung des Bestands aus.

Der Bestand an Pkw wuchs trotz stark rückläufiger Importe und viel zu geringer Produktion weiter, in erster Linie aufgrund des Wegfalls der Ersatzinvestitionen an Fahrzeugen. Seit Mitte der sechziger Jahre wurde – dies belegen einschlägige Berechnungen – praktisch jedes neue Fahrzeug bestandserweiternd wirksam (vgl. Anlage A 10). In der Praxis sah das dann so aus, dass auch schrottreife Autos wiederbelebt wurden. Kleinanzeigen in der Tagespresse wie »Fahrzeug mit Totalschaden und Papieren dringend gesucht« zeigten, dass auf der Basis des Kraftfahrzeugbriefes mit gebrauchten, regenerierten Baugruppen und Bauteilen sowie aus fabrikneuen Ersatzteilen wieder neue Autos entstanden. Die geforderten – und auch gezahlten – Preise verteilten sich dann mit etwa 500,– M auf den Schrott und 9500,– M auf den für die »Reparatur« unerlässlichen Kraftfahrzeugbrief.[2] Gleichzeitig schossen die Preise für Gebrauchtwagen in astronomische Höhen und übertrafen in der Regel die Neupreise. Darauf bezog sich die typische Anekdote vom DDR-Käufer, der auf seinen Neuwagen warten musste, weil er sich einen gebrauchten nicht leisten konnte. Um diesen wuchernden »Schwarzen

Ziel der Sehnsucht – der Trabant 601 auf der Leipziger Herbstmesse 1965 (Archiv Dr. Winfried Sonntag)

Markt« zu beseitigen, wurde 1969 per Gesetz festgelegt, dass Gebrauchtwagen grundsätzlich nur über den Staatlichen Handel – DHZ Maschinen- und Materialreserven – verkauft werden durften. Und diese Einrichtung nahm wiederum ausschließlich auf der Basis von Taxpreisen die Fahrzeuge auf und gab sie nach Bestellliste weiter. Die DDR-Bürger wussten sich jedoch rasch zu helfen: Der Verkäufer schloss mit dem Kaufwilligen einen zeitlich unbegrenzten Nutzungsvertrag, wonach dieser den Pkw nach eigenem Gutdünken nutzen konnte und dafür alle Kosten einschließlich Steuer und Versicherung übernahm. Als Sicherheit hinterlegte er beim Verkäufer in bar den Betrag, der als Kaufpreis zwischen den beiden vereinbart war. Der Verkäufer blieb als Eigentümer in der Zulassung eingetragen, ein Verkauf fand nicht statt, allerdings ein Besitzerwechsel. Damit lief der staatliche Regulierungsversuch ins Leere. Praktisch liefen nur noch Fahrzeugverkäufe von Betrieben und öffentlichen Einrichtungen über die DHZ. Angesichts der Wirkungslosigkeit dieser Maßnahmen wurden Anfang der achtziger Jahre die Zwangskanalisierung über den staatlichen Handel aufgehoben – Angebot und Nachfrage hatten sich als stärker erwiesen.

Die Lieferzeiten für Neuwagen wuchsen ins Sagenhafte und beliefen sich schließlich auf über zehn Jahre und mehr. Einer der ersten Gänge eines volljährig gewordenen Jugendlichen führte so zum IFA-Vertrieb, um sich einen Trabant zu bestellen. Eine Lieferung des Fahrzeugs war zu seinem vollendeten 30. Lebensjahr zu erwarten. Einem 45 Jahre alten Besteller eines Pkw konnte hingegen die

Gute Pflege sicherte langes Leben: Eine Trabant-Durchsichtskarte bis zum 155 000. Kilometer dokumentiert dies eindrucksvoll (Archiv Dr. Winfried Sonntag)

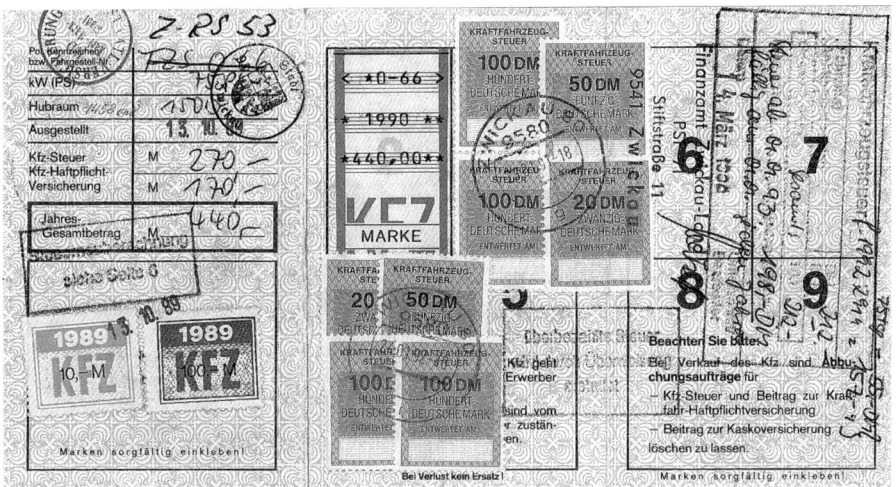

Mit einem Jahresbetrag für Steuer und Versicherung von 440 Mark war der Trabi recht kostengünstig (Archiv Dr. Winfried Sonntag)

Erfüllung seines Fahrzeugwunsches beim Eintritt ins Rentenalter in Aussicht gestellt werden. Das führte natürlich zu Mehrfachbestellungen innerhalb einer Familie und zu an der Realität völlig vorbeizielenden Bedarfsermittlungen. Die heute lächerlich anmutende Bestellzahl von knapp sechs Millionen Personenwagen war zwar über die gesamte Zeit vollkommen real, doch die tatsächliche Auslieferung innerhalb kürzester Zeit hätte die so zahlreich vorgegebene Kaufkraft der Besitzer auf der Stelle ad absurdum geführt. Übrigens konnten bei Umzug von einem Bezirk in einen anderen Wartezeiten »mitgenommen« werden. Sie wurden dann

Staus auf Straßen in der DDR traten vor allem bei massiertem Urlaubsverkehr auf, hier der Kreuzungsbereich Evershagen auf der Stadtautobahn Rostock-Warnemünde (Bundesarchiv/183/1987/0813/303)

am neuen Wohnort angerechnet, was zu abstrusen Situationen führen konnte. So konnte sich beispielsweise bei Zuzug nach Berlin oder Wegzug aus Berlin die tatsächliche Lieferzeit drastisch verkürzen oder verlängern.

Ende der achtziger Jahre erreichte die Fahrzeugneuzuführung gerade einmal vier Prozent des Gesamtbestandes, der somit erst nach einem Vierteljahrhundert auf diese Weise erneuert worden wäre. Diese tendenzielle ›Vergreisung‹ des Pkw-Parks hatte bedrohliche Auswirkungen auf Umwelt und Sicherheit.

Mit der Jahreslaufleistung seines Autos ging der DDR-Bürger äußerst sparsam um, denn der Wagen musste ja lange halten. Im statistischen Durchschnitt stagnierte die pro Jahr zurückgelegte Strecke bei 9 000 km. In dieser Summe waren aber auch Taxis und Dienstwagen enthalten, so dass die Fahrleistung von Privatfahrzeugen wohl erheblich darunter lag. Bei einigen Fahrzeugen privater Halter wurden repräsentative Jahreslaufleistungen von 4 000 bis 6 000 km gezählt, und bei zwei bis drei Prozent der Pkw tendierte diese Leistung gegen Null, das heißt das Fahrzeug stand quasi das ganze Jahr über in der Garage. Auch wenn das nicht die Regel war, so kamen solche Ausnahmen doch vor. Sie zeigen sehr deutlich, dass man unter den gegebenen Verhältnissen den Pkw als Anschaffung für's Leben betrachtete, so wie Generationen vorher man nur einmal im Leben eine Schlafzimmereinrichtung kauften.

Für die Instandhaltung verließ sich der Halter zumeist auf sich selber, die allgemein übliche Garagenaustattung mit Ersatzteilen legte davon beredt Zeugnis ab. Das war auch notwendig, denn im Notfall stand zwar meistens eine geeignete Fachwerkstatt zur Verfügung. Doch diese hatte in aller Regel das benötigte Teil nicht vorrätig. Die Do-it-yourself-Ideologie wurde durch das einfache Baukonzept und das unveränderte Design von Trabant und Wartburg gefördert. Das Auswechseln von Keilriemen und Zylinderkopfdichtungen gehörte schon bei mäßig technisch gebildeten Fahrern zur Standardübung.

Im allgemeinen hielt man eine Zahl von 4,5 Millionen Pkw für einen bedarfssättigenden Bestand. Damit wurden etwa 75 Prozent der Haushalte erreicht. Wenn man die Warenkorbberechnungen für die Unterhaltung eines Pkw zugrunde legt, war jeder vierte Haushalt – gemeint waren jene Haushalte mit einem Einkommen von zunächst 1000,- M, später 1500,- Mark – de facto nicht in der Lage, einen Pkw zu kaufen und zu unterhalten. Der Sättigungspunkt des Motorisierungsprozesses leitete sich also aus der Entwicklung der Einkommen und des Lebensstandards ab.

War die übergroße Mehrheit der Mehrpersonen-Haushalte auf einen einzigen Pkw fixiert, der sich im Familieneigentum befand, so verschoben sich diese Relationen in dem Maße, in dem Zweitwagen genutzt wurden. Bei dem hohen Grad der Beschäftigung von Frauen in der DDR wurde diese Entwicklung sehr schnell vorangetrieben. Der Zweitwagenbestand stieg seit 1980 sehr viel schneller an als der Ausstattungsstand je 100 Haushalte. Das zeigte aber nach wie vor, dass ein großer Prozentsatz der Haushalte an der Pkw-Motorisierung überhaupt nicht teilnahm.

Zu alt und zu wenig: Lkw und Busse auf den Straßen der DDR

Für den öffentlichen Personenverkehr und den Gütertransport auf der Straße war in erster Linie, sieht man vom Öffentlichen Personennahverkehr in den Städten einmal ab, der Staatliche Kraftverkehr, VEB Kraftverkehr, zuständig.[3] Dieser zählte in der DDR zur bezirksgeleiteten Wirtschaft.

Seit Mitte der fünfziger Jahre waren mit zunehmender Etablierung der Planwirtschaft die noch vorhandenen Rudimente marktwirtschaftlicher Angebote durch Kleinunternehmen im Fuhr- und Speditionsgewerbe immer bedeutungsloser geworden. Plankennziffern ersetzten Angebot und Nachfrage auch im Ver-

Staus gab es auch im Winterurlaubsverkehr auf Fernverkehrsstraßen, wie auf der F 95 zwischen Bärenstein und Oberwiesenthal im Erzgebirge (Bundesarchiv/183/1987/0813/303)

Zweitakt-Smog (Bundesarchiv/183/1989/1228/300)

kehrswesen. Das galt auch für die Transportbetriebe, deren Erlöse sich im Ergebnis staatlich verordneter Transportpreise nur noch am Rande an den tatsächlichen Selbstkosten orientierten. Die Gewinnabführung und die Mittelzuteilungen für Investitionen waren reine Planungsgrößen. Unter dieser Prämisse schien der Bedarf an Nutzfahrzeugen unter planwirtschaftlichen Bedingungen bei den Staatlichen Kraftverkehrsbetrieben im extremen Maße verzerrt. Eine immer ausgefeiltere Gesetzgebung unterdrückte langfristig den Transportbedarf und reglementierte die Benutzung bestimmter Verkehrsträger. Mit der 1973 erlassenen Verordnung über Leitung, Planung und Zusammenarbeit beim Gütertransport und der Transport-Bilanzierungsanordnung aus dem Jahr 1975 wurden Versenderfirmen schon von einer sehr bescheidenen jährlichen Gutmenge und Transportleistungen im grenzüberschreitenden Verkehr sowie im Binnenverkehr gleichermaßen in ein aufwendiges System von Bedarfsanmeldung, Bilanzierung und Transportkontingenten gezwungen, das nach Verkehrsträgern, Monaten und eventuell sogar nach Dekaden aufgeschlüsselt war. Die diesbezüglich besonders »erfolgreiche« Planwirtschaft der DDR erlaubte nicht nur, ein Jahr im voraus die Transportleistungen für die einzelnen Verkehrsträger exakt festzulegen, sondern führte ganz gezielt zum Rückgang des Transportvolumens seit 1970 und – einmalig im Ostblock – sogar zu einer Stagnation der Gesamttransportleistung im Binnenverkehr in den Jahren 1980 bis 1985.[4]

Die aufwendige Transportplanung diente dazu, die Gesamtkosten der Staatswirtschaft für den Austausch von Waren und Informationen wie für die Personenbeförderung so niedrig wie möglich zu halten. Unter Berufung auf die marxistische Ökonomik sah man im Verkehrswesen keinen Wirtschaftszweig mit Gebrauchswertschöpfung, weshalb es auf das »volkswirtschaftlich notwendige Minimum« beschränkt bleiben sollte. Dazu mussten die verfügbaren Kapazitäten so lange und intensiv wie möglich ausgelastet und die Kosten für neue Fahrzeuge oder den Ausbau der Verkehrsinfrastruktur niedrig gehalten werden.

Generell galt, dass für Massenguttransporte sowie für Fahrten über Entfernungen ab 50 km die weit verzweigte Infrastruktur der Eisenbahn vorrangig auszulasten sei. Über kurze Entfernungen und im wirtschaftlich schwachen ländlichen Raum kam vorzugsweise der Kraftverkehr zum Einsatz. Dies wurde besonders deutlich, nachdem in einer Kampagne seit 1965 die Deutsche Reichsbahn unwirtschaftliche Nebenstrecken stillgelegt, kostenaufwendige Zugangsstationen für den Stückgut- und Wagenladungsverkehr geschlossen sowie die Zahl der Stückgutabfertigungen von 2800 auf 186 reduziert hatte. Bei der Reduzierung der Wagenladungsknoten von 3600 auf 800 im selben Zeitraum übernahm der öffentliche staatliche Kraftverkehr den Hauptanteil der verlagerten Transportleistung.

Das private Verkehrsgewerbe, bis in die Mitte der fünfziger Jahre gegenüber dem volkseigenen Sektor noch überlegen, passte nicht in das ideologisch bestimmte Planungsgefüge der Wirtschaft der DDR und bestand überwiegend aus kleinen Unternehmen, die sich einen Rest marktwirtschaftlicher Arbeitsweise bewahrt hatten. Stellten sie einerseits einen Störfaktor in der Transportplanung dar – dieser waren sie übrigens genauso unterworfen wie die Kollegen aus den VEB –, so vermochten sie es andererseits, noch die unscheinbarsten und scheinbar nicht mehr reaktivierbaren Reserven an Transportmitteln zu erschließen. Im Klartext hieß das, dass sie dank hohem persönlichen Einsatz an Kenntnissen, Zeit und Geld Wracks von Lastwagen und Omnibussen aus eigener Kraft rekonstruierten und wieder zu vollwertigen Transportmitteln verwandelten. Für den Kleinstunternehmer bot sich damit die Chance zum selbstständigen Gewerbebetrieb. Dieses Ziel verlieh ihm bei seinen Anstrengungen zwar scheinbar Flügel, doch war dies nur mit Hilfe der Aufarbeitung von Fahrzeugwracks und Altfahrzeugen zu erreichen, da in der DDR Privatunternehmer grundsätzlich niemals Neufahrzeuge zugewiesen erhielten. Ihnen stand lediglich der Weg zu Gebrauchtfahrzeugen über die DHZ Transportmittel beziehungsweise Maschinen- und Materialreserven offen, die abgelegte und in der Regel verschlissene Lkw der volkseigenen Industrie oder aus Armeebeständen vermittelte. Auch hier war der Weg für den privaten Fuhrunternehmer über den Kreistransportausschuss als oberste für ihn zuständige Planungsbehörde unerlässlich. Erst wenn dort seinem Antrag zugestimmt wurde – und das geschah in der Regel nur, wenn er Bevölkerungsbedarf zu befriedigen, das heißt Versorgungsaufträge durch Getränke oder Baustofftransporte vorzuweisen hatte –, war für ihn die Einstellung in die Warteliste wahrscheinlich.

Hier zeigte sich hinter der »bündnispolitisch« verbrämten Genehmigungspraxis des Staates deutlich das Ziel, auch geringste Reserven erschließen zu lassen. Die Volkseigenen Betriebe bewältigten ihren Part bei der Aufarbeitung der Fahrzeuge in viel größerem Stil. Seit Mitte der siebziger Jahre war dies die Aufgabe der zentralen Kraftfahrzeug-Instandsetzungs-Betriebe (KIB) beziehungsweise Kraftfahrzeug-Instandsetzungs-Höfe (KIH) als Teil der Verkehrskombinate in den Bezirken. Bei den Bussen und Lkw war nach sechs Jahren eine Generalreparatur fällig, die eine sechsjährige Weiternutzung sichern musste. Nach zwölf Jahren wurden die Fahrzeuge neu aufgebaut und alles durch fabrikneue, eigengefertigte und regenerierte Teile ersetzt. Die industrielle Regie dieser handwerklichen Arbeiten war vom Staat so gewollt, und diese Betriebe hatten regelrechte Planauflagen für Neuaufbauten nach Typen und Stückzahlen sowie zur Neufertigung und Regenerierung von Bauteilen und Baugruppen. Da dies in jedem Bezirk geschah, wurden die Aufgaben dann in den achtziger Jahren republikweit spezialisiert und auf gegenseitige Bezugsmöglichkeiten orientiert.[5]

Grundsätzlich war es die Absicht des Ministeriums für Verkehrswesen der DDR, den öffentlichen Kraftverkehr gegenüber dem Werkverkehr zu favorisieren, da hier die Kapazitäten besser auszulasten waren und weitaus weniger an Transport und Energie anfiel. In der Praxis erwiesen sich jedoch die Betriebe der Industrie, des Bauwesens und der Landwirtschaft als zahlungskräftiger und mit dem Fahrzeugbau beziehungsweise dem Import von für sie interessanten Fahrzeugen viel enger verbunden. Ihre Fuhrparks waren jünger und spezialisierter als die des VEB Kraftverkehr.

In marktwirtschaftlich reproduzierenden Industriestaaten fließen in der Summe aller Investitionen 30 bis 35 Prozent der Kapitalanlage in das Transport- und Nachrichtenwesen. Die offiziellen statistischen Werte für die DDR, die sämtliche Verkehrsinvestitionen, also auch solche für Straßenbau und Telefonnetz, enthielten, bewegten sich mit Ausnahme einiger weniger Jahre vor 1965 in der Größenordnung von 8 bis 11 Prozent der Gesamtinvestitionen. War schon die gesamte wirtschaftliche Entwicklung durch permanenten Mangel charakterisiert, so musste sich angesichts dieses geringen Anteils die Situation im Verkehrswesen zwangsläufig als besonders anfällig zeigen und wurde im Verlauf der Jahrzehnte immer dramatischer. Bereits Mitte der sechziger Jahre gestand die SED-Führung eine unterproportionale Entwicklung des Verkehrswesens ein. Dem Kraftverkehr (ohne Straßenbau) standen im Regelfall 10 Prozent, in Ausnahmejahren 13 Prozent Anteil an diesen Verkehrsinvestitionen zu. Die Mittel wurden überwiegend zur Fahrzeugneubeschaffung benutzt. Mitte der siebziger Jahre beispielsweise wurden 75 Prozent dieser Investitionen beim Kraft-

Werbeanzeige in einer Fachzeitschrift Mitte der fünfziger Jahre für Dreiseiten- und Hinterkipper der Firma Hunger

Ein Ikarus 30 aus den Importen der frühen fünfziger Jahre; man beachte besondesr die ausstellbare Frontscheibe (Archiv Dr. Uwe Erler)

verkehr dazu eingesetzt, neue Fahrzeuge und Ausrüstungen zu beschaffen, was zu einer spürbaren Modernisierung führte. In diesen Jahren entstand das dichte Busliniennetz, um den Mobilitätsanspruch der Bevölkerung bei gehemmtem Individualverkehr zu befriedigen.

Sowohl die Investitionskraft der Verkehrsbetriebe als auch die Möglichkeiten, mit den zugewiesenen Geldern die benötigten Investitionsgüter tatsächlich zu erhalten, erwiesen sich nicht als Produkt von Planmäßigkeit und wissenschaftlich begründeter Weitsicht, vielmehr waren sie Ergebnis zahlreicher, nicht abgestimmter Prozesse und subjektiver, oft willkürlicher und meist kurzfristig gefällter Entscheidungen. Die Kurve zur Entwicklung der Verkehrsinvestitionen im Vergleich mit den Gesamtinvestitionen und dem statistisch ausgewiesenen Neuwert in der DDR vermittelt aus Sicht des Verkehrswesens die Erkenntnis, dass es sich hierbei offenbar um jährlich neu festgelegte Rang- und Reihenfolgen des volkswirtschaftlichen Aufbaus und nicht um langfristig konzipierte Planwirtschaft handelte (vgl. Anlagen A 12, A 13).

Von 1951 bis 1960 hatte sich die Transportleistung des volkseigenen öffentlichen Kraftverkehrs mehr als verzehnfacht, wobei das Wachstum der Beschäftigtenzahl von 5 000 auf 55 000 dieser Entwicklung entsprach. Im Personenverkehr (ohne städtische Verkehrsbetriebe) versechsfachte sich während dieses Zeitraums die Anzahl der Beförderung, die Leistung wuchs fast auf das Fünffache. Dies geschah nicht zuletzt infolge des auf 2904 Linien mit insgesamt 78 799 km ausgeweiteten Busnetzes und der durchschnittlichen jährlichen Neuzuführung von 600 Bussen.

Dabei wurden ab 1952 rund 50 Prozent aus Importen abgedeckt, hauptsächlich von Ikarus aus Ungarn. Die jährlichen Importgrößen schwankten deutlich und waren von der Liefermöglichkeit des Herstellers und ab 1980 stark von der Zahlungsmöglichkeit der DDR abhängig. Insgesamt wurden bis 1989 genau 33 389 Ikarus-Busse importiert. Das Ikarus-Importprogramm wurde anfangs von den

Seit 1959 importierte die DDR Busse des Typs Škoda 706 RTG als Stadt-, Überlandlinien- und Fernreisevariante (Archiv Dr. Uwe Erler)

selbsttragenden Baumustern 30/311 und 55/66 sowie der Baureihe 60/601/620/630 in Rahmenbauweise bestimmt. Nachdem Ungarn ab 1963 seine Nutzfahrzeugproduktion den RGW-Beschlüssen entsprechend ausgebaut und Lizenzen für Komponenten, zum Beispiel MAN-Motoren, erworben hatte, kamen ab 1967 moderne Gelenkbusse (Typ 180) in die DDR. Mit den Typen 250 und 260 begann ab 1972 der Import der Ikarus-Baureihe 200, die bis 1989 den Stadt-, Regional- und Reiseverkehr in der DDR prägte. Auf der Basis der RGW-Spezialisierung und mit entsprechenden Krediten war die Produktionskapazität bei Ikarus von 1895 Bussen im Jahr 1960 über 6 000 Stück 1970 auf 14 500 Einheiten im Jahr 1989 gesteigert worden. Davon entfielen 50 Prozent auf den Bedarf der Sowjetunion.

Die Importe konnten den Omnibus-Bedarf der DDR nicht decken, so dass fünfzehnjährige Nutzungszeiten üblich waren. Besonders die geringen Importzahlen in der ersten Hälfte der achtziger Jahre führten zu einer sich verschärfenden Situation und zu einem überproportionalen Bedarf an Ersatzteilen. Die »industrielle Instandsetzung« von Baugruppen und sogar ganzen Omnibussen wie bei Wismut war nichts anderes als ein Neuaufbau aus Ersatzteilen. Es war übrigens auch der Mangel an Investitionsmitteln für leistungsstarke S-Bahnsysteme, der zwangsläufig zur verstärkten Inanspruchnahme von Omnibussen für die Verkehrserschließung externer Neubaugebiete ohne Schienenanschluss führte. Diese Lösung war volkswirtschaftlich sehr teuer, wenn man – notwendigerweise – auch die Aufwendungen für Bau, Instandsetzung und Instandhaltung der Straßen hinzu rechnete.

Die Tatra 111-Schwerlastzugmaschine für 100 t Anhängelast mit luftgekühltem 185-PS-Dieselmotor. Seit 1958 wurden mit diesen Fahrzeugen Abteilungen für Schwertransporte in einigen Verkehrsbetrieben in der Nähe von im Aufbau befindlichen chemischen Großfabriken aufgebaut (Archiv Dr. Uwe Erler)

Der 10-Tonner Tatra-Pritschen-Lkw basierte auf einer in den dreißiger Jahren begonnenen Entwicklung; auch von diesem Typ importierte die DDR Mitte der fünfziger Jahre einige Fahrzeuge (Archiv Dr. Michael Dünnebier)

Der werkseigene Fuhrpark der Wernesgrüner Brauerei bestand 1959 aus vierzehn mittleren und schweren Lastzügen, darunter neben den H 6 auch aus einem Büssing (Archiv Jochen Borrmeister)

Zusätzlich zu den Ikarus-Fahrzeugen wurden ab 1956 etwa 500 Škoda-Omnibusse, 209 Skoda-Oberleitungsbusse und von 1968 bis 1970 aus Polen 660 Jelcz-Busse und 350 Jelcz-Busanhänger bezogen.

Auch auf dem Lkw-Sektor war die DDR durch die Einschränkung des eigenen Produktionsprogramms und durch die Orientierung an Empfehlungen und Beschlüssen des RGW besonders ab 1960 auf erhebliche Importe angewiesen, die aus der ČSSR, Polen, Rumänien, Ungarn und aus der Sowjetunion kommen.

Für spezielle Transportaufgaben, für den grenzüberschreitenden Verkehr und bei Lieferengpässen der RGW-Partner wurden teilweise in nennenswerten Größen, oft aber auch in kleinen Stückzahlen diverse Typen verschiedener Hersteller aus dem NSW importiert (Jugoslawien, Österreich, Frankreich, Großbritannien, Schweden, Belgien und der BRD).

Betrachtet man diese Großzahl importierter Typen, fällt einem besonders der Widerspruch zu sämtlichen Bestrebungen zur Typenreduzierung und die Unmöglichkeit einer rationellen Ersatzteilhaltung auf. Sieht man von den Importen aus Ungarn und der UdSSR ab, waren alle übrigen Importgeschäfte als Notstandsreaktionen auf dringenden Bedarf einzustufen. Ganz deutlich wurde dies bei der Einführung des Containertransporters 1968 oder beim Kapazitätsengpass für Zementtransporte 1964, als die fest eingeplanten ungarischen Csepel-Sattelzüge sich als technisch völlig unzulänglich erwiesen und das Präsidium des Ministerrates kurzfristig den Import aus dem »nicht sozialistischen Wirtschaftsgebiet« beschließen musste. Die Blitzgeschäfte richteten sich natürlich nach den jeweils zu diesem Zeitpunkt zur Verfügung stehenden Importzahlungsmitteln sowie nach Lieferfähigkeit und Preisvorstellungen der Hersteller.

Die seit 1965 spürbar werdende Verjüngung und Kapazitätserweiterung des Fuhrparks in der DDR ergab sich in erster Linie aus der größten Investition in der Geschichte des DDR-Nutzfahrzeugs, dem Neubau des Lkw-Werks in Lud-

Eine Škoda-Zugmaschine mit zwei Möbelkoffer-Anhängern Ende der sechziger Jahre im Fernverkehr. Diese wenig effiziente Transporttechnologie zeigt deutlich den Mangel an Koffer-Lkw bei den öffentlichen Kraftverkehrsbetrieben (Archiv Dr. Uwe Erler)

Seit Ende der fünfziger Jahre dominierten die Ikarus-Heckmotorbusse den Liniendienst der DDR-Kraftverkehrsbetriebe. Hier ist eine Überland-Variante des Ikarus 66 zu sehen, die ab Mitte der sechziger Jahre ausgeliefert wurde (Foto: Dr. Michael Dünnebier)

Zwei Bauarten der ungarischen Csepel-Lkw als Solo-Fahrzeug und Sattelzug wurden Anfang der sechziger Jahre importiert. Trotz der selben Antriebstechnik wie bei den Ikarus-Typen überzeugten sie in den Kraftverkehrsbetrieben wegen zu geringer Zuverlässigkeit nicht (Archiv Dr. Uwe Erler)

Die Autos auf der Straße

1971 stattete der VEB Verlade- und Transportanlagen Leipzig einige der seit dem vorhergehenden Jahr im Fahrzeugwerk »Ernst Grube« Werdau produzierten 20-t-Tragrahmenauflieger mit hydraulischen Absetzanlagen aus. Freigesetzte und neu importierte Zugmaschinen der Typen Škoda – hier abgebildet –, Raba, MAS und Jelcz verstärkten die Fahrzeugflotte beim Ausbau des »Container-Transportsystems« (Foto: Dr. Uwe Erler)

Škoda-Zugmaschine des VEB Kraftverkehr Eisenhüttenstadt für den Schwergut-Fernverkehr. Der Einbau von zwei Schlafpritschen und der Umbau am Kabinendach geschah 1974 in der eigenen Werkstatt (Archiv Dr. Uwe Erler)

Seit dem Ende der siebziger Jahre führten der Mangel an Großraumlastzügen bzw. Großraumaufliegern und der Zwang zum geringeren Kraftstoffverbrauch zur Bildung sogenannter Doppelsattelzüge. Die Sattelkupplungsachsen dafür lieferte zunächst der Fahrzeugbau; in den achtziger Jahre entstanden sie in den Verkehrskombinaten. Hier ist eine viele Jahre im Raum Suhl eingesetzte Škoda-Sattelzugmaschine mit zwei 20-t-Tragrahmenaufliegern und Flats am Containerumschlagplatz Sonneberg zu sehen (Archiv Dr. Uwe Erler)

Der Mangel an 40°-Tragrahmen ließ bis 1985 solche Technologien zur Regel werden, wenn auch die Traktion des Jelcz nur zum Zustellverkehr in den flacheren südwestlichen Teilen des Bezirkes Suhl ausreichte (Archiv Dr. Uwe Erler)

Lastzüge mit zwei Anhängern wurden in den achtziger Jahren häufig für den Transport von Baustoffen eingesetzt. Der um das Jahr 1985 herum einmal die Titelseite der Fachzeitschrift *Kraftverkehr* zierende überlange Lastzug zur Getränkeanlieferung des VEB Autotrans Berlin, Bereich Versorgungstransporte, war in doppelter Hinsicht bemerkenswert: Zum einen musste bei der Routenplanung wohl sehr genau untersucht werden, welche Verkaufsstellen das Gefährt erreichen konnte, zum anderen war der nagelneue KamAZ-Dreiachser mit 10 t Nutzmasse durch die Bierkästen genauso hoffnungslos unterbeladen wie die H 180-Speditions-Anhänger dahinter. Eine Ladebreite von 2,42 m, um die Paletten unter den Kästen paarweise quer stellen zu können, wies kein Fahrzeug auf, wodurch Laderaum ungenutzt blieb (Archiv Dr. Uwe Erler)

Nach zwölf Jahren verschlissene Container-Absetzanlagen ersetzten die Verkehrskombinate Mitte der achtziger Jahre durch solche Eigenbauten (Archiv Dr. Uwe Erler)

wigsfelde. Bezeichnenderweise wurden Investitionen und Kapazitäten aber nicht aufgrund des dringenden Bedarfs im Transportwesen, sondern wegen des sprunghaft zunehmenden Transportaufwands in der Landwirtschaft, unter Berücksichtigung militärischer Forderungen und sich anbahnender Exporte nach Afrika, Iran/Irak und Syrien freigegeben.

Der W 50 bot dann die Basis für die Ende der sechziger Jahre in Werdau unternommenen Projektierungen von Fahrzeugkombinationen mit dem Ziel einer Rationalisierung der Transporte, wie z. B. der Milchtankauflieger (1967). Auch Tragrahmen für Container wurden seit 1969 in Werdau entwickelt, für die man dann allerdings Importzugmaschinen benötigte.[6]

Die Transportmängel des IFA W 50 bestanden vor allem in der für Volllast- und Anhängerbetrieb unzureichenden Motorleistung sowie im hochgelegenen, aber ohne Durchsteigemöglichkeit konzipierten und für den Speditions- und Verteilerverkehr unzweckmäßigem Fahrerhaus. Außerdem wies er eine für großvolumige Aufbauvarianten (Möbel- oder Speditionstransport) unzureichende Rahmenlänge auf. Schließlich ergab sich noch eine interessante Folge indirekter Art: Vor allem die Industrie schaffte in großem Umfang diesen Lkw auch für Transporte an, die eigentlich mit Ein- bis Dreitonnern hätten bewältigt werden können. Aber da es hiervon weder in der Produktion der DDR genügend Fahrzeuge gab noch via Import diese in ausreichender Zahl zu beschaffen waren, musste man sich mit dem großen W 50 begnügen. Also schnellte nach 1965 die Tonnage des Werkverkehrs erneut in die Höhe und gleichzeitig sank dessen durchschnittliche Auslastung. Es trat also genau das Gegenteil dessen ein, was man langfristig bewirken wollte.

Die anfänglich reichliche Verteilung von Lkw W 50 an die Wirtschaftsbetriebe der DDR wurde bald durch die immer günstigere Exportmöglichkeit vor allem in die Entwicklungsländer gedämpft. Ende der siebziger Jahre unterschritt die Fahrzeugzuführung an den Kraftverkehr in der DDR die Schmerzgrenze. Forderungen nach einer Zusatzproduktion von Lkw L 60 und Robur D 609, die sich sogar Partei und Regierung zu eigen machten, scheiterten an 6 Milliarden Mark, die dafür als Investitionen hätten bereitgestellt werden müssen.

Angesichts hoher Exportanteile der DDR-Nutzfahrzeughersteller und verhältnismäßig geringer Importe verschlechterten sich die Fahrzeugzuführungen für den

Großraum-Schüttgutauflieger Marke Eigenbau. Man nehme einen 20°-Container offener Bauart, einen verschlissenen 20-t-Tragrahmenauflieger und Kipphydraulik paarweise. Nach rund einer Woche Arbeitszeit schufen fünf bis sechs Ratiomittelbauer das Fahrzeug. Die KamAZ-Zugmaschine war hier, da in Sattellast unterfordert, eine Verlegenheitslösung (Archiv Dr. Uwe Erler)

Binnentransport immer stärker. Trotz gleichzeitig zurückgeschraubter Kraftstoffkontingente, besonders empfindlich bei Diesel, und trotz administrativ verringerter Arbeitskräfte – vor allem bei Arbeitsplätzen für Fahrern – mussten die Kraftverkehrsbetriebe ihre geplanten Transportleistungen erbringen. In dieser Situation war zunächst ein wirksamer Ausweg die Zentralisation, mit anderen Worten die Bildung von Kombinaten auf Bezirksebene. Eingeleitet durch das Kombinat Autotrans Berlin 1969 entstanden bis 1971 jeweils ein Kraftverkehrs- und ein Instandsetzungs-Kombinat in den Bezirken.[7] Über den Austausch innerhalb des Kombinats ließen sich so auch die letzten Reserven an Transportkapazität erschließen.[8] Der wichtigste Effekt der Kombinatsbildung war jedoch der Auf- und Ausbau gewaltiger und immer leistungsfähigerer Reparaturkapazitäten, denen in den achtziger Jahren nicht nur jeglicher verkehrstechnologischer Fortschritt, sondern das Funktionieren des Kraftverkehrs überhaupt zu verdanken war.

Ausgangspunkt war der auf die einzelnen Betriebe ausgeübte Zwang, jede Möglichkeit zum Ausbau ihrer Instandsetzungen einschließlich der Neufertigung von Kleinhilfsmitteln und der Regeneration von Verschleißteilen zu nutzen. Kontakte vor Ort halfen, Ingenieure und begabte Handwerker zu finden sowie Verbindungen zu Industriebetrieben zu knüpfen, die zumeist über Naturalienaustausch aufrecht erhalten werden konnten und mit deren Hilfe sich nicht nur Materialengpässe, sondern auch Bauvorhaben kleineren Ausmaßes bewältigen ließen. Aus dieser Improvisation und Notstandsbewältigung entwickelte sich bald eine planmäßige Wirtschaftspolitik. Seit Ende der siebziger Jahre begannen die Verkehrskombinate in ihrem Einzugsbereich die Generalreparatur bestimmter Lkw-Typen, die Ersatzteilerzeugung beziehungsweise Regeneration sowie die Eigenfertigung von Rationalisierungsmitteln zwischen den Betrieben zu spezialisieren. Kooperationsbeziehungen entstanden ganz gezielt zu einzelnen Industriebetrieben im Bezirk, aber auch zu örtlichen Dienststellen der Deutschen Reichsbahn mit ihrem überdurchschnittlichen Werkstattpotenzial und der Bezirksdirektion Straßenwesen. Das Ziel bestand im gemeinsamen Neubau von Spezialaufbauten oder anderer verschlissener Fahrzeugbaugruppen. Lange Listen zum Austausch eigengefertigter Bauteile kursierten zwischen den Kombinatsbetrieben und ihren Partnern.

Um das Jahr 1984 herum begann die Hauptverwaltung Kraftverkehr in gleicher Weise, den Austausch von selbstgefertigten Kleinhilfsmitteln, Ersatzteilen und ganzer Fahrzeugbaugruppen zwischen den Verkehrskombinaten zentral zu planen und zu bilanzieren. Als die Staatliche Plankommission dem Ministerium für Verkehrswesen 1985 mitteilte, dass vom einheimischen Nutzfahrzeugbau nur noch ein bescheidenes Grundsortiment in den bekanntermaßen geringen Stückzahlen angeboten werden könnte, mussten die Verkehrsbetriebe gleichzeitig zur Kenntnis nehmen, dass sie durch zentrale und strikt einzuhaltende Verbote daran gehindert wurden, ihrerseits der Automobilindustrie Spezialaufträge zu erteilen. Um das Maß vollzumachen, wurde ihnen mitgeteilt, dass Importmittel nur noch für wenige Schwerpunktvorhaben bereit stünden.[9] Eindringlicher konnten die Signale auf Selbstversorgung nicht gestellt werden.

Schon seit Mitte der siebziger Jahre wurden Fahrzeugumbauten bei den Instandsetzungskombinaten in größerem Stil vorgenommen. Das galt beispielsweise für das alte Škoda-Fahrerhaus, dem Doppelschlafkabinen eingebaut wurden. Auch Spoiler zur Senkung des Kraftstoffverbrauchs wurden hergestellt und montiert. Transportgestelle für besondere Ladegüter mit dem Ziel besserer Nutzmasse- oder Volumenausnutzung entwickelte man und montierte 20 Fuß Schüttgut-Container auf Tragrahmen mit eingebauter Kipphydraulik. Der finanzielle Aufwand dafür war unverhältnismäßig hoch, die Materialbeschaffung baute auf die Findigkeit der entsprechenden Mitarbeiter und sprach in der Regel der zentralwirtschaftlichen Planung und Bilanzierung Hohn. Um 1985 lieferte der Zentrale Rationalisierungsmittelbau des Verkehrskombinates Suhl jährlich zehn bis fünfzehn Salzstreufahrzeuge für den Winterdienst an die Bezirksdirektion Straßenwesen. Als Gegenwert erhielt man Kipp-/Pritschenaufbauten für fünfzehn Jahre alte Škoda-Lkw, die dringend benötigt wurden. Die 18 Mitarbeiter in ihrer bescheidenen Werkstatt waren allerdings überfordert, als sie von der Zentrale in Berlin aufgefordert wurden, jährlich 15 Pritschenanhänger für den grenzüberschreitenden

Um das Jahr 1984 herum begannen Verkehrskombinate mit der Eigenfertigung von 40°-Tragrahmenaufliegern. Abhängig von verfügbaren Achs-Aggregaten entstanden Aufflieger verschiedener Tragfähigkeit. Seit Mitte der achtziger Jahre wurden diese Eigenbauten in die zentrale Planung der Hauptverwaltung Kraftverkehr für den innerzweiglichen Austausch von »Rationalisierungsmitteln« mit einbezogen. Lieferanten der verschiedenen Bauarten wurden unter anderem die Verkehrskombinate Cottbus, Leipzig, Erfurt und Schwerin. Der abgebildete Jelcz-Sattelzug konnte allerdings nur Container bis 2 x 8 t Gesamtmasse aufnehmen (Foto: Dr. Uwe Erler)

Verkehr mit 16,5 t Nutzmasse zum Vertrieb in der gesamten DDR zu bauen. Das Verkehrskombinat Potsdam verlängerte serienmäßig den Rahmen des W 50 und stellte dem Kraftverkehr der DDR Speditionsfahrzeuge mit größerem Ladevolumen zur Verfügung, auf die er vergeblich gewartet hatte. Bei den Eigenbau-Pritschen wurde mit 2,42 m Ladebreite ein Elementarverlangen für rationellen Transport (2 Paletten zu 1,20 m Normalmaß quer nebeneinander stellbar) erfüllt, was ebenfalls vom DDR-Lastwagenbau bis 1987 den Verkehrsbetrieben verweigert wurde. Dabei war der Paletteneinsatz im Verkehrswesen bereits seit 25 Jahren üblich. Lediglich einige Importlastzüge für den Fernverkehr wiesen seit Mitte der siebziger Jahre diese international übliche und günstige Ladebreite auf.

Solche Zwischenböden, die in den Verkehrskombinaten Erfurt und Suhl in Möbelkoffer-Fahrzeuge eingebaut wurden, halfen, den steigenden Absatz an Polstermöbeln nach 1985 bei gleicher Fahrtenzahl zu bewältigen (Foto: Dr. Uwe Erler)

Dem Zwang zum Kraftstoffsparen hatten die Betriebe durch Lastzugbildung mit zwei Anhängern zu entsprechen, trotz aller Einsatznachteile und angesichts des nur geringen Nutzens. Kraftstoffkürzungen, verbunden mit permanenten Bus- und Fahrermangel, führten zwischen 1979 und 1982 zur Einstellung einer ganzen Reihe von Buslinien. Im Jahr 1976 erließen die Minister für Verkehrswesen und für Inneres eine gemeinsame Anordnung zur fortan höchstzulässigen Geschwindigkeit mit einer langen Liste aller Fahrzeugtypen und der zu erwartenden Ersparnis je 100 km.[10] Nach einer präzisierten Anordnung von 1980 waren die Hecks aller Nutzfahrzeuge mit der Höchstgeschwindigkeit zu beschildern, um den Kontrollen die Arbeit zu erleichtern. Teilweise groteske Ausmaße nahmen die staatlichen Auflagen zur Substitution von Erdölprodukten als Kraftstoff schließlich 1982/83 mit den ernsthaften Entwicklungen von Anlagen für Generatorgasantrieb für Dieselfahrzeuge, von Elektroantrieben für Kleintransporter und Flüssiggasantrieb für Lastwagen geringer Nutzmasse sowie Taxi-Pkw mit Ottomotor an. Das Ministerium für Verkehrswesen sah zunächst alle W 50 Kipper im Baustofftransport für den Generatorantrieb vor, richtete dann aber den Blick noch auf die Pritschenfahrzeuge, um die Ersparnisauflagen auch erfüllen zu können. In zahlreichen Betrieben begannen umfangreiche Eigenentwicklungen, es wurden erhebliche Forschungs- und Investitionsmittel verbraucht und der Aufbau von Zulieferketten für die Serienfertigung setzte ein. Mehrere Umbauserien befanden sich in Erprobung. Bei den anderen Substitutionen handelte es sich um Eigeninitiativen von Kraftverkehrs- und Industrie-Betrieben in geringerem Ausmaß.

Die DDR-Variante des kombinierten Transports: Als Resultat der Begrenzung von Kraftstoffen wurde 1985 eine Eisenbahn-Sammelgutlinie Karl-Marx-Stadt – Suhl eingerichtet. Die verwendeten W 50-Sattelauflieger mussten für das Verladen auf herkömmliche Niederbordwagen der Deutschen Reichsbahn im oberen Bereich nach dem DR-Lichtraumprofil abgeschrägt werden, was dem Ratiomittelbau des Verkehrskombinates Suhl Aufgaben und dem Kraftverkehr Suhl als Betreiber erheblichen Laderaumverlust brachte (Archiv Dr. Uwe Erler)

In ihrem Anspruch, die DDR zu einer der zehn stärksten Industrienationen der Welt gemacht zu haben, schloss die SED-Führung auch ein modernes Verkehrswesen ein, welches die volkswirtschaftlich notwendigen Transporte reibungslos und mit größtmöglicher Effizienz ausführen konnte. Aber dem einheimischen Automobilbau wie auch den Kraftverkehrsbetrieben fehlten die Investitionen und damit einhergehend die Entwicklungsmöglichkeiten, die für eine wirtschaftliche Arbeits- und Funktionsweise langfristig vonnöten gewesen wären. An Mahnungen fehlte es auch in der Öffentlichkeit nicht. Die Kammer der Technik, der Ingenieurverband in der DDR, benannte immer wieder auf ihren Fachtagungen und in ihren Publikationen diese Vernachlässigung und wies warnend auf ihre wirtschaftlichen Folgen sowohl für Kraftverkehr als auch für Automobilbau hin. Es änderte sich nichts. Bereits 1974 erschien in der Fachzeitschrift *Kraftverkehr*[11] eine kritische Betrachtung zur Nutzungsdauer von Kraftfahrzeugen. Darin wurde festgestellt, dass schon damals in der DDR 20 bis 25 Prozent der Neuproduktion für Ersatzteile und damit doppelt soviel wie im Weltdurchschnitt verbraucht wurde. Der Autor machte das zu hohe Durchschnittsalter der Fahrzeuge und die zweifelhafte Planungsmethodik der Kfz-Instandhaltung dafür verantwortlich, dass in absehbarer Zeit die Hälfte der Produktion Ersatzteile sein müssten und die wesentlich wirtschaftlichere Neuproduktion weiter zurückginge. Den Verlust bezifferte er mit 600 Millionen Mark jährlich.

Anmerkungen

1 Werner Schubert, *Die Motorisierungspolitik in der DDR*, unveröffentl. Ms., 1996, im Besitz des Autors
2 Derartige Schrott-Wagen wurden sogar per Inserat angeboten, wie zum Beispiel in der Zeitschrift *Die Materialwirtschaft*, Nr. 7/1955: »PKW Opel Olympia Baujahr 1936, ohne Bereifung, Karosserie durchgerostet, Chassis-Material ermüdet und mehrmals geschweißt, Vorderachse angeschlagen, Federn unbrauchbar, Pleuel- und Hauptlager ausgelaufen, Kolben, Kupplung und Kardanwelle ausgearbeitet, Kühler teilweise verstopft und undicht.« Das wichtigste, offenbar unversehrte Bestandteil war nicht aufgeführt – die Fahrzeugpapiere. Daher war der »Wagen« auch sofort verkauft.
3 Uwe Erler, *Die Fahrzeugwirtschaft der Deutschen Reichsbahn und der Kraftverkehrskombinate unter der restriktiven Technik- und Verkehrspolitik in der DDR bei Berücksichtigung der vom Fahrzeugbau gebotenen Voraussetzungen*, unveröffentl. Ms., Dresden 1992; ders., *Das Verhältnis zwischen Nutzfahrzeugbau und Kraftverkehrsbetrieben im Gefüge der DDR-Planwirtschaft*, unveröffentl. Ms., 1996, im Besitz des Autors.
4 Nach Angaben in: *Statistisches Jahrbuch der DDR*, Berlin 1989, S. 214 f., sank der Transportumfang von 1970 bis 1988 um 44,8 Prozent. Beim spezifischen Transportaufwand (Transportleistung je erzeugter Werteinheit) wurde für diesen Zeitraum ein Rückgang auf weniger als 65 Prozent ausgewiesen.
5 Wie hoch entwickelt diese Instandsetzungswerke sein konnten, zeigt das Beispiel des KIB Plauen, bei dem Werkstattausrüstungen und Fachkenntnisse des Personals so gut waren, dass Neoplan dort ab 1990 von der selben Belegschaft übergangslos Neufahrzeuge montieren lassen konnte.
6 Nach Mitteilungen von Chefkonstrukteur Wilfried Otto
7 Oft waren zweckmäßigerweise auch beide in einem einzigen Kombinat zusammengefasst; Mitte der achtziger Jahre war dies mit Ausnahme von Berlin überall der Fall.
8 Seit 1970 wurde die Anzahl der Betriebe erheblich reduziert. So wurde beispielsweise in den fünf Vogtlandkreisen aus fünf volkseigenen Kraftverkehrsbetrieben der Kreise und einem Güterkraftverkehrsbetrieb ein einziger VEB Kraftverkehr Plauen mit den entsprechenden Betriebsteilen gebildet.
9 Besonders betroffen von der Verknappung der zur Beschaffung notwendigen Devisen war der Import der Ikarus-Omnibusse. Entsprechend den RGW-Beschlüssen und den zweiseitigen Spezialisierungsabkommen forderte Ungarn von der DDR als Gegenlieferung Pkw und Lkw W 50. Vor allem bei den Lkw-Lieferungen konnte die DDR Ungarn gegenüber ihre ursprünglichen Verpflichtungen nicht einhalten, da sich der W 50 zu dieser Zeit gut an beide Seiten im Golfkrieg verkaufen ließ und damit konvertierbare Devisen einbrachte. Verschärft wurde die unausgeglichene Handelsbilanz gegenüber Ungarn durch die Reiselust der DDR-Bürger nach Ungarn und damit den erheblichen Bedarf an sogenannten »Touristen-Forint«, für deren Ausgleich durch Ungarn Warenlieferungen erwartet wurden. Konträr zu den langfristigen Handelsplanungen reduzierte die DDR in der ersten Hälfte der achtziger Jahre deutlich ihre Bus-Importe aus Ungarn. Besonders die sehr geringe Importmenge von lediglich 68 Bussen im Jahre 1983 brachte die Ikarus-Werke in Absatzprobleme und führte dazu, dass sich die DDR dazu bereit erklären musste, für eine Vermittlung der überzähligen Fahrzeuge an Polen zu sorgen. Verschärft wurde die Importsituation durch die Preispolitik der ungarischen Seite. So wurden die Bus-Preise von 1980 bis 1989 um fast 52 Prozent erhöht, die der Ersatzteile sogar um 76 Prozent. Andererseits wurden Außenhandelspreise immer gegenseitig verhandelt, das heißt auch die DDR regulierte die Preise nach oben. Ein 11-m-Ikarus-Stadtbus des Typs 260.02 wurde 1989 von der DDR für 51 857 Rubel importiert. Dies entsprach einem Gegenwert von 242 000 DDR-Mark. Der Preis gegenüber dem Endkunden betrug 259 682,80 DDR-Mark.
10 ›Kraftstoffeinsparung durch Geschwindigkeitsbeschränkung von Nutzfahrzeugen‹, in: *Kraftverkehr* 19 (1976), H. 8, Seite 267f. Danach sollte beispielsweise ein Ikarus 66, im Überlandverkehr von 80 auf 70 km/h beschränkt, einen Minderverbrauch von 2 l DK je 100 km erbringen.
11 Krönert, ›Betrachtung zur Nutzungsdauer von Kraftfahrzeugen‹, in: *Kraftverkehr* 17 (1974), H. 1, Seite 15-18.

Der VW-Motor EA 111 im Schnittbild (Archiv Dr. Winfried Sonntag)

6 Plan statt Markt: Der Tragödie letzter Teil

»... wie das Gesetz es befahl!«

Als Folge der über die Jahrzehnte hin ›verfeinerten‹ und ausgeprägten Planmethodik war auch die Automobilindustrie beim wichtigsten wirtschaftlichen Sensorium, dem Kosten-Preis-System, vollständig von Reaktionen abgekoppelt, zu denen sie durch einen Angebot-Nachfrage-Markt gezwungen worden wäre.[1] Die Finanzbeziehungen waren zwangsweise geordnet und kraft Gesetz sanktioniert. Auf diese Art waren die Betriebe direkt mit dem staatlichen Haushalt verbunden. Entsprechend geregelt waren Abführungen und Zuführungen. Zu ersteren zählten die Nettogewinnabführung, die produktgebundenen Abgaben, die Produktionsfondabgabe, der Beitrag zu den gesellschaftlichen Fonds sowie die Lohnsteuern und Sozialversicherungsbeiträge. Unter Zuführungen waren die produktgebundenen Preisstützungen, die Exportstützungen, spezielle Investitionsfinanzierungen, die Fondsstützungen sowie die Mittel für Berufsausbildung zu verstehen.

Die produktgebundenen Abgaben der Industrie zählten zu den wichtigsten Einnahmen des Staates. Sie ersetzten die ehemaligen Steuern wie Gewerbesteuer, Körperschaftssteuer oder Umsatzsteuer, ohne dabei allerdings deren direkte und indirekte Einflussmöglichkeiten weiterzugeben. Die Produktionsabgaben wurden vom Amt für Preise beim Ministerrat zentral festgelegt und den Betriebspreisen der Erzeugnisse zugeschlagen. Sie waren ohne Abstriche von den Betrieben an die Staatskasse zu entrichten. Ursprünglich waren damit die Preise besonders für sogenannte hochwertige Konsumgüter in die Höhe getrieben worden, um Geldüberhänge abzuschöpfen. Allerdings hatte man beispielsweise beim Trabant die Grenze des Möglichen erreicht. Der Preis für dieses Auto war von der Partei stets als politischer Preis eingeordnet worden – es sollte ein »Arbeiterauto« bleiben. So war man im Lauf der Zeit nicht mehr in der Lage zu reagieren, nachdem durch die Industriepreisreform die Preise in der vorgelagerten Industrie kräftig angestiegen waren, vor allem jene für Rohstoffe und Halbfertigfabrikate, ohne dass dies im Industrieabgabepreis (IAP) des Endprodukts zu einem Preisanstieg führen durfte. Damit ergab sich folgende Veränderung:

Tabelle 18: Produktionsabgaben im VEB Sachsenring Zwickau 1970–1989 (in Mio. Mark)

	1970	1980	1989
Warenproduktion zu Betriebspreisen	564	1086	2616
Produktionsabgabe	188	242	127
Warenproduktion zu Industrieabgabe-Preisen (IAP)	752	1328	2743
Prozentualer Anteil Produktionsabgabe zu IAP	25	18	5

Quelle: Geschäftsberichte des VEB Sachsenring Zwickau

Für den Staat änderte sich nichts. Er holte sich seine Einnahmen aus der Vorstufenindustrie beziehungsweise aus erhöhten Gewinnabführungen der Finalbetriebe. Mit der Zeit verlor er aber zusehends an Möglichkeiten, den Bedarf über die Preise zu regeln. Im übrigen gab es solche Hemmschwellen vor allem beim Trabant. Dafür wären bei dem messbaren Kaufkraftüberhang und angesichts der jahrelangen Wartezeiten Preise zustande gekommen, die faktisch auf dem Schwarzmarkt gezahlt wurden. Beim Wartburg verhielt es sich etwas anders, hier ging man weniger zimperlich vor.

Diesen Abgaben standen produktgebundene Preisstützungen durch die Staatskasse gegenüber. Sie waren zustande gekommen, nachdem Anfang der achtziger Jahre gerade die Industriepreisreform in der Vorstufenindustrie zu einem sprunghaften Anstieg der Kosten in der Autoindustrie geführt hatte und die Endpreise bei den Finalisten gleichzeitig konstant bleiben mussten. Eine außerordentlich wichtige Ursache für diese Subventionen waren auch die Ausgleichszahlungen, die durch die Richtkoeffizienten für Importe aus nichtsozialistischen Währungsbereichen zustande gekommen waren. Dieser Koeffizient wurde zentral festgelegt und modifiziert. Er drückte das Verhältnis aus, in welchem dem Valutamittel durch die DDR-Währung entsprochen werden musste. Anfang der achtziger Jahre betrug er 2,1:1; 1988 hatte er bereits das Verhältnis 4,2:1 erreicht. Das hieß, dass bei einem Investitionsgüterimport das 4,2-fache zum in Valuta gezahlten Preis an DDR-Währung gegengerechnet werden musste. Eine Kostenexplosion bei Abschreibungen und Zinsen, kaum beherrschbare Refinanzierungsprobleme und die Sprengung des Preisgefüges waren die logischen Konsequenzen, die an anderer Stelle durch Preisstützungen wieder kompensiert wurden. Hierdurch sollte die Beschaffung von Produktionsmitteln aus westlichen Valutaländern erschwert, ja so weit wie möglich verhindert werden und ein Ausgleich von Verlusten, etwa durch Dumping, bei Warenexporten erfolgen. Dieses Ziel wurde im wesentlichen erreicht. Doch die Paradoxie blieb unvermindert bestehen: Bei riesigem Bedarfsüberhang wurden die Preise gestützt.

Die Produktionsfondsabgabe wurde seit 1967 erhoben und sollte die Betriebe zur effektiven Nutzung ihrer Fonds animieren, also zur besseren Schichtauslastung der Anlagen führen, die Materialvorräte minimieren helfen sowie eine schnellere Aussonderung nicht mehr benötigter Maschinen durch Weiterverkauf fördern. Zudem sollte auch hier die Beschaffung teurerer neuer Anlagen –

zwangsläufig mit höherer Produktionsfondsabgabe gekoppelt – zugunsten einer Weiterverwendung älterer Anlagen unterbunden werden. Die Abgabe wurde als Teil des Betriebsgewinns betrachtet und mit sechs Prozent des Durchschnittsbestandes an Grund- und materiellen Umlaufmitteln berechnet. Für einen Betrieb wie Sachsenring Zwickau bedeutete dies eine jährliche Belastung von mehr als 200 Millionen Mark. Im betrieblichen Alltag verfehlte hingegen diese Abgabe bei weitem das avisierte Ziel. Dort sorgten ganz andere Faktoren für eine sehr starke Reduktion der Investitionen, so dass eine sechsprozentige Abgabe keinerlei Reiz mehr auszuüben vermochte. Allerdings gingen der Industrie damit umfangreiche und wichtige Finanzmittel verloren, die sie für Modernisierungsmaßnahmen dringend benötigt hätte.

Exportstützungen wurden vom Staat gewährt, wenn die Exporterlöse unter dem Betriebspreis exportierter Erzeugnisse lagen, also Verluste im Außenhandelsgeschäft entstanden.

Der Regelmechanismus geht aus folgender Aufstellung hervor:

Tabelle 19: **Exportstützung für den Pkw Trabant in den achtziger Jahren**

Industrieabgabepreis	9 500,00 Mark
Betriebspreis	7 500,00 Mark
Valutaerlös (NSW)	3 100,00 Valutamark
Exportstützung	4 400,00 Mark

Quelle: Geschäftsberichte des VEB Sachsenring Zwickau

Exportstützungen waren für die deutsche Automobilindustrie nicht neu, doch ausgesprochen typisch für die Wirtschaft der DDR. Um sich auf dem Auslandsmarkt behaupten zu können und somit notwendige Devisen zu beschaffen, wurden Exporterzeugnisse in der Regel unter Preis verkauft. Dies betraf sowohl vergleichbare Konkurrenzprodukte als auch die Kosten für die Fertigung in der DDR. Hier schlugen sich die veralteten Produktionsmethoden und -ausrüstungen besonders empfindlich nieder.

Vom Nettogewinn, der nach Abführung der erwähnten Abgaben noch verblieb, mussten vor allem der Betriebsprämienfonds, und, waren noch Mittel übrig, Neuinvestitionen finanziert werden. Der Betriebsprämienfonds war in Abhängigkeit zur Planerfüllung unbedingt zu sichern und stand den Mitarbeitern etwa zu zwei Dritteln in Form der Jahresendprämie und zu einem Drittel für Wettbewerbsprämierung und Auszeichnungen zur Verfügung. Der hohe Stellenwert gerade dieser Auszahlungen geht auch aus dem Umstand hervor, dass Fondsstützungen aus dem Staatshaushalt gewährt wurden, wenn aufgrund fehlenden betrieblichen Gewinns ein Betriebsprämienfonds nicht finanziert werden konnte.

Noch im Jahr 1984 kam eine weitere Abgabenlast auf die Betriebe zu: Der Beitrag zu den »Gesellschaftlichen Fonds«. Dabei handelte es sich um eine staatlich festgelegte Zahlung, die den Betrieben als Kennziffer auferlegt wurde und die in die Erzeugniskosten einging. Im populären Sinn ließ sich die Bezeichnung »Gesellschaftliche Fonds« als »zweite Lohntüte« übersetzen. Gemeint waren damit die besonders niedrigen Preise für Lebensmittel, für Transport- und Beförderungstarife, für Mieten und anderes mehr, die immer höherer staatlicher Subventionen bedurften. Als gerade nach dem VIII. Parteitag der SED im Zuge der Forderung nach der »Einheit von Wirtschafts- und Sozialpolitik« diese Kosten geradezu explodierten, mussten neue Finanzierungsquellen erschlossen werden. Eine davon waren neue Abgabeverpflichtungen für die Industrie. Bezugsgröße dafür war der Lohnfond: Die Höhe des Fondsbeitrags wurde mit 70 Prozent des Lohnaufwandes berechnet. Da diese Abgaben aber zu den Produkt-Kosten gerechnet werden durften, wurden sie praktisch an den Käufer weitergegeben, der auf diese Weise seine zweite Lohntüte größtenteils selbst finanzierte. Das Pkw Kombinat zahlte zwischen 1978 und 1989 rund 2,7 Milliarden Mark in diesen Topf ein (vgl. Anlage A 06, A 07). Die VVB Auto von 1971 bis 1977 und danach das Pkw Kombinat speisten in die Volkswirtschaft der DDR 15,5 Milliarden Mark ein. Allein aus dem Pkw Kombinat wurden in den zwölf Jahren seines Bestehens fast sieben Milliarden Mark dem Staatshaushalt zur Verfügung gestellt. Es entsprach der Planmethodik, dass die Betriebe ihre Investitionen bis zur Höhe von 50 Prozent aus den Krediten der Staatsbank zu finanzieren hatten. So kam es nahezu zwangsläufig dazu, dass mit Wirkung zum 30. Juni 1990 trotz erheblicher Ertragsüberschüsse in den vorhergehenden Jahren ein hochverschuldetes Pkw Kombinat kapitulieren musste. Die Kreditvergabe folgte keineswegs der Nachfrage, sondern vielmehr staatlichen Planauflagen, die sich nach den von der SED festgelegten Schwerpunktfeldern in der Wirtschaft richteten.

Für die Automobilfertigung war die Beschaffung neuer Maschinen und Anlagen, die sogenannte erweiterte Reproduktion, unzureichend vorgesehen. Die Werkzeugmaschinenindustrie der DDR hatte ihre Produkte vor allem im Export abzusetzen und war als bedeutender Devisenbringer unverzichtbar. Der für das Inland vorgesehene Anteil ihrer Fertigung war bei weitem zu gering und stand nur für Ausnahmeprojekte zur Verfügung. Gesteuert wurde der Mangel durch ungenügende Bilanzzuweisung an die Automobilindustrie, so beispielsweise für Werkzeugmaschinen, so dass in diesem Sektor derartige Investitionen möglichst unterbunden wurden. Ausgeschlossen war ohnehin – und zwar auf der Grundlage planwirtschaftlicher Dogmatik – der einfachste Weg: Die Automobilfabrik brauchte Maschinen und bestellte sie beim entsprechenden Produzenten. Sie hatte sich vielmehr zuerst um Planbestätigungen, Bilanzanteile, Kontingente und Zuweisungsbescheide zu bemühen. Außerdem war der Gang durch die Kreditbürokratie fällig und schließlich »die Einordnung« beim Herstellerwerk. Auf jeder Station gab es umfangreiche Ansätze und Möglichkeiten administrativer Regulierung sowie staatlicher Beeinflussung, die untereinander selten abgestimmt waren.[2] Der Sprung über die Hürden der Investitionsregulierung gelang in der Regel nur dann, wenn es langfristig nachweisbar überhaupt keine andere Möglichkeit mehr gab, die Beschlüsse der Zentrale zu realisieren, Fertigungsschwachstellen oder

Engpässe zu überwinden und Einbrüche zu vermeiden. Nach langem und zähem Ringen gelang es auf diesem Wege dem VEB Sachsenring, folgende Schwerpunkte zu bewältigen:

- das Gelenkwellenwerk in Mosel für die Produktion hochwertiger Gleichlaufgelenkwellen nach modernen Technologien (NSW-Anlagenimport mit DDR-Eigenleistungen);
- die extensive Erweiterung der Produktion von Blechpressteilen auf modernen Pressenstraßen zur Stückzahlsteigerung und zusätzlicher Teilefertigung für den Einbau des Viertaktmotors (DDR-Leistungen);
- die Errichtung einer Schweißstraße für den veränderten Karosserievorbau (DDR-Leistung) sowie die Beschaffung diverser Schweißroboter für die Bearbeitung von zusätzlichen Pressteilen zum Einbau des Viertaktmotors (DDR-Leistungen und BRD-Importe);
- die Errichtung einer neuen Karosserie-Lackieranlage und Fahrzeugendmontage für rund 50 000 Pkw pro Jahr am Standort Mosel; diese Farbgebungsanlage war ein hochmoderner Ausrüstungsimport aus der Bundesrepublik. Die Installation am Standort Mosel erwies sich als unumgänglich, da das Altwerk in Zwickau mit seinem Jahresausstoß von 145 000 Pkw nicht mehr erweiterungsfähig und die von der Partei geplante Beschlussgröße von 175 000 Autos pro Jahr nur noch mittels eines neuen zusätzlichen Standorts zu realisieren war.

Trotz der damit einhergehenden bemerkenswerten Fortschritte war nicht von der Hand zu weisen, dass solche Modernisierung nur punktuell war. Sie änderte nichts daran, dass die Werke grundsätzlich verschlissen waren. Selbst die Parteibeschlüsse von 1983/84 zur Stückzahlsteigerung in der Pkw-Produktion zogen weder in Eisenach noch in Zwickau eine komplexe Erneuerung des Fertigungsprozesses nach sich.

Die Instandhaltung der laufenden Anlagen durch Ersatzinvestitionen, die sogenannte einfache Reproduktion, stand in den Betrieben im Mittelpunkt der Bemühungen, den Produktionsapparat zu modernisieren. In der Tat war aber selbst dies nicht gesichert, wie der zunehmende Verschleißgrad der Anlagen bewies – und dies war bereits seit Ende der fünfziger Jahre im wachsendem Maße zu beobachten. Als Beispiel soll an dieser Stelle die Bodenschweißanlage für den Trabant dienen. Hierbei handelte es sich um eine Transferstraße mit automatisierten Anlagen für das Widerstandspunkt- und MAG-Schweißen. Bei einem Takt von 1,25 min. wurden auf 15 Stationen mit 691 Schweißpunkten Längs- und Heckträger, Sitzschienen und Lager für die Hinterachse an den Fahrzeugboden angeschweißt. Die Anlage ersetzte 23 Arbeitskräfte. Ihre Anschaffungskosten betrugen 6,2 Millionen Mark und ihre Laufzeit vom 1. Januar 1974 bis zum 30. April 1991 etwas mehr als 17 Jahre. Bei einer normativen Nutzungsdauer für vergleichbare Anlagen, die bei maximal 6 Jahren lag, war also bereits 1980 ein Verschleißgrad von 100 Prozent erreicht. Danach betrugen die jährlichen Reparaturkosten durchschnittlich 1,2 Millionen Mark, somit insgesamt mehr als das Doppelte der Anschaffungskosten einer neuen Anlage.

Tabelle 20: **Wirkungsweise der einfachen Reproduktion in der Trabantfertigung**

		1970	1980	1989	Summe 1970–1989
Amortisationsaufkommen	Mio. M	16	23	49	536
Ersatzinvestitionen	Mio. M	2	12	3	120[1]
Verschleissgrad[2]	Prozent	40	46	49	–
Reparaturfonds	Mio. M	21	33	70	789

[1] geschätzt
[2] Verschleissgrad: Verhältnis der Summe der Abschreibungen in Mark zur Summe des Bruttowerts der Grundmittel in Mark, gemessen zu einem bestimmten Stichtag

Quelle: Geschäftsberichte des VEB Sachsenring Zwickau

Es ist zu erkennen, dass in einem Zeitraum von 20 Jahren der theoretisch mögliche und notwendige Ersatz von Produktionseinrichtungen – und dafür hätten 536 Millionen Mark durch Amortisationen tatsächlich auch zur Verfügung gestanden – nur zu rund 22 Prozent abgesichert werden konnte. Logische Folge war zum einen das Ansteigen des durchschnittlichen Verschleißgrades der Anlagen auf fast 50 Prozent und zum anderen ein Anwachsen der Reparaturkosten auf das Dreifache. Die nicht abgerufenen Finanzmittel wurden danach für die Finanzierung anderer Investitionsobjekte beziehungsweise für Kredittilgungen, zum Beispiel für das Gelenkwellenwerk, im Werk eingesetzt.

Infolge der Engpässe und Mangelerscheinungen, vor allem bei der Bereitstellung von Werkzeugmaschinen, wurden zwangsläufig bei vielen Herstellern der DDR-Fahrzeugindustrie, ganz besonders aber in den Großbetrieben, spezifische Konstruktions- und Fertigungsabteilungen für den Anlagen-, Sondermaschinen-, Werkzeug- und Vorrichtungsbau eingerichtet. Beim VEB Sachsenring erreichte im Jahre 1989 die Produktion dieses Fertigungsmittelbaus 99 Millionen Mark. In diesen Abteilungen waren 830 Arbeiter beschäftigt, und für die erforderlichen Konstruktionsleistungen waren 250 Ingenieure und Techniker zuständig. Zu den Ergebnissen der hier geleisteten Arbeit gehörten unter anderem die bereits erwähnte Bodenschweißstraße; Rund- und Ovalbänder für Schweißarbeiten im Karosserierohbau; eine Taktstraße für die Bearbeitung des Zahnstangengehäuses und der Lenkerarme; ein Rundtisch zum Schweißen der Radkästen; eine Phosphatieranlage und eine elektrophoretische Tauchanlage zur Farbgebungsvorbehandlung; eine Anlage zur elektrochemischen Materialabtragung, die für das Entgraten der Zahnradkanten benötigt wurde; Industrieroboter für den Farbgebungs- und Schweissprozess; und die Fertigung von 170 Vielschnitt-Drehhalbautomaten (DAHV 250) für den Fahrzeugbau in der DDR.

Abgesehen von solchen ›Farbtupfern‹ im Fertigungsprozess war das übrige Werk bei Sachsenring in hohem Maße verschlissen. In den letzten Jahren lagen die Ersatzinvestitionen ganz erheblich unter 10 Prozent des erwirtschafteten Abschreibungsvolumens. Die überwiegende Anzahl der Gebäude war so alt, dass eine laufende Instandhaltung technisch und wirtschaftlich kaum noch zu verantworten war. Der Karosserierohbau und die Duroplastteileproduktion waren derart verschlissen, dass ohne durchgängige Ersatzinvestitionen in Milliardenhöhe das Risiko bestand, in den Folgejahren die Produktion gar nicht mehr aufrecht erhalten zu können. Das Durchschnittsalter der Duroplastpressen war 25 Jahre – niemand stellte solche Pressen noch her. Diese Überalterung hatte verhängnisvolle Folgen: Im Jahresdurchschnitt galt es zehn Brände in der Duroplastfertigung zu bekämpfen, und ein hoher Energieverbrauch und Teileausschuss musste in Kauf genommen werden. Die Fluktuation der Arbeitskräfte war hier sehr hoch und lag mit 30 Prozent deutlich über dem Durchschnittsmittel des Betriebes. Der antiquierte Stand der Ausrüstung zog zugleich auch einen hohen Aufwand an Arbeitsleistung nach sich. Im Vergleich war die Leistung einer Pressenstraße der Blechumformtechnik 120 Mal höher als die einer Duroplastpresse. Die einst vorhandenen Vorteile der Duroplastfertigung waren dahingeschwunden. Insofern war der Bau eines Fahrzeugs mit Ganzstahlkarosserie unumgänglich geworden.

Als Folge der durchweg zu geringen und auch nur auf bestimmte Schwerpunkte konzentrierten Rationalisierung der Fertigung ergab sich auch in der Automobilindustrie der DDR ein überproportionaler Bedarf an Arbeitskräften, der sich in einem permanent zunehmenden Personalmangel ausdrückte. In der Theorie stimmte alles: Die einzelnen Bilanzanteile waren abgestimmt und bestätigt. Die Praxis richtete sich nicht danach: In den siebziger und achtziger Jahren fehlten zum Beispiel im VEB Sachsenring bis zu 300 Arbeitskräfte allein in den Kernbereichen der Automobilfertigung. Dies lag vor allem an der hohen Fluktuation angesichts der außerordentlich großen Arbeitsintensität in den Bandbereichen. Als Resultat mangelhafter technologischer Erneuerung musste die Produktionserhöhung durch ein nahezu komplexes Dreischichtsystem und höhere Bandgeschwindigkeiten erreicht werden. Diesem Druck im Verbund mit der Monotonie der Arbeit, den beengten Platzverhältnissen bei der Einstellung zusätzlicher Arbeitskräfte, den schweren Arbeitsgeräten sowie der Gesundheitsbelastung und den ständig geforderten Sonderschichten hielten viele Mitarbeiter nicht stand und kündigten.

Abhilfe sollten auch ausländische Arbeitskräfte schaffen; seit 1981 waren im VEB Sachsenring 760 Vietnamesen beschäftigt, im wesentlichen an den Bändern, an den Pressen und in Hilfsprozessen, also in jenen Bereichen, in denen körperlich schwere Arbeit anfiel. Auch im Inland startete man Kampagnen, mit der beispielsweise aus dem Norden der DDR Arbeitskräfte nach Zwickau »gelockt« werden sollten. Das blieb aber graue Planungstheorie, denn es fehlte an Wohnungen, und ohne diesen Anreiz lockte es niemanden in den Südteil des Landes. Konterkariert wurde der Arbeitskräftemangel vor allem durch den diskontinuierlichen Arbeitsablauf, der durch Ausfälle von Maschinen und Anlagen, Qualitätseinbrüche, Stromsperren und mangelhafte Materialbereitstellung aus der Zulieferindustrie beeinflusst wurde. Der Plan wurde in der zweiten Hälfte der achtziger Jahre nur noch an rund 47 Prozent aller regulären Arbeitstage erfüllt. 1987 liefen in den Sachsenring-Werken Zwickau Warte- und Stillstandszeiten von ungefähr 125 000 Stunden auf. Kompensiert wurden diese durch Wochenendarbeit und Überstunden. Um Planrückstände aufzuholen, wurde in wesentlichen Produktionsbereichen im Regelfall an jedem zweiten Wochenende gearbeitet. Seit 1960 war die Zahl der Überstunden der Arbeiter auf mehr als das Vierfache angestiegen und betrug 1988 fast 430 000 Stunden, umgerechnet also 55 Stunden pro Produktionsarbeiter. Als Folge des hohen Anspannungsgrades und der teilweise äußerst mangelhaften Arbeitsbedingungen, aber auch angesichts der Erfolglosigkeit bei der Neuentwicklung von Produkten und der insgesamt schlechten Reputation der DDR-Automobilindustrie im In- und Ausland schieden immer mehr Arbeitskräfte aus dem Betrieb aus. Selbst die ausgebildeten Jungfacharbeiter blieben nur rund zur Hälfte dem Betrieb erhalten. Angestellten- und Armee-Einsätze in der Produktion sowie staatlich organisierte Aushilfsmaßnahmen stellten keine Ideallösungen dar und konnten die Misere auf Dauer nicht beseitigen. Bezahlte Wartezeiten, Prämien für die Aufholschichten und Überstunden wiesen außerdem den Makel auf, sich negativ auf das Kostenbild des Erzeugnisses auszuwirken.

Von nicht zu unterschätzendem Einfluss auf diese Personalkrise in der gesamten Industrie der DDR, für die es gewiss noch weitere Ursachen gab, war die Vergeudung von Arbeitsvermögen in großem Stil. Damit ist keineswegs nur der aufgeblähte Planungs- und Verwaltungsapparat gemeint; durch dessen Einschränkung auf tatsächlich notwendige Tätigkeiten hätten Mitarbeiter in durchaus bemerkenswerter Anzahl freigesetzt werden können. Noch stärker war die beispiellose Verschleuderung im Zuge der sogenannten gesellschaftlichen Tätigkeit.

Die ›Wertigkeit‹ des DDR-Bürgers wurde bekanntlich entscheidend durch seine gesellschaftliche Tätigkeit bestimmt. Jede Beurteilung des Einzelnen oder einer Gruppe hatte besonders darauf Bezug zu nehmen, und sie war keineswegs nur für Prämienzahlungen oder berufliches Fortkommen wichtig, sondern im weitesten Sinne für die Lebensweise der gesamten Familie ausschlaggebend. Die Zuweisung einer Wohnung, die Gewährung von Urlaubsplätzen, der Bildungsweg der Kinder über Oberschule und Universität waren ebenso davon abhängig wie die notwendige betriebliche Zustimmung zur Genehmigung von Westreisen in familiären Härte- und Notfällen. Ohne entsprechende ›Beurteilung‹, in der vor allem die gesellschaftliche Tätigkeit reflektiert wurde, ging gar nichts. Das gesellschaftliche Leben in der DDR wurde durch eine Vielzahl von Gremien, Ausschüssen, Kreisen und Gruppen geprägt, die alle ehrenamtlich wirkten. Dabei ließ sich die Kommunikation nur sichern, wenn deren Mitglieder auch während der Arbeitszeit aufeinandertrafen. Der selbstgefälligen Hervorhebung tausendfacher Mitwirkung der Werktätigen in solchen Gremien stand ökonomischer Schaden gegenüber – und dies wurde weitaus weniger betont. Eine 1988 im VEB Sachsenring durchgeführte Analyse ergab, dass im Jahresdurchschnitt ein Zeitfonds für solche gesellschaftliche Tätigkeit in Anspruch genommen wurde, der ungefähr der Tätigkeit von 300 in Vollzeit beschäftigten Mitarbeiten entsprach.

Das waren 11 Prozent der gewerblichen Arbeitnehmer in der direkten Trabantproduktion. Hätte diese Zeit an Bändern und Maschinen tatsächlich zur Verfügung gestanden, so hätte dies angesichts des damaligen Produktivitätsniveaus einer Fertigungszahl von 16 000 Pkw Trabant im Jahr entsprochen.

Diese Fehlleistungen, die ständig steigende Arbeitsintensität besonders in den Kernbereichen sowie der zumindest finanzielle Wahrheitsbeweis für die in Permanenz proklamierten »ständigen Verbesserungen der Arbeits- und Lebensbedingungen« begünstigten beziehungsweise lösten ein immer schnelleres Anwachsen der Einkommen der Automobilwerker aus, wie am Beispiel der Sachsenring Automobilwerke Zwickau nachzuweisen ist.

Tabelle 21: **Direktes und indirektes Einkommen eines Automobilarbeiters – Sachsenring Automobilwerke – (Angaben in Mark/Jahr je Arbeiter und Angestellte)**

	1960	1970	1980	1989
1. Bruttodurchschnittslohn	6029	7805	9951	13725
2. Betriebsprämienfonds	423	648	1071	1214
3. Kultur- und Sozialfonds[3]	134	582	887	1388
Gesamt	6586	9035	11855	16327

Quelle: Geschäftsberichte des VEB Sachsenring Zwickau

Unübersehbar waren Disproportionen unter den Beschäftigten, von denen die Produktionsarbeiter in unverhältnismäßig hohem Maße an der Einkommenssteigerung partizipierten. Einkommensvergleiche am Maßstab des Nettolohnes machen das deutlich. So verdiente beispielsweise 1989 ein Blechpresser bei Sachsenring 347,– Mark pro Monat mehr als ein qualifizierter Meister, der für 100 Arbeiter verantwortlich war. 1980 verdiente ein Fertigungsbereichsleiter mit Diplomabschluss (Dipl.-Ing.), der für 500 bis 1000 Mitarbeiter verantwortlich war, nur 100,– Mark mehr als ein Arbeiter an der Blechpresse. Ein hochqualifizierter Diplom-Ingenieur, ob nun Konstrukteur oder Technologe, verdiente im Jahrzehnt vor der Wende so viel wie ein angelernter Arbeiter am Endmontageband.

Die Gründe für diese Missverhältnisse lagen in der erwähnten Notwendigkeit, eine Leistungssteigerung mittels erhöhter Arbeitsleistung zu erbringen, was natürlich in finanzieller Hinsicht stimuliert werden musste. Bandzuschläge sollten die Bereitschaft fördern, auch ohne technische Veränderungen immer mehr Automobile zu produzieren. Hinzu kam, dass das Lohnsteuersystem in der DDR so aufgebaut war, dass bei Angestellten das gesamte Gehalt, bei gewerblichen Arbeitnehmern, also bei Arbeitern, nur der Tariflohn als Grundlage für die Nettolohnberechnung entsprechend der Lohnsteuertabelle diente. Der Tariflohn der Leistungslöhner lag je nach Normerfüllung weit unter 50 Prozent des gesamten

Stundenlohnes. Die übrigen Bestandteile des Lohnsatzes wie Prämien und Leistungszuschläge aus Übererfüllung wurden nur mit fünf Prozent Lohnsteuer belegt. Das führte dazu, dass Produktionsarbeiter etwa 90 Prozent ihres Bruttolohnes als Nettobetrag erhielten; bei Angestellten waren es maximal 75 Prozent.

Deus ex machina: Der VW-Motor

Alle grundlegenden Veränderungen im DDR-Automobilbau bedurften auslösender und sanktionierender Parteibeschlüsse. Zuerst entschied das Politbüro, dann der Ministerrat. Seit 1968 geschah dies insgesamt 20 Mal, wobei die wichtigsten Beschlüsse 1983 und 1984 gefasst wurden (vgl. Anlage A 04). Es ging dabei um die kurzfristige Steigerung der Stückzahlen (sogenannter Stückzahlbeschluss) und um das Motorenbauprogramm, also die Übernahme des VW-Motors (sogenannter Antriebsaggregat-Beschluss).

Nachdem sich die jahrelangen Bemühungen um eine effiziente Pkw-Produktion als genauso fruchtlos erwiesen hatten wie die Suche nach einem geeigneten Nachfolgetyp für Trabant und Wartburg, weil die dafür erforderlichen Bau-, Ausrüstungs- und Valutapotenziale nicht vorhanden waren, entschloss sich die Partei zu einer Hauruck-Aktion.[4] Hintergrund dafür waren fast ausschließlich politische Dimensionen des Problems. Wartezeiten von zehn Jahren und mehr stellten ein blamables Eingeständnis wirtschaftlicher Insuffizienz dar, die von dem nahezu grenzenlos prosperierenden Motorisierungsboom der »westdeutschen Klassengegner« wirkungsvoll konterkariert wurde. Da die Automobilwerke seit Jahren an der Grenze ihrer Leistungsfähigkeit angekommen waren, blieb zur Vergrößerung der Fertigungskapazität der keineswegs neue Weg, Auflagen an die übrige Industrie auszugeben. Am 14. Juni 1983 fasste das Politbüro des ZK der SED den Beschluss »Über Aufgaben und Maßnahmen zur kurzfristigen Erhöhung der Produktion von Pkw Wartburg und Trabant bis 1988 und danach«. Durch eine Verlagerung von Baugruppen zur Fertigung in anderen Betrieben, zusätzliche Zuführung von Arbeitskräften sowie durch Investitionen in wenigen Bereichen (Blechpressteile, Karosserielackierung, Getriebe- und Endmontage) sollte die Fertigungszahl in Eisenach auf 75 000 Wartburg und in Zwickau auf 175 000 Trabant pro Jahr steigen. Partei und Staat gingen davon aus, dass freie Flächen und Maschinenkapazitäten des gesamten Ministeriumsbereichs MALF sowie teilweise anderer Ministerien für die Pkw-Herstellung umzunutzen waren. Der VEB Traktorenwerk Gotha und der ebenfalls dort ansässige VEB Großlüfterbau wurden zum Kraftfahrzeugwerk »Dr. Theodor Neubauer« Gotha zusammengefasst und mit der Fahrgestellfertigung für den Wartburg beauftragt. Der VEB MÖVE in Mühlhausen fertigte von nun an alle Sitzgarnituren für Eisenach. Damit und mit der in Eisenach-West neu entstandenen Karosseriepressstraße schaffte man rund 10 000 Autos pro Jahr mehr als bisher. Dem angepeilten Ziel kam man 1988 mit über 74 000 Exemplaren noch am nächsten.

Weitaus einschneidender waren die Änderungen in Zwickau. Hier wurde das Ausgleichsgetriebe nach Darguhn (VEB Landwirtschaftlicher Gerätebau) in Mecklenburg, die Achsenfertigung nach Cainsdorf bei Zwickau und nach Werdau und die des Lenkgetriebes nach St. Egidien in einen Betrieb der Grundstoffindustrie verlagert. Der Hilfsrahmen wurde künftig vom VEB HAZET (Hart-Zerkleinerungs-Maschinen) produziert. Viele übernehmende Betriebe waren branchenfremd und alle daraus sowie aus der Verlagerung entstehenden Probleme, also Maschinenumsetzung, Anlernen, Umschulung, Logistik und anderes mehr, mussten bei laufender Serienproduktion mit einem sehr großen Kraftaufwand gelöst werden. Im VEB Sachsenring wurden durch diese Fertigungsverlagerung von Trabantteilen und Baugruppen rund 30 000 m^2 Produktionsfläche und 1535 Arbeitskräfte für die angestrebte Stückzahlsteigerung sowie für neue logistische Aufgaben freigesetzt. Dass dabei die Kosten in die Höhe schossen – für Sachsenring fielen jährlich 100 Millionen Mark zusätzlich an –, war von nachgeordneter Bedeutung.

Durch diese Schritte sollte nun eine Stückzahlsteigerung um 50 000 Trabant pro Jahr erreicht werden. Mit den gefertigten 122 000 Automobilen waren die Kapazitätsgrenzen in Zwickau aber im wesentlichen erreicht. Die Steigerung auf die vorgegebene Zahl von 175 000 Fahrzeuge war in der Blechteilefertigung, Beplankung, Farbgebung und Endmontage nur unter extensiver Erweiterung in Zwickau (Blechpresserei) und an einem anderen Standort möglich. Dennoch konnte bis 1989 im alten Zwickauer Werk durch Einführung des Dreischicht-Systems in der Endmontage sowie mit Hilfe anderer Intensivierungsmaßnahmen der Jahresausstoss auf über 145 000 gesteigert werden.

Auf dem Verladebahnhof in Wolfsburg wird eine Golf-Sendung für die DDR zusammengestellt (Automuseum Wolfsburg)

Dafür ließen sich auch jene Investitionen recht gut nutzen, die bereits seit Mitte der siebziger Jahre an den Standorten in Eisenach und Zwickau für das avisierte RGW-Auto eingesetzt worden waren. In beiden Städten reichte die herkömmliche und seit vielen Jahrzehnten genutzte Fläche nicht mehr aus. Eigentlich bedurften sie für die laufende Produktion einschneidender Veränderungen. Daher war in Thüringen das Hörseltal unter umfangreichen Nivellierungsmaßnahmen als Standort Eisenach-West völlig neu erschlossen worden. Nach Baubeginn im Jahr 1977 nahm 1980 die erste Blechpresse ihre Arbeit auf. Bis 1984 folgten drei weitere Straßen.

In Zwickau geschah ähnliches in der Nähe des Ortes Mosel. Dort war zwischen 1978 und 1981 ein neues Gelenkwellenwerk mit einer Jahreskapazität von 820 000 Wellen errichtet worden. Am selben Standort sollten nun noch Lackiererei und Endmontage für jährlich 50 000 Trabant entstehen, denn diese Zahl fehlte noch zum angepeilten Stückzahlniveau von 175 000 Fahrzeugen – zu mehr reichte es nicht. Dafür begannen 1984 die Projektierungsarbeiten, ein Jahr später war Baubeginn. Das erste Auto lief im März 1990 vom Band (Trabant 1.1.).

Wenn auch dieser Stückzahlbeschluss zur Produktionssteigerung bei den Personenkraftwagen führte, so erhöhte er auch den Aufwand an Kraft und Geld. Aber das blieb nahezu marginal verglichen mit jener Investitionslawine, die mit der Übernahme des VW-Motors verbunden war.

VW war damals auf der Suche nach einer Erweiterung seiner Marktaktivitäten nach Osten und hatte sich bereits in Rumänien, Polen und der Sowjetunion Absagen geholt, dort war man bereits mit Renault oder Fiat einig geworden. Nach dem Vertragsabschluss am 30. November 1977 gingen 10 000 VW Golf in die DDR zu einem Einkaufspreis von 90 Millionen DM, die als Verrechnungseinheiten

Der in den achtziger Jahren neu errichtete Gebäudekomplex für die Viertakt-Otto-Motorenfertigung im VEB Barkas-Werke, hier der Innenhof mit dem Eingangsbereich (Archiv Dr. Winfried Sonntag)

zur Basis von VW-Einkäufen in der DDR für den eigenen Bedarf genützt wurden. Dazu zählten vor allem Werkzeugmaschinen für das Pressenwerk in Wolfsburg. Auch ein Zeiss-Planetarium nahm VW in Zahlung, um es der Stadt Wolfsburg zum 40. Gründungstag zu schenken.[5] Für VW war der Handel vom Umfang her (= 0,3 Prozent des Einkaufsvolumens) wohl eher unerheblich. Man produzierte damals in Wolfsburg 2600 Golf am Tag, mithin hatte man an die DDR gerade einmal vier Tagesproduktionen verkauft. Aber es ging um Nachfolgegeschäfte. Dafür brauchte man in der VW-Zentrale allerdings Geduld, denn Citroën und Volvo wurden als Importmarken vonseiten der DDR-Spitze bevorzugt. 1978 begann ein bescheidener Genex-Import vom VW Golf, allerdings versiegte dieser »Golfstrom« bald wieder. Die Aktivitäten wirkten eher unterschwellig, wobei das Austauschvolumen 20 bis 30 Millionen Valuta Mark (VM) Verrechnungseinheiten nicht überstieg. Die DDR hatte mit dem Stückzahlbeschluss zwar einen Schritt zur Lösung der quantitativen Seite des Problems gemacht, aber die qualitative war weiterhin offen. Nach wie vor wurden Wartburg und Trabant gefertigt, beide verfügten über einen Zweitakt-Ottomotor und die entsprechenden Vorschläge der Automobilbauer für die künftige Gestaltung des Pkw-Programms lagen auf dem Schreibtisch von Günter Mittag und blieben unbeantwortet. Fieberhaft wurde in Eisenach und in Chemnitz/Zwickau an Viertaktmotoren sowohl für Otto- als auch für Dieselverfahren gearbeitet. Kurz nach seiner Berufung zum VW-Vorstand fuhr Carl Hahn gemeinsam mit dem CDU-Politiker Walter Kiep nach Berlin-Ost. Sie besuchten dort den stellvertretenden Außenhandelsminister Gerhard Beil. Den Termin hatte Kiep vereinbart, der für die CDU-Ostkontakte zuständig war. Hahn legte einen Verhandlungsvorschlag auf den Tisch, über den man sprach: Er bot den Ankauf einer gebrauchten Fertigungsanlage für die VW Alpha-Motoren durch die DDR an. Beil reagierte positiv und von da an riss der Faden nicht mehr ab. Auf VW-Seite wurden die Verhandlungen seitdem von Volkhard Köhler geführt, in dessen Verantwortungsbereich alle Ost-Aktivitäten des Konzerns fielen. Auf dieser Ebene Beil – Köhler ist das Projekt bis zum Vertragsabschluß gelaufen. Die Anlage, auf der die Hauptbaugruppen der Motorenbaureihe für den Rumpfmotor produziert werden konnten, sollte von VW vor Übergabe überholt und beim Wiederaufbau in Karl-Marx-Stadt (Chemnitz) durch neue Maschinen und Fertigungslinien dergestalt ergänzt werden, dass die Herstellung eines Otto- und Dieselmotors nach neuestem Stand in Konstruktion und Technologie durchführbar war. Produktionsaufnahme des Ottomotors sollte im April 1987 und die des Dieselmotors ein Jahr später sein. Die Kapazität der Anlage umfasste bei dreischichtiger Auslastung 430 000 Motoren pro Jahr. Der Preis betrug 243 Millionen Valuta-Einheiten (VE). Dazu kamen noch Lizenzgebühren, so dass sich einschließlich der an die Finanzbehörden der DDR zu entrichtenden Steuern und Abgaben ein Preis von 345 Millionen VE ergab. Volkswagen vermittelte für die volle Vertragssumme einen Kredit mit einer Laufzeit von sieben Jahren und machte den Vertragsabschluss vom Kauf von VW-Produkten durch die DDR abhängig, wobei ein einmaliger Anteil von 2200 Kleintransportern eingeschlossen war. Die DDR sollte den

Kaufpreis in der Weise aufbringen, dass VW jedes Jahr 100 000 Motoren als Rücklauf erhielt und auf dieser Basis den Kaufvertrag kompensierte.

Bei dem Rumpfmotor handelte es sich um einen Grundmotor mit folgenden Hauptbaugruppen: Kurbeltrieb (Kurbelwelle, Pleuel, Kolben), Zylinderkurbelgehäuse, Zylinderkopf mit Ventilsteuerung und Blechteile (Ölwanne, Zylinderkopfhaube, Zylinder-Kurbelgehäuseentlüftung).

VW komplettierte seinerseits den Motor für eigene Zwecke durch Kaufteile zu einem betriebsfähigen Aggregat. Die DDR benötigte hierzu Zulieferungen aus der eigenen Teileindustrie. Da Volkswagen bei den Rücklieferungsmotoren die Einhaltung der VW-eigenen Qualitätsstandards forderte, ergab sich daraus zwangsweise nicht nur die Verpflichtung zur gleich hohen Qualität für den Rumpfmotor, sondern vor allem auch für alle Zulieferaggregate. Das hieß aber, dass die Lizenz »tupfengenau« auszuführen war.

Die tendenziell innovationsfeindliche Haltung der Zulieferer konnte im Fall des VW-Motors aber im wesentlichen durch in Aussicht gestellte Zusagen für Investitionen überwunden werden. Daher wurden bei der Kalkulation für die Motorenfertigung insgesamt 160 Millionen VM für Importe von Know-how und Ausrüstungen bereitgestellt. Dies betraf Ventile und Ventilfedern, Gleitlagerungen, Rollenketten, Guss verschiedenster Art, Dichtungen, Zahnriemen und anderes mehr. Zur Bewältigung des Gesamtvorhabens wurden, wie in der DDR üblich, sogenannte Führungsstäbe gebildet. Davon gab es zunächst fünf:

- den Führungsstab der Fachabteilung des ZK der SED, dem die Parteistäbe des ZK sowie der Bezirksleitungen Karl-Marx-Stadt und Erfurt zugeordnet waren;
- den Führungsstab des Ministers für Allgemeinen, Landmaschinen- und Fahrzeugbau (MALF), dem die Stäbe Fahrzeugbau, interministerielle Arbeitsgruppe und MALF-interne Arbeitsgruppe unterstanden;
- den Führungsstab des Generaldirektors des IFA Kombinates Pkw mit den betrieblichen Führungsstäben;
- den Führungsstab der Betriebsdirektoren der beteiligten Betriebe des Pkw Kombinats; sowie
- den Führungsstab der Generaldirektoren der Zuliefer-Kombinate.

Das Stabs-Wirken soll hier im einzelnen nicht weiter verfolgt werden. Es wird an diesem Beispiel deutlich, wie im planwirtschaftlichen System der DDR mit dem starken Einfluss administrativer und außerökonomischer Faktoren die auf dem Befehlsprinzip beruhende Führungsweise in der Wirtschaft herausragende Bedeutung gewonnen hatte.

Eine erste Analyse ergab, dass die zu veranschlagenden Kosten um genau 100 Prozent höher waren als bisher angenommen. Ein Sturm der Entrüstung brach im ZK-Gebäude aus – man forderte Reduktion. Die Stäbe gehorchten, doch ihnen fiel nichts Besseres ein, als den geplanten Dieselmotor auf den Zeitraum nach 1990 und den Fertigungsbeginn um 6 Monate zu verschieben. Damit fielen um-

Die Kreisförderanlage für Komplettmotoren in den Barkas-Werken (Archiv Dr. Winfried Sonntag)

fangreiche Kosten für Produktionsanlagen und Lizenzgebühren weg, die Bosch für die Einspritzpumpen gefordert hätte. Der Aufwand für die Übernahme des Antriebsaggregats betrug schließlich über sieben Milliarden Mark und mithin das Doppelte dessen, was vier Jahre vorher avisiert worden war, als man sich zum Kauf der Anlage entschlossen hatte.[6] Die Entwicklung des steigenden Aufwands lässt sich am besten der nachstehenden Aufstellung entnehmen. Dabei werden die Zahlen verglichen, die eine erste Schätzung vor dem Beschluss zur Übernahme 1984, deren Korrektur im Jahr 1985, eine ein Jahr darauf vorgenommene exakte Aufnahme der Kosten und schließlich der »Abschmelzung« zum endgültigen Wert 1987 wiedergeben.

Tabelle 22: Geschätzter, korrigierter und tatsächlicher Investitionsaufwand für die Alpha-Motoren 1984 bis 1988 in Mrd. Mark

	1984 1. Schätzung	1985 1. Korrektur	1986 1. Analyse	1987 endg. Höhe
Investitionsaufwand gesamt	3,7	4,8	9,7	7,2
davon Valuta-Aufwand	0,6	0,8	2,1	1,5

Quelle: Angaben bei Sonntag a.a.O.

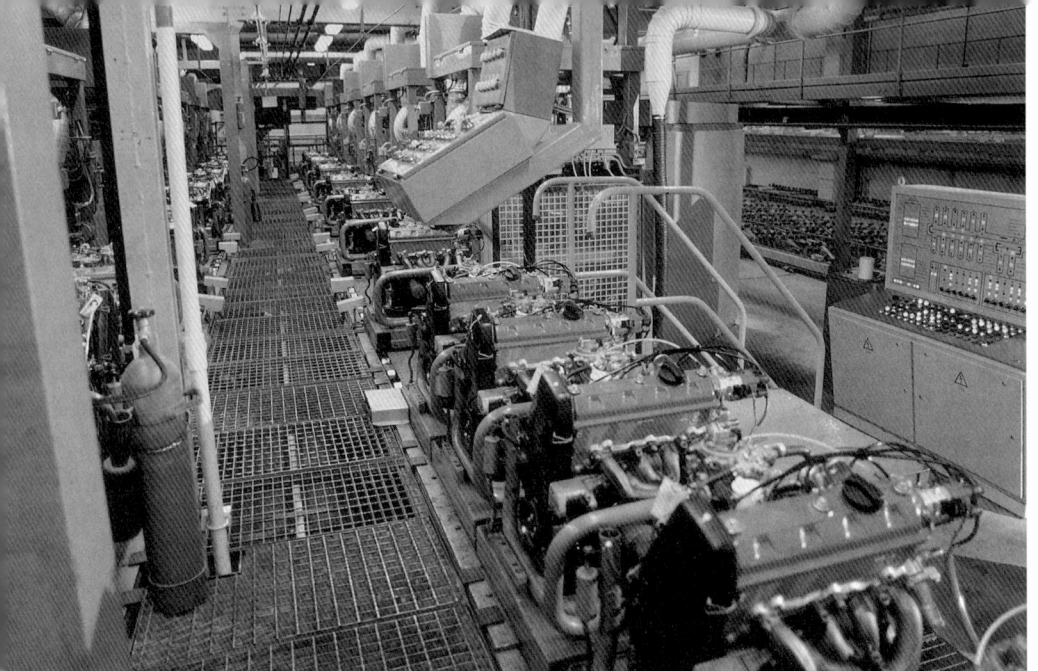

Das automatische Einlauffeld zum Prüfen ausgewählter Parameter für alle Motoren in den Barkas-Werken (Archiv Dr. Winfried Sonntag)

Die Gründe für die Kostenexplosion waren im wesentlichen folgende:

- Der geradezu katastrophale Zustand der Zulieferindustrie, die in kürzester Zeit in die Lage versetzt werden musste, Produkte herzustellen, die den Qualitätsnormen von VW entsprachen.
- Die wiederholte Änderung der Preisgrundlagen durch das DDR-Finanzministerium. Zwischen 1984 und 1988 wurde der Richtkoeffizient für Investprodukte aus dem NSW dreimal von 2,6 auf schließlich 4,5 geändert.
- Die bewusste Zurückhaltung der Automobilindustrie bei der sichtlich zu niedrig angesetzten Kostenermittlung für die Beschlussvorlage durch das ZK 1984. Alle Beteiligten fürchteten, dass wie schon so oft in der Vergangenheit das Projekt in letzter Minute wegen zu hoher Kosten gekippt werden könnte, die in die Volkswirtschaftsbilanz nicht einzuordnen waren.[7]

Nach Abschluss der Verträge am 12. November 1984 wurden als Finalhersteller des Rumpfmotors der VEB Barkas-Werke Karl-Marx-Stadt (Chemnitz) und für den Zylinderkopf der VEB Automobilwerk Eisenach festgelegt. An beiden Standorten wurden dafür neue Fertigungskomplexe errichtet: in Karl-Marx-Stadt (Chemnitz) in der Kauffahrtei sowie in Eisenach-West. Angesichts der geplanten Fertigungsquantität wurde das Erreichen der angestrebten höheren Stückzahl von Pkw nun akuter denn je. Daher bekam der Bau der neuen Endmontage und Lackiererei am Standort Mosel bei Zwickau starken Aufwind. Am bedeutendsten waren aber zweifellos die Aufwendungen für die Zulieferindustrie. Insgesamt

Übergabe des Motorenprojekts EA 111 durch den VW-Vorstandsvorsitzenden Dr. Carl Hahn an das IFA Kombinat Pkw, vertreten durch Generaldirektor Voigt (links), am 31.8.1988 (Archiv Dr. Winfried Sonntag)

waren an dem Projekt 10 Industrieministerien, 44 Kombinate und 180 Betriebe beteiligt. Sie hatten 650 Teile und Baugruppen für den Motor bereitzustellen. Dies entsprach mehr als der Hälfte des gesamten Lieferumfangs. Um sie dazu in die Lage zu versetzen, wurden dort der Großteil der über 130 Investvorhaben realisiert, die mit dem Motorisierungsprojekt verstreut über die gesamte DDR-Volkswirtschaft zusammenhingen. Die größten und bedeutendsten Teile betrafen das Motorenwerk in Karl-Marx-Stadt (Chemnitz), die Anlagen zur Zylinderkopffertigung in Eisenach und die Herstellung von Grau- und Aluminiumgussteilen im Kombinat GISAG.

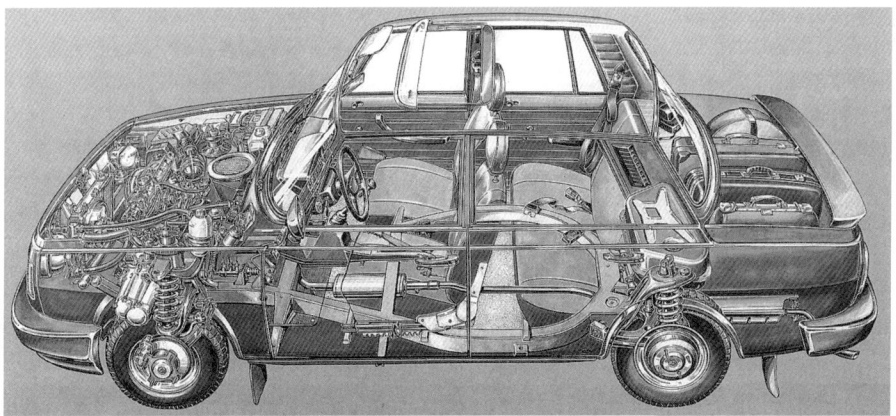

Der Wartburg mit 1.3 Vierzylinder-Ottomotor von VW im Quereinbau (Archiv Dr. Winfried Sonntag)

Mit der Übernahme von Verfahren und Anlagen aus den technisch progressivsten Ländern vollzog sich in der DDR-Automobilindustrie und bei ihren Zulieferern ein gewaltiger Sprung nach vorn. Die nun auf einen Schlag zur Verfügung stehenden modernsten Technologien, Werkstoffe, Anlagen und Qualitätssicherungssysteme stellten für sie wieder den Anschluss an den Weltstand her. Dabei entsprach es durchaus dem Charakter der Kraftfahrzeughersteller als Schlüsselindustrie, dass sich diese Innovationswelle in andere Wirtschaftsbereiche bis hin zur Grundstoffindustrie auswirkte.

Innerhalb von knapp vier Jahren war es somit gelungen, den technischen Rückstand in der Motorenfertigung aufzuholen. Am 31. August 1988 wurde die Alpha-Motoren-Produktionsanlage in Karl-Marx-Stadt (Chemnitz) durch VW-Vorstandschef Dr. Carl Hahn übergeben und damit gleichzeitig die Rechte zur Herstellung und zum Vertrieb der Motorenbaureihe EA 111 dem IFA Kombinat Pkw erteilt. Zur Leipziger Herbstmesse im selben Jahr stellte AWE den Wartburg 1.3. mit dem neuen, modernen Triebwerk vor. Am 21. Mai 1990 begann die Serienfertigung des Trabant mit dem analog entstandenen 1.1 l Motor. Damit war mit dem Herzstück jedes Fahrzeugs, dem Motor, die seit Jahrzehnten angestrebte durchgreifende Erneuerung endlich gelungen, für eine Anpassung des Fahrzeugs reichte die Kraft jedoch nicht mehr.[8]

Dennoch war diese Motorenübernahme von weitreichenderer Bedeutung, als damals alle Beteiligten ahnen konnten. Sie stellte wenigstens im Motorenbau für die ohne Hoffnung auf Besserung völlig ausgelaugte DDR-Automobilindustrie einen Wechsel auf die Zukunft dar. An den Standorten Zwickau und Chemnitz wurde er nach der Wende eingelöst. Er bildete die wichtigste Voraussetzung für das Überleben dieser Industrie an diesen Standorten.

Den Letzten beißen die Hunde

Der Ärger mit den Ersatzteilen

1989, im letzten Jahr der DDR, betrug der Anteil des Trabants bei den zugelassenen Pkw rund 53 Prozent und der des Wartburgs über 18 Prozent. Die Jahresfahrleistung der Wagen differierte je nach Fahrzeuggröße und wurde statistisch für den Trabant mit 8 000 km und für den Wartburg mit 10 000 km ermittelt.[9] Im Durchschnitt legten alle Pkw in der DDR 9 300 km pro Jahr zurück. Im Pflichtenheft war der Trabant 1955 auf eine Haltbarkeit von ungefähr acht bis zehn Jahren ausgelegt worden. Eine Erhebung zur Bestandsstatistik, die 1982 für die Zeit zwischen 1975 und 1980 von der Polizei angestellt wurde, ergab, dass nach 16 Jahren der Erstzulassung bei Trabant und Wartburg über 80 Prozent, bei Moskwitsch 68 Prozent und bei Škoda 25 Prozent noch vorhanden waren (vgl. Anlage A 05).

Die international vergleichbaren Werte lagen bei acht bis vierzehn Jahren. Die statistisch ermittelte durchschnittliche Lebensdauer des Trabants lag Mitte der achtziger Jahre beim Dreifachen der ursprünglich dafür vorgesehenen Zeit. Bei derartigen Nutzungsfristen mussten auch Grundinstandsetzungen vorgesehen werden, die normalerweise beim Pkw nicht anfallen. Dazu gehörten eine vollständige Überholung von Fahrwerk und Karosserie, wie sie bei Lkw üblich war, einschließlich des Austauschens der verbrauchten Teile durch neue. Bei der Überholung der Fahrzeuge zeigte sich, wie enorm aufwendig diese Art der Instandsetzung war. Denn bei industrieller Herstellung brauchte man für eine neue Karosserie 26 Stunden beim Trabant und 40 Stunden beim Wartburg. Für eine Karosserie-Grundinstandsetzung hingegen benötigte man 161,5 Stunden Arbeitszeit für den Trabant und 130 Stunden für den Wartburg. Die Rahmenbauweise des Wartburgs mit angeschraubten Kotflügeln erwies sich offensichtlich als vergleichsweise reparaturgünstig.[10]

Tabelle 23: **Pkw-Bestand in der DDR nach Marken 1975–1989 in 1000 Stück**

		1975	1980	1985	1990 teilw. geschätzt
Pkw-Bestand gesamt		1880,5	2677,0	3306,2	4100,0
davon	Trabant	847,4	1235,8	1632,1	2206,3
	Wartburg	325,9	424,3	558,0	763,7
	Lada	82,6	249,8	302,3	357,8
	Škoda	200,7	267,8	312,0	302,0
	Moskwitsch	158,7	206,0	180,8	150,1
	Sonstige	265,2	294,0	321,0	320,1

Quelle: Ministerium für Maschinenbau, Bereich Wirtschaft und Forschung, Grundfonds und Investitionen. Abteilung Fahrzeugbau, Analyse des gegenwärtigen Standes und der weiteren Entwicklung der Pkw-Produktion in der DDR, Berlin 1990

Die an Arbeitsvermögen und finanziellen sowie materiellen Mitteln arme DDR-Volkswirtschaft mit ihren viel zu geringen Möglichkeiten der Fahrzeugproduktion musste also die Langlebigkeit der Kraftfahrzeuge teuer bezahlen. Einer der Gründe, die einer Mehrproduktion im Wege standen, war der hohe Anteil an Ersatzteilen in der Fertigung. Er betrug bei Sachsenring und AWE über 30 Prozent. Auch hier lag der Weltdurchschnitt bei maximal 10 Prozent. Besonders alte Autos brauchten besonders viel Ersatzteile. Insgesamt hätte es hierfür eines jährlichen Ersatzteilangebotes für eine halbe Milliarde Mark bedurft. Das entsprach dem Gegenwert von über 80 000 Trabant. Insgesamt wurden von diesen Teilen nur 0,3 Prozent für Garantiezwecke, etwa 20 Prozent für Unfallreparaturen und für Instandsetzung von sechs bis zehn Jahre alten Fahrzeugen, fast 80 Prozent aber für Generalreparaturen und Zweitaufbauten benötigt. Sogenannte Modernisierungsreparaturen, bei denen noch voll funktionsfähige Teile durch neu- beziehungsweise durch weiterentwickelte Teile ersetzt wurden, um das Fahrzeug auf dem »neuesten« Stand zu halten, spielten ebenfalls eine für den Anstieg der Nachfrage nach Ersatzteilen nicht zu unterschätzende Rolle.

Verteilung der jährlichen Fahrtstrecke ausgewählter Pkw in der DDR

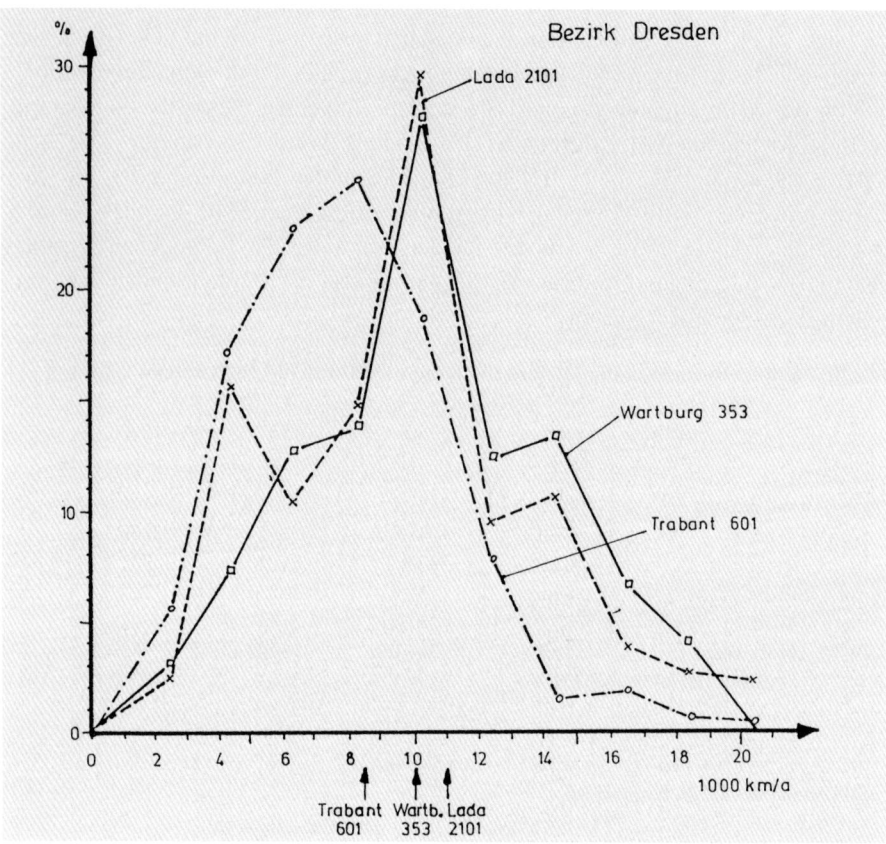

Die Verteilung der jährlichen Fahrtstrecke ausgewählter Pkw im Bezirk Dresden; die mittlere jährliche Fahrtstrecke in der DDR lag bei 9300 km (Archiv Dr. Werner Reichelt)

Wieder lässt sich beobachten, wie Mangelsituationen administrativ analysiert, organisiert und bürokratisiert wurden. 1980 erließ der Generaldirektor des Pkw Kombinats Grundsätze für die Verteilung von Ersatzteilen in seinem Bereich. Darin wurde genau festgelegt, wie der Bedarf zu ermitteln und danach die festgestellten Mengen »zu verteidigen« seien. Für die Bilanzierung wurden Grundsätze der Einordnung, der Relationen, der versorgungspolitischen Bewertung »zur Vermeidung von Vorrats- und Spekulationskäufen«, spezifische Faktoren der Aufschlüsselung ebenso wie Grundrelationen benannt – im ganzen gesehen eine Terminologie des Mangels. Es fehlte auch nicht der Satz: »Es ist leitungsmäßig zu sichern, daß in allen Territorien das gleiche Versorgungsniveau unter Beachtung der vorrangigen Hauptstadt-Versorgung besteht.«

Auch das Politbüro der SED reflektierte diese Mangellage in seinen Beschlüssen. Allerdings besaß dies vorwiegend eine Alibi-Funktion. Im bereits erwähnten »Stückzahlbeschluss« von 1983 proklamierte es die Notwendigkeit voller Bedarfsdeckung bei Ersatzteilen. Und dies wurde mit dem Wissen formuliert, dass dies völlig unmöglich war. Es war klar, dass sich dementsprechend nichts ändern konnte. Da aber das Ersatzteilproblem immer schwerwiegendere Folgen zeigte, nahm die Bereitschaft von Partei und Staat zu, Abhilfe gegebenenfalls durch Westimporte zu schaffen. Das betraf vor allem Präventivmaßnahmen, wie sie beispielsweise der Korrosionsschutz bot.[11]

Die 1956 bis 1960 in der DDR entwickelten Pkw-Karosserien entsprachen nicht den konstruktiven und technologischen Anforderungen an Langlebigkeit. Besonderen Einfluss auf die Haltbarkeit hatte die 1971 zur Arbeitskräfteeinsparung eingeführte elektrophoretische Grundierung. Dafür forderte die Lackindustrie jedoch die Umstellung von Zink- auf die in der Schutzwirkung schlechtere Eisenphosphatierung. Die erst nach 1985 vorgenommene erneute Umstellung auf die Zink-Phosphatierung brachte erste Verbesserungen. Eine Qualitätsverbesserung im Korrosionsschutz gab es jedoch erst mit dem Einsatz der Tauchgrundierung auf der Basis von Polybutadien ab Herbst 1988 in Eisenach und ab Mai 1989 in Zwickau. Die neue Grundierung war Westimport und wurde mit hohem Devisenaufwand von Hellac/Herberts gekauft. Sie brachte eine Verdoppelung des Korrosionsschutzes verglichen mit der vorher eingesetzten Elektro-Tauchgrundierung der ersten Generation aus der Lackindustrie der DDR.

Ein weiterer qualitativer Unterschied war beim Übergang zur Kataphorese zu erwarten. Die entsprechenden Lizenzen wurden 1988 unter Valutaaufwand gekauft. Man versprach sich davon eine wesentliche Steigerung der Haltbarkeit der Fahrzeuge gegen Rostanfälligkeit und eine Abnahme der Instandhaltungsleistungen in Höhe von 500 Millionen Mark. Allein durch die Verlängerung der Lebensdauer der korrosionsgefährdeten Bauteile bei kataphoretischer Beschichtung hätten im Dienstleistungssektor über 500 Arbeitskräfte freigesetzt werden können.

Auch die Stahlindustrie passte sich der Mangellage an und war zur Lieferung von zinkstaubbeschichteten Karosserieblechen, später auch von verzinkten Blechen bereit. An den DDR-Pkw wurden dazu umfangreiche Versuche gefahren. Probleme bereitete hierbei lediglich die Verarbeitung der zinkstaubbeschichteten Bleche in den vorhandenen Schweißanlagen. Gerade diese Verbesserungen wurden ebenso wie die Kataphorese nicht mehr serienwirksam, da 1991 in beiden Werken die Automobilproduktion eingestellt wurde. Angesichts der Kalamitäten entsann sich die Mehrheit der DDR-Automobilisten ihrer Fähigkeit zur Selbsthilfe. Ersatzteile wurden erworben, wann immer man sie bekam und nicht erst, wenn man sie brauchte. Dies betraf vor allem jene Teile, die stets Mangelware waren. Kurbelwellen, Hauptbremszylinder, Zylinderkopfdichtungen, Türschlösser oder Auspuff-Zwischenrohre standen auf den Listen ganz oben. Und wenn man mehr davon aufgetrieben hatte, ließen sie sich hervorragend gegen andere Mangelware, wie zum Beispiel Keramikfliesen für Bad und Küche, tauschen.

Mittlere Lebensdauer von Pkw

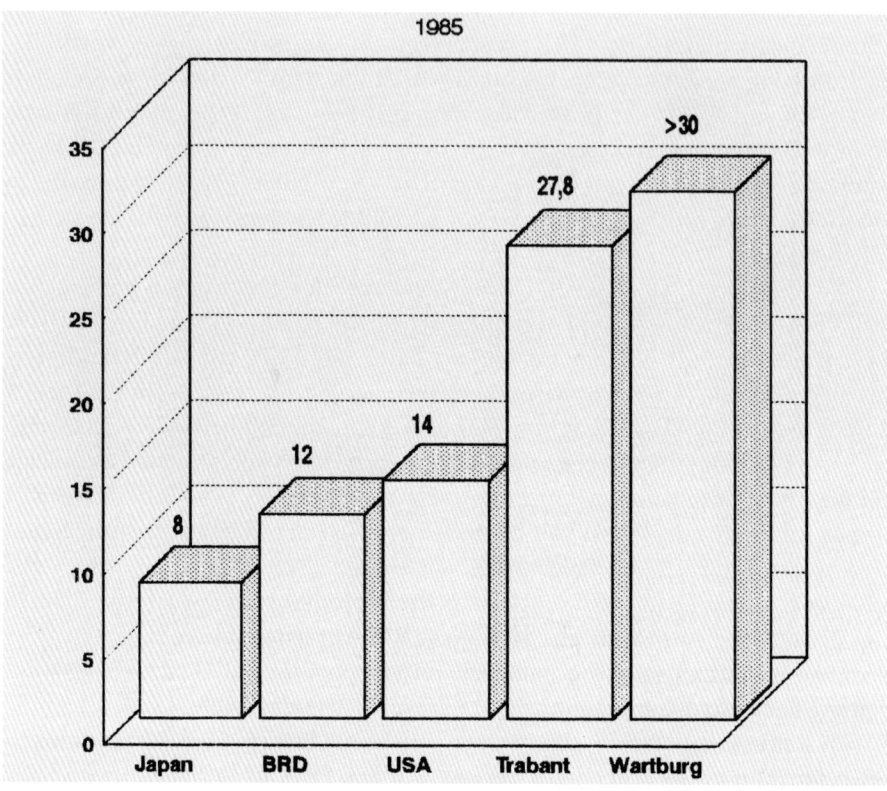

Die mittlere Lebensdauer in Jahren von Pkw in der DDR und in anderen Ländern (Archiv Dr. Werner Reichelt)

Auf der Grundlage dieses Mangels entwickelte sich in der DDR ein in der Gewerbezulassung sogar staatlich gefördertes neues Handwerk – die Hohlraumkonservierung. Dabei handelte es sich um den ersten Termin, den der Kunde nach der Fahrzeugauslieferung vereinbarte. In umfangreichen Untersuchungen hatten die Automobilwerke geeignete Konservierungsstoffe erprobt, zweckmäßige Auftragsgeräte entwickelt und dazu fahrzeugbezogene Konservierungstechnologien herausgegeben. Da in den Werken die Zeit für komplett ausgeführte Hohlraumkonservierung fehlte, wurde diese von den Pflegebetrieben übernommen. Dazu mussten allerdings wieder große Teile der Innenverkleidung demontiert werden, um an den Türen, im Hinterkotflügel- und Kofferraumbereich alle kritischen Kanten, Hohlräume und Überlappungen behandeln zu können. Das fehlende Potenzial in der Industrie führte zu größeren Beschäftigungskapazitäten im Dienstleistungssektor. Eine Reduzierung der Fertigungszeiten und Rationalisierungsmaßnahmen in den Automobilwerken wurden auf der anderen Seite von stark ansteigenden Arbeitszeiten und Arbeitsaufwendungen in den Nachfolgegewerben begleitet.

Instandhaltungsaufwand für Instandsetzung sowie Wartung und Pflege in Werkstätten für den P 601

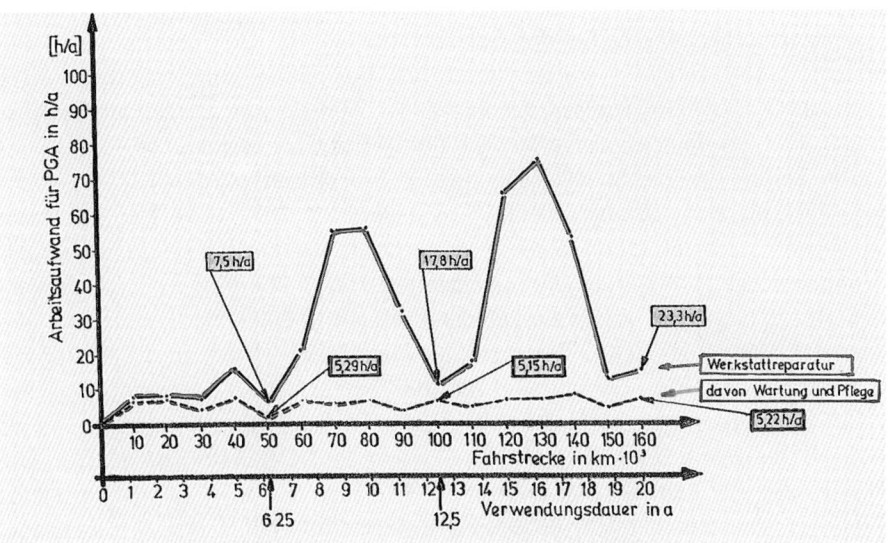

Der durchschnittliche Instandhaltungsaufwand für den Trabant 601 in der DDR in Stunden pro Jahr (h/a) mit den üblichen Grundinstandsetzungen der Karosserie nach 9 bis 10 Jahren (etwa 70 000 bis 80 000 km) und nach 15 Jahren (ungefähr 130000 km) (Archiv Dr. Werner Reichelt)

Die Nöte des IFA-Vertriebes

Im Grunde änderte sich im letzten Jahrzehnt der DDR an der täglichen Praxis des IFA-Vertriebes nichts mehr.[12] Ein Versuch, das Bestellsystem zu reformieren, wurde von einer Gruppe unternommen, die unter Leitung des Abteilungsleiters Maschinenbau im ZK der SED, Tautenhahn, und des Staatssekretärs im Ministerium für Außenhandel und Koko-Chefs Schalck-Golodkowski, stand und der Direktoren des Pkw Kombinates und des IFA-Vertriebes angehörten. In einer vierzehn Tage dauernden Klausurtagung erarbeitete diese Gruppe eine verabschiedungsreife und juristisch abgesicherte Vorlage zur Verbesserung des Bestellsystems. Kernstück war die Wiederaufnahme der anfangs nur vorübergehend ausgeübten Praxis der Anzahlung bei Abgabe der Bestellung. Damit sollte die Lawine der Vorbestellungen auf einen realistischen Umfang vermindert werden. Vorgesehen war, dass zwei bis drei Jahre vor dem fest zu vereinbarenden Liefertermin ungefähr 10 000,– bis 20 000,– Mark eingezahlt werden sollten. Außerdem plante man eine hohe Zufuhr aus Importen, um auf diese Art und Weise innerhalb von zwei bis drei Jahren sämtliche Pkw-Bestellungen abzuwickeln. Die Vorlage wurde im ZK von einer Fraktion zu Fall gebracht, der auch der Vorsitzende des Zentralrates der FDJ, Dr. Günter Jahn, angehörte. Die Gegenargumente waren: Der Vorschlag sei gegen die Arbeiterklasse gerichtet, deren Lohnniveau für solche Anzahlungen zu niedrig sei; eine Bevorzugung des begüterten Mittelstandes sei abzulehnen; zudem würde er gegen das Jugendförderungsgesetz verstoßen, denn achtzehnjährige Besteller verfügten nicht über einen solchen Anzahlungsbetrag.

Pragmatischer ging es bei den Sonderimporten von Golf und Mazda zu. Bei ersterwähntem Fahrzeug wurde eine im ZK der SED zusammengestellte Liste »befugter Käufer« aus Kreisen der Partei, der Künstler und Verdienter Ordensträger dem IFA-Vertrieb als verbindlich übergeben. Der Rest wurde – vornehmlich in Berlin – an die Bevölkerung verteilt. Pro Wagen wurden 32 000,– Mark gefordert, die auch gezahlt wurden, was angesichts des Preisverhältnisses zum sonstigen Typen- und Modellangebot als durchaus angemessen gelten konnte. Als dennoch einige Stimmen den ihrer Auffassung zufolge überhöhten Preis kritisierten, knickte Honecker sofort ein, ließ den Preis auf 19 000,– Mark reduzieren und wies den Handel an, den Differenzbetrag von 13 000,– Mark an die Käufer zurückzuzahlen. Ebenso überraschend kam der zweite Import zustande. Honecker wollte ein gutes Klima für seinen vorgesehenen Japan-Besuch schaffen und als Auftakt eine große Stückzahl japanische Pkw in die DDR importieren lassen. Die Pkw Mazda 323 wurden breiter gestreut als seinerzeit der Golf, die Verteilung entsprach aber trotzdem der üblichen Dringlichkeitsskala: Hauptstadt, S-Betriebe, Führungskräfte der bewaffneten Organe sowie übrige Bezirke der DDR. Nunmehr war man allerdings entschlossen, den Preis von 32 000,– Mark ohne Abstriche einzufordern.

Im Gegensatz dazu hatte der Trabant als Inbegriff der Stabilität der Konsumgüterpreise zu dienen, das bedeutete unveränderte Preise für Standard-Limousinen und Standard-Kombi von 7 850,– Mark beziehungsweise 9300,– Mark bis zum Jahr 1986.

Im September 1984 verabschiedete der DDR-Ministerrat den »Service-Beschluss«, der den IFA-Vertrieb dazu verpflichtete, das Handelsprogramm der Fahrzeugelektrik zu übernehmen. Außerdem sah er eine Erweiterung der regionalen Großhandelslager vor und legte den Werkstatt-Sektor auf kundenfreundliche Öffnungszeiten und auf Sonn- und Feiertagsbereitschaft fest. Letztlich blieben das Äußerlichkeiten, die keine echten Kapazitätserweiterungen nach sich zogen.

1986 stationierte das Pkw Kombinat in den Bezirken Beauftragte, die vor Ort die reale Versorgungslage zu erkunden hatten. Sie erhielten den Status einer Bezirks-Industrievertretung (BIV) und waren beim jeweiligen IFA-Vertrieb angesiedelt. In erster Linie waren sie zu realitätsnaher Berichterstattung verpflichtet, um echte Bedarfsmeldungen zu erhalten. Hatte der Beauftragte ein Regionallager im Rücken, dann konnte er selbstständig schwierige Einzelfälle klären. Hatte er das nicht, blieb er der »Watschenmann«.

Auch vor Experimenten schreckte man nicht zurück und ergriff sogar ziemlich unkonventionelle Methoden. So begann in Döbeln ein Testverkauf von Trabant-Auspuffanlagen, ohne dass dies vorher öffentlich angekündigt worden war. Bereits nach einer Woche waren allein durch Mundpropaganda 8 000 dieser Anlagen an Kunden von Rostock bis Suhl verkauft. Der Verkauf musste abgebrochen werden.

Die mit steigender Stückzahl immer unbefriedigendere Qualität der Fahrzeuge zog mehr und mehr den Ärger der Kunden auf sich. Zwar musste jedes in der DDR gefertigte und dort vertriebene Produkt ein sogenanntes staatliches Gütezeichen führen, das vom Amt für Standardisierung, Material- und Warenprüfung ausgegeben wurde. Dieses Symbol musste auf einem kleinen Schild in Form eines Dreiecks am Produkt angebracht werden, in das dann das jeweilige Zeichen für die Qualitätsstufe eingetragen wurde: ein S für Spitzenqualität, die 1 für exportfähige und die 2 für gerade noch zulässige Qualität. Ein Dreieck ohne Eintrag bestätigte die gegenwärtig nicht mögliche Qualitätseinstufung. Bereits eine 2 bedeutete Gewinnabschläge und Exportverbot. Ausnahmegenehmigungen waren oft die letzte Rettung.

Nachdem im Zuge des Konzentrationsprozesses im IFA-Vertrieb die Autohäuser mit der Eisenbahn beliefert wurden, erhielten sie monatlich beachtliche Quoten zugestellt. Sogenannte Ganzzüge wurden mit Mengen bis zu 240 Pkw auf die Reise geschickt. Das hatte für die Abnehmer, die IFA-Häuser, den großen Nachteil, dass einzelne Fahrzeuge mit diesem Zug nicht wieder zurückgeschickt werden konnten. Entweder man übernahm alles oder ließ alles wieder zurückgehen. Angesichts der dann bevorstehenden Auseinandersetzung mit dem Kunden wurde oft der Weg des geringsten Widerstandes gewählt. Anfang der achtziger Jahre wurde erstmals vom IFA-Vertrieb Berlin einem ganzen Zug mit Fahrzeugen wegen Qualitätsmängeln die Abnahme verweigert. Es folgten Besichtigungen, Verhandlungen, nochmals Kontrollen. Eine Gruppe von Nacharbeitern wurde von Zwickau nach Berlin entsandt. Sie bessserten solange nach, bis der IFA-Vertrieb – auch aus Gründen der Staatsdisziplin und den sanften Hinweisen des Generaldirektors folgend – die Fahrzeuge schließlich abnahm. Berlin war hier der Vorreiter. Aber weitere IFA-Vertriebe, Magdeburg, Rostock und vor allem Dresden, folgten, wobei letztere besonders energisch auf ihre Rechte pochten. In der Folge dieser Ereignisse wurde am 1. Juli 1983 eine Staatliche Güteinspektion beim IFA-Vertrieb ins Leben gerufen. Diese schuf ein System von Prüftechnologien des Handels, das künftig konsequent angewandt wurde. Die IFA-Vertriebe Berlin und Dresden waren an dieser Umsetzung führend beteiligt.

Im Jahr 1987 bestand das IFA-Vertriebsnetz aus 15 Großhandelslagern, 22 Autohäusern, 68 Pkw-Verkaufsbüros und 354 Einzelgeschäften.

Ende 1988 waren die Vorserie des Trabant und die erste Serie des Wartburg jeweils mit Viertaktmotor auslieferungsfähig. Bei Verkaufspreisen hatte man die einst geübte Zurückhaltung abgelegt und legte für den Wartburg 1.3 einen Preis von 32 000,– Mark und für den Trabant 1.1. 18 000,– Mark fest.

Mit dem Fall der Mauer und dem Angebot von West-Wagen zogen schnell die letzten Tage des IFA-Vertriebs auf. Die Lagerbestände für Trabant und Wartburg wuchsen ins Unermessliche. Auf einmal gab es keine Versorgungsprobleme mehr. Der wegbrechende Export in die Ostblockländer sorgte überdies für zusätzliche Angebote innerhalb der DDR. Am schlimmsten traf es Eisenach und Zwickau, die Herstellerbetriebe. Die IFA-Vertriebe konnten keine Fahrzeuge mehr abnehmen, denn die Lager waren überfüllt und die vorhandenen Pkw-Bestellungen über Nacht Makulatur geworden. Im Frühjahr 1990 wurde die Produktion zurückgefahren. In einem eigens eingerichteten Rapportsystem des Kombinats wurden wöchentliche Zahlen abgestimmt: Produktion, Bestand, Zuweisung. Trotz dieser radikalen Mittel wehrten sich die IFA-Vertriebe und lehnten Neuzuführungen ab. Der Grund hierfür war simpel: Die eigenen Bestände waren üppig, aber es fand kein Abverkauf statt.

Im Januar 1990 trafen sich die Betriebsdirektoren der IFA-Vertriebe im Leitbetrieb in Zwickau, um Überlegungen für die künftig einzuschlagenden Wege anzustellen und zu besprechen, wie man unter Beibehaltung des IFA-Vertriebsnetzes zu einem neuen Vertriebssystem gelangen könnte. Eine Anbindung an VW/Audi wurde erörtert. Auf der nächsten Beratung in Mägdesprung/Harz wurden die ersten Risse im gemeinsamen Verbund sichtbar. Auch VW entschied sich gegen eine komplexe Übernahme des IFA-Vertriebs. Nach der Beratung im Harz richteten die Vertriebe Rostock, Neubrandenburg und Berlin den schriftlichen Antrag an den Generaldirektor des Pkw-Kombinats, aus dem Kombinatsverband ausscheiden zu dürfen. Während der Frühjahrsmesse 1990 lud der IFA-Generaldirektor die noch verbliebenen Betriebsdirektoren in die Halle 11 zur obligatorischen Dienstberatung ein. Die dort zutage tretenden unterschiedlichen Auffassungen und Auseinandersetzungen hinsichtlich des weiteren Fortbestands des IFA-Vertriebs veranlassten ihn, den IFA-Vertrieb aus dem Kombinatsverband zu entlassen und ihn de facto für aufgelöst zu erklären.

Forschung und Entwicklung bis zum Ende des Wissenschaftlich-Technischen Zentrums

Motoren, Maschinen und Schlitten

Nach seiner jüngsten Strukturänderung war der Betrieb im Handelsregister unter dem Namen »VEB WTZ Automobilbau – Ingenieurbetrieb des IFA Kombinates für Personenkraftwagen« eingetragen worden. Er war rechtsfähig, und Sitz war Karl-Marx-Stadt (Chemnitz). Seine bedeutendsten Aufgaben lagen wie bisher auf technisch-technologischem Gebiet. Im Mittelpunkt stand vor allem der notwendige Vorlauf für neue Erzeugnisse.[13] Darüber hinaus hatte das WTZ aber wie bisher automobiltypische Rationalisierungsmittel und Sondermaschinen zu entwickeln und herzustellen. Im Zusammenhang mit diesen beiden Hauptaufgaben sollten kraftstoffsparende Antriebe sowie Verfahren zur Herstellung von Automobilen – Schweißanlagen, Montagen, Beschichtungen und Plasteanwendungen – entwickelt werden. Weiterhin war das WTZ zur Abnahme von ECE- und Schutzgüteprüfungen sowie von Abnahmeprüfungen bei Neuzulassungen berechtigt.

Auch die Forschungs-, Entwicklungs- und Prüfstelle für Abgasentwicklung in Berlin-Adlershof unter der Leitung von Dr.-Ing. Hünigen unterstand dem WTZ.

Sie war als Abgasprüfstelle der DDR für die zentrale Überwachung der Schadstoffemissionen von Verbrennungsmotoren verantwortlich und angesichts der großen Zahl von Zweitaktern um diese Aufgabe nicht zu beneiden.

Auch strukturell wurde innerhalb des WTZ einiges verändert. Zwei dieser Änderungen – die Schaffung eines Direktorates Kader, Bildung und Reisestelle sowie die Erweiterung der VS-Nebenstelle (Verwahrung von vertraulichen Verschlusssachen) zur Hauptstelle – bedürfen für jene, die sich mit den Sitten und Gebräuchen der DDR auch nur etwas auskennen, keines näheren Kommentars.

Auf konstruktivem Gebiet zählte die Entwicklung eines Dreizylinder-Viertakt-Dieselmotors zu den interessantesten und auch erfolgreich gelösten Aufgaben. In den Hauptauftrag »Kraftstoffsparende Antriebssysteme« fiel auch das Thema »Leichter Pkw-Dieselmotor«. Hier war ein in Abmessung und Masse verringerter und in Leistung und Drehmoment erhöhter, speziell für den serienmäßigen Einsatz in einem modifizierten Trabant vorgesehener »optimierter Dieselmotor« und eine daraus abgeleitete Ottomotoren-Variante vorgesehen.

Die generelle Zielsetzung bestand in der Senkung des Kraftstoffverbrauchs, in der Steigerung der Grenznutzungsdauer sowie in der Einhaltung nationaler und international geforderter Grenzwerte in bezug auf gasförmige Schadstoffe und Geräusche. In engem Zusammenhang damit wurde zum Thema »Viertakt-Dieselmotoren-Baureihe für Pkw« ein Dreizylinder-Viertakt-Dieselmotor als Basismotor entwickelt und drei Exemplare davon gebaut. Diese Arbeiten hatten im September 1980 begonnen. Entsprechend dem internationalen Kenntnisstand war als Verbrennungsverfahren das Wirbelkammersystem geplant.

Parallel dazu erfolgten Untersuchungen zur Anwendung der Direkteinspritzung an Zylindereinheiten, die kleiner als 400 cm^3 waren. Dazu benutzte man Einzylinder-Prüfmotoren. Dieser Aufgabenkomplex wurde gemeinsam vom WTZ mit der Ingenieurhochschule Zwickau und der TU Dresden bearbeitet.

Die technischen Daten des Dreizylinder-Diesels waren identisch mit denen des 1,5 l Vierzylinder-Dieselmotors des VW Golf. Um kurzfristig über einen Experimentiermotor zu verfügen, verwendete man Originalteile dieses Motors wie Ventile, Ventilfedern, Federteller, Klemmkegel, Tassenstößel und Wirbelkammer. Konstrukteure des Dreizylinder-Diesel-

Der 3 VD auf dem Prüfstand, von links nach rechts Prüfstandmonteur H. Claus und die Konstrukteure G. Landgraf und Wolfgang Beyer (Archiv Wolfgang Beyer)

Tabelle 24: Geplante und erreichte Werte des WTZ Dieselmotors 1984

1984	Zielstellung	erreichte Werte
Ne max kW/n (U/min.)	25/4500	25,7/4500
Ma max Nm/n (U/min.)	60/2500	58/3250
be min b. Vollast (g/kWh)	280	289
be b. Nennlast (g/kWh)	320	326
be min b. Teillast (g/kWh)	250	278
Motormasse (kg)	100	101,5
Lebensdauer (km)	150 000	–

Quelle: Wolfgang Beyer, Die Geschichte der Forschung und Entwicklung im WTZ

motors waren Wolfgang Beyer und Günter Landgraf, die dem Leiter Leopold Müller unterstanden. Begonnen wurden die Arbeiten Mitte 1981. Zwei Jahre später lief der erste Dreizylindermotor auf dem Prüfstand. Anschließend wurden die Konstruktionsunterlagen für eine aus diesem Wirbelkammermotor abgeleitete Direkteinspritzvariante mit hydraulischem Ventilspielausgleich entwickelt.

Um diesen Motor in den Trabant einzubauen, mussten am Fahrzeug einige Veränderungen vorgenommen werden. Diese betrafen vor allem die vorn querliegende Blattfeder, die dem Einbau im Wege war. Sachsenring baute eine McPherson-Vorderachse ein. Aus Platzgründen wurde der Tank hinten platziert. Mit der vom serienmäßigen Zweitaktmotor übernommenen Motoraufhängung trat in diesem Fahrzeug beim Dieselbetrieb ein Motorschütteln im Drehzahlbereich zwischen 800 bis 1200 U/min. auf. Dies konnte jedoch bald durch experimentelle Untersuchungen restlos beseitigt werden. Der Dieselmotor wurde im Versuchs-Trabant über mehrere tausend Kilometer gefahren. Das Fahrzeug erreichte eine Höchstgeschwindigkeit von 120 km/h. Die Arbeiten mussten wegen der geplanten Übernahme des VW-Motors abgebrochen werden.

Sehr umfangreich waren auch die Entwicklungen auf dem Gebiet der Kraftübertragungen. Besonders hervorzuheben sind hier eine elektro-

Der im WTZ entwickelte Dreizylinder-Dieselmotor 3 VD, von der Abtriebseite gesehen (Archiv Wolfgang Beyer)

Ein in den Trabant eingebauter 3 VD-Motor (Archiv Wolfgang Beyer)

Der 3 VD-Motor (links) im Größenvergleich mit dem Trabantmotor (Archiv Wolfgang Beyer)

Die Planetenachsen, die im WTZ für schwere LKW entwickelt wurden, verwendete man im L 60 (Archiv Dr. Winfried Sonntag)

pneumatische Schaltung, die Gestaltung von Auslegungsgrundsätzen für automatische Getriebe, zeitraffende Lkw-Getriebeprüfungen für eine praxisnahe Auslegung und Prüfung von Getrieben. Besonders erwähnenswert ist die Entwicklung eines automatischen Getriebes für Pkw. Dies erfolgte im Auftrag des Automobilwerkes Eisenach. Verantwortlicher Konstrukteur war Friedbert Rockstroh. Drei Exemplare des Getriebes wurden gebaut und im Wartburg erprobt. Im WTZ lief außerdem noch ein Wartburg mit Shiguli-Motor und dem automatischen Getriebe.

Außerordentlich interessant und reizvoll war auf dem Gebiet der Kraftübertragung eine im Auftrag des Industriewerks Ludwigsfelde vorgenommene Entwicklung von sogenannten Planetenachsen für den neu konzipierten Lkw L 60.

Die frühe common rail-Technik am Motor 6 VD 12,5/12 GRF: **1** – elektromagnetisch gesteuertes Einspritzventil; **2** – Vorförderpumpe; **3** – Hochdruck-Axialkolbenpumpe selbstregelnd; **4** – Membranspeicher; **5** – Hochdruckleitung vom Rohrspeicher zu den Einspritzventilen; **6** – Kurbelwellen-Gebereinheit (Archiv Dr. Klaus Mathees)

Das erste common rail-Versuchsfahrzeug 1985 (Archiv Dr. Klaus Mathees)

Auch in den Abteilungen Fahrwerk, Fahrversuch, Betriebsfestigkeit, Messtechnik, Rechentechnik, Plaste sowie im chemisch-physikalischen Labor und in der Abteilung Standardisierung wurden industriezweigorientierte Aufgaben in Angriff genommen und bewältigt. Über 25 Prozent des WTZ-Potenzials wurden jedenfalls für das Rahmenthema Kraftstoffeinsparung eingesetzt. In diesem Zusammenhang ist auch der erfolgreiche Versuch mit der elektronischen Dieseleinspritzung zu erwähnen. Seit Jahren wurde international sehr intensiv an Lösungen gearbeitet, den dieselmotorischen Einspritzvorgang zu verbessern. Angesichts der kaum mehr zu überbietenden Zuverlässigkeit und der Kostenvorteile konventioneller Einspritztechnik lag die Messlatte sehr hoch: Ein vollelektronisches Dieseleinspritzsystem befand sich in den achtziger Jahren noch nicht im Serieneinsatz. Im WTZ stufte man als günstigste Variante ein elektronisch gesteuertes Konstant-Drucksystem mit indirekt gesteuerten Einspritzventilen ein. Erste Erprobungen gingen auf einen Prüfmotor im Jahre 1970 zurück. Die seitdem vollzogene Entwicklung führte Klaus Matthees mit seinen Mitarbeitern durch. Sehr stark war daran auch die Abteilung Messtechnik beteiligt, die die gesamte Elektronik entwickelte und bereitstellte. Aus diesen umfangreichen Arbeiten gingen 24 Patentanmeldungen hervor.[14] Besondere Schwerpunkte waren dabei die Entwicklung einer kompletten selbstregelnden Druckerzeugeranlage, die Vervollkommnung der Elektronikbaugruppen, der Musterbau sowie die umfangreichen Prüfstands- und Fahrzeugerprobungen. Immerhin gelang es, nach intensiver Entwicklungsarbeit ein komplettes, elektronisch gesteuertes Einspritzsystem (Konstantdrucksystem) für den Kraftfahrzeug-Dieselmotor mit hoher Zuverlässigkeit zu entwickeln und im Fahrzeugbetrieb zu testen. Bei dieser heute allgemein als common rail bezeichneten Technik war die Entwicklungsgruppe von Klaus Matthees welt-

Eine im Kofferraum eines Pkw Wolga eingebaute Flüssiggas-Anlage (Archiv Wolfgang Beyer)

Das Reduzierventil der Flüssiggasanlage. (Archiv Wolfgang Beyer)

weit die erste bei der Straßenerprobung. Der erste Einsatz eines Konstantdrucksystems in einem Fahrzeug erfolgte am 16.5.1985. Zum Zeitpunkt der Einstellung der Entwicklung 1986 konnte Matthees 17 000 Versuchskilometer mit sehr guten Ergebnissen vermelden.[15] Wegen der zu erwartenden funktionellen und technologischen Probleme war eine Serieneinführung nicht vor dem Jahr 1990 möglich. Somit wurden auch diese Arbeiten 1986 eingestellt. Gerade sie fanden aber in der internationalen Fachwelt große Beachtung und Anerkennung, wie sich später weniger aus mündlichen Ausführungen als vielmehr aus Patentanmeldungen führender westeuropäischer Unternehmen ablesen ließ, die bei ihren Lösungsvorschlägen auf Anmeldungen oder Veröffentlichungen des ehemaligen WTZ Bezug nahmen (vgl. Anlage L 03).

Zwei Projekte sollen hier noch vorgestellt werden, bei denen bereits in der Aufgabenstellung der herrschende Zeitgeist deutlich wird. Es handelte sich einerseits um die Entwicklung des Flüssiggasantriebs und andererseits um den Bobschlitten für die Olympia-Mannschaft.

Am 25. Februar 1982 wurde vom Politbüro »Die Einsparung von Kraftstoffen durch Umrüsten der Kraftfahrzeuge auf den Einsatz von Flüssiggas, Erdgas und Stadtgas einschließlich der Voraussetzungen für die Betankung« beschlossen. Unmittelbar darauf wurde vom IFA Kombinat im Rahmenauftrag »Kraftstoffsparende Antriebssysteme« dem WTZ das Thema »Entwicklung einer Flüssiggasanlage für Viertakt-Ottomotoren« übertragen. Vorgesehen war die Herstellung von über 5 000 Flüssiggasanlagen für die Pkw Wolga und Lada bis 1985. Auftraggeber war die Hauptverwaltung Kraftverkehr, der wiederum die Verkehrskombinate und die volkseigenen Taxi-Fuhrparks unterstanden. Zunächst war der Einsatz nur für Berlin und die Bezirkshauptstädte vorgesehen. Dadurch sollten allein ab 1985 50 000 t Vergaserkraftstoff pro Jahr ersetzt werden. Die Konstruktion der Flüs-

Bobschlitten für die DDR-Nationalmannschaft. Im WTZ wurden Fahrgestell, Kufen, Aufhängung und Lenkung entworfen und gebaut. Die »Karosserie« entstand im Flugzeugwerk Dresden. Das Bild zeigt den Zweierbob mit Schutzleisten unter den Kufen für den Transport (Archiv Wolfgang Beyer)

siggasanlagen und ihrer Hauptbaugruppen erfolgte im WTZ. Dort wurde auch die Erprobung auf dem Motorenprüfstand sowie im Fahrzeug durchgeführt. Bereits 1982 erreichten die Verbräuche 8,25 kg Flüssiggas pro 100 km beim Pkw Wolga und 5,7 kg pro 100 km beim Pkw Lada. Die Zielstellung hatte 9 kg beim Wolga und 6,1 kg beim Lada betragen und war somit beträchtlich unterboten worden. Im Betrieb zeigten die Gasanlagen erstaunliche Leistungsreserven und eine fast völlige Klingelfreiheit, so dass sie für den reinen Stadtverkehr attraktiv waren. Dem stand der Nachteil erheblicher Einbußen an Gepäckraum entgegen. Dennoch zeigten verschiedene RGW-Länder großes Interesse am Bezug der in Karl-Marx-Stadt (Chemnitz) entwickelten Anlagen. Noch bevor die Umstellung der genannten Fuhrbetriebe auf Flüssiggas erfolgte, signalisierte das Ministerium für Chemie, dass das Aufkommen an Flüssiggas in der DDR nicht ausreichen würde, um alle geplanten Anlagen zu betreiben. Trotzdem wurden in verschiedenen Bezirkshauptstädten der DDR Flüssiggastankstellen errichtet. Prompt erwies sich, wie berechtigt die Einwände des Ministers für Chemie waren: Die Versorgung dieser Tankstellen erfolgte nach einem Rationierungssystem, da die Flüssiggasvorräte für einen ausreichenden Bezug zu gering waren.

Nach den ersten olympischen Bob-Erfolgen der DDR begann man unter Einbeziehung verschiedener Institute gezielt die Entwicklung eines solchen Schlittens, der zu den Olympischen Winterspielen 1980 zur Verfügung stehen sollte. Als Auftraggeber fungierte der Armee-Sportclub, später das Dresdner Kombinat für Spezialtechnik, das auf militärische Fertigung spezialisiert war. Damit erhielten alle

Kontrolluntersuchung der Kufen vor Ort
(Archiv Wolfgang Beyer)

Start frei zur Versuchsfahrt mit dem Zweier-Bob
(Archiv Wolfgang Beyer)

Arbeiten an diesem Projekt automatisch den LVO-Status, mit anderen Worten, sie wurden als Auftrag für die Landesverteidigung klassifiziert und waren somit streng geheim.

Das WTZ erhielt den Auftrag, die Fahrwerke zu konstruieren und zu bauen. Eine Arbeitsgruppe unter Leitung von Dr. Henker entwickelte in diesem Zusammenhang die sehr erfolgreich umgesetzte Idee gefederter Kufen. Im Institut für Leichtbau und ökonomische Verwendung der Werkstoffe (IfL) waren die Verkleidungen der Bobs zu entwickeln und herzustellen. Chefkonstrukteur war Dr. Lehmann. Im Windkanal des IfL wurden hierzu entsprechende aerodynamische Untersuchungen angestellt. Gebaut wurden die Bobs schließlich in der Flugzeugwerft, und die Erprobung fand in Oberhof statt.

Das WTZ zeichnete für die Muster- und Serienfertigung der kompletten Fahrwerke mit Lenkung, Vorderachsfederung, Kufenaufhängung, Hinterachse und Kufen verantwortlich. Zunächst wurden nach den Experimentiergeräten vier Funktionsmuster und acht Seriengeräte hergestellt. Mit den daraus entstandenen Sportgeräten gewannen die DDR-Athleten bei der Europameisterschaft 1983 eine Gold- und eine Silbermedaille und bei den Olympischen Winterspielen 1984 eine Gold- und eine Silbermedaille im Zweier- und im Viererbob. Auf Erich Henker folgte Friedbert Rockstroh als Leiter der Arbeiten.

Die Stunde des WTZ schlug mit der Übernahme des VW-Motors (vgl. Anlage L 06). Dies stand auch in engem Zusammenhang mit Parteidogmen zur Kombinatsbildung. Es entsprach der Vorstellung – und somit auch der Anweisung – des

Politbüros der SED im Allgemeinen und Günter Mittags im Besonderen, dass die Kombinate nach dem sogenannten Stammbetriebsprinzip geführt werden sollten. Diese Stammbetriebe mussten sich durch dauerhafte wirtschaftliche Stabilität ausgezeichnet haben, das hieß, auf langjährige Planerfüllung, Abdeckung des Volkswirtschaftsbedarfs, Sicherung der Eigenerwirtschaftung der Mittel und der staatlichen Gewinnauflagen verweisen können. Auch musste der Stammbetrieb so entwickelt sein, dass er leitungsmäßig beherrschbar war und über Potenzen verfügte, die anderen Betriebe im Rahmen des Kombinates effizient leiten zu können.

Dieser Stammbetrieb sollte das ganze Kombinat führen. Dadurch konnte eine sonst notwendige zusätzliche Leitungsebene entfallen. Diese Doppelfunktion – die selben Leute leiten den Betrieb wie auch das gesamte Kombinat – sollte sicher stellen, dass zum einen die Leitung sehr engen Kontakt mit den Fertigungsproblemen hielt und dass zum anderen ein zusätzlicher Aufwand an Personal überflüssig wurde. Diesem verbindlich vorgegebenen Prinzip mussten alle 157 Kombinate Folge leisten, obwohl sich diese Leitungsform in der Praxis nur bei kleinen Kombinaten mit wenig Kombinatsbetrieben bewährte. Auch das IFA-Kombinat Pkw mit seinen 26 Produktions- und 8 Handelsbetrieben musste sich der Forderung beugen, schuf aber unter der Hand zusätzliche Stellen, um den Leitungsprozess überhaupt in den Griff zu bekommen. Dies taten übrigens die meisten Generaldirektoren, womit die Zielstellung, Personal einzusparen, bereits zur Illusion verkommen war. 1984 erhielt der Generaldirektor des Pkw-Kombinats vom Politbüro die Anweisung, ein Modell zur Leitung des IFA-Kombinats über einen Stammbetrieb auszuarbeiten und vorzulegen.

In Frage kam dafür der größte Kombinatsbetrieb, das Automobilwerk Zwickau mit 12 000 Beschäftigten. Dies hätte allerdings bedeutet, 180 Arbeitsplätze von Karl-Marx-Stadt (Chemnitz) nach Zwickau zu verlegen oder die Mitarbeiter zum Pendeln zwischen den beiden Orten zu zwingen. Dies lehnte man als unzumutbar aufwendig ab. Genau zu diesem Zeitpunkt wurden die Vertragsverhandlungen mit der Volkswagen AG zur Übernahme des Motors EA 111 bekannt. Dieser Motor sollte im VEB Barkas-Werke Karl-Marx-Stadt gefertigt werden. Angesichts der großen Bedeutung des Projekts avancierte Barkas damit fast automatisch zum wichtigsten Kombinatsbetrieb und wurde somit auch zum Stammbetrieb für das Kombinat ausgewählt. Für die Projektdurchführung und zugleich die gesamte Kombinatsleitung waren die Kräfte von Barkas jedoch zu schwach. Da sich am selben Standort des zukünftigen Stammbetriebes auch das WTZ Automobilbau befand, bot sich die Einbeziehung dieses wissenschaftlichen Potenzials besonders für die Umsetzung des Motorenvorhabens geradezu an. Das WTZ wäre mit seinen Leistungseinheiten der Forschung und Entwicklung, dem Rationalisierungsmittel- und Sondermaschinenbau sowie der Projektierung und dem arbeitswissenschaftlichen Zentrum ausgezeichnet in der Lage gewesen, sämtliche Aufgaben im technischem Bereich zu bewältigen. Anderseits sahen die Direktoren für Grundfondwirtschaft, für Technik und Organisation und Datenverarbeitung im WTZ ein exzellentes Arbeitskräftereservoir, auf das sie im Interesse der ihnen

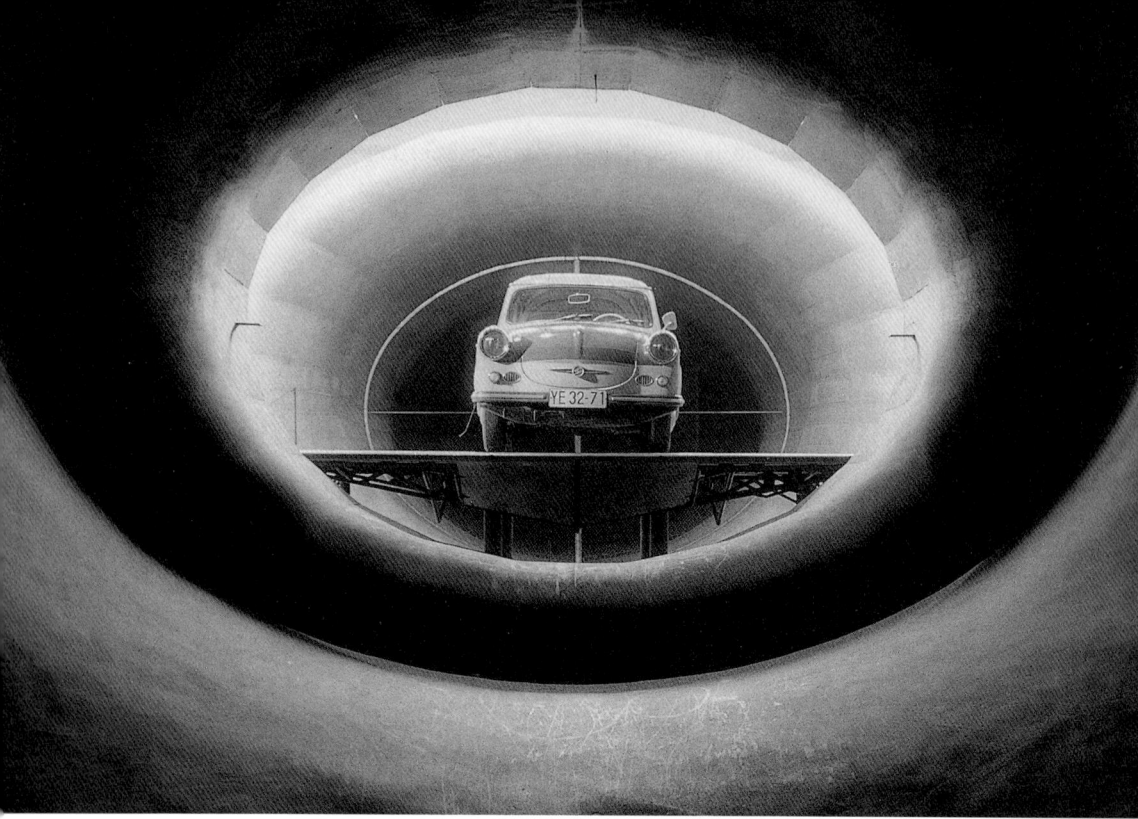

Der P 50 Trabant zeigte bei Windkanal-Analysen sehr ungünstige aerodynamische Formen (Archiv Windkanal Klotzsche)

gestellten Aufgaben zurückgreifen wollten. Ihr Ziel war die Auflösung des WTZ und die Verteilung der dort beschäftigten Mitarbeiter auf die einzelnen Direktionsbereiche.

Widerspruch wurde erhoben und auf den damit verbundenen Verlust dieses über Jahrzehnte entwickelten leistungsstarken Potenzials verwiesen, der Protest wurde aber schon im Keim erstickt. Das Motoren-Projekt, abgesegnet durch höchste Parteiinstanzen, duldete keinen Aufschub. Dementsprechend wurde der Ingenieurbetrieb des IFA-Kombinates Pkw, das WTZ Automobilbau, am 30. Juni 1984 aufgelöst. Gleichzeitig wurde der Betriebsdirektor seines Postens enthoben und als Stellvertreter des Generaldirektors und Auftragsleiter für das Sondervorhaben »Antriebsaggregat« eingesetzt. Hinter dieser Kurzbezeichnung verbarg sich die Transplantation des VW-Motors. In dieser Eigenschaft erhielt er das Recht, als Erster aus dem Arbeitskräftefond des aufgelösten WTZ und der Kombinatsleitung geeignete Mitarbeiter für die Bildung der Auftragsleitung auszuwählen. Insgesamt handelte es sich dabei um 44 Personen. Alle restlichen Mitarbeiter des ehemaligen WTZ wurden den Bereichen des Direktors für Technik, des Direktors für Grundfondwirtschaft, des Direktors für Organisation und Datenverarbeitung sowie dem Direktor für Ökonomie zugeordnet. Der größte Teil der ehemaligen Mitarbeiter des WTZ wurde in die Aufgaben des Stammbetriebes eingebunden. Somit waren sie unmittelbar an der Realisierung des Motorenvorhabens beteiligt. Durch diese Maßnahme wurde das Forschungs- und Entwicklungspotenzial für den Automobilbau in der DDR zerschlagen. Es wurde als strategisch außerordentlich wichtige Größe den drängenden Anstrengungen geopfert, aktuelle Tagesfragen zu lösen. Auch dies charakterisiert eindrucksvoll den Grenzbereich, in den die Wirtschaftsentwicklung in der Spätphase der DDR mittlerweile geraten war.[16]

Zum Zeitpunkt seiner Auflösung verfügte das WTZ über etwa 800 Mitarbeiter. Davon waren ungefähr 300 erst im Jahr 1979 dazugestoßen, als die Blechverformungswerke in Crottendorf und Scheibenberg quasi aufgelöst wurden, um deren Potenzial an Arbeitskräften und Anlagen im WTZ zur Herstellung von Sondermaschinen für das Pkw-Kombinat zu nutzen. Die Strukturierung der übrigen Mitarbeiter zeigt nicht nur die innere Ordnung, sondern auch die Schwerpunktlage eines DDR-Forschungsbetriebes und wird in der folgenden Tabelle wiedergegeben:

Tabelle 25: VEB WTZ Automobilbau Karl-Marx-Stadt – Ingenieurbetrieb des IFA-Kombinates Pkw

Bereiche/Aufgabenstellungen	Zahl der Mitarbeiter
– Betriebsdirektor	10
– Direktor für Forschung und Entwicklung	293
•• Querschnittsaufgaben (Dokumentation, Patentwesen, Kfz-Bauvorschriften, ECE-Prüfzeichen)	
•• Forschung und Entwicklung Motor, Kraftübertragung, Fahrwerk, Betriebsfestigkeit, Plaste, Prüf- und Messeinrichtungen	
•• Prüffeld Versuch, Messtechnik, Chemisches und Physikalisches Labor, Aggregateprüfung und Abgasprüfstelle der DDR	
– Direktor für Rationalisierungsmittel- und Sondermaschinen	34
– Direktor für Hauptauftragnehmer (HAN) Technologische Ausrüstung	82
sowie – Direktor für Ökonomie	23
– Direktor für Beschaffung und Absatz	20
– Direktor für Kader und Bildung	3
– Hauptbuchhalter	11
– Hauptabteilung Grundfondswirtschaft	27
	503 Beschäftigte

Quelle: Nach Angaben von Dr. Winfried Sonntag

Ab 2. Januar 1979 wurden dem VEB WTZ Automobilbau die Betriebe VEB Blechverformung Scheibenberg und VEB Blechverformung Crottendorf mit insgesamt 308 Arbeitskräften zugeordnet. Diese Betriebe waren bis zur Übernahme dem Bezirkswirtschaftsrat unterstellt und stellten Blechteile vorwiegend für die Automobilindustrie her. Die Eingliederung dieser Betriebe hatte zum Ziel, durch Ausgliederung der Blechteilefertigung Kapazitäten für die Herstellung von Rationalisierungsmitteln und Sondermaschinen für das IFA-Kombinat Pkw zu gewinnen.

Mit den Beschäftigten dieser Betriebe erhöhte sich die Gesamtanzahl der Belegschaft auf 811 Arbeitskräfte.

Der W 50 war in Originalgröße für den Windkanal zu groß – er wurde im 1:7,5-Modell auf die Messplatte gestellt (Archiv Windkanal Klotzsche)

Als durchaus vorteilhaft im Sinne volkswirtschaftlicher Effizienz erwies sich die Möglichkeit, besonders kostenintensive, aber unumgängliche Anlagen und Einrichtungen für Forschung und konstruktive Entwicklung durch den gesamten Industriezweig nur einmal vorrätig zu haben. Diese konnten von allen Interessierten genutzt werden. Ein sehr gutes Beispiel hierfür ist der Windkanal, der keineswegs nur zur Optimierung einer möglichst strömungsgünstigen äußeren Form gebraucht wurde. Diesen hätte sich kein einziger Hersteller alleine errichten lassen können. Genutzt wurde durch die DDR-Automobilindustrie eine entsprechende Einrichtung in Dresden-Klotzsche. Der große Niedergeschwindigkeits-Kanal war 1958 als Teil der Aerodynamischen Laboratorien für den Flugzeugbau in Dresden eingerichtet worden. Seine Konzeption erfolgte unter maßgeblicher Beteiligung von ehemaligen Mitarbeitern der Junkers-Werke als Niedergeschwindigkeitswindkanal Göttinger Bauart mit offener Messstrecke. In diesem Kanal wurden die Niedergeschwindigkeitsversuche an Modellen der in Dresden entwickelten Flugzeugtypen 152, 153 und 155 durchgeführt. Die Laboratorien verfügten außer diesem noch über einen Hochgeschwindigkeitswindkanal mit entsprechendem Versuchspersonal, Konstruktions- und Fertigungskapazitäten für Modellbau, Versuchsaufbau und Messtechnik. 1961 wurde die Flugzeugfertigung in Dresden stillgelegt. Während ein an der TU Dresden errichteter, etwas kleinerer Windkanal nunmehr auf Ausbildung und Forschung umprofiliert und der Hochgeschwindigkeitskanal demontiert wurde, entwickelte sich der Windkanal in Dresden-Klotzsche (WKK) mit seinem Fachpersonal zum Anlaufpunkt für alle aerodynamischen Probleme aus der Industrie der DDR (Industrieaerodynamik). Durch den Ausbau der Versuchstechnik bot sich den potenziellen Nutzern eine breitgefächerte experimentelle Basis an.

Untersuchungen der Heckströmungen bei kleinen Pkw hatten schon Ende der sechziger Jahre zu Gestaltungsgrundsätzen geführt, die sich nur im Modell und am Prototyp praktisch niederschlugen (Archiv Windkanal Klotzsche)

Der P 603 im Windkanal (Archiv Windkanal Klotzsche)

Luftleiteinrichtungen sollten die extrem ungünstigen Widerstände an hochaufragenden, kantigen Lkw- und Transporter-Aufbauten minimieren. Hier ist der B 1000 im Versuch zu sehen (Archiv Windkanal Klotzsche)

Plan statt Markt 591

Im großen Niedergeschwindigkeitswindkanal lassen sich Anströmgeschwindigkeiten bis zu 220 km/h erzeugen. Die offene Messstrecke ist 8,25 Meter lang und die Düse hat einen elliptischen Querschnitt von 10 m². Im Jahre 1970 wurde ein zweiter Niedergeschwindigkeitskanal von der Ingenieurschule Dresden nach Klotzsche umgesetzt. Er war für Anströmgeschwindigkeiten bis etwa 65 m/s geeignet und erlaubte eine Ergänzung der Tests durch Modelluntersuchungen für Pkw-Modelle im Maßstab 1:7,5.

Seit 1961 zählte die Kraftfahrzeugindustrie zu den wichtigsten Kunden des Windkanals. Für sie wurden vor allem folgende Aufgaben bearbeitet:

- aerodynamische Gestaltung mit Hilfe vergleichender Kraft- und Momentenmessung, Druckverteilungsmessung und Visualisierung der Umströmung am Originalfahrzeug oder am Modell durch die Modellierung, Austauschbaugruppen oder Anbringung von Anbauteilen (Spoiler, Blenden, usw.);
- Beurteilung oder Verbesserung der Be- und Entlüftung durch Volumenstrommessungen;
- Messungen ausgewählter örtlicher Strömungsgeschwindigkeiten, um die Beaufschlagung einzelner Bauteile, wie zum Beispiel Kühler, Windschutzscheiben, Motorluftansaugkanäle und des Fahrgastkomforts, zu beurteilen;
- Untersuchungen zur Fahrzeugverschmutzung.

Vertragliche Regelungen der Zusammenarbeit sahen eine Partnerschaft mit zentralen Institutionen wie der VVB Automobilbau oder dem Pkw-Kombinat und mit einzelnen Industriebetrieben vor. Zwischen 1961 bis 1989 wurden im Jahresdurchschnitt 20 Prozent der Windkanalkapazität von der Automobilbranche genutzt. Das heißt, an rund 40 Messtagen im Jahr wurden Fahrzeugmodelle oder Originale im großen Windkanal untersucht. Daraus entstanden mehr als 200 Versuchsberichte für den Straßenfahrzeugbau (ohne Motorräder). Auftraggeber waren vor allem die Sachsenring Automobilwerke Zwickau und das Automobilwerk Eisenach, aber auch die Barkas-Werke in Chemnitz, die Automobilwerke Ludwigsfelde sowie die Karosseriewerke Dresden, das Fahrzeugwerk Waltershausen und die Robur-Werke in Zittau. Von diesen Betrieben stammten ungefähr 70 Prozent der Aufgaben dieses Industriezweiges, und auch zentrale Aufgaben vom WTZ oder später dem Kombinat Pkw wurden mit rund 12 Prozent des Umfangs ausgeführt.

Die Leistungen der Aerodynamiker in Klotzsche beschränkten sich nicht auf das reine Vermessen vorgegebener Varianten, sondern umfassten auch eigene Arbeiten zur Formgestaltung. In den Entwicklungsabteilungen der Fahrzeughersteller gab es keine ausgebildeten Aerodynamiker. Deshalb erfolgte die fachliche Abstimmung vor allem mit Mitarbeitern der Versuchsabteilungen oder in der Modellgestaltungsphase mit Konstrukteuren und Formgestaltern. In Klotzsche entwickelte man aber auch Standardversuchsprogramme für den aerodynamischen Vergleich verschiedener Fahrzeugtypen anderer Hersteller. Der Windkanal galt als eine der bedeutendsten DDR-Forschungsanlagen und kam in den Genuss einer Vorzugsbehandlung. So wurde die Einrichtung im Jahre 1974/75 als eine der ersten Anlagen in der DDR mit moderner Prozessrechentechnik ausgerüstet. Sämtliche Leistungen, die Messwerterfassungstechnik sowie die Programmierung mehrerer Standardmesstechnologie anzupassen, wurden von den Mitarbeitern des Windkanals selber in enger Zusammenarbeit mit dem Hersteller Robotron und der Akademie der Wissenschaften, Zentralinstitut Mathematik und Mechanik, erbracht.

Die Zusammenarbeit zwischen der Aerodynamik und der Pkw-Industrie verlief in den folgenden Jahren sehr intensiv. In systematischen Modelluntersuchungen wurde der Einfluss der Fahrzeuggeometrie auf die aerodynamischen Eigenschaften – Luftwiderstand, Seitenwindstabilität, Druckpunktlage, Durchströmung und Verschmutzung – untersucht. Diese Arbeiten trugen ganz wesentlich zum physikalischen Verständnis besonders der Heckumströmung kleiner Pkw bei. Sich daraus ergebende Gestaltungsrichtlinien zum Fahrzeugheck, wie sie später zum Beispiel am VW Golf in die Praxis umgesetzt wurden, waren bereits 1968 in Dresden bekannt und experimentell am Funktionsmuster des Zwickauer Nachfolge-Pkw 603 nachgewiesen. Auch an diesem Beispiel lässt sich wieder belegen, wie weit Forschungs- und Entwicklungseinrichtungen von der industriellen Realität entfernt waren. Noch so fortschrittliche Erkenntnisse am Serienprodukt umzusetzen, war schlicht chancenlos. Die Verbesserung der ursprünglich sehr schlechten Aerodynamik der Grundform des Trabant blieb bis zum Schluss aus. Außer der Betreuung von Serienprodukten arbeiteten Formgestalter wie zum Beispiel Dietel und Rudolph, Karosseriekonstrukteure und Strömungstechniker in den siebziger Jahren in einer interdisziplinären Arbeitsgruppe zusammen. Diese Gruppe tat alles, um anhand einer Vielzahl von Modelluntersuchungen den starken Impuls zu unterstützen, die Fahrzeuggrundformen der DDR-Produktion zu erneuern,. Nach dem Typ P 603 von Sachsenring wurden mit dem als RGW-Auto von SAZ, AWE und Škoda konzipierten Projekten Typ 760, Typ 610 und T 1100/1300 teilweise sehr weit fortgeschrittene Entwicklungsetappen mit deutlich verbesserten aerodynamischen Eigenschaften erreicht. Leider blieben alle diese Arbeiten wirkungslos.

1965 begann die VVB Automobilbau ein Versuchsprogramm zur gezielten Untersuchung von Import-Pkw zu entwickeln. Darin einbezogen waren auch umfangreiche vergleichende aerodynamische Untersuchungen durch den Windkanal Dresden-Klotzsche. Hier wurden Fremdentwicklungen reproduzierbaren Tests unterzogen und diese zur Auswertung durch die Fahrzeugindustrie in Kennwertblättern publiziert. Damit war erstmals ein fundierter Vergleich von fremden mit eigenen Entwicklungsergebnissen möglich. Es ließen sich aber auch Ergebnisse aus anderen Windkanälen, zum Beispiel bei der Messung von Frontwiderstandsbeiwerten, mit eigenen Werten vergleichen. Bis zum Jahr 1990 wurden solche Kennwerte für über 30 Pkw-Typen ermittelt.

In den siebziger Jahren wurde der Kennwert Luftwiderstandsbeiwert c_w in der Literatur und in populärwissenschaftlichen Veröffentlichungen als die wichtigste

Größe für die aerodynamische Güte eines Fahrzeuges benutzt. Für die tatsächlich zu überwindende Luftwiderstandskraft, die auch den Kraftstoffverbrauch bestimmt, ist jedoch das Produkt aus c_w • A, die sogenannte Widerstandsfläche (A: Stirnfläche) entscheidend. Deshalb wurde sie seit 1980 im WKK als Kennzahl innerhalb des Standardprogramms angegeben.

Stand im Mittelpunkt der Untersuchungen bis etwa 1980 vermehrt die Fahrzeuggestaltung der Pkw, so konzentrierte man sich Anfang der achtziger Jahre nunmehr verstärkt darauf, den Kraftstoffverbrauch von Nutzfahrzeugen zu reduzieren. Luftleiteinrichtungen und Modelle von Lkw beziehungsweise Fahrerhausvarianten rückten in den Mittelpunkt des Interesses. Eine letzte Serie von Modelluntersuchungen an Varianten von sogenannten Perspektiv-Pkw verschiedener Designer sowie an Vergleichsmodellen in den Jahren 1988/89 hatten schon keine Aussicht auf Zukunft mehr.[17]

Patente und Warenzeichen

Unmittelbar nach ihrer Gründung veranlasste die Deutsche Wirtschaftskommission noch 1948[18] die Bildung eines Büros für Erfindungswesen, zu dem eine Anmeldestelle für Patent-, Gebrauchsmuster- und Warenzeichen gehörte.[19] Am 6. September 1950 trat das Patentgesetz der DDR in Kraft, das hinsichtlich der Patentvoraussetzungen und Verfahrensabläufe gegenüber den bisherigen Regelungen – das Deutsche Patentgesetz in der Fassung von 1936 war gleichzeitig außer Kraft gesetzt worden – kaum Veränderungen brachte. Abweichend wurden jedoch zwei Patentkategorien eingeführt, nämlich Ausschließungs- und Wirtschaftspatente.

Ausschließungspatente begründeten gleichermaßen wie frühere Patente das ausschließliche Recht an den patentrelevanten Nutzungsarten – herstellen, in den Verkehr bringen, feilhalten, gebrauchen – für den Inhaber des Patents. Er allein konnte es nutzen, auf vertraglicher Basis nutzen lassen (Lizenz) oder eine Nutzung verbieten (Unterlassungsanspruch). Ausschließungspatente waren vonseiten des Staates nicht erwünscht und daher nur unter bestimmten Voraussetzungen zu erwerben, beispielsweise durch ausländische Patentanmelder, durch freie Erfinder oder durch Privatfirmen im Inland.

Völlig neu aufgenommen wurden Wirtschaftspatente. Diese begründeten das Recht des Staates, in Anpassung an die erstrebte sozialistische Wirtschaftsordnung über die Benutzung dieser Wirtschaftspatente administrativ zu bestimmen. Dies entsprach übrigens den Regelungen zum Urheberschein in der UdSSR. Alle Erfinder in volkseigenen und staatlichen Betrieben sowie in Betrieben mit staatlicher Beteiligung waren per Gesetz verpflichtet, ihre Erfindung dem Staat zur Verfügung zu stellen, sofern sie aus den Arbeitsaufgaben und den Erfahrungen ihres Arbeitsverhältnisses resultierte. Die Benutzung von Wirtschaftspatenten war nicht nur den Anmeldern und Inhabern gestattet, sondern auch jenen, die hierzu eine Benutzungserlaubnis beim Patentamt der DDR beantragten und er-

Zur Leipziger Messe 1948 präsentierten sich die Fahrzeugwerke der sowjetischen Zone unter dem Emblem der vier Ringe der Auto Union (Archiv Walter Siepmann)

hielten. Bei der Benutzung eines Wirtschaftspatents war eine Vergütung zu zahlen, deren Höhe vom volkswirtschaftlichen Nutzen bestimmt und vom Staat in der Neuererverordnung festgelegt war. Als eindeutig ideologisch determinierte Prämisse galt, dass die Patentnutzung vor allem zum Wohle der Volkswirtschaft sowie im Interesse des Staates und nicht nach denen des Patentinhabers möglich sein solle. Für Ausschließungspatente wurden vielfach höhere Anmelde- und Jahresgebühren als für Wirtschaftspatente erhoben. Lizenzzahlungen für die Benutzung von Wirtschaftspatenten waren zwischen den volkseigenen Betrieben im Patentgesetz nicht vorgesehen. Doch waren die Entwicklungskosten für Erfindungen, die einem Privaterfinder entstanden waren, auf Vorschlag des Patentamtes hin von den Nutzern abzugelten.

1950 begann die Schutzrechtsarbeit im DDR-Automobilbau. Bis 1957 wurden 62 Patente geprüft und erteilt. Besondere Bedeutung erlangten Wirtschaftspatente zur Plastekarosserie und zum Motor des Trabant. Zur Kunststoffkarosserie wurden mehr als 30 Patente erteilt. Davon wurden noch 12 bis zum Abschluss der Trabantproduktion genutzt. Insgesamt 74 Auslandspatente wurden in verschiedenen Ländern erteilt.

In späterer Zeit wurden konstruktive Details des Transporters B 1000 geschützt. Die Radaufhängung mit Schräglenkern und die Federung mit in den Lenkern verlaufenden Drehstabfedern waren die wesentlichen erfinderischen Lösungen. Neben guter Straßenlage und sicherem Fahrverhalten ermöglichten sie einen flachen tiefliegenden Ladeboden. Die zugleich entstandene Karosserieform war als Geschmacksmuster geschützt.

Bei den Motorrädern aus Zschopau waren der mehrteilige Kettenschutz mit den Gummiführungen für die Antriebskette und mit dem integrierten Bremsleuchtenschalter geschützte Merkmale, die im Inland und nach Lizenzvergabe in die ČSSR auch dort benutzt wurden.

Auslandspatentanmeldungen wurden nur bis etwa 1973 für als wesentlich erachtete Erfindungen angestrebt. Danach erfolgten kaum noch Anmeldungen im Ausland. Ausschlaggebend hierfür waren zum einen die fast vollständige technische Stagnation der Fahrzeugentwicklung und zum anderen der zunehmende Devisenmangel. Der Staat baute eine sehr große Bürokratie auf, um Betriebe davon abzuhalten, Patente im Ausland anzumelden. Vor Einleitung einer solchen »schutzrechtlichen Maßnahme« im Ausland war vom Betrieb in einer Verfahrens- und Kostenkonzeption das schutzrechtspolitische Ziel umfangreich zu begründen und der VVB zur Bestätigung vorzulegen. Danach wurde vom DDR-Patentamt nach Konsultation der Rechtsabteilung des zuständigen Ministeriums sowie des Amtes zum Schutz des Vermögens der DDR eventuell eine Genehmigung erteilt. Die Begründungen in den Konzeptionen wurden von dem Patent-Ingenieur erarbeitet. Kam es im westlichen Ausland im Patentprüfungsverfahren zu einer mündlichen Verhandlung, so konnte der zuständige Patent-Ingenieur nur dann die Vertretung übernehmen, wenn er von Partei und Betrieb als »NSW Reisekader« zugelassen war. Ansonsten mussten für Auslandsreisen vorgesehene Personen vor den Patentprüfungsstellen verhandeln. Da diese im Regelfall keine Patent-Fachleute waren, mussten sie vom Patent-Ingenieur vorher fachlich eingewiesen werden.

Seit Anfang der siebziger Jahre stagnierte die Entwicklung des Fahrzeugbaus infolge der Aufschübe und Abbrüche von neuen Projekten wie auch von Weiterentwicklungen. Wegen des Mangels an Innovationen im Fahrzeugbau hatten in den achtziger Jahren im Prinzip nur noch solche Erfindungen eine Einführungschance, die wenig Aufwand und wenig Änderung in der Produktion erforderten und deshalb die existierenden Lösungen nur unwesentlich veränderten. Es mehrte sich der Anteil an benützten Patenten mit geringem volkswirtschaftlichem Nutzen, die jedoch wegen der Benutzung vom Patentamt auf alle Schutzvoraussetzungen zu prüfen waren.

Im genannten Zeitraum wurden Patente zu Fahrwerk, Lenkung und Karosserien angemeldet, die nie eine Chance besaßen, verwertet zu werden. Die stockende Entwicklung neuer Erzeugnisse erkannte man im Patentamt zwangsläufig an der starken Rückläufigkeit der Patentanmeldungen.

Nach dem Bau der Mauer im August 1961 wurde auf gesetzlichem Wege der mögliche private Erlös aus patentgeschützten Lösungen noch radikaler beschnitten. Grundsätzlich wurden Erfindervergütungen nur noch als einmalige Abfindungen, bezogen auf das beste Jahr der ersten vier Benutzungsjahre der Erfindung, geleistet. Des weiteren blieb die fehlende Möglichkeit, Erfindungen in Erzeugnissen zu realisieren, nicht ohne Auswirkung auf die Erfindungsfreude der Automobiltechniker. Um Erfindern wenigstens einen gewissen Anreiz zu vermitteln, konnten ab Ende der siebziger Jahre Einzelerfinder, die bei der Ausarbeitung der Wirtschaftspatent-Anmeldungen aktive Unterstützung geleistet hatten, eine Einmalzahlung bis zu 500,- Mark erhalten. Außerdem wurden Formen immaterieller Anerkennung durch Ehrentitel – »Verdienter Erfinder« und ähnliches – vermehrt eingesetzt.

1983 wurde als »Gesetz über den Rechtsschutz für Erfindungen« ein neues Patentgesetz in Kraft gesetzt. Dieses bestand größtenteils aus Definitionen des Geltungsbereiches, der Erfinderförderung und der Aufgabe des Erfindungsschutzes in der sozialistischen DDR sowie der sich daraus ergebenden Aufgaben des Staates und der sozialistischen Betriebe. Im übrigen enthielt es die bereits seit 1963 vorhandenen Regelungen, nur etwas stärker an die Planwirtschaft und an die sozialistische Rechtsordnung angepasst. Generell waren damit alle Formalitäten und Abläufe für das Schutzrechtswesen in den Gesetzen zu Patenten und Warenzeichen sowie in der Schutzrechtsverordnung festgelegt. Die Regelungen über eine materielle Anerkennung von Erfindern und Neuerern fand sich in den Neuererverordnungen mit ihren Durchführungsbestimmungen.

Als Ersatz für bewusst ausgesparte finanzielle Anreize der Erfindertätigkeit und um der zunehmenden Innovationsmüdigkeit zu begegnen, wurden die Betriebe mit nicht-ökonomischen Mitteln gezwungen, entsprechend aktiv zu werden. Sie mussten die Erfindertätigkeit jährlich planen. Sowohl die Anzahl der einzureichenden Erfindungen als auch die planmäßig einzuführenden Erfindungen und den daraus zu entnehmenden Nutzen mussten am Jahresbeginn genannt werden. Geplant wurde auch eine Kennziffer, die die Anzahl der Patente auf je 100 Mitarbeiter in Forschung und Entwicklung aufschlüsselte.

Die in den achtziger Jahren herrschende Situation, dass nur noch Anmeldungen mit sehr geringem Nutzen in die Praxis überführt wurden, veranlasste das Patentamt, die Neuererverordnung von 1986 neu zu gestalten. Den Kombinaten und Betrieben wurde die Berechtigung zugesprochen, aufgrund eigener Recherchen zur Schutzfähigkeit – also ohne Prüfung aller Schutzvoraussetzungen durch das Patentamt – Vergütungen zwischen 5 000,- und 10 000,- Mark an die Erfinder zu zahlen.

Die Lösung technischer Aufgaben via Lizenznahme oder die Vermarktung eigener Leistungen über Lizenzvergaben waren für die konstruktive Arbeit in der Automobilindustrie der DDR von nachrangiger Bedeutung.

Für die juristischen Beziehungen zwischen den Betrieben der DDR beim Austausch wissenschaftlich-technischer Ergebnisse wurde der Lizenzvertrag nicht als geeignetes Instrument angesehen, weil vom einheitlichen Volkseigentum ausgegangen wurde. Dazu kam, dass die marxistisch-leninistische Ideologie ohnehin Schwierigkeiten hatte, technische Ergebnisse als Ware zu klassifizieren. Lizenzarbeit bezog sich demgemäß nur auf ausländische Partner, war damit Außenhandel und unterlag dem staatlichen Außenhandelsmonopol. Aktivitäten der Leitung des Automobilbaus und der ihr unterstellten Betriebe waren von der staatlichen Genehmigung und vom Einverständnis des zuständigen Außenhandelsbetriebes, in diesem Falle des AHB Transportmaschinen, abhängig.

Dunkelblau war die IFA-Farbe seit 1950 für die folgenden Jahrzehnte. Entsprechend wurden Schrift und Pfeilsymbol abgestimmt (Archiv Walter Siepmann)

Mit Partnern aus dem RGW-Bereich wurde der Austausch wissenschaftlich-technischer Ergebnisse vorrangig über die »Internationale Zusammenarbeit« abgewickelt. Dafür war in der Leitung des Automobilbaus eine besondere Struktureinheit zuständig, die direkt dem Generaldirektor unterstand. Bei der Gründung des RGW, im westlichen Sprachgebrauch Comecon genannt, am 26. August 1949 in Sofia wurde beschlossen, den Austausch von Erfahrungen und technischen Unterlagen zum Papierwert, also quasi unentgeltlich, durchzuführen. Dieser Beschluss wurde durch bilaterale Verträge auf Regierungsebene verstärkt. Einen Lizenzvertrag als Kooperationsinstrument zwischen Betrieben der Mitgliedsländer des RGW schloss diese Vereinbarung grundsätzlich aus.

Die Partner, die kostenlos ihr technisches Wissen zur Verfügung stellten, waren zusätzlich dadurch belastet, dass sie Konsultationen zu den übergebenen Unterlagen einzuräumen hatten. Ziel dieser RGW-Regelung, die als »Sofioter Beschlüsse« ein fester Begriff wurde, war es, die großen Unterschiede in der industriellen Entwicklung innerhalb der Partnerstaaten des RGW in kurzer Zeit zu überwinden. Letztlich erwies sich diese Konzeption als bei der Zusammenarbeit hinderlich und führte zu Stagnation. Die industriell entwickelten Länder versuchten, sich dem unentgeltlichen Austausch zu entziehen, die schwachen Partner dagegen pochten auf strikte Einhaltung.

Das fehlende materielle Interesse führte bei Konsultationen zu Praktiken, die einer gewissen Komik nicht entbehren. Einer Delegation der UdSSR musste nach eindringlichem Ersuchen auf Botschafterebene ein Erfahrungsaustausch zur Duroplastherstellung im VEB Sachsenring Automobilwerke Zwickau gewährt werden. Interessiert war das Moskauer Institut NAMI, das sich mit der Entwicklung von Kunststoff-Fahrerhäusern für Lkw beschäftigte. Die sowjetische Delegation erschien in Begleitung des für technische Fragen zuständigen Botschaftssekretärs. Da die DDR-Seite auch hinsichtlich der Vergabe von Lizenzen auf der Basis der Duroplastpatente auf restriktive Informationspolitik bedacht war, erhielten die Betreuer die Parole »Vielsagend nichts sagen«. Beim Rundgang durch den Betrieb sammelten die Gäste ohne Erlaubnis, aber mit Feuereifer Abfälle des Duroplastausgangsmaterials der verschiedenen Fertigungsstufen und liefen am Ende des Tages mit prall gefüllten Jackentaschen herum. Am nächsten Tag waren in den zu besichtigenden Anlagen Schilder zu sehen, die auf eine Gefährdung durch Radioaktivität hinwiesen. Sie waren über Nacht angebracht worden, um eine nähere Inaugenscheinnahme zu verhindern. Begründet wurde die Warnung damit, dass zur Dicken- und Dichtemessung radioaktive Strahler eingesetzt würden. Das Verhalten der Leitung des Automobilbaus wäre wohl kooperativ gewesen, hätten denn Chancen bestanden, eigene materielle Vorteile aus der Geschäftsbeziehung zu ziehen.

Da innerhalb der DDR Lizenzbeziehungen nicht vorgesehen waren und die Sofioter Beschlüsse Lizenzverträge mit Partnern aus den RGW-Ländern ausschlossen, kamen Lizenzaktivitäten im eigentlichen Sinne nur gegenüber Partnern aus dem »Nicht-sozialistischen Wirtschaftsgebiet« in Betracht. Allerdings wiesen nur sehr wenige technische Leistungen das für westliche Lizenznehmer erforderliche Niveau auf, und deren Zahl nahm sukzessive ab. Andererseits war wegen des chronischen Mangels an konvertierbarer Währung an eine Lizenznahme aus dem westlichen Ausland nur ganz selten zu denken.

Gemäß dem in der Wirtschaft der DDR geltenden Prinzip der Einzelleitung oblag die Verantwortung für die Lizenzarbeit im Automobilbau bis 1958 dem Lei-

Geschichte im Spiegel von Firmen- und Warenzeichen – Horch und Audi werden zu Sachsenring (Archiv Walter Siepmann)

ter der Hauptabteilung Automobilbau im Ministerium für Maschinenbau, anschließend dem Generaldirektor der VVB Automobilbau, ab 1978 den Generaldirektoren der zunächst vier, später drei Kombinate, auf die die Betriebe der VVB Automobilbau verteilt worden waren. Mit der Zerschlagung der einheitlichen Industriezweigleitung wurde eine abgestimmte Lizenzarbeit schwerer.

Innerhalb der ersten Leitungsebene delegierten die Generaldirektoren die Lizenzarbeit auf den Direktor für Technik, der später die Bezeichnung Direktor für Wissenschaft und Technik führte. Mit der Errichtung des VEB Wissenschaftliches Zentrum Automobilbau fiel diese Aufgabe in die Zuständigkeit des Betriebsdirektors WTZ. Und dieser Betrieb besaß gegenüber den anderen anleitende und kontrollierende Funktion ohne Weisungsrecht. Innerhalb der genannten Direktionsbereiche beziehungsweise des VEB WTZ schuf man die Lizenzabteilung, die planende, anleitende und operative Aufgaben im Lizenzwesen erfüllte.

Behindert wurde die Lizenzarbeit durch die staatliche Kaderpolitik. Bei Verhandlungen im Ausland durften nur Mitarbeiter eingesetzt werden, die überprüft und in die jährlich zu bestätigende Nomenklatur aufgenommen waren. Das führte nicht selten dazu, dass nicht der mit dem Verhandlungsgegenstand vertraute Mitarbeiter zur Verhandlungsdelegation gehörte, sondern ein »NSW-Reisekader«, der sich kurzfristig in die Materie einzuarbeiten hatte. Dass der von der Auslandsreise ausgeschlossene Mitarbeiter zur Resignation neigte, war angesichts der Bedeutung, die eine Reise hinter den Eisernen Vorhang oder nach dem 13. August 1961 über den »antifaschistischen/demokratischen Schutzwall« im Bewusstsein der Bevölkerung der DDR hatte, verständlich. Die vom Generaldirektor als staatlicher Leiter bestätigte Verhandlungsdirektive war ohne einen Vorschlag der personellen Zusammensetzung der Delegation der SED-Betriebsparteiorganisation vorzulegen, die vom Beauftragten des ZK der SED geführt wurde. Diese bestimmte ihrerseits die Delegationsteilnehmer. Durch diesen Weg durch die Instanzen traten für die ausländischen Partner unverständliche Verzögerungen ein.

Trotz der Behinderung einer aktiven Lizenzpolitik durch staatliche Gängelei, chronischen Valutamangel und durch eine Verschlechterung des technischen Niveaus kam es zu einigen Vertragsabschlüssen von erheblicher technischer und ökonomischer Tragweite. Der Vertrag mit MAN über das M-Verfahren und der KKM-Vertrag mit NSU/Wankel sind hier vor allem zu nennen.

Die Abhängigkeit der Leitung des Automobilbaus im Lizenzwesen von staatlichen Entscheidungen, die zum ganz überwiegenden Teil nicht von ökonomischen, sondern von politischen Aspekten bestimmt wurden, zeigen die für den Entscheidungsprozess vorgegebenen Kriterien. So musste bei ersten Überlegungen zum KKM-Vertrag im Juni 1961, das heißt auf dem Höhepunkt des Kalten Krieges und sechs Wochen vor dem Mauerbau, die Frage beantwortet werden: »Welche Folgen hat ein von der Westzonenregierung erzwungener oder provozierter Putsch auf den Lizenzvertrag?« Diese politische Abhängigkeit trat auch bei Entscheidungen deutlich zutage, die im Rahmen der Vertragserfüllungen notwendig wurden. Nachdem erkennbar war, dass Mindestzahlungen für die Lizenzen fällig würden, ohne dass in absehbarer Zeit eine Serienreife erreicht wäre, geriet die Leitung des Industriezweiges unter Kritik. Das Ministerium für Staatssicherheit schaltete sich ein und führte Überprüfungen durch. Das Politbüro des ZK der SED forderte wiederholt Berichte an. Es musste qualifiziertes Personal eingestellt werden, um die Lizenznahme zu verteidigen. Diese Mitarbeiter wären zweifelsohne besser dafür eingesetzt worden, die mit dem Eintritt in den KKM-Pool erhaltenen Informationen auszuwerten, selbst wenn diese mit dem Kreiskolbenmotor nur indirekt zusammenhingen. Das gilt unter anderem für Lösungen auf dem Gebiet der Abdichtung, auf dem die Wankel GmbH beachtliche Erfahrungen besaß. Aus dieser Defensive konnte sich die Leitung des Automobilbaus auch nicht befreien, als vom sowjetischen Fahrzeugbau Interesse hierfür geäußert wurde. Mitarbeiter des Automobilbaus wurden verpflichtet, in langwierigen Beratungen unter der Leitung und in den Räumen des zuständigen Industrieministeriums Vertreter des Institutes NAMI zu informieren. Das erfolgte im Rahmen der Bestimmungen des Lizenzvertrages über die Geheimhaltung gegenüber Dritten im Sinne des Vertrages.

Neben den technisch interessanten und ökonomisch wichtigen Lizenzverträgen mit MAN einerseits und NSU/Wankel andererseits kam es zu Verträgen über Teillösungen. Der für den VEB Döbelner Beschläge- und Metallwerke mit der Firma Kolb aus Dachau geschlossene Vertrag verdient deshalb Erwähnung, da er ein Beispiel dafür bot, wie aus einer Lizenznahme eigene Leistungen abgeleitet werden konnten. Gegenstand des Vertrages war die Lizenz über ein vom Lizenzgeber gehaltenes Patent sowie technologisches und konstruktives Know-how zu einer Sicherheitsgurtaufrollautomatik. In enger Zusammenarbeit mit der Patentabteilung und dem Konstruktionsbereich gelang es in Döbeln mit den Erfahrung aus der mehrjährigen Lizenzproduktion einen eigenen Aufrollautomat rechtsmängelfrei mit geschützten Details zu entwickeln.

Der Ausbau der von der DDR vergebenen Lizenzen im Bereich des Fahrzeugbaus scheiterte meistens daran, dass die Lösungen sich im unteren internationalen Niveau bewegten, so bei den Spachtelschleifmaschinen, oder in anderen Fällen wie bei der Duroplastbeplankung, dass der Trend zu anderen Materialien ging. Der für die DDR wichtige Punkt, die in großen Mengen billig anfallenden kurzen Faseranteile der sowjetischen Baumwolle verwenden zu können, war für den britischen Lizenznehmer belanglos.

Zusammenfassend ist festzuhalten, dass die im Automobilbau der DDR im Lizenzgeschäft entwickelten Aktivitäten angesichts der breiten Palette und des beachtlichen Umfangs der Produktion über vier Jahrzehnte hinweg als gering einzustufen sind. Maßgeblich dafür waren in erster Linie die volkswirtschaftlichen Einordnungsbedingungen, denen der Automobilbau der DDR unterworfen war.

Lizenznahme verlangte harte Währung, Lizenzvergabe technische Spitzenleistung. Solche Möglichkeiten gab es, und sie wurden auch genutzt. Die Stagnationsphase während der siebziger Jahren ließ den Abstand zum internationalen Niveau so anwachsen, dass kaum noch Chancen bestanden, durch Lizenzvergabe Devisen zu erwirtschaften. Das wirkte sich unmittelbar auf den Manövrierbereich bei der

Lizenznahme aus. Denn mangels eigenerwirtschafteter Valuta war es aussichtslos, die für eine Lizenznahme erforderliche staatliche Genehmigung zu erhalten. Diese Situation kam der von der Abgrenzungspolitik bestimmten restriktiven Haltung des Staatsapparates gelegen, um die »Westkontakte« auf den geringstmöglichen Umfang zu beschränken.

Als auf der Leipziger Frühjahrsmesse 1948 zum ersten Mal nach dem Krieg in der SBZ wieder Kraftfahrzeuge präsentiert werden konnten, löste dies Hoffnungen und Erwartungen aus. Die Ausstellung führte Tradition, aber zugleich auch eine Umorientierung vor Augen. Der Messestand der Industrieverwaltung 19 – Fahrzeugbau – wurde durch eine große Überschrift geprägt: Volkseigene Betriebe Sachsen – und darüber prangte nach allen Seiten gut sichtbar das Vier-Ringe-Emblem der durch SMAD-Befehl enteigneten Auto Union.

Erst 1949 wurde der aus *Industrieverwaltung Fa*hrzeugbau entstandene Begriff IFA in immer größerem Umfang als Marke des Fahrzeugbaus genutzt. Zwischenzeitlich war im September 1948 eine »Anordnung über die Errichtung einer Patent-, Gebrauchsmuster- und Warenzeichen-Anmeldestelle« im Büro für Erfindungswesen ergangen. Bei dieser Stelle war es möglich, neue Warenzeichen zu hinterlegen und traditionell gut eingeführte »kapitalistische Alt-Warenzeichen« aus der Warenzeichenrolle des Reichspatentamtes auf jetzt volkseigene Betriebe zu überschreiben. Anmeldungen für IFA-Warenzeichen wurden 1950 hinterlegt.

Im April 1949 trat die »Anordnung über die Kennzeichnungspflicht industrieller Erzeugnisse« der Deutschen Wirtschaftskommission in Kraft. Danach mussten die Hersteller ihre Produkte mit Herstellernamen, Warenzeichen oder Handelsmarke versehen und zwingend bei Herkunft aus einem VEB diese besonders kennzeichnen. Von nun an wurde ›VEB‹ in Kreisform zusammen mit Zahnrad und gekreuzten Hämmern zum Symbol für Erzeugnisse aus volkseigenen Betrieben.

Am 17. Februar 1954 wurde das Warenzeichengesetz der DDR erlassen. Als direkte Folge wurde am 1. Februar 1956 der Warenzeichenverband für die Kraftfahrzeugindustrie mit Sitz in Zschopau gegründet. Von vornherein stand außer Frage, dass dieser Verband wirtschaftliche und repräsentative Interessen des Staates zu vertreten hatte. Dies muss in einem größeren Rahmen gesehen werden. Denn seit den fünfziger Jahren hatten viele als DDR-Produkte gekennzeichnete Waren auf den Exportmärkten gegen ein stark negatives Image zu kämpfen. Das war eine so gewaltige Behinderung, dass Betriebe der DDR darauf verzichteten, die Herkunft ihrer Waren kenntlich zu machen. Statt dessen wurden Händler- oder neutrale Marken verwendet. Auch das IFA-Zeichen vermittelte den Kunden nicht ausschließlich Positives. Der Ruf mangelhafter Produktqualität entsprach zu oft den Tatsachen. Daher wurde auch die IFA-Kennzeichnung immer öfter weggelassen und es wurde nur mit der jeweiligen Fahrzeugmarke, dem Fahrzeugnamen, geworben. Auch Mitgliedsbetriebe des Warenzeichenverbandes ignorierten das IFA-Signet und wurden darin vom volkseigenen Außenhandelsbetrieb »Transportmaschinen« und den ausländischen Händlern unterstützt. Diese wollten Geschäfte machen und sahen im IFA-Zeichen ein Verkaufshemmnis. Mitte der sechziger Jahre war die Situation eingetreten, dass fast ausschließlich Individualmarken für die für den Export vorgesehenen DDR-Fahrzeugen eingesetzt wurden. Dass diese Fahrzeuge zu einem entsprechenden Industriezweig in der DDR gehörten, war nicht mehr erkennbar. Damit einher ging eine völlige Zersplitterung des werblichen Auftretens – jeder VEB tat das, was er konnte, und war dabei unter Umständen von Händlerinteressen beeinflusst.

Dies lief vollständig der offiziellen und seit dem Bau der Mauer härter denn je durchgesetzten Abgrenzungspolitik von Partei und Regierung zuwider, der DDR als selbstständigem Staat konsequent international Geltung zu verschaffen. Aus diesem Grund hatte 1963 der Volkswirtschaftsrat eine Verfügung über die »Kennzeichnung der Exporterzeugnisse mit der Ursprungsbezeichnung – made in Germany« erlassen. Wurde auf diese Kennzeichnung verzichtet, musste dies begründet und vom Ministerium bestätigt werden. Im Jahr 1965 veranlasste der VVB Generaldirektor, dass die Geschäftsführung des IFA-Warenzeichenverbandes von Zschopau nach Karl-Marx-Stadt (Chemnitz) in seinen unmittelbaren Wirkungsbereich umzog.

Sie hatte von nun an gemeinsam und abgestimmt mit dem Bereich Messen und Werbung der VVB zu agieren. Bewusst wurde so der Eindruck geschlossenen Handelns des DDR-Fahrzeugbaus vermittelt. Dementsprechend entstand die künftig für alle verbindliche Kennzeichnung IFA-DDR. Dafür konnte das IFA-Zeichen als eingeführter Begriff beibehalten werden. Dem politischen Geltungsbedürfnis der DDR sollte die Hinzufügung von Hammer und Zirkel sowie dem Staatskürzel dienen. Zur Dynamisierung des ursprünglichen Zeichens ›IFA‹ im hochkantigen Quadrat wurden diesem noch zwei Quadrate so angefügt, dass sich ein pfeilförmiger Gesamteindruck ergab. Parallel hierzu entstanden auch die Begriffe »IFA-mobile DDR« und »*Industrieverband Fahrzeugbau der DDR*« als Signets für den Einsatz in der Werbung und auf Messen. Das bereits seit 1950 eingeführte Dunkelblau für technische Druckschriften, Fahnen und Geschäftsausstattung wurde nunmehr konsequent durchgesetzt.

Dies wurde bis zum Ende der DDR beibehalten, nachdem man es 1974 und 1976 noch durch die folgende Festlegung ergänzt hatte: Als lesbarer, jeder Erzeugnismarke oder -gruppe vorangestellter Oberbegriff war dementsprechend ebenfalls IFA zu verwenden, wie beispielsweise IFA Multicar, IFA MZ, IFA Einspritzgeräte oder IFA Fahrzeugzubehör.

Für die einzelnen Betriebe gab es kaum noch eine Möglichkeit, im Interesse besserer Absatzmöglichkeiten im Ausland das IFA-Markenzeichen wegzulassen. Trotz aller Organisations- und Verwaltungsdirektiven zur Warenzeichenanwendung ergaben sich ständig Probleme, die teilweise auf die mangelhafte Unterordnung der Betriebe, in erster Linie aber auf den industriellen Alltag der DDR zurückgingen. Es erwies sich als schwierig, Werkzeugkapazitäten und Herstellerbetriebe für qualitativ ansprechende IFA- und Typenkennzeichnungsteile zu finden. Dies ließ eine Reihe von Herstellern auf Abziehbilder ausweichen. So verwendete der VEB Sachsenring ein Abziehbild des IFA-Signets auf der Frontscheibe des Pkw Trabant. Naturgemäß war es ohne Probleme abzulösen. Schließlich ließ auch moderne, bewusst gewählte Formgestaltung nicht immer genügend Fläche für eine ansprechende IFA-Kennzeichnung.

Bis zuletzt wurden die Warenzeichenausführungen IFA-Quadrat und IFA-Pfeilzeichen nebeneinander benutzt. Ersteres ließ sich auf schmalen Flächen mit Schriftzügen leicht zusammenfassen und einordnen und besaß zusätzlich den Vorteil, einen großen Flächenanteil für die Buchstaben IFA aufzuweisen. Dies wurde vor allem bei der Kennzeichnung der letzten Wartburg- und Trabant-Pkw mit Viertaktmotoren eingesetzt. Auf größeren Flächen wirkte das IFA-Pfeilzeichen in erhabener, farblich unterschiedlicher Ausführung viel dynamischer. Der Schriftanteil IFA an der Gesamtfläche des Zeichens war aber wesentlich geringer. Deshalb wurde eine kontrastierte Hervorhebung der drei Großbuchstaben angestrebt. Eine solche Ausführung führte man nur an wenigen Barkas-Fahrzeugen mit Viertaktmotor aus. Das angestrebte Ziel, die aus drei Quadraten gebildete Pfeilform als Bildkürzel für IFA so durchzusetzen, wie dies Fiat mit seinen schräg angeordneten Parallel-Linien gelungen war, konnte durch den Zusammenbruch der IFA-Betriebe nach 1990 nicht mehr erreicht werden.

1993 wurde der Warenzeichenverband für die Kraftfahrzeugindustrie mit Sitz in Zschopau durch vier ursprüngliche sowie vier neue Mitglieder in den neu gegründeten Warenzeichenverband für Erzeugnisse des Kraftfahrzeugbaus mit Sitz in Berlin überführt.

Die letzte Generation

Der Wartburg mit Viertaktmotor

Auch in Eisenach beschränkten sich die Fahrzeugverbesserungen letztlich auf Kleinigkeiten und Details.[20] Solange ein Produkt mit mehr als zwölfjähriger Lieferfrist generell abgesetzt werden konnte, waren verkaufsfördernde Veränderungen im Grunde sinnlos. Eine Notwendigkeit hierfür ergab sich dennoch aus der Befolgung neuer gesetzlicher Sicherheitsregelungen, zum Beispiel von Sicherheitsgurten, Kopfstützen und anderem mehr, und aus Auflagen wirtschaftsleitender Einrichtungen, also von Kombinaten, Ministerien usw. Diese veranlassten die Betriebe, technische Maßnahmen mit der Folge einer Gebrauchswertsteigerung auf den Weg zu bringen. Wichtigster Köder war die eingeräumte Erlaubnis, mit höherem Aufwand auch den Preis des hergestellten Produkts steigern zu dürfen.

Darüber hinaus bemühten sich die Techniker um geringere Verbrauchs- und Abgaswerte, die zu konstruktiven Änderungen der Serie führten. Schließlich lag den Ausstattern daran, zumindest ein Minimum an gebrauchsfreundlicheren Änderungen durchzusetzen (Automatikgurte, Windabweiser an den Stahlschiebedächern, Ausstattungsstoffe etc). Natürlich gab es auch manches überflüssige Spielerei wie zum Beispiel im Mai 1983 die Kraftstoffmomentanverbrauchsanzeige, die mit Leuchtdioden anzeigen sollte, wie hoch bei der augenblicklichen Fahrweise

Die mit relativ geringem Werkzeugaufwand hergestellte Pickup-Variante des Typs 353 mit der Bezeichnung Wartburg Trans war mit 2,2 m³ Ladefläche ein leistungsfähiger Schnelltransporter für kleinere Ladungen (Stadtarchiv Eisenach)

Auf der Grundlage des Wartburg Tourist, der Kombi-Variante des Baumusters 353, entstand im Karosseriewerk Halle der »Wartburg MED«, der aufgrund seiner umfangreichen medizinischen Ausrüstung rasche notärztliche Hilfe ermöglichte (Archiv Michael Stück)

der Kraftstoffverbrauch war. Die Anzeige erfolgte viel zu ungenau und war praktisch wertlos. Haftengeblieben ist der Spitzname »Mäusekino«. Als Neuerungen der Modellpalette wurden zur Leipziger Herbstmesse 1983 ein Pick-up unter der Bezeichnung Wartburg TRANS sowie ein Fahrzeug für die Schnelle Medizinische Hilfe auf der Basis des Kombi mit der Bezeichnung Wartburg MED vorgestellt.

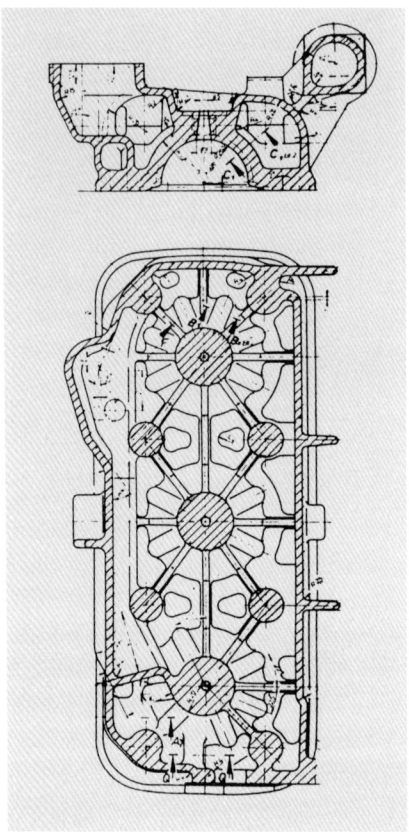

Mit der wassermantelseitigen Verrippung des Brennraumes – hier der versuchsbedingten Halbkugel – sollte zur Verringerung der Klingelintensität die Wärmeübertragung verbessert werden, der Einfluss der Verbrennungsrückstände (Wandbelag) des 2T-Öls MZ 22 als Temperaturisolator war aber stärker (Archiv Konrad von Freyberg)

Letzterer ging ausnahmslos an staatliche oder quasi-staatliche Einrichtungen des Gesundheitswesens und des Deutschen Roten Kreuzes. Der TRANS war vor allem für Exporte vorgesehen, da dort die Nachfrage nach solchen Fahrzeugen rege zugenommen hatte. Dank der Rahmenbauweise ließ sich der TRANS auch ohne Dauerschäden überlasten und war ausgesprochen gut für problematische Fahrbahnverhältnisse geeignet. Außerdem versprach er infolge niedriger Entstehungskosten eine bessere Devisenrentabilität. Dies hatte zur Folge, dass diese Autos im Inland nur mit einer Sondergenehmigung des Ministers abgegeben wurden. Keine Frage, dass findige Werkstätten nun dazu übergingen, solche Transporter selber herzustellen. Um für diese auch eine Zulassung zu erhalten, musste nachgewiesen werden, dass Originalteile verwendet worden waren. Und damit war man wieder beim Thema ›Ersatzteile‹ gelandet. 1986 bekam der Wartburg noch eine neue Frontpartie und in der Ausführung als Sonderwunsch (353 S) zahlreiche der bereits erwähnten Ausstattungsdetails gegen Aufpreis serienmäßig.

Seit dem Abbruch der Arbeiten am Typ 610 M mit Viertaktmotor hatte man sich in der Eisenacher Entwicklung hinsichtlich des Motors auf die Verbesserung der Verbrauchs- und Abgaswerte des Dreizylinder-Zweitakters konzentriert.

Dieses Motorenkonzept erhielt die Bezeichnung 353/2 und war ursprünglich auch für das Baumuster 610 M in der ersten Stufe vorgesehen. Deren Produktionsanlauf war zwischenzeitlich auf 1982 vorgezogen worden. Am 25. April 1978 hatte der Generaldirektor des Pkw-Kombinats die Einstellung der Arbeiten am Typ 610 M angewiesen. Dementsprechend konnten sich die folgenden Entwicklungen und Versuchsrichtungen auf einen Umfang beschränken, der eine Realisierung im bereits bestehenden Baumuster 353 W erwarten ließ.

Als Reaktion auf die durch die Energiekrise eingetretene Kraftstoffverknappung sah sich der Ministerrat der DDR zu drastischen Verbrauchsreduzierungen veranlasst und erteilte die Anweisungen zu Untersuchungen technischer Verbesserungen an Verbrennungsmotoren an die jeweiligen Ministerien. Am 12. April 1978 wurde im Kombinat Pkw der Staatsauftrag »Kraftstoffsparende Antriebssysteme im Kraftfahrzeugbau« eröffnet.

Von AWE wurden in diesem Zusammenhang folgende Projekte bearbeitet:

— Zylinderkopf mit Halbkugelbrennraum
Die innere Wandtemperatur sollte gesenkt und für eine begrenzte Verdichtungserhöhung bei gleicher Klingelintensität genutzt werden, um den thermischen Wirkungsgrad zu erhöhen. Der erhoffte Effekt trat, wie allgemein befürchtet, nicht ein, da der Einfluss des brennraumseitigen und für die Klingelintensität des Motors verantwortlichen Ölkohlebelags überwog. Vorstöße bei der Ölindustrie, verglichen mit dem handelsüblichen Hyzet 22 rückstandsärmere Schmieröle bereitzustellen, blieben erfolglos. Das Projekt wurde nicht realisiert.
— Einlass-Membranventile
Damit sollte eine Erhöhung des Mitteldrucks bei geringerem Verbrauch erreicht werdenw. Die gewünschten Effekte traten in überzeugender Weise ein, allerdings bei gleichzeitigem Verlust an der Maximalleistung von 4,8 Prozent (Drosselverluste der Ventile), der nicht mehr kompensierbar war. Das Projekt wurde nicht realisiert.
— Elektronische Batteriezündanlage
Hierbei erhoffte man sich entscheidende Fortschritte hinsichtlich der Kraftstoffeinsparung durch die Zündwinkelanpassung im Kennfeld, günstigere Abgaswerte, Wartungsfreiheit durch kontaktlose Impulsgabe, Nebenschlussunempfindlichkeit und verbesserte Laufkultur. Entwickelt wurde diese Anlage im Kombinat Fahrzeugelektrik. Das Projekt wurde nicht realisiert.
— Querschnittserweiterte Ansauganlage mit Gemischvorwärmung und Registervergaser
Der Einsatz eines Fallstrom-Registervergasers sollte zum Ziel haben, durch die Aufteilung des Ansaugquerschnitts auf zwei Stufen mit einer kleineren Ansaugweite im unteren Lastgebiet (I. Stufe) gegenüber dem Einfachvergaser eine Verbesserung der Gemischaufbereitung und der Verteilung mit geringeren Verbräuchen zu erzielen. Die Berliner Vergaserfabrik (BVF) war nicht in der Lage, einen derartigen Vergaser bereit zu stellen. AWE nahm daher Verbindung mit dem tschechischen Vergaserhersteller Motor n.p. Česke Budejovice auf, wo ein entsprechender Jikov-Vergaser mit mechanisch betätigter zweiter Stufe bereits hergestellt und an das Motorenwerk Cunewalde geliefert worden war. Der Serieneinsatz dieser neuen Jikov-Registervergaser erfolgte am 1. Juni 1982.

Diese und zahlreiche andere Versuche an den Zweitaktmotoren bestätigten im Prinzip nur dessen grundsätzliche Mängel, die nicht beseitigt werden konnten. Darüber gab es übrigens beim Entwicklungspersonal keinerlei Unklarheiten.

Mit der Einführung des Jikov-Registervergasers 32 SEDR mit überarbeiteter Ansauganlage konnte der Kraftstoffverbrauch des Wartburg 353W spürbar reduziert werden (Archiv Michael Stück)

So hieß es in einem Pflichtenheft: »Der Motor wird aufgrund seines Arbeitsverfahrens weder die Kraftstoffverbräuche von Viertaktmotoren erreichen noch die ECE-Vorschriften bezüglich Abgasemission erfüllen. Die Weiterentwicklung ist somit ohne positiven Einfluss auf die Exportsituation.«

Die letzte wichtige Veränderung im Motorenbereich erlebte ihre Einführung 1985. Dies war die Verlegung des Kühlers vor den Motor unter Verwendung eines Elektrolüfters, der sich nur bei Bedarf einschaltete. Damit verschwand endlich das lästige Lüftergeräusch, das den Wartburg seit den Anfangsjahren begleitet hatte, und es verbesserte sich die Motorleistung um den Betrag der eingesparten Lüfterleistung. Bei diesem Kühler handelte es sich um eine französische Lizenzfertigung beim tschechischen Lieferanten Autopal Novy Jicin aus der ČSSR. Es war die damals modernste Konstruktion eines durch Verformungen gefügten Alu-Kühlers mit Kunststoff-Wasserkästen.

Ende der siebziger Jahre wurde für Eisenach die Antriebssituation noch prekärer, nachdem sich die Generalvertreter der westlichen Exportländer zusehends geweigert hatten, Fahrzeuge mit Zweitaktmotor abzunehmen. Sie drohten außerdem damit, bestehende Verträge zu stornieren, wenn das Baumuster 353 nicht umgehend mit einem modernen Antriebsaggregat ausgerüstet würde. Gestützt wurde diese Position auch durch die sozialistischen Exportländer ČSSR und Ungarn, die sich dieser Meinung anschlossen. Wie schon früher erwies sich bei der Suche nach passenden Motoren das vorgegebene Maß des verfügbaren Einbauraumes zwischen vorderen Rahmenquerträger und Karosseriefrontteil als wichtigstes Kriterium. Da die DDR einen Fremdmotoreneinbau nur dann duldete, wenn er ohne Änderung von Karosserie-Großblechteilen zu vollziehen war, blieben die Auswahlmöglichkeiten begrenzt. Geeignete Abmessungen bot der kurzbauende Vierzylinder-Reihenmotor des rumänischen Typs Dacia, eine Renault R 12-Lizenz. Geringfügige Modifikationen wären ohne weiteres möglich gewesen. Die mit Genehmigung des Ministerrates der DDR im Dezember 1976 begonnenen Verhandlungen in Pitesti, Rumänien, scheiterten bereits nach kurzer Zeit an Kapazitätsproblemen und an überzogenen Forderungen der rumänischen Seite nach Gegenleistungen. Angesichts dessen erlaubte das Ministerium Direktverhandlungen von AWE mit Renault. Die Beratungen zum technischen Bereich verliefen außerordentlich positiv. Seitens des französischen Automobilherstellers bestand auch für einen entsprechend modifizierten Motor Lieferbereitschaft, und bei AWE wurden die notwendigen Getriebeanpassungen und Rahmenverände-

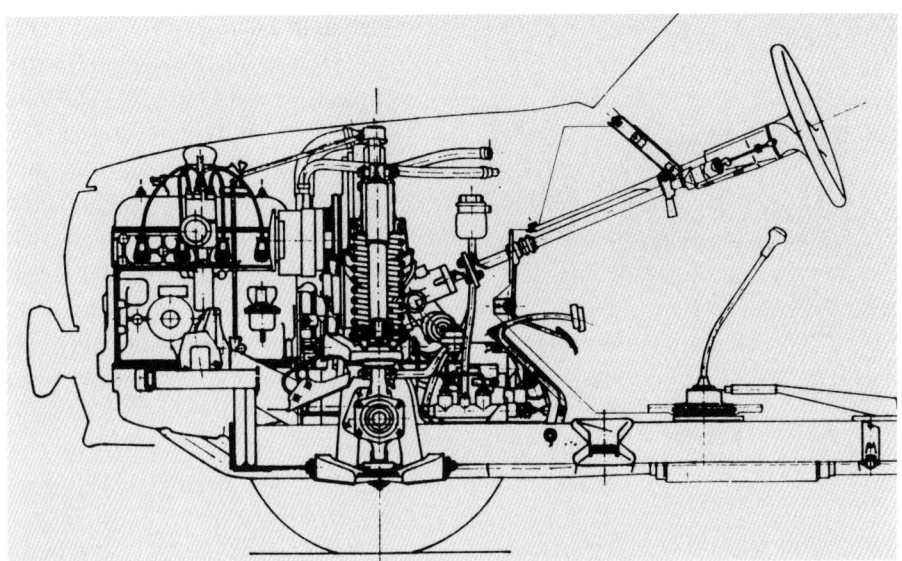
Aus dieser Zeichnung wird ersichtlich, wie gut der Dacia-Motor, allerdings in R 6-Bauweise – Keilriementrieb auf Schwungradseite –, in die Konturen des Wartburg 353 hineinpasste (Stadtarchiv Eisenach)

rungen bereits vorbereitet. Prototypen hatten sehr befriedigende Versuchsergebnisse gebracht. Renault sollte jährlich 10 000 Motoren liefern, die ausschließlich in Exportfahrzeuge des Wartburg eingebaut würden. In letzter Minute wurde der unterschriftsreife Vertrag zurückgezogen, da angesichts der zunehmenden Devisenschwäche der Wirtschaft der DDR eine solche Belastung durch die Staatliche Plankommission verweigert wurde. Spätere Gespräche waren kaum etwas anderes als Rückzugsplänkeleien. Ende 1981 war alles vorbei. Nichts war mehr möglich, weder mit einem Fremdmotor noch mit einer Eigenentwicklung und gleich gar nicht mit dem Zweitaktmotor. In dieser kritischen Lage fasste die Gruppe Motorenkonstruktion bei AWE den Entschluss für eine kurzfristige Selbstlösung zumindest des Antriebsproblems beim Wartburg. Im Rahmen einer damals mit »Neuerervereinbarung« bezeichneten Sonderaktion stellte sie sich die Aufgabe, auf der Basis des Motor 353/1 einen Dreizylinder-Viertaktmotor zu entwickeln. Das Viertaktverfahren war dabei nicht das Hauptproblem, denn damit hatte man sich bereits über zehn Jahre vorher (Motor 400) erfolgreich befasst. Wichtiger war das bis dahin unbekannte Verhalten eines schnelllaufenden Dreizylinder-Viertaktmotors ohne Massenausgleichswelle hinsichtlich des Schwingungs- und Gleichförmigkeitsverhaltens.

Ende 1981 gab es nur einen einzigen derartigen Serienmotor (Daihatsu Charade) mit 52 PS/38 kW aus 993 cm^3. Dieser war quer eingebaut, was wenig Rückschlüsse für das Eisenacher Vorhaben zuließ. Man musste deshalb von der Größe der auftretenden Massenmomente I., II. und IV. Ordnung im Vergleich mit dem

Zweitaktmotor ausgehen, wo der Viertaktmotor eindeutig Vorteile aufwies. Bedenken gab es keine. Hinsichtlich des Drehungleichförmigkeitsgrades infolge des doppelten Zündwinkelabstandes musste man allerdings abwarten, was die Versuche erbringen würden.

Der Motor musste in den Wartburg 353 ohne Rahmen-, Karosserie- und Getriebeanschlussänderung einbaufähig sein. Außerdem sollten die vorhandenen Produktionsanlagen maximal weiter genutzt werden können. Dadurch ergab sich die konstruktive Eigenart, dass Zylinderabstand und Hub, die gebaute Kurbelwelle[21] sowie die Gehäuseaufteilung in Block und Kurbelgehäuse vom in der Fertigung befindlichen Baumuster des Zweitakters übernommen werden mussten. Aus dem selben Grund war von vornherein auf eine Massenausgleichswelle zu verzichten. Schließlich sollte der neue Motor den Kraftstoffverbrauch des Fahrzeugs um mindestens 1,2 l/100 km gegenüber dem Zweitaktmotor senken und bei der Abgasemission mit allen Komponenten unter dem nach ECE 15 geforderten Limit liegen. Unter Berücksichtigung der technologischen Voraussetzungen und der Forderungen der Zulieferer ergab sich für den Motor ein Gesamthubraum von 1191 cm^3. Das erste Experimentiermuster mit geschweißtem Zylinderkopf, Steuerungsteilen des früher entwickelten Motors 400, einer geänderten Wasserpumpe des Motors 312, der Kurbelwelle des Dreizylinder-Zweitaktmotors sowie mit einem Zylinderblock aus einer behelfsmäßig geänderten Gießeinrichtung für den Block 353/1 zeigte mit 59 PS/43,4 kW ein erfreuliches Ergebnis und ermutigte dazu, reguläre Entwicklungsarbeiten aufzunehmen. Auch vonseiten des Pkw-Kombinates wurde dieses Vorhaben außerordentlich ernst genommen. Der Generaldirektor bestätigte Anfang 1982 den Motor als Staatsplanthema, und nach erforderlicher, komplexer Information an das Zentralkomitee der SED fand am 30. April 1983 die erfolgreiche K 2-Verteidigung des Motors Typ 234 vor dem Minister statt. Die durch ständige Anweisungen zum Abbruch ihrer Entwicklungen schon seit längerem demotivierten Techniker fassten neuen Mut. Aufbruchsstimmung verdrängte die Resignation. Die Arbeiten im eigenen Haus, bei den Zulieferern und im WTZ gingen ungewohnt zügig und erfolgreich von der Hand. Der Motor wurde völlig neu mit zahnriemengetriebener ohc-Steuerung entwickelt, mit dachförmigem Brennraum mit Quetschkanten, gebauter Kurbelwelle, neuem Wasserpumpenaggregat mit integriertem Kurzschlussthermostaten, elektronischer Zündanlage und Jikov-Registervergaser. Trotz der Kürze der Entwicklungszeit erwies er sich als leistungsstarker Antrieb auf kleinstmöglichem Bauvolumen und war gemeinsam mit einem Frontkühler im Wartburg 353 W einbaufähig. Er leistete 60,5 PS/44,5 kW und bot einen Mitteldruck von 9,75 bar. Der Kraftstoffminimalverbrauch lag bei 257 g/kWh (189 g/PSh). Die Konstruktion des Motors war so ausgeführt worden, dass außer dem Zylinderkopf sämtliche Motorenteile auf vorhandenen Fertigungseinrichtungen hergestellt werden konnten. Dabei stellte die wälzgelagerte Kurbelwelle ein Zugeständnis an die bestehende Fertigungstechnik dar, denn der im Prinzip kostengünstigere, gleitgelagerte Kurbeltrieb mit gegossener Kurbelwelle lag konstruktiv vor. Der Motor

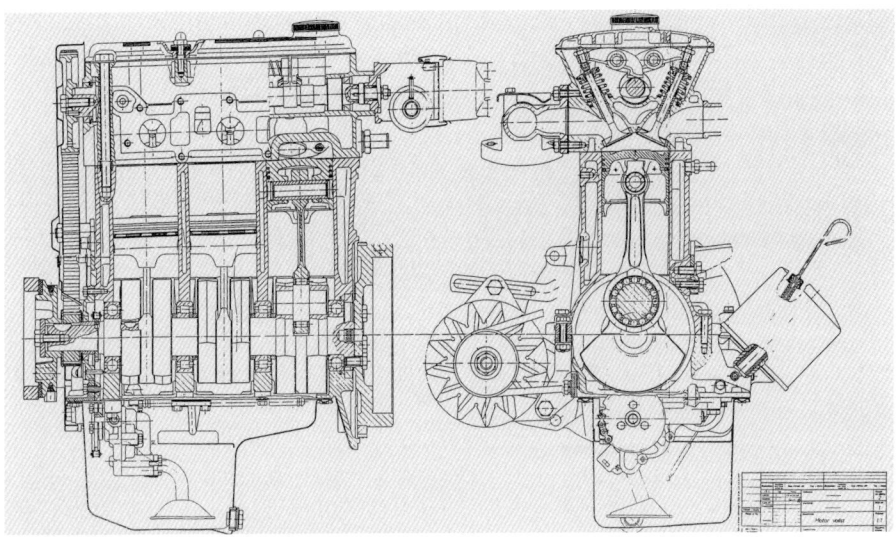

Auf der Basis des 3-Zylinder-2 Takt-Motors neukonstruierter 4 Takt-Motor Typ 234, der aus 1191 cm³ Hubraum mit 60,5 PS/44,5 kW Leistung abgab. Seine artverwandte Bauweise ermöglichte eine weitgehende Nutzung der vorhandenen Fertigungstechnik des 2 Takt-Motors (Stadtarchiv Eisenach)

Der im Wartburg 353 eingebaute Motor 234. Der hier nicht sichtbare Kühler befindet sich im Frontmittelteil. Diesen Motor konnte man mit geringem Aufwand gegen den 2 T-Motor austauschen (Archiv Konrad von Freyberg)

war ohne Karosserie- und Getriebeänderungen und nur mit minimaler Veränderung am Rahmen einbaufähig. Somit war er vollständig für den Zweitaktmotor auszutauschen. Auch für den Einsatz im Barkas B 1000 waren die Voraussetzungen geklärt. Die dort herrschenden Einbauverhältnisse erforderten eine 35°-Neigung des Motors, die ebenfalls bereits ausgeführt war. Ein negatives Ergebnis ergaben Untersuchungen für einen möglichen Dieselbetrieb. Dafür wäre die Motorleistung zu gering und vor allem die Belastung des Kurbeltriebs zu hoch gewesen.

Alle einschlägigen Zulieferbetriebe zogen mit und befanden sich mitten in den Vorbereitungen der Aufnahme der Serienproduktion. Die Versuchserprobung der neuen Motoren lief auf Hochtouren, der Serieneinsatz war verbindlich für Oktober 1986 festge-

Der Motor 234, verändert für den Einbau in den Barkas B 1000. Dessen Raumverhältnisse erforderten eine 35°-Neigung des Motors und damit die Anpassung von Saugrohr, Ölpumpe und Ölwanne (Archiv Konrad von Freyberg)

setzt. Da sickerten Gerüchte über eine erneute Kehrtwende des Politbüros durch, die, so unglaublich sie auch anmuteten, Wirklichkeit werden sollten. Entgegen aller bis dahin praktizierten Abgrenzungsideologie der sozialistischen DDR gegenüber der kapitalistischen Bundesrepublik sollte ein kompletter Motor ohne Berücksichtigung seiner Eignung samt Fertigungstechnik vom VW-Konzern gekauft und dafür das den bis dahin gültigen politischen Parolen zur Störfreimachung vom Westen entsprechende AWE-Antriebsaggregat zur Seite gestellt werden. Der Themenabbruch für den Motor 234 wurde auf Beschluss des Politbüros des ZK der SED am 9. Oktober 1984 in der Entwicklungsstufe K 5 angewiesen. Das war das Ende des letzten technikorientierten Aufbruchs in Eisenach. Dieser Dreizylinder-Viertaktmotor wäre immerhin dreizehn Jahre vor dem Dreizylinder-Opelmotor erschienen, der seit 1998 im in Eisenach hergestellten Opel Corsa montiert wird.

Für alle Beteiligten galt die strikte Anweisung, den VW-Motor ohne weitere Veränderungen am Gesamtfahrzeug lediglich einzubauen – selbstverständlich mit den dafür erforderlichen konstruktiven Anpassungsarbeiten. Für AWE bedeutete das, den längs vor der Vorderachse eingebauten Dreizylinder-Zweitakter durch den ebenso angeordneten Vierzylinder-Viertaktmotor zu ersetzen. Das erwartete Resultat trat ein: Der wesentlich längere VW-Motor einschließlich des davor stehenden Kühlers bewirkte eine derart unproportionale Bugverlängerung am 353, dass die aus der Zeit des Škodamotoreinbaus zwölf Jahre zuvor entstandene spöttische Bezeichnung »Riesenschnauzer« wiederauflebte. Ergebenst leistete man aber in Eisenach der Berliner Anweisung Folge und gab die Großwerkzeuge für den verlängerten Fahrzeugbug in Auftrag. Denkbar wäre die konsequente Umsetzung dieser offensichtlich formal misslungenen Bauart auch als expliziter Widerspruch gegen den verordneten Motor in einem dafür völlig ungeeigneten Fahrwerk. Da stellte das WTZ Karl-Marx-Stadt einen 353 mit quer eingebautem VW-Motor vor. Diese konstruktive Lösung konnte nicht überzeugen, da infolge motoreinbaubedingter, jedoch unzulässiger Veränderungen an der Vorderachs- und Lenkgeometrie das Fahrzeug nicht fahrfähig war. Erst nachdem das Politbüro seine eigene Weisung von der unbedingt zu sichernden Unveränderbarkeit des übrigen Fahrzeugs im Zusammenhang mit dem Motoreneinbau durch einen neu-

Durch den Längseinbau des VW-Motors in den Wartburg 353 ergaben sich unübersehbare Disproportionen des vorderen Überhangs zu den übrigen Fahrzeugmaßen (Stadtarchiv Eisenach)

en Beschluss vom 27. 1. 1987 modifiziert hatte, konnten die Eisenacher den Wartburg entsprechend überarbeiten. Man übernahm dabei das von Sachsenring für das schwächere Fahrzeug entwickelte Getriebe, nach dessen Einsatz es erhebliche Reklamationsfälle gab, so Zahnbrüche, zu hohe Wellendurchbiegung, Gehäuseundichtheiten, Schaltgabelbrüche etc. Die Probleme beim Hinein-Konstruieren dieses verordneten Triebsatzes in den Serien-Rahmen 353 werden deutlich, wenn man weiß, dass es in Ideallage Überschneidungen gab zwischen Gelenkwellen und Rahmen, Motorkonturen und Federträger einschließlich oberen Querlenkern, Ölwanne und Längsträger. Außerdem wurde die direkte Verbindung zwischen

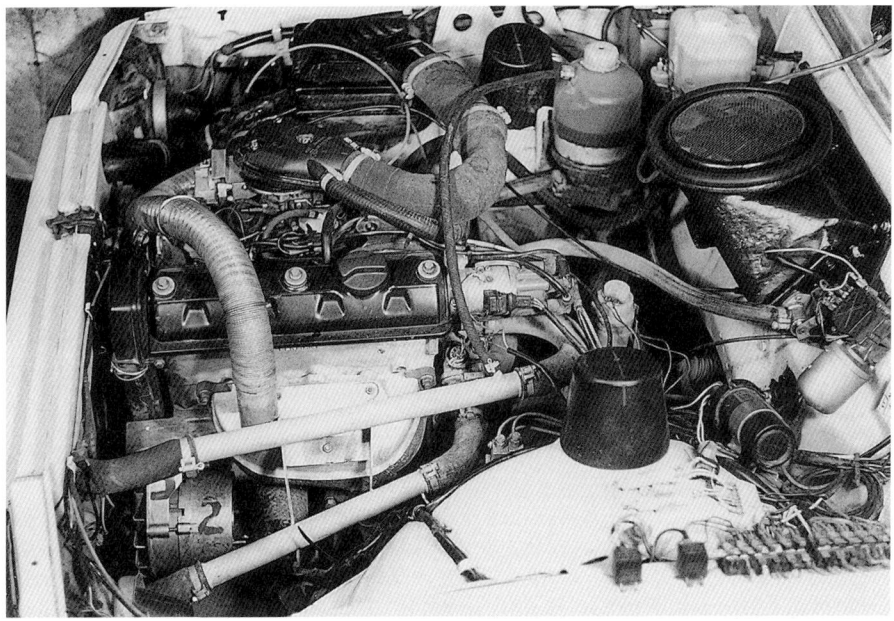

Der auf Veranlassung des Politbüros zunächst längs in den Wartburg eingebaute Motor EA 111 (Archiv Dr. Winfried Sonntag)

Rahmenlängsträger und Stoßstangenträger durch den querstehenden Triebsatz unterbrochen. Diese geradezu groteske Situation, ein für den Einbaufall 353 ungeeignetes Triebwerk mit serienreifem Niveau einsetzen zu müssen, hat die Gruppe Fahrgestellkonstruktion gemeistert. Kompromisse waren dabei unvermeidlich. Die triebsatzbedingte Spurverbreiterung und die partielle Modernisierung von Karosseriepartien führten dazu, dass sämtliche Karosserieteile des Bug-, Heck- und Bodenbereiches neu gestaltet werden mussten, während der Kabinenbereich einschließlich der Türen im alten Zustand verblieb.

Schließlich ist noch zu ergänzen, dass AWE im Frühjahr 1984 vom Kombinat Pkw die Konstruktionsverantwortlichkeit übertragen bekam für die Entwicklung einer vereinheitlichten Luftfilteranlage am VW-Motor in den Fahrzeugtypen Wartburg, Trabant und Barkas. Der VEB Metallwarenfabrik Beierfeld hatte deren Herstellung zu übernehmen. Es entstand eine völlig neue Kastenfilter-Anlage mit automatischer Ansauglüftvorwärmung, das heißt Temperaturkonstanz durch Kalt-/Warmluftmischung, gesteuert durch Bimetall-Element sowie Unterdruck-Stellmotor. Entsprechend dem Produktionsprofil in Beierfeld musste das Filtergehäuse in Blech ausgeführt werden, obwohl die Herstellung aus Plaste wesentlich rationeller war und bereits damals weltweit Anwendung fand.

Der 12. Oktober 1988 brachte den Beginn der Produktion für das nun als Wartburg 1.3 bezeichnete Fahrzeug. In der DDR wurde den Eisenachern das Auto aus den Händen gerissen, die Exportnachfrage blieb dagegen unbefriedigend. Im Zuge der politischen Wende in Deutschland hatte das Auto auf dem freien Markt keinerlei Überlebenschance. Ein mehrere Jahrzehnten veraltetes, moralisch verschlissenes Karosseriekonzept und viel zu hohe Herstellungskosten waren die Haupthürden, die man in Eisenach nicht nehmen konnte. Die traditionellen Märkte im Osten brachen schließlich weg, und in Eisenach wurde nur noch auf Halde produziert. Die Treuhandanstalt als Nachfolgeverwalterin des VEB Automobilwerk Eisenach verfügte per 10. April 1991 den Produktionsstopp im Automobilwerk.

Mit dem Ende des Traditionsbetriebes Automobilwerk Eisenach zerstreute sich auch das kleine, aber hochkarätige Entwicklungspotenzial. Dessen Wurzeln reichen bis in die frühen fünfziger Jahre zurück, als innerhalb des Konstruktionsbüros eine sogenannte Perspektivgruppe gebildet wurde. Diese bestand aus sechs Konstrukteuren und wurde vom späteren Hauptkonstrukteur des Bereichs Forschung und Entwicklung, Diplom-Ingenieur Gerhard Roth, geleitet. Die Gruppe befasste sich mit Vorausentwicklungen und Studien zu Nachfolgefahrzeugen (BM 312, 314), während die übrigen 25 Konstrukteure die laufende Serie konstruktiv betreuten. Im Jahr 1962 ergab sich eine Aufteilung des Konstruktionsbereichs in die Abteilungen Serienbetreuung und Weiterentwicklung, wobei die Mitglieder der im Zuge dessen aufgelösten Perspektivgruppe den Arbeitsgruppen Motor, Getriebe, Fahrwerk, Karosserie und Elektrik zugeordnet wurden. Die Konstruktionsgruppe Motor übernahm 1962 mit drei Konstrukteuren die Arbeit am Motor 312/0, wurde aber bis 1965 wegen des erheblichen Arbeitsanfalls für die Projekte 312/353 auf sechs Konstrukteure erweitert. Später mussten aufgrund häufiger Parallelarbeiten zum Zweck der Weiterentwicklung des Zweitakters, wie zum Beispiel an Fremdmotoren, Viertakter-Entwicklungen, Projekte 760, 360, 610, Rallye-Motoren und Serienbetreuung, weitere Konstrukteure, meistens acht an der Zahl, eingesetzt werden. Selbst bei besonders arbeitsintensiven Aufgaben wie dem Motor 400 oder dem Motor 234 wurde die Anzahl von zehn Konstrukteuren nie überschritten.

Diese Konstruktionsgruppe Motor war verantwortlich für die Sachgebiete Motor, Luftfilteranlage, Kühlsystem, Abgasanlage, Triebwerklagerung und Triebwerkeinbau ins Fahrzeug. Innerbetrieblich wurden Teilaufgaben mittels sogenannter Entwicklungsaufträge bewältigt, die die Detailaufgaben und Termine für die Konstruktion, den Musterbau und die Versuchsabteilung enthielten. Die wichtigste Grundlage der Zusammenarbeit mit Kollegen aus anderen Betrieben der Zulieferbranche und aus dem WTZ waren persönliche Kontakte. Im Regelfall kannte man sich seit vielen Jahren, hatte zum Teil gemeinsam studiert, und zwar in der überwiegenden Mehrzahl der Fälle an der Technischen Universität Dresden (sogenanntes Jante-Institut), an der Ingenieurhochschule in Zwickau oder an der Technischen Hochschule in Magdeburg. Im Rahmen gemeinsamer Großprojekte arbeiteten die Eisenacher mit den Zwickauern zumindest auf der Techniker-Ebene recht gut zusammen. Eine echte Partnerschaft auf dem Gebiet der Entwicklung bestand mit dem WTZ Karl-Marx-Stadt, und zwar bei allen Hauptbaugruppen des Fahrzeugs. Die Ergebnisaussagen einer nicht durch die Bedingungen der Großproduktion voreingenommenen, sondern neutral und sachlich argumentierenden Instanz wie dem WTZ waren eine sehr wichtige Ergänzung der Forschungs- und Entwicklungsarbeiten in Eisenach.

Für die Entwicklungsarbeit waren die von der VVB Automobilbau seinerzeit verabschiedeten Hauptfristenpläne bis zum Schluss verbindlich und maßgebend. Die dafür anzufertigenden Pflichtenhefte I und II mit nachfolgendem administrativem Aufwand waren unerlässlich. Werksintern wurden die Abläufe im Bereich FuE wie in BMW-Zeiten gehandhabt. Zur von BMW übernommenen Arbeitsorganisation gehörten die Struktur des Bereiches F und E, die innerbetrieblichen Beziehungen, der Aufbau der Stücklisten, die Festlegung der Typ-Nummern, Änderungsanträge und Mitteilungen, Bauabweichungs- und Materialfreigaben usw. Eine Umstellung auf Computer-Stückliste war vorgesehen, erlebte aber ihre Umsetzung schon nicht mehr.

Die in der Motorenkonstruktion beschäftigten Konstrukteure waren überwiegend Diplom-Ingenieure von der TU Dresden und der TH Magdeburg und somit bestens gerüstet für alle in dieser Disziplin benötigten Kenntnisse in Konstruktion, Thermodynamik, Strömungslehre, Festigkeitslehre, Werkstoffkunde usw. An Fachliteratur standen wenigstens in Einzelexemplaren die Konstruktionsbücher des Springer Verlags zur Verfügung. Dazu kam man – allerdings etwas seltener – an ein Exemplar der ATZ und MTZ sowie anderer Fachzeitschriften. Es handelte sich dabei in der Regel um veraltete Einzelexemplare, in denen die Stellenanzeigen herausgeschnitten waren. Später wurden nur noch Fotokopien von Fachartikeln an die Arbeitsgruppen verteilt.

Gemessen an der Mitarbeiterzahl zeigte die Hauptabteilung Forschung und Entwicklung auch bei AWE die bekannte Konstanz. Wesentliche Veränderungen traten über die Jahre hin kaum ein, was folgende Zahlen für die Abteilung Weiterentwicklung (Konstruktion) belegen:

```
1975    58 Mitarbeiter  , davon    12 Zeichnerinnen
1979    58      "       ,   "      12      "
1989    57      "       ,   "      12      "
```

Dieser Umstand erklärt sich aus den Lohnfonds, die bereichsbezogen konstant zu bleiben hatten, so dass kurzzeitige Spitzenbelastungen durch interne Verschiebungen oder zeitweilige Zuführungen von Arbeitskräften aus anderen Betriebsbereichen egalisiert werden mussten. Andererseits musste der Arbeitszeitausfall im Konstruktionsbereich, der durch mehrwöchige Produktionseinsätze der Mitarbeiter beispielsweise in der Endmontage bedingt war, intern grundsätzlich durch eine höhere Arbeitsleistung der übrigen Mitarbeiter wieder ausgeglichen werden.

Die für den Arbeitsfortschritt verantwortlichen Abteilungen des Bereiches FuE waren wie folgt besetzt:

Tab. 26: Das Personal der FuE-Abteilung im AWE

Abteilung/Aufgabenstellung	Anzahl der Mitarbeiter
Serienbetreuung (Konstruktion)	26
Weiterentwicklung (Konstruktion)	58
Plaste-Entwicklung	4
Versuchsmusterbau inkl. GFP-Abteilung	76
Versuchserprobung	80
Lichtpauserei	6
Rallye-Sportgruppe	14
Verwaltung, Planung	14

Quelle: Nach Angaben von Konrad von Freyberg

Das Finanzvolumen, das diesem Potenzial zur Verfügung stand, ist zur Zeit nicht rekonstruierbar. Die Themen waren zu planen und mussten vom Kombinat beziehungsweise vorher von der VVB Automobilbau bestätigt werden. Die Mittel wurden themengebunden zugewiesen. Bei der Beschaffung maschineller Hilfsmittel war man auch bei AWE auf die eigene Geschicklichkeit angewiesen.

Der moderne Maschinenpark im Musterbau erfüllte grundsätzlich die notwendigen Anforderungen zur Herstellung von Baugruppen und Prototypen, wenn auch die hohe Qualifikation der Mitarbeiter entscheidend zum Erfolg beitrug. Letzteres galt besonders für die Zunft der Karosserieklempner, die über

Der VW-Motor mit AWZ/AWE-Getriebe, quer eingebaut in das Fahrwerk 353, und hier an einem Schulungsmodell vom Kundendienst vorgeführt (Archiv Michael Stück)

Klopfmodelle aus Holz komplette Prototyp-Karosserien herzustellen vermochten – angesichts heutiger Methoden handwerkliche Meisterleistungen. Auch die aus dem Nichts in Eigeninitiative geschaffene GFP-Abteilung konnte mit beachtlichen Ergebnissen aufwarten, wie die Kunststoff-Karosserien der Fahrzeuge Coupé 355 und Kübelwagen Typ 400 nachhaltig belegen. Einzige größere Investition war im Jahr 1988 eine Stiefelmeier-Messmaschine. Investitionen in der Abteilung Versuchserprobung gab es nie. Jahrelange Bemühungen, die Mess- und Prüftechnik zu modernisieren, blieben erfolglos. Ein Rollenprüfstand mit Möglichkeiten zur Abgasmessung wurde in Eigeninitiative selbst gebaut, doch die offiziellen Abgastests mussten in der Abgasprüfstelle Adlershof durchgeführt werden. Mit diesem kleinen Potenzial wurde Erstaunliches geleistet. Dabei dominierten immer die Versuche, eigenständige Lösungen zu erreichen. Dazu gehörten keineswegs immer glückliche Würfe. Das Ende war hier besonders bitter, weil bereits Jahre vorher der erfolgsversprechende Versuch, zu einem Eisenacher Erzeugnis der vierten Generation zu gelangen, qua Verordnung abgebrochen werden musste. Was dann folgte, waren reine Bastelarbeiten.

Das letzte Modell des Automobilwerk Eisenach – der Wartburg 1.3 mit VW-Motor (Archiv Michael Stück)

Neuer Motor im alten Auto: Trabant 1.1

Nach der Entscheidung des Politbüros, die Entwicklungsarbeiten am P 1100/1300 im Jahr 1979 einzustellen, brach auch beim VEB Sachsenring und in dessen Konstruktionsbüro an der Zwickauer Seilerstraße eine Zeit der Konzeptionslosigkeit an.[22] Man bastelte an diesem oder jenem herum. So entstand der Entwurf für ein Fahrzeug auf der Basis des P 601 Universal, dessen Bedienung auch schwerstkörperbehinderten Fahrern möglich sein sollte. Zehn Funktionsmuster-Fahrzeuge wurden gebaut und erprobt. An eine Eigenproduktion durch Sachsenring dachte man keine Sekunde, vielmehr peilte man einen durchaus zeittypischen Ausweg an: An- und Umbausätze, die vom Werk entwickelt worden waren, sollten in speziellen Werkstätten gefertigt und eingebaut werden.

1980 entstand ein Trabant Pick-up und auch davon gab es ein Funktionsmuster-Fahrzeug. Schließlich unternahm man den Versuch, mit geringstmöglichem Aufwand eine Vollheck-Karosserie mit günstigeren Innenraumabmessungen und verringertem Luftwiderstandsbeiwert zu entwickeln. Fahr- und Triebwerk des 601 wurden beibehalten. Von diesem P 601 Z – Z stand für ›Zwischentyp‹ – wurde ein Funktionsmuster-Fahrzeug gebaut. Dabei musste man feststellen, dass der erforderliche Aufwand für eine Produktion durch einen unzureichenden Zuwachs des Gebrauchswerts nicht zu vertreten war. Ganz abgesehen davon konnte man die Investitionen volkswirtschaftlich nicht einordnen. Auf diesen Erfahrungen aufbauend wurde im Juni 1981 nochmals eine völlig neue Vollheck-Karosserie entwickelt, die in einem ersten Schritt mit dem Fahr- und Triebwerk des P 601 und in einer darauf folgenden Stufe mit neuem Fahr- und Triebwerk zu einem neuen Kleinwagen führen sollte. Auch davon wurde ein Funktionsmuster-Fahrzeug gebaut und bis 1982 erprobt. Die Entwicklung musste abgebrochen werden, da das Auto zu teuer geworden wäre. Bis zu diesem Zeitpunkt hatte man für diese Studien zwei Millionen Mark für Entwicklungskosten ausgegeben.

Weitere in der Entwicklungsabteilung des VEB Sachsenring in der ersten Hälfte der achtziger Jahre bearbeitete Themen und Aufgaben richteten sich auf: Einbauuntersuchungen von Viertakt-Ottomotoren im Trabant 601 von Fiat, Daihatsu, FSO, Zastava u.a. zur Vorbereitung von Entscheidungsvorschlägen für das Kombinat und das Ministerium;

Letzten Endes blieben diese Arbeiten von nachrangiger Bedeutung, die in erster Linie durch die geringen Aussichten, bald in Serie überführt zu werden, überschattet wurden. Ein typisches Beispiel für die Turbulenzen bei der produktionswirksamen Einführung technischer Neuerungen oder Verbesserungen soll im folgenden geschildert werden.

1983 wurde zur Verbesserung der Korrosionsschutzwerte am Trabantgerippe ein neues Material – Polybutadien – für das Elektrophorese-Tauchbad eingeführt. Die Forderung der Lieferfirma Hellac, die Tauchbadumwälzung notwendigerweise zu verbessern, wurde wegen dafür nicht bewilligter Valutamittel abgelehnt.

Das Karosseriegerippe des Trabant P 601 schwenkt in die Untergrundbehandlungsanlage zur Entfettung und Phosphatierung ein (Archiv Dr. Werner Reichelt)

Nach kurzer Zeit zeigte sich im Tauchbad eine starke Bildung von Schaum, der sich, bedingt durch den technologischen Durchlauf, an der Heckschürze festsetzte. Durch den unterbrochenen Stromfluss kam es zu Fehlbeschichtungen und somit zu gravierenden Qualitätsmängeln. Sie wurden in der Serienfertigung durch die Lackierung mittelfristig überdeckt. Bei abgestellten Ersatzrohkarosserien kam es jedoch bald zu gewaltigen Korrosionsschäden an Heckschürze und Radschalen. Im Dezember 1983 mussten 1112 Karosserien im Werte von 3,1 Millionen Mark verschrottet werden. Zur Minderung solcher Schäden wurden Arbeiter eingesetzt, die mit großen Stubenbesen den Schaum während des Tauchvorganges abkehrten. Um Abstürze in das Bad zu vermeiden, wurden die Mitarbeiter an einen Federzug mit Longe gehängt. Diese vorsintflutliche Technologie wurde später durch ein neues, nun doch aus Valutamitteln finanziertes Umwälzpumpsystem abgelöst.

Die Ölkrise in der ersten Hälfte der siebziger Jahre zog für den Trabant-Motor noch einmal intensive Entwicklungstätigkeit nach sich. Trabant-Fahrzeuge machten zu diesem Zeitpunkt etwa 50 Prozent des Pkw-Bestands in der DDR aus, und jährlich kamen ungefähr 80 000 weitere Fahrzeuge dieses Typs hinzu. Der deshalb zu erwartende Mehrverbrauch an Vergaserkraftstoff sollte durch verbrauchssenkende Maßnahmen weitgehend ausgeglichen werden. Als Ziel wurde ausgegeben, den Verbrauch des Jahres 1978 in den folgenden Jahren nicht zu überschreiten. Die Planzahlen für dieses Basisjahr stützten sich auf den Import von 20 Millionen t sowjetischen Erdöls, aus denen rund 1,1 Millionen t Vergaserkraftstoff für den privaten Sektor bereitgestellt werden sollten.

Im Zeitraum 1978 bis 1985 wurden in der vorgegebenen Richtung mehrere Staatsplanthemen in der Motorenentwicklung bearbeitet. Dabei untersuchte man

Trabant-Motor mit Zuführung von Zusatzluft in den Ansaugraum zur Senkung des Verbrauchs und zur Verringerung der Abgasemission (Foto: Carl-Hans Morgenstern)

viele Objekte und gewichtete sie hinsichtlich ihrer Wirkung auf den Kraftstoffverbrauch. Im wesentlichen vollzogen sich die Fortschritte in Etappen. Der erste Schritt mit einer Absenkungsrate von 0,5 l/100 km ergab sich aus der Einführung des Vergasers 28 HB 4-1 ab Juli 1982. Mit diesem wurde eine Teillastabmagerung durch Zuführung von Zusatzluft nach der Gemischbildung erreicht.

Die letzte Maßnahme war im September 1985 eine elektronische Batteriezündanlage, mit der die bisher unvermeidbaren Abweichungen des Zündzeitpunktes im dynamischen Betrieb gänzlich eliminiert wurden.

Erforderlich für die Funktion der elektronischen Batteriezündung war die 12 V-Bordspannung, die mit der Einführung der Drehstromlichtmaschine ab Oktober 1983 zur Verfügung stand.

Als Resultat aller Maßnahmen zur Verbrauchssenkung wurde, ausgehend von 8,0 l/100 km zu Beginn der Arbeiten, eine Verringerung um insgesamt 1,3 l/100 km auf 6,7 l/100 km auf der Grundlage eines vereinbarten Vergleichswerts erzielt. Dieses Ergebnis spiegelte sich auch in der Absenkung der CO-Emission im Fahrzyklus von anfänglich ca. 165 g/Test auf rund 45 g/Test wieder. Und damit wurden die gültigen Grenzwerte deutlich unterschritten.

Der Winter 1984/85 zeigte, dass man die Möglichkeiten zur Senkung des Kraftstoff-Verbrauches durch Gemischabmagerung ausgeschöpft hatte. Sobald sich die Umgebungstemperatur dem Nullpunkt näherte, traten Schwierigkeiten in der ersten Kaltfahrphase nach dem Start des Motors auf.

Mit der Umstellung der Antriebsquelle für den Pkw Trabant auf den 1,1 l-Viertaktmotor begann man 1989, die Stückzahlen des Zweitaktmotors herunterzuschrauben. Für 1990 waren nur noch ungefähr 90 000 Stück geplant.

Die Serienproduktion lief bis zum 18. Juni 1990. Bis Mitte September 1990 war eine erhöhte Ersatzteil- und Ersatzmotoren-Produktion vorgesehen, mit 200 kompletten Motoren, 800 Kurbelwellen und 550 Kurbelgehäusen pro Arbeitstag. Für andere Teile wurde an Verlagerungskonzeptionen gearbeitet.

Nach einigen Unsicherheiten hinsichtlich der noch zu bauenden Ersatzmotoren, nach Abstellen und Wiederanlaufen des Montagebandes wurde der letzte Motor am 21. September 1990 mit der Motor-Nr. 5 B 2309321 gebaut. Es folgte die Demontage der Einrichtungen und der Abriss der meisten Gebäude.

Nach dem Deal mit dem VW-Motor begannen sofort bei Sachsenring die konstruktiven Arbeiten zum Einbau des 1,05 l Motors. Auch wenn man sich darüber

1989 entstand in Zwickau die Null-Serie des Trabant 1.1 (Archiv Dr. Werner Reichelt)

im Klaren war, dass man ein auf der Höhe des internationalen Entwicklungsstandes befindliches Produkt bekommen würde, wusste man doch genau, dass auch mit der Einführung dieses Motors eine grundlegende Erneuerung des P 601 nicht erreichbar war. Für das Jahr 1988 war die Einführung der Schraubenfederung an der Hinterachse vorgesehen und danach ein neuer Motor und ein neues Getriebe zusammen mit Schraubenfederung an der Vorderachse, Scheibenbremsen und neuer Lenkung. Deswegen musste beim Trabant der Fahrzeugvorbau so verändert werden, dass die räumlichen und lastmäßigen Einbauvoraussetzungen für den flüssigkeitsgekühlten Viertaktmotor mit Getriebe und schraubengefederter Vorderachse erfüllt werden konnten. Im April 1984 begannen die Arbeiten, deren Abschluss mit der Einführung in die Serienproduktion für August 1989 vorgesehen war.

Der etwa 65 mm längere und ungefähr 60 kg schwerere neue Motor mit einer maximalen Leistung von 30 kW und einem maximalen Drehmoment von 74 Nm gegenüber 19 kW und 54 Nm des bisher verwendeten luftgekühlten Motors führte zu notwendigen Änderungen in einem Umfang von annähernd 70 Prozent der Fahrzeugbaugruppen. Die neu entwickelten Baugruppen wurden dabei auf eine Grenznutzungsdauer von 15 0000 km ausgelegt. Aber nach außen blieb der Trabant ein altes Auto, die Karosserie war unverändert. Ihre konzeptionsbedingten Nachteile konnten nicht beseitigt werden.

Die Änderungen umfassten außer dem Motor mit Ansauganlage und dem Anlasser auch ein Viergang-Schaltgetriebe mit geringerer Baulänge und höherem übertragbarem Drehmoment mit Knüppelschaltung. Außer einer verbesserten Kupplung musste auch eine raumsparende Vorderachse in McPherson-Bauweise mit negativen Lenkrollradius und Schraubenfedern entwickelt werden. Vorgesehen war überdies noch eine Zwei-Kreis-Bremse, verstärkte Dreieckslenker an der Hinterachse mit Schraubenfedern, Scheibenräder, ein Lenkgetriebe mit automatischer Nachstellung, ein Hilfsrahmen mit Vierpunkt-Aufhängung für die Karosserie sowie eine Auspuffanlage und ein auf 28 l vergrößerter Kraftstoffbehälter im Fahrzeugheck.

Bis 1988 wurden 20 Funktionsmuster-Fahrzeuge gebaut. Davon waren 11 Limousinen, 6 Kombis, 3 A/F-Ausführung (Kübel-Karosserie) sowie 5 Fertigungsmuster-Fahrzeuge (3 Limousinen, 2 Kombis). Mit diesen Fahrzeugen wurde bis zur Serienfreigabe eine Erprobung von über zwei Millionen km zurückgelegt. Drei Funktionsmuster-Fahrzeuge wurden mit dem 1,3 l Viertakt-Dieselmotor ausgerüstet und getestet, bevor diese Variante erst für einen späteren Zeitpunkt vorgesehen und damit vertagt werden musste.

Die Entwicklungskosten für den Einbau des VW-Motors betrugen 33,2 Millionen Mark. Das neue Getriebe schlug mit 4,7 Millionen zu Buche.

Dieser finanzielle Aufwand stand durchaus im Verhältnis zu den bisherigen Aufwendungen für Konstruktion und Versuch, die langfristig zugenommen hatten, wie der folgende Dekadenvergleich zeigt:

Tabelle 27: Finanzaufwand für die Fahrzeugentwicklung bei Sachsenring Zwickau 1960–1989

Jahrzehnt	Gesamtsumme in Mio.
1960 – 1969	33,6
1970 – 1979	56,5
1980 – 1989	55,6

Quelle: Nach Angaben von Hauptkonstrukteur Karl-Heinz Brückner

Bis Ende 1988 wurde eine Vorserie von 150 Trabant 1.1 gefertigt. Weitere 722 Vorserienfahrzeuge wurden im August bis Dezember 1989 in der neuen Montage im Werk Mosel gebaut. Die Serienproduktion begann im Mai 1990 zunächst in Mosel und wurde infolge des Fertigungsbeginns des VW Polo in diesem Werk bis zum Auslaufen am 30. April 1991 im Werk II, Fertigungsbereich 9, in Zwickau zu Ende geführt. Insgesamt wurden 39 474 Trabant 1.1 hergestellt.

Nach wie vor war der Trabant ein Politikum. Deutlich erkennbar war dies an dem Hickhack um die Preisbildung für den Wagen mit Viertakt-Ottomotor (Trabant 1.1.). Die Kosten für dieses Auto waren explodiert, denn gegenüber dem Trabant 601 ergaben sich durch das neue Vierganggetriebe Mehrkosten in Höhe von 660,– Mark. Der Viertaktmotor war um 4450,– Mark teurer als der bisherige Zweitakt-Triebling und die Einbaukosten für das neue Aggregat lagen 3690,– Mark über dem einfachen Vormuster. Der Preis für die damals teuerste Ausführung der Limousine des Trabant 601 hätte sich unter Berücksichtigung dieser Mehrkosten von 13 200,– auf rund 22 000,– Mark erhöhen müssen. Wären noch die üblichen Produktions- und Dienstleistungsabgaben vom Sachsenring-Werk verlangt worden, dann hätte der Trabant 1.1. als Limousine mindestens 23 000,– Mark kosten müssen. Einen derartigen Preis glaubte man 1989 politisch nicht

Auf Veranlassung von Hauptkonstrukteur Gerhard Roth wurde 1988 dieser Trabant 1.1 Typ E als Modifikation mit sehr niedrigen Kosten von D. Kaluza entworfen und im Musterbau von Sachsenring gebaut. Der einzige Prototyp befindet sich heute im Automobilmuseum August Horch in Zwickau (Archiv Karl-Heinz Brückner)

Der Trabant Tramp 1.1 (Archiv Dr. Werner Reichelt)

verantworten zu können und traf die zentrale Entscheidung, den Verkaufspreis dieses Autos aus dem Staatshaushalt zu subventionieren. Er kostete im Handel noch 18 000,– Mark.

Vergleicht man den letzten Zwickauer Kleinwagen mit seinen Vorgängern, so erkennt man, dass diese Lösung auch unter DDR-Bedingungen nur sehr unvollkommen war und bestenfalls für einen kurzen Zeitraum als Übergangslösung

Der Trabant Caro (Archiv Dr. Werner Reichelt)

hätte gelten können, bis der längst fällige Einsatz einer völlig neuen Karosserie einen echten Entwicklungsfortschritt gebracht hätte. Es konnten zwar wesentliche Nachteile des P 601 ausgeglichen werden, darunter die bisher zu geringe Fahrleistung, die ungenügende und geschwindigkeitsabhängige Heizung oder auch die zu hohen Innengeräusche. Auch Verbesserungen an der Bremse und am Federungsverhalten, an der Lebensdauer und hinsichtlich des Kraftstoffverbrauchs wurden erreicht, ohne dass die völlig ungenügenden Innenraumabmessungen, die schlechte Zugänglichkeit zu den Rücksitzen und zum Kofferraum sowie die ungenügenden Sichtverhältnisse und der indiskutable Luftwiderstandsbeiwert damit verändert oder verbessert worden wären.

Nach im Wesentlichen abgeschlossener Entwicklung und mit fortgeschrittener Serienvorbereitung wurde dann doch noch einmal von Partei- und Wirtschaftsfunktionären angeregt, mit minimalem Aufwand einige äußere Veränderungen an der Karosserie vorzunehmen, um den neuen Trabant

Ein seltener und nicht lizensierter Einsatzfall für einen Trabantmotor, den die AVIA-Werke in Prag erprobten – ein Hilfsmotor in einem Segelflugzeug (Foto: Müller/Barkas)

Auch VW versuchte, den Trabant zu retten, und präsentierte zwei Gestaltungsvarianten (links und rechts) an einem Fahrzeug (Archiv Dr. Werner Reichelt)

auch in optischer Hinsicht aufzuwerten. Diese Arbeiten wurden im Pkw-Kombinat durchgeführt. Lediglich das Musterfahrzeug wurde im VEB Sachsenring hergestellt. Nach dem Abwägen von erforderlichem Aufwand und erreichbarem Nutzen wurde auch dieses von Anfang an zum Scheitern verurteilte Vorhaben nicht weiter verfolgt.

Immerhin wurde aber noch 1988 zumindest mit Vorarbeiten für eine Grunderneuerung der Karosserien begonnen. In Zwickau wie auch in Eisenach sollten künftig Pkw mit eigenständigen äußerem Erscheinungsbild hergestellt werden, die einen deutlichen Unterschied hinsichtlich des Gebrauchswertes symbolisierten. Als Zeithorizont war das Jahr 1995 vorgegeben; die Einbeziehung ausländischer Auftragnehmer sollte untersucht werden. Die Arbeiten leitete das Pkw-Kombinat, und unter Einbeziehung von »Gestalter-Kollektiven« von Hochschulen wurden Entwürfe und Modelle verschiedener Karosserievarianten erarbeitet. Erste Gespräche wurden auch mit VW geführt, um eine diesbezügliche Zusammenarbeit vorzubereiten. Nach erfolgtem Serieneinsatz des Trabant 1.1 wurde in der Entwicklungsabteilung des VEB Sachsenring vor allem an der Qualitätssicherung und der Kostensenkung durch Modellpflegemaßnahmen gearbeitet. Diese Arbeiten galten dem Einsatz eines Motors mit 1,3 l Hubraum, Fünfganggetriebe, automatischer Kupplung »Drive-Matic« sowie ungeregeltem und geregeltem Dreiwege-Katalysator. Die Kupplungsautomatik wurde auf Kundenwunsch durch die Versuchsabteilung an einigen Fahrzeugen noch nachgerüstet. Ungeregelte Katalysatoren wurden in geringer Stückzahl in der Produktion noch eingebaut und bis Juni 1991 auf Kundenwunsch nachgerüstet. Das Fünfganggetriebe und der geregelte Katalysator kamen nicht mehr zur Fertigung.

Um den niedrigen Absatz des Trabant 1.1 im In- und Ausland, vor allem in Polen und Ungarn, zu beleben, wurde von der Sachsenring-Betriebsleitung eine westdeutsche Engineering-Firma damit beauftragt, Veränderungen an der Karosserie vorzuschlagen, die mit vertretbarem Aufwand und Kosten zu einer optischen Aufwertung des Autos führen sollten. Die konstruktive Bearbeitung und der Musterbau wurden dann wieder in der eigenen Entwicklungsabteilung bewältigt. Das Ergebnis führte lediglich zu Kosten in erheblicher Höhe sowie zu Prototypen der Ausführungen Caro tramp 110, CaroLimousine und Caro Pick up, von denen nur einige Exemplare in Handfertigung hergestellt und in die alten Bundesländer verkauft werden konnten. Eine serienmäßige Herstellung war, wie unschwer vorherzusehen, nicht mehr realisierbar.

Barkas: Viele Motoren, wenig Fahrzeuge

Die Bezeichnung Barkas war anfänglich für Betrieb und Produkt identisch. Hauptaufgabe des VEB Barkas-Werke in Hainichen war die Herstellung der gleichnamigen Kleintransporter. Mit der Verlegung des Betriebssitzes nach Karl-Marx-Stadt (Chemnitz) zum 1. Januar 1958 unter Einschluss der Motorenwerke und der Fahrzeugwerke Karl-Marx-Stadt samt ihrer Fertigungsprogramme ging auch eine stärkere Orientierung auf Zulieferbaugruppen einher. Ab dem 1. Januar 1970 diente Barkas der Namensgebung des IFA-Kombinates für Kraftfahrzeugersatzteile Karl-Marx-Stadt unter Leitung der VEB Barkas-Werke. Damit wurde die Fer-

Am 22.2.1980 lief in Hainichen der 100.000 Barkas vom Band, rechts Dr. Heinrich Schmieder, der Technische Direktor des Pkw-Kombinats (Archiv Dr. Heinrich Schmieder)

Der Barkas hatte keinen Rahmen, sondern einen Mittelträger, die sogenannte Mittelgräte, der sehr verwindungsweich war. Für die Aufbauten Pritsche, Koffer und Drehleiter war ein Hilfsrahmen erforderlich (Archiv Jochen Borrmeister)

tigungspalette nun sehr vielgestaltig und der Transporter war nur noch ein Produkt unter vielen. Im Zuge der Enteignung privater und halbstaatlicher Unternehmen wurden diesem Kombinat nach 1972 auch bisherige Zulieferer als Betriebsteile angegliedert. Mit Wirkung zum 1. Januar 1978 wurde der VEB Barkas zum Stammbetrieb des Pkw-Kombinats; im November 1984 bestimmte man ihn schließlich zum Finalhersteller des VW-Rumpfmotors. Spätestens seit dieser Zeit spielte der Transporter nur noch eine Nebenrolle. Dominant war von nun an die Alpha-Motorenreihe, also der VW-Motor.[23] Auf dessen Grundlage entstanden bei Barkas drei Motorentypen, wie der folgenden Tabelle zu entnehmen ist:

Tabelle 28: Übersicht über die Barkas Motoren (BM) der Alpha-Baureihe auf Basis des VW-Motors

Typ	Einbauweise	Hubraum	Einsatzfahrzeug
BM 860	quer	1,3 l	Wartburg
BM 820	quer	1,05 l	Trabant
BM 880	längs	1,3 l	Barkas B 1000

Quelle: Zusammengestellt nach Angaben von Dr. Heinrich Schmieder

Die Leistungsdifferenzen der Motoren ergaben sich aus dem Kolbenhub zusammen mit unterschiedlichen Ansaug- und Abgasanlagen. Das Projekt besaß den besonderen Vorteil, dass die Bauteile weitgehend identisch waren.

Der Zylinderkopf für den Rumpfmotor wurde in Eisenach gefertigt, und von der insgesamt für die Motorenfertigung zur Verfügung gestellten Zeit von 3,8

Stunden pro Motor blieben Barkas 2,6 und den Automobilwerken Eisenach 1,2 Stunden. Zum Vergleich: Die Fertigungszeit des bisherigen Wartburgmotors lag bei 4,5 Stunden.

Am 12. November 1984 wurde zwischen dem Außenhandelsbetrieb Transportmaschinen Export-Import der DDR und der Volkswagen AG ein Kaufvertrag über die Lieferung von 1,3 l-Rumpfmotoren des VW-Typs EA 111 aus der Produktion der Barkas-Werke abgeschlossen. Als Rumpfmotor wurde im Vertrag der Bauzustand des 1,3 l-Motors vereinbart, der aus den Hauptbaugruppen Zylinderkurbelgehäuse mit Kurbeltrieb (ohne Schwungrad), Lagerung und Ölpumpe sowie Zylinderkopf mit Gaswechselsteuerung (ohne Antrieb der Nockenwelle) bestand und durch Ölwanne und Zylinderkopfhaube dicht abgeschlossen war. Der Motor war erst nach Komplettierung durch VW mit den entsprechenden Aggregaten einschließlich des Kühlkreislaufes, des Vergasers mit Saugrohr sowie des Auspuffkrümmers und der Zündanlage betriebsbereit. Die Lieferung der Rumpfmotoren setzte jedoch deren Freigabe einschließlich der Einzelteile durch den Auftraggeber Volkswagen voraus. Dieses Verfahren entsprach der üblichen Prozedur für die Annahme von Zulieferungen durch die VW AG und den Empfehlungen des Verbandes der Automobilindustrie. Sie wird gleichermaßen von allen Automobilherstellern in Westeuropa gehandhabt. Der Freigabezyklus für den Rumpfmotor unter der Voraussetzung, dass alle Prüfungen positiv abgeschlossen wären, dauerte 33 Monate.

Seine Taufe erlebte der Motor mit der Baumustergenehmigung. Diese umfasste Labor- und Funktionsprüfungen, wobei letztere auf Prüfständen (810 Stunden) und in Fahrzeugen (150 000 km) zu absolvieren waren. Gleichzeitig erfolgte die Lieferantenbewertung als Nachweis, dass alle Lieferbetriebe mit ihren Qualitätssicherungssystemen in der Lage waren, stabil und fehlerfrei mustergerechte Teile zu liefern. Die Bewertung wurde durch die Inspektion des IFA-Kombinates gemeinsam mit dem Außendienst von VW durchgeführt.

Eine derartige Prozedur war in der volkseigenen Automobilindustrie bisher nicht üblich und in der peniblen Genauigkeit ihrer Durchführung unbekannt. Hinzu kam bei den betreffenden Betrieben wie Barkas eine atemberaubende quantitative Größenordnung, die man dort noch nie erlebt hatte. Tausend Paletten am Tag mussten zum Beispiel im Stammbetrieb umgeschlagen, die Ver- und Entsorgung der Fertigungseinrichtungen für 1730 Motoren pro Tag gesichert sowie die Transport- und Lagerprobleme dafür gelöst werden. Als erstes musste man dafür Platz schaffen. Dies geschah durch die Verlagerung der für den neuen Motor nicht erforderlichen, aber dennoch zu produzierenden Teile. So musste der Druckmaschinenhersteller Planeta in Radebeul bei Dresden die Zylinderbüchsen des Zweizylinder-Zweitaktmotors übernehmen. Außerdem konnten erstmals Neubauten in nennenswertem Umfang errichtet werden. So wurde im Frankenberger Barkas-Werk ein Neubaukomplex errichtet, in dem für die Lackiertechnik Anlagen von Dürr und für die Verzinkung Anlagen von Campschulte aufgestellt wurden, um so den von VW geforderten hohen Qualitätsansprüchen bei der

Oberflächenbehandlung gerecht zu werden. Einen ganz besonderen Schwerpunkt bildete die Gewährleistung der sehr hohen Qualitätsansprüche mittels modernster Mess- und Prüftechnik mit hundertprozentiger Endkontrolle.

Natürlich ergab sich auch für Barkas von neuem das Problem eines Arbeitskräftemangels. Ein umfassendes und mittlerweile auch eingespieltes staatliches Lenkungssystem sollte dem Kombinat über 4500 VBE »zuführen« durch Anwerbung von Ausländern (1800 VBE), als Folge von örtlichen Lenkungsmaßnahmen, der FDJ-Initiative »Pkw-Produktion« u.ä. Trotzdem gelang die Mobilisierung des geplanten und erforderlichen Arbeitsvermögens nicht; es blieb mit über 1300 VBE deutlich unter den Erwartungen. Ein interessantes Schlaglicht wirft auch die Einweisung und Qualifizierung des Personals für die VW-Technologie auf die Begleitumstände jener Zeit. Alle Mitarbeiter, die an entsprechenden Kursen in Wolfsburg teilzunehmen hatten, mussten den Anforderungen an NSW-Reisekader (keine Westverwandtschaft, politisch »unbescholten«) entsprechen und vor Antritt ihrer Reise nach Niedersachsen einen dreitägigen Reisekaderlehrgang absolvieren. Dieser diente der politischen und fachlichen Vorbereitung auf die Unterweisungszeit westlich der DDR-Grenze. Wieder zu Hause hatten sie ihr Wissen an die anderen Kollegen weiterzugeben. Im Kombinatsumfang wurden bis zum Fertigungsbeginn 1988 insgesamt 5 025 Arbeiter und Angestellte auf neue oder veränderte Arbeitsaufgaben in diesem Zusammenhang vorbereitet, das entsprach 15,2 Prozent der Beschäftigten am Projekt »Antriebsaggregat« aller daran beteiligten Betriebe des Kombinats. Im Ergebnis verfügten die wichtigsten Zulieferer nicht nur über die modernste Technik, sondern besaßen auch im Umgang damit ausgebildete Mitarbeiter. Innovation hatte nun die Grenzen der Finalproduzenten überschritten und einen Großteil der Zulieferindustrie erfasst.

Auch im letzten Jahrzehnt des Bestehens gelang die schon viel länger erforderliche Erneuerung und der Übergang zur vierten Fahrzeuggeneration bei Barkas nicht mehr. Veränderungen und Verbesserungen beschränkten sich im wesent-

Der Bereitschaftswagen der Verkehrspolizei auf Barkas-Fahrwerk (Foto: Werksaufnahme)

Modellpflege nach 20 Jahren Bauzeit – die Schiebetür am Laderaum des B 1000 (Archiv Jochen Borrmeister)

lichen auf Details. Da bot sich schon als herausragend die seitliche Schiebetür für alle Koffer- und Kastenaufbauten an, die seit 1981 serienwirksam wurde. Von den sonstigen Maßnahmen sind lebensdauerverlängernde plaste-beschichtete Außenbleche bei Kofferwagen, Verzinkung der Träger, sicherheitsrelevante Halogenscheinwerfer sowie modifizierte Automatik-Sicherheitsgurte erwähnenswert.[24]

Barkas war alleiniger Lieferant von kleinen Sanitätskraftwagen für das Gesundheitswesen der DDR. 1985 kam die letzte Variante in Form des Typs SMH 3 heraus. Wie schon die Bezeichnung zeigt, war das Fahrzeug für die Schnelle Medizinische Hilfe bestimmt und sollte die Nachfolge des seit Jahren im Dienst befindlichen SMH 2 antreten. Bei dieser, der jüngsten Variante diente wieder das Karosserieskelett vom Kleinbus B 1000 als Grundlage, allerdings war das Dach nun auf Stehhöhe angehoben. Die große Hecktür öffnete sich nach oben und der Aufbau war nur rechtsseitig verglast.

Hauptproblem der Barkas-Fertigung war die viel zu geringe Stückzahl. 1980 verließ der 100 000. und am 1. April 1987 der 150 000. Transporter das Werk. In sieben Jahren 50 000 Stück – das entsprach einer jährlichen Durchschnittszahl von weit unter 10 000 Autos. Berücksichtigt man dabei noch die zahlreichen Aufbauvarianten – 1984 warb Barkas mit 40 und 1987 noch mit 17 serienmäßigen Modifikationen –, so zeigten sich sehr deutlich die Grenzen einer rationellen Fertigung sowie die höchst unbefriedigende Bedarfsabdeckung. Der B 1000 wurde nicht über den IFA-Vertrieb vertrieben, sondern über staatliche Strukturen verteilt.

Die beiden Versuchsfahrzeuge für einen Elektro-Transporter B 1000 (Archiv Dr. Heinrich Schmieder)

Besonders in den achtziger Jahren diente der B 1000 als Basis-Fahrzeug für verschiedene Versuche, um den Elektroantrieb zu verwirklichen. Die bereits seit den siebziger Jahren unter dem Aspekt des Umweltschutzes in Angriff genommenen Arbeiten wurden besonders intensiv seit 1975 und dann vor allem seit Anfang der achtziger Jahre unter dem Eindruck der Verknappung flüssiger Kraftstoffe vorangetrieben. Hervorzuheben waren in diesem Zusammenhang der Elektro-Barkas, der seit 1972 an der TU Chemnitz entwickelt wurde. Diese hatte einen entsprechenden Auftrag von WTZ Automobilbau hierzu erhalten. Sieben Wagen wurden auf Elektro-Speicherbetrieb (Bleibatterien) umgerüstet und bei der Deutschen Post sowie der Deutschen Reichsbahn in Karl-Marx-Stadt (Chemnitz), dem Elbtalwerk Heidenau, der TU Dresden und Karl-Marx-Stadt (Chemnitz) sowie dem WTZ selber erprobt. Die Ergebnisse bestätigten die seit langem bekannten Nachteile derartiger Antriebe: zu schwer, zu langsam, und der Aktionsradius war mit 100 km viel zu klein.

Später beschäftigte sich erneut eine Arbeitsgruppe aus Mitarbeitern des Elektromaschinenbaus Dresden, der Energieversorgung Berlin, der Berliner Akkumulatoren- und Elementenfabrik sowie der Dresdener Privatfirma Schöps Fahrzeugbau mit diesem Experiment.

Schöps hatte für Abschlepp- und Bergungszwecke ein dreiachsiges Barkas-Fahrgestell entwickelt, auf das nun die Bleibatterien gesetzt werden konnten. Das Probefahrzeug wurde fast ausschließlich im Stadtverkehr eingesetzt. Pro Lade-

10.4.1991, 9 Uhr 37 – der letzte Barkas (Archiv Dr. Heinrich Schmieder)

zyklus (Batteriewechsel) ergab sich dabei eine Fahrstrecke von 38 km. Auch diese Ergebnisse blieben weit hinter den Notwendigkeiten, die ein Transportereinsatz im modernen Straßenverkehr zu berücksichtigen hatte. Die Arbeiten wurden daher eingestellt.

Auf der Leipziger Herbstmesse 1989 wurde der B 1000-1 vorgestellt, der von dem 1,3 l Vierzylinder-Viertakt-Motor BM 880 (VW-Motor) angetrieben wurde. Mit dem Serieneinsatz des neuen Motors aus der eigenen Produktion der Barkas-Werke wurden Grenznutzungsdauer, Fahrkomfort, Umweltbelastung sowie Gesamtwirtschaftlichkeit des Fahrzeugs eindeutig verbessert, ohne dass dadurch jedoch der internationale Stand der Technik auch nur im Ansatz erreicht werden konnte. Obwohl das Antriebskonzept mit längs eingebautem Motor und der Kraftübertragung über die Vorderräder beibehalten wurde, waren umfangreiche Änderungen unumgänglich. Gleichzeitig in Angriff genommene Design-Änderungen des Frontbereichs stellte man noch in Musterexemplaren vor, die die Fachpresse als »außerordentlich gewöhnungsbedürftig« bezeichnete. Sie wurden allerdings nicht mehr serienwirksam. Auch hier änderte das Triebwerk nichts am Grundbefund, der da lautete: neuer Motor im alten Auto. Und das wollte kaum noch einer haben. Am 10. April 1991 lief um 9 Uhr 37 der letzte Barkas vom Band.

Barkas B 1000-1 mit BM 880 (VW-Motor) auf der Leipziger Herbstmesse 1989 (Archiv Dr. Heinrich Schmieder)

Das Fahrgestell des B 1000-1 mit VW-Viertaktmotor BM 880. Dieses Exponat war auf der Leipziger Herbstmesse 1990 zu sehen (Foto: Carl-Hans Morgenstern)

Das Potenzial, das den Barkas-Werken für Konstruktion und Versuch zur Verfügung stand, veränderte sich häufig. Dies ergab sich aus den Strukturveränderungen 1958 und 1970. Seitdem war es so eng mit dem WTZ verflochten, dass sich eine getrennte Sondierung aus heutiger Sicht als unmöglich erweist. Daher sowie aus Gründen fehlender Überlieferungen können beispielsweise auch keine Angaben zum finanziellen Aufwand gemacht werden.

Tab. 29: **Die Mitarbeiter im Bereich FuE der Barkaswerke**

	1959	1968	1987
– Konstruktion und Entwicklung	63	95	240
– Musterbau, Erprobung, Prüffelder	54	50	175
– Abgasprüfstelle	–	–	41
– Plasteanwendung	–	–	8
– Entwicklungsabrechnung, Zeichnungsverwaltung	8	9	32

Quelle: Nach Angaben von Dr. Heinrich Schmieder

Der VEB Barkas-Werke Karl-Marx-Stadt war Stammbetrieb des VEB IFA-Kombinates Personenkraftwagen. Zu seinem Geschäftsumfang gehörte also die Leitung dieses Kombinates mit zwanzig Produktions- und Handelsbetrieben sowie zusätzlich die Produktion von Transportern und Vergasermotoren. Bei Barkas wurden schließlich noch Dieseleinspritzpumpen, Sondermaschinen, Roboter und Rationalisierungsmittel – letztere vor allem für den Kombinatsbedarf – gefertigt. Die Standorte des VEB Barkas waren außer dem Hauptsitz in Karl-Marx-Stadt (Chemnitz) die Werke und Betriebsteile in Frankenberg, Hainichen, Scheibenberg und Dresden. Der Leistungsumfang erreichte 1989 eine Warenproduktion von 1,2 Milliarden Mark. Der Betrieb beschäftigte 7281 Mitarbeiter.

Die vierte Generation aus Ludwigsfelde: L 60

Obwohl man in Ludwigsfelde seit 1974 intensiv am L 60 gearbeitet hatte, musste man sich wegen der großen NSW-Export-Nachfrage noch mit weiteren Entwicklungsmöglichkeiten des W 50 befassen.[25] Hauptabnehmer waren Iran und Irak. Diese beiden Staaten griffen im acht Jahre währenden Krieg zwischen ihnen bei der Motorisierung ihrer Heere immer stärker auf dieses Auto zurück. Ausschlaggebend hierfür war gewiss der Preis,[26] aber auch seine unkomplizierte Robustheit und Unverwüstlichkeit sprachen für ihn.

So wurden am 11. März 1982 zwei neue Pflichtenhefte verabschiedet, die zu den Nachfolgetypen W 51 und W 52 führen sollten. Der erste davon lief auf neue Armee-Varianten hinaus (W 50 LA/A-1), teilweise mit verlängertem Radstand.

Beim W 52 lag der Entwicklungsfokus vor allem auf der Gebrauchswertsteigerung, die für die Armee wie auch für zivile Nutzer von Interesse sein sollte. Unter dieser Zielsetzung verstand man im Einzelnen folgendes:

— ein kippbares Fahrerhaus auf der Basis der W 50-Kabine; wartungsfreies Kühlsystem mit abgesenktem Kühler; Trockenluftfilter mit hochgezogener Saugleitung; Hydrolenkung für alle Varianten; Achtgang-Wechselgetriebe mit Schnellgang; drucklufthydraulisches Zwei-Kreis-Bremssystem; Kupplungsbetätigung hydraulisch und E-Anlage mit 24 V Bordspannung.

Für den W 51 war als Einführungszeitpunkt das Jahr 1983 vorgesehen. Der W 52 sollte zwei Jahre später folgen. Während Teile des W 51-Programms auch tatsächlich realisiert werden konnten, wurde der W 52 durch »eine neue Beschlusslage« überholt. Im Juni 1983 beschloss das Politbüro der SED nämlich die Entwicklung und Serieneinführung einer neuen Fahrzeuggeneration IFA L 60 in Ludwigsfelde mit der Arbeitsbezeichnung W 53. Ziel hierbei war, in der Ludwigsfelder Fertigung den W 50 schrittweise durch den L 60 zu ersetzen. Für die erste Ausbaustufe wurden auch entsprechende Investitionen freigegeben.

Umgehend wurde auch mit der Entwicklung der militärisch orientierten Variantengruppen 4 x 4 beim L 60 begonnen. Die technischen Anforderungen gerade dieser Modifikationen wurden im wesentlichen durch den

Obwohl das äußere Erscheinungsbild des L 60-Fahrerhauses nicht allzusehr vom W 50 abwich und beispielsweise Einstiegshöhe und Sichtverhältnisse nicht verbessert wurden, wurde der Innenraum deutlich überarbeitet. Dazu gehörten die Kippbarkeit des Fahrerhauses, der Entfall des hohen Motortunnels zugunsten eines dritten Sitzes und eine modernere und zweckmäßigere Instrumentierung (Archiv IFA-Versuch)

Irak und den Iran als Hauptabnehmer bestimmt. Das betraf besonders die Erhöhung der Nutzmasse auf mindestens 6 t sowie die Steigerung der Motorleistung von 92 auf 132 kW. Auch das kippbare Fahrerhaus auf der Basis der W 50-Kabine war erneut im Programm enthalten. Bereits 1987 wurde die Entwicklung folgender militärischer Aufbauten abgeschlossen: Blechpritsche für Mannschaftstransport (BP), Werkstattkoffer (WK), Wassertanker (WT) und Kraftstofftanker (KT). Unmittelbar daran schloss sich die Entwicklung einer niederdruckbereiften Armeepritsche, einer Armeeausführung mit Containertragrahmen und eines Dreiseitenkippers mit Hochdruck- und Niederdruckbereifung an. Auch diese Varianten waren Ende des ersten Halbjahres 1988 konstruktiv abgeschlossen.

Mittlerweile stand nunmehr endlich der neue Motor 6 VD 13,5/12 SRF

Ein IFA W 53 – Arbeitsbezeichnung für den späteren IFA L 60 – mit modifiziertem, kippbarem W 50-Fahrerhaus in Allradausführung beim Geländetest auf der Sandrundstrecke im Armee-Erprobungsgelände in Horstwalde südöstlich von Berlin. Dieses Gelände, das auch Verwindungsbahnen, Steigungsstrecken und Wasserdurchfahrten enthielt, wurde vom IFA-Automobilwerk Ludwigsfelde für die Durchführung von Fahrzeugerprobungen genutzt (Archiv IFA-Versuch)

IFA L60-Fahrzeuge beim Kältetest 1987/88 im Gebiet Irkutsk/Baikalsee in der Sowjetunion bei bis zu -50° Celsius. Ein Tropentest war 1986 auf Madagaskar durchgeführt (Archiv IFA-Versuch)

IFA L 60 mit Allradantrieb, Sechszylindermotor mit 180 PS/132 kW, separat im Rahmen aufgehängtem 9-Gang-Wechselgetriebe mit Crawler und angeflanschtem Verteilergetriebe. Das Fahrerhaus war hydraulisch um 50° kippbar. Er besaß eine Exportzusatzausrüstung und ein zulässiges Gesamtgewicht von 12,4 t. Die Allradausführung war für den Export die erste Serienversion (Werksprospekt)

Innerhalb der seit 1984 mit der Firma Steyr bestehenden Kontakte wegen der Produktion des Fahrerhauses für den L 60 durch Steyr wurden im IFA-Automobilwerk Ludwigsfelde Anpassungsuntersuchungen – hier hinsichtlich der Fahrerhausfrontpartie – durchgeführt (Foto: IFA-Versuch)

mit einer Leistung von 180 PS/132 kW zur Verfügung. Zur Kraftübertragung wurde ein neues Achtgang-Getriebe mit einer Nachschaltgruppe eingesetzt. Die Achsen wurden mit Gussachsbrücke und Planetengetrieben in den Radnaben neu entwickelt. Das größte Handicap war das kippbare Fahrerhaus, das noch auf W 50-Basis beruhte und von der äußeren Form her nicht mehr den Anforderungen entsprach, die Ende der achtziger Jahre galten. Nach den bereits 1980 gescheiterten Bemühungen um ein modernes Fahrerhaus mit Volvo machte man in Ludwigsfelde nochmals den Versuch, ein Importfahrerhaus durchzuboxen. Verbindungen mit Steyr in Österreich waren bereits 1984 geknüpft, und drei Jahre später waren die Verhandlungen so weit gediehen, dass Steyr die Kabine und die für die Herstellung notwendigen Werkzeuge für einen Betrag von unter 100 Millionen DM anbot. Selbst diese Mittel konnte und wollte die Regierung nicht mehr zur Verfügung stellen. Deshalb musste man weiterhin mit dem konzeptionell veralteten, nun aber kippbaren W 50-Fahrerhaus – wenn auch mit einigen wichtigen Verbesserungen im Inneren, wie beispielsweise einem dritten Sitz, einem Durchstieg und einer besseren Instrumentierung – planen. Zur Leipziger Herbstmesse 1986 wurde der L 60 der Öffentlichkeit präsentiert. Im Juni 1987 verließ der erste Serien-Lkw dieses Typs die Werkhallen in Ludwigsfelde. Bereits sofort nach Produktionsaufnahme des L 60 spürte man im Vertrieb die deutliche Zurückhaltung der Käufer selbst im Binnenmarkt. Diesen fiel es schwer, einen fast doppelt so hohen Preis wie für den W 50 zu zahlen (vgl. Anlage F 02).

Mit der Wende zeigte sich jedoch auf der Stelle, dass weder W 50 noch L 60 auf die Dauer konkurrenzfähig waren. Im Rahmen der nach Sondierungsgesprächen mit MAN im zweiten Halbjahr 1989 mit der Mercedes Benz AG im Februar 1990 aufgenommenen Kontakte wurde in Ludwigsfelde noch einmal kurzfristig ein Prototyp IFA 1318 mit L 60-Fahrgestell und dem Mercedes Benz-Fahrerhaus der LN 2 (LK)-Reihe aufgebaut und am 3. Mai 1990 den Leitungen von IFA und Mercedes Benz vorgestellt. Alle Befürchtungen wurden mit dem Wegbrechen der Ostmärkte übertroffen: Im Dezember 1990 verließen die letzten W 50 und L 60 die Montagebänder in Ludwigsfelde. Seit Produktionsbeginn 1965 wurden hier insgesamt 592 124 Lkw, davon 571 831 W 50 und 20 293 L 60, gebaut. Dies ent-

Das IFA L 60-Fahrgestell mit Leiterrahmen, konstanter Steghöhe und Lochbildraster, Hydraulikbremsansteuerung mit Druckluftunterstützung sowie zwei Federspeichern an der Planetengetriebe-Hinterachse. Dachluke und hintere Auffahrpuffer waren nur bei den Export-Modellen vorgesehen (Foto: IFA-Versuch)

Der L 60 mit kippbarem Fahrerhaus (Foto: IFA-Versuch)

sprach einem Jahresdurchschnitt von 24 000 Fahrzeugen. Der Allradanteil betrug zeitweise, besonders Anfang der achtziger Jahre, bis zu 60 Prozent. Exportiert wurden 71,6 Prozent der Gesamtproduktion, der Rest verblieb im Inland. 1999 waren im Kraftfahrzeug-Bundesamt Flensburg noch 16361 zugelassene IFA W 50 und L 60 registriert (vgl. Anlagen F 05, F 06, F 07, F 08).

Die von der VVB Automobilbau für 1965 verfügten Forschungs- und Entwicklungsmittel betrugen rund sieben Millionen Mark – bei einer Antragstellung des Werkes von acht Millionen Mark. Im Jahr 1971 waren es rund neun Millionen Mark. In den achtziger Jahren dürften sich die verfügten jährlichen FuE-Mittel auf etwas mehr als zehn Millionen Mark belaufen haben.

Die im Lauf der Produktionsjahre des IFA W 50 erfolgte Aufstockung der Personaldecke in der Erzeugnisentwicklung in Ludwigsfelde zeigt die nachstehende Tabelle. Obwohl keine vollständige Übersicht verfügbar ist, lässt sich doch ein Trend erkennen.

Tabelle 30: Bereich Entwicklung des VEB IFA-Automobilwerke Ludwigsfelde

Hauptabteilung Konstruktion ...				... Fachbereich Erzeugnisentwicklung[1)]			
	Anzahl der Mitarbeiter				Anzahl der Mitarbeiter		
	1965	1967	1969		1976	1978	1985	1990
– Serienkonstr. u. WE W50	31	55	67	– Konstr. Serie plus	116	123	128	
– Konstr. Neuentwicklung	25	40	52	Weiter-/Neuentw.[2)]				
– Versuchsabt. einschl. Musterbau		140	126	– Versuchsabteilung – Musterbau[3)]	128 67			
Techn. Planung, Stabsber., Zeichnungsverwaltung/ Vervielfältigung		42	46	wie nebenstehend plus Standardisierung	67			
Gesamt	ca. 220	277	291	Gesamt	366	378	388	01:**388** 08:367 09:321
Mit Gründung der EGL – Entwicklungsgesellschaft Ludwigsfelde GmbH – am 1.2.1991:								**150**

WE = Weiterentwicklung

[1)] Bezeichnung seit der Kombinatsbildung 1979, vorher ab 1971 Direktionsbereich
[2)] Ab 1973 zusammengelegt, seit 1982 auch Erarbeitung der Kundendienstdokumentation
[3)] Herauslösung aus Versuch 1970

Quelle: Nach Angaben von Dr. Zimmer

Im Verlauf der Verhandlungen mit Mercedes Benz blieben vom ehemaligen IFA-Entwicklungsbereich wenigstens ungefähr 150 Fachkräfte aus Konstruktion, Versuch und Musterbau »erhalten« und die vorhandene technische Ausrüstung dieser Bereiche konnte für künftige Dienstleistungen weiter genutzt werden. Weitere 25 Mitarbeiter fanden in Entwicklungsbereichen der Mercedes Benz AG im Großraum Stuttgart eine Anstellung.

Nach 100 Jahren am Ende: Robur in Zittau

Für Robur brachte auch die Veränderung der Industriezweigstruktur keine Rettung mehr.[27] 1981 hatte das Politbüro nochmals die absolute Priorität des L 60-Programms für Lastkraftwagen betont. Nach dem Desaster mit dem Volvo-Fahrerhaus hatte die Parteiführung beschlossen, den L 60 auch ohne die neue Kabine herauszubringen und – aufgrund begrenzter Mittel – auf den bereits in Planung befindlichen Nachfolgetyp aus Zittau zu verzichten. Dem Werk blieb daher nur die Modellpflege am LO 3000 und an dessen allradgetriebenen Schwestertyp LO 2002 A. Die Richtung wurde von den knapper werdenden Kraftstoffen bestimmt. Dies bedeutete, den Dieselmotor zu reanimieren. Man entsann sich des 1973 aus der Serie verabschiedeten Motors 4 VD 12,5/10 und entwickelte daraus den 4 VD 12,5/10 – 3 SRL. Der Motor ging 1982 in die Fertigung und nun gab es wieder den LD 3000 – und natürlich auch den LD 2002 A.

Bald rollten in Zittau eine größere Zahl dieser dieselgetriebenen Lkw vom Band als Modelle mit Ottomotoren. 1986 verfügten 84 Prozent der Robur-Fahrzeuge über einen Dieselmotor.

Gleichzeitig verstärkte der Betrieb seine Exportanstrengungen, indem er gemeinsam mit dem zuständigen Außenhandelsbetrieb gezielte Absatzstrategien für sozialistische und Entwicklungsländer entwickelte. In der Folge gelang es, auf einen Schlag 2000 Kofferfahrzeuge pro Jahr in die Sowjetunion zu verkaufen. Mit dem Safari-Programm wollte man sich auf Bedarfsträger unter extremen Einsatzbedingungen einstellen. Hierfür war 1983 die Weiterentwicklung zum LD 3002 unter anderem durch den Einsatz von Achsen mit vergrößerter Spurweite und

Die Safari-Exportvariante des Robur LD 2002-A Fr 6 4x4 Allradbus (Foto: Werksaufnahme)

Eine reine Exportvariante war dieser Allrad-Bus (Foto: Werksaufnahme)

Der Robur FD 3003 4×4 Mannschaftsstahlpritsche mit flüssigkeitsgekühltem Dieselmotor 6 VD 8,8/9 SRF und kippbarem Fahrerhaus (Basis Robur). Die Entwicklung wurde 1986 abgebrochen (Foto: Werksaufnahme)

Radialbereifung gedacht. Für letztere benötigte man jedoch ein neues Scheibenrad, für das keine Investitionen zu bekommen waren. Daher musste es importiert werden und dementsprechend konnte nur eine geringe Anzahl von Fahrzeugen produziert und danach in afrikanische Staaten exportiert werden.

Die gesamte Jahresfertigung lag bei 8 000 Stück, erreichte nach den besonderen Exportanstrengungen 1986 sogar 8 146 Exemplare und damit den höchsten in Zittau je gezählten Jahresausstoss. Die letzten Neuerungen erlebten die Serieneinführung nicht mehr. Es handelte sich dabei um einen zwischen 1982 und 1986 entwickelten Lkw unter der Typenbezeichnung FD 3003. Er sollte von einem flüssigkeitsgekühlten Sechszylinder-Dieselmotor angetrieben werden. Dies war eine fundamentale Neuerung bei den Zittauer Aposteln der Luftkühlung. Der Motor war in Cunewalde entwickelt worden und trug den Code 6 VD 8,8/9 SRF. Überdies sollte das Fahrzeug mit einer kippbaren Variante des alten Ganzstahlfahrerhauses ausgestattet werden. Die ersten Funktionsmuster wurden hergestellt und erprobt. Danach brach man die weitere Entwicklung allerdings ab. Ein Versuch, die Motorisierung der Zittauer Lkw zu verbessern, führte zum luftgekühlten LD 3003. Mit der Umstellung des Verbrennungsverfahrens von Wirbelkammer auf Direkteinspritzung konnte man eine Leistungszunahme von 5 kW und eine Senkung des Kraftstoffstreckenverbrauchs um bis zu 3 l/100 km erreichen. Auch dieser Entwicklungsschritt kam nicht mehr zur Serieneinführung.

Die Hauptabteilung Konstruktion war diesen Aufgaben gewachsen, litt jedoch unter der eingetretenen Stagnation, die sich auch in der nur wenig schwankenden Mitarbeiterzahl ausdrückte.

Tabelle 31: **Potenzial der Hauptabteilung Konstruktion des VEB Robur-Werkes Zittau seit dem Ende der fünfziger Jahre**

Abteilung/ Aufgabenstellung	Anzahl der Mitarbeiter			
	1959	1968	1979	1987
– Serienkonstruktion	–	23	26	–
– Neuentwicklung – Konstruktion	–	41	43	–
– Serienkonstruktion und Neuentwicklung in einer Struktureinheit	43	–	–	69
– Versuchsabteilung	34	62	63	56
– Musterbau	9	33	36	31
– Stückliste, Zeichnungsverwaltung und Änderungsdienst	6	9	11	14
– Technische Planung	–	4	6	6
– Standardisierung und Schutzrechte	4	7	9	10
Anzahl der Mitarbeiter gesamt	96	179	194	186

Quelle: Zusammengestellt nach Unterlagen des damaligen Leiters der Hauptabteilung, Rudolf Richter

Die außerordentlich starke Anspannung aller Produktionskräfte hatte auch Schattenseiten. Infolge der nahezu ausschließlich auf Neufertigung orientierten Aktivität konnte man auch sehr dringlichen Forderungen nach Ersatzteilen nicht entsprechen. Dies hatte beispielsweise zur Folge, dass die UdSSR als Markt schon 1987 wegzubrechen begann, da die geforderten Ersatzteillieferungen nicht auf den Weg gebracht werden konnten.

Die Energiekrise hatte aber nicht nur zu einer Wiederbelebung des Dieselmotors bei Robur geführt, sondern das Zittauer Werk auch in anderweitige

Bestrebungen einbezogen, die insbesondere auf alternative Kraftstoffe abzielten. Anfang der achtziger Jahre gab es in der DDR einen Bestand von etwa 40 000 Robur-Lkw mit Ottomotoren. Diese sollten auf Veranlassung des Ministeriums hin Schritt für Schritt auf Dieselantrieb umgerüstet werden. Die gesamte Jahreskapazität von Robur betrug jedoch nur maximal 10 000 Stück dieser Selbstzünder. Sie wurden für die Finalproduktion für Lkw und stationäre Motoren sowie als unabdingbar notwendige Ersatzmotoren benötigt.

Angesichts immer größer werdender Kraftstoffnöte wies das Ministerium auch den VEB Robur Zittau an, sich an Flüssiggas- und Erdgas-Projekten zu beteiligen. Mit letzterem sollten Lkw vom Typ W 50 und LO 3000 umgerüstet werden. Um einen vertretbaren Aktionsradius der Fahrzeuge von 200 bis 250 km zu erhalten musste das Robur-Fahrzeug mit 4 Druckbehältern zu je 50 kg mit auf 20 MPa verdichtetem Erdgas ausgerüstet werden. Die Eigenmasse des Umrüstsatzes mit Zwischenrahmen für Druckbehälterhalterung, Rohrleitungen, Druckminderer, Sicherheitstechnik sowie Vorwärmeeinrichtung betrug etwa 500 kg, die von der Nutzmasse des Fahrzeugs abzuziehen waren. Außerdem reduzierte sich die Motorleistung um rund 10 Prozent. In den Jahren 1983/84 stellte Robur ungefähr 200 Umrüstsätze für einen Berliner Verkehrsbetrieb bereit. Damit wurden auch 50 Lkw LO 3000 ausgestattet, um einen Großversuch im Raum Berlin zu fahren. In Berlin-Marzahn wurde dafür eigens eine Erdgas-Tankstelle eingerichtet. Später kam noch eine weitere im Raum Karl-Marx-Stadt (Chemnitz) hinzu. Eine ungenügende Betriebsreife, mangelhafte Betriebssicherheit und eine nicht vorhandene Wirtschaftlichkeit führten schließlich zum Abbruch der Arbeiten. Ein Umrüstsatz für einen Robur Lkw LO 3000 war hierbei mit 12 000,- Mark veranschlagt worden.

Insgesamt erwies sich im Verlauf der Entwicklung und vor allem im Zuge des Großversuchs ein nicht zu vertretendes technisches Risiko. So wurden beispielsweise die Druckminderer sehr primitiv aus Aluminium-Sandguss mit teilweise erheblichen Porositäten abgegossen. Der Bau einer Kokille für diese Zwecke hätte von der Projektierung bis zur Realisierung fast zwei Jahre gedauert. Aber auch der Kokillenbau war zentral bilanziert und für das Vorhaben Erdgas standen eben keine Kokillenbau-Bilanzen zur Verfügung.

Die Techniker hatten für derartige Versuche ohnehin nur Spott übrig. Sie empfahlen statt dessen in ihren Gutachten, anstelle dieser Erdgas-Spielerei kraftstoffverbrauchssenkende Veränderungen und Verbesserungen am Verbrennungsverfahren der Dieselmotoren zu realisieren oder höhere und bessere Produktionskapazitäten für solche Motoren zu gewährleisten.

Zur selben Zeit wurde in einigen Bezirken in Eigeninitiative auf der Basis von Unterlagen und Erfahrungen aus dem Zweiten Weltkrieg und der Jahre danach der Versuch unternommen, Generatorgasanlagen für Lkw zu entwickeln, zu bauen und einzusetzen. Das Verkehrskombinat Magdeburg kreierte beispielsweise die Holzgasgeneratoranlage Typ Magdeburg I. Auch in Erfurt und Dresden führte man solche Versuche durch. Die Verteilung der Holzgasgeneratoranlagen mit Weisung

Die Safari-Exportvariante des Robur LD 2002 A 4x4 Mannschaftspritsche, die in den Jahren 1982 bis 1990 gebaut wurde (Foto: Werksaufnahme)

zum Einsatz und gleichzeitiger Vergaserkraftstoff- beziehungsweise Dieselkraftstoff-Limit-Kürzung erfolgte bis hinunter in die Kreisstädte. Allerdings blieben zum größten Teil die umgerüsteten Fahrzeuge wegen fehlenden Holzes, mangelnder Entteerungsmöglichkeit, hoher Leistungs- und Beschleunigungsverlusten sowie extremen Bedienungs- und Wartungsaufwandes beim Betreiben der Anlage stehen.

Nach 1985 wurde die Lage bei Robur in Zittau derart brisant, dass sich der Generaldirektor des Kombinates, Heinzmann, am 2. Mai 1988 mit einem im Ton ungewöhnlichen, äußerst kritischen Brief an den Minister für Allgemeinen Maschinen-, Landmaschinen- und Fahrzeugbau wandte.[28] Darin wies er darauf hin, dass der Verschleiss der Ausrüstungen und Werkzeugmaschinen in diesem Werk eine stabile Produktion nicht mehr gewährleisten würde. Von den 675 in der Hauptproduktion eingesetzten Werkzeugmaschinen hatten 112 den Gütegrad 4 und 495 den Gütegrad 5. Insgesamt 44 Produktionsanlagen wurden in Zittau nur noch mit Ausnahmegenehmigung betrieben, die zum Teil bereits seit Jahren bestanden und mehrmals und auch letztmalig verlängert worden waren. Wesentliche Standorte des Betriebes lagen in Bergbauschutzgebieten, deren Verödung bereits unwiderruflich entschieden war und für die keine Standortgenehmigungen zu Flächenerweiterungsmaßnahmen mehr erteilt wurden. Die Fahrzeugproduktion als Haupterzeugnislinie der Robur Werke war technisch und moralisch veraltet, wies einen Rückstand von mehr als zwanzig Jahren zum internationalen Niveau auf und war im Export nur noch unter größten Schwierigkeiten abzusetzen. Der mit Ministerratsbeschluss festgelegte Serieneinlauf von Nachfolgetypen nach 1990 konnte infolge mangelnder Investitionsmittel definitiv nicht mehr realisiert werden. Für dringend notwendige Maßnahmen im Baubereich standen ebenfalls keinerlei Investitionen mehr zur Verfügung. Die Bausubstanz des Bautzener Betriebsteils war so schlecht, dass eine Sperrung durch die Staatliche Bauaufsicht unmittelbar bevorstand. »Ausgehend von den Grundzielen, im VEB Robur Werke Zittau die Fahrzeugproduktion als Haupterzeugnislinie beizubehalten und damit die hundertjährige Tradition und Erfahrung des Betriebes fortzusetzen beziehungsweise zu nutzen, eine Baureihe von modernen absatzfähigen Nutzkraftwagen zu realisieren und die Basis für eine stabile Leistungsentwicklung zu schaffen, ist die Einführung einer neuen Robur-Fahrzeuggeneration unerlässlich. Die bestehende, veraltete Fahrzeugkonzeption lässt die Realisierung dieser Zielstellungen nicht zu.« Heinzmann forderte hierfür ein Baureihen-Fahrzeug L 40, das künftig in Zittau produziert werden sollte und für das ein Investitionsbedarf in Höhe von insgesamt 256 Millionen Mark angemeldet wurde. Auch dieser Versuch blieb ohne Erfolg. Siegfried Sprenger nahm in seiner bereits zitierten *Wortmeldung zum Kraftfahrzeugbau* darauf Bezug: »Noch viel schlechter wurde mit dem traditionsreichsten Lkw-Produzenten in der DDR, dem VEB Robur Zittau, verfahren. Erzeugnisse und Grundfonds werden seit über 10 Jahren total auf Verschleiss gefahren. Diesem Betrieb mit über 5 000 Beschäftigten ist bis zum heutigen Tag jede Perspektive verweigert worden und die Moral der Beschäftigten dieses Betriebes ist geradezu bejammernswert.«[29]

Die Produktion der Robur Fahrzeuge – letzter gefertigter Typ war der LD 3004 – wurde im September 1991 eingestellt.

Die vierte Generation aus Schönebeck: Traktoren mit Komfortausstattung

Das Wechseln des Schönebecker Traktorenwerkes zum Kombinat Fortschritt Landmaschinen Neustadt/Sachsen brachte für das Fertigungsprofil eine Verlagerung des Schwerpunkts in Richtung Erntemaschinen.[30] Dennoch wurde nach wie vor an Traktoren gearbeitet, da hierfür ausgezeichnete Exportchancen vorhanden waren und die Jagd nach Valutamark eventuelle Zuständigkeitsneurosen neutralisierte. Und so erklärte es sich, dass im vierten Quartal 1984 die vierte Traktorengeneration präsentiert wurde. Es handelte sich um den ZT 320/323, der als Nachfolger und langfristiger Ersatz des 300/303 (300 und 320 mit Hinterradantrieb, 303 und 323 mit Allradantrieb) konzipiert worden war. Das neue Fahrzeug sollte eine leistungsstarke Kraftheberregelung, eine neue Bremse, eine moderne Form und vor allem einen arbeitshygienisch optimal gestalteten Arbeitsplatz bekommen. Als Motor wurde der von Nordhausen verbesserte 4 VD 14,5/12 – 1 SRW mit 100 PS/73,5 kW eingesetzt. Er war mit Sichelfasen an den Einlasskanälen der Zylinderköpfe, Änderungen an der Nockenwelle und neuen Einspritzdüsen ausgerüstet worden. Damit wurde der Kraftstoffverbrauch auf 233 g/kWh gesenkt, die Schadstoffemission um 30 Prozent vermindert und die Drehmomentüberhöhung von 8 auf 16 Prozent vergrößert. Um die Bedienung zu erleichtern und zu verbessern, wurde die Gangzahl im Wechselgetriebe von drei auf vier erhöht. Die Schalthebel kamen rechts neben den Fahrersitz. Die Differentialsperre ließ sich elektropneumatisch per Kippschalter an der Armaturen-

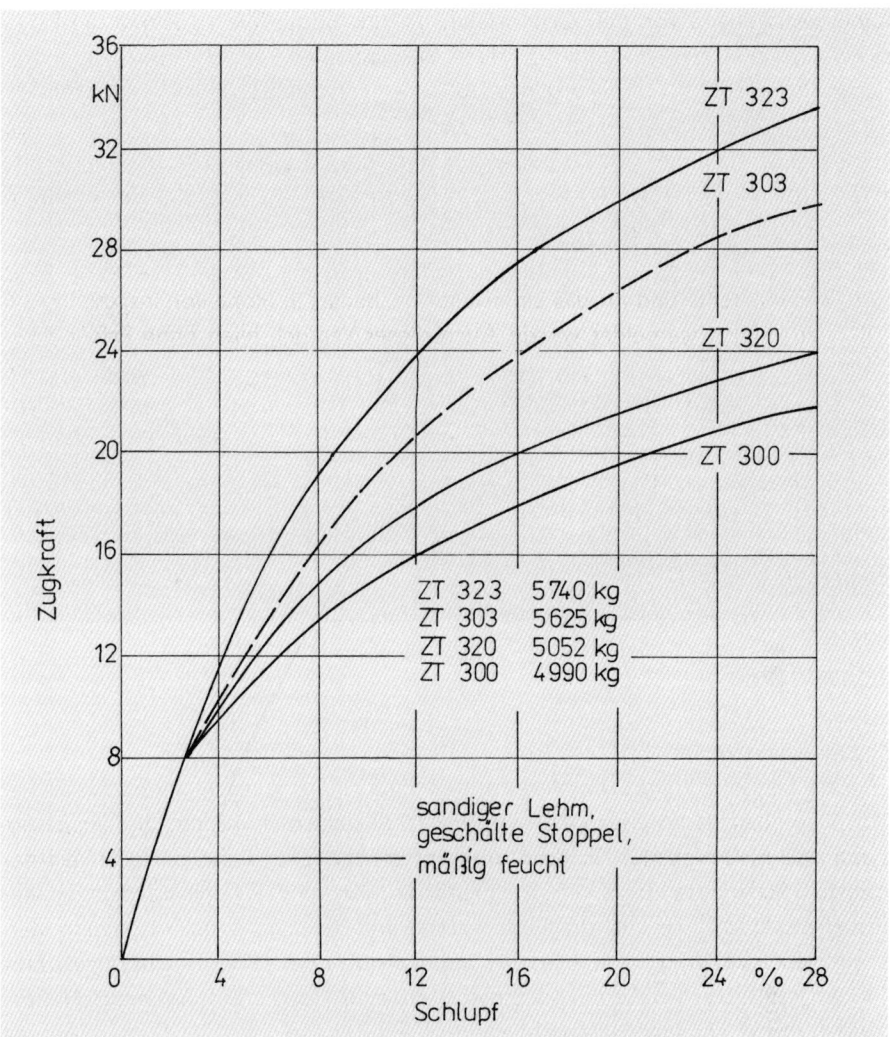

Die Zugfähigkeit der Traktoren ZT 300/303 im Vergleich mit dem ZT 320/323 (größere Bereifung) (Archiv Reinhard Blumenthal)

tafel bedienen. Die Erweiterung der Fahrgeschwindigkeitsbereiche von bisher 2,4 bis 28,8 km/h auf nunmehr 1,4 bis 30,7 km/h ergab erweiterte Einsatzbereiche.

Die neuen Traktoren erhielten größer bereifte Räder sowie eine hydraulische Bremsanlage mit krafthydraulischer Zusatzenergie. Der ZT 320 konnte so auf dem Acker mit dem selben Triebradschlupf 6 Prozent mehr Zugkraft aufbringen als sein Vorgänger. Bei der Allrad-Variante waren es sogar 14 Prozent mehr. Äußerst komfortabel war die Kabine konzipiert. Gelagert auf Gummielementen, war sie schwingungs-, stoß- und geräuschisoliert, umsturzsicher und rundumverglast. Der Sitz war luftgefedert und mit hydraulischem Stoßdämpfer ausgestattet.

Am 19.12.1983 lief im Traktorenwerk Schönebeck die Nullserie für den ZT 323 an (Bundesarchiv 183/1983/1220/24)

Das Lenkrad konnte in Neigung und Entfernung je nach unterschiedlicher Körpergröße des jeweiligen Traktoristen rasch verstellt werden. Die zur Bedienung aller Hebel erforderlichen Kräfte entsprachen den Rahmenregelungen der internationalen Standards. Im Kabinendach war eine Zwangsbelüftungsanlage installiert. Durch die Dichtheit der Kabine und die innendruckerhöhende Wirkung dieser Belüftungsanlage konnte kaum Staub in die Kabine eindringen. Eine Heizungsanlage arbeitete mit verschiedenen verstellbaren Luftduschen. Auf diese Weise wurde ein Innengeräuschpegel von 85 Dezibel erreicht. Dieser lag weit unter dem bisherigen, bei dem gar nicht so selten Geräuschpegel bis zu 94 Dezibel gemessen wurden.

Auch hinsichtlich der Vielseitigkeit bot der Nachfolgetyp mehrere Vorteile. Aufgrund seiner großen Geschwindigkeitsbereiche und der neuen Bremsanlage war der Traktor für Anhängemassen bis zu 30 t zugelassen. Da nach geltenden gesetzlichen Bestimmungen solche Massen über 24 t auf einen Anhänger beschränkt werden mussten, konnte der ZT 320/323 somit auch zu Tieflader-Schwertransporten herangezogen werden, was beim Vorgänger grundsätzlich nicht möglich war. Auch bei zugkraftaufwendigen Feldarbeiten bewies der Nachfolgetraktor seine Leistungsüberlegenheit auf seinen größeren Reifen, mit seiner feineren Getriebeabstufung sowie mit dem höheren Drehmomentanstieg und dem geringeren Kraftstoffverbrauch seines Motors. Dank der besonders niedrig ausgelegten unteren Geschwindigkeitsstufen war er für Arbeiten unter Extrembedingungen

Der Traktor ZT 303 als Gleisbandvariante, identisch ausgerüstete Anhänger und der Feldhächsler E 281 sollten vor allem dank vermindertem Bodendruck auf nur wenig tragfähigen Böden eingesetzt werden (Archiv Reinhard Blumenthal)

einzusetzen, für die es bisher keine Traktoren gab. Dies galt zum Beispiel für die Arbeiten beim Bodenfräsen oder beim Strohpressen mit großen Schwadmassen.

Auf der Grundlage der neuen Traktorgeneration wurde in Schönebeck auch ein Zwei-Wege-Mehrzweckfahrzeug entwickelt. Dieses war für den Schieneneinsatz bestimmt und erhielt die dafür notwendigen Spurführungseinrichtungen sowie die reichsbahntechnischen Zusatzausrüstungen wie Rangierkupplung, Rangierplattform und spezielle Reichsbahnelektrik mit zusätzlicher Beleuchtung und Signaltechnik. Gedacht war dieses Fahrzeug für den Rangierdienst bei kleinen und mittleren Anschlussbahnen mit einer zulässigen Anhängelast von 150 Mp. Es konnte ohne Umbauten und Einschränkungen sowohl für den Schienentransport als

Der ZT 300 konnte, als Zweiwegefahrzeug ausgerüstet, zum Verschieben von Eisenbahnwaggons eingesetzt werden (Archiv Reinhard Blumenthal)

Bis zu 20 Arbeitsgeräte ließen sich mit dem 100 PS-Traktor ZT 323 koppeln (Archiv Reinhard Blumenthal)

auch als Straßenfahrzeug eingesetzt werden. An allen niveaugleichen Gleisübergängen ließ es sich unkompliziert eingleisen und beliebig – mit Ausnahme des Weichenbereichs – wieder ausgleisen. Die Spur- und Zuführungseinrichtungen wurden hydraulisch betätigt und bei Schienenfahrt ständig gegen die Gleise gedrückt. Bei Straßenfahrt wurden sie ausgehoben und mechanisch arretiert. Das Kuppeln der Eisenbahnwaggons erfolgte mit einer hydraulisch betätigten Kuppelstange. Bei Schienenfahrt war eine Geschwindigkeit von 15 km/h ohne Last und von 5 km/h mit Last möglich.

Von weiteren Entwicklungsvarianten seien hier ein Transport- und ein Gleisbandtraktor erwähnt. Der erste sollte so ausgerüstet werden, dass er überwiegend für Transporte eingesetzt werden konnte. Die Zielstellung ergab sich aus dem Umstand, dass alle ZT 300-Traktoren in der Landwirtschaft mit über 60 Prozent ihrer jährlichen Einsatzzeit für Transporte verwendet wurden. Dies ergab einen jährlichen Arbeitsumfang von etwa 25 Millionen Stunden. Hier erschien somit eine technische Spezifizierung auf diesen einen Einsatzzweck durchaus sinnvoll. Doch das Projekt wurde nicht realisiert.

Auch einen Traktor mit Gleisbandfahrwerk entwickelte man in Schönebeck. Seine Grundkonzeption wurde von Gummigleisbändern aus endlosem, mit Gummi vulkanisierten Perlongewebe, und einzeln aufgehängten, luftbereiften Laufrollen bestimmt. Die Versuchsergebnisse waren sehr positiv, wobei allerdings bereits klar war, dass die Produktion der Gleisbänder innerhalb der Reifen- und Gummi-

Auch die Traktorenhersteller hatten sich an den Versuchen mit der Wiederbelebung des Holzgas-Antriebs zu befassen (Archiv Reinhard Blumenthal)

industrie der DDR auf große Probleme stoßen würde. Tatsächlich produzierte dann lediglich der Kreisbetrieb für Landtechnik in Zerbst 1986/87 diese Schönebecker Entwicklung in kleineren Stückzahlen.

Auf den Bedarf der ZT 300/303-Traktoren entfielen pro Jahr 265 000 t Dieselkraftstoff, das entsprach 30 Prozent des gesamten landwirtschaftlichen Bedarfs der DDR. Schon deshalb waren Ansätze, diese Menge durch Alternativ-Kraftstoffe zu ersetzen beziehungsweise zu verringern, sehr sinnvoll. In Schönebeck experimentierte man deshalb mit einem Umrüstsatz für Biogas. Der Heizwert derartiger Gasgemische ist gering und für die mobile Verwertung von Methangasgemischen bedarf es unbedingt der verfahrenstechnischen Aufbereitung. Außerdem wurde das sowjetische Import-Erdgas für diese Zwecke mit guten Qualitätseigenschaften angeboten. Sein Methangehalt betrug mehr als 90 Prozent. Für die mobile Verwertung waren daher lediglich die Staubentfernung und die Trocknung auf den Wasserdampf-Taupunkt erforderlich. Auch der Heizwert lag etwa ein Drittel höher als bei anderen Methangasen. Die Verwendung von Methan aus Naturgas ließ sich entweder aus Hochdruckgasbehältern mit Nachtanken oder in verflüssigter Form unter der Verwendung von Kryobehältern ermöglichen. Für den Traktoreneinsatz schien der sogenannte Druckflaschen-Speicher am besten den dort gegebenen Einsatzbedingungen zu entsprechen. Dafür wurden vier Druckflaschen zu 50 l bei 20 mPa (bei mittlerer Belastung) mit einer Einsatzzeit von 4 Stunden verwandt. Danach musste eine Nachtankung (aus Sicherheitsgründen nicht auf freiem Feld) erfolgen oder mit Dieselkraftstoffbetrieb weitergefahren werden. Das vom Motorenwerk Nordhausen für den Motor 4 VD 4,5 entwickelte Zündstrahlverfahren ließ gerade letzteres attraktiv werden. Die Grundauslegung des Verfahrens beruhte auf einem zwanzigprozentigen Anteil von Dieselkraftstoff am gesamten Energieeinsatz bei einer Nennleistung von 73 kW/100 PS. Diese für den Zündstrahl benötigte Dieselmenge blieb annähernd konstant, das heißt sie musste auch bei geringer energetischer Auslastung im Einsatz aufgebracht werden. Damit wurde die Einsparung an Dieselkraftstoff abhängig von der Auslastung des Motors – je höher diese war, desto besser. Die Verwendung von Druckflaschen brachte die vom Lkw-Einsatz bekannten räumlichen Einschränkungen mit sich. Eine Spurerweiterung von 1875 mm auf 2000 mm war erforderlich und zog Nachteile für den Einsatz von Anhängeaggregaten nach sich. Angesichts geringer werdender Kraftstoffzuteilungen musste auch das Traktorenwerk einen Entwicklungsauftrag für Holzgasgeneratoren übernehmen. Durch die Entspannung auf dem Energiemarkt erreichte dieser nur ein Versuchsstadium.

Insgesamt gesehen reichten die von der Industrie bereitgestellten Traktoren nicht aus, die Nachfrage des Inlandes und den Anreiz für den Exportmarkt abzudecken. Um diese beiden Bedarfsträger auszubalancieren, wurde mancher Strauß zwischen dem Ministerium für Landwirtschaft und dem Ministerium für Außenhandel ausgefochten. Im wesentlichen ging es dabei um Stückzahlen, aber auch um technische Probleme und Entwicklungsrichtungen. In allen westlichen Ländern gab es stark unterschiedliche Einsatzbedingungen, die mit denen in den östlichen Ländern und in der DDR kaum oder gar nicht zu vergleichen waren. Größe der Einsatzgebiete und Länge der Einsatzzeiten führten zu einer Dimensionierung der Traktorenbauelemente, die eine Gesamtlebensdauerzeit von ungefähr 15 000 Stunden vorsahen. Damit stiegen aber die Produktionskosten gewaltig an, und vor allem beim immer öfter zwangsweise angeordneten Export in westliche Länder in den achtziger Jahren gab es erhebliche Preisprobleme. Denn die Traktoren lagen weit über dem dort geforderten Standard und hätten natürlich auch wesentlich teurer sein müssen. Das Politbüro der SED und die Staatliche Plankommission agierten hier in den meisten Fällen als Schiedsrichter.

In der DDR erlebte gerade die Landwirtschaft krasse Unterschiede bei der Bereitstellung der von ihr geforderten Produktionsmittel. Wenn im letzten Jahrzehnt der DDR nur noch 1000 bis 2000 Traktoren pro Jahr der gesamten Landwirtschaft zur Verfügung gestellt werden konnten, so war das zwar wenig, aber immerhin geschah dies noch. Absolut ungenügend war jedoch die Zuweisung von Anhängern. Seit 1985 bekam im Bezirk Magdeburg beispielsweise jeder Kreis mit seinen ungefähr 40 oder 50 landwirtschaftlichen Großbetrieben pro Jahr einen einzigen Anhänger zugeteilt.

Auch in Schönebeck zeigten sich in der mittel- und langfristigen Entwicklung des FuE-Potenzials jene Entwicklungslinien, die das Wachstum konzentriert auf die fünfziger und die erste Hälfte der sechziger Jahre offenbarte. Danach tat sich, gemessen an der Mitarbeiterzahl, kaum noch etwas.

Nachfolgende Tabelle vermittelt diesen Eindruck sehr deutlich:

Tabelle 32: Die Hauptabteilung Forschung und Entwicklung des Traktorenwerkes Schönebeck/E (Anzahl der Mitarbeiter) 1952–1985

	Anzahl der Mitarbeiter					
	1952	1963	1970	1980	1985*	
					Traktoren	Motoren
– Forschung (mit Werkstatt-Personal)	–	38	35	32	32	5
– Entwicklung	20	50	50	45	45	25
– Serienbetreuung	30	30	30	40	40	20
– Versuch und Erprobung	–	60	80	80	82	35
– Musterbau	50	50	70	75	73	20
– Planung und Standardisierung	2	3	5	5	5	3
– Dokumentation, Betriebsanleitung, Ersatzteile	–	–	10	12	12	–
– Zeichnungsverwaltung	2	4	6	6	6	2
Gesamt	104	235	286	295	295	110

* Zusammenschluss Traktoren- und Dieselmotorenwerk Schönebeck
Quelle: Zusammengestellt nach Archivunterlagen des Traktorenwerkes Schönebeck von Reinhard Blumenthal

Zweifellos gehörte aber der Traktorenbau der DDR zu jenen Bereichen der Kraftfahrzeugtechnik, in denen die politischen Präferenzen sehr viel stärker produktions- und entwicklungsfördernd wirkten. Aber auch hier kam es zu den wohlbekannten Engpässen, wenn es um die Überführung der Neuheiten in die Serienproduktion ging (vgl. Anlage K 03).

Die vierte Dieselmotoren-Generation

Auch nach der Kombinatsbildung stand weiterhin die Serieneinführung des neuen Sechszylinder-Dieselmotors auf der Tagesordnung.[31] Dieser ging zurück auf die Anfang der sechziger Jahre entstandene Konzeption einer neuen Baureihe VD 12/11 SRF, die als Vierzylinder für Dreitonner, als Sechszylinder für Fünftonner-LKW, als Dreizylinder für den Traktor der 0,9 Mp-Klasse sowie als gedrosselter Sechszylinder für den 1,4 Mp-Traktor vorgesehen waren.

Als 1967/68 Forderungen nach einer Leistungserhöhung von 150 PS/110 kW auf 180/200 PS/132/147 kW immer lauter wurden und Abgasturbolader für die DDR-Fahrzeugmotoren unerreichbar blieben, entschloss sich das Motorenwerk Nordhausen, die Erkenntnisse aus der VD 12/11-Entwicklung zu nutzen und das Hubvolumen durch eine Erhöhung der Zylinderabmessungen – Bohrung von 110 auf 120 mm und Hub von 120 auf 125 mm – zu vergrößern und das Hyperbolo-

Unterzeichnung der Verträge zum Motorenvorhaben 6 VD 13,5/12 SRF, 1. Ausbaustufe am 6.1.1984 im Internationalen Handelszentrum, Berlin; am Tisch von links nach rechts: Citroën-Vizepräsident Ravanell, Generaldirektor Roloff vom DDR-Außenhandelsbetrieb IAI und der Präsident von Renault, Annue (Foto: IAI)

id-Direkteinspritzverfahren anzuwenden. Nur elf Monate lagen zwischen der Idee und Konstruktion und Musterbau und dann stand der erste Motor 6 VD 12,5/12 auf dem Versuchsprüfstand. Die gewünschten Ergebnisse bezüglich Leistung, effektivem Mitteldruck und spezifischem Kraftstoffverbrauch wurden kurzfristig erreicht. Weitere Motoren wurden gebaut und in Versuchsfahrzeugen des IWL eingesetzt und erprobt. Auch einen Fünfzylindermotor 5 VD 12,5/12 entwarf man und dieser wurde in seinem Schwingungsverhalten im NKW untersucht und für gut befunden. Zur Breitenerprobung baute MN weit über 100 Stück 6 VD 12,5/12 SRF und GRF. Diese Motoren wurden in die IKARUS-Busse eingebaut und mit einer Leistung von 180 PS/132 kW bei 2700 U/min. betrieben. Aber auch unter Tage in Kalischächten wurden sie als Ersatz für die besonders schadstoffarmen Deutz- beziehungsweise Volvo-Motoren erfolgreich eingesetzt. Zusammengenommen erfolgte die Dauererprobung über mehr als neun Millionen km.

Nachdem die Entscheidung im Politbüro am 8. Juli 1980 gefallen war und der NKW L 60 und sein Motor nicht im nächsten Fünfjahrplan und auch nicht danach eingeordnet werden konnten, mußte die Konzeption des VD 12,5/12 auf die Zeit nach 1990 abgestimmt werden. Aus Gründen der Kraftstoffökonomie und der Schadstoffemission war eine Hubverlängerung und eine Herabsetzung der Drehzahl sowie eine Auslegung für eine höhere Aufladung vonnöten. So entstanden unter Beibehaltung aller äußeren Abmessungen in Länge, Breite und Höhe das Zylinderelement VD 13,5/12 SRF und Motoren mit vier, fünf und sechs Zylindern. Die technische Konzeption wurde so vorgegeben, dass Spitzendrücke bis 14 MPa (140 bar) sicher beherrscht werden konnten (vgl. Anlage G 05). Die Gruppenzylinderköpfe wurden durch Einzelzylinderköpfe ersetzt, die sich in der Serienfertigung – im Hinblick auf die Dralleinhaltung – besser beherrschen ließen. Mit dem aufgeladenen ladeluftgekühlten Motor ließen sich Leistungen bis 276 PS/200 kW abdecken.

Mit Politbürobeschluss vom 1. September 1981 – das Ministerrats-Echo stammte vom 10. September 1981 – zum Lkw W 53 (= L 60) mit 180 PS/132 kW-Motor 6 VD 13,5/12 wurde der Serienanlauf des Fahrzeugs für das dritte Quartal 1987 festgeschrieben. Nun begannen die Verhandlungen mit den Zulieferern. Geplant war eine Jahresproduktion von 60 000 Motoren. Das dazu vom Außenhandelsbetrieb Industrieanlagenimport (AHB IAI) eingeholte Angebot von Citroën belief sich auf insgesamt 805 Millionen DM, was bei einem Richtkoeffizienten von 2,6:1 etwa 2,1 Milliarden Mark entsprach. Und das konnte sich bei aller Großzügigkeit nicht rechnen, ganz zu schweigen, dass dies wieder nicht einzuordnen gewesen wäre. Als höchstmögliche Investitionssumme wurde von der Staatlichen Plankommission dem Lkw-Kombinat eine Summe von 605 Millionen Mark vorgegeben. Unter dieser Prämisse war nur noch daran zu denken, den Ausbau stufenweise zu vollziehen. Zunächst sollten nur 20 000 Stück pro Jahr vom 6 VD 13,5/12 Saugmotor den Serienanlauf im dritten Quartal 1987 sichern. Im zweiten Halbjahr 1983 fanden im Berliner Internationalen Handelszentrum Verhandlungen mit den Kompensationspartnern C. Itoh (Japan), Renault und Citroën (Frankreich) sowie mit weiteren Partnern vor allem aus der Bundesrepublik Deutschland statt. Die Verträge wurden schließlich am 6. Januar 1984 in Berlin unterzeichnet. Sie umfassten über 2000 Seiten Text, mehr als 500 Zeichnungen von A4 bis A0, DDR-Standards und DDR-Normen. Der finanzielle Vertragsumfang betrug 225 Millionen DM, was 630 Millionen Mark entsprach. Der Gesamtaufwand an

Der Motor 6 VD 12,5/12 GRF mit 180 PS/132 kW und 700 U/min. Die gut erkennbare 40°-Neigung erlaubte im Fahrerhaus einen dritten Sitz. Obwohl über 100 Mustermotoren gebaut und erprobt wurden, erfolgte keine Serieneinführung (Archiv Motorenwerk Nordhausen)

Die Motoren 6 VD 13,5/12A oder ALSRF brachten mit Abgasturbolader und Ladeluftkühlung bis zu 300 PS/220 kW/2200U/min. (Archiv Motorenwerk Nordhausen)

Investitionen für dieses Vorhaben belief sich auf 811 Millionen Mark. Über 80 Prozent davon entfielen also auf West-Importe. Dies wurde vom Ministerrat am 25. Oktober 1984 durch Grundsatzentscheidung bestätigt. Eine solche Grundsatzentscheidung (GE) war erforderlich, wenn es darum ging, ein Investitionsvorhaben, das fünf Millionen Mark überstieg, in Angriff zu nehmen.[32]

Die K 5-Verteidigung des Motors 6 VD 13,5/12 ging am 24. März 1986 vor dem MALF-Minister vonstatten. Die K 10-Verteidigung fand am 15. Juli 1987 statt (vgl. Anlage G 09). Zum selben Termin erfolgte die Produktionsfreigabe des Motors, der ab 1. September 1987 in Nordhausen vom Band lief. Bis Jahresende wollte man Klarheit zur zweiten Ausbaustufe haben, die 30 000 Stück pro Jahr der Baureihen-Motoren 4-, 5- und 6 VD 13,5/12 umfassen sollte. Diese zweite Stufe sollte 1989/90 greifen. Zwischenzeitlich war aber der Richtkoeffizient von

2,6 auf 4,1:1 angestiegen, so dass alle sich daraus ergebenden Finanzwerte nicht mehr die geringste Chance hatten, eingeordnet zu werden. Zusammenfassend lässt sich zum »Leidensweg« des Sechszylindermotors folgendes feststellen: (Anlage G 04):

- Von der ersten Beschlussfassung (29.1.1963) bis zur Aufnahme der Serienproduktion des ersten Baureihenmotors, allerdings mit stark eingeschränkter Jahresstückzahl, zum 1. 9. 1987 vergingen fast 25 Jahre.
- Der Entwicklungs- und auch der Produktionsstandort wechselten in dieser Zeit dreimal von Robur Zittau zum Dieselmotorenwerk Schönebeck und schließlich zu den Motorenwerken Nordhausen.
- Der Serienanlauf des Motors wurde verschoben von 1968 auf 1970, dann auf 1973, 1975, 1976, 1977, 1978, 1979, 1980, 1981 und letzlich auf 1987.
- Die Jahreskapazität wurde von 60 000 auf 20 000 Motoren reduziert.
- Bei Beginn dieser Motorenentwicklung wurde von vier Hauptfinalerzeugnissen (zwei Lkw und zwei Traktorentypen) ausgegangen, wovon letztlich nur zwei übrig blieben.
- Die Übergangslösung 4 VD 14,5/12 – 1 SRW, für vier Jahre gedacht, wurde mit über 20 Jahren zu einer Dauerlösung.
- Die maximalen Leistungsforderungen stiegen von 150 PS über 180 PS bis auf 200 und 220 PS im Laufe der Zeit an. Schließlich war man bei 300 PS seitens des Motorenbaus angekommen.
- Die Nenndrehzahlen wurden von 3000 auf 2700 U/min. und schließlich auf 2300 U/min. abgesenkt.
- Der Hub wurde von 120 mm über 125 mm auf 135 mm vergrößert und die Zylinderbohrung von 110 mm auf 120 mm erhöht.
- Allein im Zeitraum von 1980 bis 1983 mussten je drei Beschlüsse des Politbüros und des Ministerrats gefasst werden, um den Serienanlauf 1987 überhaupt zu ermöglichen.
- In besonderer Weise lähmend wirkte der zentral und willkürlich festgelegte Richtkoeffizient bei der Beschaffung von Importausrüstungen, ohne die eine Runderneuerung der Produktion jedoch nicht mehr zu bewältigen war. Durch das ständige und rasche Steigen dieses Richtkoeffizienten wuchsen die Investitionen für neue Erzeugnisse nach einem jahrelangen, häufig sogar jahrzehntelangen Vorherschieben sofort in Milliardenhöhe.

Flexible Reaktionen bei plötzlich auftauchenden Schwierigkeiten beispielsweise durch zeitweise zusätzliche Arbeitskräfte, bei Produktionsauslagerungen, zusätzlichen Krediten und anderem mehr wurden dadurch außerordentlich erschwert, dass jedesmal Parteileitungen (Betrieb, Kreis, Bezirk etc.) und staatliche Stellen auf gleichen Ebenen einzuschalten waren, die einen Punkt besonders wertschätzten: keine neuen Probleme. Diese Hürden konnten Betriebsdirektoren und Techniker nur nehmen, wenn das Anliegen als lösbar und mit den jeweiligen politischrechtlichen Konventionen als in Übereinstimmung befindlich galt, zumindest so präsentiert wurde. Anders gesagt, Schwierigkeiten wurden verschwiegen und die Lösung schön geredet. Das oft für das Verhalten politisch anders Denkender zitierte DDR-Wort »Wer nichts wagt, kommt nicht nach Waldheim«[33] galt auch für die Verantwortlichen in Technik und Wirtschaft. Ihre »Disziplinlosigkeit« konnte sie, wenn die Sache schief ging, ins Gefängnis bringen. Bei positivem Ausgang dagegen winkte ein Orden. Nur: Immer seltener gelangen solche »Ausritte« mit dauerhaft positivem Ergebnis, immer häufiger misslangen sie. Dies war eine der Ursachen für die auch in Leitungsetagen grassierende Lethargie der letzten Jahre der DDR. Das einzige, worauf sich die Industrie stets stützen konnte, war das gute Verhältnis der Mitarbeiter der verschiedenen Betriebe untereinander. Vieles wurde über die Grenzen der Werktore hinaus dadurch möglich gemacht, weil »viele Mitarbeiter der verschiedenen Dieselmotorenbetriebe gut zusammenstanden« (Günter Caspari).

Am 1.9.1987 begann die Fertigung der neuen 6-Zylinder-Motoren, nachdem die Nullserie am 4.4.1986 angelaufen war (Archiv Motorenwerk Nordhausen)

Der 180 PS/132 kW Dieselmotor 6 VD 13,5/12 SRF für den LKW L 60 (Archiv Motorenwerk Nordhausen)

Auch die Zusammenarbeit mit Hochschulen, Universitäten und dem WTZ Automobilbau war für die Industrie eine wichtige Hilfe in schwerer Zeit.

Ein Zentrum des DDR-Dieselmotorenbaus war das Motorenwerk in Nordhausen, seitdem 1964 der Motor 4 VD 14,5/11,5 und /12 SRW von Zwickau nach dort verlagert worden war. 1981 wurde in Nordhausen erstmals die Jahresproduktion von 50 000 Motoren überschritten. Die produzierte Jahresleistung lag bei 4,3 Millionen kW. Seit der 1965 erfolgten Umbenennung in Motorenwerk wurden in Nordhausen bis 1989 exakt 1 024 249 Millionen Motoren hergestellt und verkauft (vgl. Anlagen G 03, G 08).

Auch im Export fasste Nordhausen zunehmend Tritt, nachdem der Vierzylindermotor 4 VD 14,5/12-1 SRW in Rumänien den bis dahin importierten englischen Perkins-Motor im Mähdrescher abgelöst hatte. Auch bei russischen Lkw entwickelte sich ein erfolgreiches Geschäft. Bei Generalreparaturen der Lkw SIL 130 und 131 wurden die Achtzylinder-Ottomotoren durch die Selbstzünder 4 VD

Kurbelgehäusefertigung in Nordhausen. Bohrlinie mit automatischen Bohrkopfwechseleinrichtungen für die 6-Seiten-Bearbeitung von Kurbelgehäusen der Vier-, Fünf- und Sechs-Zylinder-Motoren; die Jahresproduktion betrug 65 000 Stück (Foto: Wilfried Dänner)

Neue, flexible, nicht zwangsweise gesteuerte Motorenmontage in Nordhausen mit Speichermöglichkeiten nach jedem Takt (Archiv Motorenwerk Nordhausen)

Das Werksgelände der Motorenwerke Nordhausen wurde 1991 begrenzt von der B 88, die unten im Bild quert. Ganz links der zehngeschossige Gleitbau für Entwicklung und Versuch, daneben der 1948 errichtete Altwerkteil, rechts daneben der Fahrradbau, dahinter Montage und Prüfband. Dahinter befindet sich die 1965 errichtete Halle 42. Hinter dem ehemaligen Bahndamm steht die Halle 300 (Archiv Motorenwerk Nordhausen)

Nachdem die Halle 300 für die moderne Fertigungstechnik für den Sechs-Zylinder-Motor fertig war, rückten wie zu allen DDR-Zeiten die Betriebsangehörigen zum VMI-Einsatz an, um den Bauschutt wegzuräumen und die Grünanlagen herzurichten (Foto: Wilfried Dänner)

Plan statt Markt

14,5/12-1 SRF aus Nordhausen ersetzt. Über 18 000 Motoren mit kompletten Umrüstsätzen wurden nach Polen, Ungarn und Bulgarien exportiert. Dadurch verringerte sich der Streckenverbrauch von durchschnittlich 48 l/100 km an Benzin auf 24 l/100 km an Diesel.

Alle Produktionsbetriebe hatten in der DDR mindestens fünf Prozent ihrer Industriellen Warenproduktion (IWP) in Gestalt von Konsumgütern zu produzieren. In Nordhausen hatte man sich dafür einen luftbereiften Handwagen ausgewählt, von dem man jährlich 50 000 Stück herstellte, damit aber leider nur 0,5 Prozent der IWP erreichte. Um eine diesbezügliche ständige Kritik zu vermeiden, zog der Betriebsdirektor eine Fahrradproduktion auf. Da sie auf 150 000 Stück jährlich ausgelegt werden sollte, bedeutete dies ebenfalls ein Investitionsvorhaben, das neben dem Vorhaben für die Motorenproduktion herlief. Die 26er Damen- und Herrenfahrräder trugen die Bezeichnung »IFA-Touring«. Nach Anlaufschwierigkeiten wurden im Jahre 1986 noch 5 000, im Jahr 1987 etwa 40 000 und 1988 sogar 65 000 Fahrräder hergestellt. 1989 wurde die Grenze von 100 000 Exemplaren überschritten (vgl. Anlage G 02).

Auch die Motorenwerke Nordhausen gerieten mit in den Sog, der von der Übernahme des VW-Motors nach Karl-Marx-Stadt (Chemnitz) ausging: Sie erhielten am 28. März 1984 den Auftrag, die für die Realisierung des VW-Motor-Projektes erforderlichen Ein- und Auslassventile herzustellen. Dafür sollte der in Nordhausen ansässige Betrieb VEB Apparatebau, der bisher zum Landmaschinen-Kombinat Fortschritt gehört hatte, künftig den Motorenwerken zugeordnet werden. Auf dessen Betriebsgelände sollte dann die Ventilproduktion von je zwei Millionen Einlass- und zwei Millionen Auslassventilen aufgebaut werden.

Für das Motorenwerk bedeutete dies weitere Investitionen in Höhe von fast 200 Millionen Mark, also über eine Milliarde Mark insgesamt für die drei Vorhaben im selben Zeitraum, vorzubereiten und zu realisieren und in nur drei Jahren die Voraussetzung für die Serie zu schaffen. Und dies in einem Betrieb, der jahrzehntelang keine oder jährlich maximal 40 Millionen Mark Investitionsmittel erhalten hatte. Wiederum war die bisherige Produktion in vollem Umfang weiterzuführen. Insgesamt gelang es trotz vieler Schwierigkeiten, Probleme und Widerwärtigkeiten außerordentlich gut zu meistern und die Voraussetzungen für die Investitionen zu sichern.

VW unterhielt in Salzgitter eine eigene Einlassventilproduktion. Am Auslassventil war man dort gescheitert und bezog seinen Eigenbedarf von TRW Thompson aus Barsinghausen und Blumberg. VW hatte sich jedoch bereit erklärt, seinen Einfluss dahin geltend zu machen, dass TRW der DDR das Know-how beziehungsweise die erforderlichen Ausrüstungen liefern würde. Am 29. Mai 1984 musste VW dem Außenhandelsunternehmen IAI in Berlin aber mitteilen, dass das weltweit führende Unternehmen TRW Thompson – und der Stammsitz von TRW lag in den Vereinigten Staaten von Amerika – nicht bereit sei, technisches Know-how beziehungsweise Ausrüstungen an die DDR-Industrie zu liefern. Auch würden die Behörden der USA keine Ausfuhrgenehmigung erteilen. Demzufolge hatte es auch keinen Sinn, bei EATON Livia in Italien nachzufragen, deren Muttergesellschaft ebenfalls in den USA beheimatet war. IAI suchte deshalb gemeinsam mit MN nach anderen Lösungen und erarbeitete eine Aufgabenstellung für Importanlagen (komplette technologische Ausrüstungen für Zuschnitt, Rohteil- bis Fertigteilherstellung, Verkettung, automatische Kontrolle, Werkzeuglieferung für ein Jahr), die an Renault in Frankreich, C. Itoh in Japan und Modler in Aschaffenburg ausgereicht wurde. Durch die verhinderte Lizenznahme war MN gezwungen, das eigene Know-how aus der Lkw-Ventilproduktion einzusetzen und die noch vorhandenen Lücken in Zusammenarbeit mit dem Kompensationspartner zu schließen.

Alle drei Unternehmen erklärten ihre Bereitschaft, Angebote bis zum zweiten Quartal 1985 abzugeben und Vertreter von IAI und MN vor Angebotsabgabe zu empfangen, die Besichtigung analoger Betriebe zu ermöglichen und erforderlichenfalls Präzisierungen vorzunehmen. So erfolgten Besuche bei dem Handelshaus C. Itoh in Japan, bei der Maschinenfabrik Komatsu in Tokio, bei Fuji Valve, einem Hersteller von Ventilen, in Fujisawa, bei Nippei-Toyama-Corporation NTC, einem Schleifmaschinenhersteller in Yokohama, sowie im Bereich Reibschweißmaschinen-Herstellung von Toyota in Nagoja/Karia. Erkundungen vor Ort wurden auch auf Einladung der Aschaffenburger Maschinenfabrik J. Modler sowie im neu errichteten Ventilbetrieb von Renault in Orléans betrieben. Gespräche und Besichtigungen führte man auch beim Ingenieurbüro für Plasmabeschichtung Implantechnik im westdeutschen Büdingen, bei der SMS Hasenclever Maschinenfabrik in Düsseldorf, beim Hersteller von Plasmaschweißanlagen SNMI in Bollene,

Auf der Suche nach neuen Absatzgebieten für den Motor 4 VD 14,5/12 SRF wurden auch Fremdfahrzeuge geprüft, so beispielsweise der Einbau in einen amerikanischen Lkw unbekannter Marke in Äthiopien (Foto: Günter Caspari)

Frankreich, sowie bei den Krupp-Stahlwerken Südwestfalen in Hagen sowie in weiteren Maschinenbaubetrieben. Auf diese Weise war es möglich, sich in kürzester Zeit sachkundig zu machen.

Die detaillierten Angebote einschließlich der ersten Aufstellungspläne gingen bis Ende Juni 1985 bei der IAI ein und enthielten Kosten von:

Renault	81,922 Mio. VM
C. Itoh/Komatsu	75,297 Mio. VM
Klöckner/Modler	64,925 Mio. VM
Das maximale Limit war vorgegeben mit	63,08 Mio. VM.

Die Firma Klöckner Industrieanlagen in Duisburg musste von IAI zusätzlich gewonnen werden, da den Banken das Stammkapital der Firma Modler für ein derartiges Kompensationsvorhaben zu gering war. Aus inoffiziellen Gesprächen ist bekannt, dass sich allein dadurch die Angebotspreise um zwanzig Prozent erhöhten.

Am 3. September 1985 erfolgte gemeinsam mit IAI, Kombinat NKW und anderen auf GD-Ebene die Abschlussberatung mit der Forderung des MN, als Lieferant Klöckner/Modler zu bestätigen. Nach eingehender Diskussion geschah dies auch. Wie stets handelte es sich bei dieser Transaktion nicht nur um einen rein kommerziell-technischen Vorgang. Allein, dass in Nordhausen ein westdeutscher Hersteller favorisiert wurde, erregte höchsten Argwohn und löste die in solchen Fällen üblichen Aktionen aus.[34] Als Gesamtpreis wurden 62,9 Millionen VM vereinbart. Darin waren alle Ausrüstungen – Maschinen und Verkettungen –, Werkzeuge und Betriebsmittel für eine Jahresproduktion sowie Verschleiss- und Ersatzteile für zwei Jahre im Dreischichtbetrieb enthalten. Als Beginn der Lieferungen wurde Oktober 1986, als Montagebeginn November 1986, als Probebetrieb der Zeitraum bis Oktober 1987 und der Dauerbetrieb ab November 1987 vereinbart.

Die Fertigung thermisch und mechanisch sehr hoch beanspruchter Pkw-Ventile erfordert eine Vielzahl brisanter Fertigungstechniken und Maschinen, wie beispielsweise parametergesteuerte Reibschweißmaschinen für bestimmte Ventilstähle, Elektrostauchen und Schmieden, die Sitzpanzerung mit Stellit F, eine Warmbehandlung im verketteten Fertigungsfluss, viele Genauschleifoperationen, die hundertprozentige Biegeumlaufprüfung, eine voll automatisierte vollständige Fertigmaßkontrolle.

Am 21.6.1989 lief in Nordhausen der 1 000 000ste Motor vom Band, am Rednerpult der Stellvertretende Produktionsdirektor Matthes, links Betriebsdirektor W. Schröder (Archiv Motorenwerk Nordhausen)

2 Millionen Einlass- und 2 Millionen Auslassventile bedeuteten bei 250 Arbeitstagen pro Jahr für MN jeweils pro Tag, 8000 Stück Einlass- und 8000

Stück Auslassventile als Gutteile herzustellen. Umgerechnet entsprach dies einer Taktzeit von 7,5 Sekunden.

Bereits am 30. Oktober 1985 erfolgte die Grundsteinlegung für die neue 4000 m² große Fertigungshalle auf dem Gelände des früheren Apparatebaus in Nordhausen. Der Betrieb wurde für drei Schichten mit je 33 Produktionsgrundarbeitern ausgelegt. Bis zum Beginn des Probebetriebes lief alles gut. Dafür gab es nach Anlauf der meisten Anlagen um so mehr Probleme.

So wurden die ersten zwei Labormuster nicht bestätigt, und es musste 1988 eine Mittelfrequenz-Glühmaschine in den Produktionsprozess für die thermische Nachbehandlung installiert werden; deren Preis betrug 1,5 Millionen VM. Die dritte Labormusterprüfung bei VW war dafür um so erfolgreicher. Sie führte am 4. und 5. August 1988 in der Ventilfertigung von MN zu dem Ergebnis, dass von 100 maximal möglichen Punkten 95 erreicht wurden. Das war bei weitem das beste Ergebnis von über zwanzig überprüften DDR-Betrieben durch die VW-Inspektion. Die gesamte Rekonstruktion des Betriebes[35] wurde mit Hilfe der BC-Rechentechnik terminlich kontrolliert, so dass während dieser Zeit ein ständiger Soll/Ist-Vergleich möglich war und manche Feuerwehraktion oder von Leitungsseite ausgelöste Aktivität nicht willkürlich initiiert zu werden brauchte.

1989 überschritt die Jahresproduktion in Nordhausen zum ersten Mal eine Milliarde Mark.

Seit dem 1. Oktober 1954 gab es in dem damaligen Schlepperwerk, dem späteren Motorenwerk Nordhausen eine Forschungs- und Entwicklungsstelle. Deren Personalbestand zeigt in den Jahren bis 1990 folgende Tabelle (vgl. Anlagen L 04, L 05):

Tabelle 33: Mitarbeiter FuE im Motorenwerk Nordhausen seit 1954

Jahr	Mitarbeiter gesamt	davon Hoch- u. Fachschulabschluss	
1955	36	6	und 12 Werkstattkräfte
1957	53	23	
1965	85	42	
1968	112	53	
1971	139	68	
1978	139	69	
1983	150	72	
1988	154	75	
1990	130	60	und 50 Werkstattkräfte (Stichtag: jeweils 30.8.)

Quelle: Nach Angaben von Günter Caspari

Am 1.9.1965 wurden die Abteilung Konstruktion in Abteilung Serienkonstruktion und Abteilung Entwicklungskonstruktion und die Abteilung Versuch und Musterbau in Abteilung Versuch und Abteilung Musterbau getrennt. Ab dem 1.1.1966 wurde aus der Abteilung Versuch eine Abteilung Forschung gebildet. Diese Struk-

tur wurde bis zum Ende beibehalten. Für das Jahr 1983 ergab sich folgende Kräfteverteilung:
- Abteilung Forschung (TKF) 12 Mitarbeiter, Gruppe Planung und Abrechnung 4 Mitarbeiter;
- Abteilung Serienkonstruktion (TKS) 32 Mitarbeiter in 4 Gruppen (konstruktive Betreuung und Anpassung, Änderungsdienst, Druckschriften, Zeichnungsverwaltung und Pauserei);
- Abteilung Entwicklungskonstruktion (TKE) 26 Mitarbeiter in 3 Gruppen (Weiterentwicklung, Neuentwicklung, Berechnung);
- Abteilung Musterbau (TKM) mit 30 Mitarbeitern in 3 Gruppen (Einkauf, Arbeitsvorbereitung, Werkstatt (Meisterbereich); sowie
- Abteilung Versuch (TKV) mit 46 Mitarbeitern in 5 Gruppen (Weiterentwicklung, Neuentwicklung, Messtechnik, Aggregateerprobung, Mikroelektronik).

Aus einem Angebot der FuE-Stelle des Motorenwerkes Nordhausen vom 30. 8. 1990 gehen die personellen und materiellen Verhältnisse zu diesem Zeitpunkt hervor. Darin steht: Insgesamt 130 Personen, davon 40 mit Hochschul- und 20 mit Fachschulabschluss, 20 Hilfskräfte (Teilkonstrukteure, Zeichner, Schreibkräfte, Sachbearbeiter) und 50 Werkstattkräfte. Im Gegensatz zu den Finalproduzenten in der Fahrzeugindustrie wie Eisenach und Zwickau arbeitete man auf dem Gebiet FuE in Nordhausen mit modernsten Mitteln. In der Konstruktion gab es neben herkömmlichen Arbeitsplätzen moderne Rechentechnik für CAD sowie Funktions- und Festigkeitsrechnungen. Im Musterbau war es mit Universalmaschinenpark möglich, alle Arbeiten zur Herstellung von Prototypmotoren (außer Umformen) zu erledigen. Dazu gehörten numerisch gesteuerte Bohrwerke und Schleifmaschinen bis zum Aluminiumschweißarbeitsplatz. Außerdem umfasste die Ausstattung:
- 10 Motorenprüfstände mit Pendelmaschinen in modernen Einzelprüfboxen;
- 1 Hydropulsanlage für Dauerfestigkeitsuntersuchungen;
- 1 Kältekammer für Motoren und Temperaturen bis − 45° C;
- Kleinaggregateprüfstände für Lima, Bremsluftverdichter, Pumpen aller Art;
- Kühl- und Ölkreislaufprüfstände, Prüfstände für Ladungswechseloptimierung,
- Einspritzgeräteprüfstände und 1 Drallkanalprüfstand;
- Labors für Entwicklung und Bau elektronischer und mechanischer Messtechnik;
- 2 Werkstattbereiche für Versuchsaufbauten und Mustermotorenmontagen; und
- 1 Halle für die Einrüstung und Betreuung von Praxiserprobungen von Finalerzeugnissen, wie Lkw, Traktoren, Landmaschinen etc.

Symbiose mit großer Wirkung: Cunewalde und Waltershausen

Die achtziger Jahre begannen nicht gut für das Motorenwerk Cunewalde.[36] Seit 1972 wurde hier mit einem hohen Einsatz an FuE-Potenzial an der Entwicklung von zwei 6-Zylindermotoren gearbeitet, die im Zusammenhang mit dem künftigen Schicksal der Fahrzeugproduktion in Zittau standen. Nachdem sich die Vorstellungen der Industriezweigleitung als unrealistisch erwiesen hatten, den 3-Tonner von Robur in puncto Motor und Fahrerhaus als »kleinen Bruder« des Ludwigsfelder L 60 voranzubringen, wurde für Robur eine eigenständige Entwicklung eines neuen 3 t-Nutzmasse-Lkw mit der Motorisierung durch einen flüssigkeitsgekühlten, schnelllaufenden 6-Zylindermotor aus Cunewalde befürwortet. Lkw dieser Klasse mit analoger Motorisierung waren von Volvo und Mitsubishi auf dem Markt. Diese Motorenentwicklung setzte 1972 ein und war die Fortsetzung der Baureihe, die mit dem 4-Zylinder-Dieselmotor 4 VD 8,8/8,5 SRF begonnen worden war. Dessen konstruktive Grundkonzeption sah die Möglichkeit des Aufbaus als Diesel- wie auch als Ottomotor vor, wobei der motorische Grundaufbau mit Kurbelgehäuse, Triebwerk, Ventilsteuerung, Schmieröl- und Kühlkreislauf unverändert blieb. Die verfahrensbedingten Bauteile wie Kolben, Zylinderkopf, Ansaugtrakt, Vergaser und Zündanlage oder Einspritzsystem dagegen wurden spezifisch entwickelt. Diese Methode wurde damals bei kleineren Motoren zur Ausweitung der Angebotsbreite von Herstellern in der BRD, USA, England und Japan praktiziert. Auch für die 6-Zylinder-Entwicklung in Cunewalde wurde diese Möglichkeit offen gehalten.

Unter Berücksichtigung der von Robur zu realisierenden Forderungen der NVA wurde für den Lkw O 611 – O steht hier für Ottomotor – zunächst der Ottomotor 6 VO 8,8/ 8,5 SRF mit der Zielstellung 105 PS/77 kW/3600 U/min. entwickelt. Das Verbrennungsverfahren und die otto-spezifischen Bauteile wurden in enger Forschungskooperation mit dem BVK der TU Dresden entwickelt. »Kritisches« Zubehör wie Vergaser und Zündanlage kamen aus der ČSSR, die Sitzpanzerung der Auslassventile stellte man zunächst labormäßig selbst her. Begonnen wurde mit dem Zylinderdurchmesser 85 mm, in einer zweiten Entwicklungsetappe wurde er auf 90 mm aufgebohrt, so dass der Motor letztlich 6 VO 8,8/9 SRF hieß. Zwischen 1973 und 1979 wurden in den verschiedenen Entwicklungsstufen für Motor und Fahrzeug O 611 insgesamt 39 Funktionsmustermotoren gebaut.

In umfangreichen Prüfstands- und Fahrerprobungen mit verschiedenen Fahrzeugmodifikationen, auch unter Armeebedingungen in Horstwalde (Steig- und Watfähigkeit, Marterstrecke) wurden die Zielwerte für Funktion, Lebensdauer und Zuverlässigkeit nachgewiesen. 1980 war die Entwicklung des Motors einzustellen, da selbst für die Aufgaben der Landesverteidigung keine Investitionen für einen Serienanlauf von Motor und Fahrzeug bereitgestellt werden konnten. Der Armeebedarf musste aus Importen gedeckt werden. Der Ottomotor war damit »gestorben«. Auch im zivilen Sektor hatte sich in dieser Lkw-Klasse weltweit der Dieselmotor durchgesetzt. Der Entwicklungsaufwand in Cunewalde betrug 7,5 Millionen Mark.

Jetzt wurde dafür die Entwicklung des 6-Zylinder-Dieselmotors 6 VD 8,8/9 SRF mit 87 PS/64 kW bei 3600 U/min. forciert. Infolge der Entwicklung in

Das Motorenwerk Cunewalde (Foto: Werksaufnahme)

Ludwigsfelde hatte bekanntlich auch Robur den Plan des neuen Fahrerhauses aufgeben müssen. Aus der ursprünglich konzipierten Diesel-Lkw-Variante D 609 musste man sich auf eine Minivariante mit modifiziertem alten Fahrerhaus zurückziehen. Sie hieß FD 3003 und verfügte über den Cunewalder 6-Zylinder.

Auf der Grundlage des serienbewährten ausgereiften 4-Zylinder-Diesels und mit der identischen Grundsubstanz des 6-Zylinder-Ottomotors schritt die Entwicklung des 6-Zylinder-Diesels zügig voran. Mit 36 Funktions- und Fertigungsmustermotoren lief in Cunewalde die Prüfstands- und bei Robur die Fahrerprobung. Aber auch dem auf die Mindesterfordernisse der Fahrzeugmodernisierung reduzierten FD 3003 widerfuhr das selbe Schicksal wie vorher dem O 611: Entscheidungschaos, Entwicklungsstopp, kein Produktionsanlauf aus Mangel an Investitionen (im DDR-Jargon hieß dies »keine Einordnungsbedingungen«). Die Kraft der DDR-Wirtschaft nahm zusehends ab. Das Motorenwerk Cunewalde traf diese Entscheidung noch schmerzlicher, denn hier waren nämlich die Produktionsvorbereitungen für den 6-Zylinder de facto abgeschlossen.

Obwohl es für den 6-Zylinder noch einige weitere Interessenten gab, rechtfertigte deren relativ geringer Bedarf einen Anlauf nicht. So wurde die Ära der 6-Zylinder 1987 beendet, nachdem diese über fünfzehn Jahre die besten und innovativsten Köpfe in FuE-Abteilung und Technologie beschäftigt hatten. Volkswirtschaftliche Verluste in zweistelliger Millionenhöhe waren die Folge. Dem Leiter eines solcherart betroffenen Kollektivs fiel dann die Aufgabe zu, seine hochqualifizierten Mitarbeiter im Sinne der Einheit von Wirtschafts- und Sozialpolitik für die nächste Aufgabe zu motivieren. In Wirklichkeit waren aber Frustration, Unglaube und Vertrauensverlust die Folge.

Neben den Aufgaben der direkten Erzeugnisentwicklung liefen im FuE-Bereich seit den sechziger Jahren Themen im Rahmen der Vertragsforschung, die ihrem Charakter nach den erforderlichen Entwicklungsvorlauf darstellten. Dabei wurden die Potenzen des BVK der TU Dresden, der Ingenieurhochschule Zwickau, der Verkehrshochschule Dresden und des WTZ Auto genutzt für Aufgaben des Ladungswechsels, der diesel- und ottomotorischen Verbrennungsverfahren, der Abgasturboaufladung sowie der Zuverlässigkeitsarbeit.

Der Finanzierungsumfang dafür lag zwischen 10 und später 20 Prozent des jährlichen FuE-Aufwandes. Dieser lag im Schnitt zwischen einer Million Mark und vier Millionen Mark und machte dabei 1,2 bis 2,2 Prozent der Warenproduktion aus. Herausragende Ergebnisse dieser Arbeiten wie das Ottoverbrennungsverfahren, die Diesel-Direkteinspritzung und ATL-Varianten der 4- und 6-Zylinder-Dieselmotoren konnten nicht mehr entwicklungs- beziehungsweise produktionswirksam werden.

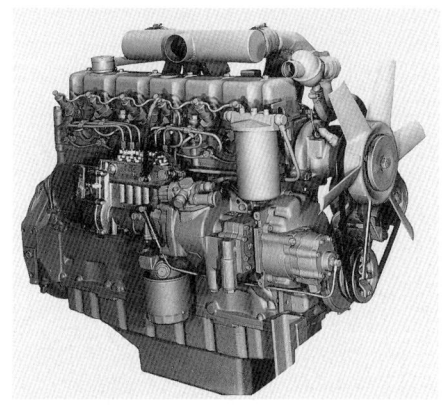

Der 6-Zylinder-Dieselmotor 6 VD 8,8/9 SRF sollte mit gleichem Grundaufbau als Ottomotor 6 VO 8,8/9 SRF in den Robur Lkw D 609 und Otto 611 einsetzbar sein (Foto: Werksaufnahme)

Das Motorenwerk Cunewalde hatte 1989, also im letzten Jahr seiner vollen Produktion, eine Warenproduktion von 250 Millionen Mark bei 2177 Beschäftigten. Davon gehörten 108 Mitarbeiter zur FuE-Abteilung. 24 501 Dieselmotoren wurden hergestellt.

In den 45 Jahren seines Bestehens entwickelte sich das Motorenwerk Cunewalde von einem kleinen Werkstattbetrieb zu einem namhaften Hersteller kleiner Dieselmotoren, zum Arbeitgeber von mehr als 2000 Menschen, der die wirtschaftliche Struktur der gesamten Region nachhaltig beeinflusste. Ausgehend von der schmalen Basis einiger Vorkriegsbaumuster von liegenden Kleindieselmotoren gelang es, Bedarfsforderungen und dem internationalen Entwicklungstrend folgend, einen zweimaligen Erzeugnisumschlag von Entwicklungs- und Produktionsseite zu realisieren. In drei Generationen wurden insgesamt 604 000 Motoren produziert und ein erheblicher Anteil davon direkt oder in DDR-Finalerzeugnissen in über 40 Länder der Erde exportiert.

Bei den Fahrzeugwerken Waltershausen lief als vierte Fahrzeuggeneration im Jahr 1978 der »Multicar 25« mit 2,3 t Nutzmasse, 52 bis 60 km/h Höchstgeschwindigkeit und gleichbleibender Motorisierung an.[37]

Der M 25 hatte nun das 2-Mann-Fahrerhaus, zahlreiche Detailverbesserungen, Varianten mit Rechtslenkung, vergrößertem Radstand und Allradantrieb. Das führte zu 8 Grundfahrzeugmodifikationen, deren Kombinationen mit 16 Aufbauten und 3 Vorbauten insgesamt 108 Fahrzeugvarianten ergaben. Zusätzliche Anforderungen und gesetzliche Bedingungen seitens der zahlreichen Exportpartner führten zu noch größerer Vielfalt.

Die Allradvariante des Multicar 25 mit leistungsstärkerem Motor 4 VD 8,8/9 SRF im Gelände (Foto: G. Schönau – DEWAG Dresden)

Ab 1978 erhielt die Allradausführung den leistungsstärkeren Motor 4 VD 8,8/9 SRF mit 34 kW bei 2800 U/min., der in verbrauchsgünstigeren Kennfeldbereichen bei niedrigerem Schallleistungspegel arbeitete. Von 1978 bis 1990 wurden vom M 25 exakt 98 489 Fahrzeuge produziert, davon wurden 70 Prozent in 23 Länder exportiert. 1990 wechselte das Fahrzeugwerk den Motorzulieferer, und im selben Jahr lief die Motorenproduktion in Cunewalde aus. Dort begann der Liquidationsprozess. Die geplanten nächsten Entwicklungsschritte – eine höhere Motorleistung durch Abgasturboladung und verbesserte betriebsökonomische und ergonomische Parameter – waren bis zur Bereitstellung von Funktionsmustern fortgeschritten, kamen aber nicht mehr zum Tragen.

Damit endete eine 34 Jahre während Zusammenarbeit zwischen dem Fahrzeugwerk Waltershausen und dem Motorenwerk Cunewalde in Entwicklung und Produktion von vier Generationen Multicar und seiner Motoren. In dieser Zeit wurden insgesamt 180 589 Multicar-Fahrzeuge mit Cunewalder Motoren ausgerüstet. Das entsprach 30 Prozent der gesamten Motorenproduktion.

Anmerkungen

1 Horst Decker, *Zur Geschichte der Automobilindustrie der DDR – Das Leitungs- und Planungssystem*, unveröffentl. Ms., 1994, im Besitz des Autors; ders., *Ergänzungen zum Manuskript*, 1999
2 Politisch unterfüttert wurde diese wirtschaftliche Restriktion durch vielfältige Initiativen, mit denen »die Werktätigen« beweisen sollten, dass durch Reparaturen und Instandhaltungsmaßnahmen Investitionen in Größenordnungen eingespart werden konnten.
3 Der Kultur- und Sozialfond (K u. S) diente dazu, indirekte Zahlungen an die Belegschaft im kulturellen, sozialen und politischen Bereich zu leisten. Dadurch wurden vor allem Kulturhäuser, Wohnungen, Kindereinrichtungen, Sportstätten, Waschküchen, Ferienheime sowie Kultur- und Jugendarbeit finanziert. 1989 wurden für K u. S beim VEB Sachsenring 16 Millionen Mark ausgegeben.
4 Dr. Winfried Sonntag, *Lizenznahme und Produktion des VW-Motors der Typenreihe EA 111 durch den Automobilbau der DDR*, unveröffentl. Ms., 1994, im Besitz des Autors
5 Dr. Bernd Wiersch, *Die Geschichte des VW-Engagements in Mitteldeutschland*, Gastvorlesung an der Hochschule für Verkehrswesen »Friedrich List« in Dresden am 30. Mai 1991
6 Zur Bewertung der 7,2 Milliarden Mark an Investitionen für den VW-Motor erweist sich der Vergleich mit einer anderen relevanten Zahl als hilfreich: Im Jahr 1987 standen für das gesamte Verkehrswesen einschließlich des Post- und Fernmeldewesens 5,8 Milliarden Mark an Investitionen zur Verfügung, vgl. *Statistisches Jahrbuch der DDR 1989*, Berlin 1989, S. 105.
7 In diesem Zusammenhang ist daran zu erinnern, dass Günter Mittag in den siebziger Jahren bei der Verhinderung des von Stoph präsentierten sogenannten RGW-Autos eine Reihe sachlich fundierter Argumente ins Feld geführt hatte, die in der Zwischenzeit nichts an Aktualität verloren hatten. Nicht ein einziges der damals benannten Probleme war gelöst, alle hätten vielmehr noch pointierter formuliert werden können.
8 Wie tief gerade dieses Unvermögen die Experten traf, drückte einer von ihnen, Diplom-Ingenieur Siegfried Sprenger, in seiner berühmten Wortmeldung zum Kraftfahrzeugbau der DDR so aus: »Das traurige Kapitel Pkw hat seinen ›Höhepunkt‹ (…) gefunden, mit dem es – wie befohlen – gelungen ist, mit außerordentlich hohem Aufwand ein ungewöhnlich unbefriedigendes Ergebnis zu erzielen. Wer – ob Laie oder Fachmann – soll verstehen, daß die notwendigen Milliarden eingesetzt werden, um einen Motor internationalen Standes zu produzieren, die erforderlichen zig-Millionen eingesetzt werden, um Fahrwerk und Getriebe diesem Motor anzupassen, bei der Karosserie fast 60 Prozent der Bauteile zu verändern, aber die Außenhülle, die den Gebrauchswert letztendlich bestimmt, unverändert zu lassen. Dabei ist für den mit der Materie Vertrauten eindeutig klar, daß es beim Wechsel zu einer neuen Karosserie letztlich nur noch um einen Bruchteil des eingesetzten Gesamtumfanges geht. Die Kraftfahrzeugtechniker der Welt werden über uns lachen, die Käufer in der DDR verdammen uns und halten die Fahrzeugbauer der DDR für völlig unfähig.« Siegfried Sprenger, ›Wortmeldung zum Kraftfahrzeugbau in der DDR‹, in: *Kraftfahrzeug-Technik* 40 (1990) 2, S. 32-34. Bei dem Artikel handelt es sich um die Wiedergabe eines Briefes an Hans Modrow, den Ministerpräsidenten der DDR, der zuvor 1. Sekretär der Bezirksleitung Dresden und damit ranghöchster SED-Funktionär in jenem Territorium war, zu dem Zittau gehörte. Sprenger war seit 1953 Fahrzeugbauer, hatte Kraftfahrzeugtechnik in Zwickau studiert und zwölf Jahre als Konstrukteur und Abteilungsleiter Konstruktion bei Horch, später bei Sachsenring in Zwickau gearbeitet. Danach war er zehn Jahre lang Direktor für Wissenschaft und Technik bei der damaligen VVB Automobilbau, später beim IFA-Kombinat Nutzkraftfahrzeuge. 1980 setzte man ihn als Betriebsdirektor des IFA-Ingenieurbetriebes Hohenstein/Ernstthal ein.
9 Dr. Werner Reichelt, *Die Ersatzteilprobleme im DDR-Automobilbau*, unveröffentl. Ms., 1994, im Besitz des Autors; ders., *Instandsetzungsaufwendungen an Pkw*, unveröffentl. Ms., 1994, im Besitz des Autors
10 Nach gemeinsam mit der Ingenieurhochschule Zwickau durchgeführten Untersuchungen des WTZ Automobilbau beliefen sich in den Werkstätten an 20 Jahre alten Fahrzeugen die durchschnittliche Instandsetzungsaufwendungen pro Fahrzeug beim Trabant auf 465 Stunden und beim Wartburg auf 478 Stunden. Ähnliche Disproportionen zeigte der Vergleich des Zeitaufwandes für Herstellung und Instandhaltung eines durchschnittlich gefahrenen Trabant nach einer Fahrtstrecke von 100 000 km. Einem Herstellungsaufwand von 84 Stunden für das Neufahrzeug stand ein Reparaturaufwand (ohne Unfälle) von 223 Stunden gegenüber. Ganz ähnlich verhielt es sich beim Vergleich der Kosten, die beim Trabant 5 665,– Mark für die Herstellung und 6 990,– Mark für die Instandhaltung

erreichten. Mitteilung von Dr. Werner Reichelt, *Instandsetzungsaufwendungen an Pkw*, unveröffentl. Ms., 1994, im Besitz des Autors

11 Für den Instandsetzungsaufwand der Karosserie waren die Korrosionsschäden bestimmend. Bereits beim Trabant betrugen die Reparaturkosten wegen Korrosion nach 12,5 Jahren beziehungsweise nach 100 000 km Fahrstrecke ungefähr 60 Prozent des Gesamtaufwandes für die Karosserieinstandhaltung. Beim Lada lag dieser Prozentsatz bei über 75 Prozent. Dies entsprach beim Trabant rund 27 Prozent und beim Lada annähernd 50 Prozent des Instandhaltungsaufwandes für das gesamte Fahrzeug. Mitgeteilt bei Dr. Werner Reichelt, ebenda.

12 Vgl. Gerhard Gerbeth, *Entwicklung und Organisation des Vertriebes von Automobilen und Ersatzteilen in der SBZ/DDR*, unveröffentl. Ms., 1994, im Besitz des Autors; Wolfgang Beyer, *Das wissenschaftlich-technische Zentrum des Automobilbaus in Chemnitz/Karl-Marx-Stadt seit 1945*, unveröffentl. Ms., 1995, im Besitz des Autors; Gerhart Schreier, *Chronik: Wiederaufbau der Forschung und Entwicklung im ostdeutschen Automobilbau 1945–1955*, unveröffentl. Ms., 1996, im Besitz des Autors; Dr. Winfried Sonntag, *Geschichte und Bedeutung des VEB Wissenschaftlich-Technisches Zentrum Automobilbau der DDR*, unveröffentl. Ms., 1994, im Besitz des Autors

13 Wolfgang Beyer, a.a.O.

14 Nach Auflösung des WTZ wurden die Arbeiten bei Barkas und der IHS Zwickau weitergeführt. Dort verteidigte Klaus Matthees am 24. November 1989 seine Dissertation *Beitrag zur elektronisch gesteuerten Kraftstoffeinspritzung bei Dieselmotoren von Nutzkraftwagen*.

15 Klaus Matthees, ›Elektronisch gesteuertes Einspritzsystem für Dieselmotoren von Nutzkraftwagen mit H-Verbrennungsverfahren‹, in: *Kraftfahrzeugtechnik* 36 (1986) 11, S. 326 ff.

16 Die Hauptinformationsquelle für alle Mitarbeiter des WTZ waren Fachzeitschriften und Fachliteratur. Diese Publikationen, die auf dem neuesten Stand gehalten wurden, waren in der Dokumentations- und Informationsstelle des Hauses für die Mitarbeiter zunächst ohne Probleme zugänglich. Zu Beginn der achtziger Jahre wurde allerdings der Nutzerkreis für diese Literatur stark eingeschränkt. Auch fachliche Reiseberichte der wenigen ausgesuchten Techniker, die zu Ausstellungen in den Westen fahren durften, waren einsehbar. Problematisch wurde es jedoch, wenn Mitarbeiter versuchten, das Problem auf eigene Faust zu lösen. Ein Konstrukteur des WTZ erinnert sich: »In der Zeit, als im WTZ ein Auftrag von Ludwigsfelde zur Entwicklung von Planetenachsen vorlag, zeichnete sich in der Wälzlagerindustrie eine Umstellung von Lagerkennwerten ab. Lebensdauer und Tragzahlen erhöhten sich, Einbaumaße wurden z. T. kleiner. Dies war für neu zu entwickelnde Achsen ganz wichtig. So besuchte ich verbotenerweise zur Leipziger Messe (mir fehlte ein ausdrücklicher Messeauftrag zum Besuch eines kapitalistischen Pavillons) die Stände der Firmen INA und SKF. Als man dort merkte, daß es mir ernst war und ich nicht nur Prospekte sammeln wollte, brachte man mir großes Interesse und Verständnis entgegen. Soweit Unterlagen vorhanden waren, bekam ich sie mit, noch fehlende wichtige versprach man, mir zu meinen Händen an das WTZ Automobilbau zu senden. Nach einiger Zeit bekam ich vom Zollpostamt Plauen die Nachricht, dass die gesamte Sendung zum Wohl der DDR beschlagnahmt worden ist. Mit viel Mühe ist es mir dann über einen guten Bekannten in der VVB gelungen, die Sendung vom Zollpostamt noch herauszubekommen.« Wolfgang Beyer, *Das wissenschaftlich-technische Zentrum des Automobilbaus in Chemnitz/Karl-Marx-Stadt seit 1945*, unveröffentl. Ms., 1995, im Besitz des Autors

17 Alle Angaben bei Gudrun Arnold, *Windkanal Dresden-Klotzsche – Industrieaerodynamik für den Fahrzeugbau der DDR*, unveröffentl. Ms., 2000, im Besitz des Autors

18 *Zentrales Verordnungsblatt* (ZVOBl) vom 15. 9. 1948, S. 481

19 Walter Siepmann, *Die Erzeugniskennzeichnung des Fahrzeugbaues in den unmittelbaren Nachkriegsjahren und das Entstehen des Begriffes IFA für Fahrzeuge aus Ostdeutschland*, unveröffentl. Ms., 1995, im Besitz des Autors; ders., *Die Entwicklung des technischen Rechtsschutzes auf dem Gebiet der sowjetisch besetzten Zone Deutschlands und der DDR*, unveröffentl. Ms., 1995, im Besitz des Autors; Dr. Karl Hempel/Walter Siepmann, *Möglichkeiten und Grenzen in der Lizenzpolitik des Automobilbaues der DDR*, unveröffent. Ms., 1994, im Besitz des Autors

20 Vgl. Konrad von Freyberg, *Die Motorenentwicklungen im Automobilwerk Eisenach in den Produktionsetappen seiner Baumuster*, unveröffentl. Ms., 1998, im Besitz des Autors; ders., *Zuarbeit zur inhaltlichen Darstellung der Geschichte des Eisenacher Automobilbaues (1953–1991) im Automobilmuseum Eisenach*, unveröffentl. Ms. (Arbeitsfassung), 1998; Michael Stück, *100 Jahre Automobilbau in Eisenach*, Augsburg 1998

21 Man unterscheidet gegossene, geschmiedete und gebaute Kurbelwellen. Bei letzteren wer-

22 Karl-Heinz Brückner, *Die Geschichte des Zwickauer Automobilbaus seit 1945*, unveröffentl. Ms., 1994, im Besitz des Autors; Carl-Hans Morgenstern, *Die wassergekühlten Zweizylinder-Zweitaktmotoren der Pkw F 8 und P 70 und des Geräteträgers RS 08/15*, unveröffentl. Ms., 1994, im Besitz des Autors
23 Dr. Winfried Sonntag, *Lizenznahme und Produktion des VW-Motors der Typenreihe EA 111 durch den Automobilbau der DDR*, unveröffentl. Ms., 1994, im Besitz des Autors
24 Jochen Borrmeister, *64 Jahre Entwicklung und Herstellung von Klein- und Schnelltransportern in Sachsen Framo-Barkas*, unveröffentl. Ms., 1992, im Besitz des Autors; Heinrich Schmieder, ›60 Jahre Fahrzeugbau‹, in: *Dreizehnmal Auto*, Berlin 1989, S. 329–352
25 Günter Caspari, a.a.O.; Eckart Paslack, a.a.O.
26 Der Faktor für die Devisenrentabilität des W 50 betrug im Irak 0,9 für das Fahrzeug und 1,2 bis 1,4 bei den Ersatzteilen. Mitteilung von Dr.-Ing. Gerhard Zimmer.
27 Rudolf Richter, *Die Entwicklung des Nutzfahrzeugbaus der ehemaligen DDR im Zeitraum 1950 bis 1990*, unveröffentl. Ms., 1991, im Besitz des Autors
28 SäSTAC, VVB Automobilbau Nr. 20
29 Siegfried Sprenger, ›Wortmeldung zum Kraftfahrzeugbau in der DDR‹, wie Anm. 8, S. 32-34
30 Reinhard Blumenthal, *Die Geschichte der DDR-Traktorenindustrie*, unveröffentl. Ms., 1993, im Besitz des Autors
31 Günter Caspari, a.a.O.; ders., *Ergänzungen zum Manuskript*, 1998
32 Bei Investitionsvorhaben größer als 50 Millionen Mark musste die GE auch vom Ministerrat der DDR bestätigt werden, bevor mit der Arbeit begonnen werden durfte. Die GE musste der beantragende VEB erarbeiten und bedurfte der Bestätigung des Generaldirektors des Kombinats, des Ministers und musste durch den Minister im Ministerrat zur Bestätigung eingebracht werden. Eine GE setzte eine bestätigte Aufgabenstellung voraus. Die Bestätigung der Grundsatzentscheidung hing davon ab, welche wirtschaftlichen Ergebnisse erreicht werden sollten und ob sich alle zu diesem Zeitpunkt noch offenen Fragen bis zum Produktionsanlauf klären ließen. Die Länge der Rückflussdauer für die Investitionen und eine Devisenerlösverbesserung waren ebenfalls maßgebliche Kriterien. Eine solche Grundsatzentscheidung war häufig mehr als 100 Seiten A4 lang und enthielt viele Diagramme und Tabellen. Nach dem Ende der Realisierung musste sie durch Gegenüberstellung der Soll- und Istwerte abgerechnet werden. Die gesetzlichen Grundlagen hierfür bot die Verordnung über die Vorbereitung und Durchführung von Investitionen – Investitionsverordnung, in: GBl. der DDR II Nr. 95 vom 15. 10. 1964. Darüber hinaus galt für den Industriezweig besonders die Verfügung Nr. 3/81 über die Ausarbeitung von Vorlagen zur Bestätigung von Investitionsaufgabenstellungen und Investitionsgrundsatzentscheidungen im Industriebereich Allgemeiner Maschinen-, Landmaschinen- und Fahrzeugbau vom 13. 11. 1981.
33 Es handelte sich dabei um ein berüchtigtes DDR-Zuchthaus in der sächsischen Stadt Waldheim.
34 Im März 1987 wurde unter dem Oberbegriff »OPK Direktor« eine operative Personenkontrolle gegen Günter Caspari durch die zuständige Kreisstelle des Ministeriums für Staatssicherheit eröffnet. Dies geschah weil er der »Feindtätigkeit« beschuldigt wurde und »unter Verdacht stand, von Westfirmen korrumpiert worden zu sein«. Anlass für diese Aktivität der Stasi war der Vorwurf, dass Caspari sich geweigert habe, für das Ventilvorhaben eine Lizenz zu nehmen und statt dessen dafür eingetreten sei, den billigsten Anbieter – ein westdeutsches Unternehmen – zu wählen. Damit habe er die DDR um zehn Millionen Valutamark gebracht. Mit der bestandenen Labormusterprüfung und der erfolgreichen VW-Inspektionsprüfung schloss die MfS-Kreisstelle im Oktober 1988 die Akte.
Nach Mitteilungen von Günter Caspari, der am 26. 11. 1997 seine Stasi-Unterlagen einsah.
35 Diese Rekonstruktion hatte umfasst: die Fertigung des 4 VD 14,5/12-1 SRF; die Produktionsvorbereitung des 6 VD 13,5/12 SRF in der 1. Ausbaustufe mit 20 000 Stück im Jahr; die Produktionsvorbereitung für 4 Millionen Ventile für VW-Motoren; sowie einen Fertigungsausstoß der Fahrräder mit 100 000 Stück pro Jahr.
36 Eberhard Fritsche, *Die Geschichte des Dieselmotorenbaus in Cunewalde*, unveröffentl. Ms., 1998, im Besitz des Autors; ders., *Ergänzungen zum Manuskript*, 1998
37 Laut Eberhard Fritsche, ebenda, und Mitteilungen von Lothar Hildenhagen.

Nachdem am Abend des 9.11.1989 nach 28 Jahren die Berliner Mauer gefallen war, setzten sich schier endlose Autoschlangen – und keineswegs nur Trabbis – nach Westen in Bewegung (Bundesarchiv 183/1989/1110/38)

7 Ende und Anfang

Die »Anstalt zur treuhänderischen Verwaltung des Volkseigentums (THA)« – allgemein als Treuhand bekannt – wurde von der letzten Regierung der DDR am 1. März 1990 gegründet. Sie sollte die marode Staatswirtschaft zügig in die Eigentums- und Unternehmensverfassung der sozialen Marktwirtschaft überführen, sie also privatisieren. Außerdem hatte sie die Entwicklung wettbewerbsfähiger wirtschaftlicher Einheiten zu fördern, die Umstrukturierung und Sanierung der Betriebe in Unternehmen zu unterstützen sowie vorhandene Arbeitsplätze zu sichern und neue zu schaffen. Die Treuhand nahm am 15. März 1990 ihre Arbeit auf. Diese sollte sich auf der Grundlage eines Gesetzes vollziehen, das am 17. Juni 1990 von der Volkskammer der DDR verabschiedet wurde. Danach wurden der THA alle ungefähr 8 000 Betriebe übereignet, die zum größten Teil in 193 zentralgeleitete Kombinate, davon 126 in der Industrie, und 143 bezirksgeleitete Kombinate, davon 95 in der Industrie, gegliedert waren. Innerhalb der Treuhand hatte das Direktorat Fahrzeugbau[1] die zwölf Kombinate des Fahrzeugbaus, der Landtechnik und des Waggonbaus zu betreuen.

Zu den Haupthürden, die hierbei zu überwinden waren, gehörten vor allem die Rückstände der DDR-Wirtschaft hinsichtlich der Produktivität, veralteter Produkte und wegbrechender Absatzmärkte in Osteuropa.

Diese allgemeine Feststellung trifft nicht großflächig auf alle Betriebe im selben Maß zu. Gerade der Fahrzeug- und Dieselmotorenbau zeigte erhebliche Differenzierungen, wie die außerordentlich modernen und hochproduktiven Fertigungsanlagen im Motorenwerk Nordhausen im Gegensatz zum Nutzfahrzeugbau bei den Robur-Werken in Zittau zeigten. In einem Punkt stimmte aber die Feststellung für alle: Die mit der Währungsumstellung verbundene Aufwertung der Mark und die dem politischen Zusammenbruch des Sozialismus in den Volksdemokratien Mittel- und Osteuropas folgende rapide Verarmung in diesen Ländern ließ den bisherigen RGW-Markt in kürzester Zeit zusammenbrechen. Das traf in Deutschland hauptsächlich die bisherige DDR-Wirtschaft.

Angesichts der sich rasch beschleunigenden Entwicklung blieb der Treuhandanstalt zwar immer noch die Erfüllung der ihr gestellten Aufgaben, doch immer stärker verschob sich der Schwerpunkt. Nunmehr ging es darum zu retten, was noch zu retten war. Vor allem mußten die folgenden Problemfelder berücksichtigt werden:

- In Forschung, Entwicklung sowie in der Fertigung stellten besonders die sehr gut ausgebildeten, erfahrenen und unter den neuen Bedingungen zunächst auch hochmotivierten Mitarbeiter ein sehr hohes Gut dar.[2]
- Die Schwachpunkte waren Marketing und Vertrieb, Controlling und Logistik. Die schon zu DDR-Zeiten sehr nachteilige Trennung von Produktion und Distribution, ein zentrales Dogma der Planwirtschaft, erwies sich nun als existenzgefährdend, da westliche Unternehmen durch Übernahme des »gemeinsamen« Vertriebs den östlichen Partner quasi aushöhlen konnten und dies in vielen Fällen auch taten.[3] Das Fehlen jeder Controllinginstrumente verhinderte den Überblick über die Ergebniswirksamkeit der einzelnen Aufträge. Logistische Praxis in der DDR-Wirtschaft waren Glanzleistungen in der Beschaffung zum Ausgleich akuter Mangelerscheinungen, die ausreichende und möglichst noch größere Vorräte zur Überbrückung von Ausfällen zum Ziel hatte.[4]
- Alle Betriebe verfügten über Nebensegmente in erheblichen Größenordnungen, die keinerlei Beziehungen zum Kerngeschäft, dem Fahrzeugbau, besaßen. Dies erklärt sich aus den in der DDR üblichen Auflagen, Konsumgüter herzustellen, aus der Unterhaltung betriebseigener Bauabteilungen, was angesichts der zumeist auf Wohnungsbau ausgerichteten und viel zu geringen Kapazität der Bauwirtschaft nahezu unumgänglich war, sowie aus der umfangreichen

Mit der Produktionseinstellung des Trabants setzte die Legendenbildung ein (Ullstein Bilderdienst)

- betrieblichen Trägerschaft von Polikliniken, Kindertagesstätten und anderem.⁵
- Die Fertigungstiefe der Betriebe war viel zu hoch. Dies hatte sich im Lauf der Jahre entwickelt und verlief immer stärker gegen den international üblichen Trend der Reduktion. Denn die Finalisten mussten, da die Zulieferindustrie zu schwach war und um andere externe Mangelerscheinungen zu überbrücken, in immer größerem Umfang die Produktionsverantwortung selber übernehmen.

Trabant stehen in Zwickau zur Verladung aufgereiht (Archiv Gerhard Gerbeth)

- Die Kombinate erwiesen sich zuerst als überflüssig. Sie waren in den meisten Fällen zu groß – das IFA Pkw Kombinat war aufgrund der Mitarbeiterzahl nach Robotron das zweitgrößte Kombinat der DDR – und waren als Holding mittlerweile überflüssig, da die Erwerber selbst über eine solche Dachgesellschaft verfügten; andererseits waren aber gerade diese ehemaligen Kombinatsleitungen für geregelt ablaufende Übergänge und für die Privatisierungen außerordentlich nützlich.

Wie tiefgreifend der Wandel nach der Wende wirklich werden sollte, begriffen die Automobilbauer schon bald. Niemand wollte die Autos mehr kaufen, die sie Tag für Tag weiterhin vom Band laufen ließen. Die ersten Notsignale sendete der IFA-Vertrieb aus. Der Absatz war gegen Null gesunken, die Lager quollen über – man benötigte keinen Nachschub mehr. Infolge der Auflösung der sozialistischen Wirtschaftsordnung mit ihrer Trennung von Produktion und Absatz löste sich im März 1990 zuerst die selbstständige Verkaufsorganisation auf. Damit waren die Herstellerbetriebe, die immer noch den Status Volkseigener Betriebe besaßen, mit einer völlig neuen Situation konfrontiert: Sie mussten nun ihre Autos selber verkaufen.

Die Voraussetzungen dafür konnten kaum schlechter sein. Die Pkw-Bestellungslisten in Millionenhöhe hatte sich bereits im Januar 1990 innerhalb von drei Wochen in Nichts aufgelöst. Die DDR-Bürger bevorzugten hauptsächlich »West-Wagen«, sehr zur Freude der Gebrauchtwagenhändler, die in diesen Monaten ihre ältesten Ladenhüter losschlagen konnten. Die dem DDR-Automobil-Erwerb seit Jahren anhängende Frustration entlud sich in Zuwachsraten im Automobilbestand in der DDR, die in der Verkehrsgeschichte ohne Beispiel waren.⁶ Die Exporthoffnungen für die Fahrzeuge aus Eisenach und Zwickau richteten sich vor allem auf den Osten. Sie zerstoben aber mit der Währungsunion jäh – die Abnehmer in Mittel- und Osteuropa konnten die Preise in DM nicht mehr bezahlen. So blieb als einziger Ausweg nur die Hoffnung auf einen starken Partner aus der Automobilindustrie in den sogenannten alten Bundesländern. Am stärksten war hierbei bereits Volkswagen im Raum Chemnitz und Zwickau dank des Motorendeals anno 1984 präsent. BMW schied aufgrund der vorher errichteten Standorte Regensburg und Wackersdorf als Partner für ein weiteres Werk in Eisenach aus. Die BMW AG errichtete stattdessen in der Nähe ein neues Werk zur Produktion von Umformwerkzeugen für den Karosseriebau. Opel engagierte sich für den Ausbau der AWE-Standorte, und Mercedes-Benz konzentrierte sich ausschließlich auf den Lkw-Bau im Großraum Ludwigsfelde.

Die Entwicklungsaussichten für den Fahrzeugbau sahen alles andere als rosig aus. Dennoch konnte sich diese Branche besser entwickeln, als allseits erwartet worden war. Dafür waren vor allem folgende Punkte ausschlaggebend:

- Die Mitarbeiter in den Unternehmen erwiesen sich als überaus tüchtig, fleißig und legten eine Flexibilität im Einsatz an den Tag, die selbst für westliche Verhältnisse ungewohnt war;
- Die Nachfrage nach Fahrzeugen erlebte in Deutschland bis 1992 ein von der Sondernachfrage aus den neuen Bundesländern gespeistes Zwischenhoch;
- Wegen des gewaltigen Absturzes der Fahrzeugfertigung in der DDR sahen sich hier viele Hersteller nach neuen Aufgaben um.

Die Hauptaufgabe des Managements der IFA Pkw AG bestand darin, den Zufluss von Subventionen für die Herstellerwerke von Wartburg und Trabant zu sichern, ohne die eine Fahrzeugfertigung an diesen Standorten nicht mehr gewährleistet werden konnte. Außerdem mussten Kontakte zu Investoren geknüpft werden, denen es dann als sachkundiger Partner zur Seite stand. Dies gelang sicherlich nicht in allen Fällen, in einigen anderen allerdings ganz offensichtlich besonders gut. Denn diese wurden zur Initialzündung des Neuaufbaus der Fahrzeugfertigung in den neuen Bundesländern – VW in Zwickau/Mosel und Opel in Eisenach.

Für das ersterwähnte Projekt war der letzte IFA-Generaldirektor und Chef der IFA Pkw GmbH, Dieter Voigt, verantwortlich. In Eisenach war dies auf eigenständige Anstrengungen der aus dem IFA-Verband ausgeschiedenen Automobilwerke zurückzuführen.

Noch in den ersten Wendetagen hatte die Volkswagen AG am 22. Dezember 1989 gemeinsam mit dem IFA Pkw-Kombinat die IFA VW GmbH mit Sitz in Wolfsburg gegründet. Mit dem Auslaufen der Fertigung des Trabant begann in den dortigen Sachsenring Fertigungsstätten am 21. Mai 1990 die Polo-Produktion, ab Februar 1991 ergänzt durch den Golf II. Im Dezember 1990 war die Volkswagen Sachsen GmbH als hundertprozentige VW-Tochter gegründet worden. Sie plante und realisierte von nun an den gesamten Werksaufbau in Mosel. Der Planungshorizont lag zunächst bei rund 100 000 Pkw pro Jahr. Im September 1991 lief in Mosel die Polo-Fertigung aus, und mit der Umstellung des Werkes auf den Golf III im Juli 1992 bildete dieser den ausschließlichen Produktionsgegenstand. Zur selben Zeit

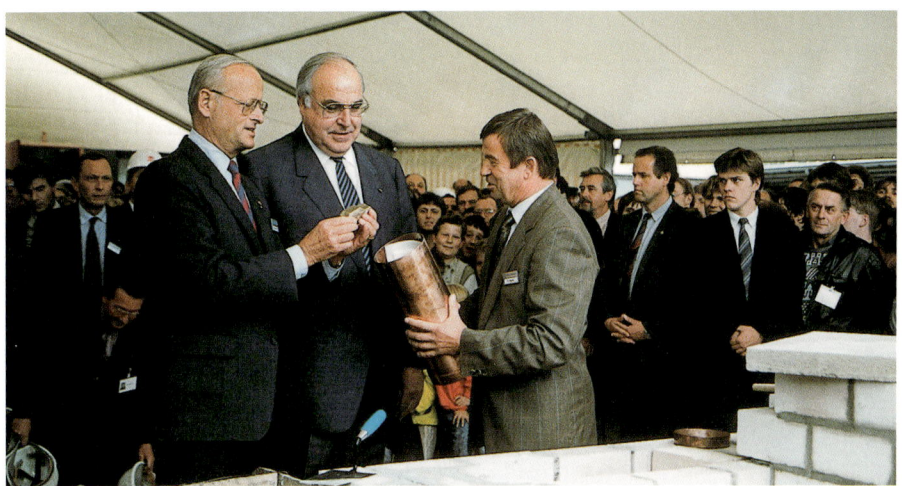

Am 26.9.1990 legten Bundeskanzler Helmut Kohl und VW-Chef Carl Hahn in Mosel den Grundstein für eine neue Automobilfabrik (Archiv VW Sachsen)

begann VW Sachsen mit der Veränderung der Fertigungsorganisation. Zahlreiche Einzelteile wurden bei einem externen Zulieferer zu einem Modul zusammengefasst und ohne Zwischenlagerung just in time ans Montageband geliefert. Je umfassender sich dieses Prinzip durchsetzte, desto mehr Zulieferer etablierten sich im Einzugsbereich des Werks. Dabei wurde bewusst zugunsten einer Dezentralisierung der Lieferanten- und Dienstleistungsstandorte in der gesamten Region auf einen sogenannten Industriepark verzichtet. 1998 wurden jeweils fünfzehn Module für Passat und Golf von Herstellern in der Region produziert und taktgenau angeliefert. Die Fertigungstiefe erreichte damit bei VW Sachsen weniger als zwanzig Prozent.[7]

1996 kam der Passat B 5 ins Moseler Fertigungsprogramm, und seit 1997 rollt der Golf IV hier vom Band. Mit Hilfe modernster Produktionsanlagen und auf der Grundlage weltweit zunehmender Nachfrage konnte 1998 verglichen mit dem Vorjahr 1997 die Fertigung mehr als verdoppelt werden. 1999 verließ schließlich der 1 000 000ste VW das Werk in Mosel. Mit einem Umsatz von über sechs Milliarden DM war VW Sachsen damit zum umsatzstärksten Wirtschaftsunternehmen in den neuen Bundesländern geworden (vgl. Anlage C 08).[8]

Alle in Mosel eingebauten Motoren kamen aus dem Chemnitzer Motorenwerk, dessen Installationen für modernen Motorenbau in den achtziger Jahren für Aufregung gesorgt hatten. Im Sommer 1988 hatte diese Fertigung eingesetzt; sie erreichte bis 1991 rund 200 000 Rumpfmotoren, die seit November 1989 in den VW-Fertigungsverbund geliefert wurden. Seit 1992 gehörten die Motorenwerke Chemnitz GmbH zur VW Sachsen GmbH, und ein neues Werk wurde an jenem Standort errichtet, wo ehemals rund 3,5 Millionen Zweitaktmotoren entstanden waren (vgl. Anlage C 11).

Der Bauzustand des Werkes im April 1992 (Archiv VW Sachsen)

Das Volkswagenwerk in Zwickau/Mosel, 1999 (Archiv VW Sachsen)

Für die Zylinderkopffertigung in Eisenach war die Anlage bis 1996 in Betrieb zu halten. Entsprechend übernahm per 1. April 1996 das Zulieferunternehmen Rege Motorenteile GmbH von VW sämtliche Einrichtungen, nachdem vorher die Eisenacher Montagelinie für Zylinderköpfe sowie die Anlagen für die Nockenwellenfertigung nach Chemnitz verlagert worden waren. Rege blieb weiterhin VW-Zulieferer.[9]

Nachdem seit 1995 in Chemnitz auch Vierventil-Zylinderköpfe entstanden, umfasste die Produktpalette mehrere Motorenbaureihen von 1 bis 1,9 l Hubraum in Otto- beziehungsweise Dieselausführung sowohl als Rumpfmotor als auch als Komplettaggregat. Auch Dieselmotoren wurden seither in Chemnitz produziert. Seit 1996 galt dies auch für den 1,0 und 1,4 l Aluminium-Motor, zwei Aggregate einer völlig neuen Baureihe.

Zehn Jahre nach der Wende hat sich die Automobilproduktion in der Zwickauer Region in etwa verdreifacht. Im Umfeld haben sich viele Zulieferer etabliert und entsprechende leistungsstarke Zweigwerke gegründet. Auch neue mittelständische Unternehmen mit beachtlichem Volumen sind unter bewusster Bezugnahme auf traditionell vorhandene Kräfte entstanden. Ein typisches Beispiel dafür bietet die Unternehmensentwicklung unter dem Zeichen Sachsenring. Der VEB Sachsenring war 1991 von der Treuhand in die Sachsenring Automobilwerke Zwickau GmbH überführt worden, deren Liquidation im Dezember 1993 beschlossen wurde. Diese AWZ GmbH hatte vorher die Sachsenring Automobiltechnik GmbH gegründet und ihre Geschäftsanteile daran den Brüdern Ulf und Wilhelm Rittinghaus verkauft. Diese erwarben im Januar 1994 Teile der in Liquidation befindlichen AWZ GmbH und formten daraus ein mittelständisches Unternehmen der Fahrzeugsystem- und Produktionstechnik. Zu den Unternehmens-

Am 9.7.1999 lief in Zwickau/Mosel der 1 000 000ste Volkswagen aus Sachsen vom Band (Archiv VW Sachsen)

feldern gehören Fahrzeugtechnik, Produktionstechnik sowie Forschung und Entwicklung. Das Unternehmen zählt mit über 1350 Mitarbeitern zu den größten Arbeitgebern in Zwickau und wurde im Herbst 1997 in eine Aktiengesellschaft umgewandelt. Zu diesem Unternehmen gehört mittlerweile auch die übernommene Trasco Fahrzeugbau GmbH, die zu den führenden Entwicklern und Herstellern von Personenschutz-Fahrzeugen zählt. Besondere Schwerpunkte der Sachsenring Automobiltechnik liegen in der Entwicklungstätigkeit, die sich bis zum Angebot und der Übergabe serienreifer Produkte erstreckt. Aufsehen erregte Sachsenring mit dem Hybridfahrzeug Uni 1, das unter dem Sachsenringemblem der Öffentlichkeit vorgestellt wurde.[10]

Im Bemühen, die in Südwestsachsen konzentrierten Entwicklungs- und Versuchspotenziale auf alle Fälle zu bewahren, wurde am 1. November 1990, hervorgehend aus dem bisherigen WTZ, in Chemnitz die Ingenieur-Gesellschaft Auto und Verkehr IAV Motor GmbH als hundertprozentige Tochter des gleichnamigen Unternehmens in Berlin gegründet. Ziel war der Aufbau eines Entwicklungsdienstleisters mit Schwerpunkt auf Verbrennungsmotoren. Von 69 Mitarbeitern im Gründungsjahr ist die Zahl der Arbeitsplätze 10 Jahre später auf über 300 angestiegen. Mit hochmoderner Ausstattung arbeitet das Institut mit sechzehn Motorenprüfständen, Kältekammer, Abgas-Messrolle und weiteren Prüfständen. Der Sitz der Gesellschaft ist die Kauffahrtei. Hier befand sich früher die Zentrale Versuchs-Abteilung der Auto Union.

Aus dem Konstruktionsbüro des VEB Sachsenring entstand 1992 die Fahrzeug-Entwicklung Sachsen GmbH (FES), die 120 von vormals 330 Mitarbeitern übernahm. Die Ausscheidenden nahmen das Altersübergangsgeld in Anspruch, wurden zu einer Beschäftigungsgesellschaft transferiert, zogen in die alten Bun-

Das Motorenwerk Chemnitz während des Abrisses, Zustand März 1992 (Archiv VW Sachsen)

Die Motorenfertigung Chemnitz der Volkswagen Sachsen GmbH, 1999. Am linken Bildrand ist im Straßenbogen der Kauffahrtei das unter Denkmalschutz stehende ZVA-Gebäude der Auto Union zu erkennen, das heute Sitz der IAV GmbH ist, unten rechts das Verwaltungsgebäude der ehemaligen Auto Union AG (Archiv VW Sachsen)

Motorenmontage im Chemnitzer Motorenwerk der VW Sachsen, 1999/2000 (Archiv VW Sachsen)

Ende und Anfang

Ein Beispiel deutsch-deutscher Zusammenarbeit – das Wohnmobil von Karmann. Es entstanden zwei Musterfahrzeuge mit Durchgang vom Fahrerhaus zum Wohnraum (einmal mit drehbarem Fahrersitz). Mit VW-Motor und 58 PS/43 kW Höchstleistung war das Fahrzeug allerdings untermotorisiert, wünschenswert wäre ein leistungsstärkerer Dieselmotor gewesen (Foto: Carl-Hans Morgenstern)

Auf Initiative von Barkas entstand in Zusammenarbeit mit Westfalia die Studie eines Family-Fahrzeugs auf der Basis eines B 1000-Kombifahrzeugs. Es wurde im Frühjahr 1991 auf der AAA in Berlin auf dem Stand von Westfalia ausgestellt. Mit kompletter Ausstattung war ein Preis von ungefähr 35 000 DM avisiert (Foto: Carl-Hans Morgenstern)

Den Uni 1 präsentierte Sachsenring 1996 als überzeugenden Nachweis des innovativen Entwicklungspotenzials (Foto: Aufnahme des Werks Sachsenring)

desländer um oder wechselten zu anderen Firmen der Region. Nachdem die Rezession der Jahre 1992 bis 1994 überstanden war, nahmen die Beschäftigtenzahlen rasch zu. 1998 erreichte sie 535 Mitarbeiter – so viel wie nie zuvor. Arbeitsfelder des Unternehmens sind Entwicklung und Konstruktion, Versuchsbau, Versuch und Prüffeld, technische Dokumentation und Qualitätssicherung. In der Referenzliste finden sich unter anderem Audi, BMW, Daimler-Benz, Volkswagen und Škoda.[11]

Die Stärke auch dieses Unternehmens beruht darauf, dass hier ein bereits vorhandenes Entwicklungspotenzial ausgebaut und weitergeführt worden ist und seine Vorzüge mit modernstem Instrumentarium zur Entfaltung bringen kann. Im Gegensatz zur größtenteils maroden Fertigung der am Standort arbeitenden Industrie erwies sich ihr Entwicklungspotenzial als überaus überlebens- und wachstumsfähig. In puncto Leistung und vor allem Anzahl der Mitarbeiter sind die Zahlen früherer Jahre längst übertroffen worden.

Interessante Rückschlüsse erlaubt ein Vergleich der im Automobilbau Beschäftigten im Stammbetrieb des VEB Sachsenring in Zwickau.[12] Vor der Wende, im Jahr 1988, waren hier 11 927 Arbeitskräfte beschäftigt. Davon waren allerdings allein 1472 Mitarbeiter in der Bauabteilung des Betriebes tätig und 1078 Arbeitskräfte zählte der Werkzeug- und Maschinenbau. Dessen Aufgabe bestand ausschließlich darin, Maschinen und Rationalisierungsmittel herzustellen, die die einschlägige Industrie nicht bereitstellen konnte. 512 Mitarbeiter waren in sozialen Einrichtungen, zum Beispiel Kindergärten, Ärztehaus etc., und in gesellschaftlichen

Das Domizil der IAV GmbH ist das Gebäude, das 1937 für die Zentrale Versuchs-Abteilung der Auto Union errichtet wurde (Foto: Brückner und Fuchs)

Einrichtungen – Klubhäuser, Sport u.a. – tätig. Lässt man diese nicht zum eigentlichen Kerngeschäft des Automobilbaus zählenden Bereiche einmal außer Betracht und vergleicht die verbleibende Anzahl mit der Mitarbeiterzahl, die im eigentlichen Automobilbau beschäftigt waren, dann zeigt sich, dass heute in diesem Bereich mehr Menschen einen Arbeitsplatz haben als jemals vor der Wende: 8865 Mitarbeiter ehemals – heute (Stand: 1998) 9441 (vgl. hierzu Anlage C 09).

Auch bei den Automobilwerken in Eisenach konzentrierte die Betriebsdirektion anfangs ihre Hoffnungen auf den mit der Zylinderkopffertigung für den Rumpfmotor der Alpha-Baureihe am Standort bereits vertretenen VW-Konzern. Das Wolfsburger Angebot sah – analog zu Zwickau mit Polo und Golf – für die Thüringer die Fertigung von Jetta und Passat oder Audi vor. Auch die Stückzahl von 100 000 entsprach der Dimension des sächsischen VW-Engagements.

Inzwischen hatte Opel und insbesondere der Vorstandsvorsitzende Louis Hughes verstärkt Interesse am Eisenacher Werk signalisiert. Nach IFA-internen Querelen erklärte die AWE-Direktion den Austritt aus dem IFA-Kombinatsverband und verkündete gleichzeitig den Entschluss, künftig mit Opel kooperieren zu wollen, da die von Wolfsburg offerierten Stückzahlen zu gering seien und nach Auffassung der AWE-Geschäftsführung eine wirtschaftliche Arbeitsweise nicht erlauben würden.[13] Im März 1990 verabschiedete sich AWE auch aus der IFA-VW GmbH und gründete am 26. März 1990 die Opel-AWE-Personenwagen GmbH. Das erklärte Ziel bestand in der Errichtung einer neuen Automobilfabrik für 200 000 Fahrzeuge pro Jahr.[14]

Vorerst wurde aber in Eisenach der Wartburg 1.3 weitergebaut, wenn auch mit reduzierter Stückzahl. Für den laufenden Betrieb waren Zuschüsse von 3000,– DM pro Pkw für insgesamt 50 000 Stück von der Treuhand zugesichert worden. Das reichte nicht aus. Zudem waren die Produkte nur mit starken Preisnachlässen absetzbar. Im Dezember 1990 legte daher die Treuhand für die Fertigung des Wartburg 1.3 beim Automobilwerk Eisenach GmbH die Fortsetzung mit

Arbeiter aus Mozambique waren in Eisenach bis zum Ende an der Endmontage beteiligt; 1990 waren es noch 461 (Archiv Michael Stück)

nur noch 14 400 Stück bis 30. Juni 1991 fest. Die Zuschussleistung war mittlerweile auf 5 000,– DM pro Pkw angewachsen. Das erforderte 75 Millionen DM nur zum Ausgleich von Betriebsverlusten. Nachdem die Stützungssumme aber tatsächlich mehr als 7 000,– DM erreicht hatte, war das Ende unvermeidbar.

Der Versuch, mit einem verbesserten Wartburg wenigstens etwas am Markt präsent zu bleiben, schlug fehl. Der mit Hilfe der schwäbischen Irmscher Tuning Gesellschaft aufpolierte Wartburg konnte nicht verkauft werden. Die Treuhand legte daher das Fertigungsende auf den 31. Januar 1991 fest. Angesichts von Mitarbeiterprotesten ließ es sich noch bis zum 10. April hinauszögern. Dann war in Eisenach Schluss. Der letzte Wartburg fuhr vom Band direkt ins Museum.

Im Oktober 1991 lief in Eisenach zunächst die Vectra-Fertigung an, und zugleich begannen die Bauarbeiten für das neue Opel-Werk in Eisenach-West. Die Zylinderkopffertigung für VW blieb an ihrem Standort und gehörte zunächst auch weiterhin zur Volkswagen Sachsen GmbH.

Der letzte Wartburg 1.3 fuhr vom Band direkt ins Museum (Archiv Michael Stück)

Ende und Anfang

Das neue Opel-Werk unterhalb der Wartburg in Eisenach (Archiv Opel Eisenach)

Am 23. September 1992 wurde das neue Opel-Werk in Eisenach eingeweiht – die Automobilfertigung an traditionsreicher Stätte hatte wieder begonnen. Ab 3. Juni 1993 lief der Opel Corsa zusätzlich in Eisenach vom Band. Bis April 1995 wurden insgesamt bereits 250 000 Opelwagen in der Stadt an der Wartburg hergestellt. Hinzu kam im April 1998 der Opel Astra, von dem noch in diesem Jahr 45 000 Stück ausgeliefert werden konnten (vgl. Anlage B 06). Außerdem wurden 133 000 Corsa fertiggestellt. Das Entscheidende dieser Fertigung von Opel in Eisenach war vor allem, dass hier Technologien im Sinne der Lean Production entwickelt und dem weltweit agierenden GM-Verband zugänglich gemacht worden sind. Opel Eisenach gilt seit Ende der neunziger Jahre als produktivstes Automobilwerk Europas.

Auch in der Region Eisenach haben sich mit dem Wachstum dieser Fertigung wieder Zulieferer angesiedelt. Einer der traditionell in Thüringen stark Verwurzelten war und ist FER Fahrzeugelektrik GmbH in Eisenach.[15]

Nach der Privatisierung 1990 engagierte sich Bosch sehr stark und übernahm die Scheinwerfer- und Wischermotorenfertigung sowie den Rationalisierungsmittelbau und die Lehrausbildung. Der verbliebene Rest wurde als Management Buy-Out (MBO) mit Wirkung zum 1. Januar 1992 an das bisherige Management verkauft. Seitdem hat FER weltweit wieder Fuß gefasst, stellt Fahrradlichtanlagen her und ist als Entwicklungslieferant auf dem Gebiet der Fahrzeugelektrik tätig. Praktisch zählen die gesamte deutsche Automobilindustrie und bedeutende Hersteller von Skandinavien bis Japan zu den Geschäftspartnern des Thüringer Werkes. Der Exportanteil erreichte 40 Prozent und mehr, 560 Mitarbeiter haben wieder einen sicheren Arbeitsplatz.

Die Produktion von Fahrzeugen der Marke Opel erfolgt in Eisenach nach modernsten Fertigungsprinzipien (Archiv Opel Eisenach)

Wie bei den Pkw-Herstellern führte auch für die 48 Betriebe des NKW Kombinats der Zusammenbruch des Exportgeschäfts und der Einbruch des Absatzes im Inland zum Ende. Dabei machte sich das Fehlen einer Vertriebsorganisation besonders schmerzlich bemerkbar.

Anders als bei den Personenwagen waren aber die Verhältnisse bei den Lkw-Herstellern sehr unterschiedlich. In Ludwigsfelde arbeitete ein modern ausgestatteter, äußerst leistungsfähiger Betrieb, während für Robur in Zittau fast das genaue Gegenteil zutraf. Dritter Nutzfahrzeugproduzent waren die Fahrzeugwerke Waltershausen mit dem Multicar, der für eine auch international interessante Marktnische auf die Räder gestellt wurde, die von den großen Herstellern damals noch vernachlässigt wurde.

In Ludwigsfelde fuhr Ende 1990 der letzte W 50 vom Werkshof – trotz einer noch spürbaren, aber letztlich zu geringen Nachfrage aus Südamerika und den Entwicklungsländern. Ende 1989 nahm die Kombinatsleitung von IFA-Ludwigsfelde zusammen mit der Außenhandelsfirma Transportmaschinen zunächst Kontakte zur Firma MAN zum Zweck einer Kooperation auf. Die Gespräche wurden Anfang 1990 eingestellt, da inzwischen mit der Mercedes-Benz AG analoge und erfolgversprechendere Kontakte angebahnt worden waren. Am 12. März 1990 wurde ein Memorandum of Understanding unterzeichnet, mit dem die Absicht zur Produktion von Nutzfahrzeugen in Ludwigsfelde erklärt wurde.

Am 3. Mai 1990 stellten die Ludwigsfelder Entwickler den Prototyp eines L 60-Fahrgestells mit Mercedes Benz-Fahrerhaus der leichten Klasse vor, das besonders für die Ostmärkte zunächst positiv bewertet wurde. Wenig später fiel jedoch aufgrund des Wegbrechens auch dieser Märkte und der geringen Kaufbereitschaft in der DDR für die eigenen Produkte die Entscheidung, dieses Konzept fallenzulassen. Schließlich kam es am 5. Oktober 1990 zu einem Vertrag zwischen der Treuhandanstalt und der Mercedes-Benz AG, nachdem bereits das IFA-Kombinat Nutzkraftwagen aufgelöst und im Juni desselben Jahres die IFA-Automobilwerk Ludwigsfelde GmbH unter Treuhandverwaltung gegründet worden waren.

Dieser Kooperationsvertrag bekräftigte nochmals die Absicht der Mercedes-Benz AG zur Lkw-Fertigung im Raum Ludwigsfelde. Als Übergang kündigte man die Montage leichter/mittlerer Mercedes Benz-Lkw im Lohnauftrag an. Außerdem wurde eine Personalanpassung bis Anfang 1992 auf rund 1500 Beschäftigte festgeschrieben. Ende Oktober waren in Ludwigsfelde noch 6906 Mitarbeiter beschäftigt, davon bereits 1774 in »Kurzarbeit Null«.

Am 1. Februar 1991 wurden die Nutzfahrzeuge Ludwigsfelde GmbH (NLG) und die Entwicklungsgesellschaft für Kraftfahrzeugtechnik Ludwigsfelde[16] mit 150 Beschäftigten (EGL) aus der IFA-Automobilwerk Ludwigsfelde GmbH ausgegründet. Die Anteile der Treuhand beliefen sich auf 75 Prozent, die von Mercedes-Benz AG auf 25 Prozent.

Am 8. Februar 1991 wurde in Ludwigsfelde der erste Mercedes-Benz-Lkw Typ LK 814 montiert. Drei Monate später lief der Fahrerhausrohbau an. Im September 1991 begann zusätzlich die Montage von Transportern T 2, deren Produktion in der Folge komplett von Düsseldorf nach Ludwigsfelde verlagert wurde.[17] Damit zusammenhängend wurde 1994 die Montage von Lkw der leichten Reihe LK nach Wörth rückverlagert.

Der letzte im IFA-Automobilwerk Ludwigsfelde gebaute Prototyp, ein L 60-Fahrgestell mit einem LK-Fahrerhaus der Mercedes-Benz AG. Es war im Frühjahr 1990 ein letzter Versuch, den L 60 mit modernem Fahrerhaus in Ludwigsfelde besonders für die Ostmärkte weiterhin zu produzieren. Das Wegbrechen dieser Märkte setzte diesen Hoffnungen ein Ende (Archiv IFA Versuch)

Der Mercedes-Benz Grosstransporter VARIO – hier als Kipper – aus dem aktuellen Ludwigsfelder Produktionsprogramm. Aufnahme auf der Verwindungsbahn des früheren Versuchsgeländes in Horstwalde (Archiv DaimlerChrysler Ludwigsfelde)

Am 1. Dezember 1993 wurde ein neuer Vertrag zwischen der Mercedes-Benz AG und der Treuhandanstalt unterzeichnet.

Damit wurden ab 1. Januar 1994 NLG und EGL hundertprozentige Töchter der Mercedes-Benz AG. Gleichzeitig wurde Ludwigsfelde die volle Produktverantwortung für ein eigenständiges Marktsegment »Transporter 4,5–7,5 t« übertragen. Für diesen Schritt dürfte auch das große Engagement der Ludwigsfelder und der hohe Qualifikationsstand mit ausschlaggebend gewesen sein. Das drückte sich bereits nach kurzer Zeit in einer hohen Produktivität und einer Flexibilität aus, die teilweise über der anderer Standorte des Konzerns lag. Gutes Niveau und hohe technische Leistungsfähigkeit charakterisierte auch die EGL-Dienstleistungen für Bereiche der Daimler-Benz AG und andere Auftraggeber.

Am 1. Juli 1996 erfolgte der Serienanlauf des weiterentwickelten T 2 mit der Typbezeichnung VARIO, für den auch das Pflichtenheft in Ludwigsfelde entstanden war.

Am 1. Juli 1997 verschmolzen NLG und EGL zur Daimler-Benz Ludwigsfelde GmbH.

Ende 1998 waren im neustrukturierten Produktleistungszentrum der inzwischen in DaimlerChrysler Ludwigsfelde umfirmierten GmbH rund 1150 Angestellte und im Entwicklungs- und Vorbereitungszentrum EVZ etwa 180 Mitarbeiter beschäftigt. Im Betrieblichen Bildungswesen werden jährlich etwa 200 Lehrlinge ausgebildet.

Bis Ende 1999 wurden in Ludwigsfelde 103 279 Mercedes-Fahrzeuge gefertigt, davon:

1991 bis 1994	24 799 Lkw vom Typ LK,
1991 bis 1996	48 195 Transporter T 2,
1996 bis 1999	30 285 Transporter Vario.

Für Sanierung und Modernisierung der Produktionsanlagen wurden in dieser Zeit über 300 Millionen DM investiert.

Nach einem DaimlerChrysler-Vorstandsbeschluss vom Dezember 1998 begann 1999 die Vorbereitung für die Produktion eines CompactVan mit der Bezeichnung VANEO in Ludwigsfelde. Am 20. September war Richtfest für die Produktionshalle der Rohbaukarosserien. Bis zum Produktionsanlauf 2001 sollen insgesamt bis zu 500 Millionen DM investiert werden, unter anderem auch für eine moderne Lackieranlage. Damit hat der Standort Ludwigsfelde eine gute Zukunftsperspektive.

Engagiert hat sich in Ludwigsfelde auch die Thyssen AG mit der Übernahme der Presserei und des Werkzeugbaus einschließlich rund 680 Mitarbeiter (Stand: Januar 1999). In der Thyssen Umformtechnik GmbH werden vor allem Karosserieteile für die Volkswagen AG und die DaimlerChrysler Ludwigsfelde GmbH gefertigt.

In Waltershausen gab es diesen Einbruch – Einstellung der bisherigen traditionellen Fertigung und Übernahme durch finanz- und entwicklungsstarke Partnerunternehmen – nicht, vielmehr konnte hier – und das war einmalig im Fahrzeugbau der DDR – die bisherige Produktion weitergeführt werden.[18] Am 1. 5. 1990 erlangte der VEB Fahrzeugwerk Waltershausen durch Umwandlung in eine Kapi-

Heutige Fertigungsanlagen der DaimlerChrysler Ludwigsfelde GmbH. Die 1964/65 errichtete Montagehalle einschließlich Presserei für die W 50-Produktion wurde inzwischen saniert und für die VARIO-Fertigung eingerichtet. In den hinteren drei erhöhten Hallenschiffen produziert die Thyssen Umformtechnik Ludwigsfelde GmbH. In den ebenfalls sanierten Gebäuden rechts im Vordergrund erfolgt das Fertigmachen und Ausliefern der Fahrzeuge, links befindet sich das Verwaltungsgebäude der DCLU (Archiv DaimlerChrysler Ludwigsfelde)

Der neue CompactVan von Mercedes-Benz mit der Bezeichnung Vaneo wird ab 2001 in Ludwigsfelde produziert werden. Er liegt im Gewichtssegment unter 2 t, baut auf der A-Klasse auf, hat aber einen verlängerten Radstand (Archiv DaimlerChrysler Ludwigsfelde)

talgesellschaft unter dem Namen Multicar Spezialfahrzeuge GmbH Waltershausen seine Eigenständigkeit.

In einer Übergangsphase musste die Produktion des M 25 bis Anfang 1991 weitergeführt werden. Aber im wesentlichen waren die einzelnen Etappen der Weiterentwicklung bereits deutlich vorgezeichnet, es war klar, wie sich eine Erneuerung des Erzeugnisses und gleichermaßen die Entwicklung des Betriebes fortsetzen sollte.

Ein großer Vorteil im Erzeugnisaufbau bestand darin, dass ein schlanker Produktionsaufbau günstige Voraussetzungen bot, niedrige Produktionskosten zu erzielen, und dass unter den neuen, marktwirtschaftlichen Bedingungen der Zukauf von Teilen und Baugruppen unproblematisch war. Sämtliche Möglichkeiten einer Qualitätsverbesserung, einer Erhöhung der Zuverlässigkeit, des Angebots spezieller Varianten, aber auch die günstige Beeinflussung der Kosten ließen sich durch das umfangreiche Angebot der Zulieferindustrie ausschöpfen.

Dabei gelang es den Mitarbeitern in Waltershausen mit einem sehr großen Elan, die Angebote der Zulieferbetriebe mit Hilfe neuer Technologien und Produktionsverfahren in erstaunlich kurzen Entwicklungszeiten in kundenwirksame Angebote umzusetzen. Auch für große Unternehmen, wie beispielsweise das Volkswagen-Werk, war es verblüffend, dass innerhalb eines Jahres der neue VW-Motor als Antriebsquelle für den Multicar serienreif war und ab April 1991 verkaufsfähige Fahrzeuge antrieb.

Die Teamarbeit mit dem Zulieferanten brachte einen enormen Schub in der Entwicklung. Dabei bestand die schwierigste Aufgabe darin, die einzelnen Entwicklungskomplexe in einzelne Abschnitte zu ordnen und mit dem Partner abzustimmen. Nachdem in der ersten Etappe das am vorhandenen Erzeugnis Machbare abgestimmt und in Serie überführt worden war, bestand die zweite Etappe darin, größere und bereits längere Zeit in der Entwicklung vorbereitete Komplexe zur Serienreife zu bringen. Hierzu gehörte ein neuentwickeltes kippbares Fahrerhaus, aber auch neue Achsen mit Scheibenbremse und vor allem eine leistungsfähige 3-kreisige Arbeitshydraulik. Es waren zweifelsohne gewaltige Anstrengungen notwendig, um diese umfangreichen Veränderungen, die auch große Umgestaltungen in der Fertigung hervorriefen, in der zweiten Hälfte des Jahres 1992 in die Serienfertigung zu überführen.

Auch die weiteren Entwicklungsetappen waren klar vorgezeichnet, und der Markt übte mit entsprechenden Forderungen Druck aus. Insofern war die dritte Etappe logisch mit den Forderungen des Marktes verknüpft, das Fahrzeug im Leistungsvermögen zu steigern. Vor allem wurde eine leistungsstarke Antriebsquelle im Fahrzeug benötigt. Gemeinsam mit dem Zahnradwerk Leipzig und dem Entwicklungszentrum Porsche erfolgte die Entwicklung eines neuen 5-Gang-Wechselgetriebes. Dessen kompakter modularer Getriebeaufbau gestattet mehr als acht verschiedene Getriebevarianten. Damit wurden die Voraussetzungen geschaffen, dass am Markt ein durchgängiges Angebot von Fahrzeugen mit Hinterachsantrieb, Allradantrieb, mit Kriechgang sowie mit umfassenden Hydraulikantrieben zur Verfügung stand. In dieser dritten Etappe wurden auch bedeutende Veränderungen in der Innenraumgestaltung des Fahrerhauses vorgenommen. Diese brachten vor allem für das Fahrpersonal mehr Komfort. Gleichzeitig wurde eine verbesserte servounterstützte Lenkung im Fahrzeug serienmäßig eingebaut.

Im ersten Jahrzehnt nach der Wende ist es hier zweifellos gelungen, den modularen Aufbau des Erzeugnissystems so auszubauen, dass heute auf einer Fer-

Das Multicar-Konzept (Archiv Multicar GmbH)

tigungsstraße Fahrzeuge mit Hinterachs- oder Allradantrieb, mit kurzem und langem Radstand – auch als Rechtslenker und auch mit zwei Motorisierungen – sowohl mit mechanischem als auch mit hydrostatischem Antrieb hergestellt werden können. Weiterhin lassen sich die Fahrzeuge mit einem Standard- oder Langfahrerhaus bestücken oder mit vielen hydraulischen Antrieben für Arbeitsgeräte ausrüsten. Eine Fülle von Vor-, An- und Aufbauten können innerhalb kurzer Lieferzeiten von vier bis sechs Wochen kundengerecht hergestellt werden.

Dieses Programm wurde in den letzten Jahren durch Spezialfahrzeuge, wie zum Beispiel Untertagefahrzeuge für die Kali- und Salzindustrie, erweitert. Ein neuer Flugfeldschlepper wurde entwickelt, der sich in dieses modulare Fahrzeugsystem gut einordnen lässt, vor allem auch im Hinblick auf Kosten und marktfähige Preise.

Inzwischen haben sich im Unternehmen Multicar weitere Veränderungen vollzogen. Die Firma Hako Reinigungsgeräte, Bad Oldesloe, hat mehrheitlich die Multicar-Anteile von der Deutschen Beteiligungsgesellschaft erworben mit dem Ziel, die Firma Multicar Spezialfahrzeuge GmbH in Waltershausen als Kompetenzzentrum für den Bereich Kommunalfahrzeuge auszubauen. Zu diesem Zweck wurde von Multicar der Bereich Schmalspurfahrzeuge »Tremo« von der Firma Kramer, Überlingen, erworben. Seit September 1998 werden diese Fahrzeuge in Waltershausen produziert und weiter entwickelt.

In einem nächsten Schritt wurde sich die Hako Holding mit DaimlerChrysler handelseinig über die käufliche Übernahme des Fahrzeuges UX 100. Seit April 1999 wird dieser kleine Unimog in einer separaten Fertigungseinheit im Multicar-Werk in Waltershausen hergestellt.

Fahrerhausmontage für Multicar M 26 (Archiv Multicar GmbH)

Im Winterdienst mit Schneefräse (Archiv Multicar GmbH)

Der Multicar als Flugfeldschlepper mit Langfahrerhaus (Archiv Multicar GmbH)

Die Vermarktung der Erzeugnisse Tremo und UX 100 erfolgt über die neugegründete Vertriebsgesellschaft KOMMOBIL, wobei als Händler in vielen Fällen die Unimog-Generalvertretungen auftreten.

Diese erfolgreiche Entwicklung von Produkt und Unternehmen Multicar in Waltershausen beruhte anfangs vor allem auf rasch vollzogener Privatisierung und klaren Eigentumsverhältnissen.

Die zur Robur-Werke GmbH umgewandelte Zittauer Automobilfabrik hatte in Vorbereitung auf die Wirtschafts- und Währungsunion ihre Geschäftsfelder – Fahrzeugbau, Textilveredelung, Feuerlöschtechnik, Karosseriebau und Versehrtenfahrzeug – neu geordnet und durch Gründung von fünf GmbH entflochten.[19]

Das Kerngeschäft bildete zweifellos der Automobilbau, wobei sich gerade hier die Tragödie der vorhergehenden zehn Jahre dramatisch zuspitzte. Der Jahresumsatz 1989 von 699,9 Millionen Mark war im ersten Halbjahr 1990 auf 290 Millionen Mark zurückgegangen, um im zweiten Halbjahr auf 117 Millionen DM (davon 33 Millionen DM Exportstützungen) zu schrumpfen. Im ersten Halbjahr 1991 betrug er gerade noch einmal 11,4 Millionen DM.

Ursächlich für diese Entwicklung verantwortlich waren der vollständige Zusammenbruch der Märkte im Osten und der drastische Rückgang des Ersatzteilgeschäfts. Der Personalbestand ging ebenso schnell zurück. Von den 3382 Mitarbeitern wurde jedem Dritten zum 30. September 1991 gekündigt. Am 31. Dezember dieses Jahres fanden sich alle Arbeitnehmer von Robur auf der Straße. Lediglich 220 von ihnen konnten weiter beschäftigt werden. Alle gekündigten Mitarbeiter wurden in eine Beschäftigungsgesellschaft übernommen, wodurch der Übergang in die Arbeitslosigkeit sozial verträglicher gestaltet werden konnte.

Im Dezember 1990 wurde die Produktion des LD 3001 endgültig eingestellt. Im Lauf dieses Jahres war Robur zunächst in die geplante Zusammenarbeit zwischen IFA Ludwigsfelde und MAN einbezogen worden. Diese zerschlug sich jedoch, nachdem Daimler-Benz ein definitives Interesse an Ludwigsfelde erklärt hatte. Als Ergebnis von Überlegungen über das weitere Überleben des Betriebs entschied man sich bei Robur im Oktober 1990 für den Einsatz von Dieselmotoren der Firma Klöckner-Humboldt-Deutz (KHD) für eine neue Nutzfahrzeugvariante, die mit der Typenbezeichnung LD 3004 versehen war. Die ersten Musterfahrzeuge wurden bereits im vierten Quartal des Jahres fertig und der Öffentlichkeit vorgestellt. Damit verbunden war die Entscheidung zur Einstellung der Robur-Motorenproduktion.

Vom neuen LD 3004 wurden zu Jahresbeginn 1991 50 Testfahrzeuge fertiggestellt und im Februar eine Nullserie gebaut. Im Mai erklärte die Sowjetunion ihre Absicht zum Kauf von 50 000 Fahrzeugen dieser Art über einen Zeitraum von

Der Robur 3004 als Kofferwagen mit luftgekühltem Dieselmotor von Klöckner-Humboldt-Deutz und Karosseriemodifikationen (Foto: Werksaufnahme)

Bundespräsident Richard von Weizsäcker, Ministerpräsident Kurt Biedenkopf und Vertretern des Verbandes der Automobilindustrie wird im Dezember 1990 in Zittau der Sanierungsplan für die Robur-Werke vorgestellt (Foto: Werksaufnahme)

sechs Jahren, also umgerechnet einem durchschnittlichen Jahresbedarf von etwas mehr als 8000 Fahrzeugen. Diese sollten in Teilen von Robur nach Russland geliefert und dort in einem Betrieb montiert werden, der der Konversion unterlag, also früher Rüstungsgüter produziert hatte. Diese mühsam gesponnenen Fäden wurden im Zusammenhang mit den August-Ereignissen 1991 in der Sowjetunion zerschnitten und später nicht wieder geknüpft. Vom LD 3004 wurden etwa 300 Fahrzeuge gebaut und fast ausnahmslos in den neuen Bundesländern eingesetzt. Im September 1991 lief der letzte Robur vom Band.

Um die Industrie in der Lausitz zu erhalten, förderte die Treuhand eine Strategie, das Überleben des Unternehmens zu sichern, setzte aber klare Kriterien bezüglich des Nachweises der Marktfähigkeit. Am weitesten waren die Verhandlungen mit dem litauischen Landmaschinenbetrieb Rokischkis gediehen, dort ein Montageprojekt durchzuführen. Ins Auge gefasst war ein Joint Venture, das erste im Baltikum überhaupt. Damit hätte Robur vor der Liquidation bewahrt werden können, die im September 1991 still eingeleitet worden war. Mit der vorgesehenen Fahrzeugstückzahl, die von anfangs 820 auf 4800 pro Jahr ansteigen sollte, war geplant, 370 Arbeitsplätze im Zittauer Werk zu erhalten. Auch den russischen und ukrainischen Markt von Litauen aus zu bearbeiten war vorgesehen. Voraussetzung für das Joint Venture war allerdings eine Privatisierung der Robur-Werke via MBO im Oktober 1993. Danach sollte die Tätigkeit im Kerngeschäft aufgenommen werden. Im März 1994 wurde diese MBO-Konzeption von der Treuhand als zu wenig erfolgversprechend verworfen, und damit war auch das Baltikum-Engagement Geschichte.

Im Sommer 1994 zeichnete sich eine neue Chance ab. Der amerikanische Bendix-Konzern beabsichtigte,

Der Robur LD 2004 4x4 Mannschaftspritsche mit luftgekühltem Dieselmotor F4 L 912 F von KHD und weiteren Modernisierungen, Baujahr 1990/1991 (Foto: Werksaufnahme)

In den Robur-Werken herrscht scheinbar unverwüstlicher Optimismus (Foto: Rudolf Richter)

seine bisher in Spanien beheimatete Lenkgetriebeproduktion nach Zittau zu verlagern. Dies hätte für Robur bedeutet, eine Entwicklung auf den Weg zu bringen und den Betrieb als Werk für Brems- und Lenksysteme neu auszurichten. Dieser Plan wurde von den Zittauern sehr energisch gefördert und vorangetrieben. Aber auch dieses Projekt zerschlug sich. Wegen zu ungünstiger Transportwege verlagerte Bendix die Produktion nicht nach Zittau.

Nachdem sich im Herbst 1996 Robur nahezu fünf Jahre lang in Liquidation befunden hatte, wurde die Gesellschaft im Oktober 1996 endgültig aufgelöst. Die Abwicklung beziehungsweise Auflösung wurde 1998 abgeschlossen. Als eine Art von Nachfolgeunternehmen etablierten sich im März 1996 die Phänomen Maschinen- und Vorrichtungsbau GmbH, die mit etwa 20 Mitarbeitern im ehemaligen Werkzeugbau der Robur-Werke bei guter Auftragslage für Mercedes-Benz, MAN und VW tätig ist. Die Robur-Fahrzeug-Engineering Zittau GmbH existiert seit 1996. Ihr Geschäftsfeld umfasst die Produktion und den Handel mit Fahrzeugen, Fahrzeugkomponenten und Ersatzteilen. Außerdem baut man Robur-Fahrzeuge aus NVA-Beständen um und rüstet die Fahrzeuge mit einem KHD-Dieselmotor aus. Ferner führt man die einstigen Aktivitäten der Robur-Werke im In- und Ausland, vor allem auch in Litauen, weiter, insbesondere durch den Verkauf von Knowhow bei der Entwicklung von Fahrzeugen sowie durch Lizenzvergaben. Im September 1998 standen hier 35 Mitarbeiter in Lohn und Brot.

Der VEB Motorenwerk Cunewalde wurde 1990 in die Dieselmotorenwerke Cunewalde GmbH umgewandelt.[20] Im selben Jahr lief die Dieselmotorenproduktion aus. Wie viele andere Finalproduzenten auch war der Betrieb vom Nieder-

Eicher-Schmalspurschlepper 80 PS/59 kW aus dem Motoren- und Fahrzeugtechnik MFT GmbH Cunewalde, OT Weigsdorf-Köblitz, dem Nachfolgebetrieb des Motorenwerkes Cunewalde (Archiv Eicher-Prospekt)

gang der Industrie in der DDR betroffen. Das Fahrzeugwerk Waltershausen, das 34 Jahre lang Dieselmotoren aus Cunewalde in den Multicar eingebaut hatte, wechselte den Motorzulieferer.

Ersatzteile für das frühere Motorenprogramm wurden weiter produziert und ausgeliefert. Auf dem Weg zu einer Neuprofilierung wurde die Produktion von Komponenten für die westdeutsche Auto- und Motorenindustrie aufgenommen, so von Nockenwellen unter anderem für das Kleindieselmotorenprogramm der Firma Hatz in Ruhstorf Rott, Bayern.

Im Juli 1992 wurde der Betrieb von der Treuhandanstalt über den Beschluss informiert, liquidiert zu werden. In diesem Jahr erfolgte die Ausgründung einer neuen Firma, der Motoren- und Fahrzeugtechnik GmbH (MFT) in Weigsdorf-Köblitz, heute ein Ortsteil von Cunewalde, in einem Teil des Fertigungsbereichs 5 des ehemaligen Motorenwerks. Der Liquidationsrest wickelte die übrigen Fertigungsbereiche ab 1: Obercunewalde; 2: Gießerei Beiersdorf; 4: Dieselmotorenwerk Kamenz und 6: Forschung und Entwicklung Niedercunewalde. Das hieß mit anderen Worten Verkauf beziehungsweise Verschrottung von Maschinen und Anlagen sowie Abriss einzelner Gebäude. Die Liquidation war im Dezember 1997 abgeschlossen.

Das Anlagevermögen – Grundstücke, Gebäude, Anlagen, Maschinen und Ausrüstungen – betrug vor der Währungsunion für den Gesamtbetrieb 156 Millionen DDR-Mark, danach immerhin noch 50 Millionen DM.

Die neue Firma MFT entwickelte sich recht erfreulich. Zusätzlich zum laufenden Programm wurde 1993/94 die Produktion von Schmalspurschleppern von der in Konkurs gegangenen Traditionsfirma Eicher in Landau übernommen. Diese Spezialtraktoren für Weinberge, Obstplantagen, Stallungen und kommunale Zwecke mit zahlreichen An- und Vorbaugeräten haben luftgekühlte Drei- und Vierzylinder-Viertakt-Dieselmotoren in Saug- und ATL-Ausführung mit Leistungen von 45 bis 80 PS/33 bis 59 kW. Sie wurden in bereits zu DDR-Zeiten gepflegter Zusammenarbeit mit dem IVK der Technischen Universität Dresden weiterentwickelt, unter anderem für den Untertageeinsatz. Die Schlepper werden in zahlreiche Länder exportiert. Diese stark auf Sonderwünsche der Kunden ausgerichtete Produktion machte 1998 20 Prozent des Gesamtumsatzes von MFT aus.

1994 erfolgte die Privatisierung der Firma MFT. Die Komponentenproduktion hat sich bis zum Jahr 1998 zum bedeutendsten Produktionszweig entwickelt mit 62 Prozent Anteil am Gesamtumsatz. Hierbei werden auf hochproduktiven Sondermaschinen nach den hohen Qualitätsstandards der Automobilindustrie überwiegend Motor- und Getriebebauteile in sehr großen Stückzahlen an die Werke von General Motors in Europa und Übersee geliefert. Daneben entstehen weitere Komponenten für einen größeren Kundenkreis.

Der Betrieb hatte 1998 97 Mitarbeiter und 5 Auszubildende. Der Umsatz stieg von 7,5 Millionen DM im Jahr 1994 auf 20 Millionen im Jahr 1998. Die Investitionen betrugen im gleichen Zeitraum 10 Millionen DM.

Außer diesen dem Industriezweig Fahrzeugbau als Finalproduzent oder Zulieferer zuzuordnenden Betrieben sind im unmittelbaren Pendler-Bereich des ehemaligen Motorenwerkes Cunewalde noch einige kleine und mittelständische Betriebe aus der Metallbranche entstanden. Insgesamt waren 1998 in allen Metallbetrieben des Cunewalder Tales ungefähr 300 Arbeitskräfte beschäftigt, in den achtziger Jahren betrug diese Zahl in den Fertigungsbereichen des Motorenwerkes 1700.

Der traditionell in dieser Region ansässige Maschinenbau existiert hier also weiterhin, auch wenn die Innovationen von computergestützten Technologien – die Zeichnung kommt vom Auftraggeber per Bildschirm ins Haus – geprägt sind.

Der VEB IFA Motorenwerke Nordhausen wurde nach Ausgründung zahlreicher, nicht zum Kerngeschäft gehörender Bereiche, wie beispielsweise der Bauabteilung, am 27. Juni 1990 in drei Kapitalgesellschaften umgewandelt: in die IFA Motorenwerke Nordhausen GmbH (MN); die Nordhäuser Ventil GmbH; und in die Südharzer Fahrrad GmbH.[21]

Die IFA Motorenwerke Nordhausen (MN) zählten zunächst noch 3864 Mitarbeiter. Als bereits am 18. Juli 1990 die Mercedes-Benz AG (MBAG) ihre ursprüngliche Absicht, sich in Form einer gemeinsamen Herstellung des Merce-

Der Geschossgleitbau für die Fahrradfertigung der Motorenwerke Nordhausen aus den Jahren 1985/86, davor die B 80 (Foto: Kopyra 1998)

des-IFA-Lkw L 60 im 1318 zu engagieren, wieder rückgängig machte, brach der wichtigste Markt für die Nordhäuser Motorenbauer weg. Denn immerhin gingen über 50 Prozent der Motoren nach Ludwigsfelde. Dieser Rückzieher wirkte aber um so deprimierender, da gerade kompetente und führende Vertreter des Stuttgarter Konzerns sich sehr anerkennend über den Nordhäuser Betrieb geäußert hatten. Dort seien bessere, produktivere, teilweise flexiblere Ausrüstungen – besonders Taktstraßen, Sondermaschinen, Motorenmontage, Prüfstände und Hochregallager – vorhanden als im MB-Lkw-Motorenwerk Mannheim. Die Herren wussten, wovon sie sprachen; als es nach wiederholten Anläufen zwei Mitarbeitern von MN gelang, das Mannheimer Werk zu besichtigen, fanden sie diese Wertung bestätigt.[22]

Bei ständig abnehmender Belegschaft konstituierte sich am 16. April 1991 der Aufsichtsrat, im Juli wurde eine neue Geschäftsführung berufen. Anstelle des MN sollte ein IFA-Industriepark geschaffen werden; Hallen und Anlagen wurden veräußert. Neue Betriebe siedelten sich an.

Mit Beginn des Jahres 1993 signalisierte die »Antriebstechnik Weimar-Amberg« Interesse am Restunternehmen MN und wurde dessen Rechtsnachfolger. Die Geschäftsführung garantierte die Beschäftigung von 110 Mitarbeitern und Investitionen in Höhe von 11,5 Millionen DM. Damit sollten jährlich 1000 Motoren gebaut werden. Am 1. April 1993 unterzeichnete sie mit der Treuhand den Vertrag. Der Betrieb firmierte nun unter dem Namen Thüringer Motorenwerke

Freigabe des Werksgeländes 1991 für Aussiedlungen als Industriepark, da das Werksgelände vom Thüringer Motorenwerk Nordhausen nicht mehr benötigt wurde (Foto: Kopyra)

GmbH (TMW). Im folgenden Jahr wurden 600 Motoren 4 VD 14,5/12 SRW gebaut und als Ersatzaggregate nach Ungarn, China und Vietnam geliefert. Außerdem verließen 66 Motoren 4 und 6 VD 13,5 SRF das Werk. Zusammen mit Ersatzteillieferungen und Lohnarbeiten erreichte damit das Unternehmen im Jahr 1994 einen Umsatz von rund acht Millionen DM. Der Umsatz war zu niedrig, die TMW wurde zahlungsunfähig. Die erbetene Unterstützung vom Land Thüringen blieb aus, und die Schulden für unbezahlte Rechnungen für Gas, Wasser und Energie stiegen unaufhaltsam. Ein neues Unternehmenskonzept, wie vom Land gefordert, hatte man in Nordhausen allerdings nicht und so übernahm die REBAG (Regenerative Energieversorgungs- und Betriebs-Aktiengesellschaft) aus Nürnberg die Gesellschaft unter dem selben Namen wie bisher mitsamt der Halle 42, die etwa 50 Prozent der Produktionsfläche des Unternehmens umfasste. Ein neues Management wurde eingesetzt. Aber auch die Nürnberger waren sehr schnell mit ihrer Weisheit am Ende. Im August 1996 beantragte die Gesellschaft mit noch 87 Mitarbeitern die Gesamtvollstreckung. Im Monat darauf übernahm die Landesentwicklungsgesellschaft (LEG) in Erfurt den Rest der TMW GmbH und verkaufte ihn im Dezember 1996 an die Hybrid Motors Engineering GmbH (HME), deren Geschäftsführer den 60 Angestellten Arbeit durch die Produktion von Pkw mit Hybrid-(Elektro-Otto-)Motoren (2 l Hubraum) und außerdem 50 Millionen DM an Investitionen versprach. Da ihm jedoch das Eigenkapital fehlte, erhielt er keine Kredite – und auch dieses Konzept wurde nie Realität. Aus der nun zum wieder-

Der Fertigungsbereich »Pkw-Ventil« hieß nach der Ausgliederung Nordhäuser Ventil GmbH. Am 1.7.1991 ging der Betrieb in den Besitz des Eaton-Konzerns über (Foto: Kopyra)

holten Male verprellten Belegschaft waren damals sogar Morddrohungen zu vernehmen. Am 16. Februar 1997 wurde der TMW, die sich bis dahin mit einem Umsatz von 7,2 Millionen DM mühsam über Wasser gehalten hatte, die Energie wegen zu hoher Schulden abgedreht. Am 10. März stellte sie Konkursantrag, am 8. April erfolgte die Gesamtvollstreckung. Das war das Ende des einst modernsten und leistungsfähigsten Dieselmotorenherstellers der DDR.

Zum 1. Juli 1990 entstand die Nordhäuser Ventil GmbH mit 178 Beschäftigten, die vom IFA Motorenwerk Nordhausen übernommen worden waren. Von diesen war die überwiegende Mehrheit bereits früher im Ventilfertigungsbereich tätig gewesen.

Ein Jahr später wurde die Gesellschaft durch die Eaton Automotive übernommen. Dieser Konzern operiert mit 42 000 Beschäftigten weltweit und hatte 1997 einen Umsatz von 6,8 Milliarden DM, wovon der Ventilanteil 62 Prozent ausmachte. Die Eaton Automotive GmbH Nordhausen wurde als eines der kleinsten Unternehmen innerhalb des Gesamtkonzerns zu einem der effektivsten. Das Sortiment wurde von zwei bis drei Ventiltypen auf mittlerweile zwanzig Typen erweitert und zu diesem Zweck ist eine Rekonstruktion des Betriebes in drei Phasen durchgeführt worden.

Beginnend mit zwei Fertigungslinien sind inzwischen sechs dieser Linien mit Taktzeiten unter sechs Sekunden – mit Ausnahme des Plasmaschweißens – aufgestockt worden. Die Produktionsfläche wurde auf 2000 m² vergrößert, die Zahl der Mitarbeiter sank auf 140. Die Jahresproduktion 1998 wurde vor allem an Opel, VW/Audi, Renault/PSA sowie andere Unternehmen ausgeliefert.

Mit der Fahrradfertigung begann man in Nordhausen im Zuge der Konsumgüterproduktion 1986 mit 5000 Stück. 1989 war die Fertigungszahl der unter der Bezeichnung IFA-Touring angebotenen Fahrräder auf 102 000 Stück angestiegen. Mit der Überführung in die Selbstständigkeit am 1. Juli 1990 wurden 180 Arbeitskräfte, darunter 30 Angestellte, vom Nordhäuser Stammwerk übernommen. Die Geschäftsführung stellte Verbindungen zum Fahrradhersteller Winora in Schweinfurt her, der am 11. Februar 1991 das Werk in Nordhausen erwarb. Seitdem firmierte das Unternehmen als Thüringer Zweiradwerk GmbH. Die Produktion schnellte auf über 200 000 Fahrräder empor, die in 500 bis 1000 Varianten in allen Preislagen angeboten worden sind. Die Fertigungstiefe ging gegenüber den DDR-Zeiten wesentlich zurück.

Am 1. Februar 1996 übernahmen die bisherigen Geschäftsführer das Thüringer Zweiradwerk und änderten den Firmennamen in Bike Systems GmbH & Co., Thüringer Zweiradwerke KG. Das Unternehmen setzte seinen Aufschwung fort und erzielte 1998 ein Rekordjahr. Der Nordhäuser Fahrradhersteller war zu einem der modernsten Fahrradhersteller Deutschlands geworden.

Der 1985 aus den beiden örtlichen Betrieben zusammengeschlossene VEB Traktoren- und Dieselmotorenwerk Schönebeck[23] hatte bis zur Währungsreform über 400 000 Dieselmotoren, darunter allein 75 000 Lizenzmotoren FD 22, hergestellt und ausgeliefert. Von 1962 bis zur Wiedervereinigung 1990 war das Unternehmen der Exklusivproduzent von Traktoren und Feldhäckslern in der DDR und besonders mit seinen 100 PS Zugtraktoren Marktführer in den Staaten des Warschauer Pakts. Der 1972 entwickelte selbstfahrende Feldhäcksler E 281 wird noch heute in modifizierter Form als MARAL 125 insbesondere für die GUS-Länder und als MARAL 190 für das Inland und Westeuropa produziert.

Zum 1. Mai 1990 wurde der Betrieb in drei Kapitalgesellschaften aufgeteilt. Eine davon war die Dieselmotoren- und Gerätebau GmbH, Schönebeck. Auf der Basis eines Treuhand-bestätigten Konzeptes wurde das Unternehmen im Zuge eines MBO-Verfahrens zum 1.1.1993 privatisiert. Das rund 500 Mitarbeiter zählende Unternehmen produzierte wassergekühlte Dieselmotoren von 43 bis 265 kW, deren Einsatzgebiete

Das Dieselmotorenwerk nach der Wende: Werksansicht, Kurbelwellenbearbeitung und Dieselmotoren im Prospekt (Foto: Werksprospekt)

Landmaschinen, Schiffs- und Industrieantriebe sind. Die Dieselmotoren- und Gerätebau GmbH bearbeitete seither folgende Neuentwicklungen bis zur Serienreife:

- Neuentwicklung einer Baureihe von Vielstoffmotoren mit 3, 4 und 6 Zylindern mit Aufladung, Ladeluftkühlung und Ölkühlung der Zylinderköpfe unter Nutzung einer Lizenz der Firma Elsbett für das Brennverfahren, die Zylinderköpfe und die Zylinder-Kolben-Gruppe, die für den Betrieb mit Pflanzenölen und Abfallölen geeignet waren;
- Neuentwicklungen von Blockheizkraftwerken mit konventionellen Dieselmotoren und Vielstoffmotoren in Kopplung mit Elektrogeneratoren und Wärmetauschern zur Nutzung der Kühlmittel- und Abgaswärme;
- Neuentwicklung von Diesel-Elektro- und Diesel-Pump-Aggregaten mit 6- und 8-Zylindermotoren für den Tropeneinsatz, zum Beispiel in Saudi-Arabien, und für den Kälteeinsatz bis zu Temperaturen von -20° C in Goldfördergebieten im Fernen Osten Russlands.

Trotz des großen Fleißes und der zu höchster Flexibilität bereiten Belegschaft und der keineswegs maroden Fertigungsstätten kam es zur Liquidation. Die Gesamtvollstreckung erfolgte im April 1995.

Ein weiteres Unternehmen, die LandTechnik Schönebeck GmbH, entstand aus dem Dieselmotoren- und Traktorenwerk Schönebeck. Sie beschränkte sich auf landtechnisches Gerät und stellte den Traktorenbau ein. Mit nur noch 430 Mitarbeitern von einst 4675 kam die Gesellschaft kurzzeitig zur LandTechnik Schlüter GmbH, bevor im Januar 1995 die gesamte Unternehmensgruppe von der LINTRA Beteiligungsholding GmbH übernommen wurde.

Die Privatisierung hatte zur Folge, dass die Gesellschaft in die LandTechnik Schönebeck GmbH und deren Tochtergesellschaft GS Fahrzeug- und Systemtechnik GmbH aufgespalten wurde.

Im selben Jahr begann die gemeinsame Entwicklung leistungsfähiger Großhäcksler mit 320 bis 500 PS Motorleistung zwischen LandTechnik Schönebeck GmbH und der Deutz-Fahr Erntesysteme GmbH in Lauingen. Im Jahr darauf erfolgte bereits die Produktionsaufnahme. Im selben Jahr wurde mit der Mercedes-Benz AG ein Lizenzvertrag abgeschlossen, der die Grundlage für die Produktion und den Vertrieb des LT-tracs darstellte. Die ersten Fahrzeuge liefen 1997 vom Band.

Nach anfänglich gutem Start war im Verlauf des Jahres 1996 festzustellen, dass die Zielstellungen des Privatisierungskonzeptes nicht erreicht werden konnten. In der weiteren Folge versuchte die Treuhandanstalt eine sogenannte Zweitprivatisierung, verbunden mit einem Investorentausch, durchzuführen. Dieses Ziel konnte erst nach einer über zweijährigen Hängepartie im Mai 1999 erreicht werden. Mit Wirkung vom 10. Mai 1999 wurden ausgewählte Geschäftsaktivitäten der Unternehmen LandTechnik Schönebeck GmbH und GS Fahrzeug- und Systemtechnik GmbH an die Doppstadt-Gruppe, von Haus aus ein Umwelt- und Kommunaltechnikhersteller, veräußert. Von den zu diesem Zeitpunkt beschäftigten 260 Mitarbeitern konnten fast alle einen Arbeitsplatz in der neuen Gesellschaft finden. In der weiteren Folge wurden, basierend auf dem 1997 konzipierten MB-trac-Nachfolger, drei neue Tracs im Leistungsbereich 100, 130 und 180 PS entwickelt, die, einsetzend im Jahr 2000, über die Vorserie in den Markt eingeführt werden sollen. Die guten technischen und infrastrukturellen Bedingungen am Standort Schönebeck bieten der Doppstadt-Gruppe und auch dem Standort Schönebeck langfristig eine gute Perspektive im Landmaschinen- und Fahrzeugbau und in den Segmenten Umwelt- und Kommunaltechnik.

Aus dem Kraftfahrzeugwerk Ernst Grube in Werdau[24] entstand zum 10. Juli 1990 die Fahrzeugwerk Werdau GmbH als hundertprozentige Tochter der IFA Pkw AG in Chemnitz, deren Gesellschafter wiederum die Treuhandanstalt in Berlin war. Auf der Suche nach einem eigenständigen Aufgabengebiet versuchte man, die Erfahrungen auf dem Gebiet des Spezialfahrzeugbaus, der Produktion von Fahrzeugachsen, der Ersatzteilfertigung für den Trabant sowie der Wohnzeltanhänger und der Plasteanfertigung zu nutzen. Selbst der Wiedereinstieg in die Busproduktion wurde erwogen. Die Konstruktionsabteilung und der Musterbau übernahmen Fremdaufträge, so zum Beispiel Spezialaufbauten für den Multicar oder Spezialfahrzeuge für Wismut. Dabei lieferte man nur die Konstruktion und fertigte in der Musterbauabteilung den Prototyp, der dann an den Auftraggeber mitsamt der Zeichnungen geliefert wurde. Mit der Einstellung der Produktion des Trabant brachen alle Vorstellungen wie ein Kartenhaus in sich zusammen, denn damit war auch eine Übernahme der Serienzulieferungen und Ersatzteilproduktion für dieses Auto beendet. Auch das Werdauer Angebot, für die Gesellschaft die Achsen für den Nachfolger des Trabant in Mosel zu übernehmen, fand keine Gegenliebe. Die Wohnzeltanhängerentwicklung und die Plasteherstellung blieben ebenfalls ohne Erfolg. Im Januar 1991 übernahm die Firma Kögel Fahrzeugwerke aus Ulm, Marktführer im Bereich Nutzfahrzeugaufbauten in Deutschland, das Gelände der Karosseriefertigung und begann dort mit der Herstellung von Nutzfahrzeugaufbauten und Anhängern. Der Bereich FuE wurde bis auf vier bis fünf Konstrukteure abgebaut. Diese gründeten die Nutzfahrzeugaufbau- und Service GmbH in Werdau. Dort sind einige hochinteressante Entwicklungen betrieben und in kleinen Fertigungen aufgebaut worden. Hier wird, allerdings in bescheidenem Rahmen, die ruhmreiche Tradition des Werdauer Fahrzeugbaus in Konstruktion und Entwicklung fortgesetzt.

Anmerkungen

1 Klinz, ›Die Treuhandanstalt‹, Hauptvortrag zum 3. Branchentag des Direktorates Fahrzeugbau der Treuhand-Anstalt (THA) am 10. Dezember 1993 in Potsdam
2 Der verantwortliche Leiter des für die Automobilindustrie zuständigen Direktorates Fahrzeugbau, Dr. Ken-Peter Paulin, äußerte sich dazu folgendermaßen: »Hier haben die Käufer unserer Unternehmen zum Teil völlig unerwartete positive Erfahrungen gemacht, brauchten sie doch nur die zum Teil brachliegenden Talente der Mitarbeiter zu wecken. Schweißklassifikationen, für deren Erlangung manche Unternehmen Jahre benötigten, haben einige unserer Firmen in wenigen Monaten bekommen. Der Grund: Die Mitarbeiter beherrschen diese Technik aus dem ›FF‹. Fertigungsumstellungen auf neue Methoden erfolgten mit einer Geschwindigkeit, die den Westpartnern allen Respekt abverlangten. Natürlich war eine Begründung dafür die zum Teil hochkarätige Besetzung der Unternehmen mit Facharbeitern. (…) Vor allem ausländischen Gesprächspartnern mußten wir immer wieder erklären, daß die technischen Fähigkeiten der Ossis denen der Wessis in nichts nachstanden. Daß sie Unternehmen erwerben konnten, die Mitarbeiter der Qualität ›made in Germany‹ in großer Zahl an Bord hatten.« Dr. Ken-Peter Paulin, ›Die Kombinate/Betriebe‹, Vortrag zum 3. Branchentag des Direktorates Fahrzeugbau der Treuhand-Anstalt (THA) am 10. Dezember 1993 in Potsdam
3 Paulin bezeichnete diese Methode als »Königsweg« und beschrieb ihn so: Bei ersten Kontakten des West- mit dem Ost-Unternehmen erweist sich der Vertrieb als Schwachstelle. Als Ausweg wird eine gemeinsame Vertriebsgesellschaft vorgeschlagen, bei der das West-Unternehmen die Mehrheit besitzt. Sämtliche Produkte werden ausschließlich darüber veräußert. Beim folgenden Übernahmeantrag des West- für das Ost-Unternehmen hat kein Konkurrent Chancengleichheit, da die Vertriebsfunktion bereits vollständig in der Hand eines einzigen Wettbewerbers ist. Erlischt das Interesse am Ost-Unternehmen, kann durch das Handeln der Vertriebsgesellschaft die Liquidationsreife des Ost-Unternehmens herbeigeführt werden. Das Direktorat Fahrzeugbau ließ daher in seinem Bereich alle derartigen Vertriebsgesellschaften, teilweise unter Androhung von Druck, bis Mitte 1992 ersatzlos auflösen; vgl. hierzu den Vortrag von Dr. Ken-Peter Paulin, ebenda
4 Dazu nochmals Dr. Ken-Peter Paulin: »Im allgemeinen waren die Bestände unserer Unternehmen gigantisch. (…) Die Schwierigkeiten bestanden in der Umorientierung des kompletten Managements bis hinunter zum Gruppenleiter in der jeweiligen Fertigung auf moderne Managementmethoden, die sich in der Logistik darauf konzentrieren, die vorhandenen Materialien in den Lagern und in der Fertigung so gering wie möglich zu halten, um damit gleichzeitig die Durchlaufzeiten in den Unternehmen drastisch anzuheben.« Ebenda.
5 Zum Zeitpunkt der Wende produzierten die Fahrzeugwerke noch in erheblichem Umfang folgende Konsumgüter: Fahrräder, Pkw-Anhänger, Möbel, Schneeschieber, Heimtrainer, Gartengeräte, Backöfen, Ölheizungen, Aquarienzubehör, Dosenöffner u.a.; vgl. dazu Paulin, ebenda. Bei den meisten Fahrzeugwerken hatte der Umfang der Bauabteilungen die Größe eines mittleren Bauunternehmens erreicht.
6 Zunahme in einem Jahr – 1989 auf 1990 – um fast 1 Million Pkw oder umgerechnet 23,5 Prozent des Bestandes. Angaben in: Deutsches Institut für Wirtschaftsforschung, Hrsg., *Verkehr in Zahlen*, Berlin 1994, S. 138 f.
7 Am 1. Juli 1992 wurde die IFA Pkw AG sowie deren Töchter, die Karosseriewerke Meerane GmbH, die Gothaer Werkzeugmaschinen GmbH, die Barkas GmbH, die Renak Werke GmbH, die HAZET GmbH Zwickau und die Metallwarenfabrik Baierfeld GmbH, liquidiert.
8 Alle Zahlen und Angaben hierzu wurden dem Verfasser von Volkswagen Sachsen GmbH, Mosel, Abteilung Öffentlichkeitsarbeit übermittelt, Mitteilungen vom 12. und 13. 8. 1999.
9 Die REGE Motorenteile AG ist eigenen Angaben zufolge Marktführer im Bereich Zylinderkopfsysteme und stellt in den Werken Eisenach, Magdeburg und Witzenhausen vielfältige Fahrzeug- und Motorenteile her. Rege ist Tochter der INA-Gruppe, einem nach eigenen Angaben weltweit führenden Hersteller von Motorenelementen mit einem Jahresumsatz von rund 4 Milliarden DM im Jahr 1999.
10 Alle Angaben beruhen auf Informationen von Herrn Dr. Andreas Röher, Zwickau, vom 17. 5. 1999.
11 Nach Informationen von Herrn Dipl.-Ing. Karl-Heinz Brückner sowie Mitteilungen von Herrn Dr. Albrecht, Zwickau
12 Horst Decker und Werner Reichelt, *Die Arbeitskräfteentwicklung nach der Wende im Stammbetrieb des VEB Sachsenring Zwickau*, Zwickau 1999
13 Alle Informationen aus: Horst Ihling, *Autos aus Eisenach*, Stuttgart 1998, S. 182

14 Laut einer Mitteilung des Direktors Fahrzeugbau bei der Treuhandanstalt, Herrn Dr. Ken-Peter Pauling, vom 10.12.1993
15 Sie führt ihre Firmengeschichte zurück auf die 1907 in der selben Stadt gegründete Metallwarenfabrik Alfred Schwarz, die unter dem Markennamen MELAS vor allem Fahrradzubehör herstellte und vertrieb. Später kamen Automobillampen, Hupen, Scheibenwischer und anderes dazu. In den folgenden Jahrzehnten konzentrierte man sich mehr und mehr auf elektrisches Automobilzubehör. 1958 wurde MELAS mit dem VEB Elektrische Fahrzeugausrüstung, Ruhla, zusammengeschlossen. Daraus entstand der VEB Fahrzeugelektrik Ruhla (FER). Der Betrieb und das gleichnamige spätere Kombinat waren für die gesamte Fahrzeugelektrik in der DDR verantwortlich. Alle Angaben hierzu aus: FER Fahrzeugelektrik GmbH Eisenach, Hrsg., *Zulieferer am Automobilstandort Eisenach*, o. O. (Eisenach) o. J. (1998)
16 Die Angaben hierzu sind entnommen: Nutzfahrzeuge Ludwigsfelde GmbH, Hrsg., *Vario*, Ludwigsfelde 1996. Außerdem verdanke ich Informationen dazu Herrn Dr. Zimmer und Herrn Paslack.
17 Nach ursprünglich hochfliegenden Plänen mit einer Grundinvestition für eine neue Lkw-Fabrik in Ahrensdorf beschränkte man sich nach der Rezession 1992 auf Ludwigsfelde.
18 Nach Informationen von Diplom-Ingenieur Lothar Hildenhagen und den Ausführungen von Geschäftsführer Rolf Lindus auf der Treuhandtagung in Potsdam am 10. 12. 1993
19 Nach Recherchen und Informationen von Oberingenieur Rudolf Richter, mitgeteilt am 9. 12. 1998
20 Nach Recherchen und Informationen von Oberingenieur Eberhard Fritsche, mitgeteilt am 18. 7. 1999
21 Nach Recherchen und Informationen von Günter Caspari, mitgeteilt am 14. 11. 1998
22 Dabei handelte es sich um den Leiter der Vorplanung sowie den Leiter der Planung und Produktion Ausland. Gleiche Auffassungen vertraten auch andere MB-Mitarbeiter. Mitgeteilt von Günter Caspari
23 Angaben von Reinhard Blumenthal und Günter Caspari
24 Nach Recherchen und Informationen von Wilfried Otto sowie bei Hans-Jürgen Beier und Hermann Herold, *100 Jahre industrieller Fahrzeugbau in Werdau*, Werdau 1998

Worte des Dankes

Die Darstellung stützt sich bei den Quellen in erster Linie auf die Bestände des Industrieverbands Fahrzeugbau (IFA) im Sächsischen Staatsarchiv Chemnitz (SäSTAC). Zusätzlich wurden mir persönliche Aufzeichnungen, Kopien von Entwicklungsberichten, betriebsinterne Statistiken sowie weitere Unterlagen aus Privatbesitz aus fünf Jahrzehnten Automobilproduktion in der DDR von jenen zur Verfügung gestellt, die daran persönlich mitwirkten. Zum großen Teil waren sie bei der Produktentwicklung an verantwortlicher Stelle tätig. Besonders wertvoll wurden diese Dokumente durch die Hintergrundkenntnisse und das Wissen um Zusammenhänge, über die die damals beteiligten Techniker verfügen und die sie mir in Form von Studien und Übersichtsdarstellungen zu bestimmten Vorgängen überließen. Dafür möchte ich ihnen ganz besonders danken.
Diese hohe Fachkompetenz erwies sich als sehr wertvoll für die vertiefende Darstellung, und das genaue Wissen um die jeweiligen Begleitumstände war bei der Bewertung »offiziellen« Quellenmaterials, wie beispielsweise von Stellungnahmen oder Berichten für höhere Dienststellen, geradezu unverzichtbar.
Die Arbeiten werden entsprechend zitiert und sind im einzelnen folgenden Personen zu verdanken:

Barthel, Wolfgang
Bis 1951 Planungsabteilung der VVB Auto, 1952 bis 1955 Versuchsingenieur im FEW, 1955 bis 1986 Leiter der Entwicklungsabteilung für Pressstoff in Zwickau.

Beyer, Wolfgang
Seit 1938 Mitarbeiter der Auto Union, seit 1951 Motoren-Konstrukteur im WTZ, Chemnitz.

Blumenthal, Reinhard
Seit 1952 Konstrukteur im Traktorenwerk Schönebeck, 1963 Chefkonstrukteur, 1989 bis 1992 Leiter Musterbau.

Borrmeister, Jochen
Versuchsingenieur bei den Barkas-Werken, Chemnitz, seit 1967 wissenschaftlicher Oberassistent am IVK der TU Dresden, ab 1988 Vorsitzender des Fachausschusses »Verbrennungsmotoren« der Kammer der Technik (ab 1990 Verkehrstechnische Gesellschaft).

Brückner, Karl-Heinz
Versuchsingenieur, bis 1975 Abteilungsleiter Versuch, 1976 bis 1991 Hauptkonstrukteur im VEB Sachsenring Automobilwerke Zwickau.

Caspari, Günter
1951 bis 1955 Versuchsingenieur bzw. Gruppenleiter Versuch im IFA FEW Chemnitz, bis 1955 Versuchsleiter im Werk »Ernst Grube«, Werdau, 1955 bis 1965 Versuchsleiter und ab 1960 Leiter Forschung und Entwicklung im Dieselmotorenwerk Schönebeck, seitdem Chefkonstrukteur Motorenwerk Nordhausen, seit 1984 dort Direktor für Grundfonds und Investitionen.

Decker, Horst
Seit 1968 Planungsleiter, seit 1979 Leiter Perspektivplanung im VEB Sachsenring Automobilwerke Zwickau.

Dr. Dünnebier, Michael
1974 bis 1993 Tätigkeiten in der Verkehrswirtschaft und im Kfz-Teilehandel, Leiter der Hauptabteilung Ersatzteilhandel des VEB Automot, Heidenau; seit 1994 Oberkustos, seit 2000 Direktor des Verkehrsmuseum Dresden.

Dr. Erler, Uwe
1986 bis 1991 leitende Tätigkeiten in der Verkehrsplanung, bis 1994 Forschungsstipendium, seither erwerbsunfähig.

von Freyberg, Konrad
Seit 1959 Konstrukteur im Automobilwerk Eisenach, ab 1962 Leiter der Konstruktionsgruppe Motor.

Fritsche, Eberhard
Seit 1945 Konstrukteur im Motorenwerk Cunewalde, 1956 bis 1987 Chefkonstrukteur.

Gerbeth, Gerhard
Hauptabteilungsleiter Vertrieb im VEB Sachsenring Automobilwerke, Zwickau; 1986 bis 1991 Abteilungsleiter IFA-Vertrieb in Zwickau.

Dr. Hempel, Karl
Seit 1958 Justitiar der VVB Automobilbau, bis 1985 des IFA Kombinates Pkw.

Hildenhagen, Lothar
Seit 1963 Leiter Versuch und Musterbau Fahrzeugwerk Waltershausen, seit 1968 Leiter Konstruktion, seit 1986 Chefkonstrukteur.

Morgenstern, Carl-Hans
Seit 1954 verantwortlich für Einbau Triebsatz V 901/B 1000, ab 1959 Leiter Erzeugnisentwicklung Trabant-Motor, Barkas-Werke, Chemnitz.

Otto, Wilfried
1949 bis 1955 Konstrukteur bzw. Gruppenleiter Konstruktion, seit 1955 Chefkonstrukteur Fahrzeugbau im Werk »Ernst Grube«, Werdau.

Paslack, Eckart
Seit 1957 Gruppenleiter Konstruktion in Ludwigsfelde, 1969 Abteilungsleiter Serienkonstruktion, seit 1972 Hauptabteilungsleiter Konstruktion, von 1991 bis 1997 Leiter der Konstruktion Daimler-Benz Ludwigsfelde.

Dr.-Ing. Reichelt, Werner
1949 Konstrukteur in den Horch-Werken, seit 1952 Kunststoffentwicklung, Korrosionsschutz, Werkstoffeinsatz im WTZ, Außenstelle Zwickau. Ab 1986 Abteilungsleiter Kunststoffentwicklung in Zwickau.

Richter, Rudolf
Seit 1952 Versuchsleiter bei Robur, Zittau, seit 1970 Chefkonstrukteur, 1984 bis 1990 stellvertretender Direktor »Wissenschaft und Technik«.

Roth, Gerhard
Seit 1957 Leiter der Versuchsabteilung Automobilwerk Eisenach, seit 1962 Hauptkonstrukteur, seit 1979 Hauptkonstrukteur im Pkw-Kombinat.

Dr.-Ing. h.c. Schmieder, Heinrich
Seit 1952 Betriebsingenieur bei Framo, Hainichen, 1953 Chefkonstrukteur, 1958 Technischer Direktor Barkas, 1978 Technischer Direktor Pkw-Kombinat, 1984 Direktor für Qualitätssicherung im Kombinat. 1990 Fachdirektor Qualitätssicherung in der Volkswagen-IFA-PKW GmbH.

Schreier, Gerhart
1941 Konstrukteur Karosseriebau Auto Union, 1946 SAW/Motorenwerk, FEW Chemnitz: Gruppenleiter Getriebe, 1956 ZEK Abteilungsleiter Getriebe, 1966 Hauptabteilungsleiter Aggregate VVB Auto, 1970 Abteilungsleiter Getriebe VVB Auto, 1978 Nkw-Kombinat.

Prof. Dr. Schubert, Werner
Verkehrsingenieur, Hochschule für Verkehrswesen in Dresden, Fachgebiet Personenverkehrswirtschaft, seit 1992 Professor für Logistik an der HTW Dresden, Prorektor für Lehre und Studium.

Siepmann, Walter
1954 bis 1961 Ingenieur für Konstruktion und Versuch im IFA FEW und ZEK, 1961 Patentingenieur und Gruppenleiter in der Zentralen Patentabteilung VVB Auto und IFA-PKW-Kombinat. Tätigkeit in der Zentralen Patentabteilung der VVB Auto, bis 1991 im Patentwesen des Kombinates Pkw, 1965 bis 1992 Geschäftsführer des IFA-Warenzeichenverbandes, seit 1992 Patentingenieur bei IAV GmbH, Chemnitz.

Dr. Sonntag, Winfried
Seit 1949 Konstrukteur bei Horch, 1954 Technischer Direktor Werk Audi, 1958 Technischer Direktor VEB Sachsenring Automobilbau Zwickau, 1963 Direktor WTZ, 1968 bis 1978 Generaldirektor VVB Auto, danach Direktor des WTZ, 1984 bis 1991 Auftragsleiter für Projekt VW-Motor.

Stück, Michael
Seit 1971 Kundendienst-Ingenieur im Automobilwerk Eisenach, 1991 bis 1994 Kundendienstleiter der AWE GmbH in Liquidation.

Dr.-Ing. Zimmer, Gerhard
1958 wissenschaftlicher Assistent und Oberassistent am IVK der TU Dresden, 1964 Chefkonstrukteur IFA Automobilwerke Ludwigsfelde, 1991 bis 1998 Leiter Fahrgestellkonstruktion Lkw/leichte Reihe bei der Daimler-Benz AG, Stuttgart.

Alle hier Genannten halfen mir mit zahlreichen Hinweisen dabei, »weiße Flecken« in den Quellen durch Hinweise und Erläuterungen auszumerzen. Auch durch ihre Teilnahme an den von mir seit 1992 zum selben Thema veranstalteten vier Colloquien trugen sie wesentlich zum Gelingen des seit 1990 laufenden Forschungsprojekts zur Geschichte des Automobilbaus in der DDR bei.
Ich danke allen Mitwirkenden sowie ebenfalls jenen, die mich tatkräftig unterstützten:
Der Verband der Automobilindustrie (VDA) ermöglichte durch einen namhaften Betrag die Drucklegung des vorliegenden Buches.

Die Audi AG, insbesondere deren Vorstandsvorsitzender Dr. Franz-Josef Paefgen, deren Leiter für Öffentlichkeitsarbeit Rainer Nistl sowie der Leiter der Abt. AUDI Tradition Thomas Frank haben dem Autor in umfangreichem Maße praktische Unterstützung gewährt.

Die Daimler-Benz AG stellte dank der persönlichen Vermittlung von Herrn Dr. phil. habil. Otto Nübel Anfang der neunziger Jahre die Anschubfinanzierung für dieses Projekt sicher.

Das Sächsische Staatsarchiv Chemnitz und seine Mitarbeiter haben sehr effizient meine Arbeit gefördert, indem sie kollegial bei der Nutzung der dort liegenden IFA-Bestände halfen.

Ich danke allen Freunden und Mitarbeitern für Hinweise, Ratschläge und Hilfe bei den Recherchen, bei der Bildsuche, der Sichtung des Materials und beim Schreiben.
Vor allem aber möchte ich meiner Frau danken, die von Anfang an bei der Gestaltung des Manuskripts, der Vorbereitung sowie am erfolgreichen Ablauf der Colloquien zu dem hier behandelten Thema sowie bei der Bewältigung aller organisatorischen Aufgaben maßgeblichen Anteil hatte.

Ingolstadt, im Sommer 2000
Dr. Peter Kirchberg

Statistiken, Übersichten, Zusammenstellungen

Anlage A 01: Bestand an zugelassenen Kraftfahrzeugen in der DDR
            (Stichtag: 30. September)

Jahr	Motorfahrzeuge						Anhänge-fahrzeuge
	Lastkraft-wagen	Spezial-kraftfahr-zeuge	Zugmaschi-nen und Traktoren	Omnibusse	Personen-kraftwagen	Motorräder und -roller	
1950	93.454	3.342	11.574	1.925	75.710	197.547	
1955	94.104	5.554	59.148	4.644	117.072	347.846	79.853
1960	117.795	13.943	85.612	9.365	298.575	848.004	163.453
1965	146.679	18.917	150.331	12.254	661.584	1.187.207	321.872
1970	185.888	42.997	194.024	16.686	1.159.778	1.374.006	491.278
1975	238.904	61.743	212.343	20.983	1.880.478	1.362.741	725.230
1980	234.148	114.262	230.642	51.070	2.677.703	1.304.602	1.004.012
1981	237.311	119.377	232.367	51.915	2.811.976	1.303.975	1.101.904
1982	228.368	127.692	233.726	53.041	2.921.574	1.302.003	1.159.430
1983	223.186	129.611	234.153	53.178	3.019.875	1.306.788	1.226.228
1984	219.319	136.018	238.052	53.595	3.157.077	1.315.207	1.311.741
1985	220.640	140.181	240.304	55.698	3.306.230	1.319.186	1.410.741
1986	219.415	148.034	243.444	57.600	3.462.184	1.321.832	1.518.431
1987	222.843	152.776	250.455	59.245	3.600.450	1.330.814	1.624.835
1988	228.872	160.569	255.861	60.744	3.743.554	1.318.574	1.738.338
1989	240.105	166.981	262.519	62.701	3.898.895	1.327.111	1.853.165

Quelle: Statistisches Jahrbuch der DDR 1990. Seite 252

Anlage A 02: Die Zuordnung des Industriezweiges Automobilbau zu den jeweiligen Ministerien (Übersicht).

Ministerium für Schwermaschinenbau	1949–1951
Ministerium für Maschinenbau	1952–1954
Ministerium für Allgemeinen Maschinenbau	1955–1962
Volkswirtschaftsrat Abteilung Allgemeiner Maschinenbau	1963–1967
Ministerium für Verarbeitungsmaschinen und Fahrzeugbau	1968–1972
Ministerium für Allgemeinen Maschinen-, Landmaschinen- und Fahrzeugbau	1973–1990

Anlage A 03: Hauptfristenplan für die Entwicklung von Konstruktionen und deren Überleitung in die Fertigung.

K 1	=	Literatur- und Patentstudien
K 1.3	=	Begutachtung und Freigabe für K 2
K 2	=	Untersuchung der Lösungswege und ggf. Entwurf
K 2.3	=	Begutachtung und Freigabe für K 3
K 2.4	=	Abschluß des Pflichtenheftes
K 2.5	=	Durchführung der Wirtschaftlichkeitsberechnung
K 3	=	Konstruktion des Funktionsmusters
K 4	=	Bau des Funktionsmusters
K 5	=	Erprobung des Funktionsmusters und Begutachtung des Ergebnisses der Entwicklungsarbeit
K 5.3	=	ZEK Kraftfahrzeugtest
K 5.4	=	Begutachtung und Freigabe für ÜK 6
ÜK 6	=	Ausarbeitung der fertigungsgerechten Konstruktionsunterlagen und des Materialvoranschlages für die Produktion
ÜK 6.13	=	Begutachtung und Freigabe der Technologie für ÜK 9
ÜK 7	=	Bau des Fertigungsmusters
ÜK 8	=	Erprobung des Fertigungsmusters
ÜK 8.3	=	ZEK Kraftfahrzeugtest
ÜK 8.4	=	Begutachtung und Freigabe für ÜK 9
ÜK 9	=	Bau der Nullserie und technologisches Projekt
ÜK 10	=	Erprobung der Nullserie
ÜK 10.3	=	ZEK Kraftfahrzeugtest
ÜK 10.4	=	Typgutachten durch KTA
ÜK 10.5	=	Prüfzeugnis durch DAMW
ÜK 10.6	=	Abschlußbericht
ÜK 10.7	=	Begutachtung der Nullserienergebnisse
ÜK 10.8	=	Freigabe der Serienproduktion
ÜK 11	=	Überarbeitung der Konstruktionsunterlagen zur Fertigungsreife
ÜK 11.6	=	Fertigungsausstoß
ÜK 11.7	=	Freigabe für Export

Quelle: Dieser Hauptfristenplan ist später vom Gesetzgeber in der DDR für alle Forschungen verbindlich erklärt worden. Dabei wurden sie in die Gruppen Prognose (P), Studien (St), Grundlagenforschung (G in Stufen 1...4 unterteilt) und Angewandte Forschung (A ebenfalls in Stufen 1...4 unterteilt) strukturiert. G Bl. DDR I, Nr. 23 vom 6.6.1975

Anlage A 04: Die seit 1968 durch die Partei- und Staatsführung gefaßten Beschlüsse zur Entwicklung des Pkw-Baues in der DDR.

Laufende Nr.	Datum des Beschlusses	Beschlußorgan	Wesentlicher Beschlußinhalt
1	17.07.1968	Präsidium des Ministerrates	1. Die PKW-Produktion der DDR ist auf 300.000 PKW/Jahr zu erhöhen 2. Es ist ein Einheits-PKW der Betriebe AWZ und AWE zu entwickeln 3. Es ist eine Vorlage für das Präsidium des Ministerrates zu erarbeiten
2	07.05.1970	Präsidium des Ministerrates	1. Bis 1975 Weiterführung der Prod. d. PKW TRABANT und WARTBURG 2. Nach 1975 Konzentration der PKW-Produktion der DDR auf einen Einheits-PKW Leermasse: 750 bis 780 kg Hubraum: 1000 bis 1100 m³ Leistung: ca. 50 PS 3. Produktion mindestens 200.000 PKW/Jahr; Grundtyp bei AWZ; Modifikation bei AWE 4. Alle Hauptbaugruppen sind in der DDR zu produzieren
3	20.10.1971 09.11.1971	Präsidium des Ministerrates Politbüro des ZK der SED	1. Eine Bedarfsdeckung ist mit 200.000 PKW/Jahr nicht möglich. Es sind mindestens 300.000 PKW/Jahr erforderlich. 2. Die vorgelegte Variante für eine Produktion von 200.000 PKW/Jahr in Arbeitsteilung mit der ČSSR wird bestätigt. 3. Darüber hinaus sind Überlegungen anzustellen, wie außerhalb der Arbeitsteilung mit der ČSSR zusätzlich weitere 100.000 PKW/Jahr in der DDR produziert werden können.
4	05.04.1972	Präsidium des Ministerrates	1. Die PKW-Produktion der DDR ist auf 300.000 PKW/Jahr zu erhöhen. 2. Früher ausgearbeitete Varianten dienten nur der Entscheidungsvorbereitung. Es sind keine weiteren Varianten zu untersuchen. 3. Der Produktionsanlauf des Perspektiv-PKW – in Zwickau 250 T PKW/a Grundtyp – in Eisenach 50 T PKW/a Modifikationen wird von 1977 auf 1978 verlegt.
5	17.07.1973 25.07.1973	Politbüro des ZK der SED Präsidium des Ministerrates	1. Es sind zwei neue PKW vorzubereiten: – TRABANT-Nachfolger mit 710 bis 730 kg Leermasse und 40-50 PS Motorleistung – WARTBURG-Nachfolger 4-türig, Stufenhecklimousine mit 860 kg Leermasse und 60 PS Motorleistung 2. Produktionsumfang: – 150.000 TRABANT-Nachfolger in Zwickau – 80.000 WARTBURG-Nachfolger in Eisenach

				3. Auftrag zur Ausarbeitung der Gemeinschaftsproduktion mit der ČSSR – DDR: Getriebe, Antriebsgelenkwellen, Lenkungen – ČSSR: Viertakt-Motoren, Scheibenbremsen 4. Produktionsanlauf: in Zwickau 1979
6	24.09.1979 03.10.1974	Präsidium des ZK der SED Präsidium des Ministerrates		1. Konzentration aller Maßnahmen auf die Sicherung der Vorrangigkeit eines PKW-Nachfolgers TRABANT. 2. Die Entwicklung des WARTBURG-Nachfolgers P 360 ist sofort einzustellen. 3. Maximale Vereinheitlichung des Grundtyps und der Modifikation ist zu sichern. Produktionsanlauf des TRABANT-Nachfolgers P 610 G im Jahr 1982. 4. Anlauf der Modifikation in Eisenach im Zeitraum 1984 bis 1986 (zeitlich versetzt zum Grundtyp in Zwickau).

7	10.06.1975
	
	17.06.1975
		Politbüro des ZK der SED
		
		Präsidium des Ministerrates
				1. Die volkswirtschaftliche Einordnung der Investitionen aus der Dokumentation vom 14.03.1975 ist nicht möglich.
				2. Überarbeitung mit folgendem Konzept erforderlich:
				– Stufenanlauf des P 610 (Grundtyp) in Zwickau
				  mit 30 T PKW/a ab 1983
				  mit 150 T PKW/a ab 1985/86
				3. Weiterhin Vorrangigkeit der Erneuerung des PKW TRABANT

8	10.06.1976 22.06.1976	Präsidium des Ministerrates Politbüro des ZK der SED		1. In Abstimmung mit der ČSSR erfolgt der Produktionsanlauf des TRABANT-Nachfolgers nicht 1982 sondern 1984 2. Neue Produktionsvorgabe für den TRABANT-Nachfolger: – 1984 = 18 T PKW – 1985 = 120 T PKW – 1986 = 150 T PKW
9	20.09.1977 22.09.1977	Politbüro des ZK der SED Präsidium des Ministerrates		1. Der Produktionsanlauf des TRABANT-Nachfolgers erfolgt 1984. 2. Für die Jahre 1982/84 sind Möglichkeiten zu untersuchen, eine erste Entwicklungsstufe der Modifikation des TRABANT-Nachfolgers im VEB AWE in die Produktion zu überführen, wenn dazu die erforderlichen Voraussetzungen im Rahmen der staatl. Fonds geschaffen werden können.
10	06.11.1979	Politbüro des ZK der SED		1. Die Entwicklung der Nachfolge-PKW für TRABANT und WARTBURG ist abzubrechen 2. Die Produktion der PKW TRABANT 601 und WARTBURG 353 ist über 1985 hinaus weiterzuführen

11	14.06.1983 23.06.1983	Politbüro des ZK der SED Präsidium des Ministerrats	– Kurzfristige Erhöhung der Produktion der PKW TRABANT und WARTBURG bis 1985 und danach. – Entwicklung der TRABANT-Produktion: 1984 = 128,5 T PKW 1985 = 135,9 T PKW 1988 = 175,0 T PKW durch Verlagerung von TRABANT-Produktion in andere Betriebe, Zuführung von Arbeitskräften, Investitionen in den Bereichen Blechpreßteileproduktion, Karosserielackierung, Endmontage, Getriebebau
12	14.06.1983	Politbüro des ZK der SED	– Ergebnis der Untersuchung zur Weiterentwicklung der Zweitaktmotoren, Eigenentwicklung eines 4-Takt-Motors und Aufnahme der Lizenzproduktion gemäß Angebot der VW-AG – Schlußfolgerung: volkswirtschaftlich vorteilhafteste Lösung ist die Produktionsaufnahme der Alpha-Motorenbaureihe – Investitionen gesamt 1.100 Mio. M mit 163 Mio. VM dazu 300 Mio. M für Vorrichtungen, Werkzeuge und Prüfmittel
13	17.01.1984 06.03.1984	Politbüro des ZK der SED Präsidium des Ministerrates	– Einbau von 4-Takt-Diesel und Vergaser-Motoren in den PKW TRABANT ab 1989 – Einbau des 4-Takt-Vergaser-Motors in den PKW WARTBURG
14	06.03.1984 09.10.1984	Politbüro des ZK der SED Politbüro des ZK der SED	– Die Anlage zur Herstellung der Alpha-Motoren wird durch Käufe der VW-AG refinanziert – VW kauft 1988–1993 jährlich 100.000 Rumpfmotoren im Gesamtwert von 265 Mio. VM (Preisbasis 1984) – Erstmalige Erfassung der Investitionen auf der Grundlage einer volkswirtschaftlichen Gesamtrechnung – Investitionen gesamt 4.840 Mio. M mit 835 Mio. VM
15	01.07.1986 12.07.1986	Politbüro des ZK der SED Präsidium des Ministerrates	– Neuordnung der Anlauftermine für TRABANT mit 4-Takt-Motor: 1988 = 150 PKW 1989 = 18.300 PKW 1990 = 150.000 PKW – Der Dieselmotor entfällt bis 1990. Vor den Dieselmotor wird die Karosserie für den TRABANT gestellt.
16	27.01.1987	Politbüro des ZK der SED	– Abschluß eines Nachtrages mit VW-AG wegen der neuen Terminstellungen – Mehraufwand Vergaser und Bestätigung der

	10.02.1987	Präsidium des Ministerrates		Überbrückungsimporte – Quereinbau des 4-TOM in den PKW Wartburg – Realisierung eines vereinheitlichten Getriebes
	01.12.1987	Politbüro des ZK der SED		– Korrekturen zum Gesamtaufwand (z.B. aus – Riko 4,5) Bestätigung weiterer Importe zur Realisierung der Gesamtkonzeption – Sicherung des Einbaus des 4-TOM in die Pkw Wartburg und Trabant
17	31.01.1989	Politbüro des ZK der SED		– Entwicklung der TRABANT-Produktion in der Relation P 601/ P 1.1. bis 1994 – Der Ausstoß 175 T PKW/a wird erstmalig 1993 erreicht
	09.02.1989	Präsidium des Ministerrates		– Ein TRABANT 1.1 mit verändertem Erscheinungsbild wird nicht produziert. – Auftrag zur Einreichung einer Vorlage im 1. Halbjahr 1989 mit einem Vorschlag, wie bis 1995/96 eine erste Ausbaustufe der Produktion einer neuen Karosserie mit 112 T Stck./Jahr serienwirksam werden kann.

Quelle: Ministerium für Maschinenbau, Bereich Wissenschaft und Forschung, Grundfonds und Investitionen, Abt. Fahrzeugbau: Analyse des gegenwärtigen Standes und der weiteren Entwicklung der Pkw-Produktion in der DDR. Berlin, 5. Januar 1990, Anlage 4, Privatarchiv Dr. Sonntag

Anlage A 05: Die Entwicklung des Pkw-Bestandes und seines Durchschnittsalters in der DDR

	1975	1980	1985	1990*
1. PKW-Bestand gesamt (in Tausend)	1880,5	2677,0	3306,2	4100,0
davon				
– Trabant	847,4	1235,8	1632,1	2206,3
dar. P 50 / P 60	170,4	143,6	118,0	84,0
– Wartburg	325,9	424,3	558,0	763,7
dar. W 311 / W 312	174,1	153,2	126,6	81,6
– Lada	82,6	249,8	302,3	357,8
– Škoda	200,7	267,8	312,0	302,0
dar. MB 1000/Oktavia	114,0	79,8	69,4	54,4
dar. S 100	–	–	139,7	129,7
– Moskwitsch	158,7	206,0	180,8	150,1
– Sonstige	265,2	294,0	321,0	320,1
2. Durchschnittsalter (Jahre)	7,82	9,3	11,7	13,9

* Angaben für 1990 geschätzt

Quelle: Übersicht angefertigt im Ministerium für Allgemeinen Maschinen-, Landmaschinen und Fahrzeugbau von Oktober 1989

Anlage A 06: Die Haushaltsbeziehungen der VVB Automobilbau 1971 bis 1977 in Mio. Mark

	1971	1972	1973	1974	1975	1976	1977	Summe
Nettogewinnabführung	532,1	624,6	710,2	838,8	981,0	1.157,0	1.025,0	5.868,7
Produktionsfondsabgabe	264,5	278,7	288,9	300,4	314,0	335,2	362,2	2.143,9
Produktgebundene Abgaben	345,3	548,8	576,6	595,3	635,1	621,9	527,4	3.850,4
Beitrag für gesellschaftliche Fonds	–	–	–	–	–	–	–	–
Abführung an den Staatshaushalt gesamt	1.141,9	1.452,1	1.575,7	1.734,5	1.930,1	2.114,1	1.914,6	11.863,0
Produktgebundene Preisstützungen	–	2,4	3,7	5,2	3,9	4,9	165,1	185,2
Fondsstützungen	–	–	–	–	–	–	–	–
Unverzinsliche Kredite für Investitionen (Tilgung durch Staatshaushalt)	–	–	–	–	–	–	–	–
Kostengutschriften	–	–	–	–	–	–	–	–
Exportstützungen aus dem Staatshaushalt	261,6	307,5	323,6	316,0	295,6	286,7	226,9	2.017,9
Zuführungen aus dem Staatshaushalt gesamt	261,6	309,9	327,3	321,2	299,5	291,6	392,0	2.203,1
Saldo haushaltswirksam	880,3	1.142,2	1.248,4	1.413,3	1.630,6	1.822,5	1.522,6	9.659,9
Investitionsvolumen gesamt (Finanzbedarf)	210,0	213,6	285,0	318,7	378,1	367,2	396,0	2.168,6

Quelle: Ministerium für Maschinenbau, Bereich Wissenschaft und Forschung, Grundfonds und Investitionen, Abt. Fahrzeugbau: Analyse des gegenwärtigen Standes und der weiteren Entwicklung der Pkw-Produktion in der DDR. Berlin, 5. Januar 1990, Anlage 5, Privatarchiv Dr. Sonntag

Anlage A 07: Die Haushaltsbeziehungen des IFA-Kombinates Pkw 1978 bis 1989 in Mio. Mark

	1978	1979	1980	1981	1982	1983	1984	1985	1986	1987	1988	1989	Summe
Nettogewinnabführung an den Staatshaushalt	497,5	465,9	520,0	617,3	709,2	668,1	36,0	30,6	275,9	39,4	278,0	–	4.237,9
Produktionsfondabgabe / Handelsfondabgabe	149,3	159,9	181,4	198,6	232,0	344,5	387,6	435,2	480,9	545,0	638,0	799,5	4.551,9
Produktgebundene Abgaben	349,0	236,4	502,7	500,7	466,8	522,0	650,5	626,9	316,8	403,2	415,6	412,6	5.403,2
Beitrag für gesellschaftliche Fonds	–	–	–	–	–	–	375,9	393,1	407,2	503,1	520,2	539,7	2.739,2
Abführungen an den Staatshaushalt gesamt	995,8	862,2	1.304,1	1.316,6	1.408,0	1.534,6	1.450,0	1.485,8	1.480,8	1.490,7	1.851,8	1.751,8	16.932,2
Produktgebundene Preisstützungen	71,3	50,2	274,8	288,0	300,9	301,5	243,1	265,3	289,9	314,3	325,6	366,3	3.091,8
Fondsstützungen	–	–	–	–	–	–	–	344,4	–	–	–	105,3	449,7
Unverzinsliche Kredite für Investitionen (Tilgung durch Staatshaushalt)	–	–	–	–	–	–	–	–	124,6	597,7	708,3	664,5	2.095,1
Kostengutschriften	–	–	–	–	–	–	–	–	–	–	–	300,0	300,0
Exportstützungen aus dem Staatshaushalt	213,6	254,7	273,1	292,8	369,9	352,5	247,6	249,4	583,7	454,2	420,4	447,5	4.159,4
Zuführungen aus dem Staatshaushalt gesamt	284,9	304,9	547,9	580,8	670,8	654,2	490,7	859,1	998,2	1.366,2	1.454,3	1.883,6	10.095,6
Saldo haushaltswirksam	710,9	557,3	756,2	735,8	737,2	880,6	959,3	626,7	482,6	124,5	397,5	%131,3	5.836,8
Investitionsvolumen gesamt (Finanzbedarf)	233,8	323,9	581,4	646,4	1.527,9	1.032,7	515,9	413,6	504,1	1.518,0	2.112,4	2.130,4	11.540,3

Quelle: Ministerium für Maschinenbau, Bereich Wissenschaft und Forschung, Grundfonds und Investitionen, Abt. Fahrzeugbau: Analyse des gegenwärtigen Standes und der weiteren Entwicklung der Pkw-Produktion in der DDR. Berlin, 5. Januar 1990, Anlage 5, Privatarchiv Dr. Sonntag

Anlage A 08: Pkw-Bestand, Ausstattungsgrad je 1000 Einwohner und Pkw je 100 Haushalte in der DDR 1960–1989.

Jahr	Bevölkerung in Mio.	Pkw-Bestand (Tausend)	Pkw pro 1000 E.	Zuwachs absolut i.T.	Zuwachs je 1000 Einw.	Haushaltsausstattung
1955	17,832	117	7	–	–	0,2
1960	17,241	300	17	183	–	3,2
1965	17,020	661	38	361	21	8,2
1970	17,058	1159	68	498	30	15,6
1975	16,850	1880	112	721	44	26,2
1976	16,786	2052	122	172	10	28,8
1977	16,765	2236	133	184	11	31,6
1978	16,756	2392	142	156	9	34,1
1979	16,745	2532	151	140	9	36,3
1980	16,737	2677	160	145	9	36,8
1981	16,736	2811	168	134	8	39,0
1982	16,697	2921	174	110	6	40,0
1983	16,699	3019	181	98	7	41,6
1984	16,671	3157	189	138	8	43,7
1985	16,664	3306	198	149	9	45,8
1986	16,630	3462	208	156	10	48,0
1987	16,620	3610	217	148	9	50,0
1988	16,600	3750	225	140	8	55,1
1989	16,400	3910	238	160	8	57,2

Quelle: Zusammengestellt und berechnet nach Angaben in den Statistischen Jahrbüchern der DDR

Anlage A 09: Haushaltsnettoeinkommen und Arbeitszeitäquivalente für Pkw und Kraftstoff in der DDR zwischen 1960 und 1985.

Jahr	1960	1965	1970	1975	1980	1985
Monatliches Haushaltsnettoeinkommen (M)	758	849	1031	1300	1490	1746
Anzahl der monatlichen Haushaltsnettoeinkommen für den Kauf eines Pkw						
Trabant	10,8	9,2	7,8	6,5	5,7	5,7
Wartburg	23,6	21,2	17,4	13,8	12,8	12,6
Lada	–	–	19,4	15,4	14,9	14,3
Arbeitsminuten-Äquivalent für 1 l Kraftstoff (zu 1,50 M/l) (Minuten)	24	21	16	13	11	9

Quelle: Zusammengestellt nach Angaben in den Statistischen Jahrbüchern der DDR

Anlage A 10: Bestände, Bestellungen und Bereitstellungen von Pkw in der DDR von 1969 bis 1987 in 1000 Stück.

Jahr	Bestand	Bestellung (kumulativ)	Bestellung je Jahr Bev.bedarf	Warenbereitstellung Auslief. an Bev.	in % des Bestandes	Bestellüberhang des Jahres	kumulativer Bestellstau Auslieferungsdefizit
1969	1039	990	–	103	9,9	–	1133
1970	1159	1133	200	105	9,6	95	1228
1971	1267	1322	188	106	8,4	82	1310
1972	1400	1476	153	110	7,8	43	1353
1973	1539	1643	167	130	8,4	47	1400
1974	1702	1838	194	150	8,8	44	1444
1975	1880	2193	356	150	8,0	206	1650
1976	2052	2580	386	164	8,0	222	1872
1977	2236	3037	456	157	6,8	304	2176
1978	2392	3453	416	163	6,8	233	2409
1979	2532	3936	482	130	5,1	352	2761
1980	2677	4177	241	136	5,1	105	2866
1981	2811	4451	213	130	4,6	143	3009
1982	2921	4703	252	117	4,0	135	3144
1983	3019	4824	120	120	3,9	0	3144
1984	3157	5093	268	131	4,15	137	3281
1985	3306	5329	236	140	4,5	87	3368
1986	3462	5590	260	148	4,4	105	3473
1987	3600	5840	250	*	4,3	100	3570

Quelle: Nach Angaben des IFA-Fahrzeugvertriebs 1988 (* = keine Angaben)

Anlage A 11: Generationswechsel im Automobilbau der DDR

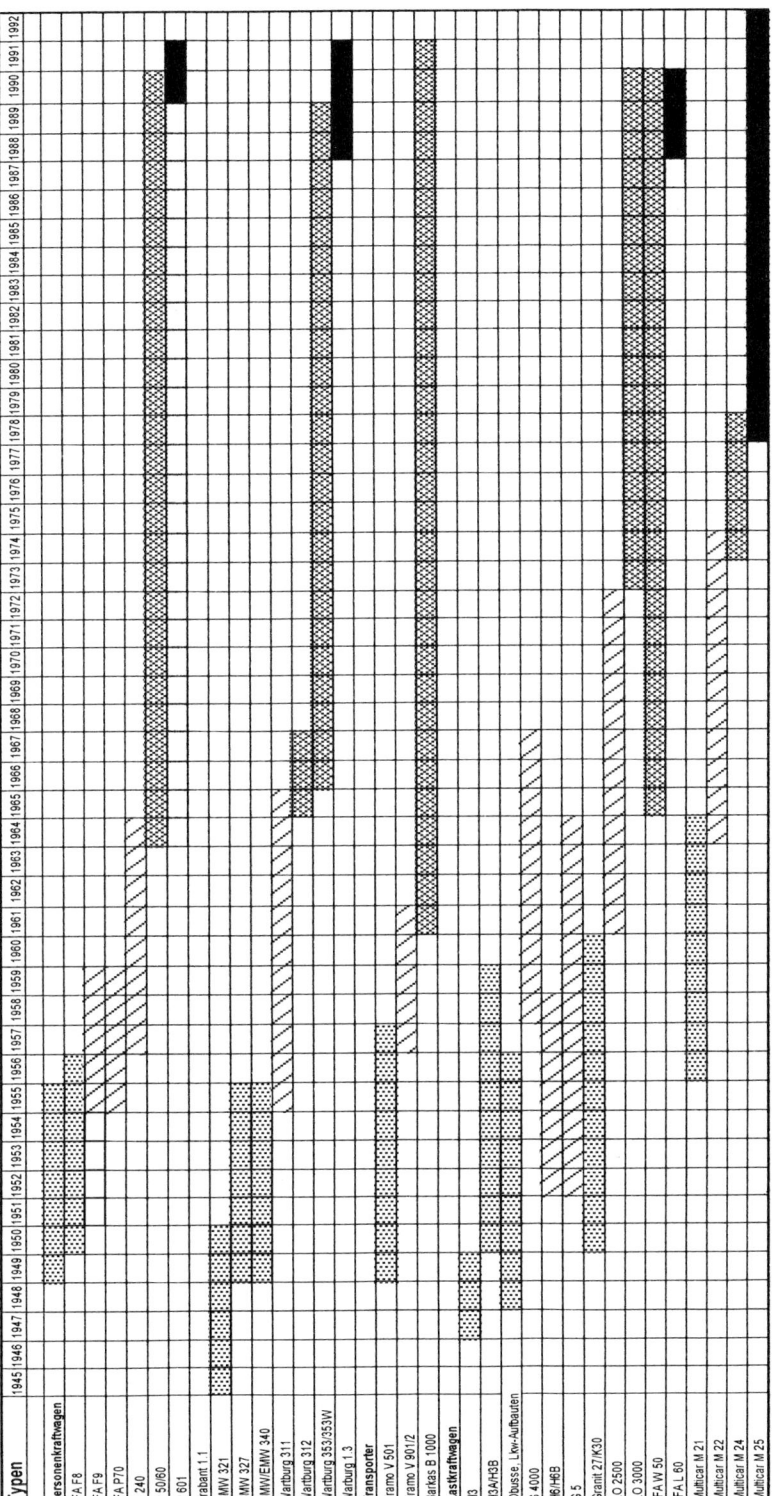

Statistiken, Übersichten, Zusammenstellungen 721

Anlage A 12: Die Investitionen für das Transport- und Nachrichtenwesen innerhalb der Gesamtinvestitionen (Vergleichbare Preise, Basis: 1985)

Jahr	National-einkommen Mill. Mark	Gesamtinvestitionen Mill. Mark	Investitionen (TNW) Transport- u. Nachrichtenwesen Mill. Mark	Anteil TNW an Gesamt-investitionen %
1949	24.917	3.804	504	13,2
1950	30.352	4.786	666	13,9
1951	39.195	6.041	–	–
1952	44.191	7.713	–	–
1953	46.755	9.269	495	6,1
1954	51.038	9.465	–	–
1955	56.221	10.864	1.512	13,9
1956	58.488	13.708	1.960	14,3
1957	62.541	14.213	2.032	14,3
1958	69.577	16.406	2.592	15,8
1959	76.487	19.898	3.303	16,6
1960	79.379	21.201	2.341	10,7
1961	80.652	22.190	2.662	12,0
1962	82.826	22.780	2.905	12,8
1963	85.766	23.104	2.524	10,9
1964	90.000	25.277	2.669	10,6
1965	94.182	27.556	2.625	9,5
1966	98.778	29.339	2.603	8,9
1967	104.110	31.955	3.071	9,6
1968	109.420	35.423	3.283	9,3
1969	115.114	40.930	3.713	9,1
1970	121.563	43.707	3.887	8,9
1971	126.956	44.447	3.788	8,5
1972	134.130	46.681	3.896	8,3
1973	141.646	50.587	4.244	8,4
1974	150.807	53.337	5.971	9,7
1975	158.157	55.793	5.885	10,5
1976	163.618	59.867	6.211	10,4
1977	171.884	63.059	5.507	8,7
1978	178.240	64.846	5.279	8,1
1979	185.455	65.606	5.963	9,1
1980	193.644	65.702	5.639	8,6
1981	202.971	67.307	5.923	8,8
1982	208.219	63.853	4.772	7,5
1983	217.836	63.660	4.676	7,3
1984	229.917	60.560	4.928	8,1
1985	241.363	62.602	5.712	9,1
1986	252.220	65.933	6.542	9,9
1987	260.180	71.205	5.813	8,2
1988	268.410	77.040	6.049	7,9

Quelle: – Statistisches Jahrbuch der DDR /130/, Jg. 1989, S. 100;
– Ergänzende Berechnungen von Dr. U. Erler nach ebenda S. 13, 15, 99, 102, /130/, Jg. 1958, S. 255, Jg. 1968, S. 57 sowie Veröffentlichungen in der DDR-Presse in den 50er Jahren

Anlage A 13: Investitions-Entwicklungen im Verhältnis jeweils zum Vorjahr [%] in der DDR 1950–1988

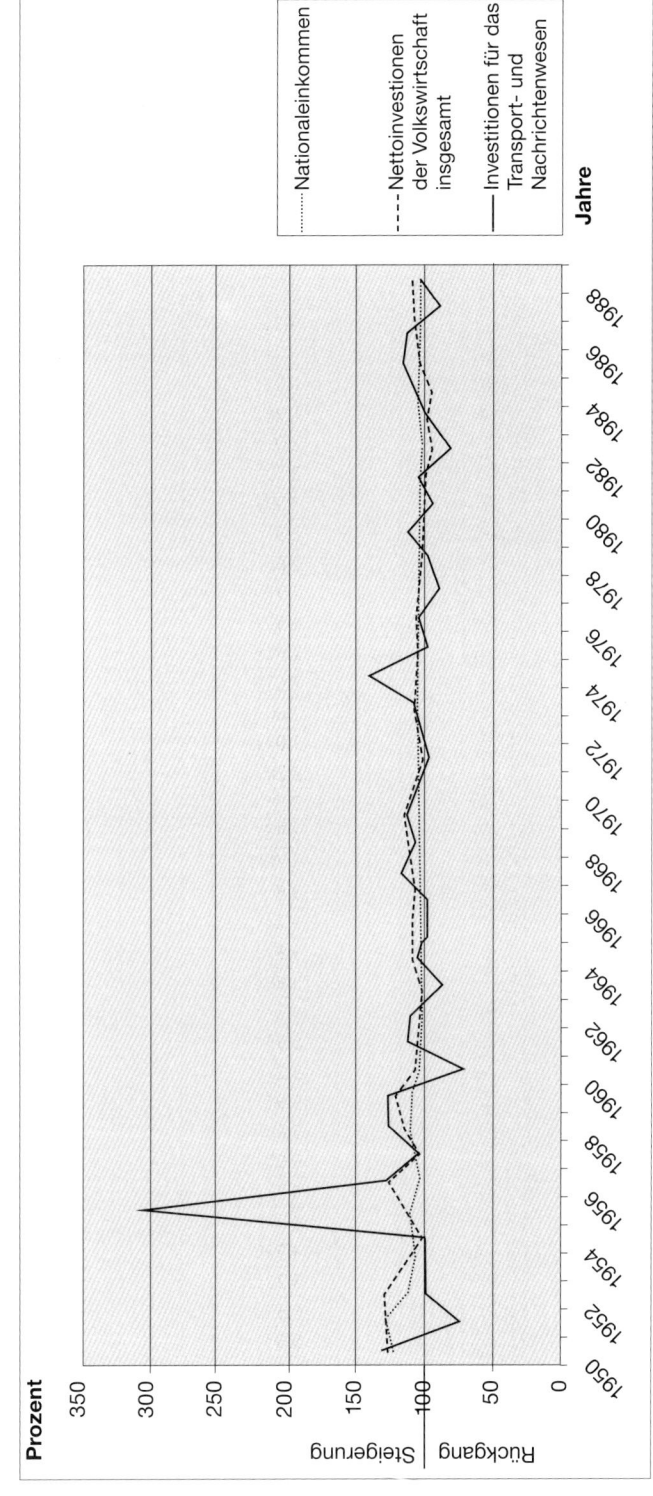

Quelle: Berechnet von Dr. U. Erler nach Werten in Statistisches Jahrbuch der DDR/ I30/, Jg. 1989, S. 100; Ergänzende Berechnungen nach ebenda S. 13, 15, 99, 102, /I30/, Jg. 1958, S. 255, Jg. 1968, S. 57 sowie Veröffentlichungen in der DDR-Presse in den 50er Jahren

Anlage B 01: Automobilwerke Eisenach (AWE): Typen und Stückzahlen der Kraftfahrzeuge 1945–1991; Produktion und Export in Stück.

Produkt-jahr	Typ R 35	Typ 321	Typ 325/2	Typ 326	Typ 327	Typ 340	Typ 309 (F 9)	Typ 311	Typ 312	Typ 313/1	Typ 353	Produkt-jahr	Typ 353/ 353 W	Typ 1.3
1945	75	68										1971	43.130	
1946	659	1.373		15								1972	45.676	
1947	2.565	2.055		1								1973	48.100	
1948	2.902	2.500										1974	51.813	
1949	4.250	2.750			14	250						1975	54.040	
1950	6.643	250			2	3.405						1976	55.510	
1951	10.726					6.570						1977	57.565	
1952	13.307		161		141	8.597						1978	58.832	
1953	16.626				61	1.363	7.550					1979	56.320	
1954	14.900				107	482	12.863					1980	58.325	
1955	10.347				180	582	13.492					1981	60.133	
1956							4.878	14.223				1982	61.302	
1957								23.197		88		1983	64.003	
1958								24.145		181		1984	71.998	
1959								28.955		65		1985	74.002	
1960								28.666		135		1986	74.233	
1961								30.232				1987	71.520	
1962								26.209				1988	59.999	112.300
1963								30.003				1989	1.191	70.204
1964								32.592	2			1990		63.068
1965								20.651	11.049			1991		7.201
1966									21.082		14.005			
1967									4.154		30.951			
1968											34.923			
1969											37.447			
1970											40.411			

Typ	R 35	321	325/2	326	327	340	F 9/309	311	312	313/1	353		
Ges.Stückz.	83.000	8.996	161	16	505	21.249	38.783	259.035	36.287	469	1.225.429		152.773
Exp.Stückz.	27.533	7.148	0	1)	380	8.510	20.641	113.053	2.861	1)	676.837		68.148
Haupt Export Länder	UdSSR Finnland Schweden Polen Rumänien	UdSSR Finnland Belgien Österreich Schweden Schweiz BRD	—	—	Finnland Belgien Schweden Schweiz Dänemark	Finnland Dänemark UdSSR Norwegen Polen Belgien Schweden Griechenl.	Schweden Finnland Norwegen Dänemark Schweiz Belgien	ČSSR Polen Finnland Ungarn Belgien Norwegen Bulgarien Rumänien BRD	Rumänien Ungarn Polen Finnland Holland Kolumb. Jugoslaw. England Belgien	Belgien BRD Finnland ČSSR USA Holland	Ungarn Polen Jugoslaw. ČSSR Bulgarien Finnland England Belgien Griechenl.		Ungarn Polen Jugoslaw. Litauen Bulgar.
Leistung 2) (PS)	14	45	55	50	57	55	1953–28 1954–32	1955–37 1961–40 1962–45	45	50	1966–45 1966–45		58
Preis 3)	DM/Ost 1800,-	RM Lim. 7400,- Kabr. 8000,-	? 7605,-	RM Kabr. 17740,-	DM/Ost Lim. 15000,- Coupe 18590.-	DM/Ost Lim. 13200,- Kombi 14835.-	DM/Ost Lim. 13200,- Kabr.-Lim. 15000.-	DM/Ost Lim. 15200,- Einsatzw. 18300.-	MDN 19800.- Coupe 17200.-	DM/Ost Lim. 16950.- Mark	M Lim. 30200.- Tourist 23209,-		M Tourist 35190,-

Legende:
1) In der Zeile »Export« ist für den Typ 326 keine Exportstückzahl angegeben, da diese nicht bekannt ist. Ebenso verhält es sich beim Wartburg 313, dessen Export laut Archivunterlagen bei den Angaben des Wartburg 311 Berücksichtigung fand.
2) Bei den Leistungsangaben wurde wegen serienwirksam gewordener Leistungssteigerungen am gleichen Fahrzeugtyp das Einsatzjahr mit angegeben.
3) Bei den Preisangaben ist in der ersten Zeile die Währung der jeweiligen Produktionsepoche angegeben. Außerdem wurde in einigen Spalten, bedingt durch die vielen Fahrzeugvarianten, nur der Preis für die billigste und die teuerste Variante angegeben.

Quelle: Zusammengestellt von Ingenieur Michael Stück nach statistischen Unterlagen im ehemaligen Automobilwerk Eisenach

Anlage B 02: Die wichtigsten technisch-konstruktiven Änderungen am Wartburg 311 und Wartburg 312 von 1955 bis 1967

1955 Fertigung EMW 311 in den Ausführungen Limousine-Standard, Kabriolett und Kombi.

1956 Namensänderung in Wartburg 311
Erweiterung der Produktpalette durch die Ausführungen Limousine-Standard mit Schiebedach und Schnelltransportwagen (Pick-up)

1957 Erweiterung der Produktpalette durch Limousinen in Luxusausführung, Coupé, Einsatzwagen, Camping und Sportwagen

1958 Einsatz: – synchronisiertes Getriebe (2. bis 4. Gang)
- neues Ziergitter für alle Modelle
- neuer Parallelscheibenwischer
- neue Duplex-Bremse an der Vorderachse

1959 Einführung der Kunstharzlackierung
Gewichtserleichterung um 24 kg
Leistungssteigerung auf 38 PS
Geschwungene Seitenzierleiste für Luxuslimousine

1960 Einsatz: – neue Betätigung des Tank- und Kofferraumdeckels
- asymmetrisches Abblendlicht
- verbesserte Lenkung
- weichere Federung
- ausgewuchtete Laufräder
- neue Fensterkurbelapparate
- Verringerung des Leergewichtes auf 920 kg

1961 Einsatz: – 44 Liter Tank
- Motor mit 40 PS Leistung

1962 Einsatz: – 992 cm3 Motors (Typ 312) mit Wasserpumpe und Thermostat (Leistung 45 PS)
- neuer Ansauggeräuschdämpfer
- neue Heizungs- und Frischluftanlage
- neues Lenkrad
- neue Armlehnen vorn
- zweite Sonnenblende
- Lichthupe

Zulassung als 5-Sitzer

1963 Einsatz: – Scheibenwaschanlage
- neue Heckleuchten
- gepolsterte Sonnenblenden
- formveränderte Vordersitze
- Anbringung von Halterungen für Sicherheitsgurte

1964 Einbau: – Stahlschiebedach
- Produktion eines Kombiwagens in Luxusausführung

1965 Einsatz neues Fahrgestell mit:
- Einzelradaufhängung
- Schraubenfedern
- 13 Zoll Laufrädern
- neuen Teleskopstoßdämpfern

- Querstabilisator
- Bremskraftbegrenzung der Hinterräder
- neuen Bremsbelägen
- neuer Lenkung - einschließlich Lenkrad
- wartungsfreiem Kühlsystem
- dreigeteilter Auspuffanlage
- Motor mit neuer Unterbrecheranlage

Fahrzeug mit Typenbezeichnung Wartburg 312

1967   Einsatz: − Getriebe des Wartburg 353 beim Wartburg 312/5 und 312/9

Quelle: Zusammengestellt nach den Änderungsmitteilungen der AWE (Stadtarchiv Eisenach)

Anlage B 03: Die wichtigsten technisch-konstruktiven Änderungen am Pkw Wartburg 353 / 353W von 1967 bis 1987

MOTOR

1968 − komplett ausgewuchteter Kurbeltrieb
1969 − neuer Motor mit 50 PS
- Vergaser 40 F 1-11
- Kurbelwelle mit vollen Hubscheiben und Labyrinthringabdichtung
- Tellerfederkupplung T 10-12 K

1974 − Einführung Mischungsverhältnis 1 : 50 (Öl / Kraftstoff)
1977 − Vergaser mit geändertem Leerlaufsystem und Bowdenzugbetätigung
1982 − Einsatz Registervergaser JIKOV 32 SEDR
1983 − geänderter Abzweigtopf
1985 − Einsatz Frontkühler mit Elektrolüfter
      − geänderter Zylinderkopf
      − Einsatz Wasserpumpenwelle
      − geändertes Thermostatgehäuse

GETRIEBE

1967 − Einsatz vollsynchronisiertes Getriebe

FAHRGESTELL

1968 − Einsatz schlauchloser Reifen
1970 − Einsatz Radialreifen 165 SR 13
1973 − Einsatz schlauchloser Radialreifen 165 SR 13 sl
1974 − Einsatz asymmetrische Humpfelge
1975 − Produktionsbeginn Wartburg 353 W
- Scheibenbremse vorn Zweikreisbremssystem
- lastabhängiger Bremskraftregler
- ECE-gerechte Lenksäule
- geänderter Rahmen

1976 − gewichtserleichterte Bremstrommel
1980 − Stahlgürtelreifen als Kundensonderwunsch
1981 − Einsatz neuer Hauptbremszylinder

1982 – Einsatz neuer Haupt- und Nachschalldämpfer
1985 – Einsatz Stahlgürtelreifen 175/70 R 13 80s als Kundensonderwunsch
1986 – Einsatz neuer Stoßdämpfer
– Einsatz geänderter Gelenkwelle
1987 – Einsatz neues Lenkgetriebe

KAROSSERIE

1968 – Einführung »Elektrophoretische Tauchgrundierung«
1969 – Einführung Rundinstrumente
1972 – Einsatz Gummi-Stoßstangenhörner
1973 – Vordersitz mit neuer Sitz- und Lehnenpolsterung
1975 – Wartburg 353 W
- neue Instrumententafel mit Kombigerät; neue Ablage unter Instrumententafel; Armlehnen aus PUR-Schaum; Sicherheitsgurte mit Einhandbedienung
1977 – Kundensonderwunschprogramm
- Windabweiser für Schiebedach
- Halogen-Rechteck-Nebelscheinwerfer in Kühlerverkleidung
- Sicherheitsgurte für Fondsitze
- Gepäcknetze an Vordersitzlehnen
1980 – Einsatz einheitliche Kühlerverkleidung mit Spoilereffekt
1981 – Kundensonderwunschprogramm
- Lenkrad aus PUR-Schaum
- Kopfstützen
- Automatik-Sicherheitsgurte
1984 – Änderungspaket '84
- schwarze Radnabenabdeckungen und Kappen für Radmuttern
- mattschwarze Scheibenwischer, Stoßstangen, Ziergitter, Lampenringe und Kennzeichenleuchte
1985 – Änderungspaket '85
- neues Frontmittelteil
- neuer Frontkühler aus Leichtmetall
- Elektrolüfter
- geteilte Ablage unter Armaturenbrett
- Mittelkonsole mit geänderter Heizungsbetätigung
- geänderte Stoßstangen
1986 – Einsatz Radkastenabdeckung hinten

ELEKTRIK

1971 – Einsatz Zündkerzen M14-240
1972 – Warnblinkanlage
– Halogen-Nebelscheinwerfer und Schlußleuchte als Kundensonderwunsch
1974 – Einsatz Wisch-Wasch-Schalter
1975 – Einsatz Zündkerze M 14-175
– Einsatz Drehstromlichtmaschine
1977 – Einsatz Halogen-Rechteck-Nebelscheinwerfer
1978 – heizbare Heckscheibe als Kundensonderwunsch
1981 – Einsatz Drehstromlichtmaschine mit elektronischem Regler

1982 – Einsatz H-4 Hauptscheinwerfer
– Einsatz neues Zündanlaßlenkschloß
1983 – Einsatz Intervallschalter mit Wisch-Wasch-Automatik
1985 – Einsatz Elektrolüfter

Quelle: Zusammengestellt nach Angaben zu: Technische Entwicklung am PKW 353/353W. Herausgegeben von AWE 1986

Anlage B 04: Opel Eisenach GmbH: Die Fahrzeugproduktion im Werk Eisenach 1990–1999

Typ/Jahr	1993	1994	1995	1996	1997	1998
Astra	13.318	5.187	1.340	–	–	31.000
Corsa	41.142	128.030	158.971	161.885	167.489	144.000
Summe	**54.460**	**133.217**	**160.311**	**161.885**	**167.489**	**175.00**

Nach Typen geordnete Fertigung seit 1990 bis Dezember 1998:

15.000	Vectra	von	05.10.1990	bis	05.04.1992
21.766	Astra	von	23.09.1992	bis	30.04.1995
801.517	Corsa	von	03.06.1993	bis	31.12.1998
31.000	Astra	von	27.04.1998	bis	31.12.1998

Quelle: Nach Angaben der Opel Eisenach GmbH, Abteilung Öffentlichkeitsarbeit

Anlage C 01: Automobilwerke Zwickau/Sachsenring: Typen und Stückzahlen von Kraftfahrzeugen und Motoren 1947–1961.

Jahr	H3	Pio-nier	H3A	H3B	Z3	S4000	S4000 Z	S4000-1	S4000 -1 Z	S4000 -1 Z	EM4 Fzg.M.	S.-M.	EM6 Fzg.M.	S.-M.	OM6 -35	-42,5	Sp-Fzg.	P240
1947	191																	
1948	311																	
1949	350	355																
1950		2.250	150															
1951			2.000									155						
1952			3.101	80	15							542	457	101				
1953			3.765	150	35						202	861	1.684	264			20	
1954			3.614								731	639	2.046	82			486	
1955			5.135								2.000	452	1.504		70			20
1956			6.416								1.572	537			1.120	2		226
1957			4.773								1.395	806			779	50		507
1958			1.790			1.802	242	221			1.121	847			276	151		519
1959			3			17	21	2.753	157	64	1.729	1.162			141	159		110
1960											7.012	1.041			91	223		
1961											6.657	1.362			242	117		
Ges.	852	2.605	30.747	230	50	1.819	263	2.974	157	64	22.419	8.404	5.691	447	2.719	702	506	1.382

Audi / AWZ: Typen und Stückzahlen PKW 1949–1959

Jahr	F 9 Kar.	F 9 Pkw	F 9 Fgst.	F 8 Pkw	P70 Pkw
1949		6	525		
1950	300	260		3.250	
1951	481	701		3.820	
1952	621	649	252	2.361	
1953		11	41	4.464	
1954				5.001	
1955			5.607	2.193	
1956					8.095
1957					10.893
1958					11.466
1959					3.504
Ges.	1.402	1.627	293	25.028	36.151

Quelle: SäSTAC VEB Kfz-Werke Horch
M. 401, 407, 485, 490, 839, 840
VEB Kfz-Werke AUDI Nr. 232

S4000 Z: Z = Zugmaschine
S4000 T: T = Tiefrahmen
Fzg.M. = Fahrzeugmotor
S.-M. = stat. Motor
zu 1959 S4000: + 160 Chassis für Ernst Grube Werdau

zu F9-Karossen: bei Horch produziert

Anlage C 02: Automobilwerke Zwickau/Sachsenring: Produktion Trabant 1957–1991

Typ	Ausführung	1957	1958	1959	1960	1961	1962	1963	1964	1965	1966	Gesamt
P 50	L Standard	50	1.750	15.095	22.324	22.065	6.161					67.445
	Sonderausf.			3.500	10.024	13.015	2.778					29.317
	SW			1.229								1.229
	K Standard		0-Serie 10	216	2.922	4.250	1.061					8.459
	dar. Camping											
	dar. Lf.-wg.											
P 50/2	L Standard						14.265					14.265
	Sonderausf.						7.551					7.551
	K Standard						3.184					3.184
	dar. Camping											
	dar. Lf.-wg.											
P 60	L Standard						5.829	27.261	10.289			43.379
	Sonderausf.						2.676	15.779	8.065			26.520
	K Standard						1.795	10.370	12.004	12.560		36.729
	dar. Camping							801	999	959		2.759
	dar. Lf.-wg.							52	17	16		85
P 601	L Standard							110	29.808	55.764	59.130	144.812
	K Standard									1.842	14.590	16.432
	dar. Lf.-wg.										368	368
A Kübel											165	165
	Gesamt	50	1.750	20.040	35.270	39.330	45.300	53.520	60.166	70.166	73.885	399.487
	dar. L	50	1.750	19.824	32.348	35.080	39.260	43.150	48.162	55.764	59.130	334.518
	dar. K		10	216	2.922	4.250	6.040	10.370	12.004	14.402	14.590	64.804
	dar. A										165	165
								601: 0-Serie	601L:dar. 23 x 0-Serie (Jan.)	601K:dar. je 1 St. Pick up u. Koffer	601K:dar. 4 St. Pritsche	dar. Camping 2.759 St. Lf.-wg. 453 St.

Typ	Ausführung	1967	1968	1969	1970	1971	1972	1973	1974	1975	1976	Gesamt
P 601	L Standard	31.085	32.723	32.944	34.707	37.932	37.183	31.046	37.676	23.006	19.000	317.302
	LS	23.926	22.152	22.861	23.160	23.842	25.647	34.369	30.491	45.361	51.735	303.544
	LL	6.308	8.802	10.957	10.938	11.242	12.143	12.554	12.468	13.001	13.092	111.505
	KO	7.681	8.245	8.418	9.112	9.660	10.024	11.502	12.421	12.692	10.884	100.639
	KS	6.303	6.174	6.631	6.804	6.735	7.272	7.535	7.944	9.282	12.059	76.739
	KL	903	1.188	1.025	1.059	1.050	1.121	1.159	1.230	1.217	1.256	11.208
	A	545	194	376	200	447	402	238	441	403	374	3.620
	F	175	260	256	220	157	138	229	145	145	60	1.785
	LS de luxe											
	KS de luxe											
	dar. K Lieferwagen	218	330	221	295	95	50					
	Gesamt	76.926	79.738	83.468	86.200	91.065	93.930	98.632	102.816	105.107	108.460	926.342
	dar. L	61.319	63.677	66.762	68.805	73.016	74.973	77.969	80.635	81.368	83.827	732.351
	K	14.887	15.607	16.074	16.975	17.445	18.417	20.196	21.595	23.191	24.199	188.586
	A	545	194	376	200	447	402	238	441	403	374	3.620
	F	175	260	256	220	157	138	229	145	145	60	1.785
								am 22.11.73 1 Mio. Fzg.				

Typ	Ausführung	1977	1978	1979	1980	1981	1982	1983	1984	1985	1986	Gesamt
P 601	LO	17.952	14.782	15.094	10.662	5.263	5.561	5.495	4.245	4.830	5.406	89.290
	LS	52.535	57.376	59.772	66.988	74.481	75.685	79.071	84.651	89.928	92.620	733.107
	LL	13.944	6.675	2.844	2							23.465
	LS de luxe		7.507	11.066	14.449	13.907	13.904	13.043	14.004	14.021	17.923	119.824
	KO	7.714	7.059	7.404	5.328	2.913	2.704	1.925	2.478	2.509	2.716	42.750
	KS	15.719	16.946	16.991	19.350	21.779	21.888	22.799	23.067	23.015	22.916	204.470
	KL	1.331	1.318	511	2							3.162
	KS de luxe		97	818	1.305	1.291	1.304	1.348	1.314	1.761	1.799	11.037
	A	376	392	306	320	405	400	395	236	303	318	3.451
	F	58	20	19	10	10	8					126
	Tramp ab 12.9.78		63	202	20	51	176	224	5	3		745
1	L											
2	K											
	Gesamt	109.629	112.235	115.027	118.436	120.100	121.630	124.300	130.000	136.370	143.700	1.231.427
	dar. L	84.431	86.340	88.776	92.101	93.651	95.150	97.609	102.900	108.779	115.949	965.686
	K	24.764	25.420	25.724	25.985	25.983	25.896	26.072	26.859	27.285	27.431	261.419
	A	376	392	306	320	405	400	395	236	303	318	3.451
	F	58	20	19	10	10	8					126
	Tramp		63	202	20	51	176	224	5	3		745
			August 1978				1.10.82			15.8.86		
			1,5 Mio. Fzg				2 Mio. Fzg			2,5 Mio. Fzg.		

Gesamtproduktion 1957–1991

Typ	Menge	Insgesamt
P 50	106.450	
P 50/2	25.000	131.450
P 60		106.628
P 601 (S. 1)	161.409	
(S. 2)	926.342	
(S. 3)	1.231.427	
(S. 4)	499.369	2.818.547
1.1		39.474
Trabant insges.		3.096.099

Legende: L   Limousine
K   Kombi
A   Armee-Kübelfzg.
F   Landw.-Kübelfzg.
SW Sonderwunsch
LO Lim. Standard   KO Kombi Standard
LS Lim.Sonderwunsch   KS Kombi Sonder-
                              wunsch
LL Lim. Luxus   KL Kombi Luxus
Tramp Freizeitfzg. auf Basis 601 F

Quelle: Nach Unterlagen im August-Horch-Museum sowie eigenen Aufzeichnungen, zusammengestellt von G. Gerbeth

Typ	Ausführung	1987	1988	1989	1990	1991	Gesamt
601	LO	4.252	3.980	3.396	2.574		14.202
	LS	95.395	95.684	95.854	38.772		325.705
	LS de luxe	18.029	17.936	17.685	5.607		59.257
	KO	2.833	3.292	3.081	1.736		10.942
	KS	22.693	22.312	22.602	12.896		80.503
	KS de luxe	1.995	2.821	1.998	866		7.680
	A	306	324	156	18		786
	F	15	1	79			113
	Tramp	58	50	1	72		181
1.1	L		*120	*673	16.508	9.672	38.978
	K		*30	*49	11.926		
	A						
	F						
	Tramp				234	262	496
					601: bis 25.07.90	1.1: bis 30.04.91 14.00 Uhr	
Gesamt		145.576	146.550	145.574	91.209	9.934	538.843
dar. L		117.676	117.600	116.935	46.953		399.164
K		27.521	28.425	27.681	15.498		99.125
A		306	324	156	18		786
F		15	1	79			113
Tramp		58	50	1	72		181
1.1 L			120*	*673	16.508	9.672	38.978
1.1 K			30*Vor-Null-Serie	*49	11.926		
1.1 Tramp				*Null-Serie	234	262	496
					21.5.1990 3 Mio. Fzg		

Anlage C 03 Trabant 601: Die wichtigsten technisch-konstruktiven Änderungen 1965–1990.

1965   Neue Karosserie für P 601 Kombi;
Befestigungspunkte der Sicherheitsgurte an den Vordersitzen; ab 04/65
Einführung der automatischen Kupplung »Hycomat« auf Sonderwunsch ab 02/65

1966   Unterbodenschutz auf Boden und Radschalen innen; ab 05/66
Karosserie für P 601 A (Armeekübel);

1967   Duplexbremse für Vorderachse; ab 09/67
wartungsfreie Spurstangengelenke; ab 04/67
Zündanlaßlenkschloß mit Parklichtschaltung; ab 04/67
neue Scharniere mit automatischer Abstützung für Heckklappe; ab 04/67
verbesserter Vergaser HB 2-4; ab 04/67
Sitze mit Selfa-Federn für Sonderwunsch und de luxe-Ausführung; ab 06/67
Elektromagnetische Handabblendung mit Lenksäulenschalter für Sonderwunsch und de luxe; ab 04/67
neues Kühlergrill für Sonderwunsch und de luxe. ab 04/67

1968   Schalldämmatte an der Motorhaube; ab 04/68
Vergaser 28 HB 2-6; ab 04/68
Schmalkeilriemen 9,7 x 1000; ab 11/68
Motor P 63/64 mit auf 26 PS erhöhter Leistung, weiterentwickelter Vergaser 28 HB 2-7; ab 12/68

1969   Dreiteilige Auspuffanlage; ab 02/69
Tellerfederkupplung T 5; ab 04/69
verbesserte Karosserieentlüftung über C-Säule für Limousine und Kombi; ab 04/69
verbesserte Türschlösser; ab 09/69
Zugpumpe für Scheibenwaschanlage; ab 09/69
Erhöhung des Garantiezeitraumes von 6 auf 12 Monate.

1970   Maßnahmenpaket zur Absenkung der Innengeräusche bestehend aus:
Schallschluckhaube für den Motor, Einlaufnabe für Achsialgebläserad des Motors und verringerte Drehzahl des Lüfters; großer Heizungsgeräuschdämpfer. ab 01/70

1971   Abgasgerechte Leerlaufeinstellung des Motors; ab 07/71
Plastlaufrad für Motorkühllüfter ab 04/71;
Flachversteckbinder am Kabelbaum; ab 12/71
neue Vordersitze (Formsitze) für alle Ausführungen; ab 10/71
Elektrophorese-Tauchgrundierung des Karosseriegerippes; ab 09/71
Bitumen in Hohlräumen der Bodengruppe zum Rostschutz. ab 09/71

1972 Neuer Außenspiegel; ab 01/72
Zündkerze M14 statt M18; ab 03/72;
Radialreifen 145 SR-13 als Sonderwunschausrüstung für alle Fahrzeuge.

1973 auf 26 l vergrößerter Kraftstoffbehälter; ab 04/73
Intervallschalter der Scheibenwischer für Sonderwunsch und de luxe. ab 04/73

1974 Neue Instrumententafel mit Ablage;
Warnblinkanlage;
verstärkter Hilfsrahmen zur Erhöhung der Grenznutzungsdauer;
Nadellagerung für Kolbenbolzen; } ab 04/74
Mischungsverhältnis 1 : 50;
veränderte Getriebeübersetzung. ab 10/74

1975 Vergrößerter Innenspiegel; ab 04/75
Sicherheitsgurte mit feststehendem Schloß (Einhandbedienung); ab 08/75
Absenkung der Innengeräusche auf 82 dB durch } ab 11/75
Schalldämmmatten im Fahrgast- und Kofferraum.

1976 Abgaskrümmerheizung; ab 11/76

1977 Elektromagnetische Abblendschalter für Standardausführung; Plaste-Radkappen; ab 04/77

1978 Ausstattungsvariante S de luxe mit den Ausstattungsmaßnahmen (Radio; Zweiklangfanfare; Nebelschlußleuchte und Rückfahrleuchte; Elektr. Scheibenwaschanlage; Tacho mit Tageszählwerk; Batterie 84 Ah; Gummistoßhörner; Bodenteppiche; Sitzbezüge aus Schaumkunstleder; (Gambiten); Laderaumabdeckung für Universal; ab 03/78)

1979 Auspuffzwischenrohr in aluminierter Ausführung; ab 01/7
Erweiterung der Ausstattungsvariante S de luxe durch: Scheibenwisch-Waschautomatik; Kofferraumauskleidung; Reserveradabdeckung.

1980 Neue profilgewalzte Stoßstangen; } ab 03/80
Vor- und Nachschalldämpfer in feueraluminierter Ausführung;

1981 Vergaser 28 HB 3-1; ab 01/81
Kraftstoffhahnfernbedienung; ab 01/81
Automatiksicherheitsgurte; ab 03/81
Wisch-Waschanlage für Heckscheibe Universal;
Ausführung Versehrtenfahrzeug auf Basis P 601 Universal.

1982 Vergaser 28 HB 4-1 mit Luftsteuerventil; ab 07/82
wartungsarme Batterie;
4-Speichen-Lenkrad mit PUR-Umschäumung als Erweiterung der Ausstattungsvariante
S de luxe. ab 11/82

1983 Warnblinkanlage auch für Standardausführung Limousine und Universal;
ab 10/83
Gasfederstütze für Heckklappe Universal; ab 04/83
Umstellung auf 12 Volt Bordspannung;
Drehstromlichtmaschine;
Neues Scheibenrad 4 J x 13 H1;
Vereinfachter Keilriemenwechsel;
Erweiterung der Ausstattungsvariante S de luxe durch: } ab 10/83
Vordersitze mit Kopfstützen; Heizbare Heckscheibe; Zweistufen-
Scheibenwischermotor mit Wisch-Waschautomatik.

1984 Neuer Vergaser 28 H1-1 mit Vollastanreicherung; ab 07/84
Kraftstoffmomentanverbrauchsanzeige;ab 06/84
H4-Hauptscheinwerfer mit Höhenverstellung;ab 04/84
Radantrieb mit Gleichlaufgelenkwelle;ab 04/84
Erweiterung der Ausstattungsvariante S de luxe durch H3-
Nebelscheinwerfer. ab 04/84

1985 ECE-gerechtes Zündanlaßlenkschloß; ab 05/85
Elektronische Batteriezündanlage;

1986 Nebelscheinwerfer und heizbare Heckscheibe; ab 05/86
neues äußeres Spurstangengelenk mit erhöhter Lebensdauer.ab 09/86

1985 Kupplungsscheibe mit asbestfreiem Belag; ab 07/87

1986 Hinterachse mit Schraubenfedern, ab 04/88
Frontscheibe aus Mehrscheibensicherheitsglas. ab 12/88

1989 und 1990 keine konstr. Änderungen.

Quelle: Zusammengestellt von Dipl.-Ing. Karl-Heinz Brückner

Anlage C 04: Barkaswerke Karl-Marx-Stadt/Chemnitz: Merkmale der Trabant-Motoren 1957–1990.

Typ	Leistung PS (KW)	Wesentliche Merkmale	Produktions-zeitraum	gefertigte Stückzahlen
P 50	17 (12,5)	– Hubvolumen 500 cm³ – Grauguß-Zylinder – Kurbelwelle mit Pleuellagerung Rolle an Rolle – Mischungsverhältnis 25:1	10/57–10/58	2.530
P 50/Z	18 (13,2)	– Alfer-Zylinder statt GG-Zylinder – Verdichtung auf 6,8 erhöht	10/58–07/59	13.733
P 50/1	20 (14,7)	– Kurbelwelle mit vollen Hubscheiben für höhere Vorverdichtung – exzentrischer Brennraum mit Verdichtungsverhältnis 7,0 – Vergaser 28 HB – Mischungsverhältnis 33:1 – dad. Leistungssteig. auf 20 PS (Ergebnis des Wettbewerbes mit MZ)	08/59–04/62 für Ers.motoren bis 12/75	125.727
P 50/2	20 (14,7)	– Pleuellagerung der Kurbelwelle mit Lagerkäfig für Zylinderrollen	03/62–10/62	25.127
P 60/61	23 (16,9)	– Hubvolumen 600 cm³ – Kurbelwelle mit käfiggeführtem Nadellager und Kolbenbolzen 20 mm Durchmesser – Fliehkraft-Zündversteller – Druckguß-Zylinderköpfe – Papierluftfilter – Kurbelwelle mit verbessertem Pleuellager (Zyl.Rollen) – Typ P 61 f. Hycomat-Kupplung	10/62–10/68 ab 11/63 ab 07/64 ab 08/65 ab 04/66	427.565
P 62	23 (16,9)	– Motor P 60 mit Veränderungen zur Erprobung der Schmieröldosierung für verringerten Schmierölverbrauch	1962–1963	nur Versuchsmuster
P 63/64	26 (19,1)	– Leistungssteigerung auf 26 PS durch Zylinder mit verbessertem Spülverlauf in Verbindung mit wirkungsvollerer Abgas-Anlage – Schmalkeilriemen – Schallschluckhaube – Lüfter mit Plastelaufrad – Zündkerzen M 14	11/68–04/74 ab 11/68 ab 12/69 ab 04/71 ab 03/72	539.901
P 65/66	26 (19,1)	– Wie Motor P 63 / 64, aber mit Kolbenbolzen-Nadellagerung für Mischungsverhältnis 50:1 – Krümmerheizung ab 11/76 – ab 01/81 bis 07/84 etappenweise Senkung des Kraftstoffverbrauchs von 8,0 auf 7,2 l/100 km Maßnahmen der Vergaserentwicklung – Drehstrom-Lichtmaschine für 12 V Bordspannung ab 10/83 – Kurbelwelle mit Sonderlagern für die Hauptlager und Kolbenring-Abdichtung nach außen ab 12/84 – elektronische Batterie-Zündanlage für stabilen dynamischen Zündzeitpunkt ab 09/85 – durch Kolbenring-Abdichtung und elektr. Batteriezündung Senkung des Kraftstoffverbrauchs auf 6,7 l/100 km	04/74–06/90 für Ers.motoren bis 09/90	2.309.321

Quelle: Nach Archivunterlagen und eigenen Aufzeichnungen, zusammengestellt von Carl-Hans Morgenstern

Anlage C 05: Barkaswerke Karl-Marx-Stadt/Chemnitz: Kennwerte der Trabant-Motoren P 50 – P 60

Kenngröße – Typ-Bezeichnung		P 50	P 50 / Z	P 50 / 1	P 50 / 2	P 60 / 61	P 63 / 64	P 65 / 66
Hubvolumen	cm3	499	499	499	499	594,5	594,5	594,5
Hub/Bohrung	mm	73/66	73/66	73/66	73/66	73/72	73/72	73/72
Verdichtungsverhältnis	–	6,6	6,8	7,2	7,2	7,6	7,6	ab 01/85: 7,8
Höchstleistung bei Drehz.	KW (PS)	12,5 (17) 3.750	13,2 (18) 3.750	14,7 (20) 3.900	14,7 (20) 3.900	16,9 (23) 3.800	19,1 (26) 4.200	19,1 (26) 4.200
max. Drehmoment bei Drehz.		4,15 / 2.750	4,3 / 2.750	4,5 / 2.750	4,5 / 2.750	5,3 / 2.800	5,5 / 3.000	5,5 / 3.000
max.Vollastverbrauch	g/KWh	462 (340)	449 (330)	449 (330)	449 (330)	435 (320)	408 (300)	408 (300)
Kraftstoffverbr.i: Drittelmix	l/100 km	–	–	–	–	–	–	8,0 (6,7
Mischungsverhältn.VK/Öl	–	25 : 1	25 : 1	ab 01/61: 33 : 1	33 : 1	33 : 1	33 : 1	ab 04/74: 50 : 1
Lüfterübersetzungsverhältn.	–	1,8	1,8	1,8	1,8	1,8	2,0 ab 02/70:1,8	1,8
Zündzeitpunkt f. Last	°KW v. OT	18°	22°	22°	22°	24°30'	24°30'	ab 09/85: 21°
Zündzeitpunkt f. Start/LL	°KW v. OT	18°	22°	22°	22°	22° ab 11/63: 5°	5°	ab 02/84:12° m. EBZA u. 12 V 21°
Art der Zündanlage	–	mech. 2 H-U	mech. 2 H-U	mech. 2 H-U	mech. 2 H-U	ab 11/63: Fliehkr.V. ab 4/66: neue KW	2 H-U m. Fl.Kr. Verst.	ab 09/85: EBZA
Zündkerze Abmg./WW		M 18 / 225	M 18 / 225	M 18 / 225	M 18 / 225	M 18 / 240	M 18 / 260 ab 3/72: M14/225	M 14 / 225
Betriebsspannung	Volt	6	6	6	6	6	6	ab 10/83: 12
Lichtmaschine	–	GLM 6/180	GLM 6/180	GLM 6/220	GLM 6/220	GLM 6/220	GLM 6/220	mit DLM 14V/42 A
Masse des Motors	kg	63	57	58	58	54	54	54
Prod.Zeitraum von – bis	–	10/57 – 10/58	10/58 – 07/59	08/59 – 04/62 (12/75 ET)	03/62 – 10/62	10/62 – 10/68	11/68 – 04/74	04/74 – 09/90
Verwendete Motor-Nr. von	–	50 – 037...	50 – 02568...	51 – 200 001...	52 – 111 735...	60 – 000 001...	63 – 000 0001...	65 – 000 0001...
bis	–	– 02567	– 16300	– 147 069	– 136 861	– 462 810	– 539 901	– 2 309 321
gefertigte Motoren	Stück	2.530	13.733	125.727	25.127	427.565	539.901	2.309.321

Quelle: Nach Archivunterlagen und eigenen Aufzeichnungen, zusammengestellt von Carl-Hans Morgenstern

Anlage C 06: Barkaswerke Karl-Marx-Stadt/Chemnitz: Produktion der Trabant-Motoren (Serie und Ersatz) 1958 bis 1990

Jahr	Stückzahlen	Jahr	Stückzahlen
1958	*2.530	1975	124.614
1959	21.365	1976	126.138
1960	36.183	1977	127.596
1961	39.262	1978	131.802
1962	45.177	1979	133.430
1963	54.173	1980	137.634
1964	62.381	1981	143.804
1965	71.052	1982	143.342
1966	76.621	1983	144.966
1967	79.581	1984	151.224
1968	83.548	1985	157.035
1969	87.806	1986	159.550
1970	92.640	1987	161.080
1971	99.978	1988	163.315
1972	105.883	1989	155.439
1973	113.416	1990	89.109
1974	122.230	$\Sigma =$	3.443.904

Anmerkungen:
* In der Zahl für 1958 sind die Motoren für 50 Nullserien-Fahrzeuge von Sachsenring enthalten, die 1957 gebaut wurden (05-07/57).

Quelle: Nach Archivunterlagen und eigenen Aufzeichnungen, zusammengestellt von Carl-Hans Morgenstern

Anlage C 07: Barkaswerke Karl-Marx-Stadt/Chemnitz: Produktion des Trabantmotors 1958–1990 (Kurvendarstellung)

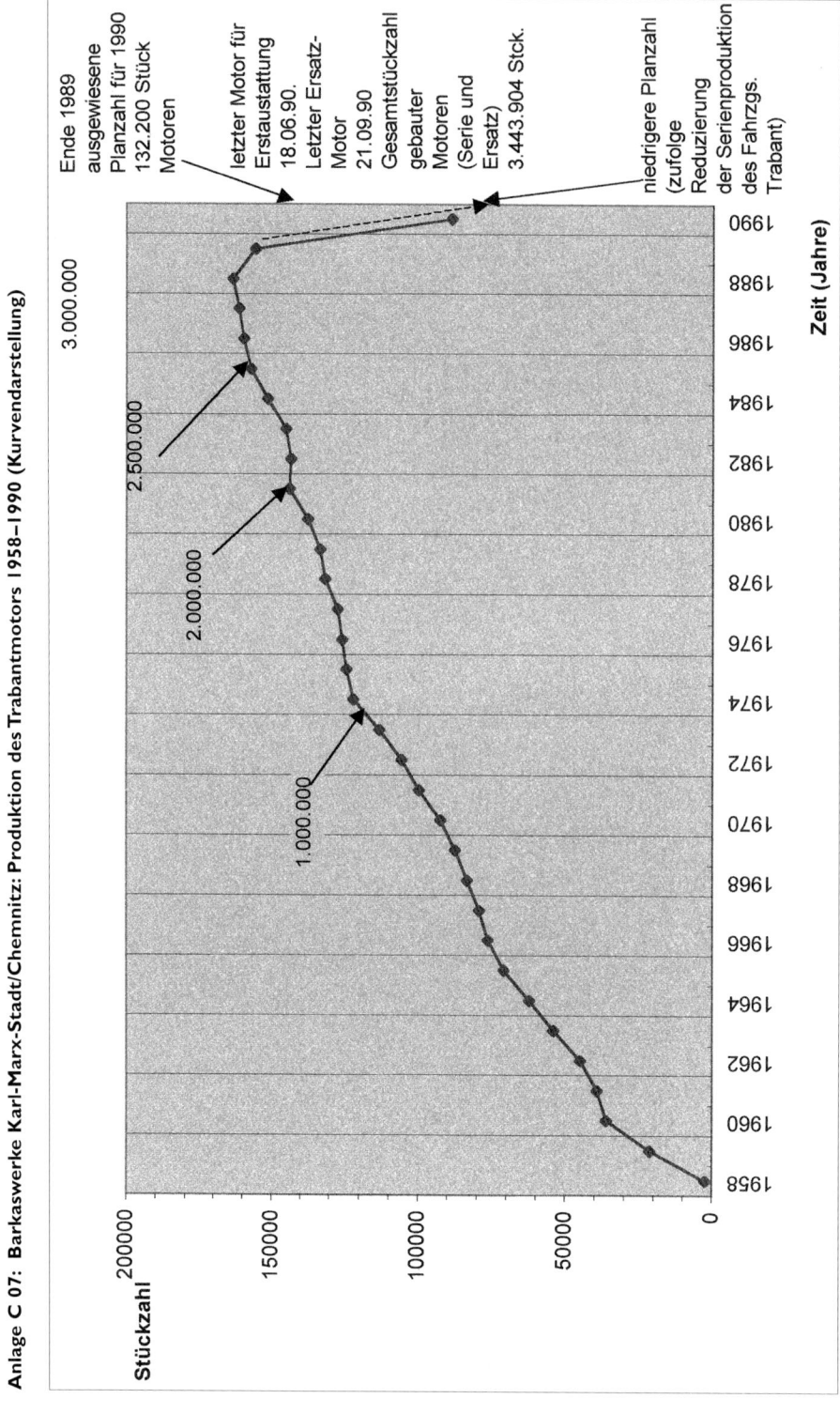

Anlage C 08: Volkswagen Sachsen: Die Fahrzeugproduktion im Werk Mosel 1990–1999

Mosel	Gesamtstückzahl	Gesamt 1990 * (ZP 8)	Gesamt 1991 (ZP 8)	Gesamt 1992 (ZP 8)	Gesamt 1993 (ZP 8)	Gesamt 1994 (ZP 8)	Gesamt 1995 (ZP 8)	Gesamt 1996 (ZP 8)	Gesamt 1997 (ZP 8)	Gesamt 1998 (ZP 8)	Gesamt 1999 (ZP 8)
POLO	17.978	2.525	15.453	0	0	0	0	0	0	0	0
GOLF II	78.632	0	32.895	45.737	0	0	0	0	0	0	0
GOLF III	361.499	0	0	34.000	72.923	90.100	100.125	84.351	0	0	0
PASSAT B5	339.785	0	0	0	0	0	0	3.510	101.284	154.991	114.790
GOLF IV	182.106	0	0	0	0	0	0	0	8.997	104.749	153.650
Gesamt:			48.348	79.737				87.861	110.281	259.740	268.440

* incl. 216 Polo Steilheck

Quelle: Nach Angaben der VW Sachsen GmbH, Abteilung Öffentlichkeitsarbeit

Anlage C 09: Arbeitskräfteentwicklung im Stammbetrieb des VEB Sachsenring Zwickau

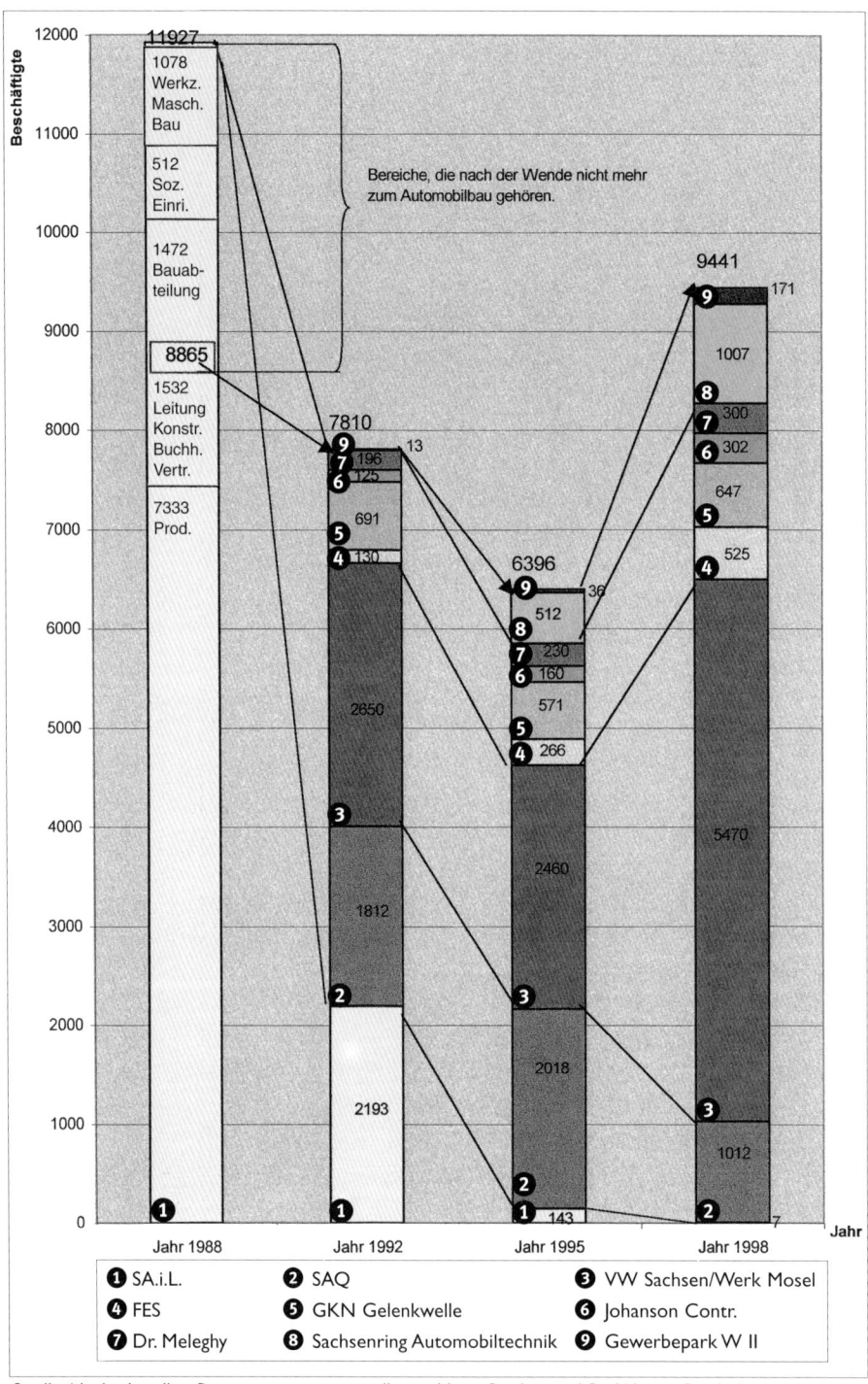

Quelle: Nach aktuellen Daten, zusammengestellt von Horst Decker und Dr. Werner Reichelt

Anlage C 10: Fertigung von VW-Motoren im Motorenwerk Chemnitz

Jahr	IFA-Motoren				Rumpfmotoren		Komplettmotoren			Stück	Stück
	BM 820 Trabant	BM 860 Wartb.	BM 880	B 1000	EA 111 (1,0 l bis 1,6 l)	EA 111 (1,0 l bis 1,6 l)	EA 827	EA 086/188 (1,9 l Diesel)		im Jahr	kumulativ
1988	210	16244	0		0	0	0	0		16.454	16.454
1989	1081	69176	0		10055	0	0	0		80.312	96.766
1990	30005	64262	1584		130.740	4.510	0	0		231.101	327.867
1991	8279	4698	338		67.914	130.268	0	0		211.497	539.364
1992	0	0	0		145.843	•35472	2707	0		184.022	723.386
1993	0	0	0		223.744	33.686	11.864	19.889		289.185	1.012.571
1994	0	0	0		134.089	105.114	13.083	32.895		285.181	1.297.752
1995	0	0	0		245.776	164.662	15.817	33.919		460.174	1.757.926
1996	0	0	0		277.906	176.216	19.759	41.171		515.052	2.272.978
1997	0	0	0		254.973	165.701	7	46.730		467.411	2.740.389
1998	0	0	0		292.219	192.315	0	103.709		588.243	3.328.632
1999	0	0	0		266.215	152.587	0	119.567		538.369	3.867.001
Summe	39575	154380	1922		2.049.474	1.160.533	63.237	397.880			
	195.877										

Summe Rumpfmotoren: 2.049.474
Summe Komplettmotoren: 1.817.527

Der Lieferbeginn für den VW-Verbund war am 07.11.1989.
Die Einstellung der IFA-Motorenproduktion erfolgte 04/1991
Am 27.04.1998 Fertigung des 3.000.000 VW-Motor
Am 15.02.2000 Fertigung des 4.000.000 VW-Motor

Quelle: Nach Angaben der VW Sachsen GmbH, Abt. Öffentlichkeitsarbeit vom 06.03.2000

Anlage D 01: Framo-Werke, Hainichen und Barkas-Werke, Karl-Marx-Stadt/Chemnitz: Typen und Stückzahlen von Kleintransportern 1949–1991.

Jahr	V 501 / 2	V 901 /2	B 1000	B 1000/Export
1949	65			
1950	450			
1951	727	273		
1952		1.302		
1953		1.500		
1954		2.014		
1955		2.464		
1956		3.201		
1957		3.371		
1958		3.583		
1959		3.955		
1960		4.070		
1961		3.645	275	0
1962			2.002	104
1963			2.804	720
1964			3.560	904
1965			3.973	1.150
1966			4.209	1.030
1967			4.509	1.146
1968			5.084	1.162
1969			5.528	987
1970			4.850	950
1971			5.396	945
1972			5.781	1.167
1973			6.525	1.369
1974			7.630	2.076
1975			8.176	2.149
1976			7.105	2.444
1977			7.104	2.744
1978			7.101	3.279
1979			7.239	3.519
1980			7.221	3.752
1981			7.315	3.874
1982			7.039	4.260
1983			6.590	4.016
1984			7.150	4.351
1985			7.220	4.704
1986			6.970	4.798
1987			7.225	4.839
1988			7.325	4.504
1989			7.410	4.460
1990			6.816	3.837*
1991			405	
Gesamt	1.242	29.378	177.537	75.240

* incl. eine unbekannten Anzahl B 1000-1

Quelle: Zusammengestellt nach Archivunterlagen und eigenen Aufzeichnungen von Dr. Heinrich Schmieder und Carl-Hans Morgenstern

Anlage D 02: Barkas-Werke Karl-Marx-Stadt/Chemnitz: Barkas B 1000: Die wichtigsten technisch-konstruktiven Änderungen bis 1990.

1961 Serienanlauf des B 1000 als Kastenwagen in selbsttragender Ganzstahlkarosse.
Für den Anlauftermin im Juni 1961 mußte noch der Dreizylinder-2T-Motor mit 900 ccm Hubvolumen akzeptiert werden. (AWE Typ 311)
Aus der Nullserie des 1000 ccm-Motors von AWE Eisenach Einbau von 35 Motoren in den B 1000 (August 1961).

1962 Ab Januar 1962 mit FZ 81 serienmäßiger Einbau des 1000 ccm-Motors mit einer Leistung von 31 (42) KW (PS) (AWE Typ 312).
Weitere Ausführung als Krankenkraftwagen.

1963 Zweikreis-Bremssystem unter Beibehaltung vorn Duplex- und hinten Simplex-Gleitbacke.
Benzin-Zusatzheizung für Fahrgastraum bei geschlossenen Aufbauten.
Verstärkung des radseitigen Mitnehmers.

1964 Lichtmaschine 12 Volt mit 500 Watt statt 220 Watt für verschiedene Grundausführungen in Verbindung mit Batterie 135 Ah.
Verbesserung der Betätigung der Handbremse durch Umstellung von »Krückstock« auf langen Handhebel, Knüppel – statt Lenkradschaltung für Getriebe EGS 4/16 für B 1000.
Verbesserung der Fahrerhausheizung durch zwei parallel geschaltete Wärmeübertrager.
Kupplung LR 10-16 K/E statt der K 10-Ausführung.
Weitere Ausführung als Kombi-Wagen.

1965 Verlegung des Kühler-Einfüllstutzens (senkrechte Einfüllmöglichkeit).
Schaffung der Voraussetzungen für das Anschrauben einer Anhängekupplung.
Weitere Ausführungen als hochliegende Pritsche und Kleinbus.

1966 Weitere Ausführungen für Koffer-Aufbauten und Aufbau einer Drehleiter.

1967 Verbesserte Auspuff-Anlage zur Geräusch-Minderung.
Elektrische Scheibenwaschanlage.
Verbesserter Reifen 5 K x 13 C 35 6,70 x 13 Extra Transport.

1968 Einkreis-Bremssystem für Inland.

1969 Bugverzierung aus einem Teil.
Geänderte Instrumententafel.
Fahrerhaus-Türen in Schalenbauweise.

1970 Weitere Ausführungen als Kasten-Mehrzweckwagen.

1971 Lastabhängige Bremskraftbegrenzung für Hinterräder.

1972 Motor AWE 353-1 mit 33 (45) KW (PS) Leistung.
Ersatz des Flachstrom-Vergasers H-362 durch Fallstrom-Vergaser 40 F 1-12

1973 Tellerfeder-Kupplung T 10 – 12 K/E 0,3.
Geschlossenes Kühlsystem.
Nebelschluß-Leuchte und Rückfahr-Scheinwerfer.
Anhebung der Leistung des Motors 353 auf 34 (46) KW (PS).

1974 Warnblinkanlage.
Kraftstoff/Öl-Gemisch 50 : 1.

1975 Vorbereitung für Hohlraum-Konservierung.

1977 Kupplungs-Scheibe mit Drehschwingungs-Dämpfer.
Umstellung der hydraulischen Kupplungsbetätigung auf mechanische Übertragung.
Wisch-Wasch-Intervallschalter.

1978 Handbremshebel neben Fahrersitz.
Statische Sicherheitsgurte für Fahrer und Beifahrer, Beckengurte für erste Fondsitzreihe.
Heizluftverteilung im Fahrgastraum über Dachspiegel.
Kupplung T 180-130.

1979 Kugelumlauf-Lenkgetriebe K 230 statt Schnecken-Lenkgetriebe.
Verstärkte Lenkschubstange.

1980 Drehstrom-Lichtmaschine 12 Volt/500 Watt für sämtliche Ausführungen (mit elektronischem Regler).

1981 Sicherheitsgurte mit Aufroll-Automatik.
Schmelzklebstoff für Stoßfugen.

1982 Hohlraum-Konservierung ab Werk.
Gemisch-Vorwärmung am Ansaugflansch des Vergasers.
Kofferaufbauten mit Schiebetür.

1983 Sicherheitsgerechte Stoßstange und Stoßecken mit Rammschutz.
Halogen-H 4-Scheinwerfer.
Unterbodenschutz mit Ubotex.
Weitere geschlossene Ausführung für Schnelle-Med.-Hilfe (SMH).

1984 Sicherheitsgerechte Instrumententafel.
Zündanlaß-Lenkschloß.
Kupplung mit großem Durchmesser und zentralgeführtem Ausrücker (nur für Export).
Beheizbare Heckscheibe für geschlossene Aufbauten.
ECE-gerechte Außenspiegel.
Unterfahrschutz für hochliegende Pritsche.

1985 Kupplungsveränderung für gesamte Serie.
Wartungsfreie Lenkschubstange.

1986 Windschutzscheibe aus Mehrschichtsicherheitsglas für Export Belgien.

1987 Schiebetür rechtsseitig für alle geschlossenen Aufbauten.

1988 Windschutzscheibe aus Mehrschichtsicherheitsglas für alle Ausführungen.

1989 —

1990 Vierzylinder-Viertaktmotor BM 880 (VW-Lizenz) mit 43 (58) KW (PS) Leistung, automat. Ventilspiel-Ausgleich, automat. Gemischvorwärmung und geschlossenem Kühlsystem.
Achsübersetzung 1 : 5,571.
Fahrerhausheizung mit erhöhtem Luftdurchsatz.
Radial-Reifen für 13 Zoll-Räder.

Quelle: Zusammengestellt nach Archivunterlagen und eigenen Aufzeichnungen von Dr. Heinrich Schmieder, Carl-Hans Morgenstern und Jochen Borrmeister

Anlage D 03: Zweitakt-Motorenfertigung im Motorenwerk Chemnitz und in den Barkas-Werken (seit 1958) nach Typen und Stück.

Zeitraum	Motorenart	Typ	Stückzahl
1949 bis 1960	Fahrzeugmotor	F8 F8 II	50.149
1955 bis 1960	Fahrzeugmotor	P 70	45.234
1957 bis 1990	Fahrzeugmotor	P 50 bis P 65/66	3.521.248
1958 bis 1989	stationäre Motoren	EL 65–350 SEL 100 ZW 1103	544.472

Quelle: Angaben nach internen Informationsmaterial anläßlich der Fertigung des 5millionsten Motors in Chemnitz am 9.6.1993

Anlage E 01: Robur-Werke Zittau: Produktion nach Typen und Stückzahlen von 1950 bis 1990.

Jahr	Fertigungs-stückzahl ges.	davon Export	Fahrzeug-typ
1950	820		Granit 27
1951	1000		"
1952	2000	750	"
1953	4100	1300	Garant 30 K / 32
1954	4150	1800	"
1955	5000	800	"
1956	5500	1500	"
1957	6250	3000	"
1958	6250	3250	"
1959	6250	3500	"
1960	6250	3500	"
1961	6000	1500	LO/LD 2500
1962	5000	1000	bzw. 2501
1963	5500	1500	"
1964	6500	3300	"
1965	6750	3900	"
1966	7000	4500	"
1967	5000	3500	"
1968	5000	2800	"
1969	5000	2500	"
1970	5000	2500	"
1971	5500	2000	"
1972	5500	2300	"
1973	5500	3000	LO 3000
1974	5500	3500	"
1975	6000	4250	"
1976	6500	4100	"
1977	7200	3100	"
1978	6750	3500	"
1979	6500	3550	"
1980	6000	3500	"
1981	6000	3100	"
1982	6000	3500	"
1983	7000	5800	LO/LD 3000
1984	7250	6200	bzw. 3001
1985	8100	6450	"
1986	7400	6500	"
1987	5450	4000	"
1988	5450	3600	"
1989	5450	3250	"
1990	3900	3000	"

Quelle: Zusammengestellt von Rudolf Richter, nach Zahlenmaterial der Abteilung Absatz Robur

Anlage E 02: Phänomen/Robur: Die wichtigsten technisch-konstruktiven Änderungen von 1952–1990.

1952 **Granit 27 D/Zg**
- Allradantrieb 4 x 4
- Verkürzter Radstand 2800 mm

Damit Einzug in KFZ-Park der NVA

1952 **Granit 27**
- Omnibus
- Kastenwagen   Erweiterung der
- Krankenwagen Aufbauvarianten
- Koffer

1953 **Granit 30 K / 32**
- Neuentwicklung   Ottomotor OHV   55 PS (40,4 KW)
                    Dieselmotor   52 PS (38,2 KW)

1955 **Granit 30 K / 32**
- Neugestaltung der Frontpartie
- Einbauscheinwerfer
- Blinkanlage

1956 **Garant 30 K / 32**
- Warenzeichen Granit in Garant umgestellt

1957 **Garant 30 K**
- Leistungssteigerung Ottomotor auf 60 PS (44,1 KW)

1961 **LO/LD 2500 Neuentwicklung**
- Ganzstahlfahrerhaus (Frontlenker)
- Verstärkte Vorder- und Hinterachse
- Verstärkter Rahmen (3-teilig geschweißt)
- Leistungssteigerung Ottomotor auf 70 PS (51,5 KW)
- Leistungssteigerung Dieselmotor auf 68 PS (50,0 KW) ab 1964 LD 2500
- Synchronisiertes 5-Gang-Getriebe
- Entwicklung der Aufbauvarianten

1961 **LO 1800 A**
- Neuentwicklung Radformel 4x4 mit LO 2500 standardisiert

1964 **LO 2500 B 29 – Omnibus Exportvariante Indonesien**
- Rechtslenkung
- 29 Sitzplätze
- Überseeversand in Baugruppe c. K. d.
- Montage vor Ort

1965 **LO/LD 2501 und LO 1801 A**
- Bei geschlossenen Aufbauten (Kasten, Mehrzweck und Omnibus) Motor nach vorn verlegt
- Beim Omnibus Erhöhung der Sitzplatzanzahl von 18 auf 21
- Einheitsfahrerhaus für Rechtslenkung und Linkslenkung
- Neue Amaturenbrettgestaltung
- Hinten angeschl. Türen auf vorn angeschlagene Türen umgestellt
- 2-Kreis Bremsanlage für alle Varianten
- Verlegung der Spurstange hinter die Vorderachse

- Umsetzung ECE-Bestimmungen
- Einführung Seilwinde bei LO 1801 A
- Fahrschulwagen für Rechts- und Linkslenkung auf Basis LO 1801 4 x 4

1967 **LO/LD 2501 und LO 1801 A**
- Umstellung Ottomotor von Tauchschmierung auf Druckschmierung
- Entwicklung Fisch- und Fleischverkaufsfahrzeuge auf Basis Mehrzweck- und Kastenwagen

1968–1972 Stagnation der Weiterentwicklung und Modellpflege wegen zentraler Anweisungen, die Fahrzeugproduktion bei Robur in Zittau einzustellen.

1973 **LO 3000 und LO 2002 A**
- Erhöhung Nutzmasse von 2,5 auf 3,0 t bei 4x2 und von 1,8 auf 2,0 t bei 4 x 4
- Leistungssteigerung Ottomotor auf 75 PS (55 KW)
- Einsatz Kugelumlaufgelenkgetriebe
- Umstellung Rahmen von 3-teilig geschweißten auf durchgehend gewalzte Längsträger
- Neue 2-Kreis Bremsanlage mit Unterdruckbremskraftverstärker
- Verstärkte Vorderachse bei 4 x 2 und 4 x 4
- Bereifung 6,50 – 20 von 8 PR auf 10 PR
- Veränderte Innenraumgestaltung des Ganzstahlfahrerhauses und dessen Kürzung im hinteren Bereich
- Neue Einstiegbügel
- Synthetische Plane für Pritschenaufbau
- Zentralgefederter und gedämpfter Fahrersitz

Von 1973–1981 wurde das gesamte Fahrzeugsortiment nur mit Ottomotoren ausgestattet.

1974–1980 Wegen Konzentration der Entwicklungskapazitäten auf die Entwicklung einer neuen Fahrzeuggeneration 0611 / D609 wurde die Modellpflege zurückgestellt

1982 **LD 3000**
Der Staatsauftrag »Kraftstoffsparende Antriebssysteme« führte zum verstärkten Einsatz des Dieselmotors im gesamten Fahrzeugsortiment. Bereits 1982/83 wurden 84% der produzierten Fahrzeuge mit Dieselmotoren ausgestattet.
- Dieselmotor 4 VD 12,5 / 10-3 SRL 68 PS (50 KW)

1983 **Exportvarianten**
- Allradbus LD 2002 A Fr 6
- Stahl- und Isothermkoffer für das Lebensmittelprogramm der Sowjetunion LD 3000
- Stahlpritsche für LD 2002 A 4 x 4
- Verstärkte Stoßstange vorn, Auffahrpuffer hinten 4 x 4
- Steinschlaggitter für Scheinwerfer und Blinkleuchten 4 x 4
- 3-Seitenkipper LD 3000 4x2 und 4 x 4

1983 **LD 3002**
- Bereifung 7,50 R 16
- Abgesenkte Ladehöhe
- Achsen mit vergrößerter Spurweite
- Vorderfedern mit längerer Stützweite
- Bremsanlage nach ECE 13
- Achstrieb mit verstärkter Ritzellagerung
- Unterfahrschutz
- Federböcke mit abschmierbarer Federbolzenlagerung

Scheibenräder für Bereifung 7,5 R 16 mußten aus NSW (Kronprinz) importiert werden. Importmittel wurden nur für den NSW- Export bereitgestellt.

1984/85 **LO/LD 3001 und LO/LD 2002 A**
Übernahme der Veränderungen vom LD 3002 ohne Bereifung 7,5 R 16, abgesenkte Ladehöhe, Achsen mit vergrößerter Spurweite, Vorderfedern längerer Stützweite
- Umstellung Türabdichtung Fahrerhaus auf selbstklemmende Gummihohlprofile
- Asbestfreie Bremsbeläge

1986 **LD 3001 und LD 2002 A**
Weiterentwicklung Dieselmotor 4 VD 12,5 / 10 – 4 SRL 68 PS (50 KW)
- Einbaufertige Dünnwandlagerschalen für Haupt- und Pleuellager
- Umstellung Steuertrieb von 3-fach Rollenkette auf schrägverzahnte Stirnräder

1986 **LO 2002 A 4x4**
Einführung LAK 1-System
(leicht absetzbare Koffer) für NVA

1990/91 **LD 3004 und LD 2004**
- Nutzmasse   3,0 t bei 4 x 2
                              2,0 t bei 4 x 4
- Einsatz Deutz Dieselmotor FL 912 F   73 PS (54 KW)
- Neue Außen- und Innengestaltung des Fahrerhauses
- Bereifung 7,5 R 16
- Achsen mit vergrößerter Spurweite
- Abgesenkte Ladehöhe
- Vorderfedern mit langer Stützweite
- Aluminiumpritsche
- Diesel-Fremdheizung von der Firma Eberspächer

Quelle: Zusammengestellt von Rudolf Richter, nach technischen Dokumentationen der Robur-Werke

Anlage E 03: Phänomen/Robur-Werke Zittau: Typen und Kennwerte 1950–1990:

Phänomen/Robur Nutzkraftwagen von 1950–1991

Grundtyp	Baujahr	Nutzlast (t)	Radformel	Motor	Leistung PS (KW)	Kühlung	Stückzahl (St.)	Wesentliche Veränderungen
Granit 27	1950 – 1952	1,5 – 1,75	4 x 2	4 Zylinder Otto	47 (34,6)	Luft		
Granit 27 D/Zg	1952	1,3	4 x 4	4 Zylinder Otto	47 (34,6)	Luft	3.820	Verkürzter Radstand 2.800 mm
Granit 30 K	1952 – 1960	2,0	4 x 2	4 Zylinder Otto	55 (40,4)	Luft		1955 neugestaltete Frontpartie 1956 Granit in Garant
Granit 32	1953 – 1960	2,0	4 x 2	4 Zylinder Diesel	52 (38,2)	Luft	43.750	1957 Phänomen in Robur
Granit 30 K AW/Zg	1953 – 1960	1,5	4 x 4	4 Zylinder Otto	55 (40,4)	Luft		1957 Leistungssteigerung Ottomotor auf 60 PS (44,1 KW)
LO 2500	1961 – 1973	2,5	4 x 2	4 Zylinder Otto	70 (51,5)	Luft		1965 neugestaltete Frontpartie Einheitsfahrerhaus für Links- u. Rechtslenkung LO/LD 2501 und LO 1801 A
LD 2500	1964 – 1973	2,5	4 x 2	4 Zylinder Diesel	68 (50)	Luft	67.750	
LO 1800 A	1961 – 1973	1,8	4 x 4	4 Zylinder Otto	70 (51,5)	Luft		Neue Bremsanlage Kugelumlauflenkung
LO 3000	1973 – 1990	3,0	4 x 2	4 Zylinder Otto	75 (55)	Luft		
LO 2002 A	1973 – 1990	2,0	4 x 4	4 Zylinder Otto	75 (55)	Luft		Exportvarianten Steuertrieb am Dieselmotor von Ketten-
LD 3000	1982 – 1990	3,0	4 x 2	4 Zylinder Diesel	68 (50)	Luft	111.950	auf Rädertrieb umgestellt ab 1985 LO / LD 3001
LD 2002 A	1982 – 1990	2,0	4 x 4	4 Zylinder Diesel	68 (50)	Luft		
LD 3002	1983 – 1990	3,0	4 x 2	4 Zylinder Diesel	68 (50)	Luft		Bereifung 7,5 R 16 nur für Export
LD 3004	1990 – 1991	3,0	4 x 2	4 Zylinder Diesel	73 (54)	Luft	300	Neue Außengestaltung Dieselmotor von KHD
LD 2004	1990 – 1991	2,0	4 x 4	4 Zylinder Diesel	73 (54)	Luft		Fremdheizung von Eberspächer

Robur Nutzkraftwagen Neuentwicklungen (Prototypen u. Funktionsmuster), welche nicht in die Produktion übergeleitet wurden

Grundtyp	Entwicklungsjahr	Nutzlast (t)	Radformel	Motor	Leistung PS (KW)	Kühlung	Stückzahl (St.)	Wesentliche Veränderungen
O 611	1972 – 1980	3,0	4 × 2	6 Zylinder Otto	105 (77,2)	Flüssigkeits gekühlt	4 FUMU	Fahrerhaus kippbar Typ 6400 für L 60 u. 0611 / D609
D 609	1972 – 1980	3,0	4 × 2	6 Zylinder Diesel	90 (66)	Flüssigkeits gekühlt	14 FUMU	Dieselmotor VD 8,8 / 8,5 SRF Ottomotor VO 8,8 / 8,5 SRF
O 611 A	1972 – 1980	2,2	4 × 4	6 Zylinder Otto	105 (77,2)	Flüssigkeits gekühlt	6 FUMU	Radialbereifung 7,5 – R 16 Neues Fahr- und Triebwerk
RD 609	1980	3,0	4 × 2	6 Zylinder Diesel	90 (66)	Flüssigkeits gekühlt	1 Prototyp	Wie D 609, jedoch Fahrerhaus Robur- kippbar
FD 3003	1982	3,0	4 × 2	6 Zylinder Diesel	90 (66)	Flüssigkeits gekühlt	1 Prototyp	Fahrgestell von LD 3002 Fahrerhaus Robur – kippbar Dieselmotor VD 8,8 / 8,5 SRF
LD 3003	1986	3,0	4 × 2	4 Zylinder Diesel	68 (50)	Luft	1 Prototyp	Wie FD 3003, jedoch Robur Dieselmotor mit Direkteinspritzung VD 12,5 / 10 SRL

Quelle: Zusammengestellt vom ehemaligen Chefkonstrukteur Rudolf Richter nach technischen Dokumentationen im Werksarchiv der Robur-Werke

Phänomen / Robur 1950 - 1960

Granit 27   – 2700 cm³ Hubraum
Granit 30 K – 3000 cm³ Hubraum, K-Kopfgesteuert
Granit 32   – 3200 cm³ Hubraum

Robur 1961–1991

Beispiel: Robur   LO   3002
                    1.
                    2.

1. Motor-Kennzeichnung

LO – luftgekühlter Otto-Motor
LD – luftgekühlter Dieselmotor
FD – flüssigkeitsgekühlter Dieselmotor

2. Grundtyp-Kennzeichnung

1. Zahl   3-Grundtyp mit 3 t Nutzlast und mit zwillingsbereifter Hinterachse
          2-Grundtyp mit 2 t Nutzlast und mit einfachbereiften Achsen
2. Zahl   Sondervarianten
3. Zahl   Freistelle
4. Zahl   1 – 4 Entwicklungsindex des Grundtypes

Neuentwicklung 1972–1980

O 611   O – Otto-Motor
          6 – 6t Gesamtmasse
          11 – Leistung 110 PS
D 609   D – Dieselmotor
          6 – 6t Gesamtmasse
          09 – Leistung 90 PS
O 611 A   A – Allradantrieb

Quelle: Zusammengestellt von Rudolf Richter, nach technischen Dokumentationen der Robur-Werke

Anlage F 01: LKW H3 A / S 4000 / S 4000-1 (Produktion und Export)

Jahr	Produktion	Export ges.
1950	150	–
1951	2000	350
1952	3196	4
1953	3950	1720
1954	3614	2370
1955	5135	3003
1956	6416	268
1957	4773	996
1958	4055	1004
1959	3015	994
Gesamt	36.304	10.709

Hauptexportländer:

China	5.575 Stück	Rumänien	424 Stück
Bulgarien	2.481 Stück	Türkei	401 Stück
Polen	611 Stück	Ägypten	301 Stück

Quelle: SäSTAC, VEB Kfz-Werk Horch/Sachsenring Nr. 1044/1045

Anlage F 02: IFA Automobilwerke Ludwigsfelde: Typen und Produktions-Stückzahlen der Lkw 1965–1990.

Jahr	Typ	Stück
1965	W 50	855
1966	W 50	5.775
1967	W 50	10.564
1968	W 50	14.785
1969	W 50	16.953
1970	W 50	17.966
1971	W 50	18.800
1972	W 50	19.800
1973	W 50	21.623
1974	W 50	23.220
1975	W 50	23.900
1976	W 50	24.940
1977	W 50	26.278
1978	W 50	26.653
1979	W 50	26.800
1980	W 50	27.001
1981	W 50	28.201
1982	W 50	29.004
1983	W 50	28.101
1984	W 50	30.300
1985	W 50	32.294
1986	W 50	32.516
1987	W 50	29.606
	L 60	1.734
1988	W 50	22.378
	L 60	6.604
1989	W 50	20.071
	L 60	8.081
1990	W 50	13.405
	L 60	3.870

Die Produktion L 60 wurde im August eingestellt, der letzte W 50 lief am 17. Dezember 1990 vom Montageband.

Quelle: IFA-Automobilwerke Ludwigsfelde GmbH

Anlage F 03: W 50: Die wichtigsten technisch-konstruktiven Änderungen 1965–1985

1966 zusätzlicher Spiegel an der Fahrerhausbrüstung; elektrisch betätigte Scheibenwaschanlage; Absenkung der Ladefläche um 100 mm durch Verlegung Reserverad unter den Rahmenüberhang

1967 Motor 4 VD 14,5/12 SRW mit Direkteinspritzung, M-Verfahren Lizenz MAN Leistungssteigerung von 110 PS auf 125 PS/430 Nm und Verbrauchssenkung; Hydrolenkung für 4 x 4-Fahrzeuge

1968 Kupplung WR 50-60 K mit höher übertragbarem Moment 620 Nm, reduzierte Ausrückkraft; zentralgefederter und gedämpfter Fahrersitz, Längsverstellung 120 mm, Rückenlehne 5 x 4° verstellbar, formgeschäumter PU; verbesserte Anhängekupplung BK 63; verbesserte Kühlwassereinfüllung und Haltegriff

1969 Niederdruckbereifung 16/70-20; Reifendruckregelanlage für ND-Bereifung, Betätigung vom Fahrerhaus (4 x 4-Armee); Ersatz der Hebelhandbremse durch Federspeicher; Langfahrerhaus +5 00 mm mit zwei Schlafliegen, alternativ Sitzbank

1970 verbesserte Dosierung der Betriebsbremse; verringerte Kupplungspedalkraft durch Übertotpunktfeder; neuer Kupplungsbelag Cosid 501

1971 Rechtslenker 4x2; veränderte Instrumententafel mit steilergestellten Rundinstrumenten

1972 Gummiformteile als Pedalüberzug für Bremse und Kupplung

1973 Weiterentwicklung Motor 4VD 14,5/12 SRW; neue angetriebene Vorderachse; Erhöhung des übertragbaren Drehmoments; hinterer EG-Unterfahrschutz

1974 verbesserte Auspuffaufhängung; automatisch-lastabhängige Bremskraftregelung an der Hinterachse

1976 neue Motorlager (Gummi-Metall-Elemente); Einsatz von Radialreifen; Einsatz von Zinkstaubfarbe an korossionsgefährdeten Fahrerhausteilen

1977 neue Achsbrücke aus verschweißten und explosiv umgeformten U-Profilen; Werkstattlösung Hohlraumkonservierung Fahrerhaus

1979 Metallpritsche für Allradfahrzeuge, auch mit Plane für Mannschaftstransport

1980 Steinschlaggitter für Scheinwerfer und Blinker

1981 neuer vorderer Querstabilisator für Sattelzugmaschinen; verbesserte Bremsbeläge Cosid 310

1982 neuer Hinterachsstabilisator; Hydrolenkung HT 521 für 4x2-Fahrzeuge; Luftleiteinrichtung auf Fahrerhausdach; 150-Litertank (anstelle 100 l)

1983 Verbrauchssenkung durch neue Kolben und Kolbenringe am Motor 4 VD 14,5/12; Rechtslenkerausführung 4x4; wartungsfreie Lenkgestänge

1984 Intervallschaltung Scheibenwischer; Drehzahlmesser mit farbigem Anzeigebereich; H4-Scheinwerfer

1985 Ersatz der Randfederkupplung durch Tellerfederkupplung T325; wartungsfreie Batterien; extra langes Fahrgestell (RS 4600) mit Fahrerplattform zur Überführung für Busaufbauten

Quelle: div. Veröffentlichungen von Dr. Gerhard Zimmer in der DDR-Fachzeitschrift KRAFTFAHRZEUG-TECHNIK

Anlage F 04: Variantenprogramm IFA W50

17.7.65	Serienanlauf **W50 L;** Fgst. 4×2, RS 3200
	W50 L/A – Mannschaftstransportfahrzeug Armee; Fgst. unverändert
	W50 L/K – Dreiseitenkipper
	W 50 L/NK – Normalkoffer; (VEB Karosseriewerk Halle)
1967	**W50 L/IKB – Isothermkoffer**; (VEB Karosseriewerk Halle)
	W 50 LA/K – Allradkipper; Fgst. 4×4, Rs 3200
	W50 L/F – Fäkalienfahrzeug; Fgst. wie W50 L/K, **Hydrolenkung**
	W50 L –Pritschenfahrzeug mit Aufbauladekran LDK 1250; Fgst. RS 3700; Fa. Mühle & Söhne, später VEB Spezialfahrzeugbau Löbau. Später auch Aufbau des Ladekrans HDS3 von F.U.B. Hydroma Szczecin/Polen im Spezialfahrzeugwerk Berlin-Adlershof
	W50 L/U – Fahrzeug mit Universalmontagemast; Fgst. wie W50 L; (VEB Spezialfahrzeugwerk Berlin-Adlershof)
	W50 L/SP – Speditionspritschenfahrzeug; Fgst. RS 3700, Verlängerte Pritsche
1968	**W50 LA/K Allradzweiseitenkipper**; Fgst. wie W50 LA/K Dreiseitenkipper.
	W50 LA/A Transportfahrzeug Armee; Fgst. 4×4, RS 3200
	W50 – Langholzfahrzeug; Fgst. W50 L, (VEB Forsttechnik Oberlichtenau)
1969	**W50 LA/Z – Allradzweiseitenkipper**; wie W50 LA/K, Niederdruckbereifung
	W50 LA/K – Muldenkipper; (VEB Rationalisierung der ÖVW Dessau)
	W50 LZ – Straßenzugmaschine; Fgst. W50 L/K, **Hydrolenkung**
	W50 L – Pritschenfahrzeug mit Langfahrerhaus; Fgst RS 3700, (Fhs. Fa.Deckwerth KG Wurzen, später VEB Karosseriewerk Wurzen)
	W50 L/MK – Möbelkofferfahrzeug mit Langfahrerhaus; Fgst. wie W50 L/SP, (VEB Karosseriewerk Wilhelm-Pieck-Stadt Guben)
	W50 L mit Ladebordwand (elektrohydraulisch), (Lbw. Fa. Mühle & Söhne, später VEB Spezialfahrzeugwerk Löbau)
	W50 L/IKB-1 – Isothermkoffer; Fgst. W50 L, (VEB Karosseriewerk Wilhelm-Pieck-Stadt Guben)
	W50 L/W – Werkstattkofferfahrzeug; Fgst.-W50 L, (VEB Karosseriewerk Wilhelm-Pieck-Stadt Guben)
	W50 LS – Sattelzugmaschine; RS 3200, Sattellast 5500 kg, Basis für ein in den Folgejahren entstehendes Aufliegerprogramm, beginnend mit: **Milchtankauflieger**; (VEB Kraftfahrzeugwerk »Ernst Grube« Werdau)
	W50 L/LF 16 – Löschgruppenfahrzeug; Fgst. RS (VEB Feuerlöschgerätewerk Luckenwalde)
	W50 LA/TLF 16 – Tanklöschfahrzeug; Fgst. 4×4, RS 3700 (VEB Feuerlöschgerätewerk Luckenwalde)
	W50 L/DL 30 – Fahrzeug mit Drehleiter; Fgst. W50 L/LF 16, (VEB Feuerlöschgerätewerk Luckenwalde)
1970	**W50 L – Fahrschulfahrzeug**
	W50 L/IKSt – Kühlkoffer; (VEB Karosseriewerk Wilhelm-Pieck-Stadt Guben)
1971	**W50 LS mit Mischfutterauflieger**; VEB Kraftfahrzeugwerk »Ernst Grube« Werdau)
	W50 – Kehrmaschine; Fgst. Basis W50 L/K, in **Rechtslenker**ausführung, (VEB Spezialfahrzeugwerk Berlin-Adlershof)
	W50 – Bautruppwagen (Post); Fgst.4×2, RS 3700, (VEB Karosseriewerke Wurzen)
	W50 LA/F – Güllefahrzeug; Fgst. wie W50 LA/K, (VEB Spezialfahrzeugwerk Berlin-Adlershof)
	W50L – Kadavertransportfahrzeug; Fgst. wie W50 L, (VEB Karosseriewerk Zittau)

1972	W50 LS mit **Mehlauflieger**; (VEB Kraftfahrzeugwerk »Ernst Grube« Werdau)
	W50 LS mit **Pritschenauflieger** (VEB Fahrzeugwerk Treuenbrietzen)
	W50 LA/Z mit Schwerhäckselaufbau; (Kreisbetrieb für Landtechnik Gadebusch)
	W50 LA/Z mit Düngerstreuaufsatz; (Kreisbetrieb für Landtechnik Leipzig)
	W50 LS mit **Universalauflieger für Flüssigkeiten**
	(VEB Kraftfahrzeugwerk »Ernst Grube« Werdau)
	W50 LS mit **Kraftstofftankauflieger**
	(VEB Kraftfahrzeugwerk »Ernst Grube« Werdau, zus. mit VEB Minol)
	W50 LS mit **Bitumenauflieger**
	W 50 LS mit **Viehtransportauflieger**
	W50 L – Müllcontainerfahrzeug mit Aufbauladekran
	(VEB Rationalisierung der ÖVW Dessau)
1975	**W50 L – Kühlmaschinenkoffer**; (Kühlaggregat von Fa. Frigera Kolin/CS)
1976	**W50 LA – Fahrzeug mit Autodrehkran ADK 70**; Fgst.4x4, RS 3700
	(VEB Maschinenbau »Karl Marx« Babelsberg)
	W50 LA – Abschlepp- und Bergefahrzeug; (VEB Spezialfahrzeugwerk Löbau)
1977	**W50 LA/W – Werkstattkofferfahrzeug**; 4x4; (VEB Spezialfahrzeugwerk Zittau)
1980	**W50 LA/PVB – Mannschaftstransportfahrzeug Export**; Fgst. 4x4, RS 3200
	W50 LA/WT – Wassertankfahrzeug Export;
	(VEB Spezialfahrzeugwerk Berlin-Adlershof)
	W50 LS mit **Kofferauflieger**
1982	**W50 LA – Personentransportfahrzeug**; (PGH »5 Türme« Halle)
	W50 LA/KT – Kraftstofftankfahrzeug Export
	(VEB Spezialfahrzeugwerk Berlin-Adlershof).
	50 LA/ETK – Ersatzteilkoffer Export (VEB IFA-Karosseriewerke, BT Aschersleben)
1983	**W50 LA/ETK – mobile Wäscherei** (Ausrüstung VEB Textimaprojekt Karl-Marx-Stadt)
	W50 LA... – diverse Rechtslenkerausführungen
1984	**W50 LA – Fahrzeug mit Autodrehkran ADK 80**
	(VEB Maschinenbau »Karl Marx« Babelsberg)
1985	**W50 L – Fahrgestell für Busaufbau Export**; Ohne Fahrerhaus, Radstand 4600
	W50 L – Speditionspritschenfahrzeug mit erhöhter Nutzlast
	W50 LA/PVB-1 – Mannschaftstransportfahrzeug; wie W50 LA/PVB,
	RS 3700, Niederdruckbereifung 16-20
	W50 LA/PVB-2 – Mannschaftstransportfahrzeug

Neben obigem Variantenprogramm wurden folgende weitere Kooperationen durchgeführt:

1975	**Omnibus Ikarus IFA 211.51** der Fa. Ikarus Györ/Ungarn, mit teilweise modifizierten 53 Baugruppen des W50, insbesondere Antriebsstrang und Radaufhängung.
1982	**Kehrmaschine KM 2301** des VEB Spezialfahrzeugwerk Berlin-Adlershof mit W50-Fahrgestell/Baugruppen, jedoch mit eigenständiger Arbeitskabine und komplettem Aufbau.
1986	**Omnibus** für Entwicklungsländer der Fa. Neoplan-Ghana Limitedauf W50-Fahrgestell.

Am 17.12.1990 wurde die Produktion des IFA W50 nach 511.798 gefertigten Fahrzeugen eingestellt.

Fgst.	Fahrgestell
4x2	hinterradgetrieben
4x4	allradgetrieben
RS	Radstand

Quellen: Zusammengestellt von Dr. Gerhard Zimmer nach eigenen Veröffentlichungen in der KRAFTFAHRZEUGTECHNIK; verschiedene IFA-Prospekte

Anlage F 05: Entwicklung von Produktion und Export von Nutzkraftwagen W50 / L60

	Jahr 1978	Jahr 1979	Jahr 1980	Jahr 1981	Jahr 1982	Jahr 1983	Jahr 1984	Jahr 1985	Jahr 1986	Jahr 1987	Jahr 1988	Jahr 1989
Vertrieb ges.	26830	26646	27035	28035	28900	28100	30315	32518	32306	31122	29150	28257
Export	22008	22496	22075	23811	27048	23955	27614	27305	28628	25186	17175	18205

Anlage F 06: Produktionsdaten IFA W50/L60

17.07.65	**Serienanlauf W50** – beginnend mit **4x2**-Varianten		
	Ludwigsfelde erhält Stadtrecht		
09.72	100.000 W50		
01.77	200.000 W50		
01.10.80	300.000 W50		
04.84	400.000 W50		
06.87	500.000 W50	**Serienanlauf L60** – beginnend mit **4x4**-Varianten	
08.90		**Produktionsende L60**	
17.12.90	**Produktionsende W50**		
gefertigt	**571.789 W50**	20.289 L60	**gesamt** 592.078
verkauft			590.659
Bestand			1.419
06.92	Ende Ersatzteilproduktion		
31.07.90	Ende Schmiedeproduktion		

Aufschlüsselung verkaufte Fahrzeuge: Inland 167.783 = 28,4%
Export 422.876 = 71,6%

Export in 51 Länder, FZ-Stückzahlen größer 10.000 in 10 Länder (s. unten)
Aufschlüsselung: SW-Export 306.455 = 72,4%
NSW-Export 116.421 = 27,6%

Hauptexportländer:
Ungarn	100.404
Irak	72.209
China	70.032
Sowjetunion	49.966
Tschechoslowakei	27.505
Vietnam	20.321
Bulgarien	16.814
Angola	13.189
Iran	11.057
Polen	10.222

Quellen: Unterlagen der IFA-Automobilwerke Ludwigsfelde GmbH, KRAFTFAHRZEUGTECHNIK

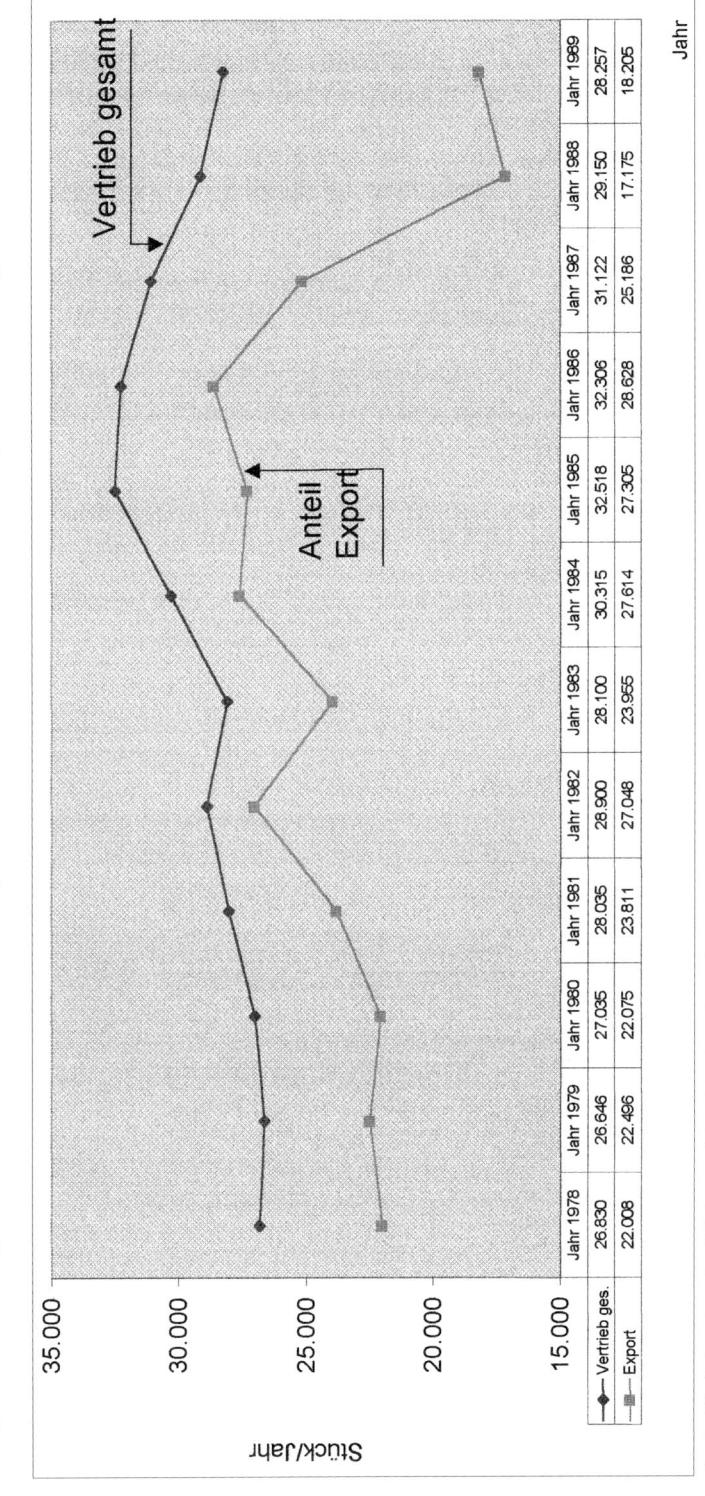

Anlage F 07: Vertrieb gesamt und Export von Nutzkraftwagen IFA W50/ L60 im Zeitraum 1978–1989 (Kurvendarstellung)

Quelle: Nach Angaben des IFA Automobilwerk Ludwigsfelde GmbH

Anlage F 08: Variantenprogramm IFA L60

        Serienanlauf L60 4x4 – Pritschenfahrzeug; **Fgst. 4x4, RS 3240**
        L60 4x4 – Kofferfahrzeug; Fgst. unverändert, (VEB Karosseriewerk Erfurt)
        L60 4x4 – Werkstattkoffer; Fgst. unverändert, (VEB Spezialfahrzeugwerk Zittau)
        L60 4x4 – Wassertankfahrzeug; Fgst. unverändert, (VEB Spezialfahrzeugwerk Berlin)
        L 60 4x4 – Kraftstofftankfahrzeug; Fgst. unverändert,
        (VEB Spezialfahrzeugwerk Berlin)
1988   **L 60 4x4 – Dreiseitenkipper**; Niederdruckbereifung 18/70-20
        L 60 4x4 – Fahrgestell mit Autodrehkran ADK 100; Fgst. 4x4 modifiziert,
        RS 3816, (VEB Maschinenbau »Karl Marx« Babelsberg)
        L 60 4x2 – Pritschenfahrzeug; Fgst. 4x2, RS 3816
1989   **L 60 4x2 – Dreiseitenkipper**; Fgst. 4x2, RS 3240
        L 60 4x2 – Kofferfahrzeuge (VEB Karosseriewerk Erfurt)
        L 60 4x4 – Containerfahrgestell; Fgst. 4x4 niederdruckbereift,
        (VEB Maschinenbau »Karl Marx« Babelsberg)
1990   **L 60 4x2 – Sattelzugmaschine**; Fgst. 4x2, RS 3348

In 08/1990 wurde die Produktion des IFA L60 und damit auch die Entwicklung weiterer Varianten eingestellt (IFA W 50 in 12/1990).

Quelle: Zusammengestellt von Dr. Gerhard Zimmer nach eigenen Veröffentlichungen in der Zeitschrift KRAFTFAHRZEUGTECHNIK

Anmerkung: Fgst. : Fahrgestell; RS: Radstand; RÜ: Rahmenüberhang ab Mitte Hinterachse; AÜ: Achsübersetzung; HD-: Hochdruck-Bereifung; ND-: Niederdruck-Bereifung

Anlage F 09: Kraftfahrzeugwerk »Ernst Grube«, Werdau: Produktion und Export Lkw und Omnibusse

Jahr	LKW H6 Fertigung	davon Export	H6 B Omnibus	Lkw G5
1952	143	–		5
1953	901	562		720
1954	1.761	1.424	80	197
1955	1.900	1.097	} 802 in	696
1956	851	323	} Ammendorf	1.377
1957	650	350	296	819
1958	515	23	327	1.462
1959	655	–	405	1002
1960				800
1961				300
1962				700
1963				1.000
1964				1.000

Quelle: Nach Angaben von Herrn W. Schumann, Werdau

Anlage G 01: Automobilwerke Zwickau/Sachsenring: Typen und Stückzahlen von Dieselmotoren in Stück 1951–1961.

	1951	1952	1953	1954	1955	1956	1957	1958	1959	1960	1961	Gesamt
EM 4 Gesamt	164	533	861	1.370	2.504	2.110	2.201	1.968	2.821	8.053	8.019	30.604
davon Fzg.-Diesel Gesamt	–	–	–	731	2.052	1.573	1.395	1.121	1.659	7.012	6.657	22.200
4 – 15,5	–	–	–	450	1.230	1.465	526	371	936	2.627	2.477	10.082
4 – 20	–	–	–	281	822	108	869	750	693	601	586	4.710
4 – 22 – 90	–	–	–	–	–	–	–	–	30	3.784	3.594	7.408
davon stat. Diesel Gesamt	164	533	861	639	452	537	806	847	1.162	1.041	1.362	8.404
4 – 10	36	385	349	405	126	136	133	320	332	264	334	2.820
4 – 12,5	–	1	60	–	–	–	8	–	–	2	2	73
4 – 15	128	131	46	234	321	98	665	527	830	775	976	5.431
4 – 17,5	–	–	1	–	–	–	–	–	–	–	–	1
4 – 20	–	16	5	–	5	3	–	–	–	–	–	29
4 – 22 – 90	–	–	–	–	–	–	–	–	–	–	50	50
EM 6 Gesamt	–	556	1.955	1.999	1.542	–	–	–	–	–	–	6.052
davon Fzg.-Diesel EM 6 – 20	–	455	1.691	1.917	1.542	–	–	–	–	–	–	5.605
davon stat. Diesel Gesamt	–	101	264	82	–	–	–	–	–	–	–	447
6 – 12,5	–	–	–	1	–	–	–	–	–	–	–	1
6 – 15	–	17	192	78	–	–	–	–	–	–	–	287
6 – 20	–	84	72	3	–	–	–	–	–	–	–	159
Dieselmotoren Gesamt	164	1.089	2.816	3.369	4.046	2.110	2.201	1.968	2.821	8.053	8.019	36.65

Quelle: SäSTAC VEB Kfz-Werke Horch 408; Verkaufsunterlagen

Anlage G 02: Massenbedarfsgüter-Produktion im Schlepper- bzw. Motorenwerk Nordhausen 1954–1990.

Was außer Traktoren und Motoren im Schlepper- bzw. Motorenwerk Nordhausen im Zeitraum von 1954 bis 1990 gefertigt wurde:

MASSENBEDARFSGÜTER

STÜCK	ARTIKELART/BEZEICHNUNG	ZEITRAUM VON – BIS
600	Kofferbrücken für Motorräder	1954–1955
1.148	Bohrknarren MK 1 bis MK 3	1954–1957
2.985	Rohrverschlüsse	1955–1957
92	Schirmgestelle	1957
30.300	Grabvasen	1955–1958
26.630	Heureiterbeschläge	1955–1958
11.500	Baumschützer gegen Wildfraß	1955–1957
9.440	Ofenrohrwandfutter	1955
635	Garagenluftpumpen	1958
400	Universalabziehvorrichtungen	1958
2.040	Dielengarnituren	1959–1960
2.855	Winkerkellen	1958
73	Rohrbügel	1955–1957
202	Fahrradanhänger	1958–1959
5.730	Campinggarnituren	1959–1961
6.201	Klappstühle	1961
692	Kochbänke	1961–1962
5.915	Kippvorrichtung für PKW	1962–1964
12.064	Kindersitze für Motorroller »Troll«	1966–1967
38.256	Stahlrohrsessel	1967–1969
7.411	Klappsessel	1967–1969
331	Fernsehantennen	1967–1969
33.178	Gepäckträger für Motorräder	1971
24.617	PKW-Ventile für »Moskwitsch«	1971–1972
47.178	Klappbare Wäschetrockner	1973–1975
700.237	Handtransportwagen	1958–1990
54.393	Müllkübeltransportkarren	1983–1989
264.467	Fahrräder	1986–1990

Quelle: Aufstellung vom VEB Motorenwerk Nordhausen Januar 1990

Anlage G 03: Motorenwerk Nordhausen: Dieselmotoren in Stück und nach Verwendungszweck 1965–1991

	1965	1966	1967	1968	1969	1970	1971	1972	1973	1974	1975	1976	1977	1978	1979
Gesamtproduktion	9.510	14.194	17.884	24.151	30.438	33.144	35.054	36.080	34.795	40.172	43.120	42.824	44.514	45.573	47.398
davon EM4-Motoren	9.510	13.894	5.573	1.830	2.301	2.094	1.645	1.307	1.408	1.101	786	943	520	–	–
4VD-Motoren	–	300	12.311	22.321	28.137	31.050	33.409	34.773	33.387	39.071	42.334	41.881	43.994	45.573	47.398
davon W 50 S	–	300	9.990	14.232	17.188	17.920	18.743	19.775	21.566	23.089	24.654	24.902	26.038	26.690	26.569
davon W 50 E	–	–	697	1.225	1.567	3.788	3.654	6.946	2.662	2.676	2.849	5.403	6.241	8.302	10.699
davon ZT 300 S	–	–	1.469	5.561	6.257	5.080	6.457	3.880	3.782	3.763	3.884	4.075	4.301	4.400	3.999
davon ZT 300 E	–	–	20	197	314	90	272	758	262	322	310	510	414	740	560
davon E 512 S	–	–	135	975	2.372	3.519	3.601	2.300	2.431	3.249	4.080	4.669	4.382	1.609	1.535
davon E 512 E	–	–	–	65	91	270	189	460	374	556	700	845	778	1.452	1.555
Station.S	–	–	–	66	348	355	438	513	559	714	732	570	664	736	716
Station.E	–	–	–	–	–	28	51	140	51	32	75	177	462	806	915
Ikarus S	–	–	–	–	–	–	–	–	–	–	720	750	714	838	850
stat. Exp.E	–	–	–	–	–	–	4	1	–	–	–	–	–	–	–
Exp. Rumänien	–	–	–	–	–	–	–	–	1.700	4.670	4.330	–	–	–	–
SIL-Exp.	–	–	–	–	–	–	–	–	–	–	–	–	–	–	–
Exp.S.	–	–	–	–	–	–	–	–	–	–	–	–	–	–	–
Exp.E	–	–	–	–	–	–	–	–	–	–	–	–	–	–	–
6 VD-Motor	–	–	–	–	–	–	–	–	–	–	–	–	–	–	–
davon 6 VD S	–	–	–	–	–	–	–	–	–	–	–	–	–	–	–
davon 6 VD E	–	–	–	–	–	–	–	–	–	–	–	–	–	–	–
Motor 8/8	–	–	–	–	–	–	–	–	–	–	–	–	–	–	–
davon 2 VD 8/8	–	–	–	–	–	–	–	–	–	–	–	–	–	–	–
davon 4 VD 8/8	–	–	–	–	–	–	–	–	–	–	–	–	–	–	–

	1980	1981	1982	1983	1984	1985	1986	1987	1988	1989	1990	1991	Σ von 1965–1991
Gesamtproduktion	49.125	52.739	56.513	54.154	57.125	52.586	51.752	50.237	51.129	50.352	29.347	843	1.054.753
davon EM4-Motoren	–	–	–	–	–	–	–	–	–	–	–	–	42.912
4VD-Motoren	49.125	52.739	52.590	47.492	49.606	52.497	51.714	48.383	43.228	42.041	24.543	833	970.730
davon W 50 S	26.911	28.694	29.390	27.647	30.380	32.535	32.300	30.810	22.027	20.578	12.294	–	565.222
davon W 50 E	11.111	11.678	8.373	5.128	6.341	8.136	7.307	5.795	9.539	10.898	5.739	203	146.957
davon ZT 300 S	4.278	4.755	3.740	2.912	2.752	2.763	2.890	2.359	2.157	2.598	1.499	–	89.611
davon ZT 300 E	780	718	270	22	116	276	447	377	462	386	215	15	8.853
davon E 512 S	1.665	2.620	2.730	4.112	3.128	3.193	3.000	3.133	2.978	2.728	1.405	380	65.909
davon E 512 E	1.845	2.732	3.427	3.354	2.216	466	268	215	546	603	90	–	23.097
Station.S	895	1.105	646	903	828	1.060	997	1.078	1.524	1.533	881	56	17.917
Station.E	840	437	154	194	313	230	154	196	423	313	169	–	6.160
Ikarus S	800	–	530	–	321	137	–	–	–	–	–	–	5.660
stat. Exp.E	–	–	–	–	–	–	–	–	–	–	–	–	5
Exp. Rumänien	–	–	–	–	–	–	–	–	–	–	–	–	10.700
SIL-Exp.	–	–	3.330	3.220	3.211	3.701	43*	40*	49*	50*	–	27	13.462 +209
Exp.S.	–	–	–	–	–	–	1.846	1.424	569	638	711	152	5.340
Exp.E	–	–	–	–	–	–	2.462	2.956	2.954	1.716	1.540	–	11.628
6 VD-Motor	–	–	–	–	–	–	38	1.854	7.901	8.311	4.804	10	22.918
davon 6 VD S	–	–	–	–	–	–	23	1.854	7.211	7.889	4.576	7	21.560
davon 6 VD E	–	–	–	–	–	–	15	–	690	422	228	3	1.358
Motor 8/8	–	–	3.923	6.662	7.519	89	–	–	–	–	–	–	18.193
davon 2 VD 8/8	–	–	2.714	4.292	4.948	64	–	–	–	–	–	–	12.018
davon 4 VD 8/8	–	–	1.209	2.370	2.571	25	–	–	–	–	–	–	6.175

Zeichenerklärung:
- EM4- Motor = 90/110 PS bei 2200 U/min (Motor 4VD 14,5/11,5 oder /12 SRW bei Anlauf LKW W50)
- 4VD = Motor 4 VD 14,5/12-1 SRF mit M-Verfahren – 125 PS bei 2300 U/min
- W 50 S = Motor 4 VD für LKW W 50 Serie
- W 50 E = Motor 4 VD für LKW W 50 Ersatz
- ZT 300 S o.E. = Motor 4 VD für Traktor ZT 300 Serie oder Ersatz
- E 512 S o.E. = Motor 4 VD für Mähdrescher E 512 Serie oder Ersatz
- station. = Motor 4 VD für stationäre Einsatzfälle, wie Notstromaggregate, Kompressoraggregate, Straßenbaumaschinen, Schiffshilfsmotoren, usw.
- Exp. Rumän. = Motor 4 VD für den Export nach Rumänien; Einbau in rum. Mähdrescher
- Sil-Exp. = Motor 4 VD für Export; Einbau in sowj. LKW SIL anstelle der serienmäßigen Ottomotoren.
- Export o.E. = Motor $ VD für allg. Export Serie oder Ersatz
- 6VDS o.E. = Motor 6 VD 13,5/12 für LKW L 60 Serie oder Ersatz
- VD 8/8 = Motoren 2 und 4 VD 8/8 SVL, die vom Motorenwerk Cunewalde übernommen werden mußten

Quelle: Zusammengestellt von Günter Caspari nach Unterlagen und Angaben von H. Knieber, Nordhausen

Anlage G 04: Kennwertentwicklung der Dieselmotoren 4 VD 14,5 und 6 Vd 13,5 von 1949–1990.

Typ	DDR-Typformel	Pe/n kW/min^{-1}	Md/n Nm/min^{-1}	be$_{min}$ g/kWh	be$_{Pe}$ g/kWh	m kg	10³ ³km	Prod. Beginn	Prod. Ende
EM4-20	4 VD 14,5/11,5 SRW	59/2000	330/1300	255	292	570	80	1949	1965
EM4-22	4 VD 14,5/11,5 SRW	66/2200	334/1300	252	282	570	100	1958	1966
EM4-110	4 VD 14,5/12 SRW	81/2200	376/1400	245	278	585	100	1965	1977
Mod 4 VD	4 VD 14,5/12-1 SRW	92/2300	422/1350	221	245	610	200	1966	1978
WE 4 VD	4 VD 14,5/12-1.1 SRW	92/2300	422/1350	221	245	600	275	1976	1985
WE 4 VD	4 VD 14,5/12-1.2 SRW	92/2300	422/1350	216	235	590	275	1984	1996
	6 VD 13,5/12 SRF	132/2300	630/1300	212	222	680	400	1987	1996
	6 VD 13,5/12 A SRF	170/2200	900/1300	205	218	700	400	1989	1996
	6 VD 13,5/12 AL SRF	220/2200	1050/1300	200	215	710	400	1990	1996
	4 VD 13,5/12 SRF	88/2300	420/1300	212	224	490	400	1990	1996
		⇩	⇩	⇩	⇩	⇩	⇩		
		Nennleistg. Nenndrehzahl	max. Drehmoment/ Drehzahl	Verbrauchsminimum	Verbrauch bei Nennleistung	Masse	Mindestnutzungsdauer		

Legende:
1. Generation
2. Generation
3. Generation
4. Generation

Quelle: Zusammengestellt nach eigenen Unterlagen von Günter Caspari

Anlage G 05: Motorenwerk Nordhausen: Kennwertvergleich zwischen 6 VD 12/11 und 6 VD 12,5/12.

Typ	6 VD 12/11 SRF u. GRF	6 VD 12/11 We	6 VD 12,5/12 SRF u. GRF	6 VD 13,5/12 SRF	6 VD 13,5/12-AL SRF
Nennleistung (KW/PS)	110 / 150	110 / 150	132,5 / 180	132,5 / 180	200 / 272
Nenndrehzahl (U/min)	3000	3000	2700	2400	2200
Hubvolumen (dm3)	6,84	6,84	8,48	9,16	9,16
spez. Krafts. bei Nennleist. (g/KWh / g/PSh)	286 / 210	252 / 185	243 / 179	227 / 167	220 / 162
max. eff. Mitteld. (MPa)	0,804	0,804	0,87	0,91	1,43
min. Kraftst. g/KWh/g/PSh	238 / 175	231 / 170	225 / 166	212 / 156	204 / 150
Masse (trocken) (kg)	650	620	720	695 *	725
Mitt. Kolbengeschwindigkt. (m/s)	12	12	11,25	10,8	9,9
Mindestnutzdauer in (km)	200.000	250.000	300.000	400.000	400.000
Serienlauf (Jahr)	nicht (vorges. 70)	nicht	nicht (vorg.73....80)	1986/87	1991 **

Zeichenerklärung: We = Weiterentwicklung;   * = kein Funktionsmuster sondern Serie;   ** = kleine Stückzahl mit 175 KW

Quelle: Zusammengestellt nach eigenen Unterlagen von Günter Caspari

Anlage G 06: Verbrennungsmotoren aus Nordhausen vor 1945 im Überblick

lfd. Nr.	Typ und Einsatz	DDR-Typformel	Pe/n KW/min-1	Prod.-Beginn	Bemerkungen
1	Lok Typ M	1 VO../..SW	7,3/1200	1906	Kraftstoffe: Benzin, Benzol, Monopolin, Petroleum, Verdampfungskühlung
2	Montania rohöl-motoren	9 versch. 1-Zylind. 1 ZD../..	2,9/450 14,7/300 36,8/200	ab 1908	Montania-Rohölmotoren in liegender und stehender Ausführung. 2-Takt-Glühkopfmotoren mit spez. Verbräuchen von 230-330g/PSh. geeignet für Rohnaphta, Gasöl, Paraffinöl, Masut, Steinkohlenteeröl, Petroleum, u.s.w.
3	Montania rohöl-motoren	2 ZD../..	5,9/450 " 73,6/200	ab 1908	9 verschiedene 2-Zylinder-2-Takt-Glühkopfmotoren mit doppelter Leistung wie lfd. Nr. 2 in nur stehender Ausführung
4	L155 L180 L200 L226 L308	1 VO 23/15,5 1 VO 27/18 1 VO 30/20 1 VO 34/23 1 VO 38/26	7,35/400 11/375 16,2/350 22/325 29,4/300	ab 1915	langsamlaufende liegende 4-Takt-Otto-Motoren mit Verdampfungskühlung, 1-Zylinder, vorwiegend ausgestattet für Benzol als Treibstoff
5	Lok S10 S 30 S 50	4 VO 12/8,5 4 VO 18/12 4 VO 22/15	8,8/900 26,5/850 44,1/750	ab 1921	für Betrieb mit Benzol, Benzin, Spiritus, Petroleum; 4-Takt-Reihen-Otto-Motoren mit hängenden Ventilen, stehende Reihenmotoren
6	Lok MD 1 MD 2 MD 3	1 VD 17/10,5 2 VD 17/10,5 3 VD 17/10,5	8,1/1300 16,2/1300 24,3/1300	ab 1928	MD 1= Montania Diesel 11 PS u.s.w. mit »Acro«-Brennverfahren (Lizenz Bosch)
7	LD 2	1 VD 25/15	14,7/800	1929	liegender Dieselmotor, geeignet für Teeröl (Abfallprodukt der Ölraffinerie)
8	Tra. SA 30 SA 15	2 VD 16/11,5 1 VD 16/11,5	22/1300 11/1300	1937 1940	Tra. = Traktordieselmotor 30 PS Tra. = Traktordieselmotor 15 PS
9	Einh.-L	4 VD 17/12	40,4/1000	1942	Einheitslokmotor, entwickelt von Kämper
10	HL 120 HL 109	12 VO../.. 12 VO../..	220/3200 169/3200	1943 1943	Maybach-Panzermotoren, in V-Form, 4-Takt-Otto-Motor, wahlweise Start mit 24V-Anlasser oder Schwungkraftanlasser, Kurbelwelle mit Rollenlagerung

Quelle: Zusammengestellt von Günter Caspari, nach Angaben im Privatarchiv von H. Kieber, Nordhausen und Aufzeichnungen von W. Frey, Mitarbeiter der Montania sowie den MBA in Nordhausen. Angaben aus ABM Archiv der Motorenwerke Nordhausen

Anlage G 07: Motoren aus Nordhausen nach 1945

Typ bzw. Einsatz	DDR-Typformel	Pe/n KW/min⁻¹	Prod.-Beginn	Bemerkungen
Radtraktor	2 VD 14/10 SRW	16/1500	1948	Brockenhexe
RS 01	4 VD 14,5/10,5 SRW	29/1250	1950	Fama, Weiterentwicklg.
RS 04	2 VD 14,5/ 11,5 SRW	22/1500	1954	Gemeinschaftsentwicklg.
RS 14	2 VD 14,5/12 SRL, SRW	29/1800	1959	Luft- u. Wasserkühlung
RT 330	3 VD 14,5/12 SRW	44/1800	1964	Nur 0-Serie
W50, ZT 300, E 512	4 VD 14,5/12-1 SRW	92/2300	1966	Einführg. Direkteinspritzg.
Tr. 0,9 Mp	3 VD 12/11 SRF	39/2200		keine planwirtschaftl. Einordnung möglich, deshalb keine Produktionsaufnahme
LKW 3 t	4 VD 12/11 SRF	73,5/3000		
LKW 5 t	6 VD 12/11 SRF	110/3000		
Tr. 1,4 Mp	6 VD 12/11 SRF	80/2200		
LKW 6,5 t	6 VD 12,5/12 GRF	132/2700		
LKW L 60	6 VD 13,5/12 SRF	132/2300	1987	1. Ausbaustufe
LKW 6x6	6 VD 13,5/12 ASRF	170/2200	1989/90	
LKW, Landmaschinen, stat. Einsatz, Baumaschinen	6 VD 13,5/12 AL SRF	220/2200	1991	2. Ausbaustufe geplant mit Jahresstückzahl v. 30.000 Motoren ATL Import ČSSR
	5 VD 13,5/12 SRF	110/2300	1990	
	5 VD 13,5/12 A SRF	140/2200	1991	
	4 VD 13,5/12 SRF	88/2300	1990	
	4 VD 13,5/12 ASRF	112/2200	1991	

Quelle: Zusammengestellt von Günter Caspari, nach Angaben von F. Rößner und O. Kubatschka sowie Prospektunterlagen und den Berichten zu den FuE-Themen der Motorenwerke Nordhausen

Anlage G 08: IFA Motorenwerke Nordhausen A–M 1989

1.)
Arbeiter und Angestellte 1989   4.309   per 1.9.89
davon
- Produktionspersonal   2.767
  d. h. Produktionsgrundarbeiter   1.535
       Produktionshilfsarbeiter   1.232
- übrige Beschäftigte   1.542

2.)
Jahresplan 1989
- IWP   1.112,– Mio.M
- NP   162,– Mio.M

3.)
Erzeugnisse 1989 (Plan)
- Dieselmotor   4 VD 14,5/12-1 SRW   43.700 Stück   60-92 kW
- Dieselmotor   6 VD 13,5/12 SRF   9.500 Stück   100-132 kW
- Achsantriebe   W 50   41.000 Stück
- Fahrräder   26"   102.000 Stück
- PKW-Ventile   (AV, EV)   940.000 Stück
- Handwagen   (2 Räder, luftbereift) 40.000 Stück
- sonstiges: – Ersatzteile Motoren   – Neubauteile für MC, TDS Robur
                   – Sudhäuser   – Müllkübeltransportkarren
                   – Lieferungen u. Leistungen

4.)
Werke:
- Hauptwerk in Nordhausen   (Motoren, Motorenteile, Achsantriebe, Fahrräder)
- Apparatebau Nordhausen   (PKW-Ventile, Sudhäuser, Stahlbau)
- BT in Haynrode   (Ventile, Stößel, Kleinteile)
- BT in Apolda   (72 Typen Ventile)
- BT in Sondershausen   (Lagerdeckel, Sonderschrauben)

Erläuterungen:
Produktionsgrundarbeiter waren Arbeiter im Lohnverhältnis, die direkt produzierten, z.B. Maschinenarbeiter, Schlosser der Serienmontage, des Serienprüfstandes, u.s.w. Produktionshilfsarbeiter waren alle anderen Arbeiter, die im Lohnverhältnis standen, meist hoch qualifizierte Personen, die in der Instandsetzung, im Baubereich, im Versuch, im Musterbau, in der Energetik, u.s.w. arbeiteten.
Alle Angestellten vom Betriebsdirektor bis zur Raumpflegerin, die ein Gehalt bezogen, waren »übrige Beschäftigte«.

Quelle: Vortrag von Günter Caspari am Institut für sozialistische Wirtschaftsführung an der TH Zwickau am 4. Oktober 1989

Anlage H 01: Motorenwerke Cunewalde: Typenübersicht der produzierten Dieselmotoren der 1. bis 3. Generation.

Tafel 1: Kennwerte aller von 1950 bis 1990 in 3 Generationen produzierter Typen von 4-Takt-Kleindieselmotoren

Kennwerte		Leistung *	Drehzahl	Zyl.-Zahl u. Anordn.	Kühlung	Hubraum	Hub/Bohrg.	Masse **	Produktion		
Gen.	Typ	PS / (kW)	U / min			l	cm	kg	von	bis	Stck.
1	LD 130	10 / (7,4)	1200	1 liegd.	Verdampfg.	1,56	15 / 11,5	370	1951	1957	1.465
1	LD 120	7 / (5,1)	1500	1 liegd.	Verdampfg.	0,98	12,5 / 10	250	1952	1957	1.259
1	H 65	6 / (4,4)	1500	1 liegd.	Verdampfg.	0,65	11,5 / 8,5	178	1950	1959	15.740
1	1 H 65	7,5 / (5,5)	1800	1 liegd.	Verdampfg.	0,65	11,5 / 8,5	170	1958	1977	53.541
1	2 H 65	15 / (11)	1800	1 liegd.	Verdampfg.	1,3	11,5 / 8,5	265	1958	1962	3.212
1	1 NVD 18	17,5 / (13)	1250	1 liegd.	Verdampfg.	2,21	12,5 / 18	575	1955	1962	3.699
2	1 VD 8/8	7 / (5,1)	3000	1 stehd.	Luft	0,4	8 / 8	70	1961	1990	99.056
2	2 VD 8/8	15 / (11)	3000	2 V	Luft	0,8	8 / 8	125	1962	1990	121.890
2	4 VD 8/8	30 / (22)	3000	4 V	Luft	1,6	8 / 8	170	1963	1990	99.850
2	1 VD 8/8,5	9,5 / (7)	3000	1 stehd.	Wasser	0,45	8 / 8,5	95	1972	1974	642
2	1 VD 12,5/9	8,5 / (6,3)	2000	1 stehd.	Luft	0,795	12,5 / 9	210	1957	1981	17.703
2	2 VD 12,5/9	17 / (12,6)	2000	2 stehd.	Luft	1,59	12,5 / 9	265	1957	1984	29.028
2	3 VD 12,5/9	25,5 / (19)	2000	3 stehd.	Luft	2,385	12,5 / 9	320	1959	1990	23.023
2	FD 22	18 / (13,2)	3000	2 V	Luft	1,145	9 / 9	159	1968	1975	9.804
3	4 VD 8,8/8,5	50 / (36,8)	3600	4 stehd.	Flüssigk.	2	8,8 / 8,5	225	1974	1990	174.767
3	4 VD 8,8/9	58 / (42,6)	3600	4 stehd.	Flüssigk.	2,24	8,8 / 9	230	1986	1989	3.662
									Gesamtsumme aller Motoren:		658.341 Stck.

* Leistung
– für Motoren der 1. und 2. Generation: Dauerleistung »B« nach DIN 6270
– für Motoren der 3. Generation: (Fahrzeug-) Nettoleistung nach DIN 70020

** Masse:
– für Motoren der 1. und 2. Generation: Stationärausführung mit Handstart
– für Motoren der 3. Generation: Fahrzeugausführung mit Elektrostart

Anlage H 01: Motorenwerke Cunewalde: Typenübersicht der produzierten Dieselmotoren der 1. bis 3. Generation.

Tafel 1: Kennwerte aller von 1950 bis 1990 in 3 Generationen produzierten Typen von 4-Takt-Kleindieselmotoren

Generation	1. Generation liegend verdampfgs.-gekühlt		2. Generation stehend u. V.-Form luftgekühlt		3. Generation stehend; Reihe flüssigkeitsgekühlt		Gesamtsumme aller 3 Generationen	
Jahr	Prod.	Export	Prod.	Export	Prod.	Export	Prod.	Export
1950	50						50	
1951	352						352	
1952	858						858	
1953	1.760	448					1.760	448
1954	2.456	162					2.456	162
1955	3.231	1.254					3.231	1.254
1956	2.955	790					2.955	790
1957	3.189	1.829	600				3.789	1.829
1958	4.126	2.337	1.600				5.726	2.337
1959	5.995	3.438	3.600				9.595	3.438
1960	7.291	1.753	2.050				9.341	1.753
1961	8.072	3.500	3.513	452			11.585	3.952
1962	5.481	1.950	6.552	1.845			12.033	3.795
1963	5.140	1.455	7.568	1.756			12.708	3.211
1964	4.355	942	9.960	617			14.315	1.599
1965	3.062	2.067	13.096	1.330			16.158	3.397
1966	1.738	949	19.347	2.911			21.112	3.860
1967	1.971	729	21.097	3.791			23.068	4.520
1968	2.607	1.203	21.193	2.760			23.800	3.963
1969	2.656	1.919	22.181	4.058			24.837	5.977
1970	3.491	3.044	22.332	2.933			25.823	5.977
1971	3.032	922	23.815	1.841			26.847	2.763
1972	1.258	929	25.084	4.159			26.369	5.124
1973	1.249	461	21.550	5.331			22.799	5.792
1974	1.000	876	17.692	9.200	515		19.207	10.076
1975	963	900	7.849	3.288	6.587		15.399	4.188
1976	511	650	7.003	1.529	7.950		15.464	2.179
1977	40		8.289	3.383	7.807		16.136	3.383
1978			7.670	4.900	7.965	20	15.635	4.920
1979			9.060	4.695	8.276	45	17.366	4.704

Anlage H 01: Motorenwerke Cunewalde: Typenübersicht der produzierten Dieselmotoren der 1. bis 3. Generation.

Tafel 1: Kennwerte aller von 1950 bis 1990 in 3 Generationen produzierten Typen von 4-Takt-Kleindieselmotoren

Generation	1. Generation liegend verdampfgs.-gekühlt		2. Generation stehend u. V.-Form luftgekühlt		3. Generation stehend; Reihe flüssigkeitsgekühlt		Gesamtsumme aller 3 Generationen	
Jahr	Prod.	Export	Prod.	Export	Prod.	Export	Prod.	Export
1980			11.607	6.398	8.672	60	20.279	6.458
1981			12.239	5.910	10.205	151	22.444	6.061
1982			11.002	1.865	11.447	241	22.449	2.106
1983			12.597	3.361	12.186	352	24.783	3.713
1984			13.586	3.358	12.944	397	26.530	3.755
1985			10.463	5.963	14.701	438	25.164	6.401
1986			11.244	5.578	14.680	661	25.924	6.239
1987			8.436	4.504	14.925	459	23.361	4.963
1988			9.764	4.908	14.085	467	23.849	5.375
1989			9.773	5.034	14.728	538	24.501	5.572
1990			7.271	5.163	10.606	674	17.877	5.837
1993*			324		150		474	
Summe / Generation	78.916	34.507	400.996	112.821	178.429	4.503	658.341	151.831
Export %		44		28		2		23

* = Nachbau aus Ersatzteilen

In den Summen der Produktionszahlen der Motortypen nach Jahren und Motorgenerationen sind die Zahlen von Motoren enthalten, die im Dieselmotorenwerk Kamenz vor dessen Zugehörigkeit zum Motorenwerk Cunewalde und während einer vorübergehenden Verlagerung im Motorenwerk Nordhausen produziert wurden.

Im einzelnen waren dies:
– in Kamenz: 1. Generation: 4.270 Stück H 65 und 2. Generation: 30.646 Stück 1/2/3 VD 12,5 / 9 / SRL); insgesamt 34.916 Motoren.
– in Nordhausen: 2. Generation: 2/4 VD 8/8 (SVL); insgesamt 18.931 Motoren.

Von allen zu den 3 Motorengenerationen gehörenden Typen wurden insgesamt produziert 658.341 Motoren, davon im Motorenwerk Cunewalde selbst 604.494 Motoren.

Quelle: Zusammengestellt von Oberingenieur Eberhard Fritsche

Anlage I 01: Dieselmotorenwerk Schönebeck: Motorenproduktion in Stück

Jahr	Stückzahl	Jahr	Stückzahl
1947	9	1967	6.154
1948	192	1968	4.437
1949	878	1969	6.791
1950	1.639	1970	7.868
1951	2.505	1971	7.888
1952	2.226	1972	8.546
1953	2.539	1973	9.994
1954	2.460	1974	10.916
1955	3.586	1975	11.499
1956	4.940	1976	12.465
1957	4.303	1977	13.411
1958	4.671	1978	13.011
1959	8.370	1979	13.292
1960	8.793	1980	15.118
1961	10.323	1981	15.630
1962	11.264	1982	15.674
1963	13.173	1983	15.290
1964	15.479	1984	16.231
1965	14.113	1985	16.642
1966	11.296		

Baumuster:

Anfänge DM 20
ab 1950 DM 40
ab 1954 EM 6
ab 1957 2,3,4,6 VD 14,5/12 SRL
ab 1958 FO 21 / FO 22
ab 1976 8 VD 14,5 / 12,5 SVW

Quelle: Zusammengestellt nach Werksangaben

Anlage J 01: Fahrzeugwerke Waltershausen: Typen und Stückzahlen der Multicar-Fahrzeuge von 1956–1989

Jahr	Typ	Stückzahl	Export
1956	DK 3	316	
1957		1206	
		1522	
1958	M 21	1454	
1959		1586	
1960		1852	3556
1961		1907	
1962		2043	
1963		2012	
1964		1660	
		12.514	3556 = 28,4 %
1964	M 22	200	
1965		2002	790
1966		2266	806
1967		2665	1128
1968		3625	1970
1969		4340	2404
1970		4567	2866
1971		5078	3068
1972		5966	3440
1973		6168	3925
1974		5702	3907
		42.579	24.304 = 57 %
1974	M 24	385	
1975		6325	2314
1976		7491	2916
1977		6387	3513
1978		5071	3495
		25.659	12.238 = 47,7 %
1978	M 25	1530	
1979		6952	4079
1980		7030	3554
1981		7675	3088
1982		7448	6063
1983		8302	6942
1984		8040	5424
1985		8900	7219
1986		8980	7189
1987		8950	7335
1988		9135	6811
1989		8700	
		91.607	57.704 = 59,2 %

Quelle: Nach Angaben der Multicar Spezialfahrzeuge GmbH, Waltershausen

Anlage J 02: Fahrzeugwerke Waltershausen/Multicar: Die wichtigsten technisch-konstruktiven Änderungen am Multicar 1956–1991

Erzeugnisentwicklung und Produktion von Kraftfahrzeugen

1956 Übernahme Dieselkarre DK 3 vom Industriewerk Ludwigsfelde

1957 Weiterentwicklung Multicar M 21 im Fahrzeugwerk Waltershausen
- 1-Zylinder-Dieselmotor 1 H 65
  Fußlenkung, Elektrostart, Hydraulikpumpe, geschützter Fahrerstand,
  5 Aufbauvarianten; Nutzmasse 1,8 to; Höchstgeschwindigkeit 15 km/h;
  Fertigung: 1956–1964; 14.000 Fahrzeuge

1964 Neuentwicklung M 22
- Luftgekühlter 2-Zylinder-Dieselmotor 2 KVD 8
  1-Mann-Kabine, Handradlenkung, 4-Ganggetriebe, Fahrzeugheizung,
  Diff.-Sperre; 10 verschiedene Aufbauvarianten; Nutzmasse 2,0 to;
  Höchstgeschwindigkeit 23 km/h; Fertigung: 1964–1974;
  42.500 Fahrzeuge, davon 58 % Export

1974 Neuentwicklung M 24
- Wassergekühlter 4-Zylinder-Dieselmotor 4 VD 8,8/8,5 SRF
  Zwillingsbereifung Hinterachse, kippbares Fahrerhaus, neues Fahrgestell, Federung und
  Dämpfung, neue Aufbautengeneration mit 14 Varianten; Nutzmasse 2,2 to;
  Fertigung: 1974–1978; 25.600 Fahrzeuge, davon 48% Export

1978 Neuentwicklung M 25
- Wassergekühlter 4-Zylinder-Dieselmotor 4 VD 8,8/8,5
  Nutzmasse 2,3 to; Neues kippbares 2-Mann-Fahrerhaus, vergrößerter Radstand, 2-
  Kreisbremse, Allradantrieb, 8 Grundfahrzeuge, 19 Vor-, An- und Aufbauten ergeben 108
  Fahrzeugvarianten; Fertigung: 1978–1992; 100.546 Fahrzeuge, davon 70% Export

1987 Allradausführung, Motor 4 VD 8,8/9,0 SRF

1991 Weiterentwicklung M 25.2 – neue Motorisierung
- Wassergekühlter 4-Zylinder VW-Saugmotor 1,9 Liter 028 B
  Nutzmasse 2,3 to;

1992 Neuentwicklung M 26
- Wassergekühlter 4-Zylinder-Volkswagen-Saugmotor
  Nutzmasse 2,3 to; Neugestaltetes kippbares Fahrerhaus für Links- und Rechtslenker;
  Scheibenbremse an der Vorderachse; zentralgefederter Fahrersitz; neue Auslegung der
  Arbeitshydraulik 3-kreisig (Load Sensing)

1994 Weiterentwicklung M 26.1 und M 26.2
- Serieneinführung einer weiteren Motorisierungsvariante Iveco 2,5 l wassergekühlter
  Dieselmotor – Direkteinspritzer
  Aufbaumasse 2,5 to; Servounterstützte Lenkung durch Servocom (Prinzip Kugelmutter); neugestalteter Fahrerhausinnenraum mit neuer Instrumententafel

1996 Entwicklung M 26.4 – Motorisierung Euro II, 1. Stufe
- Motorisierung Iveco 2,8 l wassergekühlter Dieselmotor – Direkteinspritzer

Quelle: Nach Angaben der Multicar Spezialfahrzeuge GmbH, Waltershausen

Anlage K 01: Traktorenwerke Schönebeck: Typen und Stückzahlen der Traktoren von 1952–1990

Produktionsstückzahlen 1952–1990 / Traktorenwerk Schönebeck						
Jahr	Typ	Stückzahl	Typ	Stückzahl	Typ	Stückzahl
1952	RS08	30				
1953	RS08	1050				
1954	RS08	1136				
1955	RS08	1650				
1956	RS08	1885				
1957	RS09	201				
1958	RS09	1805				
1959	RS09	3889				
1960	RS09	5285				
1961	RS09	5784				
1962	RS09	7052				
1963	GT122/124	7592				
1964	GT122/124	11045				
1965	GT122/124	11724				
1966	GT122/124	12210				
1967	GT122/124	10120	ZT300	1000		
1968	GT122/124	6500	ZT300	6000		
1969	GT122/124	8900	ZT300	5632		
1970	GT122/124	9415	ZT300	6139		
1971	GT122/124	9000	ZT300	5889		
1972	* GT122/124	4000	ZT300/303	3872	Feldhäcksler E 281	470
1973			ZT300/303	3885	E 281	2400
1974			ZT300/303	4025	E 281	2850
1975			ZT300/303	4027	E 281	3400
1976			ZT300/303	4018	E 281	4000
1977			ZT300/303	3880	E 281	4441
1978			ZT300/303	4000	E 281	4309
1979			ZT300/303	4020	E 281	4550
1980			ZT300/303	4120	E 281	4690
1981			ZT300/303	4380	E 281	5460
1982			ZT300/303	4560	E 281	5800
1983			ZT300/303	2935	E 281	5355
1984			ZT320/323	2750	E 281	ca. 7000
1985			ZT320/323	2185	E 281	ca. 7000
1986			ZT320/323	1507	E 281	ca. 7000
1987			ZT320/323	1684	E 281	ca. 7000
1988			ZT320/323	2065	E 281	ca. 7000
1989			ZT320/323	2030	E 281	ca. 7000
1990			ZT320/323	1594	E 281	

RS = Radschlepper 09 : Zählnummer
GT = Geräteträger 24 : 1 = 0.6 Mp Klasse 24 : Zählnummer
ZT = Zugtraktor 300 : 3 = 1.4 Mp Klasse 00 : Zählnummer
  303 / 03 : Zählnummer (Allrad)
  320 / 20 : Zählnummer
  323 / 23 : Zählnummer (Allrad)
E = Erntemaschine 281 : Zählnummer; * = Geräteträger insgesamt 120.273

Quelle: Zusammengestellt nach Unterlagen im Traktorenwerk Schönebeck von Reinhard Blumenthal

Anlage K 02: Schlepperwerk Nordhausen: Typen und Stückzahlen der Traktoren/Schlepper von 1949–1965

»Brockenhexe«   (1949 – 1952); 22 PS-Radschlepper

Jahr	gesamt	Export
1949	157	–
1950	1680	–
1951	32	–
1952	66	–

RS 01/40 »Pionier« (1950 – 1956); 40 PS-Radschlepper – Konstruktion Famo Breslau

Jahr	gesamt	Export
1950	100	–
1951	4003	–
952	5215	–
1953	4419	105
1954	2601	2106
1955	2775	49
956	1010	93

RS 04/30 (1953 – 1956); 30 PS-Radschlepper; Motor 2 VD 14,5/11,5 SRW

Jahr	gesamt	Export
1953	260	–
1954	3304	–
1955	2034	155
1956	1976	–

RS 14/30 (1956 – 1961); Weiterentwicklung RS 04/30 (wassergekühlt)

Jahr	gesamt	Export
1956	474	44
1957	1046	127
1958	500	20
1959	359	61
1960	1213	1149
1961	1004	970

RS 14/30 (1957 - 1961); 2 VD 14,5/12 SRL (luftgekühlt)

Jahr	gesamt	Export
1957	57	–
1958	1450	–
1959	2353	–
1960	1997	51
1961	2343	

RS 01/40-II »Typ Harz« (1957 – 1958); eine Weiterentwicklung des »Pionier«

Jahr	gesamt	Export
1957	1775	295
1958	400	–

RS 14/36 (1960 – 1964); auf 36 PS gesteigerte Motoren 2 VD 14,5/12 SRW und SRL wassergekühlt:

Jahr	gesamt	Export
1960	1	–

Jahr		
1961	–	–
1962	1001	533
1963	600	51
1964	325	91

luftgekühlt:

Jahr	gesamt	Export
1960	6	–
1961	1453	–
1962	4373	–
1963	6006	98
1964	1345	–

RS 14/46 (1960 – 1963); weitere Leistungssteigerung auf 46 PS

wassergekühlt:

Jahr	gesamt	Export
1960	103	–
1961	1000	–
1962	1012	–
1963	1705	11

RT 315 luftgekühlt (1964); Weiterentwicklung RS 14-Typen

Jahr	gesamt	Export
1964	1569	23

RT 325 wassergekühlt (1964 – 1965); Weiterentwicklung RT 315

Jahr	gesamt	Export
1964	3542	196
965	1040	176

Quelle: Nach Unterlagen im Motorenwerk Nordhausen und persönlichen Aufzeichnungen, zusammengestellt von Dipl.-Ing. Günter Caspari

Anlage K 03: Erzeugnisgenerationen und wichtige Modifikationen bei den Traktoren

1. Erzeugnis-Generation

1948	Pionier/Famo-Nachbau / 40 PS	
1949	Brockenhexe	RS02 / 22 PS
	Aktivist RS03 / 25 PS	
1950	Pionier RS01 / 40 PS	

2. Erzeugnis-Generation

1952	Geräteträger RS08 / 15 PS
	Kettenschlepper KS07 / Rübezahl / 62 PS
1953	Radschlepper RS04 / 30 PS
1958	Geräteträger RS09 / 18 PS
	mit 2-Zylinder-Warchalowski-Motor
1959	Kettenschlepper Urtrak KS30 / 63 PS

mit gefederten Pendelrollenlaufwerk
Radschlepper RS14 / Famulus
Motorleistung 36 / 40 PS
neues 10-Gang-Getriebe

1959/61 Geräteträger RS09 Varianten
Hopfentraktor
Gartenbautraktor
Gabelstapler
Grabenfräse
Kehrmaschine
Triebachse für Universallader / Döbeln

3. Erzeugnis-Generation

1963 Geräteträger GT124 mit 25 PS Motor aus Cunewalde
1967 Zugtraktor ZT300 mit 73,5 kW Motor,
    1970 Zugpendel für Anhängegeräte
    1971 Hubkupplung für Sattelhänger u.- Geräte
    1971 Verlängerte Hinterachstrichter zur Verwendung einer Hackfruchtzwillings-
        bereifung 16-38 AS
1968 Fahrerkabine für Geräteträger GT124
1971 Allradgetriebene Variante ZT303
    1973 Vollhydraulische Lenkung beim ZT303
1974 Zugkraftverstärker
1976 Bereifung 18.4 / 15-30 AR mit Profil A15
1978 Übersee-Variante (ohne Fahrerhaus)
1981 Hangtraktor ZT 305 A
1983 Zugkraft – Lage – Mischregelung
    für Bodenbearbeitungsgeräte (Hydraulik)

4. Erzeugnis-Generation:

1984 Zugtraktor ZT320 – 73,5 kW
    Zugtraktor ZT 323 – 75 kW
    Schaltgetriebe mit erweiterten Geschwindigkeitsbereich (2,4 - 30,7 km/h)
    automatische Arbeit der Zugkraft – Lage – Mischregelung (Hydraulik)
    moderne Fahrerkabine mit luftgefederten Fahrersitz
    moderne Bereifung hinten: 18,4 / 15 – 34 AS – 14 PR
                   ZT300: vorn 10 – 20
                   ZT303: vorn 6 – 20
1984 Zweiwegefahrzeug für Straße und Schiene
1984 ZT300GE Gleisbandfahrwerk
1986 Variante für Mülldeponie mit Eisenrädern
1987 Variante für 1,5 t Lader

Quelle: Zusammengestellt von Reinhard Blumenthal nach Dokumentationen und Veröffentlichungen

Anlage L 01: Maßgebende Karosseriegestalter der IFA-Pkw

Zeit	PKW Typ/Modell	Gestalter	Standort und verantwortl. Leiter der Karosserie-Entwicklung
ca. 1950	F 8 Cabrio	Schmidt	KW Dresden
1953/54	F 9 Cabrio	Schmidt	KW Dresden
1953/54	Ur-P 50	Seidan/Ende	IFA Chemnitz
1953/54	P 240 Entwurf	Seidan/Mickwausch	IFA Chemnitz
	P 240 Konstruktion	Philipp/Sachse	Horchwerke Zwickau
1954/55	P 70	Locke	IFA Chemnitz, Außenstelle Zwickau
1955/56	P 70 Kombi	Locke/Wagner	IFA Chemnitz /AWZ Zwickau
1955/56	P 311	Fleischer	AWE, Sackmann AL Karosserie
1956/57	P 70 Coupé	Schmidt	KW Dresden
1956/57	P 50	Ende	AWZ Zwickau Orth Entwicklung
1957/58	P 50 Kombi	Lüsebrink	KW Meerane
1959/61	P 100 (Zwickau)	Schupp/Sachse	Fehr Entwicklung AWZ
	P 100 (Eisenach)	Fleischer	Roth Entwicklung AWE
1961/63	P 601	Sachse	Philipp, Karosserie SAZ
1964/66	P 602 Vollheck	Sachse	Philipp, Karosserie SAZ
1965/66	P 601 Universal	Lüsebrink	KW Meerane
1966/68	P 603	Sachse Dietel/Rudolph	Philipp, Karosserie SAZ
1967/70	Prognose-PKW	Wüstholz	Giebichenstein Halle mit KW Halle
1965/66	P 353	Fleischer	AWE, Urban Karosserie
1970/79	P 750*	Dietel / Rudolph	Zwingenberger, SAZ
	P 760	"	"
	P 610	"	"
	P 1100/1300	"	"
1980/81	P 601 Z*	Dietel / Rudolph	Zwingenberger, SAZ
1981/84	P 601 WE II*	Dietel / Rudolph	Zwingenberger, SAZ
1984/89	P 1.1	Lichtenfeld / Sachse	Zwingenberger, SAZ
1990/91	P 1.1 E*	Kaluza	IFA Komb. Roth, Entw.

KW = Karosseriewerk; AL = Abteilungsleiter
* Versuchsbezeichnung für Entwicklungsprojekte bei Sachsenring

Quelle: Zusammengestellt nach eigenen Unterlagen von Dr. Werner Reichelt

Anlage L 02: Die Entwicklung der Kreiskolben-Motoren in der DDR – eine Zeittafel

17. Januar 1957	DKM 54: Erster funktionsfähiger Drehkolbenmotor auf dem Prüfstand bei NSU. Kammervolumen 125 cm³.
25. Februar 1958	KKM P/58. Erster Kreiskolbenmotor von NSU.
19. Januar 1960	NSU stellt mit Felix Wankel (1902–1988) auf einer VDI-Tagung den Kreiskolbenmotor der Öffentlichkeit vor.
Februar 1960	Beginn der Entwurfsarbeiten für KKM 125 im ZEK und KKM 110 im Motorradwerk Zschopau (MZ)
19. April 1960	Erster Prüfstandslauf KKM 125 im ZEK; 8 PS bei 6000 U/min.
Ende April 1960	Erster Prüfstandslauf KKM 110 bei MZ; 6 PS bei 6000 U/min.
September 1960	Beginn der Entwurfsarbeiten KKM 200 im ZEK (verbreitertes Gehäuse)
Anfang 1961	Entwurf KKM 125 und KKM 175 für Motorräder bei MZ beide wassergekühlt, später auch luftgekühlt
Januar 1961 bis Juli	Konstruktion und Fertigung KKM 600 (GG) mit Untersetzungsgetriebe für Einbau in PKW Wartburg 311 im ZEK. 61 PS bei 6400 U/min.
10. April 1961	Erster Prüfstandslauf KKM 200 im ZEK 25 PS bei 7000 U/min; Verbrauch 300 g/PSh
August 1961	Erste Lizenzgespräche mit NSU
Ende 1961	Einbau KKM 600 im PKW Wartburg 311 im ZEK
5. Januar 1962	Erster serienmäßiger KKM (150) bei NSU im Roller »Prima«.
Anfang 1962	Beginn der Mitarbeit von Sachsenring Zwickau an der KKM-Entwicklung (KM 400)
Ende 1962	Verbessertes Funktionsmuster KKM 600 auf dem Prüfstand (ZEK) 62 PS bei 5600 U/min; Masse 63 kg (Al-Ausführung, hartverchromte Lauffläche im Mantel, verstärkte Exz.-Welle)
Dezember 1962	Folgende soz. Länder beschäftigen sich mit KKM-Entwicklung: DDR (ZEK, MZ, Sachsenring), UdSSR (Nami, Moskau), ČSSR (UVMV Prag), VR Polen (BK Mot, Warschau)
Ende 1962	Beginn der Prüfstandsläufe bei Sachsenring (KKM 400)
März 1963	Erster Entwurf KKM 550 UE, ölgekühlt, bei Sachsenring
Juli 1963	Bildung einer Arbeitsgemeinschaft mit dem Motorradwerk Zschopau und den Automobilwerken Sachsenring Zwickau zur Entwicklung eines PKW-KKM
Juli 1963	Sachsenring Zwickau erhält Entwicklungsauftrag für einen PKW-KKM mit der Kammergröße VK = 500...600 cm³ bis zur Funktionsreife. Unterauftrag wird an ZEK vergeben.
Mitte 1963	Konstruktion und Funktionsmusterbau KKM 620 (verbesserter KKM 600), u. a. mit Leichtmetallgehäuse, verchromten Laufflächen, verstärkter Exzenterwelle und Lagerung usw.
Oktober 1963	Entwürfe für KKM 400 und KKM 550 UE bei Sachsenring Zwickau
November 1963	Entwurf KKM 600 mit Gleitlagerung bei Sachsenring
Dezember 1963	Erster luftgekühlter KKM 175 für Motorräder bei MZ auf dem Prüfstand, Ende Januar 1964; erste Fahrerprobung erfolgreich abgeschlossen
Anfang 1964	Konstruktion KKM 550 UE mit Wälzlagerung bei Sachsenring bis März Zwickau (Ölkühlung)

April 1964	Erprobung KKM 550 UE bei Sachsenring Zwickau
Oktober 1964	Konstruktionsbeginn KKM 550 UE mit Gleitlagerung bei Sachsenring Zwickau
24. Oktober 1964	*Zweiter serienmäßiger KKM (500) bei NSU im Fahrzeug »NSU-Spider«*
Februar 1965	Lizenzvertrag mit NSU, Lizenz-Nehmer: VVB Automobilbau Lizenznahme für:
	– Fahrzeugmotoren 0,5 – 25 PS und
	50 – 150 PS mit
	Optionsrecht 0,5 – 50 PS und 150 – 200 PS
	Option für
	– Diesel- und Hybrid-Motoren
	Gebühren: 3,5 Mio DM – VE + 5% Umsatzgebühr
Juni 1965	Konstruktionsbeginn KKM 400 für PKW 601 (Trabant) und Entwürfe für KKM 2 x 400
ab September 1965	Konstruktionsbeginn KKM 550 SE im WTZ (gemischgekühlt), Teilefertigung, Montage und Erprobung auf Prüfständen und im Fahrzeug Trabant (WTZ und MZ)
September 1965 bis Februar 1965	Konstruktion und Funktionsmusterbau der Typenreihe KKM 51/52 bei Sachsenring Zwickau
KKM 51:	Einscheibenmotor, VK = 500 cm^3
KKM 52:	Zweischeibenmotor, VK = 2 x 500 cm^3
25. Oktober 1966	NSU Ro 80 geht in Serie. Kammervolumen 2 x 500 cm^3
Februar 1967 bis September	Erster Entwurf für KKM 2 x 550 SE im WTZ Beginn des Funktionsmuster-Baues (gemischgekühlt) und Teilefertigung im WTZ und bei MZ
Juni 1967 bis März 1969	Bau und Erprobung KKM 51 im P 601 (Trabant) bei Sachsenring Zwickau
November 1967	Erster Prüfstandslauf KKM 2 x 500 SE hier im Haus (WTZ) und Einbau in Fahrzeug Wartburg 312 im WTZ und bei MZ
November 1967 bis März 1968	KKM 51: Abnahmeläufe, Fahrerprobung und Überarbeitung für Kleinserienproduktion bei Sachsenring Zwickauf abgeschlossen
Ende März 1968	Forschungsarbeiten an gemischgekühlten KKM im WTZ abgebrochen
Mai 1968	Entwurf und Probenmuster-Fertigung von KKM 550 SE/UHE abgeschlossen.
Mai 1969	Abbruch der Fahrerprobung im Wartburg 353, erreichte Gesamtlaufstrecke 45.315 km bei MZ
Juni 1969	Kündigung des Lizenzvertrages und Einstellung der Arbeiten am KKM

Quelle: Zusammengestellt von Wolfgang Beyer

Anlage L 03: Meilensteine bei der Entwicklung eines Konstantdruckeinspritzsystems (Common Rail System) im VEB Wissenschaftlich-Technisches Zentrum Automobilbau Karl-Marx-Stadt / ab 1984 VEB Barkas-Werke Karl-Marx-Stadt

Lfd. Nr.	Bearbeitungsschwerpunkte	Jahr	Bemerkungen
1	Beginn: Analyse zum Stand der Technik elektronisch gesteuerter Benzin- und Dieseleinspritzsysteme	1971	
2	Fixierung Lösungsweg: Konstantdrucksystem für Nutzkraftwagen mit Dieselmotor	1972	– Parallelentwicklung einer vollelektronisch-hydraulisch gesteuerten Pumpedüse bis 1974 – Fortsetzung bei Fa. PIKAZ Brno/ČSSR
3	Komponentenentwicklung für 1-Zylinder-Motor VD 12,5 / 12	1972 ... 1976	– Veröffentlichung in: KFT 26 (1976) 7, S. 211 – 213
4	Versuchsphase am 1-Zylinder-Motor VD 2,5 / 12 zum Funktions- und Potentialnachweis	1977	– Veröffentlichung in: KFT 29 (1979) 3, S. 80...83
5	Komplettsystementwicklung für 6-Zylinder-Motor VD 12,5 / 12 GRF • selbstregelnder Druckerzeuger • Leitungs- und Speichersystem • elektromagnetisch gesteuerte Einspritzventile • Sensorik • Steuer- und Leitungselektronik sowie versuchstechnische Optimierungen	1978 ... 1983	– Motorenhersteller: VEB Motorenwerke Nordhausen
6	Startuntersuchungen in Kältekammer	1984	– Durchführung im Institut für Leichtbau Dresden
7	Schwingungs- und Temperaturwechselbeanspruchungen von Baugruppen	1984 1985	– Nachweis der Fahrzeugtauglichkeit für relevante Komponenten
8	Abschließende Applikationsarbeiten	1985	– erster Datenendstand vor Kfz-Betrieb
9	Systemerprobung im Nutzfahrzeug W50 L / S • Untersuchungen zum Fremd- und Eigenstörverhalten (EMV) • 1000 km Funktionslauf / Rundstreckenbetrieb • fahrdynamische Abstimmungen • Verbrauchsermittlungen • Winterbetrieb	1985 ... 1986	– weltweit erster Kraftfahrzeugbetrieb auf der Straße am 16.05.1985 – Gesamtfahrstrecke > 17 Tkm – Veröffentlichung in KFT 36 (1986) 11, S. 326...328
10	Projektabbruch mangels technologischer Serienrealisierbarkeit	1986	
11	Ergebnisse wurden zusammengefaßt in der Dissertationsschrift	1987 ... 1989	– TH Zwickau: Klaus Matthees: »Beitrag zur elektronisch gesteuerten Kraftstoffeinspritzung bei Diesel-Motoren von Nutzfahrzeugen«

Themenverantwortlicher: Dipl.-Ing. Klaus Matthees
Entscheidend beteiligte Mitarbeiter: Ing. K. Löffler, Dipl.-Ing. P. Templin, Ing. S. Müller, Ing. G. Haase

Quelle: Zusammengestellt nach Angaben von Dr. Ing. Klaus Matthees

**Anlage L 04: Kosten für Forschungs- und Entwicklungsarbeiten
im IFA Motorenwerk Nordhausen**

Jahr	Summe in Mio.M	Bemerkungen
1967	4,184	Darin sind 1,7 Mio.M 0-Serienkosten des Motors 4 VD 14,5/12-1 SRW enthalten.
1968	2,435	
1969	2,796	
1970	4,022	Das entspricht 1,50 % der IWP
1971	4,310	
1972	4,497	
1973	4,377	
1974	4,977	
1975	6,890	Das entspricht 1,79 % der IWP
1976	9,578	Enthält Kosten für 50 Muster 6 VD 12,5/12 SRF
1977	7,364	
1978	8,530	} Erneut 50 Mustermotoren 6 VD 12,5/12 SR
1979	8,570	
1980	7,647	Entspricht 1,1 % der IWP
1981	8,615	Enthält Kosten für Modelle Mustermotor 6 VD 13,5..
1982	8,260	
1983	7,775	
1984	9,171	
1985	9,251	Entspricht 1,06 % der IWP
1986	10,779	
1987	14,265	Hierin sind Kosten von 3,9 Mio.M für die 0-Serie des Motors 6 VD 13,5/12 SRF enthalten.

IWP – Industrielle Warenproduktion

Quelle: Nach Angaben von B. Holzapfel, Gruppe Planung und Abrechnung der FuE-Stelle des Motorenwerks Nordhausen

Anlage L 05: Das Forschungs- und Entwicklungs FuE-Potenzial beim Motorenwerk Cunewalde 1960–1989

Jahr	HA FuE		Leitung u. Planung		Entwicklgs.-Konstr.**		Serien-konstruktion***		Musterbau-abteilung		Versuchs-		Zeichnungs-verwaltg. Standardisierung Schutzrechte		FuE-Mittel****	
	AK ges.*	dav. Ing.	AK ges.	dav. Ing.	AK ges.	dav. Ing.	AK ges.	dav. Ing.	AK ges.	dav. Ing.	AK ges.	dav. Ing.	AK ges.	dav. Ing.	TM	= % der Waren-prod.
1960	42	16	3	2	11	7	5	3	8	—	11	4	4	2	476	1,7
1970	91	32	4	2	19	9	21	9	19	1	19	9	9	2	1.214	1,2
1980	114	37	4	2	24	12	22	10	27	2	28	11	9	2	2.469	1,4
1990	108	40	4	2	20	11	21	10	24	2	28	13	9	2	3.759	1,5

Anmerkungen: HA – Hauptabteilung · AK – Arbeitskräfte

* Frauenanteil an Gesamt-AK in FuE im Durchschnitt 30 %, beschäftigt als Konstruktionsing., Teilkonstrukteure, Tech. Zeichnerinnen, Sekretärinnen, Sachbearbeiterinnen

** Entwicklungskonstruktion: An Themen der Neu- und Weiterentwicklung und an betrieblichen Forschungsaufgaben arbeitendes Personal

*** Serienkonstruktion: An der konstruktiven Betreuung der Serienproduktion, Änderungsdienst, Reklamationsauswertung, technischen Angebotsunterlagen und Einbauberatung arbeitendes Personal

****

Finanzierungsquellen: FuE-Mittel als Summe aller für den Betrieb ausgereichten Mittel für FuE-Themen in 3 Verantwortungsebenen (betrifft die Abteilungen Entwicklungskonstruktion, Musterbauwerkstatt und Versuchsabteilung und Forschungskooperation)

   (1) Z-Themen: Zentraler Plan Wissenschaft und Technik (WuT) – Industrieministerium
   (2) WO-Themen: Plan WuT des wirtschaftsleitenden Organes – früher VVB, später Kombinat
   (3) B-Themen: Betrieblicher Plan WuT

Finanzierung der Serienkonstr., Zeichng.-Verwaltung, Standardisierung und Schutzrechte aus betrieblichen Kosten

Quelle: *Zusammengestellt nach Angaben des Leiters der Hauptabteilung FuE, Oberingenieur Eberhard Fritsche*

Anlage L 06: Die strukturellen Veränderungen des Zentralen Entwicklungs- und Konstruktionsbüros für den DDR-Automobilbau

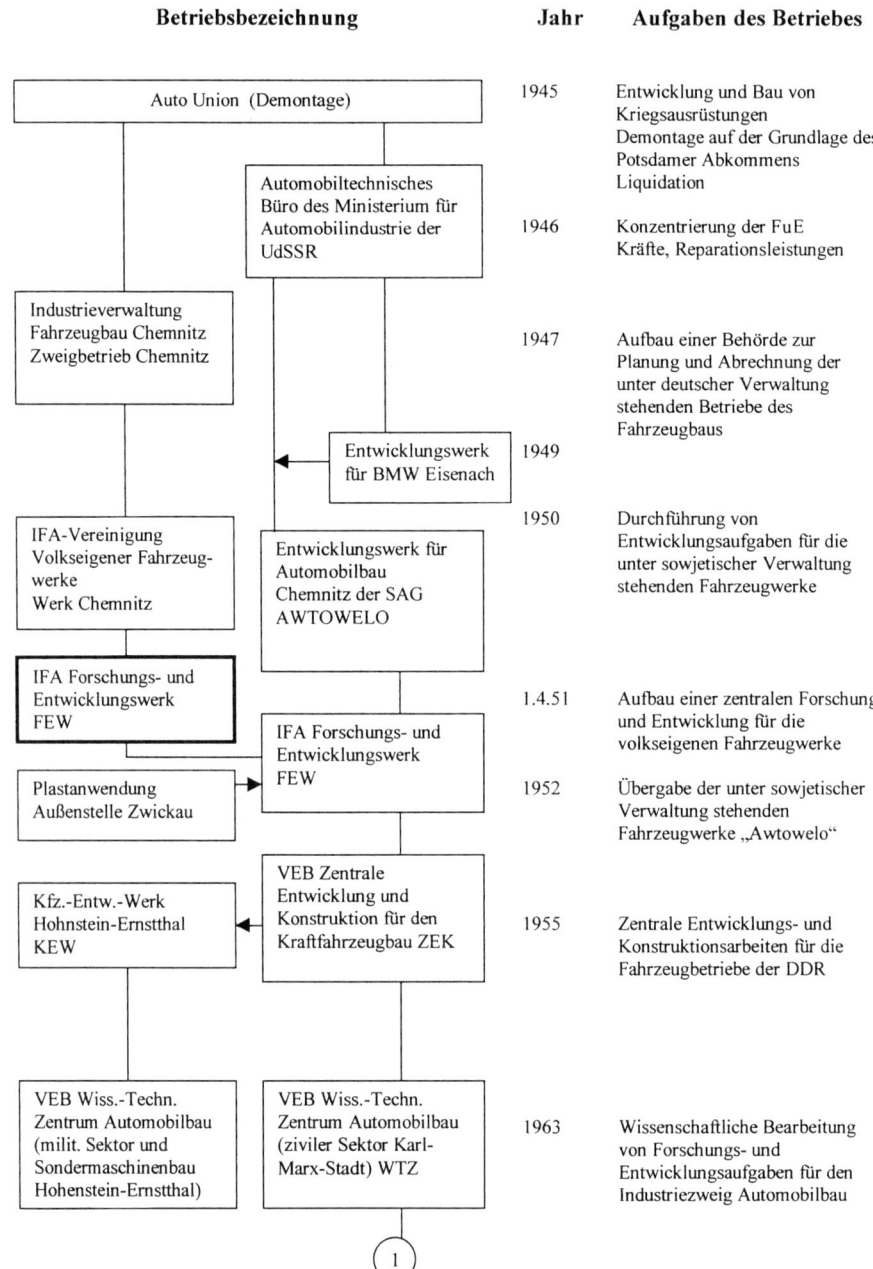

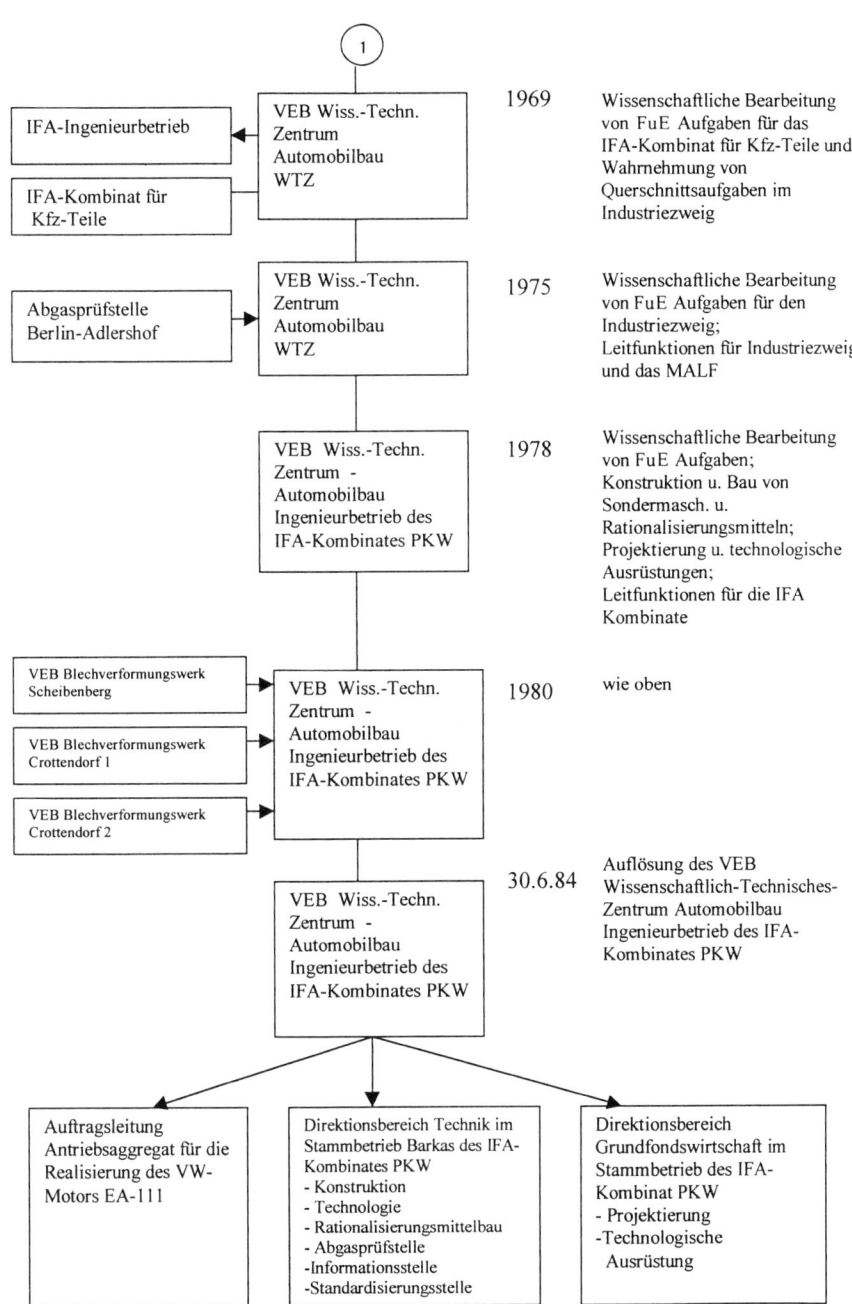

Quelle: Dargestellt von Dr. Winfried Sonntag

Statistiken, Übersichten, Zusammenstellungen

Abkürzungen

ADMV Allgemeiner Deutscher Motorsport Verband
AG Arbeitsgemeinschaft
ASMW Amt für Standardisierung, Meßwesen und Warenprüfung
ATZ Automobiltechnische Zeitschrift
AVL Anstalt für Verbrennungsmotoren List
AWE Automobilwerk Eisenach
AWZ Automobilwerke Zwickau
BM Barkas-Motoren
BMG Bayreuther Motorengesellschaft
BVF Berliner Vergaserfabrik
BWL VEB Blechverformungswerk Leipzig
DCLu DaimlerChrysler Ludwigsfelde
DEMAG Deutsche Maschinenbau AG, Duisburg
DIN Deutsche Industrie-Norm
DK Dieselkraftstoff
DKWH Druckguss- und Kolbenwerke Harzgerode
DMS Dieselmotorenwerk Schönebeck
DPV Dieselmotoren, Pumpen, Verdichter
EBM Eisen, Blech, Metallwaren
ECE European Commission of Economy
EMW Eisenacher Motorenwerke
FAMO Fahrzeug- und Motorenbau GmbH Breslau
GBl Gesetzblatt
GD Generaldirektor
HME Hybrid Motors Engineering GmbH
IAV Ingenieur-Gesellschaft Auto und Verkehr
IfL Institut für Leichtbau und ökonomische Verwendung der Werkstoffe, Dresden
IMG Institut für Maschinen, Antriebe und elektronische Gerätetechnik GmbH
IWL Industriewerk Ludwigsfelde
KEW Kraftfahrzeug-Entwicklungswerk
KHD Klöckner Humboldt Deutz AG
kN Kilo-Newton
KTA Kraftfahrzeugtechnische Anstalt

KWD Karosseriewerk Dresden
LEG Landesentwicklungsgesellschaft
LEW Lokomotiv- und Elektrotechnische Werke
LOWA Lokomotiv- und Waggonbau
LuT Landmaschinen und Traktorenbau
MB Mercedes-Benz
MBAG Mercedes-Benz AG
MBA Maschinenbau und Bahnbedarfs AG
MBLu Mercedes-Benz Ludwigsfelde
MC Motorenwerk Cunewalde
MDN Mark der Deutschen Notenbank
MFT Motoren- und Fahrzeugtechnik GmbH
MN Motorenwerke Nordhausen
Mp Megapond
MPa Mega Pascal
MTZ Motortechnische Zeitschrift
MWC Mechanische Werke Cottbus
NLG Nutzfahrzeuge Ludwigsfelde GmbH
n.p. narodny podnik (tschechisch für Volkseigener Betrieb)
OT Oberer Totpunkt
OZ Oktanzahl
REBAG Regenerative Energieversorgungs- und Betriebs-Aktiengesellschaft
RZ Robur Zittau
SAZ Sachsenring Automobilwerke Zwickau
SW Sozialistisches Währungsgebiet
TMW Thüringer Motorenwerke GmbH
TWS Traktorenwerk Schönebeck
UHE Umfangshilfseinlass
UT Unterer Totpunkt
VE Verrechnungseinheit
VK Vergaserkraftstoff
VMI Volkswirtschaftliche Masseninitiative
ZAK Zentraler Arbeitskreis

Personenregister

Ade, Arthur 109, 314
Adenauer, Konrad 318
Albert 133
Albrecht, Dr. 704
Apel, Erich 168, 319, 320, 328, 344, 348, 352, 362, 371
Apel, Gustav 57
Arlt, Oskar 123

Bade, Prof. 330
Barthel, Wolfgang 146, 156, 311, 706
Battle, L. C. 153
Bauer 279
Beil, Gerhard 565
Bergelt 107
Berger 347
Bergmann, Walter 68
Berthold, Walter 46
Beyer, Wolfgang 301, 325, 326, 580, 706
Bimek, Paul 123, 126, 129
Blumenthal, Reinhard 651, 705, 706
Borrmeister, Jochen 314, 707
Brückner, Karl Heinz 347, 411, 622, 704, 707
Bruhn, Dr. 37

Camen, Fritz 117
Caspari, Günter 132, 279, 488, 492, 499, 655, 661, 669, 705, 707
Chruschtschow, Nikita 273

Decker, Horst 707
Dickel 393, 437
Dietel 593
Dittes, Kurt 123
Drescher 359
Dubrowsky 34
Dünnebier, Michael, Dr. 707

Ende, Walter 175
Endres 68
Erler, Uwe, Dr. 707
Ewald, Georg 278, 479
Eyth, Max 276

Fattler 36
Fehr, Dankwart 324, 388
Fleischer 62
Fleischer, Fritz 251, 252, 253, 256, 257, 258, 259, 262, 263
Fleischer, Hans 202, 204, 216, 257, 258, 259, 314, 392

Frank, Thomas 710
Freyberg, Konrad von 131, 347, 707
Friedrich, Gerd 313
Friedrich, Herbert 133, 176, 178, 312, 313
Fritsche, Eberhard 287, 499, 705, 707
Friz 36
Froede, Dr. 324

Gasteiger 133
Georgi, Dr. 525
Gerbeth, Gerhard 707
Gomulka 435
Görke 45, 131
Göschel 279
Gothe 350
Grundig 188
Grüneberg 437
Grünert, Siegfried 302

Häckel 120
Haesner, Alfred 133
Hahn, Adolf 46, 175, 297
Hahn, Carl 565, 570
Hahn, Dr. 37
Hans, Fritz 158, 189
Hänsel 37
Haubold, Emil 129
Haustein, Walter 70, 74
Heinzmann 643, 644
Helias 132
Hellbach 350, 388
Hempel, Karl, Dr. 708
Henker, Dr. 586
Hennig 133
Hensel 132
Hildenhagen, Lothar 315, 669, 705, 708
Hiller, Kurt 100, 133, 232, 313
Hiller, Rudolf 100, 133, 232, 313
Hoffmann 437, 438
Hofmokel 312
Honecker, Erich 126, 320, 321, 352, 354, 356, 526, 576
Hornig 24
Hughes, Louis 682
Hünigen, Dr.-Ing. 578
Hustädt, Oskar 36

Isenthal 284

Jahn, Günter 575
Jante, Alfred, Prof. 139, 289, 300, 330, 523, 524
Junghanns 132
Junker 356

Kandt 36
Käsemodel 152
Keilhack, Otto 86, 132, 236
Kessler 62
Kiep, Walter 565
Kohl 436
Korb, K. 499
Kordewan, A. 422
Kostarew 82
Köthe, Heinz 301
Kotikow 113
Kowal 72, 137
Kraft, Siegfried 196
Kraus, Dr. Ludwig 524
Kulke, Herbert 123
Künstner 97

Landgraf, Günter 580
Lang, Kurt 124, 125, 133, 139, 141, 147, 148, 149, 153, 154, 157, 188, 190, 218, 225, 244, 294, 311, 325, 327, 328, 341, 344, 348, 388, 437, 448
Lang, Werner 165
Lange 44, 46
Langer, Hans 101, 125, 127, 132, 128, 232, 498, 523
Lehm 68, 70, 310
Lehmann, Dr. 586
Lelkow 132
Lenin 324
Lindus, Rolf 705
List 286
Locke, Albert 73, 74, 131, 152, 157, 204, 311
Löffler, Albert 132
Lupei, Anton 325

Mai, Horst 131
Manteuffel, von 339, 340
Markus, Erich 325
Marquard 523
Matthees, Klaus 583, 668
Meier, Fritz 165, 167
Meißner, F. 499
Mertink, Klaus-Jürgen 131
Mielke, Erich 393, 437
Mittag, Günter 13, 208, 319, 320, 354, 356, 415, 452, 526, 565, 586, 667
Modrow, Hans 667
Morgenstern, Carl-Hans 314, 708
Müller 201

Müller, Eberhard 325
Müller, Horst 511
Müller, Leopold 580
Müller, Lothar 509
Müller, Wilhelm 32
Müller-Andernach 67, 385, 388

Neumann 321
Nistl, Rainer 710
Nötling 487
Novicof, Alexander 525
Novotny 347
Nübel, Otto 710

Olechnowitsch 72
Oppermann, Günter 494, 527
Orth, Wilhelm 165, 173, 175, 294
Otto, Seidan 422, 425
Otto, Wilfried 29, 96, 437, 438, 705, 708

Paslack, Eckart 705, 708
Paulin, Ken-Peter, Dr. 704
Petersen 97
Philip 165
Pietzsch 44, 46, 175
Pimpel 133
Pöge 120
Probsthahn, Heinz 157
Prüget, Herbert 196
Prüssing, A. 312

Rasmussen, Hans 96, 97, 310
Rau, Heinrich 125, 162, 269
Rauch, Siegfried 143, 178, 197, 294, 310, 313
Rauschen 299
Reichelt, J. 122
Reichelt, Werner, Dr.-Ing. 133, 156, 311, 708
Richter 230, 312
Richter, Helmut 68
Richter, Oskar 44
Richter, Rudolf 29, 133, 499, 527, 641, 705, 708
Richter, Walter 324
Riedler 523
Riemann 120
Rittinghaus, Ulf und Wilhelm 677
Rockstroh, Friedbert 582, 586
Röher, Dr. Andreas 704
Rosegger, Dr. 473
Rosenzweig 425
Rossegger, Peter 278
Rossegger, Sylvester 278, 314, 479
Roth, Gerhard 201, 216, 324, 614, 708
Rudolph 593

Personenregister 793

Sachse, Lothar 196, 399
Sander 122
Schädlich, Alfred 158
Schalck-Golodkowski, Alexander 516, 575
Schaller, Frau 710
Scheuch 264, 265
Schlameus 132
Schlimper, Horst 356
Schmarje, Alfred 32, 36
Schmidt 133
Schmiedel, Rainer 514
Schmieder, Heinrich, Dr.-Ing. h.c. 526, 633, 708
Schmolla 37, 132
Schreier, Gerhart 297, 709
Schubert, Werner, Prof. Dr. 709
Schuh, Heinrich 123, 132
Schüler, Dr. 37, 55, 132
Schülz, Richard 129
Schürer, Gerhard 356, 419
Schuster, Roland 325
Schwarz, Alfred 705
Seidan, Otto 44, 46, 165
Seipolt, Martin 263
Selbmann, Fritz 52, 81, 131
Shukow 32
Siepmann, Walter 313, 709
Sindermann 354
Sokolowski 137
Sonntag, Winfried, Dr. 157, 158, 175, 189, 340, 525, 526, 527, 709
Sprenger, Siegfried 644, 667
Steenbeck 139
Stiebling 107
Stoph, Willy 354, 667
Stück, Michael 131, 133, 709

Tautenhahn 575
Teubner, Willy 160
Träger, Walter 44, 166, 324, 325
Trägner, Fritz 44

Trofimow 82
Turbin 41, 73

Uhlmann, Herbert 125, 126
Ulbricht, Walter 12, 138, 139, 165, 167, 169, 208, 267, 317, 319, 320, 321, 363, 435, 436, 486

Voigt, Dieter 17, 674
Voutta 281

Wagenlehner, G. 499
Walther, Helmut 90
Walther, Pinkert 165
Wankel, Felix 324, 326, 329, 330, 342, 346
Wawrziniok, Prof. 41, 43, 131, 523
Weber, Kurt 181
Weickert, Martin 125, 126, 127, 290, 498
Weigel, Erich 125, 129, 130, 422
Weigert, Eberhard 325, 359
Weise, Kurt 132, 294
Weiß, Peter Paul 196
Werner, Dr. 37
Werner, William 131
Wilhelm 359
Wittber, Paul 45, 46, 175, 176, 499
Wittkugel, Klaus 196
Wochenberger 256
Wolf, Max 165
Wolf, W. 299
Wright, Curtiss 330
Wunderlich 188

Ziller 168, 188
Zimmer, Gerhard, Dr.-Ing. 443, 638, 669, 705, 709
Zimmermann 128, 129, 221
Zimmermann, Daniel 313
Zimmermann, Martin 56, 125, 128, 133, 206, 207, 208
Zscherpe 279

Ortsregister

Aachen 523
Adlershof 283, 617
Alexandria 209
Ammendorf 93, 95, 238, 245
Ammern bei Mühlhausen 517
Annaberg 490
Annaberg-Bucholz 168
Apolda 122
Arnstadt 518
As-Salum 209
Aschaffenburg 659
Aschersleben 520
Assuan 209

Babelsberg 269
Bad Blankenburg 490
Bad Hersfeld 443
Bad Oldesloe 691
Baierfeld 704
Bannewitz 108
Barchfeld 65
Barsinghausen 658
Bautzen 93, 103, 250, 456, 458, 466
Bayreuth 385
Beierfeld 471, 614
Beiersdorf 289, 696
Berlin 46, 69, 70, 82, 92, 95, 119, 131, 139, 187, 196, 202, 205, 262, 267, 305, 321, 330, 344, 368, 373, 380, 388, 457, 461, 490, 516, 517, 518, 519, 520, 527, 534, 548, 551, 576, 577, 578, 584, 604, 612, 631, 642, 653, 658, 678, 703
   Berlin-Adlershof 283, 367, 578
   Berlin-Johannisthal 38, 284, 291, 294
   Berlin-Karlshorst 35, 48, 62, 70, 72, 81, 85, 137
   Berlin-Lichtenberg 119
   Berlin-Mitte 122
   Berlin-Oberschöneweide 510
   Berlin-Spandau 73
   Berlin-Treptow 314
   Berlin-Weißensee 122
   Berlin-Wendenschloß 70, 72
Bernsbach 372
Blumberg 658
Böhlen 253
Bölitz-Ehrenberg 523
Bollene 659
Bralitz 519
Brandenburg 21, 24, 232, 263, 265, 269, 271, 284, 321, 474, 477, 481

Brandis bei Leipzig 456
Braunschweig 117, 314
Braunschweig-Völkerode 314
Bremen 47, 117, 118, 176
Breslau/Wrocław 70, 81, 113, 271, 435
Brünn 436
Brüssel 58
Büdingen 659

Cainsdorf bei Zwickau 563
České Budejovice 607
Chemnitz (siehe auch Karl-Marx-Stadt) 14, 15, 17, 18, 28, 38, 41, 43, 44, 46, 54, 55, 62, 63, 66, 72, 79, 106, 107, 108, 120, 122, 126, 132, 147, 150, 154, 156, 164, 171, 173, 174, 176, 178, 198, 202, 207, 225, 264, 294, 310, 311, 313, 325, 357, 358, 373, 379, 380, 389, 390, 404, 410, 412, 415, 424, 426, 431, 438, 499, 515, 520, 526, 565, 568, 569, 570, 578, 585, 587, 592, 603, 626, 631, 642, 658, 674, 675, 677, 678, 703, 706, 707, 708, 709, 710
   Chemnitz-Rabenstein 89, 132
Coswig bei Dresden 120
Cottbus 24, 95, 100
Crottendorf 588
Cunewalde 18, 89, 103, 125, 126, 127, 128, 133, 287, 289, 290, 291, 292, 293, 465, 467, 469, 481, 483, 495, 497, 498, 499, 500, 502, 505, 506, 508, 608, 641, 662, 663, 665, 666, 695, 696, 697, 707

Dachau 601
Darguhn 563
Dessau 93, 122, 128, 132
Dippoldis 379
Döbeln 230, 431, 498, 576
Dresden 24, 54, 59, 72, 95, 103, 120, 132, 133, 139, 161, 171, 185, 208, 209, 231, 238, 285, 289, 292, 300, 330, 359, 372, 373, 380, 425, 432, 471, 494, 514, 519, 520, 523, 577, 579, 585, 589, 590, 592, 615, 631, 633, 642, 665, 667, 697, 707, 709
   Dresden-Klotzsche 589, 590, 592, 593
Duisburg 660
Dürrerhof bei Eisenach 32, 128
Düsseldorf 118, 202, 386, 659

Edingen 133
Eisenach 12, 14, 18, 21, 24, 28, 31, 32, 36, 37, 38, 47, 56, 68, 118, 128, 129, 133, 148, 149, 164, 173, 196, 225, 226, 227, 300, 313, 321, 335, 346, 348, 350, 351, 352, 353, 354, 356, 357, 368, 370, 374, 385, 388, 392, 393, 398, 412, 414, 419, 424, 425, 431, 523, 530, 557, 562, 564, 565, 568, 570, 573, 577, 582, 592, 604, 608, 612, 614, 615, 617, 625, 662, 673, 674, 677, 682, 683, 684, 704, 707, 708, 709
Eisenach-West 419, 683
Erfurt 95, 126, 132, 196, 264, 348, 350, 351, 354, 356, 371, 442, 519, 566, 642, 699
Erla im Erzgebirge 120
Espenhain 253
Esslingen 128

Finsterwalde 431
Forst 119
Frankenberg 92, 237, 628, 633
Frankfurt am Main 158, 442, 443
Fraureuth 197
Freiberg 122, 314
Friedrichshafen 120, 123

Gent 452
Gera 251, 256, 263, 284, 471
Glashütte 122
Gleichenstein 391
Gommern 113
Görlitz 95, 132, 456, 461
Goßberg 422
Gotha 351, 466, 471, 562, 704
Graz 286, 484
Greiz 95
Güstrow 473

Hagen 659
Hainichen 21, 24, 33, 34, 35, 36, 66, 96, 107, 130, 225, 314, 420, 423, 626, 633, 708
Halboase Fayum 209
Haldensleben 468, 471
Halle 24, 59, 92, 107, 120, 169, 208, 209, 230, 287, 420, 425, 454
Hamburg 133
Hamburg-Harburg 117
Hartha 120
Harzgerode 489
Heidenau 519, 631, 707
Hennigsdorf 95, 197
Hohenstein-Ernstthal 249, 357, 358, 366, 373, 461, 462, 667
Horstwalde 663

Ingolstadt 202

Jena 288
Johannisthal 57, 145, 285

Kamenz 108, 109, 132, 234, 287, 292, 696
Karl-Marx-Stadt (siehe auch Chemnitz) 15, 147, 150, 166, 173, 174, 181, 182, 190, 207, 231, 232, 248, 300, 311, 313, 315, 325, 330, 331, 332, 342, 350, 356, 357, 366, 372, 373, 379, 380, 389, 390, 404, 410, 412, 415, 426, 431, 438, 499, 515, 520, 526, 565, 566, 568, 569, 570, 578, 585, 587, 603, 613, 615, 626, 631, 633, 642, 658
Kirschau 289
Köln 117, 118, 314

Landau 697
Landeshut 127
Lauingen 702
Leipzig 47, 54, 58, 62, 65, 70, 72, 92, 95, 103, 108, 122, 132, 145, 160, 169, 192, 208, 213, 214, 224, 236, 237, 250, 283, 285, 297, 314, 321, 360, 380, 422, 425, 431, 453, 471, 473, 500, 523, 570, 602, 606, 632, 690
Leipzig-Liebertwolkwitz 197
Leipzig-Markkleeberg 275, 468
Leningrad 486
Leuna 253
Liebenstein 197
Löbau 454
Lübtheen 372
Luckenwalde 108
Ludwigsfelde 11, 12, 17, 18, 292, 300, 360, 364, 368, 370, 373, 374, 433, 438, 439, 440, 443, 446, 448, 449, 451, 452, 456, 457, 471, 481, 484, 508, 519, 520, 542, 582, 592, 634, 637, 638, 664, 674, 685, 686, 687, 688, 693, 698, 708
Luxemburg 204

Magdeburg 107, 132, 272, 468, 519, 577, 615, 642, 650, 704
Mägdesprung/Harz 578
Mannheim 18, 698
Meerane 24, 120, 208, 401, 704
Meißen 372, 373
Merbelsrod 122, 214
Mersa Alam 209
Mlada Boleslav 416, 418
Mosel 321, 419, 523, 557, 564, 568, 622, 674, 675, 703
Moskau 46, 486
Mühlhausen 372, 562
München 38, 47, 62, 133, 324

Neckarsulm 330, 331, 334, 336, 524
Neubrandenburg 578

Neustadt   360, 471, 473, 478
Neustadt/Sachsen   644
Niedercunewalde   696
Niesky   95
Nordhausen   11, 12, 18, 21, 24, 82, 89, 113, 263, 264, 267, 273, 275, 279, 281, 284, 320, 321, 359, 466, 471, 474, 481, 483, 484, 487, 488, 492, 493, 494, 495, 527, 650, 651, 653, 655, 658, 661, 662, 671, 697, 699, 700, 701, 707
Novy Jicin   608
Nürnberg   294, 310, 484, 699

Oase Siwa   209
Obercunewalde   103, 696
Oberhof   586
Oderwitz   456
Olbernhau   372
Olbersdorf   100
Orléans   659
Osterwieck   487, 490
Ostrov   96

Pitesti   609
Plauen   21, 24, 86, 132, 294, 442, 551
Port Said   209
Potsdam   48, 95, 118, 270, 549, 704, 705
   Potsdam-Bornim   278, 283, 437, 473, 500
Prag   486

Quedlinburg   214, 491

Radeberg   24, 103, 161
Radebeul bei Dresden   628
Regensburg   674
Reichenbach   91, 120, 130, 321, 372, 373
Riesa   67, 132
Ronneburg   372
Roßlau   108, 287, 499
Roßwein   360, 439, 489
Rostock   576, 577, 578
Rothnaußlitz   250, 456
Ruhla   371
Ruhstorf Rott   696
Rüsselsheim   118

Saalfeld   442
Sangerhausen   38, 372
Saupersdorf   132
Scharfenstein   144
Scheibenberg   432, 588, 633
Scheveningen   200
Schmalkalden   122
Schönebeck an der Elbe   81, 82, 89, 111, 259, 263, 264, 265, 267, 272, 273, 276, 278, 279, 281, 283, 284, 285, 286, 320, 321, 368, 370, 466, 468, 471, 474, 478, 479, 481, 482, 483, 484, 486, 495, 499, 500, 644, 647, 648, 649, 650, 654, 701, 702, 703, 706, 707
Schönfels   167
Schwarzenberg   120, 371, 425
Schweinfurt   701
Seehausen   509
Seifhennersdorf   456
Siegmar   21, 24
Sofia   598
St. Egidien   563
Stadtilm   120, 372
Steinpleis   29
Stettin   21
Stuttgart   120, 310, 638, 709
Suez   209
Suhl   38, 46, 368, 372, 373, 520, 548, 576

Torgau   473
Treuenbrietzen   372
Triptis   122, 123, 471
Troisdorf   152

Überlingen   691
Ulm   263, 523, 703
Unterthürkheim   118

Wackersdorf   674
Waldheim   250, 655, 669
Waltershausen   109, 292, 293, 314, 368, 372, 481, 506, 508, 592, 662, 665, 685, 688, 689, 691, 696, 708
Warschau   95
Weigsdorf-Köblitz   497, 696
Weimar   38, 93, 95, 132, 277, 473
Werdau   21, 28, 91, 93, 132, 235, 250, 279, 372, 373, 433, 436, 437, 438, 446, 481, 546, 563, 703, 707, 708
Wien   204, 285
Wildau   489
Wilsdruff   92
Wismar   21
Wittenberge   119
Witzenhausen   704
Wolfsburg   118, 565, 629, 674, 682
Wörth   686
Wünsdorf-Horstwalde   461

Zeitz   24, 183, 184
Zittau   17, 21, 24, 90, 100, 122, 127, 133, 232, 250, 300, 453, 456, 457, 458, 459, 461, 462, 464, 465, 466, 481, 482, 498, 499, 508, 592, 639, 641, 643, 644, 654, 667, 671, 685, 692, 694, 695, 708
Zschopau   21, 24, 67, 96, 97, 106, 107, 120, 123, 144, 178, 194, 312, 313, 325, 326, 332, 342, 343, 368, 372, 596, 602, 603, 604

Zschopau 21, 24, 67, 96, 97, 106, 107, 120, 123, 144, 178, 194, 312, 313, 325, 326, 332, 342, 343, 368, 372, 596, 602, 603, 604

Zürich 202

Zwickau 12, 17, 18, 21, 24, 31, 36, 66, 69, 113, 117, 118, 123, 124, 125, 137, 148, 149, 150, 154, 156, 158, 161, 164, 167, 169, 171, 173, 175, 181, 182, 185, 188, 190, 196, 204, 225, 235, 245, 263, 279, 294, 300, 310, 311, 313, 328, 330, 331, 332, 334, 335, 340, 342, 343, 346, 348, 350, 356, 357, 368, 370, 389, 396, 398, 401, 404, 409, 410, 413, 414, 415, 419, 436, 481, 482, 495, 509, 530, 555, 557, 559, 560, 561, 562, 563, 564, 565, 568, 570, 573, 577, 579, 587, 592, 599, 615, 618, 622, 623, 625, 655, 662, 665, 667, 673, 674, 677, 681, 682, 704, 706, 707, 708, 709

— Z V A —

BMW Entwicklungswerk
Chemnitz
der Staatl. A.G. Awtowelo
Chemnitz, Kauffahrtei 45
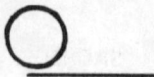

NTB
**Entwicklungswerk
für Automobilbau**
Chemnitz
der Staatl. A.-G. „Awtowelo"
Zweigniederlassung in Deutschland

Научно-Техническое Бюро и
Опытное Производство Автостроения
в г. Хемнице.
Гос. А/О »Автовело«.
Отделение в Германии

IFA FORSCHUNGS- UND ENTWICKLUNGSWERK VEB

FÜNFJAHRPLAN —
Wegweiser zu Einheit,
Frieden und Wohlstand

VEB ZENTRALE ENTWICKLUNG UND KONSTRUKTION
FÜR DEN KRAFTFAHRZEUGBAU

VEB Wissenschaftlich-Technisches Zentrum Automobilbau
— WERKDIREKTOR —

VEB WISSENSCHAFTLICH-TECHNISCHES ZENTRUM
AUTOMOBILBAU
INGENIEURBETRIEB DES VEB IFA-KOMBINAT PERSONENKRAFTWAGEN
· ABGASPRÜFSTELLE DER DDR
· LEITSTELLE FÜR KFZ-BAUVORSCHRIFTEN DES MINISTERIUMS FÜR
  ALLGEMEINEN MASCHINEN-, LANDMASCHINEN- UND FAHRZEUGBAU
BETRIEBSDIREKTOR

VEB BARKAS-WERKE
IFA-KOMBINAT FÜR KRAFTFAHRZEUGTEILE
WISSENSCHAFTLICH-TECHNISCHES ZENTRUM
AUTOMOBILBAU · KARL-MARX-STADT
- Anerkannter Praktikumsbetrieb -